Gesamtverzeichnis des deutschsprachigen Schrifttums (GV) 1700 – 1910

Bearbeitet unter der Leitung von
Hilmar Schmuck und Willi Gorzny
Bibliographische und redaktionelle Beratung:
Hans Popst und Rainer Schöller

74

Keb - Kh

K · G · Saur München · New York · London · Paris 1983

CIP-Kurztitelaufnahme der Deutschen Bibliothek

Gesamtverzeichnis des deutschsprachigen Schrifttums :
(GV). – München, New York, London, Paris : Saur.
Bd. 1 – 6 bearb. unter d. Leitung von Peter Geils
u. Willi Gorzny.
ISBN 3-598-30000-X

1700 – 1910 / bearb. unter d. Leitung von Hilmar
Schmuck u. Willi Gorzny. Bibliograph. u. red.
Beratung: Hans Popst u. Rainer Schöller

NE: Schmuck, Hilmar [Bearb.]

74. Keb - Kh. - 1983.

Techn. Realisierung und Druck: Norbert Gärtner, Mainz-Kas
Binden: Karl Schaumann, Darmstadt
Printed in the Federal Republic of Germany
ISBN 3-598-30000-X (Gesamtwerk)

Kebedgy, Michel S[tavro]. Le conflit gréco-roumain, par M. M' S. K', Professeur … à … Berne. Extrait de la «Revue de Droit international et de Législation comparée». ⟨IIme série. Tome 7, 1905; tome 8, 1906. 37e et 38e années.⟩ 65 p. 8. Bruxelles, Bureau de la Revue; La Haye …; Paris …; Berlin …, (1906).

Kebedgy, Michel S[tavro]. Les événements de Bulgarie et de Roumélie orientale au point de vue du droit international, par M. M' S. K', Professeur … à … Berne. Extrait de la «Revue de Droit international et de Législation comparée». ⟨IIme série. Tome 9. 1907. 39e année.⟩ 51 p. 8. Bruxelles, Bureau de la Revue; La Haye …; Paris …; Berlin …. [fr. 1.—]

Kebedgy, [Michel Stavro]. Die diplomatischen Privilegien. Akademischer Vortrag gehalten im bernischen Grossratssaal ⟨1900⟩. Separatabdruck aus der «Zeitschrift des bern. Juristenvereins und Monatsblatt für bern. Rechtsprechung», Band 37, Nr. 5. 48 S. 8. Bern, Büchler & Co., 1901. [fr. 1.—]

Kebedgy, die diplomatischen Privilegien. Akademischer Vortrag, geh. im bern. Grossratssaal (1900). gr. 8. (48 S.) Bern 901. (A. Francke.) n. 1.—
Sonderabdruck aus: „Zeitschr. d. bern. Juristenvereins u. Monatsblatt f. bern. Rechtsprechung".

Kebedgy, Michel S[tavro]. La question macédonienne. (Conférence académique faite … [à] Berne, le 19 novembre 1903.) Extrait de la «Revue de Droit international et de Législation comparée». ⟨IIe série. Tome 6. 1904.⟩ 36e année. 35 p. 8. Bruxelles, Bureau de la Revue; La Haye …; Paris …; Berlin …, [1903]. [fr. 1.—]

Georg Keben. Adam gegen Eva. Über Liebe, Weibergeschmack u. Moral. Berlin: E. Hofmann & Co. 1903. (105 S.) 8° [03. 10136

Keben, Geo., die halben Christen u. der ganze Teufel. Höllenfahrten des Aberglaubens. (311 S.) 8. Groß-Lichterfelde 905. Berlin, E. Eißelt. n. 3.—; geb. n. 4. 50

Keben, Geo., um e. Darlehn. 8. (218 S.) Zürich 892. Verlags-Magazin. n. 2. 40

— die Eselsbrücken der Sittlichkeit. Eine Antwort der Antiphilister. gr. 8. (36 S.) Berlin 900. Schöneberg, G. Minuth. n. — 50

— Fackelzug durch Kunst u. Kultur. 8. (IV, 149 S.) Berlin 901. E. Hofmann & Co. n. 2. 50; geb. n. 3. 50

Keben, Geo., Feinde d. Reichs. Roman aus d. Süden Deutschlands. 8. (186 S.) Dresden 897. E. Pierson. n. 2.—

— unter Frauen. Pariser Geschichten. 8. (189 S.) Jena 901. Berlin, H. Costenoble. n. 1.—

— ich, die Liebe! Ein Lebensinhalt. 2. Aufl. 8. (131 S.) Zürich 900. C. Schmidt. n. 1. 20

— geraubte Küsse, s.: Eckstein's humoristische Bibliothek.

— das schöne Leid. Drei Erzählgn. 8. (VII, 186 S.) Ebd. 901. n. 1.—

— stille Märtyrer. Moderne Erzählgn. 8. (III, 255 S.) Zürich 894. Verlags-Magazin. n. 3.—

Keben, G. Die Prostitution und ihre Beziehungen zur modernen realistischen Litteratur. In-8°. 165 S. Zürich, Verlags-Magazin (J. Schabelitz). 1892. 2 50

Keben, G., das Quartett. Lustspiel in 1 Akt. 8. (38 S.) Berlin 889. (Kühling & Güttner.) 2. —

[J.] Das Quartett. Lustsp. in 1 Akt v. Georg Keben. *Berlin: Kühling & Güttner [1892?].* (23 S.) 1 Bd 8.
= Album f. Liebhaber-Bühnen. No 283. [96. 1999

GEORG KEBEN, Ein litterarischer Reclameheld (Conrad Alberti). Extra-Beilage der „Monatsblätter". Organ des Vereins „Breslauer Dichterschule". Breslau 1890. Druck von Maximilian Schlesinger. 8°.

Keber, Agathon

Keber, A., Abriß der Weltgeschichte und der brandenburg-preußischen Geschichte. 8. (62 S.) Aschersleben 865, [Schnock's Buchh.] *

Keber, Erweiterung unserer Kenntniss von Neuholland seit 1840. Aschersleben. 4. 20 p. 1864.
Schul-/Univ.-Schrift

Keber, A., geograph.-statist. Hülfsbuch f. d. Gegenwart, enth. die neuesten Veränderungen u. Entdeckn., als Ergänzung zu jedem geograph. Handbuche, u. ausführl. Darstelln., als Beiträge z. Erörterung jetziger Verhältnisse. Nebst e. Anh.: Chronik d. J. 1835—1840. 2 Hfte. 1. Aufl. (19 B.) 840. 1 Thlr., 2., m. ein. Nachtrage bis z. Sommer 1841 verm. Ausg. gr. 8. (22 B.) Altenburg 841, Helbig.
Der Nachtrag (3 B.) apart. 3 Gr.

—— Leitfaden beim Geschichtsunterrichte. 1. Cursus, für Bürgerschulen und für die unteren und mittleren Klassen höherer Schulanstalten. gr. 8. (IV und 104 S.) Aschersleben 863, [Schnock's Buchh.] *

—— dass. — 2. Cursus, für die oberen Klassen der Realschulen und höheren Bürgerschulen. 4., neu bearb. Aufl. 8. (VII und 239 S.) Ebendas. 864. *

Keber, A., Leitfaden beim Geschichtsunterrichte. 1. Cursus, für Bürgerschulen und für die unteren und mittleren Klassen höherer Schulanstalten. 3. Aufl. 8. (IV, 108 S.) Aschersleben 874, Schnock'sche Buchh. — 75
—— dass. — 2. Cursus, für die oberen Klassen der Realschulen und höheren Bürgerschulen. 5. Aufl. 8. (VII, 239 S.) Ebendas. 870. * 1 40

Keber, A., Leitfaden beim Geschichtsunterrichte. 1. Kursus, für Bürgerschulen und für die unteren und mittleren Klassen höherer Schulanstalten. 4. Aufl. 8. (IV, 108 S.) Aschersleben 884, Schnock'sche Buchh. *
2. Kursus. Ebendas. 1870. *ℳ 1,40.

Keber, A., Leitfaden beim Geschichtsunterrichte, nach einer neuen Methode. 1. Aufl. (XVI und 182 S.) 1851. und 2. Aufl. 8. (XVI und 183 S.) Aschersleben 852, Manniske. *

Keber, A., Leitfaden beim Geschichtsunterrichte, nach einer neuen Methode. 3. Aufl. Aschersleben 854. Manniske. 8. (XVI, 183 S.) n. 10 ngr.

Keber, A., der Regierungsbezirk Magdeburg. Histor., geograph., statist. u. topographisch dargestellt. gr. 8. (14½ B.) Halberstadt 843, Lindequist u. Schönrock.

Keber, A., zur Methodik u. Pädagogik. Gesammte Aufsätze. 8. (V, 266 S.) Köthen 877. Schulze. n. 2. 50

Keber, Agathon Zur Methodik des französischen Unterrichts. 37 S. Progr. *Aschersleben* 1876.

Keber, Agath., zur Philosophie der Kindersprache. — Gereimtes u. Ungereimtes. Halle 868. Schwabe. 16. (132 S.) cart. n. 12½ ngr; in engl. Einb. n. 17½ ngr

Keber, A., zur Philosophie der Kindersprache. Gereimtes u. Ungereimtes. 2., verm. Aufl. 8. (96 S.) Leipzig 890. Grieben. n. 1. 20; cart. n.n. 1. 60.

—— Uebungsstücke zum Uebersetzen aus dem Deutschen in's Französische, zum Gebrauche neben Friedr. Herrmann's Lehrbuch der französ. Sprache. 8. (VIII und 139 S.) Aschersleben 851, Manniske. *

—— Wortbildungsregeln, nach welchen die griech. u. röm. Eigennamen ins Französische übergegangen sind. Ein Beitrag zur franz. Wortbildungslehre. 4. (3¾ B.) Aschersleben 845, Laue.*
Aus dem Programme zu Ostern 1844 besond. abgedruckt.

Keber, A., Wortbildungsregeln, nach denen die griechischen und römischen Eigennamen ins Französische übergegangen sind. Progr. der Realschule Aschersleben 1845. 4°. 27 S.

—— französisch-deutsches und deutsch-französisches Wörterbuch zur Geographie, Geschichte, Culturgeschichte, Archäologie, Mythologie und den verwandten Wissenschaften als Ergänzung zu jedem französ. Lexicon, nebst einem Anh.: Verzeichniß der in der Aussprache von den gewöhnl. Regeln abweichenden oder sonst Schwierigkeit darbietenden französ. geograph. und Personen-Namen. gr. 8. (VI und 162 S.) Dessau 862, Neubürger.

— französisch-deutsches u. deutsch-französisches Wörterbuch zur Geographie, Geschichte, Culturgeschichte, Archäologie, Mythologie u. den verwandten Wissenschaften, als Ergänzg. zu jedem französ. Lexikon, nebst e. Anh.: Verzeichniß der in der Aussprache v. den gewöhnl. Regeln abweichenden od. sonstige Schwierigkeiten darbietenden französ. geograph. u. Personal-Namen. 2. (Titel-)Aufl. gr. 8. (V, 162 S.) Dresden 871. am Ende. 1. 50

Keber, A., französisch-deutsches und deutsch-französisches Wörterbuch zur Geographie, Geschichte, Culturgeschichte, Archäologie, Mythologie und den verwandten Wissenschaften. 2. Aufl. gr. 8. Dresden 871. Salzwedel, Klingenstein.

Keber, C. M., die Colonisations-Gesellschaft in Königsberg z. Gründung einer deutschen Colonie auf Müskito in Mittelamerika. (Mit 1 Karte d. Moskitoküste. 16. (4 B.) Königsberg 846, Voigt.

Keber, Eug., Schabernack aus Podbielski's Reich. Kollegialisch d. guten alten Postfarbe gewidmet. 8. (104 S.) Leipzig 899. F. Luckhardt. n. 1. —

Keber, Gotthard August Ferdinand

Keber, G. A. F., Beiträge zur Anatomie und Physiologie der Weichthiere. gr. 8. (VIII und 123 S. mit 2 Stnt. in qu. Fol.) Königsberg 851, (Gebr. Bornträger.) *

Keber, Gotthardus Aug. Ferd., de spermatozoorum introitu in ovula. Additamenta ad physiologiam generationis. Accedunt LXXXI figurae chalcotypicae textui insertae et in IV tabulas collectae. A. u. d. T.: Ueber den Eintritt der Samenzellen in das Ei. Ein Beitrag zur Physiologie der Zeugung. Regiomonti 853. Bornträger in Comm. gr. 4. (X, 118 S.) n. 3 ₰.

Keber, Gotthard August Ferdinand (Elbing), De nervis concharum. Diss. zootomica. Bln. (Friedlaender) 8. VI. 1837. 32 S. mit Biogr. (M.: Hasse.) (6.40) 17590
Oppon.: O. Bandisch, C. Kessler, M. Lewald. — Gew.: Carl Friedrich Burdach.

Keber (Gotthard Aug.) F(erd.), mikroskopische Untersuchungen über die Porosität der Körper. Nebst einer Abhandlung über den Eintritt der Samenzellen in das Ei. Mit Zusätzen von M. Barry. gr. 4. (XVI und 184 S. mit 2 Stnt.) Königsberg 854, (Gebr. Bornträger.) *

Keber, Herm., gegen das Verbot der reformatio in pejus, e. Symptom d. Zurückweichens der staatlichen Strafgewalt vor dem Verbrecher. gr. 8 (II, 119 S.) Spandau 892. Neugebauer. n. 3. 60

Keber, Herm., ein Wort gegen die Herren Professoren der Rechtswissenschaft als Beitrag zur Reform des jurist. Bildungsganges. 8. (15 S.) Wilhelmshaven 887, (Lohse.) * — 50

Keber, Paul, die Naumburger Freiheit, s.a. Abhandlungen, Leipziger historische. 12. Heft.

Keber, Paul: Die Naumburger Freiheit. Leipzig: Quelle & Meyer 1909. VI, 91 S. 8° ¶ (Ersch. auch als: Leipziger histor. Abhandlungen. H. 12.)
Leipzig, Phil. Diss. v. 2. Juli 1909, Ref. Seeliger, Lamprecht
[Geb. 17. Juli 85 Angermünde; Wohnort: Hamm i. W.; Staatsangeh.: Preußen; Vorbildung: Gymn. Hamm Reife O. 03; Studium: München 3, Leipzig 1, Kiel 1, Berlin 2, Leipzig 5 S.; Rig. 20. Febr. 09.] [U 09. 2998

Keber, W. G.

— n. Erfind. e. Säemaschine z. Erspar. d. Saat u. Erhöh. des Ertrags. 8. Könbg. Göbbels u. U. 803.

— neue Erfindung einer ganz wohlfeilen Säemaschine, zur Ersparung d. Saat u. d. Erhöhung d. Ertrags. 8. Königsb. 803. Unzer. 3 K

Keber, W. G., Nachr. u. Bemerk. d. geh. Kr.-R. v. Hippel betr. 8. Könb. Unzer. 802.

— über d. Verhältniß des öffentl. Erziehungsstandes im Staate; eine Rede. gr. 8. Königsb. 788.

Keberlet, Heinr. (geb. am 22 Nov. 1855 in Viersen Rgbz. Düsseldorf): Aus d. med. Klinik in Bonn. — Erfahrungen über Punktionen der Pleuritis und über Pleurometrie ... Bonn, Univ.-Buchdr. v. C. Georgi 1882. 48 S., 2 Bl. 8.
Bonn, Med. Fak., Diss. v. 23 Mai 1882

Keberlet, Joseph (Düsseldorf), De pulmonum cavis tuberculosis phtisinque sanandi facultate. Diss. pathol.-anatom. Bln. (B. Schlesinger) 12. I. 1850. 44 S. mit Biogr. (M.: A. Fuehles.) (6.30) 17591
Oppon.: Theod. Huperz, Gust. Zolling, A. Wegner. — Gew.: Joh. Fr. Herm. Albers, Joseph Fuehles. — Krankengesch. d. Peter Mueller.

Kebes, s.a. Cebes.

— Gemälde ꝛc., herausgeg. von Thieme. 8. Berlin 829. Heymann. ¼ ₰

Kebes, das Gemälde. Deutsch von Friedr. S. Krauss. Der Schluss aus dem Arab. des Ibni Mskveih von Friedr. Müller. gr. 8. (33 S.) Wien 882, Gerold's Sohn. *

Kebes, das Gemälde im Kronostempel. Aus dem Griech. übers. u. m. Erläutergn. versehen v. Frdr. S. Krauss. [Der Schluss nach dem Arab. d. Ibni Muskveih u. der span. Übersetzg. d. D. Pablo Lozano y Casela.] 2. Aufl. gr. 8. (33 S.) Wien 890. Gerold's Sohn. n. — 80

ΚΕΒΗΤΟΣ ΠΙΝΑΞ, des Cebes Gemälde mit e. Einleitung, Inhaltsanzeigen, grammat. u. erklärenden Anmerkungen u. e. vollständ. Wörterbuche. Für Schulen herausg. v. J. D. Büchling, von neuem bearbeitet von G. F. Grosse. gr. 8. Meißen, Gödsche. 815.

Κέβητος Πίναξ. Kebes Gemälde. Mit Anmerkn. zum Schul- u. Privatgebr. (v. G. Blackert). 8. (3½ B.) Cassel 838, Krieger'sche Buchh. *

Κέβητος Πίναξ. Kebe's Gemalde. Mit Anmerkungen zum Schul- u. Privatgebrauch (von G. Bluckert). 8. Cassel 838. Krieger. 1/3 rf

Keble, J., the christian year. gr. 16. (192 S.) Leipzig 889. Gressner & Schramm. n. — 80

Kebra Nagast, die Herrlichkeit der Könige. Nach den Handschriften in Berlin, London, Oxford u. Paris zum ersten Mal im äthiop. Urtext hrsg. u. m. deutscher Uebersetzg. versehen v. Carl Bezold. (LXII, 176 u. 160 S.) Lex.-8. München 905. (G.Franz' Verl.) n. 20.—
Sonderabdruck aus: „Abhandlgn. d. bayer. Akad. d. Wiss."

Kech, Edwin, Betriebssekretär (Eisenbahnpraktikant) bei den Grossh. Bad. Staatseisenbahnen, aus Wertheim a. M.: Die Gründung der Grossherzoglich Badischen Staatseisenbahnen. Beitrag zur Geschichte der badischen Eisenbahnpolitik. Karlsruhe 1904. 132 S. 8°.
Basel. Phil. Diss. 1904/1905.

Kech, Edwin, die Gründung der grossherzogl. badischen Staatseisenbahnen. Beitrag zur Geschichte der bad. Eisenbahnpolitik. (VI, 132 S.) gr. 8. Karlsruhe 905. G. Braun'sche Hofbuchdr. n. 3. 60

Kecht, J[ohann] S[amuel]: Versuch einer durch Erfahrung erprobten Methode den Weinbau in Gärten und Weinbergen zu verbessern. Mit 1 Kupfer. Berlin: Neue Societäts-Verl. Buchh. 1814. 48 S. -- 17*.UB Brünn*
BJ: 1813. -- Gatterer: 1813. -- Thienemann: 1813. -- Weber: 1813.
--- Dass. 2., verm. u. verb. Aufl. Mit einer Anweisung den Wein ohne Presse zu keltern. Berlin: Nauck 1818. 60 S. -- 1*
3., verm. u. verb. Aufl. u.d.T.: Kecht: Der verbesserte praktische Weinbau ... 1823. --

--- Ders.: Der verbesserte praktische Weinbau in Gärten und vorzüglich auf Weinbergen. Mit einer Anweisung den Wein ohne Presse zu keltern. 3., verm. u. verb. Aufl. des 'Versuchs einer durch Erfahrung erprobten Methode den Weinbau in Gärten und auf Bergen zu verbessern'. Berlin: Verf.; Nauck in Comm. 1823. XXX, 68 S. -- 63*
1. u. 2. Aufl. u.d.T.: Kecht: Versuch einer durch Erfahrung erprobten Methode den Weinbau ... zu verbessern. 1813. 1818. --
Weber: 3. Aufl. 1821.
--- Dass. ... Nach dem Tode des Verfassers hrsg. von S. W. Kecht. 4., verb. u. mit einem Weinsorten-Verzeichniß vers. Aufl. Berlin: Hrsg.; Nauck in Komm. 1827. XIV, 90 S. -- 1.21*.36.121
--- Dass. 5. Aufl. ... mit einem Verzeichniß der bei dem Hrsg. zu habenden Weinsorten vers. von S. W. Kecht. Ebd. 1829. XIV, 94 S. -- 7.15*.17.121.N 1
Dochnahl: 5. Aufl. 1826.1829. -- Thienemann: 5. Ausg. 1826.
--- Dass. 6. Aufl. Ebd. 1838. XVI, 95 S. -- 43*.UB Brünn
--- Dass. 7., um 163 S., 13 Kupfertaf. und 7 Holzschnitten verm. Aufl. Ebd. 1850. XVIII, 258 S. -- 121.Rüd.*
--- Dass. 7., verm. u. verb. Aufl., 2. Abdruck. Ebd. 1853. XVIII, 258 S. -- 1
--- Dass. 7. Aufl., 3. Abdruck. Ebd. 1857. XVIII, 258 S. -- 39*
--- Dass. 7., verm. Aufl., 4. Abdruck. Mit dem neuesten Verzeichniss der Rebensorten des Apothekers Neubert in Leipzig ... mit Anhang, nebst 15 Kupfertaf. Ebd. 1858. XVIII, 246 S. -- 12.98*
--- Dass. 7., verm. u. verb. Aufl., 6. Abdruck. Ebd. 1864. XVIII, 258 S., 15 Taf. -- 17*
--- Dass. 14., verm. u. verb. Aufl. Ebd. 1868. XVIII, 269 S. -- Frei 100*
--- Dass. 15., verb. Aufl. Ebd. 1874. XVIII, 270 S. -- 95*.F 1
--- Dass. 16., vollst. umgearb., verm. u. verb. Aufl. Leipzig: Grieben (Fernau) o.J. [um 1870]. VIII, 246 S. -- 17*
--- Dass. 16., vollst. umgearb., verm. u. verb. Aufl. Leipzig: Fernau 1881. VIII, 246 S. -- 16*.UB Brünn

Kecht, J. S. Der verbesserte praktische Weinbau in Gärten, u vorzüglich auf Weinbergen ... Ed: H. B. Sage. Reading. 1828.

Kecht's, J. S., verbesserter praktischer Weinbau in Gärten und auf Weinbergen. 7., um 163 S., 13 Kpfrt. und 7 Holzschn. verm. Aufl. hrsg. von S. W. Kecht. gr. 12. (XVIII und 258 S. mit 15 Kpfrt. in 8. und 4. und 7 eingedr. Holzschn.) Berlin 850, Nauck und Comp. Separat-Conto. Thlr. *

Kecht's, J. S., verbesserter practischer Weinbau in Gärten und auf Weinbergen. 14. verm. und verb. Aufl. Mit dem neuesten Verzeichniss der Rebensorten des Apoth. Neubert in Leipzig. Hrsg. von S. W. Kecht. 8. (XVIII, 269 S. mit 15 Kpfrt. in 8. und qu. 4. und 7 eingedr. Holzschn.) Berlin 868, Nauck'sche Buchh. * 4 —

Kecht's, J. S., verbesserter practischer Weinbau in Gärten und auf Weinbergen. 14. Aufl. 8. Berlin 868. Leipzig, Fernau. *

Kecht, S. W., s. J. S. Kecht, verbesserter prakt. Weinbau.

Keck, Adam Friedrich (Hamburg), De legitima constitutione syndicorum. Diss. jur. Präs. Conr. Wilhelm Strecker. Erfurt (Hering) 14. V. 1739. 28 S. (6.50) 17592

Meine Erlebnisse als deutscher Feldpater während des deutsch-französischen Krieges 1870/71. Von Anton **Keck**, Militär-Oberpfarrer. 2. unveränd. Aufl. nach dem von Leopold Kist verf. Orig. Mit d. Portr. d. Verf. Coblenz: Görres-Dr. 1904. (352 S.) 8° [J.] [o4. 4018

Keck, Bohuslava. aus Prag (Böhmen): Ueber Strumabronchotomien. Ein Beitrag zur Statistik. Zür. Orell Füssli Cie Dr. 1880. 3 Bl., 122 S., 1 Bl. 8°.
Zürich, Med. Diss. [v. 4. Aug. 1880].

Keck, E., üb. das Verhalten der Bacterien im Grundwasser Dorpats, nebst Beschreibg. v. 10 am häufigsten in demselben vorkomm. Bacterienarten. Inaug.-Diss. gr. 8. (66 S.) Dorpat 890. (Karow.) n. 2. —

Keck, Erwin, Frauenrecht. Ein Schauspiel in 1 Aufz. (48 S.) kl. 8. Leipzig 906. Verlag f. Literatur, Kunst u. Musik. 1.50; geb. n 2. 50

Keck, Erwin, Melitta Leißner. Ein Drama in 3 Aufzügen. (92 S.) 8. Stuttgart 905. Strecker & Schröder. n. 2. —; geb. n. 2. 80

— Magdalena. Ein Trauerspiel in 4 Aufzügen. (87 S.) 8. Ebd. 904. n. 2. —; geb. n. 2. 80

Keck, Ferdin., das Leben u. Wirken Albrechts V., des Großmüthigen, Herzogs von Bayern. Von der philosoph. Fakultät zu München gekrönte Preisschrift. 8. (5¼ B.) München 842. (Palm's Hofbuchh.)

Keck, Ferd. Leben und Wirken Albrecht V., des Grossmütigen, Herzogs von Bayern. (5¼ B.) 8. München 1843. 0,75.

Keck, Heinrich, s. Keck, Karl Heinrich

Keck, Hermann, Gerichtsassessor in Melsungen: Die Entwickelung des Oberappellationsgerichts zu Cassel. Cassel 1906: Gebr. Schönhoven. (XV, 107 S.) 8° [J.]
Marburg, Jur. Fak., Ref. Heymann, Diss. v. 9. Juni 1906
[Geb. 18. Mai 75 Alsfeld; Wohnort: Melsungen; Staatsangeh.: Preußen; Vorbildung: Gymn. Hersfeld Reife O. 94; Studium: Gießen 1, München 1, Berlin 2, Marburg 3 S.; Rig. 16. Dez. 05.]

Keck, J. C., Ob u. in wiefern die Erlernung der latein. Sprache einem gebildeten Manne nöthig sey. Progr. Weilb. 791. 4.

— Johann Christoph (Aeremontio-Francus), De obligatione naturali ad amorem erga inimicos. Exercit. acad. specim. Präs. M. Friedrich Christian Baumeister. Wittbg. (Schlomach) 3. V. 1732. 16 S. (6.30) 17596
Widm. v.: Präs., G. H. Loehner (Culmbach), N. H. Roesler (Culmbach).

Keck, J. Erd., Abhandl. u. Beobacht. a. d. Arzneywissensch. 2 Bdch. 8. Berl. Hesse. (Müller.) 787–89.

Keck, (Johann Erdmann): Beiträge zur Berichtigung der gangbaren Meinungen über die sogenannte Löserdürre oder Rindviehpest. 244 S. gbd.

Leipzig: Rein 1802

Abhandlungen und Beobachtungen aus der praktischen und gerichtlichen Arzneiwissenschaft, hrsg. von Johann Erdmann Keck. Berlin. Hesse 1787. 175 S. 8°

Keck, Jh. Erdm., († d. 12. Febr. 1812.) Abhandll. u. Beobachtt. aus d. Arzneiwissenschaft. 2 Bdchen. 8. Berl. 787—89. Hesse. (Petsch). 12 gl

Keck, Joh. Erdm., Beitr. z. Berichtigung d. gangbaren Meinungen über die sogen. Löserdürre oder Rindviehpest. gr. 8. Leipzig 03. Rein. M. 3.—

Die Hausmutter am Krankenbette, eine gemeinnützige Schrift... Hrsg. von Johann Erdmann Keck. Berlin: Hesse 1784. 320 S. 8°

— d. Hausmutter am Krankenbette; e. gemeinnütz. Schrift für alle Stände. gr. 8. Berl. 784. 2e A. 803. (Stuhr). 1 ₰

— d. Hausmutter am Krankenbette, e. gemeinnütz. Schr. f. alle St. Pendant. z. Germershaus. Hausmutt. gr. 8. Berl. Müller. 803.

Keck, Jo. Erdm., Diss. super pertussi quasdam animadversiones continens. 35 pp. Viteb. 4°.
1783

— dissert. med. super pertussi. 4. Wittenb. Hesse. 784.

Naphthali Wurmbrands Reise in Abyssinien, dreissig Jahre nach der dortigen Aufklärung. (Vf.: *Joh. Erdmann Keck.*) Adowa, Akad. Buchhdlg., o. J. (Leipzig 1803). 8°. (5 Mk. Adolf Weigel, c. 1905.) Selten!
Satyrische Schilderung preussischer Zustände, im Anschluss an Knigge's Werk. — Anon.-Lex. III. p. 367 (nach Weller u. Meusel).

WURMBRANDS, Naphtali, Reisen in Abyssinien 30 Jahre nach der dortigen Aufklärung (von *J. E. Keck*). Adowa (Rein in Leipzig) 1803.

— — Dasselbe. 1848. 8°. (Ebd.: 1643 kb.)
Ohne Ortsangabe im Münchener hdschriftl. Catalog.

Keck, [Johann Erdman]: Der wahrscheinlichste Weg die Rindviehpest auszurotten. Leipzig 1803. 72 S.

-- Der Weg, d. Rindviehpest auszurotten. (Gekr. Pr.) Lpzg. 03. Rein. M. 1.—

— d. wahrscheinl. Weg, d. Rindviehpest auszurotten. gr. 8. Lpz. Rein. 803.

— s. a. Wurmbrand's Reisen.

— **Johann Friedrich Christian** (Rector d. Pädagogium in Wiesbaden), Ankündigung der öffentlichen Schulprüfungen und Schulfeyerlichkeiten der vier Herzoglich Nassauischen Pädagogien in Dillenburg, Hadamar, Idstein und Wiesbaden am Schlusse des Schuljahres im April 1821. Mit einer Abhandlung über den Unterricht der deutschen Sprache auf den öffentlichen gelehrten Vorschulen. Wiesbaden (Ludwig Schellenberg) 1821. 90 S. (6.50) 17597
Ab S. 31 Schulnachrichten (mit Namen).

Keck, Johann Heinrich

— Darstell. d. prakt. Landökonomie. 8. Wetzl. 794. Winkler. (Fr. Fleischer in Leipz.) 6 gl

Keck, Jo. Hnr., († d. 30. Oct. 1795.) prakt. Ökonom. Nachrr. v. d. Behandl., Benutzung u. d. Gebrauche d. Ackerfeldes u. d. Fütterung d. Viehes etc. 8. Wetzl. 789. Winkler. 2 gl

Keck, Julius, Regierungsref.: Die Erhebung von Straßenkostenbeiträgen durch die Gemeinden nach württembergischem Recht. Ein Beitrag zur Auslegung d. Art. 15 Abs. 1 d. Bau-Ordnung. *Stuttgart 1903: W. Kohlhammer.* (72 S.) 8° [F.]
Tübingen, Staatswiss. Diss. v. 1903

Keck, Karl. Wie die Lerche singt, Gedichte. Cincinnati, 1896. UC

[Keck,] Karl Heinrich: Anna. Ein Idyll in sieben Gesängen. Kiel. 1850. 8°

Keck, Karl Heinrich: Anna. Ein Idyll aus der Zeit der schleswig-holsteinischen Erhebung. 4. Aufl. Gotha. 1880. 8°

Keck, Karl Heinr. (Bearb.), s. Aeschylus: Agamemnon.

Keck, Heinr. Ein kleiner Beitrag zur Erklärung und Verbesserung von Sophokles' Antigone. 11 S. **Progr.** *Husum* 1882.

—— O. Kallsen, A. Sach, Bilder aus der Weltgeschichte. Für das deutsche Volk dargestellt. 3 Thle. gr. 8. Ebendas. à Thl. *M. 2. * 6 —
Inhalt:
Thl. 1. Bilder aus dem Alterthum. Von Heinr. Keck. (VI, 210 S.) 874.
" 2. Bilder aus dem Mittelalter. Von Otto Kallsen. (192 S.) 875.
" 3. Bilder aus der neueren Zeit. Von Aug. Sach. (278 S.) 875.

— O. Kallsen, A. Sach, Bilder aus der Weltgeschichte. Für das deutsche Volk dargestellt. 4. Thl. Bilder aus der neuesten Zeit. A. u. d. T.: Das Zeitalter der Revolutionen. Von Otto Kallsen. gr. 8. (V, 367 S.) Ebend. 877. 2. 70 (1–4.: n. 8. 70)

Keck, Heinr., der theologische Charakter des Zeus in Aeschylos Prometheustrilogie. gr. 8. (II und 20 S.) Glückstadt 851, Würger und Eller.

Keck, H., Ueber den theologischen Character des Zeus in Aeschylos Prometheustrilogie. Pr. 1851. 26 S. 4°. 1.—

—— s. Dichtungen, klassische deutsche.

Keck, Karl Heinrich: Disputatiuncula Sophoclea Schleswig. 1865.
Schul-/Univ.-Schrift

Keck, Karl Heinr., Friedrich Wilhelm I. Schulrede gehalten in Schleswig den 21. März 1868. gr. 8. (28 S.) Schleswig 868, Schulbuchh. [Bergas.] — 60

Gedenkbuch eines Schleswig-Holsteiners aus fünf Jahrzehnten. Gedichte von Karl Heinrich Keck. T. 1. 2. Gotha: F. A. Perthes (2: Kiel: Eckardt) 1892–94. 8°
1. Politisches. 1892. 2. (Verschiedenes.) 1894. A 12. 10913

Keck, Karl Heinr., Gedenkbuch e. Schleswig-Holsteiners aus fünf Jahrzehnten. Gedichte. 1. u. 2. Tl. 8. Kiel, H. Eckardt. n. 5. 90
1. Politisches. (VIII, 109 S.) 892. n. 2. 40. — 2. (II, 295 S.) 894. n. 3. 50.

Keck, Karl Heinr., die Gudrunsage. 3 Vorträge über ihre erste Gestalt und ihre Wiederbelebung gehalten in Schleswig im Jan. 1867. gr. 8. (IV und 84 S.) Leipzig 867, Teubner. *

[Keck, Karl Heinrich:] Heldenlieder von Adolf IV. dem Schauenburger. Hamburg. 1851. 8°

Heinrich Keck. Deutsche Heldensagen. 2., vollst. umgearb. Aufl. von Dr. Bruno Busse. Mit Orig.-Lithogr. von R. Engels. Bd 1. 2. Leipzig: B. G. Teubner 1903–04. 2 Bde 8° [F.]
1. Gudrun- u. Nibelungensage. 1903. 2. Dietrich von Bern. 1904.
Die 1. Aufl. erschien unter d. T.: Keck: Iduna. [06. 4357 8

Keck, Heinr., deutsche Heldensagen. 2., vollständig umgearb. Aufl. v. Bruno Busse. 1. u. 2. Bd. gr. 8. Leipzig, B. G. Teubner. Geb. in Leinw. à n. 3. —
1. Gudrun- u. Nibelungensage. Mit 7 Orig.-Lith. v. Rob. Engels. (VIII, 306 S.) 903.
2. Dietrich v. Bern. Mit 5 Orig.-Lith. v. Rob. Engels. (VI, 366 S.) 904.

— Iduna. Deutsche Heldensagen dem deutschen Volk und seiner Jugend wiedererzählt. 1. Thl.: Gudrun. Nordseesage nach der mittelalterl. Ueberlieferung. 8. (IV, 94 S.) Leipzig 874, Teubner. M 1,20.; cart. * 1 60

Keck, Karl Heinr., Iduna. Deutsche Heldensagen den deutschen Volk u. seiner Jugend wiedererzählt. 1. Thl. Gudrun. Nordseesage nach der mittelalterl. Ueberlieferg. 8. (IV, 94 S.) Leipzig 875. Teubner. 1. 20; cart. n. 1. 60; geb. n. 1. 80

Keck, Karl Heinr., Iduna. Deutsche Heldensagen, dem deutschen Volk u. seiner Jugend wiedererzählt. 2—4. (Schluß-) Thl. 8. Leipzig 877—81. Teubner. 7. 5 (cplt.: n. 7. 25; in 2 Bde. geb. à 4. 50)
2. Die Nibelungensage. Nach der echten Ueberlieferung erzählt. (352 S.) n. 3. —
3. Die Sage von Wieland dem Schmied. Nach der echten Ueberlieferung erzählt. (116 S.) 1. 35; cart. 1. 80
4. Dietrich von Bern u. seine Gesellen. Nach der echten Überlieferung erzählt. (318 S.) 2. 70

Keck, Henr., Cantici, quod legitur Aesch. Suppl. 609—679 interpretatio. Ad judicium maxime de novissima Godofredi Hermanni editione faciendum scripsit. 8maj. (36 S.) Brunsvigae 853, Schwetschke et fil.

[Keck,] Karl Heinrich: Die Kaiserwahl zu Frankfurt. Komödie in drei Akten. (1. Aufl.). Kiel 1850. 8°
– 2. Aufl. ebd. 1850. 8°

Keck, K. H., das Leben d. General-Feldmarschalls Edwin v. Manteuffel. gr. 8. (VII, 397 S. m. 1 Portr.) Bielefeld 890. Velhagen & Klasing. n. 6. —; geb. n. 8. —

— deutsches Lesebuch. 3 Thle. gr. 8. Halle 872. Buchh. d. Waisenh. n. 2. 80
1. Für Mittelklassen gehobener evangelischer Volksschulen. (VIII, 216 S.) n. — 80
2. Für Oberklassen gehobener evangelischer Volksschulen. (VI, 330 S.) n. 1. —
3. Für die [illegible] Stufe v. Bürger- u. Mittelschulen. (VIII, 336 S.) n. 1. —

— deutsches Lesebuch für die gehobene evangelische Volksschule. (In 3 Thln.) 1. Thl. Für untere Klassen. 2. Aufl. gr. 8. (X, 222 S.) Halle 879. Buchh. d. Waisenhauses. n. — 90

Keck, Heinr., deutsches Lesebuch. [In 3 Tln.] 2. Aufl. 2. und 3. Tl. gr. 8. Halle, Buchh. des Waisenhauses. à Tl. * M 1.20. * 2 40
Inhalt:
Tl. 2. Für Oberklassen gehobener evangelischer Volksschulen. (VI, 348 S.) 882.
• 3. Für die oberste Stufe von Bürger- und Mittelschulen. (V, 348 S.) 885.
1. Tl. Ebendas. 1884. * 90 Pf.

— — deutsches Lesebuch für die gehobene evangelische Volksschule. [In 3 Tln.] 1. Tl.: Für untere Klassen. 3. Aufl. gr. 8. (X, 228 S. mit 48 Holzschn.) Halle 884, Buchh. des Waisenhauses. *

Keck, Heinr. Deutsches Lesebuch f. die gehobene evangelische Volksschule. (In 3 Tln.) 1. Tl.: Für untere Klassen. 4. Aufl. gr. 8. (X, 228 S. m. 48 Holzschn.) Halle a. S. 890, Buchh. d. Waisenhauses. * — 90; geb. ** 1 20
2. u. 3. Tl. Ebd. 1882,85. * 2 40.

Keck, Heinr., deutsches Lesebuch f. d. gehob. evang. Volksschule. (In 3 Tln.) 2. Tl. Für obere Klassen. 3. Aufl. gr. 8. (VI, 351 S. m. Abb.) Halle 896. Buchh. d. Waisenhauses. n. 1. 20

Keck, Karl Heinr., und Chr. Johansen, norddeutsches Lesebuch. [Nicht-preußische Ausg.] Mit besond. Berücksicht. der Bedürfnisse der einklass. Volksschule hrsg. unter Mitwirkung von L. Meyn und A. Sach. 1.—5. Aufl. gr. 8. (VIII, 316 S. mit in den Text gedr. Illustr. in Holzschn.) Schleswig 868—70, Schulbuchh. *

— — — Mit besond. Berücksicht. der Bedürfnisse der einklass. Volksschule hersg. unter Mitwirkg. von L. Meyn u. A. Sach. Mit in den Text gedr. Illustr. (in Holzschn.) Ebend. 868. gr. 8. (VIII, 292 S.) n. 8 ngr; geb. n. 12 ngr; in engl. Einb. n. 14 ngr.

—— —— norddeutsches Lesebuch. [Nichtpreußische Ausg.] Mit besond. Berücksicht. der Bedürfnisse der einklass. Volksschule hrsg. unter Mitwirkung von L. Meyn und A. Sach. 6.—11. verb. Aufl. gr. 8. (VIII, 312 S. mit in den Text gedr. Illustr.) Halle 871—74, Buchh. des Waisenhauses. * 90 Pf.; geb. * 1 20

—— —— dass. — [Ausg. für Simultanschulen.] Mit besond. Berücksicht. der Bedürfnisse der einklass. Volksschule hrsg. unter Mitwirkung von L. Meyn und A. Sach. 8. sehr verb. Aufl. oder 51.—60. Tausend der verschiedenen Ausg. gr. 8. (VIII, 300 S. mit vielen in den Text gedr. Illustr.) Ebendas. 871. * — 80 geb. * 1 10

—— —— dass. — [Nichtpreußische Ausg.] Mit besond. Berücksicht. der Bedürfnisse der einklass. Volksschule hrsg. unter Mitwirkung von L. Meyn und A. Sach. 7. verb. Aufl., zugleich 12. Aufl. des norddeutschen Lesebuches. gr. 8. VIII, 328 S. mit in den Text gedr. Holzschn.-Illustr.) Ebendas. 876. * geb. *

— u. Chr. Johansen, norddeutsches Lesebuch. Mit besond. Berücksicht. der Bedürfnisse der einklass. Volksschule hrsg. unter Mitwirkg. v. L. Meyn u. A. Sach. 13. Aufl. m. in den Text gedr. (Holzschn.-) Illustr. gr. 8. (VIII, 312 S.) Ebend. 877. n. — 90

— u. Chr. Johansen, norddeutsches Lesebuch. Mit besonderer Berücksichtigung der Bedürfnisse der einklassigen Volksschule hrsg. unter Mitwirkung von L. Meyn u. A. Sach. 14. Aufl. m. in den Text gedr. (Holzschn.-)Illustr. von H. Leutemann u. A. gr. 8. (VIII, 330 S.) Halle 878. Buchhandlung des Waisenhauses. n. 1. —

—— und Chr. Johansen, norddeutsches Lesebuch. Mit besond. Berücksicht. der Bedürfnisse der einklass. Volksschule, hrsg. unter Mitwirkung von L. Meyn und A. Sach. 15. verb. Aufl. [nichtpreuß. Ausg.]. (VIII, 368 S. mit 75 eingedr. Holzschn.); 16. verb. Aufl., mit 78 (eingedr.) Holzschn. nach Zeichnungen von H. Leutemann, F. A. Joerdens u. A. gr. 8. (VIII, 342 S.) Halle 883, Buchh. des Waisenhauses. *

—— und Chr. Johansen, norddeutsches Lesebuch. Mit besond. Berücksicht. der Bedürfnisse der einklass. Volksschule, hrsg. unter Mitwirkung von L. Meyn und A. Sach. 17. und 18. verb. Aufl. (Nichtpreuß. Ausg. ohne Anhang.) gr. 8. (VIII, 342 S. mit 78 Holzschn. nach Zeichnungen von H. Leutemann, F. A. Joerdens u. a.) Ebendas. 886. *M 1.10.; geb. **

— u. Chr. Johansen, norddeutsches Lesebuch. Mit besond. Berücksicht. der Bedürfnisse der einklass. Volksschule hrsg. unter Mitwirkg. v. L. Meyn u. A. Sach. 19., verb. Aufl. m. 78 Holzschn. nach Zeichngn. v. H. Leutemann, F. A. Joerdens u. a. gr. 8. (VIII, 346 S.) Ebd. 890. n.n. 1.70; geb. n.n. 2.—

— u. Chr. Johansen, norddeutsches Lesebuch. M. bes. Berücksicht. d. Bedürfnisse d. einklass. Volksschule hrsg. unt. Mitwirkg. v. L. Meyn u. A. Sach. 20., verb. Aufl. gr. 8. (VIII, 346 S. m. 78 Holzschn.) Ebd. 895. n.n. 1.10; geb. in Halbldr. n. 1.45

— — dasselbe. (Nichtpreuß. Ausg.) 21., verb. Aufl. gr. 8. (VIII, 368 S. m. 75 Holzschn.) Ebd. 895. n.n. 1.20; geb. in Halbldr. n.n. 1.55

Keck, H., u. Chr. Johansen, norddeutsches Lesebuch. Mit besond. Berücksicht. der Bedürfnisse der einklass. Volksschule hrsg. unter Mitwirkg. v. L. Meyn u. A. Sach. 22. verb. Aufl., durchgesehen v. Aug. Sach. Mit 78 Holzschn. nach Zeichngn. v. H. Leutemann, F. A. Joerdens u. a. gr. 8. (VIII, 354 S.) Halle 900. Buchh. des Waisenhauses. n. 1.10; geb. in Halbldr. n.n. 1.45

Keck, Heinr., u. Chr. Johansen, norddeutsches Lesebuch Mit besond. Berücksicht. der Bedürfnisse der ein- u. zweiklass. Volksschule. 23. Aufl., unter Mitwirkg. v. E. Kammerhoff u. anderen Schulmännern neubearb. v. Christian Alberti u. Aug. Sach. 2 Tle. gr. 8. Halle 905. Buchh. des Waisenhauses. Geb. n.n. 2.80

1. Unterstufe. (VI, 124 S.) n.n. —80
2. Mittel- u. Oberstufe. (XII, 580 S.) n.n. 2.—

— s.: Lesebuch, norddeutsches — Lesebuch, vaterländisches.

—— —— vaterländisches Lesebuch für die evangelische Volksschule Norddeutschlands. Hrsg. unter Mitwirkung von L. Meyn und A. Sach. 1. und 2. Aufl. gr. 8. (VIII, 456 S. mit in den Text gedr. Illustr. in Holzschn.) Schleswig 868,70, Schulbuchh. * 1 30

—— —— dass. — für die mehrklassige evangelische Volksschule Norddeutschlands. Unter Mitwirkung von L. Meyn und A. Sach, mit Anhängen von H. C. W. Bartholomäus und W. Dietlein, Stahl und Wickel, C. Wagner u. A. 3.—6. verb. und verm. Aufl. gr. 8. (X, 446 S. mit in den Text gedr. Illustr.) Halle 871—74, Buchh. des Waisenhauses. * 1 30
geb. * 1 80

Anhänge hierzu à * 10 und * 20 Pf.:
Zur Heimatskunde: Die Mark Brandenburg in geschichtl. und geograph. Bildern bearb. von F. Tiegs. 873.
Zur Heimatskunde: Die Provinz Hannover in geschichtl. und geograph. Bildern von H. C. W. Bartholomäus. 868.
Zur Heimatskunde: Die Provinz Hessen in geschichtl. und geograph. Bildern von C. Wagner. 868.
Zur Heimatskunde: Die Provinz Nassau in geschichtl. und geograph. Bildern von J. Wickel und H. Stahl. 868.
Zur Heimatskunde: Die Provinz Sachsen von W. Dietlein. 869.
Zur Heimatskunde: Die Provinz Schleswig-Holstein in geschichtl. und geograph. Bildern von Aug. Sach. 868.
Zur Heimatskunde: Das Königr. Sachsen in geschichtl. und geograph. Bildern bearb. von H. Stiehler. 870.
Zur Heimatskunde: Die Großherzogth. Mecklenburg-Schwerin und Mecklenburg-Strelitz in geschichtl. und geograph. Bildern bearb. von A. Raettig. 870.

— — — Mit Anh.: Zur Heimathskunde. Die Provinz Hannover in geschichtl. u. geograph. Bildern von H. C. W. Bartholomäus. Ebend. 868. gr. 8. (VIII, 552 S.) n. 14 ngr.; geb. n.n. 17 ngr.; der Anh. apart n. 5 ngr.

— — — Mit Anh.: Zur Heimathskunde. Die Provinz Hessen in geschichtl. u. geograph. Bildern von C. Wagner. Ebend. 868. gr. 8. (VIII, 512 S.) n. 14 ngr.; geb. n.n. 17 ngr.; der Anh. apart n. 4 ngr.

— — — Mit Anh.: Zur Heimathskunde. Die Provinz Nassau in geschichtl. u. geograph. Bildern von J. Wickel u. H. Stahl. Ebend. 868. gr. 8. (VIII, 496 S.) n. 14 ngr.; geb. n.n. 17 ngr.; der Anh. apart n. 4 ngr.

— — — Ausg. für die Prov. Sachsen. Ebend. 869. gr. 8. (VIII, 512 S.) n. 14 ngr.

— — — Mit Anh.: Zur Heimathskunde. Das Königr. Sachsen in geschichtl. u. geograph. Bildern bearb. von H. Stiehler. Ebend. 870. gr. 8. (VIII, 424 u. Anh. 63 S.) n. 14 ngr.; der Anh. apart n. 3 ngr.

— — — Mit Anh.: Zur Heimatskunde. Die Großherzogth. Mecklenburg-Schwerin u. Mecklenburg-Strelitz in geschichtl. u. geograph. Bildern. Bearb. von A. Raettig. Ebend. 868. gr. 8. (VIII, 316 u. Anh. 53 S.) n. 10 ngr.; der Anh. apart n. 3 ngr.

— — — Mit Anh.: Zur Heimathskunde. Die Provinz Schleswig-Holstein in geschichtl. u. geograph. Bildern von Aug. Sach. Ebend. 868. gr. 8. (VIII, 520 S.) n. 14 ngr.; geb. n.n. 17 ngr.; der Anh. apart n. 4 ngr.

— — vaterländisches Lesebuch f. die mehrklassige evangelische Volksschule Norddeutschlands. Unter Mitwirkg. v. L. Meyn u. A. Sach. 6. Aufl. m. in den Text gedr. Illustr. (in Holzschn.) gr. 8. (X, 446 S.) Ebend. 875. n. 1.30

—— —— vaterländisches Lesebuch für die mehrklassige evangelische Volksschule Norddeutschlands. Unter Mitwirkung von L. Meyn und A. Sach, mit Heimathskunden von H. C. W. Bartholomäus, W. Dietlein, C. Wagner, Stahl und Wickel, C. H. Wichmann u. A. in Form besonderer Anhänge, hrsg. 7. Aufl. gr. 8. (X, 474 S. mit in den Text gedr. Holzschn.-Illustr.) Ebendas. 878. * M 1,40.; geb. *

—— —— vaterländisches Lesebuch für die mehrklassige evangelische Volksschule Norddeutschlands. Unter Mitwirkung von L. Meyn und A. Sach, mit Heimathskunden von H. C. W. Bartholomäus, W. Dietlein, C. Wagner, Stahl und Wickel, C. H. Wichmann u. A. in Form besond. Anhänge hrsg. 8. Aufl. (X, 474 S. mit in den Text gedr. Holzschn.-Illustr.) 1880; 9. verb. Aufl. mit 68 (eingedr.) Holzschn. nach Zeichnungen von H. Leutemann, F. A. Joerdens u. A. gr. 8. (X, 488 S.) Ebendas. 883. *

—— —— vaterländisches Lesebuch für die mehrklassige evangelische Volksschule Norddeutschlands. Unter Mitwirkung von L. Meyn und A. Sach, mit Heimatskunden von H. C. W. Bartholomäus, W. Dietlein, C. Wagner, Stahl und Wickel, C. H. Wichmann u. a. in Form besonderer Anhänge. 10. und 11. verb. Aufl. gr. 8. (X, 488 S. mit 68 Holzschn. nach Zeichnungen von H. Leutemann, F. A. Joerdens u. a.) Ebendas. 885,87. M 1.40.; geb. ** 1 75
Anhang dazu, s. Dietlein, W., die Provinz Sachsen.

— — vaterländisches Lesebuch f. die mehrklassige evangelische Volksschule Norddeutschlands. Unter Mitwirkg. v. L. Meyn u. A. Sach, m. Heimatskunden v. H. C. W. Bartholomäus, W. Dietlein, C. Wagner, Stahl u. Wickel, C. H. Wichmann u. a. in Form besonderer Anhänge hrsg. 12., verb. Aufl. m. 68 Holzschn. nach Zeichngn. v. H. Leutemann, F. A. Joerdens u. a. gr. 8. (X, 491 S.) Ebd. 890. n. 1.40; geb. n. 1.65

Keck, H., u. Chr. Johansen, vaterländisches Lesebuch f. die mehrklassige evangelische Volksschule Norddeutschlands. Unter Mitwirkg. v. L. Meyn u. A. Sach, m. Heimatskunden v. H. C. W. Bartholomäus, W. Dietlein, C. Wagner, Stahl u. Wickel, C. H. Wichmann u. a. in Form besonderer Anhänge. 13., verb. Aufl., m. 68 Holzschn. nach Zeichngn. v. H. Leutemann, F. A. Joerdens u. a. gr. 8. (XII, 492 S.) Halle a/S. 893. Buchh. d. Waisenhauses. n. 1.40; geb. n.n. 1.75

— — vaterländ. Lesebuch f. d. mehrklass. evang. Volksschule Norddeutschlands. Unt. Mitwirkg. v. L. Meyn u. A. Sach, m. Heimatskunden v. H. C. W. Bartholomäus, W. Dietlein, C. Wagner, Stahl u. Wickel, C. H. Wichmann u. a. in Form bes. Anhänge. 14., verb. Aufl., m. 68 Holzschn. nach Zeichngn. v. H. Leutemann, F. A. Joerdens u. a. gr. 8. (XII, 492 S.) Ebd. 895.
n. 1.40; geb. in Halbldr. n. 1.80

- - Dass. 15.Aufl.Ebda.1899. (XII, 498 S.)

Keck, H., u. Chr. Johansen, vaterländisches Lesebuch f. d. mehrklassige evangel. Volksschule Norddeutschlands. Unt. Mitwirkg. v. L. Meyn u. A. Sach, m. Heimatskunden v. H. C. W. Bartholomäus, W. Dietlein, C. Wagner, Stahl u. Wickel, C. H. Wichmann u. a. in Form besond. Anhänge hrsg. 16. verb. Aufl., unter Berücksicht. der neuen amtl. Rechtschreibg. besorgt v. Aug. Sach. Mit 68 Holzschn. nach Zeichngn. v. H. Leutemann, F. A. Joerdens u. a. gr. 8. (XII, 498 S.) Halle 902. Buchh. des Waisenhauses.
n. 1.40; geb. in Halbldr. n. 1.80

— — vaterländisches Lesebuch f. die mehrklassige evangelische Volksschule. 17. Aufl., unter Mitwirkg. v. E. Kammerhoff u. anderen Schulmännern neubearb. von Christian Alberti u. Aug. Sach. 3 Tle. gr. 8. Ebd. 905.
Geb. n.n. 4.10
1. Unterstufe. (VI, 124 S.) n.n. —80. — 2. Mittelstufe. (VIII, 288 S.) n.n. 1.10. — 3. Oberstufe. (XII, 576 S.) n.n 2.20. Begleitwort f. Lehrer f. beide Ausgaben (32 S.) unberechnet.

Keck, Henr., de Horatii epist. lib. I. Critica ad Ludov. Doederlinum epistola. 4. (32 S.) Kiel 857, Schroeder und Comp. *

—— s. Litteraturblatt, deutsches.

Zum 22. März 1879. (Von Heinrich Keck.) Husum. 1879. 4°.
Husum, Gymn.-Progr.

Keck, Karl Heinr., die Pfingstweihe oder die Einsegnung. Ein Idyll in drei Gesängen. 3. Aufl. 8. (67 S.) Gotha 882, F. A. Perthes. *ℳ 1,20.; geb. *

—— Sedan. Ein deutsches Heldengedicht. 8. (69 S.) Halle 873, Buchh. des Waisenhauses. *ℳ 1.; geb. 2 —

Tagebuch eines Kriegsgefangenen [d. i.: Karl Heinrich Keck] auf „Dronning Marie" April bis September 1848. Hrgg. zur Erinnerung an den 24. März 1848. Garding. 1873. 8°.

(Keck, Karl Heinrich:) De Sophoclis Antigonae versibus 263, 418, 905, 1080–83. Epistola ad Mauritium Seyffertum. Schleswig 1866. 4°

Keck, Karl Heinrich: Die Wahrheit über Probst Nievert in Altona und die an ihm verübte Volksjustiz. Glückstadt 1864. 8°

Keck: Apollons Wahrspruch in Aeschylos Choephoren 266-302 13 S.–Schleswig, Progr. 1868

Keck, H., über das Wesen der Bildung u. den Antheil des Gymnasiums an demselben. Eine Schulrede gehalten am 22. März 1867 auf dem Schlosse Gottorp. Schleswig 867. Spethmann & Co. gr. 8. (27 S.) n. 5 ngr.

Das Bell'sche Telephon und unsere Sprachlaute. Mit Zeichnungen. — Von Ludwig Keck, G.-P. — 1894, Nürnberg, ebenda. — S. 3–40.
Progr. Nürnberg, Realgymn.

— Ludwig Albert Friedr. (Oettingen), De jure praesentandi assessorem cameralem in genere, et in circulo Saxoniae inferioris in specie. Discussio jurispubl. acad. Präs. D. Jo. Paul Kress. Helmstedt (Paul Dietrich Schnorr) März 1734. 158 S. (11.—) 17598

— — Dasselbe. Ed. II. Helmstedt (Schnorr) 1744. 98 S. mit Widm. v. Präs. (7.—) 17599

Keck, Luise, Kochbuch f. Norddeutschland, insbesondere f. Schleswig-Holstein u. Mecklenburg. 8. (VI, 224 S. m. 1 Taf.) Schleswig 894. (L. Detleffsen.) Geb. in Leinw. n. 2. —

Keck, Luise, Kochbuch f. Norddeutschland insbes. f. Schleswig-Holstein u. Mecklenburg. 2., durchges. u. verm. Aufl. 8. (XV, 221 S. m. 1 Taf.) Schleswig 896. J. Bergas.
Geb. n. 2. —

Keck, Luise, Kochbuch f. Norddeutschland insbesondere f. Schleswig-Holstein u. Mecklenburg. 3. durchgeseh. u. verm. Aufl. (XV, 221 S. m. 1 Taf.) kl. 8. Schleswig 905. J. Bergas Verl. Geb. n. 2. —

Kochbuch für Norddeutschland, insbesondere für Schleswig-Holstein und Mecklenburg. Hrsg. von Luise Keck. 4. unveränd. Aufl. Schleswig: J. Bergas 1906. (XV, 221 S.) 8° [F.] [06. 9804

Keck, Manfred, Assistent an der Klinik für kleinere Haustiere der Königl. Tierärztlichen Hochschule in Stuttgart: Beitrag zur Kenntnis der Milchdrüsengeschwülste beim Hunde. ⟨Aus der Klinik für kleinere Haustiere der Königlichen Tierärztlichen Hochschule Stuttgart. Vorstand: Prof. Uebele.⟩ Stuttgart 1908. 40 S. und eine Tafel. 8°. [16. VII. 08.]
Bern. Vet.-med. Diss. 1908/09

Keck, Otto, quaestiones Aristophaneae historicae. gr. 8. (81 S.) Halle 876. Buchh. d. Waisenh. n. 1.50

Keck, Peter: Diss. de Clavo, s. Camerarius, Rud. Jac. [Praes.]

Keck, Rob., Liebestreu. Dramatisches Gedicht in 5 Aufzügen. 16. (VIII, 192 S.) Leipzig 882. Johannssen. n. 2. —

Keck, Robert, Verf. von: Mitteilungen z. Geschichte d. Stadt Dietz s. Heck, Robert. [10. 17884

Keck, St., Ueb. den Dual bei den griech. Rednern mit Berücks. der att. Inschriften. Diss. 1882. 64 S. 1.20

Keck, S., über den Dual bei den griechischen Rednern mit Berücksicht. der attischen Inschriften, s.a. Beiträge zur historischen Syntax der griechischen Sprache.

Keck, Theodor [app. Arzt aus Schleswig]: Aus d. Laboratorium d. pharmakognost. Sammlung in Kiel. Beitrag zur Kenntnis der Wirkung des Pikrotoxinin ... Kiel, Druck v. C. Böckel, 1891; 17 S., 1 Bl. 8.
Kiel, Med. Fak., Inaug.-Diss. v. [14. Dez.] 1891

— Wilhelm (Leipzig), De principali causa dissensionum inter Labeonem et Capitonem horumque sectatores. Präs. Carl Ferdinand Hommel. Lpz. (Langenheim) 16. VII. 1750. 40 S. mit Widm. an d. Präs. (6.—) 17600

—— über die Ermittlung der Spannungen in Fachwerksträgern, mit Hülfe der graph. Statik. Nach Culmann's „graph. Statik" [Zürich 1866] bearb. gr. 4. (23 S. mit Zeichnungen in eingedr. Holzschn. und 1 Stnt. in qu. Fol.) Ebendas. 872. * 1 —

Keck, Wilh., Fragen üb. die wichtigsten Gegenstände aus dem Gebiete der Mechanik. 4. Aufl. gr. 8. (16 S.) Hannover 901. Helwing. n. — 50

Keck, Wilhelm, Grundbesitzer gebts Acht! Ein Mahnwort betreffs des Reclamations-Verfahrens. 8. (15 S.) geh. 10 kr. nur baar. Wels: Haas 1881.

Keck, Wilh., Rechen-Künste u. Zeichnungen, dann Zusammenleg- u. Langweil-Spiele f. Kinder u. die erwachsene Jugend, zur Uebg. im Rechnen u. Zeichnen, dann zur Unterhaltg. u. zugleich zur Schärfg. d. Augenmaßes u. Gedächtnisses. Mit 144 bildl. Darstellgn. 8. (VII, 170 S.) Wels 890. (Prag, G. Neugebauer.) n. 2. —

Keck, W., über das zu Brücken-Constructionen zu verwendende Schmiedeeisen, Blech- und Façoneisen, unter Zugrundelegung einer Arbeit des Maschinen-Verwalters Lichtenberg. gr. 8. (42 S. mit eingedr. Holzschn. und 1 lithogr. Taf. in gr. Fol.) Hannover 868, Schmorl und v. Seefeld. * 1 —
Aus: Zeitschrift des hannoverschen Architecten-Vereins, besonders abgedruckt.

Keck, Wilh., Vorträge üb. Elasticitäts-Lehre als Grundlage f. die Festigkeits-Berechnung der Bauwerke. 2 Thle. gr. 8. Hannover, Helwing's Verl. n. 10. —
1. (VI, 162 S. m. 149 Fig.) 892. n. 4. 50
2. (VIII u. S. 163—381 m. 151 Fig.) 893. n. 5. 50

Keck, Wilh., Vorträge üb. Elastizitäts-Lehre als Grundlage f. die Festigkeits-Berechnung der Bauwerke. 2. verm. Aufl., neu bearb. v. Ludw. Hotopp. 1. Tl. (VIII, 306 S. m. 209 Holzschn.) gr. 8. Hannover 905. Helwing. n. 8. —; geb. in Leinw. n. 9. —

Keck, Wilh., Vorträge üb. Elastizitäts-Lehre als Grundlage f. die Festigkeits-Berechnung der Bauwerke. 2. verm. Aufl., neu bearb. v. Ludw. Hotopp. 2. (Schluss-)Tl. (VIII, 418 S. m. 214 Holzschn.) gr. 8. Hannover 908. Helwing. 10. —; geb. in Leinw. 11. —
1. Tl. Ebd. 905. 8. —; geb. 9. —

Keck, Wilh., Vorträge üb. Mechanik als Grundlage f. d. Bau- u. Maschinenwesen. 3 Thle. gr. 8. Hannover, Helwing. n. 32. —; Einbde. à 1. 50
1. Mechanik starrer Körper. (VII, 317 S. m. 389 Holzschn.) 896. n. 10. —
2. Mechanik elastisch-fester u. flüss. Körper. (VIII, 367 S. m. 364 Holzschn.) 897. n. 12. —
3. Allgem. Mechanik. M. 206 Holzschn. (VIII, 280 S.) 898. n. 10. —

— Vorträge üb. Mechanik als Grundlage f. das Bau- u. Maschinenwesen. I. u. II. Thl. gr. 8. Ebd. n. 22. —; geb. n. 25. —
I. Mechanik starrer Körper. 2. Aufl. (VII, 330 S. m. 394 Holzschn.) 900. n. 10. —; geb. n. 11. 50
II. Mechanik elastisch-fester u. flüss. Körper. 2. Aufl. (X, 380 S. m. 364 Holzschn.) 901. n. 12. —; geb. n. 13. 50

— Vorträge üb. Mechanik als Grundlage f. das Bau- u. Maschinenwesen. 1. Tl. Mechanik starrer Körper. 3. Aufl., bearb. v. Ludw. Hotopp. (IX, 354 S. m. 418 Holzschn.) gr. 8. Ebd. 905. n. 10. —; geb. n. 11. 50

— Vorträge üb. Mechanik als Grundlage f. das Bau- u. Maschinenwesen. 2. Tl.: Mechanik elastisch-fester u. flüss. Körper. 3. Aufl., bearb. v. Ludw. Hotopp. (XII, 384 S. m. 365 Holzschn.) gr. 8. Ebd. 909. 12. —; geb. 13. 50

Keck, Wilh., Vortr. üb. graph. Statik m. Anwendg. auf die Festigkeits-Berechng. d. Bauwerke, als Anh. zu d. Verf. „Vorträgen üb. Elasticitätslehre". gr. 8. (VII, 99 S. m. 83 Holzschn. u. 4 Taf.) Ebd. 894. n. 3. 50

— Vorträge üb. graphische Statik m. Anwendung auf die Festigkeits-Berechnung der Bauwerke, als Anh. zu des Verf. „Vorträgen üb. Elasticitätslehre". 2. unveränd. Aufl. gr. 8. (VII, 99 S. m. 83 Holzschn. u. 4 Taf.) Ebd. 902. Geb. in Leinw. n. 3. —

— s.: Zeitschrift d. Architekten- u. Ingenieur-Vereins zu Hannover.

Keck v. Schwarzbach, K., Nachrichten von der Familie deren Keck von Schwarzbach. Sorau 1793.

Keckeis, Gustav. Von jungen Menschen. Eine Erzählung von G' K' [aus Basel]. II + 118 S. 8. Frankfurt a. M., Moritz Diesterweg, [1906]. [M. 2. —, geb. 3. —]

Keckeis, Gustav: Dramaturgische Probleme im Sturm und Drang. Bern 1907. IV + 80 S. 8°. [13. VII. 06.]
Bern. Phil. Diss. 1906/1907.

Dramaturgische Probleme im Sturm und Drang. Von Dr. Gustav **Keckeis**. Bern: A. Francke 1907. (134 S.) 8°
— **Untersuchungen** z. neueren Sprach- u. Literatur-Geschichte. H. 11 Jo7. 6625

Keckeis, J., die nichttödtlichen Verletzungen. Eine gerichtlich-medicinische Studie. (Abdr. aus der „Wiener Medizinal-Halle.") Wien 862. (Braumüller.) gr. 8. (2 Bl., 67 S.) n. 16 ngr.

Keckeisen, J. B., das Steuer- und Katasterwesen mit besond. Rücksicht auf die Verhältnisse in Württemberg und Vorschläge über die hier zu gebenden weitern Verordnungen rc. gr. 8. (VIII und 106 S.) Stuttgart 848, Cotta'sche Buchh.

Keckeisen, J. B., über den Zweck, die Form u. Einrichtung der Gemeinde-Güter- und Steuerbücher, mit Hinweisung auf die dießfallsigen Verfügungen vom 3. Dez. 1832 u. 6. Dez. 1836. Nebst Beleuchtung der hiegegen erhob. Einwendungen rc. Mit 4 Formul. gr. 8. Leonberg 837. (Stuttgart, Neff.) n. 5/6 rtf

Ein Beitrag zur Frage der wirtschaftlichen Entwickelung von Deutsch-Südwest-Afrika. Von **Kecker**, Hauptm. im Eisenbahn-Regt Nr. 3. Brandenburg a. H.: M. Evenius in Komm. 1903. (38, 11 S.) 8° [F.] 03. 9676

Kecker, G., üb. d. Anlage v. Uebergangs-Bahnhöfen u. d. Betrieb viergleis. Strecken. M. e. Vorworte v. A. Goering u. 31 Abb. im Text. [Aus: „Organ f. Eisenb.-Wesen".] gr. 8. (VI, 45 S.) Wiesbaden 898. C. W. Kreidel. n. 1. 20

Kecker, G., die Signalordnung für die Eisenbahnen Deutschlands. Bemerkungen dazu gemacht und Alles schön in Reim' gebracht. 8. (41 S.) Wiesbaden 888, Bergmann. * — 80

Kecker, G., vergleichende Studien üb. Eisenbahn-Signalwesen unter besond. Berücksicht. der deutschen, englischen, französischen u. belgischen Signal-Einrichtungen. gr. 8. (84 S.) Wiesbaden 883. Bergmann. n. 2. —

Keckheit, dänische, und deutsche Schwäche. Ein Mahnruf an das deutsche Volk. Zum 18. Octbr. 1863. gr. 8. (54 S.) Coburg 863, Streit's Verlag. *

—— 2. Aufl. ebd. 1863.

Kecskemét [Schlagwort]

Kecskemét, s.: Europa. Generalkarte. Liebenow.

Kecskeméthy, Aurel v., ein Jahr aus der Geschichte Ungarns. Vom 20. Octbr. 1860 bis zur Einführung des Provisoriums. Wien 862. Gerold. Lex.-8. (2 Bl., 196 S.). n. 1 Rthlr 10 ngr.

Kecskeméthy, Aurel. v., Graf Stephan Széchenyi's staatsmännische Laufbahn, seine letzten Lebensjahre in der Döblinger Irrenanstalt und sein Tod. gr. 8. (136 S.) Pest 866, (Gebr. Lauffer.) *

(KEDD, JODOCUS S. J.:) Dilemmata Oder Zweystossige Mauerbrecher Lutriches Irr-Geistes, In zwölf Fragen abverfast, und der Catholischen Prespurgisch- und Oedenburgischen Gemeinde zu tröstlichen Unterweiß, denen Un-Catholischen aber zur Warrnung und Widerkehr Vorgestellt Durch einen Priester der Gesellschafft Jesu allda, im 1664. Jahr. Gedruckt zu Türnau in der Academischen Buchdruckerei. Jahr 1710. (6 f.) - 8°

Kedenburg, Diedrich

Kedenburg, D., Predigt zur 25jährigen Gedenkfeier der Erhebung Schleswig-Holsteins am 24. März 1873 gehalten. gr. 8. (14 S.) Kiel 873, Schwers'sche Buchh. — 40

Keder, Nikolaus

— nummorum in Hibernia cusorum indagatio, etc. 4. ibid. 780.

Keder, Nic., de nummis aliquot diversis, ex argento praestant. 4. Lps. Gleditsch. 706.

— nummus aureus antiq. atq. perrar. Othinum exhibens. 4. Lps. 772.

Keder, Nikolaus: Runae in nummis vetustis diu quaesitae tandemque ibidem feliciter inventae. Seu de Nummis Runicis commentatio. Lipsiae: Gleditsch 1704. 4°

Kedesdy, E., die Sprengstoffe, s.a. Bibliothek der gesamten Technik.

Die Sprengstoffe. Darstellung u. Untersuchung d. Sprengstoffe u. Schiesspulver. Von E. **Kedesdy**. Mit 81 Abb. Hannover: Jänecke 1909. VI, 283 S. 8°
(Bibliothek d. gesamten Technik. Bd 105.) [09. 10987 7

Kedesdy, Erich, aus Berlin: **Beiträge** zur Kenntnis der 1,3-Diketonsäure- und 1,3 Ketonsäure-Ester. *Kiel 1900: P. Peters.* (40 S.) 8°
Kiel, Phil. Diss. v. [2. Juni] 1900

Keding. Syntax des französischen Theilungsartikels. Guhrau, H. B., 1870. Progr.

Keding, C., u. A. F. **Meyer**, Liederbuch für die dreistimmigen Sängerchöre der Realschulen II. O., Progymnasien, höheren Bürgerschulen, Mittelschulen, höheren Töchterschulen etc. gr. 8. (IV, 116 S.) Metz 879. Deutsche Buchhandlung. n. 1. 20

Keding, C., Liederschatz f. höh. Schulen, s.: **Noack**, G.

Keding, Joach. Christian (Güstrow), De limitibus justitiae, aequitatis, juris aggratiandi et arbitrii judicis, vulgo: Auf Rath der Rechts=Gelehrten. Disp. inaug. Präs. Ern. Jo. Frid. Mantzel. Rostock April 1738, Jena (Jo. Bernh. Heller) 1741. 44 S., tlws. dtsch. (6.50) 17603

Keding, Max, a. Barth in Pommern: (Aus dem Botanischen Institut in Kiel.) Weitere Untersuchungen über stickstoffbindende Bakterien. Kiel 1906: Schmidt & Klaunig. (S. 275—307.) 4° ¶ (Aus: Wissensch. Meeresuntersuchungen. Abt. Kiel. N. F. Bd 9.)
Kiel, Phil. Fak., Ref. Reinke, Dis . v. 15. Aug. 1906
[Geb. 4. Juli 82 Barth in Pommern; Wohnort: Barth; Staatsangeh.: Preußen; Vorbildung: Pädagogium Putbus Reife O. 02; Studium: Marburg 3, Kiel 5 S.; Rig. 26. Juni 06.]

Keding, **Paul**: Aus d. Rostocker chir. Universitätskl. Bericht über 192 operativ behandelte Fälle von Magenkrebs. Rostock 1909: Adler. 107 S. 8°
Rostock, Med. Diss. v. 26. Mai 1910, Ref. Müller
[Geb. 17. Mai 86 Rostock; Wohnort: Rostock; Staatsangeh.: Mecklenburg-Schwerin; Vorbildung: Gymn. Rostock Reife O. 04; Studium: München 2, Rostock 8 S.; Coll. 20. April 09; Approb. 10. Mai 10.] [U 10. 3908

Keding, Paul, Arzt aus Pommern: Die **Parasiten-Theorie** der Geschwulstentstehung im Vergleiche zu den tatsächlichen Erfahrungen über multiple Primärtumoren. *Greifswald 1903: H. Adler.* (61 S.) 8°
Greifswald, Med. Diss. v. 1. Apr. 1903

Keding, Willy, a. Stettin: Photochemische und optische Untersuchungen über die Fulgidgruppe, insbesondere über das Diphenylfulgid und seine Photoanhydride. Weida i. Th. 1907: Thomas & Hubert. (125 S.) 8°
Leipzig, Phil. Fak., Ref. Hantzsch-Beckmann, Diss. v. 18. Nov. 1907
[Geb. 8. Dez. 76 Stettin; Wohnort: Leipzig; Staatsangeh.: Preußen; Vorbildung: Marienstiftsgymn. Stettin Reife f. Prima; Studium: Leipzig 10 S.]

Kedrich, der. Eine Dichtung nach Rheinsagen von A. M. in C. 8. (IV, 199 S. mit 1 Chromolithogr.) Aachen 872, Mayer.

Keeffe, s.: O'Keeffe.

Keegan, W., kaufmännische Phraseologie in französ. u. engl. Sprache, mit deutscher Uebersetzung u. e. Register. gr. 8. Hamb. 824. N. A. 832. Campe. 1 Rthlr Hbg. Pr. 18 ß

Keel, Adph., Bündner-Tourist. 1650 Höhen-Angaben v. Bergspitzen u. Pässen. 16. (63 S.) Chur 902. H. Stehli. n. 1. —

— Post- u. Eisenbahn-Distanzen des Kantons Graubünden m. Höhenangabe der Gemeinden. gr. 16. (80 S.) Ebd. (902). n.n. — 90

— Churer Postkarten-Verse. 12. (7 S.) Ebd. (899). n.n. — 10

Keel, Georg [von Rorschach]: **Industrielle und kommerzielle Ringe und Kartelle und ihre strafrechtliche Behandlung. Dogmatisch-historisch bearbeitet.** Zürich 1897. 142 S. 8°.
Zürich. Jur. Diss. 1897/98.

KEEL, Johann Josef: Anleitung zur Anlage, Pflege und Benutzung der Laub- und Nadelholz-Saatbeete nach den neueren, wohlfeileren Kulturmethoden. - St. Gallen 1865. 25 S., 4 Taf.

KEEL, Johann Josef: Kurze Anleitung zur Behandlung der Waldungen. Ein Hand- und Taschenbuch zum Selbst-Unterricht und praktischen Gebrauch, zusammengestellt und bearbeitet zunächst für die Bannwarte der Staats-, Gemeinde- und Korporations-Waldungen des Kantons St. Gallen, Ortsverwaltungen, Rhodmeister und Privatwaldbesitzer. - St. Gallen 1854. 328 S.

Keel, Jos., der Bannwartenfreund. Ein kurz gefaßtes Lehrbuch für Förster und Bannwarte zum Selbststudium und zum Gebrauche bei Forstlehrkursen. 8. (X, 200 S. mit eingedr. Holzschn.) St. Gallen 870, Sonderegger. *

Keel, Joh. Jos., e. Pilgerfahrt zur Wiege d. Christenthums. gr. 8. (VIII, 162 S.) St. Gallen 876. Sonderegger. n. 1. 40

Keel, J., Tafeln z. Bestimmung d. Kubik-Inhalts der runden Hölzer, nach zehntheiligem Maß berechnet. gr. 8. (4 B.) St. Gallen 837, [Scheitlin u. Zollikofer.]

—— Vademecum des Försters, praktisches Handbuch für Forstbeflissene. 16. (XXII, 398 S. mit eingedr. Holzschn.) (Ebendas.) 869. *

Keel, Carl, aus Rebstein (St. Gallen), prakt. Arzt in Nieder-Uzwil: Aus dem Kinderspital Zürich. Casuistischer Beitrag von nicht tuberkulösen Geschwulst-Bildungen im Gehirn bei Kindern. Mit einer Tafel. Zürich 1906. VIII + 34 S. 8°. [26. VII. 06.]
Zürich. Med. Diss. 1905/1906.

Keel, C[arl]. Manuale parvum ad usum Sacerdotum maxime curam animarum gerentium in ampliorem formam redactum a Dr. C. K', Cancellari episcopalio. [Cum 2 tabulis.] 207 p. 8. Einsidlæ *etc.*, Benziger & soc., 1902. [geb. fr. 2. 50]

Keel, Leo

Keel, L., exurge! Gebetbuch in Worten der heil. Schrift, m. Mahngn. der heil. Schrift zu religiösem Leben. gr. 16. (189 S. m. 1 Stahlst.) Einsiedeln 890. Benziger & Co. geb. m. Goldschn. n. 2. 40

Keel, Leo, Feuer und Flammen. In Gebeten heil. Väter und Gesängen kathol. Dichter. Ein Gebet- und Erbauungsbuch. [Mit den deutschen Liedern.] 32. (414 S. mit 1 Stahlst.) Einsiedeln 870, Gebr. Benziger.

Keel, Leo, Himmelsblumen. In Gebeten heiliger Väter u. Gesängen katholischer Dichter. Ein Gebet- u. Erbauungsbuch. Mit den deutschen Liedern. 16. (414 S. m. 4 Stahlst.). Einsiedeln 879. Benziger. 1. 15

Keel, Leo, O. S. B., der Prediger Salomons. Erklärt f. d. christl. Gesellschaft. 8. (326 S.) Regensburg 897. Nationale Verlagsanstalt. n. 3. —

— Sirach. D. Buch v. d. Weisheit, verf. v. Jesus, dem Sohne Sirach's, erklärt f. d. christl. Volk. gr. 8. (IV, 873 S.) Kempten 896. J. Kösel. 4. —

—— die jenseitige Welt. Eine Schrift über Fegfeuer, Hölle und Himmel, der diesseit. Welt zur Beherzigung. In 3 Büchern. gr. 8. Ebendas.

Inhalt:
Buch 1. Das Fegfeuer. (239 S.) 868. ℳ 3,60.
» 2. Die Hölle. (284 S.) 868. ℳ 3,90.
» 3. Der Himmel. (403 S.) 869. ℳ 4.50.

Keel, Leo, die jenseitige Welt. Eine Schrift üb. Fegfeuer, Hölle u. Himmel, der diesseitigen Welt zur Beherzigung. In 3 Büchern. gr. 8. (239, 283 u. 403 S.) Einsiedeln 871. Benziger. 10. —

Keel, P. L., Wirksamkeit der jüdischen Propheten. Progr. z. Jahresbericht 1875/76 d. Benedik. Stiftes Einsiedeln. 38 Stn. gr. 8. Einsiedeln, Gebr. Benziger. 1876. 2. —

Keel, Leo (P.). Die Wirksamkeit d. jüdischen Propheten (Schluss). Jahresbericht über die Lehr- u. Erziehungsanstalt Maria Einsiedeln. 1878 bis 1879. In-4°, 44 S. Einsiedeln, Gebr. Benziger, 1879. 2 —

— die Wirksamkeit der jüdischen Propheten. [Schluß.] gr. 4. (32 S.) Ebend. 879. 1. 60 (cplt.: 3. 60)

Keel, Rudolf. Das Hypothekarrecht im Gebiete des heutigen Kantons St. Gallen in historisch-dogmatischer Darstellung. Diss. Jur. Bern. X + 164 S. 8. St. Gallen, J. J. Sonderegger, 1901.

Keel, Valent., Wahrheit od. Dichtung? Eine Antwort auf J. Stauffacher's Schriftchen „Erziehg. od. Drill?" (32 S.) gr. 8. St. Gallen (903). (W. Hausknecht & Co.) n. — 60

Keel, Valentin. Wahrheit oder Dichtung? Eine Antwort auf J[ohannes] Stauffacher's Schriftchen «Erziehung oder Drill?» II + 32 S. 8. Lachen, St. Gallen, V. Keel; (Buchdr. V. Schmid, St. Gallen, Mai 1903). (fr. —. 60)
2. vermehrte Aufl. II + 32 S. (Mai 1903.) (fr. —. 60)

Keel-Compton, Dora, 20 Blatt Blumenstudien in Aquarell als Vorlagen f. Anfänger. (VIII S. Text.) Fol. München 903. Piloty & Loehle. In Mappe 15. —

Keelhoff, J., Du rajeunissement des études classiques. S.-A. s. a. 81 S. 1.—

Keeling, Elsa d'Esterre, s. d'Esterre-Keeling, Elsa.

Old Maids and young. By Elsa d'Esterre-**Keeling**. Copyright ed. In 2 vol. Vol. 1. 2. Leipzig: Tauchnitz 1896. 8°
(Collection of British authors. Tauchnitz Ed. Vol. 3126/7.) [11. 8111

Orchardscroft. The story of an artist. By Elsa d'Esterre-**Keeling**. Copyright ed. Leipzig: Tauchnitz 1892. 253 S. 8°
(Collection of British authors. Tauchnitz Ed. Vol. 2860.) [11. 7924

Keemes, J. N. G. v., Anl. z. näh. Kenntn. d. bayerschen Landtage des Mittelalt. 8. Landsh. Krüll. 804.

Keen, James Watt-, Dr., M. D. aus Philadelphia, Penn. N.-A.: Zur Pathologie der Uterus-Myome und zur Indikation ihrer Behandlung. *Würzburg 1902: A. Borst.* (17 S.) 8°
Würzburg, Med. Diss. v. 1902

Lattenguste. In den Kaboren u. Kaschemmen New-Yorks. Amerikan. Orig.-Detektiv-Roman von Nathanael **Keen**. Autor. Ausg. Berlin: A. Weichert [1904]. (172 S.) 8° [F.]
= **Sammlung** interessanter Criminal- u. Detectiv-Romane. Bd 11. [05. 4633

Der Leichenfund an der Fulton-Fähre. Amerikan. Orig.-Detectiv-Roman von Nathanael **Keen**. Autor. Ausg. Berlin: A. Weichert [1904]. (151 S.) 8° [F.]
— **Sammlung** interessanter Criminal- u. Detectiv-Romane. Bd 3. [05. 4805

Das Skelett im Hochofen. Amerikan. Orig.-Kriminal-Roman von Nathanael **Keen**. Autor. Ausg. Berlin: A. Weichert [1904]. (150 S.) 8° [F.]
= **Sammlung** interessanter Criminal- u. Detectiv-Romane. Bd 8. [05. 4830

Die drei Zinken am Kreuzwege. Amerik. Orig.-Kriminal-Roman aus d. Rocky-Mountains von Nathanael **Keen**. Autor. Ausg. Berlin: A. Weichert [1904]. (160 S.) 8° [F.]
— **Sammlung** interessanter Criminal- u. Detectiv-Romane. Bd 19. [05. 4841

Keen, William W., u. J. William White, d. Verletzgn. u. Erkrankgn. d. Kopfes, s.: Klinik, Wiener.

Keene, H. G., Persische Fabeln für Jung und Alt. Aus d. Engl. übertragen von Jh. Sporschil. Mit 18 Holzschn. von M. D. Ecard. 16. Leipzig 834. Expedition des National-Magazins (Brockhaus). 1/6 ℛ

Keene, Jak., Predigten, s. Sammlung auserlesener christlicher Predigten.

Keeper's Travels in search of his Master. 12. Leipzig, Breitkopf et Härtel. 816.

Keepsake

— the christian, and Missionary Annual. Edited by the Rev. William Ellis. 1838. (Mit 6 Stahlst.) gr. 8. London, Paris and New-York 838. Fischer, Son and Comp. (Leipzig, Brockhaus and Avenarius.) n. $6^2/_3$ ℳ

Keepsake français, le, 1837, 1838 et 1839, à 24 Gravures sur acier d'après les Dessins de Stanfield, Harper, Bonnington, Mlle. Sharpe, Stephanoff, Wright, Chalon, Turner, Sir T. Lawrence, Prout, Stone, Smirke. Exécutés par les premiers Artistes Anglais. Lex.-8. (26 Blätter Text.) Londres 836—38. Asher. (à n. 4 ℳ) 12 ℳ

Keepsake, the Rhinish, s. Planché, J. R.

Keepwell, Specificum. Erprobtes, untrügl. Mittel, Beinschäden aller Art, welche aus innern Ursachen herrühren, gründl. zu heilen. A. dess. Nachlass. 1 Couvert in Briefform. Bremen 833, (Geisler.) Versiegelt

Keerl, Aug., das preußische Stempelrecht in den neuen Landesteilen der Monarchie. Mit e. Anh. üb. die Wechselstempelsteuer u. die Reichs-Stempelabgaben, nebst e. Stempelberechnungstabelle. Für den prakt. Gebrauch bearb. 8. (VII, 262 S.) Wiesbaden 891. R. Bechtold & Co. n. 4. 50

Keerl, Aug., die Stempelsteuer-Gesetzgebung in Preußen. M. e. Anh. üb. d. Wechselstempelsteuer u. d. Reichsstempelabgaben. F. d. prakt. Gebr. bearb. 2. Aufl., umgearb. nach d. neuesten gesetzl. Bestimmgn. 8. (VI, 293 S.) Wiesbaden 896. C. Ritter. n. 3. 20; kart. n. 3.50

Keerl, Johann Heinrich, s. Archiv, Fränkisches.

– s. Ataliba.

Keerl, J. H., einige Bemerk. üb. Behandl. d. Unmündig. u. Vormundschaften. 8. Anspach, Gassert. 792.

– s. Empfindungen, Entschlüsse ...

— Gedichte. 2 Thle. m. K. u. Mus. gr. 8. Ebend. 802–803.

— — dieselben. 2 Thle. m. K. u. Mus. 8. Nrnb. Campe. 802. 803. (à 1 Rthlr.)

Keerl, J. H., geistl. Gedichte. 8. Anspach, Gassert. 804 Schreibp.

– s. Houel: Reisen durch Sicilien.

– s. Lieder u. Gesänge zur Unterhaltung.

– s. Monatsschrift, Ansbach.

— Siciliens vorzügl. Münzen u. Steinschrift. a. d. Alterth. 2 Thle. m. K. gr. 8. Gotha, Ettinger. 802–806. (1r 2 Rthl. 2r 1 Rthlr. 12 gr.) Rthlr.

– s. Neapel u. Sicilien.

(Keerl, Joh. Heinrich.) Ueber die Ruinen Herkulanums und Pompeji. Nebst einer kurzen Beschreibung von den Schauspielen der alten Römer und Griechen ... Gotha, bey Carl Wilhelm Ettinger 1791.
2 Tit., 2 Bl., 196 S., 2 Bl.; 8 Taf. in Kupferst. 8°.
3. Teil von: Neapel und Sizilien. Auszug aus: Voyage pittoresque de Naples et Sicile de Mr. de Non. 12 Bde. Gotha 1789—1805.

– s. Unterhaltungen, Fränkische.

Keerl, K., über die Bedeutung der Heilsthatsachen f. den christl. Glauben u. des Apostolikums f. unsere Kirche, s.: Schutz- u. Trutz-Schriften des christl. Kolportage-Vereins. Nr. 2.

Keerl, Mila [Zahnärztin aus Frankfurt a./M.]: Beitrag zur Elektrotherapie, speziell zur Kataphorese. Zürich 1900. 26 S. 1 Taf. 8°.
Zürich. Med. Diss. 1899/1900.

Keerl, Ph. Frdr., die Apokryphen des alten Testaments. Ein Zeugniß wider dieselben auf Grund des Wortes Gottes. Erste gekrönte Preisschrift in Folge des Aufrufs v. „Verwaltungsrath des Vereins f. innere Mission, Augsb. Bekenntnisses, im Großh. Baden". Mit dem Bericht der Preisrichter. gr. 8. (X u. 192 S.) Leipzig 852, Gebhardt & Reisland. 18 ngr

Keerl, Phil. Friedr., die Apokryphenfrage mit Berücksichtigung der darauf bezüglichen Schriften Dr. Stier's und Dr. Hengstenberg's aufs Neue beleuchtet. Mit einem Anh.: Philo im Neuen Testament. Leipzig 855. Gebhardt u. Reisland. gr. 8. (XI, 350 S.) 1 ℳ.

Keerl, Phil. Friedr., die Einheit der biblischen Urgeschichte (1 Mos. 1—3) und die Uebereinstimmung des Schöpfungsberichtes mit den Naturverhältnissen der Erde nachgewiesen mit Beziehung auf die Ansichten Dr. Delitzsch's, Dr. Hölemann's und Dr. Keil's. gr. 8. (X und 214 S.) Basel 863, Bahnmaier's Verlag. *

—— die Lehre des Neuen Testaments von der Herrlichkeit Gottes. Ein Vortrag gehalten auf der Pastoralconferenz in Barmen im Aug. 1862. gr. 8. (XXXII und 158 S.) Basel 863, Bahnmaier's Verlag. *

Keerl, Phil. Friedr., der Mensch, das Ebenbild Gottes; sein Verhältniß zu Christo und zur Welt. Ein urgeschichtl. Versuch. 1. Bd. A. u. d. T.: die Schöpfungsgeschichte und die Lehre vom Paradies. gr. 8. (XII und 805 S.) Basel 861, Bahnmaier's Verlagsb. *

—— der Mensch, das Ebenbild Gottes; sein Verhältniß zu Christo und zur Welt. Ein urgeschichtl. Versuch. 2. Bd. 1. Abthl. A. u. d. T.: Der Gottmensch, das Ebenbild des unsichtbaren Gottes. Ein Beitrag zur Christologie. gr. 8. (XVI und 564 S.) Basel 866, Bahnmaier's Verlag. *
1. Bd. Ebendas. 1861. * 2 Thlr. 26 Ngr.

Keerl, Phil. Friedr., Sendschreiben an Freunde des lauteren Wortes Gottes mit Rücksicht auf die Schrift des Hrn. Antistes Burckhardt: „Ein Wort zur Vertheidigung der Apokryphen". Basel 854. Bahnmaier. gr. 8. (24 S.) n. 2 ngr

Keerl, Ph. Frz., die Urgeschichte des Menschen. Hrsg. v. K. Marzen. (VII, 740 S.) gr. 8. Witten 906. (Bonn, J. Schergens.) 8.—; geb. in Leinw. 9. 50

—— das Wort Gottes und die Apokryphen des alten Testaments. Eine Streitschrift wider Prof. Dr. Hengstenberg. gr. 8. (79 S.) Leipzig 853, Gebhardt und Reisland. *

Kees, Alfred [aus Stuttgart]: Ein Beitrag zur Kenntniss des Helicina .... Berlin, Buchdr. v. C. Berg, 1886; 50 + 2 S. 8°.
Berlin, Phil. Fak., Inaug.-Diss. v. 5. Aug. 1886.

Kees, Alfred, ein Beitrag zur Kenntniss des Helicina. Diss. Berlin 1886, Mayer & Müller. 8°. 50 S.

v. Kees, Edler Frz. Geo., († d. 6. Aug. 1799.) über d. Aufhebung d. Wuchergesetze. gr. 8. Wien 791. (Heubner). 6 ℋ (Brünn, Gastl). 9 ℋ

KEES [Franz Georg von]. Über die Aufhebung der Wuchergesetze. Von –. Kurzbeck, Wien 1791. 1 vol. 59 S.

— üb. d. Aufhebung d. Wuchergesetze. gr. 8. Wien, Camesina. (a. Neureutter in Prag.)

— Vide: Bonelli, K. v.

(v. Kees, Fr. G.): Allgem. Gerichtsordnung für Böhmen, Mähren, Schlesien, Oesterreich ob und unter der Enns, Steyermark, Kärnthen, Krain, Görz, Gradiska, Triest, Tyrol u. Vorlande. *Wien*, u. nachher *Salzb.*, Waisenh. B. 781. 8. (5 Gr.) *Wien*. 1817. 8. (6 Gr.) [übers. ins Polnische (1783) ins Böhmische (1781) u. Latein. (1781) und von neuem 1805 unt. d. Tit.: Codex juris civil. judiciar. *Insbruck*, Wagner. 805. 8maj. (16 Gr.)]

(v. Kees, Fr. G.): Allgem. bürgerl. Gesetzbuch. *Wien*, v. Trattner. 1r Th. 786. 8.

(v. Kees, Fr. G.): Allgem. Gesetzbuch f. Verbrechen u. ders. Bestrafung. *Wien*, Trattner. 787. 8. 2. Th. od. neue Joseph. H. G. O. *Prag* u. *Wien*, v. Schönfeld. 788. 8. (d. 1. Th. übers. in's Spanische u. Engl. 787. u. 88)

(v. Kees, Fr. G.): Gesetze u. Verfass. im Justizfache unter d. Regier. Joseph II., Leopold II. u. Franz II. *Wien*. 786 u. f. J. fol.

- Allgemeine Instruction für die sammentliche Fiskalämter der k. k. böheimischen und österreichischen deutschen Erblanden (von –). Trattner, Wien 1783. 1 vol. 51 S.

- Allgemeine Instruktion für den Magistrat der k. k. Residenzstadt Wien. (von –). Ghelen, Wien 1783. 1 vol. 124 S.

- Instrukzion für die politischen Behörden über die Anstrengung einer Inquisizion, Aburtheilung und Strafvollziehung wider einen eines politischen Verbrechens Beschuldigten (von –). Trattner, Wien 1787. 1 vol. 14 S.

- Instruction für die mit den Landesstellen vereinte ob der Ennsische Landrechten zu Linz, steurischen Landrechten zu Grätz, Oberösterreichische Landrechten zu Innsprugg, dann Triest und Görzerische Stadt- und Landrechten zu Triest (von –). Trattner, Wien 1784. 1 vol. 131 S.

(v. Kees, Fr. G.): Instruction üb. die Manipulationsart d. k. k. Berggerichte. *Wien*. 783. 8.

v. Kees, Frz. Geo.: Commentar üb. Joseph's II. Gerichtsordnung. *Prag*, Schönfeld. 789. fol. [Auch Lateinisch. *Ebend*. 789.] (2 Thl.)

- Kommentar über Josef II. allgemeine Gerichtsordnung. Trattnern, Wien 1789. 1 vol. IV + 164 S.

- Allgemeine Konkursordnung für Böheim, Mähren, Schlesien ... (von –). Trattner, Wien 1781. 1 vol. 31 S.

- Allgemeine Kriminal-Gerichtsordnung (von –). Trattner, Wien 1788. Schönfeld, Prag 1788. 1 vol. 9 Bl. + 419 S. + 1 Bl.

Dies.: *Prag*, Barth. 795. 8. (18 Gr.)

— Lehrsätze aus d. Polizei- u. Finanzwissenschaft. gr. 8. Wien 776. Trattner. 2 fl

— s. Sonnenfels: Vom Wucher.

Kees, I. Geo., Comment. ad Iustiniani institut. imper. 4. Vien. Krauss. 744.

Kees, J. G.: Comment. ad Justiniani institution. imperial. l. IV. (*Ingolst*. 746 u. *Lyon* 749.) *Lausanne*, Pott. 760. 4. (1 Thl. 8 Gr.)

Kees, G., Commentar. ad Iustiniani Institut. imperial. 4 libr. 4. Ingolst. Krüll. 760.

Kees, J. Geo., comment. ad Justiniani institut. imper. 4. Lausanne 769. Pott. 1 ℛ 16 ℊ

Kees, Jakob Friedrich

— — Solemnia inauguralia candidati Christian Gotthelf Kupfer (Freyburg/Thür.). — Meletematum juris varii I. et II. (An et quatenus confessioni fictae in causis criminalibus superstrui possit sententia condemnatoria? — Qui ad funerandum obligatus est, impensas in sectionem cadaveris factas non fert.) Lpz. 16. II. 1813. 16 S. mit Biogr. Ku.'s. (M.: A. E. F. Schulz.) (5.—) 17614

Kees, Jac. Fr.: Anweisung z. zweckmässigen Extrahiren u. Referiren d. Gerichtsacten, auch z. Abfass. e. Sentenz daraus; z. Gebr. akad. Vorless. *Lpz.*, Beer. (Taubert.) 789. 8. (8 Gr.)

Kees, J. F., Anweis. zum Extrahiren und Referiren der Gerichtsacten. 8. Leipzig. 789. Jetzt Franz.

Kees, Jac.Friedr. (Präs.), s.a. Apel, Johann August (Resp.)

— — (Zoebicker, Proedel, Loesnig), Solemnia inauguralia viri Johann Gotthelf Beschorner (Dresden). Lpz. (Saalbach) 30. X. 1806. 18 S. mit Biogr. B.'s. (M.: R. M. Pfeiffer.) (4.50) 17610
Cuinam incumbat obligatio reficiendi muros coemeteriorum?

— — De jurisjurandi sponsalibus adjecti efficacia. Diss. jur. Lpz. (Langenheim) 1776. 34 Seiten. (6.—) 17607

Kees, Jacob Friedrich (Leipzig), De eo, quod justum est circa praestationem culpae. Disp. jur. Präs. D. Frid. Gottlieb Zoller. Lpz. (Büttner) 23. IV. 1773. 24 S. (6.—) 17606
Gew.: Jacob Friedrich Kees (Zoebicker, Proedel, Loesnig; Vater).

Kees, Jakob Friedrich (Präs.), s. Facilides, Gottfr. Viktor Hieron.: De Documentis ad perpetuam rei memoriam producendis.

Kees, Jacob Friedrich (Präs.), s. Gehler, Johann August Otto: Observationum juris criminalis specim.

Kees, Jac. F.: Handb. d. protest. Kirchenrecht, nach d. neuesten bes. kursächs. Gesetzen. *Lpz.*, Beer. 791. 8. (1 Thl.)

— Handbuch des protestant. Kirchenrechts. 8. Leipz. 791. Graffe. 1 ℛ

— — Solemnia inauguralia candidati Carl Traugott Lehmann (Bautzen). Lpz. (Carl Tauchnitz) 6. IV. 1820. 19 S. mit Biogr. L.'s. (M.: J. Muck.) (4.50) 17616
De incarceratione foeminarum in causa civili.

— — De juribus uxoris in donatione propter nuptias disserit. Lpz. (Langenheim) 1779. 16 Seiten. (4.50) 17609
Christian August Herrmann (Petheuitio/Thüring.), Melchior Friedrich Wilhelm Pfeiffer (Schneeberg), Christian Friedrich Facius (Meissen), Johann Gottlob Sigismund Heinrich (Gautsch), Carl Heinrich Wachsmuth (Creuma/Misn.).

Kees, Jakob Friedrich (Präs.), s. K e e s , Joh. Jakob: Quatenus sola chirographi possessione actor ad causam legitimetur.

— L. Lehrbuch, juristisches, für Bürger u. Bauern.

— — Summos in utroque jure honores candidato Carl Wilhelm Hartz (Bautzen). Lpz. (Carl Tauchnitz) 10. VIII. 1809. 15 S. mit Biogr. H.'s. (M.: H. S. Prentzel.) (4.50) 17612
De leuteratione contra sententiam, qua probatio injungitur, non numquam admittenda.

— Diss. Observationes juris matrimonialis. 4. Leipz. 797.

— — Summos in jure honores candidato Georg Friedrich Roth (Zwickau). Lpz. (Friedrich Christian Dürr) 15. X. 1807. 12 S. mit Biogr. R.'s. (M.: J. Ch. Wetzig.) (4.50) 17611
De possessoribus fundorum intra parochiae fines sitorum, qui alibi domicilium fixerunt, ab obligatione reficiendi aedificia ecclesiastica murosque coemeteriorum immunibus.

— — Solemnia, quibus juris utriusque doctor creabitur ornat. candidatus Paul Ludolph Kritz (Leipzig). — Meletematum juris varii III. (Quatenus rei furtivae pretium a fure obaerato ad effectum poenae mitigandae restitui possit?). Lpz. 30. XI. 1813. 16 S. mit Biogr. Kr.'s. (M.: F. A. Kasten.) (4.50) 17615

Kees, Jakob Friedrich (Hrsg.), s. S c h o t t , A. F.: Entwurf einer jurist. Encyklopädie ...

— Ordinarius senior et reliqui doctores facult. jurid. Lips. summos in jure honores viro **Jacob Friedrich Kees** (Leipzig). — Rhapsodiae supplementa. Lpz. (Langenheim) 9. III. 1776. 14 S. mit Biogr. (M.: J. Ch. Graev.) (4.50) 17608

— — Supremos in utroque jure honores candidato Ernst Friedrich Guenther (Leipzig). — Inest Meletematum juris varii I. (Utrum partus adulterinus per subsequens matrimonium possit legitimari?) Lpz. (Carl Tauchnitz) 6. XII. 1810. 16 S. mit Biogr. G.'s. (M.: Oheim.) (4.50) 17613

— Versuch e. Unterrichts von Verbrechen u. Strafen für d. untern Volksklassen. 8. Leipz. 794. (Brockhaus). 8 ℋ

Kees, Jac. F.: Versuch e. Unterrichts v. Verbrechen u. Strafen für die untern Volksklassen. *Leipzig,* Heinsius. 794. 8. (8 Gr.)

Kees, Johann Jakob

— — Commentatio ad legem VIII digestorum in quibus causis pignus vel hypotheca tacite contrahitur. Diss. jur. Lpz. (Carl Tauchnitz) 15. VIII. 1811. 47 S. (6.—) 17619

(— **Johann Jacob.**) — Memoriam Joannis Friderici Mageri quondam in scabinatu senioris longe merit. Solenni Oratione a Joanne Jacobo Keesio jur. stud. recolendam indicunt ordinarius senior et rel. assessores facult. jurid. Lips. — Inest Meditatio IIItia circa ordinat. recogn. monendor. Lpz. (Saalbach) 6. XI. 1805. 8 S. (2.—) 17617

— — (Leipzig). Quatenus sola chirographi possessione actor ad causam legitimetur. Diss. jur. judiciarii. Präs. D. Jacob Friedrich Kees. Lpz. (Friedrich Christian Dürr) 1. III. 1808. 24 Seiten. (6.—) 17618

Kees, Paul Jakob, bacc. jur.: Die Krankenversicherungspflicht des Handlungsreisenden. Leipzig: Wigand 1909. VII, 75 S. 8°
Leipzig, Jur. Diss. v. 8. Dez. 1909
[Geb. 6. Sept. 84 Leipzig; Wohnort: Rittergut Zöbigker; Staatsangeh.: Sachsen; Vorbildung: Thomassch. Leipzig Reife O. 03; Studium: Lausanne 1, Leipzig 10 S.; Rig. 23. Juni 08.] [U 10. 2757

Keesbacher, Friedr., alpine Diätetik. Ein Vortrag, gehalten den 20. März 1882 am siebenten Vereinsabende der „Section Krain" des deutschen und österreich. Alpenvereines zu Laibach. 8. (40 S.) Laibach 882, (v. Kleinmayr und Bamberg.) *

—— Krain und seine öffentliche Gesundheit mit besond. Berücksicht. des J. 1881. Hrsg. vom k. k. Landes-Sanitätsrathe für Krain. Mit 1 (lithogr.) Sanitätskarte von Krain, Uebersichtskarten und Curventab. gr. 4. (VIII, 225 S.) Ebendas. 883. *

Keesbacher, J., Unterricht f. d. Landmann, wie er selber seine Pferde, das Hornvieh ꝛc. von d. gegenwärtigen herrschenden Seuche bewahren u. das erkrankte Vieh besorgen soll. 8. Innsbr. Wagner. 807.

Keesbacher, Karl, Posthandbuch f. das Publikum. Umfaßt die das Post-, Telegraphen-, Telephon- u. Postsparcassenwesen betr. Verordgn. gr. 8. (XXVI, 812 S.) Linz 892. (E. Mareis.) n. 8. 60

Keesbacher, Carl, Oesterreichs Postwesen. Eine Zusammenstellung aller noch gilt. Verordnungen aus den 33 bisher erschienenen Verordnungs-Bänden. 4. (XXXVIII, 1160 S.) Klagenfurt 870, (Bertschinger.) *

Keese, Bernhard, appr. Arzt a. Geestemünde: Aus dem physiologischen Institut zu Marburg. Über Campherwirkung auf das Herz und die Gefässe der Säugetiere. Marburg 1906: J. Hamel. (30 S.) 8°
Marburg, Med. Fak., Ref. Schenck, Diss. v. 6. Juni 1906
[Geb. 21. März 77 Geestemünde; Wohnort: Bant b. Wilhelmshaven; Staatsangeh.: Preußen; Vorbildung: Kaiser Wilh.-Gymn. Wilhelmshaven Reife O. 98; Studium: München 1, Marburg 4, Kiel 2, Berlin 1, Marburg 3 S.; Coll. 29. März 06; Approb. 15. April 06.]

Keesé, F. [pr. Arzt aus Schlettstadt]: Beitrag zur Therapie der Tubenschwangerschaft unter Berücksichtigung der Haematocele retrouterina. . . . Strassburg, Univ.-Buchdr. v. J. H. E. Heitz, 1890; 40 S. 8°
Strassburg, Med. Fak., Inaug.-Diss. v. 1890

KEESE, Hermann: Richtige Pflanzenernährung und Düngung im Forstgarten. - Bruchsal o.J. 24 S.

Keese, Ioannes [Rostochiensis]: Qvomodo Serenvs Sammonicvs a Medicina Pliniana ipsoqve Plinio pendeat ... Rostochii, typ. C. Boldtii, 1896; 67 S. 8.
Rostock, Phil. Fak., Inaug.-Diss. v. [7. Okt.] 1895

Keesebiter, Oskar [Dr.]: Zur Hygieine unserer Jugend in Schule und Haus. Berlin, R. Gaertner, 1894; 3—20 S. 4.
Berlin, Vierte St. R '(HB)', OP 1894 (110)

Keesebiter, Osk., zur Hygieine unserer Jugend in Schule u. Haus. — Spécimen d'un dictionnaire de la prononciation française. Von Phpp. Plattner. Progr. 4. (31 S.) Berlin 894. R. Gaertner. n. 1. —

Keesebiter, O., Au lycée, s.: Wershoven, F. J.

Keesebiter, la vie de collège en France, s.: Wershoven.

Keesebiter. Oscarus [Berolinensis]: Die christlichen Wörter in der Entwickelung des Französischen .... (Sep.-Abdr. aus Herrigs Archiv ... Bd. 77; Heft 3 u. 4.) Halis Saxonum, *Druck v. George Westermann in Braunschweig*, 1887; 30 S. + 1 Bl. 8°.
Halle, Phil. Fak., Inaug.-Diss. v. [5. Febr.] 1887.

Keesebiter, Oscarus, die christlichen Wörter in der Entwickelung des Französischen. Diss. Halle 1887. 8°. 30 S.
Sonder-Abdruck aus: Archiv für das Studium der neueren Sprachen und Literaturen, hrsg. von Ludw. Herrig. 77. Band 3. u. 4. Heft. Braunschweig, George Westermann.

Arbeit und Lohn im Dienst des Herrn. Predigt, geh. am Sonntag Septuages. 1901 in Elberfeld von Eduard **Keeser**, Pastor in Elberfeld. *Elberfeld: Ev. Gesellsch. 1901.* (11 S.) 8° [J.] [o4. 7905 b

— Jesus allein! Schlichte Zeugnisse, seiner teuren Gemeinde Elberfeld beim Abschied dargereicht. (144 S.) 8. Ebd. 903. Kart n.n. 1.80; geb. in Leinw. n. 1.80

— Judas Ischarioth, s.: Weg, der, göttlicher Zeugnisse. III. 1.

Rechtfertigung und Heilsgewißheit. Vortrag geh. in Elberfeld-Barmen 1904 von Eduard **Keeser**, Pastor. Elberfeld: Evang. Gesellsch. f. Deutschland 1904. (10 S.) 8° [J.] [o4. 5009

Wie können unsere Gemeinschaften vor geistlichem Schlaf und Tod bewahrt und im Leben aus Gott erhalten u. gefördert werden? Vortrag von Eduard **Keeser**, Pastor. Elberfeld: Buchh. d. Ev. Ges. 1903. (14 S.) 8° [J.]
Aus: Mitteilungen d. Ev. Ges. f. Düsseldorf Jg. 53, No 8. [o7. 759 b

Keeser, Karl, die Aufgabe unserer Kirche gegenüber dem Eindringen der Sozialdemokratie auf dem Lande, s.a. Sammlung theologischer u. sozialer Reden u. Abhandlungen.

Keeser, K., Die Aufgaben unserer Kirche gegenüber dem Eindringen der Socialdemokratie auf dem Lande. (Sammlung theol. und socialer Reden und Abhandl., III. Serie, 2. Heft.) gr.-8°. Leipzig 1891.

Johannes der Täufer. Vortrag von C[arl] Keeser, Pastor in Elberfeld. *Elberfeld: Ev. Ges. 1900.* (16 S.) 8° [J.]
= [Weg göttlicher Zeugnisse. Jg. 1, H. 2.] [o0. 13168

Zwei Predigten bei der 60. Hauptversammlung des Evangelischen Vereins der Gustav Adolf-Stiftung in Straßburg 1908 geh. von Oberkonsist.R. [Karl] **Keeser** aus Stuttgart [&] Konsist.R. [Friedrich] Lahusen aus Berlin; u. e. Katechese in d. Kindergottesdienst geh. von Pastor [Paul] Zauleck. Leipzig: Centralvorst. d. Evang. Ver. d. Gustav-Adolf-Stiftung 1908. 27 S. 8° [o9. 10033

Keeser, s.a. Predigten, zwei, bei der 60. Hauptversammlung des evangel. Vereins der Gustav-Adolf-Stiftung.

Keeser, Karl, unt. d. Schirm d. Höchsten. Morgen- u. Abendandachten auf alle Tage d. Jahres, nebst e. Anh. f. bes. Fälle. gr. 8. (VIII, 848 S.) Heilbronn 897. Stuttgart, M. Kielmann. n. 5.50; geb. n. 7. —

Keeser, Karl, unter dem Schirm des Höchsten. Morgen- u. Abendandachten auf alle Tage des Jahres, nebst e. Anh. f. besond. Fälle. 5.—9. Taus. (VIII, 848 S. m. Titelbild.) gr. 8. Stuttgart 906. M. Kielmann. Geb. in Halbfrz. n. 7.—; m. Goldschn. n. 8.—

— Soldatenspiegel. Im Anschluß an das Neue Testament f. deutsche Soldaten zusammengestellt. 1.—3. verb. Aufl. 8. (48 S.) Stuttg. 890,91, Buchh. d. Evangel. Gesellsch. * — 15

— Soldatenspiegel. Im Anschluß an das Neue Testament f. deutsche Soldaten zusammengestellt. 3., verb. Aufl. 8. (47 S.) Stuttgart 892. Buchh. d. Evang. Gesellschaft. n. — 15

— dasselbe. 4., verb. Aufl. 8. (54 S.) Ebd. 894. n. — 15

— Soldatenspiegel. Im Anschl. an d. Neue Testament f. deutsche Soldaten zusammengest. 6. Aufl. 8. (54 S.) Stuttgart 899. Buchh. d. ev. Gesellschaft. n. — 15

— der Christen Trost im Todeswehe. Predigt üb. Evang. Joh. 11, 32—45. gr. 8. (14 S.) Stuttgart 894. Greiner & Pfeiffer. — 25

v. Keeß, Edler F. A., Haus- u. Handbuch für Familien auf dem Lande, als Lesebuch an den Sonntagen im Jahre. 8. Wien 807. Gerold. 1 fl 8. Wien 821. (Wimmer). 12 kr

v. Keeß, Ritter Edler Steph., Darstell. d. Fabriks u. Gewerbswesens im österr. Kaiserstaate. Vorzügl. in techn., merkantil. u. u. statist. Beziehung. 3 Bde. gr. 8. Wien 819—23. 2e verm. u. mit e. Anh. bereich. Aufl. 3 Bde in 4 Thlen. gr. 8. Wien 824. (Mörschner u. J.) 17 fl (Gerold). Hdg. Pr. 6 fl 16 kr Der Anhang mit Sachregister apart 1 fl 16 kr

Keeß, Steph. v., u. W. C. W. Blumenbach, systemat. Darstellung d. neuesten Fortschritte in d. Gewerben u. Manufacturen u. d. gegenwärt. Zustandes derselben. Als Fortsetz. u. Ergänz. d. im J. 1823 beendigten Werks: Darstellung d. Fabriks- u. Gewerbswesens 2c. (Von v. Keeß.) Mit besond. Rücksicht auf d. österreich. Kaiserstaat. 2 Bde. gr. 8. (51 u. 55 B.) Wien 829, 30, Gerold. à 3 Thlr., Schrbp.
Das Hauptwerk, 2 Bde. (3 Abthln.) u. Anh. Ebendas. 1823, 24, hrbgf. Pr. 6 Thlr. 16 Gr.

van der *Keessel*, D. G., oratio de legislatorum Belgarum in recipiendo jure Romano prudentia. 4. Leyd. 770. Luchtmans. ... De amore patriae in juventute Belgica excitando prudenterque dirigendo. 4. ibid. 774. — De aequitate judicantium, optimo turbatae reipublicae remedio. 4. ibid. 786. — De studio juris civilis ad bonos mores formandos et virtutem colendam aptissimo. 4. ibid. 790. — De advocato christiano. 4. ibid. 792.

— Theses selectae juris Hollandici et Zelandici, ad supplendam H. Grotii introductionem ad jurisprudentiam Holl. et definiendas celebriores juris Holl. controversias. 4. ibid 800. ibid. 2 fl

Keetman, Bruno: Über die Auffindung des Joniums, einer neuen radioaktiven Erde in Uranerzen. (Berlin 1909: G. Schade.) 34 S. 8°
Berlin, Phil. Diss. v. 24. Juli 1909, Ref. Nernst
[Geb. 4. Sept. 83 Elberfeld; Wohnort: Elberfeld; Staatsangeh.: Preußen; Vorbildung: Oberrealsch. Karlsruhe Reife O. 06; Studium: Karlsruhe Techn. Hochsch. 7, Berlin 5 S.; Rig. 27. Mai 09.] [U 09. 310

Keetman, [Ernst], Referendar: Das persönliche und dingliche Vorkaufsrecht im Bürgerlichen Gesetzbuche. *Rostock 1903: C. Hinstorff.* (105 S.) 8°
Rostock, Jur. Diss. v. [28. Okt.] 1903

Keetman, Franz, approb. Arzt aus Uetersen: **Beitrag** zur Casuistik der Placenta praevia. *Greifswald 1903: J. Abel.* (28 S.) 8°
Greifswald, Med. Diss. v. 16. Mai 1903

Keetz, Wilh., Franz Biel. Ein Menschenschicksal. (102 S.) 8. Hannover (909). A. Sponholtz Verl. 1. 20

Geschichte der Stadt Uelzen. Von Wilhelm **Keetz**. Mit 3 Ansichten von Uelzen. Uelzen: C. Becker 1906. (197 S.) 8° [F.] 08. 6393

Lünborger Land un Lüd. En plattdütsch Geschichtenbok von Wilhelm **Keetz**. Mit Titelbild von Heinrich Bomhoff ⟨Celle⟩ un Biller von Otto Kaule ⟨Bardowiek⟩. Lüneburg: Hoppe & Co. 1904. (56 S.) 8° (4°) [F.] 05. 159

Lünborger Land un Lüd. Ein plattdütsch Geschichtenbok von Wilhelm **Keetz**. 2. verm. un verb. Upl. mit Biller von Otto Kaule un Heinrich Bomhoff. Bremen: E. v. Masars 1907. (168 S.) 8° [F.] 07. 15489

De Schult von Strachau. 'ne Geschicht ut de Franzosentiet von Wilhelm **Keetz**. Umschlagzeichnung u. Buchschmuck von Heinz Fiermann. 1. Aufl. Hannover: A. Sponholtz 1907. (66 S.) 8° [F.] 07. 11334

Kefer, Georg

—— Über die Bibliothek, welche die Araber zu Alexandrien verbrannten. Eine historisch-kritische Untersuchung. 4°. 22 S. Freiburg. P 1819

Georg Kefer. Rückblick auf die bisherige Geschichte des Gymnasiums. 4°. XII S. Freiburg. P 1816

Kefer, Hans, Lehrbuch für das deutsche Kunstspringen, 1. Teil, m. Abb., Stuttgart, 30 S., 8°.

Keferloher Markt, der, bei München; komisch dargestellt in altbaierscher Mundart. gr. 8. Münch. 830. Franz. 2 gl

Keferloher, Joh. B., das Todten-Offizium der römischen Kirche für den prakt. Gebrauch kurz erklärt. Mit einer Vorrede von Westermayer. 8. (76 S.) München 873, Stahl.

Keferstein, Abänderungs-Versuch d. Entwurfes e. Gesetzes, betr. die Bekämpfung gemeingefährlicher Krankheiten. [Aus: „Allg. med. Central-Zeitg."] gr. 8. (18 S.) Berlin 898. O. Coblentz. n. 1.—

— der Erfrierungstod, unter Benutzg. eigner Beobachtgn. dargestellt. [Aus: „Allg. med. Central-zeitg."] gr. 8. (19 S.) Ebd. 898. n. 1.—

Keferstein, Krebsserum (Erysipelserum) bei Magenkrebs. [Aus: „Allg. med. Central-Zeitg."] gr. 8. (4 S.) Berlin 895. O. Coblentz. n. 1.—

Keferstein, A., Betrachtungen über die Entwickelungsgeschichte der Schmetterlinge und deren Variation. gr. 8. (116 S.) Erfurt 880, Villaret. *

— die Bildung des zu Carls des Grossen Zeit mächtigen Staates der Saxen. Eine Skizze. gr. 8. (19 S.) Ebend. 882. n. — 80

— historische Fragmente. Die Abstammung der Thüringer. Wer waren die Angeln, welche Britannien eroberten? Das aufgelöste Ehegelöbniss oder die verstossene Gattin. gr. 8. (20 S.) Erfurt 879. Villaret. n. — 80

Keferstein, A., Naturgeschichte d. schädl. Insecten. Nach eigenen u. fremden Beobachtungen. 1. Thl. — A. u. d. T.: Die, dem Menschen u. d. Thieren schädl. Insecten. 8. (22¼ B.) Erfurt 837, (Winckler.)

Keferstein, A., über den unmittelbaren Nutzen d. Insekten. 4. Erfurt 827. Maring. (Otto). 12 gl

Keferstein, A., drei antiquarische Vorträge gehalten in der Academie gemeinnütziger Wissenschaften zu Erfurt. Die Sprache der alten Deutschen. Der Ursprung der Juden. Der Stein-Cultus im Alterthum. gr. 8. (III, 104 S. nebst 3 lithogr. Taf. in gr. 8. und qu. 4.) Erfurt 873, Villaret. *

Keferstein sen., A. L., Beleuchtung der Behauptungen und Versprechen, wodurch die Actienzeichnung zur dresdner Papierfabrik befürwortet wurde. gr. 8. (16 S.) Halle 858, Schmidt's Verlagsh.

Keferstein, Christian

Keferstein, Chrn, Ansichten über die keltischen Alterthümer, die Kelten überhaupt und besonders in Deutschland, sowie den keltischen Ursprung der Stadt Halle. Bd. 1. 2. 3. Abth. 1. 1845—51. gr. 8. . . . . (D.)

Keferstein, Chrstn., Ansichten üb. die keltischen Alterthümer, die Kelten überhaupt u. besond. in Teutschland, so wie den kelt. Ursprung d. Stadt Halle. 1. Bd. Archäolog. Inhaltes. gr. 8. (33½ B.) Halle 846. (Schwetschke u. Sohn.) Thlr. *

Keferstein, Chr., Ansichten über die keltischen Alterthümer, die Kelten uberhaupt u. besond. in Teutschland, so wie d. keltischen Ursprung der Stadt Halle. 2. Bd. 1. Abth.: sprachlichen Inhalts. gr. 8. (VIII u. 192 S.) Halle 848. (Anton.) n. 24 ngl — II. 2 u. 3. letzte Abthl.: ethnograph. u. sprachl. Inhalts. gr. 8. (XIV S. u. S. 193 – 763.) Halle 849. 50, Anton in Comm. n. 2 ß n. n. 1⅓ ß — 3. Bd. 1. Abth.: Des Tacitus Germania. gr. 8. (XII u. 187 S.) Ebd. 851, in Comm. n. 1 ß (I — III, 1. n. 5 ß 24 ngl)

Keferstein, Christian: Geognostisch-geologische Ansichten über den Bau der Erdrinde in Süddeutschland. (Aus d. Correspondenzblatt d. württemb. landwirthsch. Vereins.) Stuttgart und Tübingen 1826. 8°

Keferstein, Ch. Beiträge zur Erörterung der Frage: wie verhalten sich die Resultate der wissenschaftlichen Geologie zur Schöpfungsgeschichte der Bibel. (In dem literarischen Anzeiger für christliche Theologie und Wissenschaft.) 1838—1839. 4.

Keferstein, Chr., Beyträge zur Geschichte u. Kenntniß des Basaltes, und der ihm verwandten Massen. s. auch Schriften, neue, der naturforsch. Gesellschaft in Halle. 2r Bd. 5s und 6s Heft. gr. 8. Halle, Hendel. 819.

CH. KEFERSTEIN, Geognostische Bemerkungen über die basaltischen Gebilde des westlichen Deutschlands; als Fortsetzung der Beyträge zur Geschichte und Kenntniss des Basaltes. Herausgegeben von der naturforschenden Gesellschaft zu Halle. Hiebey 1 illuminirtes Chärtchen. Halle, 1820. Joh. Christ. Hendel und Sohn. 8°.

Keferstein, Christian: Bemerkungen, gesammlt auf einer geognostischen Reise im Sommer 1828, besonders über die Alpen in Steiermark, Krain und Illyrien. (Aus Keferstein's Deutschland. 6. Vol.) Weimar 1830. 8°

Keferstein, Christian: Beobachtungen und Ansichten über die geognostischen Verhältnisse der nördlichen Kalk-Alpenkette in Österreich und Baiern, gesammelt auf einer Reise im Sommer 1827. (Aus Keferstein's Deutschland. 5. Vol.) Weimar 1828. 8°

Keferstein, Chr.: „Deutschland, geognostisch-geologisch dargestellt, mit Charten und Durchschnittszeichnungen, welche einen geognostischen Atlas bilden, erläutert", 16 Bände und 11 Karten, Weimar 1821—1831. — Vorh.: Preuß. Oberbergamt Dortmund — M. c. 24.

(Deutschland.) Teutschland, geognostisch-geologisch dargestellt u. mit Charten u. Durchschnittszeichnungen erläutert. Eine Zeitschrift in freien Heften herausg. von C. Keferstein. Bd. 1—7. = H. 1—20. Mit Karten. Weimar 1821—32. 8. . . . . . (D.)

Keferstein, (Ch.,) Deutschland, geognost. geologisch dargest. I—IV. 1s—3s u. V. 1s Hft. Mit Chart. u. Zeichn. gr. 8. Weimar 823—27, Industr. Compt. (I. 1s H. 1 Rthlr. 18 gr. 2s H. 1 Rthlr. 6 gr. 3s H. 2 Rthlr. II. 1s H. 2 Rthlr. 6 gr. 2s H. 2 Rthlr. 3s H. 2 Rthlr. III. 1s H. 2 Rthlr. 2s u. 3s H. à 2 Rthlr. IV. 1s H. 1 Rthlr. 6 gr. 2s u. 3s H. à 2 Rthlr. V. 1s H. 2 Rthlr. 6 gr.)

— Deutschland, geognost.-geolog. dargestellt. I.—VII. Bd. 1s, 2s Heft, mit Karten u. Zeichn. gr. 8. Weimar 823—32. Industr.-Compt. (I. 1s H. 1 ß 18 ℊ 2s H. 1 ß 6 ℊ 3s H. 2 ß II. 1s H. 2 ß 6 ℊ 2s H. 2 ß 3s H. 2 ß III. 1s H. 2 ß 2s u. 3s H. à 2 ß IV. 1s H. 1 ß 6 ℊ 2s H. 1 ß 18 ℊ 3s H. 2 ß V. 1s H. 2 ß 6 ℊ 2s H. 2 ß 18 ℊ 3s H. 2 ß 6 ℊ VI. 1s, 2s H. à 3 ß 3s H. 2 ß 21 ℊ VII. 1s H. 1 ß 6 ℊ 2s H. 2 ß) 43 ß 9 ℊ (Vom IV. 1s Heft an ist e. geognostisch-genealog. Zeitung beigegeben, wovon bis zum VII. 2s H. 11 Stücke erschienen sind.)

—— Teutschland ꝛc., s. Teutschland.

— Erinnerungen an Ilmenau, s. Erinnerungen.

Keferstein, Chr., Erinnerungen aus dem Leben eines alten Geognosten und Ethnographen mit Nachrichten über die Familie Keferstein; Skizze der literar. Wirksamkeit. gr. 8. (VIII und 161 S.) Halle 855, Anton. *

Keferstein, Chrstn., Geschichte u. Litteratur d. Geognosie, e. Versuch. gr. 8. (18½ B.) Halle 840, [Lippert u. Schmidt.] *

—— üb. die Halloren, als eine wahrscheinlich keltische Colonie, den Ursprung des halleschen Salzwerkes u. dessen technische Sprache. Ein Versuch. gr. 8. (8 B.) Halle 843. (Heynemann.) *

—— Mineralogia polyglotta. 8maj. (XII und 248 S.) Halis 840, (Anton.) *

Keferstein, Chrstn., die Naturgeschichte d. Erdkörpers in ihren ersten Grundzügen dargest. 2 Thle.: Die Physiologie d. Erde, Geognosie, Geologie u. Paläontologie. gr. 8. (81¾ B.) Leipzig 834, Fr. Fleischer.

— Tabellen üb. d. vergleichende Geognosie. Ein Versuch. gr. 4. Halle 825, Hemmerde u. S.

— Tabellen über d. vergleichende Geognosie. Ein Versuch. gr. 4. Halle 825. Schwetschke u. S. 14 ℊ

— mineralog. Taschenbuch f. Deutschland, s. J. L. G. Meinecke.

Keferstein, Chr. Alphabetisches Verzeichniss der fossilen Conchylien- und Echiniden-Gattungen und Arten. (Aus Keferstein's Zeitung für Geognosie.) Weimar. 1829. 8.

Keferstein, Christian (Hrsg.), s. Z e i t u n g für Geognosie, Geologie u. innere Naturgesch. d. Erde.

Keferstein, Friedrich

Keferstein, Fr., Christus der Mittelpunkt aller Eschatologie. Vortrag auf der luth. Konferenz zu Bielefeld am 8. V. 4899. gr. 8. (29 S.) Gütersloh 899. C. Bertelsmann. n. — 50

Keferstein, Friedr., die Kindertaufe und die Kirchenzucht. Die Schriftmäßigkeit derselben in der evangel. Kirche gegen die Baptisten nachgewiesen. 8. (IV und 186 S.) Gütersloh 867, Bertelsmann. *

Keferstein, Friedr., Philo's Lehre v. den göttlichen Mittelwesen. Zugleich eine kurze Darstellung d. Grundzüge des philonischen Systems. gr. 8. (16½ B.) Leipzig 846, Jurany.

Keferstein, Friedr., Vocabulaire zum ersten Cursus in der französ. Grammatik von Stieffelius. 12. (III und 18 S.) Crossen 847, Range. *

(Keferstein, G. A), de muneris superintendentium natura atque indole episcopali. Jen. 1729. 4.

— **Gabriel Wilhelm Gottlieb** (Magdeburg), Jus provocationum plurium Germaniae populorum usque ad Caroli M. aetatem. Präs. Philipp Ernst Bertram. Halle (I. C. Hendel) 28. X. 1775. 24 S. (6.—) 17622
Gew.: Christian Salfeld (Halle). — Widm. v.: Präs., Christian Friedrich Glück (Halle), Johann Joseph Schramm (Nissa [= Neisse] / Schles.).

Keferstein, Geo., die Alkoholfrage u. ihre Lösung. (12 S.) gr. 8. Berlin (903). O. Koselowski. — 05

Die Alkoholfrage und ihre Lösung. Von Dr. med. Georg Keferstein. (2. Aufl.) Berlin: Deutscher Arbeiter-Abstin.-Bund [1904]. (15 S.) 8° [F.]
= Arbeiter-Abstinenten-Bund, Deutscher. No 3. 05. 1613

— dasselbe. (2. Aufl.) (15 S.) kl. 8. Berlin (905). Buchh. des deutschen Arbeiter-Abstinenten-Bundes. n. — 10

Moderne Arbeiterbewegung und Alkoholfrage. Von Dr. med. Georg Keferstein. (1. Aufl.) Berlin: Deutscher Arbeiter-Abstin.-Bund [1904]. (39 S.) 8° [F.]
= Arbeiter-Abstinenten-Bund, Deutscher. No 5. 05. 1615

— moderne Arbeiterbewegung u. Alkoholfrage. (39 S.) kl. 8. Ebd. (905). n. — 20

Keferstein, Georg [app. Arzt, aus Ratzeburg i. L.]: Beiträge zur Casuistik der ischaemischen Muskellähmungen und Contracturen ... Oebisfelde, Druck v. A. Radwitz, 1893; 56 S. 8.
Göttingen, Med. Fak., Inaug.-Diss. v. [2. Juni] 1892

Keferstein, Geo., Beiträge zur Casuistik der ischaemischen Muskellähmungen u. Contracturen. Diss. gr. 8. (56 S.) Göttingen 898. (Vandenhoeck & Ruprecht.) n. 1. 20

Keferstein, Georg: Der Lautstand in den Bibelübersetzungen von Emser und Eck aus den Jahren 1527 (1528) und 1537 in seinem Verhältnisse zur neuhochdeutschen Schriftsprache. . . . Jena, Druck v. B. Engau, 1888; 50 S. 8°
Jena, Phil. Fak., Inaug.-Diss. v. 1888

Keferstein, Georg *Wilhelm Ernst* [aus Lüneburg]: Ueber die progressiven Muskelatrophien ... Göttingen, Druck d. Univ.-Buchdr. v. W. F. Kästner, 1894; 53 S. 8.
Göttingen, Med. Fak., Inaug.-Diss. v. [23. Mai] 1894

— üb. die progressiven Muskelatrophien. Diss. gr. 8. (53 S.) n. 1. 20
Gött.: Vandenhoeck & Ruprecht 1894.

Keferstein, Geo. Cph., († d. 4. Jan. 1802.), s. Unterricht eines Papiermachers.

Keferstein, Georg Wilhelm: Ueber die Wirkungen der Hautreize und ihre Verwertbarkeit für die praktische Medizin. Halle a. S. 1883: Waisenhaus. 28 S. 8°
Halle-Wittenberg, Med. Diss. v. 2. Juli 1883
Geb. Krossen a. d. Oder 27. 2. 1857. V.

Keferstein, G(ustav) A(dolph), die Einführung des rhythmischen Chorals, historisch, kritisch und praktisch erörtert. gr. 8. (IV und 32 S.) Apolda 851, Teubner.

Keferstein, Gust. Ad., die Feste der teutschen Altkrieger in ihrer hohen Bedeutsamkeit. Predigt. 8. (1 B.) Jena 844, Mauke.

Keferstein, Gust. Ad., Handagende, od. liturg. Hülfsb. f. evangel. Geistliche. Großentheils nach älteren u. mit besond. Berücksichtig. d. k. preuß. u. sächs. u. a. neuerer Agenden bearb. gr. 8. (14½ B.) Jena 835, Bran'sche Buchh.

—— Handagende od. liturg. Hülfsbuch f. evang. Geistliche, nach älteren u. neueren Quellen bearb. 2., verm. u. verb. Aufl. gr.-8. (18 B. u. 2 Bl. Noten.) Jena 846, Bran'sche Buchh.

Keferstein, Gust. Adph., Handagende oder liturg. Hülfsbuch für evangel. Geistl., nach älteren u. neueren Quellen bearb. Hersg. von Jul. Alb. Dünnebier. 3. vielfach verm. u. verb. Aufl. Mit 1 (lith.) Notenbeilage. Jena 868. Bran. Lex.-8. (XX, 214 S.) n. 1 ₰ 10 ngr; in engl. Einb. mit Goldschn. n. 2 ₰

—— die Kunst von ihrer Schattenseite. Homilie üb. Apostelgesch. XIX. 23—40, u. als ernstes Wort f. d. Zeit, den Zeitgenossen z. Beherzig. empfohlen. 1. Aufl. 839., u. 2. A. gr. 8. (à 1 B.) Jena 840, Mauke.

STEIN, K. (d. i. *G. A. Keferstein*), König Mys von Fidibus oder Drei Jahre auf der Universität. Wahrheit u. Dichtung aus dem Leben eines Künstlers. 2 Thle. Gera 1838. 8⁰. (5 Mk. Paul Alicke, Dresden, 1908; 9 Mk., etw. papierfl., Adolf Weigel, 1906.)
Die Hauptperson dieses Romans, der Tonkünstler Leo, ist der Balladencomponist Carl Loewe. Vgl. Allg. deutsche Biographie 19, 111; fehlt in Weller's Lex. Ps.

— über das Verhältniß der Musik zur Pädagogik. Eine Vorlesung. Besonders abgedruckt aus der allgemeinen Musikal. Zeitung. gr. 8. Leipzig 841, Breitkopf u. Härtel. 3 ngl

— Wir sind Gottes Mitarbeiter, ihr seid Gottes Ackerwerk. Antrittspredigt, gewidmet seinen lieben Gemeinden Wickerstedt und Eberstedt. gr. 8. Jena 840, Mauke. 1/12 ₰

Keferstein, H: Technisches Hand- und Preis-Buch für Eisenconstructionen, maschinelle Anlagen, Werkzeuge und technische Artikel. Braunschweig 1892

Keferstein H, die Humaniora in der Handelsschule. (Einladungsschrift der Handelslehranstalt Dresden) Dresden 1865

Keferstein, H., des Bauhandwerkers Skizzenbuch. Eine Sammlung von Façaden u. Details als Zeichenvorlagen für Bauhandwerker u. Baueleven hersg. 1—4. Heft. Halle 866—68. Knapp's Verlag. qu. gr. 4. Jedes Heft 8 Steintaf. n. 15 ngr.

Keferstein, H. (I.), des Bauhandwerkers Skizzenbuch. 4 Hefte. qu. gr. 4. Halle 866,68. Leipzig, Spohr.

Keferstein, Hans: Einzelwille und Gesamtwille. Eine Untersuchung üb. d. Willensfreiheit. *Hamburg 1902: Lütcke & Wulff.* (28 S.) 4°
Hamburg, OR u. R auf d. Uhlenhorst, P 1902 (822)

Keferstein, Hans [Dr.]: Die philosophischen Grundlagen der Physik nach Kant's „Metaphysischen Anfangsgründen der Naturwissenschaft" und dem Manuscript „Übergang von den Metaphysischen Anfangsgründen der Naturwissenschaft zur Physik." Hamburg, gedr. bei Lütcke & Wulff, 1892; 1 Bl., 42 S. 4.
Hamburg, HB vor d. Lübeckerthore, P 1892 (733)

Keferstein, Hans, die philosophischen Grundlagen der Physik nach Kant's „Metaphysischen Anfangsgründen der Naturwissenschaft" u. dem Manuscript „Übergang v. den metaphysischen Anfangsgründen der Naturwissenschaft zur Physik". Progr. gr. 4. (42 S.) Hamburg 892. (Herold's Verl.) n.n. 2.50

— Leitfaden f. den trigonometrischen Unterricht an Realschulen. gr. 8. (84 S. m. 1 Fig.) Hamburg 894, G. W. Seitz Nachf., Besthorn Gebr. Kart. n. — 80

Keferstein, Hans, die Realität der Aussenwelt in der Philosophie von Descartes bis Fichte. gr. 8. (48 S.) Köthen 883, Schettler's Verlag. *

Strahlengang und Vergrößerung in optischen Instrumenten. Eine Einführung in d. neueren opt. Theorien. Von Dr. Hans **Keferstein**, Prof. in Hamburg. Berlin: J. Springer 1905. (42 S.) 4°(8°)
— Abhandlungen z. Didaktik u. Philos. d. Naturwissensch. Bd 1, H. 5.
— Zeitschrift f. d. physik. u. chem. Unterricht. Sonderh. 5.

Keferstein, Horst, Ansprache an Jünglinge aller Confessionen. 2. (Titel-)Aufl. der Skizzen und Anregungen für die reifere Jugend. 8. (VII und 116 S.) Cöthen (862)65, (Schettler.) *

Keferstein, Horst, Ernst Moritz Arndt als Pädagog, s.: Magazin, pädagogisches.

Keferstein, Horst, Aufgaben d. Schule in Beziehg. auf d. sozial-politische Leben, s. Magazin, pädagog.

— Aufgaben der Schule in Beziehung auf das sozialpolitische Leben. gr. 8. (32 S.) Langensalza 891. H. Beyer & Söhne. n. — 40

Keferstein, H.: Aufgaben der Schule in Beziehung auf das sozial-politische Leben. 2. Aufl. Langensalza 1896. 35 S. (Fr. Manns pädagog. Mag. 55.)

Keferstein, Horst: Die Bedeutung einer gesteigerten Volksbildung für die wirtschaftliche Entwickelung unseres Volkes. Pädagog. Mittel gegen d. Alkoholismus. Bielefeld: A. Helmich [1898]. 23 S. 8⁰
= Abhandlungen, Pädagogische. N. F. Bd. 4, H. 2.

Keferstein, Dr. Horst Die Bedeutung einer gesteigerten Volksbildung für die wirtschaftliche Entwickelung unseres Volkes. Bielefeld 1899. 23 S. Mk. —.50.

Keferstein, H., Beiträge zur Frage der Lehrerbildung. gr. 8. (IV, 127 S.) Köthen 876. Schettler's Verl. n. 1.50

— Betrachtungen üb. u. zu d. Frauenbewegg. [Aus: „Jen. Zeitg."] gr. 8. (16 S.) Jena 896. (O. Raßmann.) — 30

Betrachtungen über Lehrerbildung. Von Dr. Horst **Keferstein**, Seminaroberl. a. D. 2. umgearb. Aufl. *Langensalza: H. Beyer & Söhne 1898.* (VIII, 51 S.) 1 Bd 8.
— Magazin, Pädagogisches. H. 1.

Die Bildungsbedürfnisse der Jugendlichen. (Beiträge z. Frage d. Fortbildungsschule.) Von Dr. Horst **Keferstein** in Jena. *Langensalza: H. Beyer & Söhne 1903.* (30 S.) 8°
— Magazin, Pädagogisches. H. 210.

Keferstein, Horst, pädagogische Briefe. Zur Reform der Volksschule. 8. (XIII und 146 S.) Leipzig 860. [Dresden,] Bock's Verlag. *

Keferstein, Horst, pädagogische Briefe. Zur Reform der Volksschule. Leipzig 860. (Dresden) Bock. 8. (XIII, 46 S.) n. 16 ngr.

— — Neue Folge. Beiträge zur Beurtheilung der Pensionaterziehung, der Privat-, Real- und Handelsschulen, der Gymnasien u. Universitäten. Dresden 861. am Ende. 8. (VII, 134 S.) 22½ ngr.

— historisch-biographische Charakter- und Zeitbilder aus Leopold Ranke's sämmtlichen Werken. Ein historisches Lesebuch. Berlin 864. Duncker & Humblot. gr. 8. (VI, 408 S.) 1 ₰ 15 ngr.

—— historisch-biographische Charakter- und Zeitbilder aus Leopold Ranke's sämmtlichen Werken. Ein histor. Lesebuch. gr. 8. (VI und 408 S.) Berlin 864. [Frankfurt a. M., Völcker.]

Keferstein, H. (II.), Charakterbilder aus Leop. v. Ranke's historischen Werken. 2. (Titel-)Ausg. gr. 8. (VI, 408 S.) Frankfurt a. M. 869, Boelcker. *

Zur Erinnerung an Philipp Melanchthon als Praeceptor Germaniae. Von Dr. Horst Keferstein in Jena. *Langensalza: H. Beyer & Söhne 1897.* (VI, 51 S.) 1 Bd 8.
— Magazin, Pädagogisches. H. 91. [97. 4761

—— Ferientage. Wanderungen und Betrachtungen. br. 8. (VIII und 196 S.) Cöthen 864, Schettler. *

—— Fichte's pädagogische Schriften, s. Klassiker, pädagogische.

Zur Frage der Berufsethik in Familie, Gemeinde, Kirche und Staat. Von Horst **Keferstein**. Langensalza: H. Beyer & Söhne 1905. (47 S.) 8°.
— **Magazin**, Pädagogisches. H. 267. [06. 6038 8

Zur Frage des Egoismus. Von Horst Keferstein in Jena. *Langensalza: H. Beyer & Söhne 1897.* (1 Bl., 37 S.) 1 Bd 8.
— Magazin, Pädagogisches. H. 93. [97. 4761

Keferstein, Horst, zur Frage sozial-politischer Pädagogik. (24 S.) 8. Leipzig 904. J. Klinkhardt. n. — 50
Sonderabdruck aus: „Allg. deutsche Lehrerzeitg."

Keferstein, H., zur Frage d. Prüfungswesens, s. a. Zeit- u. Streit-Fragen, deutsche.

Keferstein H, zur Frage des Prüfungswesens. (Zeit- u Streitfragen 202) Berlin 1884

—— 2600 **Fragen** aus der Geographie und Geschichte. Ein Hilfsmittel beim geograph. und geschichtl. Unterricht. 8. (VIII und 104 S.) Dresden 867, G. Dietze. *

Keferstein, H[orst]: Frauenberuf und Frauenbildung m. bes. Rücksicht auf d. Lehrerinnenbildung. — Cöthen: Schettler 1879. VI, 233 S. 8°

Keferstein, Horst, Gaben für den häuslichen Herd. „Ein Beitrag zur Begründung des Familienglücks." 8. (VIII, 142 S.) Jena 875, Mauke's Verlag. cart. *

Keferstein, Horst, Gaben für den häuslichen Herd. Ein Beitrag zur Begründung des Familienglücks. 4. Aufl. 8. (VIII, 142 S. mit chromolithogr. Titelbl.) Kaiserslautern 885, A. Gotthold's Verlag. geb. mit Goldschn. * 3 —

—— Gedenkblätter aus Diesterweg's Schriften. 8. (III und 58 S.) Leipzig 867, Klinkhardt. *

—— **Geschichts-Repetition.** Für Schulen und zum Privatgebrauch. Ethnographisch und mit ausführl. Berücksicht. des culturgeschichtl. Stoffes. 5 Abthlgn. 8. Dresden 861, am Ende. *

Inhalt:
Abthl. 1. Amerika und Australien. (S. 1—64.) Einzeln * 5 Ngr.
» 2. Asien und Afrika. (S. 65—164.) Einzeln * 7½ Ngr.
» 3. Europa. 1. Heft: Türkisch-griechische Halbinsel. Apenninische Halbinsel. (S. 165—354.) Einzeln * 12½ Ngr.
» 4. Europa. 2. Heft: Das Christenthum und die christl. Kirche. Deutschland. (S. 355—606.) Einzeln * 20 Ngr.
5. Europa. 3. Heft: Schweiz, Niederlande, Frankreich, Pyrenäische Halbinsel, Grossbritannien, Scandinavien, Dänemark, Russland, Polen, Ungarn. Nebst Index über 1—5. (VI und S. 607—752.) Einzeln * 12½ Ngr.

—— Geschichts-Repetition. Für Schulen und zum Privatgebrauch. Mit ausführl. Berücksicht. des culturgeschichtl. Stoffes. 2. mit einem Anhang versch. Ausg. 8. (776 S.) Jena 872, E. Frommann. geb.

Keferstein, H. (II.), Geschichts-Repetition. 2. Aufl. 8. Jena 872. Leipzig, Reichardt Verlag. *

—— s. Herder, Johann Gottfried v., Lichtstrahlen.

— Eine Herder-Studie m. besond. Beziehg. auf Herder als Pädagog, s. Magazin, pädagog.

—— **Hilfsbuch beim geographischen Unterricht vorzügl. für Handels- und Gewerbeschulen. In tabellarischer Form dargestellt. gr. 8. (IV und 92 S.) Leipzig 857, O. A. Schulz.** *

—— Hilfsbuch beim geographischen Unterricht. 2., völlig umgearb. Aufl. 8. (VI und 146 S.) Leipzig 868, O. A. Schulz. *

Keferstein, H., Ideale u. Irrthümer der Unterrichtsprogramme, s. a. Zeit- u. Streitfragen, deutsche.

Keferstein H, Ideale und Irrtümer der Unterrichtsprogramme. (Zeit- und Streitfragen, Deutsche, Neue Folge 73) Hamburg 1890

— pädagogisches Instructionsbüchlein f. Lehrer an Erziehungsschulen. gr. 8. (107 S.) Jena 873. Mauke. n. 2. —

—— der Kampf um die Schule und einige streitige Punkte im Gebiete des Schulwesens, s. Sammlung pädagogischer Vorträge.

— **Kirche u. Schule, ihre gemeinsamen Lebensaufgaben, Interessen u. wissenschaftlichen Grundlagen,** s. a. **Magazin, pädagogisches.**

Keferstein, H.: Kirche und Schule, ihre gemeinsamen Lebensaufgaben, Interessen u. wissenschaftlichen Grundlagen. Langensalza 1894. 31 S. (Fr. Manns pädagog. Mag. 50.)

Keferstein, Horst, die Confessionsschule und ihre Consequenzen. gr. 8. (IX, 180 S.) Wien 883, Pichler's Wwe. und Sohn. *

Konzentration in Unterricht und Erziehung, eine Hauptbedingung ihres Erfolgs. Von Dr. Horst **Keferstein** in Jena. *Bielefeld: A. Helmich [1900].* (S. 103–124.) 8° [F.]
= **Abhandlungen**, Pädagogische. N. F. Bd 5, H. 6. [00. 7101

Keferstein, H., das deutsche Lesebuch in der Volksschule. gr. 8. (80 S.) Langensalza 878. Beyer & Söhne. n. — 40

— Dr. M. Luther's pädagogische Schriften u. Äußerungen, s.: Bibliothek pädagogischer Klassiker.

— Pädagogische Mittel gegen den Alkoholismus. 53 S. Bielefeld. 1899.

— die Pädagogik der Kirche, s.a. Zeit- u. Streit-Fragen, deutsche. 135.

— Die Pädagogik d. Kirche. »Zeit- und Streitfragen, Deutsche.« (48 S.) Berlin 1880. Habel.

— Religionsunterricht u. Erziehung zur Religion, s.a. Zeit- u. Streitfragen, deutsche.

Keferstein H, Religionsunterricht und Erziehung zur Religion. (Zeit- und Streitfragen, Deutsche, Neue Folge 93-94) Hamburg 1892

—— Repetitionstabellen zur lateinischen Grammatik. 1. Cursus. gr. 8. (187 S.) Jena 871, Costenoble. *

Richard Rothe als Pädagog und Sozialpolitiker. E. Sammlg v. Aussprüchen insbes. aus Rothes 'Theologischer Ethik' m. ... biogr. Abriss v. Horst Keferstein. *Langensalza: H. Beyer & Söhne 1896.* (VIII, 75 S.) 1 Bd 8.
— Magazin, Pädagogisches. H. 79. [96. 6,6«

—— Schleiermacher als Pädagog. gr. 8. (VII, 340 S.) Jena 887, Mauke's Verlag. * 8 —
—— dass. — 2. durch ein Spezial-Inhaltsverzeichnis verm. (Titel-)Aufl. gr. 8. (II, 24, 340 S.) Ebendas. 888. * 3 —

— Schleiermacher als Pädagog. 2., durch e. Spezial-Inhaltsverzeichnis verm. (Titel-)Aufl. gr. 8. (II, 24 u. 340 S.) Jena 889. Mauke. n. 3. —

— Schleiermachers pädagogische Schriften u. Äußerungen. 2. [Titel-]Ausg. v. „Schleiermacher als Pädagog". gr. 8. (III, II, 340 S.) Leipzig [889.] 902. H. Haacke. n. 3. —

—— Skizzen und Anregungen für die reifere Jugend. 8. (VII und 116 S.) Dresden 862, am Ende. *

— pädagogische Streifzüge. [Vierte Sammlg. pädagogischer Skizzen.] Cassel 870. Leipzig, Luckhardt'sche Verlagsh. gr. 8. (VIII, 299 S.) 1 ₰ 15 ngr.

— pädagogische Studien. [6. Sammlung.] gr. 8. (IV, 868 S.) Köthen 878. Schettler's Verl. n. 5. —

— dasselbe. [7. Sammlung.] Frauenberuf u. Frauenbildung mit besonderer Rücksicht auf die Lehrerinnenbildung. gr. 8. (VI, 233 S.) Ebend. 879. n. 3. —

— dasselbe. [8. Sammlung.] gr. 8. (XXVIII, 394 S.) Ebend. 881. n. 5. —

—— pädagogische Studien. Der „Pädagogischen Streifzüge", (enth. u. A. „Herder als Pädagog" p. 109—263.) 2. (Titel-)Ausg. gr. 8. (VII, 299 S.) Berlin (870) 888, F. Luckhardt. * 1 —

— pädagogische Studien. Der „Pädagog. Streifzüge", enth. u. A. „Herder als Pädagog" S. 109—263, 2., (Titel-)Ausg. gr. 8. (VII, 299 S.) Berlin 889. F. Luckhardt. n. 1. —

— die Ueberfüllung der höheren Berufsarten. } s.a. Zeit- u. Streit-fragen, deutsche.

Keferstein H, d. Überfüllung d. höh. Berufsarten. (Zt.- u Str. NF 53) Hamburg 1889

—— die Verantwortlichkeit der Schule nach Seiten der gesundheitlichen Volksinteressen, s.a. Zeit- und Streit-Fragen, deutsche.

— Die Verantwortlichkeit der Schule nach Seiten der gesundheitlichen Volksinteressen. (Zeit- und Streitfragen, Deutsche 171-72) Berlin 1882

Keferstein, Horst: V o l k s b i l d u n g und Volksbildner. Langensalza: H. Beyer & Söhne 1899. (IX, 38 S.) 8°
= Magazin, Pädagogisches. H. 121.

— Volksbildung u. Volksschule m. bes. Rücksicht auf d. Lehrstoffe derselben. [Aus: „Lehrerzeitg. f. Thüringen u. Mitteldeutschl."] gr. 8. (28 S.) Leipzig 896. H. Haacke. n. — 40

—— Volkserziehung und Staatspädagogik, s.a. Zeit- und Streitfragen, deutsche.
NF. 21/22.

— Volkserziehung u. Staatspädagogik. (72 S.) Hambg. 1887. Verlags-Anst.

—— die Volksschule als Erziehungsschule, s.a. Zeit- und Streit-Fragen, deutsche. 7, 109.

Keferstein, Dr. Horst, Die Volksschule als Erziehungsschule. »Zeit- u. Streitfragen, Deutsche.« (48 S.) Berlin 1878. Habel.

—— die Volksschullehrer-Noth, ihre Ursachen und Mittel zu ihrer Abhilfe. 1. und 2. Abdruck. gr. 8. (34 S.) Jena 872, Costenoble. *

— betrachtende Wanderungen durch die Unterrichts- u. Erziehungslehre, nebst e. „Erinnerungen aus dem Leben des Verfassers" enth. Anh. gr. 8. (XVI, 478 S.) Jena 894. F. Mauke. n. 6. —; geb. n.n. 6. 80

— Wanderungen durch die Geschichte der Pädagogik u. die Erziehungs- u. Unterrichtslehre, nebst e. „Erinnergn. aus dem Leben des Verf." enth. Anh. 2., durch „Randbemerkgn. zu pädagog. Zeitfragen" erweit. Ausg. gr. 8. (XXV, XVI, 478 S.) Leipzig 902. H. Haacke. n. 3. —

—— pädagogische Wanderungen. (Der pädagogischen Briefe 3. Sammlung.) br. 8. (XII und 385 S.) Cöthen 865, Schettler.

Pädagogische Wünsche für das neue Jahrhundert. Von Dr. Horst Keferstein in Jena. *Bielefeld: A. Helmich [1900].* (S. 71–86.) 8° [F.]
— Abhandlungen, Pädagogische. N. F. Bd 5, H. 4. [00. 7099

Ziele und Aufgaben eines nationalen Kinder- und Jugendschutz-Vereins. Von Horst Keferstein. *Langensalza: H. Beyer & Söhne 1902.* (32 S.) 8°
= Magazin, Pädagogisches. H. 185. [02. 10537 3

Keferstein, Johann Christian Friedrich

Keferstein, Jh. Chr. Fr., († d. 12. April 1806.) Anfangsgründe d. bürgerl. Baukunst für Landleute, od. Anweis., wie d. Landbewohner neue verbess. Gebäude mit feuersichern Dächern rc. erbauen kann. gr. 8. Leipz. 776. 2e A., mit 26 Kpf. unt. d. T.: Anleit. zur Landbaukunst. Ebd. 791. 3e A., mit 26 Kpf. gr. 8. Ebd. 821. Cnobloch. 2 ₰ 12 gr.

KEFERSTEIN, Johann Friedrich: Anfangsgründe zu praktisch-geometrischen Zeichnungen und Vermessungen die zur Anfertigung und Abzeichnung der oeconomischen, militärischen und geographischen Charten, und zur Kenntniß des verschiedenen Meilen-, Ruthen-, Fuß- und Zoll-Maasses nöthig sind; zum Gebrauch für Officiere und solche Schüler, die ohne viel Anweisung, Charten zeichnen und aufnehmen wollen. - Leipzig 1778. 128 S., 27 Kt.

— Anfangsgründe d. prakt. geometr. Zeichnungen u. Vermessungen. Mit 27 Kpf. gr. 8. Leipz. 778. (Cnobloch). (Trattner in Wien). 20 gr.

— Anfangsgr. d. prakt. geometr. Zeichnung. u. Vermessungen. m. K. gr. 8. Ebend. (a. Tendler in Wien.) 778.

Anfangsgründe zu praktisch-geometrischen Zeichnungen und Vermessungen . . . . von *Joh. Fr. Keferstein*. Leipzig. 8. 9 u. e. halb. Bog. 26 Kupf. 1779.

KEFERSTEIN Johann Christian Friedrich. Anfangsgründe zu praktisch geometrischen Zeichnungen u. Vermessungen. Wien 1785.

Keferstein, J. C. F., Anweis. z. Brückenbau. m. Kupf. gr. 8. Lpz. Böhme. 791.

— Anweis. zum Brückenbau, mit Kpf. gr. 8. Leipz. 791. (Gnobloch). 9 gr.

Keferstein, K., drei Worte am Grabe des Kaisers Wilhelm. Gedächtnisrede, gehalten im Hamburger Lehrerseminar am 16. März 1888. 8. (17 S.) Hamburg 888, Boß. — 30

Keferstein, Karl: Beiträge zur Würdigung der neueren französischen Kolonialbestrebungen. *Ratibor 1900: F. Lindner.* (32 S.) 4°
Ratibor, k. ev. G, P 1900 (216)

Keferstein, Karl With., d. Belagerung u. Einnahme d. Stadt Thorn im J. 1813. 8. Thorn 826. Lehmann. (Leipz., Reclam). 6 gr.

Keferstein, C. G. De bello marsico liber singularis. 8. Halae Sax. 1811. 1.00.

Keferstein, Carl Wilhelm u. (Respond.) **Johann Theoph. Christian Schoeps** (Erfurt), De bello Marsico. Comment. posterior. Halle (Hemmerde) 2. V. 1812. (S. 53—94.) (3.—) 17621
Gew.: Curt Sprengel, Wilhelm Keferstein (Vater).

Keferstein, K. W. Ueber den belebenden Geist, welcher die Kirchenreformation vorbereitete und sich aus ihr entwickelte. 34 S. . . . .
Thorn, Progr. 1827

Keferstein, C. W. De antiquiss. civitatum origine primisque ear. institutis. 22 S. . . . .
Thorn, Progr. 1831

Die Offenbarung St. Johannis nach rein symbolischer Auffassung von Selmar **Keferstein**, Past. em. Gütersloh: C. Bertelsmann 1907. (VIII, 346 S.) 8° [F.] [07, 420: 11]

Keferstein, S., Schlüssel od. Dietrich? Ein neuer Versuch zur Erschließg. der Offenbarg. St. Johannis. Auch f. Nicht-Theologen. gr. 8. (44 S.) Bielefeld 893. (E. Siedhoff.) n. 1. —

— dasselbe. Nachtrag. gr. 8. (26 S.) Ebd. 894. — 60

Keferstein, Wilh., über neue u. wenig bekannte Batrachier aus Australien u. Amerika. Mit 5 (lith.) Taff. Berlin 869. Nicolai's Verl. gr. 8. (48 S.) n. 1 Thlr.

Keferstein, Wilh., Beiträge zur Anatomie und Entwicklungsgeschichte einiger Seeplanarien von St. Malo. gr. 4. (38 S. mit 3 lithogr. Taf.) Göttingen 868, Dieterich's Verlag. *
Aus: Abhandlungen der k. Gesellschaft der Wissenschaften, besonders abgedruckt.

Keferstein, Wilh., und Ernst Ehlers, zoologische Beiträge gesammelt im Winter 1859/60 in Neapel und Messina. gr. 4. (VI und 112 S. mit 15 Kpfrt.) Leipzig 861, Engelmann. *

Keferstein, Wilh., Bemerkungen über das Skelett eines Australiers vom Stamme Warnambool. gr. 4. (21 S. mit 2 Stnt. in gr. 4. und qu. Fol.) Dresden 865. (Jena, Fr. Frommann.) *

—— s. Bronn, H. G., die Klassen und Ordnungen des Thierreichs.

Keferstein, W. Die Korallen der norddeutschen Tertiärgebilde. (Aus Zeitschr. d. deutsch. geol. Ges.) Berlin. 1859. 8.

Keferstein W.: Ueber parasitische Pilze aus *Ascaris mystax*. (1861) 3 S. 1 Tvl. (Særtr.). P.

—— Untersuchungen über niedere Seethiere. gr. 8. (VIII und 147 S. mit 11 Kpfrt. in gr. 4.) Leipzig 862, Engelmann. *
Aus: Zeitschrift für wissenschaftliche Zoologie, besonders abgedruckt.

Keffenbrin(c)k, Jul. Fr. von

Keffenbrinck, J. F. v.: „Abhandlung über das Verhältniss des Werths des Geldes zu den Lebensmitteln seit Constantin dem Grossen bis zur Theilung des Reichs und über dessen Einfluss", Berlin 1777. — Vorh.: Com. Bibl. Hamburg.

— Abhandl. über d. Verhältniß d. Werthes d. Geldes zu den Lebensmitteln seit Constantin d. Großen rc. 8. Berl. 777. Voß. 6 gr.

Keffenbrink, Iul. F., meditationes ad statut. Pragense, d. Böhm. Stadtrecht. 2 Thle. 4. Frft. (Korn d. ält. in Breslau.) 760.

— Uebereinstimmung d. evangel. u. weltl. Schriftsteller in d. Geschichte d. Dienstbewerbung Christi. 8. Stettin 767.

Keffenbrinck, J. F. von: „Versuch, den Geldcours in den märkischen Landen vom 12. Jahrhundert an bis 1750, nebst den von Zeit zu Zeit gebräuchlichen Rechnungsarten zu bestimmen", ... „Unterricht von dem Werte eines pommerschen Guldens", Berlin 1767. 4°.

— Versuch e. neuen Entdeckung von d. Unterschied des Seckelgewichts vor u. nach den Maccabäern. 8. Berl. 766.

Kegebein, Gerh. Fr., geistl. Lieder, Fabeln u. Oden. 1r Thl. 8. . . . 793.

Kegel, (C. J. E.,) kurze Anleit. d. Interpunktionszeichen richtig anzuwenden. Mit Berücksichtigung mehrerer Sprachen, u. durchgehends mit passenden Beispielen erläutert. 2te verb. Aufl. 8. Berl. 826, Mittler.

Kegel, Carl, s. Kegel, Karl.

Kegel, Christianus Fredericus (*geb. Freystadt in Schles. 4. 11. 1795*): De catameniorum natura. Vratislaviae (1822). (VIII, 40 S.) 8°
Breslau, Med. Diss. v. 20. Dez. 1822

Kegel, D. O., de gladio in sacramentorum reverentiam deponendo. Helmst. 1709. 4.

Kegel, E. E., die Entfuselung des Kartoffel-Spiritus u. die Kunst, aus demselben, auf eine neue u. eigenthümliche Art mit geringen Kosten dem ächten völlig gleichkommenden Weinsprit, Franzbranntwein, Cognac u. Rum zu bereiten, so wie die Fabrikation des Essigäthers, des Salpeteräthers, des Schwefeläthers, des Hoffmannschen Spiritus u. eines 100 pCt. haltigen Spiritus. gr. 8. Danzig 844, Gerhard'sche Buchh.

Kegel, Ernst: Erblindung nach Erysipelas faciei. Borna-Leipzig 1910: Noske. 33 S. 8°
Leipzig, Med. Diss. v. 16. März 1910, Ref. Sattler
[Geb. 17. Aug. 85 Berlin; Wohnort: Charlottenburg; Staatsangeh.: Preußen; Vorbildung: Realgymn. Charlottenburg Reife M. 03; Studium: Berlin 7, München 3 S.; Coll. 23. März 10; Approb. 2. März 10.] [U 10. 2997

Kegel, Ernst: Zur Frage der Konstitution der Paraoxyazokörper. 1900. 58 S. 8°
¶ Vgl. Berichte d. Deutschen Chem. Gesellschaft. Jg. 33.
Dresden, Dr.-Ing.-Diss. v. 18. 7. 1900

Kegel, Ernst, a. Magdeburg: Die Verbreitung der mittelhochdeutschen erzählenden Literatur in Mittel- und Niederdeutschland, nachgewiesen auf Grund von Personennamen. Halle a. S. 1905: E. Karras. (40 S.) 8° ¶(Ersch. vollst. als H. 3 der Hermaea.)
Halle, Phil. Fak., Ref. Strauch, Diss. v. 20. Febr. 1905
[Geb. 3. Okt. 76 Magdeburg; Wohnort: Halle; Staatsangeh.: Preußen; Vorbildung: Gymn. Magdeburg Reife O. 99; Studium: Halle 8 S.; Rig. 15. Juni 04.]

Die Verbreitung der mittelhochdeutschen erzählenden Literatur in Mittel- und Niederdeutschland nachgewiesen auf Grund von Personennamen von Ernst Kegel. Halle: M. Niemeyer 1905. (X, 140 S.) 8°
= Hermaea. 3. [05. 1347. 3

Kegel, Frz., Aventjuren im Reiche Fabula. Gedichte. (84 S.) 8. Strassburg 906. J. Singer. n. 1.50

Kegel, Frz., u. Max Lorenz, Rechtsbuch f. Schlächtermeister. gr 8. (90 S.) Berlin 895. (E. R. Greve.) n. 1.60

Kegel, Frz., Romanzen u. Lieder. (III, 51 S.) kl. 8. Dresden 910. E. Pierson. 1.50; geb. n 2.50

Kegel, Friedrich Ludolph (Beltitiensis Saxo), Observationes de compositione amicabili. Präs. Ernst Martin Chladen. Wittbg. (Carl Christian Dürr) 22. I. 1768. 19 S. (6.—) 17624

Kegel, G., von der Drei-Kaiser-Ecke in Oberschlesien. Historisch-geograph. Skizze. gr. 8. (21 S. m. Abb.) Kattowitz 894. G. Siwinna. n. — 60

Kegel, Heinr. Adf., Mitgabe für Schulzen in ihr Amt. Weltliches und Geistliches. gr. 8. (VII und 150 S.) Langensalza 857, [Schulbuchhandlung von Greßler.]

Kegel, H. A., Predigt am zweiten Pfingstfeiertage üb. Matth. 28, 20. gr. 8. Sondershausen 838, Eupel.

Kegel, Heinr. Ad., 4 Predigten. gr. 8. (3 B.) Sondershausen 843, Eupel.

— Heinrich Otto (Quedlinburg), De justitia divina punitiva. Diss. philos. Präs. M. Traugott Immanuel Jerichov (Löbau/Laus.). Lpz. (Schede) 18. XI. 1719. 23 S. (6.50) 17625
Gew. (v. Präs.): Samuel Knorr v. Rosenroth (Görlitz), Christian Büttner (Görlitz).

Kegel, Hugo

Kegel, H., s. a. Köhler, Hartwig.

Kegel, Hugo, der Damenschneider. Lustspiel in 1 Akt. gr. 8. (18 S.) Altenburg 890. (Schnuphase.) n. — 50

— das Dorfgenie. Lustspiel in 1 Akt. gr. 8. (16 S.) Altenburg 890. (Schnuphase.) n. — 50

— die Jubiläumsfeier d. 7. Thür. Inf.-Regiments Nr. 96. Zur Erinnerg. an die Feier d. 25 jähr. Bestehens im Oktbr. 1892. [Aus: „Altenburg. Landesztg."] gr. 4. (12 S.) Ebd. 892. n.n. — 25

Kegel, Hugo, Kaiser Friedrich-Chronik. Kurze Geschichte der 99 Tage seiner Regierung. 8. (18 S.) Altenburg 888, Schnuphase'sche Hofbuchh. * — 50

— Kaisertage in Altenburg am 3. u. 4. Mai 1890. Zur Erinnerg. an den Besuch Sr. Maj. d. Kaisers in Altenburg. [Aus: „Altenburger Landesztg."] gr. 4. (16 S. m. 2 Bildnissen.) Ebd. 890. n.n. — 25

Verlorenes Leben. Modernes lyr. Epos von Hugo **Kegel**. Dresden, Leipzig & Wien: E. Pierson 1895. (46 S.) 8° [F.] [97. 6725

Kegel, Hugo, d. einzige Lieutenant. D. Damenschneider, s.: Universal-Bibliothek.

Oberschlesien in der Dichtung. E. Anthologie hrsg. v. Hugo Kegel. (Vorr.: Ludwig Sittenfeld.) *Kattowitz: G. Siwinna [1897].* (XIII, 198 S., 1 Bl.) 1 Bd. 8. [98. 1600

(B) Kegel, Hugo, Oberschlesien. 897. Kattowitz, Phönix-Verl. Erm. Pr. 3. —

— gegen den Strom. Gedichte. 4., veränderte Aufl. 12. (VI, 113 S.) Weimar 889. Würzburg-Schenkenschloß, K. W. Krüger's Verl. n. 1.50

Kegel, Hugo, aus Deutschlands Trauertagen. Gedichte. 8. (12 S.) Kattowitz 892. G. Siwinna. n.n. — 25

Kegel, Johann Chr.

— Auszug aller königl. Preuß. u. Kurbrandenburg. Verordnn., Edikte rc. für d. geistl. Inspectoren, Prediger, Schullehrer u. Kandidaten bis auf d. J. 1790. 4. Berl. 790.

Kegel, J. Ch.: Auszüge a. d. Ober-Consistorialgesetzen u. d. allgem. Landrechte in d. kön. Preuss. Staaten f. luth. Geistl. in d. Kurmark. *Berlin*, Realschulbuch. 794. 4. (16 Gr.)

Kegel, Jh. Chr., Auszüge aus den Oberconsistorialgesetzen u. d. preuß. Landrechte für luther. Geistliche in d. Kurmark. 4. Berl. 795. Reimer. 16 gr.

Johann Michael Kegel's Arithmetica vulgaris et practica Italica, das ist: Kurz, leicht und geschwinde nach Italiänischer Art und heutiger vornehmen Kauf- und Handels-Leuthe Gebrauch zu rechnen etc. Franckfurt am M. 8. 16 Bog. 1695.
1704. — 8. 19 Bog.
1737. — neuvermehrt. Frft. 8. (6 gr.)

Kegel, K., über Verträge zum Erwerb v. Abbaugerechtigkeiten u. Abbaurechten beim Grundeigentümerbergbau in Preussen. (VII, 68 S.) 8. Halle 909. W. Knapp. 2.40

Kegel, K. A. L.

Kegel, C. A.: „Aufsätze über Handels-Vorfälle bei Fallissementen in Hamburg", 2 Hefte, Hamburg 1810. — Vorh.: Com. Bibl. Hamburg.

Kegel, K. A. L., Aufsätze über Handelsvorfälle bei Fallisementen in Hamburg. 2 Hefte. 8. Hamb. 810, 11. (Campe). 1 ₰ 18 ₰

Kegel, C. A. L., Der Handel in Hamburg. Als Grundlage einer prakt. Darstellung des gegenwärtigen allgemeinen Handelssystemes. 1. Bd. Hamburg 1806. 8°.

Kegel, Karl

Kegel C.: Neue Methode z. Abrichtung d. rohen u. Correction d. verdorbenen Hühner- od. Vorstehhunde. Nebst Anleitung z. Heilung ihrer bedeutenden Krankheiten. Wiesbad. 1829. 347 S.

Kegel, Carl, neue Methode zur Abrichtung d. rohen u. Correction d. verdorb. Hühner- od. Vorstehehunde. Nebst Anleit. z. Heilung ihrer bedeut. Krankheiten. M. 1 Stndr. 8. (22½ B.) Wiesbaden 829, Schellenberg.

Kegel, Carl, neue Methode zur Abrichtung der rohen und Correction der verdorbenen Hühner- oder Vorstehhunde nebst Anleitung zur Heilung ihrer bedeutendsten Krankheiten. 2. Aufl. 8. (VIII, 236 S.) Wiesbaden 872, Rodrian und Röhr. *

— Mittheilungen aus dem Umfange d. Pferdezucht, Pferdekenntniß, Reitkunst, u. denen darin einschlagenden Wissenschaften, auch Nachrichten von Gestüten, Pferdehandel, Moden u. Preisen neuer Reitzeuge, Geschirre u. Wägen &c. Mit Beitr. von S. v. Tennecker. Mit 3 Abbildd. 8. Bamb. 820. (Fiff u. M., Weiche). 1 ₰ 8 ₰ Schellenberg in Wiesbaden. 1 ₰ 2e Abtheil. A. u. d. T.: d. neue Reit-Instrument, oder Zeichnung, Beschreibung u. Anwendung d. einzig zweckmäß. Mittels, das Steigen d. Pferde zu verhindern u. ihnen ganz abzugewöhnen. Mit 3 Abbildd. in Steindr. 8. Bamb. 820. (Schellenberg in Wiesbaden). 1 ₰ 3e Lief. A. u. d. T.: d. Zwinger, ein neues Pferdeabrichtungs-Instrument. Mit 1 Abbild. gr. 8. Wiesb. 832. Schellenberg. 16 ₰

Kegel K.: Mittheilungen aus dem Umfange d. Pferdezucht, Pferdekenntniss, Reitkunst u. denen dahin einschlagenden Wissenschaften ... M. Beiträgen v. S. v. Tennecker. Bamb. u. Würzb. 1820. 311 S. 3 Tvl.

Kegel, kais. österr. Oberlieut. etc. Mittheilungen aus dem Umfange der Pferdezucht, Pferdekenntniss, Reitkunst und denen dahin einschlagenden Wissenschaften, auch Nachrichten von Gestüten, Pferdehandel, Moden und Preisen neuer Reitzeuge, Geschirre und Wägen etc. (Mit 1 Portrait und 1 Taf.) 8. Wien 1821.

—— Mittheilungen aus d. Umfange d. Pferdezucht, Pferdekenntniß, Reitkunst u. denen dahin einschlag. Wissenschaften; auch Nachrichten v. Gestüten, Pferdehandel, Moden u. Preisen neuer Reitzeuge, Geschirre u. Wägen &c. 3. Lfg. — A. u. d. T.: Der Zwinger, ein neues Pferdeabrichtungs-Instrument. M. 1 Abbild. gr. 8. (8 B.) Wiesbaden 832, Schellenberg.

—— dass. 4. Lfg. — A. u. d. T.: Neues Licht üb. d. Pferdebändigungskunst, od. Fortsetz. d. im J. 1819 u. d. T.: Umgang mit Pferden &c. bekannt gemachten Geheimnisse. M. 1 Abbild. gr. 8. (15 B.) Ebds. 833.
1. u. 2 Lfg. Ebendas. 1820, 21. à 18 Gr.

Kegel, Karl, Mittheilungen aus dem Umfange der Pferdezucht, Pferdekenntniß, Reitkunst u. denen dahin einschlag. Wissenschaften. Auch Nachrichten von Gestüten, Pferdehandel, Moden u. Preisen neuer Reitzeuge, Geschirre u. Wägen &c. 5. Lfg. — Auch u. d. T.: Neueste Theorie der Reitkunst, nach vernünftigen Grundsätzen des gesunden Menschenverstandes verfaßt. Nebst e. Beitrage von Mart. Kegel. gr. 8. (22 B.) Wiesbaden 842, Schellenberg'sche Hofbuchh.
1—4. Lfg. Ebendas. 1820—33. * 3 Thlr. 5 Ngr.

Kegel, Carl, Mittheilungen aus dem Umfange der Pferdezucht, Pferdekenntniß, Reitkunst und denen dahin einschlagenden Wissenschaften. Auch Nachrichten von Gestüten, Pferdehandel, Moden und Preisen neuer Reitzeuge, Geschirre und Wägen &c. 5. Lfg. A. u. d. T.: Neueste Theorie der Reitkunst nach vernünft. Grundsätzen des gesunden Menschenverstandes verfaßt. Nebst einem Beitrage von seinem Sohne Mart. Kegel. 2. (Titel-) Aufl. gr. 8. (VIII und 344 S.) Leipzig 850, Falk.

Kegel, K.: Das neue Reitinstrument. Bamberg 1821. 117 S. m. Abb.

Kegel, Karl: Über den Umgang mit Pferden und neueste Art, die wildesten ... in möglichst kurzer Zeit zahm, gutartig und brauchbar zu machen. Mit 2 Abb. in Steinabdr. Bamberg u. Würzburg 1819. XXXII, 205 S.

— über den Umgang mit Pferden, u. neueste Art, d. wildesten u. bei d. Behandl., besond. beim Beschlagen bösartigsten, u. beim Gebrauche zum Ziehen gefährlichst widersetzlichen Pferde in möglichst kurzer Zeit zahm, gutartig u. brauchbar zu machen. Mit 2 Abbildd. 8. Bamb. 819. Lachmüller. (Schellenberg in Wiesbaden). 1 ₰

Kegel, Carl: Der Zwinger, ein neues Pferdeabrichtungs-Instrument. Mit e. Abb. Wiesbaden 1832. X, 115 S.

(Mitteilungen aus d. Umfange d. Pferdezucht,... hrsg. von Carl Kegel. Lfg 3.)

Kegel, Carl Christian. Orgel-Schule. Leipzig. [quer 8°.]

— Orgelschule, zunächst f. Organisten in kleinen Städten. 4. Leipz. 827, Breitkopf u. Härtel.

— **Ludwig** (Willerode), **Symptomata objectiva ophthalmiae catarrhalis, rheumaticae et arthriticae. Diss. med. Bln. (Nietack) 6. VIII. 1835. 32 S. mit Biogr. (6.40)** 17626
Oppon.: Adolph Jonas, F. Schramm, E. Sachs. — Gew.: F. Soellig.

Bruno Bauer und seine Theorien über die Entstehung des Christentums. Von Martin **Kegel**, Dr. phil. Leipzig: Quelle & Meyer 1908. (VIII, 74 S.) 8°
— Abhandlungen z. Philosophie u. ihrer Geschichte. H. 6.

Das Gebet im Alten Testament. Von Dr. Martin **Kegel**. Gütersloh: C. Bertelsmann 1908. (43 S.) 8° [F.]

Kegel, Mart., s. Kegel, Karl, Mittheilungen.

Kegel, Martin, a. Jessen: Bruno Bauers Übergang von der Hegelschen Rechten zum Radikalismus. Leipzig 1908: Quelle & Meyer. (62 S.) 8° ¶ (Erschien vollst. u. d. T.: „Bruno Bauer und seine Theorien über die Entstehung des Christentums" in: „Abhandluugen z. Philosophie u. ihrer Geschichte hrsg. v. Falckenberg" H 6.)
Erlangen, Phil. Fak., Ref. Falckenberg, Diss. v. 11. März 1908
[Geb. 2. März 84 Jessen, Kr. Schweinitz; Wohnort: Magdeburg; Staatsangeh.: Preußen; Vorbildung: Schulpforta Reife O. 03; Studium: Göttingen 1, Erlangen 1, Halle 6 S.; Rig. 18. Dez. 07.]

Kegel, Max, Gedichte, s. Arbeiter-Dichtung, deutsche.

Kegel, Max, Gedichte. 8°. Stuttgart, Dietz, 1893. (Deutsche Arbeiter-Dichtung, Bd. 4.)

Kegel, Max. Ferdinand Lassalle. Gedenkschrift zu seinem 25jähr. Todestag. Mit Portr. Lassalle's. 8. (80 S.) Stuttg. 889, Dietz. * — 50

— Lichtstrahlen der Poesie. Gedichtsammlg. ausgewählt v. M. K. Illustr. v. Otto Emil Lau. 8. (VI, 312 S.) Ebd. 890. geb. m. Goldschn. * 3 50.

— Freie Lieder. Gesammelte Gedichte. 8°. Chemnitz, Genoss.-Buchdr., 1878.

— Sozialdemokr. Liederbuch. 16. (124 S.) Ebd. 891. geb. * — 40

— Sozialdemokratisches Liederbuch. 5. verb. Aufl. 16°. Stuttgart, Dietz, 1893. Neue Folge. 16°. Ibid. 1893. 6. Aufl. Ibid. 1894.

Kegel, Max: Sozialdemokratisches Liederbuch. 8. Aufl. Stuttgart o. J.

Kegel, M., Preß-Prozesse, s. a. Theaterstücke, sozialistische.

— Pressprocesse oder die Tochter des Staatsanwalts. Lustspiel in 2 Aufzügen. 8°. Zürich, Volksbuchhandlung, 1876. (Sozialistische Theaterstücke, Nr. 2.)

Kegel, Max (Red.), s. Raketen, Chemnitzer.

Kegel, Max, Robert, der Vereinsteufel. Novelle. 8. (138 S.) München 883. Viereck. n. 2. 50

Kegel, Max, die Tochter des Staatsanwalts, s. a. Theaterstücke, sozialistische.

— die Tochter des Staatsanwalts. Schwank in 1 Akt. 12. (24 S.) Berlin 894. Buchhdlg. des „Vorwärts". n. — 30

Kegel, Oskar, Tierarzt: Untersuchungen über die Ausscheidung des Atoxyls und des kakodylsauren Natriums im Harn und Kot. (Hannover [1908]: Leopold.) 39 S. 8°
Gießen, Veterinär-Med. Diss. v. 3. Dez. 1908, Ref. Geppert
[Geb. 23. Febr. 84 Völksen; Wohnort: Hannover; Staatsangeh.: Preußen; Vorbildung: Realgymn. Hannover Reife O. 02; Studium: Hannover Tierärztl. Hochsch. 8 S.; Rig. 23. Juni 08.] [U 09. 1154

Kegel, Otto, über die isomeren Naphtylphenylketone und deren Verhalten gegen Chromsäure. Diss. Marburg 1887, N. G. Elwertsche Univ.-Buchh. 8°. 37 S.

Kegel, Phil., geistl. Kampfschule. 8. Cöb. Abl. 748.

— duodecim meditationes piae. 18. Lps. 730.

Kegel, Th., Missionsstunden. Nach Burckhardt-Grundemanns Missionsbibliothek. gr. 8. (VII, 132 S.) Leipzig 884. Dörffling & Franke. n. 2. 25

Kegel, Werner, a. Schleiz, Reuss j. L.: Ueber den Einfluß von Chloroform und Aether auf die Assimilation von Elodea canadensis. Göttingen 1905: Dieterich. (64 S.) 8°
Göttingen, Phil. Fak., Ref. Berthold, Diss. v. 28. Febr. 1905
[Geb. 25. Juli 82 Schleiz; Wohnort: Schleiz; Staatsangeh.: Reuß j. L.; Vorbildung: Gymn. Schleiz Reife O. 01; Studium: München 3, Göttingen 5 S.; Rig. 19. Nov. 04.]

Kegel, Wilhelm: Die Grösse der Schelfflächen auf Grund einer neuen Berechnung. Mit 3 Taf. Göttingen 1910: Dieterich. 47 S., 3 Kt. 8°
Göttingen, Phil. Diss. v. 14. Okt. 1910, Ref. Wagner
[Geb. 8. Juni 84 Lüneburg; Wohnort: Lüneburg; Staatsangeh.: Preußen; Vorbildung: Gymn. Lüneburg Reife O. 04; Studium: Kiel 1, Göttingen 2, Berlin 1, Göttingen 8 S.; Rig. 23. Febr. 10.] [U 11. 1509

Kegel, Wilh., aus der Praxis der Binnensee- u. Flußfischerei, s.: Struck, Herm.

Kegelbahn, die. Eine Posse mit Geistererscheinungen u. Stimmen aus der Ferne. gr. 8. (1 B.) Oldenburg 845, Sonnenberg'sche Buchh. (Bremen, Kaiser.) *

Kegelbuch, Ausg. A. 4. (96 Bl.) Würzburg 887, Stahel'sche Universitäts-Buchh. geb. * — 90
Ausg. B. (132 Bl.) * 1 20

— qu. 4. (326 S.) Freising 888, Datterer. geb. 3 —

Kegelbuch. 4. (III, 144 S. m. Abbildgn.) Nürnb. 892, Löhe. cart. * 2 —
— desgl. — qu. gr. 4. (104 Bl.) Münch. 890, Schuh u. Comp. cart. 3 —
— desgl. — qu. 4. (176 S.) Freising 891, Datterer. geb. * 3 —

Kegele, Leo., der Bregenzerwald. Hrsg. vom Bregenzerwald-Verein. (56 S. m. Abbildgn. u. 1 Karte.) 8. Augsburg (906). (Gebr. Reichel.) n. — 80

[G.] Das Salzkammergut nebst angrenzenden Gebieten in Wort und Bild. Von Leo Kegele. M. üb. 100 Ill. u. 1 Kt. (In 10 Lfgn.) *Wien, Pest, Leipzig: A. Hartleben 1898.* (XIV S., 1 Bl., 304 S., 12 Taf., 1 Kt.) 1 Bd 4.(8.) [97-1146

Kegel-Kassa-Buch. 12. (48 S. m. 1 Bl. Erklärgn.) Stuttgart 895. A. Brettinger. Geb. n. — 60;
Bleistift u. Gummiring n.n.n. — 10

Kegel-Liederbuch, deutsches. Eine Sammlung v. beliebten deutschen Kegel- u. Tafel-Liedern. 16. (48 S.) Lübeck 893. (Oldesloe, L. H. Meyer.) n. — 30

Kegel-Liederbuch, deutsches. Eine Sammlg. v. beliebten deutschen Kegel- u. Tafel-Liedern. 3. Aufl. 16. (64 S.) Lübeck 897. (Oldesloe, L. H. Meyer.) n.n.n. — 10

Kegel-Liederbuch, deutsches. Eine Sammlung von beliebten deutschen Kegel- u. Tafel-Liedern. 4. Aufl. 16. (64 S.) Oldesloe (899). L. H. Meyer. n. — 10

Kegelliederbuch, deutsches. Eine Sammlg. v. beliebten deutschen Kegel- u. Tafelliedern. 6. Aufl. (64 S.) 16. Oldesloe (905). L. H. Meyer. n. — 10

Kegel-Liederbuch, deutsches. Eine Sammlg. v. beliebten deutschen Kegel- u. Tafel-Liedern. 7. Aufl. (64 S.) 10,8×7,2 cm. Oldesloe (908). L. H. Meyer. — 10

Kegel-Ordnung. Plakat. qu. gr. Fol. Kulmbach (902). (K. Rehm). — 80

— neueste, üb. die in Deutschland gangbarsten u. beliebtesten Spiele. 6. Aufl. Neu bearb. v. C. H. Reichert. gr. Fol. (1 Bl.) Leipzig 902. B. F. Voigt. n. 1. —

Kegel-Ordnung, neueste, üb. die in Deutschland gangbarsten u. beliebtesten Spiele. 7. Aufl. Neu bearb. v. C. H. Reichert. 73,5×50 cm. Leipzig 907. B. F. Voigt. 1. —

Kegel-Regel. Plakat. 58×45 cm. Kulmbach 891. K. Rehm. — 30

Kegelreglement, oder d. vorzügl. Gesetze d. deutschen Kegelspiels. Fol. Lübben 804. Gotsch. 2 gr. (Krause in Berl.) 4 gr.

— gr. Fol. Gera 831. Heinsius. 9 gr.

Kegel-Reglement nach langjähr. Erfahrung zusammengestellt und hrsg. von einem Verein von Kegelfreunden. Imp.-Fol. Plauen 867, Neupert.

Kegel-Reglement. Tabelle in Imp.-Fol. Königsberg 876, Hartung'sche Verlagsdruckerei. *

Kegel-Reglement. Tabelle in Imp.-Fol. Königsberg 877. Hartung. n. 1. —

Kegel-Reglement, neues, mit lithogr. Abbildd. Roy.-Fol. Breslau 833. Pelz. 1/2 ₰, ill. 2/3 ₰

Kegel-Reglement, neues vollständiges, auf 6 Plakat-Tafeln. qu. Fol. Plauen i/V. 890. Neupert's Verl. 1. 80; auf 6 Papptaf. m. je 2 Metallringen u. lackiert 3. 50

Kegel-Reglement, neuestes. Fol. Hoyerswerda 851, Erbe.

Kegel-Reglement, neuestes. Hoyerswerda 855. Erbe. (1 Bgn. in Fol.) n. 5 ngr.

Kegel-Reglement, neuestes, über die in Deutschland gangbarsten und beliebtesten Spiele. Imp.-Fol. (1 Bl.) Weimar 872, B. F. Voigt. *

—— neuestes, über die in Deutschland gangbarsten und beliebtesten Spiele. 2. Aufl. gr. Fol. Weimar 878, B. F. Voigt. *

Kegel-Reglement, neuestes, über die in Deutschland gangbarsten und beliebtesten Spiele. 3. Aufl. Plakat. Imp.-Fol. Weimar 882, B. F. Voigt. *

Kegel-Reglement, neuestes, über die in Deutschland gangbarsten und beliebtesten Spiele. 4. Aufl. gr. Fol. Weimar 889, B. F. Voigt. * 1 —

Kegel-Reglement, neuestes, üb. d. in Deutschland gangbarsten u. beliebtesten Spiele. 5. Aufl. (Tabelle m. 1 Illustr.) gr. Fol. Weimar 895. Leipzig, B. F. Voigt. n. 1. —

Kegel-Reglement 6. Aufl., s.: Kegel-Ordnung.

Kegelspiel, das (1522), hrsg. v. Alfr. Götze, s.: Flugschriften aus den ersten Jahren der Reformation. III, 6.

Deutsch-Amerikanische Kegel-Zeitung: 1889? —1899?

Weekly. Published in English and German, 1892—99. English title: Bowling and Cycling Gazette. Large quarto, each issue 16 pages. Edited & published by Bernhard Koenig, 1889—99.
New York, NY

Kegel- u. Skat-Zeitung, deutsche. Central-Organ der deutschen Kegel- u. Skatspieler. Hrsg. u. begründet v. Hans Licht. 1. Jahrg. 1885. 52 Nrn. (à 1/2—1 B.) gr. 4. Leipzig 884. Licht & Meyer. 8. —

— dasselbe. 2. Jahrg. 1886. 1—3. Quartal. 39 Nrn. gr. 4. Ebend. n. 6. —
Forts.s.:Keglerzeitung, Deutsche.

Kegler, die passionirten. Ein Album für Freunde der Kegelei. Leipzig 865. A. Winter. 8. (11 Holzschntaff.) n. 10 ngr.

Kegler-Album, den Kegel schieb. Echo-Inserenten gewidmet. qu. 12. (328. m. Abb.) Berlin 899. J. H. Schorer. — 50

Kegler's, d., Freude. Zusammenstellung beliebter Kegel-Partien d. Kunst-Kegel-Club Zürich. (III, 17 S. m. Fig.) Zürich 891. (St. Gallen, F. Hasselbrink.) Kart. n.n. 1. 20

Kegler-Zeitung, deutsche. Wochenschrift f. sämmtl. Interessen d. Kegelspiels. Officielles Organ d. Verbandes deutscher Kegelklubs. Unter Mitarbeiterschaft H. Brügner's red. v. M. Nüsser. 3. 4. Jahrg. Octbr. 1886 — Septbr. 1888. à 52 Nrn. (B.) hoch 4. Leipzig, (Scholtze). à Jahrg. n. 8. —
Vorh.unt.d.T.:Deutsche Kegel-u. Skatzeitung.

— dasselbe. Nebst dem Unterhaltungsblatt: „Des deutschen Keglers Heim". 5. Jahrg. Octbr. 1888 — Septbr. 1889. 52 Nrn. (1 1/2 B.) gr. 4. Ebd. n. 8. —

Kegler-Zeitung, deutsche. Wochenschrift f. sämmtl. Interessen d. Kegelspiels. Officielles Organ d. Verbandes deutscher Kegelklubs. Redig. v. Crome-Schwiening. Nebst dem illustr. Unterhaltungsblatte: „Des deutschen Keglers Heim". 6. u. 7. Jahrg. 1889/90 u. 1890/91. à Jahrg. 52 Nrn. (à Nr. 1—1 1/2 Bog.) gr. 4. Lpz., (Scholtze). Vierteljährl. * 2 —; Unterhaltungsbl. allein, vierteljährl * — 80
Nicht mehr im Buchhandel. D. Unterhaltungsblatt lag dem 7. Jahrg. nicht mehr bei.

KEGLEVITS, SIGISMUND VON BUZIN: Dankrede auf Ihre k. k. apostol. Majestät Maria Theresia, da aus Ihrer königl. Freigebigkeit das granerische Metropolitancapitel von den Händen Josephs Grafen von Batthyan ein dem Heil. apostol. Könige Stephan und Heil. Schutzherrn der Granererzdiöces Adalbertus gewidmetes Ehrenzeichen empfing. Gehalten zu Tyrnau den 15. October 1777. Tyrnau 1777. Gedruckt mit Tyrnauischen Schriften. 12 S. - 2°

Kehding, Friedr. Willam, de Franzosen-Krieg Anno 1870 oder wie Luten de Reknung ohne den Wirth makt hatt. En Riemels in niedersächsisch-plattdütsche Mundart. Tosamenstellt na officiellen Berichten. gr. 8. (24 S.) Winsen a. d. L. 871. (Lüneburg, Herold und Wahlstab'sche Buchh.)

Kehding, Friedr. Willem, de Franzosen-Krieg Anno 1870/71 oder wie Luten de Reknung ohne den Wirth makt hett. En Riemels in niedersächsisch-plattdütsche Mundart. Tosamenstellt na officielle Berichte, un to de Fier von't erste dütsche Kriegerfest in Hamborg upt Nee herutgeben. gr. 8. (26 S.) Hamburg 883, Kramer.

Kehding, Otto, Megalopolitanus: De panegyricis Latinis capita quattuor. *Marpurgi Catt. 1899: Koch.* (54 S.) 8°
Marburg, Phil. Diss. v. [13. März] 1899

Kehl [Schlagwort]

Kehl — Plan der Belagerungsarbeiten bei — zur Beschiessung der Citadelle von Strassburg. 1870. 10,000. Vom bad. mil. top. Bureau. 1 Bl.

Kehl [Verfasser]

Kehl, Gustav

Die Förderung des Wohnungsbaues durch die deutsche Arbeiterversicherung. Vortrag, gehalten in der allgemeinen Mitgliederversammlung des Deutschen Vereins für Versicherungs-Wissenschaft von Geheimen Regierungsrat KEHL in Düsseldorf. Sonderabdruck ... Jahrg. IX. 1909. Heft 1. ib. 1909. — 8°.

Kehl, Gust. Grundzüge d. Reichsgesetzes betr. die Invaliditäts- u. Altersversicherung v. 22. Juni 1889. 1.—3. Aufl. gr. 8. (16 S.) Stade 890, Pockwitz. * — 10
—— dass. — nebst Dienstanweisg. f. die Vertrauensmänner, dargestellt im Auftrage d. Vorstandes der Invaliditäts- u. Altersversicherungsanstalt Rheinprovinz. 12. (31 S.) Düsseld. 890, F. Bagel cart. — 30

Die Tuberkulosebekämpfung auf dem Lande und die Einrichtung von ländlichen Auskunfts- und Fürsorgestellen für Lungenkranke. Von G[ustav] Kehl-Düsseldorf. Düsseldorf 1908: Schwann. 24 S. 8°
(Amtl. Mitteilungen d. Landes-Versicherungsanstalt Rheinprovinz. 1908. Nr 5, Anl.)
[09. 17823 6]

Kehl, Johann (Frankfurt/M.)
De diis Romanorum Laribus.
MS. 39 S. 8°
Diss. phil. Giessen 2.4.1829. vorh. Univ.-Archiv.

Kehl, K. J., Aufgaben zum schriftlichen Rechnen für die Volksschule. 3 Hefte. 12. Fulda 883,84, Maier. [1. Heft. 1.—3. Aufl. (32 S.) * 25 Pf.; 2. Heft. 1. und 2. Aufl. (64 S.) * 40 Pf.; 3. Heft. 1. und 2. Aufl. (68 S.) * 50 Pf.] cart. *
—— dass. — Auflösungen zu den 3 Heften. 8. Ebendas. 883. [1. Heft. (1 S.) * 5 Pf.; 2. und 3. Heft. (23; 20 S.) à * 40 Pf.] *

Kehl, K. J., Aufgaben zum schriftlichen Rechnen f. die Volksschule. 3 Hfte. 3. Aufl. 12. Fulda 885. Maier. cart. n. 1. 15
1. (32 S.) n. — 25. — 2. (64 S.) n. — 40. — 3. (68 S.) n. — 50

Kehl, K. J., Aufgaben zum schriftlichen Rechnen f. die Volksschule. 3 Hfte. 5., unveränd. Aufl. 8 [illegible] Maier. cart. n. 1. 15
1. (32 S.) 889. n.n. — 25. — 2. (64 S.) [illegible] n. — 40. — 3. (68 S.) 888. n. — 50.

Kehl, K. J., Aufgaben zum schriftlichen Rechnen f. die Volksschule. 1. Hft. 9. unveränd. Aufl. 12. (32 S.) Fulda 894. A. Maier. Kart. n. — 25

Kehl, K. J., Aufgaben z. schriftl. Rechnen f. d. Volksschule. 3 Hfte. 12. Fulda 898. A. Maier. Kart. n. 1. 15
1. D. Zahlenraum v. 1—100. 14., unveränd. Aufl. (32 S.) n. — 25
2. D. Zahlenraum v. 1—1000. D. höh. Zahlenraum. D. mehrf. benannten Zahlen. Regeldetri. 12., unveränd. Aufl. (64 S.) n. — 40
3. Decimalbruchrechng. Regeldetri. Rechnen m. gemeinen Brüchen. Regeldetri. Prozentbestimmgn. Zinsrechng. Verhältnisbestimmgn. Gesellschafts- u. Mischungsrechng. Raumberechng. Kettensatz. Termin-, Rabatt-, Tara- u. Kursrechng. Ausziehen d. Quadrat- u. Kubikwurzel. 10., unveränd. Aufl. (68 S. m. Fig.) n. — 50

Kehl, Carl, Hilfskassengesetz. Nach den amtl. Motiven, sowie den Kommissionsberichten und Verhandlungen des Reichstages ausführlich ergänzt und erläutert. gr. 8. (IV, 74 S.) Gotha 876, Gläser. *

Kehl, Carl, üb. Logis-(Wohnungs-)Miethe im Herzogth. Gotha. Zum prakt. Gebrauch f. alle Betheiligten zusammengestellt. 3., verm. Aufl. 16. (III, 82 S.) Gotha 893. C. Glaeser. Kart. n. — 50

Kehl, Carl: Die vortheilhafteste Methode die Schafe zu verkappen und zu verstutzen, ohne Beyhülfe des Messers und der Zähne, mittelst Anwendung eines neu erfundenen, ganz einfachen Instrumentes. Neue Methode, die Schafe zu inoculiren, mittelst Anwendung eines neu erfundenen und sehr einfachen Instrumentes. Mit Kupfern. Wien 1825. 35 S.

Kehl, C., Die vorteilhafteste Methode die Schafe zu verkappen und zu verstutzen, ohne Beihilfe des Messers u. der Zähne, mittelst Anwendung eines neuerfundenen, ganz einfachen Instrumentes etc. Neue Methode, die Schafe zu inokulieren etc. Mit 1 Kpfr. 12. Wien 25. Wallishauser. M. 1.—

Kehl, Karl: Ortslexikon der Stadt Gotha. Stichworte Altschützengesellschaft - Grünschützengesellschaft - Schützenfest - Vogelschießen. Gotha, 1891.

[Kehl, Sebastian Max.] Das VI. Gebot. Eine Fackel der Wahrheit, angezündet von August Gottdank. 4. (und 5.) erweiterte Aufl. IV + 64 S. 8. München, Schacherl & Mütterlein, 1901. M. 1.—
1. u. 2. u. 3. Aufl. München 1901.

Kehl, S. M., „Heilreform". Wichtige Winke f. alle Leidenden, insbesondere f. meine Patienten. 3. Aufl. 8. (22 S.) Haimhausen (902). [Reform-Verlag.] Lorch, C. Rohm. n.n. — 50

Kehl, S[ebastian] M[ax]. «Heilreform». Wichtige Winke für alle (L)eidenden zur Erlangung völliger Gesundheit. 7. Aufl. 48 S. 8. Winterthur, Selbstverlag; Ascona, Comm. C. v. Schmidtz, 1906. [fr. —. 50]

Kehl, S. M., „Heil-Reform". Die Grundbedinggn. zur Erlangg. völliger Gesundheit f. Leib u. Seele. 8. umgearb. u. erweit. Aufl. (53 S.) kl. 8. Winterthur 906. Verlag f. Volksaufklärung. — 50

— erste Hilfe bei plötzlichen Erkrankungen u. Unfällen nach den Grundsätzen der natürlichen Heilweise. (14 S.) 16. Ebd. (904.) — 25

[Kehl, Sebastian Max.] Wahres und Schwindelhaftes an den Gebet-Kuren. Wie wirkt man Wunder? (Vortrag.) Von Aug[ust] Gottdank.... 24 S. 8. München, Schacherl & Mütterlein, 1902. M. —. 60

Kehl, Wilhelm, Schwimmbüchlein, m. Abb., Basel 1885 u. 1886, 22 S., 16°.

Kehl, Wilh., Schwimmbüchlein. 16. (22 S. mit Fig.) [Leipzig 886.] Weimar, A. Krüger. * — 50

—— kleine Schwimmschule. 3. Aufl. 8. (18 S. mit Abbild.) Zürich 888, Orell, Füßli und Comp., Verlag. * — 60

Kehlberg, Albert (geb. Warburg 21. 4. 1844): Echinococcus hepatis et lienis. Berlin (1873). (31 S.) 8°
Berlin, Med. Diss. v. 30. Juli 1873

Kehler, v., Betrachtungen über Gurko's Balkan-Uebergang im Sommer 1877, s. Beiheft zum Militär-Wochenblatt.

Kehler, Adolf [pr. Arzt]: Ein Fall von Nephrectomie bei einem dreijährigen Mädchen nebst Zusammenstellung der in letzter Zeit bekannt gewordenen ähnlichen Fälle. . . . Königsberg i. Pr., gedr. bei E. Erlatis (1890); 23 + 1 S. + 2 Bl. 8°
Königsberg, Med. Fak., Inaug.-Diss. v. 19. März 1890

Kehler, Adf., e. Fall v. Nephrectomie bei e. dreijährigen Mädchen, nebst Zusammenstellung der in letzter Zeit bekannt gewordenen ähnlichen Fälle. Inaug.-Diss. gr. 8. (26 S.) Königsberg i/Pr. 890. (Koch.) n. — 80

Kehler, Walter: Ueber Methoden zur Sterilisation von Erdboden und Pflanzensamen und über zwei neue thermoresistente Bakterien. *Königsberg i. Pr. 1904: O. Kümmel.* (54 S.) 8°
Königsberg, Phil. Diss. v. 28. Juni 1904

Kehlert, Otto: Die Insel Gotland im Besitz des deutschen Ordens 1398–1408 .... Königsberg in Pr., Buchdr. v. R. Leupold, 1887; 2 Bl. + 58 S. + 1 Bl. 8°.
Königsberg, Phil. Fak., Inaug.-Diss. v. 28. Jul. 1887.

Kehlert, Otto, die Insel Gotland im Besitz des deutschen Ordens 1398—1408. Inaugural-Dissertation. gr. 8. (58 S.) Königsberg 887, (Gräfe und Unzer.) ** 1 —

... Die Mitglieder der Landsmannschaft Littuania. Z. Erinnerg an d. 65j. Stiftgs-Fest zsgest. v. Otto Kehlert ... *Königsberg i. Pr.: Dr. v. R. Leupold 1891.* (2 Bl., 50 S.) 1 Bd 8. 98. 6847 Ko

Kehling, J., der Schlittensport, s.: Miniatur-Bibliothek f. Sport u. Spiel.

— Wintersport im Riesengebirge. Ein Ratgeber u. Führer f. Winterbesucher. Mit 3 Kartenskizzen u. 12 Kunstdr. nach photograph. Aufnahmen des Verf. 2. Aufl. (Phönix-Reiseführer.) (76 S.) kl. 8. Kattowitz (909). Phönix-Verlag. In Leinw. kart. 1. —

Kehling, Sim. Andreas Frider. (Holstein), Theses medicae, loco dissert. inaug. proxime edendae de combinationibus hydrothionicis. Präs. Philipp Friedrich Meckel. Halle (I. C. Hendel) 12. IX. 1800. 2 Bl. (1.50) 17629

Kehm, Max: Ueber die Versicherung minderwertiger Leben. *Naumburg a. S. 1897: (Lippert & C.).* (92 S.) 8°
Göttingen, Phil. Diss. v. [2. Jan.] 1898

Über die Versicherung minderwertiger Leben. Von Dr. Max **Kehm.** *Jena: G. Fischer 1897.* (2 Bl., 92 S.) 8.
— Studien, Staatswissenschaftliche. Bd o. II. 6. [98. 183]

Kehm M, über die Versicherung minderwertiger Leben. (92 S) (Studien, Staatswissenschaftliche VI. 6) Jena 1898

Kehm, Otto, Handelskammersekretär aus Hößlinswarth O. A. Schorndorf i. Württ.: Die **Entstehung** und Entwicklung der Gießener Tabakindustrie. *Ulm 1903: Ulmer Zeitung.* (V, 110 S.) 8°
Gießen, Phil. Diss. v. 1903

Kehm, Otto, die Entstehung u. Entwicklung der Giessener Tabakindustrie. Diss. (VII, 110 S.) gr. 8. Ulm 903. (Giessen, A. Frees.) n. 1. 50

Kehmptzow, Franciscus [Vismariensis]: De Quinti Smyrnaei fontibus ac mythopoeia. . . . Kiliae, ex offic. H. Fiencke, 1891; 2 Bl., 72 S., 1 Bl. 8°
Kiel, Phil. Fak., Inaug.-Diss. v. [26. Jun.] 1891

Karte des Europäischen Rußland und Nord-Skandinavien in 6 Bl. 1:3,700,000 aus Stielers Handatlas. Bearb. von H. **Kehnert** u. H[ermann] Habenicht. Mit Namenverzeichnis. Gotha: J. Perthes [1905]. (1 Kartenbl. 83 × 100 cm, 102 S.) 8° [gestochen] [kol.] [05. 13859

Kehnert, H., die Kriegsereignisse des J. 1866 im Herzogt. Gotha u. die gothaischen Turner zur Zeit des Treffens v. Langensalza. Mit e. Karte. (Vortrag, geh. zu Gotha in der „Vereinigung f. gothaische Geschichte u. Altertumsforschg." im Januar 1899.) gr. 8. (IV, 55 S.) Gotha 899. F. A. Perthes. n. 1.—

[F.] Die Kriegsereignisse des Jahres 1866 im Herzogtum Gotha und die gothaischen Turner zur Zeit des Treffens von Langensalza. Von H. **Kehnert.** (Vortr., geh. zu Gotha ... 1899.) M. 1 Kt. *Gotha: F. A. Perthes 1899.* (IV, 55 S., 1 Kt.), 1 Bd 8.
— Heimath, Aus der. Ergänzgsh. 3. [99. 5270

Kehr, (Dr. med.), über den Anbau des weißen Mohns, u. dessen vortheilhafte Benutzung auf ein wirksames Opium. 8. Bern ... 2e A. 810. 3e A. 815.

Kehr, Rheinlauf von Strasburg bis Rotterdam. Lith. Inst. der Gebr. Kehr und Niessen. ... [1860?] . . . . (Br. Mus.)

Kehr, C.

— Erläuterung über das Wesen und Wirken der Lebensversicherungsbank zu Gotha und Einladung zur Teilnahme an den Vortheilen derselben. 2. Auflage. Gotha 1829.

Kehr, C. Die Lebensversicherungsbank für Deutschland zu Gotha. Koblenz und Kreuznach 1839.

Kehr, Carl, s. Kehr, Karl.

Kehr, Chr., Wegweiser oder Notizen von Eisenach und Umgegend, welche den ankommenden Fremden zu empfehlen sind. 16. (31 S.) Eisenach 847. (Jena, Frommann.)

Kehr, Erich, Rechtsprakt.: Die Verwundeten und Kranken des Landkrieges in Feindeshand. Nach d. Genfer Konvention vom 6. Juli 1906 unter bes. Berücks. d. Verhandlungen d. Genfer Revisionskonferenz 1906. Kaiserslautern 1909: Rohr. IX, 163 S. 8°
Würzburg, Jur. Diss. v. 2. Juli 1909, Ref. Meurer
[Geb. 22. Dez. 84 Kaiserslautern; Wohnort: Kaiserslautern; Staatsangeh.: Bayern; Vorbildung: Gymn. Kaiserslautern Reife Juli 03; Studium: Würzburg 2, München 5, Berlin 1 S.; Rig. 21. Mai 09.] [U 09. 4059

Kehr, Erich, die Verwundeten u. Kranken des Landkrieges in Feindesland. Nach der Genfer Konvention vom 6. VII. 1906 unter besond. Berücksicht. d. Genfer Revisionskonferenz 1906. (VII, 163 S.) 8. Kaiserslautern 909. (Leipzig, Buchh. G. Fock.) 3. —

Kehr, Friedrich, Arzt aus Bingen: Ueber die **Lokalisation** der typhösen Darm-Affektionen. *Leipzig 1902: H. Schlag Nachf.* (47 S.) 8°
Leipzig, Med. Diss. v. (5. Dez.) 1902

Kehr, Fritz, approb. Arzt aus Halberstadt: Die **Amblyopie** aus Nichtgebrauch und ihre Beziehung zum Strabismus. *Straßburg i. E. 1904: C. Müh & Co.* (29 S.) 8°
Straßburg, Med. Diss. v. 1904

Kehr, Gustav, approb. Arzt aus Elberberg-Hessen: Aus d. Kgl. Universitäts-Frauenklinik zu Marburg. **Formanomalien** der Placenta und ihr Einfluß auf den Verlauf der Schwangerschaft, der Geburt und des Wochenbetts. *Marburg 1904: R. Friedrich.* (37 S.) 8°
Marburg, Med. Diss. v. 15. März 1904

Kehr, Hans, Anleitung zur Erlernung d. Diagnostik der einzelnen Formen der Gallensteinkrankheit. Auf Grund eigener, bei 433 Gallensteinlaparotomien gewonnener Erfahrgn. f. den prakt. Arzt zusammengestellt. gr. 8. (XI, 272 S.) Berlin 899. Fischer's med. Buchh. n. 5. —

Kehr, Hans, d. chirurg. Behandlg. d. Gallensteinkrankheit. Ein Rückblick auf 206 Gallenstein-Laparotomieen unt. bes. Hinweis auf d. Nothwendigkeit frühzeit. Operationen. Für prakt. Aerzte u. Chirurgen. gr. 8. (X, 239 S.) Berlin 896. Fischer's medicin. Buchh. n. 3. 50

Kehr, Hans, die interne u. chirurgische Behandlung der Gallensteinkrankheit. Vortrag, auszugsweise geh. zu Berlin am 20. IV. 1906 im Kaiserin Friedrich-Haus f. das ärztl. Fortbildungswesen in Preussen. (VI, 176 S. m. 1 farb. Taf. u. 1 Bl. Erklärgn.) gr. 8. München 906. J. F. Lehmann's Verl. n. 4. —

Beiträge zur Bauchchirurgie unter besonderer Berücks. der im letzten Jahre ausgeführsen 84 Gallensteinlaparotomieen. Von Prof. Dr. Hans **Kehr,** Oberarzt Dr. [Erich] Berger u. Dr. [Fritz] Welp. *Berlin: Fischer 1901.* (206 S.) 8° [01. 3098

— — — dasselbe. Neue Folge. gr. 8. (XV, 246 S.) Ebd. 902. n. 4. —

— Bericht üb. 137 Gallensteinlaparotomien aus dem letzten Jahre (6. X. 1902 bis 6. X. 1903) unter gleichzeitiger Berücksicht. der nicht operierten Fälle. (III. 815 S.) gr. 8. Ebd. 904. n. 6. —
Sonderabdruck aus: „Jahresber. d. chirurg. Privatklinik zu Halberstadt".

Kurzer Bericht über 1400 Gallenstein-Laparotomien meiner Klinik. Aus e. Fortbildungsvortrag, geh. in d. Gesellsch. d. Ärzte von Halberstadt ... 1908 von Prof. Dr. Hans **Kehr.** (München 1908: Kastner & Callwey.) 8 S. 8° [Umschlagt.] [11. 5509 7

— s.: Chirurgie des Unterleibes.

Kehr, Hans, neue Erfahrungen auf dem Gebiete der Gallensteinchirurgie, s.: Klinik, Berliner.

Ueber einen Fall von Schussverletzung der Gallenblase: Heilung durch „ideale Cholecystotomie". Vortrag, gehalten in der Sitzung des Vereins der Aerzte des Regierungsbezirks Magdeburg am 4. Mai 1892 von Dr. HANS KEHR in Halberstadt, Spezialarzt für Chirurgie. (Druck: Pansa'sche Buchdruckerei (H. Otto) in Magdeburg. Ohne bes. Titelblatt.) 8°.

Kehr, Hans, Liebold u. Neuling, drei Jahre Gallensteinchirurgie. Bericht üb. 312 Laparotomien am Gallensystem aus d. J. 1904—1906. (XIV, 722 S.) gr. 8. München 908. J. F. Lehmann's Verl. 14.—; geb. 16.—

— s.: Jahresbericht der Kehr-Rohden'schen Privatklinik in Halberstadt.

Ueber Recidive nach Gallensteinoperationen. Von Prof. Dr. Hans Kehr in Halberstadt. *Berlin: Fischer 1900.* (38 S.) 8°
= Klinik, Berliner. H. 148. [00. 9971

Die Resultate von 360 Gallenstein-Laparotomien, unt. bes. Berücks. der in den letzten zwei Jahren ausgeführten 151 Operationen v. Hans Kehr (Halberstadt). *Leipzig: Breitkopf & Härtel 1898.* (32 S.) 8.
= Sammlung klinischer Vorträge. N. F. No 225. [98. 10037

— die in meiner Klinik geübte Technik der Gallensteinoperationen mit e. Hinweis auf die Indikationen u. die Dauererfolge. Auf Grund eigener, bei 1000 Laparotomien gesammelter Erfahrgn. bearb. Mit 81 schemat. Zeichngn. im Text des I. Teils, 24 schemat. Zeichngn. im Text des II. Teils u. 14 Taf. am Ende des I. Teils. (XXIV, 447 u. IV, 395 S.) gr. 8. München 905. J. F. Lehmann's Verl. n. 16.—; geb. n. 18.—

Kehr, Johannes [aus Waltershausen (Thüringen)]: Die Aufnahme des menschlichen Eies in die Tuba und seine Fortleitung bis in den Uterus. (Eine hist.-krit. Studie) . . . Jena, Druck v. A. Neuenhahn, 1885; 45 S. 8°.
Jena, Med. Fak., Inaug.-Diss. v. 20. Aug. 1885.

Kehr, Joseph [Hilfsl. Dr.]: Die Erziehungsmethode des Michael von Montaigne . . . Eupen, Druck v. C. J. Mayer, 1889; S. 3—25; 4°
Eupen, PG, OP 1889 (415)

Kehr, Jos., u. Gisb. van Moll, Lehrgang der französischen Sprache f. Knaben- u. Mädchen-Mittelschulen. 1. Tl. Elementarbuch der französ. Sprache. (XII, 221 S.) 8. Bielefeld 910. Velhagen & Klasing. Geb. in Leinw. 2.—

Kehr, Joseph (geb. am 13 Mai 1861 in Köln): Über die Sprache des Livre des manières von Estienne de Fougieres Bischof von Rennes. '(Aus dem 12 Jahrhundert.)' . . . Köln, Druck v. M. Dumont-Schauberg 1884. 2 Bl., 62 S., 1 Bl. 8.
Bonn, Phil. Fak., Diss. v. 31 Mai 1884

Kehr's, Carl, Biographie, s. Schumann, J. Ch. G.

—— Nachruf für ihn, s. Böhm, J.

—— s. Sammlung pädagog. Vorträge: Gedächtnisrede v. Wilh. Meyer-Markau.

—— als Seminardirektor, s. Meyer-Markau, W.

Kehr, Karl

Kehr, C., d. Anschauungs-Unterricht, s. a. Pfeiffer, Wilh., u. Alb. Kull, Bilder f. d. Anschauungs-Unterricht.

Kehr, C., der Anschauungs-Unterricht für Haus und Schule auf Grundlage der Hey-Speckterschen Fabeln im Anschluß an W. Pfeiffers 12 Wandbilder. gr. 8. (XXIV, 144 S. mit eingedr. Holzschn.) Gotha 883, F. A. Perthes. *

Kehr, Carl, der Anschauungs-Unterricht für Haus und Schule auf Grundlage der Hey-Speckterschen Fabeln im Anschluß an W. Pfeiffers 12 Wandbilder. 2. unveränd. Aufl. gr. 8. (XXIV, 144 S. mit eingedr. Holzschn.) Gotha 886, F. A. Perthes. * 1 60

Kehr, C., der Anschauungs-Unterricht f. Haus u. Schule auf Grundlage der Hey-Speckter'schen Fabeln im Anschluß an W. Pfeiffer's 12 Wandbilder. 3. Aufl. gr. 8. (XXIV, 144 S. m. Abbildgn.) Gotha 890. F. A. Perthes. n. 1. 60

Kehr, C., der Anschauungs-Unterricht f. Haus u. Schule auf Grundlage der Hey-Speckterschen Fabeln im Anschluß an W. Pfeiffer's Wandbilder. 4., verm. u. erweit. Aufl., bearb. v. A. Kleinschmidt. gr. 8. (XXIV, 196 S. m. Abbildgn.) Gotha 893. F. A. Perthes. n. 2.—

— u. Alb. **Kleinschmidt**, der Anschauungs-Unterricht f. Haus u. Schule auf Grundlage d. Hey-Speckter'schen Fabeln im Anschluß an d. Wandbilder v. Wilh. Pfeiffer u. Alb. Kull. 5. Aufl. gr. 8. (XXIV, 308 S. m. 21 Bild.) Gotha 897. F. A. Perthes. n. 3.—

— u. Alb. **Kleinschmidt**, der Anschauungs-Unterricht f. Haus u. Schule auf Grundlage der Hey-Speckter'schen Fabeln im Anschluß an die Wandbilder v. Wilh. Pfeiffer u. Alb. Kull. 6. Aufl. gr. 8. (XXIV, 303 S. m. Abb.) Gotha 900. F. A. Perthes. n. 3.—

— u. Alb. **Kleinschmidt**, der Anschauungsunterricht f. Haus u. Schule auf Grundlage der Hey-Speckter'schen Fabeln im Anschluß an die Wandbilder von Wilh. Pfeiffer u. Alb. Kull. 7. Aufl. (XXIV, 355 S. m. Abbildgn.) gr. 8. Gotha 904. F. A. Perthes. n. 3. 60

— u. Alb. **Kleinschmidt**, der Anschauungsunterricht f. Haus u. Schule auf Grundlage der Hey-Speckterschen Fabeln im Anschluß an die Wandbilder v. Wilh. Pfeiffer u. Alb. Kull. 8. [Titel-]Aufl. (XXIV, 355 S. m. Abbildgn.) gr. 8. Gotha [904] 907. F. A. Perthes. 3.60; geb. n 4. 20

— — dasselbe. 9. Lfg. (25. Häschen. 26. Pudel. 27. Schneemann.) (S. 353—408 m. 3 Abbildgn.) Ebd. 910. — 60

Kehr, C., theoretisch-practische Anweisung zur Behandlung deutscher Lesestücke. Ein practischer Lehrgang für den deutschen Sprachunterricht in allen Classen einer ungetheilten Volksschule. 859. (XII, 195 S.) n. 24 ngr. — 2. Aufl. 860. (XII, 206 S.) n. 24 ngr. — 3., verm. u. verb. Aufl. Gotha 863. Thienemann. gr. 8. (XII, 296 S.) n. 28 ngr.

Kehr, C., theoretisch-praktische Anweisung zur Behandlung deutscher Lesestücke. Ein pract. Lehrgang für den deutschen Sprachunterricht in einer ungetheilten Volksschule. 4. Aufl. 867. u. 5. Aufl. Gotha 869. Thienemann. gr. 8. (XII, 299 S.) n. 28 ngr.

Kehr, C., theoretisch-praktische Anweisung zur Behandlung deutscher Lesestücke. Ein prakt. Lehrgang für den deutschen Sprachunterricht in einer ungetheilten Volksschule. 5. Aufl. (X, 299 S.) 869. *M 2,80.; 6. Aufl. (X, 337 S.) 871. *M 3., und 7. Aufl. 1. und 2. unveränd. Abdruck. gr. 8. (X, 338 S.) Gotha 873—75, Thienemann. *

Kehr, C., theoretisch-praktische Anweisung zur Behandlung deutscher Lesestücke. Ein prakt. Lehrgang für den deutschen Sprachunterricht in einer ungetheilten Volksschule. 7. Aufl. 3., unveränd. Abdr. gr. 8. (X, 338 S.) Gotha 878. Thienemann. n. 3. 60

— theoretisch-praktische Anweisung zur Behandlung deutscher Lesestücke. Eine Methodik d. deutschen Sprachunterrichts m. besond. Berücksicht. der ungeteilten Volksschule. 8., durchaus umgearb. Aufl. gr. 8. (XXVIII, 623 S.) Gotha 883. Thienemann. n. 6. —

— theoretisch-praktische Anweisung zur Behandlung deutscher Lesestücke. Eine Methodik d. deutschen Sprachunterrichtes m. besond. Berücksicht. der ungeteilten Volksschule. 9. Aufl. Bearb. v. F. Martin. gr. 8. (XXI, 505 S.) Gotha 891. E. F. Thienemann's Verl. n. 4. 80

— theoretisch-prakt. Anweisg. z. Behandlg. deutscher Lesestücke. E. Methodik d. deutschen Sprachunterrichtes m. besond. Berücksicht. d. ungeteilten Volksschule. 10. Aufl. Bearb. v. F. Martin. gr. 8. (XXI, 505 S.) Gotha 897. E. F. Thienemann. n. 4. 80; geb. n.n. 5. 30

Kehr, C., theoretisch-praktische Anweisung zur Behandlg. deutscher Lesestücke. Methodik des deutschen Sprachunterrichtes m. besond. Berücksicht. der ungeteilten Volksschule. 11. Aufl. Bearb. v. F. Martin. gr. 8. (XXI, 505 S.) Gotha 902. E. F. Thienemann. n. 4. 80

Kehr, C., Bilder f. den Anschauungs-Unterricht aus den Hey-Speckter-schen Fabeln, s: Pfeiffer, Wilh., u. A. Kull.

— s.: Blätter, pädagogische, f. Lehrerbildg. u. Lehrerbildungsanst.

Kehr, C., enseignement par l'aspect. Récits et leçons de choses. Traduction de l'allemand par Mlle Heinecke. Poësies par Mme E. de Pressensé. Dessins de W. Pfeiffer. gr. 8. (VIII, 126 S. m. Abb.) Gotha 893. F. A. Perthes. n. 2. —

— Erzählungen für gute Kinder. Gesammelt und mit Bildern versehen. br. 8. (III und 52 S. mit 12 Chromolithogr.) Langensalza 859, [Schulbuchhandlung von Greßler.]

— die Erziehung zur Freiheit. Ein Vortrag zu Halberstadt am 17. Decbr. 1874 gehalten. gr. 8. (23 S.) Gotha 874, Thienemann. *

— Fibel, s.: Schlimbach, G.

— über das Gemüth u. seine Bildung. Vortrag, im Frauen-Verein zu Halberstadt am 23. Jan. 1879 geh. gr. 8. (21 S.) Ebend. 879. n. — 40

— practische Geometrie für Volks- und gewerbliche Fortbildungsschulen. Auf das Princip der Anschauung gegründet und in heurist. Lehrform dargestellt. gr. 8. (XX und 168 S. mit 241 in den Text gedr. Fig. in Holzschn. und 1 Stut. in Imp.-Fol.) Gotha 861, Thienemann. *

— praktische Geometrie für Volks- und Fortbildungsschulen sowie für Präparandenanstalten. In anschaul. Darstellung entwickelnder Lehrform und prakt. Anwendbarkeit. 2., umgearb. Aufl. gr. 8. (XXII und 170 S. mit 240 in den Text eingedr. Fig. in Holzschn. und 1 chromolithogr. Taf. Körpernetze in qu. gr. Fol.) Gotha 867, Thienemann. *

— praktische Geometrie für Volks- und Fortbildungsschulen sowie für Seminarvorbereitungsanstalten. In anschaul. Darstellung entwick. Lehrform und prakt. Anwendbarkeit. 3. Aufl. 1871, und 4. verb. Aufl. gr. 8. (XXIV, 176 S. mit 237 in den Text eingedr. Fig. in Holzschn. und 1 chromolithogr. Taf. Körpernetze in Fol.) Gotha 873, Thienemann.

— praktische Geometrie für Volks- und Fortbildungsschulen, sowie für Seminarvorbereitungsanstalten. In anschaul. Darstellung, entwickelnder Lehrform und prakt. Anwendbarkeit. 5. verb. Aufl. gr. 8. (XXIV, 183 S. mit 253 in den Text eingedr. Holzschn.-Fig. und 1 lithogr. Taf. Körpernetze in qu. gr. Fol.) Ebendas. 876. *

— praktische Geometrie für Volks- u. Fortbildungsschulen, sowie für Seminarvorbereitungsanstalten. In anschaul. Darstellung entwickelnder Lehrform u. prakt. Anwendbarkeit. 6. Aufl. Mit 253 in den Text eingedr. Fig. u. e. Taf. Körpernetze. gr. 8. (XXIV, 183 S.) Ebend. 880. n. 3. —

— praktische Geometrie f. Volks- u. Fortbildungsschulen, sowie f. Seminarvorbereitungsanstalten. In anschaul. Darstellg., entwick. Lehrform u. prakt. Anwendbarkeit. Neubearbeitung v. B. Saro. 7. Aufl. Mit in den Text eingedr. Fig., 1 Taf. Körpernetze u. vielen Uebungsaufgaben. gr. 8. (XXIV, 152 S.) Stuttgart 891. E. F. Thienemann's Verl. n. 2. 40

— prakt. Geometrie f. Volks- u. Fortbildungsschulen, sow. f. Seminarvorbereitungsanst. In anschaul. Darstellg., entwick. Lehrform u. prakt. Anwendbarkeit. Neubearbeitg. v. B. Saro. 8. Aufl. M. in d. Text eingedr. Fig., 1 Taf. Körpernetze u. vielen Übungsaufgaben. gr. 8. (XXIV, 152 S.) Gotha 896. E. F. Thienemann's Verl. n. 2. 40

— praktische Geometrie f. Volks- u. Fortbildungsschulen, sowie für Seminarvorbereitungsanstalten. In anschaul. Darstellg., entwickelnder Lehrform u. prakt. Anwendbarkeit. Neubearbeitung v. B. Saro. 9. Aufl. Mit in den Text eingedr. Fig., 1 Taf. Körpernetze u. vielen Uebungsaufgaben. (XX, 152 S.) gr. 8. Gotha 900. E. F. Thienemann. n. 2. 40

— Praktische Geometrie, e. Hilfsbuch f. Lehrer an Volks- u. Fortbildungsschulen u. e. spezielle Methodik d. Raumlehreunterrichts f. d. Oberklasse d. Lehrerbildungsanstalten. Neubearbeitung v. B. Saro. 10. Aufl. Mit in den Text eingedr. Fig., 1 Taf. Körpernetze u. vielen Übungsaufgaben. (XXIV, 152 S.) gr. 8. Gotha 910. E. F. Thienemann. 2. 40

— Geschichte der Methodik des deutschen Volksschulunterrichtes. Unter Mitwirkung einer Anzahl Schulmänner hrsg. 1.—7. Heft. gr. 8. (1. Bd. IV, 511 S.; 2. Bd. 519 S.; 3. Bd. S. 1—160.) Ebendas. 877. à Heft *ℳ 2. *

— Geschichte der Methodik des deutschen Volksschulunterrichtes. Unter Mitwirkung einer Anzahl Schulmänner hrsg. 8.—12. (Schluß-)Heft. gr. 8. (3. Bd. III, S. 161—480; 4. Bd. IV, 31; XI, 420 S.) Ebendas. 880—82. à Heft *ℳ 2.

1.—7. Heft. Ebendas. 1877. à *ℳ 2.

—— Geschichte der Methodik des deutschen Volksschulunterrichts. Unter Mitwirkung einer Anzahl Schulmänner hrsg. 2. Aufl. 1.—4. Bd. oder 1.—9. Lfg. gr. 8. Gotha, Thienemann's Hofbuchh. à Lfg. *ℳ 2.—. * 18 —

Inhalt:

Bd. 1. [1. und 2. Lfg.] Geschichte des deutschen Unterrichts in der Volksschule. Von Engelien, Fechner, Kehr, Kriebitzsch und Schäfer. (320 S.) 887. *ℳ 4.—.

„ 2. [3. und 4. Lfg.] Geschichte des Volksschulunterrichts in den Realien. Von Diercke, Geistbeck, Helm, H. Lange und A. Richter. (VI, 223 S.) 888. *ℳ 4.—.

„ 3. [5. und 6. Lfg.] Geschichte des Unterrichts in den mathematischen Lehrfächern in der Volksschule. [5. Lfg.: Geschichte der Methodik des Rechenunterrichts. Von E. Jänicke. — 6. Lfg.: Geschichte des Unterrichts in der Raumlehre. Von G. Schurig.] (VI, 235 S.) 888. *ℳ 4.—.

„ 4. [7.—9. Lfg.] Geschichte des Volksschulunterrichts in den technischen Fertigkeiten. Von Herz, Rein, Helm, Wießner und Krause. (VI, 403 S.) 889. *ℳ 6.—.

— Geschichte der Methodik d. deutschen Volksschulunterrichts. Unter Mitwirkg. e. Anzahl Schulmänner hrsg. 2. Aufl. I.—V. Bd. = 13 Lfgn. gr. 8. Gotha 887—890. Thienemann. à Lfg. n. 2. —

I. Bd. (= Lfg. 1. 2. 11.) Geschichte d. deutschen Unterrichts in der Volksschule. 1. Geschichte d. Leseunterrichts. Von C. Kehr, H. Fechner. — 2. Geschichte d. Volksschullesebuches. Von H. Fechner. — 3. Geschichte d. grammatischen u. orthographischen Unterrichts. Von A. Engelien. — 4. Geschichte der Behandlung d. deutschen Sprachstücks. Von Th. Kriebitzsch. — 5. Geschichte d. Anschauungsunterrichts. Von Schäfer. (IV, 521 S.) n. 6. —

II. Bd. (= Lfg. 3. 4.) Geschichte der Methodik d. Unterrichtes in den Realien. 1. Geschichte der Methodik d. geographischen Unterrichts. Von M. Geistbeck. — 2. Zur Geschichte der Schulatlanten u. Schulwandkarten. Von C. Diercke. — 3. Der geschichtliche Unterricht in seiner methodischen Entwickelung. Von A. Richter. — 4. Geschichte der Methodik d. naturgeschichtlichen Unterrichts. Von F. E. Helm. — — 5. Geschichte der Methodik d. physikalischen u. chemischen Unterrichts. Von H. Lange. (V, 223 S.) n. 4. —

III. Bd. (= Lfg. 5. 6.) Geschichte d. Unterrichts in den mathematischen Lehrfächern in der Volksschule. 1. Geschichte der Methodik d. Rechenunterrichts. Von E. Jänicke. — 2. Geschichte d. Unterrichts in der Raumlehre. Von G. Schurig. (V, 235 S.) n. 4. —

IV. Bd. (= Lfg. 7—9.) Geschichte der Methodik des Unterrichts in den technischen Fertigkeiten. 1. Geschichte des Schreibunterrichts. Von C. Hey. — 2. Geschichte des Zeichenunterrichts. Von W. Rein. — 3. Geschichte des Gesangunterichts. Von J. Helm. — 4. Geschichte des Handfertigkeitsunterrichts für Knaben. Von E. Wießner. — 5. Geschichte des Unterrichts in den weiblichen Handarbeiten. Von F. Krause. (V, 403 S.) n. 6. —

V. Bd. (= Lfg. 10. 12. 13.) Geschichte des Turnunterrichts. Von K. Euler. [Lfg. 13 noch im Erscheinen begriffen.] n. 6. —

Als 6. (Schluß-)Bd. erschien:

Kehr, C., Geschichte d. Methodik d. deutschen Volksschulunterrichts. Unter Mitwirkg. e. Anzahl Schulmänner hrsg. 2. Aufl. Bd. VI A.: Geschichte der Methodik des Religionsunterrichts in der evangelischen Volksschule. Bearb. von G. Schumann u. E. Sperber. 2. Aufl. gr. 8. (IV, 155 S.) Gotha 890. Thienemann. n. 2. —

— dasselbe. Bd. VI B.: Geschichte der Methodik des Religionsunterrichts in der katholischen Volksschule. Bearb. v. F. W. Bürgel. 2. Aufl. gr. 8. (X, 305 S.) Ebd. 890. n. 4. —

— Geschichte der Methodik d. deutschen Volksschulunterrichts. Unter Mitwirkg. e. Anzahl Schulmänner hrsg. 2. Aufl. 5. Bd. gr. 8. Ebd. 891. n. 6. — (I—VI.: n. 32. —)

Geschichte d. Turnunterrichts v. Carl Euler. (XXIII, 520 S.)

— dasselbe. 2. Aufl. 14. Lfg. (Anh.) gr. 8. Ebd. 893. n. 2. — (kplt.: n. 34. —)

Ausführliches Personen- u. Sachregister. Bearb. v. A. Puls. (148 S.)

— Geschichte der Methodik des deutschen Volksschulunterrichts. Unter Mitwirkg. e. Anzahl Schulmänner hrsg. 5. Bd. gr. 8. Ebd. 907. 4.—; geb. 4. 60

Geschichte des Turnunterrichts. Von Carl Euler. 3. Aufl. Neu bearb. v. Carl Rostow. (VIII, 435 S.)

—— die Geschichte des Königl. Schullehrer-Seminars zu Halberstadt. Festschrift zur Jubelfeier seines 100jährigen Bestehens am 10. Juli 1878. gr. 8. (VII, 144 S.) Ebendas. 878. *

Kehr, C., Geschichten für gute Kinder. Gesammelt und mit (12 lith.) Bildern (in Farbendr.) versehen. Langensalza 858. Schulbuchhandlung. 12. (61 S.) 18 ngr.

— Geschichten für gute Kinder. Gesammelt u. mit Bildern versehen. 2. Aufl. 860. — 3. Aufl. Langensalza 864. Greßler. 4. (64 S. u. 12 color. Lithogr.) 18 ngr.

Kehr, Karl: Die Gründung und erste Einrichtung des gothaischen Schullehrer-Seminars. Gotha 1867.
Schul-/Univ.-Schrift

—— s. Jahresbericht über das Lehrerseminar zu Gotha.

Kehr, C., deutsches Lesebuch. Die Lesestücke zum prakt. Lehrgang für den deutschen Sprachunterricht in einer ungetheilten Volksschule enth. 8. (272 S.) Gotha 866, Thienemann. *

— u. Th. Kriebitzsch, Lesebuch f. deutsche Lehrerbildungsanstalten. 1—4. Bd. gr. 8. Ebend. 874. 75. n. 10. 20

1. Für Seminarvorbereitungsanstalten u. Fortbildungsschulen. (XVI, 511 S.) n. 2. 40
2. Für die Unterstufe derlass. Lehrerseminare. (VIII, 416 S.) n. 2. 40
3. Für die Mittelstufe der Lehrerseminare. (VIII, 432 S.) n. 2. 40
4. Für die Oberstufe der Lehrerseminare, sowie zur Fortbildg. f. Lehrer. (XVI, 584 S.) n. 3. —

— — dasselbe. 1—3. Bd. 2., verb. u. aus den Quellen zusammengestellte Aufl. gr. 8. (XVI, 524; XI, 446 u. IX, 446 S.) Ebend. 875. 76. à n. 2. 70

—— und Th. Kriebitzsch, Lesebuch für deutsche Lehrerbildungsanstalten. 4 Bde. gr. 8. Gotha, Thienemann. *

Inhalt:

Bd. 1. Für Seminarvorbereitungsanstalten und Fortbildungsschulen. 3. Aufl. (XXVI, 528 S.) 878. *ℳ 2,70.

„ 2. Für die Unterstufe der Lehrerseminare. 2. verb. und aus den Quellen zusammengestellte Aufl. (X, 446 S.) 1876. *ℳ 2,70.; [3. Aufl. (XX, 432 S.) 878. *ℳ 2.70.

„ 3. Für die Mittelstufe der Lehrerseminare. 2. verb. und aus den Quellen zusammengestellte Aufl. (IX, 448 S.) 1876. *ℳ 2,70.; 3. Aufl. (XX, 408 S.) 879. *ℳ 2,70.

„ 4. Für die Oberstufe der Seminare und zur Weiterbildung. 2. Aufl. (XVI, 580 S.) 877. *ℳ 3,50.

Kehr, C. und Th. Kriebitzsch, Lesebuch für deutsche Lehrerbildungsanstalten. 4 Bde. gr. 8. Gotha, Thienemann. *

Inhalt:

Bd. 1. Für Seminarvorbereitungsanstalten und Fortbildungsschulen. 4. und 5. Aufl. (XXVI, 528 S.) 880,84. *ℳ 2,70.

„ 2. Für die Unterstufe der Lehrerseminare. 4. Aufl. (XX, 432 S.) 883. *ℳ 2,70.

„ 3. Für die Mittelstufe der Lehrerseminare. 4. Aufl. (XVI, 436 S.) 884. *ℳ 2,70.

„ 4. Für die Oberstufe der Seminare und zur Weiterbildung. 3. Aufl. (XVI, 580 S.) 880. *ℳ 3,50.

Kehr, Carl, und Th. Kriebitzsch, Lesebuch für deutsche Lehrerbildungsanstalten. Zum Schulgebrauch und zur Privatlektüre aus den Quellen zusammengestellt. 4 Bde. gr. 8. Gotha, Thienemann's Hofbuchh. *

Inhalt:

Bd. 1. Für Seminarvorbereitungsanstalten und Fortbildungsschulen. 6. und 7. neu durchges. und 8. Aufl. (XXVII, 528 S.) 886—89. *ℳ 2.70.

„ 2. Für die Unterstufe der Lehrerseminare. 5. und 6. neu durchges. Aufl. (XX, 478 S.) 886,89. *ℳ 2.70.

„ 3. Für die Mittelstufe der Lehrerseminare. 5. Aufl. (XVI, 436 S.) 887. *ℳ 2.70.

„ 4. Für die Oberstufe der Seminare und zur Weiterbildung. Für Lehrer. 4. Aufl. (XVI, 580 S.) 886. *ℳ 3.50.

— u. Th. Kriebitzsch, Lesebuch f. deutsche Lehrerbildungsanstalten. Zum Schulgebrauch u. zur Privatlektüre aus den Quellen zusammengestellt. 1.—3. Bd. gr. 8. Ebd. à n. 2. 70

1. Für Seminarvorbereitungsanstalten u. Fortbildungsschulen. 9. Aufl. (XXX, 528 S.) 890.
2. Für die Unterstufe der Lehrerseminare. 6., neu durchgeseh. Aufl. (XXVI, 478 S.) 889.
3. Für die Mittelstufe der Lehrerseminare. 6. Aufl. (XXIV, 436 S.) 890.

—— u. Th. Kriebitzsch. Lesebuch f. deutsche Lehrerbildungsanstalten. Zum Schulgebrauch u. z. Privatlektüre aus d. Quellen zusammengestellt. 4 Bde. gr. 8. Gotha 892, E. F. Thienemann. * 11 60
1. Für Seminarvorbereitungsanstalten u. Fortbildungsschulen. 10. Aufl. (XXX, 528 S.) 2 70. — 2. Für die Unterstufe d. Lehrerseminare. 7. Aufl. (XXIV, 478 S.) 2 70. — 3. Für die Mittelstufe der Lehrerseminare. 7. Aufl. (XXIV, 436 S.) 2 70. - 4. Für die Oberstufe d. Seminare u. zur Weiterbildg. f. Lehrer. 6. Aufl. (XVI, 580 S.) 3 50.

— u. Th. Kriebitzsch, Lesebuch f. deutsche Lehrerbildungsanstalten Zum Schulgebrauch u. zur Privatlektüre aus den Quellen zusammengestellt. 4 Bde. gr. 8. Ebd. n. 11. 60; geb. n.n. 13. 45
1. Für Seminarvorbereitungsanstalten u. Fortbildungsschulen. 11. Aufl. (XXX, 528 S.) 894. n. 2. 70; geb. n.n. 3. 15
2. Für die Unterstufe der Lehrerseminare. 7. Aufl. (XXIV, 478 S.) 891. n. 2. 70; geb. n.n. 3. 15
3. Für die Mittelstufe der Lehrerseminare. 8. Aufl. (XXIV, 436 S.) 894. n. 2. 70; geb. n.n. 3. 15
4. Für die Oberstufe der Seminare u. zur Weiterbildung f. Lehrer. 7. Aufl. (XVI, 580 S.) 894. n. 3. 50; geb. n.n. 4. —

— u. Th. Kriebitzsch, Lesebuch f. deutsche Lehrerbildungsanstalten. Zum Schulgebrauch u. zur Privatlektüre aus d. Quellen zusammengest. 2.—4. Bd. gr. 8. Gotha, E. F. Thienemann. n. 8. 90; geb. n.n. 10. 67
2. F. d. Unterstufe d. Lehrerseminare. 11. Aufl. (XXIV, 478 S.) 898. n. 2. 70; geb. n.n. 3. 35
3. F. d. Mittelstufe d. Lehrerseminare. 10. Aufl. (XXIV, 436 S.) 898. n. 2. 70; geb. n.n. 3. 35
4. F. d. Oberstufe d. Seminare u. zur Weiterbildg. f. Lehrer. 8. Aufl. (XVI, 580 S.) 896. n. 3. 50; geb. n.n. 3. 97

— u. Kriebitzsch, Lesebuch f. deutsche Lehrerbildungsanstalten. Zum Schulgebrauch u. zur Privatlektüre aus den Quellen zusammengestellt. 4 Bde. gr. 8. Gotha, E. F. Thienemann. n. 11. 60; geb. n.n. 13. 85
1. Für Seminarvorbereitungsanstalten u. Fortbildungsschulen. 17. Aufl. (XXX, 528 u. Anh. 7 S.) 902. n. 2. 70; geb. n.n. 3. 25
2. Für die Unterstufe der Lehrerseminare. 13. Aufl. (XXIV, 478 S.) 901. n. 2. 70; geb. n.n. 3. 25
3. Für die Mittelstufe der Lehrerseminare. 11. Aufl. (XXIV, 436 S.) 899. n. 2. 70; geb. n.n. 3. 25
4. Für die Oberstufe der Seminare u. zur Weiterbildung f. Lehrer. 12. Aufl. (XVI, 580 S.) 902. n. 3. 50; geb. n.n. 4. 10

— — dasselbe. Generalregister. Geordnet A nach d. alphabet. Reihenfolge der Verff. der Lesestücke, B f. den Gebrauch des Lesebuches in den verschiedenen Lehrfächern u. zur Privatlektüre. 8., nach den neuesten Aufl. rev. Abdr. gr. 8. (52 S.) Ebd. 901. n. — 60

— u. Th. Kriebitzsch, Lesebuch f. deutsche Lehrerbildungsanstalten. Zum Schulgebrauch u. zur Privatlektüre aus den Quellen zusammengestellt. 4 Bde. gr. 8. Gotha, E. F. Thienemann. n. 11. 60; geb. n.n. 13. 85
1. Für Seminarvorbereitungsanstalten u. Fortbildungsschulen. 19. unveränd. Aufl. (XXX, 528 u. 7 S.) (904.) n. 2. 70; geb. n.n. 3. 25
2. Für die Unterstufe der Lehrerseminare. 15. unveränd. Aufl. (XXIV, 478 S.) 905. n. 2. 70; geb. n.n. 3. 25
3. Für die Mittelstufe der Lehrerseminare. 13. Aufl. (XXIV, 436 S.) 903. n. 2. 70; geb. n.n. 3. 25
4. Für die Oberstufe der Seminare u. zur Weiterbildung für Lehrer. 13. Aufl. (XVI, 580 S.) 904. n. 3. 50; geb. n.n. 4. 10

— u. Th. Kriebitzsch, Lesebuch f. deutsche Lehrerbildungsanstalten. Zum Schulgebrauch u. zur Privatlektüre aus den Quellen zusammengestellt. 1. u. 2. Bd. gr. 8. Gotha, E. F. Thienemann. 5.40; geb. n 6. 50
1. Für Seminarvorbereitungsanstalten u. Fortbildungsschulen. 21., unveränd. Aufl. (XXX, 528 u. 7 S.) 909. 2.70; geb. n 3. 25
2. Für die Unterstufe der Lehrerseminare. 16., unveränd. Aufl. (XXIV, 478 S.) 907. 2.70; geb. n 3. 25

—— die deutschen Lesestücke aus der 8. Aufl. der theoretisch-praktischen Anweisung ꝛc. für den deutschen Sprachunterricht in der Volksschule. 1. und 2. Abdr. gr. 8. (51 S.) Ebendas. 885. 30 Pf.; geb. * — 40

Kehr, Carl, I. Das Masken-Lied. II. Hanswürschchens Leid- u. Freudenfahrt. III. Epistel an d. Mitdirectoren d. Winter-Redouten-Gesellschaft zu Cöln. 8. (2¼ B.) Kreuznach 837, Kehr.

— Materialien zur Uebung im mündlichen und schriftlichen Gedankenausdrucke. Ergänzender Theil des praktischen Lehrganges für den deutschen Sprachunterricht in allen Klassen einer ungetheilten Volksschule. Gotha 860. Thienemann. gr. 8. (V, 83 S.) n. 10 ngr.

—— Materialien zur Uebung im mündlichen und schriftlichen Gedankenausdrucke für Volksschulen. 2. Aufl. gr. 8. (VI und 88 S.) Gotha 865, Thienemann.

—— Materialien zur Uebung im mündl. und schriftl. Gedankenausdrucke in Volksschulen. 3. Aufl. 1870, und 4. Aufl. gr. 8. (VI, 88 S.) Ebendas. 874.

—— Materialien zur Uebung im mündlichen und schriftlichen Gedankenausdrucke für Volksschulen. 5. Aufl. gr. 8. (VI, 88 S.) Ebendas. 875.

—— Materialien zur Übung im mündlichen und schriftlichen Gedankenausdrucke für Volksschulen. 6. Aufl. gr. 8. (VI, 88 S.) Ebendas. 886. 1 —

—— und G. Schlimbach, die Methodik des sprachlichen Elementarunterrichtes. Historische Entwickelung der Leselehrmethoden und theoretisch-pract. Anweisung zur Behandlung des vereinigten Anschauungs-, Sprech-, Schreib-, Lese- und Sing-Unterrichtes für die Volksschule. gr. 8. (X und 164 S.) Gotha 866, Thienemann. *

Kehr, C., s. Pfeiffer's, Wilh., Bilder für den Anschauungs-Unterricht aus den Hey-Speckter'schen 50 Fabeln.

—— die Praxis der Volksschule. Ein Wegweiser zur Führung einer geregelten Schuldisciplin und zur Ertheilung eines method. Schulunterrichtes für Volksschullehrer und für Solche, die es werden wollen. 1.—4. Aufl. (X, 290 S.) 1868—70. *ℳ 3.; 5. verm. Aufl. (XII, 308 S.) 1872. *ℳ 3,60.; 6. Aufl. (XII, 308 S.) 874. *ℳ 3,60., und 7. Aufl. gr. 8. (XII, 374 S.) Ebendas. 875.

— dasselbe. 6. Aufl. gr. 8. (XII, 308 S.) Ebend. 873. n. 3. 60

— die Praxis der Volksschule. Ein Wegweiser zur Führung einer geregelten Schuldisziplin u. zur Ertheilung eines method. Schulunterrichtes für Volksschullehrer u. für solche, die es werden wollen. 8. Aufl. gr. 8. (XII, 374 S.) Ebend. 877. n. 4. —

—— die Praxis der Volksschule. Ein Wegweiser zur Führung einer geregelten Schuldisciplin und zur Ertheilung eines method. Schulunterrichtes für Volksschullehrer und für solche, die es werden wollen. 9. Aufl. Mit einem Anhang über die besten Lehr- und Lernmittel auf dem Gebiete des Volksschulunterrichtes. gr. 8. (XII, 490 S.) Ebendas. 880. *
—— dass. — 2. Abdr. [nach neuer Rechtschreibung]. Mit einem Anhang über die besten Lehr- und Lernmittel auf dem Gebiete des Volksschulunterrichtes. gr. 8. (XII, 490 S.) Ebendas. 884. *

—— die Praxis der Volksschule. Ein Wegweiser zur Führung einer geregelten Schuldisziplin und zur Erteilung eines method. Schulunterrichtes für Volksschullehrer und für solche, die es werden wollen. 10. verb. Aufl. 1. und 2. Abdr. gr. 8. (XIII, 408 S. mit 1 Holzschn.-Bildnis des Verf.) Ebendas. 885,87. * 4 40

— die Praxis der Volksschule. Ein Wegweiser zur Führg. u. geregelten Schuldisziplin u. zur Erteilg. e. method. Schulunterrichts f. Volksschullehrer u. f. solche, die es werden wollen. 10., verb. Aufl. 3. Abdr. 8. (XIII, 408 S. m. Bildniß d. Verf.) Ebd. 889. n. 4. 40

—— Die Praxis der Volksschule. Ein Wegweiser zur Führg. u. geregelten Schuldisziplin u. zur Erteilg. e. method. Schulunterrichtes f. Volksschullehrer u. f. solche, die es werden wollen. 10. verb. Aufl. 4. Abdr. 8. (XIII, 408 S. m. Bildniß d. Verf.) Ebd. 892. * 4 40

— die Praxis der Volksschule. Ein Wegweiser zur Führg. e. geregelten Schuldisziplin u. zur Erteilg. e. method. Schulunterrichtes f. Volksschullehrer u. f. solche, die es werden wollen. 10., verb. Aufl. 5. Abdr. gr. 8. (XIII, 408 S. m. Bildnis.) Gotha 894. E. F. Thienemann's Verl. n. 4. 40; geb. n.n. 4. 80

— die Praxis d. Volksschule. E. Wegweiser z. Führg. e. geregelten Schuldisziplin u. z. Erteilg. e. method. Schulunterrichtes f. Volksschullehrer u. f. solche, d. es werden wollen. 11. Aufl. Bearb. v. J. Helm. gr. 8. (VIII, 431 S. m. Bildn.) Ebd. 898. n. 4. 40

— die Praxis der Volksschule. Ein Wegweiser zur Führg. e. geregelten Schuldisziplin u. zur Erteilg. e. method. Schulunterrichtes f. Volksschullehrer u. f. solche, die es werden wollen. 12. Aufl. Bearb. v. J. Helm. (VIII, 432 S. m. Bildnis.) gr. 8. Ebd. 903. n. 4. 40; geb. n.n. 4. 90

—— die Provinzial-Taubstummen-Anstalt zu Halberstadt. Auf Grund der Konferenzberathungen mit den Lehrern der Taubstummen-Anstalt veröffentlicht. gr. 8. (21 S.) Ebendas. 875. *

—— geometrische Rechenaufgaben für die Oberklasse der Volksschule, für Gewerbeschulen, sowie für junge, strebsame Leute überhaupt. Im Auftrage des allgemeinen gothaischen Lehrervereines gesammelt und hrsg. gr. 8. (VIII und 48 S. mit eingedr. Holzschn. und 2 Stnt.) Gotha 860, Thienemann. *

— geometrische Rechenaufgaben für gewerbliche Fortbildungsschulen u. für die Oberclasse der Volksschule. 2. Aufl. Ebend. 864. gr. 8. (IV, 48 S. m. Holzschn. u. 2 lith. Taf.) 9 ngr.

—— geometrische Rechenaufgaben für die Oberclasse der Volks- und Bürgerschule, sowie für landwirthschaftl. und gewerbl. Fortbildungsschulen. 3. und 4. Aufl. verm. und nach dem metr. Maaße umgerechnet von O. Burbach. 1870—72. 90 Pf., und 5. Aufl. verm. und nach dem neuen Maaß- und Münzgesetze umgerechnet von O. Burbach. gr. 8. (IV, 52 S.) Ebendas. 874. *

— geometrische Rechenaufgaben f. die Oberclasse der Volks- u. Bürgerschule, sowie f. landwirthschaftl. u. gewerbl. Fortbildungsschulen. 6. Aufl. verm. u. nach dem neuen Maaß- u. Münzgesetze umgerechnet v. O. Burbach. gr. 8. (IV, 52 S. m. eingedr. Holzschn.) Ebend. 876. n. — 80

—— geometrische Rechenaufgaben für die Oberklasse der Volks- und Bürgerschule, sowie für landwirthschaftl. und gewerbl. Fortbildungsschulen. 7. und 8. Aufl. gr. 8. (IV, 52 S. mit eingedr. Holzschn.) Ebendas. 881,84. *

—— dass. — Auflösungen. 7. und 8. Aufl. (14 S.) Ebendas. 881,84. *

— geometrische Rechenaufgaben f. die Oberklasse der Volks- u. Bürgerschule, sowie f. Fortbildungsschulen u. Seminarvorbereitungsanstalten. 8. Aufl. 2. Abdr. gr. 8. (IV, 52 S. m. eingedr. Holzschn.) Ebend. 886. n. — 80; Auflösungen 8. Aufl. (14 S.) n. — 40

— geometrische Rechenaufgaben f. die Oberklasse der Volks- u. Bürgerschule, sowie f. Fortbildungsschulen u. Seminarvorbereitungsanstalten. Gesammelt und hrsg. 8. Aufl. 4. Abdr. gr. 8. (IV, 52 S. m. eingedr. Fig.) Ebd. 890. n. — 80

—— Geometrische Rechenaufgaben f. die Oberklasse der Volks- u. Bürgerschule, sowie f. Fortbildungsschulen u. Seminarvorbereitungsanstalten. Mit 36 eingedr. Fig. 8. Aufl. 5. Abdr. gr. 8. (IV, 52 S.) Ebd. 891. * — 80

— geometrische Rechenaufgaben f. die Oberklasse der Volks- u. Bürgerschule, sowie f. Fortbildungsschulen u. Seminarvorbereitungsanstalten. 8. Aufl. 6. Abdr. gr. 8. (IV, 52 S. m. Fig.) Ebd. 894. n. — 80

— geometr. Rechenaufgaben f. d. Oberklasse d. Volks- u. Bürgerschule, sow. f. Fortbildungsschulen u. Seminarvorbereitungsanst. 8. Aufl. 8. Abdr. gr. 8. (IV, 52 S. m. Fig.) Ebd. 898 n. — 80

— dasselbe. 8. Aufl. Auflösungen. 4. Abdr. gr. 8. (14 S.) Ebd. 898. n. — 40

— geometrische Rechenaufgaben f. die Oberklasse der Volks- u. Bürgerschule, sowie f. Fortbildungsschulen u. Seminarvorbereitungsanstalten. 8. Aufl. 9. Abdr. gr. 8. (IV, 52 S. m. Fig.) Gotha 901. E. F. Thienemann. n. — 80

— geometrische Rechenaufgaben für die Oberklasse der Volks- u. Bürgerschule, sowie f. Fortbildungsschulen u. Seminarvorbereitungsanstalten. 9. Aufl. (IV, 52 S. m. Fig.) 8. Ebd. 905. n. — 80; Auflösgn. (14 S.) n. — 40

—— pädagogische Reden und Abhandlungen über Volkserziehung und Lehrerbildung. gr. 8. (VII, 266 S.) Ebendas. 881. *

—— das Reich Gottes nach den Sprüchen, Gesprächen, Reden und Gleichnissen Christi. Für Schule und Haus. gr. 8. (VIII, 143 S.) Ebendas. 881. *

—— der christliche Religions-Unterricht in der Volksschule. Auf Grundlage der heil. Schrift nach pädagog. Grundsätzen für alle Classenstufen der Volksschule beleuchtet und für die Oberclasse derselben practisch dargestellt. 2 Bde. gr. 8. Gotha, Thienemann. [1. Bd. (XII und 286 S.) 864. 1 Thlr., 2. Bd. (X und 338 S.) 867. 1 Thlr. 7½ Ngr.]

—— der christliche Religions-Unterricht in der Volksschule. Theoretisch-praktische Anweisung zur Behandlung des christl. Religionsunterrichtes für die Oberklasse der Volksschule auf Grundlage der heil. Schrift und nach pädagog. Grundsätzen bearb. 2 Bde. 2., umgearb. Aufl. gr. 8. (XIV, 379; VI, 362 S.) Ebendas. 870. à Bd. * ℳ 4. *

—— der christliche Religions-Unterricht auf Grundlage der Heiligen Schrift und nach pädagog. Grundsätzen in der Oberklasse der Volksschule. Ein prakt. Handbuch für Lehrer. 3. Aufl. 2 Bde. in 10 Lfgn. gr. 8. (XI, 363; VI, 332 S.) Ebendas. 874,75. à Lfg. * 80 Pf. *

—— der christliche Religionsunterricht in der Volksschule. Auf Grundlage der heil. Schrift nach pädagogischen Grundsätzen für alle Classenstufen der Volksschule beleuchtet und für die Oberclasse derselben praktisch dargestellt. 3. Aufl. 2 Bde. gr. 8. (VIII, 363; VI, 332 S.) Ebendas. 875. *

— der christliche Religions-Unterricht auf Grundlage der heiligen Schrift u. nach pädagogischen Grundsätzen in der Oberklasse der Volksschule. Ein Handbuch für Lehrer. 2 Bde. 4. Aufl. gr. 8. (XI, 363 u. VI, 334 S.) Ebend. 881. n. 8. —

Kehr, C., Schülerbuch. Enth. die deutschen Lesestücke und grammat. Uebungen zur theoretisch-prakt. Anweisung für den deutschen Sprachunterricht in der Volksschule. 1.—3. unveränd. Aufl. 1871,72, und Neue Ster.-Aufl. gr. 8. (64 S.) Gotha 873, Thienemann. 30 Pf.; geb. * — 40

—— Schülerbuch. Enth. die deutschen Lesestücke und grammat. Uebungen zur theoretisch-prakt. Anweisung für den deutschen Sprachunterricht in der Volksschule. 5.—7. Aufl. gr. 8. (64 S.) Ebendas. 875—79. 30 Pf.; geb. *

—— und G. Schlimbach, der deutsche Sprachunterricht im ersten Schuljahre nach seiner historischen Entwickelung und in theoretisch-praktischer Darstellung. Eine Methodik des sprachl. Elementarunterrichtes. 2. und 3. Aufl. (X, 209 S.) 869,71. *ℳ 2,40., und 4. und 5. Aufl., bearb. von C. Kehr. gr. 8. (X, 211 S.) Ebendas. 873,75. * 2 80

— — der deutsche Sprachunterricht im ersten Schuljahre nach seiner histor. Entwicklung u. in theoretisch prakt. Darstellung der Methodik des sprachl. Elementarunterrichtes. 2. umgearb. Aufl. 1—3., unveränd. Abdr. Ebend. 869,70. gr. 8. (X, 209 S.) n. 24 ngr

Kehr, C., u. G. Schlimbach, der deutsche Sprachunterricht im 1. Schuljahre nach seiner historischen Entwickelung u. in theoretisch-praktischer Darstellung. Eine Methodik d. sprachl. Elementarunterrichtes. 6. Aufl., bearb. v. C. Kehr. gr. 8. (X, 211 S.) Gotha 877. Thienemann. n. 2.80

—— und G. Schlimbach, der deutsche Sprachunterricht im ersten Schuljahre nach seiner historischen Entwickelung, theoretischen Begründung und praktischen Gestaltung. Eine Methodik des sprachl. Elementarunterrichtes. 7. umgearb. Aufl., hrsg. von C. Kehr. gr. 8. (VIII, 262 S.) Ebendas. 882. *

— u. G. Schlimbach, der deutsche Sprachunterricht im ersten Schuljahre nach seiner historischen Entwickelung, theoretischen Begründung u. praktischen Gestaltung. Eine Methodik des sprachl. Elementarunterrichts. Hrsg. v. C. Kehr. 8. Aufl. gr. 8. (VIII, 262 S.) Ebd. 893. n. 3. —

— u. G. Schlimbach, der deutsche Sprachunterricht im ersten Schuljahre nach s. histor. Entwickelg., theoret. Begründg. u. prakt. Gestaltg. E. Methodik d. sprachl. Elementarunterrichts. 9. Aufl., neu bearb. von Ernst Linde u. Edwin Wilke. gr. 8. (XII, 287 S.) Ebd. 898. n. 3. —; geb. n.n. 3. 50

Kehr, C., u. G. Schlimbach, der deutsche Sprachunterricht im ersten Schuljahre nach seiner geschichtlichen Entwicklung, theoret. Begründg. u. prakt. Gestaltung. Eine Methodik des sprachl. Elementarunterrichts. 10. Aufl., neu bearb. v. Ernst Linde u. Edwin Wilke. (XII, 288 S.) gr. 8. Gotha 907. E. F. Thienemann. 3.50; geb. n 4. —

Kehr, Carl, I. Die Weihe d. deutsch-kathol. Gemeinde zu Kreuznach, am 25. Mai 1845, durch Pfarrer Kerbler. II. Zeitbemerkung eines Laien über Deutsch-Katholizismus, Protestantismus u. Romanismus. Nebst Beilagen. gr. 8. (3⅞ B.) Kreuznach, 845, Kehr. (Frankfurt a. M., Sauerländer's Verl.) *

—— das Wichtigste aus der Orthographie und Grammatik in Regeln, Beispielen und Übungsaufgaben für die deutsche Volksschule. 1. und 2. Abdr. gr. 8. (64 S.) Ebendas. 881,82.

—— das Wichtigste aus der Orthographie und Grammatik in Regeln, Beispielen und Übungsaufgaben für die deutsche Volksschule. 3. Abdr. gr. 8. (64 S.) Gotha 885, Thienemann's Hofbuchh. — 30

Kehr, C., das Wichtigste aus der Orthographie u. Grammatik in Regeln, Beispielen u. Übungsaufgaben f. die deutsche Volksschule. 8. Abdr. gr. 8. (64 S.) Gotha 892. E. F. Thienemann's Verl. — 30

— das Wichtigste aus d. Orthographie u. Grammatik in Regeln, Beispielen u. Übungsaufgaben f. d. deutsche Volksschule. 11. Abdr. gr. 8. (64 S.) Ebd. 898. — 30; kart. n. — 40

— das Wichtigste aus der Orthographie u. Grammatik in Regeln, Beispielen u. Übungsaufgaben f. die deutsche Volksschule. 13. Abdr. gr. 8. (64 S.) Ebd. 901. — 30; kart. n. — 40

— das Wichtigste aus der Rechtschreibung u. Sprachlehre in Beispielen, Regeln u. Uebungen. Bearb. u. durch 125 Wortfamilien verm. v. Pfeifer. 2. Aufl. (27. bis 30. Taus.) (XV, 172 S.) gr. 8. Ebd. 903. Kart. n. 1. 60

— worauf es in unseren Volksschulen jetzt hauptsächlich ankommt. Vortrag in der allgemeinen Conferenz der Volksschullehrer der Kreise Halberstadt, Aschersleben, Oschersleben u. Neuhaldensleben am 19. Septbr. 1877 geh. [Aus: „Pädagog. Blätter für Lehrerbildung".] gr. 8. (13 S.) Ebend. 877. n. — 50

Kehr, Karl Andreas, Staufische Diplome im Domarchiv zu Patti. (13 S.) Lex.-8. Rom 904. Loescher & Co. n.n. — 80
Sonderabdruck aus: „Quellen u. Forschgn. aus ital. Archiven u. Bibliotheken".

Kehr, Karl Andreas, aus Halberstadt: Die **Urkunden** der normannisch-sicilischen Könige. Eine diplomat. Untersuchung. Cap. 5. Fälschungen. x. Maria de Valle Josaphat. *Innsbruck: Wagner 1900.* (VII, 33 S.) 8° ¶(Enthält nur einen Teil d. eingereichten Arbeit.)
Berlin, Phil. Diss. v. 10. Nov. 1900

Kehr, Karl Andr., die Urkunden der normannisch-sicilischen Könige. Eine diplomat. Untersuchung. Mit Urkundenanh. u. e. Kartenskizze. gr. 8. (XIV, 512 S.) Innsbruck 902. Wagner. n. 20. —

Kehr, Käte, appr. Ärztin a. Bingen a. Rh.: Aus d. Dr. Senkenbergischen Neurolog. Institut Frankfurt a. M., Dir. Prof. Edinger. Zur historischen Entwicklung der Lehre vom Kopfschmerz. Freiburg i. B. 1905: U. Hochreuther. (53 S.) 8°
Freiburg i. B., Med. Fak., Ref. Bäumler, Diss. v. 1905
[Geb. 29. Nov. 74 Bingen; Wohnort: Frankfurt a. M.; Staatsangeh.: Hessen; Vorbildung: Gymn. Worms Reife Febr. 97; Studium: Halle 2, Freiburg 9 S.; Coll. 26. März 04.]

Kehr, Ludwig Christian, s. Actenstücke d. Verhaftung d. Superint. Eberts ...

– s. Allegorien, Erzählungen u. Gedichte.

– s.a. Bagatellen, Humoristische.

Kehr, L. Chr., humorist. Bagatellen, oder Skizzen, Erzähl. etc. 8. Frkf. Diez. 795.

KEHR, Ludw. Chrn., Humoristische Bagatellen. Mit großer Titelvignette (Stechername unleserl.). Frankfurt (,) bei Johann Ludwig Ernst Zeßler. 1795. 8°.
Zahm. — 164 S. (incl. Tit., Nebentit., 2 Bll. Widm. an eine Dame), 1 Bl. Inh., 1 Bl. Druckf. Enth. auch Gedichte und Aufsätze für Stammbücher.

(Kehr, Ludw. Chrstn.,) Berechnung d. Zinsen etc., s. Berechnung.

—— die Bibel im Auszuge, s. Bibel.

(——) Blüthen aus Bethanien, s. Blüthen.

(——) das einzig wahre Christenthum rc., s. Christenthum.

Vgl. Bibel, die, im Auszuge, (3. Abthl.))

Kehr, Ludw. Chrstn., Confirmationsscheine, s. Confirmationsscheine.

—— 100 Confirmations-Scheine, od. Auswahl bibl. Denksprüche f. evangel. Christen. — Altes Testament. 4. (100 Bl. mit Randverzierung.) Kreuznach 831, Kehr.

Kehr, Ludw. Chrstn., 100 Confirmations-Scheine, od. Auswahl bibl. Denksprüche f. evangel. Christen. — Altes Testament. 2. Aufl. 4. Kreuznach 838, Kehr.

—— 100 Confirmations-Scheine. Neues Testament. 2. Aufl. 4. (100 Bl. mit Randverzierung.) Kreuznach 833, Kehr.

—— ders. — Neues Testament. 3. Aufl. 4. Ebds. 838.

— Denkschrift bei d. freudigen Heimkehr des Hrn. Dr. Grimmel u. des Hrn. Notar Born. gr. 8. Kreuzn. 822. Kehr. 3 K

(——) bibl. Denksprüche f. Kinder rc., s. Denksprüche.

— d. Feier d. Wiedereinführung d. Hrn. K. Eberts u. W. Schneegans, Superintenden d. evangel. Synode von Kreuznach; nebst den dabei gehalt. Reden. gr. 8. Kreuzn. 822. Kehr. 4 K

— über Feldpolizei u. Feldfrevel. 8. Kreuzn. 817. Kehr. 3 K

— Geschichte d. evangel. Kirchenvereinigung in Kreuznach. Mit Urkunden u. Aktenstücken. 8. Kreuzn. 818. 2e A. 819. Vers. 8 K

— Grabrede u. Leichenpredigt bei d. Beerdigung des Hrn. Karl Eberts, Superintenden d. evangel. Synode von Kreuznach. Nebst den am Grabe u. in d. Kirche ausgeführten Gesängen u. einigen Bemerkungen über d. Leben u. den Charakter d. Verewigten. gr. 8. Kreuzn. 831. Kehr. 4 K

—— Grabrede u. Leichenpredigt, s. Grabrede rc.

— Haustafel f. christl. Familien. Med.-Fol. Plak.-Form. Kreuzn. 828. Kehr. 2 K

—— Jesus Sirach u. d. König Salomo, s. Jesus Sirach rc.
Vgl. Bibel, die, im Auszuge, (2. Abthl.)

— Jesus Sirach u. d. König Salomo. Ein Spiegel f. alle Stände, für Christen, Juden u. Heiden. Oder Stimmen aus dem Morgenlande für alle Zeiten u. Völker. 8. Kreuzn. 829. Kehr. 8 K

—— Kern u. Geist d. alt. Testaments, s. Kern rc.
Vgl. Bibel, die, im Auszuge, (1. Abthl.)

— Privatgedanken über d. Lehre von d. Unsterblichkeit d. Seele. 8. Frankf. 795. Diez. 8 K

—— Reduktions-Tabellen d. preuß. Thaler u. Silbergroschen in rheinische Gulden u. Kreuzer, u. d. Gulden u. Kreuzer in Thaler u. Silbergroschen. 8. ... Kreuznach 828, Kehr.

—— dies. auf 2 Folio-Taf. Ebds.

– s. Sammlung von Freimaurerreden.

– s. Sammlung kleiner Originalschriften.

—— Selbstbiographie. Zunächst f. angeh. Buchhändler geschrieben. 1834. gr. 8. (5½ B.) Kreuznach, Kehr.

—— kleine Sittenlehre f. Kinder. Geschenk f. fleißige u. gute Kinder. 8. (1 B.) Kreuznach 835, Kehr.

Kehr, Paul, der angebliche Brief Paschals II. an die Consuln v. Pisa u andere Pisaner Fälschungen. (29 S.) gr. 8. Rom 904. Loescher & Co. n.n. 1. 20
Sonderabdr. aus: Quellen u. Forschungen aus italien. Archiven u. Bibliotheken.

— das Briefbuch des Thomas von Gaeta, Justitiars Friedrichs II. (76 S.) Lex.-8. Ebd. 905. n.n. 2. 40
Sonderabdr. aus: Quellen u. Forschungen aus italien. Archiven u. Bibliotheken.

Kehr, Paul [Dr. phil.]: Die Datirungen der Diplome K. Otto III.... Marburg, *Druck d. Wagner'schen Univ.-Buchdr. in Innsbruck*, 1889; 1 Bl. + 85 S. 8°
Marburg, Phil. Fak., Hab.-Schr. v. [27. Apr.] 1889

Kehr, Paul, Hermann von Altaich und seine Fortsetzer. Inaugural-Dissertation. gr. 8. (87 S.) Göttingen 883, (Vandenhoeck und Ruprecht's Verlag.) 4

— die Minuten von Passignano. Eine diplomat. Miscelle. (86 S. m. 1 Taf.) Lex.-8. Ebd. 904. n.n. 1. 60
3 Sonderabdrucke aus: „Quellen u. Forschgn. aus ital. Archiven u. Bibliotheken".

Ueber eine römische Papyrusurkunde im Staatsarchiv zu Marburg. Von P[aul] **Kehr.** M. 3 Facs. auf 2 Taf. *Berlin: Weidmann 1896.* (28 S., 2 Taf.) 4.
— **Abhandlungen** d. Kgl. Gesellschaft d. Wissenschaften zu Göttingen. Phil.-hist. Klasse. N. F. Bd 1. No 1. [96. 970]

— s.: Regesta pontificum romanorum.

— Aus Sant' Antimo u. Coltibuono. (12 S.) Lex. 8. Rom 907. Loescher & Co. nn — 80
Sonderabdr. aus: „Quellen u. Forschgn. a. italien. Archiven."

— s.: Urkunden zur Geschichte v. Farfa im 12. Jahrh.

Kehr, P., die Urkunden Otto III. gr. 8. (XIV, 308 S.) Innsbruck 890. Wagner. n. 7. 60

—— u. G. Schmidt. Päbstliche Urkunden u. Regesten aus den J. 1353—1378, die Gebiete der heut. Prov. Sachsen u. ihrer Umlande betr., s. Geschichtsquellen der Prov. Sachsen.

Kehr, P., s.: Urkundenbuch d. Hochstifts Merseburg.

Kehr, Theodor: Über das Kategorienproblem. Erlangen 1910: Junge. 32 S. 8°
München, Phil. Diss. v. 25. Febr. 1910, Ref. Lipps
[Geb. 4. April 83 Kaiserslautern; Wohnort: Kaiserslautern; Staatsangeh.: Bayern; Vorbildung: Realgymn. Nürnberg Reife Juni 05; Studium: Heidelberg 1, Bonn 1, München 6 S.; Rig. 25. Febr. 10.] [U 10. 3665

Kehr, Ulrich Quaestionum magicarum specimen. 19 S. *Hadersleben* 1884. Progr.

Kehr, U., De poetarum qui sunt in Anthologia Palatina studiis Theocriteis. Diss. 1880. 49 S.

Kehraus! Humoristisch-satir. Volkskalender der Wahrheit für die J. 1883—1885. 8. (90; 120; 128 S. mit eingedr. Illustr.) Berlin, M. Schulze. à Jahrg. *

Kehraus. 1886. Humoristisch-satir. Volkskalender der Wahrheit. 4. Jahrg. 8. (157 S. mit Illustr.) Berlin, M. Schulze. *
Der 5. Jahrg. 1887 erschien bei Mückenberger in Berlin. — Jahrg. 1888 ist nicht erschienen, Jahrg. 1889 u. d. T.:

—— 1889. Antisemitischer Volkskalender. 6. Jahrg. 8. (173 S. mit Illustr.) Marburg. (Leipzig, Stiehl.) *

Kehraus 1890—1893. Antisemitischer Volkskalender. 7.—10. Jahrg. Lex.-8. (à Jahrg. 100—150 S. m. Textbildern u. Taf.) Marb. i. H., Verlag d. Reichsherold. à Jahrg. * — 50

Kehraus! 1894. Antisemitischer Volkskalender. 11. Jahrg. Lex.-8. (65 S. m. Bildern.) Marburg. (Berlin, G. A. Dewald.) n.n. — 50

Kehraus-Bibliothek. Illustrirte Monatsschrift für Unterhaltung und deutschen Humor. Redact.: A. de Grousilliers. Jahrg. 1885. 12 Hefte. (à Heft 3 Bog. mit Illustr.) 8. Berlin, M. Schulze. Einzeln à Heft
Erscheint nicht mehr.

Kehraus-Bibliothek. Illustrirte Monatsschrift f. Unterhaltg. u. deutschen Humor. Red.: W. Kaſe. Jahrg. 1884 u. 1885. à 12 Hfte. (3 B. m. Illustr.) 8. Berlin, M. Schulze. à Jahrg. 3 —; einzelne Hfte. à — 30

Kehrbach, Karl, s.: Erziehungs- u. Unterrichtswesen, d. ges. in d. Ländern deutscher Zunge.

— s.: Freundesgaben f. Carl August Hugo Burkhardt.

— Geschichte des Unterrichts- u. Erziehungswesens. [Aus: „Jahresberichte f. neuere deutsche Litt.-Gesch."] Lex.-8. (26 S.) Leipzig 897. Berlin, B. Behr's Verlag. n. 1.—

Kehrbach, Karl, Geschichte des Unterrichts- und Erziehungswesens. Aus: „Jahresberichte für neuere deutsche Litteratur-Geschichte." (26 S.) Leipzig 1897. G. J. Göschen.

— s.: Jahresbericht üb. d. Litteratur zur deutschen Erziehungs- u. Schulgeschichte.

— s.: Mitteilungen d. Gesellschaft f. deutsche Erziehungs- u. Schulgeschichte.

— s.: Monumenta Germaniae paedagogica.

Kehrbach, K. Kurzgefasster Plan der Monumenta Germaniae Paedagogica. Berlin 1884.

— s.: Texte u. Forschungen z. Geschichte d. Erziehg. u. d. Unterrichts in den Ländern deutscher Zunge.

Kehrberg, Aug., hist. Abr. d. St. Königsberg. n. Fortſ. 4. Kbnb. Hartung. 725.

Kehrbosch, G. R. K. Het leven der allerzaligste Maagd Maria, aan de lieve jeugd verhaald. Vrij naar hoogduitsch van *Th. Berthold.* Mit 4 Farbendr. u. 45 Illustr. In-16⁰. 190 S. Einsiedeln, Benziger & Co. 1891. Gebd. 1 25

Kehre wieder! Worte der Liebe an einen früheren Konfirmanden von seinem luther. Pastor. 16. (90 S. mit 1 Holzschn.) St. Louis, Mo. 883. (Dresden, H. J. Naumann.) geb. *

Kehrein, Josef

Kehrein, Jos., das Annolied. Genauer Abdr. des Opitzischen Textes mit Anmerkungen und Wörterbuch. gr. 8. (VI und 85 S.) Frankfurt a. M. 865, Hamacher.

Kehrein, Jos., latein. Anthologie aus d. christl. Dichtern d. Mittelalters. Für Gymnasien u. Lyceen hrsg. u. mit Anmerkn. begleitet. I. Thl. Die acht ersten christl. Jahrh. 8. (11¾ B.) Frankfurt a. M. 840, Sauerländer.

Kehrein, Jos. (Hrsg.), s. Apuleius, Madaurensis: Amor und Psyche.

Kehrein, Jos., Aufgaben zu Sprach- und Stylübungen in den Oberklassen der Elementarschule. Hadamar 858. Mathi. 12. (61 S.) n. 5 ngr.

Kehrein. Die grammatischen Ausdrücke. Montabaur, Seminar, 1862. 20 S. 4. Progr.

Kehrein, Jos., Auswahl dramatischer Deklamationsstücke. I. Bdchn. 8. (III und 252 S.) Coblenz 856, Hergt.

—— Jos., Beispielsammlung zu d. Lehre v. d. Figuren u. Tropen in Th. Heinsius Teut. 8. (5½ B.) Berlin 839, Duncker u. Humblot.

— Beredsamkeit der Kirchenväter, s. Nickel, Marc. Adm.

—— die weltliche Beredsamkeit der Deutschen. Ueberblick ihres Entwickelungsganges von d. ältesten bis z. neuesten Zeit. Beitrag zur Literaturgeschichte. gr. 8. (9 B.) Mainz 846, Faber'sche Buchh.
Aus: Gymnasial-Blätter besond. abgedruckt.

Kehrein, Jos., Blumenlese aus katholischen Dichtern des 19. Jahrh., besonders der Gegenwart. gr. 16. (801 S.) Aachen 875, Tepe. geb. mit Goldschn. *

—— Brevier für katholische Frauen, s. Brevier.

Kehrein, Jos., Brevier für katholische Frauen und Jungfrauen. 2. verm. Aufl. Leipzig 859. O. Wigand. 16. (XLIV, 616 S. u. 1 Stahlst.) n. 2 ₰ 20 ngr.

—— Entwürfe zu deutschen Aufsätzen und Reden nebst einer Einleitung, enthaltend das Wichtigste aus der Stylistik und Rhetorik für Gymnasien, Seminarien, Realschulen und zum Selbstunterricht. 1. Aufl. (VIII und 223 S.) 1854. * 20 Ngr. 2., verb. und verm. Aufl. gr. 8. (VIII und 254 S.) Paderborn 855(56,) Schöningh. *

—— Entwürfe zu deutschen Aufsätzen und Reden nebst einer Einleitung, enthaltend das Wichtigste aus der Stylistik und Rhetorik für Gymnasien, Seminarien, Realschulen und zum Selbstunterricht. 3., verb. und verm. Aufl. gr 8. (VI und 286 S.) Paderborn 860, Schöningh. *

— Entwürfe zu deutschen Aufsätzen u. Reden nebst einer Einleitung, enthltd. das Wichtigste aus der Stylistik u. Rhetorik für Gymnasien, Seminarien, Realschulen u. zum Selbstunterricht. 4., verb. u. verm. Aufl. Paderborn 865. Schöningh. gr. 8. (X, 314 S.) n. 24 ngr.

—— Entwürfe zu deutschen Aufsätzen und Reden nebst Einleitung in die Stylistik und Rhetorik und Proben zu den Hauptgattungen der prosaischen Darstellung für Gymnasien, Seminarien, Realschulen und zum Selbstunterricht. 5. verb. und verm. Aufl. gr. 8. (XII, 330 S.) Paderborn 870, Schöningh. * 2 60

—— Entwürfe zu deutschen Aufsätzen und Reden, nebst Einleitung in die Stylistik und Rhetorik und Proben zu den Hauptgattungen der pros. Darstellung für Gymnasien, Seminarien, Realschulen und zum Selbstunterricht. 6. verb. und verm. Aufl. gr. 8. (XII, 338 S.) Paderborn 876, F. Schöningh. *

Kehrein, Jos., Entwürfe zu deutschen Aufsätzen u. Reden, nebst Einleitung in die Stilistik u. Rhetorik u. Proben zu den Hauptgattungen der pros. Darstellung für Gymnasien, Seminarien, Realschulen. Nach dem Tode des Verf. neu bearb. v. Val. Kehrein. 7., verb. u. verm. Aufl. gr. 8. (XV, 444 S.) Paderborn 882. F. Schöningh. n. 3. 75

Kehrein, J., Entwürfe zu deutschen Aufsätzen u. Reden, nebst Einleitg. in die Stilistik u. Rhetorik u. Proben zu den Hauptgattgn. der pros. Darstellung, f. Gymnasien, Seminarien, Realschulen. Nach dem Tode d. Verf. neu bearb. v. V. Kehrein. 8. Aufl. gr. 8. (XV, 444 S.) Paderborn 889. F. Schöningh. n. 3. 80

[J.] Entwürfe zu deutschen Aufsätzen und Reden nebst Einl. in d. Stilistik u. Rhetorik u. Proben zu d. Hauptgattgn d. prosaischen Darstellg f. Gymn., Semin., Realsch. Von Joseph Kehrein, Dir. ... zu Montabaur ... Nach d. Tode d. Vfs neu bearb. v. Dr. Valentin Kehrein, Prof. ... zu Koblenz. 9., umgearb. Aufl. *Paderborn: F. Schöningh 1897.* (XXIII S., 1 Bl., 533 S.) 1 Bd 8. [97. 8315

Kehrein, Jos., Entwürfe zu deutschen Aufsätzen u. Reden, nebst Einleitg. in die Stilistik u. Rhetorik u. Proben zu den Hauptgattgn. der prosaischen Darstellg. f. höhere Lehranstalten. Nach dem Tode des Verf. neu bearb. v. Valent. Kehrein. 10. verb. Aufl. (XXIV, 541 S.) gr. 8. Paderborn 903. F. Schöningh. n. 5. —

Kehrein, Jos., Entwürfe zu deutschen Aufsätzen u. Reden, nebst Einleitg. in die Stilistik u. Rhetorik u. Proben zu den Hauptgattgn. der prosaischen Darstellg. f. höh. Lehranstalten. Nach dem Tode des Verf. neu bearb. v. Valent. Kehrein. 11. verb. Aufl. (XXII, 524 S.) gr. 8. Paderborn 907. F. Schöningh. 5. 40

— Fremdwörterbuch m. etymologischen Erklärungen u. zahlreichen Belegen aus deutschen Schriftstellern. (In ca. 8 Lfgn.) 1—4. Lfg. Lex.-8. (XII u. S. 1—384.) Stuttgart 876. Cotta. à n. 1. 60

— Fremdwörterbuch mit etymologischen Erklärungen u. zahlreichen Belegen aus deutschen Schriftstellern. 5—8. (Schluß-)Lfg. Lex.-8. (S. 385—772.) Stuttgart 877. Cotta. à n. 1. 60

Kehrein, Jos., Gedichte, s.: Kehrein, Val., Joseph Kehrein.

Kehrein, Jos., Zur Geschichte der deutschen Bibelübersetzung vor Luther nebst 34 verschiedenen deutschen Übersetzungen des 5. Kap. aus dem Evangelium des heil. Matthäus. Stuttgart, Cast. 1850 (1851). gr. 8°, X u. 154 S., 2,70 Mk.
Recens. Katholik 1850, Bd. I, S. 94 f.

—— zur Geschichte der deutschen Bibelübersetzung vor Luther nebst 34 verschied. deutschen Uebersetzungen des 5. Cap. aus dem Evangelium des heil. Matthäus. gr. 8. (X und 154 S.) Stuttgart 851, [Verlagsmagazin.]

—— deutsche Geschichte aus dem Munde deutscher Dramatiker für Freunde der Geschichte und Poesie. gr. 8. (VIII, 227 S.) Soest [Münster] 872, Nasse'sche Verlagsh. * 2 —

—— Geschichte der kathol. Kanzelberedsamkeit der Deutschen von d. ältesten bis z. neuesten Zeit. Ein Beitrag z. allgem. Literaturgeschichte. 2 Bde. gr. 8. ($73\frac{1}{2}$ B.) Regensburg 843, Manz.

— kurze Geschichte des deutschen katholischen Kirchenliedes von seinen ersten Anfängen zum J. 1631. Abdr. aus d. Verf. „Katholische Kirchenlieder ꝛc." Würzburg 858. Stahel. gr. 8. (2 Bl., 108 S.) n. 16 ngr.

—— kurze Geschichte des deutschen katholischen Kirchenliedes von seinen ersten Anfängen bis zum J. 1631. Lex.-8. (IV und 108 S.) Würzburg 859, Stahel'sche Buchh. *
Aus des Verf. „Katholische Kirchenlieder, Hymnen ꝛc." besonders abgedruckt.

Kehrein, Josef: Gliederung des deutschen Sprachunterrichtes in der Elementarschule. Wiesbaden. 24 S. 1865.
Schul-/Univ.-Schrift

—— Grammatik der deutschen Sprache des 15. bis 17. Jahrhunderts. 1. Thl.: Laut- und Flexionslehre. gr. 8. (XXXII und 292 S.) Leipzig 854, O. Wigand. *

—— dass. — 2. Thl.: Wortbildungslehre. gr. 8 (XII und 316 S.) Ebds. 855. *

—— dass. — 3. Thl.: Syntax des einfachen und mehrfachen Satzes. gr. 8. (IX und 290 S.) Ebds. 856. *

—— Grammatik der deutschen Sprache des 15. bis 17. Jahrhunderts. 3 Thle. 2., wohlfeile (Titel-)Ausg. gr. 8. (LIII und 898 S.) Leipzig (854—56)63, O. Wigand.

—— Grammatik der neuhochdeutschen Sprache nach Jacob Grimms deutscher Grammatik bearb. 1. Thl.: Grammatik. 2. Abthl.: Wortbildungslehre. gr. 8. ($12\frac{3}{4}$ B.) Leipzig 844, Otto Wigand.

—— dass. 2. Thl. Syntax. 1. Abthl.: Syntax d. einfachen Satzes. 1. u. 2. Aufl. gr. 8. (à 11 B.) Ebds. 842, 44. à
1. Thl. 1. Abthl. ist noch nicht erschienen.

Kehrein, Jos., Grammatik der neuhochdeutschen Sprache nach Jac. Grimms deutscher Grammatik bearb. 1. Thl.: Grammatik. 1. Abth.: Laut- u. Flexionslehre. gr. 8. (VIII u. 152 S. mit 1 Tab. in Fol.) Leipzig 850, O. Wigand. 18 ngr — 2. Thl.: Syntax. 2. Abth.: Syntax des mehrfachen Satzes. gr. 8. (VIII u. 179 S.) Ebd. 852. à 18 ngr (cplt. 2 ₰ 12 ngr)

Kehrein, Josef, s. Gymnasialblätter.

— Handbuch der Erziehung u. d. Unterrichtes zunächst f. Seminarzöglinge u. Elementarlehrer bearb. 8. (XIV, 364 S.) Paderborn 876. Schöningh. n. 2. 70

— Handbuch der Erziehung u. des Unterrichts zunächst für Seminarzöglinge u. Elementarlehrer. 2. Aufl. Nach d. Verf. Tode bearb. v. A. Keller. 8. (XII, 361 S.) Paderborn 877. F. Schöningh. n. 2. 70

— dasselbe. 3. u. 4., verb. Aufl., bearb. v. A. Keller. 8. (XII, 394 S.) Ebend. 879. 80. n. 3. —

—— Handbuch der Erziehung und des Unterrichtes zunächst für Seminarzöglinge und Elementarlehrer, bearb. von A. Keller. 4. verb. Aufl. (XIII, 423 S.) 1881; 5. verb. Aufl. 8. (XIV, 428 S.) Ebendas. 883. *

Kehrein's, Jos., Handbuch der Erziehung und des Unterrichtes zunächst für Seminarzöglinge und Elementarlehrer, bearb. von A. Keller. 6. verb. Aufl. 8. (XVI, 530 S.) Paderborn 886, F. Schöningh. *

Kehrein-Keller's Handbuch der Erziehung u. d. Unterrichtes, zunächst f. Seminarzöglinge u. Volksschullehrer. 7., verb. Aufl., bearb. v. A. Keller u. J. Brandenburger. gr. 8. (XIV, 438 S.) Paderborn 890. F. Schöningh. n. 3. —

Kehrein-Keller's Handbuch der Erziehung u. d. Unterrichtes, zunächst f. Seminarzöglinge u. Volksschullehrer. 8., verb. Aufl., bearb. v. A. Keller u. J. Brandenburger. gr. 8. (XIV, 440 S.) Paderborn 893. F. Schöningh. n. 8. —

— u. Keller's Handbuch d. Erziehg. u. d. Unterrichtes, zunächst f. Seminarzöglinge u. Volksschullehrer. 9., verb. Aufl., bearb. v. A. Keller u. J. Brandenburger. gr. 8. (XIV, 442 S.) Paderborn 896. F. Schöningh. n. 3. —

[Josef] Kehrein-[Adam] Kellers Handbuch der Erziehung und des Unterrichts, zunächst f. Seminarzöglinge u. Volksschullehrer. 10., verb. Aufl. von Dr. A[dam] Keller u. J[ohann] Brandenburger. *Paderborn: F. Schöningh 1900.* (XIV, 451 S.) 8° [F.] (01. 10038

[Josef] Kehrein-[Adam] Kellers Handbuch der Erziehung und des Unterrichts, zunächst f. Seminarzöglinge u. Volksschullehrer. 11., vielfach umgearb. Aufl. von Dr. A[dam] Keller u. J[ohann] Brandenburger. *Paderborn: F. Schöningh 1904.* (XIV, 540 S.) 8° [F.] (04. 3741

[Josef] Kehrein-[Adam] Kellers Handbuch der Erziehung und des Unterrichts, zunächst f. Seminarzöglinge u. Volksschullehrer. 12. Aufl. von Dr. A. Keller u. J[ohann] Brandenburger. Paderborn: F. Schöningh 1906. (XIV, 551 S.) 8° [F.] (07. 11030

— u. A. Keller's Handbuch der Erziehung u. des Unterrichtes, zunächst f. Seminarzöglinge u. Volksschullehrer. 13. Aufl. v. A. Keller u. J. Brandenburger. (XIV, 552 S.) 8. Paderborn 908. F. Schöningh. Geb. in Leinw. 3. 60

— Handbuch deutscher Prosa für Schule und Haus. Mit erläuternden Anmerkungen und einem Anhange: Kurze Lebensbeschreibungen der Verfasser der Stücke und der in denselben vorkommenden Personen. Leipzig 855. O. Wigand. gr. 8. (1. Abth.: 663 S.; 2. Abth.: VI, 682 S.) n. 2 ℛ. 20 ngr.

— Handbuch deutscher Prosa für Schule und Haus. Mit erläuternden Anmerkungen u. einem Anhang: Kurze Lebensbeschreibungen der Verfasser der Stücke u. der in denselben vorkommenden Personen. 2 Thle. 2., veränd. Aufl. Ebend. 859. gr. 8. (VIII, 663; VI, 682 S.) n. 2 ℛ 20 ngr.

—— Hilfsbuch zum deutschen Sprachunterricht in allen Klassen der Elementarschule. 8. (171 S.) Paderborn 865, Schöningh. *

Kehrein, J., Hilfsbüchlein zur Erklärung kirchlicher Ausdrücke für jedermann, namentlich für den kath. Elementarlehrerstand. (Alphabetisch geordnet.) Paderborn, Schöningh, 1863, 8°, 104 S., 60 Pf.

—— Hilfsbüchlein zur Erklärung kirchlicher Ausdrücke für Jedermann namentlich für den kathol. Elementarlehrerstand. 16. (IV und 97 S.) Paderborn 864, Schöningh.

—— das deutsche katholische Kirchenlied in seiner Entwickelung von den ersten Anfängen bis zur Gegenwart zunächst für höhere Lehranstalten. gr. 8. (79 S.) Neuburg 874, Verlag des kathol. Erziehungs-Vereins. * 1 20

— katholische Kirchenlieder, Hymnen, Psalmen aus den ältesten deutschen gedruckten Gesang- u. Gebetbüchern zusammengestellt. 3 Bde. A. u. d. T.: Die ältesten katholischen Gesangbücher von Vehe, Leisentrit, Corner u. A. in eine Sammlung vereinigt. Würzburg 859—63. Stahel. Lex.-8. n. 7 ℛ 10 ngr.

1. Bd. (XII, 752 S.) n. 2 ℛ 20 ngr. — 2. Bd. (719 S.) n. 2 ℛ 20 ngr. — 3. Bd. (430 S.) n. 2 ℛ

—— katholische Kirchenlieder, Hymnen, Psalmen aus den ältesten deutschen gedruckten Gesang- und Gebetbüchern zusammengestellt. 3. und 4. Bd. Lex.-8. Würzburg 863,65, Stahel'sche Buchh. *

Inhalt:

Bd. 3. Die ältesten katholischen Gesangbücher von Vehe, Leisentrit, Corner u. A. in eine Sammlung vereinigt. (430 S.) * 2 Thlr.

" 4. Aelterneuhochdeutsches Wörterbuch. Ein Beitrag zur deutschen Lexikographie. (IV und 151 S.) * 1 Thlr.

1. und 2. Bd. Ebendas. 1859. * 5 Thlr. 10 Ngr.

Kehrein, Jos., Kirchen- und religiöse Lieder aus dem 12. bis 15. Jahrhundert, s. Kirchen- und religiöse Lieder.

— Kommentar zum deutschen Lesebuch für Gymnasien, Seminarien, Realschulen. Nach dem Tode des Verf. neu bearb. v. Val. Kehrein. Untere Lehrstufe. 6., verm. u. verb. Aufl. gr. 8. (196 S.) Leipzig 882. O. Wigand. n. 2. —

—— Kommentar zum deutschen Lesebuch für Gymnasien, Seminarien, Realschulen. Nach dem Tode des Verf. neu bearb. von Valentin Kehrein. Obere Lehrstufe. 6. verm. und verb. Aufl. gr. 8. (VIII, 201 S.) Leipzig 886, O. Wigand. *

— kurze Lebensbeschreibungen d. Dichter u. Prosaiker, aus deren Werken Proben in den besseren deutschen Lesebüchern sich finden. gr. 8. (IV u. 142 S.) Weilburg 848, Lanz. 1/2 ℛ

—— deutsches Lesebuch mit sachlichen und sprachlichen Erklärungen nebst vielfachen Andeutungen zu einem prakt. Unterricht in der deutschen Sprache. gr. 8. (VI und 426 S.) Leipzig 850, O. Wigand.

— Deutsches Lesebuch f. Gymnasien, Seminarien, Realschulen m. sachl. u. sprachl. Erklärgn. nebst vielfachen Andeutgn. zu e. prakt. Unterricht in der deutschen Sprache. Untere Lehrstufe. 3. verm. u. verb. Aufl. Lex. 8. (X u. 328 S. mit 1 Tab. in Fol.) Leipzig 852, O. Wigand. n. 5/6 ℛ — Obere Lehrstufe. 3. verm. u. verb. Aufl. Lex.8. (X u. 430 S.) Ebd. 852. 1 ℛ (1 u. 2: 1 5/6 ℛ)

—— deutsches Lesebuch für Gymnasien, Seminarien, Realschulen mit sachlichen und sprachlichen Erklärungen nebst vielfachen Andeutungen zu einem prakt. Unterricht in der deutschen Sprache. Untere Lehrstufe. 4., verm. und verb. Aufl. Lex.-8. (XVI und 338 S. mit 1 Tab. in gr. Fol.) Leipzig 856, O. Wigand. *

—— deutsches Lesebuch für Gymnasien, Seminarien, Realschulen und sachl. und sprachl. Erklärungen nebst vielfachen Andeutungen zu einem prakt. Unterricht in der deutschen Sprache. Untere Lehrstufe. 4., verm. und verb. Aufl. 5., unveränd. Abdr. Lex.-8. (XVI und 338 S. mit 1 Tab. in Fol.) Leipzig 861, O. Wigand. *

—— dass. — Obere Lehrstufe. 4., verm. und verm. Aufl. 1. Abdr. 1863. und 2. Abdr. Lex.-8. (X und 510 S.) Ebendas. 866.

—— deutsches Lesebuch für Gymnasien, Seminarien, Realschulen mit sachl. und sprachl. Erklärungen nebst vielfachen Andeutungen zu einem prakt. Unterricht in der deutschen Sprache. Untere Lehrstufe. 4., verm. und verb. Aufl. 7. Abdr. Lex.-8. (XVI und 338 S. mit 1 Tab. in hoch 4.) Leipzig 866, O. Wigand. *

—— deutsches Lesebuch für Gymnasien, Seminarien, Realschulen mit sachlichen und sprachlichen Erklärungen, nebst vielfachen Andeutungen zu einem praktischen Unterricht in der deutschen Sprache. Obere Lehrstufe. 4., verm. und verb. Aufl. [3. Abdr.] (X, 510 S.) 1869. *M* 3., und 5. verm. und verb. Aufl. gr. 8. (XII, 550 S.) Leipzig 873, O. Wigand. 3 60

—— dass. — Untere Lehrstufe. 5., verm. und verb. Aufl. 1870, und 2. Abdr. gr. 8. (VIII, 409 S.) Ebendas. 873. * 2 50

—— deutsches Lesebuch für Gymnasien, Seminarien, Realschulen. Nach dem Tode des Verf. neu bearb. von Valentin Kehrein. Untere und obere Lehrstufe. gr. 8. Leipzig, O. Wigand. [Untere Lehrstufe. 6. verm. und verb. Aufl. (XIII, 453 S.; kleine deutsche Schulgrammatik 106 S.) 881. *M 2,50.; 7. verm. und verb. Aufl. (XIII, 453; 106 S.) 883. *M 3.; Obere Lehrstufe. 6. verm. und verb. Aufl. (XVI, 460 S.) 883. *M 4.] *

— deutsches Lesebuch f. Gymnasien, Seminarien, Realschulen. Nach dem Tode d. Verf. neu bearb. v. Valentin Kehrein. Untere u. obere Lehrstufe. gr. 8. Ebend. n. 7. —
Untere Lehrstufe. 8. Aufl. (XIII, 453 u. 106 S.) 886. n. 3. —
Obere Lehrstufe. 6. Aufl. (XVI, 460 S.) 883. n. 4. —

Kehrein, Jos., deutsches Lesebuch f. Gymnasien, Seminarien, Realschulen. Nach dem Tode des Verf. neu bearb. v. Valentin Kehrein. I. u. II. gr. 8. Leipzig, O. Wigand. n. 7. 50
I. Untere Lehrstufe. 9. Aufl. (XIII, 453 u. 106 S.) 891. n. 3. —
II. Mittlere Lehrstufe. 8., umgearb. Aufl. (XX, 587 S.) 895. n. 4. 50

Kehrein, Jos., deutsches Lesebuch f. Gymnasien, Seminarien, Realschulen. Nach d. Tode d. Verf. neu bearb. v. Val. Kehrein. I. (Untere Lehrstufe.) 9., umgearb. Aufl. gr. 8. (XV, 428 S.) Leipzig 895. O. Wigand. n. 3. —

— deutsches Lesebuch f. Gymnasien, Seminarien, Realschulen. III. (Obere Lehrstufe.) 1. Tl. Altdeutsches Lesebuch nebst mittelhochdeutscher Grammatik u. Wörterbuch, ausgearb. v. Val. Kehrein. gr. 8. (XII, 586 S.) Leipzig 899. O. Wigand. n. 6. 40

— dasselbe f. höhere Lehranstalten. Nach dem Tode des Verf. neu bearb. v. Valent. Kehrein. II. (Mittlere Lehrstufe.) 9., umgearb. Aufl. gr. 8. (XVI, 575 S.) Ebd. 903. n. 5. —

— deutsches Lesebuch f. höhere Lehranstalten. Nach dem Tode des Verf. neu bearb. v. Valentin Kehrein. I. (Untere Lehrstufe.) 10. umgearb. Aufl. (XV, 446 S.) gr. 8. Leipzig 903. O. Wigand. n. 4. —

— dasselbe für Gymnasien, Seminarien, Realschulen. III. (Obere Lehrstufe.) 1. Tl. Altdeutsches Lesebuch nebst mittelhochdeutscher Grammatik u. Wörterbuch, ausgearb. v. Valent. Kehrein. 2. verm. Aufl. (XII, 613 S.) gr. 8. Ebd. 904. n. 6. 40

Ⓑ — Deutsches Lesebuch. 903. 904. sowie die übrigen Lehrbücher aus d. Verlage v. Otto Wigand. jetzt: Würzburg, F. X. Bucher.

—— biographisch-literarisches Lexikon der katholischen deutschen Dichter, Volks- und Jugendschriftsteller im 19. Jahrh. 2 Bde. in 9 Heften. Lex.-8. (VIII, 318; 289 S.) Würzburg 868—71, Wörl. à Lfg. 90 Pf.; compl. 4 80

—— Lieder-Brevier für katholische Frauen und Jungfrauen, s. Lieder-Brevier.

— Lieder-Brevier für katholische Frauen und Jungfrauen. Ebend. 856. 16. (XXXII, 610 S. u. 1 Stahlst.) n. 2 *Rthlr.* 20 *ngr*

— Nassauisches Namenbuch, enth. alle Personen-, Orts- u. Gemarkungs-Namen. [Aus: „Volkssprache u. Volkssitte in Nassau".] (Neue Titel-Ausg.) 8. (VIII, 644 S.) Leipzig 891. A. Lesimple's Verl. n. 2. 25

—— Pater noster und Ave Maria in deutschen Uebersetzungen. Nebst einem Anh.: Die altdeutschen Namen Gottes und Marias. 8. (VII und 101 S.) Frankfurt a. M. 865, Hamacher. *

Kehrein, Jos., die dramat. Poesie der Deutschen. Versuch e. Entwickel. ders. v. d. ältesten Zeit bis z. Gegenwart. — Beitr. z. Gesch. d. deutschen Nationalliteratur. 2 Bde. gr. 8. (41¼ B.) Leipzig 840, Hinrichsche Buchh. Thlr.

—— Proben der deutschen Poesie und Prosa vom 4. Jahrh. bis in die 1. Hälfte des 18. Jahrhunderts. 1. Thl. (4. bis 15. Jahrh.) Gothische, althochdeutsche, altsächs., mittelhochdeutsche Proben im Orig. und in neuhochdeutscher Uebersetzung, zugleich mit sprachl. Anmerkungen versehen. 1. Aufl. (VIII und 200 S.) 1849. und 2., verb. und verm. Aufl. Lex.-8. (VIII und 236 S.) Jena 851, Mauke.

—— dass. — 2. Thl.: (16. bis 18. Jahrh.) Neuhochdeutsche Proben im Original, mit sprachl. Anmerkungen. gr. 8. (VIII und 255 S.) Jena 850, Mauke.

—— Regeln und Wörterverzeichnis zur Einübung der deutschen Rechtschreibung zunächst für die Schule. Nach dem Tode des Verf. neu bearb. von Valentin Kehrein. 4. verm. und verb. Aufl. gr. 8. (VII, 111 S.) Ebendas. 885. *

– s. a. Sammlung deutscher Musterreden.

—— Sammlung deutscher Musterreden z. Gebr. bei d. rhetor. Unterr. in Gymnasien u. höh. Bildungsanstalten. gr. 8. (9 B.) Mainz 840, Faber'sche Buchh. *

—— **Sammlung deutscher Musterreden zum Gebrauche bei dem rhetorischen Unterrichte in Gymnasien und höheren Bildungsanstalten so wie zur Selbstbelehrung. 2 Hefte in 1 Bde. 2. (Titel-)Ausg. gr. 8. (XVI und 868 S.) Mainz (844)59, Faber'sche Buchh.**

—— Sammlung alt- und mitteldeutscher Wörter aus lateinischen Urkunden. Zugleich eine Ergänzung der lexikal. Werke von Graff, Müller-Zarncke, Förstemann. Lex.-8. (VIII und 71 S.) Nordhausen 863, Förstemann's Verlag. *

– s. Scenen aus dem Nibelungenlied.

Kehrein, Jos., kleine deutsche Schulgrammatik. Lex.-8. (50 S. und 1 Tab. in Fol.) Leipzig 851(52,) O. Wigand. Thlr. *

—— kleine deutsche Schulgrammatik für Seminarien, Realschulen, höhere Bürger- und Töchterschulen und die Unter- und Mittelklassen von Gymnasien. 3., verm. und verb. Aufl. gr. 8. (IV, 71 S.) Leipzig 870, O. Wigand. * — 50

— kleine deutsche Schulgrammatik für Seminarien, Realschulen, höhere Bürger- u. Töchterschulen u. die Unter- u. Mittelklassen von Gymnasien. Nach dem Tode des Verf. neu bearb. v. Valentin Kehrein. 4., verm. u. verb. Aufl. gr. 8. (106 S.) Ebend. 881. n. — 50

— kleine deutsche Schulgrammatik f. höhere Lehranst. Nach d. Tode d. Verf. neu bearb. v. Valentin Kehrein. 5., ganz umgearb. Aufl. gr. 8. (VI, 135 S.) Ebd. 896. n. 2. —

— kleine deutsche Schulgrammatik für höhere Lehranstalten. Nach dem Tode des Verf. neu bearb. v. Valent. Kehrein. 6. umgearb. Aufl. (VI, 106 S.) gr. 8. Ebd. 903. n. 2.—

—— Schulgrammatik der deutschen Sprache. Lex.-8. (XII und 177 S. mit 1 Tab. in gr. Fol.) Leipzig 850, O. Wigand.

— Schulgrammatik der deutschen Sprache. 2. Aufl. Leipzig 863. O. Wigand. Lex.-8. (XII, 177 S. u. 1 Tab. in Fol.) 15 ngr.

Kehrein, Jos., Schulgrammatik der deutschen Sprache. Mit besond. Berücksichtigung der Klassiker des 18. und 19. Jahrh. 8., ganz umgearb. und stark verm. Aufl. gr. 8. (XVIII und 394 S.) Leipzig 865, O. Wigand. *

—— Schulreden. gr. 8. (IV, 259 S.) Trier 874, Lintz' Verlag. * 2 50

— Schulreden. gr. 8. (IV, 259 S.) Trier 875. Lintz. n. 2. 50

—— lateinische Sequenzen des Mittelalters aus Handschriften und Drucken. gr. 8. (XII, 620 S.) Mainz 873, Kupferberg. 7 50

—— deutsches Stylbuch. Zum Gebrauche für Schüler in Volks-, Real- und Fortbildungsschulen und in den mittleren Klassen der Gymnasien. gr. 8. (VIII und 151 S.) Paderborn 864, Schöningh.

— Ueberblick der Geschichte der Erziehung u. d. Unterrichtes insbesondere auch der wichtigsten Lehrmethoden. Mit Rücksicht auf den Erlaß vom 15. Octbr. 1872 f. Zöglinge der Lehrerseminare. 8. (IV, 124 S.) Paderborn 873. Schöningh. n. 1. 20

—— Ueberblick der Geschichte der Erziehung und des Unterrichtes insbesondere auch der wichtigsten Lesemethoden. Mit Rücksicht auf den Erlaß vom 15. Octbr. 1872 für Zöglinge der Lehrerseminare. 1. Aufl. (IV, 124 S.) 873. *M 1,20.; 2. verm. und verb. Aufl. (VI, 176 S.) 874. *M 1,50., und 3. verm. und verb. Aufl. 8. (VIII, 204 S.) Paderborn 875, Schöningh. * 1 60

—— Ueberblick der Geschichte der Erziehung und des Unterrichtes. Mit Rücksicht auf den Erlaß vom 15. Oktbr. 1872 für Zöglinge der Lehrerseminare bearb. 4. verm. und verb. Aufl. 8. (VIII, 222 S.) Ebendas. 876. *

— Ueberblick der Geschichte der Erziehung u. des Unterrichtes für Zöglinge der Lehrerseminare u. zur Vorbereitung auf die in den Allg. Best. angeordneten Prüfungen. 5., gänzlich umgearb. Aufl., besorgt durch Joh. Kayser. 8. (X, 338 S.) Paderborn 879. F. Schöningh. n. 2. 40

— dasselbe. 6. Aufl. 8. (XIV, 346 S.) Ebend. 880. n. 2. 50

— Überblick der Geschichte der Erziehung u. d. Unterrichts f. Zöglinge der Lehrerseminare u. zur Vorbereitung auf die in den Allg. Best. angeordneten Prüfungen. Neu bearb. v. Joh. Kayser. 7. Aufl. 8. (XV, 366 S.) Paderborn 883. F. Schöningh. n. 2. 50

—— Überblick der Geschichte der Erziehung und des Unterrichts für Zöglinge der Lehrerseminare und zur Vorbereitung auf die in den Allgemeinen Bestimmungen angeordneten Prüfungen. Neu bearb. von Johs. Kayser. 8. Aufl. 8. (XVI, 381 S.) Paderborn 887, F. Schöningh. *
Vgl.: Funke, C. A., Handbüchlein der Geschichte der Pädagogik.

— Überblick der Geschichte der Erziehung u. d. Unterrichts f. Zöglinge der Lehrerseminare u. zur Vorbereitg. auf die in den Allgem. Bestimmungen angeordneten Prüfungen. Neu bearb. v. Johs. Kayser. 9. Aufl. 8. (XVI, 381 S.) Ebd. 890. n. 2. 50

— Überblick der Geschichte d. Erziehg. u. d. Unterrichts f. Zöglinge d. Lehrerseminare, bearb. v. Johs. Kayser. 10. Aufl., hrsg. v. Bernh. Schulz. gr. 8. (X, 254 S.) Paderborn 895. F. Schöningh. n. 2. 50

[Josef] **Kehreins** Überblick der Geschichte der Erziehung und des Unterrichts für Lehrer- und Lehrerinnenseminare, bearb. von Prof. Dr. Johannes Kayser, weil. Dompropst in Breslau. 11. Aufl., hrsg. von Dr. Bernhard Schulz, Geh. Reg.R. *Paderborn: F. Schöningh 1899.* (X, 267 S.) 8° [F.] [01. 10959

[Josef] **Kehreins** Überblick der Geschichte der Erziehung und des Unterrichts f. Lehrer- u. Lehrerinnenseminare, bearb. von Prof. Dr. Johannes Kayser, weil. Dompropst. 12. Aufl. hrsg. von Dr. August Funke, Sem.Dir. Paderborn: F. Schöningh 1905. (X, 280 S.) 8° [F.] [06. 836

—— Ueberblick der deutschen Mythologie, ein Auszug aus Jac. Grimms deutscher Mythologie, besond. für die studirende Jugend bearb. gr. 8. (VI und 110 S.) Göttingen 848, Dieterichsche Buchh. *

—— Volkssprache und Volkssitte im Herzogth. Nassau. Ein Beitrag zu deren Kenntniß. 2 Bde. gr. 8. (XII und 824 S.) Weilburg 860—62, Lanz.

Kehrein, J., Volkssprache und Volkssitte in Nassau. 3 Bde. Bonn 1872. 8°. Vergriffen u. selten! (25 Mk. Th. Ackermann, 1913.)

-- Volkssprache u. Wörterbuch v. Nassau. [Aus: „Volkssprache u. Volkssitte in Nassau".] (Neue Titel-Ausg.) gr. 8. (XII, 464 u. 64 S.) Ebd. 891. n. 2. 25

— Volksthümliches aus Nassau. Sprachproben, Sagen, Kinderliedchen, Märchen, Volkswitze, Sprichwörter, Bräuche 2c. [Aus: „Volkssprache u. Volkssitte in Nassau".] (Neue Titel-Ausg.) 8. (296 S.) Ebd. 891. n. 1. 25; geb. n. 1. 50

—– Älterneuhochdeutsches Wörterbuch. Ein Beitrag zur deutschen Lexikographie. Würzburg 1865. 8.
Sep.-Abdr. aus: Kehrein, Kath. Kirchenlieder. . . . . (D.)

—— onomatisches Wörterbuch, zugleich ein Beitrag zu einem auf die Sprache der class. Schriftsteller gegründeten Wörterbuch der neuhochdeutschen Sprache. 1—7. Heft. Die neuhochdeutschen Verba des Ablautes e (ä) a (ö), o. gr. 8. (VI und 672 S.) Wiesbaden 847—51, Ritter. à Heft * 10 Ngr. *

—— onomatisches Wörterbuch, zugleich ein Beitrag zu einem auf die Sprache der klassischen Schriftsteller gegründeten Wörterbuch der neuhochdeutschen Sprache. 2. (Titel-)Ausg. (In 4 Lfgn.) 1. und 2. Lfg. gr. 8. (VI und 624 S.) Wiesbaden (851)61, Limbarth. à Lfg. 22½ Ngr.

—— onomatisches Wörterbuch, zugleich ein Beitrag zu einem auf die Sprache der klassischen Schriftsteller gegründeten Wörterbuch der neuhochdeutschen Sprache. 2. (Titel-)Ausg. 3. und 4. (Schluß-)Lfg. gr. 8. (S. 625—1244.) Wiesbaden (851)62, Limbarth. à Lfg. 22½ Ngr.
1. und 2. Lfg. Ebendas. 1861. 1 Thlr. 15 Ngr.

— onomatisches Wörterbuch, zugleich ein Beitrag zu einem auf die Sprache der klassischen Schriftsteller gegründeten Wörterbuch der neuhochdeutschen Sprache. 2. Ausg. Wiesbaden 862. Limbarth. gr. 8. (VI, 1211 S.) 3 Thlr.

—— und Frz. Kehrein, Wörterbuch der Waidmannssprache für Jagd- und Sprachfreunde aus den Quellen bearb. 8. (VIII, 238 S.) Wiesbaden 871, Limbarth. * 4 —

— u. Frz. Kehrein. Wörterbuch d. Weidmannssprache f. Jagd- u. Sprachfreunde, aus d. Quellen bearb. Neue [Titel-] Ausg. 12. (VIII, 238 S.) Wiesbaden (871) 898. Ch. Limbarth's Verl. Geb. in Leinw. n. 4. —

— Wörterverzeichniß zur Einübung der deutschen Rechtschreibung zunächst für Elementar- u. Realschulen. Leipzig 861. O. Wigand. gr. 8. (50 S.) n. 5 ngr.

Kehrein, Jos., Wörterverzeichniß zur Einübung der deutschen Rechtschreibung zunächst für Elementar- und Realschulen. 2. Aufl. (IV, 60 S.) 869. * 50 Pf., und 3. verb. und verm. Aufl. 8. (IV, 64 S.) Leipzig 874, O. Wigand. — 60

Kehrein, Valentin: Feierstunden der studierenden Jugend. Eine Festgabe von Dr. Juvenalis Montanus [d. i. Valentin Kehrein]. Bdch. 1. [Mehr nicht erschienen]. Münster i. W.: A. Russell [1894]. 98 S. 8°

Kehrein, V., Geschichte des Gnadenortes Unserer Lieben Frau v. Dusenbach im Ober-Elsaß, aus Anlaß der Einweihg. u. Wiedereröffng. der Wallfahrtsstätte verf. u. m. e. Auswahl übl. Gebete u. Gesänge versehen. 12. (240 S. m. Abbildgn.) Dülmen 894. A. Laumann. Geb. in Leinw. n. 1. —

— mittelhochdeutsche Grammatik u. Schulwörterbuch. [Aus: „Kehrein, Jos., deut. Leseb. 3. Tl."] gr. 8. (VI, 234 S.) Leipzig 898. O. Wigand. n. 4. —

Kehrein, Valent., mittelhochdeutsche Grammatik u. Schulwörterbuch. [Aus: „Deut. Leseb."] 2. verm. Aufl. (VII, 261 S.) gr. 8. Leipzig 904. O. Wigand. n. 4. —

Kehrein, Valent., mittelhochdeutsche Grammatik u. Schulwörterbuch. 3., unveränd. [Titel-]Aufl. (VI, I, 261 S.) gr. 8. Würzburg [904] 910. F. X. Bucher. 4. —

Kehrein, Valentin (Bearb.), s. Kehrein, Josef:
Entwürfe zu dt. Aufsätzen u. Reden. –
Kommentar zum dt. Lesebuch f. Gymnasien, ... –
Deutsches Lesebuch ... –
Regeln u. Wörterverzeichnis zur Einübung d. dt. Rechtschreibung ... –
Kl. dt. Schulgrammatik ...

Kehrein, Val., Joseph Kehrein, d. Germanist u. Pädagog. Nebst e. Auswahl seiner Gedichte. Aus Anlaß der Enthüllungsfeier seines Denkmals in Montabaur, am 16. IX. 1901, hrsg. gr. 8. (290 S. m. 1 Bildnis.) Münster 901. H. Schöningh. n. 3. —; geb. in Leinw. n. 4. —

— die zwölf Monate des Jahres im Lichte der Kulturgeschichte. (140 S.) gr. 8. Paderborn 904. F. Schöningh. n. 1. 50

Kehrein, V, Quis scripserit libellum qui est Lucii Caecilii de mortibus persecutorum. Diss. 1877. 65 S.

— Tugenden u. Herrlichkeiten d. allerseligsten Jungfrau Maria. Ein Blumenkranz, aus d. Ital. übers. u. d. lieben Gottesmutter gewidmet. 16. (XVI, 364 S. m. Titelbild.) Kevelaer 897. Butzon & Bercker. Geb. in Leinw. n. 1. 60

Kehren u. Rieder, die Lagerbuchführung des elsäss. Weinhändlervereins, s.: Weingesetz.

Kehren, Bertha (B. Willibald), rheinische Kinder. Novellen u. Bilder. 8. (187 S.) Berlin 901. Concordia. n. 3. —; geb. n. 4. —

Kehren, Berta, der Wahrheit die Ehre, s.: Hesse's, Max, Volksbücherei.

Kurt Willinger. Roman von Berta Kehren [d. i. Berta Classen-Kehren]. Berlin: Concordia [1905]. (323 S.) 8° [F.] [07. 11369]

Kehren, Franz [cand. med. aus Weiden bei Aachen '(Rheinprov.)']: Über Peritonitis tuberculosa . . . Würzburg, P. Scheiner's Buchdr., 1895; 65 S. 8.
Würzburg, Med. Fak., Inaug.-Diss. v. 1895

Kehren, Joseph, Gerichtsassessor aus M. Gladbach: Die rechtliche Bedeutung der Eintragung eines dinglichen Rechts zwischen Auflassung und Eintragung gegenüber dem Erwerber des Grundstücks. *M.Gladbach 1902: W. Hütter.* (51 S.) 8°
Tübingen, Jur. Diss. v. 1902

Kehren, Leo, aus Strassburg i. E.: Über die Umlagerung von β γ-ungesättigten α-Hydroxysäuren in γ-Ketonsäuren. Strassburg i. E. 1904. 64 S. 8°. [25. VII. 04.]
Bern. Phil. Diss. 1904/1905.

Kehren, Leo. Ueber die Umlagerung von $\beta\gamma$-ungesättigten α-Hydroxysäuren in γ-Ketonsäuren. Diss. Phil. Bern. 64 S. 8. Strassburg i. E., C. & J. Gœller, 1904.

Kehrer, Flora der Heilbronner Stadtmarkung. 1.—3. Beitrag. 4. Heilbronn 870. (Tübingen, Fues'sche Sortimentsh.) [1. Beitrag. (40 S.) *M.* 1,10.; 2. und 3. Beitrag. (à 48 S.) à *M.* 1,50.] * 4 10

Kehrer, A., Ereignisse und Betrachtungen während der Verwendung der großherzoglich hessischen Armeedivision in den J. 1848 und 1849. In briefl. Mittheilungen. gr. 8. (304 S. mit 1 Tab. in qu. gr. 4.) Worms 854(55,) Rahke. *

Kehrer, Eduard Alexander

Kehrer, Ed. Alex., über die Umwandlung der Laevulinsäure oder Acetopropionsäure in normale Valeriansäure, sowie über einige Aether u. Salze der Laevulinsäure. Inaugural-Dissertation. gr. 8. (48 S.) Göttingen 880. (Vandenhoeck & Ruprecht.) n. 1. 20

Kehrer, Dr. Erwin, Privatdozent an der Universität u. Assistenzarzt an der Univ.-Frauenklinik in Heidelberg: Aus der Universitäts - Frauenklinik in Heidelberg. Die physiologischen und pathologischen Beziehungen der weiblichen Sexualorgane zum Tractus intestinalis und besonders zum Magen. Berlin: S. Karger 1905. (IV, 215 S.) 8°
Heidelberg, Med. Fak., Hab.-Schrift v. 1904

Zur Lehre von der embryogenen Toxaemia gravidarum. Von Privatd. Dr. Erwin Kehrer. Leipzig: Breitkopf & Härtel 1905. (40 S.) 8°
— Sammlung Klinischer Vorträge. N. F. No 398. [05. 11433]

Kehrer, Erwin, Approb. Arzt aus Giessen: Aus d. geburtshilflich-gynäkol. Klinik zu Heidelberg. Das Nebenhorn des doppelten Uterus. Dargestellt im Anschluss an 82 Fälle von Gravidität u. 12 Fälle von Hämatometra. Mit 3 Abb. u. 2 Taf. *Heidelberg: C. Winter 1899.* (159 S.) 8°
Heidelberg, Med. Diss. v. 1899

Kehrer, Erwin, das Nebenhorn des doppelten Uterus. Dargestellt im Anschluss an 82 Fälle von Gravidität u. 12 Fälle v. Hämatometra. gr. 8. (159 S. m. 3 Abbildgn. u. 2 Taf.) Heidelberg 900. C. Winter. n. 5. —

Kehrer, E., der plazentare Stoffaustausch in seiner physiolog. u. patholog. Bedeutung, s.: Abhandlungen, Würzburger, aus dem Gesamtgebiet der prakt. Medizin. VII, 2. 3.

Kehrer, F.A., die Grenzen der Physiologie u. Pathologie. (S. 602—624.) gr. 8. Bonn 907. M. Hager. — 80
Sonderabdruck aus: „Archiv f. d. ges. Physiol."

Kehrer, Ferdinand Adalbert, appr. Arzt: Beitrag zur Lehre von den 'hereditären' Muskelatrophien. Freiburg ⟨Baden⟩ 1908: Kuttruff. 35 S. 8°
Heidelberg, Med. Diss. v. 1908, Ref. v. Krehl
[Geb. 13. Juli 83 Heidelberg; Wohnort: Freiburg i. B.; Staatsangeh.: Baden; Vorbildung: Gymn. Heidelberg Reife M. 01; Studium: Heidelberg 9, Berlin 1, München 1 S.; Coll. 2. März 08; Approb. 16. Okt. 08.] [U 09. 1960

Kehrer, Ferdinand Adolf

Kehrer, Ferd. Ad. Anleitung zur Untersuchung der Gravidae, f. Studirende bearb. gr. 8. (22 S.) Heidelb. 892, Hörning. * — 50

Kehrer, Ferd. Ad., Beiträge zur vergleichenden und experimentellen Geburtskunde. 1. und 2. Heft. gr. 4. Giessen 864,67, Roth. *
Inhalt:
Heft 1. Ueber die Zusammenziehungen des weiblichen Genitalcanals. (V und 53 S. mit 2 Stnt., wovon 1 ill.) * 1 Thlr.
» 2. Vergleichende Physiologie der Geburt des Menschen und der Säugethiere. (VIII und 171 S. mit 3 Stnt.) * 2 Thlr. 20 Ngr.
3. Heft. Polikologische Studien. (III, 51 S. mit 2 Steintaff.) n. 1 ₰ 10 ngr.

Kehrer, Ferd. Ad., Beiträge zur vergleichenden u. experimentellen Geburtskunde. 4. u. 5. Hft. gr. 4. Giessen 875. Roth. à n. 4. 50 (1—5.: n. 19. 50)
IV. 1. Versuche üb. Entzündung u. Fieber erregende Wirkungen der Lochien. (38 S.) apart n. 2. 50
2. Untersuchungen üb. den physiologischen Milchfluss der Stillenden. (S. 30—62.)
V. Versuche zur Erzeugung difformer Becken. (68 S. m. 1 Steintaf.)

Kehrer, Ferd. Ad., Beiträge zur vergleichenden u. experimentellen Geburtskunde. 6. Hft. Ueber die Bedingungen des respiratorischen Lufteintritts in den Darmkanal. Mit 5 lith. Taf. gr. 8. (22 S.) Giessen 877. Roth. n. 3. — (1—6 [I. Bd. cplt.]: n. 22. 50)

— Beiträge zur klinischen u. experimentellen Geburtskunde u. Gynäkologie. 2. Bd. 1. Hft. gr. 8. (IV, 164 S. m. 1 Steintaf.) Ebend. 879. n. 6. — (I. u. II. 1.: n. 28. 50)

Kehrer, Ferd. Adph., Beiträge zur klinischen u. experimentellen Geburtskunde u. Gynäkologie. 2. Bd. 2. Hft. Mit (1 lith.) Taf. gr. 8. (S. 165—259.) Giessen 884. Roth. n. 4. — (I—II, 2.: n. 32. 50)

Kehrer, Ferd. Adph., Beiträge zur klinischen und experimentellen Geburtskunde und Gynäkologie. 2. Bd. 3. Heft. gr. 8. (S. 259—369 mit 2 Taf.) Giessen 887, Roth. *
1. Bd. 5 Hefte und 2. Bd. 1. und 2. Heft. Ebendas. 1864—84. * ℳ 34.—.; 6. Heft des 1. Bds. ist im 1. Heft des 2. Bds. mit enthalten.

Kehrer, F. A., Beiträge zur klinischen u. experimentellen Geburtskunde u. Gynaekologie. 2. Bd. 3. u. 4. Hft. gr. 8. Giessen, Roth. n. 12. — (I—II, 4.: n. 44. 50)
3. (S. 259—369 m. 2 Taf.) 887. n. 4. —. — 4. (S. 369—571 m. 5 Taf.) 890. n. 8. —.

— über Blutmangel, s.: Sammlung von Vorträgen.

— über Entstehung, Erscheinungen u. Verhütung des Wochenfiebers. gr. 8. (15 S.) Heidelberg 889. Petters. n. — 60

Kehrer, Ferdinand Adolph (Giessen)
Die Geburten in Schädel-Lagen mit rückwärts gerichtetem Hinterhaupte.
Giessen: Keller 1859. 82 S. u. 1 Tab. + 2 Bl. Thesen.
Diss. med. 22.12.1859. vorh. 7. 11. Δ.

Kehrer, Ferd. Adph., die Geburten in Schädel-Lagen mit rückwärts gerichtetem Hinterhaupte dargestellt. gr. 8. (82 S.) Giessen 860, Ferber'sche Universitäts-Buchh. *

—— die erste Kindernahrung, s. Sammlung klinischer Vorträge.

— Lehrbuch der Geburtshilfe für Hebammen. Mit in den Text eingedr. Holzschn. gr. 8. (IV, 297 S.) Gießen 880. Roth. n. 6. —

— Lehrbuch der Geburtshilfe f. Hebammen. 2. Aufl. gr. 8. (III, 265 S. m. Textabbildgn.) Gießen 892. E. Roth. n. 5. —; geb. in Kaliko n. 6. —

-- Lehrbuch der operativen Geburtshülfe. gr. 8. (VII, 352 S. m. 38 Abbildgn.) Stuttgart 891. F. Enke. n. 8. —

Kehrer, Ferd. Adf., F. A. May u. die beiden Naegele, s.: Professoren, Heidelberger, aus dem 19. Jahrh.

Kehrer, F. A., zur Phylogenie d. Beckens. [Aus: „Verhandlgn. d. naturhist.-med. Vereins zu Heidelberg".] gr. 8. (14 S. m. 2 Taf.) Heidelberg 895. C. Winter. n. 1. —

— über den Soorpilz. Eine medicinisch-botan. Studie. gr. 8. (71 S) Heidelberg 883. C. Winter. n. 2. —

—— über die Veränderungen der Pulscurve im Puerperium. Lex.-8. (30 S. mit 3 lithogr. Taf.) Heidelberg 886, C. Winter's Universitäts-Buchh. *
Aus: Festschrift des naturhistorisch-medicinischen Vereins zu Heidelberg, besonders abgedruckt.

Kehrer, Ferdinand Adolf, d. z. Prorector d. Grossh. Bad. Univ. Heidelberg: Ueber die Vorgänge bei der Wundheilung. (Enthält ausserdem: Chronik d. Universität für 1897/98.) *Heidelberg 1898: J. Hörning.* (S. 1—19.) 4°
Heidelberg, Rede am Geburtst. d. sel. Grossherzogs Karl Friedrich 1898

Kehrer, Ferdinand Adolph
Ueber die Zusammenziehungen des weiblichen Genitalcanals.
Giessen 1863. 52 S. u. 2 Taf. (in Δ mit „Thesen")
Habil. med. 10.2.1864. vorh. 26. Δ.

Kehrer, Friedr., das Blut in seinen krankhaften Verhältnissen. Ein Beitrag zur Pathogenie. gr. 8. (VII und 300 S.) Giessen 853, Ferber'sche Universitäts-Buchh. *

Kehrer, F., das Blutfieber, vorzügl. in seiner Verbind. mit einigen Krankheiten d. Darmkanals. Pathogenet. u. therapeut. erläutert. gr. 8. ($8\frac{1}{2}$ B. u. 1 col. Stnt.) Mainz 837. Wirth.

Kehrer, Gustav [approb. Arzt aus Stuttgart]: Beiträge zur Kenntniss des Carpus und Tarsus der Amphibien, Reptilien und Säuger. ... (Sep.-Abdr. aus den „Berichten d. naturforsch. Ges." zu Freiburg i. B.) Freiburg i. B., Verl. v. J. C. B. Mohr (1886); 2 Bl. + 14 S. + 1 Bl. u. 1 Taf. 8°.
Freiburg i. B., Med. Fak., Inaug.-Diss. v. 1886.

Kehrer, Gust., Beiträge zur Kenntniss des Carpus und Tarsus der Amphibien, Reptilien und Säuger. — Zu Annahme einer Continuität des Keimplasma's von Aug. Weismann. gr. 8. (27 S. mit 1 Taf.) Freiburg i. Br. 886, Mohr. *
Aus: Berichte der naturforschenden Gesellschaft zu Freiburg i. Br., besonders abgedruckt.

Kehrer, Hugo, aus Heidelberg: Die 'Heiligen Drei **Könige**' in der Legende und in der deutschen bildenden Kunst bis Albrecht Dürer. *Straßburg 1904: J. H. E. Heitz.* (50 S.) 8° ¶ (Erscheint vollst. in: Studien zur Deutschen Kunstgeschichte.)
Heidelberg, Phil. Diss. v. 1904

Die 'Heiligen drei Könige' in der Legende und in der deutschen bildenden Kunst bis Albrecht Dürer. Von Hugo **Kehrer**. Mit 4 Autotyp. u. 11 Lichtdrucktaf. *Straßburg: J. H. E. Heitz 1904.* (VIII, 131 S.) 8°
= **Studien** z. Deutschen Kunstgeschichte. H. 53. [04. 4636

Kehrer, Hugo: Die Heiligen drei Könige in Literatur und Kunst. Bd 1. 2. Mit e. farbigen Taf. u. 348 Abb. Leipzig: Seemann 1908—09. 4° ¶ (Ersch. auch als Buch ebd.)
München, Phil. Hab.-Schr. v. 1909
[U 09. 3541

Kehrer, Hugo, die hl. drei Könige in Literatur u. Kunst. 2 Bde. (XVI, 114 u. XV, 327 S. m. 348 Abb. u. 1 farb. Taf.) 30,5×22,5 cm. Leipzig 908. 09. E. A. Seemann. Kart. 30. —

Kehret zurück! Zuruf eines Neubekehrten an alle nicht-katholischen Christen Deutschlands. 8. (VIII und 166 S.) Mainz 858, Kirchheim.

Kehrkönig, der schwarze, s.: Organ für Schornsteinfegerwesen.

Das Dorf Schlalach (Kreis Zauch-Belzig), s. Büdner u. ihre landwirtschaftl. Verhältnisse. Von Konrad **Kehrl**, Reg.Ass. Leipzig: Duncker & Humblot 1908. (XII, 154 S.) 8°
= **Forschungen**, Staats- u. sozialwissenschaftl. H. 134. [08. 18268

Kehrli, Heinrich, aus Brienz (Ct. Bern): Zu den Opere Minori des Ludovico Ariosto. Bern A. Berner Dr. 1892. 1 Bl., 105 S. 8°.
Zürich. Phil. Diss. [v. 2. Aug. 1890].

Kehrli, H. Die Phaetonfabel im Ovid moralisé. In-4°. 37 S. Bern. Programm. 1897.

Kehrmann, Alexander, a. Langenberg (Rheinland): Die deutsche Übersetzung der Novellen des Ritters vom Turn. Marburg 1905. (76 S.) 8° ¶ (Einleitung zu einer Ausgabe des Ritters vom Turn, die in den „Germanistischen Abhandlungen" erscheinen soll.)
Marburg, Phil. Fak., Ref. Vogt, Diss. v. 21. Sept. 1905
[Geb. 29. Nov. 81 Langenberg; Wohnort: Langenberg; Staatsangeh.: Preußen; Vorbildung: Realgymn. Essen Reife O. 01; Studium: Bonn 2, Grenoble 1, Berlin 1, Marburg 4 S.; Rig. 18. Jan. 05.]

Kehrmann, Annie, Fleisch u. Fleischspeisen, s.: Koche auf Vorrat.

KEHRMANN, FRIEDRICH. Beiträge zur Kenntniss der Chinone und verwandter Körper. (Basel) Berlin, 1887.

Kehrmann, Carl. Die «Capita agendorum». Kritischer Beitrag zur Geschichte der Reformverhandlungen (auf dem Konzil) in Konstanz. Von Dr. Karl Kehrmann. II + 67 S. 8. München und Berlin, R. Oldenbourg, 1903. [geb. M. 2. —]
Historische Bibliothek. Hrg. von der Redaktion der Historischen Zeitschrift. Band 15....

Kehrmann, Carl [aus Essen a. d. R.]: Frankreichs innere Kirchenpolitik von der Wahl Clemens' VII. und dem Beginn des grossen Schismas bis zum Pisaner Konzil und zur Wahl Alexanders V., 1378—1409. . . . Jena, Frommannsche Buchdr., 1890; VII, 180 S., 1 Bl. 8°
Leipzig, Phil. Fak., Inaug.-Diss. v. [12. Jan.] 1891

AUF die Kehrseite! Eine flagellantische Sühne (der eine junge Aristokratin verfällt). Mit 1 Bild. O. O. u. J. (190*). 8°. 55 S. (Mk. 1,50.) (5 Mk. Adolf Weigel, 1908.)

Kehrseite, die, d. modernen Finanz-Operationen: mit besond. Bezug auf d. Ungarischen Privatanleihen mittelst Partialobligationen. Eine attenmäß. Warnungstafel. gr. 8. (14¼ B.) Heidelberg 832, A. Oßwald. Thlr.

Kehrseite (Die) der Gewerbe-Freiheit, oder über die Folgen des neuen Gewerbegesetzes in Baiern, von J. A. P. 2. Aufl. 8°. Passau, Ambrosi, 1828.

Kehrseite (Die) der allgemeinen obligatorischen Krankenversicherung. Bemerkungen zum Projekte der Mehrheit der Grossratscommission. 8°. Basel 1883.

Kehrseite, Die, des Schleswig-Holsteinischen Krieges. Kopenhagen 1852. V: *Thoschewski.* (Collin, Anonymer. Kiobenh. 1869.) (Schles.-Holst.)

Kehrseite, die, d. Schleswig-Holsteinischen Krieges. gr. 8. (72 S.) Kiel 852, Schwers. n. ⅓ ₰

Kehrseite, die, der Münze. Erwiderung auf den I. Tl. der Broschüre: „Beleuchtung der Verhandlungen der bayerischen Generalsynode vom J. 1885 in 3 Punkten. Nürnberg. Löhe. 1887." gr. 8. (28 S.) München 887. Kaiser. n. — 40

Kehrseite (Die) der direkten Steuer im Grossherzogtum Baden. Aufgefasst und dargestellt von einigen badischen Bürgern auf dem Lande. 8°. Lörrach u. Weinheim, im 3. Jahre eitler Hoffnung.

Kehrt die Sündflut wieder? Astronomisch-geolog. Studie. Nach dem französ. Original deutsch bearb. v. Philotheus. (Veröffentlichung I der wissenschaftl. Vereinigg. Kosmos zu Dresden.) (64 S. m. Fig.) 8. Dresden (904). L. C. Engel. n. — 40

Ⓢ **Kehrt,** die Sündflut wieder? 904. Jetzt: Berlin, H. Bermühler.

Keibel, über „Pulmonarine" bei Lungentuberkulose. (4 S.) gr. 8. Berlin 903. J. Goldschmidt. n. — 50
Sonderabdruck aus: „Deutsche med. Presse".

Keibel, die Verbesserung der prakt. Lehre im Handelsgewerbe. Kritik v. Vorschlägen aus Handlungsgehilfenkreisen. Nach e. Vortrage im Verein zur Förderg. des kaufmänn. Fortbildungsschulwesens in Rheinland u. Westfalen. (24 S.) gr. 8. Kiel 909. Lipsius & Tischer. — 60
Sonderabdruck aus: „Ztschr. f. d. ges. Fortbildungsschulwesen in Preussen".

Keibel, Eduard, pract. Arzt aus Neubrandenburg (Meckl.): **Ein Beitrag** zur Kenntnis der nitrierten Phenole. *Würzburg 1901: A. Boegler.* (29 S.) 8°
Würzburg, Med. Diss. v. 1901

Keibel, Erich, wie sollen wir rauchen? Aerztliche Anleitung zur Vermeidung der Schädlichkeiten des Tabaksgenusses. 1.—5. Aufl. gr. 8. (48 S.) Berlin 887,88, Hampel. *

Wie sollen wir rauchen? Aerztliche Anleitung zur Vermeidung d. Schädlichkeiten d. Tabakgenusses von Dr. Erich **Keibel**, pr. Arzt. 3. Aufl. *Berlin: W. Möller [1899].* (53 S.) 8° [ℨ.]
= **Hausbücher** f. Gesundheitspflege. Bd 43. [00. 133

Keibel, Frz., Zur Entwickelungsgeschichte des Urogenitalapparates von Echidna aculeata var. typica. — Zur Entwickelung der Leber, des Pankreas u. der Milz bei Echidna aculeata var. typica, s.: Denkschriften der medicinisch-naturwiss. Gesellschaft zu Jena. VI. 2.

Keibel, Frz., s.: Handbuch der Entwicklungsgeschichte des Menschen.

— die äussere Körperform u. der Entwickelungsgrad der Organe bei Affenembryonen. s.: Menschenaffen.

Keibel, Franz: Die äussere Körperform und der Entwickelungsgrad der Organe bei Affenembryonen. Mit 87 Abb. Wiesbaden: C. W. Kreidel 1906. (S. 554–617.)4⁰
= Menschenaffen. Lfg. 9.
= Studien über Entwickelungsgeschichte d. Tiere. H. 14.

Normentafel zur Entwicklungsgeschichte des Huhnes (Gallus domesticus). Von Prof. Dr. F[ranz] Keibel u. cand. med. Karl Abraham. Mit 3 Taf. *Jena: G. Fischer 1900.* (132 S.) 2⁰ (4⁰)
— Normentafeln z. Entwicklungsgeschichte d. Wirbelthiere. II. 2.

— Normentafeln zur Entwicklungsgeschichte des Koboldmaki u. des Plumplori, s.: Normentafeln zur Entwicklungsgeschichte d. Wirbeltiere. 7. Heft. (Hubrecht, A. A. W.)

— u. Curt Elze, Normentafeln zur Entwicklungsgeschichte des Menschen, s.: Normentafeln zur Entwicklungsgeschichte der Wirbeltiere. 8. Heft.

Normentafel zur Entwicklungsgeschichte des Menschen. Von Franz Keibel u. Curt Elze. Mit Beitraegen von Prof. [Ivar] Broman-Lund; Prof. [Johan August Harald] Hammar-Upsala u. Prof. [Julius] Tandler-Wien. Mit 6 Taf. u. 44 Fig. Jena: G. Fischer 1908. (VIII, 314 S.) 2⁰(4⁰)
— Normentafeln z. Entwicklungsgeschichte d. Wirbeltiere. H. 8.

Normentafel zur Entwicklungsgeschichte des Schweines (sus scrofa domesticus). Von Prof. Dr. F[ranz] Keibel, Freiburg i. Br. M. 3 lithograph. Taf. *Jena: G. Fischer 1897.* (2 Bl., 114 S., 3 Taf.) 1 Bd 4.
— Normentafeln zur Entwicklungsgeschichte der Wirbelthiere. [Bd] 1.

Keibel, F., s.: Normentafeln zur Entwicklungsgeschichte der Wirbelthiere.

Keibel, Franz (Hrsg.), s. Selenka, Emil: Zur vergleichenden Keimesgeschichte der Primaten.

Keibel, Frz., Studien zur Entwicklungsgeschichte des Schweines (Sus scrofa domesticus), s.: Arbeiten, morphologische.

— s.: Studien üb. die Entwickelungsgeschichte der Tiere.

Keibel, Franz [aus Adlig Dombrowken. Approb. Arzt]: Die Urbewohner der Canaren. Ein anthropologischer Versuch ..., Strassburg, Univ.-Buchdr. v. J. H. Ed. Heitz (Heitz & Mündel), 1887; 60 S. + 1 Bl. u. 14 Taf. 8⁰.
Strassburg, Med. Fak., Inaug.-Diss. v. 1887.

Keibel, Franz, die Urbewochen der Canaren. Ein anthropologischer Versuch. Diss. Strassburg i. Els. 1887, Trübners Buchh. u. Antiqu. (E. d'Oleire). 8⁰. 60 S. mit 14 Taf.

Keibel, Louis [Arzt aus Trebenow (Prov. Brandenb.)]: Über Tabes dorsalis und progressive Paralyse der Irren bei Ehepaaren ... Berlin, Buchdr. v. G. Schade, *1895;* 27 S. 8.
Leipzig, Med. Fak., Inaug.-Diss. v. 27. Apr. 1895

Keibel, Mart., die Religion u. ihr Recht gegenüber dem modernen Moralismus. Darstellung u. Kritik der „eth. Bewegg." unserer Zeit. gr. 8. (VII, 85 S.) Leipzig 891. C. E. M. Pfeffer. n. 1. 50

Keibel, Martin: Werth und Ursprung der philosophischen Transcendenz. Eine Studie zur Einleitung in die Erkenntnisstheorie .... Berlin, W. Weber, 1886; 12 + 75 S. 8⁰.
Strassburg, Phil. Fak., Inaug.-Diss. v. 1886.

Keibel, Paul Emil Heinrich: De saxis viridibus <Grünsteine> Hercyniae. Beroline (1857). (44 S.) 8⁰
Berlin, Phil. Diss. v. 8. Juli 1857

Keibel, Rudolf: Die Schlacht von Hohenfriedberg am 4. Juni 1745. *Berlin 1897: M. Oldenbourg.* (42 S.) 8⁰ ¶(Soll vollständig erscheinen.)
Berlin, Phil. Diss. v. 13. Okt. 1897

Keibel, Rud., die Schlacht von Hohenfriedberg. Mit 2 Karten. gr. 8. (XIX, 482 u. 61 S.) Berlin 899. A. Bath. n. 10. —

Keibel, Rudolf. Die schräge Schlachtordnung in den beiden ersten Kriegen Friedrichs des Grossen. (Sonderabzug aus den „Forschungen zur Brandenburgischen und Preussischen Geschichte".) 8. Leipzig 1901.

Keiblinger, Ignaz Franz

Keiblinger, Ign. Frz., Geschichte des aufgehobenen Benedictinerstiftes Mariazell, s.: Eigner, Otto.

Keiblinger, Ign. Frz., Geschichte des Benedictiner-Stiftes Melk in Niederösterreich, seiner Besitzungen und Umgebungen. 1. Bd.: Geschichte des Stiftes. gr. 8. (XII und 1168 S. mit 8 lithogr. Abbild. von Römersteinen und Siegeln.) Wien 851, Beck'sche Universitäts-Buchh.

Keiblinger, Ign. Frz., Geschichte des Benediktiner-Stiftes Melk in Nieder-Oesterreich, seiner Besitzungen u. Umgebungen. 2 Bde. Wien 867,68. Beck's Verlag. gr. 8. n. 12 *ℛ* 20 *ngr.*
1. Bd. Geschichte des Stiftes Melk. 5 Hefte. (XII, 1194 S. mit 8 Steintaff.) n. 3 *ℛ* 10 *ngr.*
2. Bd. Geschichte der Pfarren, Güter u. anderer Besitzungen. 14 Hefte. (1. Abthl. 820 S., 2. Abthl. X, 993 S., mit 6 Steintaff.) n. 9 *ℛ* 10 *ngr.*

Keiblinger Ignaz Franz: Geschichte des Benediktinerstiftes Melk in Niederösterreich, seiner Besitzungen und Umgebungen. Band II. 1. Abteilung: Besitzungen in den Vierteln ob und unter dem Wienerwalde. Wien, 1869. F. Beck.
Band II. 2. Abteilung: Besitzungen in den Vierteln ob und unter dem Manhartsberge. Wien, 1869. F. Beck . . . .

Keicher, Otto, P., Mitgl. d. bayer. Franziskanerprov.: Raymundus Lullus und die Grundzüge seines philosophischen Systems aufgezeigt als ein Reaktionsversuch gegen die arabische Philosop[h]ie. Münster i. W. 1908: Aschendorff. 48 S. 8⁰ ¶(Ersch. vollst. als: Beiträge z. Geschichte d. Philos. d. Mittelalt. Bd 7, H. 4/5. 1909.)
München, Phil. Diss. v. 9. März 1908, Ref. Frhr. v. Hertling, Lipps
[Geb. 4. Dez. 74 Erlenbach i. W.; Wohnort: München; Staatsangeh.: Württemberg; Vorbildung: Gymn. Landshut Reife Juli 94; Studium: Bamberg Lyz. 2, München 5 S.; Rig. 9. März 08.] [U 09. 3473

Keicher, Otto, O. F. M., Raymundus Lullus u. seine Stellg. zur arabischen Philosophie, s.: Beiträge zur Geschichte der Philosophie des Mittelalters. VII, 4. 5.

Keidel, Uebersichts-Tabellen der Ein- und Ausfuhr in Bremen im J. 1848. gr. Fol. (27 S.) Bremen 850, (Heyse.) *

Keidel, Alb., über die physiologische Wirkung des Conessin. Inaugural-Dissertation. 8. (37 S.) Göttingen 878. (Vandenhoeck & Ruprecht.) n. — 80

Keidel, Eugen [aus Durlach (Baden)]: Beiträge zur chemischen Kenntniss der Leguminosen spez. d. Gattg Ervum ... Heidelberg, Univ.-Buchdr. v. J. Hörning, 1893; 20 S. 8.
Erlangen, Phil. Fak., Inaug.-Diss. v. 1893

Keidel, Friedrich

Keidel, Frdr., Bilder aus der Reformations-Geschichte der Reichsstadt Ulm. gr. 8. (23 S. m. Abbildgn.) Ulm 901. (H. Kerler). n. — 50

Keidel, Frdr., s.: Blätter f. württemberg. Kirchengeschichte.

Keidel, Fritz, die Entscheidungen des Reichsgerichts, des bayerischen Obersten Landesgerichts u. der Oberlandesgerichte auf dem Gebiete der Konkursordnung, s.: Fuchsberger, Otto, die Entscheidungen des Reichsgerichts. 8. Tl.

Keidel, Fritz, Gesetz üb. die Angelegenheiten d. freiwilligen Gerichtsbarkeit v. 17. V. 1898. Handausg. m. Erläutergn. u. ausführl. Sachregister. 8. (XI, 190 S.) München 898. J. Schweitzer Verl. Geb. in Leinw. n. 3. 20

Keidel, Fritz, Gesetz über die Angelegenheiten der freiwilligen Gerichtsbarkeit vom 17. V. 1898. Handausg. m. Erläutergn. u. ausführl. Sachregister. Ergänzungsbändchen, enth. Erläutergn. auf Grund der bayer. Ausführungsbestimmgn. 8. (XII, 82 S.) München 900. J. Schweitzer Verl. Kart. n. 1. 60
Hauptwerk Ebd. 898. Geb. n. 3. 20.

— Gesetz üb. die Angelegenheiten der freiwilligen Gerichtsbarkeit vom 17.V.1898, m. besond. Berücksicht. der bayer. Ausführungsbestimmgn. erläutert. 2. vollständ. umgearb. Aufl. (VIII, 436 S.) Lex. 8. München 907. J. Schweitzer Verl. 8.10; geb. n 9. 60; auch in 3 Lfgn.

— dasselbe, s.: Fuchsberger, Otto, die Entscheidungen des Reichsgerichts. 13. Tl.

— Grundbuchordnung, s.u. Fuchsberger, Otto, die Entscheidungen des Reichsgerichts. 13. Tl.

Grundbuchordnung. Die Entscheidungen d. Reichsgerichts, d. Kammergerichts Berlin, d. bayer. Obersten Landesgerichts u. d. Oberlandesgerichte. Gesammelt u. nach d. System d. Grundbuchordnung geordnet, mit d. vollst. Gesetzestext u. mit Sachregister von Fr[iedrich] Keidel, Landger.R. Gießen: Roth 1909. 371 S. 8°
(Fuchsberger, Otto: Die Entscheidungen d. Reichsgerichts. T. 13.) 09. 16184

Keidel, Fritz, Handbuch des Verfahrens der Gerichte in Angelegenheiten der freiwilligen Gerichtsbarkeit f. Bayern ausschl. der Registersachen, der Fideikommißangelegenheiten u. der standesherrlichen Vormundschaftssachen. (XII, 403 S.) gr. 8. München 903. J. Schweitzer Verl. Geb. in Leinw. n. 7. 20

— Hypothekenbucheinträge u. Vollzugsbestätiggn. n. d. Bestimm. d. bayer. Hypothekenrechtes. (Anleitg. z. d. Einschreibgn. i. Hypothekenbuch u. d. Bestätiggn. hierüber n. d. bestch. Gesetzen u. Verordngn., nebst e. Sammlg. v. Beispielen.) gr. 8. (VIII, 180 S.) München 896. J. Schweitzer Verl. n. 2. 50

— Register, s.: Kommentar zum bürgerlichen Gesetzbuche.

Keidel, Georgius ⟨geb. am 4 Febr. 1799 in Hildesheim⟩: Theses medicae ... quas dissertationi ... propediem edendae De cardiodynes spasmodicae relationibus semioticis ad morbos quosdam huic similes praemissas ... defendet ... Bonnae, ex off. Baadeni (1828). 4 Bl. 8. ¶ D. versprochene Diss. ist nicht erschienen.
Bonn, Med. Fak., Thes. v. 28 Jan. 1828

Keidel, Hans

Keidel, H., über den Bau der argentinischen Anden. (26 S. m. 1 Fig.) gr. 8. Wien 907. A. Hölder. — 80

— Über die Geologie einzelner Teile der argentin. Anden. (10 S.) Lex. 8. Ebd. 908. — 35
2 Sonderabdrucke aus: „Sitzungsber. d. k. Akad. d. Wiss."

Keidel, H., u. St. Richarz, ein Profil durch den nördl. Teil des zentral. Tian-Schan, s.: Aus den wissenschaftl. Ergebnissen d. Merzbacherschen Tian-Schan-Expedition.

Keidel, Hans, a. Gr. Stöckheim: Geologische Untersuchungen im südlichen Tian-Schan nebst Beschreibung einer obercarbonischen Brachiopodenfauna aus dem Kukurtuk-Tal. Stuttgart: E. Schweizerbart 1906. (120 S., 4 Taf.) 8° ¶ (Aus: „Neues Jahrbuch für Mineralogie" Jg. 1906 Beil.-Bd 22.)
Freiburg i. B., Phil. Fak., Ref. Steinmann, Diss. v. 25. Okt. 1906
[Geb. 9. Okt. 77 Gr.-Stöckheim b. Wolfenbüttel; Wohnort: Freiburg i. B.; Staatsangeh.: Braunschweig; Vorbildung: Gymn. Hildesheim Reife O. 98; Studium: Berlin 2, Freiburg i. B. 1, Bergakad. Berlin 2, Univ. Freiburg i. B. 2 S.; Rig. 27. Febr. 05.]

Keidel, John E., mein Geschlechtsleben vor der Ehe. 8. (III, 27 S.) Eberswalde (Breitestr. 20) (902). Selbstverlag. — 50

Keidel, John E., Gesundheit u. Schönheit durch Willen! Tabelle u. Gebrauchsanweisung f. tägl. Fünfzehn-Minuten-Selbst-Massage, Gymnastik u. Grazie im Hause (ohne Hanteln u. dergleichen, in wenig anstreng., einfacher, naturgemässer Weise f. Kinder u. Erwachsene beiderlei Geschlechts). Nach langjähr. Erfahrg. zusammengestellt. (4 S. m. 1 Tab.) gr. 8. Potsdam (Viktoriastr. 15), Naturheilkund. Keidel. n. — 50

Gesundheit und Schönheit durch Willen! Tabelle u. Gebrauchsanweisung f. tägl. Fünfzehn-Minuten-Selbst-Massage ... Von John E. **Keidel,** Naturheilkundiger. Potsdam: J. Keidel 1905. (2 Bl., 1 Tab.) 8° [Umschlagt.] 05. 15055

Keidel, John E., japanische Keidel-Bäder u. deren hervorragende Bedeutung f. die Volksgesundheit. Ein neues Wasser-Heilverfahren! (V, 107 S. m. Abb.) gr. 8. Berlin (909). Priber & Lammers. 1. 20

Die Kraft-Kost für Gesunde und Kranke. Nach 23jähr. Erfahrung an mir u. Patienten erprobt von John E. **Keidel.** Potsdam: J. Keidel [1906]. (24 S.) 8° [Umschlagt.] 06. 6348

Ⓢ — Kraftkost. 906. Jetzt: Berlin, H. Bermühler.

Keidel, J[ohn E.]: Ein Beitrag zur Frauenfreiheit. Männertreue. Besonders f. Frauen u. junge Mädchen. — Berlin: Kiesau i. K. 1896. 23 S. 8°

— „Männertreue". Ein Beitrag zur Frauenfreiheit. 3. verm. Aufl. 8. (31 S.) Freienwalde 901. Ebd. — 50

Ein Beitrag zur Frauenfreiheit. 'Männertreue'. Von John E. **Keidel.** Freienwalde a. O. 3. verm. Aufl. *Freienwalde a. O.: Selbstverl. [1902].* (31 S.) 8° [Umschlagt.] 02. 2403

— 40 Moralsätze f. Kinder, die heranreifende Jugend u. Erwachsene. (6 S.) kl. 8. Potsdam (910). J. Keidel. (Nur direkt.) — 50

— Nacktes u. Allzunacktes. Logische u. satir. Beleuchtg. der Nackt-Schönheits-Kultur u. -Literatur. (95 S.) gr. 8. München 909. G. Lammers. 1. 80

Ein neuer Weg der Wasserheilkunde. Kleine Ausg. z. Gebr. d. 'Japanischen Keidel-Bäder' ... Ein wichtiger Beitrag z. Volks-Gesundheitslehre. Von John E. Keidel, Naturheilkundiger. Potsdam: J. Keidel 1905. (3 Bl.) 8° [Umschlagt.] [05. 15056

Keidel, Josef

Keidel, J., das Bau-Unfallversicherungsgesetz nebst dem Gesetz, betr. die Abänderg. der Unfallversicherungsgesetze vom 30. VI. 1900. Handausg., bearb. u. m. den hiezu erlassenen Vollzugsvorschriften hrsg. (Die Reichsgesetzgebg. auf dem Gebiete der Arbeiter-Versicherung.) 8. (VII, 256 S.) Ansbach 902. C. Brügel & Sohn. Geb. in Leinw. n. 3.60

Sämtliche Entscheidungen des Reichsgerichts, der deutschen Verwaltungsgerichtshöfe und Oberlandesgerichte sowie zahlr. Entscheidungen anderer Gerichte u. Verwaltungsbehörden auf d. Geb. d. Krankenversicherung. Gesamm. u. geordnet, mit d. Gesetzes-Text u. mit 3 Reg., von J[osef] Keidel, Kgl. bayer. Bezirksamtsass. 2., gänzl. neu bearb. Aufl. Enth. d. Entscheidungen von 1883 bis 1900. *Giessen: E. Roth 1901.* (576 S.) 8° [F.]
— Fuchsberger, O.: Die Entscheidungen d. Reichsgerichts. T. 9. [01. 4391

Keidel, J[os.], Sämtliche Entscheidungen des Reichsgerichts . . . auf dem Gebiete der Krankenversicherung. Gesammelt u. nach d. System d. Krankenversicherungsgesetzes geordnet, mit d. vollst. Gesetzes-Text u. mit 3 Reg. 2. Aufl. Enth. d. Entscheid. von 1883—1900 [nebst] Erg.-Bd 1. Giessen 1901—1904. 8°. *[1. Aufl. 1895.]*
Erg.-Bd 1 enth. d. Entscheidungen bis 1904. 1904.
(*Fuchsberger*, Otto, D. Entscheid. d. Reichsgerichts. Tl. 9.)

Keidel, J[os.], Sämtliche Entscheidungen des Reichsgerichts . . . auf dem Gebiete der Krankenversicherung. Gesammelt u. nach d. System d. Krankenversicherungsgesetzes geordnet, mit d. vollst. Gesetzes-Text u. m. 3 Reg. 2. Aufl. Enth. d. Entscheid. von 1883—1900 [nebst] Erg.-Bd 1. Giessen 1901—1906. 8°. *[1. Aufl. 1895.]*
(*Fuchsberger*, Otto, D. Entscheid. d. Reich-oberhandelsgerichts. Tl 9.)

[F.] Sämtliche Entscheidungen des Reichsversicherungsamtes, und sämtlicher Landesversicherungsämter, d. Reichsgerichts, sowie d. deutschen Verwaltgsgerichtshöfe u. Oberlandesgerichte auf d. Geb. d. Unfallversicherg. Ausführl. dargest. u. ... geordnet ... m. d. vollst. Text d. Unfallversichergsgesetze ... u. m. dopp. Reg. v. J. Keidel, kgl. Bezirksamtsass. Enth. d. Entscheidgn v. 1885 bis 1894. *Giessen: E. Roth 1896.* (4 Bl., 391 S.) 1 Bd 8.
— Fuchsberger, Otto: Die Entscheidungen d. Reichsgerichts etc. in einem Bande. Th. x. [96. 7713

[F.] Sämmtliche Entscheidungen des Reichsversicherungsamtes und des Reichsgerichts auf dem Gebiete der Invaliditäts- und Altersversicherung. Ausführl. dargest. u. nach d. System des Inval.- u. Altersversichergsges. geordn., m. d. vollst. Gesetzestext u. dopp. Reg. v. J. Keidel, Kgl. Bezirksamtsassessor. Enth. d. Entscheidgn v. 1891 bis 1896. *Giessen: E. Roth 1898.* (2 Bl., 450 S.) 1 Bd 8.
— Fuchsberger, Otto: Die Entscheidungen d. Reichsgerichts. Th. XI. [98. 1601

Sämtliche Entscheidungen des Reichs-Versicherungsamtes und des Reichsgerichts auf dem Gebiete der Invalidenversicherung. Gesamm. u. geord., mit vollständ. Gesetzestext u. 3 Reg. von J[osef] Keidel. Kgl. Bezirksamtsassess. 2., gänzl. neu bearb. Aufl. Enth. d. Entscheid. von 1891 bis 1901. *Giessen: E. Roth 1903.* (744 S.) 8° [F.]
— Fuchsberger, Otto: Entscheidungen d. Reichsgerichts. T. 11. [03. 1130

Keidel, Josef: G e w e r b e o r d n u n g, s. R e g e r, A.

— das Gewerbe-Unfallversicherungsgesetz, s.: Graef, C.

— H a n d a u s g a b e kleinerer Reichsversicherungs-Gesetze, s. R e g e r, A.

— die Handhabung der Medizinalpolizei. Sammlung v. Gesetzen, Verordn. u. Ministerialerlassen üb. die Bekämpfg. gemeingefährl. Krankheiten, die Aufsicht auf Aerzte u. niederärztl. Personal, Apothekenwesen, Arzneimittel u. Giftverkehr, Leichenschau u. Beerdigungswesen, Aufsicht auf Geisteskranke u. Irrenanstalten. Für den Gebrauch der bayer. Polizeibehörden u. Gerichte, der Aerzte u. Apotheker m. erläut. Anmerkgn. hrsg. (VII, 530 S.) 8. Ansbach 905. C. Brügel & Sohn. Geb. in Leinw. n. 5.50

Keidel, J., die Handhabung der Medizinalpolizei. Sammlung v. Gesetzen, Verordngn. u. Ministerialerlassen üb. die Bekämpfg. gemeingefährl. Krankheiten, die Aufsicht auf Aerzte u. niederärztl. Personal, Apothekenwesen, Arzneimittel u. Giftverkehr, Leichenschau u. Beerdigungswesen, Aufsicht auf Geisteskranke u. Irrenanstalten. Für den Gebrauch der bayer. Polizeibehörden u. Gerichte, der Aerzte u. Apotheker m. erläut. Anmerkgn. hrsg. Ergänzungsbd., enth. Nachträge zum Hauptbd. u. die seit 1904 ergangenen Verordngn. u. Ministerialerlasse. (V, 183 S.) 8. Ansbach 910. C. Brügel & Sohn. 2. —
Hauptwert Bd. 905. Geb. 5.50

Keidel, J., die Handhabung der Vagantenpolizei. Sammlung v. Gesetzen, Verordngn. u. Ministerialerlassen üb. die Handhabg. d. Sicherheitspolizei gegenüber Bettlern, Landstreichern u. Zigeunern. Für den Gebrauch der bayer. Polizeibehörden u. Amtsanwälte. Mit erläut. Bemerkgn hrsg. 8. (VII, 142 S.) Ansbach 900. C. Brügel & Sohn. Geb. in Leinw. n. 2. —

— d. Reichsgesetz üb. d. Auswanderungswesen vom 9. VI. 1897. Mit Vollzugsvorschriften u. erläut. Bemerkgn. hrsg. 8. (46 S.) Ansbach 898. C. Brügel & Sohn. Kart. n. 1. —

— d. Unfallversicherungsgesetz f. Land- u. Forstwirtschaft, s.: Truber, K.

— der Wirkungskreis der Amtsanwälte in Bayern. Sammlung v. Verordngn. u. Ministerialerlassen üb. die Behandlg. der d. Amtsanwälten zugewiesenen Geschäfte. 8. (X, 237 S.) München 902. J. Schweitzer Verl. Kart. n. 4. —

Keienburg, Wilh., Abraham, der Fürst Gottes. Ein Deklamatorium f. christl. Vereins- u. Gemeinschafts-Feiern. (53 S.) 8. Mülheim-Ruhr (909). Buchh. d. ev. Vereinshauses. — 50

Keiter, die Versicherung d. Mutterschaft, s.: Frank, Louis.

Keiffen, L. Das düstere Haus, s. Bachem's Novellen-Sammlg.

Keiffenheim, Hugo, die absoluten Bewegungen der Himmelskörper und die wahre Natur der Dinge. gr. 8. (VI, 152 S. mit 1 lithogr. Taf. in qu. 4.) Köln 868, Ahn's Verlag. (ℳ 5.) 3 —

Keiffer, J., L'esclavage a Athènes et a Rome d'aprés les auteurs grecs et latins. Pr 1896. 52 S. 4°. 2. -

Keiffer, Jul., Jugenderinnerungen. Sitten u. Gebräuche. (115 S.) gr. 8. Luxemburg 905. Prof. Dr. Keiffer. n.n. 1. —
Sonderabdruck aus: „Lux. Zeitg."

Briefe die mir geholfen haben. Gesammelt v. Jasper Niemand (d. i.: Mrs. Archibald Keightley). Übs. a. d. Engl. v. Julius Engel. *Charlottenburg: Selbstv.; Dr. v. G. Pätz, Naumburg [1897].* (96 S.) 1 Bd 8. [98. 1113

Keightley, Thomas

Keightley, Th., Geschichte von England. Deutsch bearb. v. F. K. F. Demmler. Mit einem Vorw. v. J. M. Lappenberg. 12 Lfgn. (2 Bde.) gr. 8. Hamburg 846, 47, Laeiß. [1. Bd. (48½ B.) 2. (50⅛ B.) à Lfg. 15 Ngr.]

Keightley, Thomas, Geschichte von England. Deutsch bearb. v. F. K. F. Demmler. 2. (Titel-)Ausg. in 6 Lfgn. (2 Bde.) gr. 8. (1. Bd.: XVI u. 760 S. 2. Bd.: VI u. 796 S.) Halle (846) 850, Pfeffer. (à ½ ℛ) 3 ℛ

Keightley, Thom., Geschichte von Indien, übers. von Seybt, s. Geschichtschreiber, moderne.

Keightley, Thom., Geschichte von Indien. Deutsch bearb. und bis auf die neueste Zeit fortgeführt von Jul. Seybt. 2 Bde. Neue (Titel-)Ausg. gr. 8. (XII und 650 S.) Leipzig (857)65, Senf.

Keightley, Thom., Geschichte von Indien. Deutsch bearb. und bis auf die neueste Zeit fortgeführt von Jul. Seybt. 3. [Titel-] Aufl. in 2 Bdn. gr. 8. (VIII, 294; 356 S.) Leipzig (865)74, Senf. 4 —

(Keightley, T.,) Mythologie d. Feen u. Elfen, s. Mythologie.

Keightley, T.,
(— —) Mythologie der Feen und Elfen, vom Ursprunge dieses Glaubens bis auf die neuesten Zeiten. A. d. Engl. übers. von O. L. B. Wolff. II. Bde. Weimar 1828. 8.

Keihl, J., deutsche Fibel oder erstes Lesebuch. Zum Gebrauch in Elementarschulen u. beim Privatunterricht. Nach der Schreiblese-Methode bearb. gr. 8. (62 S. m. Bildern.) Leipzig 888. Peter. n.n. — 25; geb. n.n. — 30

Keihl, J., deutsche Fibel od. erstes Lesebuch. Zum Gebrauch in Elementarschulen u. beim Privatunterricht. Nach der Schreiblese-Methode bearb. 3 Aufl. gr. 8 (62 S. m. Abbildgn.) Leipzig 892. E. Peter. n. — 30; geb. n.n. — 40

Keihl, J., deutsche Fibel od. erstes Lesebuch. Zum Gebr. in Elementarschulen u. b. Privatunterricht. Nach d. Schreiblese-Methode bearb. 4. Aufl. gr. 8. (62 S. m. Bild.) Leipzig 896. E. Peter. Geb. n.n. — 40

Keihl, Max., die Kaltwasser-Heilanstalt Kreutzen in Ober-Oesterreich. Schilderung ihrer Einrichtung und der in derselben übl. Behandlungsweise. Mit einem Anh.: Die Burgen und Schlösser in der Umgebung von Kreutzen. (Aus dem Werke des Herrn Dr. Ritter v. Moczarski.) gr. 16. (IV und 112 S.) Linz 866. Fink. cart.

Kei-Kawus in Masenderan. Aus dem Schahname des Ebu'l Kasim Manßur el Firdewsi. Metrisch übersetzt von Victor Weiß Edlem von Starkenfels u. Thdr. Ritter von Schwarzhuber. Lex.-8. Wien 841. (Braumüller u. S.) n. $1^{2}/_{3}$ ℛ︀

Keil, s.a. Keyl.

Keil: Exegetische Bemerkungen üb. d. ersten Brief des Paulus a. d. Korinther. Neubrandenburg 1864. 4⁰. 22p.
Schul-/Univ.-Schrift

Keil's hydrographische Kartennetze auf Schieferpergament. Nr. 2 u. 13. Lith. qu. gr. 4. Gotha 879. Keil. Auf Carton nebst Schieferstift. à n. — 30
2. Deutschland. — 13. Afrika.

Keil, gemeine oder Briggische Logarithmen mit 3 und 4 bis zu 6 Decimalen. Eisenberg 857. Schöne. gr. 8. (16 S.) n. 2 ngr; die Logarithmentaf. einzeln $1^{1}/_{4}$ ngr

Keil, d. mineral. Magnetismus in physikal., physiolog. u. therapeutischer Beziehung. Nebst Kundmachung des von mir entdeckten u. bis zur Stunde noch nicht öffentlichen Verfahrens die größten u. stärksten Magnete anzufertigen u. Beifüg. aller Methoden u. einiger sehr interess. Experimente sowie auch Mittheilungen meiner 24jähr. Erfahrungen d. vortheilhaftesten Anwendung desselben bei verschiedenen Nervenleiden. Mit 3 Abbildgn. v. Magneten. gr. 8. (4 B. u. 1 Taf.) Erlangen 846, Enke's Verlagsh. Thlr.

Keil, Morsezeichen-Tabelle auf Grund der Felddienstordng. v. 22. III. 1908 u. der Deckblätter zu den Exerzier-Reglements m. sämtlichen vorgeschriebenen Abkürzungen. Ein Hilfsmittel zur Einübg. u. zum Lesen der Morsezeichen u. zum Gebrauch der Signalflaggen. 4. Aufl. (6 S. auf Leinw.-Pap.) kl. 8. Oldenburg (910). G. Stalling's Verl. — 30

* **PREDIGER,** Der, im bunten Rocke. Ein Roman unserer Tage (von *Keil,* cand. theol.). 2 Thle. (Motto: „Difficile est Satyram non scribere".) Mit 1 (color. Costüm-) Kupfer. Berlin und Leipzig (o. Adresse). 1786. 8⁰. (In Berlin: Yw 2496, 1 vol.) (8 Mk. Oskar Rauthe, Berlin, 1909.) Selten!

Lebensbild eines Theologen der damal. Zeit: liederlich auf der Universität, solid u. speculativ im Amte. Theil 1 stellenw. pikant. 1: 254 S. (incl. TKpf. u. 7 Bll. Vorr.). 2: 152 S. (incl. Tit. u. 3 Bll. Vorr.).

„Der Verfasser dieses geist- und witzlosen Buchs war ein gewisser Cand. theol. Namens Keil aus Merseburg. Vieles ist darin local und temporell . . . . Da K. in seinem Lebenswandel sich Manches hatte zu Schulden kommen lassen, so mußte er vergeblich auf eine Versorgung warten und zuletzt in drückender Armuth sterben. Er hat außer diesem Buche noch Mehreres, ins Besondere einige Kinderschriften, unter seinem Namen geschrieben." (v. Meusebach). — Fehlt bei Kayser unter Romanen; nicht im Anon.-Lex.

Keil's Rechtsbibliothek. Sammlung neuerer Gesetze in volkstüml. Sprache. 1.—7. Hft. 8. Trier, Paulinus-Druckerei. n. 2. 5; resp. 2. 55

1. Die Verfolgung der Unfallansprüche v. Cassius. (38 u. III S.) 891. n. — 20
2. Das Gewerbesteuergesetz v. J. 1891. (44 S.) 891. n. — 20
3. Das Einkommensteuergesetz v. J. 1891. Mit Erläutergn. v. G. F. Dasbach. (60 S.) 891. n. — 40
3. — dasselbe. (Neue Aufl.) Von Jos. Keil. (75 u. II S.) 891. n. — 60
4. Das Arbeiterschutzgesetz v. J. 1891. (Abänderung der Gewerbeordnung.) Gemeinverständlich erläutert v. Joh. Kalff. (122 S.) 891. n. — 60
5. Wildschadengesetz vom 11. Juli 1891, unter Berücksicht. der einschläg. Bestimmgn. d. Jagdpolizei- u. Wildschongesetzes erläutert v. Nimrod. (30 S.) 892. n. — 20
6. Das deutsche Weingesetz vom 20. Apr. 1892. Hrsg. v. Jos. Keil. (36 S.) 892. n. — 25
7. Das neue Berggesetz vom 24. Juni 1892. Abänderung d. am 24. Juni 1865 erlassenen Allgemeinen Berggesetzes f. die preuß. Staaten. Wortlaut u. Erläutergn., hrsg. v. G. F. Dasbach. (53 S.) 892. n. — 30

Keil's Rechts-Bibliothek. Sammlg. neuerer Gesetze in volkstüml. Sprache. 8. Hft. 8. Trier (890). Paulinus-Druckerei. n. — 20
D. Alters- u. Invaliditäts-Versicherg. Für d. Arbeiter u. Unternehmer dargest. v. W. Braun. 5., verb. u. verm. Aufl. (68 S.)

Keil's Rechts-Bibliothek. Sammlung neuerer Gesetze in volkstüml. Sprache. 9. Hft. 8. Trier, Paulinus-Druckerei. n. — 20
Das Gesetz üb. die Fürsorge-Erziehung vom 2. VII. 1900. Von G. F. Dasbach. (15 S.) 901.

Keil's Rechts-Bibliothek. Sammlung neuerer Gesetze in volkstüml. Sprache. 1. 4. 7. 8. 10. u. 11. Heft. 8. Trier, Paulinus-Druckerei. n. 2. 25

1. Die Unfall-Entschädigungsansprüche. Von Walt. Hering. 2. verm. u. verb. Aufl. (63 S.) 903. n. — 40
4. Die Arbeiterschutz-Gesetzgebung. Gemeinverständl. erläutert. Von Jos. Kalff. 2. Aufl. nach dem neuesten Stande der Gesetzgebg. bearb. v. Walth. Hering. (162 S.) 903. n. — 75
7. Das allgem. Berggesetz f. die preuß. Staaten vom 24. VI. 1865, in der Form, wie es durch die beiden Novellen vom 24. VI. 1892 u. vom 14. VII. 1905 abgeändert ist. Wortlaut u. Erläutergn. Von J. Treitz. (Neue Ausg.) (56 S.) 905. n. — 30
8. Die Invaliden- u. Alters-Versicherung. Nach dem Invaliden-Versicherungs-Gesetz vom 13. VII. 1899. Von Joh. Lindlau. 6. Aufl. (64 S.) 903. n. — 30
10. Verjährung, Mahnverfahren u. Warenklage. Anleitung zum Einziehen der Außenstände f. Geschäftsleute, Handwerker usw., nebst e. Anzahl prakt. Muster. Von Bernh. Becker. (24 S.) 903. n. — 20
11. Gesetz betr. Die Verwaltung gemeinschaftlicher Jagdbezirke vom 4. VII. 1905. erläut. v. Germanus. (48 S.) 905. n. — 30

Keil's Rechts-Bibliothek. Sammlung neuerer Gesetze in volkstüml. Sprache. 3., 6. u. 12. Heft. 8. Trier, Paulinus-Druckerei. 1.—
Biriz, M., das Weingesetz v. 7. IV. 1909, nebst Ausführungsbestimmgn. Zusammengestellt u. hrsg. (58 S.) 909. (6. Heft.) —40
Dasbach, G. F., das neue preuß. Einkommensteuergesetz vom 19. VI. 1906 in der vom Steuerjahr 1907 ab in Kraft tretenden neuen Fassung. Mit Erläuterungen. (71 S.) 907. (3. Heft.) —40
Krause, Alfr., Viehkauf u. Viehmangel nach dem bürgerlichen Gesetzbuch. (24 S.) 907. (12. Heft.) —20

Keil's altbewährtes Traum-Buch. 8. unveränd. Aufl. gr. 8. (81 S.) Welpert 902. F. Thoms. —35

Keil, A., Hülfs-Tabellen zum Berechnen von Flaschen und Hohlgefäßen nach Litermaaß für Blecharbeiter, Flaschner, Klempner ꝛc. gr. 8. (14 S.) Ulm 873, Gebr. Nübling. * —50

Keil A, Hilfstabellen zur Konstruktion von Flaschen und Hohlgefässen nach Litermass für Blecharbeiter. Ulm 1878

Keil, A., Hilfs-Tabellen zur Konstruktion v. Flaschen u. Hohlgefäßen nach Litermaß u. den verschiedenen Systemen der Dachbedeckungen, nebst e. Tabelle üb. Größe u. Gewicht der gebräuchlichsten Sorten Blech, Zink, Kupfer, Messing, Blei u. Wasserleitungsröhren f. Blecharbeiter, Flaschner, Klempner, Spengler ꝛc. 3., verm. u. verb. Aufl. gr. 8. (16 S) Ulm 891. (Gebr. Nübling.) n. —50

Keil, Adalbert (Friedrich Theodor): De ophthalmoblennorrhoea nonnulla. Berolini (1855). (30 S.) 8°
Berlin, Med. Diss. v. 20. Febr. 1855

Keil, Adolf

Keil, A., das gottselige Haus. Festpredigt, bei der Einweihg. d. Neuroßgärter Gemeinde- u. Vereinshauses üb. Luc. 19, 1—10, geh. am 1. Adventsonntag den 27. Novbr. 1892 in der Neuroßgärter Kirche zu Königsberg i. Pr. gr. 8. (15 S.) Königsberg i/Pr. 892. Gräfe & Unzer, Verl. n. —35

Keil, A., die christliche Liebesthätigkeit in Ostpreußen. 2 Tle. gr. 8. Königsberg 896. W. Koch. n. 4.40; in 1 Bd. n. 3.80; geb. in Leinw. n. 4.60
1. D. Geschichte d. christl. Liebesthätigkeit. (74 S.) n. 1.20
2. D. gegenwärt. Arbeitsfelder u. Arbeitskräfte d. christl. Liebesthätigkeit. (IV, u. S. 75—343.) n. 3.20

Keil, A., die christl. Liebesthätigkeit in Ostpreußen. 2 Tle. gr. 8. (IV, 343 S.) Königsberg 896. [W. Koch.] Evang. Buchh. d. ostpreuß. Prov.-Ver. f. inn. Mission. In 1 Bd. n. 3.80; geb. n. 4.60; ermäß. Pr. n. 1.80; geb. n. 2.50

Keil, Adolf: Das Volksschulwesen im Königreich Preussen und Herzogtum Litthauen unter Friedrich Wilhelm I. I. Hauptteil .... (Abdruck aus d. Altpr. Monatsschrift Bd. XXIII. Hft. 1/2. S. 93—137.) Königsberg i. Pr., Buchdr. v. R. Leupold, 1886; 51 S. 8°.
Königsberg, Phil. Fak., Inaug.-Diss. v. 15. März 1886.

Keil, Adf., das Volksschulwesen im Königr. Preussen und Herzogth. Litthauen unter Friedrich Wilhelm I. 1. Hauptteil. Inaugural-Dissertation. 8. (49 S.) Königsberg i. Pr. 886, (Koch's Antiqu.) **

[F.] Das Vordringen des Katholizismus in Ostpreussen. Von A. Szyrgens [d. i. Pfarrer Adolf Keil in Königsberg]. *Leipzig: C. Braun 1897.* (37 S.) 1 Bd 8.
— Flugschriften d. Evangel. Bundes. [No] 145. (Reihe 13,1). [98. 375

Keil, Albert, Arzt aus Pyritz i. Pomm.: Aus d. Institute f. physiol. Chemie u. Pharmakologie d. Universität Rostock. Über die sogenannte 'körnige Entartung' der roten Blutkörperchen bei Vergiftung mit Blei, Thallium, Kupfer, Kobalt, Arsen und Kohlenoxyd. *Rostock 1901: C. Hinstorff.* (44 S.) 8°
Rostock, Med. Diss. v. [30. Mai] 1901

Keil, Alb. Über den platonischen Dialog Parmenides. 30 S. *Stolp* 1884. Progr.

Keil, Albertus: De particularum finalium Graecarum vi principali et usu Homerico. Halis Saxonum (1880): Heynemann. 58 S. 8°
Halle-Wittenberg, Phil. Diss. v. 22. Apr. 1880
Geb. Eisleben 20. 4. 1857. V.

Keil, Alfr., s.: Gesetzsammlung f. Preußen.

Keil, A., s.: Gesetz-Sammlung f. das Deutsche Reich.

— s.: Gesetz-Sammlung f. d. königl. Preußischen Staaten.

— s.: Literaturblatt, juristisches.

— s.: Verwaltungsarchiv.

Keil, Andr. Jos., Führer u. Programm zur Herkomer Tourenfahrt u. zum Taunus-Rennen „Kaiserpreis“ 1907. Hrsg. u. bearb. unter Mitwirkg. zahlr. Fachleute. (112 S. m. Abb.) 8. Frankfurt a/M. (907). A. J. Keil. —50

— Nordlandfahrten! Gedanken auf e. u. Erinnergn. an e. Reise nach Schottland, Orkney- u. Faröer-Inseln, Island, Norwegen etc. (VIII, 56 S. m. 13 Taf.) 8. Ebd. 907. Geb. in Leinw. 4.—

Keil, Andreas Josef, s.: Zentral-Adressbuch f. die Motorfahrzeug- u. Fahrrad-Industrie.

Keil, Anton

Keil, Ant., u. Ph. Chr. Reinhard, vollständ. Handbuch für Maire u. Adjuncten, Polizei-Commissaire, Municipalräthe ꝛc. d. vier neuen Departemente d. linken Rheinufers. 2 Bde. gr. 8. Köln (802.) 2e A. 3e A. 812. Keil. 4 ꝟ

Keil, A., u. Ph. Chr. Rheinhard, Handb. f. Maire u. Adjuncten, Polizeicommiss. ꝛc. 2 Bde. gr. 8. Cöln, Keil. 803.

— s. Statuten u. Verordnn. über den Adel in Frankreich.

Keil, August Friedrich (Grossen-Erich. Sondershausen/Thür.), De legitimatione liberorum illegitimorum, von Ehrlichmachung der unehrlichen Kinder. Diss. jur. Präs. Joh. Heinrich Hartleben. Jena (Müller) 2. V. 1716. 36 S. (6.50) 17631

Keil, Bruno

Keil, B., Athens Amtsjahre u. Kalenderjahre im V. Jahrh. S.-A. 1894. 50 S.

Keil, Bruno, analecta Isocratea. gr. 8. (XII, 160 S.) Prag 885. Tempsky. — Leipzig, Freytag. n. 4.—

Keil, Bruno, Anonymus Argentinensis. Fragmente zur Geschichte des Perikleischen Athen aus e. Strassburger Papyrus. Hrsg. u. erläutert. gr. 8. (XI, 341 S. m. 1 Abbildg. u. 2 Lichtdr.-Taf.) Strassburg 902. K. J. Trübner. n. 10.—

Keil, B., s.: Dissertationes philologicae Argentoratenses selectae.

Keil, B., Der Perieget Heliodorus von Athen. S.-A. 1895. 42 S.

Keil, B., Die Monatscyclen d. byzantinischen Kunst in spätgriechischer Literatur. S.-A. 1889. 49 S. 1:20

Keil, B., Analectorum Isocrateorum specimen. Diss. 1884. 49 S.

— Das System d. Kleisthenischen Staatskalenders. S.-A. 1894. 52 S

Keil, Bruno, die solonische Verfassung in Aristoteles' Verfassungsgeschichte Athens. gr. 8. (VII, 248 S.) Berlin 892. R. Gaertner. n. 6. —

— eine Zahlentafel v. der athenischen Akropolis. gr. 8. (S. 117—142 m. 1 Taf.) Ebd. 901. n. 1. 20
Sonderabdruck aus: „Strassburger Festschrift zur 46. Versammlung deutscher Philologen u. Schulmänner".

Keil, C., Zahlenangaben zur Orthographie-Reform. Ein Beitrag zum Kampf um's Dasein der Dehnungszeichen. gr. 8. (23 S.) Halle 877. Hendel. — 50

Keil, C. W., der gerichtliche Anwalt für alle Staatsbürger in Stadt u. Land. 8. (479 S.) Sorau 876. (Schilling.) n. 2. 50

— dasselbe. Nachtrag. 8. (158 S.) Ebend. 876. n. — 80

Keil, C. W., der Rathgeber für Bürger und Landmann in gerichtlichen Angelegenheiten. gr. 8. (407 S.) Crossen 850, (Ehrlich und Comp.) **

Keil, C. W., der Rathgeber für Bürger und Landmann in gerichtlichen Angelegenheiten. 9. Aufl. Lübben 860. (Winckler.) gr. 8. (399 S.) n. 25 ngr

Keil, C. W., der Rathgeber für alle preußischen Staatsbürger in Stadt und Land, in gerichtlichen Angelegenheiten, mit Berücksicht. der Gesetze für den norddeutschen Bund. gr. 8. (571 S.) Sorau 869, (Linke.) *

Keil, C. W., Tabelle zur Berechnung des Tages der Entlassung Gefangener bei erkannten Freiheitsstrafen. gr. 4. (27 S.) Lübben 862, (Winckler.) *.

— Zins-Tabellen von 10 Pf. bis 1000 Mark zu ½, 1, 2, 3, 4, 5, 6 Procent u. von 1 bis 10 Tagen, 1 Monat, ¼, ½ u. 1 Jahr. 8. (8 S.) Ebend. 875. n. — 20

Keil, Carl, s. Keil, Karl.

Keil, Christian Gottlob

Keil, Chrn. Glob., vierstimmiges Choralmelodienbuch auf zwei Systemen vornehmlich nach Hiller bearb., mit einigen liturg. Gesängen verm. u. zum Kirchen- u. Privatgebrauch hrsg. 2. Aufl. qu. 8. (VIII u. 139 S.) Plauen 849, Neupert. In Leinw. geb. 18 ngr

Keil, Christoph Heinrich

— anatom.-chym. Handbüchlein, worin alle 3 Reiche enthalten. 8. Ebd. 763. (Ebd.) 6 gl

Keil, Christoph Heinrich: Compendiöses, doch vollkommenes anatomisches Handbüchlein, darinnen alle und jede Theile des menschlichen Leibes in natürlicher Ordnung denen Anfängern der Chirurgie vorgelegt und...beschrieben werden... 3...corr.Aufl. 160 S., gbd.

Leipzig: Martini 1736

Compendiöses doch vollkommenes anatomisches Handbüchlein, darinnen alle und jede Theile des menschlichen Leibes in naturlicher Ordnung...beschrieben werden,... coll. u. zusammen getragen von Christophoro Henrico Keil. 6., u. accurat corr. Aufl. Leipzig: Martini 1747. 145 S. 8°

Keil, Christoph Heinrich: Compendiöses, doch vollkommenes anatomisches Handbüchlein, darinnen alle und jede Theile des menschlichen Leibes in natürlicher Ordnung denen Anfängern der Chirurgie vorgelegt und...beschrieben werden... 159 S., gbd., Abb.

Augspurg: Lotter 1751

Compendiöses doch vollkommenes anatomisches Handbüchlein, darinnen alle und jede Theile des menschlichen Leibes in naturlicher Ordnung...beschrieben werden,...coll.u. zusammen getragen von Christophoro Henrico Keil. 9.,verm. Aufl. Königsberg & Leipzig: Hartung 1777. 145 S. 8°

Keil, Christoph Heinrich: Compendiöses, doch vollkommenes chirurgisches Handbüchlein, darinnen enthalten, wie alle lehrbegierige Chirurgi sich in allen und jeden Operationen des menschlichen Leibes verhalten und denselben...heilsamlich begegnen solle. 3...corr. Aufl. 372 S., gbd.

Leipzig: Martini 1736

Compendiöses doch vollkommenes chirurgisches Handbüchlein, darinnen enthalten, wie alle...Chirurgi sich in allen u. jeden Verwundungen, Schaden u. Operationen des menschlichen Leibes verhalten,... sollen. ... von Christophoro Henrico Keil. 6.,u. accurat corr. Aufl. Leipzig: Martini 1747. 356 S. 8°

Compendiöses doch vollkommenes chirurgisches Handbüchlein, darinnen enthalten, wie alle...Chirurgi sich in allen und jeden Verwundungen, Schaden und Operationen des menschlichen Leibes verhalten,... sollen. Von Christophoro Henrico Keil. 8.,verb. Aufl. Königsberg & Leipzig: Hartung 1777. 356 S.8°

Keil, Christoph Heinrich: Compendiöses, doch vollkommenes medicinisch-chymisches Handbüchlein,...worinnen alle drey Reiche, vegetabile, minerale und animale, und folglich die gantze Materia medica mit enthalten... 6.und verbess. Aufl. 304 S., gbd., Abb.

Leipzig: Martini 1748

Compendiöses doch vollkommenes medicinisch- chymisches Handbüchlein, nach der Ordnung des Alphabets verfasset, worinnen alle 3 Reiche, vegetabile, minerale et animale, u. folglich die ganze Materia medica mit enthalten,...entworfen von Christoph Heinrich Keil. 9.,verb. Aufl. Königsberg & Leipzig: Hartung 1782. 283 S. 8°

Keil, C. H., vollkomm. anat. und chir. chym. Handbüchlein. 8. Königsb. Unzer. 758-61.

— **M. Christoph Heinrich** (Oelsnitz/Vogtl.), De usu interno camphorae securissimo et praestantissimo. Disp. med. Präs. Friedrich Hoffmann. Halle (Christoph Andreas Zeitler) 15. XII. 1714. 36 S. (6.50) 17639

—· **David** (Zeitz), De poenitentia morali. Diss. philos. Präs. M. Ernst Petri (Leipzig. Scholae Rathenaviensis vocatus rector.) Lpz. (Christoph Fleischer) 18. XI. 1702. 10 Bl. (6.50) 17610
Gew. (v. Präs.): Johann Olearius.

Keil, E., ſ.: Autodidakt, der.

Keil, E., die Prüfungen f. Einjährige, Fähnriche, Prima-Aſpiranten u. Abiturienten, ſ.: Miniatur-Bibliothek.

Keil, E. Vide: Völkergeist (Der moderne).

Logik und Wissenschaftslehre als Anfang der Bildungswissenschaft, sowie jeder höheren Bildung u. wissenschaftl. Aufklärung. Volkstüml. bearb. u. mit Beispielen aus Wissenschaft u. Leben, bes. aus d. Nationalökonomie, beleuchtet von E(mil) Keil. H. 1. Bedeutung d. Gegenstandes. Grundbestandteile e. log. Zusammenhanges. [Mehr nicht erschienen.]
Berlin: Struppe & Winckler 1894. (44 S.) 8° [F.]

Keil, (Godofr.) Ericus (geb. Stettin 12. 4. 1862): De Thracum auxiliis. Berolini (1885). (86 S.) 8°
Berlin, Phil. Diss. v. 25. Juli 1885

Keil, Ernst, appr. Arzt a. Darmstadt: Beitrag zur Gallenstein-Chirurgie. Leipzig 1905: B. Georgi. (31 S.) 8°
Leipzig, Med. Fak., Ref. Trendelenburg, Diss. v. 16. Jan. 1905
[Geb. 15. Okt. 76 Frankfurt a. M.; Wohnort: Darmstadt; Staatsangeh.: Hessen; Vorbildung: Gymn. Offenbach Reife O. 97; Studium: Gießen 5, Erlangen 1, Heidelberg 5 S.; Coll. 21. Jan. 05; Approb. 13. Juli 03.]

Keil, Ernst [Hrsg.]
s. Gartenlaube, Die. 1855-

— ſ. Leuchtthurm, der.

Keil, Er., Melancholie. Liebes-Novelletten. 8. Bautzen 845, Schlüſſel. 1 ꝑ

Keil, Ernſt, Melancholie. Liebes-Novelletten. 8. (13¾ B.) Bautzen 845, Weller.

Keil, Ernestus (*geb. Bunzlau (9. 6. 1819)*): De castrationis operatione, praecipue de indicationibus. Vratislaviae (1853). (30 S.) 8°
Breslau, Med. Diss. v. 3. Juni 1853

Keil, Ernſt, das Prieſterjubiläum des Papſtes. Erinnerungen und Mahnungen. gr. 8. (52 S.) Wittenberg 888, Herroſé Verlag. *

Keil, Ernst, Das deutsche Reich und sein Volk. Einige Worte als Beitrag zur Geschichte des letzten Jahres herausgegeben. Greiz, Februar 1849. 16 S. 8°.

Keil, Ernst, s. Wandelstern, Der.

Keil, F., das Schielen u. deſſ. Heilung nach Dieffenbach's Erfindung. Mit e. Vorr. v. Strempel in Roſtock. 2., verb. Aufl. gr. 8. (2¼ B.) Berlin 841, (A. Hirſchwald.) *

Keil, Fr., Kennzeichen u. Heilung d. Löſerdürre ꝛc. 8. Gotha, Ettinger. 813.

Keil, Fr., Kennzeichen und Heilung der Löserdürre oder Rindviehpest. 8. Gotha 13. (Halle, Heynemann.) M. —25

Keil, Fr. Sigm., († d. 4. Mai 1765.) d. Leben Hans Luthers u. ſeiner Ehefrau Margar. Lindemannin ꝛc. Mit Kpf. 4. Leipz. 752. 7 gr.

— merkwürd. Lebensumſtände Luthers. 4 Thle, mit Kpf. 4. Lpz. 764. (Aue in Altona). 1 ꝑ 8 gr.

— merkw. Lebensumſtände Luthers. 4 Thle. m. K. 4. Lpz. Jacobäer. 764.

— hiſtor. Nachricht von d. Geſchlechte u. Nachkommen Dr. Mart. Luthers; nebſt e. and. Anmerkk. 4. Leipz. 751.

Keil, Franz — Das Mineralbad Leopoldsruhe nächſt Lienz in Tirol. Geſchildert von — —. Innsbruck, 1856. Druck der Wagner'ſchen Buchdruckerei. (43 S. 8.)

Keil, Frz., über topographiſche Reliefkarten im Allgemeinen, und über einige charakteriſtiſche Gebirgsformen insbeſondere der Salzburger Alpen. Vorgetragen in der Oktoberverſammlung der Geſellſchaft für ſalzburger Landeskunde. Lex.-8. (16 S. mit 2 Stnt. in Fol. und Imp.-Fol.) Salzburg 862, (Mayriſche Buchh.) * *

Keil, Frz., physikalisch-geographische Skizze der Kreuzkofel-Gruppe nächst Lienz in Tirol. Mit 1 (lith.) Taf. (in Fol.) (Aus den Sitzungsber. der k. Akad. der Wissensch.) Wien 859. Gerold in Comm. gr. 8. (29 S. m. Holzschn.) n. 6 ngr.

Bericht über die Feier des 150jährigen Stiftungsfestes der Loge „Zu den drei Degen" im Or. Halle a. S. am 10. Dez. 1893. [Unterz.:] [Friedr] Keil. [Berlin 1893: Büxenstein.] 24 S. 8° [Kopftit.]
Aus: Bbl. 8 (1894) S. 53—67, 85—94. 23.

Keil, F., die Landgemeinde in den öſtlichen Provinzen Preußens u. die Verſuche, e. Landgemeindeordnung zu ſchaffen, ſ. a. Schriften d. Vereins f. Socialpolitik.

Keil Fr, die Landgemeinde in den östlichen Provinzen Preussens. (Schriften des Vereins für Sozialpolitik 43) Leipzig 1890

Keil, d. Landgemeinde-Ordnung f. d. 7 öſtlichen Provinzen d. Monarchie v. 3. Juli 1891, nach d. Inkrafttreten d. Communalabgabengeſetzes. V. Standpunkte d. privaten wie d. öffentl. Rechts aus erläut. gr. 8. (VIII, 531 S.) Freiburg i/B. 896. Tübingen, J. C. B. Mohr. n. 10. 25; geb. in Halbfrz. n.n. 12. 25

Keil, Friedrich: Zur Lehre von dem beneficium cedendarum actionum nach gemeinem und preussischem Recht. Halle 1880: Karras. 60 S. 8°
Halle-Wittenberg, Jur. Diss. v. 7. Juli 1880
Geb. Berlin 18. 1. 1857. V.
Im Buchhandel in Halle bei Niemeyer.
Verf. erlebte 1930 die Diplomerneuerung als Geheimer Justizrat, Rechtsanwalt und Notar sowie Ehrensenator der Universität in Halle a. d. S., 1940 auch das 60jährige Dr.-Jubiläum.

Keil, Friedrich Karl, kleines Handbuch der deutſchen Turnkunſt, Potsdam 1834, 23 S., Lithogr., kl.-8°.

Keil, Friedrich Karl, Vollſtändiges Handbuch der Turnübungen nach ihrer Stufenfolge, 2. nach den Eiſelenſchen Turntafeln vervollſt. u. erg. Aufl., Lithogr., Potsdam 1838, 62 S., 8°.

Keil, F. K.: Häusliches Schutzmittel gegen Schiefheit oder Anweisung zum Gebrauch der Rückenschwinge. Potsdam 1842. 16 S.

Keil, Friedr. Karl, deutſches Vaterlandsbuch. Stimmen für Geiſt und Herz zur Erweckung und Pflege vaterländiſchen Sinnes und zur Wiedergeburt deutſcher Würde und Größe. Zum Gebrauch in Schule und Haus herausgegeben. Berlin 853. A. Duncker. Lex.-8. (XIV, 370 S.) n. 24 ngr.

Keil, Friedr. Carl, deutsches Vaterlandsbuch zur Erweckung und Pflege vaterländischen Sinnes und zur Wiedergeburt deutscher Würde und Größe. gr. 8. (XIV und 370 S.) Berlin 853, A. Duncker. *

– Wehr-Turnbuch. Ein Lehr- und Handbuch ausgewählter Uebungen zur Erhöhung der Kriegstüchtigkeit im Heere, sowie, bei Ausschluß der Bewaffnung, zum allgemeinen Gebrauche. Auf Grund 8jähr. Erfahrungen in der Königl. Preuß. Schulabtheilung zu Potsdam herausg. 1—3. Abschnitt. Potsdam 856, 58. Riegel'sche Buchhdlg. 16. (62; 84; 238 S.) n. 15 ngr.

Keil, Friedr. Carl, ein deutsches Wort an Deutschlands Bürgerwehren und Schützen-Gilden. Denselben zum Anhalt beim Wehrdienst, in Bezug auf Vermeidung der Fremdwörter, zugeeignet ꝛc. gr. 8. (23 S.) Potsdam 848, Stuhr'sche Buchh.
Vgl. Keil, Karl Friedr.

Keil, Friedrich Wilhelm

Keil, Fridericus Guilelmus *(geb. Naumburg a. S. [24.7.1818])*: De fragilitate ossium et de fractura spontanea quae vocatur. Vratislaviae (1845). (30 S.) 8° *[Verf. erlebte die Diplomerneuerung 1895 als Sanitätsrat u. Kreisphysikus in Rüdesheim a. Rh.]*
Breslau, Med. Diss. v. 8. Apr. 1845

Keil, Georg, s.a. Keil, Johann Georg.

Keil, Geo., weiße u. grüne Blätter aus der Geschichte der Kirchgemeinde Schönau mit Niederkiesdorf auf dem Eigen. Gesammelt u. dargereicht v. ihrem dermal. Pfarrer. (VII, 136 S. m. Abbildgn.) 8. Dresden (904). (A. Köhler.) Geb. in Leinw. n. 2.50

Keil, Godofredus [Erlangensis]: De Flavio Capro grammatico quaestionum capita II. . . . Halis Saxonum, form. descr. E. Karras, 1889; 66 S. + 1 Bl. 8°
Halle, Phil. Fak., Inaug.-Diss. v. 11. Nov. 1889

Keil, Gustav, aus Pyritz: Über cyklische Ketone aus Chloroform und Phenolen. *Greifswald 1903: H. Adler.* (55 S.) 8°
Greifswald, Phil. Diss. v. 7. Aug. 1903

Keil, H., Landwirtschaft u. Viehzucht u. ob Zölle u. Handelsverträge. Erläutert u. hrsg. gr. 8. (81 S. m. Bildnis.) Leipzig-R. (Kohlgartenstr. 11) (902). O. Bley. —60

Keil, Hans, Referendar in Liegnitz: Die Aufrechnung von Forderungen bei der offenen Handelsgesellschaft. Neumarkt i. Schl. 1906: H. Endtricht. (43 S.) 8° [F. u. Ant.]
Breslau, Jur. Fak., Ref. Dahn-Leonhard, Diss. v. 11. Sept. 1906
[Geb. 13. Mai 83 Flämischdorf, Kr. Neumarkt, Schl.; Wohnort: Liegnitz; Staatsangeh.: Preußen; Vorbildung: Gymn. St. Elisabeth Breslau Reife O. 01; Studium: Jena 3, Berlin 1, Breslau 3 S.; Rig. 15. Dez. 05.]

Keilius, Henricus: Adamantii sive Martyrii de b muta et v vocali libellus, edidit. P. 1. Halae (1878): Hendel. S. IV—XIII. 4°
Halle-Wittenberg, Ind. schol. SS 1878

Keil, Henricus: Adamantii sive Martyrii de b muta et v vocali libellus, edidit. P. 2. Halle (1878): Hendel. S. 1—6. 4°
Halle-Wittenberg, Chronik f. d. J. 1877. Beigabe.

Keil, Henr. Analecta grammatica. [Enthält I. Anecdoton Ambrosianum. II. De Italicis grammaticorum Latinorum codicibus.] 38 S. . . .
Halle, P., Progr. 1848

Ankündigung des 50jährigen Dr.-Jubiläums von Joh. Eduard Erdmann am 20. Dez. 1880. [Verf.: Heinrich Keil.] — Auch abgedr.: Chronik 1880. S. 15.

Ankündigung des 50jährigen Dr.-Jubiläums von Alfred Wilhelm Volkmann am 28. Juli 1876. [Verf.: Heinrich Keil.] — Auch abgedr.: Chronik 1876. S. 3 f.

Ankündigung des 50jährigen Liz.-Jubiläums von Friedr. Aug. Tholuck am 2. Dez. 1870. [Verf.: Heinrich Keil.]

Keil, Henricus: Audacis Ars grammatica. Edidit. P. 1. Halae (1872): Hendel. S. 2—14. 8° (4°)
Halle-Wittenberg, Progr. f. d. Thielemann-, Marperger-, Sigismund-, Wolfframsdorff-, Marschall-Stipendien v. 1872
[Vorangedr.: Keil, Henricus: De ratione et condicionibus octo legatorum et beneficiorum ex Vitebergensi universitate in Halensem translatorum.] S. IV—IX.

Keil, Henricus: Audacis Ars grammatica. Edidit. P. 2. Halae (1873): Hendel. S. 15—20. 8° (4°)
Halle-Wittenberg, Progr. f. d. Sigismund-, Wolframsdorff-, Marschall-Stipendium v. 1873
[Beigabe:] Chronik der Universität Halle-Wittenberg vom 12. Juli 1866 bis zum 12. Juli 1872.

Keil, Henricus: Audacis ars grammatica, edidit. P. 3. Halle (1874): Hendel. S. 21—28. 4°
Halle-Wittenberg, Chronik für 1872/73. Beigabe.

Keil, Henricus: Audacis ars grammatica, edidit. P. 4. Halle (1876): Hendel. S. 29—36. 4°
Halle-Wittenberg, Chronik für 1875. Beigabe.

Keil, Henricus: Audacis ars grammatica, edidit. P. 5. Halle (1877): Hendel. S. 37—41, Haupttit. u. S. IV—V. 4°
Halle-Wittenberg, Chronik für 1876. Beigabe.

Keilius, Henricus: Ioannis Aurispae epistula edita. Halae (1870): Hendel. S. IV—X. 4°
Halle-Wittenberg, Ind. schol. SS 1870

[Keil, Henricus]: (Caesii Bassi fragmentum de metris.) [Part. 1.] Halle (1880): Hendel. S. 2—8. 4° [Kopft.]
Halle-Wittenberg, Chronik für 1879. Beigabe.

[Keil, Henricus]: (Caesii Bassi fragmentum de metris.) [Part. 2.] Halle (1881): Hendel. S. 9—16. 4°
Halle-Wittenberg, Chronik für 1880. Beigabe.
P. 1 ist Chronik f. 1879. Beigabe.
Im Buchhandel ersch.: Caesii Bassi, Atilii Fortunatiani de metris libri ad fidem codicis Neapolitani rec. Henr. Keil. Halis Sax. (Leipzig: Teubner) 1885. VII, 44 S. 4°.

Keilius, Henricus: Catonis de agri cultura c. VII et VIII cum adnotationibus. Halae (1881): Hendel. S. IV—XII. 4°
Halle-Wittenberg, Ind. schol. SS 1881

Commentarius in Varronis rerum rusticarum libros tres scripsit Henricus Keil. *Lipsiae: B. G. Teubner 1891.* (VII, 313 S.) 8°
= Cato, M. Porcius: De agri cultura liber. Ex rec. H. Keilii. Vol. 2, Fasc. 2.

Commentarius in Catonis de agri cultura librum. Scripsit Henricus Keil. *Lipsiae: B. G. Teubner 1894.* (XII, 194 S.) 8°
= Cato, M. Porcius: De agri cultura liber. Ex rec. H. Keilii. Vol. 2, Fasc. 1.

Keilius, Henricus: De Petri de Crescentiis ruralium commodorum libris commentatio. Halae (1885): Hendel. S. IV—XII. 4°
Halle-Wittenberg, Ind. schol. SS 1885

Keilius, Henricus: De schedis Ambrosianis rescriptis panegyrici Plinii commentatio. Halae (1869): Hendel. S. IV—XVI. 4°
Halle-Wittenberg, Ind. schol. WS 1869/70

Keil, Henr., de Plinii epistulis emendandis disputatio. 2 Partes. gr. 4. (46 S.) Erlangen 865. (Berlin, Calvary und Comp.) *

Keil, H., De Plinii epistulis emendandis disputatio. 2 Tle. Gel. 1865 u. 1866. 23, 23 S. 4°. à 1.—

Keil, Henricus: Dosithei Ars grammatica ex codice Sangallensi. Edidit. P. 1. Halae (1869): Hendel. S. 4—8. 8° (4°)
Halle-Wittenberg, Progr. f. d. Thielemann- [vielmehr: Marperger-] Stipendium v. 29. Mai 1869, Redner: Albert Ewald
P. 2—12 sind Progr. f. versch. Stipendien 1869/71.
Buchausg. der ganzen Arbeit 1871 in Halle (bei Teubner in Leipzig).

Keil, Henricus: Dosithei Ars grammatica ex codice Sangallensi. Edidit. P. 2. Halae (1869): Hendel. S. 9—14. 8° (4°)
Halle-Wittenberg, Progr. f. d. Sigismund-Stipendium v. 16. Juli 1869, Redner: Otto Scheidemantel

Keil, Henricus: Dosithei Ars grammatica ex codice Sangallensi. Edidit. P. 3. Halae (1869): Hendel. S. 15—20. 8° (4°)
Halle-Wittenberg, Progr. f. d. Wolfframsdorff-Stipendium v. 28. Juli 1869, Redner: Hugo Roennecke

Keil, Henricus: Dosithei Ars grammatica ex codice Sangallensi. Edidit. P. 4. Halae (1869): Hendel. S. 21—26. 8° (4°)
Halle-Wittenberg, Progr. f. d. Marschall-Stipendium v. 3. Aug. 1869, Redner: Ludwig Wilhelm Schrimpf

Keil, Henricus: Dosithei Ars grammatica ex codice Sangallensi. Edidit. P. 5. Halae (1869): Hendel. S. 27—32. 8° (4°)
Halle-Wittenberg, Progr. f. d. Vater-Stipendium v. 18. Nov. 1869, Redner: Julius Werth

Keil, Henricus: Dosithei Ars grammatica ex codice Sangallensi. Edidit. P. 6. Halae (1870): Hendel. S. 33—38. 8° (4°)
Halle-Wittenberg, Progr. f. d. Sigismund-Stipendium v. 16. Juli 1870, Redner: Johann Gottlob Schoeppa

Keil, Henricus: Dosithei Ars grammatica ex codice Sangallensi. Edidit. P. 7. Halae (1870): Hendel. S. 39—44. 8° (4°)
Halle-Wittenberg, Progr. f. d. Wolfframsdorff-Stipendium v. 28. Juli 1870, Redner: Alwin Lange

Keil, Henricus: Dosithei Ars grammatica ex codice Sangallensi. Edidit. P. 8. Halae (1870): Hendel. S. 45—50. 8° (4°)
Halle-Wittenberg, Progr. f. d. Marschall-Stipendium v. 3. Aug. 1870, Redner: Friedrich Karl Rukser

Keil, Henricus: Dosithei Ars grammatica ex codice Sangallensi. Edidit. P. 9. Halae (1871): Hendel. S. 51—56. 8° (4°)
Halle-Wittenberg, Progr. f. d. Thielemann-Stipendium v. 4. Mai 1871, Redner: Heinrich Ferdinand Streitberger

Keil, Henricus: Dosithei Ars grammatica ex codice Sangallensi. Edidit. P. 10. Halae (1871): Hendel. S. 57—62. 8° (4°)
Halle-Wittenberg, Progr. f. d. Thielemann- [vielmehr: Siegismund] Stipendium v. 17. Juli 1871, Redner: Friedrich August Bittermann

Keil, Henricus: Dosithei Ars grammatica ex codice Sangallensi. Edidit. P. 11. Halae (1871): Hendel. S. 63—68. 8° (4°)
Halle-Wittenberg, Progr. f. d. Wolframsdorf-Stipendium v. 28. Juli 1871, Redner: Friedrich Robert Schoeber

Keil, Henricus: Dosithei Ars grammatica ex codice Sangallensi. Edidit. P. 12. Halae (1871): Hendel. S. 69—70 u. Haupttit. 8° (4°)
Halle-Wittenberg, Progr. f. d. ungarische Stipendium v. 2. Aug. 1871, Redner: Paulus Gajdács

Keilius, Henricus: Emendationes Varronianae. [P. 1.] Halae (1883): Hendel. S. IV—X. 4°
Halle-Wittenberg, Ind. schol. WS 1883/84

Keilius, Henricus: Emendationum Varronianarum p. 2. Halae (1884): Hendel. S. IV—X. 4°
Halle-Wittenberg, Ind. schol. SS 1884

Keil, *Anton Alfred* **Heinrich [app. Arzt aus Erlangen]: Über [!] die Erfolge der Uterusausschabung bei der Endometritis fungosa ... Halle a. S., Druck v. E. Karras, 1895; 27 S. 8.**
Halle, Med. Fak., Inaug.-Diss. v. 5. Jan. 1895

Keilius, Henricus: Exempla poetarum e codice Vaticano edita. Halae (1872): Hendel. S. IV—XV. 4°
Halle-Wittenberg, Ind. schol. SS 1872

Keil, Henricus: Atilii Fortunatiani liber de metris, ad fidem codicis Neapolitani recensuit. Halis 1885: Hendel. VII S., S. 2—28. 4°
Halle-Wittenberg, Progr. z. akad. Preisverteilung 1885
Im Buchhandel: Caesii Bassi, Atilii Fortunatiani de metris libri, ad fidem codicis Neapolitani rec. Henr. Keil. 1885 bei Teubner in Leipzig, VII, 44 S. 4°

Keilius, Henricus: Fragmentum Bobiense de metris ex recognitione Henrici Keilii. Halae (1873): Hendel. S. IV—XII. 4°
Halle-Wittenberg, Ind. schol. WS 1873/74

Keil, Henricus: Glossae in Iuvenalem ex codice Parisino, edidit. Halae (1876): Hendel. S. IV—XII. 4°
Halle-Wittenberg, Ind. schol. SS 1876

Glückwunsch von Rektor und Senat zur 300jährigen Jubelfeier der Universität in Würzburg am 1. Aug. 1882. [Verf.: Heinrich Keil.] Abgedr.: Chronik 1882. S. 11.

Glückwunsch von Rektor und Senat zum 300jährigen Jubiläum der Universität in Leiden am 8. Febr. 1875. [Verf.: Heinrich Keil.] — Abgedr.: Chronik 1875. S. 13.

Glückwunsch von Rektor und Senat zum 50jährigen Jubiläum der Universität Bern am 4./5. Aug. 1884. [Verf.: Heinrich Keil.] — Abgedr.: Chronik 1884. S. 15.

Glückwunsch von Rektor und Senat zum 400jährigen Jubiläum der Universität in Tübingen am 9. Aug. 1877. [Verf.: Heinrich Keil.] — Abgedr.: Chronik 1877. S. 13.

Glückwunsch des Senats zur Eröffnung der Universität in Agram am 19. Okt. 1874. [Verf.: Heinrich Keil.]

Glückwunsch der Universität zur Eröffnungsfeier der Universität in Strassburg am 1. Mai 1872. [Verf.: Heinrich Keil.] — In den Akten 2 verschiedene Exemplare, deren zweites [wohl ein Korrekturabzug?] (in XVI 2 Bd 3 Bl. 29 f) aus 2 Bl. 4° (2°) besteht, deren 1. Blatt ein Kopftitel zu dem 2. Blatte zu sein scheint, aber im 2. Exemplar (in XV 51 Bl. 84) fehlt.

Keil, Heinr., s. Grammatici latini.

— De grammaticis quibusdam latinis infimae aetatis. Gel. 1868. 27 S. 4°.

Keilius, Henricus: Oratio die XXII m. Martii 1872 habita. Halae (1873): Hendel. S. IV—X. 4°
Halle-Wittenberg, Ind. schol. SS 1873
Die Gründung der Universität Straßburg und die Anfänge des Humanismus im Elsaß.

Keil, Heinrich: Karl Christoph von Hoffmann, Kanzler der Universität Halle 1786—1790. Rede zum Antritt des Rectorates am 12. Juli 1882 gehalten. (Halle 1883: Hendel.) S. 20—32. 4°
Halle-Wittenberg, Chronik f. d. J. 1882. Beigabe.

Keil, Henr., laudatio Philippi Melanchthonis. Oratio ad memoriam Melanchthonis ante 300 annos mortui celebrandam. Erlangen 860. Blaesing. gr. 8. (20 S.) n. 4 ngr

Keilius, Henricus: De libris manu scriptis Catonis de agri cultura disputatio. Halae (1882): Hendel. S. IV—XII. 4°
Halle-Wittenberg, Ind. schol. SS 1882

Keilius, Henricus, et Gustavus Iuergensius: Observationes in Caesium Bassum et Atilium Fortunatianum.. Halae (1880): Hendel. S. IV—X. 4°
Halle-Wittenberg, Ind. schol. SS 1880
Im Buchhandel 1880 bei Hendel in Halle.

Keil, Henricus: Observationum criticarum in Catonis et Varronis de re rustica libros caput 2. Halis (1848): Schmidt. 30 S. 8°
Halle-Wittenberg, Phil. Hab.-Schr. v. 7. Juni 1848
Ersch. vollst. im Buchhandel Halis: Schmidt 1849. 101 S. 8° S. 20—47 sind mit dem Text der Diss. identisch.

Keil, Henr., Observationes criticae in Catonis et Varronis de re rustica libros. Accedit epimetrum criticum. 8maj. (101 S.) Halis 849, Schmidt. *

Keilius, Henricus: Observationes criticae in Varronis rerum rusticarum libros. Halae (1883): Hendel. S. IV—XII. 4°
Halle-Wittenberg, Ind. schol. SS 1883

Keil, H., Observat. crit. in Ciceronis orationem pro Plancio. Oel. 1864. 13 S. 4°. 2.—

Keil, Henricus (geb. am 25 Mai 1822 in Gressow bei Wismar): Observationes criticae in Propertium ... Bonnae, form. C. Georgii 1843. 1 Bl., 56 S., 1 Bl. 8.
Bonn, Phil. Fak., Diss. v. 11 Aug. 1843

Keilius, Henricus: Oratio. Halae (1870): Hendel. S. IV—XII. 4°
Halle-Wittenberg, Ind. schol. WS 1870/71
Rede, gehalten am Geburtstage des Königs im selben Jahre.

Keilius, Henricus: Oratio de Friderici III electoris Brandenburgici in universitate Halensi condenda consiliis d. XXII m. Martii habita. Halae (1879): Hendel. S. IV—VIII. 4°
Halle-Wittenberg, Ind. schol. WS 1879/80
Im Buchhandel 1879 bei Hendel in Halle.

Keilius, Henricus: Oratio d. XXII m. Martii habita. P. 2. Halae (1872): Hendel. S. 9—12. 8° (4°)
Halle-Wittenberg, Progr. f. d. Kornfail-Stipendium v. 12. Jan. 1872.
Redner: Richard Zenner

Keilius, Henricus: Oratio de Friderico Guilelmo Magno electore Brandenburgico d. XXII. m. Martii habita. Halae (1881): Hendel. S. IV—X. 4°
Halle-Wittenberg, Ind. schol. WS 1881/82

Keilius, Henricus: Oratio de universitatis Halensis historia antiquissima d. XX m. Martii habita. Halae (1880): Hendel. S. IV—VIII. 4°
Halle-Wittenberg, Ind. schol. WS 1880/81

Keilius, Henricus: Oratio de iure ac ratione institutorum academicorum d. XXII. m. Martii habita. Halae (1882): Hendel. S. IV—VIII. 4°
Halle-Wittenberg, Ind. schol. WS 1882/83
Von der Verfassung der Universtäten und ihrer Bedeutung für die Pflege des Gemeinsinns.

Keilius, Henricus: Oratio de officiis docentium et discentium. Halae (1878): Hendel. S. IV—X. 4°
Halle-Wittenberg, Ind. schol. WS 1878/79
Festrede, gehalten bei der Preisverkündigung am 22. 3. 1873.

Keilius, Henricus: Oratio de primordiis universitatis Tubingensis et Vitebergensis studio liberalium artium coniunctis d. XXII m. Martii habita. Halae (1877): Hendel. S. IV—VIII. 4°
Halle-Wittenberg, Ind. schol. WS 1877/78

Keilius, Henricus: Oratio de Christophori Cellarii vita et studiis d. XXII. m. Martii a. 1875 habita. Halae (1875): Hendel. S. IV—VIII. 4°
Halle-Wittenberg, Ind. schol. WS 1875/76

Keilius, Henricus: Oratio de Friderico Augusto Wolfio d. XXII. [vielmehr: 17.] m. Martii a. 1883 habita. Halae (1884): Hendel. S. IV—VIII. 4°
Halle-Wittenberg, Ind. schol. WS 1884/85

Keil, H., De M. Valerio Probo grammatico. S.-A. s. a. 8 S.

Keil, Heinrich (Hrsg.), s. Propertius, Sextus: Elegiae.

— Quaestiones grammaticae. Oel. 1860. 22 S.

Keilius, Henricus: Quaestionum grammaticarum p. 1. De Marii Victorini arte grammatica. Halae (1871): Hendel. S. IV—XII. 4°
Halle-Wittenberg, Ind. schol. SS 1871

Keilius, Henricus: Quaestionum grammaticarum p. 2. De Maximi Victorini libris de arte grammatica qui feruntur. Halae (1871): Hendel. S. IV bis XII. 4°
Halle-Wittenberg, Ind. schol. WS 1871/72

Keilius, Henricus: Quaestionum grammaticarum p. 3. De Marii Plotii Sacerdotis libro de metris. Halae (1872): Hendel. S. IV—XI. 4°
Halle-Wittenberg, Ind. schol. WS 1872/73

Keilius, Henricus: Quaestionum grammaticarum p. 4. Halae (1875): Hendel. S. IV—VIII. 4°
Halle-Wittenberg, Ind. schol. SS 1875

Keilius, Henricus: Quaestionum grammaticarum p. 5. Observationes in Velium Longum cum epistula J. S. Semleri. Halae (1877): Hendel. S. IV bis XI. 4°
Halle-Wittenberg, Ind. schol. SS 1877

Keilius, Henricus: Quaestionum grammaticarum p. 6. De Arusiani Messii exemplis elocutionum. Halae (1879): Hendel. S. IV—XII. 4°
Halle-Wittenberg, Ind. schol. SS 1879

Keilius, Henricus: Oratio d. XXII m. Martii habita (quibus tandem praesidiis haec litterarum communitas, quam universitatis nomine significamus, mihi videatur confirmata esse). Halae (1876): Hendel. S. IV—VIII. 4°
Halle-Wittenberg, Ind. schol. WS 1876/77
Über die Einheit der Universität und den Zusammenhang der Fakultäten.

Keilius, Henricus: Oratio die 22 m. Martii a. 1885 habita. (Quid publicae magistratuum curae et administrationi universitates litterarum, et imprimis Fridericiana debeant et quae commoda ad earum salutem hac cura adferri velimus.) Halle (1885): Hendel. S. 22—28. 4°
Halle-Wittenberg, Chronik f. d. J. 1884. Beigabe.

Keil, Henricus: Oratio die XXII. m. Martii habita. Halae (1874): Hendel. S. IV—VIII. 4°
Halle-Wittenberg, Ind. schol. WS 1874/75
De rationibus quae inter ecclesiam christianam et universitates intercedunt.

Keil, Henricus: Marii Victorini excerpta de orthographia edidit. Halae (1874): Hendel. S. IV—XII. 4°
Halle-Wittenberg, Ind. schol. SS 1874

Keil, Hermann [approb. Arzt aus Halle a. S.]: Casuistische Beiträge zur ablatio testis. Achtzig Fälle von Castration aus der chirurgischen Klinik in Halle a. S. ... Halle a. S., Druck v. E. Karras, 1886; 4 + 58 S. 8°.
Halle, Med. Fak., Inaug.-Diss. v. 17. Jul. 1886.

Keil, Hermann, casuistische Beiträge zur Ablatio testis. Achtzig Fälle von Castration aus der chirurgischen Klinik in Halle a/S. Diss. Halle 1886, Lippertsche Buchh. 8°. 58 S.

Keil, Hermann [aus Leopoldshall (Anhalt)]: Ueber eine neue Bildungsweise von aliphatischen Diaminen und über einige Derivate des Propylen- und Trimethylendiamins. Freiburg (Schweiz) 1898. 73 p. 8°.
Freiburg. Mathem.-naturw. Diss. 1897/98.

Neueste, beste u. billigste Spezialkarte der bayerischen Rheinpfalz. Nach d. Generalstabskt. gezeichn. v. Herm. Keil, revid. v. d. kgl. Bezirksgeometern d. Pfalz. Maasst. 1:225,000. 5. vielf. verb. Aufl. (Deckelt.: 4. verb. Aufl.) *Kaiserslautern: A. Gotthold [1896].* (1 Ktnbl. ?) 1 Bd 8.
[97. 636

Neueste, beste & billigste Spezialkarte der bayerischen Rheinpfalz. Nach d. Generalstabskarten gez. von **Herm. Keil**, rev. von d. kgl. Bezirksgeometern d. Pfalz. 6. vielf. verb. (u. verm.) Aufl. Maaßst. = 1:225,000. *Kaiserslautern: A. Gotthold [1901]; Kartogr. Eisenach H. Kahle.* (1 Kartenbl. 57×51 cm mit Legende.) 8° [kol.] [6. 11988

Keil (Hugo), Dorfandachten. (VIII, 147 S.) 8. Tübingen 909. J. C. B. Mohr. 2.—

— Dorfpredigten aus dem Thüringer Wald. (110 S.) 8. Ebd. 908. 1.50

Handbüchlein für ländliche Jugendpflege. Im Auftr. d. Deutschen Vereins f. ländl. Wohlfahrts- u. Heimatpflege bearb. von Hugo **Keil**, Pfarrer. Berlin: Deutsche Landbuchh. 1909. 152 S. 8° [10. 13179

Wölfis. Bilder aus d. Geschichte e. Thüringer Walddorfes von H(ugo) **Keil**, Pfarrer. Gotha: F. A. Perthes 1910. VI, 187 S. 8° [10. 17533

Keil, J., philos. Handbüchlein od. Grundf. z. Universaltinctur. 8. Hof, Vierling. 768.

Keil, J., Jesus mein Heiland. Ein Erbauungsbuch für kathol. Christen. 8. (237 S. mit 5 Stahlst.) Neuhaus 865, Landfraß und Sohn. *

— introduct. ad veram physicam et ver. astronom. quib. acced. trigonometria, etc. c. fig. 4. Leid. Verbeck. 739.

KEIL, J. A. Beiträge zur Experimentalchemie. Wien, 1901.

Keil, Joh. Chr. („ehemal. Pfarrer in Neuhof im Herzogthum Nassau und nunmehr. Kreisamts-Advocat zu Füllneck in Böhmen"), Leben und Thaten Napoleons zwischen Moskau und der Insel Elba. Ein komisches Heldengedicht in einem Gesange. Wiesbaden, Schellenberg, 1814. 16 S.
Goedeke VII, 862, 200.

Keil, J. L., Leben u. Thaten Napoleons, zwischen Moskau u. d. Insel Elba. Ein komisches Heldengedicht. 8. Wiesbaden, Schellenberg. 815.

— **Johann Christoph,** Feudum per omnem feloniam ipso jure amitti. Präs. Gottfr. Ludw. Mencken. Wittbg. (Ephraim Gottlob Eichsfeld) 1740. 46 Seiten. (6.50) 17641

Keil, Johann Ephraim

— freundschaftl. Belehrung an Schullehrer u. Katecheten. 8. Leipz. 787.

Keil, Jh. Ephr., Bildung d. Jugend nach d. feinen Welt. 8. Altona 787. Bechtold. 4 gr.

Keil, J. Ep., Bildung d. Jugend nach d. feinen Welt. 8. Alt. (Sommer in Leipz.) 787.

— Spiegel d. Tugend u. edeln Sitten, nach Weißens Lehrart. 8. Hamb. 787. 2e A. 791. 3e A.... 4e A. 813. (A. u. d. T.: Sittenbildende Anwendung müßiger Stunden.) Kratsch. 21 gr. Mit ill. Kpf. 8. Leipz., (W. Rauck). 1 thl. 16 gr.

— — dasselbe m. illum. K. 8. Leipz. Sommer.

— Spiegel d. Tugend u. edeln Sitten, n. Weißens Lehrart. (a. unt. d. Titel: Sittenbüchlein.) 8. Hamb. Kratsch. 802.

KEIL, JOH. EPHR., Spiegel der Tugend und guter Sitten. Für Kinder. Nach Weiszens Lehrart. 4. durchaus verb. Aufl. Altona. 1803. (O. m. T. Sittenbildende Anwendung müssiger Stunden. Ein Geschenck für liebe Söhne und Töchter, die gern hübsche Geschichten lesen. Sm. St. o. A.).

— Vorkenntniß d. Witterung jeden Jahres, jeden Monats, jeder Woche. 8. Leipz. 798. Mittler. 8 gr.

Keil J. E.: Vorkenntniss d. Witterung jeden Jahres, jeden Monats u. jeder Woche ... 2. verb. u. verm. Aufl. Leipz. 1798. (12) 80 S.

— **Johann Ernst** (Zeitz), Super decis. Saxon. El. XXII. d. a. 1746 dissertatio. Präs. D. Heinrich Gottfried Bauer. Lpz. (Langenheim) 7. X. 1777. 8 S. (4.—) 17642

Keil, Johann Georg, s. a. Aemil u. Elise.

AEMIL und Elise, oder die Fahrt auf der Elbe. (Zahmer Roman von *Joh. Geo. Keil.*) Erfurt, bei Joh. Carl Müller. 1811. 8°. 199 S.

— s. Bibliotheca italiana.

— s. Bibliothek klass. Romane des Auslandes.

Keil, J. G., s. *Calderon*, las Comedias etc.

Keil, Jh. Geo., spanische Chrestomathie. gr. 8. Gotha 814. Steudel. 16 gr.

— Elementarbuch d. span. Sprache, prosaischer Theil. gr. 8. Gotha 814. Steudel. 16 gr. (A. u. d. T.: Libro elementar de la Lengua castellana parte prosaica.)

— spanische Grammatik für Deutsche. gr. 8. Gotha 814. Steudel. 16 gr.

— s. Guidici, Cäsar.

Keil, Geo., Catalog des Kupferstichwerkes von Joh. Friedr. Bause mit einigen biograph. Notizen. gr. 8. (XVIII und 164 S. mit Bause's lithogr. Portr.) Leipzig 849, R. Weigel. *

Keil, Geo., Lyra u. Harfe. Liederproben. gr. 8. (17¾ B. u. Ttlkpfr.) Leipzig 834, Fr. Fleischer.

— Märchen und Geschichtchen eines Großvaters. 8. (184 S. mit Holzschn.) Leipzig 847, O. Wigand. In Engl. Einb. n. 1½ thl.

— Märchen und Geschichten eines Großvaters. 2. Aufl. Illustrirt von Ludw. Richter und J. Kirchhoff. Leipzig 860. O. Wigand. 8. (VII, 184 S. u. 14 Holzschntaf.) 1 thl.

— neue Märchen f. meine Enkel. Mit Holzschn. nach Zeichnungen von E. Hasse u. H. Bürkner. gr. 8. (IV u. 186 S.) Ebd. 850. In Engl. Einb. m. Goldschn. n. 1½ thl.

— s. Sammlung span. Original-Romane.

— italien. Sprachlehre für deutsche Gymnasien u. hohe Schulen, auch zum Selbstunterricht bearb. gr. 8. Erfurt 812. 2e A. 821. 3e A. 831. Keyser. 12 gGr

Keil, Joh. Geo., Italien. Sprachlehre f. deutsche Gymnasien u. hohe Schulen, auch z. Selbstunterr. f. Studirende. 3., verb. u. verm. Aufl. gr. 8. (14 B.) Erfurt 831, [Winkler.]

Keil, J. G., spanische Sprachlehre für deutsche Gymnasien und hohe Schulen ꝛc. gr. 8. Gotha, Steudel. 817.

— spanische Sprachlehre für deutsche Gymnasien u. hohe Schulen, auch zum Selbstunterricht für Studirende. 2e verb. u. verm. Aufl. gr. 8. Leipzig 837. Leich. 2/3 Thlr

Keil, Joh. G., spanische Sprachlehre f. deutsche Gymnasien u. hohe Schulen, auch z. Selbstunterr. f. Studirende. 2., verb. u. verm. Aufl. gr. 8. (13¾ B.) Leipzig 837, [Melzer.]

Keil, Jh. Glo., die Glaubenslehren und Sacramente der protestant. Kirche vor dem Richterschule der Vernunft. Für Freunde des Lichts und der Wahrheit herausgegeben. gr. 8. Leipzig 846, Melzer. 6 ngl

— das alte Rom, od. ausführl. Darstellung der Sitten u. Gebräuche der alten Römer, nebst kurzer Geschichte ihrer Literatur. Für gebildete Leser, Freunde des Alterthums, sowie für Schüler auf Gymnasien und Lyceen. (1. Liefg.) gr. 8. Naumburg 846, Keil's Selbstverlag. 1/4 Thlr

Keil, Joh. Glob., das alte Rom, oder ausführl. Darstellung der Sitten und Gebräuche der alten Römer ꝛc. 2. Lfg. gr. 8. (S. 97—192.) Naumburg 847, Keil's Selbstverlag.
1. Lfg. Ebendas. 1846. 7½ Ngr.

Keil, Joh. Gtlo., Theodor u. Cäcilie, od. d. Spiel d. Schicksals. Ein biograph. Gemälde, d. Wahrheit treu entworfen u. mit romant. Farben ausgemalt. Ein Trostgemälde f. unschuldig Leidende. 8. (19½ B.) Nordhausen 834, (Fürst.)
Vgl. Keyl.

Keil, Jos., mod. einfache Bauschreiner-Arbeiten in allen Stylarten. Eine Sammlg. erprobter Entwürfe moderner Bauschreiner-Arbeiten, als: Fenster, Getäfel, Glaswände, Thore, Thüren, Holzplafonds etc. etc. Unter Mitwirkung vieler Schreinermeister aus Oesterreich, Ungarn u. Deutschland. 12 Hfte. gr. Fol. (70 Taf.) Budapest (900—902). Internat. Gewerbebuchh. à. n. 3. 50

Bericht über eine Reise in Lydien und der südlichen Aiolis, ausgeführt 1906 im Auftr. d. Kais. Akad. d. Wiss. ... von Josef **Keil** u. Anton v. Premerstein. Mit e. Beitrag von Paul Kretschmer. Wien: A. Hölder in Komm. 1908. (II, 112 S.) 4°
= **Denkschriften** d. Kais. Akademie d. Wiss. in Wien. Phil.-hist. Kl. Bd 53,2. (05. 16389)

Keil Josef. Dr., und **Premerstein** Anton Ritter von. Dr.: Bericht über eine Reise in Lydien und der südlichen Aiolis. Mit einem Beitrag von Dr. Paul Kretschmer. Ausgeführt 1906 im Auftrage der Kaiserlichen Akademie der Wissenschaften. (Widmung seiner Durchlaucht des regierenden Fürsten Johann von und zu Liechtenstein.) D 53/2 . . . . . K 13.—
— — Bericht über eine zweite Reise in Lydien. Ausgeführt 1908 im Auftrage des k. k. österreichischen archäologischen Institutes (mit 1 Karte und 91 Abbildungen im Texte). D 54/2 . . . . . vgr.
— — Bericht über eine dritte Reise in Lydien und den angrenzenden Gebieten Ioniens. Ausgeführt 1911 im Auftrage der Kaiserlichen Akademie der Wissenschaften (mit 1 Karte und 68 Abbildungen im Texte). D 57/1 . . . . . 10.20
Separatabdruck

Keil, Jos., das Einkommensteuergesetz vom J. 1891, } s.: **Keil's Rechts-Bibliothek.**

Keil, Jos., Entwürfe u. Details f. dekorativen Holzbau. E. Sammlg. aller in d. Praxis vorkomm. Holzarbeiten, als: Villen, Gartenhäuschen, Lauben etc. etc., f. Zimmermeister u. Schulen berechnet. Nach Entwürfen prakt. Zimmermeister. (M. Text in deutscher, ungar. u. böhm. Sprache.) (In 10 Hftn.) 1.—5. Hft. gr. Fol. (à 7 lith. Taf.) Budapest 898. Internat. Gewerbebuchh. à Hft. n. 4.—

— moderne Geschäfts- u. Wohnhäuser. Gesammelte Entwürfe aus Oesterreich-Ungarn u. Deutschland. II. Serie. Eine Sammlg. v. Entwürfen eingebauter Wohn- u. Geschäftshäuser in allen Stylarten, v. denen die meisten bereits ausgeführt sind, als: Wohnhäuser f. 2 u. mehr Familien, Restaurations- u. Hôtelgebäude, Geschäftshäuser m. 2—6 Geschäftslocalitäten etc. In Façaden, Grundrissen u. Schnitten m. Details im Maassstabe 1 : 25. Nach Entwürfen hervorrag. Architekten u. Baumeister aus Deutschland u. Oesterreich-Ungarn. 10 Hfte. gr. Fol. (60 Taf.) Ebd. (900. 901). à n. 5. 20
Vergl.: Geschäfts- u. Wohnhäuser, moderne.

— internat. Kleinbauten-Album. Eine Sammlg. f. kleinere Städte u. d. Land berechn. Entwürfe einfacher Wohn- u. Geschäftshäuser, Villen, Schulen, Kirchen, Restaurations- u. Kaffeehäuser, Gemeindehäuser, Arbeiterwohnungen, Bauernhäuser, Stallungen, Ziegelfabriken etc. mit allen Façaden, Grundrissen, Schnitten u. Details. Nach Entwürfen prakt. Bau- u. Maurermeister aus all. Gegenden Oesterreich-Ungarns. 20 Hfte. Fol. (à 7 lith. Taf. m. Text 4 S.) Ebd. 897. 98. à Hft. n. 3. 50

— moderne einfache Möbel in allen Stylarten. Eine Sammlg. erprobter Entwürfe moderner Möbel f. das bürgerl. Wohnhaus, als: Wohnzimmer, Speisezimmer, Schlafzimmer, Gesellschaftszimmer, Arbeitszimmer, Toilettezimmer, Vorzimmer, sowie Kanzlei- u. Küchenmöbel im Maassstabe 1 : 10. Unter Mitwirkg. vieler Schreinermeister aus Oesterreich-Ungarn u. Deutschland. 12 Hfte. gr. Fol. (70 Taf.) Ebd. (900—902). à n. 3. 50

— Musterbuch d. ges. Bauklempnerei. E. Sammlg. prakt. Entwürfe, leicht ausführb. Bauklempner-Arbeiten als: Wimpel, Wetterfahnen, Dachspitzen etc. etc. in gediegener Ausführg. in allen gangbaren Stylarten. Als Vorlagenwerk für Klempner, Gewerbe, Zeichenschulen u. Baumeister. Unter Mitwirkung vieler Klempnermeister aus allen Gegenden Oesterreich's-Ungarn's u. Deutschland's. (Mit Text in deutscher, ungar. u. böhm. Sprache.) (In 10 Hftn.) 1.—6. Hft. gr. Fol. (à 7 lith. Taf.) Ebd. 898. à Hft. n. 4.—

Keil Josef: Prometheus und Pandora.
H. 1903 PN 1585 **Diss.** Wien, Univ.

Keil, Joseph: Das deutsche Weingesetz vom 20. April 1892 [Kommentar]. Trier: Paulinus-Dr. 1892. 36 S. (Keil's Rechts-Bibliothek. H. 6.) -- 5*,121

Keil, Jos., Ant., de Constitutione Bavariae, Carmen comitiis Monachii habendum sacris. 4maj. Herbipoli, Stahel. 819.

Keil, Jos., Ecclesia redintegrata Bavariae. Summis piisque restauratoribus epicum poema sacrum. 4maj. (Wirceb., Stahel in comm.) 818. Rthlr.

Keil, K., d. Neuordng. d. Handwerker- u. Lehrlingswesens. E. gemeinverständl. Darstellg. d. vom gelt. Rechte abweich. Vorschriften d. Reichsgesetzes, betr. die Abänderg. d. Gewerbeordng., v. 26. VII. 1897. M. e. Textausg. d. Gesetzes. gr. 8. (XVI, 120 S.) Leipzig 898. E. Avenarius. Kart. n. 2.—

Keil, K., s. Verzeichniss der stenographischen Literatur.

Keil, K., Verzeichniss der stenographischen Literatur [Druckwerke u. Kunstgegenstände] Deutschlands u. der wichtigsten gleichartigen Erscheinungen des Auslandes, sowie eine Auswahl verwandter Werke über Schriftkunde, Pasigraphie u. die Tachygraphie der Alten. Nach den Systemen geordnet. 16. (92 S.) Leipzig 880. Robolsky. n. — 40

Keil, Karl

Keil, Car., Analecta epigraphica et onomatologica. 8maj. (17 B.) Lipsiae 842, Vogel. *

Zum Andenken an Ludwig Ross. Von einem Freunde [d. i. Karl Keil]. Leipzig. [1861.] 8°

– De inscriptione Attica commentariolus. Gel. 1864. 10 S. 4°.

Keil, Karl, epigraphische Excurse. Abdr. aus dem 2. Supplementbde. d. Jahrbücher für class. Philologie. Leipzig 858. Teubner. gr. 8. (36 S.) 9 ngr

Keil, Carl, zwei griechische Inschriften aus Sparta und Gytheion. gr. 8. (VIII und 30 S.) Leipzig 849, Vogel.

Augusto Boeckhio decem lustra inde a summis in philosophia honoribus rite impetratis Id. Mart. a. 1857 feliciter et gloriose peracta congratulantur Praeceptores Portenses. (enthält: I. Epistola gratulatoria. 2 S. II. Carmen Steinharti. 8 S. III. Keil inscriptiones Thessalicae tres. 15 S. cf. p.)
Pforta, Progr. 1857

— Mantissa epigraphica. Pr. 1864. 10 S.

Keil, Carl: Schedae epigraphicae. 55 S.– Pforta, Progr. 1855.

Keil, C., Scholion Arateum. Pr. 1848. 8 S. 4°.

Keil, Carol. Scholion Arateum. 8 S.
Berlin, W.G., Progr. 1846

Keil, Car., Specimen onomatologi graeci. 8maj. (9 B.) Lipsiae 840, Fratr. Reichenbach. *

Keil, C. Sylloges Inscriptionum Beoticarum particula. 48 S.
Pforta, Progr. 1845

—— Sylloge inscriptionum Boeoticarum. 4maj. (XII und 249 S.) Lipsiae 847, Vogel.

Keil, Karl, zur Sylloge inscriptionum Boeoticarum. gr. 8. (164 S.) Leipzig 863, Teubner.
Aus dem 4. Suppl.-Bd. der Jahrbücher für classische Philologie, besonders abgedruckt.

Keil, Carolus: Utrum Martialis codicum prima familia peculiarem habeat auctoritatem necne quaeritur. Jena 1909: Neuenhahn. 55 S. 8°
Jena, Phil. Diss. v. 27. Jan. 1909, Ref. Götz
[Geb. 21. Dez. 85 Arnstadt; Wohnort: Arnstadt; Staatsangeh.: Schwarzburg-Sondershausen; Vorbildung: Gymn. Arnstadt Reife O. 04; Studium: Jena 9 S.; Rig. 18. Juli 08.] [U 09. 2190

Keil, C. A., Vindiciae onomatologicae. Gel. 1848. 10 S. 4°.

—— Vindiciae onomatologicae. Fol. (4 B.) Numburgi 843. (Lipsiae, Vogel.) *

— vindiciae onomatologicae. Fol. Numburgi 844. (Leipzig, W. Vogel.) n. 1/6 ℛ

Keil, Karl August Gottlieb

Keil, Karl Aug. Gli., († d. 22. April 1818.) Abhandlung über Röm. 8, 23. Wer diejenigen sind, d. des Geistes Erstlinge haben? Aus d. Latein. übers. von S. G. Unger. 8. Leipz. 812. (W. Nauck). 6 ℊ

Keil, K. A. Th., Abhandlung üb. Röm. 8, 23. Wer diejenigen sind, die des Geistes Erstlinge haben? Aus d. Latein. übers. von S. G. Unger. 8. Leipz. Sommer. 812. -

Keil, K. A. Th., u. H. G. Tzschirner, Analecten f. das Studium d. wissenschaftl. Theologie. Ir u. IIr Bd. à 3 Stück. IIIr Bd. 1s Stck. gr. 8. Leipzig, Barth. 812—816. (à 20 gr.)

Keil, C. A. G., und H. G. Tzschirner, Analekten für das Studium d. exeget. und systemat. Theologie. 3 Bde. Jeder in 3 Heften. gr. 8. Leipzig, Barth. 812—817. à 20 Gr.

— u. H. G. Tzschirner, Analekten, s. Analekten.

Keil, C. A. G., de causis alieni Platonicorum recentt. a religione christ. animi. Lips. 1785. 4; rep. in ejsd. opusc. p. 391—438.

— Comm. de argumento loci Matth. XXV, 31—40. 4. Leipz. 809.

— de doctoribus vet. eccles. culpa corruptae per Platon. sentent. theolog. liberantib. Comm. I. 4. Leipz. 793. (W. Vogel). 12 ℊ (Bis 1816 21 Stcke.)

— — u. (Respond.) **Gottfr. Sigismund Jaspis,** De doctoribus veteris ecclesiae culpa corruptae per Platonicas sententias theologiae liberandis commentatio I. Lpz. (Saalbach) 3. X. 1793. 46 S. (6.30) 17635

— — Dasselbe. II. Lpz. (Saalbach) 15. X. 1793. (S. 47—98.) (5.—) 17636

— — De doctoribus veteris ecclesiae culpa corruptae per Platonicas sententias theologiae liberandis commentatio III. (Solemnia disp. candidati summorum in theologia honorum . . .). Lpz. (Klaubarth) 16. VI. 1796. 24 S. (6.—) 17637
Genealog. Biogr. v. Christian Samuel Weisse.

— — De historica librorum sacrorum interpretatione ejusque necessitate commentatio. (Ad aud. orat. quam profess. theol. extraord. adeundae causa.) Lpz. (Sommer) 15. V. 1788. 16 S. (4.50) 17633

— commentatio I. et II. in locum Epistolae ad Philipp. II, 5—11. 4. Leipz. 803, 4.

Keilii, C. A. T., Elementa hermeneutices N. T. Latine redd. C. A. G. Emmerling. Lips. 811. 8. W. Vogel.

Keil, (C. A. G.,) üb. d. histor. Erklärungsart d. heil. Schrift u. deren Nothwendigkeit. A. d. Lat. v. C. A. Hempel. 8. 793. ist Verl. v. Reinicke u. C. in Halle.

— — De exemplo Christi recte imitando. Diss. theol. Lpz. (Saalbach) 28./29. XI. 1792. 40 S. (6.—) 17634

Keil, C. A. G., de exemplo Christi recte imitando. Lips. 1792. 4; rep. id ejsd. opusc. 1. p. 100–135.

— **M. Carl August Theoph(il: Gottlieb)** (Hayna-Misnic.) u. **Johann Wilhelm Linde** (Thorn), Historia dogmatis de regno Messiae Christi et apostolorum aetate ad illustranda n. t. loca accommodate exposita. Diss. I. Lpz. (Sommer) 4. IV. 1781. 52 S. (6.50) 17632
Gew.: Johann Friedrich Graf Vitzthum v. Eckstaedt (Woelckau, Reibnitz ...).

Keil, C. A. G., historia dogmatis de regno Messiae, Christi et app. aetate. Lips. 1781. 4; rep. in ejsd. opusc. p. 22 ss.

— Lehrbuch d. Hermeneutik d. N. Testaments, nach Grundsätzen der grammat.-histor. Interpretation. gr. 8. Leipz. 810. W. Vogel. 14 ℊ

Keil, Karl August Gottlieb, s. Morus, S. F. R.: Predigten.

— opuscula acad. ad N. T. interpretationem grammaticam historicam et theologicae christianae origines pertinentia, ed. J. D. Goldhorn. 8maj. Leipz. 821. Barth. 4 ℛ chart. imp. med. 4 ℛ 12 ℊ ch. scr. 5 ℊ

Keil, C. A. G., de Paulo πρὸ ἐτῶν δεκατεσσάρων ἁρπαγέντι ἕως τρίτου οὐρανοῦ καὶ εἰς τὸν παράδεισον. Lips. 1816. 4; rep. in ejsd. opusc. 1. p. 318–38.

— — Quinam sint Rom. VIII, 23. *οἱ ἀπαρχην τυ πνευματος ἐχοντες*, ostenditur. (Panegyrin disputationis duorum candidat. doct. ...). Lpz. (Klaubarth) 6./7. XII. 1809. 32 S. (6.—) 17638
Biographien v.: Heinrich August Schott (Leipzig; M.: M. F. S. Bahrdt) u. Christian Anton August Fiedler (Bautzen; M.: Ch. E. Richter).

– s. Schwarze, Chr. Aug.: Schulrede.

— de definiendo tempore itineris Pauli Hierosolymitani Gal. 2, 1—2. commemorati. Lips. 1798. 4; repet. ibid. p. 160–71.

— systemat. Verzeichniß theolog. Schriften. 8. Stend. 784. 2e A. 792. Franzen u. Gr. 14 ℊ

Keil, Karl Ernst Jacob [aus Hohen-Sülzen]: Covarianten eines ebenen Systems, bestehend aus einem Kegelschnitt und mehreren Geraden .... Giessen, Druck v. Wilhelm Keller, 1888; 19 + 1 S. 4°
Giessen, Phil. Fak., Inaug.-Diss. v. 1888

Keil, Karl Friedrich

Keil, J. C. F., Apologia mosaicae traditionis de mundi hominumque originibus exponentis. 4maj. Dorpat 838. (Glaeser.) n. 2/3 ℛ

Keil, Car. Frid., Apologia mosaicae traditionis de mundi hominumque originibus exponentis. Comment. I. 4maj. (6 1/2 B.) Dorpati Livonor. 839, [Model.] *

— Apologia Mosaicae traditionis de mundi hominumque originibus exponentis. Comment. I. 4 maj. Dorpati Livonorum 839. Severin. n. 2/3 ℛ

Keil, Karl Friedr., Handbuch der biblischen Archäologie. 1. Hälfte. Die gottesdienstlichen Verhältnisse der Israeliten. Mit 4 lith. Taf. (in 8. u. 4.) Frankfurt a. M. 858. Heyder u. Zimmer. gr. 8. (VIII, 452 S.) n. 2 ℛ.

Keil, Karl Frdr., Handbuch der biblischen Archäologie. 2. Hälfte. Die bürgerlich-socialen Verhältnisse der Israeliten. Frankfurt a. M. 859. Heyder & Zimmer. gr. 8. (VII, 308 S.) n. 1 ℛ 10 ngr.

Keil, Carl Friedr., Handbuch der biblischen Archäologie. 2., verb., verm. und theilweise umgearb. Aufl. gr. 8. (XIV, 766 S. mit 4 lithogr. Taf.) Frankfurt a. M. 875, Heyder und Zimmer. * 14 —

— und Frz. **Delitzsch**, biblischer Commentar über das Alte Testament. Leipzig, Dörffling & Franke. gr. 8.
1. Thl.: Biblischer Commentar über die Bücher Mose's von Carl Frdr. Keil.
1. Bd.: Genesis u. Exodus. 861. (XXVI, 566 S.) n. 2 ℛ 24 ngr.
2. Bd.: Leviticus, Numeri u. Deuteronomium. 862. (590 S.) n. 2 ℛ 24 ngr.
2. Thl.: Biblischer Commentar über die prophetischen Geschichtsbücher des Alten Testaments von Carl Frdr. Keil.
1. Bd.: Josua, Richter u. Ruth. 863. (XIV, 382 S.) n. 2 ℛ
2. Bd.: Die Bücher Samuels. 864. (370 S.) n. 1 ℛ 26 ngr.
4. Thl.: Biblischer Commentar über die poetischen Bücher des Alten Testaments von Frz. Delitzsch.
2. Bd.: Das Buch Job. Mit Beiträgen von Fleischer u. Wetzstein nebst 1 (lith.) Karte u. Inschrift. 864. (543 S.) n. 2 ℛ 24 ngr.

—— —— dass. — 2. Thl. A. u. d. T.: Biblischer Commentar über die prophetischen Geschichtsbücher des Alten Testaments von Carl Friedr. Keil. 1.—3. Bd. gr. 8. Ebendas. *
Inhalt:
Bd. 1. Josua, Richter und Ruth. (XIV und 382 S.) 863. * 2 Thlr.
» 2. Die Bücher Samuels. (370 S.) 864. * 1 Thlr. 26 Ngr.
» 3. Die Bücher der Könige. (388 S.) 865. * 2 Thlr.

—— —— dass. — 3. Thl. A. u. d. T.: Biblischer Commentar über die prophetischen Bücher des Alten Testaments. 1., 3. und 4. Bd. gr. 8. Ebendas. *
Inhalt:
Bd. 1. Prophet Jesaia von Frz. Delitzsch. Mit Beiträgen von Fleischer und Wetzstein. (XXIII und 668 S.) 866. * 3 Thlr. 10 Ngr.
» 3. Prophet Ezechiel von Carl Friedr. Keil. (527 S. mit 4 Stnt. in 8. und 4.) 868. * 2 Thlr. 24 Ngr.
» 4. Die zwölf kleinen Propheten von Carl Friedr. Keil. (700 S.) 866. * 3 Thlr. 10 Ngr.

—— —— dass. — 4. Thl. A. u. d. T.: Biblischer Commentar über die poetischen Bücher des Alten Testaments von Frz. Delitzsch. gr. 8. Ebendas. *
Inhalt:
Bd. 1. Die Psalmen. Neue Ausarbeitung. (VI und 798 S.) 867. * 4 Thlr. 20 Ngr.
» 2. Das Buch Job. Mit Beiträgen von Fleischer und Wetzstein. (543 S. mit 1 lithogr. Karte und Inschrift.) 864. * 2 Thlr. 24 Ngr.

Keil, Carl Friedr., u. Frz. **Delitzsch**, biblischer Commentar über das Alte Testament. 1. Thl. A. u. d. T.: Biblischer Commentar über die Bücher Moses von Carl Friedr. Keil. 2 Bde. Leipzig, Dörffling & Franke. gr. 8. Jeder Bd. n. 2 ℛ 24 ngr.
1. Bd. Genesis u. Exodus. 2., verb. Aufl. (XXVI, 578 S.) 866.
2. Bd. Leviticus, Numeri u. Deuteronomium. 2. verb. Aufl. (III, 610 S.) 870.

—— und Frz. Delitzsch, biblischer Commentar über das alte Testament. 1. Thl. 2. Bd.; 2. Thl. 1. und 2. Bd.; 3. Thl. 1., 2., 4. und 5. Bd.; 4. Thl. 1. Bd., 1. und 2. Hälfte, 3. und 4. Bd.; 5. Thl. und Suppl.-Bd. gr. 8. Leipzig, Dörffling und Franke. * 112 80
Inhalt:
Thl. 1. Keil, Carl Friedr., biblischer Commentar über die Bücher Moses. 2. Bd.: Leviticus, Numeri und Deuteronomium. 2. verb. Aufl. (III, 610 S.) 870 * ℳ 8,40.
» 2. —— biblischer Commentar über die prophetischen Geschichtsbücher des alten Testaments. 1. Bd.: Josua, Richter und Ruth. 2. verb. Aufl. (XV, 405 S.) 874. * ℳ 7. — 2. Bd.: Biblischer Commentar über die Bücher Samuels. 2. verb. Aufl. (396 S.) 875. * ℳ 7.
» 3. Delitzsch, Frz., biblischer Commentar über die prophetischen Bücher. 1. Bd.: Der Prophet Jesaja. Mit Beiträgen von Fleischer und Wetzstein. 2. überarb. Ausg. (XXII, 725 S.) 869. * ℳ 12.
» 3. Keil, Carl Friedr., biblischer Commentar über die prophetischen Bücher. 2. Bd.: Der Prophet Jeremia und die Klagelieder. (636 S.) 872. * ℳ 10.
» 3. —— dass. — 4. Bd. Biblischer Commentar über die zwölf kleinen Propheten. 2. verb. Aufl. (715 S.) 873. * ℳ 11.

» 3. —— dass. — 5. Bd.: Biblischer Commentar über den Propheten Daniel. (419 S.) 869. *ℳ 6,40.
» 4. Delitzsch, Frz., biblischer Commentar über die poetischen Bücher des alten Testaments. 1. Bd.: Biblischer Commentar über die Psalmen 1. Hälfte. Psalm I—LXXII. 2. verb. und verm. Aufl. (VIII, 507 S.) 873. *ℳ 9.; 2. Hälfte: Psalm LXX—CL. Mit vier Excursen von Wetzstein. 3. verb. und verm. Aufl. (466 S.) 874. *ℳ 7.
Thl. 4. Delitzsch, Frz., biblischer Commentar über die poetischen Bücher. 3. Bd.: Biblischer Commentar über das Salomonische Spruchbuch. Mit Beiträgen von Fleischer und Wetzstein. (VII, 556 S.) 873. *ℳ 9.
» 4. —— dass. — 4. Bd.: Biblischer Commentar über das Hohelied und Koheleth. Mit Excursen von Wetzstein. (463 S.) 875. *ℳ 8.
» 5. Keil, Carl Friedr., biblischer Commentar über die nachexilischen Geschichtsbücher: Chronik, Esra, Nehemia und Esther. (VIII, 660 S.) 870. *ℳ 10.
Suppl.-Bd.: Commentar über die Bücher der Makkabäer. (IV, 426 S.) 875. *ℳ 8.

—— und Frz. Delitzsch, biblischer Commentar über das Alte Testament. 1. Teil. 1. Bd., 2. Teil. 3. Bd., 3. Teil. 1. Bd. und 4. Teil. 2. Bd. gr. 8. Ebendas. *

Inhalt:
Teil 1. Keil, Carl Friedr., biblischer Commentar über die Bücher Mose's. 1. Bd.: Genesis und Exodus. 3. verb. Aufl. (XXVIII, 623 S.) 878. *ℳ 10.
» 2. —— biblischer Commentar über die prophetischen Geschichtsbücher des alten Testaments. 3. Bd.: Die Bücher der Könige. 2. verb. und verm. Aufl. (430 S.) 876. *ℳ 8.
» 3. Delitzsch, Frz., biblischer Commentar über die prophetischen Bücher des alten Testaments. 1. Bd.: Der Prophet Isaia. 3. durchaus umgearb. Ausg. Mit neuen Beiträgen von H. L. Fleischer und J. G. Wetzstein. (XXII, 720 S.) 879. *ℳ 14.
» 4. —— biblischer Commentar über die poetischen Bücher des alten Testaments. 2. Bd.: Das Buch Iob. Mit Beiträgen von H. L. Fleischer und J. G. Wetzstein. Nebst 1 (lithogr.) Karte der Umgegend des Iobsklosters. 2. durchaus umgearb. Aufl. (VIII, 615 S.) 876. *ℳ 11.

—— und Frz. Delitzsch, biblischer Commentar über das Alte Testament. 3. Tl. 3. Bd. und 4. Tl. 1. Bd. gr. 8. Ebendas. *

Inhalt:
Tl. 3. Die prophetischen Bücher. 3. Bd.: Keil, Carl Friedr., biblischer Commentar über den Propheten Ezechiel. 2. verb. und teilweise umgearb. Aufl. (543 S. mit 4 lithogr. Taf.) 882. *ℳ 10.
» 4. Die poetischen Bücher. 1. Bd.: Delitzsch, Frz., biblischer Commentar über die Psalmen. 4. überarb. Aufl. (XII, 904 S.) 883. *ℳ 16.

— u. Frz. Delitzsch, biblischer Commentar üb. das Alte Testament. 4. Thl.: Poetische Bücher. 1. Bd. gr. 8. Ebend. 883. n. 16. 75
Biblischer Commentar üb. die Psalmen v. Frz. Delitzsch. 4. Aufl. Mit e. Excurs üb. Ps. 68, 16, v. Joh. Gfr. Wetzstein: Das batanäische Giebelgebirge. (VII, 904 u. 24 S.)

—— und Frz. Delitzsch, biblischer Commentar über das Alte Testament. 3. Tl.: Die prophetischen Bücher. 4. Bd. A. u. d. T.: Biblischer Commentar über die 12 kleinen Propheten von Carl Friedr. Keil. 3. nachgebesserte Aufl. gr. 8. (VIII, 718 S.) Ebendas. 885. *
1. und 2. Tl., 3. Tl. 1.—3. und 5. Bd., 4. und 5. Tl., nebst Suppl. Ebendas. 1866—79. *ℳ 134.80.

Keil, C. F., u. F. Delitzsch, biblischer Commentar üb. das Alte Testament. 3. Tl.: Prophetische Bücher. 1. u. 4. Bd. gr. 8. Leipzig, Dörffling & Franke. n. 30. —
1. Commentar über das Buch Jesaia v. F. Delitzsch. 4., neu bearb. Aufl. (VIII, 642 S.) 889. n. 16. —
4. Biblischer Commentar über die 12 kleinen Propheten v. C. F. Keil. 3., nachgebesserte Aufl. (VIII, 718 S.) 888. n. 14. —

Keil, Carl Frdr., u. Frz. Delitzsch, biblischer Kommentar üb. das Alte Testament. 4. Thl.: Poetische Bücher. 1. Bd. gr. 8. Leipzig 894. Dörffling & Franke. n. 18. —
Biblischer Kommentar üb. die Psalmen v. Frz. Delitzsch. 5., überarb. Aufl. Nach des Verf. hinterlassenem Druckmskr. hrsg. v. Frdr. Delitzsch. (XII, 861 S.)

Keil, Carl Friedr., Commentar über den Brief an die Hebräer. gr. 8. (420 S.) Leipzig 885, Dörffling und Franke. *

— Commentar üb. die Briefe d. Petrus u. Judas. gr. 8. (337 S.) Ebend. 883. n. 7. —

Keil, Carl Friedr., Commentar üb. die Bücher d. Könige. gr. 8. (41½ B.) Moskau 846, Severin's Verl. *

— Commentar über die Evangelien des Markus u. Lukas. gr. 8. (501 S.) Ebend. 879. n. 8 —

Keil, Carl Frdr., Commentar über das Evangelium des Johannes. gr. 8. (604 S.) Leipzig 881. Dörffling & Franke. n. 11. —

— Commentar über das Evangelium des Matthäus. gr. 8. (IV, 621 S.) Ebend. 877. n. 11. —

Keil, Carl Friedr., Commentar über das Buch Josua. gr. 8. (LX und 411 S.) Erlangen 847. [Frankfurt a. M., Heyder und Zimmer.]

Keil, Carl Friedr., Lehrbuch der historisch-kritischen Einleitung in die kanonischen Schriften des alten Testamentes. gr. 8. (XII und 744 S.) Frankfurt a. M. 853, Heyder und Zimmer. *

—— Lehrbuch der historisch-kritischen Einleitung in die kanonischen und apokryphischen Schriften des 'Alten Testamentes. 2 Hälften. 2., verm. und verb. Aufl. gr. 8. (XIV und 740 S.) Frankfurt a. M. 858, Heyder und Zimmer. *

— Lehrbuch der historisch-kritischen Einleitung in die kanonischen u. apokryphischen Schriften des Alten Testamentes. 2. verm. u. verb. Aufl. Ebend. 859. gr. 8. (XVI, 740 S.) n. 2 ₰ 20 ngr.

—— Lehrbuch der historisch-kritischen Einleitung in die kanonischen und apokryphischen Schriften des alten Testaments. 3. gänzlich umgearb. Aufl. 2 Lfgn. gr. 8. (XIV, 776 S.) Ebendas. 873. à Lfg. *ℳ 6. ~ 12 —

— die Hiram-Salomonische Schifffahrt. 8.
Dorpat: (Gläser) 1840.

Keil, Karl Friedr.: Der Tempel Salomos, eine archäologische Untersuchung. Dorpat: Livonor 1839. 8°
Kl. 3878 gibt „Dorpat: Severin" als Verlag an.
[Kayser: Neues Bücher-Lexikon. 7, 1 (1841) S. 503.]

—— der Tempel Salomo's. Eine archäologische Untersuchung. gr. 8. (10¾ B.) Dorpat 839, [Model.] *

Keil, Carl Friedr., apologet. Versuch üb. d. Bücher d. Chronik u. üb. d. Integrität d. Buches Esra. gr. 8. (29½ B.) Berlin 833, Oehmigke.

Keil, Karl Friedrich. Ein deutsches Wort an Deutschlands Bürgerwehren und Schützengilden. Zum Anhalt beim Wehrdienst in Bezug auf Vermeidung der Fremdwörter. Potsdam, Stuhr 1848. 23 S. 8.
Vgl. Keil, Friedrich Karl.

Keil, (Karl) Oswald: De gangraena nosocomiali. Berolini (1850). (31 S.) 8°
Berlin, Med. Diss. v. 1. März 1850

Zur Babel- und Bibelfrage. Von P. [Leonard] Keil. *Trier: Paulinus-Dr. 1903.* (78 S.) 8°
Erw. Neudr. aus: Pastor bonus. [o]. 9148

Keil, Martin Christian Polykarp

— — De hora qua Christus cruci affixus sit *ΕΝΑΝΤΙΟΦΑΝΕΙΑΣ* componendae causa. Commentat. theol.-crit. viro Friedrich Immanuel Schwarz jam theologiae in academia Lipsiensi professionem p. o. auspicanti congratulatur. Lpz. (Sommer) Sept. 1778. 32 S. (6.50) 17646

— **Martin Christian Polycarp,** Nexus doctrinae de sacrificio levitico et Christi. Diss. theol. Präs. Friedrich Immanuel Schwarz. Lpz. (Sommer) 7. IX. 1778. 48 S. (6.50) 17645
Gew. (v. Präs.): Friedrich Ludwig Wurmb (Gros-Furra), Christian Gotthelf Frh. v. Gutschmid, Adolph Heinrich Graf v. Schoenberg (Berthelsdorff, Niederottendorff), Johann August Heinrich Roeder.

— — (Staucha/Misnicus) u. **Gottlob David Christian Kretschmar** (Niederschoena/Misn.), De formulis concordiae veteris ecclesiae specim. I. Lpz. (Sommer) 8. IV. 1780. 50 S. (6.50) 17647
Gew.: Theophil Liebner.

Dem Andenken eines blühenden und hoffnungsvollen Jünglings, Herrn **Martin Carl Polykarp Keil's,** welcher seit 2 Jahren die Rechte in Leipzig studirte, und daselbst am 25sten Januar 1814, im 21sten Jahre seines Alters, starb, geweihet. Lpz. (J. N. Franz). 2 Bl. (4.50) 17644
Gew. v.: Brohmer, Gleißberg, Gräfenhain, Hasenritter, Hinze, M. Kämmerer, Kloß, Peter, Pietzsch, Pöge, Puffendorf, Reck, Rühlmann, Schier, Schomburgk (Stadtr.), Schomburgk (Diac.), v. Schrader, M. Schrader, Seidel, Slevogt, Stutzbach, Teichmann, Wiedemann, Wießner.

Keil, Moriz Georg, prakt. Arzt a. Kiel: Aus der Kgl. chirurgischen Universitätsklinik in Kiel. Zur Kasuistik der Darmrupturen durch stumpfe Gewalt. Kiel 1904: Schmidt & Klaunig. (36 S.) 8°
Kiel, Med. Fak., Ref. Helferich, Diss. v. 8. Okt. 1904
[Geb. 3. Mai 76 Gr.-Bretschkehmen, Rgb. Gumbinnen; Wohnort: Brühl b. Cöln; Staatsangeh.: Preußen; Vorbildung: Gymn. Wehlau Reife O. 98; Studium: Königsberg 10 S.; Coll. 29. Sept. 04; Approb. 23. Jan. 04.]

Keil, Osk. Heinr. Wilh., kaufmännische Unterrichts-Kurse zum Selbst-Studium der Kontorwissenschaft. 62 Lfgn. gr. 8. (VII, 1000 S.) Leipzig 883—85, Greßner und Schramm. à Lfg. 30 Pf.

Keil, Osk. Heinr. Wilh, kaufmännische Unterrichts-Kurse zum Selbst-Studium der Kontorwissenschaft. gr. 8. (VII, 1010 S.) Leipzig 883—86. Greßner & Schramm. 18. 60

Keil, Oswald Theodor

Keil, O. Th. Ueber den Begriff der Zahl und einige aus ihm sich ergebende Folgerungen. 22 S. . . . .
Liegnitz, R., Progr. 1836

Keil, O. Th. Einige Bemerkungen über den Standpunkt, welchen die deutsche Philosophie durch Hegel erreicht hat. 18 S. . . .
Liegnitz, R., Progr. 1828

Keil, O. Th. Quaest. Tullianarum specim. (Ueber eine große Anzahl Stellen aus d. Tusk. Disp.) 20 S. . . . .
Liegnitz, R., Progr. 1839

Keil, O. Th. Quaestionum Tullianarum spec. p. II. 16 S. [Über den Conjunctiv in der indirecten Frage.] . .
Liegnitz, R., Progr. 1846

Keil, P. (Hrsg.), s. A n z e i g e n und Mittheilungen f. Schlesiens Kohlen- u. Metall-Industrie-Bezirke.

Keil, P., elektrische Schiffahrt. Darstellg. ihrer Geschichte u. Entwickelg., nebst Anleitg. z. Einrichtg. elektr. Boote. 8. (V, 64 S. m. 24 Abb.) Leipzig 898. O. Leiner. n. 1. 80

Keil, P., Tabelle zur Umrechnung der russischen Banknoten in deutsche Reichswährung. qu. gr. Fol. Kattowitz 877. Gierth & Werner. n. — 35; auf Leinw. n. — 75

Keil, P. F., das Interusurium oder die richtige Bestimmung der Forderungswerthe zu andern, als den Verfallzeiten und die damit zusammenhängende Rentenreduktionslehre. Eine juristisch-mathemat. Abhandlung nach neuen Grundsätzen. gr. 8. (VIII und 216 S.) Jena 854, Mauke.

KEILS, R e i c h a r d, eines gebornen Deutschen, sonder- und wunderbare Geschichte, worinnen dessen fast unerhörte und unglaubliche Fata oder Avanturen enthalten, von ihm selbst beschrieben; absonderlich wie derselbe nebst seinen Reise-Gefährten nicht nur verschiedene Liebes-Intriguen, sondern aber auch andere verwegene Streiche ausgeführet . . . . Aus d. Holländ. in's Deutsche übers. Franckfurt u. Leipzig (Copenhagen, Mumme) 1748. 8°. Selten! (In Stuttgart.)

Keil, Rich., und Rob. Keil, Geschichte des jenaischen Studentenlebens von der Gründung der Universität bis zur Gegenwart. (1548—1858.) Eine Festgabe zum 300jährigen Jubiläum der Universität Jena. gr. 8. (XVI und 663 S.) Leipzig 858, Brockhaus. *

Keil, Rich., und Rob. Keil, Goethe, Weimar und Jena im J. 1806. Nach Goethes Privatacten. Am 50jähr. Todestage Goethes hrsg. gr. 8. (VIII, 159 S.) Leipzig 882, Schloemp. *
geb. *
Liebhaberbd. **

Keil, Richard: Die G r ü n d u n g d. dt. Burschenschaft in Jena, s. K e i l , Robert.

Keil, Richard, Städt. Tierarzt in Leipzig: Aus dem Physiolog. Institut der Tierärztl. Hochschule zu Dresden. Geh. Med.-Rat Prof. Dr. Ellenberger. Spaltbildungen an Tieraugen, deren Entstehung und Bedeutung bei den landwirtschaftlichen Haustieren. Wiesbaden: J. F. Bergmann 1906. (90 S.) 8°
Leipzig, Phil. Fak., Ref. Eber-Chun, Diss. v. 13. Nov. 1906
[Geb. 15. Aug. 74 Dessau in Anhalt; Wohnort: Leipzig; Staatsangeh.: Sachsen; Vorbildung: Gymn. Cöthen Unterprima bis O. 95; Studium: Tierärztl. Hochsch. Dresden 8, Univ. Leipzig 3 S.; Rig. 1. März 06.]

Keil, Richard: Die dt. S t a m m b ü c h e r des 16. bis 19. Jahrhunderts, s. K e i l , Robert.

Keil, Richard: Deutsche S t u d e n t e n l i e d e r . . . , s. K e i l , Robert.

Keil, Richard: Die burschenschaftl. W a r t b u r g f e s t e von 1817 bis 1867, s. K e i l , Robert

Keil, Robert

— und H. Rehbein, Ernst Moritz Arndt, s. Rehbein, H.

Keil, Robert: Der A r r i e r o . s.a. V o l k s - E r z ä h l u n g e n , Kleine.

Der Arriero oder die geheimnisvolle Botschaft. Eine Erzählung aus d. Mexikanerleben von Robert **Keil**. Mülheim a.d. Ruhr: J. Bagel [1903]. (63 S.) 8° [J.] 4770

– Der Bagnosträfling, s.a. Volks-Erzählungen, Kleine.

Der Bagnosträfling oder Unschuldig verurteilt. Eine Erzählung von Robert **Keil**. Mülheim a.d. Ruhr: J. Bagel [1902]. (64 S.) 8° [J.] 4771

– Die Braut des Goldgräbers, s.a. Volks-Erzählungen, Kleine.

Die Braut des Goldgräbers. Eine Erzählung aus d. Goldgräberleben Kaliforniens von Robert **Keil**. Mülheim a. d. Ruhr: J. Bagel [1905]. (64 S.) 8° [J.] 4772

– Mein verschollener Bruder, s.a. Volks-Erzählungen, Kleine.

Mein verschollener Bruder oder: Das Wiedersehen im Indianergebiet. Eine Erzählung aus meinen Erlebnissen unter d. Indianern von Robert **Keil**. Mülheim a. d. Ruhr: J. Bagel [1901]. (64 S.) 8° [J.] 4773

– Hawkins Farm, s. Volks-Erzählungen, Kleine.

– Die mutige Farmerstochter, s. Volks-Erzählungen, Kleine.

Keil, Rob., im Feenreiche. Neue Märchen u. Erzählgn. f. die liebe Jugend. Mit 4 feinen Farbendr.-Bildern. 8. (167 S.) Reutlingen 886. Bardtenschlager. cart. n. 1. 50

— im Feenreiche. Neue Märchen u. Erzählungen f. die liebe Jugend. Mit (4) feinen Farbendr.-Bildern. 8. (167 S.) Reutlingen 887. Bardtenschlager. geb. 1. 60

Keil, Rob., im Feenreiche. Neue Märchen u. Erzählgn. f. die liebe Jugend. 8. (192 S. m. 4 Farbdr.) Stuttgart (899). Reutlingen, R. Bardtenschlager. Geb. 2. 50

Keil, Rob., Festrede, zur Enthüllung des Denkmals der deutschen Burschenschaft auf dem Eichplatz zu Jena am 2. Aug. 1883 gehalten. gr. 8. (16 S.) Jena 883, Mauke's Verlag. **

– Die Flucht aus dem Lepra-Hospitale, s. Volks-Erzählungen, Kleine.

Keil, Rob., Wiener Freunde 1784—1808, s.a. Beiträge zur Geschichte der deutschen Literatur und des geistigen Lebens in Oesterreich.

Wiener Freunde 1784—1808. Beitraege zur Jugendgeschichte der deutsch-oesterreichischen Literatur von Rob. **Keil.** Wien: Konegen 1883. VIII, 105 S. 8°
(Beitraege z. Gesch. d. deutsch. Lit. u. d. geistig. Lebens in Oesterreich. 2.)
cf. Bh. 27 (1884) S. 123--125, 157—158 (O. Heinrichs).
Tt. 972. Biogr. von K. L. Reinhold u. Briefe von I. v. Born, J. B. v. Alxinger, G. Leon, L. L. Haschka an denselben. Der Frmrei wird öfter gedacht. 439.

Das Geheimnis | der Zigeunerin. | Erzählung | von | Robert Keil. (= *Nro.* 200).
Kol.: Druck und Verlag von R. Bardtenschlager in Reutlingen.
o. J. (1886), 64 S., 166 × 108.
LBS d. D. oct K 3330.

Keil, Robert: Geschichte des jenaischen Studentenlebens..., s. Keil, Richard.

Keil, Rob., ein denkwürdiges Gesellen-Stammbuch aus der Zeit des 30jährigen Krieges. Original-Mittheilung als ein Beitrag zur Geschichte der deutschen Spruch-Poesie und des deutschen Kultur-Lebens überhaupt. Lahr 861. Schauenburg & Co. 16. (2 Bl., 99 S.) n. 10 ngr.

—— bei Gnomen und Zwergen. Neue Märchen und Erzählungen für die liebe Jugend. 8. (167 S. mit 4 feinen Farbendr.-Bildern.) Ebendas. 887. geb.

— bei Gnomen u. Zwergen. Neue Märchen u. Erzählgn. f. die liebe Jugend. 8. (192 S. m. 4 Farbdr.) Ebd. (899). Geb. 2. 50

Keil, Rob., bei Gnomen u. Zwergen. Neue Märchen u. Erzählgn. f. die Jugend. Mit (4) feinen Farbendr.-Bildern. (160 S.) 8. Reutlingen (910). R. Bardtenschlager. Kart. 1. 80

Keil, Robert: Goethe, Weimar und Jena i. J. 1806, s. Keil, Richard.

Keil, Rob. (I.), das Goethe-Nationalmuseum in Weimar. Erinnerungen an Goethe und Alt-Weimar. 8. (64 S.) Weimar 886, Huschke. *ℳ 1.—.; geb. *

Keil, Rob., das Goethe-Nationalmuseum in Weimar. Erinnerungen an Goethe u. Alt-Weimar. 2. Aufl., besorgt v. Herm. Francke. (VII, 59 S. m. 1 Abbildg.) 8. Weimar (905). A. Huschke Nachf. n. 1. —

Keil, Rob., e. Goethe-Strauß. Jugend-Gedichte Goethe's nach der Handschrift d. Dichters von 1788, biographisch erläutert. Mit 10 Illustr. u. e. farb. Lichtdr.: die „Schöne Mailänderin". gr. 8. (VIII, 196 S.) Stuttgart 891. Deutsche Verlags-Anstalt. n. 5. —; geb. n.n. 6. —; in Liebhaberbd. n.n. 7. 50

—— und Rich., die Gründung der deutschen Burschenschaft in Jena. gr. 8. (163 S.) Jena 865, Mauke's Verlag. *

—— und Rich. Keil, die Gründung der deutschen Burschenschaft in Jena. 2. Aufl., als Festschrift zur Enthüllung des Burschenschafts-Denkmals 1883 neu bearb. von Rob. Keil. gr. 8. (140 S.) Jena 883, Mauke's Verlag. *

Keil, Rob., der Handel m. „Ebenholz". Eine Erzählg. 12. (64 S.) Reutlingen (900). R. Bardtenschlager. — 25

—— ein Jahr in Atschin, s.a. Volks-Erzählungen, kleine.

Ein Jahr in Atschin. Erzählung von Robert **Keil**. Mülheim a. d. Ruhr: J. Bagel [1902]. (63 S.) 8° [J.] 4774

Keil, Rob., Vor hundert Jahren. Mittheilungen über Weimar, Goethe und Corona Schröter aus den Tagen der Genie-Periode. Festgabe zur Säkularfeier von Goethe's Eintritt in Weimar [7. Novbr. 1775]. 2 Bde. 8. Leipzig 875, Veit und Comp. à Bd. *ℳ 5.

Inhalt:

Bd. 1. Goethe's Tagebuch aus den Jahren 1776—1782. Mit dem Bildnisse Goethe's (Kpfrst.). (VIII, 260 S.)

" 2. Corona Schröter. Eine Lebensskizze mit Beiträgen zur Geschichte der Genie-Periode. Mit dem Bildnisse der Corona Schröter (Kpfrst.). (VI, 296 S.)

Keil, Rob., vor hundert Jahren. Mittheilungen über Weimar, Goethe u. Corona Schröter aus den Tagen der Genie-Periode. Neue (Titel-)Ausg. Mit 2 Bildnissen in Stahlst. gr. 8. (VIII, 260 u. VI, 296 S.) Leipzig (1875) 882. Veit & Co. n. 5. —

—— hübsche Märchen und Geschichten für liebe Kinder. 8. (189 S. mit 1 Chromolithogr.) Mülheim 882, Bagel's Verlagsh. cart. *

Keil, Rob., neue Märchen f. die liebe Jugend. Mit 3 Farbendr.-Bild.) 12. (79 S.) Mülheim a/R. 896. J. Bagel. Geb. — 60

— Aus dem Märchenlande. (112 S. m. 2 Farbdr.) 8. Mülheim-Ruhr (908). J. Bagel. Geb. 1. —

—— im fernen Orient. Reiseerlebnisse des Kronprinzen Rudolf von Oesterreich. Für die Jugend erzählt. 8. (184 S. mit 4 Chromolithogr.) Reutlingen 887, Bardtenschlager. geb.

— Pirat u. Pflanzer. Eine Erzählg. f. die Jugend. Mit 5 Farbendr.-Bildern v. W. Schäfer. 12. (72 S.) Wesel 893. W. Düms. Kart. n. — 50

— Pirat u. Pflanzer. E. Erzählg. f. d. Jugend. Mit 5 Farbendr.-Bildern v. W. Schäfer. 11. u. 12. Tausd. 12. (72 S.) Wesel 898. W. Düms. Geb. — 50

— die Pulvermühle im Blockhaus, s.: Volks-Erzählungen, kleine.

— Mibois Rache, s.: Volks-Erzählungen, kleine.

Keil, Rob., Frau Rath. s.: Frau Rath

— um Recht u. Freiheit. Geschichtliche Erzählung. 8. (96 S. m. 4 Farbendr.) Reutlingen 889. Bardtenschlager. geb. n.n. — 60

Keil, Rob., Rechts-Katechismus für das deutsche Volk. Kurzgefaßtes Lehrbuch über das Mein und Dein oder das in Deutschland gültige bürgerliche Recht, in seinen Hauptgrundsätzen für Jung und Alt, Stadt und Land systematisch, aber allgemein faßlich dargestellt. 8. (XII und 98 S.) Weimar 856, Jansen und Comp.

Keil, Rob., Rechts-Katechismus für das deutsche Volk. Kurzgefaßtes Lehrbuch über das Mein und Dein oder das in Deutschland gültige bürgerl. Recht, in seinen Hauptgrundsätzen für Jung und Alt, Stadt und Land systematisch, aber allgemein faßlich dargestellt. Neue (Titel-)Ausg. 8. (XII und 98 S.) Leipzig (856)64, Deckmann.

—— dass. — Neue (Titel-)Ausg. 8. (XII und 98 S.) Berlin (856)68, Mode's Verlag. *

– In den Ruinen des Inkaspalastes, s. Volks-Erzählungen, Kleine.

—— die schönsten Sagen der Löwenburg auf „Drachenfels" am Rhein. 8. (64 S.) Ebendas. 886. *

— der Schutzgeist der Prärie, s.: Volks-Erzählungen, kleine.

Keil, Robert u. Richard. Die Deutschen Stammbücher des sechzehnten bis neunzehnten Jahrhunderts. Ernst und Scherz, Weisheit und Schwank in Original-Mittheilungen zur deutschen Kultur-Geschichte von Robert und Richard Keil. Berlin, G. Grote'sche Verlagsbuchhandlung 1893.
VIII + 337 S. 8°.

—— und Rich. Keil, deutsche Studenten-Lieder, s.a. Studenten-Lieder.

— und Rich. Keil, deutsche Studenten-Lieder des 17. u. 18. Jahrhunderts. Nach alten Handschriften gesammelt u. mit einleitenden Bemerkungen über die Geschichte des deutschen Studentenliedes versehen. Lahr 861. Schauenburg & Co. 16. (2 Bl. 234 S.) n. 15 ngr.

– Die Tochter des Sklavenhalters, s. Volks-Erzählungen, Kleine.

—— Ukukani, s.a. Volks-Erzählungen, kleine.

Ukukani oder die geraubte Burentochter. Eine Erzählung aus d. Zeit d. Kaffernkriege von Robert Keil. Mülheim a. d. Ruhr: J. Bagel [1903]. (63 S.) 8° [J.] [o4. 6775

– Der Urteilsspruch des Häuptlings, s.a. Volks-Erzählungen, Kleine.

Der Urteilspruch des Häuptlings. Eine Erzählung aus d. Indianerleben von Robert Keil. Mülheim a. d. Ruhr: J. Bagel [1902]. (64 S.) 8° [J.] [o4. 6776

—— s. Volks-Erzählungen, kleine.

Keil, Rob., vom Nil zum Jordan. Erlebnisse u. Reiseschilderqn. in Aegypten u. Palästina. Für die Jugend erzählt. (166 S. m. 8 Farbdr.) gr. 8. Stuttgart (905). Reutlingen, R. Bardtenschlager. Geb. 3. —

—— und Rich. Keil, die burschenschaftlichen Wartburgfeste von 1817 und 1867. Erinnerungsblätter, mit Orig.-Beiträgen von Hofmann, Riemann und Zober und dem Facs. der Praesenzliste von 1817 (auf 10 Stnt. in 4.). gr. 8. (IV, 196 S.) Jena 868, Dufft. *

Wieland und Reinhold. Orig.-Mittheilungen als Beiträge zur Geschichte des deutschen Geisteslebens hrsg. von R[ob.] Keil. Leipzig: Friedrich 1885. VIII, 368 S. 8°
[Heinsius: Allgem. Bücher-Lexikon. 18 (1889) S. 806.]

— aus klassischer Zeit. Wieland u. Reinhold. Orig.-Mittheilungen als Beiträge zur Geschichte d. deutschen Geisteslebens im 18. Jahrh. Neue (Titel-)Ausg. gr. 8. (VIII 368 S.) Leipzig 890. Friedrich. n. 6. —

Keil, Rob. Konr., quer durch China. Abenteuer e. sibir. Flüchtlings. Für die Jugend erzählt. Mit 49 Abbildgn. in Farbendr.-Holzschn. u. Fcsm. gr. 8. (V, 320 S.) Kreuznach 886. Voigtländer's Verl. n. 5. —; geb. n. 6. —

Keil, Rob. K., quer durch China. Abenteuer e. sibirischen Flüchtlings. Für die Jugend erzählt. Mit 49 Abbildgn. in Farbendr., Holzschn. u. Fcsm. 2. Aufl. gr. 8. (V, 320 S.) Leipzig 890. [Voigtländer.] Geibel & Brockhaus. n. 3. 50; geb. n. 4. —

Keil, Rob. Konr., Abenteuer e. sibirischen Flüchtlings. Quer durch China. Für die Jugend erzählt. Mit 6 Farbendr.-Bildern v. K. M. Seppel u. zahlr. Holzschn. nach Orig.-Aufnahmen. Neue Rechtschreibg. 2. Aufl. (V, 320 S. m. 8 Taf.) gr. 8. Berlin (903). Neufeld & Henius. Geb. in Leinw. 5. —

— von der Schulbank nach Afrika. Irrfahrten zweier deutschen Knaben. Für die Jugend erzählt. Mit 48 Abbildgn. gr. 8. (III, 284 S.) Ebend. 885. geb. n. 4. —

Keil, Rob. Konr., von d. Schulbank nach Afrika. Irrfahrten zweier deutschen Knaben. Für d. Jugend erz. M. 47 Abb. 2. Aufl. gr. 8. (III, 276 S.) Leipzig 897. Geibel & Brockhaus. Geb. in Leinw. n. 4. —

— von der Schulbank nach Afrika. Erzählung f. die Jugend. Mit 6 Vollbildern, davon 4 in Farbendr., nach Aquarellen v. Johs. Gehrts sowie zahlreichen Textillustr. Neue Rechtschreibg. 3. Aufl. (IV, 287 S.) 8. Ebd. (906). Geb. 5. —

Keil, Rudolph, aus Leipzig: Eine neue Synthese äthylierter Benzolkohlenwasserstoffe. *Heidelberg 1903: K. Rößler.* (54 S.) 8°
Heidelberg, Naturw.-math. Diss. v. 1903

Keil, W., Compendium hydro-therapeuticum. Die Lehre von der Anwendung des Wassers als Heilmittel. gr. 8. (162 S.) Naumburg 862, Tauerschmidt.

Keil, W., Einleitung in das Studium der reinen Arzneimittellehre. 8. (96 S.) Sondershausen 855, Eupel's Verlag.

Keil, W., die Kardinalmittel der Heilkunst. [Aus: „Hygieia".] gr. 8. (82 S.) Stuttgart 895. A. Zimmer. n. — 60

Keil, W., das kohlensaure Wasser, seine Heilsamkeit in Krankheitsfällen und seine leichte und billige Bereitung im Hause mittelst des sogenannten Liebigschen Apparates. 16. (VIII und 48 S. mit 1 Holzschnt.) Leipzig 859, Weber. *

Keil, Wilhelm: Beiträge zur Litteratur der temporalen Hemianopie. Halle a. S. 1885: Köhler. 32 S. 8°
Halle-Wittenberg, Med. Diss. v. 30. April 1885
Geb. Eisleben 30. 12. 1859. V.
Verf. erlebte die Diplomerneuerung 1935 als Sanitätsrat in Torgau.

Keil, W., Berliner Elementar-Atlas. gr. 4. (26 chromolith. Karten.) Gera 884. Th. Hofmann. n.n. — 90

— Elementar-Atlas f. den Reg.-Bez. Breslau. gr. 4. (26 chromolith. Karten m. 2 Bl. Text.) Ebend. 885. n.n. — 90

— dasselbe, f. die Kreishauptmannsch. Dresden. gr. 4. (25 chromolith. Bl.) Ebend. 884. n.n. — 90; Einbd. n.n. — 10

— dasselbe, für die Kreishauptmannsch. Leipzig. gr. 4. (26 chromolith. Karten.) Ebend. 884. n.n. — 90; Einbd. n.n. — 10

— dasselbe, f. den Reg.-Bez. Magdeburg. gr. 4. (25 chromolith. Bl.) Ebend. 884. n.n. — 90; Einbd. n.n. — 10

— dasselbe, f. den Reg.-Bez. Merseburg. gr. 4. (25 chromolith. Bl.) Ebend. 884. n.n. — 90; Einbd. n.n. — 10

— dasselbe, f. den Reg.-Bez. Potsdam. gr. 4. (26 chromolith. Karten.) Ebend. 884. n.n. — 90

— dasselbe, f. die Fürstenthümer Reuss ältere u. jüngere Linie. gr. 4. (24 chromolith. Karten.) Ebend. 886. n. 1. —; Einbd. n.n. — 10

— dasselbe, f. das Herzogth. Sachsen-Altenburg. gr. 4. (26 chromolith. Karten m. 2 Bl. Text.) Ebend. 885. n.n. — 90

— dasselbe, f. Schleswig-Holstein, Hamburg u. Lübeck. gr. 4. (25 chromolith. Bl.) Ebend. 884. n.n. — 90; Einbd. n.n. — 10

— dasselbe, f. den Reg.-Bez. Wiesbaden. gr. 4. (26 chromolith. Karten m. 2 Bl. Text.) Ebend. 885. n.n. — 90

Keil, W., und A. K. van der Laan, Geographie, s.: Vorbereitungen und Entwürfe aus dem gesamten Unterrichtsgebiete der deutschen Volksschule.

Keil W und A K v d Laan, Geographie, Heimat-, Länder-, Völker- und Himmelskunde. (Sprockhoff, Vorbereitungen 4. 5) Breslau 1888

Keil, W., Handkarte von Thüringen und dem Harz. Für den Unterricht in der Heimathskunde bearb. 2. Bl. gr. 4. Cassel 874, Fischer. *
Inhalt:
Bl. 1. Physischer Theil. * 40 Pf.
» 2. Politischer Theil. * 30 Pf.

Keil, W., Orts-Lexikon des Deutschen Reichs, s.: Neumann.

Keil, Wilh., Orts- u. Verkehrs-Lexikon des Deutschen Reichs, s.: Neumann.

Keil, W., Saale und Werra. Thüringerwald, Frankenwald, Harz und angrenzende Gebiete ... M. 1 : 150000. Cassel [1879?] 12 Bll. . . . . (Br. Mus.)

— u. Fr. Riecke, deutscher Schul-Atlas. 36 Haupt- u. 20 Nebenkarten in Farbendr., nebst Heimatkarte. 30. verm. u. vollständig neubearb. Aufl. v. Amthor-Issleibs Volks-Atlas üb. alle Teile der Erde. gr. 4. (3 S. Text.) Ebend. 886. n. 1. —; Einbd. n.n. — 40

W[ilhelm] Keil und Fr. Riecke. Deutscher Schul-Atlas. 39 Haupt- u. 33 Nebenkarten in Farbendr. Gratisbeil.: Heimatkarte. 50. verm. u. vollst. neubearb. Aufl. von [Ed.] Amthor-[W.] Issleibs Volks-Atlas über alle Teile d. Erde ... *Leipzig: Th. Hofmann 1903.* (40 S. Karten.) 4° [04. 1053]

W[ilhelm] Keil und Fr. Riecke. Deutscher Schul-Atlas. 45 Haupt- u. 38 Nebenkarten. 51. verm. u. vollst. neubearb. Aufl. von [Ed.] Amthor-[W.] Issleibs Volks-Atlas über alle Teile d. Erde. Leipzig & Berlin: Th. Hofmann [1905]. (III, 43 Kartenseiten) 4° [06. 1137]

W[ilhelm] Keil und Fr. Riecke Deutscher Schul-Atlas. 45 Haupt- u. 38 Nebenkarten. 52. verm. u. vollst. neubearb. Aufl. von [Ed.] Amthor-[W.] Issleibs Volks-Atlas über alle Teile d. Erde. Berlin & Leipzig: B. G. Teubner [1907]. (III, 43 Kartenseiten.) 4° [07. 1163]

Keil, W., der gegenwärtige Standpunkt der deutschen, österreichischen u. schweizerischen Schulkartographie u. unser heutiges Recensententhum. Nebst einem kurzen Ueberblick über die geograph. Veranschaulichungsmittel der anderen Staaten Europas u. einiger Länder Amerikas u. Asiens. [Aus: „Pädagog. Blätter, hrsg. v. Kehr".] gr. 8. (33 S.) Gotha 879. Thienemann. n. — 50

Keil, W., Politische u. Eisenbahn-Wand-Karte von Deutschland u. den deutschredenden Nachbarländern. M. 1:1000000. Kassel, Fischer, 1881. 12 Bll. gr. Fol. Chromolith. 8 M.)

Keilbach, E., die Verhandlungen der 18. Plenarversammlung des Cäcilien-Vereins am 4. VIII. 1904 zu Rottenburg a. N. Gewidmet den Mitgliedern des Vereins sowie allen Freunden der hl. Musik. (34 S. m. 1 Abbildg.) 8. Stuttgart 904. (Deutsches Volksblatt) n. — 25

Keilberg [Schlagwort]

Keilberg, s.: Annaberg.

Keilberggebiet, s.: Fichtelgebirge.

Keilberg-Jahrbuch 1909. Geleitet v. Karl Knopf. (200 S. m. 7 Taf.) gr. 8. Weipert, F. Thoms. 1. —
Fortsetzg., s.: Jahrbuch, obererzgebirgisches.

Kelle, grobe, auf grobe Klötze. Epigramme v. e. Wohlbekannten. gr. 8. (32 S.) Berlin 893. Moderner Verlag. n. 1. —

Keiler, Albert [aus Schwersenz in d. Prov. Posen]: Genuiner entzündlicher Exophthalmus mit complicirender Netzhautablösung. Heilung. . . . Berlin, R. Boll (1889); 47 S. 8°
Berlin, Med. Fak., Inaug.-Diss. v. 30. [handschr.] Dez. 1889

Keiler, Arnold [pr. Arzt aus Schwersenz bei Posen]: Saprol, ein neues Desinfektionsmittel . . . Berlin, Vogt's Buchdr., *1892*; 48 S., 1 Bl. 8.
Berlin, Med. Fak., Inaug.-Diss. v. 23. Dez. 1892

Schdrääsel. Gedichte in vorderpfälz. Mundart von August **Keiler**. Speyer: Jäger 1906. (177 S.) 8° [F.] [06. 1138

Keiler, Gustav Erdmann (Berthelsdorf), De tuberculosi acuta pulmonum. Diss. med. Lpz. (Staritz) 13. VI. 1843. 31 S. (5.50) 17648

Keilhack, Konrad: Über das Alter des Torflagers von Lauenburg an der Elbe. Berlin, den 15. December 1891. Separat-Abdruck aus dem Neuen Jahrbuch für Mineralogie etc. 1892. Bd. 1. Stuttgart 1892. 8°

Keilhack, Konr., über die Aufschlüsse des neuen Tagebaues Marga bei Senftenberg. (S. 207—219 m. 1 Fig. u. 2 Taf.) Lex. 8. Berlin (N. 4, Invalidenstr. 44) 908. Vertriebsstelle der kgl. geolog. Landesanstalt. nn 1. 40
Sonderabdr. a.: „Jahrb. d. kgl. preuss. geol. Landesanst."

Keilhack, Konrad: Beiträge zur Geologie der Insel Island. ([S.-A.] Zeitschrift der Deutschen Geologischen Gesellschaft. Jahrg. 1886. S. 376—449.) (Berlin 1886.) 74 S., 3 Tf., 1 Krt. 8°.

Keilhack, K., und G. Berg, Die Braunkohlen Schlesiens. Halle a. S., 1907. 17 S. mit 1 Abb.

Keilhack, K., Die Braunkohlenformation in der Provinz Brandenburg. Halle a. S., 1907. 17 S. mit 1 Abb.

Keilhack, K., Die Braunkohlenformation in Mecklenburg. Halle a. S., 1907 2 S.

Keilhack, K., Die Braunkohlenformation in Pommern. Halle a. S., 1907. 4 S.

— Einführung in das Verständniss der geologisch-agronomischen Specialkarten des norddeutschen Flachlandes. Eine Erläuterung ihrer Grundlagen u. ihres Inhalts. Im Auftrage der Direktion der königl. preuss. geolog. Landesanstalt verf. gr. 8. (III, 79 S. m. z. Tl. farb. Fig. u. 14 farb. Karten.) Berlin 901. (S. Schropp.) n.n. 2. —

Einführung in das Verständniss der geologisch-agronomischen Specialkarten des Norddeutschen Flachlandes. Eine Erl. ihrer Grundlagen u. ihres Inhalts. Im Auftr. d. Dir. d. Kgl. Preuss. Geol. Landesanst. verf. von Prof. Dr. **Konrad Keilhack**. 2. Aufl. *Berlin: [Geol. Landesanst.] 1901.* (83 S.) 8° [01. 10366

— Die erdgeschichtliche Entwicklung u. die geologischen Verhältnisse der Gegend v. Magdeburg. (122 S. m. 20 Fig. u. 2 Taf.) gr. 8. Magdeburg 909. Faber'sche Buchdruckerei. 2. 50
Sonderabdr. a.: „Magdeburg. Zeitg., Montagsbl."

— Ergebnisse v. Bohrungen. Mitteilungen aus dem Bohrarchiv der königl. geolog. Landesanstalt u. Bergakademie. I—V. Lex. 8. Berlin (N. 4, Invalidenstr. 44). Vertriebsstelle der königl. geolog. Landesanstalt. nn 32. 25

I. Gradabteilung 1—20.	(S. 555—812.) 906.	nn 8. —
II. Gradabteilung 21—37.	(S. 817—982.) 906.	nn 8. —
III. Gradabteilung 38—50.	(S. 495—662.) 907.	nn 5. —
IV. Gradabteilung 51—64.	(S. 531—680.) 907.	nn 4. 75
V. Gradabteilung 1—83.	(S. 669—973.) 909.	nn 9. 50

Sonderabdr. a.: „Jahrb. d. kgl. preuss. geol. Landesanst."

Keilhack, K., Allgemeine Geologie der Braunkohle. Halle a. S., 1907. 25 S. mit 9 Abb.

— s.: **Kalender f. Geologen etc.**

Keilhack (K.), Ueber die Lage der Wasserscheide auf der baltischen Seenplatte. (Abdruck aus Petermann's Mittheilg. 1891, Heft II.) (Ohne Druckort.) 4.

Lehrbuch der praktischen Geologie. Arbeits- u. Untersuchgsmethoden auf d. Gebiete d. Geologie, Mineral. u. Palaeontol. Von Dr. **Konrad Keilhack**, Kgl. Preuss. Landesgeol. in Berlin. M. 2 Doppeltaf. u. 232 Fig. im Text. *Stuttgart: F. Enke 1896.* (XVI, 638 S., 2 Doppeltaf.) 1 Bd 8. [96. 6384

— Lehrbuch der prakt. Geologie. Arbeits- u. Untersuchungsmethoden auf dem Gebiete der Geologie, Mineralogie u. Palaeontologie. Mit Beiträgen von E. v. Drygalski, E. Kaiser, P. Krusch, S. Passarge, A. Rothpletz, K. Sapper u. A. Sieberg. 2., völlig neubearb. Aufl. (XVI, 841 S. m. 348 Abbildgn. u. 2 farb. Doppeltaf.) Lex. 8. Stuttgart 908. F. Enke. 20.—; geb. in Leinw. 21. 40

Keilhack, Konrad: Islands Natur und ihre Einflüsse auf die Bevölkerung. ([S.-A.] Deutsche Geographische Blätter. 1886. Bd. 9. Heft 1.) Bremen 1886. 30 S., 1 Krt. 8°.

Keilhack, Konr., Reisebilder aus Island. Mit 1 (lith.) Karte. 8. (VII, 230 S.) Gera 885. Reisewitz' Verl. n. 3. —

Keilhack, Konrad: Die Stillstandslagen des letzten Inlandeises und die hydrographische Entwickelung des pommerschen Küstengebietes. Hierzu 14 Tafeln und ein besonders erscheinender Atlas. ([S.-A.] Jahrbuch der Königlich Preussischen Geologischen Landesanstalt für 1898. S. 90—152.) Berlin 1899. 63 S. 8°.

Keilhack. K. Über praeglaciale Süsswasserbildungen im Diluvium Norddeutschlands. 1882.

Keilhack, Konrad: Thal- und Seebildung im Gebiet des Baltischen Höhenrückens. (VII. Internationaler Geographen-Kongress. Berlin 1899.) Den Mitgliedern des Kongresses dargeboten von der Gesellschaft für Erdkunde zu Berlin. Berlin 1899. 13 S., 1 Krt. 8°.

— s.: **Taschenbuch f. Geologen etc.**

Keilhack, Konrad: Über ein interglaciales Torflager im Diluvium von Lauenburg an der Elbe. (Mit Tafel 11.) Separatabdruck aus dem Jahrbuch der königl. preuss. geologischen Landesanstalt für 1884. Berlin 1885. 8°

Geologisch-morphologische Übersichtskarte der Provinz Pommern. Mit Benutzung d. Aufnahmen d. Geol. Landesanst. entworfen von Prof. Dr. Konrad **Keilhack**. (Hrsg. von d. Kgl. Preuß. Geol. Landesanst. u. Bergakad. 1901. Maaßst. 1:500,000. Berlin: Geol. Landesanst. 1901; Lith. L. Kraatz.) (1 Kartenbl. 77 × 52 cm mit Legende.) [Kopft.] [kol.] [05. 4741

Verzeichniss von auf Deutschland bezüglichen geologischen Schriften u. Karten-Verzeichnissen v. Dr. K[onrad] **Keilhack** u. Dr. E. Zimmermann in Berlin. Ergänzt u. z. Dr. vorbereitet durch Dr. R. Michael in Berlin. Abgeschlossen Sommer 1897. Hrsg. v. d. Kgl. Preuss. geol. Landesanst. *Berlin: S. Schropp 1897.* (IX, 108 S.) 1 Bd 4.(8.)
— **Abhandlungen** d. Kgl. Preuss. geol. Landesanstalt. N. F. H. 26. [98. 3685

— s.: **Zentralblatt, geologisches.**

Keilhack, Konrad: Zusammenstellung der geologischen Schriften und Karten über den ost-elbischen Theil des Königreiches Preussen mit Ausschluss der Provinzen Schlesien und Schleswig-Holstein. Abgeschlossen am 1. April 1893. Berlin 1893. XII, 135 S.
— Abhandlungen der Königlich Preussischen Geologischen Landesanstalt. Neue Folge. Heft 14. 8°

Keilhack, Ludwig, a. Wilmersdorf b. Berlin: Zur Cladocerenfauna der Mark Brandenburg. (Burg b. M. 1908: A. Hopfer.) (58 S.) 4°(8°)
Berlin, Phil. Fak., Ref. F. E. Schulze, Diss. v. 14. März 1908
[Geb. 29. Dez. 84 Berlin; Wohnort: Wilmersdorf; Staatsangeh.: Preußen; Vorbildung: Bismarck-Gymn. Wilmersdorf Reife O. 04; Studium: Jena 2, Berlin 4 S.; Rig. 5. Dez. 07.]

Keilhack, Ludw., Copepoda, Ostracoda, Malacostraca, s.: Süsswasserfauna, die, Deutschlands. 11. Heft. (Douwe, C. van.)

— **Phyllopoda, s.: Süsswasserfauna, die, Deutschlands. 10. Heft.**

Keilhack, Roland, die Freude des Kindes an der Natur. 12 anschaul. Erzählgn. f. unsere lieben Kleinen. (25 S. m. z. Tl. farb. Abbild.) 82×23,5 cm. Stuttgart (909). G. Weise. Kart. 2. 40

Keilhau in Wort u. Bild. Geschildert v. Lehrern, Schülern u. Freunden Keilhaus. Hrsg. vom Bunde ehemal. Keilhauer. gr. 4. (VI, 242 S. m. Abbildgn. u. Taf.) Leipzig (902). (E. Kummer.) Geb. in Leinw. n. 10. —

Keilhau in Wort und Bild. Geschildert von Lehrern, Schülern u. Freunden Keilhaus. Hrsg. vom Bunde ehem. Keilhauer. *Leipzig 1902: Thalacker & Schöffer.* (242 S.) 4° [F.] [09. 11437

Keilhau, Balthasar Matthias

Keilhau, B. M. Prof. B. M. Keilhau's Biographie, von ihm selbst. Christiania. 1857. 8.

Keilhau, B. M., Darstellung d. Uebergangsformation in Norwegen. Nach d. Manuscr. übers. v. C. Naumann. Nebst 7 col. Kpfr. (Aus d. Annalen d. Physik u. Chemie 5r Bd. besonders abgedruckt.) gr. 8. Leipz. 826. Barth. 1 ℛ

Keilhau, B. M. Einiges gegen den Vulkanismus. Christiania, 1840.

Keilhau, Balth. Math., Gaea norvegica, s. Gaea.

Keilhau, B. M. Gaea norwegica. I, II und Atlas. Christiania, 1838—1844.

Keilhau (B. M.), Gaea Norwegica. 3 Hefte. Mit 6 Tafeln und einer Karte. Christiania 1838—50. Fol. —

Des Herrn Dr. v. Dechen Gutachten über das 1. Heft der Gaea Norvegica, mit Anmerkungen von B. M. Keilhau. Christiania. 1840. 8.

Keilhauer, O., zu spät. Drama in 1 Akte. (88 S.) 8. Leipzig 906. Modernes Verlagsbureau. n. 1. —

Keilhold, Aenoth(eus) Ern. Theod. (geb. Pödelist bei Naumburg a. S. 13. 8. 1832): De commotione, compressione et contusione cerebri. Berolini (1857). (31 S.) 8°
Berlin, Med. Diss. v. 15. Aug. 1857

Keilholz, Friedrich Christian (Ottendorf/Misnicus), Exercitationes historico-criticae in utrumque Samaritanorum Pentateuchum. Präs. Friedrich Immanuel Schwarz. Wittbg. (Tzschidrich) 14. VI. 1754. 44 S. (6.50) 17649

— **Gotthelf Christian** (Ottend./Misn.), Num clericorum testimonium fide ipsorum munitum sine jurisjurandi necessitate in negotiis judicia libus sit validum? Präs. D. Ernst Gottfr. Christian Klügel. Wittbg. (Carl Christian Dürr) 5. VI. 1772. 12 S. (5.50) 17650

Die altpersischen **Keilinschriften** (in Umschrift u. Übers.) hrsg. von F[ranz] H. Weissbach u. W[illy] Bang. (In 2 Lfgen.) Leipzig: J. C. Hinrichs (1893–)1908. (XVI, 48 S.) 4°
— **Bibliothek,** Assyriologische. 10, 1. 2. [08. 9494

Keillig, Geo., Anleitung zur Öl-Malerei, s.: Bibliothek der Hand- u. Kunst-Arbeiten.

Keillig, Geo., handgemalte Farbentafel zur Darstellg. d. Wirkg. v. 36 Farbentönen 2c., s.: Bibliothek der Hand- u. Kunst-Arbeiten.

Keillitz, Geo., Silicine-Malerei. Eine neue Technik der Glas- u. Porzellan-Malerei ohne Einbrennen. gr. 8. (32 u. 16 S. m. Abb.) Leipzig (902). (E. Volkening.) n. 1. —

KEILL, JOH(ANN) IGN(ATIUS): Rede auf den Tag Katharinens der k. k. Bergstadt Schmöllnitz Schutzpatronin, bey Gelegenheit des daselbst nach jährlichen Gebrauche entrichteten Bergopfers; gehalten ... im Jahre 1792. (Kaschau) 1792. Gedr. mit Joh. Jos. Ellinger'schen Schriften. 12 f. - 8°

Keilmann, Alexander: Klinisch-experimentelle Beobachtungen über künstliche Erregung von Geburtswehen. *Breslau 1898: Bresl. Gen.-Buchdr.* (53 S.) 8°
Breslau, Med. Hab.-Schr. v. 26. Jan. 1898

— klinisch-experiment. Beobachtgn. üb. künstl. Erregg. v. Geburtswehen. Habilitationsschrift. gr. 8. (53 S.) Breslau 898. (Schletter.) n.n. 1. 30

Keilmann, Alexander: Die wissenschaftlichen Gesichtspunkte der öffentlichen Säuglingsfürsorge. Vortrag geh. 1910 in Riga. Als Ms. gedr. Riga 1910: Häcker. S. 50–76. 8°
(Hefte d. Gesellschaft f. kommunale Sozialpolitik in Riga. Nr. 18.)

Keilmann, A., s.: Neisser, A., stereoscop. medic. Atlas.

Keilmann, Alex., der Placentarboden bei den deciduaten Thieren. Eine vergleichend-embryolog. Studie. Diss. gr. 8. (91 S.) Jurjew (Dorpat) 893. (E. J. Karow.) n. 2. —

Keilmann, Friedr., der Aufsatz in der vierklassigen Volksschule. Unterrichtsstoff und Anleitung zur Behandlung desselben. 8. (III, 320 S.) Mainz 886, Frey. *

Keilmann, Frdr., der Aufsatz in der vierklassigen Volksschule. Unterrichtsstoff u. Anleitg. zur Behandlg desselben. 2. (Titel-)Ausg. 8. (III, 320 S.) Paderborn 893. F. Schöningh. n. 2. 40

Keilmann, Friedr., Elementar-Lesebuch für Kinder des 1. Schuljahres. gr. 8. (IV und 48 S.) Mainz 851, Wirth Sohn. *

Keilmann, Friedr., Katechesen zu Deharbe's Katechismus. In Verbindung mit einem inzwischen verstorbenen geistl. Katecheten der Diöcese Mainz verfaßt. gr. 8. (VIII, 472 S.) Mainz 884, Kirchheim.

Keilmann, Friedr., Lesebuch für katholische Volksschulen. gr. 8. (399 S.) Mainz 855, Fr. Schott. *

Keilmann, Friedr., und Ed. Würth, Realien-Buch für die Oberklassen der Volksschule. 2. verb. mit Abbildungen (auf 2 Holzschntaf. in qu. Fol.) und (8 lithogr.) geograph. Kärtchen verm. Aufl. gr. 8. (II, 278 S.) Mainz 872, Haas. **

Keilmann, Frdr., u. Ed. **Würth**, Realien-Buch f. Volksschulen. 18., verm. u. verb. Aufl. 8. (304 S. m. Abbildgn. u. 4 geschichtl. Karten.) Mainz 891. Haas. geb. n.n. 1. 40

— u. Ed. **Würth**, Realien-Buch f. Volksschulen. 19., verm. u. verb. Aufl. Mit in den Text gedr. Abbildgn. u. 4 geschichtl. Karten. gr. 8. (II, 304 S.) Mainz 892. J. P. Haas. Geb. n.n. 1. 40

Keilmann, Frdr., der Rechenunterricht. Lehr- u. Aufgabenbuch f. Schulen bearb. [f. Volks-, Fortbildungs- u. Mittelschulen, höhere Mädchenschulen, landwirthschaftliche Lehranstalten rc.]. gr. 8. (IV, 148 S.) Mainz 878. Müller. n. 1. 20

Keilmann, Heinrich [aus Bretzenheim in Rheinhessen]: Die Carunkeln der weiblichen Harnröhre.... Würzburg, A. Memminger'sche Buchdr., 1886; 23 S. 8°.
Würzburg, Med. Fak., Inaug.-Diss. v. 1886.

Keilmann, Heinrich, die Carunkeln der weiblichen Harnröhre. Diss. Würzburg 1886, Stahelsche Univ.-Buchh. 8°. 23 S.

Keilmann, Joh. Geo., zur Beurtheilung meines Austrittes aus der röm. Hofkirche. gr. 8. (2½ B.) Offenbach 845, Heinemann. -

Keilmann, Johannes Geo., ein Büchlein zum Denken f. Menschen, welche Versöhnung in Religion u. Kirche wollen. In Fragen u. Antworten. 8. (IV u. 144 S. mit 1 Tab. in 4.) Darmstadt 847, Leske. ⅓ ßf

— Festrede bei der Feier der Grundsteinlegung z. deutsch-kath. Gotteshause zu Offenbach am 31. Aug. 1845. gr. 8. (1 B.) Offenbach 846. (Heinemann.) *

— Geschichte d. Christenthums, seine Entstehg. — vor Christus, seine Blüthe — in Christus, seine Entartung — nach Christus, od. Jesus Christus in Lehre u. Leben, sein Verhältniß zu seiner Vor-, Mit- u. Nachwelt dargestellt. 1. Hft. gr. 8. (XXII u. 165 S.) Offenbach 848, Heinemann n. 11 ngr

Keilmann, J. G., praktisches Rechnenbuch für Landwirthe, Handwerker u. Kaufleute, besonders zum Gebrauche in Fortbildungsschulen. Mit Anh. Heppenheim a.B. 865. (Darmstadt, Küchler.) 16. (IV, 127 S. mit 2 Tabb. in 4.) n. 10 ngr

Keilmann, Joh. Geo., Warum bin ich wieder katholisch geworden? 3. Aufl. gr. 8. (28 S.) Mainz 853, Wirth'sche Sortimentsb.

Keilmann, Johannes Geo., was kann einem Deutsch-Katholiken noch Religion sein? Eine Antwort auf diese Frage mit der Weltanschauung und Gotteskenntniß eines Deutsch-Katholiken, in Predigten. gr. 8. (VII und 124 S.) Darmstadt 847. (Leipzig, Svamer.) *

Keilmann, Joseph: Dativ und Accusativ beim Verbum. Ein Beitr. z. englischen Syntax. Mainz 1909: Falk. IV, 48 S. 8°
Gießen, Phil. Diss. v. 28. April 1909, Ref. Horn
[Geb. 5. Jan. 87 Mainz; Wohnort: Gießen; Staatsangeh.: Hessen; Vorbildung: Realgymn. Mainz Reife O. 05; Studium: Straßburg 3, Gießen 5 S.; Rig. 18. Dez. 08.] [U 09. 1212

Keilmann, Wilhelm. Herzensblüten; Erinngs-blätte 1869-79. Evansville, Ind, 1880.

Keilmann, Wilhelm (Hrsg.), s. N i a g a r a.

Keilmann, Wilhelm (Hrsg.), s. R u n d s c h a u , Die.

[Ant. u. F.] Palla Toa. E. lyrisches Epos v. Wilhelm Keilmann ... *Heiligenstadt '(Eichsfeld)': F. W. Cordier 1898.* (XIII S., 1 Bl., 225 S., 1 Bl.) 1 Bd 8. [98. 9403

Keilpflug, Daniel: N a c h r i c h t von dem rechten Gebrauch der engländ. Nachtlichter. 4°. Nürnberg 1789.

Keilpflug, Dan., († 1790.) Nachricht von e. verbess. Maschine zum Tabaksrauchklystier, nebst Anweisung z. Gebrauch derselben. Verbess. Abdr. 8. Nürnb. 780.

Keilpflug, Fritz [aus Zossen]: Ein Fall von Eklampsie mit geringer Nierenveränderung. Beitrag zur Pathogenese der Eklampsie. . . . Cöthen i. Anh., Druck v. Paul Dünnhaupt, 1889; 29 + 1 S. + 1 Bl. 8°
Halle, Med. Fak., Inaug.-Diss. v. 22. Jul. 1890

Keilpflug, Otto, appr. Arzt: Hypospadie-Operationen nach Beck, v. Hacker und Bardenheuer. Berlin 1909: G. Schade. 32 S. 8°
Berlin, Med. Diss. v. 6. Okt. 1909, Ref. Pels-Leusden
[Geb. 23. Mai 77 Berlin; Wohnort: Berlin; Staatsangeh.: Preußen; Vorbildung: Friedrich-Wilhelms-Gymn. Berlin Reife O. 96; Studium; Berlin 10 S.; Coll. 12. Febr. 09; Approb. Juli 08.] [U 10. 53

Keilschrift, die Assyrische, s. D o r o w.

Keilschrifttexte, Die, Asurbanipals, Königs von Assyrien (668—626 v. Chr.) ... Mit Transscription, Übersetzung, Kommentar und vollständigem Glossar von Samuel Alden Smith. Heft I—III. Leipzig 1887. 1889.

Keilschrifttexte, die, Sargons, s.: W i n c k l e r, H.

Keilson, Hermann: Ein experimenteller Beitrag zur Lehre von der Pulsfrequenz. *Königsberg i. Pr. 1898: H. Jaeger.* (35 S. mit Tab.) 8°
Königsberg, Med. Diss. v. 5. März 1898

Keilson, Herm., ein experiment. Beitrag zur Lehre v. d. P u l s f r e q u e n z. Diss. gr. 8. (35 S. m. 1 Tab.) Königsberg 898. (W. Koch.) n. 1. —

Keilson, Saul, aus Rußland: Aus d. Ohrenklinik d. Kgl. Charité. Direktor: Geh. Med.-Rat Prof. Dr. Passow. Anatomische und topographische Untersuchungen über den condylus mandibulae und den meatus auditorius externus. *Berlin 1904: J. Zaluchowski, Charlottenburg.* (32 S.) 8°
Berlin, Med. Diss. v. 10. Juni 1904

Keilwagen, Max, die Besteuerung des Branntweins. Zusammenstellung der sämmtlichen, vom 1. Oktbr. 1887 ab gültigen Gesetze und Verwaltungsvorschriften. Nach amtl. Quellen erläutert und mit Genehmigung des königl. Finanz-Ministeriums hrsg. gr. 8. (VIII, 292, 8 S.) Berlin 888, Puttkammer und Mühlbrecht. * 5 —

—— dass. — Nachträge und Ergänzungen zu dem Handbuche. gr. 8. (1½ Bog.) Ebendas. 888. * — 60

Keilwagen, M., der preuß. Steuerbeamte, s.: Schütze, O.

Keim, der, zum Guten, s.: Elliot, Maria.

Keim, der, zum Guten. Eine Sammlung unterhalt. u. belehr. Erzählungen für die Jugend. Nach d. Engl. der Marie Elliot. Mit 9 ill. Bild. 16. Berlin 834. Bethge. 3/4 ₰

Keim (Red.), s. Schulblätter, Badische.

Keim, Adolf Wilhelm

Keim, A., Denkschrift über die Notwendigkeit, Mittel u. Wege e. Verbesserung unserer Maltechnik auf dem Gebiete der Kunst u. d. Gewerbes. Mit e. Auszug aus den Verhandlgn. der bayer. Kammer der Abgeordneten vom 28. März 1890 über diesen Gegenstand. gr. 8. (III, 38 S.) München 890. Th. Ackermann's Verl. n. — 60

Keim, A., die Feuchtigkeit der Wohngebäude, der Mauerfraß u. Holzschwamm, nach Ursache, Wesen u. Wirkung betrachtet, u. die Mittel zur Verhütung, sowie zur sicheren u. nachhaltigen Beseitigung dieser Uebel, unter besonderer Hervorhebung eines neuen u. praktisch bewährten Verfahrens zur Trockenlegung feuchter Wände u. Wohnungen. Für Baumeister, Bautechniker, Gutsverwalter ꝛc. Mit 14 (eingedr. Holzschn.-)Abbildungen. 8. (IV, 109 S.) Wien 882. Hartleben. 2. 50

KEIM, Adolf Wilh.
(F) Die Feuchtigkeit der Wohngebäude, der Mauerfrass und Holzschwamm nach Ursache, Wesen und Wirkung betrachtet und die Mittel zur Verhütung, sowie zur sicheren und nachhaltigen Beseitigung dieser Übel, unter besonderer Hervorhebung neuer und praktisch bewährter Verfahren zur Trockenlegung feuchter Wände und Wohnungen. Für Baumeister, Bautechniker, Gutsverwalter, Tüncher, Maler und Hausbesitzer. Von Adolf Wilh. Keim. Mit 23 Abbildungen. 2., vollständig umgearbeitete Auflage. [Chemisch-technische Bibliothek. Bd. 89.] Wien. Pest. Leipzig. 1901. Hartleben. 8°. VIII, 141 S. mit 5 Tafeln. K 2.70, geb. K 3.60

Keim, Adf. Wilh., Ideales u. Reales in der Bienenzucht. Zugleich e. Beitrag zur Bekämpfg. der Honigfälschg. u. des Kunsthonigs. Vortrag, geh. auf der gelegentlich der bayer. Landes-Ausstellg. f. Obstbau u. Bienenzucht stattgehabten Versammlg. des „bayer. Landesbienenzuchtvereins zu Augsburg" vom 2. X. 1901, m. Einschluß einiger nicht geh. Referate. (54 S. m. 2 Tab.) gr. 8. München 902. Staegmeyr. n. 2. —

Ueber Mal-Technik. Ein Beitrag z. Beförderung rationeller Malverfahren. Auf Grund authent. Aktenmaterials bearb. von Adolf Wilh. Keim. *Leipzig: A. Foerster 1903:* (XXII, 449 S.) 8°

Keim, A., Die Mineral-Malerei. Neues Verfahren zur Herstellung witterungsbeständiger Wandgemälde. Technisch-wissenschaftliche Anleitung. 8. (96 S.) geh. (Chemisch-technische Bibliothek, Band LXXVIII.) 1 fl.
Wien: A.Hartleben 1881.

Keim, Adf. Wilh., s.: Mitteilungen, techn., f. Malerei.

Keim, August

Keim, Oberstlieut., etatsmässiger Stabsofficier im 2. hannoverschen Inft.-Reg. Nr. 77. Bericht über die Taktik der Infanterie 1893. Sonderabdruck aus „v. Löbell's Jahresberichte über die Veränderungen und Fortschritte im Militärwesen". 20. Jahrg. 8. Berlin 1894.

Geschichte des Infanterie-Leibregiments Großherzogin ⟨3. Großh. Hessisches⟩ Nr. 117 und seiner Stämme 1677–1902. Von A[ugust] Keim, Generalmajor a. D. Mit 6 Kunstbeil. u. 4 Pl. *Berlin: A. Bath 1903.* (X, 408, 170* S.) 4°(8°) [F.]

Keim, A., Geschichte des 4. großherzogl. hessischen Infanterie-Regiments [Prinz Karl] Nr. 118 und seiner Stämme 1699—1878. gr. 8. (XI, 492 S. mit 2 Plänen in Stndr.) Berlin 879, Mittler und Sohn.

Keim (A.), s.: Jahrbücher f. d. deutsche Armee u. Marine.

Keim, Kriegslehre u. Kriegführung, s.a. Beiheft zum Militär-Wochenblatt.

Keim. Kriegslehre und Kriegführung.
Berlin 1889. 52 S.

— die Schlacht v. Wörth. Eine takt. Studie. [Erweit. Abdr. aus: „Militär-Wochenbl."] gr. 8. (55 S.) Ebd. 891. n. — 80

— der gegenwärtige Stand der Gefechtslehre u. die Ausbildung zum Gefecht. Vortrag. [Aus: „Beiheft zum Militär-Wochenbl."] Lex.-8. (24 S.) Berlin 890. Mittler & Sohn. n. — 75

— dasselbe, s.: Beiheft zum Militär-Wochenblatt

Keim, Oberst und Kommandeur des Füsilier-Regiments Fürst Karl Anton v. Hohenzollern (Hohenzollernsches) Nr. 40. Taktik der Infanterie und das Gefecht der verbundenen Waffen. 1896. (Sonderabdruck aus: „v. Löbell's Jahresberichte über die Veränderungen und Fortschritte im Militärwesen". XXIII. Jahrg.) 8. Berlin 1896.

Keim, Taktik d. Infanterie u. d. Gefecht d. verbundenen Waffen. 1896. [Aus: „Loebell's Jahresberichte".] gr. 8. (40 S.) Berlin 897. E. S. Mittler & Sohn. n. 1. —

— dasselbe. 1897. [Aus: „v. Loebell's Jahresberichte".] gr. 8. (36 S.) Ebd. 898. n. 1. —

— Taktik der Infanterie u. das Gefecht der verbundenen Waffen. 1874—1898. gr. 8. (46 S.) Berlin 899. E. S. Mittler & Sohn. n. 1. 20
Sonderabdruck aus: „v. Loebell's Jahresberichte".

Keim, warum muß Deutschland seine Wehrmacht verstärken? Zur Militär-Vorlage 1.—6. Taus. gr. 8. (53 S.) Berlin 892. E. S. Mittler & Sohn. n. — 60

Zur Militär-Vorlage. Warum muss Deutschland seine Wehrmacht verstärken? Von [August] Keim, Oberstlt. im Inf.Reg. Nr. 77. *Berlin: E. S. Mittler & Sohn 1893.* (53 S.) 8° [F.]

Der Hochw. Jubilar [d. i. Will. Bonsac], Was er dachte, schaffte, strebte, Wie und wo und wann er lebte, Was er ist und was er war, Ward in Reime hier gebrungen — Und beim Jubelmahl gesungen Heut' am 3ten Januar. [Von C. Keim.] [Magdeburg 1861.] 2 Bl. 4° [Umschlagtit.]
Tt. 2498. Ohne Noten: „Am sechzehnten September Anna Domino einundneunzig". 439.

Keim, Ernst, Generalmajor z. D. Bodenaltertümer auf dem Lechfeld. Vortrag, gehalten in der Militärischen Gesellschaft München am 26. Februar 1904. 8. München 1904.

Keim, Franz

Keim, Frz., die Amelungen. Ein deutsches Heldenspiel in 5 Aufzügen. (VII, 138 S.) 8. Dresden 904. E. Pierson. n. 1. 50

Keim, F. Die Elemente der tragischen Spannung. St. Pölten, G., 1876. 25 S. Progr.

Keim, Frz., Stefan Fadinger. Ein deutsches Bauernlied auf fliegenden Blättern. 8. (93 S.) Wien 885, Graeser. * 2 — geb. ** 3 20

Keim, Frz, Stefan Fadinger. Ein deutsches Bauernlied auf flieg. Blättern. 2., verm. Aufl. 8. (95 S.) Wien 896. C. Graeser. n. 2. —; geb. n. 3. —

Keim, Frz., Stefan Fadinger. Ein deutsches Bauernlied auf flieg. Blättern. 3. [Titel-]Aufl. 8. (95 S.) Wien [896.] 898. C. Graeser & Co. n. 1. —; geb. in Leinw. n. 2. —

Keim, Frz., der Königsrichter. Trauerspiel in 5 Akten. 8. (IX, 150 S.) Leipzig 879, Breitkopf und Härtel. * geb. *

Keim Frz.: Das Kunstideal und die Schillerkritik Otto Ludwigs. 29. St. Pölten 86. Progr.

— Lieder aus der weiten Welt. 8. (258 S.) Linz (902). Wien, Österreich. Verlagsanstalt. Geb. in Leinw. n. 4. —

— Münchhausens letzte Lüge. K. Lustsp. in 3 Aufzgn. 8. (VII, 126 S.) Dresden 899. E. Pierson. n. 2. —

Keim, Frz., der Meisterschüler. Lustspiel in 3 Akten. 8. (VII, 74 S.) Leipzig 881, Breitkopf und Härtel. * geb. *

Keim, Frz. Mephistopheles in Rom, s. Büchersammlung, allgemeine, lebender Schriftsteller.

Keim, Frz., die Nibelungen, s.: Gerlach's Jugendbücherei. 22.

— der Schelm vom Kahlenberg. Komödie in 3 Aufzügen. 8. (113 S.) Wien 894. C. Graeser. n. 2. —

— der Schelm vom Kahlenberg. Komödie in 3 Aufzügen. 2. [Titel-]Aufl. 8. (113 S.) Wien [894.] 898. C. Graeser & Co. n. 1. —

— Der Schenk v. Dürnstein. Schauspiel in 4 Akten. (68 S.) kl. 8. Wien (908). Gerlach & Wiedling. 1. 25

— Der Schmied v. Rolandseck. Volks-Schauspiel in 3 Aufzügen. 8. (117 S.) Wien 892, Graeser. * 2 —

— der Schmied v. Rolandseck. Volks-Schauspiel in 3 Aufzügen. 2. [Titel-]Aufl. 8. (136 S.) Ebd. [892.] 898. n. 1. —

— Die Spinnerin am Kreuz. Schauspiel in 4 Aufzügen. 8. (120 S.) Ebd. 892. * 1 60

— die Spinnerin am Kreuz. Schauspiel in 4 Aufzügen. 2 [Titel-]Aufl. 8. (120 S.) Ebd. [892.] 898. n. 1. —

— Die Spinnerin am Kreuz. Schausp. in 4 Aufzügen. 3. Aufl. (120 S.) 8. Wien (910). K. Graeser & Co. 1. —

— Das Steinfeldmärchen. Schauspiel in 5 Acten. gr. 8. (99 S.) Ebd. 892. * 1 60

— das Steinfeldmärchen. Ein Schauspiel in 5 Acten. 2. [Titel-]Aufl. 8. (99 S.) Ebd. [892.] 898. n. 1. —

Keim, F., aus dem Sturmgesang d. Lebens. Gesammelte Dichtgn. 8. (VII, 202 S.) Minden 887. Bruns. geb. n. 4. —

— Sulamith, s. Theater, neues Wiener.

— d. Weg z. Glück. Schausp. in 4 Aufzgn. 8. (128 S.) Wien 896. C. Graeser. n. 2. —

— der Weg zum Glück. Schauspiel in 4 Aufzügen. 2. [Titel-]Aufl. 8. (128 S.) Ebd. [896.] 898. n. 1. —

Keim, Friedr., Anleitung z. richt. Aussprechen franz. Wörter, Städte, Nationen u. fremder Namen. Zum Behuf d. vollkomm. Lesens im Französischen, f. Gebildete sorgfältig zusammengetr. u. alphabet. geord., auch mit d. nöth. Leseregeln versehen. 8. (2½ B.) Regensburg 831. (Nürnberg, Riegel u. Wießner.)

— französ. Aussprache nach alphabet. Ordnung, sowohl f. d. ersten Anfänger, als auch f. Lernende, die schon bedeutende Fortschritte in d. franz. Sprache gemacht haben. Ein Leitfaden, um in kurzer Zeit vollkomm. Lesen zu lernen ꝛc. 8. (1 B.) Nürnberg 834, Riegel u. Wießner.

Keim, Friedrich: Zur Entwicklung des badischen Mittelschulwesens im Laufe der letzten fünfzig Jahre. *Karlsruhe 1902: F. Gutsch.* (S. 13—20.) 4°
Karlsruhe, großh. G, Festschr. 1902 (681)**

Keim, Friedrich [Prof.]: Zur Homerlektüre. Karlsruhe, Druck d. G. Braun'schen Hofbuchdr., 1891; 37 S. 4°
Karlsruhe, grossh. G, MP 1891 (599)

Keim, Friedr., französ.-deutscher Sprachschatz, od. Handwörterbuch aller französ. Homonymen, Haupt-, Bei-, Für-, Neben- u. Zeitwörter, nebst ihren zahlreichen zusammengesetzten u. abgeleit., meistens mit Redensarten verseh. Wörtern. Nach etymolog. Grundsätzen z. Behufe d. Selbststudiums bearb. gr. 8. (26¾ B.) Regensburg 838, Manz. *

Keim, Hermann, Stadttierarzt: Aus d. med. Klinik d. Tierärztl. Hochsch. zu Dresden. Zur Aetiologie der Gebärparese des Rindes. Mit 4 Abb. Dresden 1909: Franke. 53 S. 8°
Leipzig, Veterinär-Med. Diss. v. 13. Dez. 1909, Ref. Schmidt
[Geb. 24. Febr. 71 Berlin; Wohnort: Schwarzenberg i. S.; Staatsangeh.: Preußen; Vorbildung: Leibniz-Gymn. Berlin Reife O. 90; Studium: Berlin Tierärztl. Hochsch. 8 S.; Coll. 18. Dez. 09; Approb. 22. Mai 94.] [U 10. 3998

Keim, Hermann (Architekt) „Einige Bemerkungen über den Zeichnungsunterricht an den Gewerbeschulen". pg. 3/4. 4°. Stadtamhof, Joseph Mayr. Regensburg, Progr. 1854/55

Keim, Jh. Chr., neues Elementarbuch der latein. Sprache, d. Fassungskraft d. Kinder angemessen. gr. 8. Stuttg. 815. 2e A. 827. 3e A. 831. Löflund. 20 K

Keim, Joh. Chr., Elementarbuch d. griech. Sprache, f. vier Jahres-Curse bearb., u. mit e. vollständ. Wortregister versehen. 2 Abthln. gr. 8. Stuttgart 835, Hallberger'sche Buchh.
Abthl. 1. I. u. II. Curs. od. Elementar- u. Lesebuch. (7 B.) 6 Gr.
" 2. III. u. IV. " od. Chrestomathie. (11 B.) 10 Gr.
Dass., vollständ. Wortregister hierzu, s. unten.

Keim, (J. C.) d. griech. Formenlehre. Eine Beigabe zu Jakobs griech. Elementarbuche. 1ste Abthl. gr. 8. Stuttg. 824, Metzler.

— dess. 2te Abthl. Das griech. Verbum. gr. 8. Ebend. 826.

— Formlehre d. latein. Sprache, für Anfänger u. Geübtere erläutert durch latein. u. deutsche Uebungen. 8. Stuttg. 820. 2e A. 827. 3e A. 831. Löflund. 20 K

— Formenlehre d. latein. Sprache f. Anfänger u. Geübtere, erläut. durch latein. u. deutsche Uebungen. 3., mit e. grammat. Anh. u. e. deutschen Register verm. Aufl. 8. (28 B.) Stuttgart 831, [Beck u. Fränkel.]

— Formenlehre d. latein. Sprache f. Anfänger u. Geübtere, erläut. durch latein. u. deutsche Uebungen. 4., von Neuem durchges. Aufl. gr. 8. (26¾ B.) Stuttgart 836, Beck u. Fränkel.

Keim, Jh. Chr., Formenlehre der latein. Sprache für Anfänger und Geübtere, erläutert durch latein. u. deutsche Uebungen. 5. Aufl. 8. Stuttgart 841, Beck u. Fränkel. ⅚ ℛ — 6. verb. Aufl. gr. 8. Ebend. 846. 28 ngl

— kleine griech. Grammatik, s. Weckherlin, C. C. F.

— kleine latein. Grammatik. 3. Aufl. gr. 8. (14 B.) Stuttgart 840, Beck u. Fränkel.

— kleine latein. Grammatik. 4., verb. Aufl. gr. 8. (18⅛ B.) Stuttgart 846, Beck u. Fränkel.

Keim, Joh. Chr., Compositions-Buch d. latein. Syntax, s. Compositions-Buch ꝛc.

— latein. Lesebuch f. Schüler, die durch ihre Muttersprache gehörig vorbereitet, d. Latein. anfangen, mit e. vollständ. Wörterverzeichnisse. gr. 8. (19 B.) Stuttgart 839, Beck u. Fränkel.

— Materialien zu latein. Compositionen f. Knaben v. 9—12 Jahren, mit Hinweisn. auf d. Grammatiken v. Zumpt, Ramshorn u. Bröder; nebst e. Anh., enthalt. e. prakt. Anleit. z. latein. Verskunst. 8. (16½ B.) Stuttgart 830, [Beck u. Fränkel.]
Der Anhang (4½ B.) apart 5 Gr.

Keim, J(oh.) C(hr.), Materialien zu latein. Compositionen für Knaben von 10 bis 13 Jahren mit Hinweisungen auf die latein. Grammatik. 2. Aufl. gr. 8. (XVI und 240 S.) Stuttgart 849, Belsersche Buchh.

Keim, Johann Chr., s. Schulzeitung, Süddeutsche.

— die griech. Syntax f. Anfänger u. Geübtere, bearb. zunächst als Beigabe z. 2. Aufl. d. Weckherlin'schen griech. Formenlehre. gr. 8. (5 B.) Stuttgart 836, Beck u. Fränkel. Vgl. Weckherlin, C. C. F.

— Vorschule d. latein. Sprache. gr. 8. (7½ B.) Stuttgart 841, Beck u. Fränkel.

— vollständ. Wortregister zu d. griech. Elementarbuche. gr. 8. (13½ B.) Stuttgart 835, Hallberger'sche Vrlsbuchh.

— Zusammenstellung d. wichtigsten Regeln d. latein. Syntax, als Vorbereit. auf e. größ. Grammatik, f. Anfäger bearb. 8. (3 B.) Stuttgart 831, [Beck u. Fränkel.]

— Zusammenstellung d. wichtigsten Regeln d. latein. Syntax, als Vorbereitung auf eine größere Grammatik, für Anfänger bearbeitet. 8. Stuttg. 831. Löflund. 4 K

— Zusammenstellung d. wichtigsten Regeln d. latein. Syntax, als Vorbereit. auf e. größ. Grammatik. 2., verb. u. verm. Aufl. gr. 8. (7 B.) Stuttgart 835, Beck u. Fränkel.

Keim, Joh. H., geistliches ABC f. die christl. Familie, nebst Familien-Chronik. (XI, 208 S. m. Titelbild.) 8. Freiburg i/B. 907. Herder. 1.70; geb. in Leinw. 2.50

Keim, Joseph: Sprichwörter und paroemiographische Überlieferung bei Strabo. Tübingen 1909: Laupp. 38 S. 8°
München, Phil. Diss. v. 23. Juli 1908, Ref. Crusius, Rehm
[Geb. 6. Sept. 83 Augsburg; Wohnort: Schloß Waal; Staatsangeh.: Bayern; Vorbildung: Gymn. St. Stephan Augsburg Reife Juli 02; Studium: Augsburg Lyz. 1, München 7 S.; Rig. 23. Juli 08.] [U 09. 3474

KEIM, Joseph Wilhelm August (Schönbrunn): Kurze Darstellung der Cholera epidemica, ihres Wesens, ihrer Behandlungsweise und Verbreitung.- München: Rösl 1838. 27 S.
21.3.1836 - Urk (Titel: De cholera epidemica.); F 62
Diss. Ingolst.-Landsh.-Mchn.

Keim, Karl, s. M. J. Klarke.

Keim, Carolus Julius: De carcinomate bulbi oculi humani. Halis 1848: Ploetz. 25 S. 8°
Halle-Wittenberg, Med. Diss. v. 29. Dez. 1848
Geb. Barby 24. 12. 1823. V.
Verf. erlebte die Diplomerneuerung 1898 als Geheimer Sanitätsrat in Magdeburg.

Keim, Carl Theodor s. Keim, Theodor.

— **Carl Wilhelm** (Berlin), Pericula nonnulla circa methodum evacuantem in genere et catharticorum effectum in specie. Diss. med. Jena (Prager & Co.) 21. IV. 1811. 32 S. (5.50) 17655
Gew.: Christian Ludwig Mursinna.

Keim, Ludw., Rembrandt. Erstlingswerke: Kreuzabnahme. – Lesender Mönch. Aufgenommen u. besprochen v. L. K. [Aus: „Allg Kunst-Chronik".] gr. 4 (16 S. m. 2 Lichtdr.) Wien 893. Spielhagen & Schurich. Geb. in Leinw. n. 3. -

Keim, Paul: Über die Vereinigung von Benzil mit Phenol. Gräfenhainichen 1909: Schulze. 56 S. 8°
Gießen, Phil. Diss. v. 19. Mai 1909, Ref. Naumann
[Geb. 16. Nov. 79 Ingolstadt; Wohnort: München; Staatsangeh.: Bayern; Vorbildung: Maximilians-Gymn. München Reife M. 99; Studium: München 12, Berlin 1 S.; Rig. 23. Febr. 09.] [U 09. 1213

Keim, Philipp u. Liesbeth, aus Diedenbergen, e. Nassauisches Dichter- u. Bardenpaar, nebst e. Sammlg. Philipp Keim'scher Orig.-Lieder u. Dichtgn. Hrsg. v. J. Chr. Glücklich. gr. 8. (159 S. m. Abb. u. G.'s Bildn.) Wiesbaden (Nerostr. 2) 897. J. Chr. Glücklich. n. 1. —

Keim, Philipp u. Lisbeth, aus Diedenbergen, e. Nassauisches Dichter- u. Bardenpaar, nebst e. Sammlg. Philipp Keim'scher Orig.-Lieder u. Dichtgn. 4. Aufl. Hrsg. v. J. Chr. Glücklich. gr. 8. (190 S. m. Abbildgn., 1 Taf. u. G.'s Bildnis.) Wiesbaden 905. (Moritz & Münzel.) n.n. 1. —

Keim, Theodor

Keim, Thdr., Ambrosius Blarer, der schwäbische Reformator. Aus den Quellen übersichtlich dargestellt. Stuttgart 860. Belser. gr. 8. (156 S.) n. 14 ngr

Keim, Th. (Hrsg.), s. Celsus: Celsus' wahres Wort.

Keim, Thdr., Celsus' wahres Wort. Aelteste Streitschrift antiker Weltanschauung gegen das Christenthum vom J. 178 n. Chr. Wiederhergestellt, aus dem Griech. übersetzt, untersucht und erläut., mit Lucian und Minucius Felix verglichen. gr. 8. (XV, 293 S.) Zürich 873, Orell, Füssli und Comp. *

Keim, Thdr., der geschichtliche Christus. Drei Reden mit Rücksicht auf die neuesten Werke und mit literar. Beigaben. 2., vielfach umgearb. Aufl. der Schriften „Menschliche Entwicklung Jesu" und „Geschichtliche Würde Jesu". gr. 8. (146 S.) Zürich 865, Orell, Füßli und Comp. *

— dass. — Eine Reihe von Vorträgen mit Quellenbeweis und Chronologie des Lebens Jesu. 3., vielfach erweiterte Aufl. mit einer Schlußabhandlung über die religiöse Bedeutung der evangel. Grundthatsachen. gr. 8. (XXIV und 241 S.) Ebendas. 866. *

—— die menschliche Entwicklung Jesu Christi. Akademische Antrittsrede am 17. Dezbr. 1860. gr. 8. (44 S.) Zürich 861, Orell, Füßli und Comp. *

Keim, Thdr., Freundesworte zur Gemeinde. Eine Sammlung Predigten aus den J. 1857—60. 1. Hälfte. 4 Hefte. und 2. Hälfte. gr. 8. (1. Hälfte. XII und 339 S., 2. Hälfte. VIII und 351 S.) Stuttgart 861. 62, Liesemann. Thlr.

Keim, Th., Geschichte Jesu, nach den Ergebnissen heutiger Wissenschaft übersichtlich erzählt. Dritte Bearbeitung. VIII u. 379 Stn. gr. 8. Zürich, Orell, Füssli & Co. 1873. 10. —

—— dass. — nach den Ergebnissen heutiger Wissenschaft für weitere Kreise übersichtlich erzählt. 3. Bearbeitung. 2. vielfach veränd., mit krit. Schlußwort verm. Aufl. gr. 8. (XII, 398 S.) Ebendas. 874. *

— Geschichte Jesu nach den Ergebnissen heut. Wissenschaft f. weitere Kreise übersichtlich erzählt. 3. Bearbeitg. 2. vielfach veränd., m. krit. Schlußwort verm. Aufl. gr. 8. (XII, 398 S.) Ebend. 875. n. 8. —

— Geschichte Jesu von Nazara in ihrer Verkettung mit dem Gesammtleben seines Volkes frei untersucht u. ausführlich erzählt. (In 2 Bdn.) 1. Bd.: Der Rüsttag. Ebend. 867. Lex.-8. (XII, 646 S.) n. 3 ℛ 10 ngr

—— Geschichte Jesu von Nazara in ihrer Verkettung mit dem Gesammtleben seines Volkes frei untersucht und ausführlich erzählt. 2. und 3. Bd. Lex.-8. Ebendas. *

Inhalt:

Bd. 2. Das galiläische Lehrjahr. 1. Der galiläische Frühling. (VIII, S. 1—333.) 871. * M 6. — 2. Die galiläischen Stürme. (S. 335—618.) 871. * M 5,70.

„ 3. Das jerusalemische Todesostern. 1. Der Messiaszug. (S. 1—290.) 871. * M 5,70. — 2. Der jerusalemische Messiastod. (XI, S. 291—674.) 872. * M 7.

1. Bd. Ebendas. 1867. * M 10.

Keim, (C.) Th., die Reformation der Reichsstadt Ulm. Ein Beitrag zur schwäbischen und deutschen Reformationsgeschichte. gr. 8. (XVI und 420 S.) Stuttgart 851, Belsersche Buchh.

—— Reformationsblätter der Reichsstadt Eßlingen. Aus den Quellen. gr. 8. (VII und 167 S.) Eßlingen 860, Weychardt. *

Keim, (Carl) Thdr., schwäbische Reformationsgeschichte bis zum augsburger Reichstag. Mit vorzügl. Rücksicht auf die entscheidenden Schlußjahre 1528 bis 1531. Zum ersten Mal aus den Quellen dargestellt. Mit einem Anhang ungedruckter Reformationsbriefe. gr. 8. (XX und 308 S.) Tübingen 855, L. F. Fues.

Keim, Thdr., Rom u. das Christenthum. Eine Darstellung des Kampfes zwischen dem alten u. dem neuen Glauben im röm. Reiche während der beiden ersten Jahrhunderte unsrer Zeitrechnung. Aus Th. Keim's handschriftl. Nachlass hrsg. v. H. Ziegler. gr. 8. (XXXVI, 667 S.) Berlin 881. G. Reimer. n. 10. —

—— der Uebertritt Constantin's des Großen zum Christenthum. Akadem. Vortrag, gehalten am 12. Dezbr. 1861 im Großrathssaale in Zürich, nebst geschichtl. Nachweis. gr. 8. (VIII und 106 S.) Zürich 862, Orell, Füßli und Comp. *

Keim, Theod., aus dem Urchristenthum. Geschichtliche Untersuchungen in zwangloser Folge. 1. Bd. gr. 8. (XII, 229 S.) Zürich 878, Orell, Füssli und Comp. *

—— die geschichtliche Würde Jesu. Eine Charakteristik in zwei Vorträgen mit chronolog. Anh. gr. 8. (X und 58 S.) Zürich 864, Orell, Füßli und Comp. *

Keim, Wilhelm [aus Wiesbaden]: Studien über die chemischen Vorgänge bei der Entwicklung und Reife der Kirschfrucht sowie über die Producte der Gährung des Kirschsaftes und Johannisbeersaftes mit Einschluss des Farbstoffes von Ribes nigrum und Ribes rubrum. . . . Wiesbaden, Verl. v. J. F. Bergmann, 1891; 37 S., 1 Taf. 8°
Erlangen, Phil. Fak., Inaug.-Diss. v. 1891

Keimann, Christian. Ein Beitrag zur Geschichte des Zittauer Gymnasiums. Zittau 1856. V: *Kämmel, Hnr. Jul.* (Kat. d. stat. Bureaus. Dresden 1890.)

Keimann, Christian, Recht güldenes A. B. C. Oder Gedächtniß-Bibel
siehe Christian Albert Ermelius,
Kurtz-gefaste Nachricht Von Biblischen Gedächtniß-Versen und Reimen, Lübben (1728).

Keime, Die, zur Auflösung des . . . Seminars zu Breslau. Oder die erste halbjährige Wirksamkeit des Seminar-Directors . . . Gerlach . . . Leipzig 1846. V: *Hänsel.* (Kat. d. Druckschr. üb. Breslau. Breslau 1903. S. 296.)

Keime, die, zur Auflösung des K. evangel. Schullehrer-Seminars zu Breslau. Oder die erste halbjähr. Wirksamkeit des Sem.-Dir. Fr. Gerlach. Von e. ehemal. Zöglinge der Anstalt. gr. 8. Leipzig 846, Hartknoch. 1/4 ℛ

Keime, die, zur Auflösung des k. evangel. Schullehrer-Seminars zu Breslau. Oder die erste halbjähr. Wirksamkeit des Sem.-Dir. Fr. Gerlach. Von einem ehemal. Zöglinge der Anstalt. gr. 8. (45 S.) Leipzig 847, Hartknoch.

Keime der Poesie. Eine Gabe zweier Freunde. (Von Friedr. Carl Metzger u. Carl Heinr. v. Kreybig.) 8. (16¾ B.) Nürnberg 843. (Nördlingen, Beck'sche Buchh.) —

Keimer, Paul, appr. Arzt a. Recklinghausen: Zur Behandlung der inkarzerierten Hernien speziell bei Gangrän und Gangränverdacht. Rostock 1908: Adlers Erben. (43 S.) 8°
Rostock, Med. Fak., Ref. Müller, Diss. v. 12. Juni 1908
[Geb. 27. März 77 Recklinghausen; Wohnort: Recklinghausen; Staatsangeh.: Preußen; Vorbildung: Gymn. Recklinghausen Reife O. 97; Studium: Bonn 2, München 1, Marburg 1, Kiel 2, Freiburg i. B. 2, Berlin 2 S.; Coll. 18. März 08; Approb. 26. Febr. 03.]

Keimer, Wenzel [app. Arzt aus Recklinghausen i./W.]: Aus d. chirurg. Klinik zu Kiel. Über zwei Fälle von intermittirender Bluterkrankheit. . . . Kiel, Druck v. L. Handorff, 1891; 30 S., 1 Bl. 8°
Kiel, Med. Fak., Inaug.-Diss. v. [21. März] 1891

Keimer, Wenzel, üb. zwei Fälle v. intermittirender Bluterkrankheit. Diss. gr. 8. (30 S.) Kiel 891. (Gnevkow & v. Gellhorn.) n. 1. —

Keimproben mit verschiedenen Nadelholzsämereien aus der Forstinspektion Doberan . . . 1886. V: *Blücher, von.* (Bachmann, Mecklenburg. Güstrow 1889 S. 292.)

Kein Bürgerkrieg! Ansprache der Berliner an die Provinzen. Druck von E. Litfaß. 1 Bl. Fol.
Flugblatt. Berlin, 23. Mai 1848.

Dienst, Kein, auch dem Geringsten geleistet, bleibt unbelohnt. Lustsp. in 4 A. nach dem Franz. d. »le Comte d'Albert« umgearb. von Alois F. Grafen v. Brühl. Dresden 1790. V: *Sedaine, Mich. Jean.* Vgl. ERSCH II, 2 (1840), 4359d. (DARP)

Kein Dienst, auch dem Geringsten geleistet, bleibt unvergolten. Schauspl. 8. Dresd. 790. Walther. 6 gr

— Faustrecht mehr. Schsp. v. Schlenkert. 8. Regensb. Montag. 798.

Kein Generalbass mehr! Dafür: der Geist der Einheit [!] in der musikalischen Progression. Ein Beitrag zur Musikwissenschaft. Wien 860. Wallishausser's Buchhandlung. 8. (VIII, 66 S.) n. 12 ngr.

— **Platz im Gasthofe.** Posse von Arvelius. 8. Leipz. Kummer. 793.

Kein preußisches Kleindeutschland! Programm u. Aufforderung zur Bildung eines großdeutschen Vereins von einem Süddeutschen. Mannheim 861. Bensheimer. gr. 8. (31 S.) 4½ ngr.

„Kein Schaffot mehr!" Ein Votum gegen die Todesstrafe zugleich als Anregung zur Bildung eines deutschen Vereins zur Abschaffung der Todesstrafe von F. C. D. gr. 8. (42 S.) Darmstadt 865, Küchler.

Kein, P., Vertragliche Änderung des Inhalts e. Schuldverhältnisses. [Aus: „Öst. Zentralbl. f. d. jurist. Praxis".] (III, 70 S.) gr. 8. Wien, M. Perles. 1906. 1. 60.

Keinath, Georg: Untersuchungen an Meßtransformatoren. 1909. 103 S. 8°
München, Dr.-Ing.-Diss. v. 6. 8. 1909

Keinath, Karl Theodor, appr. Arzt a. Quint b. Trier: Aus d. pathol. Institut zu Freiburg i. Br. Dir. Geheimrat Ziegler. Ueber den mikroskopischen Nachweis von Fett in normalen Muskeln. Tübingen: Pietzcker 1904. (31 S.) 8°
Freiburg i. B., Med. Fak., Ref. Ziegler, Diss. v. 1904
[Geb. 2. Aug. 76 Quint; Wohnort: Freiburg; Staatsangeh.: Preußen; Vorbildung: Gymn. Trarbach Reife Juli 99; Studium: Tübingen 5, Berlin 2, Freiburg 3 S.; Coll. 15. Juli 04.]

Keindl, J., Wörterbüchlein, enth. üb. 3200 Krankheits- u. hierauf bezügliche Bezeichngn. in fremdsprachig-deutscher u. deutsch-fremdsprachiger Übersetzung. Zusammengestellt f. Krankenkassen, Krankenhausverwaltgn. etc. als Behelf bei statist. Nachweisgn. 4. verm. u. verb. Aufl. (128 S.) kl. 8. Wien (XII, Niederhofstr. 18) (910). Selbstverlag. 1.70

Keindl, Ottomar, Friedrich Theodor Vischer. Erinnerungsblätter der Dankbarkeit. 8. (48 S. mit Bild.) Prag 888, (Neugebauer.) *M 1.20.; geb. * 2 —

Keindl, Ottomar. Friedrich Theodor Vischer. Gedenkblätter zur Jahrhundertfeier seines Geburtstags. Mit einem Verzeichnis seiner Schriften, mit bisher noch nicht veröffentlichten Reisebriefen aus dem Jahre 1833, einem Faksimile und drei Lichtbildern [Porträt-Tafeln]. 3. vermehrte Aufl. 51 S. kl.-4. Prag, Gustav Neugebauer, 1907. [M. 2.—]
Die 2. Aufl. (1. für den Buchh. bestimmte) ersch. 1888.

Keindorf, Otto [aus Bregenstedt]: Über die Erfolge der neuern operativen Behandlungsmethode des Carcinoma uteri ... Würzburg, Druck d. Etlinger'schen Buchdr., 1891; 40 S. 8.
Würzburg, Med. Fak., Inaug.-Diss. v. 1891

Keindorff, Aug., Kritik der drei Keplerschen Gesetze. Ein Versuch. gr. 8. (26 S. m. eingedr. Holzschn.) Neuhaldensleben 882. Eyraud. n. 1. —

Die Zustandsgleichung der Dämpfe, Flüssigkeiten und Gase von August **Keindorff.** Leipzig: B. G. Teubner 1906. (61 S.) 8° [06. 10408

Keine, s. unt. d. darauf folgenden Hauptworte.

Keine alten Jungfern mehr! oder die Ursachen der heutigen Ehescheu-Epidemie und ihre radikale Heilung. Eine gekrönte Preisschrift von C. T. 2. Aufl. Bonn 861. Rheinische Verlags-Anstalt. 8. verklebt n. 10 ngr.

Keine Bürgerwehr? (Von v. Olberg.) gr. 8. (24 S.) Danzig 849, (Devrient.) **

—— Demokratie! Ein Gespräch zur Belehrung des gemeinen Mannes über einige Zeitfragen, der Oeffentlichkeit übergeben von einem Freunde der Wahrheit. 8. (40 S.) Grimma 850, Gebhardt.

Anonym: „Keine Erbunterthänigkeit! Mit dem Motto: Nur die Arbeit des freyen Mannes segnet Gott!", Königsberg 1808 (Nicolovius). — Vorh.: Preuß. Staatsbibliothek Berlin.

Keine Erhöhung des Malzaufschlages! durch die das Bier, unser National-Getränke, nur noch mehr vertheuert u. verschlechtert wird. München, Carl Scheiber, 1879. Kl. 8°. 8 S. Cart.

—— Furcht mehr vor der Cholera! Ein Noth- und Hilfs-Büchlein für Alle, die bei Herannahen der Cholera ihr ganz entgehen oder doch sie glücklich überstehen wollen. Von einem Arzte. 8. (III und 39 S.) Grimma 851, Verlags-Comptoir. **

Keine Hühneraugen mehr! Ein Noth- u. Hülfsbuch, enthalt. die Mittel, die Hühneraugen schmerzlos zu entfernen, so wie auch ihre Entstehung zu verhüten. Nebst e. Anh.: Sichere Heilung der Frostbeulen u. erfrornen Glieder, u. Belehrungen üb. Wiederbelebung erfrorner Menschen. 1. Aufl. (2¼ B.) u. 2., verb. Aufl. 12. (3 B.) Nordhausen 843, Fürst. à

—— Hungersnoth mehr! oder: Das einzige wahre Mittel, wie jeder Theuerung in der Folge vorzubeugen ist. Eine Schrift für Jedermann, insbesond. aber für deutsche Landwirthe bearb. 8. (VI und 30 S.) Sonnenberg 847, Mylius.

— kirchliche Spaltungen mehr! Eine Religion! Eine allgem. christl. Kirche! Ein Aufruf an alle Deutsche Mitbrüder u. Antrag an das Deutsche Parlament. gr. 8. (31 S.) Königsberg 848, Bon's Sort.-B. in Comm. ⅙ ₰

—— Ohrenbeichte mehr! Zeitgemäßes Wort ein. rheinhess. Katholiken an seine Glaubensgenossen. 8. (½ B.) Frankfurt a. M. 845, Körner.

Keine Pairskammer in Preußen! Sendschreiben an den Prof. Dr. Gaupp in Breslau von C. S. D. gr. 8. (31 S.) Breslau 852, (Schulz.) Thlr. *

Keine Prostitution mehr! Oder: Motivirte Vorschläge zur unbedingten Unterdrückung, resp. Ausrottung der überhand genommenen Prostitution u. Sittenlosigkeit. Von C. Pz. Landsberg a. d. W. 858. Volger u. Klein. 8. (44 S.) n. 6 ngr.

Keine Provinzial-Landtags-Verfassung für Deutsch-Oesterreich! Stuttgart 861. Göpel. gr. 8. (16 S.) n. 2 ngr.

Keine Stimme der Zeit, sondern Stimme der Wahrheit, entquollen der Brust des röm.-kath. Papisten L. Hermann. Bacha (bei Fulda), Schmitt u. Müller in Komm., 1839, 34 S., 8°, 0,75 Mk.
Rec. Katholik Bd. 78, S. 195. Litt. Anzeiger zur Sion 1839, S. 64.

Keine Symbole mehr! Sendschreiben an d. Freunde d. Aufklärung in Kassel. gr. 8. (1 B.) Osnabrück 840. (Kassel, Bohné.) * ·

Keine Trichinen mehr! Oder: Wie man Schweinefleisch ohne Gefahr genießen kann. gr. 16. (11 S.) Prag 866, Steinhauser. *

—— Unterleibsbeschwerden mehr! Wichtige Enthüllungen über die wahren Ursachen dieser Uebel und sichere, auf Erfahrung begründete Anweisung, sie ohne Medicin zu heilen. Nach J. Burne und anderen berühmten Aerzten Englands und Frankreichs rc. bearb. 1. und 2. Aufl. 16. (70 S.) Cöslin 853, Velger'sche Buchh. *

—— Zahnschmerzen mehr! Ein augenblicklich helfendes und wenig kostendes Mittel gegen Zahnschmerzen, welches weder nachtheilig auf die Zähne noch auf das Zahnfleisch wirkt. 8. Leipzig 848, R. O. Schulze.

Keinen Schwiegersohn, s. Schwiegersohn.

Keiner der Christus, oder kurzer Unterricht, wie in Christo allein vollkomen Hülfe u. Arznei wider alle Sünde u. wider alles Elend der Menschen gefunden werde. 8. Frankf. a. M. 763. Andreä. 2 gr

Keiner hat Recht. Ein Urtheil über den lateinischen Briefwechsel des Liberius und Hübner. Augsburg 1789. V: *Weissenbach, Joh. Ant.* (Jes)

Keiner, Frz., über e. Jahr. Novelle. (38 S.) 8. Leipzig 908. Modernes Verlagsbureau. 1.—

Keiner, Hermann, appr. Arzt a. Dortmund, Unterarzt beim 1. Bad. Leib-Grenadier-Reg. Nr. 109: Aus der inn. Abt. des städt. Luisenhospitals zu Dortmund. Dirig. Arzt: Oberarzt Dr. Burghart: Medikamentös-therapeutische Erfahrungen bei kroupöser Pneumonie. Berlin (1905): G. Schade. (30 S.) 8°
Berlin, Med. Fak., Ref. Kraus, Diss. v. 1. Juli 1905
[Geb. 30. Aug. 80 Dortmund; Heimatsort: Dortmund; Staatsangeh.: Preußen; Vorbildung: Städt. Gymn. Dortmund Reife O. 99; Studium: Bonn 1, Berlin, K. Wilh.-Akad. 8 S.; Coll. 26. Juni 05; Approb. 20. Juni 05.]

KEINER, Oswald: Die Entwickelung der deutschen Invaliden-Versicherung.- München: Schweitzer 1903. VI,157 S.
22.5.1903 - Chr 1902/03,21; Jv 1903/04,316
Diss. Ingolst.-Landsh.-Mchn.

Keiner, Osw., die Entwickelung der deutschen Invaliden-Versicherung. Eine volkswirtschaftlich-statist. Untersuchg. (VI, 157 S.) gr. 8. München 904. J. Schweitzer Verl. n. 4. 20

Keinersdörfer, J., Vorbereitung f. Clavierspieler zum Generalbasse u. Beilage zu jed. Generalbaßschule. Linz, Haslinger. 813.

Keines, Ihrer, vergessen. Von der Verfasserin von: »Ein Blatt auf Vrony's Grab.« Zum Besten der Versorgungskasse der Gemeinde-Diaconissen in U. L. Frauen zu Bremen. Bremen 1873. V: *Spyri, Johanna.* (EB)

Keining, Gustav [aus Soest]: Aus d. Poliklinik f. Ohrenkrankheiten zu Bonn. Ueber den Einfluss der Behandlung des einen Ohres auf das andere, besonders bei chronischen Eiterungen. . . . Lechenich, Druck v. Philipp Schäfer, 1888; 24 S. 8°
Bonn, Med. Fak., Inaug.-Diss. v. 27. Sept. 1888

Lehrgang der Stenographie für die deutsche und die Fremdsprachen nach eigenem System von Dr. med. Gustav **Keining**. Dortmund: F. W. Ruhfus in Komm. 1907. (56 S.) 8° [08. 3437

Keining, Otto [pr. Arzt aus Soest]: Lues und Dementia paralytica. . . . Lechenich. Buchdr. v. Philipp Schäfer (1888); 56 S. + 1 Bl. 8°
Bonn, Med. Fak., Inaug.-Diss. v. 12. Nov. 1888

Keistoch, Eugen *Josef* [aus Schlesien]: Die Laparotomie bei Bauchfelltuberculose. (Drei Fälle.) . . . Greifswald, Druck v. J. Abel, 1891; 34 S. 8°
Greifswald, Med. Fak., Inaug.-Diss. v. 30. Jun. 1891

Keintzel, Georg Der Heliand im Verhältnis zu seinen Quellen.
36 S. Progr. *Sächsisch-Regen* 1882.

Keintzel, Geo., der Heliand im Verhältniss zu seinen Quellen. 4. (36 S.) Hermannstadt 882. (Leipzig, Fock.)

Keintzel, Georg Über die Herkunft der Siebenbürger Sachsen.
4 (S. 3—52). Ev. Oberg. A. B. u. verbund. Lehranstalt. *Bistritz* 1887. Progr.

Keintzel, Geo., über die Herkunft der Siebenbürger Sachsen. gr. 4. (52 S.) Bistritz 887. (Hermannstadt, Michaelis.) * — 80

Keinz, Frdr., Altdeutsches. I. Cod. germ. Monac. 5249. II. Über e. Gesammtverzeichniss der altdeutschen Gedichte. Zur 41. Versammlg. der deutschen Philologen den Freunden der altdeutschen Dichtg. gewidmet. gr. 8. (16 S.) München 891. J. A. Finsterlin. n. — 50

Keinz, Frdr., s.: **Catalogus codicum manu scriptorum bibliothecae regiae Monacensis.**

Keinz, Friedr., die Gründung des Klosters Waldsassen. Altdeutsches Gedicht, zur Tirschenreuther Schmeller-Feier aus der Handschrift neu hrsg. gr. 8. (22 S.) München 885, (A. Ackermann's Nachf.) * — 60

—— Helmbrecht und seine Heimat. 2. umgearb. Aufl. gr. 8. (III, 97 S.) Leipzig 887, Hirzel. * 2 —

Keinz, Friedr., zur Helmbrecht-Kritik in Pfeiffers Germania. gr. 8. (18 S.) München 866, (J. A. Finsterlin.)

Keinz, Friedr., indiculus Arnonis und breves noticiae Salzburgenses nach den bekannten und nach bisher unbenutzten Handschriften neu hrsg. und mit Erläuterungen versehen. gr. 8. (VI, 98 S.) München 869, Fleischmann'sche Hofbuchh.

— der Journalsaal u. die neue periodische Literatur an der kgl. bayerischen Hof- u. Staatsbibliothek zu München. gr. 8. (VI, 39 S.) München 879. Adf. Ackermann in Comm. n. 1. —

— Nachtrag zur Neidhart-Ausgabe. gr. 8. (18 S.) München 889. (A. Ackermann's Nachf.) n. — 40

Keinz, Frdr., s.: Neidhart's v. Reuenthal Lieder.

— zwei alte ungarische Texte aus einer Handschrift der k. bayer. Hof- u. Staatsbibliothek hrsg. gr. 8. (18 S.) Ebend. 879. n. — 50

Keinz, Friedrich, k. Bibliothekar. Die Wasserzeichen des XIV. Jahrhunderts in Handschriften der k. bayerischen Hof- und Staatsbibliothek. (Aus:) „Abhandlungen der k. bayer. Akademie der Wissenschaften." I. Cl. XX. Bd. 3. Abth 4. München 1895.

Keinz, Frdr., d. Wasserzeichen d. XIV. Jahrh. in Handschriften d. k. bayer. Hof- u. Staatsbibliothek. [Aus: „Abhandlgn. d. k. b. Akad. d. Wiss."] gr. 4. (46 S. m. 38 Taf.) München 896. G. Franz' Verl. n.n. 4. —

Keinz, Friedrich (Hrsg.), s. W i g a m u r .

Keiper, Antonie, s. Wilh. Aug. Keiper, Fragmente rc.

Keiper, Hermann [app. Arzt aus Kaiserslautern]: Zur Kenntniss der Gicht. . . . München, J. Schreiber's Buchdr., 1880; 41 + 1 S. 8°
München, Med. Fak., Inaug.-Diss. v. 1880

KEIPER, Johann: Der Reichswald bei Kaiserslautern. - Kaiserslautern 1895. 77 S., 2 Kt.

Keiper, Joh., der Reichswald bei Kaiserslautern. 2. Aufl. (77 S. m. 2 Karten.) gr. 8. Kaiserslautern 895. H. Kayser. 1. —
Sonderabdr. a.: „Forstwiss. Centralbl."

[F.] Keiper, Philipp [Dr. Prof.]: Neue urkundliche Beiträge zur Geschichte des gelehrten Schulwesens im früheren Herzogtum Zweibrücken insbes. d. Zweibrücker Gymnasiums. I. Tl. Zweibrücken, Buchdr. v. A. Kranzbühler, 1892; 67 S. 8.
Zweibrücken, k. StA, P 1892*

Keiper, Phpp., neue urkundliche Beiträge zur Geschichte d. gelehrten Schulwesens im früheren Herzogt. Zweibrücken, insbesondere d. Zweibrücker Gymnasiums. I. Tl. gr. 8. (67 S.) Zweibrücken 892. (F. Lehmann.) n. — 80

[F.] Keiper, Philipp [Dr. Prof.]: Neue urkundliche Beiträge zur Geschichte des gelehrten Schulwesens im früheren Herzogtum Zweibrücken insbes. d. Zweibrücker Gymnasiums. II. Tl. [Forts. d. P-Beil. 1892.] Zweibrücken, Buchdr. v. A. Kranzbühler, 1893; 24 S. 8.
Zweibrücken, k. Humanist. G, P 1893*

Keiper, Phpp., neue urkundl. Beiträge z. Geschichte d. gelehrten Schulwesens im früh. Herzogt. Zweibrücken, insbes. d. Zweibrücker Gymnasiums. II. Tl. gr. 8. (24 S.) Zweibrücken 893. (F. Lehmann.) n. — 40; (I. u. II.: n. 1. 20)

[F.] Keiper, Philipp [Dr. Prof.]: Neue urkundliche Beiträge zur Geschichte des gelehrten Schulwesens im früheren Herzogtum Zweibrücken, insbes. d. Zweibrücker Gymnasiums. III. Tl. (Forts. d. P-Beil. 1892. 93.) Zweibrücken, Buchdr. v. A. Kranzbühler, 1897; 64 S. 8.
Zweibrücken, k. Humanist. G, P 1897*

Keiper, Philipp, Dr., Prof.: Neue urkundliche Beiträge zur Geschichte des gelehrten Schulwesens im früheren Herzogtum Zweibrücken, insbesondere des Zweibrücker Gymnasiums. T. 4. *Zweibrücken 1902: A. Kranzbühler.* (48 S.) 8° [F.] ¶(Forts. d. P-Beil. 1892, 93 u. 97.)
Zweibrücken, k. humanist. G, P 1902*

Keiper, Philipp [Dr. Prof.]: Französische Familiennamen in der Pfalz und Französisches im Pfälzer Volksmund. (Dass. 2. Aufl. Kaiserslautern 1891; 84 S. — Th. I umgearb. aus: „Pfälzisches Museum" I u. II. 1884 u. 85; II ersch. ausführlicher an anderem Orte.) Zweibrücken, Buchdr. v. A. Kranzbühler, 1891; 76 S. 8°
Zweibrücken, k. StA, P 1891 •

— französische Familiennamen in der Pfalz u. Französisches im Pfälzer Volksmund. 2., verm. Aufl. gr. 8. (82 S.) Kaiserslautern 891. A. Gotthold. n. 1. —; geb. n. 2. —

Keiper, Phil. Die neuentdeckten Inschriften über Cyrus. 37 S. 8. Progr. *Zweibrücken* 1882.

Keiper, Philipp, Krimm, Kotten u. Lawaßbee. Eine etymologisch-histor. Studie üb. die Bedeutg. u. den Ursprung dieser Benenngn. v. bestimmten Stadtteilen in Ludwigshafen, Kaiserslautern u. Zweibrücken. (Pfälzische Studien. Beiträge zur rheinpfälz. Volkskunde u. Mundartenforschg.) (17 S.) gr. 8. Kaiserslautern 903. H. Kayser. n. — 40
Sonderabdruck aus: „Pfälz. Museum".

Keiper, P., Die Perser des Aeschylos als Quelle für altpersische Altertumskunde nebst Erklärung der darin vorkommenden altpersischen Eigennamen. Diss. 1877. 114 S. 1.50

Keiper, Phpp., die Perser des Aeschylos als Quelle f. altpersische Altertumskunde, nebst Erklärung der darin vorkommenden altpersischen Eigennamen. gr. 8. (114 S.) Erlangen 877. Deichert. n. 2. —

Keiper, W . Zwei Geniebriefe aus der Schweiz vom Jahre 1775 ([geschrieben von den] Grafen Friedrich Leopold [und] Christian Stolberg). Mitgetheilt von W. K'.... (SA.) 8. (Breslau [1894].)

[F.] Keiper, Wilhelm [aus Seehof (Pomm.)]: Friedrich Leopold Stolbergs Jugendpoesie. I. Th. ... [Erschien vollst. im gl. Verl. 1893.] Berlin, Mayer & Müller, 1892; 2 Bl., 52 S., 2 Bl. 8.
Berlin, Phil. Fak., Inaug.-Diss. v. 3. Dez. 1892

Keiper, Wilh., Friedrich Leopold Stolbergs Jugendpoesie. gr. 8. (VI, 108 S.) Berlin 898. Mayer & Müller. n. 1. 60

Keiper, Wilh. Aug., Fragmente religiös-philosoph. Inhalts. Hrsg. v. dess. Wittwe (Antonie Keiper). gr. 8. (11 B.) Cöslin 832. (Potsdam, Riegel.)

— u. W. A. Klütz, Natur, Mensch, Vernunft in ihren Wesen u. Zusammenhange dargestellt. gr. 8. Berl. 818. Rücker. 2 ₰ 12 gr

W. A. Keiper u. W. A. Klütz: Natur, Mensch, Vernunft in ihrem Wesen u. Zusammenh. dargest. *Berl.*, Rücker. 828. gr 8° 2 ₰ 12 gr

Keiper, Willy, aus Wiesbaden: Elektrochemische Reduktion einiger Nitro-Azo-Verbindungen. *Gießen 1903: J. Weinert.* (54 S.) 8°
Gießen, Phil. Diss. v. 1903

Keipp, Herm., ein deutscher Flüchtling. Aus dem Volksleben der neuesten Zeit. 8. (III und 100 S.) Halle 852, Delbrück.

Keir, Jam., Versuch u. Beobacht. über die Auflösung d. Metalle in Säuren; aus d. Engl. von A. G. L. Lentin. 8. Götting. 792. Dieterich. 2 gr

Keiser, der, u. kunige buoch, s.: B i b l i o t h e k d. deutschen National-Literatur, 4. Bd.

Keiser, s. Keyser, Kayser, Kaiser.

Die Eigenschaften eines guten Herzens. In einer Rede am Neuenjahrsfeste 5.7.69 in der ger. und vollk. Loge zu den dreien Schlüsseln in Regensburg fürgetragen von dem Br Redner. [Unterz.:] K[eiser]. [Regensburg]: Selbstverl. d. Loge [1769]. 16 S. 4°
5 in: Sammlung einiger Frmrreden d. L. in Regensburg. 1773.
Selten.

Die reinen, unschuldigen und wahren Ergözungen aechter Freimäurer, in einer Rede fürgetragen und abgelesen an einem Versammlungstage in der Loge zu den dreien Schlüsseln in Regensburg 5. 7. 68. [Unterz.:] K[eiser]. [Regensburg]: Selbstverl. d. Loge [1768]. 16 S. 4°
3 in: Sammlung einiger Frmrreden d. L. in Regensburg. 1773.
Selten. 65.

Der feine Geschmack des Herzens, in einer richtigen Kenntniss desjenigen, was moralisch gut und böse seye, als der wahre Weg zur Tugend. In einer Rede abgehandelt und bei feierlicher Begehung des Johannisfestes 5. 7. 69. in der ehrw. wachsenden Loge zu den dreien Schlüsseln in Regensburg abgelesen von dem Br. Redner. [Unterz.:] K[eiser]. [Regensburg: Selbstverl. d. Loge 1769.] 20 S. 4°
7 in: Sammlung einiger Frmrreden d. L. in Regensburg. 1773.
Selten.

Keiser, Journal für Geschichte, Statistik u. Staatswissenschaft. 2 Bde zu 3 Stck. gr. 8. Münster, Waldeck. (à 1 Rthl. 12 gr.)

Die Pflichten in Absicht auf den guten Namen, die wahre Ehre, und den allgemeinen Beifall in einer Rede abgehandelt und am Johannisfest 5.·. 7.·. 70 in der ger. und vollk. Loge, die wachsende zu den dreien Schlüsseln in Regensburg abgelesen von dem Br. Redner. [Unterz.:] K[eiser]. [Regensburg]: Selbstverl. d. Loge [1770]. 15 S. 4°
9 in: Sammlung einiger Frmrreden d. L. in Regensburg. 1773.
Selten.

Die Pflichten der Wohlthätigkeit, in einer Rede fürgetragen und bei dem feierlichen Neujahrsfeste 5.·.7.·.71 in der ger. u. vollk. Loge, die wachsende zu den dreien Schlüsseln in Regensburg abgelesen von dem Br Redner. [Unterz.:] K[eiser]. [Regensburg]: Selbstverl. d. Loge [1771]. 22 S. 4°
10[a] in: Sammlung einiger Frmrreden d. L. in Regensburg. 1773.
Selten.

Die Würde und Hoheit des Menschen in einer Rede fürgetragen und bei dem feierlichen Johannisfest 5.·. 7.·. 71 in der ger. und vollk. Loge, die Wachsende zu den dreien Schlüsseln in Regensburg, abgelesen von dem Br. Redner. [Unterz.:] K[eiser]. [Regensburg]: Selbstverl. d. Loge [1771]. 14 S. 4°
12. in: Sammlung einiger Frmrreden d. L. in Regensburg. 1773.
Kl. 891 b. Selten. 430.

Keiser, A., praktische Anweisung zur Verwaltung eines Zoll- und Steuer-Amtes. Ein Handbuch für Zoll- und Steuer-Einnehmer und solche die es werden wollen. Nach den amtl. Vorschriften bearb. gr. 8. (IV, 309 S.) Berlin 871, Jonas' Verlag. *

Keiser, Albert s. Castastrophe. Die C' von Zug, 5. Juli 1887. Zürich 1888.

Keiser, C. C., s. Keiser, Karl Kaspar.

Keiser, G. H., Frankreich vor u. nach dem Pariser Frieden vom 30. Mai 1814. Geschichte seines Anwachses, Verfassung, Verhältnisse ꝛc. 8: Erlang. Palmsche Verlagsbuchh. 815.

— Geschichtstafeln als Leitfaden beim Schulunterricht. 1s u. 2s Hft. Fol. München, Fleischmann. 812 u. 13.

— statistisch-topographisches Handbuch von Baiern. 1r Bd. gr. 8. Erlang. Palm. 814.

— Lehrbuch d. Länder- u. Völkerkunde, auf eine einfachere Methode gebaut. in Bds 1s Stck. 8. München, Fleischmann. 811.

— Umriß d. Geographie u. Statistik von Baiern. Zum Gebrauch in den Lehranstalten dieses Reichs. 8. Erlangen, Palm. 811.

— Zusätze dazu. Ebend. 812.

Keiser, Geo., Asylum creditorum bipartitum, od. Anweis. wie sich ein jeder, so von sein. Debitore u. Schuldner in Güte nicht bezahlt werden kann, zu verhalten, u. d. Hülfs- u. Arrestproceß rechtmäßig anzustellen. 4, Altenb. (Akad. Bhdl. in Jena,) 710.

Keiser, H. A., ein Christabend, } s. Familien-Bibliothek.

Keiser, H. A., eine romantische Hochzeitsreise, — eine Schreckensnacht vor der Hochzeit. } s.: Familien-Bibliothek.

Keiser, H. A. — die fünf Sinne, } s. Familien-Bibliothek.

Keiser, Hans, Landrichter: Zur Haftung der Konkursmasse aus einem Vertrage, den ein Bevollmächtigter des Gemeinschuldners mit einem Dritten in beiderseitiger Unkenntnis der inzwischen erfolgten Konkurseröffnung abgeschlossen hat. ⟨Eine materiellrechtl. Studie z. Konkursordnung.⟩ Borna-Leipzig 1908: Noske. XI, 65 S. 8°
Leipzig, Jur. Diss. v. 30. Nov. 1908
[Geb. 2. Febr. 79 Osnabrück; Wohnort: Essen a. R.; Staatsangeh.: Preußen; Vorbildung: Rats-Gymn. Osnabrück Reife O. 97; Studium: Freiburg i. B. 1, Berlin 2, Leipzig 1, Göttingen 2 S.; Rig. 13. Mai 05.] [U 09. 2562

[J.] Heinrich Bone. Lebensbild e. deutschen Schulmannes u. Schriftstellers v. H[einrich] Al[ois] Keiser, Rektor in Zug. *(Mainz: F. Kirchheim); Zug: Buchdr. J. M. Blunschi 1897.* (50 S., 1 Portr.) 1 Bd 8.

Brandenberg, F. X., Præfect. Dom., von H. Al. Keiser. Zug 1871.
Progr.-Schr.

Keiser, H[einrich] Al[ois]. Ein verschollener Dichter (Paul Henggeler). Separatabzug aus dem «Zugerischen Neujahrsblatt». 31 S. 8. Zug, Rey & Kalt, 1903.

Keiser, H. Al., Geschichte der zugerischen Kantonsschule. Zug 1886.
Progr.

Keiser, H. Al.: Karl Kasp. Keiser, Prof. u. Präfect in Zug und Regens d. bischöfl. Seminars in Solothurn. 2 Teile. Zug, Progr. 1881 u. 1882.

Keiser, H. Al., siehe: *Neujahrsblatt, Zug.*

Keiser, H. Alois, Pädagogik, s.: Baumgartner, Heinr.

— Die Reorganisation der Industrieschule und des Ober-Gymnasiums in Zug a. 1886/87. Zug 1887.
Progr.

Keiser, H. Al., Die Zuger Schriftsteller I. und II. Zug 1875 und 1879.
Progr.

Jahresbericht der kantonalen Industrie-Schule, des städtischen Gymnasiums u. der Sekundarschule in Zug, Schuljahr 1878-79. Mit Beilage: Die Zuger Schriftsteller. Berichtigungen und Nachträge zu der im Jahresberichte von 1875 erschienenen gleichnamigen Arbeit, von Prof. H. A. Keiser. In-8°, 52 S. Zug, Druck von Blunschli.

Keiser, H[einrich] Al[ois]. Pfarr-Resignat Johann Bapt[ist] Sidler (1806–[1893]). Ein Erinnerungsblatt an den ersten Rektor der kantonalen Industrie-Schule in Zug. ([A.] Progr.) 8. Zug [1894].)

Keiser, [Heinrich Alois]. [1.] Der Tschurrimurri- oder Vogthandel 1700 bis 1703. ⟨Vortrag des Hrn. Rektor K' vor der zuger'schen Sektion des V-örtigen Vereins⟩. (– [2.] Die Weissenbach- oder St. Karls-Pfrund bei Zug [von] M[artin] A[nton] Wyss. [Mit 1 Tafel.] Zuger. Njbl. 1892.) 4. (Zug 1892.)

Keiser, Jakob

Jahresbericht über das Gymnasium in Burgdorf am Schlusse des Jahres 1878/79. Dazu: Antiquar. Notizen aus d. Umgegend von Burgdorf v. J. Keiser. In-4°, 30 u. 15 S. u. 6 lith. Tfln. Burgdorf, Langlois. 1879.

Kurzgefaſstes zur Regula Detri und Practica doch vollſtändig und wohlgegründetes Rechenbuch ſamt *Curtii* Wort-Rechnung, aufgelöſet von *Johann Jacob Keiſern*, zum achtenmal aufgelegt und corrigirt von *Johann Philipp Henrici* geweſenen Rechenmeiſter allhier. Frft. am Mayn. 132 S. 8. 1766.
— Frankfurt. Brönner. 8. (4 gr.) 1783.

Keiſer, J. J., Rechenbüchl. 8. Frft. Brönner. 783.

Keiser, Johann Jacob s. Schaub, Johann Jacob, und Keiser, Johann Jacob.

Keiser, Josef

Keiser, J., Bestrebungen auf dem Gebiete des Vermessungswesens im allgemeinen und deren Rückwirkung auf den Kanton Zug im besondern. Zug 1888.
Progr.

Keiser, Karl [aus Hannover]: Orthosubstitutionsprodukte in der Thiophenreihe ... Hannover, Druck v. J. W. Schmidt, 1895; 26 S., 1 Bl. 8.
Heidelberg, Naturw.-math. Fak., Inaug.-Diss. v. [15. Nov.] 1895

Keiser, Karl, das Skizzieren ohne u. nach Modell f. Maschinenbauer. Ein Lehr- u. Aufgabenbuch f. den Unterricht. (VIII, 59 S. m. 24 Fig. u. 23 Taf.) gr. 8. Berlin 904. J. Springer. Geb. in Leinw. n. 3. —

Keiser, Karl Kaspar

—— Antwort auf Dr. A. Keller's Schrift: „die Moraltheologie des Jesuiten Pater Gury, als Lehrbuch am Priesterseminar des Bisth. Basel." gr. 8. (XVIII, 242 S.)
Luzern: Räber 1870.

[Keiser, C. C.], Ueber die Einrichtung der theol. Lehranstalt in Solothurn als Bildungsschule für den Klerus der westlichen Schweiz. Solothurn 1859.
Progr.

Keiſer, C. C., die kirchlich-politiſchen Fragen bei der eidgenöſſiſchen Bundesreviſion von 1871. Die Vorſchläge, ihre Entwicklung und ihre Tragweite. gr. 8. (256 S.) Luzern 872, Gebr. Räber. *

[Keiser, Carl Caspar.] (Carl Caspar Kolin (1739–1801), Ammann von Zug.) [Mit 1 Porträt-Tafel und einem Gedicht als Beigabe.] Zuger. Njbl. 1842. 4. (Zug.)

[Keiser, Carl Caspar.] Die Mordnacht auf der Löbern, den 9. Herbstmonat 1275. ([Mit 2 Tafeln und 2 Beigaben:] Einiges aus der Lebensgeschichte des seligen Nikolaus von der Flüe... [und] Schreiben, Lesen, Rechnen: Etwas für Jung und Alt. Zuger. Njbl. 1843.) 4. (Zug.)

[Keiser, Carl Caspar.] [1.] Der Panner- und Siegelhandel. 1404. (– [2.] Verschiedene Erwerbungen der Zuger. Sie werden ganz frei von der österreichischen Herrschaft. – [3.] Der Zuger Theilnahme an den ersten ennetbirgischen Zügen. Schlacht bei Arbedo. 1422. [Mit Illustrationen, wovon 2 Tafeln, sowie mehreren Beigaben:] Von einer unlöblichen Gewohnheit löblicher Stadt Zug oder von dem Trölen. Der Brunnema... [und Gedichte]. Zuger. Njbl. 1846.) 4. (Zug.)

—— die neueſten Verſuche die katholiſche Kirche in der Schweiz zu knechten. Nachgewieſen an einer Berner Broſchüre. gr. 8. (110 S.) Ebendaſ. 871.

[Keiser, Carl Caspar.] [1.] Die Versuche, Zug von dem eidgenössischen Bunde zu trennen: ihre Vereitlung. Zerstörung von Wildenburg. Von 1352 bis 1386. (– [2.] Zug im Sempacherkriege. Friede von 1394. [Mit 2 Tafeln und 2 Beigaben:] Zur Erinnerung an den letzten Zurlauben, Beat Fidel Anton [und Gedicht:] Die Schlacht bei Bellenz und die Kolin. 1422. Zuger. Njbl. 1845.) 4. (Zug.)

[Keiser, Carl Caspar.] Von 1276 bis zur Schlacht am Morgarten, 1315; (– Von 1315 bis zur Aufnahme von Stadt und Amt Zug in den Bund. 1352. [Mit 1 Abbildung, 2 Tafeln und Beigabe:] Noch etwas von Schreiben, Lesen, Rechnen. Zuger. Njbl. 1844.) 4. (Zug.)

Keiser, Marie. Weihnachtsspiele für Mädchen: 1. Ehre sei Gott in der Höhe! 2. Lasset die Kleinen zu mir kommen! [Mit illustriertem Umschlag.] 39 S. 8. Einsiedeln *etc.*, Benziger & Co. A. G., 1906. [fr. 1.25]

Octavia von Reinhard **Keiser**. Für d. deutsche Handelgeschschaft ... von Friedrich Chrysander. (Vorr.: Max Seiffert.) *Leipzig: Gesellsch. 1902.* (216 S.) 4° [J.]
= Händel, Georg Friedr.: Werke. Suppl. 6.

Keiser, Simon Heinrich Adolf

— Abhandl. v. d. Gesundheit u. derf. Einfl. a. Glückseligkeit. 8. Marb. Krieger. 776.

— enarrat. quorund. morborum c. observation. etc. 8. Lemgo, Meyer. 771.

— observationes medicae adjunct. morborum. 8. Ibid. 8o3.

KEISER, Simon Heinrich Adolf: Unterricht von dem Nutzen und besonderer Heilungskraft der Eicheln in Absicht auf die Dörrsucht oder Auszehrung der Kinder. St. 1. 2. - Lemgo 1775. 24 S. - Forts. ebd. 1784. 72 S.

Keiser, S. H. A., Unterr. von d. Nutzen u. d. Heilungskr. d. Eicheln. 2 Stck. 8. Lemgo, Meyer. 775–84.

Keiser, Simon Heinrich Adolph (Detmold/Lippe), De vomica pulmonum sine cystide. Disp. med. Präs. Rudolph Augustin Vogel. Götting. (Johann Heinrich Schulz) 9. X. 1762. 24 S. (6.30) 17657
Gew.: Simon August Graf zu Lippe. — Widm. v.: Präs., Daniel Faber (Hamburg).

Keiser-Muos, Kaspar

Keiser-Muos, das neue Kur- und Pensionshaus Schönfels, s. Meyer-Ahrens.

Keiser & Schmidt: Preis-Verzeichniß für galvanische Elemente und Batterien. Berlin 1885

Keiser & Schmidt, Preis-Verzeichniss der Telegraphen-Bau-Anstalt, Fabrik galvanischer Apparate und Batterien, sowie aller zum Telegraphen-Bau und Betrieb erforderlichen Geräthe und Materialien. Berlin 1866.

Keiser & Schmidt: Preis-Verzeichnisse über elektrische, physikalische und elektro-therapeutische Apparate usw. Berlin 1884—1887

Keisermann, Sender: Ueber die Hydratation und Konstitution des Portland-Zementes. Dresden: Steinkopff 1910. 35 S. 8°
¶ (Auch als: Kolloidchem. Beihefte. Bd 1, H. 12.)
Jena, Phil. Diss. v. 5. Sept. 1910, Ref. Vongerichten
[Geb. 6./18. Dez 81 Krementschug; Wohnort: Krementschug; Staatsangeh.: Rußland; Vorbildung: Gymn. Ekaterinoslav Reife Mai 99; Studium: Nancy 4, Berlin Landw. Hochsch. 5, Jena 6 S.; Rig. 22. Juni 10.] [U 11. 2473

Keisermann, S., der Portlandzement, seine Hydratbildung u. Konstitution. (35 S.) gr. 8. Dresden 910. Th. Steinkopff. 1. —
Sonderabdr. a.: „Kolloidchem. Beihefte".

Keisker, Ludwig: Beiträge zu den Anwendungen der Theorie der unendlich kleinen Schraubungen auf Raumkurven. Borna-Leipzig 1910: Noske. 44 S. 8°
Münster, Phil. Diss. v. 15. Okt. 1910, Ref. v. Lilienthal
[Geb. 27. Okt. 78 Aschendorf, Kr. Iburg; Wohnort: Wanne; Staatsangeh.: Preußen; Vorbildung: Oberrealsch. Hannover Reife M. 05; Studium: Göttingen 3, Münster 4 S.; Rig. 11. Dez. 09.] [U 11. 3960

KEISS, Joseph (Wittislingen): Ueber die Hauptquellen der Prozesse in Baiern.- Landshut: Thomann 1813. 30 S.
1812 - Kal 1813
Diss. Ingolst.-Landsh.-Mchn.

Keissner, Thdr. Gli. Karl, s. Schulbuch, d. l., Leitfaden 2c.

Keist Ferdinund: Die Beziehungen Kaiser Leopolds I. zu den spanischen Habsburgern.
II. 1906 PN 1992 Diss. Wien, Univ.

Keisterbach [Schlagwort]

Keisterbach, s.: Geologische Karten. (Hessen.) — Hessen. Höhenschichtenkarte.

Das Eisenbahnwesen. Mit vielen Abb. von Franz Keit, Ing. *Berlin: U. Steinitz 1902.* (68 S.) 8° [F.]
[Umschlagt.:] Was muß man vom Eisenbahnwesen wissen? ...
— Technik. Die, im täglichen Leben. Bd 1.

Keitel, G., 200 Kopf- u. Tafelrechenaufgaben, angelegt zur Förderung u. Erprobung des Denkrechnens m. Lösungen nach Schluß unter Anwendung v. Rechenvortheilen bis zu leichteren algebraischen Aufgaben. Für Oberklassen in Volks- u. Fortbildungsschulen. 8. (IV, 39 S.) Stuttgart 882. Kohlhammer. n. — 75

Keitel, G., Leitfaden für den Unterricht in der Muttersprache in Volksschulen u. andern niederen Lehranstalten, insbesondere auch für Schulpräparanden. Ein analytisch-synthetischer Sprachunterrichtsgang im Anschluß an Fibel u. Lesebuch u. an die amtlich festgestellte Rechtsschreibung, mit Stilübungen u. vielen Aufgaben, in vier fortschreitenden Cursen. Mit in den Text aufgenommenen Sprachstücken. Oehringen 863. (Heilbronn, Claß.) gr. 8. (XVI, 204 S.) n. 22 ngr.

Keitel, G., Leitfaden für den Unterricht in der Muttersprache in Volksschulen und andern niederen Lehranstalten, insbesond. auch für Schulpräparanden. Ein analytisch-synthet. Sprachunterrichtsgang im Anschluß an Fibel und Lesebuch und an die amtlich festgestellte Rechtsschreibung, mit Stilübungen und vielen Aufgaben, in 4 fortschreit. Cursen. (Mit in den Text aufgenomm. Sprachstücken.) gr. 8. (XVI und 204 S.) Oehringen 863. (Heilbronn, Schmidt.) *

Keitel, G., praktische Rechenschule für Volks- und Mittelschulen, Gewerbeschulen und andern niedern Lehranstalten, auch zum Selbstunterrichte. Ein Versuch, das angewandte schriftl. Rechnen einer nöthigen Reform entgegenzuführen. 3 Curse. gr. 8. (VIII und 67, IV und 68, 80 S.) Stuttgart 865, Schaber. à Curs $7\frac{1}{2}$ Ngr. —
Resultate. (84 S.)

Keitel, G., vollständiger Rechenunterricht für Volks- und mittlere Schulen, methodisch geordnet und dem metr. System angepaßt unter Einführung des dezimalen Rechnens. 1. Kursus. [Für die 5—6 ersten Schuljahre.] 8. (IV, 116 S.) Stuttgart 870, Schaber.
Resultate dazu. (37 S.) *

—— dass. — auch zur Selbstbelehrung eingerichtet. 2. Kursus. [Für die Oberklassen.] 8. (IV, 136 S.) Ebendas. 870. *
Resultate dazu. (53 S.) *

—— dass. — nach den neuen Maßen und Münzen und dem Gang des Normallehrplanes gemäß. [Auch zur Selbstbelehrung eingerichtet.] 1. und 2. Kursus. 3. gänzlich umgearb. Aufl. gr. 8. Ebendas. 874. à Kursus * 90 Pf.
Inhalt:
Kursus 1. 1. Mit unbenannten ganzen Zahlen. 2. Mit benannten Zahlen und Brüchen. (IV, 100 S.)
» 2. Für Oberklassen. (IV, 131 S.)

— vollständiger Rechenunterricht für Volks- u. mittlere Schulen, dem Gang des Normallehrplanes gemäß unter Hinweisung auf den amtl. Leitfaden. Ausg. f. den Lehrer mit Antworten. 2. Kurs.: Für Oberklassen. [IV. Abth. A. u. B.] 4., verb. Ausg. 8. (IV, 159 S.) Ebend. 881. cart. n. 1. 20

— 8. Schülerheft zu dem vollständigen Rechenunterricht. Für Schüler v. 10 oder 11—13 Jahren. [IV. Abth. A. u. B.] 4., verb. Ausg. 8. (69 S.) Ebend. 881. n. — 40

Keitel, G. T., Anweisung das Schwitzen und Gefrieren der Fensterscheiben zu verhüten. Berlin 861. (Uthemann.) 8. (4 S.) 15 ngr.

Keitel, G. T., Verzeichniss der Europäischen Vögel nach den neuesten Ermittelungen u. Prüfungen, mit Angabe der wichtigsten Synonyme u. deutschen Namen. Berlin 857. Geelhaar in Comm. gr. 8. (16 S.) n. 5 ngr

Keitel, O., deutsche Vorschule f. fremdsprachl. Selbstunterricht, s.: Brömel, K.

Keitel, Paul (Friedr. August Leuer Agathon) (geb. Neustadt a. R. in Hann. 7. 12. 1860): Ein Beitrag zu den Operationen am Pharynx und Oesophagus. Berlin (1883). (31 S.) 8°
Berlin, Med. Diss. v. 26. Juli 1883

Keiter, Albin: Über die Tragkraft stabförmiger Elektromagnete (mit 2 Taf. und 4 Textfiguren).
Separatabdruck aus: Sitzungsberichte d. Kais. Akad. d. Wissensch. in Wien. Bd. 104. IIa, S. 1216.

Keiter, Alwin, üb. d. Tragkraft stabförmiger Elektromagnete. [Aus: „Sitzungsber. d. k. Akad. d. Wiss.] gr. 8. (26 S. m. 4 Fig. u. 2 Taf.) Wien 895. (C. Gerold's Sohn.) n. 1. —

Keiter, Ernst, Zwischen Donau u. Theiß. Kleine Geschichten aus der Puszta. 2. (Titel-)Aufl. 8. (VII, 180 S.) [Lpz. 889, König.] Niemes, Bienert. 2 —; geb. 3 —

— Künstler-Geschichten aus 3 Jahrhunderten. Mit e. Begleitschreiben v. P. K. Rosegger. 2. (Titel-)Aufl. 8. (V, 354 S.) Ebd. 889. n. 2.—; geb. n. 3. —

Keiter, Ernst, Die Sommerfrischen am Attersee, Mondsee und Wolfgangsee. (Braumüller's Badebibliothek Nr. 25.) 8. (79 S.) geb. 60 kr.
Wien: Braumüller 1882.

Keiter, Ernst, Tirol in Wort u. Bild, s.: Laurencic, Jul.

Wien und Niederösterreich. (Separatabdruck aus dem vaterländischen Prachtwerk: Österreich in Wort und Bild.) Eine Sammlung von Reproductionen photographischer Ansichten sämmtlicher Prachtbauten, historischer Bau-Denkmäler und berühmter Plätze der Kaiserstadt Wien und Umgebung, sowie der malerischen Landschaftsbilder von Niederösterreich. Mit beschreibendem Text von E. Keiter. Wien. [1900.] Perles. Quer-Lex.-8°. 74 S. Geb. K 6.—

Keiter, Heinr., Bedingungen f. d. Eintritt in d. religiösen Frauen-Orden u. Genossenschaften Deutschlands u. ein. d. Auslands. Nach authent. Mitteilgn. zusammengest. 2., verm. u. verb. Aufl. 8. (60 S.) Regensburg 898. F. Pustet. — 60

Bedingungen für den Eintritt in die religiösen Frauen-Orden und -Genossenschaften Deutschlands und einiger des Auslandes. Nach authent. Mitteilungen zsgest. von Heinrich Keiter, Red. 2., verm. u. verb. Aufl. Regensburg & Leipzig: H. Keiter 1897 [übergekl.:] Essen-Ruhr: Fredebeul & Koenen [1904]. (60 S.) 8° [F.]

Keiter, Heinr., Bedingungen f. den Eintritt in sämtliche religiöse Männer-Orden u. Genossenschaften Deutschlands u. Österreichs, sowie der Maristen, Oblaten u. der katholischen Lehrgesellschaft. Nach authent. Mitteilgn. zusammengestellt. 8. (IV, 59 S.) Regensburg 895. H. Keiter. n. — 75

Bedingungen für den Eintritt in die religiösen Männer-Orden und -Congregationen Deutschlands, Österreichs und der Schweiz. Nach authent. Mitteilungen von Heinrich Keiter, Red. 2. verm. u. verb. Aufl. Regensburg & Leipzig: H. Keiter 1897 [übergekl.:] Essen-Ruhr: Fredebeul & Koenen [1904]. (72 S.) 8° [F.]

— konfession. Brunnenvergiftung, Die wahre Schmach d. Jahrhunderts. 3., verm. Abdr. gr. 8. (120 S.) Regensburg 896. Essen, Fredebeul & Koenen. n. 1. 20

Keiter, Heinr., konfessionelle Brunnenvergiftung. 2. verb. u. verm. Aufl. Bearb. v. Bernh. Stein. (IV, 223 S.) 8. Essen 908. Fredebeul & Koenen. 2.—; geb. in Leinw. 2.60

Keiter, H., der tolle Christian in Paderborn. Historische Erzählg. 8. (287 S.) Paderborn 890. Esser. n. 3. 60; geb. n. 5. —

Keiter, Heinr., der tolle Christian in Paderborn. Histor. Erzählg. 2. Aufl. (287 S.) 8. Paderborn (905). J. Esser. n. 3. —; geb. in Leinw. n. 4. 50

Keiter, Heinr., zeitgenössische katholische Dichter Deutschlands. Studien. Mit 12 (eingedr.) Porträts in Holzschn. 8. (VII, 270 S.) Paderborn 884 F. Schöningh. n. 3. —

— Annette v. Droste-Hülshoff, Deutschlands größte Dichterin, s. Broschüren, Frankfurter zeitgemäße.

Keiter, H., Annette v. Droste-Hülshoff, Deutschlands grösste Dichterin. (39 S.) Frankfurt a. M. 1890. Foesser Nachf.

Keiter, Heinr., Joseph v. Eichendorff. Sein Leben und seine Dichtungen, dargestellt von H. K. Zur 100jähr. Geburtstagsfeier am 10. März 1888. [3. Vereinsschrift der Görres-Gesellschaft für 1887.] gr. 8. (112 S.) Köln 887, (Bachem.) * 1 80

Keiter, Heinrich. Eintritts-Bedingungen für die religiösen Frauen-Orden und -Genossenschaften Deutschlands, Oesterreichs und der Schweiz. Neu bearb. und hrg. von Dr. phil. et theol. A. Saltzgeber. 3. Aufl. 56 S. 8. Essen-Ruhr, Fredebeul & Koenen, (1906). [M. —. 60, geb. 1. —]

Eintritts-Bedingungen für die religiösen Männer-Orden und Genossenschaften Deutschlands, Oesterreichs u. der Schweiz von Heinrich Keiter. Neu bearb. u. hrsg. von Dr. A[lfred] Saltzgeber. 3. Aufl. Essen: Fredebeul & Koenen (1906). (78 S.) 8° [F.]

Keiter, H., Erinnerungen eines Thalers, s. Familien-Bibliothek.

— katholische Erzähler der Neuzeit geschildert. 8. (VII, 304 S.) Ebendas. 880. *ℳ 2,70.; geb. *

— katholische Erzähler der neuesten Zeit. Litteraturhistorische Studien. 2., verb. Aufl. 8. (VIII, 396 S.) Paderborn 890. F. Schöningh. n. 3. 60

— Franz Grillparzer, s. Broschüren, Frankfurter zeitgemäße.

— Ida Gräfin Hahn-Hahn. Ein Lebens- u. Literaturbild. (III, 79 S.) 8. Würzburg (880). Regensburg, Verlagsanstalt vorm. G. J. Manz. n. 1. 20

— Handbüchlein der katholischen Presse Deutschlands, Österreichs, der Schweiz u. der Vereinigten Staaten, f. Redacteure, Verleger, Schriftsteller u. Inserenten zusammengestellt. 12. (IV, 80 S.) Regensburg 895. H. Keiter. n. 1. 20

Keiter's, Heinr., Handbuch der katholischen Presse Deutschlands, Oesterreichs, der Schweiz, Luxemburgs u. der Vereinigten Staaten v. Nordamerika, f. Redacteure, Verleger, Schriftsteller u. Inserenten zusammengestellt. (2. Aufl.) 12. (VI, 112 S.) Essen 900. Fredebeul & Koenen. n. 1. —

H[einrich] Keiters Handbuch der Katholischen Presse Deutschlands, Österreich-Ungarns, der Schweiz, Luxemburgs und der Vereinigten Staaten von Nord-Amerika. Mit e. Einl. über d. Entwicklung d. kath. Presse. 3. verb. u. verm. Aufl. Essen-Ruhr: Fredebeul & Koenen 1905. (XXIII, 151 S.) 8° [F.]

— Handbuch d. katholischen Presse Deutschlands, Österreich-Ungarns, d. Schweiz, Luxemburgs u. v. Nord-Amerika. Mit e. Einleitg. üb. d. Entwicklg. d. kathol. Presse in d. Ländern deutscher Zunge u. Beiträgen z. Geschichte d. kathol. Presse. 4. verb. u. bedeutend verm. Aufl. (XXX, 127 S.) 8. Ebd. 909. 1.50

— Heinrich Heine. Sein Leben, sein Charakter u. seine Werke. (Schriften der Görres-Gesellschaft.) gr. 8. (IV, 128 S.) Köln 891. (J. P. Bachem.) n. 1.80

— Heinrich Heine. Sein Leben, sein Charakter u. seine Werke. 2. Aufl. Durchgesehen u. ergänzt v. Ant. Lohr. (164 S.) gr. 8. Köln 906. J. P. Bachem. n. 2.40; geb. n. 3.—

— Aus dornenreicher Jugendzeit, s.: Bachem's Jugend-Erzählgn.

Keiter, Heinr., aus dornenreicher Jugendzeit. Erzählung aus dem Leben e. Knaben. 12. (171 S.) Köln 894. (J. P. Bachem.) Kart. n. 1.20

[F.] Aus dornenreicher Jugendzeit. Erzählg aus d. Leben e. Knaben v. Heinrich Keiter. M. Abb. nach Zeichn. v. A. C. Baworowsky. *Köln a. Rh.: J. P. Bachem [1897].* (2 Bl., 146 S.) 1 Bd 8. (Bachem's Jugend-Erzählungen.) [98. 4803

— die Kunst, Bücher zu lesen, u. namentlich: dichterische Erzeugnisse zu würdigen. Praktische Winke. 12. (IV, 88 S.) Regensburg 892. H. Keiter. n. — 75

— d. Kunst, Bücher zu lesen. Winke üb. d. Lektüre wissenschaftl. u. dichter. Werke. 2., bedeutend verm. Aufl. 8. (III, 151 S.) Regensburg 895. Essen, Fredebeul & Koenen. n. — 85; geb. n. 1. —

Die Kunst Bücher zu lesen. Winke f. d. Lektüre dichterischer u. wissenschaftl. Werke. Von Heinrich Keiter. 3. Aufl. *Essen a. d. R.: Fredebeul & Koenen 1901.* (142 S.) 8° [F.] [01. 677 5

— die Kunst, Bücher zu lesen. 4. Aufl., neu durchgesehen u. hrsg. v. Frz. Hülskamp. (7, 145 S.) 8. Essen 904. Fredebeul & Koenen. n. — 85; geb. in Leinw. n. 1. 20

— Leitsterne auf dem Lebenspfad. 2000 Aussprüche neuerer deutscher Dichter f. Geist u. Herz. Mit vielen Orig.-Beiträgen leb. deutscher Dichter. [Mit Widmungsblatt u. 4 Vollbildern in Farbendr.] 2. Aufl. 12. (VI, 583 S.) Münster 889. Aschendorff. n. 5.—; geb. m. Goldschn. n. 7.—

— Leitsterne auf d. Lebenspfade. Zweitausend Aussprüche neuerer deutscher Dichter f. Geist u. Herz. Mit vielen ungedr. Beitr. leb. deutscher Dichter. 3., verb. Aufl., hrsg. v. M. Herbert (Therese Keiter). (VI, 575 S. m. 18 Vollb.) kl. 8. Münster 902. Aschendorff. 5.—; geb. 7. —

— s. Lichtstrahlen aus den Werken der Gräfin Ida Hahn-Hahn.

— s.: Litteraturkalender, deutscher.

— katholischer Literaturkalender. Neubearb. v. Jos. Jörg. 6. Jahrg. 8. (XX, 379 S. m. 6 Bildnissen.) Ebd. 902. Geb. in Halbleinw. n. 3. —
Vergl.: Litteratur-Kalender, katholischer.

— katholischer Literaturkalender. Hrsg. v. Karl Hoeber. 7. Jahrg. (XIX, 384 S. m. 6 Bildnissen.) kl. 8. Ebd. 905. Geb. in Leinw. n. 3. —

— kathol. Literatur-Kalender. Hrsg. v. Karl Menne. 10. Jahrg. (LXIV, 528 S. m. 6 Bildnissen.) kl. 8. Essen (909). Fredebeul & Koenen. Geb. in Leinw. 4. —

— Pauline v. Mallinckrodt, die Stifterin u. General-Oberin der Schwestern der christl. Liebe. Ein Lebensbild. [Aus: „Alte u. Neue Welt".] 8. (17 S. mit lith. Portr.) Einsiedeln 881. Benziger. — 30

— die katholische Poesie in Deutschland seit 1848, s.: Broschüren, Frankfurter zeitgemäße.

Keiter, Heinrich, und Kellen, Tony. Der Roman. Geschichte, Theorie und Technik des Romans und der erzählenden Dichtkunst. 3. verbesserte und vermehrte Aufl. der Theorie des Romans. XVI + 509 S. 8. Essen-Ruhr, Fredebeul & Koenen, 1908. [M. 4. —]

— alte Schuld, s.: Familienfreund.

— Ein Sträfling, s.: Volksschriften, Münchner.

Keiter, Heinr., Versuch e. Theorie d. Romans u. der Erzählkunst. Mit e. orientir. Vorworte v. F. Kreyssig. 8. (VII, 224 S.) Paderborn 876. Schöningh. n. 2. —

Theorie des Romans und der Erzählkunst. Von Heinrich Keiter. 2. verm. u. verb. Aufl., bearb. von Tony Kellen. *Essen-Ruhr: Fredebeul & Koenen 1904.* (VIII, 314 S.) 8° [F.] [04. 13334 0

— Von Stufe zu Stufe, s. Erzählungen f. das Volk.

— von Stufe zu Stufe, s.: Volksschriften, Münchener, Nr. 14.

— F. W. Weber, der Dichter v. „Dreizehnlinden". Eine Studie. gr. 8. (40 S. m. eingedr. Portr.) Paderborn 884. F. Schöningh. n. — 60

— F. W. Weber, der Dichter von „Dreizehnlinden". Eine Studie. 2. verm. Aufl. 8. (52 S. mit Portr.) Paderborn 887, F. Schöningh. * — 60

— Fr. W. Weber, der Dichter v. „Dreizehnlinden". Eine Studie. 3., verm. Aufl. Mit e. Portr. in Stahlst. gr. 8. (57 S.) Paderborn 891. F. Schöningh. n. — 60

— dasselbe. 4., verm. u. verb. Aufl. gr. 8. (64 S. m. Bildnis.) Ebd. 894. n. — 60

[F.] Fr. W. Weber, der Dichter von 'Dreizehnlinden'. E. Studie v. Heinrich Keiter. 5., verm. u. verb. Aufl. M. d. Portr. d. Dichters. *Paderborn: F. Schöningh 1897.* (68 S., 1 Portr.) 1 Bd 8. [97. 8316

Fr. W. Weber, der Dichter von 'Dreizehnlinden'. Eine Studie von Heinrich Keiter. 6. Aufl. Mit d. Portr. d. Dichters. *Paderborn: F. Schöningh [1903].* (68 S.) 8° [F.] [04. 4159

— wie wird man Staatsbeamter, Beamter in Privatstellungen, Apotheker, Architekt, Arzt, Tierarzt, Zahnarzt u. s. w.? Vollständige Darstellg. des Studiums, der Prüfgn., Laufbahn, Kosten u. Gehaltsverhältnisse in allen einschläg. Berufen. gr. 8. (III, 60 S.) Regensburg 894. H. Keiter. n. 1. —

— wie wird man Staatsbeamter, Beamter in Privatstellgn., Apotheker, Architekt, Arzt, Tierarzt, Zahnarzt etc.? Vollst. Darstellg. d. Studiums, d. Prüfgn., Laufbahn, Kosten u. Gehaltsverhältnisse in allen einschläg. Berufen. 2., verm. u. verb. Aufl. gr. 8. (III, 108 S.) Regensburg 895. Essen, Fredebeul & Koenen. n. 1.10

Wie wird man Staats-Beamter, Offizier, Beamter in Privatstellungen, Apotheker, Architekt, Arzt, Tierarzt, Zahnarzt etc.? Vollständ. Darstellung d. Studiums, d. Prüfungen, Laufbahn ... in allen einschlägigen Berufen von H[einr.] **Keiter**. 3. Aufl., völlig umgearb. von Dr. A. Grunenberg. *Essen-Ruhr: Fredebeul & Koenen 1901.* (175, VII S.) 8° [F.] [01. 9994 B

— **Wie wird man Staats-Beamter, Offizier, Beamter in Privatstellungen, Apotheker, Architekt, Arzt, Tierarzt, Zahnarzt etc.? Vollständige Darstellg. d. Studiums, der Prüfgn., Laufbahn, Kosten u. Gehaltsverhältnisse in allen einschläg. Berufen.** Neu bearb. v. J. Schäfer. 4. verm. Aufl., völlig umgearb. auf Grund d. 3. Aufl. im Einverständnis m. Grunenberg. (VIII, 188 S.) 8. Ebd. 908. 2.60; geb. in Leinw. 3.—

— **praktische Winke f. Schriftsteller u. solche, die es werden wollen.** 2. Aufl. 8. (82 S.) Regensburg 890. (Pustet.) n. — 60

— **praktische Winke f. Schriftsteller u. solche, die es werden wollen.** 3., verb. Aufl. 12. (48 S.) Regensburg 891. H. Keiter. n. — 60

— **dasselbe.** 4., verm. u. verb. Aufl. 12. (52 S.) Ebd. 892. n. — 60

— prakt. Winke f. Schriftsteller u. solche, die es werden wollen. 5., verm. u. verb. Aufl. 8. (68 S.) Regensburg 895. Essen, Fredebeul & Koenen. n. — 70

Keiter, Heinr., praktische Winke f. Schriftsteller u. Zeitungs-Correspondenten. 6. verb. Aufl. 12. (60 S.) Ebd. 899. n. — 70

— **praktische Winke f. Schriftsteller u. Zeitungs-Korrespondenten. Mit den neuen Gesetzen über das Urheberrecht u. das Verlagsrecht.** 7. verb. u. verm. Aufl. (90 S.) kl. 8. Essen 905. Fredebeul & Koenen. Geb. in Leinw. n. 1.—

Keiter geb. Kellner, Frau Therese = Herbert, M. [Autorname].

Briefe einer Hässlichen u. allerhand anderes. Von M. Herbert [d. i. Therese **Keiter**]. Kevelaer: Butzon & Bercker [1905]. (96 S.) 8° [F.]
— **Vergangenheit**, Aus, u. Gegenwart. Bdch. 58. [06. 13391 B

Keiter, Therese (Hrsg.), s. Haus u. Welt.

Vom Leben und Sterben. Skizzen von M. Herbert [d. i. Therese **Keiter**]. Kevelaer: Butzon & Bercker [1905]. (96 S.) 8° [F.]
— **Vergangenheit**, Aus, u. Gegenwart. Bdch. 50. [06. 4308

Keith's, General-Feldmarschall, Lebensbeschreibung, s.: Paczynski-Tenczyn, v.

Keith, Jacob von, eine Ode ... Aurich 1759. V: *Smid, Joh. Henr.* (GGr)

Keith, Lord, und Lady Thompson, zwey platonisch Liebende. 8. Leipz. Weygand. 792.

Keith, Lord, und Lady Thompson, zwey platonisch Liebende, in engl. Manier, 8. Leipzig, 793. Weygand. 20 fgl.

Keith, Alex., die Erfüllung der biblischen Weissagungen, aus der Völkergeschichte u. den Mittheilungen neuerer Reisenden überzeugend dargethan. Nach der 25. Aufl. des engl. Originals ergänzend bearb. Mit 25 Abbild. 8. Stuttgart 844, J. F. Steinkopf. n. 1 ₰

Keith, Alex., Zeugnisse für d. Erfüllung d. prophetischen Schriftwortes; als Beweise für die Zuverlässigkeit desselben. Aus d. Engl. Mit 1 Kärtchen. Mit Stereotypen gedruckt. gr. 12. Hamb. 832. Nestler (u. Melle). 10 gl

Keith, Alex., Zeugnisse für die Erfüllung des prophet. Schriftwortes; als Beweise für die Zuverlässigkeit desselben. Aus d. Engl. gr. 12. Hamburg 834. (Nestler u. Melle; auch Prinz in Wesel.) 5/12 ₰

Keith, Alex., Zeugnisse für die Erfüllung des prophetischen Schriftwortes; als Beweise für die Zuverlässigkeit desselben. Aus dem Engl. 12. (166 S.) Hamburg 847, (Gusdorff.)

— Zeugnisse für die Erfüllung des prophetischen Schriftwortes; als Beweise für die Zuverlässigkeit desselben. Aus dem Engl. übers. gr. 16. (244 S. mit 2 Holzschn.) New-York 851. (Philadelphia, Schäfer und Koradi.) *

Keith, Alex.. Zeugnisse f. d. Erfüllung d. prophetischen Schriftwortes; als Beweise f. die Zuverlässigkeit desselben. [Aus d. Engl.] 8. (120 S.) Frankfurt a. M. 852, Zimmer'sche Sort.-Buchh. (Th. Völcker.) n. 12 ngl

Keith, Alex., Zeugnisse für die Erfüllung des prophetischen Schriftwortes; als Beweise für die Zuverlässigkeit desselben. (Aus dem Engl.) gr. 8. (III und 120 S.) Berlin 859(61), (Beck.) *

Keith, Alex., Zeugnisse für die Erfüllung des prophetischen Schriftwortes; als Beweise für die Zuverlässigkeit desselben. Aus dem Engl. 859. — 2. Aufl. Berlin 864. (Beck.) gr. 8. (2 Bl., 120 S.) n. 10 ngr.

Keith, Alex., Zeugnisse für die Erfüllung des prophetischen Schriftwortes; als Beweise f. die Zuverlässigkeit desselben. 3. Aufl. 8. (196 S.) Hamburg 872. (Kottbus, Gotthold-Exped.) geb. — 90

Keith, M. C., die Ehe. Aus d. Engl. übers. v. E. H. v. Atzenbach. (III, 191 S.) 8. Lorch 908. K. Rohm. 2.50; geb. 3.—

Keith, Walter [aus Brockton, Mass.]: **Krystallographisch-optische Untersuchungen. . . .** (Aus: **N. Jahrbuch f. Mineralogie etc. 1888 Beil. Bd. VI.**) Stuttgart, E. Schweizerbart'sche Verlagsh. (E. Koch), 1889; 38 S. + 1 Bl. u. 2 Taf. 8°
Göttingen, Phil. Fak., Inaug.-Diss. v. 5. Nov. 1888

Keitz, Emil v. Über tierische und pflanzliche Individualität. 13 S. Progr. *Bückeburg* 1876.

Keitz, E. v. Über Tierliebhaberei im Altertume. 34 S. *Duderstadt* 1883. Progr.

Kekäläinen, O., Finnland's Gegenwart und Zukunft, s. Finnland.

Kekischeff, Nadine, aus Moskau: Ueber die Endresultate der Brustkrebsoperationen. Rustschuk 1906. 48 S. 8°. [27. VII. 06.]
Bern. Med. Diss. 1906/1907.

Kekischeff, Nadine. Ueber die Endresultate der Brustkrebsoperationen. (Auf Grund des Materials aus den Kliniken des Herrn Professor [Theodor] Kocher zu Bern von 1895—1905 incl.) Diss. Med. Bern. 48 S. 8. Rustschuk, Buchdr. «Poboda», 1906.

Kekkos, Konstantinos D.

Κέκκος, Κωνσταντῖνος Δ. [διδάκτωρ τῆς φιλοσοφίας]: *Χαρίτων Ἀφροδισιεὺς μιμητὴς Ξενοφῶντος καὶ Ἡλιοδώρου.* . . . Erlangen, Druck d. Univ.-Buchdr. v. E. Th. Jacob, 1890; 32 S. 8°
Erlangen, Phil. Fak., Inaug.-Diss. v. 1890

Kekulé, Friedr. Aug., u. s. Bedeutung in der Chemie, s. Boettinger, Carl.

Kekule, August (Darmstadt)
Ueber die Amyloxydschwefelsäure und einige ihrer Salze.
[In: Liebigs Annalen Bd 75 (1850), S. 275-293.]
Dr. phil. Giessen 25.6.1852.

KEKULÉ, AUGUST.
Chemie der Benzolderivate oder der aromatischen Substanzen. Mit in den Text eingedruckten Holzschnitten. Erlangen, 1867–87. 8vo. 2 vols. and vol. III, pt. I. Vol. I, pp. viii–502, 1867; vol. II, pp. iv–ii–ix–587 [pt. I, 1880; pt. II, 1881; pt. III, 1882]; vol. III, pt. I, pp. ii–240, 1887.

Kekulé, Aug., Chemie der Benzolderivate oder der aromatischen Substanzen. 1. Bd. gr. 8. (VIII und 502 S. mit in den Text eingedr. Holzschn.) Erlangen 867, Enke's Verlag. *

Kekulé, Aug., Chemie der Benzolderivate oder der aromatischen Substanzen. Fortgesetzt unter Mitwirkung von R. Anschütz und G. Schultz. 2. Bd. 4 Lfgn. gr. 8. Stuttgart, Enke. [1.—3. Lfg. (IV, S. 1—730.) 880,81. à * ℳ 6.; 4. Lfg. (X, S. 731—837.) 882. * ℳ 3,20.] *
1. Bd. Ebendas. 1867. * ℳ 8,40.

Kekulé, Aug., über die Konstitution u. die Metamorphosen der chem. Verbindungen u. über die chem. Natur des Kohlenstoffs. Untersuchungen über aromat. Verbindungen, s. a. Ostwald's, W., Klassiker der exakten Wissenschaften, Nr. 145.

Kekulé, August: Über die Konstitution und die Metamorphosen der chemischen Verbindungen und über die chemische Natur des Kohlenstoffs. Untersuchungen über aromat. Verbindungen. Hrsg. von Albert Ladenburg. Mit 2 Fig. u. 1 Taf. Leipzig: W. Engelmann 1904. (89 S.) 8°
= Klassiker, Ostwald's, d. exakten Wissenschaften. No. 145.

Kekulé, A. Lehrbuch der organischen Chemie. Bd. I—III. Erlangen, 861—1866.

Kekulé, Aug., Lehrbuch der organischen Chemie oder der Chemie der Kohlenstoffverbindungen. Mit in den Text eingedruckten Holzschn. 1. Bd. (3 Liefgn.) u. 2. Bd. 1. u. 2. Liefg. Erlangen 859—64. Enke. Lex.-8. (1. Bd.: IX, 766 S.; 2. Bd.: VI, S. 1—480.) Jede Liefg. n. 1 ₰ 15 ngr.

— Lehrbuch der organischen Chemie oder der Chemie der Kohlenstoffverbindungen. 1. Bd. 2., unveränd. Abdr. 2. Bd. und 3. Bd. 1. Lfg. Lex.-8. Erlangen 863—67, Enke's Verlag. [1. Bd. (VIII und 766 S.) * 4 Thlr. 15 Ngr., 2. Bd. (III und 744 S.) 1. und 2. Lfg. à * 1 Thlr. 15 Ngr., 3. Lfg. * 1 Thlr. 18 Ngr., 3. Bd. (IV und S. 1—250, mit in den Text gedr. Holzschn.) * 1 Thlr. 15 Ngr.] *

Kekulé, Aug., Lehrbuch der organischen Chemie od. der Chemie der Kohlenstoffverbindungen. Fortgesetzt unter Mitwirkung v. R. Anschütz u. G. Schultz. 3. Bd. A. u. d. T.: Chemie der Benzolderivate od. der aromat. Substanzen. 2. Bd. 1—4. Lieferung. gr. 8. (XIV, 837 S.) Stuttgart 880—82. Enke. n. 21. 20
(I u. II: n. 29. 60)

Kekulé, Aug., Lehrbuch der organischen Chemie oder der Chemie der Kohlenstoffverbindungen. Fortgesetzt unter Mitwirkung von R. Anschütz, G. Schultz und W. La Coste. 4. Bd. A. u. d. T.: Chemie der Benzolderivate oder der aromat. Substanzen. 3. Bd. 1. Lfg. gr. 8. (II, 240 S.) Stuttgart 887, Enke. *
1.—3. Bd. Ebendas.: 1. Bd. 3 Lfgn. 1859—61. * ℳ 14.—; 2. Bd. 3 Lfgn. 1863—66. * ℳ 14.—; 3. Bd. 4 Lfgn. 1867—82. * ℳ 20.—. (1. Bd. 2. und 3. Lfg. und 2. Bd. 1. Lfg. vergriffen.)

7 —

Kekulé, A., s.: Liebig's, Just., Annalen d. Chemie.

Kekulé, Aug., die Principien des höheren Unterrichts u. die Reform der Gymnasien. Rede, zur academ. Feier des Geburtsfestes Sr. Maj. des Kaisers u. Königs Wilhelm I. gehalten am 22. März 1878. gr. 8. (35 S.) Bonn 878. Strauss. n. — 80

—— s. Tableaux servant à l'analyse chimique.

— et Otto Wallach, tableaux servant de guide dans l'enseignement de l'analyse qualitative, traduits de l'allemand par Jean Krutwig. gr. 8. (16 Tab.) Bonn 879. Weber. n. 2. —

Kekulé, A., und A. v. Planta, chemische Untersuchung der Heilquellen zu St. Moritz im Kanton Graubünden, s. Planta.

Kekulé, August (Hrsg.), s. Zeitschrift, Kritische, für Chemie, Physik u. Mathematik.

— die wissenschaftlichen Ziele u. Leistungen der Chemie. Rede, gehalten beim Antritt des Rectorats der Rhein. Friedrich-Wilhelms-Universität am 18. Octbr. 1877. gr. 8. (29 S.) Bonn 878. Cohen & Sohn. n. 1. —

Kekule, Karl, s. Petrarca's Reime.

Kekule, Karl Edw., Betracht. d. Gesetzentwurfes d. Wirkungen der Generalhypotheken in den diesseits rhein. Provinzen des Großh. Hessen betreffend. gr. 8. Darmst. 830. gedr. bei Leske.

Kekule, Karl Edw., s. die böhm. Händel.

Kekulé (von Stradonitz), Reinhard

Kekulé, Rhard. [Ihm gewidmete Aufsätze a. d. Alterthumsw.], s. Studien, Bonner.

Kekulé, R. Ueb. die Anordnung d. Figuren im Ostgiebel d. Zeustempels zu Olympia. A. s. a. 10 S. u. 1 Taf. —.80

Kekule v. Stradonitz, Rhard., über den Apoll des Kanachos. (16 S. m. 5 Abbildgn.) Lex.-8. Berlin 904. (G. Reimer.) n. — 50
Sonderabdruck aus: „Sitzungsber. d. preuss. Akad. d. Wiss."

Kekulé v. Stradonitz, R., Ueber einen angeblichen Ausspruch des Lysipp. S.-A. 1898. 14 S. 4°. —.90

Kekulé (von Stradonitz), Reinhard: Über einen Ausspruch des Lysipp, s. Schöne, Richard.

Kekulé, Rhard., die Balustrade des Tempels der Athena-Nike in Athen. Mit einer Aufnahme der Terrasse des Tempels und 3 Taf. Abbildungen in Stndr. (in qu. 4.). gr. 8. (VIII, 47 S.) Leipzig 869, Engelmann. *

— Bericht über die Sammlung der antiken Skulpturen und Gipsabgüsse i. d. Kgl. Museen zu Berlin. S.-A. 1893. 9 S. 4°. —.90

Kekule v. Stradonitz, Rhard., vorläufiger Bericht üb. die v. den königl. Museen begonn. Ausgrabungen in Milet. gr. 8. (12 S. m. 3 Abbildgn.) Berlin 900. (G. Reimer.) n. — 50
Sonderabdruck aus: „Sitzungsber. d. preuss. Akad. d. Wiss." Fortsetzung s.: Wiegand, Thdr.

Über ein Bildnis des Perikles in den Königlichen Museen. Von Reinhard Kekule v. Stradonitz. Mit 3 Taf. u. einigen Abb. *Berlin: G. Reimer 1901.* (22 S.) 4°
— Programm z. Winckelmannsfeste d. archaeol. Gesellschaft zu Berlin. 61. [01. 13005]

Die Bildnisse des Sokrates. Von Reinhard Kekule v. Stradonitz. Berlin: K. Akad. d. Wiss. 1908. (58 S.) 4°
Aus: Abhandlungen d. Kgl. Preuß. Akad. d. Wiss. v. J. 1908.

—— die antiken Bildwerke im Theseion zu Athen beschrieben. gr. 8. (XII, 180 S.) Ebendas. 869. *

— Über d. Bronzekopf e. Siegers in Olympia. (S. 694 bis 706 m. Abb. u. Taf.) Lex. 8. Ebd. 909. — 50
Sonderabdr. aus: „Sitzungsber. d. preuss. Akad. d. Wiss."

Kekule v. Stradonitz, Rhard., u. Herm. Winnefeld, Bronzen aus Dodona in d. kgl. Museen zu Berlin. (45 S. m. Abb. u. 6 Taf.) 45,5><34 cm. Berlin (909). G. Reimer. Geb. in Leinw. nn 50. —

—— Ueber d. Bronzestatue d. sogen. Idolino, s. a. Programm, 49., zum Winckelmannfeste.

Kekulé, R., üb. die Bronzestatue d. sogenannten Idolino. 49. Progamm zum Winckelmannsfeste der archaeolog. Gesellschaft zu Berlin. Mit 4 Taf. gr. 4. (22 S.) Berlin 889. G. Reimer. n. 2. 80

— Bronzestatuette e. kämpfenden Galliers in d. kgl. Museen, s. a. Programm, 69., zum Winckelmannsfeste.

Kekulé (von Stradonitz), Reinhard: Bronzestatuette eines kämpfenden Galliers in den Könglichen Mussen. Mit 3 Taf. und 1 Textabb. Berlin: G. Reimer 1909. 23 S. 4°
(Programm zum Winckelmannsfeste der Archaeologischen Gesellschaft zu Berlin. 69.)

— über das Bruchstück e. altattischen Grabstele. gr. 8. (15 S. m. 5 Abb.) Berlin 902. (G. Reimer.) n. — 50
S.-A. aus: Sitzungsber. d. Preuß. Akad. d. Wiss.

— üb. d. Bruchstück e. Portraitstatuette Alexanders d. Grossen. gr. 8. (9 S. m. Abbildgn.) Ebd. 899. n. — 50
S.-A. aus: Sitzungsber. d. Preuß. Akad. d. Wiss.

Ernst Curtius. Gedächtnisrede geh. bei der v. d. Berl. Studentenschaft am 26. Juli 1896 veranst. Trauerfeier v. Reinhard Kekule v. Stradonitz. *Berlin: W. Spemann 1896.* (23 S.) 1 Bd 8.

Kekulé, Rhard., zur Deutung u. Zeitbestimmung d. Laokoon. Mit 2 Doppeltaf. in Lichtdr. u. einigen (eingedr.) Zinkätzgn. Lex.-8. (47 S.) Stuttgart 883. Spemann. n. 4. —

Echelos und Basile. Attisches Relief aus Rhodos in d. Kgl. Museen. Von Reinhard Kekule v. Stradonitz. Mit e. Beitrag (Brygindara) von Friedrich Frh. Hiller v. Gaertringen. Mit 3 Taf. u. einigen Abb. Berlin: G. Reimer 1905. (22 S.) 4°
— Programm z. Winckelmannsfeste d. archaeol. Ges. zu Berlin. 65.

Kekulé, Rhard., über die Entstehung der Götterideale der griechischen Kunst. Vortrag, geh. zu Bonn am 4. Dezbr. 1876. Lex.-8. (31 S.) Stuttgart 877. Spemann. n. 2. —

Kekulé, Reinhard: De fabula Meleagrea. Berolini (1861). (55 S.) 8°
(Verf. nannte sich später Kekulé von Stradonitz.)
Berlin, Phil. Diss. v. 9. Dez. 1861

Kekulé, Renardus, de fabula Meleagrea. Dissertatio inauguralis. Accedit tab. lithogr. Lex.-8. (57 S.) Berlin 862, Calvary und Comp. *

— Die Geburt d. Helena aus d. Ei. (S. 691—703 m. 4 Abb. u. 4 Taf.) Lex. 8. Berlin 908. G. Reimer. — 50
Sonderabdr. aus: „Sitzungsber. d. preuss. Akad. d. Wiss."

Kekule von Stradonitz, Reinhard: Zur Geschichte des archäologischen Unterrichts in Berlin unter Friedrich Wilhelm III. *Berlin 1902: G. Schade.* (22 S.) 4°
Berlin, Rede zur Gedächtnisfeier Friedrich Wilhelms III. 1902

Kekulé, Rhard., üb. e weibliche Gewandstatue aus der Werkstatt der Parthenongiebelfiguren Fol (27 S. m. 6 Abbildgn. u. 4 Lichtdr.-Taf.) Berlin 894. W. Spemann. Kart. n. 10. —

—— die Gruppe des Künstlers Menelaos in Villa Ludovisi. Ein Beitrag zur Geschichte der griech. Kunst. gr. 4. (48 S. mit 3 Taf. in Stndr., wovon 1 in Tondr.) Ebendas. 870. *

—— Hebe. Eine archäolog. Abhandlung. gr. 8. (76 S. mit 5 Taf. in Steindr. in qu. 4.) Leipzig 867, Engelmann. *

— üb. e. bisher Marcellus genannten Kopf in den königl. Museen, s.: Programm, 54., zum Winckelmannsfeste der archäologischen Gesellschaft zu Berlin.

— über den Kopf des Praxitelischen Hermes. Mit 2 Tafeln in Lichtdr. hoch 4. (32 S.) Ebend. 881. n. 2. 65

Über Copien einer Frauenstatue aus der Zeit des Phidias ... v. Reinhard Kekule v. Stradonitz. M. 5 Taf. in Lichtdr. u. 10 Abb. im Text. *Berlin: G. Reimer 1897.* (37 S., 5 Taf.) 1 Bd 4.
— Programm z. Winckelmannsfeste d. archäol. Gesellschaft zu Berlin. [No] 57.

—— das akademische Kunstmuseum zu Bonn. gr. 8. (VII, 159 S. mit 3 Taf. in Stndr.) Bonn 872, Weber. *

— das Leben Friedr. Gottlieb Welcker's. Nach seinen eignen Aufzeichnungen u. Briefen. Mit einem Bildniss Welcker's in Radirg. von Ludw. Otto. gr. 8. (VIII, 519 S.) Leipzig 880. Teubner. n. 10. 80

— über das Relief m. der Inschrift C. I. L. VI, 426. gr. 8. (12 S. m. 3 Abbildgn.) Ebd. 901. n. — 50
Sonderabdruck aus: „Sitzungsber. d. preuss. Akad. d. Wiss."

— die Reliefs an der Balustrade der Athena Nike. Nach neuen Zeichnungen u. Entwürfen v. Ludw. Otto hrsg. Mit Beiträgen v. G. Loeschcke u. R. Bohn. Fol. (VII, 30 S. m. eingedr. Holzschn., 7 Kpfrtaf. u. 1 lith. Plan.) Ebend. 881. geb. in Halbleinw. n. 42. —

Kekulé (von Stradonitz), Reinhard: [Rezension von:] Furtwängler, Adolf: Meisterwerke d. griech. Plastik. S.-A. 1895. 19 S.

Die griechische Skulptur von Reinhard Kekule v. Stradonitz. Mit 155 Abb. Berlin: G. Reimer 1906. (IV, 383 S.) 8°
— Handbücher d. Königl. Museen zu Berlin. 11.

Die griechische Skulptur von Reinhard Kekule v. Stradonitz. 2. Aufl. Mit 161 Abb. Berlin: G. Reimer 1907. (IV, 394 S.) 8°
— Handbücher d. Königl. Museen zu Berlin. 11.

Strategenköpfe. Von Reinhard Kekule v. Stradonitz. Mit 3 Taf. Berlin: Akad. d. Wiss.; G. Reimer in Komm. 1910. 48 S. 4°
Aus: Abhandlungen d. Kgl. Preuss. Akad. d. Wiss. v. J. 1910.

— s.: Terrakotten, die antiken.

— die antiken Terracotten. Im Auftrage d. archäolog. Instituts des deutschen Reichs hrsg. 1. Bd. 1. u. 2. Abth. Fol. Ebend. 880. In Mappe. à n. 30 —
Die Terracotten v. Pompeji. Bearb. v. Herm. v. Rohden. Nach Zeichnungen von Ludw. Otto u. A. 1. u. 2. Abth. (XIV, 79 S. mit eingedr. Holzschn. u. 50 Steintaf. wovon 5 in Farbendr.)

— die antiken Terracotten. Im Auftrag d. archäolog. Instituts d. Deutschen Reichs hrsg. 2. Bd. A. u. d. T.: Die Terracotten v. Sicilien. Mit 61 Taf., gezeichnet u. radirt v. Ludw. Otto u. m. vielen Abbildgn. im Text. Fol (XI, 87 S.) Ebend. 884. geb. n.n. 75. —; (1. u. 2.: n.n. 140. —)

Kekulé, Reinhard. Griechische Thonfiguren aus Tanagra. Im Auftrag des Kaiserlich Deutschen Archäologischen Instituts zu Berlin. Rom und Athen nach Aufnahmen von Ludwig Otto herausgegeben. Stuttgart, W. Spemann 1878.
VIII + 31 S. m. 5 Abb.; 17 z. T. farb. Taf. 2°.

Festschrift zur Feier des fünfzigjährigen Bestehens des Kais. Deutschen Instituts für archäologische Correspondenz zu Rom am 21 April 1879 hrsg. von der Rheinischen Friedrich-Wilhelms-Universität zu Bonn. (*Inhalt:* Ueber ein griechisches Vasengemälde im akad. Kunstmuseum zu Bonn von Dr. Reinhard **Kekulé**, ord. Prof. d. class. Archäol.) Bonn, Univ.-Buchdr. v. C. Georgi (1879). 26 S., 1 Taf. 4. ¶ Erschien zugleich selbständig bei Strauss in Bonn.

— Vaso dipinto nel Museo Nazionale di Napoli. Gel. 1867. 10 S. u. 1 Taf. 4°.

Kekule von Stradonitz, Reinhard: **Die Vorstellungen von griechischer Kunst und ihre Wandlung im neunzehnten Jahrhundert.** *Berlin 1901: G. Schade.* (30 S.) 4°
Berlin, Rede bei Antritt d. Rektorats 1901

— Die Vorstellungen v. griechischer Kunst u. ihre Wandlung im 19. Jahrh. Rede bei Antritt d. Rectorats, geh. in d. Aula d. königl. Friedrich-Wilhelms-Univers. am 15. X. 1901. (Neuer Abdr.) (43 S.) 8.
Berlin: Reimer 1908.

Genealogische Abkürzungen und Zeichen. Zsgest. von Dr. Stephan **Kekule** v. Stradonitz. Görlitz: Starke in Komm. [1910]. 2 Bl. 8°
III. 319 2

Kekule v. Stradonitz, Steph., Ahnentafel-Atlas. Ahnentafeln zu 32 Ahnen d. Regenten Europas u. ihrer Gemahlinnen. (In 20 Lfgn.) 1. u. 2. Lfg. qu. Fol. (à 4 Taf.) Berlin 898. J. A. Stargardt. à n. 1. —

Kekule v. Stradonitz, Steph., Ahnentafel-Atlas. Ahnentafeln zu 32 Ahnen der Regenten Europas u. ihrer Gemahlinnen 3.—18. Lfg. qu. Fol. (à 4 Taf.) Berlin 900—902. J. A. Stargardt. à n. 1. —

Kekule v. Stradonitz, Steph., Ahnentafel-Atlas. Ahnentafeln zu 32 Ahnen der Regenten Europas u. ihrer Gemahlinnen. 19. u. 20. (Schluss-)Lfg. (9 Taf.) qu. Fol. Nebst Text. (XVII S.) qu. 4. Berlin 903. 904. J. A. Stargardt. bar à n. 1. — (Kplt. erh. Pr. n. 24. —; geb. n. 33. —)

Kekule von Stradonitz, Steph.: Ausgewählte Aufsätze a. d. Geb. des Staatsrechts und der Genealogie. Festschrift zur Thronbesteigung Sr. Königl. Hoheit des Herzogs Carl Eduard zu Sachsen-Coburg u. Gotha. Berlin 1905.
[Inhalt:]
1. Die Thronfolge in Sachsen-Coburg u. Gotha.
2. Ebenbürtigkeit.
3. Das Ebenbürtigkeitsrecht des preuß. Königshauses.
4. Die Ebenbürtigkeit der Kaiserin.
5. Über die Zuständigkeit des preuß. Heroldamts.
6. Ist es rechtlich zulässig, den Untertanen e. deutschen Einzelstaates, welche in diesem, ihrem „Heimatsstaate" zur Führung eines Adels-Zeichens berechtigt sind, in e. anderen deutschen Einzelstaate, als „Aufenthaltsstaate", behördlich die Verpflichtung aufzuerlegen, ihrem Adels-Zeichen die „ausländische" Ursprungsbezeichnung hinzuzufügen?
7. Über die Beziehungen der Genealogie zur wissenschaftlichen Behandlung des Staatsrechts.
8. Ziele u. Aufgaben der wissenschaftlichen Genealogie.
9. Die Abstammung des Kaisers vom Admiral Coligny.
10. Über die Abstammung Kaiser Wilhelms II. von Karl dem Großen.
11. Kaiser Wilhelms Abstammung vom Cid.
12. Royal Descents.
13. Die Herzöge u. Fürsten von Teck.
14. Ein fürstlicher Genealoge um 1700.
15. Philipp Jakob Spener in seiner Bedeutung für die Heraldik u. die Genealogie.
16. Theodor Fontane als Genealoge.
17. Ein genealog. Schnitzer in Wilh. Maurenbrechers „Gründung des Deutschen Reiches".
18. Über die Untersuchung von Vererbungsfragen u. die Degeneration der spanischen Habsburger.
19. Ahnenproben auf Kunstwerken.
20. Anmerkungen u. Nachträge.

— ausgewählte Aufsätze aus dem Gebiete des Staatsrechts u. der Genealogie. Festschrift zur Thronbesteigung Sr. königl. Hoh. des Herzogs Carl Eduard zu Sachsen-Coburg u. Gotha. (VII, 268 S.) gr. 8. Berlin 905. C. Heymann. n. 5. —

— Neue Folge. Festschrift zur Silberhochzeit Sr. Hochf. Durchl. des Fürsten Georg zu Schaumburg-Lippe u. Ihrer Hoh. der Fürstin Marie Anna zu Schaumburg-Lippe, Herzogin zu Sachsen. 1905.
[Inhalt:]
1. Schwurgerichte oder große Schöffengerichte?
2. Das Haus Oldenburg.
3. Der Streit um die Zugehörigkeit des Grafen Alexander von Welsburg zum Oldenburgischen Hause.
4. Das Geheimnis einer deutschen Prinzessin.
5. Geschichtliche Denkmäler.
6. Was lehren die Adelsfälscher-Prozesse in Oesterreich?
7. Wissenschaftliche Genealogie als Lehrfach.
8. Der Handapparat des Ahnenforschers.
9. Über Eintragungen der Taufen unehelicher Kinder aus höheren Ständen in den Kirchenbüchern älterer Zeiten unt. bes. Berücks. preuß. Verhältnisse.
10. Der Prozeß Kwilecki in genealog. Beleuchtung.
11. Genealog. Merkwürdigkeiten.
12. Ein deutsch-dänischer „Royal-Descent".
13. Über einen mütterlichen Ahnen Bismarcks.
14. Göthe als Pathe.
15. Zwei Taufscheine.
16. Die Ahnen des Prinzen Georg von Preußen.
17. Rechtsgeschäfte über Wappen u. Wappenteile im Mittelalter.
18. Die Wappenkunst auf der Bühne.
19. Das Turnier zu Brüssel im Sommer 1905.
20. Über Göthes Orden.
21. Die Friedensklasse des Ordens pour le mérite.
22. Der Königl. Preuß. hohe Orden vom Schwarzen Adler u. d. Königl. Bayerische Hausritterorden vom Heiligen Hubertus.

— Ausgewählte Aufsätze aus d. Gebiete d. Staatsrechts u. d. Genealogie. Neue Folge. Festschr. zur Silberhochzeit Sr. fürstl. Durchlaucht d. Fürsten Georg zu Schaumburg-Lippe u. Ihrer Hoh. der Fürstin Marie Anna z. Schaumburg-Lippe, Herzogin zu Sachsen. (VIII, 235 S.) gr. 8. Berlin 907. C. Heymann. 5. —

Kekule, Steph., üb. die Bedeutung der Heraldik, Sphragistik u. Genealogie u. ihre Beziehungen zu anderen Wissenschaften u. Künsten. Vortrag, geh. in der Festsitzg. zur Feier des 25 jähr. Bestehens des Vereins „Herold" am 3. Novbr. 1894. gr. 8. (28 S.) Berlin 894. J. A. Stargardt. n. — 80

— über die Eltern des Carl Philipp v. Unruh. Ein Beitrag zur Lösg. des Unruh-Geheimnisses. gr. 8. (30 S.) Berlin 899. C. Heymann's Verl. n. — 60

Goethe als Freimaurer nach dem neuesten Stande der Forschung. Von Steph. **Kekule v. Stradonitz.** Leipzig 1910: Zechel. 19 S. 8°
Aus: MitthVdF. 1909—1910 S. 101—117. 215.

— Goethe als Genealog. Vortrag, geh. in Goethes Jubeljahr, zum 80jähr. Stiftungsfest des Vereins „Herold", am 3. XI. 1899. 8. (18 S. m. 2 Taf.) Berlin 900. J. A. Stargardt. n. 1. —
Sonderabdruck aus: „Der deutsche Herold".

— s.: Mitteilungen d. Gesellschaft f. vergleichende Rechts- u. Staatswissenschaft zu Berlin.

Kekule, Stephan *Carl* [Dr. phil. Kammerger.-Ref.]: Die Schadensersatzpflicht des Mandanten nach gemeinem Rechte ... *Berlin, Druck v. W. Issleib, 1894;* 106 S., 1 Bl. 8.
Berlin, Jur. Fak., Inaug.-Diss. v. 10. Okt. 1894

Kekule v. Stradonitz, S., Der gegenwärtige Stand der Unruh-Frage in den Lippischen Erbfolgestreitigkeiten. gr. 8. (46 S.) Berlin, J. A. Stargardt. 1. —
1901.

Der gegenwärtige Stand der Unruh-Frage in den Lippischen Erbfolgestreitigkeiten. 2. Aufl. Verm. durch e. Entgegnung gegen Dr. Hans Kiewning u. e. Anh., enth. Stimmen d. Presse über d. 1. Aufl. Von Stephan **Kekule** v. Stradonitz. *Berlin: J. A. Stargardt 1902.* (124 S.) 8°
(03. 1603

[F.] Die staatsrechtliche Stellung der Grafen zu Dohna am Ende d. 17. u. Anf. d. 18. Jhs. Rechtsgutachten, d. Fürstl. Schaumb.-Lippeschen Staatsregierg erstattet v. Stephan **Kekule** v. Stradonitz, Dr. jur. utr. et phil. *Berlin: C. Heymanns 1896.* (2 Bl., 124 S.) 1 Bd 8. (97. 3556

Kekule, Stephan *Carl* [aus Gent]: Über Titel, Ämter, Rangstufen und Anreden in der offiziellen osmanischen Sprache ... Halle a. S., Hofbuchdr. v. C. A. Kaemmerer & C., 1892; VII, 44 S., 1 Bl. 8.
Halle, Phil. Fak., Inaug.-Diss. v. 6. Aug. 1892

— Untersuchgn. z. Lippischen Thronfolgefrage. Angest. im Auftr. d. fürstl. Schaumburg-Lippeschen Staatsregierg. 1.—3. Hft. gr. 8. n. 6. —
1. D. Fall Fontanier. (40 S.) n. 1. —
2. Die Ahnen d. Modeste v. Unruh. (120 S.) n. 3. —
3. Der Status d. Modeste v. Unruh. (96 S. m. 1 genealog. Taf.) n. 2. —
Berlin: C.Heymann 1897.

Kek, H. C., Onomatologia, vide Onomatologia.

Kel, M. H. van (Matthias Heß), schlichte Sterne. Erstlings-Dichtungen. (VII, 48 S.) 8. Dresden (909). E. Pierson. — 75; geb. n 1. 75

Kelbe, A.

—— Einführungsrede in der Stadt-Kirche zu Königslutter am 29. März d. J. gehalten. 8. (14 S.) Ebendas. 868.

—— die Idee des allgemeinen Priesterthums als kirchliches Verfassungsprincip. Ein Conferenz-Vortrag. gr. 8. (16 S.) Blankenburg 870, Brüggemann. *

Kelbe, A., Confirmationsrede in der St. Stephani-Kirche zu Helmstedt am weißen Sonntage d. J. gehalten und der Gemeine bei seinem Abgange nach Blankenburg zum Andenken hinterlassen. 8. (14 S.) Helmstedt 868, Bruhn.

Kelbe, C. Aug., 12 Predigten, zunächst als ein Zeugniß gegen die Anklagen des Hrn. Dr. Hanne, mit e. Vorrede. gr. 8. (9½ B.) Braunschweig 846, G. C. E. Meyer sen.

Kelbe, C. A., über den psychischen Ursprung und Entwickelungsgang der Religion. Braunschweig 853. Leibrock. gr. 4. (1 Bl., 32 S.) 10 ngr.

Kelbe, J. C., Choralbuch f. d. Hrzgth. Braunschweig. qu. 4. ... Braunschweig 832, Vieweg.

Kelbe, Werner, Grundzüge der Maassanalyse. gr. 8. (VIII, 136 S. mit 20 in den Text gedr. Abbild.) Karlsruhe 888, Braun'sche Hofbuchh. *ℳ 4.50.; geb. * 5 20

Kelbe, Werner, Dr.: Ueber das Metaisocymol. 1881. 62 S. 8° ¶ Aus: J. Liebig's Annalen d. Chemie. Bd 210.
Karlsruhe Te. H., Hab.-Schr. v. 9. 11. 1881

Kelbe, Werner, über Nitrobenztoluidine und die Einwirkung von Wasserstoff auf dieselben. Inaugural-Dissertation. gr. 8. (28 S.) Göttingen 875, (Vandenhoeck und Ruprecht's Verlag.) *

Kelbe W., üb. Nitrobenztoluidine u. d. Einwirkg. v. Wasserstoff auf dieselben 1876. —.36

Kelbers Gedanken üb. die Schöpfung, warum s. in 6 Tagen vollendet w. u. Gott am 7ten geruhet. 8. Nürnberg, Raw. 805.

Kelber, Chr.

— Anfang eines Wörterverzeichnisses zu den libri matheseos des Julius Firmicus Maternus. 35 S. 8. Progr. *Erlangen* 1883.

Kelber, Chr. Zu Julius Firmicus Maternus, dem Astrologen. 43 S. 8. Progr. *Erlangen* 1881.

Kelber, Ernst

Kelber, E., Tübinger Recept-Taschenbuch. 12. (III, 172 S.) Tübingen 897. F. Pietzcker. Geb. in Leinw. n. 2. 40

Kelber, Ernst, approb. Arzt aus Tübingen: Über die Wirkung todter Tuberkelbacillen. *Rudolstadt [1898]: F. Mitzlaff.* (14 S.) 8°
Tübingen, Med. Diss. v. 1895

Kelber, Gustav, a. München, Rechtsprakt. am Stadtmagistrat München: Das gemeindliche Element in der evangelisch-lutherischen Landeskirche des rechtsrheinischen Bayerns in seiner geschichtlichen Entwicklung und nach geltendem Recht. Erlangen 1907: E. Th. Jacob. (VI, 97 S.) 8°
Erlangen, Jur. Fak., Ref. Sehling, Diss. v. 31. Mai 1907
[Geb. 24. Okt. 81 München; Wohnort: München; Staatsangeh.: Bayern; Vorbildung: Theresiengymn. München Reife 00; Studium: München 3, Erlangen 7 S.; Rig. 9. März 07.]

Kelber, J. H., vernünftige u. schriftmäßige Gedanken über die Schöpfung u. Dauer der Welt. 1s u. 2s Hft. 8. Nürnb. 805—817. Raw. 8 gr 3s Hft. A. u. d. T.: das Ende kommt, es kommt das Ende. Aus d. Worte Gottes u. den neuesten Zeitereignissen gründl. bewiesen. 8. Ebd. 824. 8 gr

Kelber, J. J. C., die 7 Tannen. Idylle. Mit Titelbild v. Clara Kelber, geb. Koenig. 4. (V, 86 S.) Förrenbach 892. (Erlangen, R. Merkel.) n. 1. —

Kelber, Johann Georg

Kelber, J. G, Friedliebs Denkmal, oder, letzte Ehre, einem würdigen Lehrer erwiesen von dankbaren Schülern. 8. Erlangen, Palmsche Verlags Buchhdl. 818.

—— Luthers Ermahnung, s. Luther.

Kelber, Joh. Geo., Erziehungsgeschichte d. Menschengeschlechtes. N. d. heil. Urkunden d. Bibel. — Od.: Das Ganze d. Bibel in klarer Uebersicht u. mit genauer Bezeichnung d. Ganges, den Gott bei Erziehung d. Menschengeschlechtes genommen hat 2c. Zur Erbauung f. Jedermann, besond. f. Volk u. Jugend. Mit e. Anh. 8. (26 B.) Nürnberg 828, Riegel u. Wießner.

Kelber, Joh. Geo., bibl. Familienbilder. Männern u. Frauen, Vätern u. Müttern, Söhnen u. Töchtern, Jünglingen u. Jungfrauen aller Stände, u. allen erwachs. Familiengliedern z. Beschau. u. Belehr. dargeboten. 8. (16 B.) Nürnberg 836, Fr. Campe'sche Buchh.

Kelber, Joh. Geo., die kirchlichen Gebräuche nach ihrem Ursprunge und Zwecke. Zunächst zur Unterweisung der Schulpräparanden, wie auch zur Belehrung für Jedermann. gr. 8. (VI und 52 S.) Marburg 859, Ehrhardt's Universitäts-Buchh.

—— der Heiland, Kindern lieb u. werth gemacht in ansprech. Darstell. seines Lebens. Nebst e. kurzgefaßt. Gesch. d. alten Testamentes. 8. (11 B.) Erlangen 838, Heyder. ¼ Thlr., Blnp.

Kelber, (J. G.,) Jesus Christus auch der größte Pädagog, Luther auch der größte Schulreformator. Was liegt uns ob, was ziemet uns nach solchen Meistern? Drei Conferenzreden. 8. Erlangen 822, Palm.

— d. Kastengeist oder über d. Ungebühr d. Stände u. wohlgemeinter Rath zur Heilung e. Grundübels, an dem die Menschheit erkrankt. 8. Erlang. 823. Palm. 16 gr

Kelber, (J. G.,) Lern-, Lehr- u. Lesebüchlein f. alle Kinder in allen deutschen Volksschulen, zweckmäßige nach genauer Stufenfolge geordn. Materialien, moral. u. relig. Inhalts. 2te Aufl. 8. Erlangen 827, Heyder. Rthlr.

— — Lern und Lehrbüchlein für alle Kinder in allen deutschen Volksschulen. Zweckmäßige nach genauer Stufenfolge geordnete Materialien, moralischen und religiösen Inhalts 2c. 8. Erlangen, Heyder. 821.

— — Daselbe auf schönem Papier und mit illum. Kupfern, gebunden.

— Lern-, Lehr- u. Lesebüchlein für alle Kinder in allen deutschen Volksschulen, zweckmäßige nach genauer Stufenfolge geordn. Materialien, moral. u. religiös. Inhalts. 8. Erl. 821. 2e A. 823. Heyder. 4 gr Mit ill. Kpf. auf schönem Papier. 1 ₰ 8 gr

— neues Lesebuch für d. deutsche Jugend, zum Gebrauch in Stadt- u. Landschulen aller Confessionen. 4e Aufl. 8. Erl. 823. Heyder. 3 gr

— d. neuesten Leselehrarten. In einer kurzen Uebersicht, ihrem Wesen nach dargestellt u. gewürdiget. Nebst einer Beantwortung d. Frage: welches d. Eine, wahre Unterrichtsmethode sey? 8. Erl. 821. Palm u. E. 16 gr

—— Martin Luther's Rath für Aeltern und Erzieher, s. Luther, Martin, Rath.

Kelber, Joh. Geo., der Apostel Paulus an die Bekehrten u. Unbekehrten. Ein Glaubenswort zur Glaubenseinigung u. Glaubensstärkung an seine Amtsbrüder gerichtet. 8. (6⅛ B.) Nürnberg 843, Fr. Campe.

—— bibl. Pädagogik. gr. 8. (19½ B.) Erlangen 830, Palm u. Enke.

Kelber, Joh. Geo., bibl. Rathgeber f. Dienstboten. 12. (4 B.) Nürnberg 839, Raw'sche Buchh. Thlr.

—— Schulbilder, alt- u. neutestamentliche. Allen Volksschullehrern z. lehrr. Beschauung vorgezeigt. 8. (10½ B.) Nürnberg 837, Stein.

—— der Sectengeist. Od. üb. d. Unchristenthum d. Christen. Den Christen aller Kirchen gewidmet. 8. (10 B.) Erlangen 828, Palm'sche Vrlsh.

Kelber, Joh. Geo., Sonntagsfeier, Gottesdienst, Bibel u. geistlich Amt zeit- u. sachgemäß besprochen. 8. (7 B.) Nürnberg 832, Riegel u. Wießner. Thlr.

Kelber, Joh. Geo., Sonntagsheiligung. Die einzige Rettung aus aller Noth. Eine belehr. Schrift für das christl. Volk. gr. 8. (VII und 139 S.) Erlangen 850, Palm's Vrlgsh.

—— Sonntagsheiligung. Die einzige Rettung aus aller Noth. Eine belehrende Schrift für das christliche Volk. 2. (Titel-) Ausg. gr. 8. (VII und 139 S.) Marburg (850)58, Ehrhardt's Universitäts-Buchh.

—— Martin Luther's Trost für Kranke und Sterbende, s. Luther, Martin, Trost.

—— Volksbilder. In drei Gallerien bibl. Zeichnungen d. neuen Zeit, aus d. alten Zeit z. lehrr. Beschau. ausgestellet. gr. 12. (7½ B.) Nürnberg 837, Stein.

— die deutschen Volksschulen in ihrer Entwickelungsperiode, oder Charakteristik d. Volksschulen, wie sie waren, wie sie sind u. wie sie seyn sollen. Mit e. Vorwort v. D. ... Stephani. 8. Erl. 819. Palm. 20 gr

—— Wort an Lehrer in Schulen und Kirchen, s. Luther, Martin, Wort.

Kelber, Jul., Predigt am Missionsfeste zu Nürnberg, am 15. VI. 1897 geh. gr. 8. (13 S.) Nürnberg 897. F. Banckwitz. n. — 20

—— Predigten über den 2. Evangelien-Jahrgang. gr. 8. (VIII, 477 S.) München 887, Th. Ackermann's Verlag. * 4 50
geb. * 6 —

Kelber, Jul. Predigten üb. den 2. Evangelien-Jahrgang. Neue (Titel-) Ausg. m. dem Bilde d. Verf. gr. 8. (VIII, 477 S.) Münch. 892, Th. Ackermann's Verlag. * 4 50; geb. ** 5 50

Kelber, Jul., der Ruf des Herrn an seine Kirche in gegenwärtiger Zeit. Ein Ruf zur Genügsamkeit. Predigt über 2. Cor. 12, 9; bei der Diöcesansynode zu Creußen am 9. Septbr. 1875 gehalten. gr. 8. (12 S.) Erlangen 875, Deichert.

Kelber, Jul., Gottes Wort, unser Lied in dem Hause unsrer Wallfahrt. Predigt über Psalm 119, 54, gehalten am Bibelfeste zu Nürnberg in der St. Aegidienkirche am 17. Juni 1885. 2. Aufl. gr. 8. (11 S.) Nürnberg 885, Raw'sche Buchh. * — 20

Kelber, Karl, der deutsche Hutten. Einzelbilder geschichtl. Dichtg. (217 S.) kl. 8. Dresden 910. C. L. Ungelenk. 2.—; geb. 2.50

Kelber, Karl, ein Kirchenjahr in Katechismuspredigten. gr. 8. (VIII, 337 S.) München 897. Th. Ackermann. n. 3. 20; geb. in Leinw. n. 4. 20

— Die Küsterglocke v. Mönchheim. Auf verlorenen Spuren e. Sippe. (66 S.) kl. 8. Ebd. 910. Geb. in Leinw. 1.25

Kelber, Karl, aus Berchtesgaden (Oberbayern), Rechtspraktikant am kgl. Landgericht zu Nürnberg: Die rechtliche Natur des Verlagsvertrags. Borna-Leipzig 1905: R. Noske. (VI, 41 S.) 8°

Erlangen, Jur. Fak., Ref. Binder, Diss. v. 15. Mai 1905

[Geb. Berchtesgaden; Wohnort: Nürnberg; Staatsangeh.: Bayern; Vorbildung Gymn. Nürnberg; Rig. 15. Mai 05.]

Kelber, Karl, Sturm u. Sang. Gedichte. gr. 8. (XV, 186 S.) Leipzig 900. G. Körner. n. 2. —; geb. m. Goldschn. n. 3.50

Kelber, (L. H.,) das Ende kommt, es kommt das Ende. Aus d. Worte Gottes u. den neuesten Zeitereignissen gründlich bewiesen. 8. Nürnb. 825, Raw.

Kelber, Leonhard Heinrich

Kelber, L. H., der Antichrist, wer er ist; sein Aufsteigen aus d. Meere; sein Nichtsein u. sein Wiederkommen aus d. Abgrunde bis zu seinem endlichen Sturz in den Feuersee. Aus dem Worte Gottes und namentlich durch die Zahl 666, so wie durch die Geschichte unserer Zeit gründlich u. überzeugend bewiesen. gr. 8. Weimar 839. Voigt. 1/4 ℛ

Kelber, Leonh. Heinr., der Antichrist, wie er ist; sein Aufsteigen aus d. Meere; sein Nichtseyn u. sein Wiederkommen aus d. Abgrunde bis zu seinem endlichen Sturz in d. Feuersee. Aus d. Worte Gottes u. namentl. durch d. Zahl 666 so wie durch d. Gesch. uns. Zeit gründl. u. überzeug. bewiesen. 1—4., unveränd. Abdr. 8. (à 3 B.) Weimar 841, Voigt.

Kelber, Leonh. Heinr., vernunft- u. schriftmäßige Gedanken üb. die Schöpfung u. Dauer der Welt ꝛc. Neue Aufl. (Aus der blauen Bibliothek.) 16. (18½ B.) Stuttgart 842. (Scheible, Rieger u. Sattler.)

Kelber, Ludw., zur Beleuchtung des Schriftchens: „Erster Unterricht im christlichen Glauben für die untersten Klassen der evangel. Volksschule." Referat über dessen Entwurf vom J. 1865. gr. 8. (31 S.) Ansbach 868, Brügel und Sohn. *

Kelber, L., die dramatische Darstellung des Lebens Jesu, s. Zeitfragen des christlichen Volkslebens.

Kelber, Ludw., des Christen selige Freiheit. Eine ungehaltene Synodalpredigt. Lex.-8. (20 S.) Nürnberg 866, Raw'sche Buchh. *

[J.] Jesus Christus. Das heilige Drama in 3 Stücken v. Ludwig Kelber. *Leipzig: A. Deichert Nachf. 1894.* (VIII, 78 S., 1 Bl., 136, 70 S.) 1 Bd 8. [97. 7507

—— Katechismus und Religionsunterricht in der evangelisch-lutherischen Kirche Bayerns. Katechetische Gedanken und Vorschläge. gr. 8. (35 S.) Nürnberg 866, Raw'sche Buchh. *

— Held Luther. 36 Gesänge. 8. (127 S.) Nürnberg 894. J. Ph. Raw. n. 2. —

Kelber, Ludw., Materialien zu Ansprachen üb. die heilige Festgeschichte. Eine homilet. Beigabe zu Dr. Schöberlein's heil. Festgeschichte in 12 liturg. Andachten, zugleich e. Festandachtsbuch f. gebildete Christen. gr. 8. (XII, 168 S.) Gütersloh 870. Bertelsmann. n. 2. 40

Kelber, Ludw., Materialien zu Ansprachen über die heilige Festgeschichte. Eine homilet. Beigabe zu Dr. Schöberlein's heil. Festgeschichte in 12 liturg. Andachten, zugleich ein Festandachtsbuch für gebildete Christen. gr. 8. (XII, 168 S.) Gütersloh 876, Bertelsmann.

Kelber, Ludw., das katholische Passionsspiel in Oberammergau und das protestantische Christusdrama, s.: Zeitfragen d. christlichen Volkslebens.

Kelber, Ludw., Savonarola. Dramatisches Gedicht. 8. (V, 58 S.) Leipzig 900. A. Deichert Nachf. n. 1.—

— zu einem Zeugnisse. 8 Synodalvorträge. Mit einem Anh., 8 Casualreden enth. gr. 8. (76 S.) Nürnberg 876. Raw. n. 1. 10

Kelber, Xaver, prakt. Arzt aus Zabern i. E.: Über **Dermatitis** papillaris capillitii ⟨Kaposi⟩ ⟨Dermatitis papillaris scleroticans nuchae⟩. *Straßburg 1903: C. Müh & Co.* (55 S.) 8°

Straßburg, Med. Diss. v. 1903

Kelber's G e d a n k e n über die Schöpfung, s. K e l b e r.

KELBERG, J u n k e r V e i t v., oder B e y t r ä g e z u r C h r o n i k v o n S c h n a k e n t h a l. (Vorr. unterz.: *D. F. v. A.*) 2 Bde. Mit 4 Kpfrn. (wovon eines pikant). Leipzig 1797. 8°. (3 Mk. Bernhard Liebisch, Lpz., 1907.)

Mit erot. Passagen. (R. Zinke's Dresdener März-Auct. 1906, no. 1321: Mindestgebot 2 Mk. 50 Pfg.)

Kelberg, Junker Veit von, oder Beyträge zur Chronick von Schnackenthal, 2 Theile, mit 4 Kupf. 8. Daselbst, 797/98. Leo. 2 Rthl. 5 sgl.

Kellberg, des Junker Veit von, Leben, od. Beyträge zur Chronik v. Schneckenthal. 2 Thle. 8. Leipz. Leo. 797—98. (I. 20 gr. II. 1 Rthlr. 4 gr.)

Kelbling, Gerhard, a. Bremen: Aus der chirurgischen Universitäts-Klinik zu Kiel. Radikaloperationen von Inguinalbrüchen bei Kindern. Kiel 1904: H. Fiencke. (21 S.) 8°

Kiel, Med. Fak., Ref. Helferich, Diss. v. 25. Aug. 1905

[Geb. 12. Febr. 77 Berlin; Wohnort: Bremen; Staatsangeh.: Preußen; Vorbildung: Gymn. Bremen Reife O. 99; Studium: Marburg 6, Würzburg 1, Kiel 4 S.; Rig. 29. Juli 04; Approb. 16. Juli 04.]

Kelbling, Johannes [approb. Arzt aus Geislingen a. d. Steige]: Über die secundäre Naht bei veralteten, schlecht geheilten Querbrüchen der Patella .... München, Druck v. M. Ernst (vorm. G. Pollner), 1888; 20 S. u. 2 Tab. 8°

München, Med. Fak., Inaug.-Diss. v. 1888

Kelbling, Viktor, Rechtsanwalt in Bremen: Die Haftung für Tierschaden. Eine Übersicht über die geschichtliche Entwicklung und den jetzigen Stand der gesetzlichen Regelung der Tierhaftung. Borna-Leipzig 1906: R. Noske. (VI, 46 S.) 8°

Leipzig, Jur. Fak., Diss. v. 31. Aug. 1906

[Geb. 28. Mai 78 Berlin; Wohnort: Bremen; Staatsangeh.: Bremen; Vorbildung: Altes Gymn. Bremen Reife O. 97; Studium: Marburg 7 S.; Rig. 26. Juli 05.]

Kelbra [Schlagwort]

Kelbra, s.: **Preussen. Messtischblätter.**

Kelch, der — Festgedicht zur Feier des Pfarrer-Jubiläums Sr. Hochwürden des Herrn Josef Weinhofer, geh. Kämmerers Sr. Heiligkeit des Papstes rc. rc. Dechants und Pfarrers zu Pinkafeld. Pesth, 1856. Gedr. bei Joh. Herz. (2 Bl. 8)

Kelch und Blüthe auf Golgatha's Höhen. Ein Beicht- und Communionbuch zur Vor- und Nachbereitung für den Tisch des Herrn. 32. (XVI und 334 S.) Grimma 851, Verlags-Comptoir. *

Kelch, der, des Heils. Ein vollständ. Gebetbuch für katholische Christen. 1. Aufl. 1859. und 2., verm. Aufl. 16. (480 S. mit 1 Stahlst.) Paderborn 861, Junfermann'sche Buchh.

Kelch, der, des Heils. Ein vollständ. Gebetbuch für kathol. Christen. 32. (416 S. mit 1 Stahlst.) Paderborn 862, Junfermann'sche Buchh.

Kelch, der, des Heils. Psalm 115, 4. Ein vollständ. Gebetbuch für kathol. Christen. 3. verm. Aufl. 16. (452 S. mit 1 Stahlst.) Paderborn 871, Junfermann'sche Buchh.

Kelch d. Heiles. Gebetbuch f. Katholiken. 24. (400 S. m. 1 Stahlst.) Einsiedeln 894. Verlagsanstalt Benziger & Co. Geb. in Ldr. n. — 80

Kelch des Heiles. Gebetbuch f. Katholiken. *Einsiedeln, Köln: Benziger & Co. [um 1902].* (400 S.) 8° [F.]

Kelch Grundlage zur Kenntniß der Käfer Oberschlesiens. 54 S.
Ratibor, Progr. 1846

Kelch. Grundlage zur Kenntniß der Orthopteren (Gradflügler) Oberschlesiens und Grundlage zur Kenntniß der Käfer Oberschlesiens (Programm 1846). Erster Nachtrag. 19 S.
Ratibor, Progr. 1852

Kelch, A., das Licht, e. uns. wichtigsten Lebensbedinggn., e. Hauptmittel z. Gesundg. u. z. Vervollkommnung des Menschenleibes. [Aus: „K., d. Weg z. Schönheit".] gr. 8. (16 S. m. 1 Abb.) Berlin 898. (R. Mickisch.) — 30

— Pflanzenkost u. Schönheit. [Aus: „K., d. Weg z. Schönheit".] gr. 8. (40 S. m. 1 Abb.) Ebd. 898. — 60

— die naturgem. Ruhe. [Aus: „K., d. Weg z. Schönheit".] 8. (19 S. m. Abb.) Ebd. 898. — 30

Kelch, A., tabellar. Uebersicht aller im Oppelnschen Regierungs-depardemente bestehenden Steinkohlengruben, Erzförderungen, Hohöfen, Hütten, Pottaschsiedereien rc. gr. 4. Bresl. 822. Graß, Barth u. Comp. 6 gr

—3mal 24 Vorschriften in eckiger, runder u. in Kanzleischrift. Als Fortsez. d. Obigen. 4. Ebd. 12 gr

—2mal 30 Vorschriften in Steindr. 2e Aufl. 4. Bresl. 825. Graß, Barth u. C. 12 gr

—Wandkarte v. Deutschland, für d. Schulgebrauch entworfen. Mit lithogr. u. ill. Bl. in gr. Fol. Düsseld. 830. Arnz u. C. 1 ℛ

—Wandkarte von Schlesien. In 9 lith. u. ill. Bl. Roy.-Fol. Ebd. 830. 1 ℛ 12 gr

— d. Weg z. Schönheit. Anleitg. z. möglichst vollkomm. Ausgestaltg. d. menschl. Körpers. gr. 8. (VII, 528 S. m. Abb.) Ebd. 898. 6. —; geb. n. 7. 25

Kelch, Chr. Liefländische Historia od. kurtze Beschreibung der denckwürdigen Kriegs- u. Friedens-Geschichte Esth- Lief- u. Lettlands biss auf 1690. (639) 4. Revall 1695. — Continuation 1690–1706. Nach d. Hdschr. hrsg. von Jo. Lossius. (XXX. 629) 8. Dorpat 1874. 75. 15,00.

Kelch, Chrn., liefländischer Historiae od. Kriegs- u. Friedens-Geschichte Continuation, in sich haltende, wass von Anno 1690 ab biss Anno 1706 in dieser Provintz Denckwürdiges vorgegangen, welches dem Geschichtsliebenden Leser, u. insonderheit unsern Nachkommen zu Dienste zusammen getragen, u. zum Druck gegeben. Nach der Originalhandschr. zum ersten Mal abgedruckt. Mit Einleitg., Nachweisen u. Personenregister versehen v. Johs. Lossius. gr. 8. (XXX, 629 S.) Dorpat 874. Schnakenburg. n. 15. —

Kelch, Chrn., liefländischer Historiae oder Krieges- und Friedens-Geschichte Continuation, in sich haltende, wass von Anno 1690 ab biss Anno 1706 in dieser Provintz Denckwürdiges vorgegangen, welches dem Geschichtsliebenden Leser, und insonderheit unsern Nachkommen zu Dienste zusammen getragen, und zum Druck gegeben. Nach der Originalhandschr. zum ersten Mal abgedruckt. Mit Einleitung, Nachweisen und Personenregister versehen von Johs. Lossius. 5 Lfgn. gr. 8. (XXX, 629 S.) Dorpat 874,75, Schnakenburg. à Lfg. * ℳ 3. *

Kelch, Egon, das Reichsgesetz, betr. die Aenderung des Gesetzes üb. den Unterstützungswohnsitz u. die Ergänzung des Strafgesetzbuchs, vom 12. März 1894, m. e. Geschichte der auf die Reform des Armenrechts gerichteten Bestrebgn. u. dem neuen Text des Unterstützungswohnsitz-Gesetzes. 8. (VI, 130 S.) Berlin 894. J. Springer. Kart. n. 2. —

Kelch, G. Chr. (Friedr. Wilh. Alex.) Helds Lebensbeschreibung. Berlin, Liebmann 1848. 31 S. 8.

Kelch, Joan. (Theod. Steph.) (geb. Elbing Nov. 1820): De crisibus. Berolini (1845). (29 S.) 8°
Berlin, Med. Diss. v. 3. Febr. 1845

Kelch, Th. De antiquor. Graecor. et Romanor. amore in patriam. P. I. 14 S. . . . .
Elbing, Progr. 1837

Kelch, Th. De bello altero ab Atheniensib. in Sicilia gesto. 22 S.
Elbing, Progr. 1834

Kelch, Th. De Augustana confessione, monumento nostrae aetatis hominibus, ecclesiae evang. adscriptis, caste ac pie colendo commentatio. 26 S. . . . .
Elbing, Progr. 1830

Kelch, Th. Commentationis de legibus nonnullis, quae M. T. Cic. lib. II. de leg. continentur, p. II. 21 S. .
Elbing, Progr. 1826

Wilhelm Gottlieb Kelch

Beyträge [Beiträge] zur pathologischen Anatomie. Von Wilhelm Gottlieb Kelch. Berlin: Salfeld 1813. XII,123 S. 8°

Kelch, Wlh. Gli., († d. 2. Febr. 1813.) Beiträge zur patholog. Anatomie. gr. 8. Berl. 813. (Rücker). 16 gr (a. Brandenburg das.) Hbg. Pr. 8 gr

— über d. Schädel Kants; e. Beitrag zu Galls Hirn- u. Schädellehre. 8. Königsb. 804. Nicolovius. 6 gr

Kelch, W. G., üb. die Wirkung d. Galvan. Elektricität im menschl. Körper. 8. Königsb. Nicolovius. 803.

— über die Wirkung d. galvan. Elektricität im menschl. Körper, durch Versuche mit d. Körper e. Enthaupteten bestätigt. 8. Königsb. 803. (Kummer in Leipz.) 8 gr

Kelch, Wilhelm Theophil, Oratio in memoriam viri perillustris Joannis Danielis Metzger. Königsberg (typis academicis) 14. IV. 1808. 16 S. mit Biogr. M.'s. (6.50) 17658
Gew.: Christoph Wilhelm Hufeland, Johann Goercke.

Kelchen, Johann Heinrich von: Grundriß der Einrichtung der Kaiserlichen Medicinisch-chirurgischen Schule und einiger andern Hospitäler, in St.Petersburg. 33 S., gbd.

St.Petersburg: Kaiserliche Hof-Buchdruckerey 1786

JB 3.714

Kelchner, Ernst, s. Briefe d. Th. H. R. v. Rochow.

Kelchner, Ernst. Der Enndkrist der Stadt-Bibliothek zu Frankfurt am Main. Facsm.-Wiedergabe. Hrsg. u. bibliograph. beschrieben. gr. l. (9, 40 S. m. Abbildgn.) Frankf. a. M. 891, Keller. * 18 —

Kelchner, Ernst, sechs Gedichte über die Frankfurter Messe, gesammelt. [Aus: „Mittheilungen an die Mitglieder des Vereins f. Geschichte u. Alterthumskde."] gr. 8. (80 S.) Frankfurt a/M. 881. (Kumpf & Reis.) n. 3. —

— Friedrich Hölderlin in seinen Beziehungen zu Homburg vor der Höhe, s. a. Mittheilungen d. Vereins f. Geschichte u. Alterthumskunde zu Homburg v. d. Höhe.

Kelchner, Ernst, Friedrich Hölderlin in seinen Beziehungen zu Homburg vor der Höhe. Nach den hinterlassenen Vorarbeiten J. G. Hamel's bearb. gr. 8. (XIV, 40 S.) Homburg v/d. H. 883. Verlag d. „Taunusboten". 1. 50

—— der Kaiserdom zu Frankfurt a. M., s. Battonn.

—— die Luther-Drucke der Stadt-Bibliothek zu Frankfurt am Main 1518—1546. Bibliographisch beschrieben. gr. 4. (41 S.) Frankfurt a. M. 883, (Schriften-Niederlage des Evangel. Vereins.) *

Kelchner, Ernst, die v. Uffenbach'schen Manuscripte auf der Stadtbibliothek zu Frankfurt a. M. Lex.-8. (21 S.) Frankfurt a. M. 860, (Sauerländer's Sortimentsbuchh.) **

—— die Marienthaler-Drucke der Stadt-Bibliothek zu Frankfurt am Main. Bibliographisch beschrieben. Fol. (10 S. mit 5 Facs.-Taf. in Lichtdr.) Frankfurt a. M. 883, Baer und Comp. *

—— und Rich. Wülcker, **Mess-Memorial des Frankfurter Buchhändlers Michel Harder Fastenmesse 1569. 4. (XVI und 80 autograph. S.) Frankfurt a. M. 873, Baer und Comp.** *

Kelchner, Ernst, s. Mylius, C. F.: Die Wahl- und Krönungskirche der deutschen Kaiser St. Bartholomai in Frankfurt.

Kelchner, Ernst, der Pergamentdruck der Agenda Ecclesiae Moguntinensis von 1480, in der Stadtbibliothek zu Frankfurt a. M. Bibliographisch beschrieben. Lex.-8. (18 S. mit 4 Taf. in Lichtdr.) Frankfurt a. M. 885, (Baer und Comp.) * 4 —

—— s. Preußen und Frankreich.

Kelchner, Ernst, drei Frankfurter Schützenfeste 1582, 1671, 1707. Beschrieben aus den archival. und gedr. Quellen. 8. (48 S.) Frankfurt a. M. 862, Auffarth. *

Kelchner, Mathilde, aus Berlin: Untersuchungen über das Wesen des Gefühls mittels der Ausdrucksmethode. Mit 15 Kurventafeln. Leipzig 1905. 128 S. 8°. S.-A. a. d. Archiv f. d. ges. Psychologie Bd. 5. 1904.
Zürich. Phil. Diss. I. S. 1904/1905.

Kelchraub, Der, der römischen Hierarchie . . . Bremen 1845. V: *Schücking, Chph Bernhard Levin.* (zu)

Kelchraub, der, der römischen Hierarchie. Eine kirchengeschichtl. Darstellung von e. norddeutschen Katholiken. gr. 8. Bremen 845, Geisler. n. 1/6 ℔

KELEMANN, E. v. Zehn Jahre aus dem Leben einer schönen Frau. Budapest, Sachs & Pollack, 1901. 8°.
Verb. d. Ldg. I Berlin 2 B. M. 43/02.

– Dasselbe, s.a. Kelemen, E. von

Kelemen & Co., s.: Patent-Gesetz, d. ungar.

Kelemen, Adb., Handwörterbuch der ungarischen u. deutschen Sprache m. besond. Rücksicht auf die Phraseologie. I. Deutsch-ungar. Thl. gr. 8. (VIII, 512 S.) Budapest (901). (Wien, W. Braumüller.) Geb. in Halbfrz. n. 7.50

Kelemen, Adalb., Handwörterb. d. ungar. u. deutsch. Sprache m. besond. Rücksicht auf d. Phraseologie. II. Ungarisch-deutscher Tl. (Nach d. neuen Rechtschreibg.) (VIII, 528 S.) gr. 8. Budapest (904). Athenäum. Geb. in Halbfrz. 8.50
I. Tl. Wien 901 (Braumüller). Geb. 7. 50

— Taschenwörterbuch der ungarischen u. deutschen Sprache m. besond. Rücksicht auf die Phraseologie. 2 Thle. 3. verb. u. verm. Aufl. gr. 16. Ebd. (901).
Geb. in Leinw. à n. 2.—; kplt. in 1 Leinw.-Bd. n. 4.—
1. Deutsch-ungarischer Thl. (VIII, 388 S.)
2. Ungarisch-deutscher Thl. (VIII, 360 S.)

Kelemen, Adalb., Taschenwörterbuch der ungar. u. deutschen Sprache m. besond. Rücksicht auf die Phraseologie. 2 Tle. 5., nach der neuen deutschen u. ungar. Rechtschreibung bearb. Aufl. (VIII, 405 u. 390 S.) gr. 16. Budapest (904). (Wien, W. Braumüller.) Geb. in Leinw. à n. 2. — in 1 Halbfrz.-Bd. n. 4. —

Magyar és német kézi szótár tekintettel a két nyelv szólásaira. Szerkesztette **Kelemen** Béla. 1. 2. Budapest: Athenaeum (1901–04). 2 Bde 8°
1. Német-magyar rész. (Deutsch-ungar. Th.) 1901.
2. Magyar-német rész. (Ung.-deutscher T.) 1904.
[Nebent.:] Handwörterbuch d. ungar. u. deutschen Sprache mit besond. Rücks. auf d. Phraseologie. Red. von Adalbert Kelemen. [05. 6613

KELEMEN, E. v., Zehn Jahre aus dem Leben einer schönen Frau . . . . (c. 1900). (Mk. 2— Reinhold Klinger's Berliner Verlagsbuchh., c. 1902.)
Der Roman spielt in Budapest.

– Dasselbe, s.a. Kelemann, E. von

— — Strohwittwer-Freuden und Leiden . . . . (c. 1900). (2 Mk. der Vorige.)

Kelemina, Jac., Untersuchungen z. Tristansage, s. a. Teutonia. 16. Heft.

Untersuchungen zur Tristansage. Von Dr. Jacob **Kelemina,** Wien. Leipzig: Avenarius 1910. IX, 82 S. 8°
(Teutonia. Arbeiten z. german. Philologie. H. 16.) [10. 16024

Kelenfeöldy, Arthur v., die Verhältnisse im Orient und in den Donau-Fürstenthümern nebst den wichtigsten hierauf Bezug habenden diplomat. Aktenstücken. gr. 8. (175 S.) Leipzig 863, G. Wigand.

Keleph Ben Nathan, die himmlische Philosophie. Im Auszuge mitgetheilt von C. B. Schlüter. gr. 8. (8⅛ B.) Münster 815, Deiters. Thlr. *

Kéler, Hermann von, von Biala-Galizien: Untersuchungen über schwefelsaure Thonerde und Feststellung des Einflusses ihrer Verunreinigungen auf das Färben und Drucken mit Alizarin. — Untersuchung von zwei Koksofenrohbenzolen. Zür. Zürcher u. Furrer Dr. 1894. 103 S. 8°.
Zürich, Phil. Diss. [v. 16. Aug. 1894].

Keler, Sigm., tractatus practicus de processu. 8maj. Wien 786. (Eggenberger in Pest). 13 *K*

Kelerworm, Mosek: Aus d. orthopäd. Abt. d. Kgl. Chir. Klinik zu Breslau. Die Behandlung des angeborenen Klumpfußes und ihre Resultate in der orthopädischen Abteilung der Breslauer Klinik. Breslau 1910: Finger. 41 S. 8°
Breslau, Med. Diss. v. 14. März 1910, Ref. Küttner
[Geb. 4. Febr. 85 Radom; Wohnort: Radom; Staatsangeh: Rußland; Vorbildung: Gymn. Radom Reife Juni 04; Studium: Warschau 2, Breslau 4, Leipzig 1, Breslau 3 S.; Rig. 17. Febr.-5. März 10.] [U 10. 573

Kelet népe. Magyar irodalmi csarnok és időszaki szemle. Kiadja Török János. Első évi folyam. I. kötet és 2. füzet 2 kötet 1 füzet. Bécsben, 1856. Keck Josefa betűivel. (I. 399 S. II. 192 S. 8.) (Das Volk des Orients. Magyarische Literatur-Halle und periodische Revue. Herausgegeben von Johann Török. 1. Jahrg. 1. Bd. 1 und 2. Heft. Wien, 1856. Druck von Josefine Keck.)
Inhalt: 1. Band. 1. Heft. Die Széchenyi's. Von Karl Mészáros. — Graf Stephan Széchenyi. Von Alex. Török. — Ueber Graf Stephan Széchenyi. Von Baron Sigmund Kemény. — Das Volk des Orients. Eine Denkschrift. Von Josef Székely. — Das Theater einst und jetzt. Von Gabriel Egreßy. — Allgemeine Bemerkungen über unsere neueste Belletristik. Von Augustin Greguß. — Ueber die ungarische Akademie. (Heft 1. u. 2.) Von Franz Toldy. — Die Entwickelung der ungarischen Rechtsliteratur 1850/56. Von Dr. Hegedüs. — Ungarische Geschichte Geschichtsforschung, Geschichtskunde und Geschichtsschreibung in Ungarn. Von Dr. Gustav Wenzel. (Heft 1. u. 2.) — Pauls Bekehrung. Eine ungarische Gesellschafts-Posse in 3 Aufzügen. Von Paul Kovács. (Heft 1. u. 2.) — 2. Heft. Adam Smith und die Lehre von der Nationalökonomie der Neuzeit. Von Julius Kautz. — Das Hornvieh. Von Ladislaus Korizmics. — Die Schwachheit der Neugebornen. Von Dr. Daniel Hamary. — Verhältniß der Geognosie und Paläontologie zum Ursprung des Menschengeschlechtes. Nach »Types of Mankind,« von Julius Schwarz. — Ausländische Literaturrevue. — Ungarische Chronik. — Politische Orientirung. — Ungarische Bibliographie. — 2. Bd. 1. Heft. Die Andrásis. Von Karl Mészáros. — Jesus, der Welterlöser, als Spiegel des Patriotismus. Gedicht von Lázár. — Die Entwickelung der ungarischen Rechtsliteratur 1850/56. Von Dr. Hegedüs. — Der apostolische Titel der Könige von Ungarn. Päpstliches Breve. — Die Drainage in Ungarn. Von Ernst Hollan. — Graf Georg Festetits, Emerich Klauzál und Nagy-Czenk. Eine Denkschrift von Joh. Török. — Ausländische Literatur. Römische Geschichte. — Das Verhältniß der Geologie und Paläontologie zum Ursprung des Menschengeschlechtes, nach »Types of Mankind.« — Orientirung in der Politik. Von Dr. Falk.

Keleti, Károly (Hrsg.), s. Actenstücke zur Organisation der Landesstatistik in Ungarn.

Keleti, Karl, die Ernährungs-Statistik der Bevölkerung Ungarns, auf physiolog. Grundlage bearb. Übersetzung aus den „amtlichen statistischen Mittheilungen", hrsg. vom königl. ungar. statist. Landes-Amte. 4. (IX, 185, 363 S. mit 19 Karten und graph. Taf.) Budapest 887, (Kilian's Universitäts-Buchh.) * 12 —

Keleti, Karl, Skizze der Landeskunde Ungarns. Einleitender Theil des ung. Kataloges zur Wiener Weltausstellung. Unter Mitwirkung v. Fachmännern red. Im Auftrage des königl. ungar. Ministers f. Ackerbau, Gewerbe u. Handel [nach dem ungar. Orig.-Text] hrsg. durch das ungar. Executiv-Comité der 1873er Weltausstellung. 8. (VIII, 343 S.) Budapest 873. (Nagel.) n. 4. —
In französischer Sprache (X, 407 S.) zu gleichem Preise erschienen.

Keleti, Karl, Uebersicht der Bevölkerung des Staatsgebietes der Wohnverhältnisse und Hausthiere sämmtlicher Länder der ungarischen Krone. Auf Grund der Ergebnisse der im J. 1870 durchgeführten Volkszählung und anderer ämtl. Daten zusammengestellt. [Aus dem Ungar.] 16. (40 S.) Pest 871, Verlag des Athenaeum. * 1 —

Keleti, Karl, Ungarn im Weltverkehr. Zur Statistik der Hypothekar-Schulden in Ungarn. gr. 8. (55 S.) Budapest 885, (Kilian's Universitäts-Buchh.) * 1 20

Kelheim. Im Jahre 1818. Vom K. Steuer - Kataster.
1 : 2,500. 1 Bl.

Kelhofer, Ernst. Reisebilder von den Balearen. Separatabdruck aus dem «[Belletristischen] Sonntagblatt» des «Neuen Winterthurer Tagblattes» [Jahrg. 1906, № 27—34]. 18 S. gr.-8. [Winterthur, Buchdr. W', 1906.] [fr. —. 30]

Kelhofer, Wilhelm

Kelhofer, W., Anleitung zur prakt. Most- u. Weinunters. 3. verb. u. verm. Aufl. (23 S. m. 9 Abb.) 8. Wädenswil 905. (Aarau, E. Wirz.) — 60

Kelhofer, W[ilhelm]. Praktische Anleitung zur Beerenwein- und Fruchtlikör-Bereitung. 3. Aufl. [Mit 2 Figuren.] II + 11 S. 8. Wädenswil, Buchdr. J. Baumann — *Aufdruck:* Aarau, Verlag Emil Wirz —, [1905]. [fr. —. 50]

— Die Bereitung, Behandlung u. Verwendung d. Gülle. (15 S.) gr. 8. Ebd. — 40

Kelhofer, W[ilhelm]. Beiträge zur Kenntnis des Birngerbstoffs und seiner Veränderungen bei der Obstweinbereitung. Von W. K'.... ([Nach des Verfassers Tode hrg. von] P[aul] Huber....) [Mit Figuren und 4 Tafeln.] Separat-Abdruck aus dem Landwirtschaftlichen Jahrbuch der Schweiz. [Jahrg. 22,] 1908. S. 343—411. 8. [Bern, K. J. Wyss.]

Kelhofer, W[ilhelm]. Ueber Düngung, mit spezieller Berücksichtigung der Kalkfrage. (Vortrag, gehalten im Landw. Verein Wädenswil. Nebst einem Anhang über Gehalte der Dünger an Wertbestandteilen.) 35 S. 8. Wädenswil, Buchdr. A. Stutz — *Aufdruck:* Aarau, Verlag Emil Wirz —, 1906. [fr. —. 60]

Kelhofer, W[ilhelm]. Die Klärung des Mostes. Mit sechs in den Text gedruckten Holzschnitten. 24 S. 8. Bern, Buchdr. Ott & Bolliger (**Aufdruck:* Aarau, Verlag Emil Wirz), 1905. [fr. —. 50]

— Leitfaden f. das chemische Praktikum an landwirtsch. Schulen m. spezieller Berücksicht. der Obst-, Wein- u. Gartenbauschulen. (III, 68 S. m. 16 Abbildgn. u. 1 Tab.) 8. Aarau 905. E. Wirz. Kart. n. 1. 50

Keligpuchel. Ob der kelig ausserhalb der meß zeraichen sey. O. O. u. J. V: *Bertold, Bischof zu Chiemsee.* (Hauptkat. d. Univ.-Bibl. Tübingen. G. S. 172.)

Kellus, Jo. Andreas (Halberstadt. Leipzig), De fidejussione clericorum protestantium pro laicis. Diss. jur. Erfurt (Joh. Christoph Hering) 30. VI. 1740. 40 S. (6.80) 17660

— — Ad. tit. II. lib. III. cod. de sportulis et sumtibus in diversis judiciis faciendis, et de executoribus litium, paucis meditatur, iisque ad orationem solennem, qua muneris professionis juris extraordinariae clement. demand. . . . invitat. Lpz. (Langenheim) 25. IX. 1748. 15 S. (4.50) 17661

Kelin, Amadeus

Kelin, A., analys. aquae thermar. Raicezensium. 8. Vien. Doll. 793.

— — dass. deutsch. 8. Ebend 793.

KELIN Amadeus. Über die neu entdeckten warmen Bäder zu Rajetz. Nebst einer . . . topographischen Beschreibung derselben Von -. Goldhann, Wien 1793. 1 vol. 30 S. + 1 Kpf.

Kelk, Hans Cosmer, Kammergerichtsref.: **Ist ein nicht rechtsfähiger Verein, der ein Handelsgewerbe im Sinne des § 1 des Handelsgesetzbuches betreibt, eine offene Handelsgesellschaft? Kann ein derartiger Verein, wenn er ein gewerbl. Unternehmen betreibt, das d. Voraussetzungen d. § 2 d. Handelsgesetzb. erfüllt, angehalten werden, sich als offene Handelsgesellschaft eintragen zu lassen?** *Charlottenburg 1904: A. Gertz.* (50 S.) 8°
Rostock, Jur. Diss. v. [20. Juli] 1904

Kelle, H., der todte Gast, s.: Volksbibliothek, neue.

Kelker, Rudolph F. Keller: Genealogisches Verzeichnis der Familie Kölliker von Herrliberg, Bezirk Meilen, Kanton Zürich, in der Schweiz, *abgefaßt im Sommer 1849 durch* John Jacob Hess, *Ev. Reform. Pfarrer daselbst [Translation of the above].* Genealogical record of the family of Koelliker of Herrliburg, District Meilen, Canton Zürich, Switzerland, *completed in the summer of 1849 by* John Jacob Hess. *To the above now, (1883), added* a record of the family of Kelker, since their arrival in this country, in 1743, *compiled from authentic sources, for the use of the members of the family. Harrisburg, Pa.: Lane & Hart 1883. pp. 132, (2).*

Kell: Zur internen Behandlung der Syphilis mit Morgal [-Riedel]. Berlin 1907

Kell, Alfr., s.: Frundsberg, Geo.

— Geschichte des königl. sächs. 5. Infanterie-Regimentes „Kronprinz" Nr. 104, s.: Delling.

Kell, C. Rud., Anweisung zum Rechnen in kurzen Regeln und Beispielen. gr. 8. (III und 58 S. mit eingedr. Holzschn.) Leipzig 867, Klinkhardt. *

Kell, Gotthard Rudolf, Referendar in Leipzig: **Der Privatarrest nach § 845 der Zivilprozeßordnung (Vorpfändung).** Borna-Leipzig 1908: R. Noske. (VIII, 46 S.) 8° [F.]
Leipzig, Jur. Fak., Diss. v. 14. Aug. 1908
[Geb. 14. Juni 84 Oberlößnitz b. Dresden; Wohnort: Leipzig; Staatsangeh.: Sachsen; Vorbildung: Wettiner Gymn. Dresden Reife O. 04; Studium: Leipzig 2, München 1, Leipzig 5 S.; Rig. 14. Jan. 08.]

[F.] Das Haus Kell. Vier Jahrh. e. fränkisch-sächs. Pfarrerfamilie. Hrsg. v. Hermann Reinhard **Kell,** Kgl. Sächs. Sekondlt. im Kgl. Pr. Eisenb.-Reg. Nr. 2, Berlin. Als IIs. gedr. Heft 1. *Plauen i. V.: In Komm. v. A. Kells Buchh. 1898.* 8. [98. 7761

Kell, Karl Julius

Kell, Jul., die neueren Entdeckungsreisen, s. Entdeckungsreisen.

Kell, Jul., s.a. Fahrten und Abenteuer des Herrn Steckelbein.

Kell, Jul., Fahrten u. Abenteuer des Herrn Steckelbein, s.a. Töpffer, Rud.

—— Fahrten und Abenteuer des Herrn Steckelbein. Eine wunderbare und ergötzliche Historie in lustigen Reimen. Nach Zeichnungen von Rud. Töpffer. qu. gr. 8. (79 S. mit eingedr. Holzschn.) Leipzig 847, [Brockhaus.] *

Kell, Jul., Fahrten und Abenteuer des Herrn Steckelbein. Eine wunderbare u. ergötzliche Historie. Nach Zeichnungen von Rud. Töpffer in lustigen Reimen. 2. Aufl. Leipzig 858. Brockhaus. 4. (2 Bl., 75 S. m. Holzschn. im Text.) n. 16 ngr.

Kell, Jul., Fahrten und Abenteuer des Herrn Steckelbein. Eine wunderbare und ergötzl. Historie. Nach Zeichnungen von Rud. Töpffer in lustigen Reimen. 3. Aufl. qu. 4. (IV und 75 S. mit eingedr. Holzschn.) Leipzig 865, Brockhaus. *

—— reformatorische Gedanken eines Christen über Lehre, Cultus, Verfassung u. Geistlichkeit deutscher evangel. Landeskirchen. gr. 8. (12 B.) Leipzig 815, Klinkhardt. *

—— die Geschichten der Bibel alten und neuen Testaments. In Worten der heil. Schrift. Für christl. Volksschulen in 100 Lehrstücke zusammengestellt und durch Bibelsprüche und Hinweisungen auf die Hauptstücke des christl. Glaubens erläutert. 1. Aufl. 1848. und 2. Stereot.-Aufl. 8. (VIII und 232 S.) Leipzig 851, Klinkhardt. Thlr.

Kell, Jul., die Geschichten der Bibel alten und neuen Testaments. In Worten der heil. Schrift. Für christliche Volksschulen in 100 Lehrstücke zusammengestellt und durch Bibelsprüche und Hinweisungen auf die Hauptstücke des christl. Glaubens erläutert. 3. Ster.-Aufl. 8. (VIII und 232 S.) Leipzig 853, Klinkhardt.

—— die Geschichten der Bibel alten und neuen Testaments. In Worten der heil. Schrift. Für christliche Volksschulen in 100 Lehrstücke zusammengestellt und durch Bibelsprüche und Hinweisungen auf die Hauptstücke des christlichen Glaubens erläutert. 4. Ster.-Aufl. 8. (VIII und 232 S.) Leipzig 857, Klinkhardt. Thlr.

—— der leipziger Glaubensbekenntnißstreit des Jahres 1844 nach Christi Geburt. Eine Würdigung des apostol. Symbols f. d. christl. Volk u. seine Lehrer. gr. 8. (2 B.) Leipzig 844, Klinkhardt.

—— reformatorische Ideen in Beziehung auf den Religionsunterricht. Kritisch beleuchtet von Jacobus dem Jüngern. 8. (3½ B.) Grimma 844, Verlags-Comptoir.

Kell, Karl Julius

Der Landpfarrer. Eine Schrift für das deutsche Volk. Leipzig: Klinkhardt 1845. 152 S. 8°

—— Lebensbeschreibung Benjamin Franklin's, des thatkräftigen Mannes u. freisinnigen Volksfreundes. Eine Volksschrift. 8. (11 B. u. Franklins Bildn.) Leipzig 845, Klinkhardt. *

Kell, Jul., Lebensbilder, s. Lebensbilder.

—— Lehrbuch f. d. gesammten Religionsunterricht nach Bibel, Katechismus u. Gesangbuch, in allen Classen evangel. Schulen, so wie beim Confirmandenunterrichte. 1. Aufl. (6¾ B.) 842. 3¾ Ngr. u. 2., verb. Aufl. 2 Abthlgn. 8. (9 B.) Leipzig 844, Klinkhardt. * 3½ Ngr. — Partiepreis *

—— Lehrbuch für den gesammten Religionsunterricht, nach Bibel, Katechismus und Gesangbuch, in allen Classen evangel. Schulen, sowie beim Confirmandenunterrichte. 3., verb. Aufl. Hrsg. von Louis Thomas. 8. (IV und 124 S.) Leipzig 851, Klinkhardt. *

—— Lehrerleben. Ein Volksbuch. 8. (VI und 128 S.) Leipzig 847, Klinkhardt. *

—— biblische Lehrstoffe f. d. gesammten religiösen Unterricht in allen Classen evangel. Volksschulen so wie f. den Confirmandenunterricht. In 4 Abthlgn. Ein Hand- u. Hülfsb. f. den Lehrer, zunächst bei Erklärung des „Lehrbuchs f. bibl. Religionsunterricht." 1. Abthl. u. 2. Abthl. 1. Thl. — Auch u. d. Ttl.: Die bibl. Geschichten A. u. N. Testam. — Christliche Glaubens- u. Pflichtenlehre, nach Luthers kl. Katechismus. 1. Thl. Die X Gebote. gr. 8. (27¾ B.) Leipzig 843, Klinkhardt.

—— dass. 2. Abthl. Glaubens- u. Pflichtenlehre. 2. Thl.: das II. Hauptstück, die III Artikel. gr. 8. (28½ B.) Ebds. 844.

—— dass. 2. Abthl. Glaubens- u. Pflichtenlehre. 3. Thl.: das III., IV. u. V. Hauptstück, nebst Register üb. d. ganze Werk. gr. 8. (15½ B.) Ebds. 845.

—— dass. Neue Ausgabe. 10 Hfte. gr. 8. (71¾ B.) Leipzig 846, Klinkhardt. [1—9. Hft. à 10 Ngr., 10. H. 15 Ngr.]

Kell, Jul., des Branntweins Lust u. Weh. 8. (6½ B.) Zwickau 842. (Leipzig, Klinkhardt.)

—— die Noth der Armen. Eine Volksschrift. Armen u. Reichen gewidmet. 8. (11 B.) Leipzig 845, Klinkhardt. *

—— Programm für die 2. sächs. Lehrerversammlung, s. Programm.

Kell, Karl Jul., Vater Richard, od. „Bete u. arbeite." Eine Erzähl., zunächst f. Landleute. 8. (9¼ B. u. 1 Holzschn.) Zwickau 841, (Richter'sche Buchh.) *

—— Vater Richard od. „Bete u. arbeite." Eine Erzählung zunächst f. Landleute. 2. Aufl. 8. (9¼ B.) Zwickau 844. (Leipzig, Klinkhardt.)

—— die Schulbibel. Nothwendigkeit u. Ausführbarkeit eines gemeinsamen, der Kirche als Entwurf zur Prüfung vorzulegenden Bibelauszugs. 16. (4¼ B.) Grimma 845, Verlags-Cptr.
Aus der sächsischen Schulzeitung rc. besond. abgedruckt.

— s. Schulzeitung, Sächsische.

—— vom Unkraut zwischen dem Weizen. Predigt über Matth. 13, 24—30 am 12. Sonnt. n. Trin. gehalten zu Haynichen. 8. (1¼ B.) Haynichen 845. (Leipzig, Klinkhardt.) *

—— die Volkserziehung als Staatssache, s. Volkserziehung.

—— die deutsche Volksschule an die evangel. Conferenz zu Berlin. Sendschreiben. 8. (1½ B.) Grimma 846, Verlags-Cptr.

— die Volksschule u. ihre Gegner. Im Auszuge mitgetheilt v. Chemnitz. 8. (38 S.) Oldenburg 847, Schulze. n. ⅛ ß

—— die Volksschule und ihre Gegner. Im Auszuge mitgetheilt von Chemnitz. 8. (38 S.) Oldenburg 848, Schulze'sche Buchh. *

—— Vorschläge u. Wünsche über eine Reform des Religionsunterrichts in evangel. Volksschulen. 1. Aufl. (3½ B.) 2., verm. Aufl. gr. 8. (4½ B.) Leipzig 843, Klinkhardt. à

—— Wanderbuch durch Oesterreich. Altes und Neues über Land und Volk. 8. (208 S.) Zwickau 847, Verein zur Verbreitung von Volksschriften.

—— Wandtafeln, s. Wandtafeln.

—— Weckrufe an die evangel. u. d. kathol. Christenheit Deutschlands. Zwei Gedichte. 8. (½ B.) Leipzig 845. (Friese.)

—— Wünsche sächsischer Volksschullehrer. Entwurf zu einer Gesammtpetition des Lehrerstandes an die Ständeversammlung des Königr. Sachsen. 8. (3 B.) Grimma 846, Verlags-Compt.

— s. Zeitung, illustr.. f. die Jugend.

Kell, M. C. G., Vindiciae Estheris, libri sacri, ad castigatam historice interpretandi normam exactae. — Commentatio, per quam viro M. Carl Christian Seltenreich, ephoriam ecclesiasticam Fribergae suscipienti, gratul. Freiberg (Gerlach) 1820. 30 S. (6.—) 17662
Namenverz.: D. Stadt-Ministerium zu Freyberg. Sämmtl. Prediger d. Freyberger Diöces.

Kell, R. Die Berger Alpe, eine pflanzengeographische Skizze. 40 S.
Progr. Ann. Rg. *Dresden* 1878.

Kell, Richard: Sebalt Schwertzer als Kursächsischer Faktor und Kaiserlicher Berghauptmann. Inaugural-Dissertation zur Erlangung der Doktorwürde in der philosophischen Fakultät der Universität Leipzig, verfasst von Richard Kell aus Kirchberg. Leipzig, 1881. pp. 80, 8vo.

Kell, Th. [Hrsg.], s. Ryan, J.: Die Zubereitung von Flachs, Flachsbaumwolle und Flachswolle ...

Kella [Schlagwort]

Kella, s.: Geologische Karten. Preussen 112.

Kellas, *Alexander Mitchell* [aus Aberdeen '(Schottl.)']: Ueber die Esterifizierungsgeschwindigkeit der monosubstituierten Benzoësäuren und die Verseifungsgeschwindigkeit der Ester ... Heidelberg, Univ.-Buchdr. v. J. Hörning, 1897; 51 S., 4 Bl. Taf. 8.
Heidelberg, Naturw.-math. Fak., Inaug.-Diss. v. [5. Aug.] 1897

Kellberg, s. Kelberg

Kelle u. Schwert. 12 Predigten aus Gottesdiensten am Reformationsfest u. Festen d. Gustav Adolf-Vereins u. d. Evangel. Bundes v. Fr. Niebergall, J. Smend, Th. Häring, E. Rolffs, H. Scholz, Rahlwes, P. Klein u. Fr. Ulrich. s. a. Predigt-Bibliothek, moderne, VI, 4.

Mit **Kelle** und **Schwert**. Erlebnisse eines Diaspora-Geistlichen von W. S. *Berlin: Wiegandt & Grieben [1898].* (127 S.) 8° [F.] [illegible]

Kelle und Schwert. Zwölf Predigten von Fr[iedrich] Niebergall [u. a.] hrsg. von E[rnst] Rolffs. Göttingen: Vandenhoeck & Ruprecht 1908. 126 S. 8°
(Moderne Predigt-Bibliothek. Reihe 6, H. 4) [illegible]

Kelle, C. v., s. Beck v. Mannagetta.

Kelle, Felix, a. Chemnitz: Martin Ehlers' pädagogische Reformbestrebungen. Ein Beitrag zur Geschichte der Pädagogik des XVIII. Jahrhunderts. Kamenz i. S. (1907): H. Bassler. (93 S.) 8° [F.]
Leipzig, Phil. Fak., Ref. Volkelt-Heinze, Diss. v. 1. Juli 1907
[Geb. 2. Jan. 81 Chemnitz; Wohnort: Kamenz i. S.; Staatsangeh.: Sachsen; Vorbildung: Seminar Löbau Wahlfähigkeitszeugnis Nov. 03; Studium: Leipzig 6 S.; Rig. 30. Apr. 07.]

Kelle, Ferd. Leop., die Schule des Tischlers. Eine nach sorgfältigster eigner Prüfung veranstaltete systematisch geordnete Zusammenstellung aller im In- u. Auslande während der letzten 10 Jahre in Bezug auf die Tischlerei gemachten Erfindungen rc. Als ein nothwendiges Handbuch für Meister u. Gesellen rc. Leipzig 857. Hennings. 8. (X, 141 S.) n. 25 ngr.

Kelle, J. L., de templis vett. Christianorum. Dresd. 1769. 4.

Kelle, Joh., die Bestimmungen in Kanon 19 des Legationis edictum v. J. 789, s. a. Sitzungsberichte d. kais. Akademie d. Wissenschaften in Wien. Philos.-histor. Klasse. 161, IX.

Kelle, J., Die Bestimmungen in Kanon 19 des Legationis edictum vom Jahre 789. [Sitzungsber. d. k. Akad. d. Wiss., philos.-histor. Klasse. 161. Bd. 9. Abt.] Gr.-8°. (16 S.) † K —.45
Wien: Hölder 1909.

Kelle, Joh., üb. e. in Wallerstein aufgefundenes Bruchstück der Notkerschen Psalmenübersetzung. gr. 8. (12 S.) Wien 901. (C. Gerold's Sohn.) n. — 30

— Chori saecularium — Cantica puellarum, s. a. Sitzungsberichte d. kaiserl. Akademie d. Wissenschaften in Wien. Philol.-histor. Klasse. 161, II.

Chori saecularium. Cantica puellarum. Von Johann Kelle. Wien: A. Hölder in Komm. 1908. (10 S.) 8°
= Sitzungsberichte d. Kais. Akademie d. Wiss. in Wien. Phil.-hist. Kl. Bd 161, Abh. 2.

Kelle, Joh., die deutsche Dichtung unt. d. fränk. Kaisern 1024—1125. Vortrag, geh. in d. feierl. Sitzg. d. kaiserl. Akademie d. Wissenschaften am 30. Mai 1895. gr. 8. (19 S.) Wien 895. (C. Gerold's Sohn.) n. — 60

Kelle, Joh. Geschichte der deutschen Litteratur von der ältesten Zeit bis zur Mitte d. 11. Jahrh. gr. 8. (III, 435 S.) Berl. 892, Besser. * 8 —; geb. * 9 .

— Geschichte d. deutschen Litteratur v. d. ältesten Zeit bis zum 13. Jahrh. 2. Bd. gr. 8. (IV, 403 S.) Berlin 896. Besser. n. 8. —; geb. in Leinw. n. 9. —

Kelle, Joh., Glossar zu Ottfrieds Evangelienbuch. [Der Ausg. des Evangelienbuches 3. Bd.] 1. Heft. gr. 8. (96 S.) Regensburg 879, Manz.

Kelle, Joh., Glossar zu Otfrids Evangelienbuch. [Der Ausg. des Evangelienbuches 3. Bd.] 2.—6. (Schluss-)Heft. gr. 8. Regensburg, Manz. [2.—5. Heft. (S. 97—448.) 880,81. à *M 2,80.; 6. Heft. (S. 449—772.) 881. *M 8.] *
1. Heft. Ebendas. 1879. *M 2,80.

Kelle, Joh., vergleichende Grammatik der germanischen Sprachen. 1. Bd.: Vergleichende Grammatik des Gothischen, Hochdeutschen, Niederdeutschen, Angelsächsischen, Englischen, Niederländischen, Friesischen, Altnorwegisch-Isländischen, Schwedischen, Dänischen. — Nomen. Lex.-8. (XV und 512 S.) Prag 863, Credner. *

— über Honorius Augustodunensis u. das Elucidarium sive dialogus de summa totius christianae theologiae. gr. 8. (14 S.) Ebd. 901. n. — 40
2 Sonderabdrucke aus: „Sitzungsber. d. k. Akad. d. Wiss."

Kelle, Joh., die Jesuiten-Gymnasien in Oesterreich. Vom Anfange des vor. Jahrh. bis auf die Gegenwart. gr. 8. (XVI, 276 S.) Prag 873, Verlag der Bohemia. * 5 60
Vgl.: Ebner, Rupert.

Kelle, Joh., die Jesuiten-Gymnasien in Oesterreich. gr. 8. (304 S.) München 876, Oldenbourg. *

Kelle, J. Die philosophischen Kunstausdrücke in Notkers Werken. Sep.-Abdr. In-4°, 58 S. München, G. Franz'sche Verlagsbuchhandlung (J. Roth). 1886 2 30

— die rhetorischen Kunstausdrücke in Notkers Werken. (Fortsetzung der Abhandlg.: Die philosoph. Kunstausdrücke in Notkers Werken.) gr. 4. (10 S.) München 899. (G. Franz' Verl.) n. — 40
Sonderabdruck aus: „Abhandlgn. d. k. bayer. Akad. d. Wiss."

— Nachtrag zu seinen in Band 152, Abh. 2 der Sitzungsberichte erschienenen: Untersuchungen über den nicht nachweisbaren *Honorius Augustodunensis ecclesiae presbyter et scholasticus* und die ihm zugeschriebenen Werke. S. 152.5 . — .50)
Separatabdruck

—— Psalmen Notkers, s. Schriften zur germanischen Philologie.

— die Quelle v. Ezzos Gesang v. den Wundern Christi. [Aus: „Sitzungsber. d. k. Akad. d. Wiss."] Lex.-8. (42 S.) Wien 893. (F. Tempsky.) n. 1. —

—— die S. Galler deutschen Schriften und Notker Labeo. gr. 4. (76 S. mit 6 Taf.) (Ebendas.) 888. ** 3 —
aus: Abhandlungen der k. bayr. Akademie der Wissenschaften, besonders abgedruckt.

Kelle, J. Die St. Galler deutschen Schriften und Notker Labeo. Separat-Abdruck. In-4°, 76 S. M. 6 Tafeln. München, G. Franz'sche Verlagsbuchhandlung (J. Roth). 4 —

Kelle, Joh., Speculum ecclesiae, s. Speculum.

—— das Unterrichtswesen in Oesterreich 1848—1873. Rede zur Feier des 25. Jahrestages der Thronbesteigung Sr. Maj. des Kaisers Franz Josef I. gehalten in der Aula der Universität Prag. gr. 8. (33 S.) Prag 874, Calve'sche Universitätsbuchh. * — 80

Untersuchungen über den nicht nachweisbaren Honorius Augustodunensis ecclesiae presbiter et scholasticus u. die ihm zugeschriebenen Werke. Von Johann Kelle. [Nebst] (Nachtrag). Wien: A. Hölder in Komm. 1905–06. 8°
— Sitzungsberichte d. Kais. Akademie d. Wiss. in Wien. Phil.-hist. Kl. Bd 152, 2. 153, 5.

Untersuchungen über des Honorius Inevitabile sive de praedestinatione et libero arbitrio dialogus von Johann Kelle. Wien: C. Gerold's Sohn in Komm. 1904. (34 S.) 8°
— Sitzungsberichte d. Kais. Akademie d. Wiss. in Wien. Philos.-hist. Kl. Bd 150, 3.

Untersuchungen über das Offendiculum des Honorius, sein Verhältnis zu d. gleichfalls einem Honorius zugeschrieb. Eucharistion u. Elucidarius sowie zu d. deutschen Gedichten Gehugde u. Pfaffenleben. Von Johann Kelle. Wien: C. Gerold's Sohn in Komm. 1904. (44 S.) 8°
— Sitzungsberichte d. Kais. Akademie d. Wiss. in Wien. Philos.-hist. Kl. Bd 148, 4.

— Untersuchungen üb. das Speculum ecclesiae des Honorius u. die Libri deflorationum des Abtes Werner. gr. 8. (44 S.) Wien 902. (C. Gerold's Sohn.) n. 1. —
Sonderabdruck aus: „Sitzungsber. d. k. Akad. d. Wiss."

— Untersuchungen zur Ueberlieferung, Uebersetzg., Grammatik der Psalmen Notker's, s.: Schriften zur germanischen Philologie.

Kelle, Johann, Das Verbum u. Nomen in Notker's Boetius. S.-A. gr.-8. (90 S.) Wien, *Carl Gerold's Sohn. 70 kr. 1885

—— das Verbum und Nomen in Notker's Boethius. Lex.-8. (90 S.) Wien 885, (Tempsky.) * 1 40
Aus: Sitzungsberichte der k. Akademie der Wissenschaften, besonders abgedruckt.

—— die Verwälschung der deutschen Sprache, s.a. Bücherei, deutsche.

Kelle, Joh., Die Verwälschung der deutschen Sprache. Breslau 1852. 8.
Iu: Deutsche Bücherei. II. 18. . . . . (D.)

Kelle, Joh. Nep., systematisches Lehrbuch der deutschen Sprache mit Uebungen. Zunächst für Real- und Gewerbsschulen, sowie für latein. und höhere Bürgerschulen bearb. gr. 8. (X und 218 S.) Regensburg 852, Manz.

Kelle, Joh. Nep., vollständiges Lehrbuch der deutschen Sprache mit Aufgaben. Namentlich zum Schulgebrauch bearb. gr. 8. (XVI und 384 S.) Regensburg 851, Manz.

Kelle, K., s.: Beiträge, anatomische, experimentelle u. klinische, zur Pathologie d. Kreislaufs.

Kelle, Karl v., die österreichischen Universitätsgesetze, s.: Beck v. Mannagetta, Leo Ritter.

Kelle, Karl Gottfried

(—) collatio in alimoniam humanitatis facta, continens et epistolam ephoralem ultimam J. F. a Brause, Ephori Friberg., vitam defuncti, et commentationem hujus memoriam dedicatam. 8. Frberg 820.

— s. a. Entwurf e. Kirchen- u. Toleranz-Verfassung.

— Entwurf ein. Kirchen- u. Toleranz-Verfassung. Aus d. Papieren eines Indifferentisten. 8. Ebend. 811.

. K. Gf. **Kelle**: das Erwachen d. menschl. Vernunft, als das erste Eintreten d. übersinnl. Welt in d. sinnl.; e. Aufforder. an alle Denker, d. Erscheinung d. Uebersinnl. a. e. ganz neuen Gesichtspuncte zu betrachten. *Freib.*, Graz u. Gerlach. 813. 8° 8 gl

— Grundsätze, Proben u. Plan einer deutschen Darstellung heiliger Schriften nach ihrer Urgestalt. 8. Frberg 813. Graz u. G. 4 gl

Kelle, K. G., Grundsätze, Proben u. Plan ein. deutschen Darstellung heiliger Schriften nach ihrer Urgestalt. 8. Freiberg, Craz u. G. 814. Rthlr.

— Homers Ilias u. Odyssee rc. dargestellt, s. Homer.

Kelle, K. G., ist reines Christenthum nicht die wahreste Humanität? eine Frage an unsern Zeitgeist, unterstützt durch 3 Gelegenheits- aber nicht Gewohnheitspredigten. 8. Freyberg, Craz u. Gerlach. 810.

Kelle, Karl Gottfried. Die Kirchensache als Landtagssache, nämlich in Beziehung auf das allgemeine Beste. Leipzig, Andrä. 1833. 20 S. 8.

— Ophitarum mysteria retecta, contagii mystici remedia. 4. Frberg 822. Graz u. G. 3 gl

Kelle, (C. G.,) Nervae numus auferens, quos alebat, Barnabae epistola, seditiosos spiritus. 4. Freiberg 822, Craz et G.

— neue Proben ein. deutschen Darstellung d. heil. Schriften nach ihrer Urgestalt. 8. Ebend. 815.
Auch unt. d. Titel:
Reden u. Lieder aus dem Jesaias und dem Buche d. Weisheit.

— d. heil. Schriften in ihrer Urgestalt, deutsch u. mit neuen Anmerkk. gr. 8. Frberg, Graz u. G. 1r Bd. Salomonische Schriften. 815. 1 Rthlr 12 gl jetzt 21 gl 2r Bd. Mosaische Schriften. Erstes Buch. Moses Geschichte über die Vorzeit. 817. 2 Rthlr jetzt 1 Rthlr 3r Bd. Mosaische Schriften, Moses Geschichte seiner Zeit. 819. 1 Rthlr 12 gl jetzt 21 gl 4r Bd. Mosaische Schriften; Mosaische u. nachmosaische Gesetze. 821. 2 Rthlr 12 gl jetzt 1 Rthlr 3 gl Alle 4 Thle. 3 Rthlr 21 gl

— die heil. Schriften in ihrer Urgestalt. 1r Bd. Salomonische Schriften. gr. 8. Ebend. 815.

— die heil. Schriften in ihrer Urgestalt, deutsch u. mit neuen Anmerkk. gr. 8. Freiberg, Craz u. G. 1r Bd. Salomonische Schriften. 816. jetzt 21 gr. 2r Bd. Mosaische Schriften. Erstes Buch. Moses Geschichte üb. d. Vorzeit. 817. jetzt 1 Rthlr. 3r Bd. Mosaische Schriften, Moses Geschichte seiner Zeit. 819. 21 gr. 4r Bd. Mosaische Schriften; Mosaische u. nachmosaische Gesetze. 821. jetzt 1 Rthlr. 3 gr.

— — Schriften, die heiligen, in ihrer Urgestalt, deutsch und mit neuen Anmerkungen. 2r 3r und 4r Band. Mosaische Schriften. gr. 8. Ebend. 819 — 821. (2r Bd. 2 Rthlr. 3r Bd. 1 Rthlr. 12 Gr. 4r Bd. 2 Rthlr. 12 Gr.)

— Uebersicht d. christl. Lehramtes in Kirchen u. Schulen. 8. Freyberg 818. Graz u. G. 4 gl

— vindiciae Estheris, libri sacri ad castigatam historiae interpretandi normam exactae. Comment. gratulatoria. 4. Frberg. 820.

Kelle, K. G., Jesu Vortrag über das Reich Gottes und die Klugheit ungerechtes Gut zu gebrauchen und zu erwerben. 8. Freyberg, Craz und Gerlach. 816.

K. Gf. **Kelle**: d. menschl. Wesen, und zwar d. sinnige u. sinnl. als Seele, d. verständ. u. vernünftige als Geist, d. sittige u. sittl. als Wille dargest. *Freiberg*, Cratz u. Gerlach. 822. 8° 16 gl

— vorurtheilsfreie Würdigung d. mosaischen Schriften rc. 3 Hfte. 8. Ebend. 812 u. 13. (Is u. IIs à 15 gr. IIIs 18 gr.)

Kelle, Wilhelm, Referendar in Stade: Der Schadensersatz aus § 904 BGB. Greifswald 1906: J. Abel. (55 S.) 8° [F.]
Greifswald, Jur. Fak., Ref. Jung, Diss. v. 6. Okt. 1906
[Geb. 2. Nov. 81 Burgdorf i. Hannover; Wohnort: Stade; Staatsangeh.: Preußen; Vorbildung: Realgymn. Quakenbrück Reife O. 02; Studium: München 4, Kiel 1, Greifswald 3 S.; Rig. 25. Mai 06.]

Kellemes, A. Melczer v., s. Melczer v. Kellemes.

Kellen, Anton

[F.] Katholische Dichter. E. litter. Studie v. A. Kellen. *Essen-Ruhr: Fredebeul & Koenen 1898.* (IV, 109 S.) 1 Bd 8. [98. 10405 Bo

[F.] Katholische Dichterinnen. E. litter. Studie v. A. **Kellen.** *Essen-Ruhr: Fredebeul & Koenen 1898.* (2 Bl., 118 S., 1 Bl.) 1 Bd 8. [98. 10406 Bb

Kellen, Anton: Malmedy und die preußische Wallonie. Skizzen und Studien. Essen 1897: Fredebeul & Koenen. 47 S.

Kellen, J. Ph. van der, Le peintre graveur hollandais et flamand, ou catalogue raisonné des estampes gravées par les peintres de l'école hollandaise et flamande. Ouvrage faisant suite au peintre-graveur de A. Bartsch. Avec des facsimile gravés à l'eau-forte par M. J. A. Boland et d'autres. 1re partie en 6 livr. gr. 4. (242 S. mit Stahlst.) Utrecht 873, Kemink und Sohn. à livr. *ℳ 14. * 84 —

Kellen, Jean Baptiste (Hrsg.), s. Bienenblatt.

Kellen, Oskar

—— Sämann's Feierabend. Ein Gedicht in sechs Gesängen. 16. (XII, 138 S.) Lüneburg 882, Pollmann. * geb. *ℳ 3,25.; mit Goldschn. *

Kellen, Osc. v., Metacom, s. Volksbücher, Reutlinger.

Kellen, Osc. v., und noch heute erlöset sie uns! Erzählung. 8. (VIII, 322 S.) Lüneburg 882. Pollmann. 5. —

Kellen, Pierre Jean Antoine, gen. Tony, s. Kellen, Tony

Das goldene Anstandsbuch. Ein Wegweiser f. d. gute Lebensart zu Hause, in Gesellschaft u. im öffentl. Leben. Von J. v. Eltz [d. i. Tony **Kellen**]. 2., verb. u. verm. Aufl. *Essen-Ruhr: Fredebeul & Koenen 1904.* (XII, 531 S.) 8° [F.] [04. 3830 B

Das kleine Anstandsbuch. Ein Leitfaden d. guten Tons f. jedermann. Von J. v. Eltz [d. i. Tony **Kellen**]. 2. verb. Aufl. *Essen-Ruhr: Fredebeul & Koenen 1904.* (187 S.) 8° [F.] [04. 3830 B

Kellen, Tony, Arbeiterbildungsvereine, s.a. Fortschritt, sozialer.

Kellen, T., Arbeiter-Bildungsvereine. 8°. Leipzig, Dietrich, 1904. (Socialer Fortschritt, Heft 20.)

Kellen, T., Die Arbeiter-Wohlfahrts-Einrichtungen. Ein Leitfaden zur Orientirg. üb. die Einrichtgn. u. Bestrebgn. auf dem Gebiete der Arbeiter-Wohlfahrt. (Dr. Ludw. Huberti's prakt. gewerbl. Bibliothek.) (VIII, 136 S.) gr. 8. Leipzig, H. Klasing. 1902 Geb. in Leinw. 3. —

Kellen, Tony, gewerbliches Auskunftsbuch. Alphabet. Nachschlagewerk f. die das Gewerbewesen (Handwerk, Hausindustrie u. Fabrik) betr. Fragen, m. besond. Berücksicht. d. prakt. Bedürfnisse d. Neuzeit u. d. neuest. gesetzl. Bestimmgn. (Dr. Ludw. Huberti's prakt. gewerbl. Bibliothek.) gr. 8. (III, 112 S.) Ebd. 902. Geb. in Leinw. n. 2. 40

– Das Bienenbuch. Berlin (1893). – 120 S. 8°
(Monatliche Beilage zur „Tier-Börse". Berlin, im Dezember 1893.)

Kellen, Tony, Bienenbuch, s.a. Universal-Bibliothek.

– Bienenbuch. Mit fünfzehn Abbildungen. Leipzig o. J. [1894]. – 107 S. 16°
(Universal-Bibliothek.)

Kellen, Tony. Die Bienenzucht in der Welt-Ausstellung zu Paris 1889, s.a. Bibliothek, apistische.

– Die Bienenzucht in der Welt-Austellung zu Paris 1889. Ein illustrierter Bericht mit 64 Abbildungen. II. Ausgabe. Wytikon-Zürich 1889. – 6, 60, 1 S. 8°
(Separatabdruck aus der „Allgemeinen Illustrierten Bienen-Zeitung".)

—— Bilder u. Skizzen aus dem Leben der Bienen u. den Wundern ihres Staates. Mit 75 Abbildgn. v. Schönfeld. gr. 8. (XVI, 228 S.) Nördlingen 890, Beck. * 4 —

– Das Buch vom Esel. Von J. Anthony. Berlin (1899). – 32 S. 8°
(Halbmonatliche Beilage zur „Tier-Börse". Berlin, im August 1899.)

Kellen, Tony, das Buch als Lebensbegleiter, s.a. Bücher d. Freude.

Das Buch als Lebensbegleiter. Von Tony **Kellen**. Warendorf: Schnell [1910]. 160 S. 8°
(Bücher d. Freude. [3.]) [11. 6218

– Das Buch der Vogeleier. Berlin 1897. – 87, 1 S. 8°
(Halbmonatliche Beilage zur „Tier-Börse". Berlin, im Juli 1897.)

– (Übers. u. Vorr.), s. Cowan, Thos. Wm.: Führer des engl. Bienenzüchters ...

— Der Deutsche in d. Anekdote, s.a. Fruchtschale, die. Bd. 19.

Der Deutsche in der Anekdote. Eine Kulturgeschichte in 400 Anekdoten. Mit Portr. Von Tony **Kellen**. 3. Aufl. München & Leipzig: Piper (1910). 372 S. 8°
(Die Fruchtschale. Bd 19.) [11. 4270

– Das Deutschtum in Elsass-Lothringen 1870–1895. Rückblicke und Betrachtungen von einem Deutschnationalen. Leipzig 1895. – VII, 300 S. 8°

– Deutschtum und Franzosentum in Luxemburg seit den ältesten Zeiten bis auf unsere Tage. Zugleich eine Denkschrift zur Thronbesteigung des Herzogs von Nassau als Grossherzog von Luxemburg.
Luxemburg: P. Breithof 1889. – 32 S. 8°

—— Das Deutschthum in Luxemburg, s.a. Zeit- u. Streitfragen, deutsche.

Kellen, Tony: Das Dtm in Luxemburg. Rückblicke und Betrachtungen. — Hbg.: Verlagsanst. und Druckerei 1892. 50 S. (Dt. Zeit- und Streit-Fragen. H. 101.)

– Katholische Dichter. Eine litterarische Studie. Essen-Ruhr 1898. – IV, 109, 1 S. 16°

— Dichter- u. Schriftsteller-Anekdoten, s.a. Anekdoten-Bibliothek. 8. Bd.

Dichter- und Schriftsteller-Anekdoten. Charakterzüge aus d. Literaturgeschichte gesammelt u. hrsg. von Tony **Kellen**. Stuttgart: Lutz [1909]. 269 S. 8°
(Anekdoten-Bibliothek. Bd 8.) [09. 6316

– Katholische Dichterinnen. Eine litterarische Studie. Essen-Ruhr 1898. – 118, 1 S. 16°

– (Übers.), s. Eekhoud, Georges: Kees Doorik.

Die Industriestadt Essen in Wort und Bild. Geschichte u. Beschreibung d. Stadt Essen. Zugl. e. Führer durch Essen u. Umgegend. Von T[ony] **Kellen**, Redakteur. Mit 100 Orig.-Ill. u. 2 Stadtpl. *Essen-R.: Fredebeul & Koenen 1902.* (XIX, 207 S.) 8° [02. 1110

– Die Gemeindeordnung für Elsass-Lothringen, nebst Einleitung und erläuternden Anmerkungen. – La loi sur l'organisation municipale. Traduction française avec introduction et commentaires. Strasbourg 1894. – 175 S. 8°

— Geschichte d. Bienenzucht im Luxemburger Lande. Eine histor. Studie nebst einer Abhandlung über das Bienenrecht in Luxemburg. Mit 1 Portrait u. 1 Abbild. 8. (VIII, 64 S.) Wytikon-Zür. 892, Apist. Verlagsanstalt. * — 40
Bildet d. 4. Nr. der Apistischen Bibliothek; s. Nachtrag.

— Aus d. Geschichte d. Feuilletons. (72 S.) kl. 8. Essen 909. Fredebeul & Koenen. — 60
Sonderabdr. aus: „Essener Volks-Ztg."

– Geschichte der Kunstwaben. Eine Studie. Nördlingen 1893. – V, 29 S. 8°
(Separat-Abdruck aus dem „Bienenvater aus Böhmen")

— das Glück der Landleute durch die Bienenzucht, s.a. Bibliothek, apistische.

– Das Glück der Landleute durch die Bienenzucht. Eine Volksschrift. Frei aus dem Französischen des Abbé David übersetzt und mit Beiträgen verschiedener deutscher Schriftsteller vermehrt und herausgegeben. Wytikon-Zürich 1890. – XII, 53, 1 S. 8°

Kellen, Tony: Der Honig und seine praktische Verwertung, s. Pauly, Max

— Alter u. neuer Humor d. deutsch. Volkes. Eine Auswahl d. besten Schwänke, Schnurren u. spaß. Geschichten. (XVI, 456 S.) 8. Ebd. (909). 3.60; geb. 4.50

– (Red.), s. Journal, Elsässer, und Niederrheinischer Courier.

— Katechismus f. Bienenzüchter u. Bienenfreunde, s.a. Hesse's, Max, illustrierte Katechismen.

– Katechismus für Bienenzüchter und Bienenfreunde. Unter Berücksichtigung der neuesten Forschungen und Beobachtungen hervorragender Imker bearbeitet und herausgegeben. Mit 133 in den Text gedruckten Abbildungen und einem Titelbilde. Leipzig o. J. [1892]. – VIII, 287 S. 8°
(Max Hesse's illustrierte Katechismen. N° 28.)

– Das Katzenbuch. Berlin (1895). – 112 S. 8°
(Halbmonatliche Beilage zur „Tier-Börse". Berlin, im Januar 1895.)

– (Hrsg.), s. Keiter, Heinrich: Handbuch der katholischen Presse Deutschlands, Österreichs, der Schweiz ... Essen 1900.

– (Hrsg.), s. Keiter, Heinrich: Praktische Winke für Schriftsteller und Zeitungscorrespondenten. 6. Aufl.

– (Red.), s. Kindergarten. Essen.

— die Firma Krupp u. ihre soziale Tätigkeit, s.a. Broschüren, Frankfurter zeitgemäße. XXII. 5.

Die Firma Krupp und ihre soziale Tätigkeit. Von T[ony] Kellen, Redakteur. *Hamm i. W.: Breer & Thiemann 1903.* (35 S.) 8° [F.]
= Broschüren, Frankfurter Zeitgemässe. Bd 22, H. 5. [03. 9300

Friedrich Alfred Krupp und sein Werk. [Verf.: Tony Kellen.] Braunschweig: G. Westermann 1904. (66 S.) 8° [F.]
Aus: Westermanns Ill. Deutsche Monatshefte. 1904. [07. 13112 2

— die Kunstwaben. Deren Nutzen u. Anwendg. beim Bienenzuchtbetrieb, sowie deren Fabrikation auf Walzwerken u. Handpressen. Nach den Mitteilgn. mehrerer Kunstwabenfabrikanten, insbesondere d. Hrn. Otto Schulz, u. m. Berücksicht. der Beobachtgn. u. Erfahrgn. prakt. Imker bearb. u. hrsg. Mit 38 Abbildgn. u. dem Portr. Mehring's. gr. 8. (XI, 134 S.) Braunschweig 893. C. A. Schwetschke & Sohn. n. 1.60

— die Kunstwaben, deren Nutzen u. Anwendung beim Bienenzuchtbetrieb, sowie deren Fabrikation auf Walzwerken u. Handpressen. Nach den Mitteilgn. mehrerer Kunstwarenfabrikanten, insbesond. des Hrn. Otto Schulz, u. m. Berücksicht. der Beobachtg. u. Erfahrgn. prakt. Imker bearb. u. hrsg. Mit 38 Abbildgn. u. dem Portr. Mehrings. 2. [Titel-]Aufl. 8. (XI, 134 S.) Leipzig [893.] 902. R. C. Schmidt & Co. Kart. n. 1.60

(B) — Die Kunstwaben. 902. Jetzt: Leipzig, C. F. W. Fest.

Lebens- und Anstandsfragen. Altes u. Neues über d. Kunst zu leben... Von J. v. Eltz [d. i. Tony Kellen]. Essen (Ruhr): Fredebeul & Koenen (1908). XII, 553 S. 8°
(Goldenes Anstandsbuch. Bd 2.) [10. 2031

— Lehrbuch der kaufmännischen Propaganda, im besonderen der Anzeige- u. Reklame-Kunst. Praktischer Ratgeber für Kaufleute, Zeitungsverleger, Annoncen-Acquisiteure etc. (Sammlung kaufmänn. Lehrbücher.) gr. 8. (IV, 106 S.) Leipzig 899. Dr. L. Huberti. Geb. in Leinw. n. 2.75

Kellen T, Lehrbuch der kaufmännischen Propaganda im besondern der Anzeige- und Reklamekunst. (106 S) (Sammlung kaufmänn. Lehrbücher) Leipzig (1901)

— s.: Liebesbriefe, französische, aus 6 Jahrhunderten.

— Luxemburg, s.a. Städtebilder u. Landschaften aus aller Welt.

Luxemburg. Führer durch Stadt u. Land. Von Tony Kellen. M. Abb. u. 1 Pl. d. Stadt. *Darmstadt: K. P. Geuter 1898.* (44 S., 1 Bl., 1 Pl.) 1 Bd 8.
= Städtebilder u. Landschaften aus aller Welt. No 107. [98. 9321

– Malmedy und die preussische Wallonie. Skizzen und Studien. Essen (Ruhr) 1897. – 4, 47 S. 8°

— Marie Antoinette, s.: Frau, die. 6. Bd.

— die Not unserer Schauspielerinnen. Studien über die wirtschaftl. Lage u. die moral. Stellg. der Bühnenkünstlerinnen, zugleich Mahnwort u. Wegweiser für junge Damen, die sich der Bühne widmen wollen. gr. 8. (IV, 156 S.) Leipzig 902. O. Wigand. n. 2.—

— Ratgeber f. Aussteller. Die Industrie- u. Gewerbeausstellgn., ihre Geschichte, Bedeutg. u. Organisation. Zugleich e. Anleitg., wie man ausstellen soll. (Dr. Ludw. Huberti's prakt. gewerbl. Bibliothek.) gr. 8. (VII, 144 S.) Leipzig 902. H. Klasing. Geb. in Leinw. n. 3.—

– (Red.), s. Ratgeber, Gemeinnütziger.

— prakt. Ratgeber f. Stellesuchende, s.: Huberti, L.

— Der Roman, s.: Keiter, Heinr.

— Schauspieler-Anekdoten, s.a. Anekdoten-Bibliothek. 9. Bd.

Kellen, Tony: Schauspieler-Anekdoten. Ernste u. heitere Szenen aus d. Bühnenleben. Gesammelt u. bearb. von –. Stuttgart: Lutz (1909). 269 S. 8°
(Anekdoten-Bibliothek. Bd. 9.)

– Dr. Hubertus Simar, Erzbischof von Köln. Ein Lebensbild, den Katholiken der Erzdiözese Köln gewidmet. Mit Porträt und Wappen. Essen o. J. [1899]. – 32 S. 8°

Kellen, Tony: Weibliches Sklaventhum in neuerer Zeit. Dunkle Bilder aus d. modernen Kultur. — Neuwied, Leipzig: Heuser 1894. VI, 96 S. 8°

KELLEN, Tony (geb. 24. Jan. 1869 zu Luxemburg), Weibliches Sklaventum in neuerer Zeit. Dunkle Bilder aus der modernen Kultur. 2. Aufl. Neuwied 1894. (2 Auflagen.) 8°. (In Dresden: Bibl. d. Gehe-Stiftg.; 2. Aufl. in Amsterdam, Bibl. Gerritsen.) (Mk. 2—.) (1 Mk. 20 Pfg. R. Levi, Stuttgart, 1896.)
Sklavinnen d. Mitgift. — Kellnerinnen. — Prostituirte. etc.

Kellen, T., weibliches Sklaventum in neuerer Zeit. Dunkle Bilder aus d. mod. Kultur. 2. Aufl. gr. 8. (VII, 96 S.) Neuwied 895. Heuser's Verl. n. 2.—

— über die Stellung Luxemburgs in der Geschichte, s. a. Sammlung gemeinnütziger Vorträge.

– Über die Stellung Luxemburgs in der Geschichte. Prag (1892). – 14 S. 8°
(Sammlung gemeinnütziger Vorträge. Herausgegeben vom Deutschen Vereine zur Verbreitung gemeinnütziger Kenntnisse in Prag. N° 170. November 1892.)

— Theorie des Romans u. der Erzählkunst, s.: Keiter, Heinr.

— Unterricht in der Bienenzucht, s.: Scheel, Joh. Nep.

– Aus Luxemburgs Vergangenheit und Gegenwart. Historisch-politische Studien von Jan van der Eltz. Trier 1891. – X, 198 S. 8°

– (Red.), s. Volkszeitung, Essener.

Essener Wanderbuch. Ein Führer f. Spaziergänge in Essen u. Ausflüge in d. Umgebung, besonders ins Ruhrtal. [Verf.: Tony **Kellen**.] Mit 37 Pl. u. Wegekt. Essen-Ruhr: Fredebeul & Koenen [1910]. 90, 19 S. 8° [10. 14511 5

Essener Wanderbuch. Ein Führer f. Spaziergänge in Essen u. Ausflüge in d. Umgebung, besonders ins Ruhrtal. [Verf.: Tony **Kellen**.] Mit 38 Pl. u. Wegekt. 2. verb. Aufl. Essen-Ruhr: Fredebeul & Koenen [1910]. 99, 26 S. 8° [10. 14912 5

Kellen, Tony: Was ist die Frau? Ideen u. Paradoxe Alexander Dumas' d. Jüngeren üb. d. Frauen, d. Liebe u. d. Ehe. — Leipzig: Spohr 1892. VI, 105 S. 8°

Kellen, T[ony]: Welche Stellungen können Frauen im Handel und Gewerbe finden? Handbuch für die auf den Erwerb angewiesenen Mädchen u. Frauen, zugleich enthaltend statist. Mitteilungen üb. d. weibl. Erwerbstätigkeit, d. Frauen-Erwerbsvereine usw. — Leipzig: Huberti 1900. VIII, 180 S. 8° (Dr. Ludwig Huberti's moderne kaufmänn. Bibl.)

— wie werde ich e. guter Kaufmann? Praktische Anleitg. f. den jungen Kaufmann, um selbstthätig auf d. kürzesten Wege in seinem Berufe vorwärts zu kommen, nach den Musterbeispielen berühmter Kaufleute aus alter u. neuer Zeit. Lebensbilder a. d. Geschichte des Handels u. der Gewerbe, gesammelt u. bearb. (Sammlg. kaufmänn. Lehrbücher.) gr. 8. (VIII, 165 S.) Leipzig (899). Dr. L. Huberti. Geb. in Leinw. n. 2.75

— der Wunderdoktor, s. a. Kürschner's, Jos., Bücherschatz.

Der Wunderdoktor. Aus dem Leben eines Abenteurers. Von Tony **Kellen.** Mit Ill. von W. Roegge. Berlin, Eisenach, Leipzig: Hillger [1902]. 128 S. 8°
(Kürschners Bücherschatz. 309.)
TB. 440. Betr. Cagliostro.

— Das Zeitungswesen, s. a. Sammlung Kösel.

Kellen, Tony, Das Zeitungswesen. Kempten u. München 1908. 8°.
(Sammlung Kösel. 17.)

Kellen, Tony. Das Zeitungswesen. IV + 212 S. 8. Kempten und München, Jos. Kösel, 1908. ([geb.] M. 1.—)
(Sammlung Göschen. Band 17.)
Darin S. 12. 20. 25. 29 f. 32/4. 65 f. 77. 90 f. etc. die Schweiz *und Schweizer betr.*

– Das Ziegenbuch von X. Lümburger. Berlin (1896). – 159, 1 S. 8°
(Halbmonatliche Beilage zur „Tier-Börse". Berlin, im April 1896.)

Kellenaers, A., die Anti-Alkoholbewegung in den Niederlanden, s. a. Kultur u. Fortschritt.

Kellenaers A, die Anti-Alkoholbewegung in den Niederlanden. (12 S) (Kultur und Fortschritt 163) Gautzsch 1908

— Die sozialen Stiftungen v. J. C. van Marken in Delft (Holland), s. a. Kultur u. Fortschritt.

Kellenaers, A., Die socialen Stiftungen von J. C. van Marken in Delft (Holland). 8°. Gautzsch b. Leipzig, Fel. Dietrich, 1909. (Kultur n. Fortschritt, 271.)

Kellenaers A, die sozialen Stiftungen von J C van Marken in Delft. (15 S) (Kultur und Fortschritt 271) Gautzsch 1909

Kellenbach, s.a. Renauld, Edler v. Kellenbach.

Kellenbach, Renauld Edl. v., Beiträge zur Entwickelung der Grundrente und Wohnungsfrage in München. Lex.-8⁰. Leipzig, C. L. Hirschfeld, 1904.

Kellenbentz, Barth.: Quaestiones illustres exactissime enucleatae, de renunciatione successionum praesertim familiarum illustrium. Rotenburgi 1703.

Kellenberger, Aug(ust). **Meine erste Reise nach Amerika und Ein trüber Altjahrabend oder Eine Erinnerung an die gewaltigen Winterstürme des Jahres 1893/94 auf dem atlantischen Ozean, von Aug. K', Walzenhausen. [2 Teile. Illustriert.] II + 110 S. 8. Walzenhausen, Selbstverlag, 1904. [fr. 1. —]**
S. 1—82: [Teil 1.] Meine erste R' nach A'; *S. 83—110:* [Teil 2.] Ein t' Altjahrabend — — Ozean.

Kellenberger, Emil. **Schweizer Schützenfahrt nach Argentinien. [Mit 12 Tafeln und illustriertem Umschlag.] 84 S. 8. Herisau, W. Schiess & Zwicki, 1904. [fr. 1. 50]**

Kellenberger, G., Lehrgegenstände, nach d. neuesten Plane, für Knaben d. Vorbereitungklasse. 8. Leipz. 788. (W. Nauck). 10 ℛ

— Prüfungsgegenst. f. die Schül. d. Vorbereitungsklasse zu Ingolst. 8. Eichst. (Sommer in Leipz.) 781.

Kellenberger. Oskar. von Walzenhausen (Kt. Appenzell): Das Verhältniss des Schweizerischen Obligationenrechtes zum kantonalen Recht. Uster-Zür. A. Diggelmann Dr. 1890. 80 S., 1 Bl. 8⁰.
Zürich. Jur. Diss. [v. 5. Aug. 1890].

Keller's, Augustin, Lebensbild, s. Hunziker, J.

Keller, Augustin, der moderne Moralist. Von einem Katholiken aus dem Aargau. gr. 8. (85 S.) Luzern 870, Gebr. Räber. * 1 —

Keller. Dr Augustin Keller (1805 1883), Landammann des Kantons Aargau. Zur Erinnerung an dessen Leben und Wirken seinen Angehörigen gewidmet von der Redaktion des „Aargauer Tagblattes". 8. Aarau [1883].

Keller. Augustin K'. 1805—1905. Gedenkblatt zu seinem 100. Geburtstage, 10. November 1905. [Illustriert.] Hrg. von den «Aargauer Nachrichten» ⟨Redaktion Dr. M[ax] Widmann⟩. 4 S. gr.-4. Aarau, Emil Wirz.

Keller. Dr. Ferdinand K'. Zürich 1881 *s.a.*(M[eyer] v[on] K[nonau, Gerold *II*]).

Keller, Dr. Ferdinand.
Zürich 1881. V: *Meyer v. Knonau, Gerold.* (Cat. d. Stadtbibl. Zürich. Zürich 1864—97.)

Keller. Dr. Fr[iedrich] L[udwig] von K'. Zürich 1861 *s.a.*[Rüttimann, Jacob].

Keller, Dr. Fr. L. v. Zürich 1861. V: *Rüttimann, Jacob.* (Cat. d. Stadtbibl. Zürich. Zürich 1864—97.)

Keller, Gfr., literarischer Essay über ihn, s.: Brahm, O.

Keller, Heinrich, d. Züricher Bildhauer u. Dichter, s. Wyss, Bernh.

Keller, Johann Baptist von, erster Bischof von Rottenburg. Eine biograph. Scizze, nebst Blicken auf die kathol. Kirche Württembergs. Aus den Papieren eines Verstorbenen hrsg. von Wilh. Binder. gr. 8. (102 S.) Regensburg 848, Manz. –

Anon.: Karl **Keller**. Zürich, Kantonsschule, Progr. 1879.

Keller. Mordbrenner (Johann) K' und seine Hinrichtung.... Zollikon-Zürich *s.* (H[ägi]), G).

Keller, die schweizerische Armee, s.: Estoppey, D.

Keller, s.: Aus der deutschen Literatur.

— kurze Chronik d. ehemal. Benediktinerklosters zu St. Mang in Füssen von dessen Entstehung im J. 629 an bis zu dessen Auflösung 1803. 8. Füssen 807.

Keller, ..., (Regier.-Rath), s. J. Droz, politische Oekonomie.

Keller, Geschichte des 6. bad. Infant.-Regiments Kaiser Friedrich III. Nr. 114, s.: Waenker v. Dankenschweil.

Keller, Epple. Kurze Geschichte von Hohenstaufen. 8. Gmünd 1828.

Keller, Grundtabellen für Steuerumlagen im Deutschen Reich. München 1876

Keller, s.: Hausfreund, katholischer.

Keller, s.: Hilfszahlen, abgerundete, f. d. Handgebrauch.

Keller, d. Lasten d. Patronats u. d. evangel. Kirche. Glogau 839.

***Keller*, Mang P., Positiones selectae ex theologia morali de virtutibus theologicis etc. 4. Füssen 797.**

— Theses theologicae de septem Sacramentis. 4. Füssen 798.

Keller, Thüring. Trauerrede auf Benediktus [Pfyffer von Altishofen]..., des ... Gotteshauses ... zu St. Urban ... Abten ..., vorgetragen ... den 10ten Heumonats 1781. 8. Luzern.

Keller, **..., de tribus praecipuis imperii generibus disserit, et Regis Nostri sacra natalitia, simulque solennem finem studiorum in regio Gymnasio, quod est Rotwilae, ad Calendas Octbr. 4. Rotweil 820. Herder. 3 ℛ**

Keller, Universal-Gesetzrepertorium f. d. Königr. Bayern, umfass. d. Zeitraum v. 1808—1882. 4 Thle. München 878—83.

Keller, v., was erhält unsre Kinder gesund? Merkblätter f. Eltern u. Erzieher schulpflicht. Kinder. (15 S.) 8. Leipzig 910. J. Wörner. — 20

Keller, X., Abschiedsworte bei d. Schlußprüfung d. Kandidatenkurses am aargau. Lehrerseminarium in Lenzburg d. 25. April 1838 an die abgeh. Zöglinge. gr. 8. (3½ B.) Baden 838. (Zürich, Höhr.) •

Keller, A., Gedichte. gr. 8. (XII, 252 S. m. dem Portr. d. Verf.) Frauenfeld 889. Huber. n. 3. 60; geb. n. 4. 40

Keller, A., s.: Notariats-Zeitschrift für Elsass-Lothringen.

Keller, A., s.: Sammlung d. in Elsaß-Lothringen gelt. Gesetze.

Keller, A. M., das Drama der Lurlochhöhle. Mit Plänen, Illustr. u. sämtl. Porträts der Eingeschlossenen. gr. 8. (24 S.) Leipzig 894. E. Wiest. —20

Keller, Adalb., s. Heinr. Ad. Keller.

St. Alphons von Liguori oder Robert Grassmann? Eine Beleuchtung d. Broschüre Grassmann's über d. Moraltheologie d. hl. Alphonsus. Von Prälat Dr. [Adam] **Keller**, Stadtpfarrer zu Wiesbaden. 9. Aufl. *Wiesbaden: G. Quiel 1901.* (48 S.) 8° [01. 5183 5

Keller, Adam, St. Alphons v. Liguori od. Robert Grassmann? Eine Beleuchtg. der Brochüre Grassmann's üb. die Moraltheologie des hl. Alphonsus. 26.—29. Aufl. gr. 8. (à 48 S.) Wiesbaden 901. G. Quiel. — 30

Keller, Adam, Handbuch der Erziehung u. des Unterrichts, s.: Kehrein.

— Myrten u. Rosen. Geistl. Wegweiser f. Eheleute. Belehrgn. u. Unterweisgn. f. christl. Eheleute nebst e. vollst. Gebet- u. Andachtsbuche. 2. Aufl. (494 S. m. farb. Titel u. Titelbild.) 11×7 cm. Saarlouis 909. F. Stein Nachf. Geb. in Leinw. 1. 20

— s.: Sammlung der bedeutendsten pädagog. Schriften aus alter u. neuer Zeit.

Keller, Adam [aus Kirch-Brombach]: Ueber gewisse Vierecke, die von Viereckspaaren abhängen. . . . (Giessen, Druck v. Wilhelm Keller, 1888; 29 S. + 1 Bl. u. 1 Taf. 8°
Giessen, Phil. Fak., Inaug.-Diss. v. 1888

Geistlicher Wegweiser für Eheleute. Unterricht f. christl. Eheleute nebst d. notwendigen Gebeten. Von Prälat Dr. [Adam] **Keller**, Stadtpfarrer zu Wiesbaden. Ausg. 1. *Saarlouis: F. Stein Nachf. 1903.* (223 S.) 8° [F.] [04. 2617

Geistlicher Wegweiser für Eheleute. Belehrungen u. Unterweisungen f. christl. Eheleute mit e. vollst. Gebet- u. Andachtsbuche. Von Prälat Dr. [Adam] **Keller**, Stadtpfarrer zu Wiesbaden. Ausg. 2. *Saarlouis: F. Stein Nachf. 1903.* (480 S.) 8° [F.] [04. 16780 5

— geistlicher Wegweiser f. Eheleute. Unterricht f. christl. Eheleute, nebst den notwend. Gebeten. Ausg. I. 2. Aufl. (184 u. 48 S. m. farb. Titel u. Titelbild.) 16. Saarlouis 906. F. Stein Nachf. —80; geb. in Leinw. 1.—

— dasselbe. Belehrungen u. Unterweisgn. f. christl. Eheleute m. e. vollständ. Gebet- u. Andachtsbuche. Ausg. II. (480 S. m. Titelbild.) 16. Ebd. 903. 1. 20; geb. in Leinw. 1. 50

Keller, Adelb. von, Anleitung zur Sammlung des schwäbischen Sprachschatzes. Tübingen 1855. 4. . . . . (D.)

Keller, Adelbert v.: Zum hundertsten Bande der Bibliothek des litterarischen Vereins in Stuttgart,
s.a. Bibliothek des litterarischen Vereins in Stuttgart, Bd. 100

ADELBERT von KELLER, Zum hundertsten Bande der Bibliothek des litterarischen Vereins in Stuttgart. Eine Denkschrift. Tübingen 1870. Gedruckt bei L. Fr. Fues. 8°.

Keller, Adelb. v., Beiträge zur Schillerlitteratur. Tübingen 859. (Stuttgart, Fischhaber.) 4. (64 S.) n. 18 ngr.

Keller, Adelb. v., Bericht über Entstehung und Fortgang des litterarischen Vereins in Stuttgart. gr. 8. (35 S.) Tübingen 882, (Moser'sche Buchh.) *

Keller, Adelberg v., s. Bibliothek des litterarischen Vereins in Stuttgart. XXI, XXIII, XXVIII—XXX, XXXIII—XXXV, XXXVIII, XL, XLIV, XLV, L, LI, LXII, LXV, LXVI, LXXVI—LXXX, LXXXVII, CII—CVI, CX, CXV, CXVIII, CXXI, CXXV, CXXXI, CXXXVI, CXL, CXLII, CXLVI, CXLIX, CLX, CLXXIII, CLXXIX, CLXXXI, CLXXXVIII.

— s. Cervantes sämmtl. Romane.

– Erzählungen aus altdeutschen Handschriften, s. Bibliothek des litterarischen Vereins in Stuttgart, Bd. 35

Keller, Adelb., altdeutsche Gedichte. gr. 8. ($15^7/_8$ B.) Tübingen 846, Fues, Verl. *

– Die Geschichten und Thaten Wilwolts von Schaumburg, s. Bibliothek des litterarischen Vereins in Stuttgart, Bd. 50

— Gesta Romanorum, das ist der Roemer tat, s. Bibliothek d. gesammt deutsch. National-Literatur, 23. Bd.

—— Gesta Romanorum, s. Gesta.

Keller, Adelb., Dyocletianus Leben von Hans von Bühel, s. Bibliothek d. gesammt. deutsch. National-Liter., 22. Bd.

– Karl Meinet, s. Bibliothek des litterarischen Vereins in Stuttgart, Bd 45

Keller, A. v. Un miracle de nostre dame d'un enfant, qui fu donne au dyable, quant il fu engendre. Univ. Tübingen 1865. 54 S. 4. Progr.

— Nachlese zur Schillerliteratur als Festgruß der Universität Tübingen zum 400. Jahrestag der Stiftung der Universität Basel herausg. Tübingen 860. (Fues' Sortbdlg.) 4. (28 S.) n. 9 ngr.

Keller, Adelb. v., Nekrolog, s. Fischer, H.

Keller, Adelbert, italiänischer Novellenschatz, s. Novellenschatz.

Keller, A., der Brodock'sche Prozeß, s. Prozeß.

– (Hrsg.), s. Sachs, Hans: Sämtliche Werke

Keller, Adelb. v., altfranzösische Sagen. 2. Aufl. 8. (VII, 399 S.) Heilbronn 876, Gebr. Henninger. *

Keller, Adelb., alte gute Schwänke, s. Schwänke.

Keller, Adalbert v., Alte gute Schwänke. Leipzig 1847. 8°. (In Dresden.)
Nach einer Stuttgarter Handschrift.

— — Dasselbe. 2. Auflage. Heilbronn 1876. 8°. (Ebd.)
P. E. Richter, Bibl. geogr. Germaniae. Lpz. 1896. S. 455.

—— alte gute Schwänke. 2. Aufl. 8. (107 S.) Ebendas. 876. *

—— s. Shakespeare's Schausp.

– ((Hrsg.), s. Spangenberg, Cyriac: Von der Musica und den Meistersängern.

—— Uhland als Dramatiker mit Benutzung seines handschriftlichen Nachlasses dargestellt. 8. (491 S.) Stuttgart 877, Cotta'sche Buchh. *

—— s. Volkslieder a. d. Bretagne.

– ((Hrsg.), s. Widmann, Georg Rudolf: Faust's Leben.

Keller, Adolf [aus Zeppernick]: Das Cystosarkoma testis ... Würzburg, P. Scheiner's Buchdr., 1892; 24 S., 1 Bl. 8.
Würzburg, Med. Fak., Inaug.-Diss. v. 1892

Keller, A., historische Formenlehre der spanischen Sprache. gr. 8. (VIII, 84 S.) Murrhardt (Württ.) 894. Selbstverlag. 2. —

[F.] Der Geisteskampf des Christentums gegen den Islam bis z. Zeit d. Kreuzzüge v. Adolf Keller. *Leipzig: Akad. Buchh. 1896.* (90 S., 1 Bl.) 1 Bd 8.

Keller, Adf., d. Geisteskampf d. Christentums gegen d. Islam bis z. Zeit d. Kreuzzüge. gr. 8. (92 S.) Leipzig. Berlin 896. Deutsche Ev. Buch- u. Traktatgesellschaft. n. 2. —

Keller, Adf., das Gerichtsverfassungs-Gesetz für das Deutsche Reich, für den prakt. Gebrauch erläutert. gr. 8. (XV, 282 S.) Lahr 877, Schauenburg. *

Keller, A., Land u. Leute in Spanien, s.: Methode Schliemann z. Erlerng. d. span. Sprache.

Keller, Adf. Altspanisches Lesebuch m. Grammatik u. Glossar. 8. (VIII, 192 S.) Lpz. 890, Brockhaus. * 4 50

— s.: Methode Schliemann z. Erlerng. d. span. Sprache.

Keller, Adf., die Schöpfungs-Frage. Gelöst v. K. (Gemeinverständlich dargestellt.) 1. u. 2. Taus. (28 S.) 8. Gross-Lichterfelde 910. J. Unverdorben & Co. — 80
148*

Eine Sinai-Fahrt. Von Adolf Keller. Mit zahlr. Abb. nach Originalaufn. u. 1 Karte. *Frauenfeld: J. Huber 1901.* (X, 170 S.) 8° [F.]

— Spanisch f. Kaufleute. E. kurzes Lehrbuch d. kastil. Umgangs- u. Geschäftssprache. M. e. Verzeichnis d. gebräuchlichsten kaufmänn. Vokabeln u. Ausdrücke. gr. 8. (VII, 188 S.) Leipzig 897. P. Spindler. n. 2. 50; geb. in Leinw. n. 3. —

Keller, A., Spanisch f. Kaufleute. Ein kurzes Lehrbuch der span. Umgangs- u. Geschäftssprache. Mit e. Verzeichnis d. gebräuchl. kaufmänn. Vokabeln u. Ausdrücke. 2., umgearb. Aufl. (VIII, 178 S.) 8. Leipzig 907. O. R. Reisland. Geb. in Leinw. 2. 80

Keller, A. Die Sprache des Venezianer Roland V⁴. Diss. Strassburg 1884. 102 S.

Keller, Adolf: Die Sprache des Venezianer Roland V⁴. Calw, Buchdruckerei von A. Oelschläger, 1884. 8. 101 S.

— Strafprozess-Ordnung für das Deutsche Reich. Für den praktischen Gebrauch erläutert. gr. 8. (XIX, 586 S.) Ebend. 877. 78. n. 11. 50

—— Strafprozess-Ordnung für das Deutsche Reich. Für den prakt. Gebrauch erläutert. 3 Lfgn. gr. 8. (XIX, 586 S.) Ebendas. 877,79. *

Keller, Adf., Strafprozess-Ordnung für das Deutsche Reich, erläutert. 2. verm. und verb. Aufl. 4 Lfgn. gr. 8. Lahr, Schauenburg. [1.—3. Lfg. (S. 1—480.) 881. à * ℳ 3.; 4. Lfg. (XX, S. 481—698.) 882. * ℳ 4.] *

— dasselbe. 2., verm. u. verb. Aufl. gr. 8. (XX, 698 S.) Ebend. 882. n. 18. —

Keller, Adolf, med. prakt., aus Birwinken (Thurgau): Aus der bakteriologischen Abteilung des Hygiene-Institutes der Universität Zürich. Abteilungsvorstand: Privatdozent Dr. W. Silberschmidt. Untersuchungen über die baktericide Wirkung des Quecksilberlichtes. (Uviol- und Quarz-Quecksilberlampe.) Dessau 1905. 66 S. 8°. [27. XI. 05.]
Zürich. Med. Diss. 1905/1906.

Keller, Adolf. Untersuchungen über die baktericide Wirkung des Quecksilberlichtes (Uviol- und Quarz-Quecksilberlampe). Diss. Med. Univ. Zürich. [Mit Figuren.] *Kopftitel:* Aus der bakteriologischen Abteilung des Hygiene-Institutes der Universität Zürich. Abteilungsvorstand: ... Dr. W[illiam] Silberschmidt. 66 S. 8. Dessau, Anhaltische Buchdr. Gutenberg, 1905.

Keller, Albert, Gedichte. 8. Siegen und Wiesbaden 842, Friedrich u. Scholz Verlagsbuchh. 1 ß

Keller, Albert v. 20 Photograv. Vom Künstler autoris. Ausg. gr. Fol. (V S. Text.) München (899). Verlagsanstalt F. Bruckmann. Geb. in Ldr. m. Goldschn. n. 60. —

Keller, Albert, von Marthalen (Ct. Zürich): Das Volksinitiativrecht nach den Schweizerischen Kantonsverfassungen. Zür. Fritschi-Zinggeler Dr. [Meyer & Zeller Verl.] 1889. 3 Bl., 135 S., 1 Bl. Thesen. 8°.
Zürich. Jur. Diss. [v. 27. Juli 1889].

Keller, Albrecht, a. Freiburg: Die Formen der Anrede im Frühneuhochdeutschen. Straßburg: K. J. Trübner 1904. (46 S.) 8° [F.] ¶[Aus: Zeitschr. f. deutsche Wortforschung.]
Freiburg i. B., Phil. Fak., Ref. Kluge, Diss. v. 12. Okt. 1904
[Geb. 17. Juni 81 Freiburg i. B.; Wohnort: Freiburg i. B.; Staatsangeh.: Baden; Vorbildung: Gymn. Freiburg i. B. Reife Juli 00; Studium: Freiburg 3, Heidelberg 2, München 1, Berlin 1, Freiburg 1 S.; Rig. 9. Juli 04.]

Keller, Albr., die Schwaben in der Geschichte des Volkshumors. (XVI, 388 S.) 8. Freiburg i/B. 907. J. Bielefeld. 8. —; geb. in Leinw. 10. —

— Deutsche Taschengrammatik. (48 S.) 16. Ebd. 910. Geb. in Leinw. 1. —

Keller, Alex. Graf v., Erfahrungen eines alten Reiters. Rathschläge für Pferdebesitzer und angehende Reiter. Reiten lernen ohne Lehrer, Behandlung junger, bösartiger, verrittener Pferde, sowie das Zureiten und Einfahren derselben und Fohlenzucht. 8. (VIII, 124 S. mit 17 Text-Illustr. und 1 Titelbild in Holzschn.) Leipzig 877, Spamer. * ℳ 3.; geb. *

KELLER, Alex., Die Liebe im Altertum. Liebesepisoden aus dem klassischen Rom nach Ovid, Tibulle, Lucréce und Properce (sol). (Uebers. von Morizeau.) Mit zahlr., z. Theil pikanten Illustr. (von Marodon). Prag 1903. 8°. (Kr. 3—, gebd. 4,80.)

— dasselbe. s.a Bibliothek, moderne.

Keller, Alex., die Liebe im Altertum. Liebes-Episoden aus dem class. Rom nach Ovid, Tibulle, Lucrée u. Properce. Illustrationen v. Marodon. Deutsch v. Morizeau. (159 S.) 8. Prag (904). A. Hynek. n. 2.50

GRIECHENLAND. — Keller, Alex, Die Liebe im alten Griechenland. (La Grèce Antique Amoureuse.) Uebersetzt von Morizeau. Illustriert von de Ballurian. (19**.) (Mk. 3—, geb. 4,60.) (L. Rosner, Wien, 1910.)

— dasselbe, s.a Bibliothek, moderne.

— die Liebe im alten Griechenland, nach Longus, Plato, Théocrit, Bion u. Moschus, Sappho u. Anacréon. Illustrationen v. Ballurian. Deutsch v. Morizeau. (185 S.) schmal 8. Prag (903). A. Hynek. n. 3.—; geb. n. 4.60

— — Die Liebe im alten Griechenland nach Longus, Plato, Théocrit, Bion u. Moschus, Sappho u. Anacréon (so!). Uebers. von Morizeau. Mit zahlr., z. Theil pikanten Illustr. (von de Ballurian). Ebd. 1903. 8°. (Eleg. gebd. Kr. 5,40.) (3 Kr. 60 H., wie neu, Vict. Eytelhuber, 1905; 4 Mk. 60 Pfg. Max Harrwitz, Berlin, 1904.)

Keller, Alfr. v., Leitfaden der Heraldik. 12. (69 S. u. Bl. m. farb. Illustr.) Berlin 891. F. Stahn. Kart. n. 10.—

Keller, Alfr. v., Leitfaden der Heraldik. (2. Aufl.) (12 S. u. Bl. 13—74 m. z. Tl. farb. Abbildgn.) kl. 8. Berlin (908). F. Stahn. Kart. 10.—

Keller, Andreas. Kurzer Abriss der Geschichte der Wirtembergischen Waldenser, hrg. von A' K'.... 8. *o. O.* 1796.

Keller, Andr., Abriß d. Gesch. d. Würtemberg. Waldenser. 8. Tübing. 798. Fues. 5 gr

— Predigten auf alle Sonn- u. Festtage d. J. über freie Texte. 4 Thle. 8. Tübing. u. Winterth. 794—96. Fues. 2 ß 18 gr

Keller, Andreas. Rede und Gebeth bey der Beerdigung des... Herrn Dekans Joh[ann] Jakob Escher, Pfarrers zu Pfäffikon. den 28. März 1827. 8. Zürich 1827.

Keller, Anton, Praktikant: Das **Causalitätsproblem** bei Malebranche und Hume. *Rastatt 1899: E. Greiser.* (19 S.) 4°
Rastatt, grossh. G, MP 1899 (654)

KELLER, Anton (Gemünd): De processibus aliquot cancrum syphil. chronicum complicantibus. (Titel nach der Urkunde)
6.3.1880 - Urk; Chr 1879/80,14
Diss.Ingolst.-Landsh.-Mchn.

Keller, Anton, aus Darmstadt: Ueber die Producte der Einwirkung der aromatischen Carbodiimide auf Orthodiamine. Uster-Zür. A. Diggelmann Dr. 1891. 82 S., 1 Bl. 8°.
Zürich, Phil. Diss. [v. 2. März 1891].

Keller, Anna, der Drachenbrunnen. Der Mann im Mond, s.: Verein f. Verbreitung guter Schriften. Bern.

Keller, Anton [app. Arzt aus Heimenkirch]: Sklerose der Aorta und secundäre Insufficienz der Aortaklappen ... München, Buchdr. v. M. Ernst, 1892; 32 S. 8.
München, Med. Fak., Inaug.-Diss. v. [22. Dez.] 1891

Keller, A[rnold]. Die schweizerischen Kriegsfahnen. Vortrag..., gehalten... [zu Bern] am 15. Februar 1897. 〈Vgl. dazu die beigehefteten Abbildungen [auf 2 Tafeln].〉 SA. 8. [Frauenfeld 1897.]

Keller, A[rnold]. Die drei Kriegerstatuen Berns Berchtold V v. Zähringen. Rudolf v. Erlach, Adrian v. Bubenberg. Ein Exkurs über die Entwicklung der kriegerischen Rüstungen in der Schweiz vom Ende des XII. bis zum Ende des XV. Jahrhunderts. Vortrag.... gehalten... [zu] Bern am 20. November 1899. 〈Mit graphischen Beilagen (3 Tafeln).〉 SA. 8. [Frauenfeld 1900.]

Keller, Arthur [pr. Arzt]: '(Aus d. Univ.-Kinderklinik zu Breslau.)' Beiträge zur Kenntnis der cyklischen Albuminurie ... Breslau, Druck d. Bresl. Gen.-Buchdr., 1896; 36 S., 1 Bl. 8.
Breslau, Med. Fak., Inaug.-Diss. v. 12. Febr. 1896

Keller, Arth., Beiträge zur Kenntnis der cyklischen Albuminurie. Diss. gr. 8. (36 S.) Breslau 896. (Schlotter.) n. —60

Keller, A., s.a Ergebnisse der Säuglingsfürsorge.

Keller, A., Ergebnisse der Säuglingsfürsorge. 1. Heft. Gr.-8°. (186 S.) K 4 80
Wien: Deuticke 1907.

— Des Kindes Ernährung, Ernährungsstörungen u. Ernährungstherapie, s.: Czerny, Ad.

Keller, Arth., s.: Festschrift zur Eröffnung des Kaiserin Auguste Victoria-Hauses.

— u. Heinr. **Reicher**, die Fürsorge f. uneheliche Kinder, s.a Ergebnisse der Säuglingsfürsorge. 2. Heft.

Die Fürsorge für uneheliche Kinder. 2 Vorträge von Prof. Dr. Arthur **Keller** in Berlin u. Prof. Dr. Heinrich Reicher in Wien. Leipzig & Wien: Deuticke 1906. 94 S. 8°
(Ergebnisse d. Säuglingsfürsorge. H. 2.) Ing. 6646

— Malzsuppe, e. Nahrg. f. magendarmkranke Säuglinge. Wissenschaftl. Untersuchungen u. prakt. Ernährungsversuche in der Klinik. gr. 8. (122 S. m. 28 Abb.) Jena 898. G. Fischer. n. 3.—

Keller, Arth., s.: Monatsschrift f. Kinderheilkunde.

— Kommunale Säuglingsfürsorge, s.a Ergebnisse d. Säuglingsfürsorge. 1. Heft.

Kommunale Säuglingsfürsorge. Ärztliche Erfahrungen. Von Dr. Arthur **Keller**. Leipzig & Wien: F. Deuticke 1908. (103 S.) 8°
— **Ergebnisse** d. Säuglingsfürsorge. H. 1, [1.] Ing. 448

Keller, Arthur, Dr.: Studien über Behandlung skrofulöser Kinder. *Breslau 1904: Bresl. Genoss.-Buchdr.* (39 S.) 8°
Breslau, Med. Hab.-Schr. v. 3. März 1904
(Nicht für den Austausch)

Keller, August, appr. Arzt a. Gießen: Aus d. Universitäts-Augenklinik zu Gießen. Über ringförmige Trübungen an der vorderen Linsenfläche nach Contusionsverletzungen des Auges. Gießen 1906: v. Münchow. (30 S.) 8°
Gießen, Med. Fak., Ref. Vossius, Diss. v. 15. März 1906
[Geb. 30. Mai 81 Gießen; Wohnort: Gießen; Staatsangeh.: Hessen; Vorbildung: Gymn. Gießen Reife O. 00; Studium: Gießen 4, München 1, Gießen 5 S.; Coll. 23. Febr 06; Approb. 7. Okt. 05.]

Keller, Augustin (Hrsg.), s. Actenstücke, Glossen u. Noten z.d. Dokumentensammlung : "In rei memoriam".

Keller, Augustin, Anleitung zum katechetischen Unterrichte, verbunden mit einem sprachlichen Lesebuche f. die verschied. Stufen der Volksschule. 2 Bde. gr. 8. (1. Bd. XII u. 348 S. 2. Bd. XX u. 336 S.) Aarau 850, Sauerländer. 2 ß

Keller, Augustin, über Aufhebung u. Ausweisung des Jesuitenordens in der Schweiz. Vortrag d. aargauischen Ehrengesandtschaft auf der eidgenöss. Tagsatzung zu Luzern am 19. Aug. 1844. gr. 12. (2⅚ B.) Aarau 844, Sauerländers Sort.-Bh. Thlr. *

[Keller, Augustin.] Die Aufhebung der Aargauischen Klöster. Eine Denkschrift an die hohen Eidgenössischen Stände. (Aarau im März 1841.) 4. (Aarau.)

Keller. A[ugustin]. Johannes Konrad von Auw (1796[–1854]), gewesener Pfarrer in Wohlenswil. Ein Denkmal der Freundschaft auf das Grab des Verewigten. 8. Aarau 1854.

Keller, Aug. Bericht betreffend die Amtsenthebung des Eug. Lachat, Bischofs v. Basel. Aarau 1873. 4.

Keller, Aug. Die Briefe des Gätterlimachers über die neue Verfassung (1852). Neue A. Baden 1883.

—— s. Dößekel, Ed. Nachruf.

Keller, Aug. Die geschichtliche Entwicklung der Armenpflege im Aargau. Bern 1867.

Keller, Augustin, Eröffnungsrede an die Generalversammlung des Schweizerischen Lehrer-Vereins am 20. Aug. 1872 in Aarau. gr. 8. (17 S.) Aarau 872, Sauerländer's Verlag. — 50

— Eröffnungsrede an den aargauischen großen Rath, gehalten am 24. Jan. 1842. gr. 8. Ebend. 842. $^1/_{12}$ ℔

Keller, Augustin, Der Formalismus und der Realismus in der Volksschule. Wettingen 1853. Progr.

Keller, Dr. Aug., die kirchlich-politischen Fragen bei der eidgenöss. Bundesrevision von 1871. Aarau, H. R. Sauerländer. 1871 2. —

Keller, Augustin. Gedichte. gr. 8. (XII, 252 S. m. dem Portr. des Verf.) Frauenfeld 889, Huber. * 3 60; geb. * 4 40

Keller, Augustin, Glossen u. Noten zu der Dokumentensammlung: „In rei memoriam, Actenstücke zur Geschichte der kirchenpolitischen u. kirchlichen Kämpfe der siebenziger Jahre", hrsg. aus dem literar. Nachlass. gr. 8. (93 S.) Aarau 884. Sauerländer. n. 1. 60

(Keller. Augustin.) Joseph August Isaak (1805–[1856.- Necrolog]. Progr.) 4. (Baden 1856.)

Augustin Keller in seinen Reden und Bekenntnissen. Auf d. Centenarium s. Geburt, 10. Nov. 1805–10. Nov. 1905. Hrsg. von J. Burkart, Pfarrer in Magden. Aarau: H. R. Sauerländer & Co. (1905). (XVII, 170 S.) 8° [F.]

Keller, Augustin, in seinen Reden u. Bekenntnissen. Auf das Centenarium seiner Geburt 10. XI. 1805—10. XI. 1905 hrsg. v. J. Burkart. (XVII, 171 S. m. 1 Bildn.) 8. Aarau (906). H. R. Sauerländer & Co. n. 1. 80

Keller, A., „Land, höre das Wort des Herrn!" Predigt über Jeremia 22, 29, in der Kirche zu Degersheim gehalten am Vormittage des eidgenöss. Bettags, den 17. Septbr. 1871. gr. 8. (20 S.) St. Gallen 872, Huber und Comp. — 30

[Keller. Augustin.] Mémoire sur la suppression des couvens d'Argovie, adressé aux Etats Confédérés. (Aarau, mars 1841.) Traduit de l'allemand. 4. Delémont, (Porrentruy) 1841.

Keller, Augustin, in rei memoriam. Aktenstücke zur Geschichte der kirchenpolit. und kirchl. Kämpfe der siebenziger Jahre, gesammelt und mit Bemerkungen begleitet. gr. 8. (VIII, 492 S.) Aarau 883, Sauerländer's Verlag. *

—— die Moraltheologie des Jesuiten Pater Gury, als Lehrbuch am Priesterseminar des Bisthums Basel. 1. Aufl. 1869, und 2. Aufl. gr. 8. (VII, 380 S.) Aarau 870, Sauerländer's Verlag. 3 —
Vgl.: Keller, C. C.

Keller, A. Die Moraltheologie des Jesuiten-Pater Gury als Lehrbuch am Priesterseminar des Bisthums Basel beleuchtet von † Dr. *A. K.* 3. Ausg. Gr. in-8⁰. 380 S. Aarau, H. R. Sauerländer. 3 — 1891

Keller, August. Myrtenblätter. Originalgedichte und Vorträge zur Verlobung und Vermählung. [Mit Vignetten.] 60 S. 8. Zürich, Justus Hebsacker, [1907]. [fr. —. 75]

—— Hans Georg Nägeli. Festrede zur Einweihung seines Denkmales, gehalten zu Zürich am 16. Oktbr. 1848. Mit einer einleitenden Beschreibung des Festes selbst. 8. (38 S.) Aarau 849, Sauerländer, Vrlgsh.

— s. Schulblätter, Schweizerische.

Keller, A., Segen, Gnade, Friede. Abschiedspredigt gehalten in Degersheim am Neujahrstag 1873. 20 Stn. 8. St. Gallen, Huber & Co. 1873 —. 30

[Keller. Augustin.] Die Uebergabe von Freiburg. Ein neu schön Lied, gesetzt für 4 Männerstimmen. ([Mit] Melodie.) 8. Neumünster bei Zürich 1847.

Keller, Bruno, Referendar in Straßburg: Begriff und Schutz des Kredites im „Bürgerlichen Gesetzbuche". Straßburg i. E. 1908: M. DuMont-Schauberg. (64 S.) 8°
Heidelberg, Jur. Fak., Ref. Endemann, Diss. v. 1908
[Geb. 1. Jan. 84 Winzenheim, Kr. Colmar; Wohnort: Straßburg i. E.; Staatsangeh.: Elsaß-Lothringen; Vorbildung: Gymn. Gebweiler Reife Juli 03; Studium: Straßburg 2, Berlin 1, Kiel 1, Straßburg 3 S.; Rig. 31. Jan. 08.]

Keller, B., kirchliche Chronik der Stadt Döbeln. gr. 8. (III, 72 S. m. Abb.) Leipzig u. Döbeln 900. Leipzig, Jacobi & Zocher. Kart. m. Goldschn. n. 1. 50

Keller, B., der Prophet Daniel, f. bibelforschende Christen erklärt. (VI, 275 S.) gr. 8. Dresden (903). C. L. Ungelenk. n. 3. —; geb. in Leinw. n. 3. 80

— Parochie Döbeln, s.: Kirchengalerie, neue sächs. I.

— unser froher Mut zur Barmherzigkeitsübung in der Gegenwart. Predigt, beim ersten Gottesdienste der Vereinstage f. innere Mission in der evangel. Hofkirche zu Dresden, Montag den 18. IV. 1904 abends 6 Uhr geh. (7 S.) 8. Ebd. (904). n. — 10

Keller, B., die Offenbarung des Johannes, s.: Bibelerklärung, praktische.

Wer überwindet! Worte d. Ermutigung aus d. Offenbarung d. Johannes. Von B[runo] Keller, Pfarrer in Döbeln. Berlin: Die Wacht [1905]. (35 S.) 8° [F.]

Keller, B., das prophetische Wort. Weissagungsbücher der hl. Schrift, f. bibelforsch. Christen erklärt. 1. u. 2. Bd. 8. Dresden, C. L. Ungelenk. à n. 3. —; geb. in Leinw. à n. 3. 80
1. Der Prophet Daniel. 2. Aufl. (VI, 275 S.) (904.)
2. Die Offenbarung des Johannes. (VIII, 427 S.) (904.)

— Das prophetische Wort. Weissagungsbücher der heil. Schrift, f. bibelforsch. Christen erklärt. I. Bd. 1.—6. Lfg. 8. Dresden, C. L. Ungelenk. à Lfg. — 50
Der Prophet Daniel. 3. (durchgeseh.) Aufl. 6 Lfgn. (VIII, 275 S.) (908. 09.) 3. —; geb. in Leinw. 3. 80

Keller, Bruno Arthur, aus Leipzig: Über eine **Synthese des** Pentaphenylcyklopentans. *Leipzig 1900: Metzger & Wittig.* (20 S.) 8°
Leipzig, Phil. Diss. v. [4. Aug.] 1900

Keller, C. (II.), Geschichte und Beschreibung des National-Denkmals auf dem Niederwalde. Festschrift zur Enthüllungsfeier am 28. Septbr. 1883. gr. 8. (14 S.) Darmstadt 883, (Hoffmann.) *

Keller, C., Hauptregeln d. latein. Syntax für Quarta u. Quinta. Pr. 1893. 40 S. —.90

Keller, C. (IV.), Sylvester. Komische Oper in 3 Akten. [Text nach einer Zschokke'schen Novelle.] Musik von H. Willemsen. Textbuch. 12. (36 S.) Düsseldorf 884, F. Bagel.

Keller, C., siehe: *Tschudi, F. von.*

Keller, Carl ..., s. Keller, Karl ...

Keller, Casimir, s. Keller, Kasimir

Keller, Caspar ..., s. Keller, Kaspar ...

Keller, Chr., Lexicon Castellionaeum, oder Wörterbuch über Castellionis dialogi. 8. Frankf. a.M. 765. (Schweighauser in Basel). 6 gr.

— Lexicon Phaedrianum, oder vollständ. Wörterbuch üb. Phaedri fabulae Libr. V. 8. Frankf. a.M. 764. Andreä 5 gr.

Keller, Chr., s.: Rechenheft.

— s.: Rechenschüler, der.

Keller, Ch., der Rechenschüler, s.: Dönges, Ph.

Keller, Christian: Ueber die angebliche Verschiebung der Funkenlinien. Bonn 1906: P. Hauptmann. (37 S.) 8°
Bonn, Phil. Fak., Ref. Kayser, Diss. v. 25. Juli 1906
[Geb. 11. Sept. 81 Jakobwüllesheim, Kr. Düren; Wohnort: Cöln-Merheim; Staatsangeh.: Preußen; Vorbildung: Gymn. Düren Reife O. 02; Studium: Bonn 3, Berlin 2, Bonn 4 S.; Rig. 27. Juni 06.]

Keller, Chr[istian] Georg. D. Martin Luther über Jugenderziehung und Volksbildung. (Vortrag für die Lehrerkonferenz des Bezirks Klettgau im Mai 1906.) 44 S. 8. Basel, Kober, 1907. [fr. —.60]

Keller, Chr[istian] G[eor]g. Wie haben wir uns zu stellen zur heiligen Schrift? Vortrag gehalten im Evang. Schulverein des Kts. Schaffhausen (am 17. Dezember 1903). 47 S. 8. Schaffhausen, Joh. Bachmann, 1904.

Keller, Clemens, s. Keller, Klemens

Keller, Conrad, s. Keller, Konrad

Keller, Doris, die Hausmannskost. Ein prakt. Kochbuch der süddeutschen Küche m. 800 zuverläss. u. selbstgeprüften Rezepten sowie 365 Speisezetteln f. bürgerl. Haushaltgn. unter Mitwirkg. mehrerer Hausfrauen. 11., stark verm. Aufl. 8. (IV, 256 S.) München 893. W. Keller. n. 1. 40; geb. in Leinw. n. 2. —

Keller, Doris, d. Hausmannskost. E. prakt. Kochbuch d. süddeutschen Küche m. 800 zuverläss. u. selbstgeprüften Rezepten, sow. 365 Speisezetteln f. bürgerl. Haushaltgn. unt. Mitwirkg. mehr. Hausfrauen. Mit Koch-Notizbuch f. selbstges. Rezepte. 13. Aufl. 8. (IV, 256 S. u. 68 S. Schreibpap.) München 895. W. Keller. n. 1. 40; geb. in Leinw. n. 2. —

Keller, Doris, die Hausmannskost. Ein prakt. Kochbuch d. süddeutschen Küche m. 800 zuverläss. u. selbstgeprüften Rezepten, sowie 365 Speisezetteln f. bürgerl. Haushaltgn. unter Mitwirkg. mehrerer Hausfrauen. Mit Koch-Notizbuch f. selbstgesammelte Rezepte. 15. Aufl. 8. (IV, 256 S. u. Schreibpap.) München 899. W. Keller.
Geb. in Leinw. 2. —

Keller, Doris, die Hausmannskost. Ein prakt. Kochbuch der süddeutschen Küche m. 900 zuverläss. u. selbstgeprüften Rezepten, sowie 365 Speisezetteln f. bürgerl. Haushaltgn. unter Mitwirkg. mehrerer Hausfrauen. 16. verb. u. stark verm. Aufl. (IV, 326 S. u. Schreibpap.) 8. Stuttgart 905. Ch. Belser. Geb. in Leinw. n. 2. 50

Keller, E. Carta del cantone di Ticino. Zürich. 1 Bl. c. L. Sch.

Keller, E., die christliche Krankenpflege, s. a. Bibliothek, kleine, für innere Mission.

Keller, E., Die christliche Krankenpflege. Vortrag. »Bibliothek, Kleine, f. inn. Mission. (15 S.) Leipz. 1877. Buchh. d. Vereinsh.

— — E., neue Lieder für vierstimmigen Männerchor. op. 12. Partitur. Zürich, Gebr. Hug. —. 70
1877

— — Tonhalle-Pavillon-Marsch f. Piano. op. 13. Daselbst. Zweihändig 1. 35, Vierhändig 1. 70
1877

Keller E. Zuschneide-System für Schneider. Lehrbuch zum Selbstunterricht. (88 S) 4° Strassburg 1892

Keller, E. A., die Herrlichkeit der vollendeten Kirche Christi. Eine Kirchweihpredigt. gr. 8. (1 B.) Sulzbach 842, v. Seidel'sche Buchh.

Keller, E. F., die Drangsale des nassauischen Volkes und der angrenzenden Nachbarländer in den Zeiten des dreißigjährigen Krieges, seine Helden, Staatsmänner und andere berühmte Zeitgenossen. Ein Beitrag zur inneren Geschichte jener Zeit, nach archival. und andern Quellen bearb. gr. 8. (XX und 480 S.) Gotha 854, F. A. Perthes. *

Keller, E. F., Geschichte Nassau's von der Reformation bis zur Neuzeit. 1. Bd. A. u. d. T.: Geschichte Nassau's von der Reformation bis zum Anfang des 30jährigen Krieges. gr. 8. (XXVIII und 648 S.) Wiesbaden 864, Limbarth. *

—— Predigt über den vorgeschriebenen Text Psalm 68, 21 nach Wiederherstellung des Friedens am 11. Novbr. 1866 gehalten. gr. 8. (8 S.) Wiesbaden 867, Limbarth. *

Keller, E. O., de Peerlotterie! En lustig Stückchen von Oll Bohlmann ut groot Zimpelhoagen. Plattdütsch vertellt. 16. (31 S.) Pyritz 874, Backe. * — 30

Keller, E. Th., über Jünglingsvereine und Herbergen zur Heimath. Vortrag gehalten in Zittau am 15. Novbr. 1871. gr. 8. (20 S.) Löbau 872. (Dresden, Schönfeld's Verlag.) ** — 25

Keller, Ed. v., Erfahrungen u. Ansichten prakt. Landwirthe, s. Erfahrungen.

Keller, Ed. Graf v., über d. Vortheile u. Fehler beim Kartoffelbau, s. Kleemann, C.

Keller, Ed., Werner, oder: Das Opfer des Pietismus. Romantisches Lebensgemälde aus der Zeit. 2 Thle. 8. (IV und 595 S.) Oschatz 849, Oldecop's Erben.

Keller, Eduard

Keller, Ed., Anleitg. f. d. Quartiermacher (Quartiermacher-Instruktion). 2. Aufl. 12. (24 S.) Nürnberg 895. F. Büching's Sort. n. — 40

Keller, Eduard, Anleitung f. den Quartiermacher. (Sammlung der wichtigsten einschl. Vorschriften.) Neu bearb. v. Casimir Keller. 8. Aufl. (V, 39 S.) kl. 8. München 905. J. Lindauer. n. — 80; kart. n. 1. —

Keller, Eduard *Ludwig Paul* [pr. Arzt u. Assistenzarzt d. Landirrenanst. zu Eberswalde]: Ein Beitrag zur pathologischen Anatomie der Idiotie. . . . Berlin, Buchdr. v. G. Schade, *1890*; 31 S. 8°
Berlin, Med. Fak., Inaug.-Diss. v. 6. Sept. 1890

Keller, Eduard, prakt. Arzt in Uster (Cant. Zürich) [von Siggingen, Kt. Aargau]: Beiträge zur Casuistik und Theorie der Missbildungen (Anencephalie mit Zwerchfellshernie und Acardie)'. Mit einer Tafel. Zür. Orell Füssli Cie Dr. 1886. 50 S., 1 Taf. 8°.
Zürich, Med. Diss. [v. 23. Juli 1886].

Keller, Ed., der Hohenstaufen und seine Fernsicht, historisch und topographisch bearb. 12. (IV und 160 S. mit 1 lithogr. Panorama in qu. Imp.-Fol. und 1 lithogr. Ansicht von Hohenstaufen.) Göppingen 860. (Stuttgart, Lindemann.) *

Keller, Eduard. Hohentwiel und seine Umgebungen nah' und ferne. Historisch und topographisch in populärer Manier bearbeitet. Mit einem Plan der Festung. 8. Engen 1847.

Keller, E. Hohentwiel u. seine Umgebungen nah u. ferne. Mit 1 Bl. Engen 1847. 196 S.

Keller, Eduard [Übers.]
s. Smollet, Tobias George: Humoristische Romane. 1839-41.

Keller, Ed., f. Smollett, ausgewählte humor. Romane.

Keller, Ed., und Wilh. Niedermann, die schweizerischen Vereine für Bildungszwecke im J. 1871. Nach dem von H. Kinkelin in Basel gesammelten Material im Auftrage des eidgenöss. Departement des Innern bearb. (Deutsch und französisch.) gr. 4. (XLII, 229 S.) Basel 877, Georg. *

Keller, Edward, von Wisconsin V. St. A.: Ueber die Einwirkung des Chlorkohlenoxyds auf Amine von complicirterer Zusammensetzung. Zür. Zürcher u. Furrer Dr. 1881. 42 S. 8°.
Zürich, Phil. Diss. [v. 20. Dec. 1881].

Keller, Chr. Fr., († d. 4. Jan. 1797.), s. 1) Licht, das aus d. Finsterniß rc. 2) C. v. Pistoi, Mechanismus. 3) Wallerius, Betrachte.

Keller, El[ias]. Thomas Bornhauser und Die Verfassungsänderung im Thurgau vom Jahre 1830—31. 8. Weinfelden 1894.

Keller, Emil, s.: Barsegapè, Pietro da, Reimpredigt.

Keller, Emil [prakt. Arzt in Küsnacht]: Beitrag zur Casuistik des Exophthalmus pulsans. Zürich 1898. 208 S. 1 Tab. 8°.
Zürich. Med. Diss. 1898/99.

Keller, Emil [app. Arzt aus Darmstadt]: Beitrag zur Kenntniss der pathologischen Anatomie der perforierenden Schussverletzungen des Auges ... Darmstadt, J. C. Herbert'sche Hofbuchdr., 1895; 26 S., 1 Taf. 8.
Jena, Med. Fak., Inaug.-Diss. v. [25. Apr.] 1895

Keller, Emil [prakt. Arzt in Steckborn]: Beiträge zur Lehre von der Lumbalpunktion. Zürich 1901. 53 S. 2 Taf. 8°.
Zürich. Med. Diss. 1900/1901.

Keller, Ltnt. Emil, Erinnerungsblatt für d. Bataillon Nr. 11 (Graf). Seine Märsche, Kantonnemente etc. während der eidgen. Grenzbesetzung 1871. Vom Offiziers-Corps des Bataillons den Unteroffizieren und Soldaten gewidmet. 8 Stn. 8. Zürich, Druck v. Orell, Füssli & Co. 1871

Keller, Emil, Kirche, Staat und Freiheit oder die Encyclica vom 8. Decbr. 1864 und die Principien von 1789. Vom Verf. autoris. deutsche Uebersetzung nach der 2. Aufl. des Orig. gr. 8. (VIII und 344 S.) Mainz 866, Kirchheim.

Keller, Emil [aus Weinfelden]: Die Reimpredigt des Pietro da Barsegapè. Kritischer Text mit Einleitung, Grammatik und Glossar. [Mit einer Tafel.] Frauenfeld 1901. 97 S. 4°.
Zürich. Phil. Diss. I. S. 1901/1902.

Keller, Emil. Die Reimpredigt des Pietro da Barsegapè. Kritischer Text mit Einleitung, Grammatik und Glossar hrg. [Mit 1 farbigen Tafel.] VIII + 96 S. 4. Frauenfeld, Huber & Co., 1901. [fr. 2.—]
Programm der Thurgauischen Kantonsschule [in Frauenfeld]. Bericht über das Schuljahr 1900/1901. (Beilage.) Frauenfeld 1901.

Keller, Emil. Die Sprache der Reimpredigt des Pietro da Barsegapè. VIII + 63 S. 4. Frauenfeld, Huber & Co., 1896. [fr. 2.—]
Programm der Thurgauischen Kantonsschule [in Frauenfeld]. Bericht über das Schuljahr 1895/96. (Beilage.) Frauenfeld 1896.

Keller, Emil, zur italienischen Syntax, s.a. Aus romanischen Sprachen u. Literaturen.

Keller, Emil. Zur italienischen Syntax, von E' K' [Frauenfeld]. Sonderabdruck aus: «Aus romanischen Sprachen und Literaturen», Festgabe für Heinrich Morf. II + 24 S. 8. Halle a. d. S., Max Niemeyer, 1905. [M. —. 80]

Keller, Emil Max [aus Washington]: Über Stäbchenplessimeterpercussion. . . . Würzburg, J. M. Richter's Buchdr., 1888; 22 S. 8°
Würzburg, Med. Fak., Inaug.-Diss. v. 1888

Keller, [Emile]. Discours prononcé par M. K', député au Corps législatif, au sujet de la question de Rome dans la discussion de l'adresse. Précédé d'une notice. 8. Fribourg 1861.

Keller, Engelhardt: Der Wein überhaupt und der Frankenwein insbesondere als Heilmittel betrachtet. Würzburg 1838: Zürn. 24 S. Würzburg, Med. Diss. 1838 -- 7°

Keller, Enr., Grammatica della lingua Tedesca. IV et 208 pp. in-8. Zurigo, C. Schmidt. 1874 **2. 50**

Keller, Erich, Alexander d. Gr. nach der Schlacht bei Issos bis zu seiner Rückkehr aus Aegypten, s.a. Studien, histor. 48.

Keller, Erich, aus Neubrandenburg i. M.: Alexander der Große nach der Schlacht bei Issos bis zu seiner Rückkehr aus Aegypten. (Kap. 1—4.) *(Berlin 1904: E. Ebering.)* (42 S.) 8° ¶ (Erscheint vollst. als: Hist. Studien, H. 48.)
Berlin, Phil. Diss. v. 13. Aug. 1904

Alexander der Große nach der Schlacht bei Issos bis zu seiner Rückkehr aus Aegypten. Von Dr. Erich **Keller**. *Berlin: E. Ebering 1904.* (75 S.) 8°.
— **Studien**, Historische. H. 48. [04. 15549 2

Erich **Keller**. Gedichte. (Oppeln: H. Muschner in Komm. 1908.) (30 gezählte Bl.) 8° [F.] [08. 11805

Keller, Ernst (II.), der Angerhof. Volksstück mit Gesang in 3 Acten. gr. 8. (37 S.) Pyritz 877. (Leipzig, C. A. Koch's Verlag.) *

Keller, Ernst (I.), Auswahl der schönsten Märchen und Sagen, Fabeln und Parabeln. Für Knaben und Mädchen. 1. und 2. Aufl. 8. (VIII und 280 S. mit 1 Holzschn.) Berlin 852, Hempel. *

Keller, Ernst, Crischon Ballermann, Garde-Landwehrmann von't Stettiner Batteljohn. Plattdütsche Vertellzels ut'n franzö'schen Krieg. 8. (III, 82 S.) Stettin 872, Dannenberg. * 1 —

Keller, Ernst Schillers Besuch in Schwaben 1793—94 und das Gedicht: „Die Ideale". 4 (S. 61—96).
In: Festschrift der Badischen G. zur Feier des 500jähr. Jubil. der Univ. Heidelberg. *Karlsruhe* 1886.
Progr.

Keller, Ernst, Björnstjerne Björnson: Ueber unsere Kraft. I. u. II. Tl. gr. 8. Freiburg i/B. 903. G. Ragoczy. à n. — 75; in 1 od. in 2 Tle. geh. n. 1. 50
I. (1883.) Zum 70. Geburtstage des Dichters 8. XII. 1902. (42 S.) — II. (1895.) (S. 43—85.)

—— de Pommersche Landwehrmann Crischon in'n französischen Krieg. Plattdütsche Schosen. gr. 16. (24 S.) Stettin. (Ebendas.) 871.

Keller, Ernst, s.: Diesterweg's deutsche Schulausgaben.

— s.: Diesterweg's deutsche Volksausgaben.

Keller, Ernst, die Erziehung als Kunst auf wissenschaftlicher Grundlage. Vortrag, geh. auf dem 2. Verbandstag der Vereine akademisch gebildeter Lehrer in Eisenach am 18. IV. 1906. (24 S.) Lex.-8. Leipzig 906. B. G. Teubner. n. — 80
Sonderabdruck aus: „Neue Jahrbb. f. Pädagogik".

Keller, E., Erziehung zur Vaterlandsliebe, s.a. Schriften, jungliberale, 1. Heft.

Erziehung zur Vaterlandsliebe. Vortrag, geh. zu Frankfurt a. M. von E[rnst] Keller. Frankfurt a. M.: Grieser 1905. 24 S. 8°
(Jungliberale Schriften. No 1.) A 12 5582

Keller, Ernst (I.). Großherzog Friedrich v. Baden. Ein Lebensbild e. deutschen Fürsten u. Mannes. Festschrift zur Jubelfeier der 40jähr. Regierg. gr. 8. (III, 198 S. m. 1 Lichtdr.-Bildnis.) Karlsruhe 892, Braun. * 1 —

— Gabelsberger u. sein Werk, s.: Zeitfragen, stenograph. 2. Heft.

Keller, Ernst: Eene Herren-Parthie v. Gesangverein Stimmgabel, s. Werthmann's Sammlg. billiger Volksbücher.

Keller, Ernst Johann Kaspar Schillers Jugend und militärische Dienstjahre. Ein Beitrag zur Geschichte der geistigen Entwicklung Friedrich Schillers. 30 S. Progr. G. *Freiburg Br.* 1885.

Keller, Ernst, der deutsch-französische Krieg 1870/71. Festschrift z. 25jähr. Jubelfeier d. Einigg. Deutschlands. Für uns. Jugend u. uns. Volk dargest. M. vielen Abb., Vollbild. u. d. doppelseit. Bilde v. Werners: „D. Kaiserproklamation in Versailles", sowie e. Karte d. Kriegsschauplatzes. gr. 8. (IV, 104 S.) Emmendingen 895. Emmendinger Druck- u. Verlagsgesellschaft vorm. Dölter. n. — 50

—— Lehrbuch f. den erzählenden Geschichts-Unterricht an Mittelschulen. gr. 8. (VIII, 341 S. m. 3 Abbildgn.) Freib. i. B. 891. Wagner. * 2 80

— Lehrbuch f. den erzähl. Geschichts-Unterricht an höh. Schulen. 2., durchgeseh. Aufl. M. e. Anh., e. Fürstentafel, d. deutsche u. d. bad. Verfassg. (im Auszug) u. e. Quellen-Nachweis enth. gr. 8. (VII, 340 S.) Freiburg i/B. 895. F. Wagner. n. 2. 60; Einbd. n.n. — 40

Keller, Ernst, Lehrbuch f. d. Geschichts-Unterricht an höh. Schulen. 3. durchgeseh. Aufl. Mit e. Anh., enth.: A. Kaiser- u. Fürstentafel, B. (im Auszug) I. die Verfassg. des deutschen Reiches, II. die preuß. Verfassg., III. die bad. Verfassg., IV. die Arbeiterversicherg., C. Quellen-Nachweis. gr. 8. (VII, 326 S.) Freiburg i/B. 900. F. Wagner. n. 2. 60; geb. n.n. 3. —

— Lehrbuch f. den Geschichts-Unterricht an höh. Schulen. 3. durchgeseh. Aufl. Mit e. Anh., enth. A.: Kaiser- u. Fürstentaf. B. (im Auszug) I. die Verfassg. d. Deutschen Reiches, II. die preuß. Verfassg., IV. die Arbeiterversicherg., C. Quellen-Nachweis. (VII, 326 S.) 8. Freiburg i/B. 901. Frankfurt a/M., M. Diesterweg. 2. 60

— Lehrbuch für den Geschichts-Unterricht an höheren Mädchenschulen. 4. Aufl. Neubearbeitung in 4 Tln. auf Grund der Bestimmgn. üb. die Neuordng. d. höh. Mädchenschulwesens vom 18. VIII. u. 12. XII. 1908. 8. Frankfurt a/M., M. Diesterweg. Geb. in Leinw. 7. 40
1. Griechische u. röm. Geschichte. Mit 10 Abbildgn. u. 5 Karten. (VIII, 120 u. 8 S.) 909. Geb. 1. 60
2. Geschichte des Mittelalters. (IV, 149 S. m. 20 Abbildgn. u. 4 farb. Karten.) 910. Geb. 1. 80
3. Geschichte der Neuzeit. (III, 136 u. 10 S. m. 19 Abbild. u. 3 farb. Karten.) 910. Geb. 1. 80
4. Geschichte der neuesten Zeit. (IV, 175 u. 12 S. m. 20 Abb. u. 4 farb. Karten.) 910. Geb. 2. 20

— Deutsches Lesebuch, s.: Heydtmann, Johs.

Keller, Ernst, Bruno Stehle u. Aug. Thorbecke, Deutsches Lesebuch f. höh. Mädchenschulen. 1. Tl. (2. u. 3. Schulj.) Bearb. v. Bruno Stehle. gr. 8. (XII, 219 S.) Leipzig 898. G. Freytag. Geb. in Leinw. n. 2. —

— Bruno Stehle u. Aug. Thorbecke, deutsches Lesebuch f. höhere Mädchenschulen. 2.—4. Tl. gr. 8. Leipzig, G. Freytag. Geb. in Leinw. n. 11. —
2. (4. u. 5. Schulj.) Bearb. v. Ernst Keller. (XVI, 376 S.) 899. n. 3. —
3. (6. u. 7. Schulj.) Bearb. v. Rud. Lippert. (XVI, 384 S.) 899. n. 3. —
4. (8., 9. u. 10. Schulj.) Bearb. v. Aug. Thorbecke. (XVI, 536 S.) 900. n. 5. —

— Bruno Stehle u. Aug. Thorbecke, deutsches Lesebuch f. höhere Mädchenschulen. I.—III. Tl. 2. Aufl. 8. Leipzig, G. Freytag. Geb. in Leinw. n. 8. 20
I. (2. u. 3. Schulj.) Bearb. v. Bruno Stehle. (XII, 219 S.) 904. n. 2. 20
II. (4. u. 5. Schulj.) Bearb. v. Ernst Keller. (XVIII, 346 S.) 904. n. 3. —
III. (6. u. 7. Schulj.) Bearb. v. Rud. Lippert. (XIV, 354 S.) 904. n. 3. —

— Bruno Stehle u. Aug. Thorbecke, deutsches Lesebuch f. höhere Mädchenschulen. I.—III. Tl. u. IV. Tl. 2 Abtlgn. 8. Leipzig, G. Freytag. — Wien, F. Tempsky. Geb. in Leinw. 15. 10
I. (2. u. 3. Schulj.) Bearb. v. Bruno Stehle. 3. Aufl. (XII, 219 S.) 908. Geb. 2. 50
II. (4. u. 5. Schulj.) Bearb. v. Ernst Keller. 3., umgearb. Aufl. (336 S.) 908. Geb. 3. 20
III. (6. u. 7. Schulj.) Bearb. v. Rud. Lippert. 3., umgearb. Aufl. (400 S.) 908. Geb. 3. 60
IV, 1. (8. Schulj.) Bearb. v. Aug. Thorbecke. 2. Aufl. (156 S.) 908. Geb. 2. —
IV, 2. (9. u. 10. Schulj.) Bearb. v. Aug. Thorbecke. 2. Aufl. (412 S.) 910. Geb. 3. 80

Keller, Ernst, s.: Monatsblätter f. Betreibungs- u. Konkursrecht.

Keller, Ernst, Mustersammlung deutscher Gedichte. Für Schule und Haus. Gesammelt und methodisch zusammengestellt. 8. (VIII und 184 S.) Berlin 851, Hempel. Thlr. *

Keller, Ernst, Mustersammlung deutscher Gedichte. Für Schule u. Haus. Gesammelt u. methodisch zusammengestellt. 2. verm. u. verb. Aufl. Berlin 856. Hempel. 8. (160 S.) n. 5 ngr.

Keller, Ernst, Mustersammlung deutscher Gedichte. Für Schule und Haus. Gesammelt und methodisch zusammengestellt. 3., verm. und verb. Aufl. 1859. und 4. Aufl. 8. (160 S.) Berlin 861, Hempel. *

Keller, Ernst, Mustersammlung deutscher Gedichte. Für Schule und Haus. Gesammelt und methodisch zusammengestellt. 5.—8. Aufl. 8. (160 S.) Berlin 863—68, Hempel. *

—— Mustersammlung deutscher Gedichte. Für Schule und Haus. 9. und 10. Aufl. 1869,71. * 50 Pf.; 11. und 12. Aufl. 8. (160 S.) Berlin 873,74, Hempel. * — 60

Keller, Ernst (I.), Mustersammlung deutscher Gedichte. Für Schule und Haus. Gesammelt und methodisch zusammengestellt. 13.—15. Aufl. 8. (160 S.) Berlin 874—77, Hempel. * cart. *

Keller, Ernst, Mustersammlung deutscher Gedichte. Für Schule und Haus. Gesammelt und method. zusammengestellt. 16. und 17. Aufl. Nach der für Schulen amtl. bestimmten Rechtschreibung. 8. (160 S.) Berlin 881,83, Hempel. * geb. *

Keller, Ernst, Mustersammlung deutscher Gedichte. Für Schule und Haus. Gesammelt und method. zusammengestellt. 18. Aufl. 8. (160 S.) Berlin 886, [Hempel.] Dümmler's Verlagsh. * — 60

Keller, Ernst (I.). Mustersammlung Deutscher Gedichte. Für Schule u. Haus. Gesammelt u. methodisch zusammengestellt. 19. Aufl. Nach der neuen amtlichen Schul-Rechtschreibung. 8. (160 S.) Berl. 890, Dümmler's Verlagsbuchh. * — 60; geb. * — 80

[F.] Mustersammlung Deutscher Gedichte. F. Schule u. Haus. Ges. u. method. zsgest. v. Ernst Keller. 20. Aufl. (Nach d. amtl. Schul-Rechtschreibg.) *Berlin: F. Dümmler (1896).* (160 S.) 1 Bd 8. [96. 1894

— Mustersammlung deutscher Gedichte. Für Schule u. Haus. Gesammelt u. methodisch zusammengestellt. 21. Aufl. 8. (160 S.) Berlin 902. F. Dümmler's Verl. n. — 60; geb. n. — 80

— Mustersammlung deutscher Gedichte. Für Schule u. Haus. Gesammelt u. method. zusammengestellt. 22. Aufl. Nach der amtl. Rechtschreibg. (160 S.) 8. Berlin 909. F. Dümmler's Verl. — 60; geb. n — 85

— dasselbe, s.: Dümmler.

Keller, Ernst (II.), Paris. Ein Handbuch und Führer für Fremde, mit besond. Rücksicht für die Besucher der Industrie-Ausstellung von 1855. 8. (125 S. mit Plan und Abbildungen auf 25 Stahlt. in 8. und qu. 4.) Leipzig 855, Payne. Thlr. *

—— der Rausch des Küsters oder Unkel Bräsig in dusend Aengsten. Genrebild mit Gesang in 2 Akten, nach Reuter in mecklenburger Mundart. 8. (39 S.) Pyritz 878. (Ebendas.) *

Keller, Ernst. «Soziale Rechtshülfe» von Bezirksrichter E' K', Zürich. Separatabdruck aus der Neuen Zürcher Zeitung [1906, №. 191 u. 192, Juli 12 u. 13.] 18 S. 8. [Zürich, Buchdr. der N' Z' Z', 1906.]

Keller, Ernst, „S“ od. „Z“? Schauspiel in 5 Aufzügen. Nach d. Holl. d. Just. van Maurik jr. (V. Verf. autor. Uebersetzg.) gr. 8. (III, 103 S.) Frankfurt a/M. (885), Gebr. Knauer. n. 2. —

— Eene Turnerfoahrt m. Hinnernissen, s.a. Werthmann's Samml. billiger Volksbücher.

Keller, Ernst, Eene Turnerfoohrt m. Hinnernissen, Plattdütsch vertellt, Berlin, 16 S., 16°.

Keller, Ernst [aus Wald (Kt. Zürich)]: Über das 4'-Oxy-a Naphtoflavon und das 3'-Methoxy-4'-Aethoxy-a Napthoflavon. Bern 1899. 53 S. 8°.
Bern. Phil. Diss. 1899/1900.

Keller, Ernst Friedr., Daniel Müller, e. merkwürd. religiöser Schwärmer d. 18. Jahrh. (Mit Müllers Schattenriss.) A. d. „Zeitschr. f. d. histor. Theologie“ abgedr. gr. 8. (5½ B.) Leipzig 834, Barth.

Keller, Ernst Urban

Keller, E. Urb., Gegen den Aberglauben. 512 S. Stutg. 1786. 8°.

Keller, E. Ub., gegen den Aberglauben. 8. Stuttgart, Metzler. 787.

— Grab des Aberglaubens, s.a. Grab.

(E. Urb. Keller's) Grab d. Aberglaubens. 1-4e S. *Frkf., Lpz.* u. *Stuttg.*, Metzler. (775-78.) 2e A. in 2 Samml. 785. 5-6e S. 786. 8° 3 ß

Keller, Eug., Einführung in das Studium der Kriegsgeschichte. gr. 8. (38 S.) München 874, Th. Ackermann. * — 75

Keller, Eug., über Nitrophtalanile. Inaugural-Dissertation. gr. 8. (27 S.) Tübingen 880. (Fues.) n. — 60

— — über die Pflege der Heeresgeschichte bei den Truppen. Augsburg 1885. 16 S.

Requisition und Kontribution. Eine kriegsrechtl. Studie von Eugen Keller, Lt. d. schweiz. Artill. Frauenfeld: (J. Huber) 1898. (62 S.) 8°
= Monatschrift, Schweizerische, f. Offiz. aller Waffen. Jg. 10, No 5. 6, Beil. [96. 1897

Keller, Eug., die Zähne. Entwickelung, Beschaffenheit, Zweck, Zahnschmerz, Zahnkrankheiten, Behandlg., Plombiren, Ausziehen, künstl. Zahn-, Kiefer- u. Gaumenersatz, Zahndiätetik u. Pflege. Mit besond. Berücksicht. des Zahnens der Kinder u. der damit verbundenen allgemeinen Erscheingn. gr. 8. (47 S.) Erfurt 891. (A. Peppler.) n. — 50

Keller, F.

—— s. Opern-Gallerie.

Keller, F. A., Die Herrlichkeit der vollendeten Kirche Christi. Eine Kirchweihpredigt. Nach dem Wunsche seiner Gemeinde in den Druck gegeben. gr. 8. Sulzbach 842, v. Seidel. $\frac{1}{12}$ ß

[F.] Rheinischer Humor in gebundener und ungebundener Rede. M. vielen Orig.-Beitr. v. F. C. Keller. Bdch. 1. *Mülheim a. d. Ruhr: J. Bagel [1892].* 8. [96. 1893

Keller, F. J., die limburger Frage historisch, staats- und völkerrechtlich erörtert. Nebst einer Beleuchtung der Schrift: Denkschrift über die Verhältnisse des Herzogth. Limburg, (Frankfurt a. M. 1848) und eines Artikels des amsterdamer Handelsblad's. gr. 8. (54 S.) Aachen 849. [Leipzig,] Wengler.

Keller, Ferdinand: Die römischen Ansiedlungen in der Ostschweiz, s.a. Mittheilungen der antiquarischen Gesellschaft in Zürich.

Keller, Ferdinand. Die römischen Ansiedelungen in der Ostschweiz. 2 Abtheilungen. (Mittheil. Ant. Ges. Zürich....) 4. Zürich 1860–1864. P^q
Abtheilung 1. [Mit Figuren und 7 Tafeln.] (Mittheil..... Band 12, Heft 7.) 1860.
Abtheilung 2. [Mit 2 Tafeln.] 1864. — *In 2 Ausgaben:* *Ausg. A.* (Mittheil..... Band 15, Heft 2.) — *Ausg. B, anonym.* (Mittheil..... [Njbl.] 28.)

[Keller, Ferdinand.] Ausflug nach dem Lägernberg. [Mit 1 Figur und 2 Tafeln.] Njbl. Naturf. Ges. Zürich 1837. 4. [Zürich.] P^q

Keller, Ferdinand. Ausgrabungen auf dem Uetliberg, auf dem Lindenhof in Zürich...: Graböffnungen zu Russikon, beim Kloster Dänikon, bei... Thalweil und Birmenstorf. Die ältesten Waffen von Stein und Erz. [Mit Abbildungen und 2 Tafeln.] (Mittheil. Ant. Ges. Zürich....) 4. (Zürich 1839.) P^q
Ausg. A. (Mittheil..... [Band 1. Heft] 3.)
Ausg. B. Mittheil..... [Njbl.] 3. — *Anonym und ohne Titel.*

Keller, Ferdinand. Bauriss des Klosters St. Gallen vom Jahr 820 im Facsimile herausgegeben und erläutert. Zürich. 4°.

Keller, Ferd., Bauriss des Klosters S. Gallen vom Jahr 820. Im Facsimile hrsg. u. erläutert. gr. 4. (5½ B. Text u. 1 Plan.) Zürich 844, Meyer u. Zeller. *

Keller, Ferd. Bauriss des Klosters St. Gallen vom Jahr 820. Zürich 1854. 4.

Keller, Ferdinand. Beilage zur Archäologischen (*Umschlag: Archäologische) Karte der Ost-Schweiz. [Mit 2 Tafeln und Karte.] 4. Zürich 1873 (*Umschlag: 1874).

Keller, Ferdinand. Allgemeine Bemerkungen über die Heidengräber in der Schweiz. [Mit Abbildungen und 5 Tafeln.] (Mittheil. Ant. Ges. Zürich....) 4. (Zürich.) P^q
Ausg. A. (Mittheil..... Band 3. Heft 5. 1846.)
Ausg. B. (Mittheil..... [Njbl.] 11. 1847.)

(Keller, F[erdinand].) Einige Bemerkungen über die Flugschrift des Herrn [Johannes] Aeppli, Lehrer von Obermeilen, betreffend die Entdeckung der Pfahlbauten daselbst. 8. Zürich 1870.

[Keller, Ferdinand.] Bemerkungen über die Karren oder Schratten (romanisch Lapias) in den Kalkgebirgen ([insbesondere] der Schweiz). [Mit Figuren und 1 Tafel.] Njbl. Naturf. Ges. Zürich 1840. 4. [Zürich.]

Keller, Ferdinand. [1.] Nachträgliche Bemerkungen über die Bauart des Grossmünsters in Zürich. Von F' K'.... – [2.] Notizen über das Stift zum Grossmünster vor der Reformation. Von [Anton] S[alomon] Vögelin, Sohn.... [Mit 6 Tafeln.] (Mittheil. Ant. Ges. Zürich. Band 2, Heft 14.) 4. (Zürich [1843].) P^q

[Keller, Ferdinand.] Bemerkungen über die Wetterlöcher und natürlichen Eisgrotten in den Schweizeralpen. Auf Anordnung der naturforschenden Gesellschaft in Zürich gedruckt. ([Mit Figuren und 1 Tafel. Sep.-Ausg. von: Njbl. Naturf. Ges. Zürich 1839; mit] Nachschrift.) 8. [Zürich] 1839.

Keller, Ferdinand. Benedictiones ad mensas Ekkehardi (IV.) monachi Sangallensis: Doctordiplom des Magister Felix Hemmerlin von Zürich: Goldschmuck und christliche Symbole gefunden zu Lunnern im Kanton Zürich. [Mit 2 Tafeln.] (Mittheil. Ant. Ges. Zürich. Band 3, Heft 6.) 4. (Zürich 1847.)
A. u. d. T.: Die Ben' ad m' von Ekkehard IV. Erläutert von Dr. F' K'. ([Mit 2 Anhängen:] Das D' des M' F' Hemmerlin [und] G' und chr' S', g' zu L' im K' Z'.) Zürich 1847.

Keller, F., Beschreibung der Burgen Alt- u. Neu-Rapperswil, s.a. Mittheilungen der antiquar. Gesellschaft in Zürich, VI. Bd. 4. Hft.

Keller, Ferdinand. Beschreibung der Burgen Alt- und Neu-Rapperswil. [Mit 6 Tafeln.] (Mittheil. Ant. Ges. Zürich....) 4. (Zürich 1849.)
Ausg. A. (Mittheil..... Band 6. Heft 4.)
Ausg. B. (Mittheil..... Njbl.] 13.) — *Anonym.*

— Bilder u. Schriften in irischen Manuscripten, s.a. Mittheilungen der antiquar. Gesellschaft in Zürich, VII. Bd. 3. Hft.

Keller, Ferdinand. Bilder und Schriftzüge in den irischen Manuscripten der schweizerischen Bibliotheken, gesammelt und mit Bemerkungen hrg. von Dr. F' K'. [Mit 13 Tafeln.] (Mittheil. Ant. Ges. Zürich. Band 7, Heft 3.) 4. (Zürich 1851.)

Keller, Ferdinand s. Burckhardt, Jacob

Keller, F., helvetische Denkmäler, s.a. Mittheilungen der antiquar. Gesellschaft in Zürich.

Keller, Ferdinand. Helvetische Denkmäler. 2 [Theile]. (Mittheil. Ant. Ges. Zürich....) 4. Zürich 1869–1870.
[Theil] 1. (Castelle und Refugien.) [Mit 8 Tafeln.] (Mittheil..... Band 16, Abth. 2, Heft 3.)
[Theil] 2. Die Zeichen- oder Schalensteine der Schweiz. ([Mit Abbildungen, 5 Tafeln und 3 Anhängen:] Zeichensteine in andern Ländern. Mittheil..... Band 17. Heft 3.)

Keller, Ferd.: Der Einfall der Sarazenen in die Schweiz um die Mitte des X. Jahrh., s.a. Mittheilungen der antiquar. Gesellschaft in Zürich.

Keller, Ferdinand. Der Einfall der Sarazenen in die Schweiz um die Mitte des 10. Jahrhunderts. [Mit 1 Tafel.] Mittheil. Ant. Ges. Zürich.... 4. Zürich 1856. P^q
Ausg. A. Mittheil..... Band 11, Heft 1.
Ausg. B. Mittheil..... [Njbl.] 20. — *Anonym.*

Keller, Ferd., établissements lacustres. Résultat des recherches exécutées dans les lacs de la Suisse occidentale depuis l'année 1866 décrit par M. le Dr. V. Gross, MM. le Prof. P. A. Forel et E. de Fellenberg av. le concours de MM. le Prof. Rütimeyer, Dr. Uhlmann et Dr. Th. Studer. VII. rapport publ. p. l. Société des antiquaires de Zurich. 69, XIII et 24 pll. 4°. Zurich, Orell Füssli et Co. 1876 8. —

Keller, Ferdinand. Die römischen Gebäude bei Kloten. [Mit 4 Tafeln.] (Mittheil. Ant. Ges. Zürich....) 4. (Zürich 1838.) P^q
Ausg. A. (Mittheil..... [Band 1, Heft] 2.)
Ausg. B. (Mittheil..... [Njbl.] 2.) — *Anonym, u. d. T.:* Römische Niederlassung in Kloten.

[Keller, Ferdinand.] Geschichte der Inseln Ufenau und Lützelau im Zürichsee. ([Mit Urkunden-]Beilagen [und 3 Tafeln].) 4. [Zürich.]
Ausg. A. (Mittheil. Ant. Ges. Zürich. [Njbl.] 7.) (1843.)
Ausg B. ([Sep.-Ausg. von:] Mittheil..... [Njbl. 7.]) 1843.

Keller, Ferdinand. Die keltischen Grabhügel im Burghölzli und die Gräber auf der Forch. [Mit 3 Tafeln.] (Mittheil. Ant. Ges. Zürich. [Band 1, Heft = Njbl.] 1.) 4. (Zürich 1837.)

Keller, Ferdinand. Der Grossmünster in Zürich. [Theil] 2. Architectur *s.* Vögelin, S[alomon, und] Keller, Ferdinand. Der Grossmünster in Zürich. (Zürich 1840–1841.)

Keller, Ferdinand, und Vögelin, [Anton] S[alomon]. Der Grossmünster in Zürich. Nachträgliche Bemerkungen mit vier Kupfertafeln und zwei lithographirten Blättern, von F' K', und Historische Notizen über das Stift und die Kirche (vor der Reformation), von Professor S. V' (Sohn). [Sep.-Ausg. von: Mittheil. Ant. Ges. Zürich. Band 2, Heft 14.] 4. Zürich 1844.

– s. Inscriptiones confoederationis Helveticae Latinae. [Theil 2:] Erster Nachtrag ... Zürich 1865

Keller, Dr. Ferd., archäologische Karte der Ostschweiz, mit Erläuterungen u. 2 Tafeln Abbildungen. IX u. 32 Stn. 8. Zürich, J. Wurster & Co. 1873 8. —

[Keller, Ferdinand.] (Leben der Johanna Grey *d. i.* Lady Jane Gray.) [Mit 1 Porträt-Tafel.] Njbl. Stadtbibl. Zürich 1831. 4. [Zürich.]

Keller, Ferd. (Dr.). — Die akademische Montags-Gesellschaft ihrem Mitgliede Dr. Ferd. Keller zu seinem 81. Geburtstage 20. Dec. 1880. (Gedicht von J. J. Sprüngli, Pfarrer). In-8°, 4 S. Zürich. 1881

– Nachtrag zu den Inscriptiones confoederationis helvet. lat. von Th. Mommsen, s. Mittheilungen der antiquarischen Gesellschaft in Zürich.

— das alte Necrologium zu Reichenau, s.a. Mittheilungen der antiquar. Gesellschaft in Zürich, VI. Bd. 2. Hft.

Keller, Ferdinand. Das alte Necrologium von Reichenau. Im Facsimile hrg. und mit einem Commentar versehen von Dr. F' K'. 1. [einzige] Abtheilung. (Mittheil. Ant. Ges. Zürich. Band 6, Heft 2.) 4. (Zürich 1848.)

Keller, Ferdinand. Notice of three silver Cups, preserved in the Public Library at Zurich, presented by Bishop Jewel and other English Bishops, in the Reign of Elizabeth, to their Friends of the Reformed Church in that City. Communicated by Dr. F' K'.... [With Illustrations and 2 Plates.] 8. *s. l.* [1859].

Keller, Ferdinand (Würzburg), De obligatione correali. Diss. jur. Präs. Johann Philipp Gregel. Würzburg (F. E. Nitribitt) 21. II. 1800. 56 S. (6.30) 17663

[Keller, Ferdinand.] Das Panorama von Zürich. Schilderung der in Zürichs Umgebungen sichtbaren Gebirge, nebst Beschreibung der im Jahr 1837 ausgeführten Ersteigung des Tödiberges, mit einem Plan, und einer grossen von der Weid aus gezeichneten Alpenansicht [Panorama]. 8. Zürich [1839].

[Keller, Ferdinand.] Das Panorama (von Zürich und) vom Uetliberg, mit einer Schilderung der von diesem Standpunkte aus sichtbaren Gebirge, nebst einer ausführlichen Beschreibung der geschichtlichen und naturgeschichtlichen Merkwürdigkeiten des Uetliberges. (2. vermehrte Aufl.) [Mit 1 Panorama und illustriertem Umschlag.] 8. Zürich [1840].

Keller, F., Pfahlbauten, s.a. Mittheilungen der antiquarischen Gesellschaft in Zürich.

Keller, Ferd. Pfahlbauten. Bericht 1–6. Zürich 1854–66. 4

Keller, Ferdinand. Pfahlbauten. 2.–8. Bericht. [Mit Beiträgen zahlreicher anderer Forscher bearb.] Von Dr. F' K'. [Mit Abbildungen und Tafeln.] (Mittheil. Ant. Ges. Zurich....) 4. Zürich 1858–1879.

2. Bericht. [Mit 3 Tafeln.] (Mittheil..... Band 12. Heft 3.) [1. Ausg.] 1858: — 2. Ausg. 1858 (° *Umschlag:* 1866).

3. Bericht. [Mit Abbildungen und 7 Tafeln.] (Mittheil..... Band 13. Abth. 2, Heft 3.) 1860.

4. Bericht. [Mit Abb' und 4 Tafeln.] (Mittheil.... Band 14. Heft 1.) 1861.

5. Bericht. [Mit Abb' und 17 Tafeln.] (Mittheil..... Band 14. Heft 6.) 1863.

6. Bericht. [Mit Abb' und 17 Tafeln.] (Mittheil..... Band 15, Heft 7.) 1866.

7. Bericht. [Mit 1 Abbildung und 24 Tafeln.] (Mittheil..... Band 19, Heft 3.) 1876. — *A. u. d. T.:* Résultat des recherches exécutées dans les lacs de la Suisse occidentale depuis l'année 1866, décrit par M. le Dr. V[ictor] Gross, MM le Professeur F[rançois]-A[lphonse] Forel et Edm(und) de Fellenberg, avec le concours de MM. le Professeur [Ludwig] Rutimeyer, Dr. [Johann] Uhlmann et Dr Théoph(il) Studer. Zurich 1876.

8. Bericht. [Mit Abbildungen und 10 Tafeln.] (Mittheil..... Band 20, Abth. 1, Heft 3.) 1879.

[1. Bericht] *s.* Keller, Ferdinand. Die keltischen Pfahlbauten.... Zürich 1854; — 9. Bericht *s.* Heierli, Jacob. Pfahlbauten. Neunter Bericht. Leipzig 1888.

– Die keltischen Pfahlbauten in den Schweizerseen, s.a. Mittheilungen der antiquar. Gesellschaft in Zürich.

Keller, Ferdinand. Die keltischen Pfahlbauten in den Schweizerseen, beschrieben von Dr. F' K'. [Pfahlbauten. 1. Bericht.] 4. Zürich. P[a]

[1. Aufl. Mit 5 Tafeln.] Mittheil. Ant. Ges. Zürich. Band 9, Abth. 2, Heft 3. 1854.

2. unveränderte Aufl. ([Mit 5 Tafeln und] Erklärung der T'. Mittheil. Ant. Ges. Zürich. Band 9. Abth. 2, Heft 3.) 1865.

Keller, Ferdinand [Allemand]: Recherches sur quelques imines de la benzophénone. Genève 1900. 62 p. 8°.
Genève. Thèse sc. 1899/1900.

– s. Städtesiegel. Die Stædte- und Landes-Siegel der Schweiz. ([Serie] A.) Zürich 1853–1856

Keller, Ferdinand. Statistik der Römischen Ansiedelungen in der Ostschweiz. [Mit 15 Tafeln.] (Mittheil. Ant. Ges. Zürich. Band 15, Heft 3.) 4. Zürich 1864.

Keller, Ferd.: Die Tapete von Sitten, s.a. Mittheilungen d. antiquar. Gesellschaft in Zürich.

Keller, Ferdinand. Die Tapete, von Sitten. Ein Beitrag zur Geschichte der Xylographie, mit einigen Bemerkungen. von D[r] F' K'. [Mit Figuren und 6 Tafeln.] Mittheil. Ant. Ges. Zürich. Band 11, Heft 6. 4. Zürich 1857.

– Keltische Vesten an den Ufern des Rheins unterhalb Schaffhausen, s.a. Mittheilungen der antiquar. Gesellschaft in Zürich.

Keller, Ferdinand. Keltische Vesten an den Ufern des Rheins unterhalb Schaffhausen. [Mit 3 Tafeln.] (Mittheil. Ant. Ges. Zürich. Band 7, Heft 7.) 4. (Zürich 1853.)

– s. Vögelin, [Anton] S[alomon]. Das ehemalige Kloster Kappel ... (Zürich 1845.)

Keller, Ferdinand *s.* Vögelin, Salomon, und Keller, Ferdinand.

Keller, Ferdinand. Alt-helvetische Waffen und Geräthschaften aus der Sammlung des Herren Alt-Landammann [Carl Friedrich Ludwig] Lohner in Thun, beschrieben von F' K'. [Mit Abbildungen und 2 Tafeln.] (Mittheil. Ant. Ges. Zürich. Band 2, Heft 7 = Zeitschr. für vaterl. Alterthumsk. Zürich. [Jahrg. 1.] Heft 2.) 4. (Zürich *o. J.* [1842/43].)

Keller, Ferdinand. [1.] Die alten Wandverzierungen in dem ehemaligen Chorherrenhause genannt „im Loch" zu Zürich. (— [2.] Beschreibung der helvetischen Heidengräber und Todtenhügel, welche seit dem Jahre 1836 eröffnet worden. (Mittheil. Ant. Ges. Zürich....) 4. (Zürich 1846.)

Ausg. A. ([Mit Figuren und 7 Tafeln, sowie Beiträgen zur 2. Abhandlung von Johann] Messmer, Eduard Lutz, [Alphonse] Rion, [Auguste] Quiquerez [und Georg] Schlatter.) *54 S.* (Mittheil..... Band 3, Heft 4.)

Ausg. B. [Mit Figuren und 4 Tafeln.] *16 S.* (Mittheil..... [Njbl.] 10.) — *Anonym.*

[Keller, Ferdinand.] (Wetterlöcher oder Windhöhlen und natürliche Eisgrotten in den Alpen. [Mit Figuren und 1 Tafel.]) Njbl. Naturf. Ges. Zürich 1839. 4. [Zürich.]

Keller Fr, Ansichten von Stuttgart u Umgebung (33 Stahlst.) 4° Stuttgart

Keller, Fr., Arzneiverordnungen der Tübinger klinischen Anstalten. Eigenschaften, Wirkungsart, Anwendung, Dosirung und Verordnungsformeln der an den klin. Anstalten der Universität Tübingen gebräuchl. Arzneimittel. 12. (161 S.) Tübingen 883, Fues.
geb. und mit Schreibpap. durchsch. *

Keller, Sammlung von Hochbauten d.großherzgl bad.Eisenbahn stc. s. Eisenlohr

— fʌSammlung von Constructionen aus dem Gebiete d. Eisenbahnbaues.

Keller, Fr. Sammlung von Constructionen aus dem Gebiete des Eisenbahnbaues. Carlsruhe 1842. fol.

Keller, F: Die Tauberthal-Bahn. Carlsruhe 1870. Fol.

Keller, Fr., Verzeichniß der Werke v. Gust. Lange. gr. 8. (II, 86 S.) Berlin 891. C. Paez. n. — 50

Keller, Fr. Eduard

Keller und Petermann, Aufgaben zum Rechnen. 1. Heft: Für Elementarklassen. 8. (IV und 63 S.) Halle 850, Schmidt. **

—— —— Auflösungen zu den Aufgaben zum Rechnen. 1. Heft: Für Elementarklassen. 8. (20 S.) Halle 851, Schmidt. *

Keller, Fr. Ed., Fürst Blücher von Wahlstadt. Der Held der deutschen Freiheitskriege. Ein Lebensbild. 8. (V und 456 S.) Glogau 862, Flemming.

—— s. Bosse's, F. W., Rechenbuch.

—— der deutsche Bund, der norddeutsche Bund und insbesond. der preußische Staat. Ein Handbuch der Vaterlandskunde. 2. Bd.: Der preußische Staat. 2. umgearb. und verm. Aufl. gr. 8. (IV, 843 S.) Ebendas. 873. * 9 —

Keller, Fr. Ed., der norddeutsche Bund und insbesond. der preußische Staat. Ein Handbuch der Vaterlandskunde. 2. umgearb. und verm. Aufl. (In 10—15 Lfgn.) 1. Bd. 1.—3. Lfg. gr. 8. Berlin 870, Guttentag. [1. Lfg. (S. 1—80.) * 60 Pf.; 2. und 3. Lfg. (S. 81—300.) à * M 1,20.] * 3 —

Keller, Fr. Ed., Geschichte des preußischen Volksschulwesens. 8. Berlin 878, Keller. *

—— Geschichte des preußischen Volksschulwesens. 8. (IV, 501 S.) Berlin 873, Oppenheim. * 8 —

Keller, F. E., Handbuch der Erdbeschreibung und Staatenkunde, s. Schneider, K. F. R.

Keller, Fr. Ed., zur Heimatskunde der Provinz Westfalen. 3. revid., nach der neuen Orthographie bericht. Aufl. 8. (48 S.) Königsberg 882, Bon's Verlag. *

—— Norddeutschland in seiner Neugestaltung. Kurze Darstellung seiner natürl., socialen, polit. und topograph. Verhältnisse. 2 Abthlgn. 8. Minden 867, Volkening. [1. Abthl. (S. 1—112.) 12 Ngr., 2. Abthl. (IV und S. 113—224.) 18 Ngr.]

Keller, F. E., das deutsche Reich, der norddeutsche Bund u. insbesondere der preußische Staat. Ein Handbuch der Vaterlandskunde. 2. umgearb. u. verm. Aufl. 4. u. 5. Lfg. gr. 8. Berlin 871. Guttentag. n. 6. — (1—5: n. 9. —)
4. (1. Bd. S. 301—498.) n. 2. —. — 5. (1. Bd. XVII u. S. 498—756.) n. 4. —.
Lfg. 1—3. s.: Bd. 17. Keller, F. Ed., der norddeutsche Bund.

— dasselbe. 2. Bd. Der preuß. Staat. 2. umgearb. u. verm. Aufl. gr. 8. (IV, 843 S.) Ebend. 873. n. 9. —

— das deutsche Reich u. die deutsche Schule. Vortrag, geh. am 20. Juni 1872 im „Geselligen Lehrerverein" zu Berlin. [Aus der „Deutschen Schulztg."] gr. 8. (28 S.) Berlin 872. Oppenheim. n. — 40

— (Red.), s. Schulgesetzsammlung, Deutsche.

— (Red.), s. Schulzeitung, Deutsche.

Keller, Fr. Ed., der preußische Staat. Ein Handbuch der Vaterlandskunde. 5 Halbbde. gr. 8. (1. Bd. XI und 555 S., 2. Bd. 888 S.) Minden 863—66, Volkening. [1.—4. Halbbd. à * 25 Ngr., 5. Halbbd. * 1 Thlr.] *

Keller, Fr. Edu., Der Preuss. Staat. Ein Handbuch der Vaterlandskunde. Minden 1861—66. 2 Bde. 2. Aufl.

Keller, Franz Dr. „Ueber die Anwendung des Molybdäns in der Färberei und Druckerei". pg. 17—19. 4°. Mit einem Muster. Kranzbühler.
Speyer, Progr. 1851/52

Bevölkerungspolitik und christliche Moral. Von Franz Keller. Freiburg i. B.: Charitasverband f. d. kath. Deutschland 1905. (XII, 191 S.) 8° [F.]
los. 8340 6

Keller, Frz., Brau' börla'. Gedichte in schwäb. Mundart. 12. (150 S.) Kempten 887, Kösel'sche Buchh. M 1.—.; cart. * 1 40
geb. * 1 60

Keller, Frz. (II.), Doarahschleah v. oigene u. frende Hecka. Eine Sammlung von Gedichten in schwäb. Mundart zur Unterhaltung in Gesellen- und anderen Vereinen. 2. Aufl. 1874, und 3. Aufl. 16. (104 S.) Kempten 875, Kösel'sche Buchh. * — 80
cart. * M 1,20.; geb. * 1 40

Keller, Frz., Doaraschleah v. oigene u. frende Hecka. Eine Sammlg. v. Gedichten in schwäb. Mundart zur Unterhaltg. in Gesellen- u. andern Vereinen. 3. Aufl. 16. (104 S.) Kempten 876. Kösel. n. — 80; cart. n. 1. 20; geb. n. 1. 40

Keller, Frz., Doaraschleah von feart u. huir. Eine Sammlung von Gedichten in schwäbischer Mundart. 4., verm. Aufl. 12. (120 S.) Kempten 882. Kösel. n. — 90

Keller, Frz., Doaraschleah v. feart u. huir. Eine Sammlg. v. Gedichten in schwäb. Mundart. 5., verm. Aufl. 12. (112 S.) Kempten 891. J. Kösel. n. — 90; geb. in Halbleinw. n. 1. 30; in Leinw. n. 1. 50

Keller, Frz., Doaraschleah v. feart u. huir. Eine Sammlg. von Gedichten in schwäb. Mundart. 6. Aufl. (112 S.) kl. 8. Kempten 906. J. Kösel. n. — 90

— Duranand. Eine Sammlung von Gedichten in schwäbischer Mundart. Mit dem Bildnisse des Dichters in Lichtdr. 12. (183 S.) Ebend. 881. 1. 20; geb. in Halbleinw. n. 1. 60; in Leinw. n. 1. 80

— Duranand. Eine Sammlg. v. Gedichten in schwäb. Mundart. 2., verm. Aufl. 12. (167 S. m. 1 Bildniß in Lichtdr.) Ebd. 891. n. 1. 20; geb. in Halbleinw. n. 1. 60; in Leinw. n. 1. 80

Keller, Franz Dr. „Ueber die Entwicklung des deutschen Bürgerstandes". pg. 35—45. 4°. Georg Kranzbühler.
Speyer, Progr. 1866/67

— Erdbörln os'm Wald. Gedichte in schwäb. Mundart. 16. (151 S.) Ebend. 876. 1.—; cart. n. 1.40; geb. n. 1. 60

—— Erdbörla' os' m Wald. Gedichte in schwäb. Mundart. 2. Aufl. 12. (152 S.) Ebendas. 887. * 1 —
geb. in Halbleinw. * M 1.40.; in Leinw. * 1 60

Keller, Frz., Erdbörla 'os 'm Wald. Gedichte in schwäb. Mundart. 3. Aufl., nach d. Tode d. Verf. hrsg. u. besorgt v. Jos. Miller. 12. (XII, 136 S.) Kempten 900. J. Kösel. 1. —; geb. in Halbleinw. n. 1.40; in Leinw. 1.60

Keller, Frz., neues Fremdwörterbuch, enth. mehr als 25000 fremde Wörter, nebst Angabe d. Aussprache. In neuer Rechtschreibg. hrsg. 12. (188 S.) Styrum 895. A. Spaarmann. Kart. 1. —

[F.] Neues Fremdwörterbuch, enth. mehr als 25000 fremde Wörter nebst Angabe d. Aussprache. In neuer Rechtschreibg hrsg. v. Dr. Franz Keller. *Styrum a. d. R. & Leipzig: A. Spaarmann [1896].* (188 S.) 1 Bd 8. [96. 2429

Keller, Frz., Sämmtliche Gedichte in schwäb. Mundart. 2 Thle. 12. Kempten 898. J. Kösel. Geb. in Leinw. n. 8. 20
1. (167, 156, u. 152 S. m. Lichtdr.-Bildn.) n. 3. 80
2. (112, 150, 96 u. 116 S.) n. 4. 40

Im Geiste der heil. Elisabeth. Vorträge f. Frauen u. Mütter von Dr. Franz Keller. Dülmen: A. Laumann 1907. (118 S.) 8° [F.] [08. 9817

Keller, Frz. (I.), allgemeiner Geschäfts- und Familien-Briefsteller oder prakt. Anleitung zur Abfassung aller Arten von Briefen, Eingaben, Verträgen, Documenten, Aufsätzen rc. Ein Hülfs- und Musterbuch für Personen jedes Standes. 4. Aufl. in 6 Heften, und 5.—11. Aufl. gr. 8. (480 S.) Oberhausen 869—73, Spaarmann. à Heft 50 Pf. 3 —

Keller, Frz. (I.), allgemeiner Geschäfts- und Familien-Briefsteller rc. 12.—28. verm. und verb. Aufl. gr. 8. (480 S.) Berlin 874,75, Burmester und Stempell. [E. Mecklenburg.] geb. 2 50

Keller, Frz. (II.), allgemeiner Geschäfts- und Familienbriefsteller oder praktische Anleitung zur Abfassung aller Arten von Briefen, Eingaben, Verträgen rc. Ein Hülfs- und Musterbuch für Personen jedes Standes. 34. verm. und verb. Aufl. 6 Hefte. gr. 8. (480 S.) Berlin 877, Burmester und Stempell. à Heft 50 Pf.

—— dass. — 35. verm. und verb. Aufl. 10 Lfgn. gr. 8. (480 S.) Berlin 878, [Hohorst.] Burmester und Stempell. à Lfg. 30 Pf.

Keller, Frz. (I.), allgemeiner Geschäfts- und Familien-Briefsteller oder pract. Anleitung zur Abfassung aller Arten von Briefen, Eingaben, Verträgen, Documenten, Aufsätzen, Klagen nach den neuesten Justizgesetzen rc. mit Beigabe der neuesten Post- und Telegraphentaxen, neuen Maaße und Gewichte, Münztabelle rc. 36.—39. vollständig revid. und zeitgemäß umgearb. Aufl. gr. 8. (IV, 480 S.) Berlin 880—83, Burmester und Stempell. geb.

Allgemeiner Geschäfts- und Familien-Briefsteller oder prakt. Anleitung zur Abfassung aller Arten von Briefen, Eingaben, Verträgen mit Beigabe d. neuesten Post- u. Telegraphenbestimmungen u. s. w. von Dr. Franz Keller. 40. vollst. rev. u. umgearb. Aufl. *Berlin: A. Weichert [1900].* (488 S.) 8° [F.] [01. 678

Keller, Frz., allgem. Geschäfts- u. Familien-Briefsteller od. prakt. Anleitung zur Abfassung aller Arten v. Briefen, Eingaben, Verträgen, Dokumenten, Aufsätzen, Klagen, unter Berücksicht. des bürgerl. Gesetzbuchs m. Beigabe der neuesten Post- u. Telegraphenbestimmgn. u. Gebühren, neuen Maße u. Gewichte, Münz-Tabelle, sowie e. eingeh. Darstellg. des Wissenswertesten aus der deutschen Grammatik. Jubiläums-Ausg. Durchgesehen u. neu bearb. v. Adalb. Silbermann. (32, 237, 195 u. 54 S.) 8. Berlin (910). A. Weichert. 2.—; geb. in Leinw. 3. —

Ueber ein neues in dem Milchsafte der Wurzel von Convolvulus Scammonia L. enthaltenes Glucosid, von Dr. Franz Keller, L. P. des Naturgesch. u. L. der Chemie an der Gwrbsch. — 1857. Ebend. — S. 3—16.
Progr. Speier.

—— etle Hagabutza. Eine Sammlung von Gedichten in schwäb. Mundart. 1. und 2. Aufl. 16. (163 S.) Ebendas. 874. 1 —

— etle Hagabutza'. Eine Sammlung von Gedichten in schwäbischer Mundart. 3. Aufl. 12. (156 S.) Ebend. 881. 1. —; geb. in Halbleinw. n. 1. 40; in Leinw. n. 1. 60

— etle Hagabutza'. Eine Sammlg. v. Gedichten in schwäb. Mundart. 4. Aufl. 12. (156 S.) Ebd. 891. n. 1. —; geb. in Halbleinw. n. 1. 40; in Leinw. n. 1. 60

— d. prakt. Haussekretär. Ein Formular- u. Musterbuch aller Arten v. Briefen, Bittschriften, Gesuchen, Beschwerden, Anträgen, Reklamationen, Verträgen, gerichtl. Eingaben, Klagen u. sonst. Aufsätzen d. Geschäftslebens. 8. (160 S.) Ebd. 896. Kart. 1. —

Keller, Frz., Heubach am Rosenstein als Sommeraufenthalt. (Dargestellt in Wort u. Bild.) (Umschlag: Der Nordostgau der schwäb. Alb. 1877—1902.) (73 S. m. Abbildgn., 6 farb. Taf. u. 1 Karte.) schmal gr. 8. Heubach 903. (Tübingen, G. Schnürlen.) n. 1. 40

[F.] Himbörla'. Nachgelassene Gedichte in schwäb. Mundart v. Franz Keller, weil. Pfarrer ... in Unterroth. *Kempten: J. Kösel 1898.* (2 Bl., 116 S.) 1 Bd 8. [98. 15016

—— Hoidlbörla'. Eine Sammlg. v. Gedichten in schwäb. Mundart. 12. (96 S.) Ebd. 891. — 90; geb. in Hlbleinw. * 1 30; in Leinw. * 1 50

— Das neue Leben. Der Epheserbrief des hl. Paulus, f. gebildete Christen dargelegt. (VII, 128 S.) 8. Freiburg i/B. 907. Herder. 1. 60

Keller, Frz., die Leidensmutter. Fastenpredigten über die sieben Schmerzen der allerseligsten Jungfrau Maria. Mit mehreren Andachten zum Gedächtnisse der schmerzhaften Mutter. 8. (VII und 168 S.) Nürnberg 867, Korn'sche Buchh.

— illustr. Mäßigkeits-Katechismus, s.: Müllendorff, Karl.

Keller, Franz Dr. „Ueber eine neue Methode zur Prüfung des Bieres mit Rücksicht auf seinen Gehalt an Phosphorsäure, nebst einigen Andeutungen über die Wichtigkeit der Phosphorsäure für die Ernährung überhaupt“. pg. 23—31. 4°. Friedr. Kranzbühler.
Speyer, Progr. 1855/56

Keller, Franz Dr. „Chemische und mineralogische Mittheilungen“. pg. 25—37. 4°. Mit einem Muster. Georg Kranzbühler.
Speyer, Progr. 1859/60

— s.: Mutter, die christliche.

Keller, Franz [aus Aarau]: Ueber Perkobaltmolybdate. Bern 1904. 33 + 1 S. 8°. [6. V. 03.]
Bern. Phil. Diss. 1903/1904.

— Sonnenkraft. Der Philipperbrief des hl. Paulus, in Homilien f. denk. Christen dargelegt. (VIII, 127 S.) 8. Freiburg i/B. 910. Herder. 1.60; geb. in Leinw. 2. —

Keller, Frz., Spinoza und Leibnitz über die Freiheit des menschlichen Willens. Lex.-8. (IV und 78 S.) Erlangen 847, Enke's Vrlgsh. *

Keller, Franz (Religionslehrer) „Die Taufe Jesu durch Johannes“. (Eine exegetische Abhandlung.) pg. 3—14. 4°. W. Gärtner'sche Off. vorm. G. R. Klebsadel.
Bamberg, Progr. 1862/63

Keller, Franz Dr. „Die rothe römische Töpfer-Waare mit besonderer Rücksicht auf ihre Glasur“. Eine kunstgewerbliche Skizze. pg. 3—28. 8°. Mit 2 Abbild. Georg Kranzbühler.
Speyer, Progr. 1875/76

Keller, Frz. (I.), die rothe römische Töpfer-Waare mit besond. Rücksicht auf ihre Glasur. Eine kunstgewerbl. Skizze. gr. 8. (28 S. mit 2 eingedr. Holzschn.) Heidelberg 876, K. Groos. *

Keller F. die rote, römische Töpferware mit bes. Rücksicht auf Glasur. Heidelberg 1878

Keller, Franz. Die Verschuldung des Hochstifts Konstanz im 14. und 15. Jahrhundert. Eine finanzgeschichtliche Studie. Nach archivalischen Quellen bearbeitet. (Sonderabdruck aus dem «Freiburger Diözesan-Archiv». Band 30. ⟨Neue Folge Band 3.⟩) VIII + 104 S. 8. Freiburg im Breisgau, Herder, 1903. [M. 2. —]

Die Wirkung der Zeit in der Natur. Eine naturgeschichtliche Abhandlung als Festgabe zur Feier des 50jähr. Jubiläums des Herrn Hofrathes Dr. Georg von Jäger im Auftrage des Lehrer-Collegiums der St. A. zu Speyer verf. v. Dr. Franz Keller. — 1866. Ebend. — S. 3—24 in 8.
Progr. Speier.

Keller, Franz Josef. Jäger-Latein. Aus 120 Concurrenz-Arbeiten. Illustrirt von H. H. u. 2. Aufl. 8°. (136 S.) Ebd. 6. — · ·
1886

Keller, Franz Karl

Keller, F. K., aus der kärntischen Alpenwelt, s.a. Volksbücher, Kärtner.

Keller, Franz Karl. Aus der kärntischen Alpenwelt. Klgft., Leon, (1884). 54 S. (Kärntner Volksbücher Nr. 2.)

Keller, Franz Karl. Ein Beitrag zur Vogelschutzfrage. Vortrag. Klgft., Leon, 1877. 44 S.

Keller, F. C., Edelweiss. Eine Erzählung a. d. Bergen. 8. (112 S.) Klagenfurt, Joh. Leon sen. 72 kr. /884

Keller, Franz Karl. Die Gemse. Ein monographischer Beitrag zur Jagdzoologie. Klgft., Leon, 1885. 524 S.

Keller, F. C., die Gemse. Ein monograph. Beitrag zur Jagdzoologie. [In 12 Lfgn.] gr. 8. (VIII, 515 S. mit eingedr. Holzschn. und 2 Taf.) Klagenfurt 887, Leon sen. (à Lfg. * 75 Pf.); compl. * 10 — geb. * 12 —

– Die Helden vom Predil, s.a. Volksbücher, Kärntner.

Keller, Franz Karl. Die Helden vom Predil. Klgft., Leon, (1884). 64 S. (Kärntner Volksbücher Nr. 10.)

—— Jagden in den Pyrenäen. 8. (31 S.) Ebendas. 888. * — 60

Keller, Franz Karl. Jagden in den Pyrenäen. Klgft., Leon, (1889). 31 S.

Keller, F. C., der waldgerechte Jäger Oesterreichs. Ein Handbuch für Jäger u. Jagdfreunde. Mit besond. Berücksicht. der Jungjäger u. Prüfungs-Candidaten bearb. Mit 4 Abbildgn. im Text u. 7 Taf. über Fährten- u. Spurenkunde. 8. (386 S.) Klagenfurt 900. J. Leon sen. Geb. in Leinw. n. 6. —

Keller, F. C. Ornis Carinthiae. Die Vögel Kärntens. Vezeichniss der bis jetzt in Kärnten beobachteten Vögel, nebst Bemerkgn. üb. deren Zug, Lebensweise, locale Eigenthümlichkeiten etc. etc. Hrsg. vom naturhistor. Landesmuseum v. Kärnten. gr. 8. (V, 332 S.) Klagenf. 890, (v. Kleinmayr). * 6 —

Keller, F. C.: Rehwildkarte v. Oesterreich-Ungarn. Nach stat. Dat. zusammengest. v. –. Kl.-Qu.-Fol. Frbdk. Klagenfurt, Joh. Leon sen. 1883. 30 kr. N. b. S. 537

– Aus der Vogelwelt der kärntischen Alpen, s.a. Volksbücher, Kärntner.

Keller, Franz Karl. Aus der Vogelwelt der kärntischen Alpen. Klgft., Leon, (1884). 66 S. (Kärntner Volksbücher Nr. 8.)

Keller, Franz Karl. Wild-, Wald- u. Sumpfbilder aus Westrussland. Reise-Erinnerungen. Klgft., Leon, 1890. 117 S.

Keller, Frz. Xav., der hl. Vater Franziskus v. Assisi, Patriarch des seraphischen Ordens. Sein Leben, seine Tugenden u. seine Wunder. 8. (XII, 284 S. m. 1 Stahlst.) München u. Regensburg 893. Nationale Verlags-Anstalt. n. 2. —

[Keller, Franz Xaver I: 1772–1816.] Die Lokalität Luzerns, in wie fern sie dieser Stadt Tauglichkeit und Vorzüge giebt der Sitz der helvetischen Regierung zu werden. [Mit 1 Vignette und 1 Tabelle.] 8. (Luzern 1798.)

Keller, Franz Xaver s. [Troxler, Ignaz Paul Vital.] Stimme eines Todten.... Rapperswyl 1833.

Keller, Franz Xav[er] II [1825–1900]. Die heilige Verena, Jungfrau und Märtyrin. Ihr Leben und ihre Verehrung. Dargestellt von F' Xav. K'.... 8. Ingenbohl ... 1892.

Keller, Friedrich, Arzt: Aus d. chem. Labor. d. physiol. Inst. u. d. chir. Universitätsklin. zu Breslau. Experimentelle Beiträge zur Frage der Resorption im Dickdarm. Breslau 1909: Breslauer Genossensch.-Buchdr. 39 S. 8°
Breslau, Med. Diss. v. 26. März 1909, Ref. Hürthle
[Geb. 13. Jan. 82 Königsberg i. P.; Wohnort: Schlegel, Kr. Neurode; Staatsangeh.: Preußen; Vorbildung: König-Wilhelms-Gymn. Breslau Reife O. 00; Studium: Breslau 9 S.; Coll. 13. März 09; Approb. 20. Apr. 05.] [U 09. 555

Keller, Frdr., Beurlaubung von Industriearbeitern zur Beschäftigung in landwirtsch. Betrieben unter Mitwirkg. der sozialen Versicherungsanstalten. Ein Vorbeugungs- u. Volksheilmittel gegen Nervenkrankheiten (VI, 56 S.) 8. Leipzig 905. J. A. Barth. 1.50

Keller, Friedrich [app. Arzt aus Neuhausen]: Über einen Fall von Gallertcarcinom des Coecum ... Erlangen, k. b. Hofbuchdr. v. A. Vollrath, 1894; 18 S., 1 Bl. 8.
München, Med. Fak., Inaug.-Diss. v. 1894

Keller, Friedr., die Gold- und Silberfrage. Ein Versuch. gr. 8. (48 S.) St. Gallen 860, Scheitlin und Zollikofer. *

Keller, Friedrich August [app. Arzt aus Kemnitz, Kgr. Sachsen]: Aus d. städt. Krankenhause zu Kiel. Über Haemoglobinbestimmung des Blutes ... Kiel, Druck v. H. Fiencke, 1893; 27 S. 8.
Kiel, Med. Fak., Inaug.-Diss. v. [21. Juni] 1893

Keller, Frdr., s.: Maler, deutsche. VI.

Keller, Friedrich: Die römische Villenanlage von Val Catena auf der Insel Brioni grande bei Pola. – 1905.
Diss. Wien, TH

Keller, Friedr. Ed., der Regierungsbezirk Merseburg. Ein Handbuch für Lehrer bei dem Unterrichte in der Heimathskunde und auch für andere Freunde des Vaterlandes bearb. gr. 8. (416 S.) Magdeburg 854, Fabricius. *

—— Se. Maj. Friedrich Wilhelm IV. von Preußen von Gottes Gnaden, unser König, unser Vater. Katechisation über Psalm 21. am allerh. Geburtsfeste Sr. Maj. des Königs gehalten. 8. (16 S.) Delitzsch 852, Eißner's Buchh. *

Keller, Friedrich Eduard

Keller, Frdr. Ed., Hip, Hip, Hurrah! Führer auf d. Gewässern Deutschlands, s.a. Straube's illustr. Führer.

Hip, Hip, Hurra! Führer f. Ruderer, Segler u. Dampferbesitzer auf d. Gewässern Deutschlands. Bearb. v. Friedr. Eduard **Keller** ... M. 9 Straube'schen Spezialkt. *Berlin: J. Straube 1897.* (XVI, 352 S., 9 Kt.) 1 Bd 8.
= **Führer**, Straube's Illustrierte. Bd 2. [97. 476]

Keller, Frdr. Eduard, Wanderrudererführer Hip Hip Hurra!, s.a. Straube, Jul.

Keller, Friedr. Eduard: Straube's Wanderruderführer Hip hip hurra! Wegweiser f. Ruderer. Segler ... auf d. märkischen, mecklenburg. u. angrenzenden Gewässern bearb. von –. Mit 15 Spezialkt. 2. Aufl. Berlin: Straube (1909). XVI, 413 S. 8°

Keller, Frdr. H., Weltsprache. (Esperanto.) Eine philolog. u. neupsycholog. Betrachtg. (16 S.) 8. Leipzig 908. O. Mutze. — 30

Keller, [Friedrich Ludwig von]. Bericht des Herrn Präsidenten Dr. K', ersten Gesandten des Standes Zürich, im Namen der am 30. August von der Tagsatzung in der Angelegenheit des franz. Spions (Auguste) Conseil niedergesetzten Commission. (Bern, den 3. September 1836.) 8. *o. O.*

Keller, F. L., die gewaltſ. Brandſtiftung v. Uſter, am 22. Nov. 1832. Nach d. Criminal-Acten bearb. M. 1 lith. Plan d. Brandſtätte (Fol.). gr. 8. (15¼ B.) Zürich 833, Orell, Füßli u. Comp.

Keller, Friedrich Ludwig von *s.* Diplomaten. Die entlarvten D'. Zürich 1836.

(Keller, F[riedrich] L[udwig] v[on].) Erwiederung auf das veröffentlichte Gutachten des Herrn Prof. Dr. J[acob] Rüttimann betreffend die Basler Festungswerke. 8. Basel 1860.

Keller, Friedr. Ludw. v., Grundriss zu Vorlesungen über Institutionen und Antiquitäten des Römischen Rechtes. Mit einzelnen Ausführungen. (Als Mscr. gedr.) gr. 8. (XXXVI und 420 S.) Berlin 854—58, Hertz. **

—— Institutionen. Grundriss und Ausführungen. gr. 8. (XXVI und 420 S.) Leipzig 861, B. Tauchnitz.

— über Litis-Contestation und Urtheil nach klassischem römischen Recht. gr. 8. Zürich 827. (Leipzig, Fr. Fleischer.) 2½ ℳ

Keller, F. L., über Litis Contestation u. Urtheil nach classischem römischem Recht. gr. 8. Zürich 827. Geßner. 3 ℳ 8 gl

—— über Litis Contestation u. Urtheil nach claſſ. Röm. Recht. gr. 8. (40½ B.) Zürich 827, [Siegfried.]

— **Friedrich Ludw.** (Zürich/Schweiz), Commentatio ad L. si ex duobus 32. pr. §. 1. ff. de peculio. Götting. (J. C. Baier) 2. VIII. 1822. 116 Seiten. (4.50) 17664
Gew.: Johann Georg Finsler.

Keller, (F. L.,) **Commentatio de peculio.** 8. Göttingen 825. (Ziegler u. S. in Zürich.)

Keller, Fr. Ludwig von.
Pandekten. Vorlesungen ... Leipzig 1861.
H: *Friedberg, Emil.* (Engl)

—— Pandekten. Vorlesungen. Aus dem Nachlasse des Verf. hrsg. von Emil Friedberg. 9 Lfgn. Lex.-8. (XLVIII und 1127 S.) Leipzig 861, B. Tauchnitz. à Lfg. * 20 Ngr. *

—— Pandekten. Vorlesungen. Aus dem Nachlaſſe des Verf. 2. Aufl. beſorgt von Will. Lewis. 2 Bde. in 6 Lfgn. gr. 8. (XXVIII und 622 S., X und 610 S., mit eingedr. Holzſchn.) Leipzig 867. B. Tauchnitz. à Lfg. * 20 Ngr. *

—— ad C. Plinii Secundi nat. hist. XIV, 4. (de foenore vinario) disputatio critica. Accedunt pauca ad Gaii IV, 152 et ad l. 10 ff. Si pars her. gr. 4. (9 S.) Berlin 859, (Hertz.) *

(Keller, F[riedrich] L[udwig] v[on].) Rechtsgutachten, die Festungswerke der Stadt Basel nach deren gegenwärtigem Rechtsverhältnisse betreffend. 8. Langenthal 1861.

(Keller, F[riedrich] L[udwig von].) Rechtsgutachten in der Streitsache des Gotteshauses Einsiedeln ... gegen den H. Stand Aargau, Rechte auf das Kloster Fahr betreffend. 8. (Zürich 1838.)

Keller, Frid. Lud., Semestrium ad M. Tullium Ciceronem libri sex. Vol. I. Lib. I. et II. Lex.-8. Turici, Orellii, Fuesslini et Soc. [Lib. I. (18 B.) 842., II. (16¾ B.) 43. à 2 Thlr.]

Keller, Friedr. Ludw., Semestrium ad M. Tullium Ciceronem libri sex. Vol. I. Liber III. 8maj. (S. 541—699.) Turici 851, Orell, Fuessli et soc.
Vol. I. Liber I. et II. Ibid. 1843. 4 Thlr.

Keller. Wo ſtehen wir jetzt und warum ſind wir noch nicht weiter gekommen. Ein Vortrag im Bezirksverein im Juni 1849. Berlin, J. Sittenfeld 1849. 32 S. 8.

Keller, Friedr. Ludw. v., der römische Civilprocess und die Actionen in summar. Darstellung zum Gebrauche bei Vorlesungen. 1. Ausg. 1852. und 2. Ausg. 8. (XIV und 410 S.) Leipzig 855, B. Tauchnitz.

Keller, Friedr. Ludw. v., der römische Civilprocess und die Actionen in summarischer Darstellung zum Gebrauche bei Vorlesungen. 3. Ausg. 8. (XVI und 420 S.) Leipzig 863, B. Tauchnitz.

Keller, Friedr. Ludw. v., der römische Civilprocess und die Actionen in summarischer Darstellung zum Gebrauche bei Vorlesungen. 4. Ausg. gr. 16. (XVI, 419 S.) Leipzig 871, B. Tauchnitz. 4 50

Keller, Friedr. Ludw. v., der römische Civilprocess und die Actionen in summarischer Darstellung zum Gebrauche bei Vorlesungen. 5. Ausg., bearb. von Adf. Wach. gr. 16. (XVI, 472 S.) Leipzig 876, B. Tauchnitz.

Keller, Frdr. Ludw. v., der römische Civilprocess u. die Actionen in summarischer Darstellung zum Gebrauche bei Vorlesungen. 6. Ausg., bearb. v. Adf. Wach. 8. (XVI, 494 S.) Leipzig 883. B. Tauchnitz. 6. —

— **Friedrich Wilhelm Alexander Frh. von** (Klein-Milkau/Saxo), Breve summarium actorum policlinicorum triennii 1841, 1842, 1843. Diss. med. Lpz. (F. A. Brockhaus) 24. XII. 1846. 31 Seiten. (5.50) 17665

Keller, Fritz, Gedichte. (IV, 39 S.) 8. Dresden (907). E. Pierson. 1.—; geb. n 2. —

Keller, Fritz ⟨geb. am 24 Jan. 1860 in Neunkirchen Rgbz. Trier⟩: Neurolog. Laboratorium d. med. Klinik zu Bonn. — Untersuchungen über den Tastsinn der Haut ... Bonn, Univ.-Buchdr. v. C. Georgi 1884. 30 S., 1 Bl. 8.
Bonn, Med. Fak., Diss. v. 6 Aug. 1884

Keller, G.

Keller: Ueber die Erziehung der Jugend unter dem Einflusse des gegenwärtigen Zeitgeistes. 28 S. – Ratibor, Progr. 1851.

Keller, G. Gedenkblatt zur Feier des 25jähr. Jubiläums des Deutschen Kriegerbundes München. München 1897. 56 S. 4°

Keller, G., hortus deliciarum, s.: Landsperg, Herrade de.

(Keller, G.,) die Johannisnacht. Becherweihe der Zunftgesellschaft in Zürich. (Dichtung). Mit 1 Photographie. 8. Zürich, Druck von F. Schulthess. 1871

Keller Nonnulla de Ciceronis oratione pro M. Marcello. 26 S.
Ratibor, Progr. 1845

Keller, G.: Ciceros Rede für den M. Marcellus, lateinisch und deutsch mit Anmerkungen. 26 S. – Ratibor, Progr. 1860.

Keller, G. (Red.), s. Schulblatt, Aargauer

Keller, G., siehe: *Verein.*

Keller, Geo., Einleitung der künstlichen Frühgeburt u. des Abortus durch die heisse Douche. Inaugural-Dissertation. gr. 8. (25 S.) Tübingen 881. (Fues.) n. — 40

Keller, Georg Josef

Keller, (G. J.,) Anleit. z. Studium d. Geographie. 8. Würzburg 826, Strecker.

Keller, Geo. Jos., Blumen aus dem Paradiese Gottes. Ein Gebetbuch für Katholiken. Würzburg 856. Etlinger. (Berlin, Henrich.) 8. (VI, 422 S. u. 1 Stahlst.) 15 ngr.; Velinp. mit 2 Stahlst. u. 2 color. Lithogr. 25 ngr.; Prachtausg. m. 4 Stahlst. u. 2 color. Lithogr. 1 ₰. 15 ngr.

— Cäcilia. Gebetbuch f. gebild. Katholiken. 12. Sulzbach 827, v. Seidel. 9 gr. Postp.

Keller, Geo. Jos., Cäcilia. Ein Gebetbuch zur Erhebung und Heiligung christl. Herzen und zum Lobe und Preise Gottes. 2. Aufl. 8. (XVI und 290 S. mit 1 Stahlst.) Würzburg 855, Etlinger'sche Vrlgsh.

Keller, Geo. Jos., Dichtungen. 2 Bde. 8. (32 B.) Würzburg 845, Stahel'sche Buchh. *

Keller, Geo. Jos., Dichtungen. 3. Bd. (Gedichte. 3. Bd.) 8. (VI und 314 S.) Würzburg 850. (Aschaffenburg, Pergay.) *
1. und 2. Bd. [Ebendas.] 1845. * 1 Thlr. 18 Ngr.

Glückwunsch zur Feier des fünfundzwanzigjährigen Ehe-Jubiläums Ihrer Majestäten des Königs Ludwig I. u. der Königin Therese von Bayern. In allertiefster Ehrfurcht dargebracht von den Professoren und Lehrern an dem Gymnasium und an der lat. Schule zu W. am 12. Oktober 1835. — Gedichtet von Georg Jos. Keller, Stdl. — Druck v. C. A. Zürn. — 1 Bog. unpag. 15 Stanzen.
Progr. Würzburg.

Die Gründung des Gymnasiums zu Würzburg durch den Fürstbischof Friedrich von Wirsberg. Von Dr. Georg Jos. Keller, Stdl. — 1850. Ebend. — S. 3–34.
Progr. Würzburg.

Den Manen des Studienrektors Dr. Franz Xaver Elsenhofer. Von Dr. G. J. Keller. — Würzburg, Richter. — ½ Bog. 2 Sonette.
Progr. Würzburg.

Keller, G. Jos., Parabeln. 8. (14½ B.) Würzburg 828, Strecker.

(Keller, Geo. Vict.,) Blätter d. Erbauung u. d. Nachdenkens; gesammelt. 4 Bde. — A. u. d. T.: Fortsetz. d. Stunden d. Andacht z. Beförderung wahren Christenthums u. häusl. Gottesverehrung. A. d. Nachlasse Victor Keller's, d. Verf. d. „Katholikons" rc. rc. gr. 8. ... Freiburg 832, Wagner.

—— dass. 4 Bde. gr. 16. ... Ebds. 832.

Keller, Geo. Vict., Blätter zur Erbauung und des Nachdenkens. 4 Bde. 2. (Titel-)Ausg. 8. (XII und 1828 S.) Freiburg im Br. 854, Wagner'sche Buchh.

—— dass. — 4 Bde. 2. (Titel-)Ausg. gr. 8. (XVI und 1280 S.) Ebds. 854.

Keller, Geo. Vict., Blätter der Erbauung und des Nachdenkens. 4 Bde. 2. (Titel-)Ausg. Freiburg im Br. (832.) 854. Wagner. 16. (XII, 460; 456; 452; 460 S.) 1 ₰.

— s. Ferd. Dulder.

— s. a. Ideale für alle Stände.

G. Vct. Keller's Ideale f. alle Stände, od. Sittenl. in Bildern. *Aar.*, Sauerländer. (819. N. unveränd. wohlf. Ausg. 824.) 3e durchaus vb. A. 831. gr 8° 1 ₰

—— Ideale f. alle Stände, od. Sittenlehre in Bildern. 3., durchaus verb. Aufl. gr. 8. (29⅓ B.) Aarau 831, [Sauerländer, Vrlsh.] 1 Thlr., Druckvlnp.

— Ideale für alle Stände. Oder Sittenlehre in Bildern. 4. Aufl. Aarau 854. Sauerländer. 8. (XVI, 472 S.) 1 ₰.

(——) Katholikon, s. a. Katholikon.

(*Eb.*) Katholikon; für Alle unt. jeder Form das Eine. *Aarau*, Sauerländer. (824-32.) 4e unveränd. Orig.-A. 840. gr 12° 1 ₰

Keller, Geo. Vict., Katholikon. Für Alle unt. jeder Form das Eine. 4., unveränd. Orig.-Aufl. gr. 12. (17½ B.) Aarau 840, Sauerländer, Vrlsh.

—— Nachlaß. Eine Reihe moral., polit. u. wissenschaftl. Aufsätze, mit beigefügter Biographie. 2 Bde. gr. 8. (45¼ B.) Freiburg 830, Wagner.

—— s. Peter, oder d. Folgen d. Unwissenheit.

(——) Stunden der Andacht z. Beförderung wahren Christenthums, s. Stunden rc.

Keller, Gerard, das Haus des Schulmeisters. Dem Holländ. nacherzählt von Adf. Glaser. 8. (338 S.) Braunschweig 878, Westermann. *

—— drei Novellen, s. Universal-Bibliothek Nr. 1247 und 1248.

Keller, Gerard, drei Novellen, s.: Reclam's Unterhaltungs-Bibliothek.

Keller, Gerh., Erzählungen, s. Hawthorne, J.

Keller, Gottfried (Madretsch-Biel) s. Abraham a Sancta Clara. Bern 1909.

Keller, Gottfried, prakt. Arzt aus Frankfurt a. M.: Casuistischer Beitrag aus der Praxis zur 'Melaena neonatorum' nebst diagnostischen und therapeutischen Bemerkungen. *München 1903: Kastner & Callwey.* (26 S.) 8°
München, Med. Diss. v. 1903

– Briefwechsel mit Konrad Ferdinand Meyer, s. Meyer, Konrad Ferdinand

— Briefwechsel m. Theodor Storm, s.: Storm, Thdr.

Keller, Gfr., Cantate, s.: Zur 50jährigen Stiftungsfeier der Hochschule Zürich.

Keller, Gottfr., das Fähnlein der sieben Aufrechten, s. Bibliothek, stenographische, des allgemeinen schweizerischen Stenographenvereins.

— das Fähnlein d. sieben Aufrechten, s.a. Verein f. Verbreitung guter Schriften. Zürich.

— das Fähnlein der sieben Aufrechten, s.a. Volksbücher, Wiesbadener.

Keller, Gottfried. Das Fähnlein der sieben Aufrechten. Eine Erzählung. 64 S. 8. Zürich, Jacques Bollmann, (Mai) 1904. fr. —.10
Verein für Verbreitung guter Schriften, Zürich. Nr. 1. [Neuausgabe.]

Das Fähnlein der sieben Aufrechten. Erzählung von Gottfried **Keller**. 3. Aufl. (Vorr.: M[ax] Cornicelius.) *Wiesbaden: Volksbildungs-ver. 1904.* (84 S.) 8° [F.]
— Volksbücher, Wiesbadener. No 16. [04. 15160

Keller, Gottfried. Das Fähnlein der sieben Aufrechten. Erzählung. 4. Aufl. 46.–65. Tausend. 84 S. 8. Wiesbaden, Verlag des Volksbildungsvereins, Buchh. Heinrich Staadt, 1905. (M. —.15)
Wiesbadener Volksbücher Nr. 16.
[1. Aufl.] 1902 (*Umschlag:* 1901): N 1216*; 2. und 3. Aufl.: —

— Frühlyrik. 60 fksm. Gedichte. Eingeleitet u. hrsg. v. Adf. Frey. (54 u. 128 S.) 30,5×23 cm. Leipzig 909. H. Haessel Verl. Kart., Subskr.-Pr. bis 30. XI. 1909: 10.—; spät. Preis: 15.—

Keller, Gottfr., Gedichte. 16. (21⅞ B.) Heidelberg 846, C. F. Winter.

— ausgewählte Gedichte, s.a. Handbibliothek, Cotta'sche.

Ausgewählte Gedichte von Gottfried **Keller**. Hrsg. von Adolf Frey. Stuttgart & Berlin: J. G. Cotta Nachf. [1900]. (199 S.) 8° [F.]
— Handbibliothek, Cotta'sche. No 131. [01. 2384

—— gesammelte Gedichte. 1. und 2. Aufl. gr. 8. (XI, 502 S.) Berlin 884, Hertz. *
geb. in Leinw. *M 8,20.; in Halbkalbldr. *

—— gesammelte Gedichte. 3. Aufl. 8. (XI, 508 S.) Berlin 888, Besser'sche Buchh. (W. Hertz). * 7 —
geb. in Leinw. *M 8.20.; in Halbkalbleder * 10 —

Keller, Gottfr., neuere Gedichte. 16. (VIII und 270 S.) Braunschweig 851, Vieweg und Sohn. *

Keller, Gfried., neuere Gedichte. 2., verm. Aufl. 16. (VIII und 241 S.) Braunschweig 854, Vieweg und Sohn. *

Keller, Gottfried. Gottfried Keller-Brevier (zusammengestellt und hrg.) von [Frau] H[elene] Siegfried. 175 [+ 16] S. 8. Berlin und Leipzig, Schuster & Loeffler, 1903. [M. 3. —, geb. M. 4. —]

Keller, Gottfr., s. a.: Siegfried, H., Gottfried-Keller-Brevier.

Keller. *Gottfried Keller-Nummer der* Jugend. (Gottfried Keller in Heidelberg. [Von] Ernst Gystrow — *Gedichte etc.*) [Illustriert.] 4.

Jugend. 1903, Nr. 14 (März 24). (München, Knorr & Hirth.) [M. —.30.] (20 S.)

— der grüne Heinrich. Roman. 4 Bde. Ebend. 854, 55. 8. (VIII, 396; 2 Bl., 456; 2 Bl., 359; 2 Bl., 483 S.)
n. 6 ₰. 20 ngr.

—— der grüne Heinrich. Roman. In 4 Bdn. 1—3. Bd 8. (VIII und 1694 S.) Braunschweig 854—55, Vieweg und Sohn.

Keller, Gfr., der grüne Heinrich. Roman. Neue Ausg. in 4 Bdn. 8. (305, IV, 287, IV, 376 u. IV, 396 S.) Stuttgart 879. 80. Göschen. n. 22. —

Keller, Gfr., der grüne Heinrich. Roman. Neue Ausg. 4 Bde. 8. Stuttgart 879, Göschen'sche Verlagsh. [1. Bd. (305 S.) 879. *M 5.; 2. Bd. (IV, 287 S.) 879. *M 5.; 3. Bd. (IV, 376 S.) 879. *M 6.; 4. Bd. (IV, 396 S.) 881. *M 6.] *

—— der grüne Heinrich. Roman. 3. Aufl. 4 Bde. 8. [Stuttgart 884, Göschen'sche Verlagsh.] Berlin, Hertz. [1. und 2. Bd. (IV, 305; IV, 287 S.) à *M 5.; 3. und 4. Bd. (IV, 376; IV, 396 S.) à *M 6.] *

—— Der grüne Heinrich. Roman. 8. Aufl. 4 Bde. in 3 Thln. 8. (419; 268; 281 S.) Berl. 890, Hertz.
* 9 —; geb. in Leinw. * 11 40; in Hlbkalbldr. * 15 —
Vgl.: Brenning, Emil. — Frey, Adf. — Kambli, C. W.

— die drei gerechten Kammmacher, s.a. Handbibliothek, Cotta'sche.

Die drei gerechten Kammmacher. Erzählung von Gottfried **Keller**. *Stuttgart & Berlin: J. G. Cotta Nachf. [1903].* (63 S.) 8° [F.]
— Handbibliothek, Cotta'sche. No 52. [03. 14571

Keller, Gottfried. Kleider machen Leute. Schulausgabe. Seule éd. autorisée en France. Texte allemand, publié avec une introduction et des notes par A. Schürr.... [Mit 1 Figur.] XII + 100 S. 8. Paris, Hachette & Cie, 1904. [geb. fr. 1. 25]

Keller, Gfried., sieben Legenden. 8. (VII, 148 S.) Stuttgart 872, Göschen'sche Verlagsh. * 2 40

—— sieben Legenden. 2. Aufl. (IV, 148 S.) 1872; 3. Aufl. 8. (V, 146 S.) Ebendas. 884. *

— sieben Legenden. 3. Aufl. 8. (V, 146 S.) Ebend. 884. n. 2. 40

Keller, Gottfr., sieben Legenden. 4. Aufl. 8. (146 S.) Berlin 888, Besser'sche Buchh. (W. Hertz.) *M 2.40.: geb. *
Inhalt:
Eugenie. — Die Jungfrau und der Teufel. — Die Jungfrau als Ritter. — Die Jungfrau und die Nonne. — Die schlimm-heilige Vitalis. — Dorothea's Blumenkörbchen. — Das Tanzlegendchen.

— sieben Legenden. 5. Aufl. 12. (V, 183 S.) Ebd. 893. Geb. in Leinw. m. Goldschn. n. 3. —

— sieben Legenden. 6. Aufl. 12. (V, 183 S.) Berlin 901. [Besser.] Stuttgart, J. G. Cotta Nachf. n. 2. 30; geb. in Leinw. m. Goldschn. n. 3. —

— Sieben Legenden. Min.-Ausg. 7. Aufl. (141 S.) kl. 8. Stuttgart 908. J. G. Cotta Nachf. 2.30; geb. in Leinw. 3. —

—— die Leute von Seldwyla. Erzählungen. 8. (V und 523 S.) Braunschweig 856, Vieweg und Sohn. *

—— die Leute von Seldwyla. Erzählungen. 2. verm. Aufl. in 4 Bdn. 8. (à 224—258 S.) Ebendas. 874. à Bd. *ℳ 3,50. * 14 —

Keller, Gottfried. Die Leute von Seldwyla. 2. A. Stuttgart 1874. 4 Bde.

—— die Leute von Seldwyla. Erzählungen. 2 Bde. 3. Aufl. 8. (297; 341 S.) Ebendas. 876. *
geb. in 1 Bd. *

—— die Leute von Seldwyla. Erzählungen. 4. Aufl. 2 Bde. 8. (297; 341 S.) Ebendas. 883. *

Keller, G. Die Leute von Seldwyla. Erzählungen. 5. Aufl. 2 Bde. In-8°, 297 u. 341 S. Berlin, Besser'sche Buchhandlung (W. Hertz). 8 —
1887 gebd. in 1 Lwdbd. 9 35

Keller, G., Lieder des Kampfes, s. Tobler, Salom.

—— Züricher Novellen. 1. und 2. Aufl. 2 Bde. 8. (353; 224 S.) Ebendas. 878,79. *

Keller, G. Zürcher Novellen. 2 Bde. 8°. Stuttg. Göschen. 12°. geb. 13 75

Keller, Gottfr. Züricher Novellen. 2. Aufl. 2 Bde. In-8°. Stuttgart, Göschen'sche Buchh.

— Züricher Novellen. 3. Aufl. 2 Bde. 8. (353 u. 224 S.) Stuttgart 882. Göschen. n. 9. —

—— Züricher Novellen. 3. Aufl. 2 Bde. 8. (353; 224 S.) Ebendas. 883. *

—— Züricher Novellen. 4. und 5. Aufl. 2 Bde. 8. (318; 200 S.) Ebendas. 886,88. *ℳ 9.—.; geb. *

Inhalt:
Bd. 1. Hadlaub. — Der Narr auf Manegg. — Der Landvogt von Greifensee.
„ 2. Das Fähnlein der sieben Aufrechten. — Ursula.

Keller, G. Züricher Novellen. 4. Aufl. 2 Bde. in-8°, 318 u. 200 S. Berlin, Besser'sche Buchhandlg. 12 —

Keller, Gottfried. Züricher Novellen. 5. Aufl. 2 Bde. 318 u. 200 S. Berlin, Bessersche Buchhandlg. (W. Hertz). 12 —

— Züricher Novellen. 2 Bde. 5. Aufl. 8. (318 u. 200 S.) Ebd. 889. n. 9. —; geb. n. 10. —

— Pankraz der Schmoller, s. e. Handbibliothek, Cotta'sche.

Keller, Gottfried. Pankraz der Schmoller. Erzählung. 74 S. 8. Stuttgart und Berlin, Cotta, [1904]. (M. —. 30)
Cotta'sche Handbibliothek. (Nr. 89.)

—— Romeo und Julia auf dem Dorfe. Erzählung. 16. (128 S.) Stuttgart 876, Cotta'sche Buchh. geb. mit Goldschn. *

— Romeo u. Julia auf dem Dorfe. Erzählg. 12. (119 S.) Ebd. 894. Geb. in Leinw. m. Goldschn. n. 3. —

Keller, Gottfried. Romeo und Julia auf dem Dorfe. Erzählung. Miniatur-Ausgabe. 5. Aufl. 114 S. 8. Stuttgart und Berlin, J. G. Cotta Nachfolger, 1903. ([br. M. 2. 30,] in Lbd. M. 3. —)

Romeo und Julia auf dem Dorfe. Erzählung von Gottfried Keller. Miniatur-Ausg. 6. Aufl. Stuttgart & Berlin: J. G. Cotta Nachf. 1907. (114 S.) 8° [F.] [07. 18103

Keller, Gottfried. Romeo und Julia auf dem Dorfe. Erzählung. Miniatur-Ausgabe. 7. Aufl. 114 S. 8. Stuttgart und Berlin, J. G. Cotta Nachfolger, 1909. (M. 2. 30, geb. 3. —)

—— Martin Salander. Roman. 1.—5. Aufl. 8. (451 S.) Ebendas. 886,87. *ℳ 6.—.; geb. *

Keller, Gottfried. Martin Salander. 1.—4. Aufl. In-8°, 451 S. Berlin, Besser'sche Buchhandlung (W. Hertz). broch. 8 —, geb. 9 35

— nachgelassene Schriften u. Dichtungen. 1.—5. Aufl. gr. 8. (VI, 365 S.) Ebd. 893. n. 5. 40; geb. in Leinw. n. 6. 40; in Halbkalbldr. n. 7. 50

Keller, G. Nachgelassene Schriften u. Dichtungen. Gr. in-8°. VI, 365 S. Berlin, Besser'sche Buchh. Mk. 5 40; geb. Lwd. Mk. 6 40
Hlbkalbled. Mk. 7 50

Gottfried Keller's Nachgelassene Schriften und Dichtungen. (Hrsg.: Prof. Dr. J[akob Baechtold.) 5. Aufl. Berlin: W. Hertz 1893. (V, 365 S.) 8° [F.] [93. 116] 10

—— das Sinngedicht. Novellen. 1. Aufl. (II, 414 S.); 2.—4. Aufl. 8. (IV, 414 S.) Berlin 882—84, Hertz. geb. *

—— das Sinngedicht. Novellen. 5. Aufl. 8. (IV, 414 S.) Berlin 888, Hertz. *ℳ 6.—.; geb. *

Keller, Gottfried. Das Sinngedicht. Sieben Legenden. 10. A. Berlin 1891.

Der Staatsbahngedanke bei den verschiedenen Völkern. Historisch dargest. v. Dr. jur. Gottfried Keller. *Aarau: Buchdr. G. Keller*; (a. d. Umschl. übergekl.: *Aarau: E. Wirz) 1897.* (240 S.) 1 Bd 8. [97. 5007

Keller's, G., gesammelte Werke. 30 Lfgn. 8. (à 7—8 B.) Berlin 889. Hertz. à n. 1. —

— dasselbe. In 10 Bdn. 8. Ebd. 889. à n. 3. —; geb. in Leinw. à n. 3. 80; in Halbkalbldr. à n. 5. —
1. 2. 4. Der grüne Heinrich. Roman. 3 Bde. (419, 268 u. 281 S.)
3. 5. Die Leute v. Seldwyla. Erzählgn. 2 Bde. (310 u. 356 S.)
6. Züricher Novellen. (411 S.)
7. Das Sinngedicht. Novellen. — Sieben Legenden. (427 S.)
8. Martin Salander. Roman. (354 S.)
9. 10. Gesammelte Gedichte. 2 Bde. (290 S. m. Portr., 336 S.)

Keller's, Gfr., gesammelte Werke. 10 Bde. 8. Berl., Hertz. à Bd. * 3 —; * 30 —; geb. in Leinw. à Bd. * 3 80; * 38 —; in Hlbkalbldr. à Bd. * 5 —; * 50 —; auch in 30 Lfgn. à * 1 —
1.—3. Der grüne Heinrich. Roman. 9. Aufl. 3 Bde. (419; 268; 281 S.) 891. — 4 u. 5. Die Leute v. Seldwyla. Erzählgn. 9. u. 10. Aufl. 2 Bde. (310; 354 S.) 890,91. — 6. Züricher Novellen. 10. u. 11. Aufl. (411 S.) 891. — 7. Das Sinngedicht. Novellen. — Sieben Legenden. 10. Aufl. (427 S.) 891. — 8. Martin Salander. Roman. 9. Aufl. (354 S.) 891. — 9. u. 10. Gesammelte Gedichte. 2 Bde. (290; 336 S.) 7. Aufl. 891.

Keller's, Gfr., gesammelte Werke. 10 Bde. 8. Berlin, Besser. à n. 3. —; geb. in Leinw. à n. 3. 80; in Halbkalbldr. à n. 5. —
1—3. Der grüne Heinrich. Roman. 4 Thle. in 3 Bdn. 13. Aufl. (419, 268 u. 281 S.) 894.
4. 5. Die Leute von Seldwyla. Erzählgn. 2 Bde. 14. Aufl. (310 u. 356 S.) 894.
6. Züricher Novellen. 15. Aufl. (411 S.) 894.
7. Das Sinngedicht. Novellen. — Sieben Legenden. 14. Aufl. (427 S.) 894.
8. Martin Salander. Roman. 9. Aufl. (354 S.) 891.
9. 10. Gesammelte Gedichte. 2 Bde. 9. Aufl. (290 u. 236 S. m. Bildnis.) 894.

Kelher, Gottfried. Gesammelte Werke. Berlin 1895—96. 10 Bde.

Keller's, Gfr., gesammelte Werke. 10 Bde. 8. Berlin, Besser. à n. 3. —; geb. in Leinw. à n. 3. 80; in Halbfrz. à n. 5. —
1.—3. Der grüne Heinrich. Roman. 4 Tle. in 3 Bdn. 16. Aufl. (419, 268 u. 281 S.) 897.
4. 5. Die Leute v. Seldwyla. Erzählgn. 2 Bde. 21. Aufl. (310 u. 356 S.) 898.
6. Züricher Novellen. 20. Aufl. (411 S.) 898.
7. Das Sinngedicht. Novellen. — 7 Legenden. 18. Aufl. (427 S.) 898.
8. Martin Salander. Roman. 16. Aufl. (354 S.) 898.
9. 10. Ges. Gedichte. 11. Aufl. (290 S. m. Bildn. u. 236 S.) 897.

Keller's, Gottfr., gesammelte Werke. 10 Bde. 8. Stuttgart, J. G. Cotta Nachf. à n. 3. —; geb. in Leinw. à n. 3. 80; in Halbkalbldr. à n. 5. —
1—3. Der grüne Heinrich. Roman. 4 Tle. in 3 Bdn. 19.—25. Aufl. (à 419, 268 u. 281 S.) 899—902.
4. Die Leute v. Seldwyla. Erzählungen. 1. Bd. 22.—30. Aufl. (à 310 S.) 899—902.
5. Dasselbe. 2. Bd. 23.—29. Aufl. (à 356 S.) 899—902.
6. Züricher Novellen. 22.—28. Aufl. (à 411 S.) 899—902.
7. Das Sinngedicht. Novellen. — Sieben Legenden. 22.—25. Aufl. (à 428 S.) 900—902.
8. Martin Salander. Roman. 18.—21. Aufl. (à 354 S.) 899—901.
9. Gesammelte Gedichte. 1. Bd. 13.—15. Aufl. (à 290 S. m. Bildnis.) 900—902.
10. Dasselbe. 2. Bd. 13. u. 14. Aufl. (à 236 S.) 900. 901.

— gesammelte Werke. 10 Bde. 8. Stuttgart, J. G. Cotta Nachf. à n. 3. —; geb. in Leinw. à n. 3. 80; in Halbfrz. à n. 5. —
1. 2. Der grüne Heinrich. Roman. 3 Tle. in 2 Bdn. 40.—44. Aufl. (à 432 u. 276 S.) 906.
3. Dasselbe. 4. Bd. 41.—45. Aufl. (292 S.) 906.
4. 5. Die Leute v. Seldwyla. Erzählungen. 2 Bde. 44.—48. Aufl. (à 324 u. 371 S.) 906.
6. Züricher Novellen. 43.—47. Aufl. (à 426 S.) 906.
7. Das Sinngedicht. Novellen. Sieben Legenden. 36.—39. Aufl. (à 428 S.) 906.
8. Martin Salander. Roman. 29.—33. Aufl. (à 366 S.) 906.
9. Gesammelte Gedichte. 1. Bd. 21.—23. Aufl. (à 290 S. m. Bildnis.) 906.
10. Dasselbe. 2. Bd. 15.—17. Aufl. (236 S.) 903. 904.

Keller, Gottfr., gesammelte Werke. 10 Bde. 8. Stuttgart, J. G. Cotta Nachf. à 3.—; geb. in Leinw. à 3.80; in Halbfrz. à 5. —
1. Der grüne Heinrich. Roman. 1. u. 2. Bd. 45.—59. Aufl. (432 S.) 907—10.
2. Dasselbe. 3. Bd. 45.—59. Aufl. (276 S.) 907—10.
3. Dasselbe. 4. Bd. 46.—60. Aufl. (292 S.) 908—10.
4. Die Leute v. Seldwyla. Erzählungen. 1. Bd. 49.—68. Aufl. (324 S.) 907 - 10.
5. Dasselbe. 2. Bd. 49.—63. Aufl. (371 S.) 907—10.
6. Züricher Novellen. 48.—62. Aufl. (426 S.) 907—10.
7. Das Sinngedicht. Novellen. 7 Legenden. 40.—54. Aufl. (440 S.) 907—09.
8. Martin Salander. Roman. 34.—43. Aufl. (366 S.) 908. 10.
9. Gesammelte Gedichte. 1. Bd. 24.—31. Aufl. (290 S. m. Bildnis.) 907. 09.
10. Dasselbe. 2. Bd. 22.—29. Aufl. (236 S.) 907. 08.

Keller, Gottfried. Die neue Civilprozessordnung für den Kanton Aargau, mit geschichtlicher Einleitung und Erläuterungen nebst einigen andern civilprozessualischen Gesetzen hrg. von Dr. Gottfried Keller..., unter Mitwirkung von Dr. Alfred Keller.... XII + 339 S. 8. Aarau, H. R. Sauerländer & Co., 1902. [fr. 7. 50]

— M. Gottl. Wilh. (Breslau) u. (Respond.) Heinrich Jac. Bauer (Syldaviensis), Messiam esse Jehovam. Ex psalmo II. v. 7. Jena (I. B. Heller) März 1716. 33 S. (6.80) 17668
Gew.: Ernst Philipp Sachs v. Loewenheim (Breslau).

Abtei Seckau in Obersteiermark. Von P. Gregor Keller, Benediktiner, Seckau. *Graz: Styria 1902.* (VIII, 88 S.) 8° [F.] (ca. 1000)

Keller, Gust., Criminalrechtsfall bearb. nach den Vorschriften der neuen österreich. Straf-Prozeß-Ordnung vom 17. Jänner 1850, mit Angabe aller dießfäll. Akten-Formularien, so wie der Vorträge des Staatsanwaltes und des Vertheidigers. Lex.-8. (X und 124 S.) Wien 850, Braumüller.

Keller, Gustav, aus Winterthur [Kt. Zürich]: Der Nachlassvertrag ausser Concurs nach dem schweizerischen Bundesgesetz über Schuldbetreibung und Concurs mit einer historischen Einleitung. Zür. F. Schulthess Dr. [u. Verl.] 1891. 134 S., 1 Bl. 8°.
Zürich, Jur. Diss. [v. 20. Juni 1891].

Keller, Gust., die Staatsanwaltschaft in Deutschland. Ihre Geschichte, Gegenwart und Zukunft. gr. 8. (XIV und 333 S.) Wien 866, Braumüller. *

K[eller], G[ustav]. Tagebuchnotizen aus dem Kienthal von G. K. 8

Ausschnitt aus: Täglicher Anzeiger. Jahrg. 25. Nr. 178, 183, 186, 189-191. 1901. Juli 30 — August 14. Thun, (Th. Rippstein).

Keller, Gust., Thiere d. Vorwelt. Reconstructionen vorweltl. Thiere, m. Erläutergn. v. Andreae. 1.—6. Wandtafel für den Anschauungsunterricht. à 95×128 cm. Farbdr. Mit Textheft. gr. 8. (34 S.) Cassel 901. Th. G. Fischer & Co. n. 30.—; auf Leinw. m. Stäben n.n. 48.—; einzelne Taf. n. 6.—; auf Leinw. m. Stäben n.n. 9.—; Textheft einzeln n. 1.—
1. Steller's Seekuh, Rhytina gigas L.
2. Ichthyosauren des oberen Lias.
3. Das Mammuth (Elephas primigenius Blumenbach).
4. Triceratops u. Agathaumas, gehörnte Dinosaurier der ob. Kreide v. Nord-Amerika.
5. Plesiosauren des unteren Lias v. England.
6. Der Riesenhirsch. Megaceros giganteus Blumenbach (1803) der Diluvialzeit.

Keller, H. Kriegsgeschichtliche Betrachtungen über die Initiative unter besond. Berücksichtigung der Kriegsführung Friedrich des Großen u. Napoleons I. München 1882. 34 S.

Keller, H. (Hrsg.), s. Iwanowitsch, Feodor: Die bronzene Tür des Battisterium S.Giovanni ...

Keller, H., s., J. J. *Meyer* III., Voyage pittoresque.

Keller, H., Übersicht der vornehmsten geographischen Entdeckungen von den frühesten Zeiten an bis jetzt. Zur Erläuterung einer Erdcharte in 2 Bl. Weim. 814. 8. 4 rthl.

Keller, H., über d. Urstoff u. s. Energie. I. Tl. E. physikalisch-chem. Untersuchg. üb. d. theoret. Bedeutg. d. Gesetze v. Dulong-Petit u. Kopp auf d. Grundlage e. kinet. Theorie d. festen Aggregatzustandes. gr. 8. (58 S.) Leipzig 896. B. G. Teubner. n. 2. —

KELLER, H.
Ueber den Urstoff und seine Energie. Leipzig, 1897. 8vo.

Keller, Hans

Keller, H., s.o. Aḥmad ibn abī Ṭāhir Taifūr, Kitāb Bagdād.

Keller, Hans: Das Kitāb Bagdad von Abu'l-Fadl Ahmad Ibn Abi Tahir Taifur. Folio 1—26. Leipzig 1898. 60 + 27 S. 8°.
Bern. Phil. Diss. 1897/98.

Keller, Hans, das Kitāb Bagdād v. Abu'l-Fadl Ahmad ibn Abī Ṭāhir Taifūr. Folio 1—26. gr. 8. (IV, 60 u. 27 S.) Basel 898. (Kober.) n. 3.—

Keller, Hans, cand. med. aus Heimenkirch ⟨Bayern⟩: **Die Gesichtslagen in der geburtshilflichen Klinik zu München in** den Jahren 1892—1896. *München 1898: Kastner & Lossen.* (44 S.) 8°
München, Med. Diss. v. 1898

Keller, Hans, a. Leipzig: **Die Methode der mehrfachen Fälle** im Gebiete der Schallempfindungen und ihre Beziehung zur Methode der Minimaländerungen. Mit 6 Figuren im Text. Leipzig: W. Engelmann 1906. (43 S.) 8° ¶(Aus: Psychologische Studien Bd 3 H. 1.)

Leipzig, Phil. Fak., Ref. Wundt-Bruns, Diss. v. 15. Jan. 1907

[Geb. 10. Juni 83 Leipzig; Wohnort: Leipzig; Staatsangeh.: Sachsen; Vorbildung: Nikolaisch. Leipzig Reife O. 03; Studium: Leipzig 6 S.; Rig. 10. Juli 06.]

Die Rechtsfrage in Lysias 9. Rede. — Von Dr. Hans Keller, G.-A. — S. 5—30. — 1895, Nürnberg, ebenda.
Progr. Nürnberg, Realgymn.

Keller, Hans [Gymnasialassist.]: Studien zum Attischen Staatsrecht ... München, kgl. Hof- u. Univ.-Buchdr. v. Dr. C. Wolf & Sohn, 1894; 147 S. 8.
München, Phil. Fak., Inaug.-Diss. v. 1894

Keller, Hans, aus Düren ⟨Rheinl.⟩: Dynamische Untersuchungen über die Bildung von Azofarbstoffen. *Heidelberg 1902: K. Rössler.* (61 S.) 8°
Heidelberg, Naturw.-math. Diss. v. 1902

Keller, Harry F. [aus Philadelphia]: Über das Diacetyl. . . . Strassburg, Univ.-Buchdr. v. J. H. Ed. Heitz (Heitz & Mündel), 1888; 27 S. 8°
Strassburg, Math.-Naturw. Fak., Inaug.-Diss. v. 1888

Keller, Heinrich

— Algar u. Silli, oder d. Sieg d. Liebe. Schspl. 8. Leipz. 787. Barth. 6 gr

Keller, H., Alpen-Ansicht auf der hohen Promenade in Zürich. Nach der Natur gezeichnet. Fol. Zürich 873, Keller. In Carton *

Keller, H., Vater, Alpenansicht auf dem Uetliberg bei Zürich, nach der Natur gezeichnet. Mit 500 Namen und 360 Höhenangaben üb. Meer in Meter und kleine Reduktionstafeln. Zürich, H. Keller. 8. *1815* **4. —**

Keller, Heinrich, s. Alpenkette (Schlagwort).

—— Alpes bernoises, vue du Righi. Fol. Ebendas. 873. In Carton *

Keller, Heinrich [in Heidelberg]: Über die Amputation des männlichen Gliedes und die Anwendung versenkter Etagennähte bei derselben. . . . (Aus: Beitr. z. klin. Chir. IV. Bd. II. H.) Tübingen, Druck v. H. Laupp jr., 1888; 26 S. 8°
Heidelberg, Med. Fak., Inaug.-Diss. v. [16. Mai] 1888

§ **KELLER,** Heinr., Apologie der Töchter der Freude, oder zufällige Gedanken über das Verzeichniss der öffentlichen Frauenzimmer in Dresden. O. O. (Dresden) 1785. 8⁰. 27 SS. — Fortsetzung und Beschluss der zu der Apologie .... gehörenden Anmerkungen. O. O. (ebd.) 1785. 8⁰. 16 SS.
So cplt. von grosser Seltenheit!

Keller, Hnr., († d. 26. Aug. 1788.) Apologie d. Töchter d. Freude. 2 Stcke. 8. Dresd. 780. Gerlach. 6 gr

Keller, Heinr. (Red.), s. Aerzte-Zeitung, Österreichische.

— u. Simon. Südliche Aussicht von der Weid bei Zürich. Gezeichnet von H. Keller, ergänzt und lithogr. von S. Simon. Länge 89 cm., Höhe 13 cm. Zürich, H. Keller's Verlag. *1880* 1 50

Heinrich **Keller.** Ballast. Dresden & Leipzig: E. Pierson 1903. (215 S.) 8° [F.] 03. 1164

Keller, Heinrich / [1775–1862]. Beschreibung des Rigibergs, aller auf denselben führenden Wege und der berühmten Kulm-Aussicht. Von H' K' zur Erklärung seines Panorama. 8. Zürich 1823.
Ausg. A. Reine Textausgabe.
Ausg. B. [Mit 1 Vignette und 23 Tafeln:] *in Carton-Futteral mit dem eigenen Titel:* XXIV Rigi Blätter = Souvenirs du Mont Righi en 21 feuilles, par Henry K'. Zurich 1824.

Keller, Heinr. (I.), Chrestomathie der italienischen Sprache, mit grammat. und literar. Erläuterungen mit kurzen biograph. Notizen über die aufgenommenen Autoren. gr. 8. (VII, 201 S.) Aarau 877, Sauerländer's Verlag. *

Keller, Heinr., Dante und seine Zeit. Vortrag, gehalten am 14. Decbr. 1870 in Aarau. 8. (29 S.) Aarau 871, (Sauerländer's Verlag.) — 60

Keller, Hch. Darstellung der von Zürich aus sichtbaren Gebirge. 1840? 12.

(Keller), Hnr., das hätte d. Friedel wissen sollen; e. Volkslustspl. 8. Prag 780. Gerle. 2 gr

Im Dienste der Menschheit. Roman von Heinrich **Keller.** Berlin: E. Fleischel & Co. 1905. (420 S.) 8° [F.] 05. 13306

Keller, Heinrich, Apotheker aus Gebweiler: Ueber den **Einfluß** von Belastung und Lage auf die Ausbildung des Gewebes in Fruchtstielen. *Kiel 1904: H. H. Peters.* (60 S.) 8°
Kiel, Phil. Diss. v. [21. Mai] 1904

Keller, Heinr., Elementargrammatik der italienischen Sprache für den Schul- und Privatunterricht. gr. 8. (IX, 179 S.) Aarau 883, Sauerländer's Verlagsh. *
geb. *

Keller, Heinrich. Erinnerungen eines Gebirgspfarrers. Mit Buchschmuck von Elly Studer, St. Gallen. 1. und 2. Tausend. IV + 175 S. 8. Frauenfeld, J. Huber, [1902]. [br. fr. 2. 80, geb. fr. 3. 40]

— die Eroberung von Byzanz, u. Johanna I., Königin v. Neapel. Zwei Trauerspiele. 8. Zürich 816 Orell. 1 ℔ 8 gr

Keller, Heinrich: Aus d. chirurg. Klinik zu Bonn. Ueber die Exstirpation der Scapula und des Humerus. . . . Ahrweiler, P. Plachner's Buchdr. (1889); 34 S. + 1 Bl. 8°
Bonn, Med. Fak., Inaug.-Diss. v. 28. März 1889

Keller's, Heinr., Führer durch Frankfurt am Main u. seine Umgebung. Nebst einer Uebersicht des Abgangs und der Ankunft der Eisenbahnen und Dampfschiffe, Münztabelle, Fiakerpreise u. großer (lith.) Plan von Frankfurt a. M. (in Fol.) Frankfurt a. M. 861. Keller. gr. 8. (27 S.) n. 4 ngr.

— Germania u. Germanikus; e. prosaisches Gedicht. 8. Augsb. 779.

Das Gespenst unserer Zeit. Sozialer Roman von Heinrich Keller. *Berlin: E. Fleischel & Co. 1904.* (415 S.) 8° [F.] 04. 4161

Keller, H., 7 neue Gradnetze mit und ohne Umrisse (Repetitionskarten). Europa, Oestreich-Ungarn, Mittelmeer, Asien, Ostindien, Nord-Amerika, Vereinigte Staaten v. N. A. Zürich, Keller's geogr. Verlag. 1873 pr. Karte —. 20

—— Grammatica della lingua tedesca. gr. 8. (IV, 208 S.) Zürich 874, Schmidt. * 2 40

Keller, H. Grundrisse der Schweizerischen Cantons - Hauptorte. Zürich 1831. 8 Bl. c. I..

Keller, H., Karte der projectirten Eisenbahnen in der Schweiz. Chemins-de-fer projetés en Suisse. fol.-obl. Zürich, H. Keller's geogr. Verlag. —. 90
1872

Keller, H., Karte der Militärkreise der Schweiz, enthaldend die Territorial-Eintheilung und die Nummerirung der Truppen-Einheiten u. der combinirten Corps. Bearb. nach der offiz. grossen Karte. Massstab 1 : 440,000, Format 53 auf 65 Centim. qu. fol. auf Lwd. gez. 8. Zürich, H. Keller's Verlag. 5. — in offenem Blatt 3. 60
1876

Keller, Hch. Karte des Kantons Zürich. Zürich 1828.

— — Hydrograph. Kartennetze für Schüler, von der Schweiz, Deutschland, Europa, Asien etc. Ebenda. 1877 à —. 20

Ketten. Roman von Heinrich **Keller**. Berlin: E. Fleischel & Co. 1907. (399 S.) 8° [F.] 107. 13898

Keller, Heinr., Germanias Klage. 8. (12 S.) Darmstadt 892. (Rossen, P. Westphal.) n. — 10

— verschiedene Kleinigkeiten, Hamb.

Keller, Heinrich *Stephan Matthias* [aus Münster]: Über die Kohlenhydrate der Monokotyledonen, insbes. Irisin, Sinistrin u. Triticin; Nachweis d. Identität von Irisin u. Triticin ... Münster i. W., Buchdr. v. J. Bredt, 1894; 1 Bl., 54 S., 1 Bl., 2 Taf., 2 Tab. 8.
Münster, Phil. Fak., Inaug.-Diss. v. [25. Apr.] 1894

Keller, Heinrich, aus Winterthur [Kt. Zürich]: Die Complicationen im Ileotyphus mit Berücksichtigung ihres Einflusses auf die Mortalität. Winterthur J. Westfehling Dr. 1874. 63 S., 1 Bl. Thesen. 8°.
Zürich, Med. Diss. [v. 25. Juli 1874].

Keller, Heinrich: Dreiundzwanzig Laparotomien an einem Patienten; als Beitrag zur Frage des Adhaesionsileus. Leipzig 1910: Lehmann. 21 S. 8°
Leipzig, Med. Diss. v. 1. Aug. 1910, Ref. Trendelenburg
[Geb. 24. Aug. 75 Pforzheim; Wohnort: Frankfurt a. M.; Staatsangeh.: Baden; Vorbildung: Gymn. Pforzheim Reife O. 95; Studium: Tübingen 6, Kiel 1, München 5, Halle 3 S.; Coll. 5. Aug. 10; Approb. 9. Sept. 05.] [U 10. 2999

— Leni u. Ernst. Eine Kindergeschichte f. Eltern. 1. u. 2. Aufl. (223 S.) 8. Wien 909. 10. M. Braunschweig. 3. 50

— s. Lieber heut als morgen.

Keller, H(einrich). Männerchor Arbon. Festschrift zur Feier seines 50-jährigen Bestehens, 1858—1908. Im Auftrage des Vereins verfasst. [Mit 2 Tafeln und 1 Vignette auf dem Umschlag.] 94 S. 8. (Arbon, Albert Schläpfer, 1908.)

— s. d) Museum, Dresdner.

— Nachricht von allen gegenwärtig in Dresden lebenden Künstlern rc. 8. Leipz. 788. Dyck. 14 gr. Schrbp. 20 gr.

— die Nationaltracht, oder fort mit dem Plunder nach Deutschland. Lstspl. 8. Dessau 783. Gel. Buchh. 3 gr.

– Über ...

— — Pfafferei und Religion, Duldung und Religionsvereinigung, von *H. K.* (d. i. *Heinr. Keller*). 3 Hefte. Berlin, Leipzig und Wien (Creutz in Magdeburg). 1783. 8°. (5 Mk., mit d. Jahrz. „1788" [?], E. Frensdorff, 1910.)
Weller, fing. Dr.; Anon.-Lex. IV. p. 239 hat ebenfalls „1783" (nach Meusel u. Kayser).

— — Panorama von Engelberg. qu.-fol. Zürich, H. Keller's geogr. Verlag. 1874 2. 50

Borromäischen Inseln — Panorama der — gezeichnet nach der Natur und herausgegeben von Hch. Keller, Kunsthändler. Zürich 1818. Ohne M. 1 Bl.

Keller, Heinr. Neues Panorama von Rigi-Kulm, complet in 2 Abtheil. von je 90 Cent. Länge. Zürich, H. Keller. 1879
Ausgabe in Buntdruck 4 —
„ „ Schwarzdruck 2 50

— — Abtheil. I. (Hochgebirge) separat. Ebendas. 1879 Ausgabe in Buntdruck 8 —
„ „ Schwarzdruck 2 —

Keller, Heinr., Panorama vom Rigi-Kulm. Kpfrst. qu. gr. Fol. Zürich 876. Keller. n. 1. 60

Keller, H., Panorama oder Rundsicht vom Uetliberg bei Zürich. 8. Zürich, H. Keller. 1875 2. —

Keller, Hch. Panorama vom Utliberg bei Zürich. 1840? 12.

Keller, H., Plan von Zürich, Stadt und nähere Umgebung. 1:4000, mit den neuen Hausnummern in sämmtlichen Gemeinden und mit Strassen- und Gebäude-Register. 56/72 cm. Imp.-Fol. Zürich, H. Keller. 1883 2 60

— Plan von Zürich, Stadt u. nähere Umgebung. 1 : 4000, neu revidirt, mit Register. 1885 2 60

— d. Räuber, e. Scene aus d. Menschenleben. 8. Leipz. 780. Barth. 2 gr.

Keller, H. Reisekarte der Schweiz. Zürich 1834, 1842, 1845 und 1865. Je 1 Bl. c. I.. Ff.

Keller, Hch. Erste Reisekarte der Schweiz. Zürich 1813.

Keller's, H., erste Reisekarte der Schweiz. Orig.-Ausg. Imp.-Fol. u. col. Kpfrst. Mit 8 Plänen in 8. Zürich 850, Orell, Füssli & Co. Auf Leinw. n. 1 1/3 ₰

Keller, Hch. Zweite Reisekarte der Schweiz. Zürich 1818.

Keller's, Heinr., zweyte Reisekarte der Schweiz. Orig.-Ausg. Kpfrst. und ill. gr. Fol. (Mit 14 in Kpfr. gest. und ill. Plänen in 8. und 16. und 3 Bl. Erklärung.) Zürich 852, (Orell, Füssli und Comp.) *

Keller, H., zweite Reisekarte der Schweiz. Neue revid. Ausg. Imp. fol. Auf Leinwand u. in Carton. 1871 7. —

Keller, Hch., zweite Reisekarte der Schweiz. Neue Ausgabe. Zürich, H. Keller. 1874 aufgez. 6. —

Keller, H., II. Reisekarte der Schweiz. 1876. Zürich, Selbstverlag. Auf Leinw. 6. —
— — dieselbe, wohlf. Ausg. Auf Leinw. 3. 50

Keller, H., 2. Reisekarte der Schweiz. Ausg. 1877. Kupfrst. und kolor. gr. Fol. Zürich, Selbstverlag. 6. —

Keller. Zweite Reisekarte der Schweiz. 1 : 44,000. 1878. Kupferstich u. colorirt. Zürich, Keller. Auf Leinw. in cart. 1878

— H. II. Reisekarte d. Schweiz, revidirte Ausg. 1879. In-fol. Zürich, H. Keller. Auf Leinwand gez. in Cart. 6 —

Keller, H. II. Reisekarte der Schweiz, Edit. 1882. Zürich, Keller's geogr. Anstalt. 6 —

— 2. Reisekarte d. Schweiz. 1 : 440,000. Kpfrst. u. color. Ausg. 1884. In-fol. Auf Lwd. in Lwd.-Carton. Zürich, Keller. 6 —

— II. Reisekarte der Schweiz, neu revidirte Ausgabe. Zürich, ebenda. 1885 6 —

Keller, H. Zweite Reisekarte der Schweiz. Neue Ausgabe. (Deuxième carte routière de la Suisse.) Kupferst. u. kolor. In-fol. Zürich, Heinr. Keller's geographischer Verlag. 1886 Auf Leinwand, in Carton 6 —

Keller, H. 2. Reisekarte der Schweiz. 1 : 400,000. Ausg. 1887. In-fol. Lithogr. u. color. Zürich, Hch. Kellers geograph. Verlag. in Leinwd.-Karton 6 —

Keller, H. 2te Reisekarte der Schweiz. Normal-Ausgabe, von 1890. Zürich, H. Keller's geograph. Verlag. Auf Leinwd. 5 —
— — Wohlfeile lithogr. Ausg., von 1890. Ebd. Auf Leinwd. 3 —

Keller, H., vaterländ. Schauspiele. 2 Bde. (1r enthält: Carl d. Kühne, Herzog von Burgund, mit 3 Kupf. 2r enth. Joh. Waldmann, Bürgermeister zu Zürich, m. K. gr. 8. Zürich, Orell u. Comp. 813 u. 14. (à 2 Rthlr.)

Keller, Hnr., vaterländ. Schauspiele. 3 Bde. (Enthalten: Karl d. Kühne, Herzog v. Burgund. — Waldmann, Bürgermeister v. Zürich. — Die Eroberung v. Byzanz. — Johanna I., Königin v. Neapel.) 8. Zürich 813—16. Orell. 5 ₰ 8 ½

— d. Schloßberg; e. prosaisches Gedicht. 8. Linz 778.

Keller, H., Schul-Atlas über die ganze Erde, in 20 auf Kupfer gestoch. u. mit Farben belegten Karten. qu. gr. 4. Zürich 843. (Orell, Füssli u. Comp.) *

Keller, Heinr., Schulgrammatik der englischen Sprache für höhere Lehranstalten. 2 Thle. gr. 8. Aarau, Sauerländer's Verlag.

Inhalt:

Thl. 1. Formenlehre. (VII und 102 S.) 866. 18 Ngr.
" 2. Syntax. (IV und 150 S.) 867. 24 Ngr.

—— Schulgrammatik der englischen Sprache für höhere Lehranstalten. 2. umgearb. Aufl. gr. 8. (VII, 314 S.) Aarau 871, Sauerländer's Verlag. * 3 —

—— Schulgrammatik der englischen Sprache für höhere Lehranstalten. 3. verb. Aufl. gr. 8. (VIII, 342 S.) Ebendas. 878. *

—— Schulgrammatik der italienischen Sprache für höhere Lehranstalten. 1. Aufl. (VII, 226 S.) 1869. ℳ 2,70., und 2. verm. und verb. Aufl. gr. 8. (VII, 261 S.) Ebendas. 873. * 3 60

Keller, Heinr., Schulgrammatik der italienischen Sprache für höhere Lehr-Anstalten. Zweite verm. Aufl. 272 Stn. 8. Aarau, H. R. Sauerländer. 1873 4. —

Keller, Heinr. (Prof.) Schulgrammatik d. italienisch. Sprache f. höhere Lehranstalten. 3. verm. Aufl. In-8°. Aarau, Sauerländer. 1879 4 —

— Schul-Handkarte von Europa. 1 : 11 000 000. Deutsche Ausg. Median. Ebendas. — 50
— Dieselbe. Franz. Ausg. Median. Ebendas. — 50
1888

— — Gr. E. und H. K., Schulkarte von Europa, revid. Ausg. offen. Ebenda. 1877 —, 50

Keller's, Heinr., Schul-Wandkarte der Erde; Oestliche Halbkugel. — Mappemonde murale pour les écoles; Hémisphère oriental. — 3. Aufl. Neue Revision. 4 Bl. Fol. Zürich 870, Keller.

—— dass. — Westliche Halbkugel. — Mappemonde murale pour les écoles: Hémisphère occidental. — 3. Aufl. Neue Revision. 4 Bl. Fol. Ebendas. 870. *

— (VI.) Schul-Wandkarte von *Europa* in 6 Bl., neu revidirt. Zürich, ebenda. 1885 10 —

Keller, H. Schul-Wandkarte von Europa (IV.), neue politisch-phys. Ausgabe. 1 : 3 500 000. Lithogr. Farbendruck. 6 Bl. Superroyal. Zürich, Keller's geograph. Verlag. 1888 10 —

Keller, H. (VI.) Schul-Wandkarte der *Schweiz* in 8 Bl., neu revidirt. Zürich, Keller's geograph. Verlag. 1885 10 —

Keller, H. Strassen-Uebersichtsplan von Zürich und Umgebung 1 : 8,800 mit Strassen- u. Gebäude-Register. Zürich, Keller. 1883 1 60
Das Register apart. — 30

— Strassen-Uebersichtsplan von Zürich und Umgebung. 1 : 8800, neu revidirt, mit Register. Zürich, Keller. 1885 1 60

Unterlehrer Straub. Roman von Heinrich **Keller**. Berlin: E. Fleischel & Co. 1908. (281 S.) 8° [F.]

Streber. Roman von Heinrich **Keller**. Berlin: E. Fleischel & Co. 1906. (389 S.) 8° [F.]

Vergleichende Studie über die in den schweiz. Freimaurer-Logen gebräuchlichen Rituale. [Unterz.:] H. Keller. [Roggwyl 1901.] 15 S. 8°. [Kopftit.] [Lith.]

— Tableau v. Freyberg. 8. Dresd. 780. Gerlach. 5 gr.

Tableau von Freyberg (von *Heinrich Keller*). Frankfurt und Leipzig 1786. Selten! Anon.-Lex. IV, S. 144 (nach Meusel).

— Uebersichtskärtchen d. schweiz. Eisenbahnen. Zürich, Keller. 1878 — 50

—— Uebungsstücke zum Uebersetzen aus dem Deutschen ins Italienische für mittlere und obere Klassen von Gymnasien, Gewerbe- und Industrieschulen. gr. 8. (IV, 124 S.) Zürich 874, Schultheß. * 1 50

— über d. Verbesser. d. Hamburg. Straßenpflasters. 8. Hamb. 782.

—— Vocabular und Conversationsbuch der englischen Sprache. 8. (XIV, 137 S.) Zürich 878, Schmidt.

Keller, H. Vocabular und Conversationsbuch der englischen Sprache. 2. Ausg. In-8°. Zürich, Cesar Schmidt. 1882 1 —

— Vocabular u. Conversationsbuch der italienischen Sprache. (V, 162 S.) Leipzig 880. Teubner. 1 50

—— Vocabular und Conversationsbuch der englischen Sprache. 2. wohlf. (Titel-)Ausg. 8. (XIV, 137 S.) Zürich 882, Schmidt.

— Wandkarte der *Erde* in 2 Hemisphæren. Neu revidirte Ausgabe. Ebendas. 1879
Oestliche Hemisphære, 4 Bl. 4 —
Westliche „ 4 Bl. 3 50

Keller's Wandkarte von Europa. 6 lithogr. u. ill. Blätter in gr. Imp.-Fol. Zürich 837. (Orell, Füßli u. Comp.) n. 2 ß

—, H. IV. Wandkarte von Europa. 1 : 3,500,000. 6 Blatt superroyal. Mit deutscher und zugleich französischer Namengebung. Zürich, H. Keller's geogr. Verlag. 1878 8 —
Von 1879 an aber 10 —

Keller, Heinr., Vierte (physische) Wandkarte von Europa. 6 Bl. 1 : 3,500,000. Chromolithogr. Imp.-Fol. Zürich 879, Keller. *

— Wandkarte von Europa, politische Ausgabe von 1882. Zürich, Keller's geogr. Anstalt. 10 —

— — Wandkarte der Schweiz. Neue Ausgabe. 8 Bll. Zürich, H. Keller. 1874 10. —

Keller, Wandkarte der Schweiz. Eisenbahn-Ausgabe (mit verstärkten Eisenbahnen.) Zürich, H. Kellers geogr. Verlag. In Album. 1877 15. —

— — 6. Wandkarte der Schweiz in 8 Blättern. 1 : 200,000. Lith. und kolor. gr. Fol. Daselbst. 1887 16. 25

Was ist Freimaurerei? Zur Ermunterung für Suchende. Von H[einr.] Keller. Waldstatt 1892.
cf Bh. 35 (1892) S. 119—120 (C. Gotthold). *[KfF. 33 (1893) S. 194.]*

— — grössere Wegekarte vom Kanton Zürich. Ausg. 1877, aufgezogen. Ebenda. 3. —

— ein Wort über d. philosoph. Gottheit Christi u. über d. Göttlichkeit d. Bibel. 8. Freiberg 785. Graz u. G. 1 gr.

Keller, H. Der Kanton Zürich mit seinen näheren Angränzungen. Zürich 1828. 1 Bl. c. K. Ff.

Keller, Heinrich Adalbert von

—— y C. Possart, Biblioteca castellana, s. Biblioteca.

– Cervantes, Romane und Novellen.

– s. Edgeworth, M.: Erzählungen.

– s. Gudrun.

– s. Romancero del Cid.

Keller, Heinr. Adalb., zwei Fabliaux, s. Fabliaux.

—— li Romans des sept sages, nach d. pariser Handschr. hrsg. gr. 8. (28⅞ B.) Tübingen 836, Fues.

– s.a. Sagen, Altfranzösische.

—— altfranzös. Sagen, gesammelt. 1. u. 2. Bd. 8. Tübingen, [Osiander'sche Bh.] [1. (17 B.) 839., 2. (18½ B.) 840. à 1 Thlr.]

– s. Sand, G.: Ausgew. Schriften.

Keller, Heinr. Adb. v. Verzeichnis altdeutscher Handschriften. Hrsg. v. Ed. Sievers. gr. 8. (V, 178 S.) Tübingen 890, Laupp. * 5 —

Keller, Heinr. Wilh. Ad., das Meisterschafts-System zur praktischen und naturgemäßen Erlernung der russischen Geschäfts- und Umgangs-Sprache. Nach Dr. Rich. S. Rosenthal's neuer Methode, in kurzer Zeit eine Sprache lesen, schreiben und sprechen zu lernen, zum Selbst-Unterricht für das Russische bearb. (In 20 stufenmäß. Lectionen.) 1.—9. Lection. 8. (S. 1—200.) Leipzig 884, C. A. Koch's Verlagsh.
à Lection M 1. *

Keller, Heinr. Wilh. Ad., das Meisterschafts-System zur praktischen und naturgemäßen Erlernung der russischen Geschäfts- und Umgangs-Sprache. Nach Rich. S. Rosenthal's neuer Methode, in kurzer Zeit eine Sprache lesen, schreiben und sprechen zu lernen, zum Selbst-Unterricht für das Russische bearb. 10.—20. Lection. 8. (S. 201—456.) Leipzig 885—87, C. A. Koch. à Lection * ℳ 1.—. *
1.—9. Lection. Ebendas. 1884. à * ℳ 1.—.

—— dass. — Suppl. 8. (XIV, S. 457—488, 11 S.) Ebendas. 887. *

—— dass. — Schlüssel. 8. (IX, 76 S.) Ebendas. 887. *

Keller, Helen, Briefe meiner Werdezeit. Autoris. Uebersetzg. v. A. Saager. 1.—5. Aufl. (XI, 241 S.) 8. Stuttgart (910). R. Lutz. 3.50; kart. 4.50; geb. in Halbfrz. 5.50

Dunkelheit. Von Helen Keller. 5. Aufl. Deutsche Übers. von Heinr. Conrad. Stuttgart: Lutz (1908). 124 S. 8° [09. 16350

— **Dunkelheit.** Deutsche Übersetzg. v. Heinr. Conrad. 1.—13. Aufl. (124 S.) kl. 8. Ebd. (909. 10). Kart. 1.50

— Die Geschichte meines Lebens. s. a. Memoirenbibliothek. II. 6.

Die Geschichte meines Lebens [Story of my life] von Helen Keller. Mit e. Vorw. von Felix Holländer. Deutsch von P[aul] Seliger. Autorisiert. 2. Aufl. *Stuttgart 1904: R. Lutz.* (XIX, 347 S.) 8° [F.]
— Memoiren-Bibliothek. Ser. 2, Bd 6. [04. 13163

Die Geschichte meines Lebens [Story of my life] von Helen Keller. Mit e. Vorw. von Felix Holländer. Deutsch von P[aul] Seliger. Autorisiert. 12. Aufl. Stuttgart: R. Lutz 1905. (XIX, 347 S.) 8° [F.]
— Memoirenbibliothek. Ser. 2. Bd 6. [06. 30043 6

— **Optimismus.** Ein Glaubensbekenntnis. Autorisiert. Deutsch v. Rud. Lautenbach. 1.—15. Aufl. (à 87 S. m. Bildnis.) kl. 8. Stuttgart 906. R. Lutz. Kart. n 1.—

— **Optimismus.** Ein Glaubensbekenntnis. Übers. v. Rud. Lautenbach. 16.—38. Aufl. (87 S. m. Bildnis u. Fksm.) kl. 8. Stuttgart 907—10. R. Lutz. Kart. 1.—

Keller, Helen, the story of my life, hrsg. v. L. Bülte, s.: Authors, English.

— **Meine Welt.** Autoris. Übersetzg. v. Heinr. Conrad. 1.—22. unveränd. Aufl. (98 S.) kl. 8. Stuttgart 908—10. R. Lutz. Kart. 1.—

v. Keller, Henriette Baronin, siehe: Fürstenhaus, das, zu S....

Grosstante Helene. Erzählung von H[enriette] Keller-Jordan. *Berlin: Schriftenvertriebsanst. 1899.* (71 S.) 8° [F.] [00. 5103

Keller, Henriette Baronin v., der weibliche Majoratserbe. 2 Bde. 8. (590 S.) Berlin 857, Janke.

Keller, Henriette v., Waldemar Wernow, oder: Die Schwestern. Roman. 2 Bde. 8. (668 S.) Leipzig 855(56,) Kollmann.

— Waldemar Wernow, oder: Die Schwestern. Roman. 2 Bde. Leipzig 856. Kollmann. 8. (312; 356 S.) 2 ℛ. 20 ngr.

Keller, Herbert, a. Katharinenstadt ⟨Rußland⟩: Zur Kasuistik des Typhus exanthematicus. ⟨Aus dem während des russisch-japanischen Krieges 1904/05 in Charbin in der Mandschurei errichteten Lazarett der Deutschen Vereine vom Roten Kreuz.⟩ Berlin (1907): G. Schade. (28 S.) 8°
Berlin, Med. Fak., Ref. Kraus, Diss. v. 31. Juli 1907
[Geb. 31. März 84 Katharinenstadt, Rußland; Wohnort: Katharinenstadt; Staatsangeh.: Rußland; Vorbildung: Gymn. Reval Reife O. 02; Studium: Dorpat 7, Berlin 3 S.; Rig. 30. Juli 07.]

Keller, Hermann

Keller, H., die Anlage der Fischwege. Mit einem Vorworte des Ausschusses des Deutschen Fischerei-Vereins. gr. 8. (V, 69 S. mit eingedr. Fig.) Berlin 885, Ernst und Korn. *
Aus: Centralblatt der Bauverwaltung, besonders abgedruckt.

(Keller, H[erm. u.] C. *Reprecht.*) Die Anlage von Hochwasser-Sammelbecken im Okergebiete. Nach d. Gutachten d. Landesanstalt f. Gewässerkunde vom 26. Jan. 1904. M. 5. Beil. [Nebst Anh. Berlin 1905. 2°.
(Jahrbuch f. d. Gewässerkunde Norddeutschlands. Bes. Mitt. Bd 1. Nr 4.)

Keller, Herm., s.: Annalen d. schweizer. balneolog. Gesellschaft.

Keller, Hermann [Oberl. Dr.]: Die Behandlung des Nibelungenliedes im Unterricht der höheren Schulen. Charlottenburg, Buchdr. v. A. Gertz, 1892; 24 S. 4.
Charlottenburg, st. RG, OP 1892 (103)

Keller, Hermann, appr. Arzt a. Berlin: Beitrag zur Therapie des Lidcarcinoms. Leipzig 1906: B. Georgi. (43 S.) 8°
Leipzig, Med. Fak., Ref. Sattler, Diss. v. 28. März 1906
[Geb. 11. Febr. 75 Tarnow, Österreich; Wohnort: Berlin; Staatsangeb.: Österreich; Vorbildung: Gymn. Graues Kloster Berlin Reife O. 95; Studium: Berlin 9 S.; Coll. 28. März 06; Approb. 25. April 01.]

KELLER, H.: Einfluss der Zerstörung der Wälder und Trockenlegung der Sümpfe auf den Lauf und die Wasserverhältnisse der Flüsse. - Brüssel 1905. - (Ber. 10. internat. Schiffahrtskongress, Mailand 1905)

Keller, Hermann. Über philanthropische Einrichtungen an Kurorten: Das Sanatorium Rheinfelden, eine internationale Heilstätte für unbemittelte Soolbadbedürftige. [Mit 3 Plänen, wovon 1 Tafel.] Separatabdruck aus dem 3. Jahresheft (der Annalen) der Schweizerischen Balneologischen Gesellschaft. II + 11 S. 8. Aarau, H. R. Sauerländer & Co., 1907.

Keller, Hermann, von Ob.-Endingen, Ct. Aargau, z. Z. II. Assistenzarzt der geburtshülflich-gynäkologischen Klinik Bern: Ein Fall von Lähmung des Musculus serratus anticus major (Lähmung des nervus thoracicus longus). Zür. Zürcher u. Furrer Dr. 1884. 67 S., 1 Taf. 8°.
Zürich, Med. Diss. [v. 30. Juli 1883].

Keller, Herm., die Hochwassererscheinungen in den deutschen Strömen. Ein bei der Naturforscherversammlung zu Kassel am 22. IX. 1903 geh. Vortrag nebst erläut. u. begründ. Anmerkgn. (VIII, 104 S.) 4. Jena 904. H. Costenoble. n. 3.60

Keller, H. Die Canalisation v. Neapel. Fol. (8 S. m. 1 Holzschn. u. 4 Taf.) Berl. 892, Ernst u. Sohn. * 7 —
Aus: Zeitschrift f. Bauwesen, besonders abgedruckt.

— die Canalisation von Rom. [Aus: „Zeitschr. f. Bauwesen".] Fol. (8 S. m. 1 Holzschn. u. 4 Taf.) Ebd 892. n. 7.—

Keller, H[ermann]. Die Kochsalzwässer und Solbäder. Von Dr. H. K'... in Rheinfelden ⟨Schweiz⟩. ⟨Sonderabdruck.⟩ [Aus:] Jahrbuch über Leistungen und Fortschritte auf dem Gebiete der physikalischen Medizin. Begründet und hrg. von Professor Dr. med. Ernst Sommer... . Jahrg. 1. II S.+S. 22—37. 8. Leipzig, Otto Nemnich, 1908.

Keller, Hermann. Über Lungenstoffwechsel. Separatabdruck aus dem 2. Jahresheft der Schweizerischen balneologischen Gesellschaft. II S. + S. 90—103. 8. Aarau, H. R. Sauerländer & Co., 1906.

— der Marne-Saône-Canal. Mit 8 (lith.) Blatt Zeichnungen. [Aus: „Zeitschr. f. Bauwesen".] gr. 4. (22 S.) Ebend. 883. n. 8.—

Keller, H., Memel-, Pregel- u. Weichselstrom, ihre Stromgebiete u. ihre wichtigsten Nebenflüsse. Eine hydrograph., wasserwirthschaftl. u. wasserrechtl. Darstellg. Auf Grund des Allerhöchsten Erlasses vom 28. II. 1892 im Auftrage des preuß. Wasser-Ausschusses hrsg. 4 Bde., nebst Tabellenbd. u. Atlas. Berlin 899. D. Reimer
n. 44. —; kart. n. 48. —; geb. n. 56. —
I. Stromgebiete u. Gewässer. Lex.-8. (XVIII, 527 S.)
II. Memel- u. Pregelstrom. Lex.-8. (VIII, 532 S.)
III. Weichselstrom in Schlesien u. Polen. Lex.-8. (VII, 522 S.)
IV. Weichselstrom in Preußen. Lex.-8. (VI, 493 S.)
Tabellenbd. Fol. (IV, 189 S.) — 46 Kartenbeilagen. Imp.-Fol. (50 meist farb. S.)

Keller, Memel-, Pregel- u. Weichselstrom, ihre Stromgebiete u. ihre wichtigsten Nebenflüsse. Eine hydrograph., wasserwirthschaftl. u. wasserrechtl. Darstellg. Berlin 900.

Niederschlag, Abfluß und Verdunstung in Mitteleuropa. Von H[ermann] **Keller**. Mit 2 Beil. Berlin: E. S. Mittler & Sohn 1906. (43 S.) 4°
— Jahrbuch f. d. Gewässerkunde Norddeutschlands. Bd 1, No 4.

Keller, H[ermann]. Normen und Desiderien für Kurorte. Referent: Dr. H. K'... in Rheinfelden. Separatabdruck aus Heft 3 der Annalen der Schweizerischen Balneologischen Gesellschaft. S. 22—25. 8. Aarau, H. R. Sauerländer & Co., 1907.

Keller, Herm., die neue Packhof-Anlage in Berlin, s. Wolff, F.

Keller, Herm. Das Soolbad Rheinfelden (Schweiz). Mit besond. Berücksicht. der physiolog. u. therapeut. Wirkgn. der Soole im Allgemeinen. Eine balneolog. Studie. gr. 8. (VII, 171 S. m. 1 farb. Karte.) Aarau 892, Sauerländer u. Comp. * 2 80

Keller, Hermann. Über die Solbadbehandlung während der Gravidität. Vortrag, gehalten in der 23. Versammlung der Balneologischen Gesellschaft. Von Dr. Hermann Keller, ... Rheinfelden. Sonder-Abdruck aus «Deutsche Medizinal-Zeitung» 1902. No. 32. 11 S. 8. (Berlin, Leonhard Simion.)

Keller, H., das Sommer-Hochwasser vom Juni bis Juli 1894 in der Oder u. Weichsel. Bearb. im Bureau d. Wasserausschusses. [Aus: „Centralbl. d. Bauverwaltg."] gr. 8. (20 S. m. 3 Abbildgn.) Berlin 894. W. Ernst & Sohn. n. — 80

Keller, H., Studien über die Gestaltung der Sandküsten u. die Anlage von Seehäfen im Sandgebiet. [Aus: „Ztschr. für Bauwesen".] Imp.-4. (40 S. m. eingedr. Holzschn.) Berlin 881. Ernst & Korn. n. 4. —

Keller, Hermannus: De verborum cum praepositionibus compositorum apud Lucretium usu. Halis Saxonum 1880: (Freyhoff in Schwedt). 41 S. 8°
Halle-Wittenberg, Phil. Diss. v. [13. Juli] 1880
Geb. Vierraden bei Schwedt 10. 11. 1855. V.

Keller, H. Die Wasserstraßen Frankreichs. Gotha 1881. 2°. (Aus: Petermann's geogr. Mitt.)

Weser und **Ems**, ihre Stromgebiete u. ihre wichtigsten Nebenflüsse. Eine hydrogr., wasserwirthschaftl. u. wasserrechtl. Darstellung. Auf Grund d. Allerh. Erlasses v. 28. Febr. 1892 im Auftr. d. preuss. Wasser-Ausschusses hrsg. von H[ermann] **Keller**, Geh. Baurath. Bd 1—4 & Tab. u. Atl. *Berlin: D. Reimer 1901.* 4 Bde 4°, 1 Bd 4°(8"), 1 Bd 2°
1. Stromgebiete u. Gewässer. 2. Quell- u. Nebenflüsse d. Weser (ohne Aller). 3. Die Weser von Münden bis Geestemünde. 4. Die Aller u. d. Ems. Tabellen u. Anlagen. (31) Kartenbeil.

Keller, H[ermann]. Die physiologische Wirkung des Soolbades und des kohlensäurehaltigen Soolbades. <Separatabdruk aus dem Correspondenzblatt für Schweizer Aerzte, [Jahrg. 31,] 1901 [No 8].> II + 7 S. gr.-8. Basel, Schweighauser, 1901.

Keller, Hermann. Die physiologische Wirkung des Solbades und des kohlensäurehaltigen Solbades. Von Dr. H' K'... Rheinfelden. Sonderabdruck aus «Therapeutische Monatshefte» (Jahrg. 17,) 1903, Oktober. [Mit Fig.] [5 S.] 4. <Berlin, Julius Springer.>

Keller, Hubert. (geb. Oberbohlheim im Rheinl. 10. 7. 1836): De articuli cubitalis resectione. Berolini (1861). (32 S.) 8°
Berlin, Med. Diss. v. 12. Aug. 1861

Keller, Hugo [aus Karlsruhe]: Zur Kenntniss einiger Derivate des 1, 2, 4, Ortho-Xylidins ... München, k. Hof- u. Univ.-Buchdr. v. Dr. C. Wolf & Sohn, 1892; 31 S. 8.
Erlangen, Phil. Fak., Inaug.-Diss. v. 1892

Keller, J., d. Armenrecht, s. Handbibliothek, juristische, Bd. 281.

— Vom Vater ausgegangen, zum Vater zurück. Predigten üb. das Gleichnis vom verlornen Sohn. (VIII, 90 S.) 8. Frauenfeld (910). Huber & Co. 1. 50

Keller, J., Beiträge zur politischen Thätigkeit Heinrich Zschokke's in den Revolutionsjahren 1798—1801. gr. 8. (73 S. m. 1 Portr.) Aarau 887. Sauerländer. n. 1. 40

— Die Erwerbsverhältnisse des jurass. Berneraargau's in der 2. Hälfte des vorig. Jahrhdts. In-8°, 68 S. Aarau, 1884, Sauerländer.

Keller, *Julius* [Prof.]: Karl Friedrich, *gest. am 7. Juli 1893.* (Aus: Südwestdeutsche Schulblätter, 1893 No 8.) Karlsruhe, Buchdr. v. Malsch & Vogel, 1894; 3—4 S. 4.
Karlsruhe, RG, MP 1894 (621)

Keller, J. (I.), Grundriß einer historischen Einleitung in die Bibel und deren einzelne Theile. Für höhere Bildungsanstalten und zur Selbstbelehrung. 8. (220 S. mit 1 Karte von Palästina in color. Kpfrst.) Aarau 874, Sauerländer's Verlag. * 2 80

— **Grundriß** einer historischen Einleitung in die Bibel, für höhere Bildungsanstalten u. zur Selbstbelehrung. 2., verm. u. verb. Aufl. Mit einer (chromolith.) Karte von Palästina. gr. 8. (VIII, 271 S.) Ebend. 878. n. 2. 80

Keller, J. Grundsätze d Sittenlehre für freisinnige Lehrer, Zöglinge von Normal-Schulen, und Eltern. NY. 1885.

Keller, J., ins volle Leben. Konfirmandenbuch. (79 S.) 8. Bern 911. A. Francke. Geb. in Leinw. p — 80

Keller, J., deutsches Lesebuch, s.: **Utzinger, H.**

Keller, J., Nachklänge zu Klopstocks Aufenthalt im Oberland. Wettingen 1889.
Progr.

Keller, J., Perdita oder: Das Rosenfest. Drama in 3 Acten. 3. Act theilweise v. H. Kipper. Musik m. ausschliessl. Benutzg. Fr. Schubert'scher Motive v. demselben. Act 1 u. 2 (m. Musikbeilage von Schumann, Zigeunerleben) u. Fortsetzg. des 3. Actes v. K. Textbuch. Lex.-8. (28 S.) Bremen 900. Praeger & Meier. n. 2. —

Keller, J., das Philanthropinum in Marschlins, s.: Beiträge zur Lehrerbildung. 11. Hft.

Keller, J., Psalm 45, 47 u. 54, ausgelegt. 8. (28 S.) Schaffhausen 899. (C. Schoch). — 30

Keller, J. (II.), Rechtsfreund für den Kanton Aargau. Eine Anleitung, die Rechtsgeschäfte in gehör. Weise selbst besorgen zu können. (In 6 Heften.) 1. Heft. gr. 8. (96 S.) Zürich 870, Schultheß. — 60

Keller, J., Der Rechtsfreund für den Kanton Aargau. 170 Stn. 8. Zürich, Fr. Schulthess. 4. 50
1871 gbdn. 5. —

--Schreib- und Lese-Fibel. 2d ed. NY. 1885.

Keller, J., deutsche Vorschriften. 20 Bl. 4. Elberf. ... Schönian. 10 *K* Beschreib. dazu 2 *K*

Keller, J. Wünsche zur bevorstehenden Reform der Gymnasien. 8. (28 S.) Wittenb. 890, Herrosé's Verlag. * — 50

— Das geometrische und projective Zeichnen für Lehrer und Schüler an Sekundar-, Bezirks-, Real- und Fortbildungsschulen. In Mappe. 35 Tafeln in quer-4° u. Text. Aarau, H. R. Sauerländer. 1887 5 —

Keller, J. Andr., Jakob u. Heinrich, oder Erläuter. über d. helvet. Constitution. 8. Winterth. 799. Steiner. 20 Kr

— Predigt zur Empfehlung des neuen Züricher Gesangbuchs. 8. Winterth. 799. Steiner. 4 Kr

— vollständ. Rechenbuch m. belehr. Beispielen. 8. Bregenz, Brentano.

Keller, J. C. Geschichte der gemeinen Stubenfliege. Nürnberg 1764. 4.

Keller, J. G., Harfentöne. Ein Taschenbuch f. Harfentöne.

Keller, J. G., drei Predigten wider den Aberglauben. Vor einer Landgemeinde gehalten. Erl. 823. 8.

Keller, J. H., Commentatio histor. de stirpe nobilium de Königsee. Rudolstadii 1824. 4.

Keller, J. Jos., Versuch einer nähern Darstellung d. vor einem Jahre geschriebenen Natterngeschichte. Mit 2 Kpf. 8. ... 811.

Keller, J. L. A.

— Abhandl. üb. d. Mai- u. Spät-Frost, nebst e. Mittel, wodurch diesem so allgemein vorherrschenden Uebel sicher begegnet werden kann. 8. Hadamar, 1803. (Weilburg, Lanz.) — 7⅓

Keller, J. L. A., Anleitung zur Verbesserung d. Wiesen- u. Futterbaues, über d. Verbesserung d. Gärten u. d. Obstkultur auf d. Lande. gr. 8. Frankfurt a. M. 821. Hermann. 1 Rthl 20 Kr. Hbg. Pr. 1 Rthl

Keller, J. L. A., Anleit. z. Verbesser. d. Wiesen- u. Futterbaues. Nebst e. kurzen Beilage üb. d. Verbesser. d. Gärten u. d. Obstkultur auf d. Lande. gr. 8. Frankfurt, 1821. (Osterrieth.) (1. 25) 1. —

Keller, J. L. A., üb. den May- od. Spät-Frost u. Mittel dies. Ueb. l abzuhelfen. 8. Hadam. Gel. Hdl. 803.

— üb. d. May- u. Spätfrost u. d. Mittel, diesem Uebel abzuhelfen. 8. Hadamar 803. (Lanz in Weilb.) 6 Kr.

— Predigten für Bergleute. gr. 8. Frankf. (Brede in Offenb.) 794.

— Predigten für Bergleute. gr. 8. Offenbach 794. (Brede). 1 Rthl 8 Kr

Keller, J. W., Bruchstück aus einem evangelischen Katechismus für das Jahr 1900 mit Anmerkungen für die Gegenwart nebst Allerlei aus meinem Tagebuch. Barmen 853. Sartorius. 8. (47 S.) 5 ngr

Keller, J. W., lateinische Kirchengesänge (Benedictionen, Hymnen, sacramental. und marian. Antiphonen, Litaneien) für alle Zeiten des Kirchenjahres in leichter vierstimm. Bearbeitung für Sopran, Alt, Tenor und Bass. qu. 4. (36 S.) Aachen 862, [Jacobi und Comp.]

Keller, J. W., Prediget u. er sprach: Was soll ich predigen? Eine Synodalpredigt in d. Kirche zu Wickrathsberg am 2. Sept. 1823 gehalten. 8. Düsseld. 824. Schreiner. 4 Kr

Keller, J. W., die acht Psalmen. Töne des Gregorianischen Choral-Gesanges nebst den Melodien der Psalmen: In exitu u. Miserere in enger u. weiter Harmonie für 4 Stimmen (Sopran, Alt, Tenor u. Bass) mit Orgelbegleitung ad libitum bearb. u. herausg. Aachen 856. Hensen u. Co. 4. (20 S. 10 ng

Keller, Jak., die cyprischen Alterthümer, s. Sammlung gemeinverständlicher wissenschaftlicher Vorträge.

Keller J. die cyprischen Altertumsfunde. (Sammlung wissenschaftl. Vorträge 363) Berlin 1881

Keller, J. Die Aufgabe des deutschen Gymnasiums in Ansehung der religiös-sittlichen, geistigen und nationalen Bildung der Jugend. 26 S. Progr. *Bensheim* 1878.

Keller, Jak. Bericht über das Fest der Einweihung des neuen Gymnasialgebäudes zu Bensheim am 26. April 1882. 10 S. Progr. *Bensheim* 1882.

Keller, Jak., amerikanische Buchhaltung f. Sekundar- u. Handelsschulen. Auf Grund geschäftl. Dokumente ausgeführt. 2., etwas veränd. Aufl. (III, 120 S.) 8. Lichtensteig (910). (St. Gallen, A. & J. Köppel.) 2. —

Keller, Jacob. Zur Erinnerung an Seminardirektor Jakob Keller, geboren 22. Oktober 1843; gestorben 1. Dezember 1900. (Auswahl aus Kellers Briefen [hrg. von] J[acob] Suter.) 8.
(Ex. 1:) (29 S.) 28. Jahresbericht über das Töchterinstitut und Lehrerinnenseminar Aarau. Schuljahr 1900/1901.... Aarau, H. R. Sauerländer & Co., 1901. (S. 41—69:) Beilage....
(Ex. 2, Sep.-Ausg.:) II + 27 S. Aarau, H. R. Sauerländer & Co., 1901. [fr. —.80]

Keller, Jacob, aus Beringen, Ct. Schaffhausen: '(Aus dem zoologischen und vergleichend anatomischen Laboratorium beider Hochschulen in Zürich.)' Die ungeschlechtliche Fortpflanzung der Süsswasserturbellarien. [S. A. aus: Jenaische Zeitschrift für Naturwissenschaft, Bd 28. N. F. 21, S. 370—407; die Tafeln XXVI—XXIX sind nicht beigegeben]. Jena G. Fischer 1894. 42 S. 8°.
Zürich. Phil. Diss. [v. 30. Mai 1894].

Keller, J. (Rector). Geschichte der Schweiz für Schule und Volk. Auf Grund von Vulliemin's Geschichte der schweiz. Eidgenossenschaft bearbeitet. In-8°, 256 S. Aarau, H. R. Sauerländer. 1881 2 40
geb. 2 80

Keller, J., Das rhätische Seminar Haldenstein-Marschlins. Aarau, Lehrerinnen-Seminar 1883.
Progr.

Keller, Jacob. Das Hohelied nebst einer Zugabe von Psalmen, ausgelegt von Jakob K', Lehrer. 195 S. 8. (Gächlingen, Kt. Schaffhausen, [Selbstverlag; Ascona, Comm. C. v. Schmidtz, 1905].) [fr. 1. 50]

Keller, J[acob]. Abraham Emanuel Fröhlichs (1796[–1865]) Jugendjahre. [A.] 8. ([Bern] 1896.)

Keller, J.: Katalog der Lehrerbibliothek. 33 S. Freistadt, St. G., Progr. 1898

Keller, *Jakob*: Katalog der Lehrer-Bibliothek des k. k. Kaiser Franz Josef-Staatsgymnasiums in Freistadt. I. Theil. (Umschlagtitel: ... bibliothek. (I. Th.)) 8 (S. 3—36). Progr.

Keller, J[acob]. Die Schlosser-Lavater'sche Korrespondenz aus den Jahren 1771 und 1772. Mitgetheilt von Seminardirektor J. K'.... SA. 8. [Zürich 1893.]

Das Aargauische Lehrer-Seminar. Zur Erinnerung an seine Gründung vor 75 u. seine Verlegung nach Wettingen vor 50 Jahren. Von J[akob] Keller, Seminardir. *Baden 1897: O. Wanner.* (128 S.) 8° [F.] (00. 64:07 11

(Keller. J[acob].) Nekrologe schweizerischer Schulmänner. [Progr. 2 Theile.] 8. (Baden 1893–1895.)
[Theil 1] *u. d. T.*: Probe aus einer grösseren Sammlung von Nekrologen schw' Schulm'. (Aargau und Zürich.)

Keller, J. Michael Traugott Pfeiffer, der Musiker, Dichter u. Erzieher. 8. (IV, 130 S. m. Bildnis) Frauenfeld 894. J. Huber's Verl. n. 2.—

— J. Probe aus einer grösseren Sammlung von Nekrologen schweizerischer Schulmänner. (Aargau u. Zürich.) Progr. In-8°. 44 S. Wettingen. 1894

Keller, Jakob, bacc. jur., Pfäffikon (Ct. Zürich): Der strafrechtliche Schutz des Betriebs- und Geschäftsgeheimnisses. Andelfingen 1905: W. Hepting. (105 S.) 8°
Leipzig, Jur. Fak., Diss. v. 19. Juli 1905
[Geb. 6. Juni 76 Andelfingen; Wohnort: Zürich; Staatsangeh.: Schweiz; Vorbildung: Gymn. Winterthur Reife M. 96; Studium: Zürich, Leipzig; Rig. 21. Dez. 01.]

Keller, J[acob]. Isaak Iselins Verdienste um die Verbreitung der Basedowschen Pädagogik in der Schweiz. [SA.] 8. (Gotha [1884].)

Keller, J. Isaak Iselin's Verdienste um die Verbreitung der Basedow'schen Pädagogik in der Schweiz. (Beigabe z. Programm d. Lehrerinnenseminars). In-8°, 40 S. Aarau, Sauerländer. 185

Keller, J.: Isaak Iselins Verdienste um die Verbreitung der Basedowschen Pädagogik in der Schweiz. Gotha 1885. 40 S.

Keller, Jac., vgl. Verzeichniss der Glocken etc.

— Die aargauischen Volksschulverhältnisse während der Dauer des ersten Schulgesetzes (1805–1822). Wettingen 1868.
Progr.

Keller, Jakob Unsere Vorfahren. Rede gehalten bei der Schlußfeier des Schuljahres 1876/77 am Vorabende des Sedantages. S. 27–33. Progr. Rg. *Mainz* 1878.

Keller, Ida A., aus Philadelphia: Ueber Protoplasma-Strömung im Pflanzenreich. Zür. Societäts-Buchdr. Dr. 1890. 47 S. 8°.
Zürich, Phil. Diss. II. S. [v. 3. März 1890].

Keller, Jean, s. Keller, Johannes

— **Johann** (Buchberg/Schweiz), Annotationes quasdam in historiam et naturam typhi contagiosi nuperrime grassati. Adnexis thesibus chirurgicis. Diss. med. Präs. Ferd. G. Gmelin. Tübing. (Ludw. Fried. Fues) Febr. 1816. 32 S. mit Widm. v. Präs. (6.—) 17669

Keller, Joh. Die einander doppelt conjugirten Elemente in allgemeinen reciproken Systemen. Zürich 1879.

Keller, Joh. Orthogonal-conjugirte Systeme monofocaler Kegelschnitte. Zürich 1887.

Keller, Johann Baptist von

Keller, Bischof v., Hirtenbrief, übersetzt, s. Hirtenbrief.

HIRTENBRIEF des Bischofs von Rottenburg a. N. zur Aufrechterhaltung des Cölibatsgesetzes erlassen, ins Teutsche übersetzt . . . . (Vf.: *Joh. B. Keller;* Uebers.: Fetzer.) Baireuth 1833.
Anon.-Lex. II. p. 287 (nach Schmalinger u. Winer).

Keller, Joh. Bapt. v.: Rede am Grabe des am 6. März gestorbenen [Jakob] Hosp von Mengen, Repraesentanten des Oberamts Saulgau in der Kammer der Abgeordneten. Stuttgart: Mäntler [1821].

KELLER, Johann Baptist Max. (Altötting): De melaena.- Monachii: Giesser 1836. 16 S.
20.8.1835 - Urk; F 62
Diss. Ingolst.-Landsh.-Mchn.

— **Johann Christian Wilhelm** (Münchenbernsdorf/Misn.; Lübben), Fragmenta quaedam obstetricia. Diss. med. Lpz. (Solbrig) 24. IX. 1802. 43 Seiten. (6.50) 17670

— **Johann Christoph Chrysostomus** (Aschaffenburg), De unione electorali. Von der Chur=Verein. Historica juris publici dissertatio. Rector D. Christoph Nebel. Präs. D. Johann Michael Dahm. Mainz (Haeffner's Erb. / Elias Peter Bayer) 28. III. 1754. 107 S., tlws. dtsch. (8.50) 17671

Keller, Joh. Heinr., Weinfelden. Dissertatio medica inauguralis de decubitu aegrorum.
Basel; med. Diss. von 1739

Keller, Joh.Heinrich: Theses iuridicae miscellaneae. 7 S.— Basel, Jur.Diss.v.24.Jan. 1721.

Keller, Jh. Jak., neue Ansicht d. evangelischen Geschichte. 8. Eßling. 815. Fixdorff u. Kleinh. 14 Kr

— Beschreib. d. Reichsst. Eßlingen u. ihres Gebiets. Mit d. Grundriß d. Stadt. 16 Bogen. 8. Eßling. 798.

(—) Beschreib. d. jährl. Schwörtags d. Reichsst. Eßlingen; in Briefen an einen Freund. 8. Eßling. 789.

Keller, J. Jak. Geschichte von Esslingen. 8. Pleidelsheim 1814.

— d. Jubiläum d. 200jähr. Stiftung d. Collegii Alumnorum in Eßlingen 1798. 4. Eßling. 798.

— d. Leben Jesu, nach den 4 Evangel. übereinstimmend beschrieben. 8. Eßling. (Stuttg.) 802. (Sonnewald). 15 Kr

— Menschenliebe, d. Glück d. Welt. Eine Predigt. 8. Stuttg. 794. (Hofmann). 5 gl.

— deutschländischer Ortsadel, in seinen Namensdenkmälern, zur Auffindung d. Grundsteins d. Kultur u. Volksgeschichte. 8. Stuttg. 819. Sattler. 6 Kr

Keller, J[oh.] J[akob], von Andhausen, Kt. Thurgau: Der kriegsgerichtliche Prozess gegen Kilian Kesselring 1633–1635. Frauenfeld J. Huber Dr. [u. Verl.] 1884. VIII, 204 S. 8°.
Zürich, Phil. Diss. I. S. v. März [12. Juli] 1884.

Keller, J. J. Der kriegsgerichtliche Prozess gegen Kilian Kesselring, 1633—35. Gr. in-8°, Frauenfeld, Huber. 1893 3 75

— s. Taschenbuch über d. Schweiz.

— tabellar. Uebersicht d. Herzogthums. Eßling. 796.

Keller, Jh. Geo., Schulbilder alt- und neutestamentliche. Allen Volks-Schullehrern zur lehrreichen Beschauung vorgezeigt. 8. Nürnberg 837. Stein. 5/8 ß

— **Johann Ludewig** (Conrector der großen Schule zu Potsdam), Als der Hochedelgebohrne und Hochgelahrte Herr, Herr George Gottfried Küster, Wohlverdienter Rector des Friederich=Werdrischen Gymnasii und Mitglied der Königlichen Academie der Wissenschaften zu Berlin, den 6ten März 1768 sein Amtsjubiläum feierte, so wollte so wohl die Göttliche Vorsehung, wie Sie Sich in Seinem ganzen Leben an Ihm verherrlichet hat, bewundern, als auch, wie gut dieser Würdige Greiß solche angewendet, zeigen, Desselben gehorsamstergebenster Schwieger=Sohn. Potsdam (Sommer). 24 S. mit genealog. Biogr. (M.: D. E. Gast) u. Schriftenverz. Kü.'s. (7.—) 17672

KELLER, JOH. RUD. Das Lob Gottes Aus dem Mund der Kinderen und Säuglingen in der Gnade, Oder LII. Psalm-Lieder Über den Heydelbergischen Catechismus, nach den Lobwasserischen Singweisen eingerichtet. 3. [verm.] Aufl. Bern, Samuel Küpfer, 1764. — *M. Melodien.* Kl. 8°. Etwas ben. Ld. d. Z. 1 Schließe defekt. 40.—

Keller, Johannes

Keller, J[ean]: Ueber die Aussprache des Italienischen in der Toskana. Zür. Zürcher u. Furrer Dr. 1857. 1 Bl., 21 S. 4°.
Programm der zürcher. Kantonsschule 1857.

Keller, Johs., Elementarmethode der italienischen Sprache. Bearb. nach Karl Keller's Grundsätzen. 2 Thle. (in 1 Bde.) gr. 8. (XII und 876 S.) Zürich 860, Meyer und Zeller's Verlag. *

Keller, Johannes, von Mandach (Canton Aargau): Die einander doppelt conjugirten Elemente in allgemeinen reciproken Systemen. [S. A. aus: Vierteljahrsschrift der Naturforsch. Ges. in Zür., Bd 25. S. 1—43]. Zür. Zürcher u. Furrer Dr. 1879. 48 S., 2 Taf. 8°.
Zürich. Phil. Diss. [v. 16. Dec. 1879].

Keller, J., Katechismus der Stolze'schen Stenographie. Ein Hülfsbüchlein für Lehrende u. Lernende. gr. 8. (40 S.) Wetzikon 894. (Leipzig, J. H. Robolsky.) Kart. n.n. —.80

Keller, J[ohannes]. Katechismus der Vereinfachten Stenographie. ⟨System Stolze-Schrey.⟩ Ein Hülfsbüchlein für Lehrende u. Lernende. 56 S. 8. Wetzikon bei Zürich, Hermann Bebie, 1903. ([cart.] fr. 1.50)

Keller, Jean, Lehrbuch der italienischen Sprache für obere Industrie- und Gewerbsschulen. gr. 8. (VIII und 234 S.) Zürich 851, Orell, Füßli und Comp. *

Keller, Johs., Lehrbuch der italienischen Sprache für Schulen und zum Privatstudium. 2., gänzlich umgearb. Aufl. der Elementarmethode. gr. 8. (VIII, 302 S.) Zürich 875, Meyer und Zeller. *

Keller, Josef, Referendar, aus Schiltigheim: **Die Aktien-Urkunde nach dem Allgemeinen Deutschen Handelsgesetzbuch und dem Neuen Handelsgesetzbuch vom 10. Mai 1897.** *Schiltigheim 1900: A. Bartl.* (84 S.) 8°
Erlangen, Jur. Diss. v. 28. Febr. 1900

Keller, Josef [aus Spillenburg b. Essen]: Beiträge zur Therapie der Tussis convulsiva.... Bonn, Univ.-Buchdr. v. Carl Georgi, 1890; 38 + 1 S. + 1 Bl. 8°
Bonn, Med. Fak., Inaug.-Diss. v. [28.] Jun. 1890

Keller, Jos., Heinrich Fürchtegott Dippelmann. Nachgelassene Schriften e. Alpinisten, hrsg. v. K. (311 S.) gr. 8. Leipzig 908. Verlag f. Literatur, Kunst u. Musik. 5.—

Keller, Joseph. Festschr z Feier d goldenen Jubs d Indpls Männerchors am 23. 24. und 25. Juni, 1904. Indianapolis. 1904.

Keller, Joseph. Standrede nach der Hinrichtung des Peter Welti, ehemaligen Pfarrers in Wohlenschwil, gehalten auf dessen Richt-stätte den 4. Herbstmonat 1834. 8. Baden.

Keller, Josef, approb. Arzt aus Neheim ⟨Prov. Westf.⟩: **Aus d. Psychiatr. u. Nervenklinik zu Kiel. Zur Symptomatologie der Tumoren in den Centralwindungen.** *Kiel 1903: H. Fiencke.* (25 S.) 8°
Kiel, Med. Diss. v. [4. Sept.] 1903

Keller, Joseph Anton (Bearb.), s. Achter, Achille van: Theoretische u. praktische Methodik.

Keller, Jos. Ant. 130 auffallende Akte der göttlichen Vorsehung u. Strafgerechtigkeit. Aus neuester Zeit. Nach wahrheitsgetreuen Berichten. 12. (XVI, 382 S. m. 1 Stahlst.) Mainz 891, Kirchheim. 2.50

Anleitung zu einer guten Generalbeichte nebst Morgen-, Abend-, Mess-, Beicht- u. Kommunionsgebeten. Von Dr. Joseph Anton Keller, Pfarrer in Gottenheim. *Münster i. W.: Alphonsus-Buchh. 1902.* (72 S.) 8°
[F.] [03. 13]

Keller, Jos. Ant., Anleitung zu e. guten Generalbeichte, nebst Morgen-, Abend-, Meß-, Beicht- u. Kommuniongebeten. 2. Aufl. (72 S.) 16. Münster 909. Alphonsus-Buchh. —15

Keller, Jos. Ant., 150 Armenseelen-Geschichten. Ernster Spiegel f. jeden Christen. Mit 1 Stahlst. 12. (XV, 280 S.) Mainz 885. Kirchheim. 2.—

Keller, J. A., 160 Armenseelen-Geschichten. Ernster Spiegel f. jeden Christen. 2., verm. Aufl. Mit 1 Stahlst. 12. (XVI, 308 S.) Mainz 887. Kirchheim. 2.25

Keller, Jos. Ant. 165 Armenseelen-Geschichten. Ernster Spiegel f. jeden Christen. 3. aufs neue durchgeseh. u. verm. Aufl. 12. (XXIV, 315 S. m. 1 Stahlst.) Mainz 891, Kirchheim. 2.25

— 150 Armenseelen-Geschichten. Ernster Spiegel f. jeden Christen. 4., aufs neue durchgeseh. Aufl. 12. (XXIV, 256 S. m. 1 Stahlst.) Mainz 900. F. Kirchheim. n. 2.25

— 154 Armenseelen-Geschichten. Ernster Spiegel f. jeden Christen. 5., verm. Aufl. (XXXII, 288 S.) kl. 8. Mainz 906. Kirchheim & Co. n. 2.25; geb. in Leinw. n. 3.25

— 240 ausgewählte Beispiele u. wunderbare Begebenheiten zum Lob u. Preis des heiligsten Altars-Sakramentes. Gesammelt u. hrsg. 4. verm. Aufl. (XXIV, 507 S. m. 1 Stahlstich.) kl. 8. Ebd. 905. n. 3.20; geb. in Leinw. n. 4.20

— 230 ausgewählte Beispiele zum 2. Gebot Gottes. Gesammelt u. hrsg. (XVI, 259 S. m. 1 Stahlst.) 12. Ebd. 903. n. 2.40

— 225 ausgewählte Beispiele zum 3. Gebote Gottes. Gesammelt u. hrsg. (XXX, 324 S. m. 1 Stahlst.) kl. 8. Ebd. 904. n. 2.50

— 336 ausgewählte Beispiele zum 5. Gebote Gottes. Gesammelt u. hrsg. (XIX, 441 S. m. 1 Stahlst.) kl. 8. Mainz 907. Kirchheim & Co. 3.—; geb. 4.—

— 180 ausgewählte Beispiele zum 6. u. 9. Gebote Gottes. Gesammelt u. hrsg. (XIV, 326 S. m. 2 Taf.) kl. 8. Ebd. 908. 2.50; geb. in Leinw. n 3.50

— 170 ausgewählte Beispiele zum 7. u. 10. Gebote Gottes. Gesammelt u. hrsg. (Keller's Exempelbücher XXXII.) (XII, 227 S. m. Titelbild.) kl. 8. Ebd. 910. 1.60; geb. in Leinw. 2.60

— 190 lehrreiche u. erbauliche Beispiele zum hl. Sakrament der Priesterweihe. Nach wahrheitsgetreuen Quellen. 12. (XX, 484 S. m. 1 Stahlst.) Ebd. 894. 3. 50

Keller, Jos. Ant., 180 lehrreiche u. erbaul. Beispiele z. hl. Sakrament der Ehe. 12. (XIX, 324 S. m. 1 Stahlst.) Mainz 896. F. Kirchheim. n. 3. —

Keller, J. A., 260 Beispiele zum 4. Gebot Gottes. Mit 1 Stahlst. 12. (XVI, 424 S.) Mainz 888. Kirchheim. 3. —

—— 150 lehrreiche Beispiele u. Geschichten zum hl. Sakrament der Taufe. Wahrheitsgetreu erzählt. 12. (XIII, 252 S. m. 1 Stahlst.) Ebd. 892. 1 80

— 200 interessante Beispiele zum ersten Gebot Gottes. Gesammelt u. hrsg. 12. (XVI, 290 S.) Ebd. 902. n. 2. 50

— 140 merkwürd. u. ergreif. Beispiele v. Helden u. Märtyrern d. Keuschheit aus allen Jahrhunderten. Ein Spiegel f. Ledige u. Verheiratete. 12. (XXIII, 230 S. m. 1 Stahlst.) Ebd. 896. n. 1. 50

— 280 Beispiele zu den 7 Werken der leiblichen Barmherzigkeit. Aus älterer und neuester Zeit. 12. (XVI, 552 S. m. 1 Stahlst.) Ebd. 889. 3. 60

—— 370 Beispiele zu den sieben Werken der geistlichen Barmherzigkeit. Aus älterer u. neuester Zeit. 12. (XX, 544 S. m. 1 Stahlst.) Ebd. 890. 3 60

— 70 Beweise von den Segnungen d. heil. Bußsakramentes u. Märtyrer des Beichtsiegels. Eine Apologie dieses heil. Sakramentes in Beispielen. Mit 1 Stahlst. 12. (X, 259 S.) Ebd. 887. 1. 80

— 130 Beweise von den Segnungen des hl. Bußsakramentes u. Märtyrer d. Beichtsiegels. Eine Verteidigungsschrift dieses hl. Sakramentes in Beispielen. Nach wahrheitsgetreuen Quellen. 2., verm. Aufl. 12. (XIV, 306 S. m. 1 Stahlst.) Ebd. 899. n. 2. —

— 210 Engels-Geschichten zur Belebung d. Vertrauens auf den Schutz u. die Fürbitte der heiligen Engel. Mit e. Anh.: Von der Einwirkung böser Geister. Mit 1 Stahlst. 16. (XIV, 301 S.) Ebend. 885. 2. —

—— 220 Engels-Geschichten zur Belebung d. Vertrauens auf den Schutz u. die Fürbitte der heil. Engel. Mit e. Anh.: Von der Einwirkg. böser Geister. 2. verm. Aufl. Mit 1 Stahlst. 12. (XVI, 318 S.) Ebd. 889. 2 25

— 220 Engels-Geschichten z. Belebg. des Vertrauens auf den Schutz u. die Fürbitte der heiligen Engel. 3. verm. Aufl. 12. (XIX, 284 S. m. 1 Stahlst.) Ebd. 901. n. 2. 4(

— 70 lehrreiche Erzählungen u. Beispiele zum hl Sakrament der letzten Ölung. Nach wahrheitsgetreuei Quellen. 12. (VIII, 132 S. m. 1 Stahlst.) Mainz 893 F. Kirchheim. 1. —

—— 72 Erzählungen zum Lob und Preis des heiligsten Altars-Sakramentes. Gesammelt und hrsg. 12. (VII, 166 S. mit 1 Stahlst.) Ebendas. 885.
2. Aufl. u. d. T.:

— 193 Erzählungen zum Lob u. Preis des heiligsten Altars-Sakramentes. 2., verm. Aufl. Mit 1 Stahlst. 12. (XV, 496 S.) Ebd. 887. 3. 20

— 200 Erzählungen z. Lob u. Preis d. heiligsten Altars-Sakramentes. 3., verm. Aufl. 12. (XVI, 458 S. m. 1 Stahlst.) Ebd. 898. n. 3. —

Keller, Jos. Ant., 172 Erzählungen von dem großen Nutzen der Verehrung des hh. Herzens Jesu. Gesammelt und hrsg. 12. (XVI, 363 S. mit 1 Stahlst.) Mainz 885, Kirchheim.
2. Aufl. u. d. T.:

—— 175 Erzählungen von dem großen Nutzen der Verehrung des hh. Herzens Jesu. Gesammelt und hrsg. 2. verm. Aufl. 12. (XVI, 423 S. mit 1 Stahlst.) Ebendas. 888.

— 150 Erzählungen v. dem großen Nutzen der Verehrung des hl. Herzens Jesu. 3., verb. Aufl. 12. (XVI, 350 S. m. 1 Stahlst.) Ebd. 899. n. 2. 50

[F.] Die heilige Familie. Gebet- u. Belehrgsb. f. d. Mitglieder des Ver. zu Ehren d. heil. Familie zu Nazareth. Anh.: Vier Nachmitt.-Andachten z. kirchl. Gebr. Von Dr. Jos. Ant. **Keller**, Pfarrer in Gottenheim . . . *Münster i. W.: Alphonsus-Buchh. (1897).* (VIII, 168 S., 1 Taf.) 1 Bd 8. [98. 2134

—— Geistlicher Festdichter f. alle feierl. Anlässe im Lehrer-, Priester- u. Ordensstande. Nebst e. Sammlg. v. Inschriften u. Trostgedichten. 8. (X, 364 S.) Regensb. 892, Coppenrath's Verlag. 2 25

— geistl. Festdichter f. alle feierl. Anlässe im Lehrer-, Priester- u. Ordensstande. Nebst e. Sammlg. v. Inschriften u. Trostgedichten. D. hochwürd. Geistlichkeit u. d. kathol. Lehrern gewidmet. 2., verm. u. verb. Aufl. 8. (XII, 412 S.) Regensburg 895. A. Coppenrath's Verl 2. 25

— geistlicher Festdichter für alle feierlichen Anlässe im Lehrer-, Priester- u. Ordensstande. Nebst e. Sammlg. von Inschriften u. e. Anh. m. Neujahrs-, Namens- u. Geburtstagswünschen f. Eltern u. Anverwandte u. Hochzeitswünschen. Der hochwürd. Geistlichkeit u. den kathol. Lehrern gewidmet. 3., verm. u. verb. Aufl. (XIII, 495 S.) 8. Regensburg 903. A. Coppenrath's Verl. n. 2. 50; geb. n.n. 3. 25; in Dermatoid n.n. 5. 80; in Ldr. n.n. 6. 50

— Festschrift zum 50jährigen Priesterjubiläum d. hochw Hrn. Pfarrers u. Geistl. Rats Herm. Rolfus, gefeier am 4. Septbr. 1894 zu Bühl bei Offenburg. Mit Portr gr 8. (V, 54 S.) Freiburg i/B. 894. Herder. n. — 8(

[F.] Gebet- u. Belehrungsbuch für die katholische Männerwelt. Von Dr. Joseph Anton **Keller**, Pfarrer in Gottenheim b. Freiburg . . . *Kevelaer: Butzon & Bercker 1897.* (1 Bl., 584 S., 1 Taf.) 1 Bd 8. [98. 2938

Gebetbuch für die katholische Männerwelt. Von Dr. Jos. Ant. Keller, Pfarrer. 3. verb. Aufl. Kevelaer: Butzon & Bercker (1906). (528 S.) 8°
[F.] [08. 9330

—— Gebet- u. Unterrichts-Büchlein f. kathol. Lehrlinge. 16. (IV, 397 S. m. Titelb.) Freising 891, Datterer. * — 80; geb. v. 1 20 bis * 2 —

Keller, Jos. Ant. (I.), Gedächtnißtafel für die katholische Schuljugend. Auf's neue zusammengestellt und bearb. 32. (31 S.) Freiburg i. Br. 879, Herder'sche Verlagsh. *

Keller, Jos. Ant., Gedächtniß-Tafel für die katholische Schuljugend. Auf's Neue zusammengestellt und bearb. 2. Aufl. 24. (32 S.) Freiburg i. Br. 880, Herder'sche Verlagsh. *

— Gedächtnistafel f. d. kathol. Schuljugend, nebst Tagesordng. f. Erstkommunikanten. 3., verm. Aufl. 16. (IV, 48 S.) Freiburg i/B. 895. Herder. n. — 20; geb. in Halbleinw. n.n. — 25

—— fünf Gelegenheitspredigten, gehalten an verschiedenen Orten der Erzdiöcese Freiburg. gr. 8. (VI, 112 S.) Sigmaringen 882, Tappen. *

— gelobt sei Jesus Christus. Vollst. Gebet- u. Unterrichtsbuch f. kathol. Christen jeden Standes. 16. (912 S. m. 1 Stahlst.) Einsiedeln 894. Verlagsanstalt Benziger & Co. Geb. in Leinw. n. 1. 50

Gelobt sei Jesus Christus. Vollständ. Gebet- u. Unterrichtsbuch f. kath. Christen jeden Standes. Allen heilsbegierigen Christen gewidmet von Dr. Joseph Anton Keller, Pfarrer in Gottenheim. *Einsiedeln, Köln: Benziger & Co. [um 1902].* (912 S.) 8° [F.] [04. 1814]

—— 60 lehrreiche Geschichten für Erstkommunikanten für die Zeit vor und nach der ersten heil. Kommunion. Nach den besten Quellen. 12. (XI, 203 S. mit 1 Stahlst.) Ebendas. 887.

— 65 lehrreiche Geschichten für Erstkommunikanten für die Zeit vor u. nach der ersten heil. Kommunion. 2., verm. Aufl. Mit 1 Stahlst. 12. (XV, 240 S.) Ebd. 888. 1. 20; geb. n. 1. 50

—— 77 lehrreiche Geschichten f. Erstkommunikanten f. die Zeit vor u. nach der ersten heiligen Kommunion. 3. verm. Aufl. 12. (XVI, 263 S. m. 1 Stahlst.) Mainz 892, Kirchheim. 1 20; geb. in Leinw. * 1 50

— 80 lehrr. Geschichten f. Erstkommunikanten f. die Zeit vor u. nach d. ersten hl. Kommunion. Nach den besten Quellen. 4., verm. Aufl. 12. (XVI, 278 S. m. 1 Stahlst.) Mainz 896. F. Kirchheim. n. 1. 50; geb. n. 2. —

— 80 lehrreiche Geschichten f. Erstkommunikanten f. die Zeit vor u. nach der ersten hl. Kommunion. Nach den besten Quellen. 5., verm. u. verb. Aufl. 12. (XV, 253 S. m. 1 Stahlst.) Ebd. 901. n. 1. 50; geb. n. 2. —

— 91 lehrreiche Geschichten f. Erstkommunikanten f. die Zeit vor u. nach der ersten hl. Kommunion. Nach den besten Quellen. 6., aufs neue durchgeseh. Aufl. (XIX, 276 S. m. 1 Stahlst.) kl. 8. Mainz 906. Kirchheim & Co. n. 1. 50; geb. n. 2. —

— 100 lehrreiche Geschichten f. Erstkommunikanten f. die Zeit vor u. nach der ersten hl. Kommunion. Nach den besten Quellen. 7., aufs neue durchgeseh. u. verm. Aufl. (Keller's Exempelbücher XI.) (XX, 295 S. m. Titelbild.) kl. 8. Ebd. 909. 1.50; geb. 2. —

—— 80 lehrreiche Geschichten u. Erzählungen zum hl. Sakrament d. Firmung. Zugleich e. Andenken f. die Firmlinge. 12. (XI, 245 S. m. 1 Stahlst.) Ebd. 892. 1 80

—— fünfzig merkwürdige Geschichten von der Macht der Fürbitte des heil. Joseph, des Nährvaters Jesu und Bräutigams der allerseligsten Jungfrau Maria. 8. (VII, 136 S. mit 1 Stahlst.) Ebendas. 885.

—— 156 merkwürdige Geschichten von der Macht der Fürbitte des heil. Joseph, des Nährvaters Jesu und Bräutigams der allerseligsten Jungfrau Maria. Gesammelt und hrsg. 2. sehr verm. Aufl. 12. (XI, 372 S. mit 1 Stahlst.) Ebendas. 886.

—— 160 merkwürdige Geschichten v. der Macht der Fürbitte d. hl. Joseph, d. Nährvaters Jesu u. Bräutigams der allerseligsten Jungfrau Maria. 3. aufs neue durchgeseh. u. verb. Aufl. Mit 1 Stahlst. 12. (XII, 371 S.) Ebd. 889. 2 —

— 170 merkwürd. Geschichten v. d. Macht d. Fürbitte d. hl. Joseph, des Nährvaters Jesu u. Bräutigams der allersel. Jungfrau Maria. 5., aufs neue durchgeseh. Aufl. 12. (XX, 366 S. m. 1 Stahlst.) Ebd. 898. n. 2.40

— 161 merkwürdige Geschichten v. der Macht der Fürbitte des hl. Joseph, d. Nährvaters Jesu u. Bräutigams der allerseligsten Jungfrau Maria. 6., aufs neue durchgeseh. Aufl. 12. (XV. 328 S. m. 1 Stahlst.) Ebd. 901. n. 2.40

—— Hundert Höllen-Geschichten. Mit 1 Stahlst. 12. (XII, 211 S.) Ebd. 889. 1 50

— 100 Höllen-Geschichten. Nach den besten Quellen gesammelt u. hrsg. 2., verb. Aufl. 12. (XV, 231 S. m. 1 Stahlst.) Ebd. 899. n. 1. 50

— 100 Höllen-Geschichten. Nach den besten Quellen gesammelt u. hrsg. (Keller's Exempelbücher XVI.) 3., verm. Aufl. (XX, 252 S. m. 1 Stahlst.) kl. 8. Ebd. 908. 1.80; geb. in Leinw. n 2. 80

[F.] Jesus, Bräutigam reiner Seelen. Vollst. Lehr- u. Gebetb. f. Jungfrauen, die in d. Welt oder im Kloster leben. Von Dr. Joseph Anton Keller, Pfarrer in Gottenheim ... *Münster i. W.: Alphonsus-Buchh. 1896.* (479 S., 1 Taf.) 1 Bd 8. [96. 7134

[F.] Jesus, Bräutigam reiner Seelen. Vollst. Lehr- u. Gebetbuch f. Jungfrauen ... Von Dr. Joseph Anton Keller ... 2. verm. Aufl. *Münster i. W.: Alphonsus-Buchh. 1891.* (1 Taf., 480 S.) 1 Bd 8. [98 1313 Mr

Jesus, Bräutigam reiner Seelen. Vollst. Lehr- u. Gebetbuch f. Jungfrauen ... Von Dr. Joseph Anton Keller ... 4., verm. Aufl. Münster i. W.: Alphonsus-Buchh. (1900). (480 S.) 8° [F.] [06. 10819 6

Jesus, Bräutigam reiner Seelen. Vollst. Lehr- u. Gebetbuch f. Jungfrauen ... Von Dr. Joseph Anton Keller. 9. Aufl. Münster i. W.: Alphonsus-Buchh. (1904). (480 S.) 8° [F.] [06. 10800 6

— Jesus, Bräutigam reiner Seelen. Vollständiges Lehr- u. Gebetbuch für Jungfrauen, die in der Welt oder im Kloster leben. 8. Aufl. (480 S. m. farb. Titelbild.) 16. Münster (905). Alphonsus-Buchh. Geb. von n. 1. 30 bis n. 4. 50

Jesus, Dein bin ich! Ein Lehr- u. Gebetbuch f. christl. Jungfrauen. Von Jos. Ant. Keller, Pfarrer. Dülmen: A. Laumann 1904. (XVI, 544 S.) 8° [F.] [06. 15069 6

Jesus, Dir leb ich! Ein Lehr- u. Gebetbuch f. christl. Jünglinge. Von Dr. Josef Anton Keller, Pfarrer in Gottenheim. *Dülmen: A. Laumann 1903.* (VIII, 560 S.) 8° [F.] [04. 14195

— Jubiläumsbüchlein. Unterricht u. Gebete zur Gewinng. des v. Sr. Heiligkeit Papst Leo XIII. für das Jubiläumsj. 1901 verliehenen Jubiläumsablasses. 1.—16. Aufl. 16. (à 95 S.) Ebd. 899—901. n. — 20; geb. n. — 35

Jubiläumsbüchlein. Unterricht u. Gebete z. Gewinnung des von S. Heiligk. Papst Leo XIII. f. d. Jubiläumsjahr 1900 verliehenen Jubiläumsablasses. Hrsg. von Dr. Joseph Anton Keller, Pfarrer zu Gottenheim. 5. Aufl. *Münster i. W.: Alphonsus-Buchh. 1900.* (96 S.) 8° [F.] [00. 12269

Jubiläumsbüchlein. Unterricht u. Gebete z. Gewinnung des von Sr. Heil. Papst Leo XIII. f. d. Jubiläumsjahr 1901 verliehenen Jubiläumsablasses. Hrsg. von Dr. Joseph Anton Keller, Pfarrer zu Gottenheim. 12. Aufl. *Münster i. W.: Alphonsus-Buchh. 1901.* (95 S.) 8° [F.] [01. 11464

Leben der heiligen Jungfrau und Märtyrin Katharina von Alexandrien. Von Joseph Anton Keller. *Auchen: J. Schweitzer 1902.* (38 S.) 8° [F.] [04. 693 6

Liebe zu Gott. Katholisches Gebetbüchlein f. Kirche u. Haus. Von Dr. Jos. Anton Keller, Pfarrer in Gottenheim. 3. Aufl. *Einsiedeln, Köln: Benziger & Co. [um 1902].* (352 S.) 8° [F.] [03. 10336

— lobet d. Herrn! Kathol. Gebetbuch. (M. großer Schrift.) 16. (512 S. m. 1 Stahlst.) Einsiedeln 895. Verlagsanstalt Benziger & Co. Geb. in Leinw. m. Goldschn. n. 1. 60; feine Ausg. m. farb. Einfassg., geb. in Ldr. m. Goldschn. n. 3. 05

Lobet den Herrn! Kath. Gebetbuch. Von Dr. Joseph Ant. Keller. Pfarrer in Gottenheim. 6. Aufl. *Einsiedeln, Köln: Benziger & Co. 1902.* (512 S.) 8° [F.] [03. 2020

— s.: Magazin f. Pädagogik.

— die Magd des Herrn, s.: Fischer, Joh. Nep.

— Maria, das beste Vorbild. Ein vollständ. Unterrichts- u. Gebetbuch f. kathol. Jungfrauen. 16. (XVI, 560 S. m. 1 Farbendr.) Salzburg 886. Pustet. n. 1. —

— Maria das beste Vorbild. Ein vollständ. Unterrichts- u. Gebetbuch f. kathol. Jungfrauen. 5. Aufl. (XX, 603 S. m. farb. Titel u. farb. Titelbild.) 16. Salzburg 902. A. Pustet. n. 1. —; geb. von n. 1. 20 bis n. 2. —

—— 150 Marien-Geschichten zur Belebung des Vertrauens auf die mächtige Fürbitte der allerseligsten Jungfrau. Gesammelt und hrsg. 8. (XII, 356 S. mit 1 Stahlst.) Mainz 884, Kirchheim.

— 150 Marien-Geschichten zur Belebung d. Vertrauens auf die mächtige Fürbitte der allerseligsten Jungfrau. Gesammelt u. hrsg. 2. Aufl. Mit 1 Stahlst. 12. (XV, 374 S.) Mainz 886. Kirchheim. 2. 50

—— 150 Marien-Geschichten zur Belebung d. Vertrauens auf die mächtige Fürbitte der allerseligsten Jungfrau. 3. aufs neue durchgeseh. Aufl. Mit 1 Stahlst. 12. (XVI, 367 S.) Ebd. 889. 2 50

— 150 Marien-Geschichten zur Belebg. d. Vertrauens auf d. mächt. Fürbitte d. allersel. Jungfrau. Gesammelt u. hrsg. 4., aufs neue durchgeseh. Aufl. 12. (XVI, 362 S. m. 1 Stahlst.) Mainz 897. F. Kirchheim. n. 2. 50; geb. n. 3. 50

— 150 Marien-Geschichten zur Belebung des Vertrauens auf die mächtige Fürbitte d. allerseligsten Jungfrau. Gesammelt u. hrsg. 5., verm. u. verb. Aufl. (XX, 413 S.) 12. Mainz 903. Kirchheim & Co. n. 2. 80; geb. in Leinw. n. 4. —

—— fünf Meßandachten für die Schuljugend. 1. Aufl. 1874, und 2. verm. Aufl. 16. (VIII, 72 S. mit 1 Holzschntaf.) Freiburg im Br. 874, Herder'sche Verlagsh. *

—— Fünf Meßandachten für die Schuljugend. 3. verm. Aufl. 24. (135 S.) Ebendas. 878. *

—— fünf Meßandachten für die Schuljugend. 4. verm. Aufl. 24. (143 S. mit 1 eingedr. Holzschn.) Freiburg i. Br. 881, Herder'sche Verlagsh. *

—— dass. — 5. und 6. Aufl. 16. (141 S. mit 1 Holzschn.) Ebendas. 883,84. *
geb. ** 30 Pf. und **

— fünf Meßandachten f. die Schuljugend. 7. Aufl. Mit 1 Titelbild in Farbendr. 16. (143 S.) Freiburg i/Br. 887. Herder. n. — 20; cart. n.n. — 30; geb. n.n. — 35

—— 5 Meßandachten f. die Schuljugend. 8. Aufl. 24. (143 S. m. farb. Titelbild.) Freib. i. Br. 892, Herder. * — 25; geb. ** — 40

— 5 Meßandachten f. d. Schuljugend. 9., unveränd. Aufl. 32. (143 S. m. farb. Titelbild.) Freiburg i/B. 895. Herder. n. — 25; geb. in Kalbleder-Imitation od. Halbleinw. à n.n. — 40

— fünf Meßandachten f. die Schuljugend. 10. u. 11. Aufl. Mit e. Titelbild in Farbendr. gr. 16. (143 S.) Freiburg i/B. 900. Herder. n. — 25; geb. in Halbleinw. n. — 40; in Ldr.-Imitation. n. — 45

Missions-Büchlein für Dienstboten. Von Dr. Joseph Anton Keller. Pfarrer in Gottenheim. *Münster i. W.: Alphonsus-Buchh. (1902).* (94 S.) 8° [F.] [03. 1030

Missions-Büchlein für Eheleute. Von Dr. Joseph Anton Keller. *Münster i. W.: Alphonsus-Buchh. (1902).* (96 S.) 8° [F.] [03. 6195 6

— s.: Mitteilungen d. Gesellschaft f. deutsche Erziehungs- u. Schulgeschichte.

— Nimm u. lies! Lebensregeln f. d. kathol. Jugend. 2., umgearb. Aufl. (D.: „Tägl. Seelenbrot".) gr. 16. (286 S. m. 1 farb. Titelbild.) Dülmen 898. A. Laumann. Geb. n. 1. 50

— die vierzehn heil. Nothelfer. E. Belehrungs- u. Erbauungsbuch f. d. kathol. Volk. 16. (160 S. m. 1 Farbdr.) Münster 898. Alphonsus-Buchh. Geb. in Leinw. n. — 50

—— 130 Rosenkranz-Geschichten zur Belebung des Vertrauens auf die mächtige Fürbitte der Rosenkranz-Königin. Nach authent. Quellen. 12. (XI, 342 S. mit 1 Stahlst.) Mainz 886, Kirchheim.

—— 150 Rosenkranz-Geschichten zur Belebung d. Vertrauens auf die mächtige Fürbitte der Rosenkranz-Königin. 2. verm. Aufl. Mit e. Stahlst. 12. (XV, 384 S.) Mainz 890, Kirchheim. 2 50

— 151 Rosenkranz-Geschichten zur Belebung d. Vertrauens auf d. mächtige Fürbitte der Rosenkranz-Königin. Nach authent. Quellen. 3., verm. Aufl. 12. (XVII, 384 S. m. 1 Stahlst.) Mainz 901. F. Kirchheim. n. 2. 50

— St. Anna-Büchlein. Gebet u. Betrachtungsbüchlein f. Frauen u. Jungfrauen zur Verehrg. u. Anrufg. der hl. Mutter Anna. 16. (160 S. m. Titelbild.) Münster 899. Alphonsus-Buchh. Geb. in Leinw. n. — 50

St. Anna-Büchlein. Gebet- u. Betrachtungsbüchlein f. Frauen u. Jungfrauen z. Verehrung u. Anrufung d. hl. Mutter Anna von Dr. Joseph Anton Keller. 2. verm. Aufl. Münster: Alphonsus-Buchh. 1901. (160 S.) 8° [F.] [ob. 15070 6

Keller, Jos. Ant., St. Anna-Büchlein. Gebet- u. Betrachtungsbüchlein f. Frauen u. Jungfrauen zur Verehrung u. Anrufung der hl. Mutter Anna. 3. verm. Aufl. (160 S. m. Titelbild.) 16. Münster 905. Alphonsus-Buchh. Geb. in Leinw. n. — 50

Keller, Jos. Ant., St. Antonius-Büchlein. Vollständiges Andachtsbüchlein zur Verehrung und Anrufung des heil. und wunderthät. Antonius von Padua, nebst Morgen-, Abend-, Meß-, Beicht- und Communiongebeten. 32. (IV, 315 S. mit 1 Chromolithogr.) Salzburg 888, Pustet.

—— 100 St. Antonius-Geschichten zur Verherrlichung der Wundermacht des heil. Antonius von Padua. Nach wahrheitsgetreuen Quellen erzählt. 12. (VIII, 142 S. mit 1 Stahlst.) Mainz 886, Kirchheim.

— 110 St. Antonius-Geschichten z. Verherrlichg. d. Wundermacht d. hl. Antonius v. Padua. Nach wahrheitsgetreuen Quellen erz. 2., verm. Aufl. 12. (XI, 152 S. m. 1 Stahlst.) Mainz 894. F. Kirchheim. 1. —

— 110 St. Antonius-Geschichten z. Verherrlichung d. Wundermacht d. hl. Antonius v. Padua. Nach wahrheitsgetreuen Quellen erzählt. 3., aufs neue durchgeseh. Aufl. 8. (XII, 153 S. m. 1 Stahlst.) Mainz 901. F. Kirchheim. n. 1. —

— Sankt Gertruden-Büchlein. Lebensbeschreibg. d. hl. Gertrudis. Nebst Morgen-, Abend-, Meß-, Beicht- u. Kommunion-Gebeten &c., sow. auch z. Verehrg. d. hl. Gertrudis. 16. (160 S. m. 1 Stahlst.) Mainz 898. F. Kirchheim. Geb. in Leinw. n. — 50

[F.] Sankt Gertruden-Büchlein. Lebensbeschreibg d. hl. Gertrudis. Nebst Morgen-, Abend- . . . Gebeten &c. . . . v. Dr. Joseph Anton **Keller**, Pfarrer in Gottenheim . . . *Münster i. W.: Alphonsus-Buchh. 1898.* (160 S., 1 Taf.) 1 Bd 8.

Sankt Gertruden-Büchlein. Lebensbeschreibung d. hl. Gertrudis. Nebst Morgen-, Abend-, Meß-, Beicht- u. Kommunion-Gebeten &c., sowie z. Verehrung d. heil. Gertrudis. Allen frommen Verehrern d. hl. Gertrudis gewidmet von Dr. Joseph Anton **Keller**, Pfarrer in Gottenheim. 2., verb. u. verm. Aufl. Münster i. W.: Alphonsus-Buchh. 1904. (159 S.) 8° [F.]

—— St. Josephs-Büchlein. Vollständiges Gebet- u. Betrachtungsbuch zu Ehren d. hl. Joseph. 24. (XV, 446 S. m. e. Farbendr.) Salzb. 890, Pustet. — 75

— St. Josephs-Büchlein. Vollständiges Gebet- u. Betrachtungsbuch zu Ehren des hl. Joseph. 2. Aufl. 16. (XX, 446 S. m. 1 Farbdr.) Salzburg (901). A. Pustet. Geb. in Leinw. n. 1. —

— d. hl. Karl Borromäus Satzungen u. Regeln der Gesellschaft der Schulen christlicher Lehre, s.: Sammlung der bedeutendsten pädagogischen Schriften aus alter u. neuer Zeit.

—— 1000 ausgewählte Schulanekdoten und Schulwitze. Zugleich ein Beitrag zur Charakteristik moderner Erziehung. Gesammelt und hrsg. 8. (IV, 188 S.) Leipzig 885, Th. Grieben. *

Keller, Jos. Ant., s.: Schule u. Tempel f. Jungfrauen.

— das fromme Schulkind. Vollst. Gebetbuch f. d. liebe Jugend. 3 Ausgaben. 16. (M. Abb.) Dülmen, A. Laumann. n. 1. —
I. Für Unterklassen. (64 S.) 896. Kart. — 15
II. Für Mittelklassen. (160 S.) 897. Geb. in Leinw. — 35
III. Für Oberklassen. (XV, 239 S.) 897. Geb. in Leinw. n. — 50

— das fromme Schulkind. Vollständiges Gebetbuch f. die liebe Jugend. Ausg. I—III. Für die Diöcese Paderborn. 16. (Mit Abb.) Dülmen 899. A. Laumann. n. 1. —
I. Für die Unterklassen. (64 S.) Kart. — 15
II. Für die Mittelklassen. (160 S.) Geb. in Leinw. n. — 35
III. Für die Oberklassen. (256 S.) Geb. in Leinw. n. — 50

Das fromme Schulkind. Vollst. Gebetbuch f. d. Jugend von Dr. Jos. Ant. **Keller**, Pfarrer. Umgearb. f. d. Kölner Erzdiöc. von Gottfried Schmitz, Pfarrer. Ausg. 1-3. *Dülmen: A. Laumann 1900.* 3 Bde 8° [F.]
Ausg. 1.: Für Unterklassen. Ausg. 2.: Für Mittelklassen.
Ausg. 3.: Für Oberklassen.

— dasselbe. Umgearb. für die Kölner Erzdiöcese v. Gfr. Schmitz. Ausg. I—III. 16. (Mit Abb.) Ebd. 900. n. 1. —
I. Für Unterklassen. (64 S.) Kart. — 15
II. Für Mittelklassen. (160 S.) Geb. in Leinw. n. — 35
III. Für Oberklassen. (XV, 239 S.) Geb. in Leinw. n. — 50

— tägliches Seelenbrod oder Lebensregeln auf alle Tage des Jahres. 16. (VIII, 333 S.) Dülmen 882. Laumann. n. 1. —; geb. n. 1. 50

—— 88 lehrreiche und erbauliche Sterbe-Scenen von Laien. Nach wahrheitsgetreuen Quellen. 12. (VIII, 360 S. mit 1 Stahlst.) Ebendas. 887.

—— 80 lehrreiche und erbauliche Sterbe-Bilder von Priestern. Nach wahrheitsgetreuen Quellen. 12. (XII, 365 S. mit 1 Stahlst.) Mainz 887, Kirchheim.

—— Stoßgebete. Eine Sammlung der besten und gebräuchlichsten, allen heilsbegier. Christen gewidmet. Mit einem Anhang von Morgen-, Abend-, Meß-, Beicht-, Kommunion- und andern Andachten. gr. 16. (300 S. mit 1 Stahlst.) Kempten 874, Kösel'sche Verlagsh. * M. 1.; geb. *

—— 300 Strafgerichte Gottes und Zufälle, welche keine Zufälle sind. Aus neuester Zeit. Nach wahrheitsgetreuen Berichten. 12. (XVI, 461 S. mit 1 Stahlst.) Ebendas. 886.

—— 300 Strafgerichte Gottes u. Zufälle, welche keine Zufälle sind. Aus neuester Zeit. 2. aufs neue durchgeseh. Aufl. 12. (XVI, 444 S. m. 1 Stahlst.) Mainz 891, Kirchheim. 3 —

Keller, Jos. Ant., Deutschlands Stromgebiete historisch-geographisch-topographisch-statistisch bearb. in Fragen und Antworten für Schule und Selbstbelehrung. gr. 8. (VIII, 396 S.) Regensburg 874, Manz.

—— dass. — bearb. in Fragen für Schulen. gr. 8. (IV, 96 S.) Ebendas. 874.

Keller, Jos. Ant., Deutschland's Stromgebiete historisch-geographisch-topographisch-statistisch bearb. in Fragen und Antworten für Schule und Selbstbelehrung. Regensburg 1875. gr. 8.

Keller, Jos. Ant. (II.), botanische Tabelle. Zusammenstellung der häufigeren Pflanzen nach dem natürl. System. Zur Orientirung für Seminaristen und Lehrer an Volksschulen. gr. Fol. [Würzburg 875.] München, Keller.

—— dass. — Zusammenstellung der häufigeren Pflanzen nach dem Linné'schen System. Zur Orientirung für Seminaristen und Lehrer an Volksschulen. gr. Fol. Ebendas. 875. *

Keller, Jos. Ant. (II.), botanische Tabelle. Zusammenstellung der häufigeren Pflanzen nach dem natürl. System. Für Real- und höhere Bürgerschulen, Lehrerseminarien, Real-Gymnasien, sowie zur Orientirung für Lehrer an Volksschulen. 2. verb. und verm. Aufl. Imp.-Fol. (2 Bl.) [Würzburg 877.] München, Keller.

— Themen u. Thesen über Erziehung u. Unterricht, s.: Kaißer, B.

—— 440 merkwürdige u. seltene Todes-Arten. Wahrheitsgetreu erzählt. 12. (XXIII, 446 S.) Mainz 890, Kirchheim. 3 —

[F.] Tugenden und Herrlichkeiten der allersel. Jungfrau Maria. E. Blumenkranz, a. d. Italien. übs. . . . v. Dr. Joseph Anton **Keller** . . . *Kevelaer: Butzon & Bercker 1897.* (XVI, 304 S., 1 Taf.) 1 Bd 8.

— s.: Vergißmeinnicht.

—— Vorbereitung zur heiligen Beicht und Kommunion, nebst verschiedenen anderen Andachten. 3. sorgfältig verb. und verm. Aufl. 16. (VII, 160 S. mit 1 Stahlst.) Ebendas. 888. *

— Vorbereitung zur heil. Beicht u. Kommunion, nebst verschied. anderen Andachten. 3., verm. Aufl. 16. (VII, 160 S. m. 1 Stahlst.) Ebd. 890. geb. n. — 80

—— 280 interessante Zeit- und Sittenbilder. Ein Beitrag zur Kulturgeschichte des 19. Jahrh. 12. (XVIII, 492 S. mit 1 Stahlst.) Ebendas. 888.

—— die Zwangsmischschule in ihrer Gemeingefährlichkeit, s. a. Broschüren, Frankfurter zeitgemäße.

Keller, Joseph Anton: Die Zwangsmischschule in ihrer Gemeingefährlichkeit. Frankfurt a. M. u. Luzern 1888. 8° *[Umschlagtit.]*

:Keller, d. Zwangsmischschule in ihrer Gemeingefährlichk. Frankf a/M. 889.

:Keller, Jul., die Arbeiterhilfskassen u. das Reichshilfskassengesetz. Vortrag, geh. in Rostock am 9. Novbr. 1877 in einer öffentl. Volksversammlung. 8. (20 S.) Berlin 878. Deutscher Arbeiterkongreß-Schriftenverlag. n. — 25

Keller, Julius, Dir.: Denken und Sprechen und Sprachunterricht. Eine Studie zur Frage nach d. formalen Bildung. *Lörrach 1899: C. R. Gutsch.* (49 S.) 4°
Lörrach, grossh. G u. RPG, MP 1899 (650)

Keller, Jul., unser Fritz als Kaiser. Blätter der Erinnerung an seine Regierung. Dem deutschen Volke gewidmet. gr. 8. (32 S. mit Abbild.) Hamburg 888, Verlagsanstalt und Druckerei, A.-G.

— Lazarus Geiger und die Kritik der Vernunft. 42 S. *Wertheim* 1883.
Vgl. des Verf. Der Ursprung der Vernunft. Eine kritische Studie über Lazarus Geigers Theorie von der Entstehung des Menschengeschlechts. (VII, 220 SS.) 8. Heidelberg 1884, C. Winter. 4 Mk.
Progr.

Keller, Julius Zur Geschichte und Kritik des unendlichen Urteils. 30 S. Progr. G. *Konstanz* 1876.

Keller, Julius [Prof.]: Die Grenzen der Übersetzungskunst krit. unters. m. Berucks. [!] d. Sprachunterr. am Gymn. Karlsruhe, Druck d. G. Braun'schen Hofbuchdr., 1892; 43 S. 4.
Karlsruhe, grossh. G, MP 1892 (602)

Keller, J(ulius), Direktor: Grundlinien zu einer Psychologie des Wortes und Satzes. Mannheim 1907: M. Hahn & Co. (Festschrift S. 5—42.) 4°
Mannheim, großh. G P 1907 (771)

Keller, J[ulius]: Grundlinien zu einer Psychologie des Wortes und Satzes. S. 3—42. 4.
In: Festschrift zum 100 jähr. Jubiläum Großherz. Gymn. *Mannheim* 1907 (zu 771).
Progr.
Wiederholt in des Verf. Gesammelte Reden und Abhandlungen 2 (*Karlsruhe und Leipzig* [1914]) p. 167—227.

— das deutsche Handwerk u. praktische Vorschläge zur Hebung desselben. 1. u. 2. verm. Aufl. gr. 8. (VI, 224 S.) Chemnitz 878. Schmeitzner. n. 2. 40

—— ein Kater, s. Universal-Bibliothek Nr. 2222.

—— dass. — s. Album für Liebhaber-Bühnen.

— u. Louis Herrmann, König Krause, s.: Universal-Bibliothek.

Keller, Jul., das Lehrlingswesen u. praktische Mittel zur Hebung desselben. gr. 8. (51 S.) Landsberg a/W. 876. Schaeffer & Co. n. 1. —

Keller, Jul., Mädel, sei schlau!, s.: Universal-Bibliothek.

Keller, Jul., und F. Brentano, ein Pensionskind, s. Volks-Schaubühne.

Keller, Julius [Prof.]: Rede zur Feier des 25jährigen Jubiläums der Kaiserkrönung in Versailles geh. am 18. Jan. d. J. Karlsruhe, Druck d. G. Braun'schen Hofbuchdr., 1896; 21—28 S. 4.
Karlsruhe, grossh. G, P 1896 (619)

Steigen und Fallen. Roman von Julius Keller. Berlin: H. Steinitz (1900). (264 S.) 8° [J.]

Keller, Jul., Streiflichter über die päpstliche Unfehlbarkeit. 8. (44 S.) Sagan 874, Luttermann.

— der Sylvester-Engel, s.: Universal-Bibliothek.

Keller, Jul., d. Trompeter v. Säkkingen, s.: Hildebrandt, Emil.

Keller, Jul., der Ursprung der Vernunft. Eine krit. Studie üb. Lazarus Geigers Theorie v. der Entstehung des Menschengeschlechts. gr. 8. (VII, 220 S.) Heidelberg 884. C. Winter. n. 4. —

Keller, Vorschläge z. Hebung d. deutschen Handwerkes. Chemnitz 878.

Keller,
— K. Die Bauernsclaverei der Neuzeit oder die Bauern im Kampfe mit den Federhelden. Ein Aufruf an die Landwirthe zur Bildung eines schweizer. Bauernbundes — unter gänzlichem Ausschluss der Büreaukratie — um eine praktische Bauernpolitik nach dem wahren Sinn und Geist der Bauern zu gründen. Gr. in-8⁰. 39 S. Oberglatt-Zürich, Keller's Verlag. 1891 — 80

Keller, K., Prof., Einige Gedanken betr. die Zukunft der zürcher. Tonhalle. 2. verm. Aufl. 8. Zürich, C. Schmidt. 1873 —. 40

Keller, K., Handbuch f. den Unterricht in der biblischen Geschichte. Zum Gebrauch in Präparandenanstalten bearb. Neues Testament. (IV, 261 S. m. 6 [1 farb.] Karten m. 5 Bl. Text.) 8. Münster 909. Aschendorff. 2.20; geb. 2.70

Keller, K.: Leitfaden für den Turnunterricht an Privatschulen, s. Michel, N.

Keller K und G Boos, die Moskito- oder Schnaken-Plage. Mittel zu ihrer Bekämpfung. (11 S) Schwetzingen 1905
1904. 05

Keller, K: Skizzen von einfachen Maschinentheilen. (Karlsruhe) 1876

Keller: Über Versetzungen. 12 S.– Oels, Progr. 1867.

Keller, K: Vorträge über Lokomotivbau. Als Mskr. gedr. Karlsruhe 1899

Keller, Karl

Keller, C., s.: Arbeiten aus d. Gebiete d. Geburtshülfe u. Gynaekologie.

Keller, Car. (geb. Coblenz 26. 5. 1832): De abortu. Berolini (1857). (28 S.) 8°
Berlin, Med. Diss. v. 20. Aug. 1857

Keller, Carl (I.), Anleitung zur französischen Composition enth. Uebungsstücke zum Uebersetzen aus dem Deutschen ins Französische und Stoff zu französ. Aufsätzen, für obere Klassen deutscher Gymnasien, Industrieschulen, Seminarien u. s. w. 8. (IV und 192 S.) Zürich 867, Orell, Füßli und Comp. *

Keller, Carl (I.), Anleitung zur Weinveredlung oder die Möglichkeit der Darstellung gesunder und guter Weine aus unreifen Trauben so wie über die Veredlung schon vergohrner geringer Weine. Erfahrungsgemäß und volksfaßlich beschrieben. 8. (36 S.) Schaffhausen 854, Schalch. *

— — dass. — 2., verm. und verb. Aufl. 8. (40 S.) Ebds. 851. *

Keller, Carl (II.), Anleitung zur Weinveredlung oder die Möglichkeit der Darstellung gesunder und guter Weine aus unreifen Trauben, sowie über die Bereitung ausgezeichneter Tresterweine und die Veredelung alter geringer Weine. Erfahrungsgemäß und volksfaßlich beschrieben. 3., umgearb. Aufl. 8. (48 S.) Schaffhausen 864, Schalch. *

Keller, Karl, Anleitung zur Weinveredlung oder die Möglichkeit der Darstellung gesunder u. guter Weine aus unreifen Trauben, sowie über die Bereitung ausgezeichneter Tresterweine u. die Veredlung alter geringer Weine. Erfahrungsgemäß u. volksfaßlich beschrieben. 4., umgearb. Aufl. 4. (62 S.) Schaffhausen 880. Schalch. 1. 50

Keller, C. (I.), die Aufgaben einer Militär-Strafprozeßordnung für das Deutsche Reich. 1. und 2. verb. Aufl. gr. 8. (35 S.) Berlin 877, Weidmann'sche Buchh. *

Keller, K. (Bearb.), s.a.A u f g a b e n s a m m l u n g für das Kopf- und Tafelrechnen in schweizerischen Volksschulen.

Keller, Carl, Aufgabensammlung für das Kopf- und Tafelrechnen in schweizer. Volksschulen. Mit besond. Berücksicht. des neuen Münzfußes. 1. Abthl. 8. (IV und 89 S.) Schaffhausen 851, Schalch. *

—— Auflösungen zu der Aufgabensammlung. 1. Abthl. 8. (VIII und 56 S.) Ebds. 851.

—— und Paul. Vollmar, Aufgabensammlung für das Kopf- und Tafelrechnen in schweizer. Volksschulen. Mit besond. Berücksicht. des neuen Münzfußes. 2. Abthl. 8. (88 S.) Schaffhausen 851, Schalch.

—— —— Auflösungen zu der Aufgabensammlung. 2. Abthl. 8. (80 S.) Ebds. 851.

— u. P. Vollmar, Aufgabensammlung für das Kopf- u. Tafelrechnen in schweizerischen Volksschulen. 1. Abth. 3 Hfte. u. 2. Abth. 4 Hfte. 8., v. P. Vollmar umgearb. Aufl. 8. (à Hft. 24 S.) Schaffhausen 877. Schalch. à Hft. n. — 20; 1. Abth. cplt. geb. n. — 80; 2. Abth. cplt. geb. n. 1. —; Auflösungen zur 1. Abth. (64 S.) geb. n. 1. 40; zur 2. Abth. (96 S.) geb. n. 1. 70

—— dass. — Auflösungen. 2 Hefte. 8. Ebendas. 877. [1. Heft. (64 S.) geb. * ℳ 1,40.; 2. Heft (96 S.) geb. * ℳ 1,70.] *

Keller, Karl, a. Darmstadt (Hessen): Ueber hydrolytische Aufspaltung der Wollsubstanz. Heidelberg 1905: J. Hörning. (53 S.) 8°
Heidelberg, Naturw.-math. Fak., Ref. Curtius, Diss. v. 18. März 1905
[Geb. 16. März 80 Darmstadt; Wohnort: Darmstadt; Staatsangeh.: Hessen; Vorbildung: Realgymn. Darmstadt Reife O. 98; Studium: Darmstadt T.H. 5, Heidelberg 5 S.; Rig. 28. Febr. 05.]

Keller, Karl: Über den Bau des Endometriums beim Hunde mit bes. Berücks. der cyklischen Veränderungen an den Uterindrüsen. Mit 1 Abb. im Text u. 14 Fig. auf 2 Taf. Wiesbaden 1909. S. 310—391. Ab 6913
Wien, Med.-vet. Diss. v. 1909.
Aus: Anatomische Hefte. Abt. 1, Bd 39.

Keller, Karl (I.), Berechnung und Construction der Triebwerke. gr. 8. (VIII, 239 S. mit 236 in den Text gedr. Holzschn. und 8 lithogr. Taf.) Heidelberg 874, Bassermann'sche Verlagsh. *

Keller, Karl, Berechnung u. Construction der Triebwerke, eine Constructionslehre für den Maschinenbau. 2., bedeutend verm. Aufl. Mit 357 Textfig. u. 16 lith. Taf. gr. 8. (XII, 468 S.) München 881. Bassermann. n. 10. —

Keller K, Berechnung und Konstruktion der Triebwerke, eine Konstruktionslehre für den Maschinenbau. 2. und 3. Auflage. (525 S) München 1881. 98

Keller, Karl, Berechnung u. Konstruktion d. Triebwerke, e. Konstruktionslehre f. d. Maschinenbau. 3., bedeutend verm. Aufl. gr. 8. (XIV, 525 S. m. 450 Fig.) München 898. F. Bassermann. n. 11. —

Keller, K: Berechnung und Konstruktion der Triebwerke, eine Konstruktionslehre für den Maschinenbau. 4. Aufl. München 1904

Keller, Karl, a. Breslau: Die Besteuerung der Gebäude und Baustellen. (5. Die Besteuerung des unverdienten Wertzuwachses.) (Berlin 1907: E. Ebering.) (62 S.) 8° ¶ (Erscheint vollst. im Verl. v. Puttkammer u. Mühlbrecht in Berlin.)
Berlin, Phil. Fak., Ref. Wagner, Diss. v. 9. März 1907
[Geb. 28. Juli 81 Breslau; Wohnort: Berlin; Staatsangeh.: Preußen; Vorbildung: Gymn. z. Grauen Kloster Berlin Reife O. 99; Studium: Berlin 14 S.; Rig. 22. Nov. 06.]

Die Besteuerung der Gebäude und Baustellen von Dr. Karl Keller. Berlin: Puttkammer & Mühlbrecht 1907. (300 S.) 8° 107. 1050 6

Keller, Karl, die B e s t e u e r u n g der Gebäude u. Baustellen, insbesondere die Wertzuwachssteuer. 2. verm. Aufl. (324 S.) gr. 8. Berlin 909. Puttkammer & Mühlbrecht. 4. —; geb. in Leinw. 5. 20
1. Aufl. (300 S.) 907. 6. —; geb. 7. 50.

[K e l l e r. Carl.] Heinrich Bosshard von Pfäffikon (1813–1861). Eine kurze Lebensskizze, entworfen von einem F r e u n d e des Verstorbenen. 8. Zürich 1861.

Keller, Karl, Der Charakter der technischen Umwälzungen des 19. Jahrhunderts. Karlsruhe 1892. 8°.
Karlsruhe, Techn. Hochschule, Direktoratsrede v. 1892.

Keller, Karl, Dr., Der Charakter der technischen Umwälzungen des 19. Jahrhunderts. [Festrede beim Direktoratswechsel an der Grosshzgl. Bad. Techn. Hochschule zu Karlsruhe am 22. Oktober 1892. Karlsruhe 1892.

Keller, Karl [Professor]: Das Durchstossen von Metallen. Versuche und Berechnungen über den Arbeitsaufwand und Beobachtungen über das Verhalten der Materialien bei diesem Vorgange .... (Aus d. Zeitschr. d. Vereines deutsch. Ingenieure. Jhrg. 1888.) Berlin, A. W. Schade's Buchdr. (L. Schade), 1888; 16 S. u. 2 Taf. 4°
München, Phil. Fak., Inaug.-Diss. v. 1888

Keller, K., Elementarbuch f. d. Unterricht in der französ. Sprache. I. Kurs. 8. Aufl. 8. Zürich, Orell, Füssli & Co. Hlblwdbd. 1875 2. 40

Keller, K., Elementarbuch f. den Unterricht in der französ. Sprache. I. Kursus. 9. Aufl. A. Praktischer Theil 208 Stn. B. Theoret. Theil. 78 Stn. Zürich, Verlag von Orell Füssli & Co. cart. 2. —
1877

Keller, Karl (I.), Elementarbuch für den Unterricht in der französischen Sprache. 1. Kurs. 12. unveränd. Aufl. 8. (IV, 208, 78 S.) Zürich 880, Orell, Füßli und Comp. cart. *

—— dass. — Nach der 12. Aufl. vollständig umgearb. von Andr. Baumgartner. (XI, 124 S.) 1881. cart. * ℳ 1.; 2. Ausg. in 1 Bd. (XII, 272 S.) 1882; 2. Aufl. 8. (XII, 248 S.) Ebendas. 883. *

Keller, Karl, Elementarbuch für den Unterricht in der französischen Sprache. 2. Kurs. 1.—3. Thl. 5. für die zürcher Elementarschulen neu bearb. Aufl. 8. Zürich 879, Orell, Füßli und Comp. geb. à Thl. * M. 2. *

Inhalt:

Thl. 1. Französisches Sprachbuch. (VI, 288 S.)
" 2. Französische Grammatik für deutsche Schulen. (210 S.)
" 3. Uebungsstücke zur Satzlehre der französischen Sprache für deutsche Schulen. (104 S.)

1. Kurs. Ebendas. 1875. * M. 2.

—— Elementarmethode des französ. Sprachunterrichts für Deutsche. 3 Thle. gr. 8. Zürich, Orell, Füßli und Comp.

Thl. 1. Sprachbuch. (XXII und 143 S.) 848. 15 Ngr.
" 2. Schulgrammatik. (XII und 232 S.) 848. 20 Ngr.
" 3. Elementarmethodische Sammlung von Aufgaben zum Uebersetzen aus dem Deutschen ins Französ. (200 S.) 849. 20 Ngr.

Keller, Carl (II.), Elementarmethode des französischen Sprachunterrichts für deutsche Schulen. 1. Kurs. 2 Thle. 2., umgearb. Aufl. 8. Zürich 854, Orell, Füßli und Comp. *

Inhalt:

Thl. 1. Französisches Sprachbuch. 1. Kurs: Der Sprachstoff und seine Formen in elementarmethod. Stufenfolge. 2., umgearb. Aufl. (XX und 336 S.)
" 2. Französische Grammatik. 1. Kurs: Wortformenlehre der französ. Sprache. 2., umgearb. Aufl. (144 S.)

—— dass. — 2. Kurs. 2 Thle. (Sprachbuch. — Grammatik.) 2., umgearb. Aufl. gr. 8. Ebds. 856. * 1

Inhalt:

Thl. 1. Grammaire française à l'usage des écoles allemandes. 2. Cours: Syntaxe de la langue française. 2. Édition refondue. (XI und 252 S.)
" 2. Französisches Sprachbuch für deutsche Schulen. 2. Kurs: Die französ. Satzgebilde mit ihren eigenthüml. Spracherscheinungen. 2., umgearb. Aufl. (XVI und 280 S.)

Keller, Carl (I.), Elementarmethode des französischen Sprachunterrichts für deutsche Schulen. 1. Kurs. 2 Thle. (Sprachbuch. — Grammatik.) 5., für die zürcher. Sekundarschulen bearb. Aufl. 8. (340 S.) Zürich 866, Orell, Füßli und Comp. geb. *

—— dass. — 2. Kurs. 3 Thle. (Sprachbuch. — Grammatik. — Uebungsstücke zur Satzlehre.) 3., für die zürcher. Sekundarschulen bearb. Aufl. 8. Ebendas. 866. [1. Thl. (VI und 376 S.) * 1 Thlr., 2. und 3. Thl. (369 S.) * 1 Thlr.] geb. *

— — 6. Aufl. Ebend. 869. 8. (VI, 298 S.) n. 20 ngr.

Keller, Prof. Karl, Elementarmethode des französischen Sprachunterrichts für deutsche Schulen in zwei Kursen. 1. Kurs. A. u. d. Tit.: Elementarbuch für den Unterricht in der französ. Sprache. 7. Auflage. 284 Stn. 8. Zürich, Orell, Füssli & Co. cart. 1872 **2. —**

—— dass. — 2. Kurs. 1.—3. Thl. 4., für die zürcher. Sekundarschulen bearb. Aufl. gr. 8. Ebendas. 871. geb. *

Inhalt:

Thl. 1. Französisches Sprachbuch. (VII, 272 S.) * M. 2.
" 2. 3. Französische Grammatik. Uebungsstücke zur Satzlehre der französ. Sprache. (210; 108 S.) * M. 2.

—— dass. — Erste besondere Ausg. für Gymnasien. gr. 8. (XII, 330 S.) Ebendas. 872. cart. *

—— Vocabulaire dazu, s. Britt-Hohl, G.

—— Elementarschule für den Unterricht in der französischen Sprache. 1. Kurs. 9.—11. Aufl. 8. (IV, 208 und 78 S.) Ebendas. 877—79. cart. *

—— dass. — 2. Kurs. 1. Thl. 1.—5. Aufl. 8. (VI, 288 S.) Ebendas. 879. cart. *

—— Erläuterungen zu den Disciplinar-Strafordnungen für das Heer und für die kaiserl. Marine vom 31. Oktbr./23. Novbr. 1872. gr. 8. (IV, 130 S.) Berlin 878, Nicolai'sche Verlagsh. *

—— Erläuterungen zu den Kriegsartikeln für das Heer und die deutsche Marine. Unter Bezugnahme auf die entsprechenden Bestimmungen des Militärstrafgesetzbuchs für das Deutsche Reich bearb. gr. 8. (IV, 156 S.) Ebendas. 877. *

—— Erzählungen des Pilgers von Schaffhausen. Eine Volksschrift. 2. Aufl. 8. (IV und 156 S.) Schaffhausen 864, Schalch.

Keller, Carl, approb. Arzt aus Lörrach (Gh. Baden): **Hereditäre multiple Exostosen.** *Halle a. S. 1901: R. P. Nietschmann.* (32 S.) 8°
Halle, Med. Diss. v. 30. März 1901

Keller, C. (III.), s. Fleck, Ed., Militär-Strafgesetzbuch für das deutsche Reich.

Keller, Carl, als „Greenhorn" im Westen v. Nord-Amerika. Erlebnisse. 8. (IX, 208 S.) Hamburg 893. Verlagsanstalt u. Druckerei, A.-G. n. 1. 60

Keller, Karl, Hausbrot. Erzähl. d. Schaffhauser-Boten. 8. (III, 156 S.) Zürich 894. Depot der evangel. Gesellschaft. n. — 80; kart. n.n. 1. 30; geb. in Leinw. n. 1. 60

Keller, Karl, Hausbrot. Erzählungen d. Schaffhauser-Boten. 2. Folge. 8. (III, 156 S.) Zürich 896. Dépôt der Evangel. Gesellschaft. n. — 80; kart. n.n. 1. 30; geb. in Leinw. n. 1. 60 (kplt. in 1 Leinw.-Bd.: n.n. 2. 50)

— zur Lehre d. chron., hyperplasierenden Endometritis, s.: Arbeiten aus d. Gebiete d. Geburtshülfe u. Gynaekologie.

—— erste französische Leseübungen für deutsche Schulen. Ein Suppl. zum 1. Curs der Elementarmethode des französ. Sprachunterrichts von demselben Verf. 8. (VII und 80 S.) Zürich 864, (Orell, Füßli und Comp.) cart. *

Keller, Karl: Die Mädchen-Fortbildungsschule. — Göttingen: Kelterborn 1909. 29 S. 8°

— Ein ganzer Mensch. Der einz. Weg zu Lebensmut u. Lebenslust. (204 S.) 8. Leipzig (910). O. Dittmar. 3.—; geb. 3. 80

Keller, Ch., méthode élémentaire pour l'enseignement de la langue allemande. 1. cours. 2. édit. 375 pp. in-gr. 8. Zürich, Orell, Füssli & Co. rel. 1871 4. —

Keller, Charles. Méthode élémentaire pour l'enseignement de la langue allemande. 3e éd. In-8°, 550 p. Zürich, Orell Füssli & Cie. 1880 **5 —**

Keller, C. (I.), Militär-Strafgesetzbuch für das deutsche Reich. Unter Berücksicht. der Motive und Reichstags-Verhandlungen erläut. 1. Aufl. (VIII, 188 S.) 1872. * M. 4., und 2. verm. und verb. Aufl. gr. 8. (VIII, 319 S.) Berlin 873, Weidmann'sche Buchh. * 6 —

Keller, C., die Nabelpflege der Neugeborenen in der Praxis, s. a. Sammlung zwangloser Abhandlgn. a. d. Gebiete der Frauenheilkunde. V. 1.

Die Nabelpflege des Neugeborenen in der Praxis. Von C[arl] Keller (Berlin). *Halle a. S.: C. Marhold 1902.* (35 S.) 8°
= Sammlung zwangloser Abhandlungen aus d. Geb. d. Frauenheilkunde u. Geburtshilfe. Bd 5, H. 1. [os. ma 3

Keller, Carl, s.: Reise-Notiz-Kalender f. Versicherungsbeamte.

Keller, Carl, Soldatenlieder in d. Volksweise f. den Männerchor mit willkürl. Begleitung des Pianoforte (statt der Militairmusik). 16. (4 B.) Carlsruhe 845, Nöldeke. *

Keller, Karl (IV.), Sopha- und Coupee-Geschichten. Lustige Schelmereien. 8. (51 S.) München 883, Pollner. *

Keller, Karl, Prof., französisches Sprachbuch für deutsche Schulen. Zweiter Kurs. Chrestomathie. 4. Aufl. VII u. 272 Stn. 8. Zürich, Orell, Füssli & Co. cart. 1874 2. —
Elementarmethode des französ. Sprachunterrichts f. deutsche Schulen. II. Kurs. I. Thl. Sprachbuch.

Keller, K., systemat. französ. Sprechübungen für die mittleren und höheren Stufen des französ. Sprachunterrichts in deutschen Schulen. 8. Zürich, Orell Füssli & Co. 1876 2. 50

Keller, K., Systematische französische Sprechübungen f. d. mittlern Stufen des franz. Sprachunterrichts in deutschen Schulen. 2. Aufl. 112 S. 8. Zürich, Orell Füssli & Co. cart. 1. 50
1877

Keller, O., über den jetzigen Stand der Lehre der Tubenschwangerschaft, s. a. Sammlung zwangloser Abhandlungen aus dem Gebiete der Frauenheilkunde usw. V, 3. 4.

Über den jetzigen Stand der Lehre der Tubenschwangerschaft. Nach e. Vortrage, geh. zu Berlin 1903. Von C[arl] Keller (Berlin). *Halle a. S.: C. Marhold 1903.* (82 S.) 8°
— Sammlung zwangloser Abhandlungen aus d. Geb. d. Frauenheilkunde u. Geburtshilfe. Bd 5, H. 3/4.

Keller, Carl Frhr. v., Tagebuch aus der Genealogie des Hauses Wettin. 2 Lfgn. 8. (106; 128 S.) Leipzig 881, (Meisel.) à Lfg. * 60 Pf. *

Keller, Carl [aus Köln a./Rh.]: Untersuchungen über die Beeinflussung der Hauttemperatur durch äussere Hautreize (aus d. Laboratorium d. pharmakolog. Institutes zu Würzburg).... Berlin, Buchdr. v. Gebr. Mann (1887); 46 S. u. 1 Tab. 8°
Würzburg, Med. Fak., Inaug.-Diss. v. 1887

Keller, Carl [aus Minfeld, Rheinpfalz]: Verlauf von 116 cariösen Knochenerkrankungen der Erlanger chirurgischen Klinik ... Erlangen. k. b. Hofbuchdr. v. A. Vollrath, 1893; 35 S. 8.
Erlangen, Med. Fak., Inaug.-Diss. v. 19. Dez. 1892

— d. Wanderniere d. Frauen, insbes. ihre Diagnose u. Therapie, s. a. Sammlung zwangloser Abhandlgn. aus d. Gebiete d. Frauenheilkunde u. Geburtshilfe.

Die Wanderniere der Frauen, insbes. ihre Diagnose u. Therapie v. Dr. C[arl] Keller in Berlin ... *Halle a. S.: K. Marhold 1896.* (44 S.) 8.
— Sammlung zwangl. Abhandlungen a. d. Gebiete d. Frauenheilkunde u. Geburtshilfe. Bd 1. H. 2.

— d. Wanderniere d. Frauen, insbes. d. Wichtigkeit ihrer Berücksichtigung f. d. Geburtshelfer u. Gynäkologen. [Aus: „Monatsschr. f. Geburtshülfe u. Gynaekol."] gr. 8. (31 S.) Berlin 898, S. Karger. n. — 75

Keller, Karl. Die Wohlthätigkeits-Anstalten Schaffhausens. In-4°, 29 S. Mit 1 Stahlstich. Zürich, Druck von Schulthess. 1879
*** Züricher Neujahrsblatt der Hülfsgesellschaft, Nr. 79.

Winterthurer ...

— *Hülfsgesellschaft.* Nr. 80. Die Wohlthäthigkeitsanstalten d. Stadt Schaffhausen. 2. Theil. Von *Karl Keller.* In-4°, 31 S. u. 1 Stahlst. Zürich, Druck von F. Schulthess. 1880

Wirtschaftsrechnungen von Karl Frh. v. **Keller.** Mit Nachw. von Dr. phil. Leon Zeitlin-Berlin. Als Hs. gedr. (Leipzig-Lindenau: Selbstverl. 1908.) (60 S.) 4°
Erweitert aus: Zeitschrift f. d. gesamte Staatswissenschaft.

— u. Ph. Nitze, Groß-Berlins bauliche Zukunft. Vorschläge zur Reform der Bebauungsbestimmgn. Mit e. Einleitg. von Karl v. Mangoldt. Hrsg. vom Ansiedlungsverein Groß-Berlin. (136 S. m. 3 Taf.) gr. 8. Berlin-Grunewald 910. Renaissance-Verlag. 1. 50

Keller, Karl (Benj. Otto.), Bosheit u. Wahnglaube, od. d. Hexenproceß. Sittengemälde aus d. Mitte d. 17. Jahrh. 8. (15¼ B.) Bunzlau 831, Appun.

Keller, (K.,) phantastische Erzählungen. 1s Bdchn. — A. u. d. T.: Hans Bralje. Oder: der Sonderling im schwarzen Mantel. 8. Sorau 826, Neue Günthersche Buchhandl. in Glogau.

Keller, Karl

Phantastische Erzählungen. Bd.chen 1.
Sorau, Sagan: Julien 1827. 171 S. 8°
(Inhalt: Hans Brahe. Oder: der Sonderling im schwarzen Mantel.)

— phantast. Erzählungen. 2. Bdchn. — A. u. d. T.: Skiaphilos Ponerlander, od. das Amulet. Ein Märchen. 8. (18 B.) Glogau 829, [Flemming.]
1. Bd. Ebendas. 1826. 1 Thlr.

Keller, Karl Benj. Otto., die Feuersbrunst. Ein Gedicht. 8. (1 B.) Sorau 835, Ovid. (?) *

Keller, Karl Benj. Otto., Joachim vom Berge u. seine Stiftungen. Ein wichtiger Beitrag zur Geschichte Schlesiens. Mit Joachims Bildniß u. 2 Stammtafeln. 8. Glogau 834. Heymann in Berlin. 1½ ℔

— die Lasten d. Patronats in d. evangel. Kirche, in besond. Beziehung auf Schlesien. Zur Prüfung vorgelegt. gr. 8. (1½ B.) Glogau 839, Flemming.

— Nachrichten üb. d. evangel. Kirche zu Sprottau. 8. (4½ B.) Sprottau 841. (Breslau, Graß, Barth u. Comp.) *

— Nikolaus, Herzog zu Oppeln. Erzählung. 2 Bdchn. 12. (17½ B.) Bunzlau 836, Appun's Buchh.

— die Glogau'schen Rathsherren. Eine Erzählung a. d. Ende d. 15. Jahrhund. 8. Leipz. 823, Fr. Fleischer.

KELLER, Karl, Skiaphilos Poneriander, oder das Amulet. Ein (zahmes morgenländ.) Märchen. Glogau und Lissa. Druck und Verlag der Neuen Günterschen Buchhandl. (ca. 1820?). 8°.
Selten und wenig bekannt! VI—284 S., 1 Bl. „Berichtigung" wegen falscher Pagination.

— ein Tag auf Hohenstaufen, s. wissenschaftl. Werke.

Keller, Karl Gustav

Keller, K. G., deutscher Antibarbarus. Beiträge zur Förderung des richtigen Gebrauches der Muttersprache. gr. 8. (VIII, 211 S.) Stuttgart 879. Liesching & Co. n. 3. 50

Keller, C. G., deutscher Antibarbarus. Musterlager neuhochdeutscher Schriftsprache. Gesammelt und beleuchtet. gr. 8. (45 S.) Göppingen 866, Völter. *

Keller, K. G., deutscher Antibarbarus. Beiträge zur Förderung des richt. Gebrauchs der Muttersprache. 2. nach dem Tode des Verf. von Gust. Hauff neu bearb. Aufl. gr. 8. (XI, 214 S.) Stuttgart 886, Kohlhammer. * 3 50

— neue Materialien zum Übersetzen aus dem Deutschen in's Lateinische für Schüler von 13 bis 16 Jahren in Tertia und Secunda. Mit einleit. Vorworte von Carl Ludw. v. Roth. gr. 8. (XV und 261 S.) Stuttgart 867, Metzler's Verlag. *

Keller, C(ar.) H(enr.) Paulus (geb. Sprottau 10. 2. 1823): De gastromalacia. Berolini (1847). (25 S.) 8°
Berlin, Med. Diss. v. 26. Aug. 1847

Keller, Karl Urb., neue bisher noch ganz unbekannte Art, den Tusch in Kupfer nachzumachen, ohne irgend e. Aetzmittel. Mit 3 Kpf. 8. Stuttg. 815. Löflund. 10 K

Keller, K. U., neue bisher noch ganz unbekannte Art, den Tusch in Kupfer nachzuahmen, ohne irgend ein Aezmittel. Mit 3 (gefalt.) Kpfrn. (1—2 schön in Tuschmanier). Stuttgart 1815. Kl. 8⁰. Cart.
Rar! Taf. 1: Ehemalige Lage der Villa des Horaz gegenüber von Digentia in Sabinum. Taf. 2. Ruine an der Tyber (!) bei Ponte molle. Taf. 3: Diverse Figg.

— Schönheiten d. Natur, gezeichnet auf e. Reise durch Italien in d. J. 802 u. 3. mit 30 radirt. Blättern. gr. 8. Stuttg. 805. Löflund. 2 ℛ

Keller, Karl Wilh., neue Begräbnis-Arien für Männer- und gemischten Chor. gr. 8. (9 S.) Langensalza 888, Schulbuchhandlung. — 30

Keller, Kasimir

Keller, Casim. v., Anleitung für den Quartiermacher. Sammlung der wichtigsten bayer. u. preuß. Vorschriften. 4. Aufl. (IV, 89 S.) kl. 8. München 906. J. Lindauer. n. — 80

Keller, Kaspar

Keller, med. pract. Caspar, in Wald (Ct. Zürich) [von Fischenthal. Kt. Zürich]: Klinische Erfahrungen über Digitalinum verum nach Beobachtungen auf der Klinik des Hrn. Prof. Dr. Eichhorst in Zürich. Wald H. Hess Dr. 1893. 78 S., 2 Taf., 1 Bl. 8⁰.
Zürich, Med. Diss. [v. 8. Nov. 1893].

Keller, Kasp., s. Urkunden zur Geschichte der Familie Bachoven v. Echt.

Urkunden zur Geschichte der Familie Bachoven v. Echt. Im Auftr. d. Frh. K. Adolf Bachoven v. Echt hrsg. von Kaspar Keller. Bonn: P. Hanstein in Komm. 1907. (XVIII, 488 S.) 8° [07. 18144 5

Keller, Kaspar Karl

Keller, C. C. Zur Frage der Selbstdispensation der Ärzte. Eine Antwort auf d. Broschüre des H. Dr. H. Pestalozzi. In-8⁰. 35 S. Zürich, Fäsi & Beer. 1898 — 60

Keller, C[aspar] C[arl]. Kantonsapotheker aus Zürich: I. Über die Wertbestimmung von Drogen und galenischen Präparaten. II. Neuere Studien über die Bestandteile des Secale cornutum. Zür. Berichthaus Dr. 1897. 100 S., 2 Bl. 8⁰.
Zürich, Phil. Diss. [v. 29. Juli 1897].

Keller, C. C., mein letztes Wort zur Frage der Selbstdispensation d. Ärzte. E. Duplik auf d. 2. Broschüre des Hrn. Dr. med. Heinrich Pestalozzi in Männedorf. gr. 8. (41 S.) Zürich 898. (Fäsi & Beer.) n. — 60

Keller, Katharina, aus Schleitheim, z. Zt. Assistentin der chirurg. Privat-Klinik von Dr. Hans Brun in Luzern: Zwei Fälle von intermittierender Hydronephrose. [Mit drei Abbildungen im Text.] Basel 1910. 37 S. 8⁰. [16. VI. 10.]
Zürich. Univ. Med. Diss. 1909/10.

Keller, Klemens

Keller, Clemens: Hauptregeln der lateinischen Syntax für Quarta und Quinta. Unter Berücks. der an d. sächsischen Gymnasien u. Progymn. eingeführten Übungsbücher zsgest. Frankenberg, Druck v. C. G. Rossberg, 1893; 40 S. 8.
Frankenberg i. S., R m. PG, OP 1893 (502)

Keller, Konrad

Keller, Conrad. Die Abstammung der ältesten Haustiere. Phylogenetische Studien über die zoologische Herkunft der in prähistorischer Zeit erworbenen Haustier-Arten nebst Untersuchungen über die Verbreitungswege der einzelnen zahmen Rassen. Hrg. durch die Stiftung von Schnyder von Wartensee. [Mit 81 Abbildungen.] VI + 232 S. gr.-8. Zürich, Komm. Fritz Amberger, 1902. [fr. 15. —]
(Schriften Hrg. durch die Stiftung von Schnyder von Wartensee, verwaltet von der Stadtbibliothek Zürich. [Band] 11.)

Keller, Conr. Die Abstammungsverhältnisse der Pflanzentiere 1884.

Keller, Conr. Alpentiere im Wechsel der Zeit, s. Vorträge, zoologische.

Keller, C. Alpentiere im Wechsel der Zeit. Gr. in-8⁰. 48 S. Leipzig, R. Freese (1892). Mk. 1 —

Keller, Conrad. Die Atmosphäre ein elektro-pneumatischer Motor, von K' K'. [Mit 1 Figur im Text und 4 Tafeln.] 103 S. 8. Zürich-Oberglatt, Keller, 1903. [fr. 2. 50]

Keller, Konr., die Atmosphäre e. elektro-pneumatischer Motor. (103 S. m. 4 Taf.) gr. 8. Zürich 903. Rascher & Co. n. 2. —

Keller, Conr. Über den Bau von Reniera semitubulosa. ein Beitrag zur Anatomie der Kieselschwämme. 1877.

Keller, Conr. Beiträge zur feinern Anatomie der Cephalopoden. 1873.

Keller, Konr., die Blutlaus und die Mittel zu ihrer Vertilgung. gr. 8. (32 S.) Zürich 885, Orell, Füßli und Comp., Verlag. * — 60

Keller, Conr. Neue Coelenteraten aus dem Golf von Neapel. 1880?

Keller, C., die politische u. wirtschaftliche Entwickelung Abessiniens, s. Orient, der.

Die politische und wirtschaftliche Entwickelung Abessiniens. Vortrag ... von Prof. Dr. C[onrad] Keller. Halle: Gebauer-Schwetschke 1906. (VI, 20 S.) 8°
— Orient, Der. H. 4. [06. 14384 S

Keller, Conr., forstzoolog. Excursionsführer. E. Compendium z. Gebr. an forstl. Lehranst., sowie z. Orientirg. f. d. prakt. Forstmann. 8. (VII, 277 S. m. 78 Abb.) Wien 897. C. Fromme. n. 4. 50; geb. n. 5. —

Keller, Konrad, approb. Arzt aus Ludwigsburg: Ein Fall von primärem Krebs des Gallenblasenhalses. München 1903: C. Wolf & Sohn. (18 S.) 8°
München, Med. Diss. v. 1903

Keller, Conrad (Dr.). Ueber den Farbenschutz in der Thierwelt. In-4⁰, 23 S. Mit 1 color. Tfl. Zürich, Druck von Zürcher & Furrer. 1879
*** Züricher Neujahrsblatt der Naturforschenden Gesellschaft, Nr. 81.

Keller, Conr. Der Farbenschutz bei Tiefsee-Organismen. 1883.

Keller, C. (Dr.) Die Fauna im Suez-Kanal und die Diffusion der mediterranen und erythräischen Thierwelt. Eine thiergeographische Untersuchung. In-4°, 40 S. u. 2 Tafeln. 1882. Basel, in Commission bei H. Georg. 4 —
*** Separat-Abdruck aus den Denkschriften der schweizerischen Gesellschaft für die gesammten Naturwissenschaften. Bd. XXVIII, Abthlg. III.

Keller, Conrad. Der Atmosphärische Fixpunkt, von dem aus die aussergewöhnlich heissen und trockenen Jahrgänge in Mittel-Europa, zu denen das zukünftige Jahr 1902 gehören wird, drei Jahre zum voraus angezeigt werden können. Auf die physikalischen Druckverhältnisse der Atmosphäre und die Niederschlagsschwankungen von 1795—1900 gegründet. Von Konrad Keller. Geschrieben im Dezember 1901. [Mit 2 Figuren im Text und 2 Tabellen.] 31 S. 8. Zürich-Oberglatt, Keller. [fr. 1.85]

Keller, Konr., der atmosphärische Fixpunkt von dem aus die aussergewöhnlich heissen u. trockenen Jahrgänge in Mittel-Europa, zu denen das zukünftige J. 1902 gehören wird, drei Jahre zum Voraus angezeigt werden können. Auf die physikal. Druckverhältnisse der Atmosphäre u. die Niederschlagsschwankgn. von 1795—1900 gegründet. gr. 8. (31 S. m. 2 Taf.) Zürich-Oberglatt 901. (Leipzig, E. H. Mayer). n. 1. 50

Keller, C. (I.), Grundlehren der Zoologie für den öffentlichen und privaten Unterricht bearb. gr. 8. (XVIII, 358 S. mit 565 in den Text gedr. Holzschn.) Leipzig 880, C. F. Winter'sche Verlagsh. *

Keller, Conr., Grundlehren der Zoologie, für den öffentl. und privaten Unterricht bearb. 2. umgearb. Aufl. gr. 8. (XX, 390 S. mit 576 in den Text gedr. Holzschn.) Leipzig 887, C. F. Winter'sche Verlagsh. * 3 —

Keller, Conrad, und Lang, Arnold. Ernst Haeckel als Forscher und Mensch. Reden gehalten bei der Feier des 70. Geburtstages E' Haeckels... am 16. Febr. 1904 in Zürich. [Mit 2 Porträt-Tafeln.] 43 S. 8. Zürich, Albert Müller, 1904. [fr. 2. —]

Keller, Conrad. Die Haustiere als menschlicher Kulturerwerb. Von Dr. C' K', Professor ... in Zürich. [Mit vielen Illustrationen und 5 Tafeln.] Sonderabdruck aus: Der Mensch und die Erde. Hrg. von Hans Kraemer [Erste Gruppe ..., Band 1]. II S. + S. 165—304. 4. Berlin-Leipzig-Wien-Stuttgart, Bong & Co., [1906].

Keller, C., d. ostafrikan. Inseln, s.a. Bibliothek d. Länderkunde.

[F.] Die Ostafrikanischen Inseln v. Prof. Dr. C[onrad] Keller. *Berlin: Schall & Grund 1898.* (VI S., 1 Bl., 188 S., 8 Taf., 3 Kt.) 1 Bd 4.(8.)
= Bibliothek d. Länderkunde. Bd 2. (98. 776

Keller, Konrad, Die deutschen Kolonien in Südrußland. Ein Überblick der Culturentwicklung derselben im Verlaufe von 100 Jahren, nebst den Chroniken: Kl.-Liebental, Josephstal, Mariental und Franzfeld, als Jubiläumsgabe zum 100jähr. Bestehen derselben. (Mit 20 Porträts). Odessa: Stadelmeier 1905. Bd. I. 305 S.

Keller, Konrad, Die Kolonien: Kamenka, Ilowla, Karaulny-Buerak, Semenowka, Ustkrjasnucha, Marienfeld, Josephstal, Grjasnowatka, Kamennny-Owrag, Pamjatnoje, Werchowje

—— des Schweizer Bauers praktische Kuh- und Kälberzucht. 11. Aufl. 8. (192 S.) Oberglatt-Zürich 880, Keller's Verlag. * 1 60

[F.] Das Leben des Meeres v. Dr. Conrad Keller, Prof. ... zu Zürich. Nebst botan. Beiträgen v. Prof. Dr. Carl Cramer u. Prof. Dr. Hans Schinz. M. 16 Taf. i. Farbendr. u. Holzschn., sowie üb. 300 Abb. im Text. *Leipzig: C. H. Tauchnitz 1895.* (XVIII, 606 S., 16 Taf.) 1 Bd 4.(8.)
(98. 5077 Go

Keller, Conr. Mittheilungen über Medusen. 1884.

Keller, Conrad. Das elektro-pneumatische Motorsystem der Atmosphäre als ein Teil des allgemeinen Natur-Mechanismus, von K' K'. 2., umgearbeitete Aufl. [Mit Figuren im Text und 4 Tafeln.] 152 S. 8. Zürich, Komm. Ed. Raschers Erben, 1904. [fr. 2. 50]

—— Natur- und Volksleben der Insel Réunion, s.a. Vorträge, öffentliche, gehalten in der Schweiz.

Keller, Conrad. Natur und Volksleben der Insel Réunion. Vortrag, gehalten ... [zu] Zürich. 〈Dezember 1887.〉 8. Basel 1888. L
(Oeffentliche Vorträge gehalten in der Schweiz. Band 9. Heft 11.)

Keller, C[onrad]. Naturgeschichte der Haustiere. Von Dr. C. K', o. Professor ... in Zürich. Mit 51 Textabbildungen. VIII + 304 S. 8. Berlin, Paul Parey, 1905. [M. 9. —]

Keller, C[onrad]. Observations sur les limites que la nature impose à la multiplication du Kermès Cocciné. (Traduit [de l'allemand].) E. 8. (Genève, Bâle) 1884.

—— Reisebilder aus Ostafrika und Madagaskar. gr. 8. (X, 341 S. mit 43 Holzschn.) Leipzig 887, C. F. Winter'sche Verlagsh. * 7 —

Keller, Conr. Naturwissenschaftliche Reisen auf dem Isthmus und am Roten Meere. 1883.

Keller, Conr. Sawakin als Beobachtungsstation für Zoologen. 1882.

Die Schwankungen der atmosphärischen Gleichgewichtszone als Ursache der nassen und trockenen Witterungsperioden. Ein Ausbau meiner Theorie 'Der atmosphärische Fixpunkt' von Konrad Keller. *Leipzig E. H. Mayer in Komm. 1902.* (47 S.) 8° (03. 37

Keller, C[onrad]. Der Speziesbegriff bei unseren Haustieren. Von Prof. Dr. C. K', Zürich. 8.
In: Jahrbuch für wissenschaftliche und praktische Tierzucht, einschliesslich der Züchtungsbiologie. ... Hrg. von Dr. Robert Müller ... Dresden. ... Jahrg. 2... . Hannover, M. & H. Schaper, 1907. [M. 9.—.] S. 1—XIX.

— das Spongin u. seine mechanische Leistung im Spongienorganismus. [Aus: „Festschr. zur Feier des 50jähr. Doctor-Jubiläums der Herren v. Nägeli u. v. Kölliker".] Imp.-4. (12 S. m. 1 farb. Taf.) Zürich 891. A. Müller's Verl. n. 3. —

Keller, (Conrad), die Stammesgeschichte unserer Haustiere, s.a. Aus Natur u. Geisteswelt.

Die Stammesgeschichte unserer Haustiere. Von Prof. Dr. C[onrad] Keller. Mit 28 Abb. Leipzig: Teubner 1909. 114 S. 8°
(Aus Natur u. Geisteswelt. Bdch. 252.) (09. 24

Keller, Conr. Studien über Organisation und Entwicklung der Chalineen. 1879.

Tschudi, F. von. Das Tierleben der Alpenwelt. Naturansichten und Tierzeichnungen aus dem schweizer. Gebirge. 11. durchges. Aufl., hrsg. von *C. Keller*. Mit Tschudi's Portr. in Stahlstich und 27 Illustr. von *E. Rittmeyer* u. *W. Georgy*. Gr. in-8°. XVIII, 582 S. Leipzig, J. J. Weber. 1890 Mk. 7 50; Leinwd. Mk. 9 —

—— das Thierleben in grossen Meerestiefen, s.a. Vorträge, öffentliche, gehalten in der Schweiz.

— C. (Dr.) Das Thierleben in grossen Meeres-tiefen. In-8⁰. Basel, Schwabe. 1883 1 —

— die Thierwelt in der Landwirthschaft. Darstellungen aus dem Leben der wirthschaftlich wichtigsten Thiere m. besond. Berücksicht. ihrer Beziehgn. zu unsern Hausthieren u. Culturpflanzen. gr. 8. (XII, 510 S. m. 150 Abbildgn.) Leipzig 893. C. F. Winter. n. 10. —

Keller, C. (II.), Untersuchungen über die Anatomie und Entwickelungsgeschichte einiger Spongien des Mittelmeeres. Ein Beitrag zur Lösung der Spongienfrage. gr. 4. (39 S. mit 2 Stnt.) Basel 876, Georg. *

Keller, Conr. Untersuchungen über neue Medusen aus dem rothen Meere. 1883.

Vererbungslehre und Tierzucht. F. prakt. Landwirte dargest. v. Dr. C[onrad] Keller, Prof. am ... Polytechn. in Zürich. *Berlin: P. Parey 1895.* (IV, 162 S.) 1 Bd 8. [96. 1043

Keller, Konrad. Vorausbestimmung des Wetters auf die Sommermonate 1888 mit Begründung und Erklärung der ursachlichen Faktoren auf Grund der neuen Prinzipien meiner Wettertheorie von Mitteleuropa u. s. w. In-8⁰, 4 S. Oberglatt-Zürich, Keller's Verlag. 1888 — 50

Keller, Konrad, Wettertheorie von Mitteleuropa. Aus den Sonnenfleckenperioden und den Verschiebungen des Kältelnftpoles abgeleitet und durch die Uebereinstimmung mit den Jahrgängen seit 1610 bewiesen zur Vorausbestimmung der fruchtbaren und unfruchtbaren Jahre, der Frühlingsfröste und der Frühkälte im Herbst, der nassen, wie der sehr trockenen Sommer, der milden und der sehr kalten Winter, nebst einer davon abgeleiteten Theorie über die Ursachen der Eiszeit. Zürich 1887. (12122)

—— Wettertheorie von Mitteleuropa aus den Sonnenflecken-perioden ꝛc. und durch die Uebereinstimmung seit 1610 bewiesen zur Vorausbestimmung der fruchtbaren und unfruchtbaren Jahre ꝛc. 8. (186 S.) Ebendas. 887. 3 —

Keller, C., Aus Wissenschaft u. Leben. Gesamm. Aufsätze populär-wissenschaftl. Inhaltes. Zürich 1909. 8⁰.

Keller, Konrad Th(eodor): Über Abkömmlinge des Diphenyl-osotetrazins und des Diphenyl-N-amidoosotriazols. Heidelberg 1909: Rößler & Herbert. 48 S. 8°
Heidelberg, Naturw.-math. Diss. v. 2. Aug. 1909, Ref. Curtius
[Geb. 3. Dez. 85 Neudenau; Wohnort: Schwetzingen; Staatsangeh.: Baden; Vorbildung: Realgymn. Mannheim Reife Juli 04; Studium: Heidelberg 10 S.; Rig. 29. Juni 09.] [U 09. 2049

Keller, L.: Athmungs- u. Kreislaufs organe des Menschen u. schematische Darstellung des Blutlaufs der Reptilien u. Fische,
s.a. Schulwandtafeln, Anatomische.

Keller, L., Athmungs- und Kreislaufsorgane des Menschen und schematische Darstellung des Blutlaufs der Reptilien und Fische. Nach den besten Mustern für Schulen hrsg. und bearb. Chromolithogr. Imp.-Fol. Carlsruhe 869, W. Creuzbauer's Verlag. Auf Leinwd. mit Stäben *

Keller, L., die aeussere Haut. [In ca. 200 facher Vergrösserg.] Nach den besten Mustern f. Schulen bearb. Chromolith. auf Leinw. Imp.-Fol. Karlsruhe 875. W. Creuzbauer. Mit Stäben. n. 6. —

— die Leber. Vergrösserte u. vereinfachte Darstellg. zur Veranschaulichg. d. Verlaufs der Blutgefässe u. Gallengänge in derselben. Chromolith. auf Leinw. Imp.-Fol. Ebend. 875. Mit Stäben. n. 6. —

— das Nervensystem d. Menschen Nach den besten Mustern f. Schulen bearb. Chomolith. Imp.-Fol. Ebend. 871. Auf Shirting u. an Stäben. n. 6. —

Keller, L., Das Deutsche Reich, die Schweiz und Deutsch-Österreich für Schulen bearb. [Flüsse und Gebirgszüge, ohne Namen.] Tauberbischofsheim, Stuttgart [1877?] (Br. Mus.)

Keller, L. (II.), s. Reinhard, W., systematischer Schreib-Unterricht.

Keller L, der Schönschreib-Unterricht in der Volksschule. Anleitung. (54 S) 4° Tauberbischofsheim 1875

Keller, L. (I.), der Schönschreib-Unterricht in der Volksschule. Eine Anleitung zur method, Ertheilung dieses Unterrichts behufs der sicheren Erzielung einer deutlichen, gefälligen und geläufigen Schrift. Im Auftrage großherzogl. Oberschulraths verf. 4. (IV, 54 S., wovon 17 lithogr.) Tauberbischofsheim 876, Lang. **

Keller, L. Der Schönschreib-Unterricht in der Volksschule. Eine Anleitg. zur method. Erteilg. d. Unterrichts behufs sicherer Erzielg. e. deutl., gefäll. u. geläuf. Schrift. Im Auftrage großh. Oberschulrats verf. 2. verb. Aufl. gr. 8. (64 S. m. Abbildgn., 5 Taf. u. 2 Schrifttaf.) [Tauberbischofsheim 892.] Karlsr., Lang. * 1 50

—— Systematischer Schreib-Unterricht. Im Auftrage großh. Oberschulrats hrsg. Deutsche u. latein. Schrift. Badische Normalschrift. (Steile Schrift.) 7 Hefte. 2. Aufl. 4. (20; 23; 22; 16; 38; 16; 19 Bl.) Ebd. 892. * 6 —

Keller, L., Schulkärtchen von Baden zum 2. Thl. des neuen bad. Lesebuchs. 1.—3. Aufl. Fol. Tauberbischofsheim 873—75, Lang. *

Keller, L., Schul-Kärtchen des Deutschen Reichs, der Schweiz und Deutsch-Oesterreichs, für Schulen bearb. 1 : 3,600,000. Chromolithogr. gr. Fol. Tauberbischofsheim 876, Lang.

Keller, L., s.a. Schulwandtafeln, anatomische.

Keller, L., anatomische Schulwandtafeln. 5 Taf. Chromolithogr. Imp.-Fol. Karlsruhe 883, Bieleleld's Verlag.
Auf Leinw. gedr. mit Stäben à Taf. * ℳ 6. *
Inhalt:
Taf. 1. Athmungs- und Kreislaufsorgane des Menschen und schematische Darstellung des Blutlaufs der Reptilien und Fische.
» 2. Die äussere Haut. [In ca. 200facher Vergrösserung.]
» 3. Die Leber. Vergrösserte und vereinfachte Darstellung zur Veranschaulichung des Verlaufs der Blutgefässe und der Gallengänge in derselben.
» 4. Das Skelet des Menschen.

Keller, L., anatomische Schulwandtafeln etc.
Taf. 5. Das Nervensystem des Menschen. Die Gehirn- und Rückenmarksnerven nebst den Ganglien von unten und von vorn gesehen. Vergrösserte und theilweise vereinfachte Darstellung.'

—— dass. — 5 Taf. Neue Aufl. Imp.-Fol. Karlsruhe 883,84, Bielefeld's Verlag.
Auf Leinw. gedr. und mit Stäben à Taf. * ℳ 6. *
Inhalt:
Taf. 1. Das Nervensystem des Menschen.
» 2. Die äussere Haut [in ca. 200facher Vergrösserung).
» 3. Die Leber. Vergrösserte und vereinfachte Darstellung zur Veranschaulichung des Verlaufs der Blutgefässe und Gallengänge in derselben.
» 4. Das Skelett des Menschen.
» 5. Athmungs- und Kreislaufsorgane des Menschen und schematische Darstellung des Blutlaufs der Reptilien und Fische.

Keller, L., anatomische Schul-Wandtafeln. I. Athmungs- u. Kreislaufsorgane d. Menschen u. schemat. Darstellg. d. Blutlaufs der Reptilien u. Fische. Neudruck. 1 Blatt, farbig auf Leinw. gedruckt. Imp.-Fol. Karlsruhe 889. J. Bielefeld's Verl. Mit Stäben. n. 6. —

— Das Skelet des Maschen,
s.a. Schulwandtafeln, Anatomische.

— das Skelet d. Menschen. Chromolith. auf Leinw. Imp.-Fol. Ebend. 875. Mit Stäben. n. 6. —

— le système nerveux, s.: Tableaux anatomiques pour écoles.

Keller, Leander Josef — Aerztlicher Bericht über das Kranken-Institut der k. k. privil. österreichischen Staats-Eisenbahngesellschaft in Wien. Von — —. Wien, 1857. Gedr. bei A. Pichlers Witwe und Sohn. (80 S. 8. Mit eilf Tabellen.)

Keller, Leander Jos., ärztlicher Bericht über das Kranken-Institut der k. k. priv. österreich. Staatseisenbahn-Gesellschaft in Wien. Lex.-8. (IV und 80 S. mit eingedr. Holzschn. und 10 Tab. in Lex.-8. und gr. Fol.) Wien 857, (Seidel und Sohn.) *

Keller, Leon, Öcher Dütsch. Prosa und Gedichte in Aachener Mundart, nebst einer kurzen grammatikal. Abhandlung und einem Wörter-Verzeichnisse. 12. (78 S.) Aachen 880, Cremer'sche Buchh. *
—— dass. — 2. verb. Aufl. 12. (78 S.) Aachen 881, (M. Jacobi.) *

Lehrbuch der englischen Sprache für Mädchenlyzeen. Von Dr. Leon Keller, Privatd., Wien. *Berlin: J. Springer; Wien: Gerold & Co. 1902.* (IV, 238 S.) 8° [F.] Jos. 8768

Keller, Leon, poetische Versuche. 16. (80 S.) Aachen 877, (Cremer'sche Buchh.)

Keller, Ludw., die römische Akademie u. die altchristlichen Katakomben im Zeitalter der Renaissance, s.a. Vorträge u. Aufsätze aus der Comenius-Gesellschaft. 7. Jahrg. 3. Stück.

Die römische Akademie und die altchristlichen Katakomben im Zeitalter der Renaissance. Von Ludw. Keller. Berlin: Gaertner 1899. 38 S. 8⁰ [Umschlagtit.]
(Vorträge u. Aufsätze aus d. Comenius-Gesellschaft. 7, 3.)
Aus: MCG. 8 (1899) S. 63—100.
Recens: BZC. 28 (1899) S. 364—370 (W. Wald). cf. V. 1 (1906—1907) S. 80—97 (J. Raemaekers).
Zielt auch auf die Bestrebungen u. Formen der Frmrei hin.

Keller, Ludw., die italienischen Akademien des 18. Jahrh. u. die Anfänge des Maurerbundes in den romanischen u. den nordischen Ländern, s.a. Vorträge u. Aufsätze aus der Comenius-Gesellschaft. XIII. 5.

Die italienischen Akademien des 18. Jahrhunderts und die Anfänge des Maurerbundes in den romanischen und nordischen Ländern. Von Ludw. Keller. Berlin: Weidmann 1905. 19 S. 8⁰ [Umschlagtit.]
(Vorträge u. Aufsätze aus d. Comenius-Gesellschaft. 13, 5.)
Aus: MCG. 14 (1905) S. 169—187.
cf. Z. 36 (1905—1906) S. 63 (H. Glücksmann); Bifrøst. 1 (1906) S. 99; R. 33 (1906) S. 16 (G. Schauerhammer); V. 1 (1906—1907) S. 147—162 (J. Raemaekers).
Legt dar, dass sich die „Akademien" Italiens schon vor dem Jahre 1717 in Maurerkleidung versammelten u. besonders die Sinnbilder der Bibel, des Winkelmasses u. des Zirkels zu gebrauchen pflegten.

— die Akademien der Platoniker im Altertum. Nebst Beiträgen zur Geschichte des Platonismus in den christl. Zeiten. gr. 8. (25 S.) Berlin 899. [R. Gaertner.] Weidmann. n. — 75
Sonderabdruck aus: „Monatshefte der Comenius-Gesellsch."

Keller, Ludw., Johann Valentin Andreae u. Comenius. [Aus: „Monatshefte d. Comenius-Gesellsch."] gr. 8. (13 S.) Münster 892. (J. Bredt.) n. — 50

Joh. Valentin Andreae und Comenius. [Unterz.: Ludw.] Keller. 8⁰ [Kopftit.]
Aus: MCG. 1 (1892) S. 229—241.

– Die Anfänge d. Reformation u. d. Ketzerschulen, s.a. Vorträge u. Aufsätze aus d. Comenius-Gesellschaft.

Die Anfänge der Reformation und die Ketzerschulen. Untersuchungen zur Geschichte der Waldenser beim Beginn der Reformation. Von Ludw. Keller. Berlin: Gaertner 1897. VI, 61 S. 8⁰ (Vorträge u. Aufsätze aus der Comenius-Gesellschaft. Jg. 4, St. 1. 2.)

— die Anfänge der Renaissance u. die Kultgesellschaften des Humanismus im 13. u. 14. Jahrh., s.a. Vorträge u. Aufsätze aus der Comenius-Gesellschaft. XI. 2.

Die Anfänge der Renaissance und die Kultusgesellschaften des Humanismus im 13. und 14. Jahrhundert. Von Ludw. Keller. Berlin: Weidmann 1903. 29 S. 8⁰ [Umschlagtit.]
(Vorträge u. Aufsätze aus d. Comenius-Gesellschaft. 11, 2.)
Aus: MCG. 12 (1903) S. 76—102.

Die Anfänge der Tempelherrn in Deutschland und die Stellungnahme Friedrichs des Grossen. Von Ludw. Keller. Berlin [1905]: Denter & Nicolas. 19 S. 8⁰ [Kopftit.]
Aus: MCG. 14 (1905) S. 270—288.
cf. ArSt. 2 (1905) S. 386—388.
Entstehung u. Entwicklung der Strikten Observanz in Deutschland.

Keller, Ludw., ein Apostel der Wiedertäufer. gr. 8. (X, 258 S.) Leipzig 882, Hirzel. *

Arbeiten am Menschheitsbau. Betrachtungen über die Betätigung des Freimaurers im profanen Leben. Rede des Br. [Ludw.] Keller in der Frühlings-Versammlung am 1. Mai 1904. Berlin: Wunder [1904]. 15 S. 8⁰ [Umschlagtit.]
Aus: ArSt. 1 (1904) S. 193—208.

[Dasselbe.] Ebendas. 16 S. 8⁰ [Kopftit.]
Abgedr. in: Bh. 47 (1904) S. 253—254, 259 bis 263.
cf. Bbl. 18 (1904) S. 679 (G. Diercks); L. 27 (1904) S. 176 (R. Fischer).
Entwicklung der Grundaufgaben der Frmrei in Hinblick auf die Erziehung des Menschengeschlechts.

—— s. Bericht üb. die vorbereit. Versammlg. d. Comenius-Gesellsch.

Keller, Ludw., Bibel, Winkelmass u. Zirkel, s.a Vorträge u. Aufsätze aus der Comenius-Gesellschaft. XVIII, 6.

Bibel, Winkelmass und Zirkel. Studien zur Symbolik der Humanitätslehre Von Ludw. Keller. Jena: Diederichs 1910. 58 S. 8⁰ [Umschlagtit.] (Vorträge u. Aufsätze aus d. Comenius-Gesellschaft. 18, 6.)
Aus: MCG. 17 (1908) S. 148—188. (Die ersten Seiten sind umgearb.)

[Dasselbe.] 2. Aufl. Ebendas. 61 S. 8⁰

Der letzte Bischof der böhmischen Brüder. Ein Lebensbild von Dr. Ludwig Keller in Münster i. W. *Lissa i. P. 1898: (A. Schmaedicke).* (22 S.) 8⁰ [Ä.]
Aus: 'Wiss. Rundschau' d. 'Münchener Neuesten Nachrichten'. 1906. 8116

Keller, Ludw.: Die böhmischen Brüder u. ihre Vorläufer, s.a. Vorträge u. Aufsätze aus der Comenius-Gesellschaft.

Die böhmischen Brüder und ihre Vorläufer. Von Dr. Ludwig Keller, Staats-Archivar in Münster. *Leipzig: R. Voigtländer 1894.* (30 S.) 8⁰
= Vorträge u. Aufsätze aus d. Comenius-Gesellschaft. Jg. 2, St. 3.

– Comenius u. d. Akademien d. Naturphilosophen d. 17. Jahrh., s.a. Vorträge u. Aufsätze aus d. Comenius-Gesellschaft.

Comenius und die Akademien der Naturphilosophen des 17. Jhs. Von Ludwig Keller. *Berlin: Comenius-Ges. 1895.* (2 Bl., 108 S.) 8.
= Vorträge u. Aufs. aus d. Comenius-Gesellschaft. Jg. 3. St. 1.

Bischof Amos Comenius und die Logen. [Von Ludw. Keller. Leipzig ca 1891: Zechel.] 2 Bl. 4⁰ [Kopftit.]
Abgedr. in: Al. 17 (1891) S. 131—137; BZC. 20 (1891) S. 241—247.
Dän. Übers. von Victor in: FT. 3 (1893—1894) S. 33—39.
Eine frühere Bearb. erschien in: L. 9 (1886) S. 177—179; SL. 6 (1886) S. 173—174, 177—180. 3.

Comenius und die Freimaurer. Zeugnisse für die geschichtlichen Zusammenhänge aus der maurerischen Literatur. [Unterz.: Ludw.] K[eller]. Berlin: [Wunder 1904]. 7 S. 8⁰ [Umschlagtit.]
Aus: ArSt. 1 (1904) S. 345—350.
Abgedr. in: Al. 30 (1904) S. 182, 191; Bh. 47 (1904) S. 387—388; Bbl. 18 (1904) S. 663—667; O. 29 (1904) S. 337—339; DrL. 35 (1904—1905) S. 42—45; HL. 38 (1904—1905) S. 249—253; Bh. 48 (1905) S. 371—373; BstF. 14 (1905) S. 165—167; H. 16 (1905) No 44; SL. 25 (1905) S. 109—110; BayrBbl. 6 (1905—1906) S. 199—203; ML. 34 (1905—1906) S. 57—59; Bbl. 20 (1906) S 54—58.
Holländ. Übers. in: MW. 54 (1905) S. 697—701.
cf. ML. 33 (1904—1905) S. 102—103 (O. Henckel); H. 16 (1905) Nr 48 (K. Pistorius), abgedr. in: ML. 34 (1905—1906) S. 91—92; R. 33 (1906) S. 24 (G. Schauerhammer).

Comenius und die Freimaurer im Urteile französischer, belgischer, holländischer, amerikanischer und englischer Autoritäten. [Unterz.:] Ludw. Keller. 8⁰ [Kopftit.]
Aus: MCG. 16 (1907) S. 98—101.

— s.: Comenius-Blätter f. Volkserziehung.

— die Comenius-Gesellschaft, s.a. Vorträge u. Aufsätze aus der Comenius-Gesellschaft. X. 1.

Die Comenius-Gesellschaft. Ein Rückblick auf ihre 10jährige Wirksamkeit. Von Ludwig Keller. *(Berlin: R. Gaertner 1902.)* (34 S.) 8⁰
= Vorträge u. Aufsätze aus d. Comenius-Gesellschaft. Jg. 10, St. 1.

— Die sozial-pädagogischen Erfolge der Comenius-Gesellschaft, s.a. Vorträge u. Aufsätze aus der Comenius-Gesellschaft. XVIII, 2.

Die sozial-pädagogischen Erfolge der Comenius-Gesellschaft. Von Dr. Ludwig **Keller**, Geh. Archiv-R. Jena: Diederichs 1910. 13 S. 8⁰ [Umschlagt.]
(Vorträge u. Aufsätze aus d. Comenius-Gesellschaft. Jg. 18, St. 2.)

—— die Gegenreformation in Westfalen und am Niederrhein, s.a. Publicationen aus den k. preuß. Staatsarchiven.

Die Gegenreformation in Westfalen und am Niederrhein. Actenstücke und Erläuterungen zusammengestellt v. Ludwig **Keller**.
Th. 1. (1555—1585.) Leipzig. 1881.
Th. 2. (1585—1609.) ebd. 1887.
Th. 3. (1609—1623.) ebd. 1895.
= Publicationen aus den K. Preussischen Staatsarchiven. Bd. 9; 33; 62. 8⁰.

– Zur Geschichte d. Bauhütten u. d. Hüttengeheimnisse, s. Vorträge u. Aufsätze aus d. Comenius-Gesellschaft.

Zur Geschichte der Bauhütten und der Hüttengeheimnisse. Von Ludw. Keller. Berlin: Gaertner 1898. 22 S. 8⁰ [Umschlagtit.] (Vorträge u. Aufsätze aus d. Comenius-Gesellsch. 6, 1.)
Aus: MCG. 7 (1898) S. 26—47.
Abgedr. in: Bbl. 12 (1898) S. 221—230, 341 bis 351; Der Stern von Bethlehem. 1899 S. 13—38.
Dän. Übers. von A. J. Lange in: FT. 6 (1898) S. 160—172; 7 (1900) S. 4—5, 30—35, 49—51.
cf. Bh. 28 (1885) S. 37—38, 41—45 (J. G. Findel); BZC. 27 (1898) S. 229—238 (W. Wald).

—— zur Geschichte der altevangelischen Gemeinden. Vortrag, gehalten zu Berlin am 20. April 1887. gr. 8. (53 S.) Berlin 887, Mittler und Sohn. * — 75

– Zur Geschichte der katholischen Reformation im nordwestlichen Deutschland 1530–1534, s. Taschenbuch, Historisches.

— Geschichte der Wiedertäufer u. ihres Reichs zu Münster. Nebst ungedruckten Urkunden. gr. 8. (VIII, 330 S.) Münster 880. Coppenrath. n. 3. —

Geschichtliches und Grundsätzliches. Eine Auseinandersetzung mit H[einr.] Boos und W[ilh.] Begemann von Ludw. Keller. Berlin: Wunder in Komm. 1906. 12 S. 8⁰ [Umschlagtit.]

Aus: ArSt. 3 (1906) S. 279—290.

cf. ArSt. 3 (1906) S. 325—328 (W. Begemann), 328—330 (L. Keller); FZ. 60 (1906) S. 375.

Gegen Boos' Besprechung von Kellers „Tempelherrn u. Frmr" 1905 in d. Deutsch. Literaturztg und Begemanns Polemik.

— die deutschen Gesellschaften des 18. Jahrh. u. die moral. Wochenschriften, s. a. Vorträge u. Aufsätze aus der Comenius-Gesellschaft. VIII. 2.

Die Deutschen Gesellschaften des 18. Jahrhunderts und die moralischen Wochenschriften. Ein Beitrag zur Geschichte des deutschen Bildungslebens. Von Ludw. Keller. Berlin: Gaertner 1900. 21 S. 8⁰ [Umschlagtit.]

(Vorträge u. Aufsätze aus d. Comenius-Gesellschaft. 8, 2.)

Aus: MCG. 9 (1900) S. 222—242.

„Auch Licht auf die Anfänge der Sozietät der Frmr in Deutschland werfend". (Keller.)

– Grundfragen der Reformationsgeschichte, s. Vorträge u. Aufsätze aus d. Comenius-Gesellschaft.

Grundfragen der Reformationsgeschichte. Eine Auseinandersetzung mit litterar. Gegnern von Ludwig Keller. *Berlin: R. Gaertner 1891.* (IV, 46 S.) 8°
= Vorträge u. Aufsätze a. d. Comenius-Gesellschaft. Jg 5, St. 1. [illegible]

— Johann Gottfried Herder, s. a. Vorträge u. Aufsätze aus der Comenius-Gesellschaft. XVIII, 4.

Johann Gottfried Herder. Seine Geistesentwicklung u. s. Weltanschauung. Von Dr. Ludwig Keller, Geh. Arch.R. 2. Aufl. Jena: Diederichs 1910. 100, 8 S. 8° [Umschlagt.]
(Vorträge u. Aufsätze aus d. Comenius-Gesellschaft. Jg. 18, St. 4.) [illegible]

— Johann Gottfried Herder u. die Kultgesellschaften des Humanismus, s. a. Vorträge u. Aufsätze aus der Comenius-Gesellschaft. XII. 1.

Joh. Gottfr. Herder und die Kultgesellschaften des Humanismus. Ein Beitrag zur Geschichte des Maurerbundes. Von Ludw. Keller. Berlin: Weidmann 1904. 106 S. 8⁰ [Umschlagtit.]

(Vorträge u. Aufsätze aus d. Comenius-Gesellschaft. 12, 1.)

Aus: MCG 12 (1903) S. 243—348.

cf. Al. 29 (1903) S. 198; Bh. 46 (1903) S. 415 (C. Gotthold); R. 31 (1904) S. 16; Bbl. 17 (1903) S. 595 (G. Diercks); H. 14 (1903) Nr 41, 45 (K. Pistorius); BZC. 32 (1903), S. 684—688 (W. Wald); DrL. 34 (1903 bis 1904) S. 35—39 (A. Denecke); ML. 32 (1903 bis 1904) S. 74; Z. 34 (1903—1904) S. 115, 183 (H. Glücksmann); Bbl. 18 (1904) S. 88 (G. Diercks); L. 27 (1904) S. 8 (R. Fischer); ArSt. 1 (1904) S. 38—41.

[2. Aufl. u. d. Tit.:]

Joh. Gottfr. Herder und die Kultgesellschaften des Humanismus. Von Ludw. Keller. 2. verb. Aufl. Berlin: Weidmann 1904. 106 S. 8⁰ [Umschlagtit.]

(Vorträge u. Aufsätze aus d. Comenius-Gesellschaft. 12, 1.)

Die Hohenzollern und die Oranier und die Grosslogen-Systeme des 17. Jahrhunderts. Von Ludw. Keller. [Berlin 1907.] 15 S. 8⁰ [Kopftit.]

Aus: MCG. 16 (1907) S. 1—15.

cf. BayrBbl. 7 (1906—1907) S. 234—236 (W. Höhler); Begemann, W.: Vorgesch. [1. Ausg.] 1 (1908) S. XVI—XXI; Vossische Ztg (Berlin) vom 26. Mai 1907; ⁰Weser Ztg vom 22. Mai 1907 (K. Löschhorn).

Gibt Nachricht von einer 1580 begründeten „Hauptloge der unzertrennlichen Freunde", die sich mit dem Palm-Orden oder der fruchtbringenden Gesellschaft zu Marburg am 1. Mai 1671 vereinigte.

— der Humanismus u. seine Geschichte, s. a. Vorträge u. Aufsätze aus der Comenius-Gesellschaft. XII, 4.

Der Humanismus. Sein Wesen und seine Geschichte. Von Ludw. Keller. Berlin: Weidmann 1904. 15 S. 8⁰ [Umschlagtit.]

(Vorträge u. Aufsätze aus der Comenius-Gesellschaft. 12, 4.)

Aus: MCG. 13 (1904) S. 233—245.

Recens: Deutsche Literaturzeitung. 26 (1905) Sp. 1029—1030.

— Die Idee der Humanität u. die Comenius-Gesellschaft. s. a. Vorträge u. Aufsätze aus der Comenius-Gesellschaft. XV, 2 u. XVI, 1, XVII, 7.

Die Idee der Humanität und die Comenius-Gesellschaft. Ein Rückblick am Schlusse des 15. Gesellschaftsjahres. Von Ludw. Keller. Berlin: Weidmann 1907. 36 S. 8⁰ [Umschlagtit.]
(Vorträge u. Aufsätze aus d. Comenius-Gesellschaft. 15, 2.)
Aus: MCG. 15 (1906) S. 253—282.

[Dasselbe.] 2. durchges. Aufl. Jena u. Leipzig: Diederichs. 41 S. 8⁰
(Vorträge u. Aufsätze aus d. Comenius-Gesellschaft. 15, 4.)

[Dasselbe.] 3. Aufl. Jena: Diederichs 1908. 42 S. 8⁰
(Vorträge u. Aufsätze aus d. Comenius-Gesellschaft. 16, 1.)

[Dasselbe.] 4. Aufl. Ebendas. 1909. 32 S. 8⁰
(Vorträge u. Aufsätze aus d. Comenius-Gesellschaft. 17, 7.)

Die Idee der Humanität und die Erziehung des Menschengeschlechts. Vortrag, gehalten in der Versammlung des Vereins deutscher Freimaurer am 21. Sept. 1907 zu Magdeburg. Von Ludw. Keller. Leipzig [1908]: Zechel. 12 S. 8⁰ [Umschlagtit.]
Aus: MitthVdF. 1907—1908 S. 36—47.
cf. L. 30 (1907) S. 192 (P. Fischer).

— Die Grossloge Indissolubilis u. andere Grosslogen-Systeme des 16., 17. u. 18. Jahrh., s. a. Vorträge u. Aufsätze aus der Comenius-Gesellschaft. XVI, 3.

Die Grossloge Indissolubilis [in Halle] und andere Grosslogen-Systeme des 16., 17. und 18. Jahrhunderts. Von Ludw. Keller. Jena: Diederichs 1908. 36 S. 8⁰ [Umschlagtit.]
(Vorträge u. Aufsätze aus d. Comenius-Gesellschaft. 16, 3.)
Aus: MCG. 16 (1907) S. 121—157.
cf. Tag. (Berlin) 1907 Nr 311 (F. Zimmer); BrL. 25 (1907—1908) S. 93; Begemann, W.: Vorgesch. [1. Ausg.] 1 (1908) S. XXI bis XXV; H. 19 (1908) No 31 (F. Sonnenkalb); MCG. 17 (1908) S. 251—255 (L. Keller); S. 15 (1908) S. 67 (F. Rackhorst); R. 36 (1909) S. 15 (G. Schauerhammer).

Keller, Ludov., de Juba Appiani Cassiique Dionis auctore. 8. (40 S.) Marburg 873. (Braun.) n. — 80

—— der zweite punische Krieg und seine Quellen. Eine histor. Untersuchung. gr. 8. (VIII, 223 S.) Marburg 875, Elwert's Verlag. *

Zur gegenwärtigen Lage. [Von Ludw. Keller.] [Berlin 1910: Litfass.] 7 S. 8⁰ [Umschlagtit.]
Aus: ArSt. 7 (1910) S. 157—161.
Abgedr. in: Bbl. 24 (1910) S. 259—263; FZ. 64 (1910) S. 146—148.
Betr. den Antrag der Loge z. Treue in Kolmar, bezügl. der Aufnahme der freundschaftl. Beziehungen zum Gr. Or. v. Frankreich durch die Grloge Royal York.

— Latomien u. Loggien in alter Zeit, s. a. Vorträge u. Aufsätze aus d. Comenius-Gesellschaft. XIV. 1.

Latomien und Loggien in alter Zeit. Beiträge zur Geschichte der Katakomben. Von Ludw. Keller. Berlin: Weidmann 1906. 23 S. 8⁰ [Umschlagtit.]
(Vorträge u. Aufsätze aus d. Comenius-Gesellschaft. 14, 1.)
Aus: MCG. 14 (1905) S. 213—233.
cf. L. 29 (1906) S. 367 (P. Fischer); ⁰UF. 1907 (J. Raemakers); V. 1 (1906—1907) S. 197 bis 198.
Enthält Hinweise auf die Symbolik, die sich mit der mr. Symbolik berührt.

— Gottfried Wilhelm Leibniz u. die deutschen Sozietäten des 17. Jahrh., s. a. Vorträge u. Aufsätze aus der Comenius-Gesellschaft. XI. 3.

Gottfried Wilhelm Leibniz und die deutschen Sozietäten des 17. Jahrhunderts. Von Ludwig Keller, [Geh. Archiv-R.]. Berlin: Weidmann 1903. (15 S.) 8⁰
= Vorträge u. Aufsätze aus d. Comenius-Gesellschaft. Jg. 11, St. 3.

Gottfr. Wilh. Leibniz und die deutschen Sozietäten des 17. Jahrhunderts. Von Ludw. Keller. 8⁰
Aus: MCG. 12 (1903) S. 141—165.

Die Loge R[everenda] I[ntima] F[raternitas in Leipzig] von der Hauptloge Indissolubilis [in Halle] und eine ungenannte Bastardloge des 18. Jahrhunderts. [Unterz.:] Ludw. Keller. [Berlin 1907: Denter & Nicolas.] 14 S. 8⁰ [Kopftit.]
Aus: MCG. 16 (1907) S. 298—311.
Enthält auch Matrikel u. Gesetze der Loge nach einem Ms in dem Altenburger Logenarchiv. (Vgl. Nr 5540.)

— s.: Monatshefte der Comenius-Gesellschaft.

— das katholische Passionsspiel in Oberammergau u. das protestantische Christusdrama, s. in Bd. XXVI: Zeitfragen d. christlichen Volkslebens.

Neue Quellen zur Geschichte der Hauptloge Indissolubilis. [Unterz.:] Ludw. Keller. [Berlin 1908: Denter & Nicolas.] 5 S. 8⁰ [Kopftit.]
Aus: MCG. 17 (1908) S. 251—255.

Die Reformation und die älteren Reformparteien. In ihrem Zshange dargest. von Ludw. Keller. Leipzig: Hirzel 1885. X, 516 S. 8⁰
cf. Bh. 28 (1885) S. 37—38, 41—45 (J. G. Findel); L. 8 (1885) S. 25—28 (B. Cramer); BB. 29 (1885—1886) S. 229—230 (Ch. Rahlenbeck); ML. 14 (1885—1886) S. 201—207 (O. Henckel), abgedr. in: SL. 6 (1886) S. 110 bis 119; AGr. 8 (1895) S. 185—197 (S. Cosel).
Tt. 797a. Versuch, die Geschichte der Brrgemeinden u. der mit ihnen eng verbundenen Bruderschaft der deutschen „Bauhütte" in ihren Hauptmomenten zur Anschauung zu bringen.

— Graf Albrecht Wolfgang v. Schaumburg-Lippe u. die Anfänge des Maurerbundes in England, Holland u. Deutschland, s.a. Vorträge u. Aufsätze aus der Comenius-Gesellschaft. IX. 3.

Schaumburg-Lippe, Graf Albrecht Wolfg. v.: Graf Albrecht Wolfg. v. Schaumburg-Lippe und die Anfänge des Maurerbundes in England, Holland und Deutschland. Von Ludw. Keller. Berlin: Gaertner 1901. 40 S. 8⁰
(Vorträge u. Aufsätze aus d. Comenius-Gesellschaft. 9, 3.)
Aus: MCG. 10 (1901) S. 195—230.
Auszug in: Bbl. 16 (1902) S. 221—231, 253—266; BZC. 30 (1901) S. 560; Al. 23 (1902) S. 79; R. 29 (1902) S. 7—8.

— Graf Wilhelm v. Schaumburg-Lippe, s.a. Vorträge u. Aufsätze aus der Comenius-Gesellschaft. XV. 1.

Schaumburg-Lippe, Graf Wilh. v.: Graf Wilh. v. Schaumburg-Lippe. Ein Zeitgenosse und Freund Friedrichs des Grossen. Von Ludw. Keller. Berlin: Weidmann 1907. 28 S. 8⁰
(Vorträge u. Aufsätze aus d. Comenius-Gesellschaft. 15, 1.)
Aus: MCG. 16 (1907) S. 57—81.
cf. Begemann, W.: Vorgesch. [1. Ausg.] 1 (1908) S. XXVII—XXVIII.
Üb. Wilhelm s. Allgem. Deutsche Biographie Bd 43 1898 S. 202—203 (Falkmann).

Die Schriften des Comenius und das Konstitutionenbuch. Von Ludw. Keller. Berlin: Weidmann [1906]. 15 S. 8⁰ [Umschlagtit.]
Erw. Abdr. aus: MCG. 15 (1906) S. 125—138
cf. DrL. 36 (1905—1906) S. 328 (A. Denecke); Acacia. (Paris) [8] (1906) S. 62 (O. Wirth); ArSt. 3 (1906) S. 199—202; R. 34 (1907) S. 24 (G. Schauerhammer); BZC. 36 (1907) S. 318—333 (W. Begemann).
Versucht den geistigen Zshang zwischen Comenius u. den Verfassern des Konstitutionenbuchs unter Zugrundelegung von Krauses Untersuchungen nachzuweisen.

— die Sozietät d. Maurer u. die älteren Sozietäten, s.a. Vorträge u. Aufsätze aus der Comenius-Gesellschaft. XII. 2.

Die Sozietät der Maurer und die älteren Sozietäten. Eine geschichtl. Betrachtung im Anschluss an Herders Freimaurer-Gespräche. Von Ludw. Keller. Berlin: Weidmann 1904. 23 S. 8⁰ [Umschlagtit.]
(Vorträge u. Aufsätze aus d. Comenius-Gesellschaft. 12, 2.)
Aus: MCG. 12 (1903) S. 195—217.
cf. ArSt. 1 (1904) S. 79—80, 176—177.
Die „Logen" mit den ältern Akademien u. Sozietäten identisch.

— Die Sozietäten des Humanismus u. die Sprachgesellschaften, s.a. Vorträge u. Aufsätze aus der Comenius-Gesellschaft. XVII. 4.

Die Sozietäten des Humanismus und die Sprachgesellschaften. Von Ludw. Keller. Jena: Diederichs 1909. 60 S. 8⁰. (Vorträge u. Aufsätze a. d. Comenius-Gesellsch. XVII, 4.)

Die Sozietäten und Kollegien der böhmischen Brüder vom 15. bis zum 17. Jahrhundert. Von Ludw. Keller. 8⁰
Aus: MCG. 11 (1902) S. 231—235.

Die maurerischen Sozietäten und die moralischen Wochenschriften Von Ludw. Keller. [Berlin 1905: Denter & Nicolas.] 8 S. 8⁰ [Kopftit.]
Aus: MCG. 14 (1905) S. 48—50.
„Die moral. Wochenschriften vor wie nach 1717 die Organe, durch welche die Brr. auf die Erziehung des Menschengeschlechts ausserhalb ihres engern Kreises einwirkten." (Keller.)

– Johann v. Staupitz und das Waldenserthum, s.a. Taschenbuch, Historisches.

— Johann v. Staupitz u. die Anfänge der Reformation. Nach den Quellen dargestellt. gr. 8. (XIII, 434 S.) Leipzig 888. Hirzel. n. 7. —

— Schillers Stellung in der Entwicklungsgeschichte des Humanismus, s.a. Vorträge u. Aufsätze aus der Comenius-Gesellschaft. XIII. 3.

Schillers Stellung in der Entwicklungsgeschichte des Humanismus. Von Ludw. Keller. Berlin: Weidmann 1905. 87 S. 8⁰ [Umschlagtit.]
(Vorträge u. Aufsätze aus d. Comenius-Gesellschaft. 13, 3.)
Aus: MCG. 14 (1905) S. 61—145.
Auszug in: Bbl. 19 (1905) S. 217—226.

[Dasselbe u. d. Tit.:]
Schillers Weltanschauung und seine Stellung in der Entwicklungsgeschichte des Humanismus. Von Ludw. Keller. Aufl. Jena: Diederichs 1909. 87 S. 8°
(Vorträge u. Aufsätze aus d. Comenius-Gesellschaft. 17, 6.)
Recens: H. 16 (1905) Nr 15 (K. Pistorius); ML. 34 (1905—1906) S. 92 (O. Henckel); Wöchentl. Anzeiger d. Frmr.-Logen von Berlin. 37 (1905) S. 84.
cf. f. 1. Aufl.: Bh. 48 (1905) S. 287—288 (F. D.) [Dem "Berliner Tagebl. entnommen]; ArSt. 2 (1905) S. 185—186; Bbl. 19 (1905) S. 279 bis 280 (G. Diercks); DrL. 35 (1904—1905) S. 233—234 (A. Denecke).
cf. f. 2. Aufl.: S. 16 (1909) S. 131; Voss. Ztg. (Berlin) 6 1909 No 63 Sonntagsbeil. (E. Müller).

— Die geistigen Strömungen der Gegenwart u. das öffentliche Leben, s.a. Vorträge u. Aufsätze aus der Comenius-Gesellschaft. XVII. 2 u. XVIII. 5.

Die geistigen Strömungen der Gegenwart und ihre Bedeutung für das öffentliche Leben. Von Dr. Ludwig Keller, Geh. Archivrat. Jena: Diederichs (1909). 14 S. 8°
(Vorträge u. Aufsätze a. d. Comenius-Gesellschaft. Jg. 17, St. 2.) foo. 2868

Die geistigen Strömungen der Gegenwart und das öffentliche Leben. Von Dr. Ludwig Keller, Geh. Archiv-R. 2. Aufl. Jena: Diederichs 1909. 19 S. 8° [Umschlagt.]
(Vorträge u. Aufsätze aus d. Comenius-Gesellschaft. Jg. 17. St. 5.)

Die geistigen Strömungen der Gegenwart und das öffentliche Leben. Von Dr. Ludwig Keller, Geh. Arch.R. 3. Aufl. Jena: Diederichs 1910. 23 S. 8°
(Vorträge u. Aufsätze a. d. Comenius-Gesellschaft. Jg. 18, St. 5.)

Keller, Ludwig: Anatomische Studien über die Luftwurzeln einiger Dikotyledonen. . . . Heidelberg, Univ.-Buchdr. v. J. Hörning, 1889; 44 S. + 1 Bl. u. 1 Taf. 8°
Heidelberg, Phil. Fak., Inaug.-Diss. v. [12. Jul.] 1889

— die Tempelherren u. d. Freimaurer, s. a. Vorträge u. Aufsätze aus der Comenius-Gesellschaft. XIII. 2.

Die Tempelherrn und die Freimaurer. Ein Beitrag zur Geistesgeschichte. Von Ludw. Keller. Besprochen von W[ilh.] Begemann. 8°
Aus: BZC. 33 (1904) S. 438—455.
cf. ML. 33 (1904—1905) S. 76 (J. V. G. Bluhm).

Die Tempelherrn und die Freimaurer. Eine Erwiderung auf die Besprechung W[ilh.] Begemanns in der Z-C., H. 16 von Ludw. Keller. 8°
Aus: BZC. 33 (1904) S. 494—507.
Abgedr. in: ArSt. 2 (1905) S. 14—27.
Recens: Wöchentl. Anzeiger d. Frmr-Logen von Berlin. 36 (1904) S. 176; BZC. 33 (1904) S. 508—509 (W. Begemann).

Die Tempelherrn und die Freimaurer. Ein Beitrag zur Geistesgeschichte. Von Ludw. Keller. Berlin: Weidmann 1905. 49 S. 8° [Umschlagtit.]
Aus: Vorträge u. Aufsätze aus d. Comen.-Gesellsch. 13, 2.
Kürzere Fassung in: MCG. 13 (1904) S. 161—199.
Auszug daraus in: Neckar-Ztg. (Heilbronn) 1904 Nr 266.
Recens: ArSt. 1 (1904) S. 319—320; holländ. Übers. in: MW. 53 (1904) S. 623—624; D. freie Wort. 5 (1905) Nr 2 (J. Gmelin); Deutsch. Literaturztg. 27 (1906) Sp. 1353 bis 1355 (H. Boos).
cf. Bh. 47 (1904) S. 382 (J. G. Findel); FZ. 58 (1904) S. 403—406, 409—412 (H. Merker); S. 11 (1904) S. 89—90 (J. G. Findel); BayrBbl. 5 (1904—1905) S. 275; ML. 33 (1904 bis 1905) S. 103 (O. Henckel); Z. 35 (1904 bis 1905) S. 31, 392 (H. Glücksmann); Brh. 2 (1905) S. 92—93 (W. Kunis); Bbl. 19 (1905) S. 73—77 (L. Keller), abgedr. in: Brh. 2 (1905) S. 79—80, 91—92; Bbl. 19 (1905) S. 280 (G. Diercks); H. 16 (1905) Nr 15 (K. Pistorius); R. 32 (1905) S. 80 (G. Schauerhammer); BZC. 34 (1905) S. 41; H. 18 (1907) No 15 (E. Friedrichs).

Die Tempelherrn und die Hochgrade. Eine Entgegnung von Ludw. Keller. [Berlin 1905: Litfass.] 11 S. 8° [Kopftit.]
Aus: ArSt. 2 (1905) S. 237—247.

Die Waldenser und die deutschen Bibelübersetzungen. Nebst Beiträgen zur Geschichte der Reformation von Ludw. Keller. Leipzig: Hirzel 1886. VIII, 189 S. 8°
cf. Bh. 29 (1886) S. 252—254 (J. G. Findel); L. 9 (1886) S. 105—106 (B. Cramer); Sonntags-Beil. zur Voss. Ztg. 1886 No 35 (W. Altmann), abgedr. in: L. 9 (1886) S. 153 bis 155; MCG. 10 (1901) S. 261—273 (L. Keller).
Berührt auch die Frmrei.

— was wir wollen. Zur Einführg. [Aus: „Mitteilgn. der Comenius-Gesellsch."] gr. 8. (9 S.) Münster 893. J. Bredt. n. — 20

— Wege u. Ziele. Rückschau u. Umschau am Beginn des neuen Gesellschaftsjahres, s. a. Vorträge u. Aufsätze aus der Comenius-Gesellschaft.

Wege und Ziele. Rückschau u. Umschau am Beginn d. neuen Gesellschaftsjahres. Von Ludwig Keller. *Leipzig: R. Voigtländer 1894.* (15 S.) 8°
= Vorträge u. Aufsätze aus d. Comenius-Gesellschaft. Jg 2, St. 1.

Keller, Ludw., Schillers Weltanschauung u. seine Stellung in der Entwicklungsgeschichte des Humanismus, s. a. Vorträge u. Aufsätze aus d. Comenius-Gesellschaft. XVII, 6.

Schillers Weltanschauung und seine Stellung in der Entwicklungsgeschichte des Humanismus. Von Dr. Ludwig Keller, Geh. Archiv-R. 2. Aufl. Jena: Diederichs 1909. 87 S. 8° [Umschlagt.]
(Vorträge u. Aufsätze d. Comenius-Gesellschaft. Jg. 17, St. 6.)

Griechische Worte als Passworte in den Ordens-Systemen des 17. Jahrhunderts. [Von Ludw. Keller. Berlin 1908: Denter & Nicolas.] 6 S. 8°
[Kopftit.]
[Beigedr.:] [Keller, L.:] Zu den Protokollen der Haager Loge von 1637 und 1638.
Aus: MCG. 17 (1908) S. 127—132.

Keller, Worte f. Schule u. Haus. Ein Beitrag zur Gymnasialpädagogik. gr. 8. (V, 98 S.) Bensheim 892. Lehrmittelanstalt J. Ehrhard & Co. n. 1. 20

— die heiligen Zahlen u. die Symbolik d. Katakomben, s.a. Vorträge u. Aufsätze aus der Comenius-Gesellschaft. XIV. 2.

Die heiligen Zahlen und die Symbolik der Katakomben. Von Ludw. Keller. Berlin: Weidmann 1906. 38 S. 8°
[Umschlagtit.]
(Vorträge u. Aufsätze aus d. Comenius-Gesellschaft. 14, 2.)
Aus: MCG. 15 (1906) S. 61—96.
Auszug in holländ. Übers. von W. E. Asbeek Brusse in: V. 1 (1906—1907) S. 26—43.
cf. FZ. 60 (1906) S. 375 (R. Bachmann); L. 29 (1906) S. 367 (P. Fischer); V. 1 (1906 bis 1907) S. 111—123 (W. H. Denier van der Gon); R. 34 (1907) S. 16 (G. Schauerhammer).
Stellt Beziehungen zwischen den mystischen Zahlen u. Zeichen des Altertums u. denen der Frmrei her.

— üb. Zweck, Entstehung u. Entwicklung der Comenius-Gesellschaft, s.a. Bericht üb. die vorbereitende Versammlung der Comenius-Gesellschaft.

Ueber Zweck, Entstehung und Entwicklung der Comenius-Gesellschaft. Vortrag des Archiv-Raths Dr. KELLER, gehalten zu Berlin am 10. Oct. 1891. (Oberhausen, Buchdruckerei Richard Kühne.) (Ohne bes. Titelbl.) 4°.

Keller, M., dem Herrn mein Lied. Dichtungen u. Lieder, f. Andachts- u. Erbauungsstunden gesammelt. Eine Mitgabe fürs Leben. (157 S. m. 4 Taf.) 16. Reutlingen (906). R. Bardtenschlager.
Geb. in Leinw. m. Goldschn. 2. 40

SOCIÉTÉ DES SCIENCES, AGRICULTURE ET ARTS DU BAS-RHIN. Rapport présenté à la séance solennelle, tenue à Strasbourg, sous la présidence de M. Migneret, préfet du Bas-Rhin, le 27 Novembre 1859. Par M. CH. KELLER. Strasbourg. 1860. Typographie de G. Silbermann. 8°.

Keller, Marian. Deß Sittlichen Fuß-Steigs Geistlicher Vollkommenheit, worauff so vill sichere Schritt Als: H. Betrachtungen Zur Außerwöhlung vnd Gewißmachung deß Beruffs gesetzet werden: Zweyter Theil. Clagenfurt, Kleinmayr, 1726. Quart. 372 S.

Keller, Mart., Siehe, ich bin eine Dienerin des Herrn, oder: Das fromme Dienstmädchen in seinen Andachtsübungen. Ein Unterrichts- und Gebetbüchlein für alle Jungfrauen des dienenden Standes. 16. (XVI, 381 S.) Freiburg i. Br. 882, Herder'sche Verlagsh.

Keller, Mart., Siehe, ich bin eine Dienerin des Herrn! Unterrichts- und Gebetbüchlein für Jungfrauen, besonders des dienenden Standes. 2. verm. Aufl. 24. (XIII, 432 S. mit 1 Titelbild in Farbendr.) Freiburg i. Br. 888, Herder'sche Verlagsh. 1 20

Keller, Mart., siehe, ich bin e. Dienerin des Herrn! Unterrichtsbüchlein f. Jungfrauen. 3. verb. Aufl. Mit e. Titelbild in Farbendr. 16. (XVIII, 448 S.) Freiburg i/B. 899. Herder. 1. —; geb. in Leinw. n. 1. 35; in Ldr. m. Goldschn. n. 2. 20; in farb. Ldr. m. Goldschn. u. wattiert n. 2. 50

Keller, Mart., siehe, ich bin eine Dienerin d. Herrn! Unterrichts- u. Gebetbüchlein f. Jungfrauen. 4. Aufl. (XVIII, 447 S. m. 1 Farbdr.) 16. Freiburg i/B. (994.) Herder. Geb. in Leinw. n. 1. 35; in Ldr. m. Goldschn. n. 2. 20

Keller's, Martial, neue Himmelsschule. Ein vollständ. Lehr- und Gebetbuch in 12 Abthlgn. für kathol. Christen. Nach vielen Aufl. verb. und verm. von Simon Buchfellner. 8. (IV und 468 S. mit 6 Stahlst.) Augsburg 847, Rieger'sche Buchh.

Keller, M., neu eröffn. Himmelsschule. m. K. 8. Augsb. M. Rieger. 806.

Keller, M., neu eröffnete Himmelsschule. Mit Kpf. 8. Augsb. 806. Neue verb. Aufl. von S. Buchfelner. 832. M. Rieger. 16 K

Keller, Mar., deutsche Messen f. die Orgel u. eine Singstimme, obligate 2te Singstimme rc. Für unmusikal. Sänger geschrieben. No. I—IV. Fol. Salzb. Duple. 812.

[F.] Die gerichtliche Taxation nach Preussischem Recht. Von Dr. Max Keller, Amtsrichter in Wiehe a. Unstrut. *Berlin: C. Heymanns 1896.* (VIII, 91 S.) 1 Bd 8. [96. 6776

Die gerichtliche Taxation nach preußischem Recht. Von Dr. Max Keller, Amtsger.R. in Salzwedel. 2. Aufl. *Berlin: C. Heymann 1904.* (VIII, 92 S.) 8° [F.] [04. 14156

Keller, May Lansfield, the Anglo-Saxon Weapon names treated archaeologically and etymologically, s.a. Forschungen, anglistische. 15. Hft.

Keller, May, Lansfield: The Anglo-Saxon Weapon Names treated archaeologically and etymologically. First Part: Antiquarian Investigation. Heidelberg: C. Winter 1905. (144 S.) 8° ¶ (Die vollständige Arbeit ersch. als Heft 15 der Anglistischen) Forschungen (hrsg. von J. Hoops.)
Heidelberg, Phil. Fak., Ref. Hoops, Diss. v. 27. Febr. 1905
[Geb. 23. Sept. 77 Baltimore (U.S.A.); Wohnort: Baltimore; Staatsangeh.: Vereinigte Staaten; Vorbildung: Baltimore Lateinschule und Woman's College; Studium: Berlin 1, Heidelberg 6 S.; Rig. 24. Febr. 04.]

The Anglo-Saxon Weapon Names treated archaeologically and etymologically by May Lansfield Keller. Heidelberg: C. Winter 1906. (VII, 275 S.) 8°
[Ein T. erschien als Inaug.-Diss. Heidelberg 1905.]
— Forschungen, Anglistische. H. 15. [06. 1787

Keller, Moritz

— u. F. Neidhardt, Lese- u. Sprachheft in Schreibschrift. Versuch e. grundleg. Unterrichts in d. Rechtschreibg. m. besond. Berücksicht. der Wortbildg. Ausg. f. Lehrer (verbunden m. dem Schülerheft). 2. Schulj. (34 u. 10 S.) 4. Ebd. 904. — 60;
Schülerheft allein 2. Aufl. (8 S.) 905. n.n. — 15

Keller, M., u. F. Neidhardt, Lese- u. Sprachheft in Schreibschrift. Schülerheft. 2. Schulj. 7. Aufl. (8 S.) 8. Leipzig 910. Dürr'sche Buchh. nn — 15

Keller, Mor., die Wortbildung als Grundlage für Wortverständnis — Wortgebrauch — Sprachlehre u. Rechtschreibung. Anschaulicher Sprachunterricht im 2., 3. u. 4. Schulj. (79 S.) 8. Leipzig 906. Dürr'sche Buchh. Kart. n. 1. 20

— dasselbe. Wörterbüchlein. Schülerheft. (20 S.) 8. Ebd. 906. n.n. — 15

v. Keller, Notburga, eine kreichaulsche Legende in sechs Gesängen. 12. Manheim 823, Schwan u. G.

— ein Tag auf Hohenstaufen, od. d. schwäb. Pilger. 12. Manheim 823, Schwan u. G.

Keller, O., s.: **Arbeiten der kgl. landwirthschaftlichen Versuchs-Station Möckern.**

Keller, O., Conditions d'une statistique rationnelle des accidents du travail. 8°. Bern 1891.

Keller, Oskar

Kurze Anleitung zur Sterilisation in der Apotheke. Prof. O. **Keller.** Marburg 1910: Bauer. 15 S. 8° [11. 3289 4

Keller, Oskar, Apotheker aus Stockach (Baden): **Über das Damascenin.** *Marburg 1903: R Friedrich.* (72 S.) 8°
Marburg. Phil. Diss. v. [18. Dez.] 1903

Keller, Oskar, appr. Arzt a. Heimsheim (Württemb.): Die Gewichtsverhältnisse bei progressiver Paralyse. Freiburg (Baden) 1004: E. Kuttruff. (38 S.) 8°
Freiburg i. B., Med. Fak., Ref. Hoche, Diss. v. 1904
[Geb. 9. Okt. 71 Heimsheim; Wohnort: Böblingen; Staatsangeh.: Württemberg; Vorbildung: Karls-Gymn. Stuttgart Reife Juli 89; Studium: Tübingen 7, Leipzig 1, Tubingen 2, Freiburg 8 S.; Coll. 29. Juli 04; Approb. 23. Apr. 04.]

Keller, Oscar, Dr.: Studien über die Alkaloide der Nigella-Arten. Berlin (1908): Denter & Nicolas. (52 S.) 8°
Marburg, Phil. Fak., Hab.-Schr. v. 1908
(Nicht für den Austausch)

Keller, Otto

Keller, O., d. A-B-C d. **Zimmermanns** od. d. ersten Begriffe d. Zimmerkunst f. Lehrl. u. angeh. Gesellen dieses Gewerbes, besteh. i. d. nötigst. Sätzen d. geom. Konstruktionslehre u. Projektionslehre, d. Materialkenntnis u. d. gewöhnl. vorkomm. Zimmerarbeiten. Zur Selbstbelehrg. u. z. Gebr. in Innungsschulen u. gewerbl. Fortbildungsschulen. 2., gänzl. neu bearb. Aufl. v. Hertel's A-B-C des Zimmermannes. gr. 4. (VIII, 31 S. m. 12 Taf.) Weimar 895. Leipzig, B. F. Voigt. 2. 50

— Arithmetik, Algebra, bürgerl. Rechnen u. Trigonometrie, s.: Keller's, O., Unterrichtshefte f. d. ges. Baugewerbe.

Keller, O. Der Bau kleiner u. wohlfeiler Häuser f. e. Familie. Eine Sammlg. v. einfachen u. reicheren Entwürfen, nebst Details, f. Baugewerksmeister, Baueleven u. Bauunternehmer. 20 Taf. m. erläut. Text. (11 S.) 889; 2. verm. Aufl. 24 Taf. m. erläut. Text. gr. 8. (15 S.) Weimar 892, Voigt. In Mappe 2 50

— dasselbe. 3., verb. u. verm. Aufl. 26 Taf. m. erläut. Text. gr. 8. (18 S.) Ebd. 894. In Mappe. 2. 50

— der Bau kleiner u. wohlfeiler Häuser f. e. Familie. E. Sammlg. v. einf. u. reich. Entwürfen nebst Details f. Baugewerksmeister, Baueleven u. Bauunternehmer. 4., verb. u. verm. Aufl. 26 Taf. m. erläut. Text. gr. 8. (31 S.) Weimar 898. Leipzig, B. F. Voigt. In Mappe 3. —

Keller, O., u. M. **Gabler,** d. Bauformenlehre, s.: Kellers, O., Unterrichtshefte f. d. ges. Baugewerbe.

Keller, Bauzeichnungen, s. Sammlung v. Bauzeichnungen.

Keller, O., Ueber die Bedeutung einiger Thiernamen im Griechischen u. Lateinischen.
…el. 1878. 16 S.

Keller, Otto (II.), Beethoven, s. Salonbibliothek, musikalische.

Keller, Otto, kritische Beiträge zum IV. Buche der Horazischen Oden. [Aus: „Sitzungsber. d. k. Akad. d. Wiss."] Lex.-8. (40 S.) Wien 878. Gerold's Sohn in Comm. n. — 60

Keller, O., Ueb. einen verbrannten Codex des Horaz. S.-A. 1910. 4 S. 4°. 1.—

(Keller, Otto) **Denkschrift zur Erinnerung an das fünfzigjährige Bestehen des Herzogl. Realgymnasium, vormals Realschule und** Progymnasium zu Saalfeld. 4 (III, 75 S. u. Titelbild).
Progr. Rg. *Saalfeld* 1887.
Nicht im Tauschverkehr.

— architektonische u. konstruktive Details, zum Gebrauch f. Bauausführende u. Schüler des Baufaches entworfen. gr. Fol. (8 Taf. m. 2 Blatt Text.) Gera 894. A. Nugel. In Mappe. n. 6. —

Keller, Otto, Lic. jur.: **Die anspruchsberechtigten Dritten aus Tötung einer Person nach dem deutschen Reichshaftpflichtgesetze, der schweizerischen Haftpflicht-Gesetzgebung und dem schweizerischen Obligationenrechte. Luzern 1906. II + 242 S. 8°.**
Bern. Jur. Diss. 1905/1906.

Keller, Otto. Die anspruchsberechtigten Dritten aus Tötung einer Person nach dem deutschen Reichshaftpflichtgesetze, der schweizerischen Haftpflicht-Gesetzgebung und dem schweizerischen Obligationenrechte. Diss. Jur. Bern. II + 242 S. 8. Luzern, Genossenschafts-Buchdr., 1906.

Keller, Otto, Elementarbuch der lateinischen Formenlehre mit einem Vokabularium. gr. 8. (IV, 113 S.) Saalfeld 883, Riese. *

—— die Entdeckung Ilions zu Hissarlik. gr. 8. (65 S.) Freiburg i. Br. 875, [Bader und Comp.] Stoll und Bader. *

Keller, O., Ueber d. Entwicklungsgang d. antiken Symbolik. Hab. 1876. 24 S. 1.—

— Entwürfe von Holzverzierungen zum Aussägen. Für den prakt. Gebrauch d. Architekten, Baugewerkmeisters u. Bauschülers, sowie als Wandtafelvorlagen f. Bau-Handwerker- u. Fortbildungsschulen. In grossem Massstabe entworfen. Imp.-Fol. (4 Bl.) Gera 889. Nugel's Verl. n. 2. 40

—— Epilegomena zu Horaz. 1. Thl. gr. 8. (XII, 290 S.) Leipzig 879, Teubner. *

—— Epilegomena zu Horaz. 2. und 3. (Schluss-)Thl. gr. 8. (2. Thl. S. 291—592; 3. Thl. S. 595—889.) Leipzig 880, Teubner. à Thl. *M 8. *
1. Thl. Ebendas. 1879. *M 8.

Keller, Otto, Illustrierte Geschichte der Musik. 2. stark verm. u. neubearb. Aufl. 2 Bde. (317 u. 442 S.) gr. 8. München (903. 904). [E. Koch.] A. H. Müller. n. 15. —; geb in Leinw. n. 20. —; auch in 15 Lfgn. à n. 1. — od. in 30 Lfgn. à n. — 50

Keller, Otto: Illustrierte Geschichte der Musik. 2. Aufl. Bd 1. 2. München 1903—(1905)

Keller, Otto, illustr. Geschichte der Musik. 3. vollst. umgearb. u. verm. Aufl. (VIII, 824 S. m. Abbildgn., Taf. u. Fksms.) gr. 8. München 907. Halle, A. H. Müller. 15.—: geb. in Leinw. 20. —

Keller, Otto, Geschichte der Musik, s. a. Bibliothek, illustr., der Kunst- u. Kulturgeschichte.

— Geschichte der Musik. Ein Hand- u. Lehrbuch f. Akademien, Lehranstalten u. Freunde der Musik. (Kleine Ausg.) Nach der 3. verm. u. verb. Aufl. des illustr. Hauptwerkes. (VI, 692 S.) gr. 8. Ebd. 908 5.—; geb. in Leinw. 6. —

Carl Goldmark. Von Otto Keller, Red. in Wien. *Leipzig: H. Seemann Nachf. [1901].* (42 S.) 8°
(Moderne Musiker.)

Ⓑ — Carl Goldmark. 901. Jetzt: Berlin, Harmonie.

Keller, Otto (II.). Das Haus Habsburg als Pfleger der Tonkunst. gr. 8. (23 S.) Wien 890, Rebay u. Robitschek. * — 60
Aus: Deutsche Kunst- u. Musik-Zeitg., besonders abgedruckt.

Keller, Otto, kleine Häuser. Eine Sammlg. v. einfachen u. reicheren Entwürfen f. Baugewerksmeister, Bauschüler u. Bauunternehmer. 5. vollständig neubearb. Aufl. 30 Taf. m. erläut. Text. (VIII S.) gr. 8. Leipzig 904. B. F. Voigt. In Mappe 3. —

Keller, (Otto), ein eigen Heim f. Jedermann. Ausführliche Anleitg. zum billigsten Bauen u. zinsfreien Bewohnen kleiner Einfamilienhäuser m. 5 u. 8 Räumen. Zentralheizg. u. Stallanbau zum Preise v. 4000 u. 6000 Mark einschliesslich Bauplatz, Garten, Strasse, Einfriedigg., Brunnen u. Entwässerg. Gemeinverständlich dargestellt. Mit Bauzeichngn. u. Einzelheiten auf 16 Taf. (47 S.) 8. Rosswein 909. (Döbeln, C. Schmidt.) 4. 50

KELLER, Otto: Holzkonstruktionen. Arbeiten des Zimmermanns, einschließlich gründlicher Erlernung des Schiftens. Bautischlerarbeiten. - Gera, Leipzig 1897. 33 S., 12 Taf. 3. gänzl. umgearb. Aufl. - 4. neubearb. Aufl. ebd. 1902. VI, 37 S., 22 Taf. - 5. Aufl. Leipzig 1919. VI, 41 S., 22 Taf. bearb. v. Otto Mayer

— architektonische Holzverzierungen aller Art zum Aussägen. Eine Sammlung v. Entwürfen zum prakt. Gebrauch für Architekten u. Baugewerksmeister, sowie als Wandtafelvorlagen f. Fachschulen. 10 Taf. in größtem Folioformat. 100×70,5 cm. 3. verm. Aufl. (3 S. Text.) gr. Fol. Ebd. 903. In Mappe 5. —

— Jahresbericht üb. Naturgeschichte. (Thiere, Pflanzen, Steine). S.-A. 1879. 40 S.
— — S.-A. 1881. 53 S.
— — S.-A. 1884. 85 S.

Keller, Otto s. Imhoof-Blumer, Friedrich, und Keller, Otto.

Keller, Otto, Tierarzt in Neunkirch, Kanton Schaffhausen: Über die Lage der Wiederkäuer-Nieren. Zürich 1908. 45 S. 8°. [26. VII. 07.]
Bern. Vet.-med. Diss. 1907/08.

— Josef Lanner, s.: Rebay, Ferd.

Keller, O., Lehrbuch der Buchstabenrechnung für Baugewerk- und Fortbildungsschulen, sowie zum Unterricht für Baubeflissene. gr. 8. (48 S.) Eisenberg 885, Schwenke. * 1 —
—— dass. — 2. verm. und verb. Aufl. gr. 8. (66 S.) Jena 887, Costenoble. * 1 —

[F.] Lesebuch für ländliche Fortbildungsschulen. Nach d. Ministerialerl. v. 30. Okt. 1895 bearb. u. hrsg. v. Dr. O. **Keller**, Kgl. Schulrat, u. J[oseph] Niessen, Hauptl. M. vielen Abb. *Düsseldorf: L. Schwann 1898.* (XI, 564 S.) 1 Bd 8.

[F.] Lesebuch für gewerbl. Fortbildungsschulen. Nach d. Vorschriften des ... Minist. f. Handel u. Gewerbe v. 5. Juli 1897 bearb. u. hrsg. v. Dr. O. **Keller**, Kgl. Schulrat, u. J[oseph] Niessen, Hauptl. M. vielen Abb. *Düsseldorf: L. Schwann 1898.* (XII, 530 S.) 1 Bd 8.

Lesebuch für gewerbliche Fortbildungsschulen. Nach d. Vorschriften d. Minist. f. Handel u. Gewerbe v. 6. Juli 1897 bearb. u. hrsg. von Dr. O[tto] **Keller**, Schulrat, u. J[osef] Nießen, Hauptlehrer. Mit vielen Abb. 2., verb. Aufl. Düsseldorf: L. Schwann 1904. (XI, 531 S.) 8° [F.]

Keller, Otto, aus Eberstadt b. Darmstadt: Die **Nasalpräsentia** der arischen Sprachen. T. 1. *Gütersloh 1904: C. Bertelsmann.* (50 S.) 8° ¶ [Erschien vollst. in: Zeitschrift f. vergl. Sprachforschung a. d. Gebiete d. indogerm. Sprachen, Bd 39, N. F. 19, H. 2.]
Gießen, Phil. Diss. v. 1904

Keller O, technische Naturlehre, Festigkeitslehre und Graphostatik. (Keller's Unterrichts-Briefe für das gesamte Baugewerbe: Mathematik 3) Gera 1891

— Planimetrie, Stereometrie u. darstellende Geometrie, s.: Kunstmann, Fr.

Keller, über die Quellen des Plutarch in der Lebensbeschreibung des Solon Saalfeld. 4. 24 p. 1867
Schul-/Univ.-Schrift

— Ueber Raben u. Krähen im Alterthum. Gel. 1898. 18 S. 4°.

Salon-Bibliothek, Musikalische. Herausg. v. Otto Keller. I. Bd. Beethoven. 16. (62 S.) Wien, *Huber & Lahme. 50 kr.
1885

— Die Schildkröte im Altertum. Gel. 1897. 14 S. 4°.

Keller, Otto, zur lateinischen Sprachgeschichte. 1. Tl. Lateinische Etymologien. gr. 8. (VII, 196 S.) Leipzig 893. B. G. Teubner. n. 5. 60

Keller, Otto, zur lateinischen Sprachgeschichte. 2. Tl. Grammat. Aufsätze. gr. 8. (VIII, 405 S.) Leipzig 895. B. G. Teubner. n. 14. —
(1. u. 2.: n. 19. 60)

—— s. Studien, Prager philologische.

— Franz v. Suppé, der Schöpfer der deutschen Operette. Biographie. Mit Abbildgn. nach Orig.-Aufnahmen des Ateliers F. A. Petschl in Horn N.-Oesterr. (VII, 160 S. m. 16 Taf.) gr. 8. Leipzig 905. Gotha, R. Wöpke. n. 3. 75; geb. n. 4. 75

Keller, Otto, von Oberach (Kanton Thurgau): Synthese des 2', 4'-Diäthoxy-5'-Brom-1-Benzoylcumarons. (Aus dem organisch-chemischen Laboratorium der Universität Bern.) Bern 1909. 56 S. 8°. [16. VII. 09.]
Bern. Phil. Diss. 1909/10.

Keller, Otto, moderne Tartüffe's, s. Auf den Brettern.

— bautechnisches Taschenbuch. Leitfaden f. Praxis, Repetition u. Vorbereitg. zur Meister- u. Baumeisterprüfg. (X, 241 S. m. Fig.) 16. Leipzig 906. H. A. L. Degener. n. 4. 80

Keller, Otto (I.). Tier- u. Pflanzenbilder auf Münzen u. Gemmen d. klassischen Altertums, s. Imhoof-Blumer.

Keller, Otto (I.), Thiere des classischen Alterthums in culturgeschichtlicher Beziehung. gr. 8. (IX, 488 S. mit 56 Abbild.) Innsbruck 887, Wagner'sche Universitäts-Buchh. * 10 80

Keller, Otto, die antike Tierwelt. 1. Bd.: Säugetiere. (XII, 434 S. m. 145 Abb., Titelbild u. 3 Lichtdr.-Taf.) gr. 8. Leipzig 909. W. Engelmann. 10. —; geb. in Leinw. n 11. 50

— Unterrichtshefte f. d. gesamte Baugewerbe. Für Praxis, Selbstunterr. u. Schulgebrauch. 12 Hefte. gr. 8. Ebd. à Heft * 1 20; * 12 —
[1.—3. Heft.] Die Mathematik. 3 Hefte. 1. Heft: Arithmetik, Algebra, bürgerl. Rechnen u. Trigonometrie. (72 S. mit 1 Logarithmen-Tab.) 889; 2. Heft: Planimetrie, Stereometrie u. darstellende Geometrie v. Fr. Kunstmann. (65 S. m. 8 lithogr. Taf.) 891; 3. Heft: Technische Naturlehre, Festigkeitslehre und Graphostatik. Von O. Keller. (55 S. u. 6 lithogr. Taf.) 891.
[4.—7. Heft.] Die Baukonstruktionslehre. 4 Hefte. 1. Heft: Der Grundbau. (10 S. m. 3 autogr. Taf.) 889; 2. Heft: Die Maurerarbeiten. (25 S. m. 10 lithogr. Taf.) 890; 3. Heft: Die Arbeiten d. Zimmermanns. Von A. Kaufmann. (15 S. m. 12 lithogr. Taf.) 891; 4. Heft: Die Arbeiten d. Bautischlers. (12 S. m. 6 lithogr. Taf.) 889.
[8. u. 9. Heft.] Die Bauformenlehre. 2 Hefte. 1. Heft: Entwicklung u. Verhältnisse d. Bauformen. (8 S. m. 6 autogr. Taf.) 889; 2. Heft: Der Fassadenbau. (6 S. m. 8 autogr. Taf.) 889.
[10. Heft.] Das Ornamentzeichnen. Von Gust. Glück. 2. Aufl. (4 S. m. 14 autogr. Taf.) 891.
[11. Heft.] Technologie. Chemische Grundbegriffe. Baumaterialienkunde. Ziegel-, Kalk-, Gips- u. Zementfabrikation. Brauerei- u. Brennereianlagen. Von A. Junghans u. O. Keller. (27 S. m. 4 lithogr. Taf.) 891.
[12. Heft.] Landwirtschaftliche, bürgerliche u. gemeinnützige Gebäude. Von O. Keller. (36 S. m. 11 lithogr. Taf.) 891.

— dasselbe. Die Baukonstruktionslehre 3. Hft. gr. 8. Ebd. 893. n. 1. 20
Die Arbeiten d. Zimmermanns. Von A. Kaufmann. 2., durchgeseh. Aufl. (15 S. m. 12 Taf.)

— Unterrichtshefte f. das gesamte Baugewerbe. Für Praxis, Selbstunterricht u. Schulgebrauch. II. 2. Hft. Lex.-8. Gera 894. A. Nugel. n. 1. 20
II. Mathematik. 2. Hft. Planimetrie, Stereometrie u darstell. Geometrie. Von Fr. Kunstmann u. O. Keller. 2. Aufl. (62 S. m. 8 Taf.)

— Unterrichtshefte f. d. ges. Baugewerbe. Für Praxis, Selbstunterricht u. Schulgebrauch. 1., 2. u. 4.—11. Hft. gr. 8. Gera. Leipzig, B. F. Voigt. n. 13. 20
1. Mathematik. 1. Hft. Algebra, bürgerl. Rechnen u. Trigonometrie. Von O. Keller. 2., verm. Aufl. (76 S.) 898. n. 1. 20
2. Mathematik. 2. Hft. Planimetrie, Stereometrie u. darstell. Geometrie. Von Fr. Kunstmann u. O. Keller. 3. Aufl. (62 S. m. 8 Taf.) 898. n. 1, 20
4. Steinkonstruktionen. D. Arbeiten d. Maurers u. Steinmetzen. Von O. Keller. 2., gänzl. neu bearb. u. verm. Aufl. (33 S. m. 12 autogr. Taf.) 897. n. 1. 20
5. Holzkonstruktionen. Arbeiten d. Zimmermanns einschl. gründl. Erlerng. d. Schiftens. Bautischlerarbeiten. Von O. Keller. 3., gänzlich umgearb. Aufl. (33 S. m. 12 autogr. Taf.) 897. n. 1. 20
6. Eisenkonstruktionen. Konstruktionen d. Hochbaues nebst den einfachen Eisenbrücken. Verbindgn. d. Eisenbahnoberbaues. Von O. Keller. (28 S. m. 13 autogr. Taf.) 897. n. 1. 20
7. Feuerungsanlagen. D. Anlage d. Feuergn. f. häusl. u. gewerbl. Zwecke. Ventilation d. Räume. Von A. Junghans. 2., neubearb. u. verm. Aufl. (28 S. m. 12 autogr. Taf.) 897. n. 1. 20
8. Die Bauformenlehre. Entwicklg. u. Verhältnisse d. Bauformen, Fassadenbau u. architekton. Einzelheiten. Von O. Keller. In 2., verm. Aufl., bearb. v. M. Gabler. (17 S. m. 24 Taf.) 898. In Mappe n. 2. 40
9. Tiefbaukunde I.: D. verschied. Gründungsarten u. d. Elemente d. Wasserbaues. Von O. Keller. (29 S. m. 8 Taf.) 897. n. 1. 20
10. Tiefbaukunde II.: Die Elemente d. prakt. Geometrie u. d. Planzeichnens; Straßen- u. Eisenbahnbau. Von A. Junghans. (34 S. m. 15 Taf.) 898. n. 1. 20
11. Tiefbaukunde III.: D. Baumaschinen u. d. Elektrotechnik im Baufach. Von K. v. Auw. (36 S. m. 12 Taf.) 897. n. 1. 20

Keller's, Otto, Unterrichtsbücher f. das gesamte Baugewerbe. Für Praxis, Selbstunterricht u. Schulgebrauch. II, IIa, III, V u. XII. gr. 8. Leipzig, B. F. Voigt. Geb. in Halbleinw. à 3. —
II. Die Mathematik II. Planimetrie, Stereometrie, darstell. Geometrie u. Schattenlehre. 4. vollständig neubearb. Aufl. Mit 323 Fig. auf 26 Taf. (VI, 48 S.) 902.
IIa. Dasselbe. IIa. Perspektive, Schiften, Austragen der Treppen, Krümmlinge u. Steinschnitt. Mit 89 Fig. auf 12 Taf. (VI, 15 S.) 903.
III. Technische Naturlehre m. besond. Berücksicht. der Physik, Baumechanik, Chemie u. Baumaterialienlehre. 3. vollständ. neu bearb. Aufl. Mit 7 Taf., enth. 77 Fig. (VI, 80 S.) 900. 2. Aufl. (55 S. u. 6 Taf.) 894. n. 1. 50.
V. Die Baukonstruktionslehre II. Holzkonstruktionen, enth. die Arbeiten d. Zimmerers u. Bautischlers. 4. gänzlich neu bearb. Aufl. Mit 202 Abbildgn. auf 22 Taf. (VI, 37 S.) 902.
XII. Allgemeine Baukunde. Die Einrichtg. der landwirtschaftl., bürgerl., gewerbl. u. gemeinnütz. Gebäude. 3. verm. Aufl. Mit 12 Taf., enth. 160 Fig. (VI, 36 S.) 900.
2. Aufl. (52 S. m. 12 Taf.) 896. n. 1. 50.

— Unterrichtsbücher f. das gesamte Baugewerbe. Für Praxis, Selbstunterricht u. Schulgebrauch. I, IV u. VII—IX. gr. 8. Leipzig, B. F. Voigt. Kart. à 3. —
I. Die Mathematik I, enth. gemeine Arithmetik u. bürgerl. Rechnen, allgemeine Arithmetik sowie Algebra u. Trigonometrie. 3. verm. Aufl. (VI, 74 S. m. Fig.) 905.
IV. Die Baukonstruktionslehre I. Steinkonstruktionen, enth. die Arbeiten d. Maurers u. Steinmetzen. 3. gänzlich neubearb. Aufl. Mit 215 Abbildgn. auf 12 Taf. (VI, 31 S.) 904.
VII. Dasselbe IV, enth. die Feuerungs- u. Heizanlagen, die Ventilation u. Beleuchtg. f. häusl. u. gewerbl. Zwecke. 3. vollständig neubearb. Aufl. Mit 112 Abbildgn. auf 12 Taf. (VI, 28 S.) 905.
VIII. Die Bauformenlehre, enth. die Entwickelg. u. die Verhältnisse der Bauformen, der Fassadenbau u. architekt. Einzelheiten m. besond. Berücksicht. des mod. Stiles. 3. neubearb. Aufl. Mit 234 Abbildgn. auf 20 Taf. (18 S.) 906.
IX. Die Tiefbaukunde I, enth. d. verschiedenen Gründungsarten u. die Elemente des Wasserbaues. 2. verb. Aufl. Mit 86 Abbildgn. auf 8 Taf. (VI, 28 S.) 906.

— Unterrichtsbücher f. das gesamte Baugewerbe. Für Praxis, Selbstunterricht u. Schulgebrauch. VI u. X. gr. 8. Leipzig, B. F. Voigt. Kart. à 3. —
VI. Die Baukonstruktionslehre III, enth. die Elemente der Eisenverbindgn. sowie die einfachen Konstruktionen des Hoch- u. Brückenbaues. 2. vollständig neubearb. Aufl. Mit 171 Abb. auf 16 Taf. (24 S.) 907.
X. Die Tiefbaukunde. II. Die Feldmeßkunst, der Erdbau, der Straßen- u. Eisenbahnbau sowie der städt. Tiefbau. 2. verb. u. verm. Aufl. Mit 210 Abb. auf 17 Taf. (36 S.) 908.

Keller, Otto, Untersuchungen über die Geschichte der griechischen Fabel. gr. 8. (112 S.) Leipzig 862, Teubner. *
Aus: Jahrbücher für class. Philologie, besonders abgedruckt.

Keller, Otto, der saturnische Vers als rhythmisch erwiesen. gr. 8. (83 S.) Prag 883. Tempsky. — Leipzig, Freytag. n. 1. 50

—— der saturnische Vers. 2. Abhandl. gr. 8. (42 S.) Prag 886, Dominicus. * 1 —
1. Abhandl. Prag 1883, Tempsky. *ℳ 1.50.

O. KELLER, Vicus Aurelii oder Oehringen zur Zeit der Römer. Mit 1 Karte, 2 Plänen, 2 Phototypieen, 52 Lithographieen und einigen Holzschnitten. Fest-Programm ... 1871. Herausgegeben vom Vorstande ... ib. 1871. — Bei A. Marcus.

Keller, O., Vicus Aurelii oder Oehringen zur Zeit der Römer. Festprogramm zu Winckelmann's Geburtstage am 9. Decbr. 1871. Hrsg. von dem Vorstande des Vereins von Alterthumsfreunden im Rheinlande. gr. 4. (III, 65 S. mit 1 Karte, 2 Plänen auf 1 Stnt., 2 Phototypien auf 1 Taf., 52 Lithogr. auf 5 Taf. und einigen eingedr. Holzschn.) Bonn 872, (Marcus.) *

—— Lateinische Volksetymologie u. Verwandtes. gr. 8. (X, 387 S.) Lpz. 891, Teubner. * 10 —

Keller O, Vorlegeblätter für das Tiefbauzeichnen. (26 T mit Text) 4° Leipzig 1903

— Vorlegeblätter f. das Tiefbauzeichnen. Zum Gebrauch an Tiefbauschulen bearb. 26 Taf. m. erklär. Text. gr. 4. (4 S.) Ebd. 903. In Mappe 5.—

– (Recens.), s. Xenophon: Hellenika,

Keller, P. Die Belagerung von Brünn durch die Schweden i. J. 1645. 8. Brünn 1845.

Keller, Plac., s. Lebensgeschichte Magnus.

Keller, Paul, Assistenzarzt im Wenzel Hanckeschen Krankenhause zu Breslau: Über die forensische Bedeutung der reaktiven Entzündung bei Abstoßung der Nabelschnur Neugeborener. *Breslau 1904: Grass, Barth & Co.* (33 S.) 8°
Leipzig, Med. Diss. v. (27. Mai) 1904

KELLER, PAUL. Ueber einige Derivate des Kyanmethins. Leipzig, 1885.

Keller, Paul, Assistenzarzt im Grenadier-Reg. zu Pferde in Bromberg: Ueber einen Fall von Plattenepithelkrebs einer ekstrophierten Harnblase und seine operative Behandlung. Leipzig 1906: B. Georgi. (26 S.) 8°
Leipzig, Med. Fak., Ref. Trendelenburg, Diss. v. 28. März 1906
[Geb. 3. Nov. 76 Charlottenburg; Wohnort: Bromberg; Staatsangeh.: Preußen; Vorbildung: Kais. Augusta-Gymn. Charlottenburg Reife O. 98; Studium: Kaiser Wilh.-Akad. Berlin 9 S.; Coll. 28. März 06: Approb. 2. Febr. 04.]

Keller, Paul, s.: Familien-Kalender, allgemeiner.

Keller, Paul, Gold u. Myrrhe. Erzählgn. u. Skizzen aus d. Erzieherleben. 8. (III, 198 S.) Paderborn 898. F. Schöningh. n. 1. 60

Keller, Paul, Gold u. Myrrhe. Erzählungen u. Skizzen. 2. u. 3. Aufl. 8. (à III, 198 S.) Paderborn 899. 903. F. Schöningh. n. 1.60; geb. n. 2.40

— dasselbe. Neue Folge. Erzählungen u. Skizzen. 1. u. 2. Aufl. 8. (à III, 226 S.) Ebd. 900. 902. n. 1.80; geb. n. 2.60

Gold und Myrrhe. Erzählungen u. Skizzen von Paul **Keller**. 5. Aufl. [1.] Paderborn: F. Schöningh 1906. 8° [F.] [06. 481

Gold und Myrrhe. Erzählungen u. Skizzen von Paul **Keller**. 6. Aufl. [1.] Paderborn: F. Schöningh 1906. 8° [F.] [07. 1407

— dasselbe. Neue Folge. 4. u. 5. Aufl. (à III, 236 S.) 8. Ebd. 906. n. 1.80; geb. n. 2.60

— Gold u. Myrrhe. Erzählungen u. Skizzen. 7.—12. Aufl. 10.—18. Tausend. (III, 202 S.) 8. Paderborn 908—10. F. Schöningh. 1.60; geb. in Leinw. n 2. 40

— dasselbe. Neue Folge. 6. u. 7. Aufl. 8.—10. Tausend. (III, 236 S.) 8. Ebd. 908. 1.80; geb. 2. 60

— die Heimat. Roman aus den schles. Bergen. Mit Buchschmuck v. Philipp Schumacher. (337 S.) 8. München (903). Allgem. Verlags-Gesellschaft. n. 4.—; geb. n. 5.—

— in deiner Kammer. Geschichten. 8. (III, 245 S.) Ebd. 903. n. 2.—; geb. n. 2.80

In deiner Kammer. Geschichten von Paul **Keller**. 2. Aufl. Paderborn: F. Schöningh 1904. (250 S.) 8° [F.] [06. 480

In deiner Kammer. Geschichten von Paul **Keller**. 3. Aufl. Paderborn: F. Schöningh 1906. (250 S.) 8° [F.] [07. 14094

In deiner Kammer. Geschichten von Paul Keller. 4. Aufl. Paderborn: Schöningh 1908. 250 S. 8° [09. 9318

In deiner Kammer. Geschichten von Paul Keller. 5. Aufl. Paderborn: Schöningh 1909. 250 S. 8° [10 2784

Paul **Keller**. Hrsg. von H. H. Borcherdt. Hirschberg: Schles. Dr. & Verlagsanst. [1910]. 110 S. 8°
(Beiträge z. schles. Kultur. H. 1.) [11. 2166

— Die alte Krone. Roman aus Wendenland. 1.—10. Aufl. (352 S.) 8. München (909). Allgemeine Verlags-Gesellschaft. 4.50; geb. in Leinw. 5. 50

Die alte Krone. Roman aus Wendenland von Paul **Keller**. 17.–19. Aufl. München: Allg. Verl.-Gesellsch. [1910]. 352 S. 8° [11. 10054

Keller, Paul, approb. Arzt aus Schwiebus: Aus d. Chirurg. Klinik d. Universität Marburg. Ueber die Luxation des Talus. *Marburg 1902: (C. Wagner, Schwiebus).* (24 S.) 8°
Marburg, Med. Diss. v. 2. Okt. 1902

Das letzte Märchen. Ein Idyll von Paul **Keller**. 1.–3. Taus. München: Allg. Verlags-Ges. [1905]. (368 S.) 8° [F.] [06. 17166 2

— Das Niklasschiff. Neue Erzählgn. 2. Aufl. (III, 216 S.) 8. Paderborn 907. F. Schöningh. 2.40; geb. n 3. —

Keller, Paul: Das Niklasschiff. Neue Erzählungen von Paul Keller. 3. Aufl. Paderborn: Schöningh 1909. 210 S. 8°

Keller, Paul [aus Lövenich]: Zur Pathologie der Gehirnlues Berlin, C. Vogt's Buchdr., *1893;* 34 S., 1 Bl. 8.
Berlin, Med. Fak., Inaug.-Diss. v. 28. Febr. 1893

Keller, Paul, die Rose. Ein Handbuch f. Rosenfreunde. 8. (VIII, 340 S.) Halle 885. Hendel. cart. 3.—; geb. n. 4. —

Die Rose. Ein Handbuch f. Rosenfreunde von Paul **Keller**. 2. Aufl. Halle a. S.: Hendel (1910). VIII, 149 S. 8° [11. 15676 3

Keller, Paul [pr. Arzt aus Wiesbaden]: Ueber Sarcome des Mittelohrs ... Würzburg, Buchdr. d. „Neuen Bayer. Landeszeitg", 1895; 51 S. 8.
Würzburg, Med. Fak., Inaug.-Diss. v. 1895

— s.: Schläfinger, der gemüttliche.

— Der Sohn der Hagar. Roman. 1.—3. Aufl. (328 S. m. Bildnis.) 8. München (907). Allgemeine Verlags-Gesellschaft. 4.50; geb. 5. 50

Der Sohn der Hagar. Roman von Paul **Keller**. Mit d. Portr. d. Verf. 15. bis 20. Aufl. München [& Berlin]: Allg. Verl.-Gesellsch. [1909]. 327 S. 8° [09. 15843

Keller, Paulus (Georgius Volkmarus) *(geb. Sprottau 23. 1. 1816)*: De specie quadam dementiae paralyticae. Vratislaviae (1839). (44 S.) 8°
Breslau, Med. Diss. v. 8. Aug. 1839

Keller, Paul. Die zürcherischen Staatsschreiber seit 1831. Ein Beitrag zur Geschichte der Verwaltung des Kantons Zürich. Mit einem [illustrierten] Anhang: Das zürcherische Staatssiegel. Vorgelegt der 9. Staatsschreiberkonferenz 6./7. September 1908, in Zürich. [Sep.-Abdr. aus: Schweizerisches Zentralblatt für Staats- und Gemeinde-Verwaltung. Jahrg. 9. Nr. 12 u. ff.] 68 S. 8. Zürich, Orell Füssli, 1908. [fr. 1.50]

Die fünf Waldstädte. Ein Buch f. Menschen, die jung sind. Von Paul **Keller**. Mit Bild. von G. Holstein u. Reinhold Pfaehler v. Othegraven. 1.–5. Aufl. Berlin, München, Wien: Allgem. Verl.-Gesellsch. [1910]. 236 S. 8° [11. 10052

— Die fünf Waldstädte. Ein Buch f. Menschen, die jung sind. Mit Bildern v. G. Holstein u. Rhold. Pfaehler v. Othegraven. 1.—8. Aufl. (238 S.) 8. Ebd. (910). Geb. in Pappbd. 3. —

— Waldwinter. Roman. Mit Bildern v. P. Brockmüller. Hrsg. v. der deutschen Literatur-Gesellschaft. 8. (453 S.) München (902). Allgemeine Verlags-Gesellschaft. n. 4.—; geb. n. 5.—

— Waldwinter. Roman. Mit Bildern v. P. Brockmüller. Hrsg. v. der deutschen Literatur-Gesellschaft. 4. Aufl. (453 S.) 8. München (903). Allg. Verlags-Gesellschaft. n. 4.—; geb. n. 5. —

Waldwinter. Roman aus d. schles. Bergen von Paul **Keller**. Mit Bild. von P. Brockmüller. 25.–30. Aufl. München: Allg. Verl.-Gesellsch. [1910]. 437 S. 8° [11. 10053

Keller, Paul *(geb. Borne bei Neumarkt in Schles. 7. 9. 1857)*: Die Wege und Träger der Metastasen der malignen Tumoren. Breslau 1879. (67 S.) 8° *[Im Buchhandel 1879 bei Koebner in Breslau.]*
Breslau, Med. Diss. v. 22. Dez. 1879

Keller, Paul, die Wege u. Träger der Metastasen der malignen Tumoren. Inaugural-Dissertation. gr. 8. (67 S.) Breslau 879. (Koebner.) n. 1. —

— der Weißdornzaun od. der Weißdorn u. seine Eigenschaft als beste Heckenpflanze. Anleitung zur Anpflanzg., Bildg. u. Pflege der Hecken aus Weißdorn. Mit 12 (eingedr.) Illustr. gr. 8. (V, 34 S.) Weimar 883. B. F. Voigt. — 90

Keller, Paul, der Zimmergarten. Vollständige Anleitung zur Kultur der Zierpflanzen in den Wohnräumen, sowie Beschreibung u. Verwendung der schönsten Zierpflanzen; nebst ausführl., auf eigenen Erfahrungen beruh. Angaben über Einrichtung u. Pflege des Zimmer-Aquariums. 8. (VIII, 320 S.) Halle 879. Hendel. 3. —; geb. n. 4. —

Keller, Ph. Joseph: Balthasar Neumann. E. Studie z. Kunstgeschichte d. 18. Jhs ... Wurzburg, Druck d. k. Universitätsdr. v. H. Stürtz, 1895; 33 S. 8.
München, Phil. Fak., Inaug.-Diss. v. 1895

Balthasar Neumann, Artillerie- u. Ingenieur-Obrist, fürstl. Bambergischer u. Würzburger Oberarchitekt u. Baudirektor. E. Studie z. Kunstgesch. d. 18. Jh. Von Dr. Ph. Joseph **Keller**. *Würzburg: E. Bauer 1896.* (XII, 203 S.) 1 Bd 4.(8.) [96. 880

Keller, Ph. Wilh., Leitfaden beim Unterricht in der Geometrie in ihrer Anwendung auf gewerbliche Zwecke nebst einem Anhang prakt. Beispiele für jedes einzelne Gewerbe. Zum Gebrauch in Oberklassen, so wie in Fortbildungsschulen bearb. 8. (VI und 82 S. mit 1 Stnt. in qu. gr. 4.) Stuttgart 853, (F. Steinkopf.) *

Keller, Ph., Rechnungsbeispiele zum Gebrauch beim Unterrichte im Kopfrechnen für die deutschen Schulen. 8. (196 S.) Kaiserslautern 847, (Tascher.)

Keller, Philipp (Schriftl.), s. A l m a n a c h , Aachener.

Phil. **Keller**'s Mitteilungen über 1. Prof. H. Ritter's Neuerungen im Streichinstrumentenbau. 2. Kleine Winke u. Ratschläge in Bezug auf Behandlung ... e. Streichinstruments. 3. Preisverzeichnis d. Firma Phil. Keller ... Würzburg: Th. Keller (1905). (45 S.) 8° [08. 4287

Keller, Philipp Adam

Derselbe. Aus dem Leben und den Werken des Magisters Leonhard Engelhart, Rectors der ehemaligen Lateinschule in Eppingen. Ein Beitrag zur Geschichte der Anstalt. 23 S. Eppingen, P 1874

Philipp Adam Keller. Rede bei der Pflanzung der Friedenseiche auf dem Ludwigsplatze in Eppingen am 5. März 1871. 8 S. Eppingen, P 1871

— **Philipp Januar** (Würzburg), De delatorum in causa criminali testimonio. Diss. jur. Präs. D. Gallus Aloys Kleinschrod. Würzburg (Franz Ernst Nitribitt) Sept. 1789. 64 S. (6.80) 17674

Keller, Pius Index episcoporum ordinis Erem. S. Augustini Germanorum digestus. 39 S. 8. Progr. *Münnerstadt* 1876.

Monumentum pietatis, quo scripto sollemnia secularia altera Gymnasii Munnerstadiani VI a. Id. Aug. rite celebranda indicit P. Pius Keller, P. — 1860. Ibid. — S. 3–23.
Progr. Münnerstadt.

Keller, R. (III.), zu Artikel 30 des württembergischen Gesetzes zur Ausführung der Reichscivilprozeßordnung vom 18. Aug. 1879 und über die hypothek. Sukzession. [Art. 205 des Pfandgesetzes.] gr. 8. (15 S.) Tübingen 884, (Fues.) *
Aus: Württembergisches Archiv für Recht und Rechtsverwaltung, besonders abgedruckt.

Keller, R: Ueber die Fabrication und Anwendung feuerfester Steine. Vortrag. Aachen 1877

Keller, R. (I.), über die Fabrikation und Anwendung feuerfester Steine. Vortrag, gehalten im Aachener Bezirksverein deutscher Ingenieure. Decbr. 1879. gr. 8. (38 S.) Aachen 880, Benrath und Vogelgesang. *

Keller, R., üb. die Fabrikation u. Anwendung feuerfester Steine. Vortrag. 2. Aufl., durchgesehen v. C. Bischof. gr. 8. (36 S.) Aachen 890. O. Müller. n. 1. 60

Ueber die Fabrikation und Anwendung feuerfester Ziegel. Vortrag von R. **Keller**, geh. im Aachener Bezirksver. deutscher Ingen. Dez. 1875. Durchgesehen u. verb. von Prof. Dr. Carl Bischof, Wiesbaden. Neudr. d. 2. Aufl. Berlin: Tonindustrie-Zeitung 1906. (36 S.) 8° [08. 166

Keller, Raimund, a. Zabern i. E.: Zur Kenntnis der kongenitalen Hautdefekte am Kopfe des Neugeborenen. Berlin 1908: L. Schumacher. (29 S., 2 Taf.) 8° ¶ (Aus: Vierteljahrsschrift f. gerichtl. Medizin u. öffentl. Sanitätswesen Bd 35.)
Straßburg, Med. Fak., Ref. Chiari, Diss. v. 21. Mai 1908
[Geb. 29. Aug. 83 Zabern i. E.; Wohnort: Zabern i. E.; Staatsangeh.: Elsaß-Lothringen; Vorbildung: Gymn. Zabern Reife M. 01; Studium: Straßburg 10 S.; Coll. 12. Dez. 07; Approb. Nov. 06.]

Keller, Rich., Blätter aus meinem Skizzenbuch. Novellen. (III, 66 S.) 8. Dresden 908. E. Pierson. n. 1. 50; geb. n. 2. 50

Keller, Robert

Keller, R. (II.), die naturwissenschaftliche Bedeutung der zwecklosen Organe im Thierreich, s. a. V o r t r ä g e, öffentliche, gehalten in der Schweiz.

Keller R, die naturwissenschaftliche Bedeutung der zwecklosen Organe im Tierreich. (Vorträge, Öffentliche VIII, 8) Basel 1884

Keller, R. Die naturwissenschaftliche Bedeutung d. zwecklosen Organe im Thierreich. In-8°. Basel, Schwabe. 1893 1 —

Keller, Robert, Bemerkungen zu dem Jugendspiele (Progr. d. k. k. Staats-Oberrealschule in Bielitz, Jg. 20, Schulj. 1895/96, S. 11—16), Bielitz 1896, 38 S., 8°.

Keller, Robert. Beiträge zur Kenntnis der ostschweizerischen Brombeeren. Extrait du Bulletin de l'Herbier Boissier, 2me série. Tome 4 ⟨1904⟩. N° 4 (*et* N° 5). II p. + p. 329—344 + 419—434 ⟨32 p.⟩. 8. (Genève, Impr. Romet, 1904.)

Keller, Robert. Beiträge zur Kenntnis der Flora des Bleniotales. Extrait du Bulletin de l'Herbier Boissier. 2de série [Tome 3] ⟨1903⟩. N° 5 (*et* N° 6). p. 371—386 + 461—487 ⟨43 p.⟩. 8. [Genève, Impr. Romet.]

Keller, Robert. Beiträge zur Kenntnis der Laubmoosflora des Kantons Unterwalden. Mitteilung 2. Extrait du Bulletin de l'Herbier Boissier, 2me série. Tome 4 ⟨1904⟩. N° 9. I p. + p. 952—956 ⟨5 p.⟩. 8. [Genève, Impr. Romet.]
(Mitteilung 1 *s. in:* Berichte der schweiz. botan. Gesellschaft, Heft 12 [Bern 1902].)

Keller, Robert. Beiträge zur Kryptogamenflora von Winterthur und Umgebung. 1. [einziges] Heft: Laubmoose. [Progr.] 4. Winterthur [1886].

Keller, Robert. Beiträge zur Tertiärflora des Kantons St. Gallen. 3 Mitteilungen. SA. 8. [St. Gallen 1892–1896.]
[1. Mitteilung.] ⟨Mit 15 Tafeln.⟩ [1892.]
2. Mitteilung. ⟨Mit 11 Tafeln.⟩ [1895.]
3. Mitteilung. ⟨Mit 11 Tafeln.⟩ [1896.]

Keller, R., die Blüthen alpiner Pflanzen, ihre Grösse und Farbenintensität, s. a. V o r t r ä g e, öffentliche, gehalten in der Schweiz.

Keller, Robert. Die Blüthen alpiner Pflanzen, ihre Grösse und Farbenintensität. Vortrag, gehalten am Jahresfeste des S. A. C. in Winterthur im September 1886. 8. Basel 1887.
(Oeffentliche V o r t r ä g e gehalten in der Schweiz. Band 9. Heft 7.)

Keller, R. (I.) Ueber Erscheinungen des normalen Haarverlustes. s.aActa, nova, academiae caesareae Leopoldino-Carolinae germanicae naturae curiosorum.

Keller, Robert [aus Rheinpreussen]: **Ueber Erscheinungen des normalen Haarverlustes an Vegetationsorganen der Gefässpflanzen....** (Aus: Nova Acta d. Kais. Leop.-Carol. Deutschen Akad. d. Naturforscher. Bd. LV.) Halle, Druck v. E. Blochmann & Sohn in Dresden, 1890; 1 Bl., S. 305—360, 2 Bl., 3 Taf. 4°
Berlin, Phil. Fak., Inaug.-Diss. v. 10. Dez. 1890

Keller, R., üb. Erscheinungen d. normalen Haarverlustes an Vegetationsorganen der Gefässpflanzen. [Aus: „Nova acta d. ksl. Leop.-Carol. Deutschen Akad. d. Naturforscher".] gr. 4. (56 S. m. 3 Taf.) Halle a/S. 890. (Leipzig, W. Engelmann.) n. 3. —

Keller, R*obert* [Dr. phil., aus Eschweiler]: **Aus d. physiolog. Institut zu Jena. Ueber den Farbenwechsel des Chamaeleons und einiger anderer Reptilien ...** (Aus: Arch. f. d. ges. Physiol., Bd. 61.) Bonn, E. Strauss, 1895; 1 Bl., 123—168 S. 8.
Jena, Med. Fak., Inaug.-Diss. v. [19. Juni] 1895

Keller, Robert, approb. Arzt aus Naumburg: ‹Aus d. physiol. Institute d. Universität Halle.› **Über die Folgen von Verletzungen in der Gegend der unteren Olive bei der Katze.** *Leipzig: Veit & Co. 1901.* (77 S.) 8° ¶(Aus: Archiv f. Anat. u. Physiol. 1901, Anat. Abth.)
Halle, Med. Diss. v. 18. Mai 1901

Keller, Robert, Die Einrichtung der Turnplätze für Stadt- und Landschulen (m. 64 Gerätzeichnungen), Wien, 14 S., 10 Taf., Gr.-8°.

Keller, R.: Die Einrichtung der Turnplätze für Stadt- u. Landschulen. Wien 1878. 13 S. m. Abb. 4°

Keller, Rob., die Einrichtung der Turnplätze für Stadt- u. Landschulen [m. 64 Gerätzeichnungen (auf 10 Steintaf.)]. gr. 4. (IV, 13 S.) Jägerndorf 879. Wien, Pichler's Wwe. u. Sohn in Comm. n. 1. 60

Keller, Robert Flora von Winterthur. 2 Teile. [Progr.] 8. Winterthur 1891–1896.
Teil 1: ‹2 Hälften.› Die Standorte der in der Umgebung von W' wildwachsenden Phanerogamen, sowie der Adventivflora. 1891–1892.
Teil 2. Geschichte der Flora von W. [Mit Anhang:] Nachträge zum Teil 1. 1896.

— R. Flora von Winterthur. II. Teil: Geschichte der Flora von Winterthur. Nachträge zum I. Teil. In-8°. 71 S. Winterthur. Programm. 1896
*** Teil I (Standorte der in Winterthur wildwachsenden Phanerogamen, sowie der Adventivflora. In-8°. 185 S.) erschien im Jahre 1891.

Keller, Rob., Flora der Schweiz, s.: Schinz, Hans.

Keller, Robert. Zum siebzigsten Geburtstag von Ernst Häckel. Separat-Abdruck aus «Die Sonntagspost», Beilage zum «Landboten» und Tagblatt der Stadt Winterthur. II + 26 S. gr.-8. Winterthur, Geschwister Ziegler, 1904.

Keller, R., Hypericum, s.: Engler, A., u. K. Prantl, d. natürl. Pflanzenfamilien.

Keller, Rob., siehe: *Mitteilungen.*

Keller, Robert. Die wilden Rosen der Kantone St. Gallen und Appenzell. SA. 8. St. Gallen 1897.

Keller, Robert. Wilde Rosen des Kantons Zürich. Ein Beitrag zur Rosenflora des schweizerischen Mittellandes. SA. 8. (Cassel 1888.)

Keller, Rob., das Turnen in Schule und Verein mit Zugrundelegung des Schulturnwesens in Schlesien. gr. 8. (24 S.) Wien 886, (Pichler's Wwe. und Sohn.) * — 60

Keller, Robert, Das Turnen am Zimmerturnapparat, m. Abb., Bielitz (Österreich.-Schlesien), 6 S., 6 Taf., 4°.

— das Turnen am Zimmer-Turnapparat. Für Familien, Schulen u. Turnvereine. Mit 38 Abbildungen. (6 Steintaf.) gr. 8. (6 S.) Bielitz 882. Fröhlich. n. 2. —

Keller, Robert. Vegetationsskizzen aus den Grajischen Alpen. (Wissenschaftliche Beilage zum Programm des Gymnasiums und der Industrieschule Winterthur. Schuljahr 1904/05.) 152 S. 8. Winterthur, Geschwister Ziegler, 1904.

Keller, Rudolf. 1002 [Pseud.]
s.a. Kohn, Rudolf. [10. 4678]

Keller, Rudolf [aus Pfullingen]: **Aus d. psychiatr. Klinik zu Bonn. Ueber Cysticerken im Gehirn des Menschen ...** Mülheim a. Rh., Druck v. K. Glitscher, *1892;* 48 S. 8.
Bonn, Med. Fak., Inaug.-Diss. v. [2.] Juni 1892

Keller, Rud., das Ende der Goldwährung? (36 S.) 8. Prag 908. J. G. Calve. 1. 50
Sonderabdruck aus: „Prager Tagblatt".

Keller, Rudolf, aus Lövenich: **Die Friedensverhandlungen zwischen Frankreich und dem Kaiser auf dem Regensburger Kurfürstentag 1630.** *Bonn: H. Behrendt 1902.* (57 S.) 8°
Bonn, Phil. Diss. v. 13. März 1902

Keller, Rud., die Industrieförderung in Ungarn. Studien üb. d. Entwicklg. u. die Ergebnisse der Industrieförderg. in Ungarn. Unter Mitwirkg. v. Fachleuten. (IV, 130 S.) gr. 8. Prag 906. J. G. Calve. 5. —

[Umschlagt.:] [Z. u. Ant.] 1797 1897 Lebendes Bild und Festspiel zu Ehren d. hundertj. Geburtstages Kaiser's Wilhelm I. . . . Von Rudolf Keller. Als Ms. gedr. *Köln: P. Gehly (1897).* (16 S.) 1 Bd 8. [09. 1358]

Keller, R., Stilicho, oder die Geschichte des weströmischen Reiches von 395—408. Diss. 1884. 63 S. 1.20

Keller, Rud., Stilicho od. die Geschichte d. weströmischen Reiches von 395—408. gr. 8. (63 S.) Berlin 884. Le Coutre. n. 1. 50

Keller, Rudolf [app. Arzt aus Freiburg]: **Zur Tuberculose der hinteren Larynxwand ...** (Aus: Münch. med. Wochenschr. Jg. XXXIX. 1892.) München, J. F. Lehmann, 1892; 46 S., 1 Taf., 1 Tab. 8.
Freiburg i. B., Med. Fak., Inaug.-Diss. v. 1892

Keller, Rudolf, Schleitheim: **Die Ueberschreitung des Eigentumsrechts an Grundstücken. Ein Beitrag zur Lehre von den Immissionen.** Schleitheim, J. G. Stamm, 1909. IV, 118 S. 8°.
Bern. Jur. Diss. 1910/11.

Keller, Rud., reibungselektrische Untersuchungen an pflanzlichen Geschlechtsorganen. gr. 8. (42 S.) Prag 902. (G. Neugebauer.) n. 5. —

Keller, Rudolf Michael, pr. Arzt: **Zusammenstellung der während der letzten 50 Jahre in der Literatur beschriebenen Fälle von Leberadenom mit Berücksichtigung der Beziehungen zur knotigen Hyperplasie und zum Carcinom der Leber.** Würzburg 1908: Seubert. 54 S. 8°
Würzburg, Med. Diss. v. 18. Sept. 1908, Ref. Borst
[Geb. 30. Nov. 76 Weißenbrunn; Wohnort: Cöln; Staatsangeh.: Bayern; Vorbildung: Gymn. Würzburg Reife Juli 98; Studium: München 2, Würzburg 8 S.; Coll. 29. Mai 07; Approb. 19. Dez. 04.] [U 09. 4123

Keller, Sam., s. a.: Schrill, Ernst.

— mein letzter Abend. Vortrag, geh. am 28. Dezbr. 1894 in d. Tonhalle zu Düsseldorf. gr. 8. (12 S.) Düsseldorf 895. C. Schaffnit. n. — 10

— Mein Abendsegen! Betrachtungen für jeden Abend nach e. bibl. Text. 4. Aufl. (III, 371 S.) 8. Hagen (910). O. Rippel. Geb. in Leinw. 3.50; m. Goldschn. n 4.50

[F.] Abschiedspredigt über Jes. 45, 23—24 ... v. Pastor S[amuel] Keller. *Düsseldorf: C. Schaffnit [1898].* (8 S.) 1 Bd 8. [98. 11000 Bo

Abschiedspredigt über Jes. 45, 23–24, geh. am 25. Sept. 1898 in d. Johanniskirche zu Düsseldorf von Pastor S[amuel] Keller. 2. Aufl. *Düsseldorf: C. Schaffnit [1900].* (7 S.) 8° [F.] [00. 6692 5

[F.] Vom Aergernis. Predigt geh. in d. Johanneskirche am 12. Juli 1896, v. S[amuel] Keller, Pastor in Düsseldorf ... *Düsseldorf: C. Schaffnit 1896.* (7 S.) 1 Bd 8. [98. 1600

Keller, S. (Hrsg.), s. Auf dein Wort.

Die Aufhebung der Schwerkraft. Vortrag von S[amuel] Keller. *Kassel: E. Röttger & Selbstverl. [1900].* (15 S.) 8° [F.]
= Evangelisationsvorträge. No 5. [00. 01/4

Keller, Samuel, Der Räuberhauptmann Bari in der Krim

Keller, S[amuel]. Der kleine Beter. Morgen- und Abendgebete als Anleitung zum selbständigen Gebetsumgang der Seele mit Gott. Von Pastor S. Keller in Düsseldorf. 1.—10. Tausend. 136 S. 8. Leipzig, E. Ungleich, [1901]. [br. M. —.80, geb. M. 1.30]
Pastor Samuel Keller ist Bürger von Siblingen, Ktn. Schaffhausen.

Sieben Bitten an die Gemeinschaftsbewegung. Von Pastor S[amuel] Keller. 1.–10. Taus. *Hagen i. W.: O. Rippel [1901].* (16 S.) 8° [F.] [01. 1446

— sieben Bitten an die Gemeinschaftsbewegung. 1.—10. Taus. gr. 8. (16 S.) Hagen (902). O. Rippel. n.n. — 10

— 7 Bitten an die evangelischen Pfarrer Deutschlands. (23 S.) 8. Hagen (907). O. Rippel. — 30

[F.] Der Brautwächter. Novelle v. Ernst Schrill. (S[am.] Keller.) *Berlin: U. Meyer [1896].* (172 S.) 1 Bd 8. [97. 480

Der Brautwächter. Novelle von Ernst Schrill ⟨S[amuel] Keller⟩. 3. Aufl. *Berlin: U. Meyer [1901].* (180 S.) 8° [F.] [01. 1110

Neutestamentliche Bücher in erbaulichen Bibelstunden von Pastor Samuel Keller. Bd 1. Hagen i. W.: Rippel [1909]. 8° [09. 18001

— Neutestamentliche Bücher in erbaulichen Bibelstunden. 1. Bd. Der erste Johannisbrief. 2. Aufl. (202 S.) kl. 8. Ebd. (909). 1.50; geb. in Leinw. 2.50

— Der Charakter Gottes u. das Unglück v. Messina. Vortrag. 1.—20. Taus. (15 S.) 8. Ebd. (909. 10). nn — 10

Der Charakter Gottes und das Unglück von Messina. Vortrag von S[amuel] Keller. 11.–12. Taus. Hagen i. W.: Rippel [1909]. 15 S. 8° [09. 17907

— s.: Christoterpe, neue.

— Drinnen od. Draußen? Ein Beitrag zur Charakteristik unserer Zeit im Lichte der Offenbarung. Johannes 22, 11—15. 1.—10. Taus. 8. (15 S.) Hagen (899. 900.) O. Rippel. n. — 10

Drinnen oder draussen? Ein Beitrag z. Charakteristik unserer Zeit im Lichte von Offenbarung Joh. 22, 11–15. Von Pastor S[am.] Keller. *Hagen i. W.: Buchh. 'Immanuel' [1900].* (15 S.) 8° [00. 5674 6

Drinnen oder draußen? Ein Beitrag z. Charakteristik unserer Zeit. Von S[amuel] Keller. 11.–20. Taus. Hagen i. W.: O. Rippel [1905]. (15 S.) 8° [F.] [07. 13113

Lebendiges Echo. Erzählungen von Ernst Schrill ⟨S[amuel] Keller⟩. 2. Aufl. Hagen i. W.: O. Rippel [1906]. (192 S.) 8° [F.] [07. 3708 6

Sein Eigen. Ein Lebensbuch f. junge Männer. Von S[amuel] Keller. 2. Aufl. Hagen i. W.: O. Rippel [1906]. (348 S.) 8° [F.] [07. 4809 6

— sein Eigen. Ein Lebensbuch f. junge Männer. 3. Aufl. (III, 348 S. m. Titelbild.) 8. Hagen. (906). O. Rippel. Geb. in Leinw. n. 4. —

— Sein Eigen. Gedenkbuch f. konfirmierte Knaben. 4. Aufl. (351 S. m. Titelbild.) kl. 8. Ebd. (909). Geb. in Leinw. 4. —

Sein Erbe. Roman aus d. russ. Leben von Ernst Schrill ⟨S[amuel] Keller⟩. 3. Aufl. Hagen i. W.: Rippel [1909]. 497 S. 8° [09. 17908

— „Es geschah —". Predigt, am 4. Juni 1893 in der Krankenhauskirche zu Düsseldorf geh. gr. 8. (6 S.) Düsseldorf 893. (H. Becker.) n. — 10

— Evangelisationsvorträge Nr. 1—9. gr. 8. Düsseldorf-Grafenberg. Hagen, O. Rippel. à n.n. — 10
1. Der Schiffbruch des Glaubens. (15 S.) (899.)
2. Ist mit dem Tode alles aus? (15 S.) (899.)
3. Das Leben nach dem Tode. (14 S.) (899.)
4. Der Wegweiser zum Glück. (15 S.) (900.)
5. Die Aufhebung der Schwerkraft. (15 S.) (900.)
6. Die Last der Brüder. (14 S.) (900.)
7. Lohnt sich's zu leben? (14 S.) 901.
8. Lohnt sich's zu sterben? (15 S.) (901.)
9. Stark im Herrn. (14 S.) (902.)

Ein Fahrenhöft. Erzählung von Ernst Schrill ⟨S[amuel] Keller⟩. 3. Aufl. *Hagen i. W.: O. Rippel 1902.* (317 S.) 8° [F.] [02. 9446

Die goldene Feder. Heilserum. 2 Erzählungen von Ernst Schrill [d. i. Samuel Keller]. Berlin: U. Meyer [1905]. (79 S.) 8° [F.]
= Bücherei, Ulrich Meyer's. No 17. [06. 1293

Gesprengte Fesseln. ⟨Die Aufhebung d. Schwerkraft.⟩ Vortrag von S[amuel] Keller. 11.–20. Taus. Hagen i. W.: O. Rippel [1906]. (15 S.) 8° [F.] [07. 13114

— s.: Fliehe die Lüste der Jugend.

— mein Fremdenbuch. Erinnergn. aus Rußland. 8. (III, 77 S.) Leipzig 895. E. Ungleich. Kart. n. 1.50

— mein Fremdenbuch. Erinnerungen aus Rußland. 2. Aufl. 8. (III, 77 S.) Leipzig 901. Hagen, O. Rippel. Kart. n. 1.50

In der Furche. Zeitpredigten von Pastor S[amuel] Keller. Hagen i. W.: O. Rippel (1905). (283 S.) 8° [F.] [07. 13115

— in der Furche. Zeitpredigten. 2. Aufl. (284 S.) 8. Ebd. (905). n. 3. —; geb. in Leinw. n. 4. —

In der Furche. Zeitpredigten von Pastor S[amuel] Keller. 3. Aufl. Hagen i. W.: O. Rippel [1907]. (283 S.) 8° [F.] [07. 7991 6

Unsere Gäste. Mein Fremdenbuch. Erinnerungen aus Rußland von Ernst Schrill ⟨S[amuel] Keller⟩. 4. Aufl. Hagen i. W.: Rippel [1909]. 116 S. 8° [09. 17909

Das Geheimnis unseres Leidens. Vortrag von S[amuel] **Keller**. Hagen i. W.: O. Rippel [1904]. (12 S.) 8° [Umschlagt. F.] [07. 13116

[F.] Die Geschichte eines Spruches. Predigt gehalten zu Düsseldorf v. S[amuel] **Keller**, Pastor ... *Düsseldorf: C. Schaffnit [1895].* (8 S.) 1 Bd 8. [96. 4444

— dreierlei Glauben u. was glaubst Du? Sylvester-Vortrag, gr. 8. (13 S.) Ebd. 895. n. — 10

[F.] Dreierlei Glauben und was glaubst Du? Sylvester-Vortrag v. Pastor S[amuel] **Keller** ... *Düsseldorf: C. Schaffnit 1896.* (16 S.) 1 Bd 8. [96. 4443

Um freien Glauben. Erzählung aus Südrussland von Ernst Schrill. (P. S[amuel] **Keller** in Düsseldorf.) 4.–5. Taus. *Berlin: Berl. Stadtmiss. 1900.* (209 S.) 8° [F.] [01. 3...

Um freien Glauben. Erzählung aus Südrußland von Ernst Schrill (P. Samuel **Keller**, Freiburg i. Br.) 6.–8. Taus. Berlin: Vaterländ. Verlags- u. Kunstanst. 1907. 248 S. 8° [09. 3241

Der unbekannte Gott. Vortrag von S[amuel] **Keller**. Hagen i. W.: O. Rippel [1904]. (15 S.) 8° [F.] [07. 13117

— Der unbekannte Gott! Vortrag. 11.—20. Tauf. (15 S.) 8. Ebd. (910). nn — 10

— Von der Heilung der größten Armut. Predigt üb. Joh. 5, 7, geh. am 10. I. 1909 in der Stadtmissionskirche zu Berlin. (14 S.) kl. 8. Berlin (909). Vaterländ. Verlags- u. Kunstanstalt. nn — 10

Heimwärts. Erzählungen von Ernst Schrill (Pastor S[amuel] **Keller**). 3. Aufl. *Hagen i. W.: O. Rippel 1902.* (VI, 158 S.) 8° [F.] [03. 3040 6

Heimwärts. Erzählungen von Ernst Schrill (Pastor S[amuel] **Keller**). 4. Aufl. Hagen i. W.: O. Rippel 1902. (VI, 158 S.) 8° [F.] [07. 13651

— der Herr ist mein Hirte! Psalm 23, in 5 Bibelstunden ausgelegt u. angewandt. 3. Tauf. 8. (84 S.) Hagen (902). O. Rippel. n. 1. —; geb. n. 1. 50

Der Herr ist mein Hirte! Psalm 23 in 5 Bibelstunden ausgelegt u. angewandt von Pastor S[amuel] **Keller**. 4. Taus. *Hagen i. W.: O. Rippel [1902].* (84 S.) 8° [F.] [03. 3043 6

— der Herr ist mein Hirte! Psalm 23, in 5 Bibelstunden ausgelegt u. angewandt. 4. u. 5. Tauf. (84 S.) 8. Ebd. (903). n. 1. —; geb. n. 1. 50

Der Herr ist mein Hirte! Psalm 23 in 5 Bibelstunden ausgelegt u. angewandt von Pastor S[amuel] **Keller**. 7. Taus. Hagen i. W.: O. Rippel [um 1906]. (84 S.) 8° [F.] [07. 13118

— Der Herr ist mein Hirte! Psalm 23, in 5 Bibelstunden ausgelegt u. angewandt. 12. Tauf. (93 S.) kl. 8. Hagen (909). O. Rippel. 1.—; geb. in Leinw. 1. 50

— das feste Herz. Predigt üb. Hebr. 13, V. 9, geh. in der Johanniskirche zu Düsseldorf. gr. 8. (8 S.) Ebd. 901. n.n. — 10

Ein Höhenweg. Ein Buch f. konfirmierte Mädchen von S[amuel] **Keller**. 3. Aufl. Hagen i. W.: O. Rippel [1906]. (318 S.) 8° [F.] [07. 4810 6

Ein Höhenweg. Ein Buch f. konfirmierte Mädchen von S[amuel] **Keller**. Hagen i. W.: Rippel [1909]. 318 S. 8° [09. 18000

Von Hüben und Drüben. Erzählungen von E[rnst] Schrill (S[amuel] **Keller**). 2. Aufl. *Hagen i. W.: O. Rippel 1904.* (258 S.) 8° [F.] [04. 4946 6

Jadwiga (Die Natschalniza). Ein Roman aus d. russ. Leben d. Gegenwart. Von Ernst Schrill (S[amuel] **Keller**). 3. Aufl. *Hagen i. W.: O. Rippel 1903.* (191 S.) 8° [F.] [04. 4913 6

Keller, S. (Ernst Schrill), Jesus u. das Geld. Predigt üb. Lucas 12, Vers 13—21, am 1. Oktbr. 1893 in der Johanniskirche zu Düsseldorf geh. gr. 8. (6 S.) Düsseldorf 893. C. Nisso. n. — 10

[F.] Jesus und das Geld. Nach e. Predigt üb. Lucas 12 Vers 13—21, geh. am 1. Oct. 1893 in d. Johanneskirche zu Düsseldorf v. Pastor S[am.] **Keller**. 3. Aufl. *Düsseldorf: C. Schaffnit 1898.* (13 S.) 1 Bd 8. [98. 1825

[F.] Jesus kommt wieder! Predigt geh. in d. Johanneskirche am 2. Advent 1897 v. S[am.] **Keller**, Pastor in Düsseldorf ... *Düsseldorf: C. Schaffnit 1897.* (8 S.) 1 Bd 8. [98. 1824

Ist mit dem Tode alles aus? Ein Vortrag von S[amuel] **Keller**. 2. durchges. Aufl. Hagen i. W.: O. Rippel [um 1906]. (15 S.) 8° [F.] [07. 13119

Keller, ist unsere innere Mission wirklich Mission? Referat, beim Jahresfest des Landesvereins f. innere Mission im Königr. Sachsen geh. am 15. IV. 1902 zu Dresden. (20 S.) gr. 8. Dresden (903). C. L. Ungelenk. n. — 20

— s.: Kirchlich-sozial nach Theorie u. Praxis.

[F.] Konfirmationspredigt geh. ... 1898 zu Düsseldorf v. Pastor S[amuel] **Keller** ... *Düsseldorf: C. Schaffnit 1898.* (8 S.) 1 Bd 8. [98. 1100 8o

[F.] Confirmationsrede am 22. März 1896 v. S[amuel] **Keller**, Pastor in Düsseldorf ... *Düsseldorf: C. Schaffnit 1896.* (7 S.) 1 Bd 8. [98. 1603

Unter der Last! (Die Last d. Brüder.) Vortrag von S[amuel] **Keller**, 11.–20. Taus. Hagen i. W.: O. Rippel [1906]. (15 S.) 8° [Umschlagt. F.] [07. 13490 6

Die Last der Brüder. Vortrag von S[amuel] **Keller**. *Kassel: L. Röttger & Selbstverl. [1900].* (14 S.) 8° [F.]
= Evangelisationsvorträge. No 6. [... 4

Das Leben nach dem Tode. Ein Vortrag von S[amuel] **Keller**. 2. durchges. Aufl. Hagen i. W.: O. Rippel [um 1906]. (14 S.) 8° [F.] [07. 13120

[F.] Am Lebensstrom. 25 Predigten v. Pastor S[amuel] **Keller** in Düsseldorf ... *Düsseldorf: C. Schaffnit 1898.* (3 Bl., 133 S.) 1 Bd 8. [98. 1113 8o

— am Lebensstrom. Predigten. 3. Aufl. gr. 8. (VII, 263 S.) Ebd. 902. n. 2.—; geb. n. 3.—

— Freie Liebe u. wahre Ehe. Ein Vortrag. 1.—10. Tauf. (16 S.) 8. Zürich (909). Buchh. d. ev. Gesellschaft. — 10

Lohnt sich's zu leben? Vortrag von Pastor S[amuel] **Keller** (Düsseldorf-Grafenberg). *Hagen i. W.: O. Rippel [1901].* (14 S.) 8° [F.]
= Evangelisationsvorträge. No 7. [02. 3789

Lohnt sich's zu leben? Vortrag von S[amuel] **Keller**. 11.–20. Taus. Hagen i. W.: O. Rippel [1906]. (14 S.) 8° [F.] [07. 13121

Lohnt sich's zu sterben? Vortrag von Pastor S[amuel] **Keller** (Düsseldorf-Grafenberg). *Hagen i. W.: O. Rippel [1901].* (15 S.) 8° [F.]
— Evangelisationsvorträge. No 8. [02. 3790

Lohnt sich's zu sterben? Vortrag von S[amuel] **Keller**. 11.–20. Taus. Hagen i. W.: O. Rippel [1906]. (15 S.) 8° [F.] [07. 13122

— Manöver od. Schlacht? Vortrag, geh. am 7. März 1894. 1. u. 2. Aufl. gr. 8. (11 S.) Ebd. 894. — 15

— dasselbe. 3. Aufl. (Volksausg.) gr. 8. (11 S.) Ebd. 894. 100 Stück n. 4. —

— Manöver oder Schlacht? Vortrag. 4. Aufl. gr. 8. (12 S.) Düsseldorf (900.) [C. Schaffnit.] Hagen i/W., O. Rippel. n. — 15

Den Meinen erzählt! Erzählungen von Ernst Schrill ⟨S[amuel] Keller⟩. 3. Aufl. *Hagen i. W.: O. Rippel [1903].* (196 S.) 8° [F.] [04. 4917 6

Menschenfragen und Gottesantworten. Predigten von S[amuel] **Keller**, Pastor. *Düsseldorf: C. Schaffnit 1901.* (VII, 436 S.) 8° [F.] [01. 7385

Menschenfragen und Gottesantworten. Ein Jahrgang Predigten von S[amuel] **Keller**. 3. durchges. Aufl. Hagen i. W.: O. Rippel [1908]. (468 S.) 8° [F.] [08. 18319 8

Menschwerdung. Sozialer Roman aus d. Gegenwart von Ernst Schrill ⟨S[amuel] **Keller**.⟩ 3. Aufl. *Hagen i. W.: O. Rippel 1903.* (423 S.) 8° [F.] [03. 3044 8

Menschwerdung. Sozialer Roman aus d. Gegenwart von Ernst Schrill ⟨S[amuel] **Keller**⟩. 4. Aufl. Hagen i. W.: O. Rippel 1903. (423 S.) 8° [F.] [07. 13123

— Missionsfestpredigt üb. Matth. 24, 14, geh. zu Halle a. S. am 18. Febr. 1895. gr. 8. (8 S.) Düsseldorf 895. C. Schaffnit. n. — 10

[F.] Momentbilder vom Carneval, v. Ernst Schrill [d. i. Samuel **Keller**]. 3. Aufl. *Düsseldorf: C. Schaffnit [1898].* (48 S.) 1 Bd 8. [98. 10716 Ho

Momentbilder vom Carneval von Ernst Schrill [d. i. Samuel **Keller**]. Hagen i. W.: O. Rippel [1907]. (19 S.) 8° [F.] [07. 13124

— Mosaik. Randbemerkungen zum christl. Leben. 8. (IV, 93 S.) Ebd. 894. n. 1. —; geb. n. 1. 60

Mosaikbilder. Randbemerkungen z. christl. Leben von S[amuel] **Keller**. Pastor zu Düsseldorf. 2. Aufl. *Hagen i. W.: O. Rippel 1901.* (IV, 93 S.) 8° [F.] [01.

Muß es wirklich ein Weltgericht geben? Vortrag von S[amuel] **Keller**. Hagen i. W.: O. Rippel [1905]. (16 S.) 8° [F.] [07. 13125

— Muß es wirklich e. Weltgericht geben? Vortrag. 11.—20. Taus. (16 S.) 8. Ebd. (910). nn — 10

— Naturtrieb u. Sittlichkeit. Vortrag. 1.—20. Taus. (47 S.) 8. Ebd. (903. 904.) n. — 50

Naturtrieb und Sittlichkeit. Vortrag von S[amuel] **Keller** ⟨Ernst Schrill⟩. Hagen i. W.: O. Rippel (1903). (47 S.) 8° [F.] [03. 151 8 8

... Naturbrief und Sittlichkeit. Vortrag von S[amuel] **Keller**. 21.—25. Taus. Hagen i. W.: O. Rippel [um 1906]. (47 S.) 8° [F.] [07. 13126

— den Niagara hinunter u. was dann? Vortrag. gr. 8. (12 S.) Ebd. 897. n. — 10

— Oberlicht, s. a. Volksbücherei. 6. Bd.

Oberlicht. Von Pastor S[amuel] **Keller** ⟨Ernst Schrill⟩. *Kassel: E. Röttger [1899].* (186 S.) 8° [F.]
— Volksbücherei. Bd 6. [00. 7083 4

Oberlicht. Von Pastor S[amuel] **Keller**. ⟨Ernst Schrill.⟩ 3. Aufl. Mit neuer Einl. Kassel: E. Röttger [1905]. (191 S.) 8° [F.]
= Volksbücherei. Bd 6. [05. 6603 4

— ausgewählte Predigten, s. 1 Predigt, die, der Kirche. 1. Bd.

— Wenne Pridik, s. a. Volksbücherei. 3. Bd.

Wenne Pridik. Von S[amuel] **Keller** ⟨Ernst Schrill⟩. 2. Aufl. von 'Zum Sonntagabend'. 3.—5. Taus. *Kassel: E. Röttger [1902].* (190 S.) 8°
— Volksbücherei. Bd 3. [04. 1108 4

Das geschlechtliche Problem in der Kinderstube ⟨Zur Frauenfrage⟩. Von S[amuel] **Keller**. 1.—5. Taus. Hagen i. W.: O. Rippel [1907]. (60 S.) 8° [F.] [07. 13127

— Das geschlechtliche Problem in der Kinderstube. (Zur Frauenfrage.) 11.—20. Taus. (56 S.) kl. 8. Hagen (910). O. Rippel. — 75

— der 23. Psalm. Nach Notizen aus den Bibelstunden zusammengestellt v. e. Zuhörerin (ohne Verantwortlichkeit des Verf.) gr. 8. (40 S.) Düsseldorf 899. [C. Schaffnit.] Hagen, O. Rippel. n — 35

Das Salz der Erde. Erzählung aus d. Leben d. russ. Stundisten von Ernst Schrill ⟨S[amuel] **Keller**⟩. 2. Aufl. *Hagen i. W.: O. Rippel 1902.* (171 S.) 8° [F.] [03. 3045 8

Im Schatten der Schuld. Roman v. Ernst Schrill ⟨S[amuel] **Keller**⟩. *Halle a. S.: J. Fricke [1898].* (1 Bl., 408 S.) 1 Bd 8. [98. 8559 H.

[Umschlagt.:] [F.] Die grosse Scheidung. Predigt üb. Matth. 26, 17—25 v. S[am.] **Keller**, Pastor in Düsseldorf... *Düsseldorf: C. Schaffnit 1896.* (8 S.) 1 Bd 8. [98. 10787 Ho

Der Schiffbruch des Glaubens. Vortrag von S[amuel] **Keller**. 11.—20. Taus. Hagen i. W.: O. Rippel [um 1906]. (14 S.) 8° [F.] [07. 13128

Vom braven Schlingel u. andere Gesch. f. d. Jugend von Ernst Schrill ⟨S[amuel] **Keller**⟩. *Berlin: U. Meyer [1900].* (143 S.) 8° [F.] [01. 4945

— der Kirche Schuld u. Sühne. Predigt, am 17. Juni 1894 in der Krankenhauskirche zu Düsseldorf geh. gr. 8. (6 S.) Düsseldorf 894. C. Schaffnit. n. — 10

An der Schwelle des Glaubens. Erste Handreichung f. suchende Seelen von P. S[amuel] **Keller** ⟨Ernst Schrill⟩. 1.—10. Taus. *Hagen i. W.: O. Rippel 1901.* (63 S.) 8° [F.] [02 8 44

An der Schwelle des Glaubens. Erste Handreichung f. suchende Seelen von Pastor S[amuel] **Keller** ⟨Ernst Schrill⟩. Erw. Ausg. 11.—15. Taus. Hagen i. W.: O. Rippel 1906. (76 S.) 8° [F.] [07. 13129

[F.] Die Seligkeit der Reichen v. S[amuel] **Keller**, Pastor in Düsseldorf. *Düsseldorf: C. Schaffnit 1896.* (3 Bl., 108 S.) 1 Bd 8. [98. 10407 Ho

[F.] Die Seligkeit der Reichen v. S[amuel] **Keller**, Pastor in Düsseldorf. 2. Aufl. *Düsseldorf: C. Schaffnit 1897.* (3 Bl., 108 S., 1 Bl.) 1 Bd 8. [97. 6115

Die Seligkeit der Reichen von S[amuel] **Keller**. 2. Aufl. Hagen i. W.: O. Rippel [um 1906]. (108 S.) 8° [F.] [07. 13130

— Sich od. Ihm? Abendpredigt am Todtenfest 1893 üb. Röm. 14, V. 7—8, geh. in der Johanniskirche zu Düsseldorf. gr. 8. (5 S.) Düsseldorf 893. C. Riso. n. — 10

Signale aus der unsichtbaren Welt! Ein Vortrag von S[amuel] **Keller**. 1—10. Taus. Hagen i. W.: Rippel [1909]. 15 S. 8° [09. 18001

— Signale aus der unsichtbaren Welt! Vortrag. 1.—20. Taus. (15 S.) 8. Ebd. (909. 10). nn — 10

— (Hrsg.), s. Sittlichkeitsblätter.

— der verlorene Sohn. Nach Predigten üb. Evang. Lucas 15 v. 15—32, geh. in Düsseldorf. gr. 8. (19 S.) Düsseldorf 894. C. Schaffnit. — 25

— der verlorene Sohn. Eine Betrachtg. üb. Lukas 15, 15—32. 2. Aufl. gr. 8. (15 S.) Düsseldorf 900. [C. Schaffnit.] Hagen i/W., O. Rippel. n. — 20

— zum Sonntagabend, s. a. Volksbücherei.

Zum Sonntagabend. Von Pastor S[amuel] Keller ‹Ernst Schrill›. *Kassel: E. Röttger [1897].* (190 S.) 8° [F.]
— Volksbücherei. Bd 3. [00. 7081 4

Keller, Past. S., Sozialdemokratie und Christentum. Vortrag. gr. 8°. Düsseldorf, C. Schaffnit, 1895.

Keller, S[amuel] ‹Ernst Schrill›. Seine Spuren in der Steppe. Russische Erzählungen. 149 S. 8. Berlin, Buchh. der Berliner Stadtmission, [1901]. [br. M. 1. —, geb. M. 1. 80]

Stark im Herrn. Vortrag von Pastor S[amuel] Keller. Hagen i. W.: O. Rippel [1902]. (14 S.) 8° [F.]
— Evangelisationsvorträge. No 9. [07. 13432

— Aus Russlands Steppen. Erzählgn. 3. Aufl. Hagen ['08]. 288 S.

— tandem vicisti. (So hast du dennoch gesiegt.) Predigt üb. Psalm 2, geh. am 1. Mai 1892 in der Johanniskirche zu Düsseldorf. 8. (7 S.) Ebd. 894. n. — 10

Wildes Tanzen. Erzählung von Ernst Schrill ‹S[amuel] Keller›. Hagen i. W.: O. Rippel [1906]. (222 S.) 8° [F.] [07. 3709 6

Wildes Taufen. Erzählung von Ernst Schrill ‹S[amuel] Keller›. Hagen i. W.: O. Rippel [1904]. (222 S.) 8° [F.] [07. 13131

Keller, Samuel, Wildes Taufen. Erzählung. — Hagen i. W.: Rippel. 5. Aufl. 222 S.

Keller, Samuel: Doktor Vorwärts' zweite Trauung. Roman von Ernst Schrill (Samuel Keller) 2. Aufl. Hagen i. W.: Rippel [1910]. 453 S. 8°

— von d. Klage zur Kraft. Predigt, am Pfingst-Montag 1895 geh. zu Düsseldorf. gr. 8. (8 S.) Ebd. 895 n. — 10

Die halbe Verlobung. Sylter Novelle aus d. Gegenwart von Ernst Schrill ‹S[amuel] Keller›. *Hallen. S.: J. Fricke [1900].* (192 S.) 8° [F.] [00. 5340 3

— in der Wagschale. Predigt üb. Luc. 22, 54—62, geh. am 25. Febr. 1894. gr. 8. (5 S.) Ebd. 894. n. — 10

Die Wahlpflicht der Christen. Vortrag von S[amuel] Keller, Pfarrer, Düsseldorf-Gravenberg. Hagen i. W.: O. Rippel [1903]. (14 S.) 8° [F.] [04. 1159 6

— „auf der Walze!" Ein Wort am Wege. 12. (16 S.) Berlin 896. Deutsche evang. Buch- u. Tractat-Gesellschaft. n. — 10

— warum treiben wir Mission?, s. a. Missions-Traktate, kleine.

Keller, Samuel, Warum treiben wir Mission? Gespräch mit einem südrussischen Kolonisten über die Mission. 16 S.

— im Wegewinkel. Etwas f. Christen u. solche, die es werden wollen. 1. u. 2. Aufl. 8. (VII, 98 S.) Ebd. 894. n. 1. —; geb. n. 1. 90

Im Wegewinkel. Etwas für Christen und solche, die es werden wollen. Von S[amuel] Keller, Pastor zu Düsseldorf. 3. umgearb. Aufl. *Düsseldorf: C. Schaffnit 1899.* (116 S.) 8° [F.] [00. 7686 5

Im Wegewinkel. Etwas f. Christen ... Von Pastor S[amuel] Keller. 7. Aufl. Hagen i. W.: O. Rippel [1904]. (116 S.) 8° [F.] [08. 1836 6

Im Wegewinkel. Etwas f. Christen u. solche, die es werden wollen. Von Pastor S[amuel] Keller. 8. Aufl. Hagen i. W.: O. Rippel [um 1900]. (116 S.) 8° [F.] [07. 13132

Der Wegweiser zum Glück. Vortrag von S[amuel] Keller. *Kassel: E. Röttger & Selbstverl. [1900].* (15 S.) 8° [F.]
— Evangelisationsvorträge. No 4. [00. 4148 4

Der Wegweiser zum Glück. Vortrag von S[amuel] Keller. 11.–20. Taus. Hagen i. W.: O. Rippel [1905]. (16 S.) 8° [F.] [07. 13133

[F.] Weihnachtsbüchlein für kleine und grosse Kinder v. S[amuel] Keller '(Ernst Schrill)'. *Düsseldorf: C. Schaffnit [1895].* (30 S.) 1 Bd 8. [96. 4658

Weihnachts-Büchlein für kleine und grosse Leute von P. S[amuel] Keller ‹Ernst Schrill›. 3. Aufl. H. 1. 2. *Hagen i. W.: O. Rippel [1901].* 2 Bde 8° [F.] [02. 2745

— werden wir siegen? Vortrag, geh. in der öffentl. Versammlg. des Vereins zur Hebg. der Sittlichkeit am 15. Jan. 1894 in der Zentralhalle in Leipzig. gr. 8. (14 S.) Leipzig 894. R. Werther. n. — 15

— wird die Sittlichkeitsbewegung siegen? Vortrag, geh. am 1. Apr. 1892. gr. 8. (14 S.) Berlin 892. (Evangel. Vereins-Buchh.) n.n. — 10

Woher? und Wohin? Von Pastor S[amuel] Keller. Hagen i. W.: O. Rippel (1904). (15 S.) 8° [F.] [07. 13134

[F.] Ein Wort über das Duell. Vortr. v. Pastor S[amuel] Keller ... *Düsseldorf: C. Schaffnit [1896].* (13 S.) 1 Bd 8. [98. 1604

Ein Wort über das Duell. Vortrag von Pastor S[amuel] Keller. 11.–15. Taus. Hagen i. W.: O. Rippel [um 1906]. (14 S.) 8° [F.] [07. 13135

Lebendige Worte. Tägl. Andachten aus Gottes Wort von Pastor S[amuel] Keller. 1.–5. Taus. *Kassel: E. Röttger (1900).* (389 S.) 8° [F.] [00. 8945 4

Lebendige Worte. Tägl. Andachten aus Gottes Wort von Pastor S[amuel] Keller. 6.–9. Taus. Kassel: E. Röttger [1905]. (388 S.) 8° [F.] [06. 1481 4

Keller, S[amuel]. Zweimal gestorben. Erzählung aus dem russischen Leben von Ernst Schrill. ‹Pastor S. Keller.› 2. Aufl. IV + 230 S. 8. Leipzig, E. Ungleich, 1901. [M. 3. 50]

Zungensünden. Vortrag von S[amuel] Keller. Hagen i. W.: O. Rippel [um 1906]. (16 S.) 8° [F.] [07. 13130

Keller, Siegmund

Keller, S., s. Beiträge, deutschrechtliche. 5. Heft.

eller, Siegm., der Beweis der Notwehr, s.Abhandlungen, strafrechtliche, 57. Hft.

er Beweis der Notwehr. Eine rechtshist. Studie aus d. Sachsenspiegel. Von Dr. jur. Siegmund Keller, Privatd. Breslau: Schletter 1904. (52 S.) 8° Abhandlungen, Strafrechtliche. H. 57.

eller, Siegm.: Cyrographum und Hantgemal im Salbuch der Grafen v. Falkenstein. Weimar 1910.
(In: Festschrift z. 70. Geburtstage f. Brunner.)

Keller, Siegm., Patriziat u. Geschlechterherrschaft in der Reichsstadt Lindau, s. Beiträge, deutsch-rechtliche. I, 5.

eller, Siegmund. Patriziat und Geschlechterherrschaft in der Reichsstadt Lindau. S. 361–478 (118 S.). 8. Heidelberg, Carl Winter, 1907. [M. 3. 20]
Deutschrechtliche Beiträge. (Forschungen und Quellen zur Geschichte des Deutschen Rechts. Hrg. von Dr. Konrad Beyerle...) Band 1, Heft 5.

– die 7 römischen Pfalzrichter im byzantinischen Zeitalter, s. Abhandlungen, kirchenrechtliche. 12. Hft.

ie Sieben römischen Pfalzrichter im byzantinischen Zeitalter. Von Dr. Sigmund Keller, Privatd., Bonn. *Stuttgart: F. Enke 1904.* (x, 155 S.) 8° = Abhandlungen, Kirchenrechtliche. H. 12.

Keller, Sigismund Otto, Dr phil. et mag. lib. art.: Untersuchungen über die Iudices Sacri Palatii Lateranensis. *Tübingen 1899: H. Laupp jr.* (XI, 44 S.) 8° ¶ (Aus: Deutsche Zeitschrift f. Kirchenrecht, 3. Folge, Bd 9, H. 1.)
Berlin, Jur. Diss. v. 9. März 1899

Keller, Sophie v., s. Steinkeller, Marie v.

Keller, Sophie v. (Frl. Marie v. Steinkeller), Christröschen, s.: „Vergißmeinnicht"-Erzählungen Nr. 57.

Keller, Sophie v. (Frl. Marie v. Steinkeller), für Dich! s.: Vergißmeinnicht-Erzählungen.

– es ist in keinem Andern Heil, s.: Himmelsblumen Nr. 35.

Keller, Sophie v., Fata Morgana. Märchen u. Träumereien. 2. Aufl. 8. (89 S.) Berlin 884. Voß. geb. 2. —

– durch fremde Schuld. Roman. 8. (191 S.) Dresden 900. E. Pierson's Verl. n. 2. 50; geb. n. 3. 50

– am heimischen Strand. Roman. 8. (180 S.) Hagen 883. Risel & Co. n. 2. —

Keller, Sophie v. (Maria v. Steinkeller), Wallheim. E. Erzählg. f. d. reif. Jugend. 8. (126 S.) Wolfenbüttel 896. J. Zwißler. n. 2. —; geb. in Leinw. n. 3. —

– der Weihnachtsmann, s.: Kinderfreund, der. Nr. 39.

– zur rechten Zeit u. and. Erzählgn. f. d. jüng. Mädchenwelt. 8. (184 S.) Ebd. 897. n. 2. —; geb. in Leinw. n. 3. —

– Stephan (Trentschin/Ungarn), De poculis sanitatis poculis morborum et mortis. Präs. Christian Gottfried Stentzel. Wittbg. (Ephraim Gottlob Eichsfeld) 15. VIII. 1738. 62 S. (6.—) 17676

Keller, Theodor Entstehung und Entwickelung der Realschule I. O. zu Trier sowie der bis zum Jahre 1878 mit ihr vereinigten Provinzial-Gewerbeschule. (Umschlagtitel: Entstehung ... I. O. und der damit verbundenen Provinzial-Gewerbeschule.) 8 (144 S.).
In: Festschrift zur Gedenkfeier des 60jähr. Bestehens des Rg. *Trier* 1882. Nicht im Tauschverkehr.
Progr.

Keller, T. Die Fundamentalsätze der Sittenlehre in Shakespeare'schen Stücken. Trier, R., 1873. 18 S. 4. Progr.

Keller, Th., lyrische Gänge durch Baden u. Fest-Akkorde. (59 S.) 8. Karlsruhe (906). F. Gutsch. n. 1. —; geb. n. 1. 50

Keller, Th., Shakespeare-Perlen. Die in den Dramen des großen Britten zerstreuten Sprüchwörter, Sentenzen und Lebensregeln. 8. (306 S.) Trier 873, Groppe. *M 3.; geb. *

Keller, Th., meine Wege sind nicht euere Wege. Patriot.-hist. Allegorie üb. d. J. 1866 bis 1898. Zur Aufführg. in Schulen, Vereinen 2c. 8. (40 S.) Straßburg 898. J. Singer. n. — 75

Keller, Theodorus (geb. 1826 in Trier): De lingua et exodiis Atellanarum ... Bonnae, form. F. P. Lechneri 1850. 2 Bl., 51 [vielm. 50] S., 1 Bl. 8.
Bonn, Phil. Fak., Diss. v. 23 März 1850

Keller, Tony (Hrsg.), s. Bienenzeitung, Allgemeine illustrierte.

Keller, V., u. J. Rießen, Lesebuch f. gewerbliche Fortbildungsschulen. Nach den Vorschriften des Herrn Ministers f. Handel u. Gewerbe vom 5. VII. 1897 bearb. u. hrsg. Mit vielen Abbildgn. 2., verb. Aufl. (XI, 531 S.) 8. Düsseldorf 904. L. Schwann. n. 2. 50; geb. in Halbldr. n. 3. —

Keller, V. J., die solothurnische Töpfergesellschaft. Rückblick auf ihr Wirken in den ersten 50 Jahren ihres Bestehens 1857—1907. (Festschrift.) (94 S.) 8. Solothurn 909. (A. Lüthy.) nn 2. —

Die solothurnische Töpfergesellschaft. Rückblick auf ihr Wirken in d. ersten 50 Jahren ihres Bestehens 1857–1907. (Als Ms. gedr.). Von V. J. Keller, Schuldir. Solothurn 1909: Vogt & Schild. 94 S. 8°

Keller, V. J., das geometrische und projektive Zeichnen für Lehrer und Schüler an Sekundar-, Bezirks-, Real- und Fortbildungsschulen. qu. gr. 4. (39 Stnt. mit 4 S. Text.) Aarau 887, Sauerländer's Verlag. In Mappe * 4 80

Keller, Vikt., die Katechismusfrage, s.: Zeitfragen, pädagog.

Keller, Vict., „le Siége de Barbastre" u. die Bearbeitung v. Adenet le Roi. Inaugural-Dissertation. gr. 4. (27 S.) Marburg 875. (Jena, Deistung.) n. — 50

Kellner, W., De fragmentis Manethonis quae apud Josephum contra Apionem I 14 et I 26 sunt. Diss. 1859. 86 S. 1.—

Keller, W. F., Gesetz über die am 1. Mai 1862 ins Leben getretene Gewerbe-Freiheit für das Königr. Württemberg unter Einschaltung des Vollziehungs-Erlasses, der Königl. Verordnung betr. die Ausübung von Gewerben durch Minderjährige 2c. Handausg. mit Erläuterungen und Inhaltsverzeichniß. gr. 8. (39 S.) Stuttgart 862, (Koch.) *

Keller, Walth., Erinnerungen aus Haïti (Westindien). Mit 15 Orig.-Bildern u. 1 Karte. Lex.-8. (59 S.) Aarau 901. H. R. Sauerländer & Co. n. 3. —

Keller, Walter, Fürsprecher in Bern: Haus- und Familien-Diebstahl. Bern 1905. 76 S. 8°.
Bern. Jur. Diss. 1905/1906.

Keller, Walter. Haus- und Familien-Diebstahl. Diss. Jur. Bern. 76 S. 8. Bern, R. Suter, 1905.

Keller, Walter, aus St. Gallen: Das Toskanische Volkslied. Ein Beitrag zur Charakteristik der italienischen Volksdichtung. Basel 1908. 136 S. und eine Tafel. 8°. [11. V. 08.]
Basel. Phil. Diss. 1907/08.

Keller, Walter. **Das toskanische Volkslied. Ein Beitrag zur Charakteristik der italienischen Volksdichtung. Diss. Phil. Basel.** [Mit Melodien und 1 Karte.] 136 S. 8. **Basel, Werner-Riehm, 1908.**

Keller, Walter L., von Märwyl [Kt. Thurgau]: Maistre Wace, eine stylistische Untersuchung seiner beiden Romane Rou und Brut. St. Gallen J. Buff Dr. 1886. VII, 84 S., 2 Bl. 8°.
Zürich, Phil. Diss. [v. 3. Juli 1886].

Kurzgefaßte Allgemeingeschichte der Freimaurerei, Ergänzungsblätter zu der Geschichte der Freimaurerei in Deutschland. Von Wilh. Keller. Giessen: Ricker 1860. VIII, 108 S. 8°
[Dasselbe.] 2. verm. Aufl. Ebendas. VIII, 112 S. 8°
Recens: Bh. 8 (1860) S. 71; FZ. 14 (1860) S. 244—246 (H. W. Sausse).

Keller, Wilhelm [Thierarzt aus Zeppernick, Prov. Sachsen i. Preussen]: Die Anatomie von Vaginula gayi Fischer. (S.-A. aus den Zoolog. Jahrbüchern Supplem. V. Bd. II. Heft 3. 1902.) (Mit 1 Tafel.) Jena 1901. 36 S. 8°.
Bern. Phil. Diss. 1901/1902.

Keller, Wilh., theoret.-prakt. Anleitung zur Destillirkunst u. Liqueurfabrikation. 8. (42 B.) Berlin 842, Amelang, Berl. 1

Theoretisch-praktische Anleitung zur Destillirkunst und Liqueurfabrikation. Oder vollständige Anweisung zum Darstellen aller einfachen und doppelten Branntweine und Liqueure durch Extraktion und durch Destillation auf gewöhnlichem Wege und auf kaltem mittelst ätherischer Oele, so wie der Cremes, Oele, Ratafia's und der verschiedenen Elixire. Nebst Angabe der allein richtigen auf eigene Erfahrung begründeten Methoden, einen fuselfreien Spirit darzustellen, vom die auf künstlichem Wege gewonnen Rum's, Cognak's, Franzbranntweine, etc., den ächten am ähnlichsten zu machen. Berlin, 1842. 8vo.

Keller, W(ilh.), theoretisch-praktische Bierbrauerei, s. Schultze, J. F.

Keller, Wilh., die Branntweinbrennerei nach ihrem gegenwärt. Standpunkte, mit besond. Berücksichtig. d. Livonius'-, Jakobs'-, Fischer'- u. Gumbinner'schen Hefen- u. Maischverfahrens, u. d. Zweckmäßigkeit d. vorzügl. Dampf-, Brenn-, Rektifikations- u. Destillir-Apparate, nebst d. Anfertig. aller künstl. Hefen u. Preßhefen, so wie d. prakt. Erfahrn. d. Grün-Malz-Anwendung, d. richt. Gebr. d. verschied. Salze bei d. künstl. Hefe u. Maische, u. d. Resultate vieler angestellten Versuche üb. d. Gährungsprozeß. 8. ($51\frac{1}{4}$ B.) Berlin 841, Amelang.

—— die Branntweinbrennerei nach ihrem gegenwart. Standpunkte m. besond. Berücksichtig. des Livonius'-, Jakobs'-, Fischer'- u. Gumbinner'schen Hefen- u. Maischverfahrens, u. der Zweckmäßigkeit der vorzügl. Dampf-, Brenn-, Rektifikations- u. Destillir-Apparate rc. 2 Thle. 2., verb. u. verm. Aufl. 8. (62 B.) Berlin 842, Amelang, Berl.

KELLER, WILHELM.
Branntweinbrennerei (Die) aus Kartoffeln und Getreide. . . . Berlin, 1840.
Neue Auflage. Berlin, 1849. 2 vols., 8vo.

Keller, Wilh., die Branntwein-Brennerei aus Kartoffeln u. Getreide in ihrer höchsten Vervollkommnung. Enthaltend die Resultate aller in der neuesten Zeit in der Branntwein-Brennerei vorgekommenen Erfindungen u. Verbesserungen. 1. Bd. 2., m. 1 (lith.) Abbildg. (in gr. 4.) verm. Ausg. gr. 8. (XXIV u. 310 S.) Berlin 849, C. Heymann. — 2. Bd. [Die Vortheile der zweckmäßigsten Brenn-Apparate durch Zeichnungen erläutert.] Mit (2 lith.) Folio-Taf. gr. 8. (XXIV u. 296 S. m. 1 Tab. in Fol.) Ebd. 849, in Comm. (à n. 3 ℛ) n. 6 ℛ

—— gemeinnützige Erfindungen, s. Erfindungen.

Keller, W.: Gemeinnützige Erfindungen in der Branntweinbrennerei. Berl. 1847

Keller, Wilh., über einen Fall von Atresia vaginae congenita. Inauguraldissertation. gr. 4. (13 S. mit 2 Stnt.) Kiel 874, (v. Wechmar.) *

Keller, W., über einen Fall von Atresia vaginae congenita. gr. 4. Leipzig 876, Licht und Meyer.

—— neueste u. vollständigste Farben- u. Lack-Kunde f. Künstler u. Handwerker; od. theoret.-prakt. Anleit. z. rationellen Kenntniß u. Fabrikation aller Arten Farben u. Lackfirnisse, so wie zur Prüfung d. Güte od. Verfälschung d. hierzu verwend. Materialien u. deren Wirkung auf d. menschl. Organismus. 8. ($35\frac{1}{2}$ B. u. 8 col. Taf.) Berlin 841, Amelang.

—— der Fermentations-Prozeß; enthalt. die bisher unermittelten Veränderungen der künstl. Hefen, welche dieselben bei Ausgehrung der Getreide- u. Kartoffelmaischen eingehen; od. die Haupt- u. Nebenbedingungen, welche zur allein richtigen Führung des Brennereibetriebes durchaus erforderlich sind. 8. ($12\frac{1}{4}$ B.) Berlin 842, Amelang, Berl.

Keller, Forst- und Ackerbau-Chemie. Erklärung der wichtigsten chemischen Vorgänge, so weit sie auf das Wachsthum der Pflanzen Bezug haben, und der Wirkung der verschied. Düngerarten, nach dem neuesten Stande der Wissenschaft und geläuterter Erfahrung dargestellt. 8. (X und 127 S.) Nördlingen 847, Beck'sche Buchh.

Keller, W., Gedächtnißrede zur Säcularfeier der Geburt Konradin Kreutzers, den $^{10}/_{22}$. Novbr. 1880, am Grabe des Componisten gehalten. 12. (10 S.) Riga 880, (Stieda.) *

—— die Geheimnisse der vorzügl. Essigfabrikations-Methoden, od. gründl. Anweisung alle Arten von Essig gut u. billig darzustellen; so wie besond. auch den zur Schnell-Essigfabrikation erforderl. Spiritus auf die zweckmäß. Weise zu reinigen u. anzuwenden. 8. (22 B.) Berlin 843, Amelang, Berl.

Geschichte des Eklektischen Freimaurerbundes mit einer Einleitung in die Allgemeingeschichte der Freimaurerei. Von Wilh. Keller. Giessen: Ricker 1857. VIII, 180 S. 8°

[Dasselbe.] 2. Aufl. Ebendas. 1857. VIII, 186 S. 8°
Auszug in: T. 3 (1857—1858) S. 116—117, 126—127; 4 (1858—1859) S. 10—12, 28—29, 36—37, 43—44, 51—52, 59—60, 84—85, 91—93, 107—108, 123—124.
Recens: FZ. 11 (1857) S. 133—134 (A. Steuernagel); Bh. 2 (1859) S. 126.
cf. FZ. 10 (1856) S. 137—141, 150—158, 163 bis 167, 169—173, 183—189, 193—197; 11 (1857) S. 286, 343—344; L. 15 (1858) S. 121—148; 16 (1859) S. 57—61 (F. L. Meissner), 117—146.

Keller, Wilh., Geschichte des eklektischen Freimaurerbundes mit einer Einleitung in die Allgemeingeschichte der Freimaurerei. 2. Aufl. Giessen, Ricker. 1857. 8. VIII, 186 S.
Eine gediegene Monographie, von allgemeinem Interesse, da nur die kleinere Hälfte das eklektische System berührt. Der erste Abdruck der Geschichte des eklektischen Bundes erschien in der Frmrztg. 1856. Nr. 18—25 u. in der Latomia. Band 15. S. 121. Band 16. S. 117 ff.

— Geschichte der Freimaurerei in Deutschland. 1. u. 2. unveränd. Aufl. Ebend. 859. gr. 8. (XVI, 270 S.) n. 1 ₰ 10 ngr.

Keller, Wilh., Geschichte der Freimaurerei in Deutschland. Giessen, Ricker. 1859. 8. XVI. 270 S.

Keller, Handbibliothek f. angeh. Chemiker u. Pharmazeuten, Schüler an techn. Anstalten u. Dilettanten, sowohl z. Lehrvortrage als z. Selbstunterr. 1. u. 2. Bdchn. gr. 12. Kempten 838, Dannheimer. à ⅙ Thlr.
A. u. d. Ttln.:
Bdchn. 1. Die Stöchiometrie od. d. rechnende Chemie. Leichtfaßl. dargestellt, sammt ein. kurzen Einleitung. (4⅙ B.)
" 2. Kurze Anleitung z. chem. Analyse. (3⅙ B.)

—— Handbibliothek f. angehende Chemiker u. Pharmazeuten, Schüler an techn. Anstalten u. Dilettanten, sowohl z. Lehrvortrage als z. Selbstunterricht. 3. Bdchn. A. u. d. T.: Die chemischen Grundstoffe u. ihre Verbindungen nach der elektrochemischen Ansicht gereiht. I. Abthl. Anorganische Verbindungen. 12. (9⅙ B.) Kempten 842, Dannheimer.

—— dass. 4. Bdchn. A. u. d. T.: Organische Stoffe u. Verbindungen nach der elektrochemischen Ansicht gereiht. I. Abthl. Chemie des Pflanzenreiches. II. Abthl. Chemie des Thierreiches. 12. (4 B.) Ebds. 844.

—— dass. 5. Bdchn. Die Beschreibung u. Erklärung d. Naturerscheinungen u. der Gesetze der Bewegung. 12. (5 B. u. 5 Ztnt.) Ebds. 845.
1. u. 2. Bdchn. Ebendas. 1838. à 5 Ngr.

Keller, Wilhelm (Hrsg.), s. Rechtssprechung, Hessische.

Keller, Guil. (geb. Kelzenberg im Rheinl. 1819): De retentione placentae. Berolini (1845). (30 S.) 8°
Berlin, Med. Diss. v. 4. Jan. 1845

Keller, Wilhelm, von Biessenhofen, Kt. Thurgau: Das Sirventes „Fadet Joglar" des Guiraut von Calanso. Versuch eines kritischen Textes. Mit Einleitung, Anmerkungen, Glossar und Indices. Erlangen 1905. 144 S. 8°. S.-A. aus „Romanische Forschungen" Bd. 21. Heft 3. [26. I. 06.]
Zürich. Phil. Diss. I. S. 1905/1906.

Keller, Wilhelm. Das Sirventes «Fadet joglar» des Guiraut von Calanso. Versuch eines kritischen Textes. Mit Einleitung, Anmerkungen, Glossar und Indices. Diss. Phil. I. Univ. Zürich. [Sep.-Abdr. aus: Romanische Forschungen. Band 21, Heft 3.] 144 S. 8. Erlangen, Junge & Sohn, 1905.

Keller, Wilh., Special-Lexikon zum russischen Sprachbuch. gr. 8. (VIII, 146 S.) Riga 883. Kymmel. cart. n. 2. —

Keller, Wilh., russisches Sprachbuch. Ein Versuch in genetischer Methode. 4 Hefte. 8. Riga, Kymmel. cart. *
Inhalt:
Heft 1. (Für Schüler.) 1. Der Lesekursus. 2. Der Nominativ. (86 S.) 877. cart. * 75 Pf.
" 2. Deklination und Konjugation. I. Anhang: 1. Die Präposition y als Ausdruck für den Besitz. 2. Der Gebrauch der Zahlwörter. 3. 20 Lesestücke. (121 S.) 878. cart. * 80 Pf.
" 3. —— dass. — II. (II, 252 S.) 879. cart. * ℳ 2,40.
" 4. (Für Lehrer.) 1. Vorwort. 2. Zur Methodik des „russischen Sprachbuchs". 3. Diktirstoff zum Lesecursus. 4. Inhaltsverzeichniß. (47 S.) 877. cart. * ℳ 1.

—— russisches Sprachbuch nach genetischer Methode. 1. Heft: Der Lesekursus und der Nominativ. 2. verb. Aufl. gr. 8. (86 S.) Riga 884, Kymmel's Verlag. cart. *
—— dass. — 3. Heft: Deklination und Konjugation. II. 2. verb. Aufl. gr. 8. (VIII, 246 S.) Ebendas. 882. *
2. und 4. Heft. Ebendas. 1877,78. * ℳ 1,80.

Keller, Wilh., die fuldaische Verordnung vom 17. Dezbr. 1719 u. ihr eheliches Güterrecht. [Aus: „Mitteilgn. aus der Rechtspflege im Gebiete des vormal. Kurfürstent. Hessen".] gr. 8. (44 S.) Kassel 894. M. Brunnemann. n. 2. —

– Zeitschrift ....

— — f. Branntweinbrennerei u. Bierbrauereiwesen v. W. Keller. I Bd. 1855. 1856. 3 60

Keller, W(ilh.), die Zusammenstellung und Verbesserung der neuesten Brennerei-Verfahren, enthaltend: die besten Einmaisch-Methoden für alle im Brennereibetriebe benutzten Fruchtsorten rc.; mit Rücksicht auf die von Hurav, Murjahn und Gumbinner, durch Malz-Ersparniß und die verschied. Schwefelungs-Methoden erzielten Resultate allseitig beleuchtet rc. nach richtigen Grundsätzen und leichtfaßlich bearb. 8. Berlin 855, (Abelsdorff.) **

Die litterarischen Bestrebungen von Worcester in angelsächsischer Zeit von Wolfgang **Keller**. *Strassburg: K. J. Trübner 1900.* (VIII, 104 S.) 8°
— Quellen u. Forschungen z. Sprach- u. Culturgeschichte d. germ. Völker. 84.

Keller, Wolfg., s.: Jahrbuch der deutschen Shakespeare-Gesellschaft.

Keller, Wolfgang: Zur Litteratur und Sprache von Worcester im X. und XI. Jahrhundert. Tl 1: Litterar. Bestrebgn in Worcester bis z. Tode d. Erzbischofs Oswald '(992)' ... Strassburg, K. J. Trübner, 1897; 1 Bl., 40 S., 1 Bl. 8.
Strassburg, Phil. Fak., Inaug.-Diss. v. 1897

Keller, Wolfgang: Zur Litteratur und Sprache von Worcester im X. und XI. Jahrhundert. T. 2: Die litterarischen Bestrebungen in Worcester im XI. Jahrhundert. *Leipzig 1898: Fischer & Wittig.* (51 S.) 8° ¶ Aus: Quellen u. Forschungen, H. 84. · [T. 1 erschien als phil. Diss. Strassb. 1897.]
Jena, Phil. Hab.-Schr. v. 1898
(Nicht für den Austausch)

Keller, Wolfg., angelsächsische Palaeographie, s. Palaestra.

Angelsächsische Palaeographie. Die Schrift d. Angelsachsen mit besond. Rücksicht auf d. Denkmäler in d. Volkssprache. Von Wolfgang **Keller**. T. 1. 2. Berlin: Mayer & Müller 1906. 8° u. 2°
1. Einleitung. 2. 13 Taf. nebst Transscriptionen.
— **Palaestra**. 43, 1. 2.

(K[eller]-E[scher, Carl].) Allerlei vom alte-n-und vom neue Zoufthuus zur «Meison». 1757—1907. I schöne Ryme de Herre Zóuftere vorpfiffe vom-en-e Meisli. [Mit Vignetten.] [8 S.] 4. (Zürich, Fritz Amberger.)
[Zum Sechseläuten 1907, bei Anlass der Restaurierung des Zunfthauses zur M'.]

Keller-Escher, C. Geschichte der Familie Escher vom Glas von Zürich 1320—1885. Mit Atlas. Zürich 1885. fol.

Die Familie Grebel; Blätter aus ihrer Geschichte (von C. Keller-Escher). Für Freunde als Manuskript gedruckt. O. O. u. J. (Zürich 1886.) 4.

Keller-Escher, C.: Die Familie Hirzel von Zürich. Genealogie u. geschichtl. Übersicht.Bearb. v. Dr. C. Keller-Escher. Als Ms. ... gedr. Leipzig: S. Hirzel 1899. (1 Bl., 39 S., 1 Taf., 15 Tab.) 1 Bd. 2°

Keller-Escher, C. 560 Jahre aus der Geschichte der Familie Escher vom Glas, 1320—1885. Festgabe zur Feier des 500. Jahrestages ihrer Einbürgerung in Zürich. I. Theil: Geschichtliche Darstellung und biographische Schilderungen. Gr. in-4°, 149 S. II. Theil: Genealogie. 12 Tfln. m. Uebersichtstabelle u. Wappentafel C. Eschers. Nach den Quellen bearbeitet und zusammengestellt. Als Manuscript für die Familie gedruckt. Zürich, Druck von D. Bürkli. 1885

Keller-Escher, C., das Steuerwesen der Stadt Zürich im XIII., XIV. u. XV. Jahrh., s.a. Neujahrsblatt, zum Besten des Waisenhauses in Zürich hrsg. 67.

Keller-Escher, C[arl]. Das Steuerwesen der Stadt Zürich im XIII., XIV. und XV. Jahrhundert. Ein Beitrag zur mittelalterlichen Wirtschaftsgeschichte Zürichs. [Mit 3 Tafeln.] IV + 85 S. 4. Zürich, Berichthaus, Komm. Fäsi & Beer, 1904. [fr. 3. —]
Neujahrsblatt auf das Jahr 1904. Zum Besten des Waisenhauses in Zürich.... Stück 67.

Keller-Horschelmann, A., mein Atmungssystem. (184 S. m. Abbildgn.) 8. Zürich 910. Leipzig, R. Streller. 1. 60

— Leitfaden f. Anwendungsformen der Naturheilmethode. (107 S. m. Abb.) 8. Ebd. 908. — 80

Keller-Jäggi, A[ndreas]. Bericht über den Viehtransport an den Centralvorstand der deutsch-schweizerischen Tierschutzvereine. (1903 Februar.) 6 S. 8. (Aarau, Emil Wirz.)

(Keller-Jäggi, A[ndreas].) Viehtransport. ([Bericht, erstattet von] A. K'-J', Vizepräsident des Zentralvorstandes [der deutsch-schweizerischen Tierschutzvereine]. Februar 1903.) 19 S. 8. [Aarau, Emil Wirz, 1903.]

Keller-Jordan, H., Ausgewanderte. Roman. 8. (240 S.) Stuttgart 892. W. Kohlhammer. 2. —; geb. 3. —

Keller-Jordan, H., Ausgewanderte. Roman. 8. (240 S.) Stuttgart 893. W. Kohlhammer. n. 2. —; geb. n. 3. —

Keller-Jordan, H., Hacienda Felicidad. 8. (184 S.) Stuttgart 886. Kohlhammer. n. 1. 60; geb. n. 2. 50

Keller-Jordan, H., aus der Gegenwart. Drei Novellen. 8. (147 S.) Stuttgart 887, Kohlhammer. *M 2.—.; geb. * 3 —

— die Grubers. Eine Erzählung aus Kur-Hessen. 12. (210 S.) Kassel 887, (Klaunig.) * 1 50

Keller-Jordan, H., Großtante Helene. Erzählung. gr. 8. (71 S.) Berlin 899. Schriftenvertriebsanstalt. — 80; geb. in Leinw. 1. 20

— Lebenstiefen. Novellen. 8. (III, 206 S.) Stuttgart 891. Kohlhammer. n. 2. —; geb. n. 3. —

— Natalie. Eine Erzählung aus der Zeit Kaiser Maximilians in Mexiko. 8. (156 S.) Tübingen 885, Osiander'sche Buchh. * 2 60

Keller-Jordan, H., mexikanische Novellen. 8. (317 S.) Tübingen 883, Osiander'sche Buchh. *
geb. *

— Transatlantisches. 8. (III, 143 S.) Stuttgart 887, Kohlhammer. * 1 80

— Roderich Wallner. Eine Erzählung aus der vorkaiserl. Zeit in Mejico. 1. und 2. Aufl. 8. (202 S.) Ebendas. 883. *M 3,50.; geb. *

Keller-Jordan, H., Wandlungen. Novellen. (III, 291 S.) 8. Stuttgart 908. W. Kohlhammer. 3.50; geb. 4. 50

Keller-Leuzinger, Frz., vom Amazonas und Madeira. Skizzen und Beschreibungen aus dem Tagebuche einer Explorationsreise. Mit zahlreichen nach den eigenen Skizzen vom Verf. auf Holz gezeichneten und in der xylograph. Anstalt von A. Closs ausgeführten (eingedr.) Illustrationen (und Holzschntaf.). Fol. (XVI, 150 S. mit 1 lithogr. Karte.) Stuttgart 874, Kröner. *
geb. *

Keller-Leuzinger F. wie soll e. Schutzmarke beschaffen sein? Braunschweig 1885

Keller-Miroglio, A. Eindrücke aus dem Leben. In-12°. 142 S. Genf, Gauchat & Robert. 1890 3 —

Keller-Miroglio, A. et L. Willemin. Deutsches Lesebuch. Choix de lectures allemandes destiné aux classes inférieures des établissements d'instruction secondaire. 2e éd. in-12°, 104 et 32 p. Genève, Carey. 1878

Keller & Reiner, Kunsthandlung. Permanente Kunst-Ausstellung. Lager-Catalog (I.) (Abt. I. II.) *Berlin: (Keller & Reiner [1897].)* 8. [98.359

Keller-Ris, J[acob]. Denkschrift zur Einweihung des neuen Gemeindeschulhauses in Lenzburg, 17. Juli 1903. (Das Schulwesen der Stadt Lenzburg im letzten Jahrhundert.) [Mit illustriertem Umschlag.] XII + 96 S. 8. Lenzburg, Müller, 1903. [fr. 1. —]

Keller-Ris, J., Lenzburg im 18. Jahrh. (104 S. m. 2 Taf.) gr.-8. Lenzburg 908. (Aarau, H. R. Sauerländer & Co.) 1. 80

Keller-Ris, J[akob]: Die Schützengesellschaft der Stadt Lenzburg. Lenzburg, Schweiz, 1906.

Keller-Ris, J[acob]. Die baulichen Verhältnisse Lenzburgs im XVII. Jahrhundert. Vortrag gehalten von J. K'-R', Rektor, am 29. November 1903.... [Mit 1 Tafel.] II + 22 S. 8. Lenzburg, G. Müller, 1904. [fr. —. 80]

v. Keller-Scheidheim, Frz. de Paula, Ign. Jos.

— s. 1) Andachten d. christl. Kirche, u. setze hinzu: (v. F. d. P. J. J. v. Keller. 2) Chateaubriand Buonaparte u. d. Bourbonen. 3) Darstellung d. Mittel, deren Buonaparte sich bediente rc. 4) Hymnus an Merkur. 5) Jesuiten, die. 6) Kosciusko's Todtenfeier. 7) de Caluzerne, Betrachtt. üb. d. Leidenszeit. 8) Lied, d. hohe. 9) Notburga, e. kreichauische Legende. 10) W. Payley, Theologie u. Natur. 11) Religion, die, e. Gemälde in 6 Gesängen. 12) Saint-Pierre, Erzähll.

v. Keller-Scheidheim, Frz. de Paula, Ign. Jos., ein Tag auf Hohenstaufen oder d. Schwäb. Pilger. 12. Manh. 822. Schwan u. G. 9 K (Vergl. auch Tag, ein, auf Hohenstaufen.)

v. Keller-Schleidheim, Frhr. Frz., s. Athenais.

J. Keller, Freiherr von Schleitheim, System der Agrikultur. München 1804

Keller-Zschokke, J[ohann] V[alentin]. Adolf Haggenmacher. Sein Leben und Wirken. Dargestellt von J. V. Keller-Zschokke, Schuldirektor in Solothurn. (Mit dem Portrait [Tafel — und Briefen] Haggenmachers.) IV + 74 S. 8. Aarau, H. R. Sauerländer & Co., 1903. [fr. 1. 20]

Keller-Zschokke, J. V., Werner Munzinger-Pascha. Sein Leben u. Wirken. 8. (VI, 79 S. m. Bildniß u. 1 Karte.) Aarau 890. Sauerländer's Verl. n. 1. 60

Keller-Zschokke, J. V. Werner Munzinger-Pascha, sein Leben und Wirken. gr. 8. (IV, 79 S. m. e. Portr. u. e. lithogr. Karte.) Aarau 891, Sauerländer u. Comp. * 1 60

Kellerbauer, Albert

Kellerbauer, A., Kaiser Julians Leben, s. Wecklein, N., Curae criticae.

— Kaiser Julians Leben, S.-A. 1877. 63 S.

Ausgewählte Lieder des Horatius in deutscher Nachbildung. -- Von Alb. Kellerbauer, Stdl. — 1878. Kempten, Jos. Hartmann. — S. 3—38⁴.
Progr. Kempten, K. Gymn.

Kellerbauer, Alb. Kaiser Julian's Regierung. Nach den Quellen kurz dargestellt. 48 S. 8. Progr. *Kempten* 1876.
Vgl. des Verf. Kaiser Julian's Leben. N. d. Q. d. [Aus Jahrbb. f. class. Phil. IX. Suppl.] (41 S.) 8. Leipzig 1877, Teubner. Zus. mit Wecklein, Curae criticae. 1 Mk. 50 Pf.

Kellerbauer, G. O., s.: Otto, Geo.

Kellerbauer, Rosa, Königin Luise, s.: Ungelenk's Vereinsbühne.

Kellerbauer, Thdr., über Hakenleitern und Hakensysteme für dieselben. 8. (29 S. mit 19 eingedr. Holzschn.) Stuttgart 878, Kitzinger. *
Aus: Karl's J. G., Illustrirte Feuerlöschregeln, besonders abgedruckt.

Kellerbauer, Thdr., über Inspectionen. Gesichtspunkte f. die Inspection f. freiwill. u. Pflichtfeuerwehren in Städten u. Dörfern. (56 S.) kl. 8. Leipzig 897. F. A. Körner. n.n. — 55
Sonderabdruck aus: „Die Feuerspritze".

Kellerbauer, Th., s. Feuerspritze, die.

Kellerer, Franz [prakt. Arzt in Holzkirchen]: Die Ursachen der Sterilität .... Würzburg, k. Universitätsdr. v. H. Sturtz, 1887; 44 S. 8°
Würzburg, Med. Fak., Inaug.-Diss. v. 1887

Kellerer, J., siehe: *Kolb, M.*

Die Chansonette. Schauspiel in 1 Akt von Josef Kellerer. Regiebuch u. Soufflierbuch, mit vollst. Scenarium. München 1892: (L. Baeck). (8 S.) 4°
Jan. 1892

Kellerer, Karl, Zinscoupons-Berechnung in Reichswährung, nach dem Tarife der kgl. bayer. Staatsschuldentilgungs-Commission bearb. gr. 8. (21 Bl.) München 876. Kellerer. n. 1. —

Kellerer, Max, a. München, Rechtsprakt. am kgl. Amtsgerichte München I: Begriff der rechtmäßigen Ausübung des Amtes seitens eines Beamten. Borna-Leipzig 1906: R. Noske. (IX, 63 S.) 8° [F.]
Erlangen, Jur. Fak., Ref. Allfeld, Diss. v. 17. Juli 1906
[Geb. 18. Dez. 78 München; Wohnort: München; Staatsangeh.: Bayern; Vorbildung: Luitpoldgymn. München Reife Juli 99; Studium: München 8 S.; Rig. 7. März 06.]

Keller-Fest, veranst. von der Stadtgemeinde zu Ehren der Elektricitäts-Ausstellung, am Montag d. 16. Octob. 1882 in der Bierhalle der „Münchener Kindl"-Brauerei. 4°. Cart.
2 Bll., enth. Frontisp., Speisezettel, Concert-Progr., allegor. Bild. Angeheftet: „Elektrotechnische G'stanzle." 2 Bll., enth. 23 recht komische 4zeil. Str., zu singen nach d. Melodie: „O! Du liebe Sonneblume."

Keller-Fest, veranstaltet zu Ehren des in München tagenden Völkerrechts-Institutes von dem Lokal-Comité am 7. Septbr. 1883 (im) Sterneckerbräu-Keller. 4°. Cart. Hübsche Ausstattung.
2 Bll. unbeschn. Velinp., enth braun u. schwarz gedr. Titel m. Zierleiste, Speisezettel (darüber Holzschnitt in Braundruck), Musik-Progr. (ebenso) u. 1 S. m. Druckanzeige der Firma Knorr & Hirth in München (darunter Hlzschn.-Abbild. einer Buchdr.-Presse, ebenfalls Braundruck).

Kellerfest-Fantasien, kunstgewerbliche, hrsg. bei Gelegenheit des II. Kongresses deutscher Kunstgewerbe-Vereine, am 4. Septbr. 1883 zwischen 10 u. 12 Uhr Nachts, als die Theilnehmer desselben im Saale des Arzberger Kellers .... zu hochwichtiger Berathung versammelt waren .... *Am Ende*: „Gedruckt in der Altdeutschen Kunstbuchdruckerey von Knorr & Hirth in München. M.D.CCC.LXXXIII." (1883.) Gr.-Fol. Saub. Druck. Reich illustr. Buttenpap.-Umschl. in Roth- u. Schwarzdr. Eleg. dunkelblau Srsb. m. Goldpr.
8 S. Text m. eingedr. Holzschnitten u. 8 Taf. humorist. Darstell.

Kellerhals, Hans [Arzt, aus Aarwangen]: Über den Wert der vaginalen Exstirpation des Uterus bei Carcinom. Bericht über 52 derartige Operationen ausgeführt in der Berner Klinik vom 1. Januar 1893 bis 1. Juni 1898. Aarau 1899. 44 S. 8°.
Bern, Med. Diss. 1899 1900

Kellerhals, Hans, über den Wert der vaginalen Exstirpation des Uterus bei Carcinom. Bericht üb. 52 derart. Operationen, ausgeführt an der Berner Klinik vom 1. I. 1893 bis 1. VII. 1898 Diss. gr. 8. (44 S.) Aarau 899. (H. R. Sauerländer & Co.) n. — 80

Kellerhals, Otto. Die Domäne und Strafkolonie Witzwil. Ihre Vergangenheit, ihre Entwicklung und Vorschläge für die Zukunft. [Illustriert.] 31 S. 4. Bern, K. J. Wyss, 1904.

Kellerhals, Phpp., die Reichs-Mark, Nachschlagetabellen zur müheloſen Umwandlg. der süd- u. norddeutschen, Hamburger Courant-, österreich. u. Franken-Währg, sowie d. Bremer Geldes m. Brüchen u. in abgerundeten Zahlen in die neue deutsche Reichswährg. u. umgekehrt. Mit e. durch Beispiele erklärten Anweisg. zum Gebrauche der Tabellen. gr. 16. (VIII, 95 S.) München 874. Weiß' Buchdr. n.n. — 60

— dasselbe, bearb. in Fragen f. Schulen. gr. 8. (IV, 96 S.) Ebend. 874. 1. —

Kellerhaus, M. Died. Andreas u. Joh. Heinrich zur Mühlen (Westfalen), Dissertatio de Cerere legifera. Jena (Müller) Juli 1700. 38 Seiten. (6.80) 17677

Kellerhaus, H., Abbildung des wahren Adels in s. Exc. Leop. Herrn von Stubenberg. Grätz 1708. fol.

Kellerhaus, Heinr., Predigten auf alle Feste. 3 Bde. Fol. Augsb. J. Wolf. 735.

[J. u. Ant.] **Kellerhoff,** Albert [Referendar]: Das pactum de mutuo dando ... Warburg, Druck v. F. Quick, 1896; 42 S. 8.
Erlangen, Jur. Fak., Inaug.-Diss. v. 1896

Kellerhoff, Arthur, Referendar: Über den Begriff 'abhanden kommen' in § 935 BGB. Oldenburg i. Gr. 1909: Littmann. 46 S. 8°
Jena, Jur. Diss. v. 4. Mai 1909, Ref. Danz
[Geb. 25. Jan. 86 Oldenburg i. Gr.; Wohnort: Oldenburg; Staatsangeh.: Oldenburg; Vorbildung: Gymn. Oldenburg Reife O. 04; Studium: Jena 4, Heidelberg 1, Kiel 1, Jena 1 S.; Rig. 9. Febr. 09.] [U 09. 2099

Kellerhoff, Edvardvs [Gvestphalvs]: De collocatione verborum Plavtina qvaestiones selectae. Argentorati 1881. (Lipsiae, typis Breitkopfii et Haertelii.) 8. 38 S.

Kellerhoff, *Eduard* Vollständiger Text des Plautinischen Truculentes (sic) aus der Pariser Plautushandschrift Nr. 7889, mit Abweichungen von *F* und den Collationen von Geppert. 4 (17 S.). Progr. G. *Oldenburg* 1886 (611).

Kellerhoven, Jos., Elementar-Unterricht in d. freien Handzeichnung für Ornamente in bloßen Umrissen, nach den besten Mustern zusammengestellt für den Unterricht an den deutsch. Schulen. 12 Bl. qu. Fol. Speyer 838. Neidhard. 3/8 ♁

Kellerhoven, Jos., Elementar-Unterricht der freien Handzeichnung f. Ornamente in bloßen Umrissen, nach den besten Mustern zusammengestellt f. d. Unterr. an den deutschen Schulen. qu. ½ Fol. (12 lith. Bl. u. 1 Bl. Text.) Speyer 842, Neidhard's Buchh. —

Kellermann, Alb., Liederbuch für Elementar- u. Mittelschulen. (Knaben u. Mädchen.) 8. (108 S.) Berlin 900. (J. Sittenfeld.) Geb. in Leinw. n. — 60

Ernst von Bandel, Des Hermanndenkmals Erbauer, ein deutscher Künstler und Patriot. Ein Gedenkblatt von Alfred **Kellermann**. (*Dessau: E. Vollmar) 1903.* (23 S.) 8°
— Gedenkblätter z. Kunst u. Litteratur Lippes. Bd 4. [03. 9714

Kellermann, Alfr., Erwiderung auf die wiederholten Angriffe meiner geistigen Beschützer!? Offener Brief an d. Schriftleiter der „Sachsenschau". gr. 8. (7 S.) Schönebeck a. E. 902. Selbstverlag. n. — 10

— s.: Führer, lustiger, durch die Residenz Detmold.

— sechs Gedenkblätter zu den Gedenktagen im J. 1901. Ferdinand Freiligrath. Ernst v. Bandel. Albert Lortzing. Ernst Meyer. Georg Rosen. Christ. Dietrich Grabbe. (Umschlag: Gedenkblätter zur Kunst u. Litteratur Lippes. Sechs Dichter u. Denker der „roten Rose".) 12. (VII, 56 S. m. 4 Bildnissen.) Halle 901. Schönebeck (Elbe) (Steinstr. 6 II), Selbstverlag. n. — 75

Sechs Gedenkblätter zu den Gedenktagen im Jahre 1901. Ferdinand Freiligrath. Ernst v. Bandel. Albert Lortzing. Ernst Meyer. Georg Rosen. Christ. Dietrich Grabbe. Mit 4 Bildn. Von Alfred **Kellermann**. *Halle a. S.: F. Rode 1901.* (VI, 56 S.) 8° [F.]
[Umschlagt.:] Sechs Dichter u. Denker d. 'roten Erde'.
= Gedenkblätter z. Kunst u. Litteratur Lippes. 1. [01. 5206 3

— Gedenkblätter z. Kunst u. Litteratur Lippes. 2. Bd. Album der Dichter u. Denker der „roten Rose". Mit 17 Bildnissen f. Germanias heranreif. Jugend. gr. 8. (77 S.) Dessau 902. E. Vollmar. n. 1. 50

— Dramatiker Ernst Meyer † zu Detmold u. seine Schöpfungen. Ein Gedenkblatt! Studie. 8. (16 S.) Misdroy 901. R. Schück. n. — 50

— s.: Meyer, Ernst, was ihm die Liebe sang!

Kellermann, Alfr., s. Nieder m. den die Menschheit erdrückenden Ideen des Sozialismus!

Nieder mit den die Menschheit erdrückenden Ideen der Sozialdemokratie! Von einem wahrheitsliebenden Deutschen. [Verf.: Alfred **Kellermann**.] *Großenhain 1903: Starke & Sachse.* (48 S.) 8° [F.] [03. 7541

Vater Rhein und sein Wein. Ernste u. heitere Liedergaben ... zu e. Liedersträuße gebunden u. hrsg. von Alfred **Kellermann**. Gera: P. Stoetzner 1904. (71 S.) 8° [08. 5438 3

Versuche zur Herbeiführung einer sozialen Versöhnung. Winke u. Ratschläge z. Frage d. 'Volksbildung' u. d. staatlicherseits zu unterstützenden 'Volksvorstellungen'. Von Alfred **Kellermann**. *Halle a. S.: C. A. Kaemmerer & Co. 1902.* (23 S.) 8° [F.] [02. 8741 3

Kellermann, Aug., Lieder f. d. deutsche Volk. 2. Aufl. gr. 16. (146 S.) Berlin 895. R. Taendler. Geb. in Leinw. n. 3. —

Kellermann, Benzion

Kellermann, B., kritische Beiträge zur Entstehungsgeschichte des Christentums. I. Albert Kalthoffs soziale Theologie. II. Das Minäerproblem. (91 S.) gr. 8. Berlin 906. M. Poppelauer. n. 2. 50; geb. n. 3. 25

Der Wissenschaftliche Idealismus und die Religion. Von Dr. B[enzion] **Kellermann**. Berlin: M. Poppelauer 1908. (70 S.) 8° [08. 5400

Liberales Judentum. Vortrag geh. im Liberalen Verein f. d. Angelegenheiten d. Jüd. Gemeinde von Dr. B[enzion] **Kellermann**. Berlin: M. Poppelauer 1907. (21 S.) 8° [08. 773

Kellermann, Benzion [aus Gerolzhofen '(Bayern)']: Der Midrasch zum 1. Buche Samuelis und seine Spuren bei Kirchenvätern und in der orientalischen Sage. F. Beitr. z. Geschichte d. Exegese ... Frankfurt a. M., M. R. Golde, 1896; 63 S. 8.
Giessen, Phil. Fak., Inaug.-Diss. v. 1896

Kellermann, Benzion, der Midrasch zum I. Buche Samuelis u. s. Spuren bei Kirchenvätern u. in der oriental. Sage. Ein Beitrag zur Geschichte d. Exegese. gr. 8. (63 S.) Frankfurt a/M. 896. J. Kauffmann. n. 1. 50

Kellermann, Bernh., Ingeborg. Roman. 1.—4. Aufl. (à 335 S.) 8. Berlin 906. 907. S. Fischer Verl. n. 4.—; geb. n.n. 5.—; in Liebhaberbd. n. 6. —

Kellermann, Bernh., Ingeborg. Roman. 5.—8. Aufl. (335 S.) 8. Berlin 907. 08. S. Fischer Verl. 4.—; geb. n 5.—; in Liebhaberbd. 6. —

— Das Meer. Roman. (315 S.) kl. 8. Ebd. 910. 4.—; geb. n 5. —

— Ein Spaziergang in Japan. (272 S.) gr. 8. Berlin 910. P. Cassirer. Kart. 12. —

— Der Tor. Roman. (468 S.) 8. Berlin 909. S. Fischer, Verl. 5.—; geb. n 6. —

— Yester u. Li. Die Geschichte e. Sehnsucht. (324 S.) 8. Leipzig 904. [Magazin-Verlag.] F. Rothbarth. n. 4.—

(B) — Yester u. Li. 904. Jetzt: Berlin, Concordia. 3.— ; geb. 4. —

Kellermann, Bernhard: Yester und Li. Die Geschichte e. Sehnsucht von –. 6. Aufl. Leipzig: Rothbarth [übergeklebt: Berlin: Concordia] (1906). 323 S. 8°
(Bibliothek Rothbarth. Bd. 6.)

Kellermann, Bonifatius, O. S. F., Geschichte d. Wallfahrtsortes Marienthal im Rheingau. 16. (56 S. m. Titelbild.) Limburg 897. Glaesser. n. — 35

Kellermann, Bonif., O. S. F., Geschichte des Wallfahrtsortes Marienthal im Rheingau. (56 S. m. 13 Taf.) 16. Limburg (905). A. Hötte. n. — 60

Kellermann, Bonif., O. S. F., Geschichte des Wallfahrtsortes Marienthal im Rheingau. (Neue Aufl.) (56 S. m. 13 Taf.) 16. Limburg (907). A. Hötte. — 60

Kellermann, Bonifatius, St. Antonius-Büchlein. 16. (103 S. m. farb. Titelbild.) Limburg 894. Glaeßer. Geb. in Leinw. n. — 60

— St. Antonius-Büchlein. 2. Aufl. 16. (115 S. m. Titelbild.) Ebd. 896. Geb. in Leinw. n. — 60

Kellermann, Bonif., O. M. C., Vademecum f. die christliche Jugend. 16. (212 S.) Limburg (899). Glaesser. Geb. in Leinw. n. — 60

Kellermann C.: Die Kartoffelpflanze rücksichtlich d. wichtigsten Baustoffe in den verschiedenen Perioden ihrer Vegetation. Diss. (Erlangen). Berl. 1877. 31 S. 3 gr. Tab. (Sætr.). 4°.

C. Kellermann und A. Firsching, Das Knoblauchland bei Nürnberg. Nürnberg 1865

Kellermann, Carl ..., s. Kellermann, Karl ...

Kellermann, Christoph

Kellermann, Chr., die Geschichte d. Binghöhle bei Streitberg, s. a. Forschungen, landeskundliche. 4. Heft.

Kellermann, die Geschichte der Bing-Höhle, e. Meisterwerkes der Natur. (15 S. u. 12 S. Abb.) 8. Nürnberg (908). (J. L. Schrag.) — 30

Kellermann, Christoph Dr. „Die Königliche Kreis-Realschule II in Nürnberg". pg. 5—49. 8°. Mit Abbildungen und 5 Plänen. G. P. J. Bieling-Dietz.
Nürnberg, Progr. 1903/04

Kellermann, Chr. Leitfaden f. den naturkundl. Unterricht. Mineralogie. gr. 8. (VI, 55 S. m. Fig.) Bamb. 891, Buchner Verl. cart. * 1 —

—— Leitfaden f. d. naturkundlichen Unterricht an Gymnasien. Pflanzenkunde. gr. 8. (VIII, 165 S. m. Fig.) Ebd. 892. cart. * 2 —

Kellermann, C. H., 6 Blätter Blumenzeichnungen. 1s — 3s Hft. Fol. München 832. Kersting. 1 ₰ 3 K

Kellermann, G., der Drath Hopfen. Lichtenhof
Schul-/Univ.-Schrift 1867

Kellermann, Georg [app. Arzt aus Sondershausen]: Ein Fall von Carcinom des Pancreas ... München, kgl. Hof- u. Univ.-Buchdr. v. Dr. C. Wolf & Sohn, 1894; 40 S. 8.
München, Med. Fak., Inaug.-Diss. v. 1895

— Gesch. d. A. u. N. Testaments, zum Gebrauch d. deutschen Schulen. Ausgezogen aus Overbergs größerem Werke u. mit Anmerk. begleitet. 8. Münster 831. Aschendorf. 6 K

Kellermann, G., Geschichte d. alten u. neuen Testaments, z. Gebr. d. deutschen Schulen. Ausgezogen aus d. Hrn. Overbergs größerm Werke u. mit Anmerkn. begleitet. 8. (17 B. u. 1 Holzschn.) Münster 832, Aschendorff.

Kellermann, Geo., Gott meine Zuflucht! Ein vollständ. Gebetbuch f. Katholiken. Nebst e. Anh., enth. 7 Litaneien. 16. (26 B. u. 1 Kpfr.) Münster 845, Aschendorff'sche Buchh.

Kellermann, Geo., Gott meine Zuflucht! Ein vollständiges Gebetbuch für Katholiken. Nebst einem Anhange, enth. sieben Litaneien. (Ausg. in grobem Druck.) 8. (511 S. und 1 Stnt.) Münster 851, Aschendorff'sche Buchh.

—— Katechismus der christkathol. Lehre. Ausgezogen aus Overbergs groß. u. klein. Katechismus u. m. Zusätzen versehen. 12. (6 B.) Münster 845, Aschendorff'sche Buchh. *

— s. Katerkamp, Thdr., Anleitung zur Selbstprüfung f. Weltgeistliche.

Kellermann, Georg., Examen de variis modis, quibus interpretes sacri diem ultimae coenae et mortis Domini nostri interpretati erant. Prooemium zum Index lectionum der Akademie zu Münster. Wintersemester 1837—1838.

— über d. Pflicht d. Pfarrers, für d. Bildung d. Schuljugend zu sorgen. Eine Synodalrede. 8. Münster 820. Aschendorf. 2 K

Kellermann, G., Predigten auf d. Sonn- u. Festtage d. Jahres. 2 Bde. 8. Münster 830—32. Aschendorff. 2 ₰ 3 K

—— Predigten auf d. Sonn- u. Festtage d. Jahrs. 3 Bde. 8. Münster, Aschendorff.
Bd. 1. Advent bis Ostern. (31 B.) 830. 1 Thlr.
„ 2. Vom 1. Sonnt. nach Ostern bis z. Ende d. Kirchenjahrs. (Mit Ausschluß d. nach Frohnleichnam fallenden Feste.) (39½ B.) 832. 1 Thlr. 6 Gr.
„ 3. Festpredigten v. Tage d. heil. Johannes bis z. Schlusse d. Kirchenjahrs. Anh.: Sieben Fastenpredigten. (20 B.) 833. 18 Gr.

Kellermann, Geo., Predigten auf d. Sonn- u. Festtage d. Jahrs. 3 Bde. Advent bis zum Schlusse d. Kirchenjahrs. — Predigten auf d. Feste Mariens u. d. Heiligen, mit e. Anh. v. Fastenpredigten u. Betrachtn. in d. Charwoche. 2., verm. u. verb. Ausg. 8. (92⅓ B.) Münster 837, Aschendorff'sche Buchh.

Kellermann, Geo., Predigten auf die Sonn- und Festtage des Jahrs. 3 Bde. 3. (Titel-)Ausg. gr. 8. (XXVI und 1440 S. mit dem Bildnisse des Verf. in Stahlst.) Münster 850, Aschendorff'sche Buchh.

Kellermann, Georg., Quid sit Deum adorare in spiritu et veritate. Joann. 4, 20—24. Münster, Proömium zum Index lectionum d. kgl. Akademie f. d. Wintersemester 1834—1835.

— s. Fr. L. v. Stolberg, kurze Abfertigung.

— s. Stolberg, Fr. L. Graf zu, Unterricht über einige Unterscheidungslehren d. kathol. Kirche.

Kellermann, Geo., Trauerrede, s. Lebensabriß.

Kellermann, Georg: Die Wortparataxe in der Klausel des lateinischen Hexameters und Pentameters mit einigen orientierenden Bemerkungen über die Sprache der lateinischen Epiker. Kempten 1909: Kösel. 33 S. 8°
Kempten, k. G P 1909* [S 09. 242

Kellermann, H., General-Handbuch der Diäten und Reisekosten, sowie der Umzugskosten der Staats-Beamten in Königl. Dienst-Angelegenheiten, nach Maaßgabe des Allerh. Erlasses vom 10. Juni 1848 (Ges.-S. 1848. S. 151) zum pract. Gebrauche bearb. für sämmtl. Gerichts-, Regierungs-, Kreis- u. Polizei- 2c. Beamte 2c. Als Anhang folgt hierbei ein Handbuch der Nebenkosten 2c. Brandenburg 853. Müller. Fol. (52 S.) n. 20 ngr.

— Sporteltaxe in Untersuchungssachen, ausgearb. zum pract. Gebrauche für sämmtl. königl. Gerichts-Behörden und Justiz-Beamte, Staats-, Rechts- und Polizei-Anwalte 2c., auf Grund und nach Maaßgabe des Gesetzes vom 3. und der allgem. Verfügung vom 9. Mai 1853. (Gesetz-Sammlung S. 170, Just.-Ministerial-Blatt S. 182.) Fol. (II und 56 S.) Brandenburg 854, Wiesike. *-

Kellermann, Heinrich: Ueber die Darstellung des metallischen Cers und seine Verbindungen mit Arsen und Antimon. [1910.] 47 S. 8° ¶ Zum Teil erw. od. gekürzt in: Kellermann: Die Ceritmetalle u. ihre pyrophoren Legierungen. Halle: Knapp 1912. (Monographien über chem.-techn. Fabrikations-Methoden. Bd 27.)
Berlin, Dr.-Ing.-Diss. v. 15. 7. 1910

Kellermann, Hermannus, Oberhammeranus: De Plauto sui imitatore. *Lipsiae 1903: B. G. Teubner.* (S. 129—164.) 8° ¶ (Aus: Commentationes phil. Ienenses, vol. 7, 1. — Erscheint demnächst vollst.)
Jena, Phil. Diss. v. (22. Nov.) 1902

Kellermann sen., Johann Christoph „Ueber die Befestigung einiger Farben insbesondere des Scharlaches auf Knochen und Elfenbein". pg. 3—14. 4°. Campe'sche Off.
Nürnberg, Progr. 1849/50

Kellermann, Karl

Kellermann, C., die Alpen-Reise, e. humorist. Gemälde e. Reise durch d. Schweiz, gewidmet seinen schätzbaren Freunden. 8. (16 B. u. 4 lith. Ansichten.) Augsburg 828, Kranzfelder'sche Buchh.)

Kellermann, Karl [aus Scheer (Württemberg)]: Über Hauttemperaturen einiger Thiere.... Würzburg, J. M. Richter's Buchdr., 1888; 21 S. 8°
Würzburg, Med. Fak., Inaug.-Diss. v. 1888

Kellermann, Carl, die erwachte Seele. Schauspiel in 4 Aufzgn. 8. (III. 64 S.) Dresden 897. E. Pierson. n. 1.50

Braut- und Ehejahre einer Weimaranerin aus Ilm-Athens klassischen Tagen von Carl Alfred **Kellermann.** Weimar: A. Huschke Nachf. 1906. (88 S.) 8° [F.] (o6. 7086

Ein Dichter des Hunsrücks: Karl Röhrig. Eine Osterfestgabe. (Verf.: Carl A[lfred] **Kellermann.**) Hamburg, Leipzig: Modern-lit. Büro 1908. (66 S.) 4° [F.] (o8. 14034

— **Erinnerungen an Ferdinand Freiligrath u. Gottfried Kinkel, s. a. Gedenkblätter zur Kunst u. Literatur der Rheinlande.**

Erinnerungen an Ferdinand Freiligrath und Gottfried Kinkel. Zu Freiligraths 30. Todestage von [Karl] Alfred **Kellermann.** Weimar: Grosse 1906. 16 S. 8°
(Gedenkblätter z. Kunst u. Literatur d. Rheinlande. H. 1.) (11. 10238 5

Kellermann, Carl A., Ernstes u. Heiteres a. d. Fremdenbuche des Gleimhauses in Halberstadt. (10 S.) 8. Halberstadt (908). E. Schroeder. —25

— Der „Gleimhüttchenassessor" v. Halberstadt auf der Hochzeitsreise. In „Auerbachskeller" in Leipzig. (14 S.) 8. Leipzig (Kaiserin-Augustastr.) 908. Modernliterar. Büro. —25

— s.: Tagebuch e. Reiseonkels.

— **Heinrich Vierordt u. Karl Röhrig in ihren Beziehungen zu Ferdinand Freiligrath, s. a. Gedenkblätter zur Kunst u. Literatur der Rheinlande.**

Heinrich Vierordt und Karl Röhrig in ihren Beziehungen zu Ferdinand Freiligrath. Von C[arl] Alfr. **Kellermann.** Weimar: A. Huschke Nachf. 1906. (18 S.) 8° [F.]
— **Gedenkblätter** z. Kunst u. Literatur d. Rheinlande. H. 3. (o6. 5459 3

Was Lauchstedt aus alten Tagen mir zu erzählen gewußt. Von Carl A(lfred) **Kellermann.** Hamburg, Leipzig: Modern literar. Büro 1908. (14 S.) 8° [F.] (o8. 6088

— Was Lauchstedt aus alten Tagen mir zu erzählen gewußt. (14 S.) 8. Hamburg u. Leipzig 908. (Halle a/S., kl. Klausstr. 16, Rich. Köthe.) —25

Kellermann, Carl August (Kassel) u. **Carl Heinrich Milhauser** (Dresden), Commentatio de Nicolai Machiavelli principe. Lpz. (Georg Maret) 3. VIII. 1831. 42 S. (6.—) 17679

Kellermann, Ludw., Urtheil in Sachen der Krone wider die National-Versammlung und der National-Versammlung wider die Krone. Vom Standpunkte des Gesetzes und der polit. Grundideen des Constitutionalismus. gr. 8. (15 S.) Berlin 848, Springer.

Kellermann, M., anatomische Untersuchungen atrophischer Sehnerven, mit einem Beitrag zur Frage der Sehnervenkreuzung im Chiasma, s.: Monatsblätter, klinische, für Augenheilkunde.

Kellermann, Moses, cand. med. aus Fuchsstadt: **Aus d. hygien. Institut d. Universität Würzburg. Über Chlorabsorption aus der Luft durch den Hund.** *Würzburg 1898: H. Stürtz.* (26 S.) 8°
Würzburg, Med. Diss. v. 1898

Kellermann, O., die Mobilmachung d. Christentums gegen den Krieg. Aus dem Franz. übers. v. O. Umfrid. gr. 8. (IV, 83 S.) Stuttgart 902. Greiner & Pfeiffer. n. 1.—

Kellermann, O. C. De re militari Arcadum. 4. Monachii 1831.

Kellermann, Peter, Gymnasialassist.: Die Sprache der Bobienser Cicero-Scholien. *Fürth 1902: L. Limpert.* (48 S.) 8°
Fürth, k. humanist. G, P 1902*

Kellermann, Wilhelm, Winterschuldirektor in Worbis (Provinz Sachsen): Die Steigerung der Roherträge des Ackerlandes in Deutschland seit Anfang des 19. Jahrhunderts. Merseburg 1906: F. Stollberg [übergekl.: Halle a. S. 1906]. (VI, 44 S.) 4°
Halle, Phil. Fak., Ref. Conrad, Diss. v. 2. Febr. 1906
[Geb. 2. Nov. 77 Nottuln, Westf.; Wohnort: Worbis, Prov. Sachsen; Staatsangeh.: Preußen; Vorbildung: Gymn. Koesfeld Reife O. 97; Studium: Halle 11 S.; Rig. 17. Nov. 05.]

Kellermann, William A., aus Oshkosh, Wisconsin, Nord-Amerika: Die Entwickelungsgeschichte der Blüthe von Gunnera Chilensis, Lam. o. O. u. Dr. 1881. 23 S., 4 Taf. 8°.
Zürich, Phil. Diss. v. Mai [29. Juli] 1881.

Kellermann, Woldemar. (geb. Sondershausen 26. 9. 1838): De ventriculi carcinomate. Berolini (1862). (31 S.) 8°
Berlin, Med. Diss. v. 11. Aug. 1862

Der Zu allerley guten Geträncken treuhertzig-anweisende wohlerfahrne und Curiose Keller-Meister / aufgeführet In einem ganz neu heraus gegebenen und in folgenden Theilen eingerichtetem und kurtz-verfaßtem / von Wein / Bier / Meth / Brandwein / und Essig handlendem Kunst-Buch / . . . . Durch einen treuhertzigen Freund und Liebhaber der Künste. ([2:] Des Curieusen Nunmehr vollkommenen Keller-Meisters Anderer Theil.) [Th.1.2.] Nürnberg: Lochner 1705-08. -- 12°
--- Dass. Ebd. 1710. -- 122°
--- Dass. [Th.1.2.] Ebd. 1731. -- 12°

Kellermeister, d. wohlerfahrne, in ein. v. Wein, Bier rc. hand. Kunstbuche. 2 Thle. 8. Nürnb. Lochner. 731.

— — dass. 8. Altona, Kave. 789.

Neue und niemals so vollständig-herausgekommene Kellermeisterey / Das ist: Vollständiger Unterricht wie nicht allein mit dem Weine von Anfang der Weinlese umzugehen / sondern auch die ältere wohl zu erhalten / denen hinfälligen zu helffen / auch allerhand Weine anzustellen sind / Deßgleichen auch wie der Meth gesotten / allerhand angenehme Brandwein anzusetzen und wie auf vielerley Arten der Essig zu machen sey. Absonderlich ist beygefügt eine accurate Keller-Ordnung / wie solche an vielen Fürstl. Höfen in steter Observantz ist / mit vielen Kunst-Stücken und Wissenschafften / verschiedene Gesundheits-Weine anzustellen / versehen / . . . . Auf vieles Anhalten heraus gegeben durch einen in allen diesen Stücken wohlerfahrnen Mann. Schwobach: Hagen 1711. 206 S. -- 17°
BJ: 1717.

Keller's Ausflüge von München, nebst Führer durch die Lieblings-Schlösser König Ludwigs II. von Bayern. Ausg. von 1887 und 1888. 12. (VIII, 69 S. mit Touristenkarte vom bayer. Hochland und Nordtirol.) München, Keller. * 1 —

Keller's (I.) 106 Ausflüge von München in d. bayerische Hochland u. die angrenzenden österreichischen Alpen, nebst Inneres d. Königsschlösser. 3. Aufl. 12. (IV, 111 S. m. 1 Karte.) Münch. 889, Keller. 1 20

Keller's 130 Ausflüge von München in das bayerische Hochland u. die angrenzenden österreichischen Alpen, sowie Inneres der Königsschlösser. 4., stark verm. Aufl. 12. (VIII, 132 S. m. 1 Karte.) München 893. W. Keller. 1. 20

Keller's 130 Ausflüge von München in d. bayer. Hochland u. d. angrenz. österr. Alpen, sow. Inneres der Königsschlösser. 5. Aufl. 12. (VIII, 132 S. m. 1 Karte.) München 895. W. Keller. 1. 20

—— München und seine Ausflüge, nebst Führer durch die Lieblings-Schlösser König Ludwigs II. von Bayern. Ausg. von 1887 und 1888. 12. (VIII, 201 S. mit Plan von München und Touristenkarte vom bayer. Hochland und Nordtirol.) Ebendas. geb. 2 —

— München und seine Ausflüge, sowie Inneres der Königsschlösser. Nebst den vollständ. Katalogen der Glyptothek, des Maximilianeum, der alten u. neuen Pinakothek, der Schack'schen Gemäldegallerie etc. 3. Aufl. Mit Oberammergauer Passionsspiel. Mit Plan v. München u. Touristenkarte vom bayer. Hochland u. Nordtirol. 12. (VII, 2 u. 271 S.) Ebd. 890. geb. n. 2. —

— München u. seine Ausflüge, sowie Inneres der Königsschlösser. Nebst den vollständ. Katalogen der Glyptothek, des Maximilianeum, der alten u. neuen Pinakothek, der Schack'schen Gemäldegalerie etc. 5. Aufl. Mit Plan v. München u. Touristenkarte vom bayer. Hochland u. Nordtirol. 12. (6, VIII, 271 S.) Ebd. 893. 2. —

— München u. seine Ausflüge, sow. Führer durch d. Königsschlösser, Nebst d. vollst. Katalogen d. Glyptothek, d. Maximilianeum, d. alten u. neuen Pinakothek, d. Schack'schen Gemäldegallerie etc. 7., verb. u. verm. Aufl. Mit Plan v. München. 12. (VI, 218 S.) München 896. W. Keller. 1. 80

Keller's München u. seine Ausflüge, sowie Führer durch die Königsschlösser. Nebst den vollständ. Katalogen der Glyptothek, des Maximilianeum, der alten u. neuen Pinakothek, der Schack'schen Gemäldegalerie etc. 8. Aufl. Mit (farb.) Plan v. München. 12. (VI, 218 S.) München (900). W. Keller. 1. 80

—— München und seine Umgebung. Mit Plan von München. (IV, 67 S.) 1887; 2. verm. Aufl. Nebst Führer durch die Königsschlösser. 12. (IV, 84 S.) Ebendas. 888. * — 80

— München u. seine Umgebung, sowie Führer durch die Königsschlösser. 3. Aufl. Mit Oberammergauer Passionsspiel. 12. (2 u. 84 S. m. Plan v. München.) Ebd. 890. n. — 80

—— München u. seine Ausflüge, sowie Inneres d. Königsschlösser. Nebst den vollständigen Katalogen der Glyptothek, d. Maximilianeum, der alten u. neuen Pinakothek, der Schack'schen Gemäldegallerie etc. 4. Aufl. Mit Plan v. München u. Touristenkarte vom bayer. Hochland u. Nordtirol. 12. (VIII, 271 S.) Ebd. 891. * 2 —

— München u. seine Umgebung, sowie Führer durch die Königsschlösser. Nebst Katalog der alten u. neuen Pinakothek. 4., stark verm. Aufl. 12. (IV, 112 S. m. Plan v. München.) Ebd. 893. — 80

Keller's München u. s. Umgebung, sow. Führer durch d. Königsschlösser. Nebst Katalog der alten u. neuen Pinakothek, d. Schack'schen Gemäldegallerie. 6., verb. u. verm. Aufl. M. Plan v. München. 12. (IV, 128 S.) Ebd. 896. — 60

— München u. seine Umgebung, sowie Führer durch die Königsschlösser. Nebst Katalog der alten u. neuen Pinakothek, der Schackschen Gemäldegalerie. 8. Aufl. Mit Plan v. München. 12. (IV, 128 S.) Ebd. (900). 60

Der schweizerische Landsturm. (Ausführungen z. Bericht d. Militärkommission d. Ständerates über d. Gesetz betr. d. Bewaffnung, d. Ausrüstung u. d. Unterricht d. Landsturms. Vom Berichterstatter d. Kommission) A[rm.] Kellersberger, Ständerat. Aarau: Sauerländer (1893). 75 S. 8° [Umschlagt.] A12.3388

Kellersberger, G[etulius]. Erlebnisse eines schweizerischen Ingenieurs in Californien, Mexico und Texas zur Zeit des amerikanischen Bürgerkrieges 1861–1865. 8. Zürich 1896.

Kellersmann, Alfred [aus Osnabrück]: Zur Aetiologie der puerperalen Peritonitis. . . . Würzburg, Druck d. Ferdinand Röhl'schen Buchdr., 1890; 37 S. 8°
Würzburg, Med. Fak., Inaug.-Diss. v. 1890

Kellersmann, Franz, aus Osnabrück: Aus d. psychiatr. u. Nervenklinik zu Kiel. Ein Fall von akuter Verwirrtheit bei Urämie. *Kiel 1904: Schmidt & Klaunig.* (22 S.) 8°
Kiel, Med. Diss. v. [16. März] 1904

Kellerwald [Schlagwort]

Kellerwald, s.: Geologische Karten. Preussen 116.

Die Kellerwechsel-Fabrikation und die Kellerwechsel-Fabrikanten. Eine Darstellung d. Verlaufs u. d. Lehren d. Zwickauer Kellerwechselprozesses gegen Händel u. Genossen. Leipzig: A. Kade [1904?]. (44 S.) 8° [ed. 1237

Kellerwurm, Thomas, von Langbein, m. K. 8. Berlin, Schüppel. 806.

Kelles-Krauz, Casim. v., die Sociologie im 19. Jahrh., s.a. Am Anfang des Jahrh. 16. Hft.

Die Sociologie im 19. Jahrhundert. Von Dr. Casimir v. Kollos-Krauz, Prof. in Brüssel. *Berlin: Aufklärung 1902.* (56 S.) 8° [F.]
— Anfang, Am, des Jahrhunderts. H. 15. [02. 8295

— Die Soziologie im 19. Jahrhundert. 8°. Berlin, J. Edelheim, 1902. (Am Anfang des Jahrhunderts, Heft 15.)

Kelleter, Fritz [wiss. Hülfsl. Dr.]: Ein Beitrag zur Sprache des Venezianer Roland V4 (Umschlagt.: ... des venezianischen Roland-Manuskriptes V4). Aachen, Druck v. C. H. Georgi, 1894; III—XXIV S. 4.
Aachen, k. Kaiser-Wilhelms-G, OP 1894 (422)

Kelleter, Fritz (Franz) Josef

Kelleter, F. J., die Landfriedensbünde zwischen Maas und Rhein im 14. Jahrh., s.a. Beiträge, Münsterische, zur Geschichtsforschung.

Kelleter, Fritz Joseph [cand. phil.]: Die Landfriedensbünde zwischen Maas und Rhein im 14. Jahrhundert .... Paderborn, Druck v. Ferdinand Schöningh, 1888; 100 S. + 2 Bl. 8°
Münster, Phil. Fak., Inaug.-Diss. v. 13. Jan. 1888

Kelleter, Franz Joseph, die Landfriedensbünde zwischen Maas und Rhein im 14. Jahrhundert. Diss. München 1888. 8°. 100 S.
Sonder-Abdruck aus: Münsterische Beiträge zur Geschichtsforschung, hrsg. von Theod. Lindner, Heft 11. Paderborn, Ferdinand Schöningh.

Die Geschichte der Familie Poensgen. Bearb. von Dr. Heinrich **Kelleter** in Neuss. (T. 1–3.) Düsseldorf 1908: Bagel. 130 S. 4° [11. 17416

Kelleter, Heinrich *Hubert Joseph* [aus Aachen]: Gottfried Hagen und sein Buch von der Stadt Köln ... Trier, F. Lintz'sche Buchdr., 1894; 73 S. 8.
Leipzig, Phil. Fak., Inaug.-Diss. v. [19. Juni] 1894

Kelleter, Heinr., s.: Urkundenbuch des Stiftes Kaiserswerth.

Kelley, Florence, Die gesetzliche Einschränkung der Heimarbeit in den Vereinigten Staaten von Nord-Amerika. Schriften d. Ver. f. Soc.-Pol., Bd 87. gr. 8°. Leipzig 1899.

Kelley, Wm. D., Soll der Congress die amerikanischen Arbeiter zwingen, für niedrigere Löhne zu arbeiten? 8°. Philadelphia 1872.

Kellgren, A., Vorträge üb. Massage, geh. im k. k. Marine-Hospitale in Pola. Veröffentlicht m. Bewilligg. d. Vortragenden. [Aus: „Statist. Sanitäts-Bericht üb. d. k. k. Kriegs-Marine".] Im Auftrage d. k. k. Reichs-Kriegs-Ministeriums [Marine Section] zusammengestellt v. Max Brillant. Lex.-8. (47 S. m. 68 Fig.) Wien 889. Hof- u. Staatsdruckerei. n. 1.60

Kellgren, Arvid, zur Technik d. schwed. manuellen Behandlg. (Schwedische Heilgymnastik.) gr. 8. (XVI, 189 S. m. 79 Abb.) Berlin 895. A. Hirschwald. n. 6.—

Kellgren, Herm., die Grundzüge der finnischen Sprache mit Rücksicht auf den Ural-Altaischen Sprachstamm. gr. 8. (05 S.) Berlin 847, Schneider und Comp. Thlr. *

—— Mythus de ovo mundano, Indorumque de eodem notio. Specimen academicum. 8. (77 S.) Helsingforsiae 849. (Lipsiae, Brockhaus.) **

Kellgren, Herm. A., die cosmogonia Graecorum, ex Aegypto profecta, dissertatio. gr. 8. (46 S.) Helsingforsiae 850. (Lipsiae, Brockhaus.) n. n. 9 ngr

Kellgren, J. H., die Feinde des Lichtes, ein Weihnachts-Mährchen uralt und ewig neu. Aus dem Schwed. Allen Licht-Freunden und Feinden gewidmet zu Weihnacht 1859. Danzig 860. Devrient in Comm. gr. 8. (15 S.) n. 2½ ngr

Kellgrens, J. H., prosaische Schriften; aus d. Schwed. übers. v. Karl Lappe. gr. 8. Neustrel. 801. Albanus. 20 gr

Kellgren, Ibn Mâlik's Lamîyat al af'âl, s. Mémoires de l'académie impériale des sciences de St.-Pétersbourg. 7. Série. Tome VII. Nr. 6.

Kellie, John, M. A., B. D.: Alexander Campbell Fraser. A Sketch of his Life and Philosophical position. Edinburgh 1909: Anderson. 80 S. 8°
Erlangen, Phil. Diss. v. 9. Aug. 1909, Ref. Falckenberg
[Geb. 4. Febr. 83 Kilmarnock; Wohnort: Kilmarnock; Staatsangeh.: Großbritannien; Vorbildung: Secondary School Kilmarnock Leaving Certificate Reife M. 00; Studium: Edinburg 14, Marburg 1, Berlin 1, Heidelberg 1, Erlangen 2 S.; Rig. 26. Febr. 09.] [U 10. 869

Kelling, E. Heizung u. Ventilation. (Zeichnungen u. Schriften.) Kassel 1877.

Kelling. Georg [app. Arzt aus Dresden]: Über die Ermittelung der Magengrosse ... Dresden, Druck v. Julius Reichel (1890); 37 S. + 1 Bl. 8°
Leipzig. Med. Fak., Inaug.-Diss. v. 15. Jul. 1890

Kelling, Geo., Mitteilg. zur Benutzg. d. Oesophagoscops. [Aus: „Allg. med. Centralzeitg."] gr. 8. (2 S.) Berlin 896. O. Coblentz. n. 1.—

— physikal. Untersuchgn. üb. d. Druckverhältnisse in d. Bauchhöhle, sow. üb. d. Verlagerg. u. d. Vitalkapacität d. Magens, s.a. Sammlung klin. Vorträge.

Physikalische Untersuchungen über die Druckverhältnisse in der Bauchhöhle sowie üb. d. Verlagerg u. d. Vitalkapacität d. Magens v. Georg Kelling. *Leipzig: Breitkopf & Härtel 1896.* (42 S.) 8.
— Sammlung Klinischer Vorträge. N. F. No 144. [96. 1665

Kelling, Joh., über die Zustandsbedingungen der Flüssigkeiten und Gase, sowie über den Aether. gr. 8. (56 S. mit 3 Taf.) Karlsruhe 886, (Braun'sche Hofbuchh.) * 1 50

Kelling, Johann Justus (Göttingen), De humilitate. Disp. aretologica secunda in gymnasio Gottingensi. Präs. Christoph August Heumann. Götting. (Woyk) 3. XI. 1719. 12 S. (4.—) 17680
Oppon.: [?] Dan. Heidelmann, Christ. Eberhard Jussov, Ge. Christoph Schreiber, Ge. Heinr. Hillgard. — Gew.: Heinrich Christoph Ebel, Christian Heinrich Riepenhausen.

Johannes **Kelling**, Wien. Bestimmung der Durchmesser für unbekleidete Rohrleitungen der Niederdruck-Dampfheizungen. Mit 12 Tab. *Berlin: C. Schmitz 1904.* (19 S.) 8° [F.] [04 1.006

Kelling, Johs., Bestimmung der Durchmesser f. unbekleidete Rohrleitungen der Niederdruck-Dampfheizungen. 2., gänzlich umgearb. u. erweit. Aufl. (32 S. m. 8 Plänen.) gr. 8. Halle 909. C. Marhold. 1. —
Sonderabdr. a.: „Haustechn. Rundschau".

— Bestimmung der Rohrweiten f. Warmwasser-Heizungen. (64 S. m. Tab. u. 5 Abbild.) gr. 8. Ebd. 910. 1. 20

Kelling, Johs., Heizung u. Lüftung f. Krankenhäuser u. Schulen. gr. 8. (28 S.) Halle 901. C. Marhold. n. — 50
Sonderabdruck aus: „Zeitschr. f. Heizungs-, Lüftungs- u. Wasserleitungstechnik".

— Heizung u. Lüftung f. Krankenhäuser u. Schulen. 2., vollständ. umgearb. Aufl. (39 S. m. 5 Abb.) gr. 8. Ebd. 907. — 80
Sonderabdr. a.: „Ztschr. f. Heizg., Lüftg. u. Beleuchtg."

Kelling, Kuno [approb. Arzt aus Klütz in Mecklenburg]: Rechtfertigung der verschiedenen Indicationen zur Nervendehnung . . . *Leipzig, Druck v. Ramm & Seemann* (1888); 23 S. 8°
München, Med. Fak., Inaug.-Diss. v. 1888

Kelling, Kuno, Rechtfertigung der verschiedenen Indicationen zur Nervendehnung. Diss. München 1888, A. Buchholz. 8°. 23 S.

Kellinghusen in Holstein. Luftkurort und Sommerfrische. Holsteinisch Thüringen. Hrgg. vom Verschönerungs-Verein in Kellinghusen in Holstein. Kellinghusen. o. J. 8°
[Umschlagt.:] Fremden-Führer Kellinghusen.

Kellinghusen, A. H., s. Schröder, Hans, Lexikon der hamburgischen Schriftsteller.

Kellinghusen, Hans: Das Amt Bergedorf. Geschichte seiner Verfassung und Verwaltung bis 1620. ⟨T. 1. 2.⟩ Hamburg 1908: Lütcke & Wulff. 100 S. 8° ¶(Ersch. vollst. in: Zeitschrift d. Vereins f. Hamburg. Geschichte. Bd 13.)
Göttingen, Phil. Diss. v. 27. Okt. 1908, Ref. Brandi
[Geb. 30. März 85 Bergedorf; Wohnort: Bergedorf; Staatsangeh.: Hamburg; Vorbildung: Gymn. Lüneburg Reife O. 03; Studium: Göttingen 2, München 1, Berlin 1, Göttingen 5 S.; Rig. 6. Nov. 07.] [U 09. 1369

Kellinghusen, Heinrich

— — Commentatio ad legem XXXI dig. locati. Jena (Mauk) 1819. 32 S. (5.50) 17684

Kellinghusen, Heinrich (Hamburg), De discrimine tempestatis marinae. Von See=Schaden / occasione L. 3. Cod. de nautico foenere. Disp. jur. Präs. Justus Henning Böhmer. Halle (Joh. Christian Zahn) 15. XI. 1709. 67 S., tlws. dtsch. (7.50) 17681
Dtsch. Widm. v.: Johann Christoph Koes (Holstein), H. Sager, L. Adolphi (Holstein), Steph. Kenkel (Holstein), Moritz Rachel (Holstein), I. O. Krapp (Holst.).

— — Dasselbe. Halle (Jo. Christ. Grunert) 1735. 64 S. ohne Widm. (7.—) 17682

— — De origine, et usu jurisdictionis ecclesiasticae. Diss. jur. eccles. Präs. Jo. Samuel Stryk. Halle (Christ. Henckel) 2. V. 1710. 53 S. (6.80) 17683

Kellman, Karl [Praes.], s. Lindwall, Laur.: De causis refrigescentis nostra aetate studii latinitatis cultioris.

Kellman, Karl Johann [Praes.], s. Dahlberg, Pet.: De futilitate Hallensis cujusdam latinae poeseos obtrectatoris.

Kellman, Karl Johann [Praes.], s. Ekner, Johann Karl: De ordine compositionis verborum.

Kellman, Carl Johann, Ad festum e mortuis resurgentis servatoris nostri Jesu Christi memoriae sacrum invitat, simulque de mimica Apollinis Pythii victoria ex more paucula subjicit. Greifswald (Struck) 18. IV. 1756. 8 S. (3.50) 17685

Kellmann, *Franz* Alfred *Albert* [aus Bromberg]: **Ueber [!]** Castration . . . Greifswald, Druck v. J. Abel, 1893; 27 S. 8.
Greifswald, Med. Fak., Inaug.-Diss. v. 4. Juli 1893

Kellmann, Friedrich, appr. Arzt a. Berlin: **Aus d. Kgl. Univ. Frauenklinik.** ⟨Dir.: G. M.-R. Prof. Dr. Olshausen.⟩ Zur Frage der künstlichen Unterbrechung der Schwangerschaft wegen Lungentuberkulose. Berlin (1905): G. Schade. (29 S.) 8°
Berlin, Med. Fak., Ref. Olshausen, Diss. v. 17. Juli 1905
[Geb. 11. Okt. 78 Berlin; Heimatsort: Berlin; Staatsangeh.: Preußen; Vorbildung: Humboldt-Gymn. Berlin Reife O. 97; Studium: Berlin 6, München 1, Berlin 3 S.; Coll. 14. Juli 05; Approb. 11. Aug. 03.]

Kellmann, Lizzie, Vera Lanken. Roman. (168 S.) 8. Dresden (906). E. Pierson. n. 2. —; geb. n. 3. —

Kellmen, Em.: Institutt. jur. priv. hungar. *Pesth*, Trattner. 814. 3 V. gr. 8. (5 Thl. 8 Gr.) — Epitome. *Ofen*. 819. gr. 8.

Kellnarn, Karl, aus dem Walde. Lieder (in oberösterreich. Mundart). gr. 16. (80 S.) Ueberackern 884. (Linz, Mareis.) * — 70

Kellneer, F. L., s. Theorien, die neuen.

Kellner, der fertig englisch sprechende, zum Selbststudium für Wirthe, Kellner, Auswanderer und Bewohner von Badeorten. Ein reichhaltiger Wörterschatz aller in Gasthöfen und auf Reisen vorkommenden Ausdrücke mit beigefügter genauer Aussprache ꝛc. Im Anhang: Eine kurze, klare und leichtfaßl. Grammatik, Gasthofrechnungen, Quittungen, Münztabellen ꝛc. Bereichert mit den neuesten Eisenbahnkarten von Deutschland, England und Nordamerika. 12. (144 S. mit 2 lithogr. Karten in qu. Fol.) Nürnberg 857, Lotzbeck.

— der fertig französisch sprechende, zum Selbststudium für Wirthe, Kellner und Bewohner von Badeorten. Ein reichhaltiger Wörterschatz aller in Gasthöfen und auf Reisen vorkommenden Ausdrücke mit beigefügter genauer Aussprache und geeigneten Gesprächen mit Fremden, dem Dienstpersonale und auf Reisen. Im Anhang: Eine kurze, klare und leichtfaßl. Grammatik, Gasthofrechnungen, Quittungen ꝛc. 2., verb. Aufl. bereichert durch ein Conversationsstück: l'Arrivée à Paris und der neuesten Eisenbahnkarte von Mitteleuropa. 12. (144 S. mit 1 lithogr. Karte in Fol.) Nürnberg 857, Lotzbeck.

Kellner, neuester fertig französisch sprechender, nebst vollständ. Pariser Hôtel-Service. Enth. eine reiche Wörtersammlung mit Aussprache, Reise- und Hôtelgespräche, kurze Grammatik mit Uebungsstücken. 3., durchgehends verm. und verb. Aufl. gr. 16. (VI und 152 S. mit 1 lithogr. neuen Eisenbahnkarte von Mitteleuropa in qu. Fol.) Nürnberg 865, Lotzbeck.

Kellner, neuester fertig französisch sprechender, nebst vollständ. Pariser Hôtel-Service, enth. e. reiche Wörtersammlg. m. Aussprache, Reise- u. Hôtelgespräche, kurze Grammatik m. Uebungssprüchen. 6., verb. Aufl., nebst Wirths-Rechngn. u. Münz-Tabellen. Hrsg. unter Mitwirkg. v. Frz. Vollborth. gr. 16. (VIII, 168 S.) Nürnberg 892. Fr. Korn. n. 1. —

Kellner u. Marqueur, der vollkommene. Ein nothwendiges Handbuch f. Kellner, Marqueure u. Alle die es werden wollen. Enthalt.: Belehrungen üb. alle Obliegenheiten des Kellners u. Marqueurs, sowohl gegen den Principal, wie gegen Fremde, nebst Anleitung z. Tranchiren u. z. Weinkenntniß. 8. (6½ B. u. 1 Stnt.) Nordhausen 843, Fürst.

Kellner, die Heilerfolge bei der Epilepsie u. die Notwendigkeit der Errichtung v. Heilstätten f. Epileptiker. (16 S.) 8. Hamburg 908. O. Meißner's Verl. — 60

Kellner. Vide: Hornisse (Die).

Kellner, A., Heliotrop. — Ein Küchendragoner, s. Universal-Bibliothek Nr. 1113.

Kellner, A., s. Lambruschini, Al., polem. Dissertation ꝛc.

Kellner, A.: Über die sogenannte Verwandlung der Helminthen. 11 S. 8°.– Wien OR.Inn.St., Progr. 1859.

Kellner, A., Verzeichniss der Käfer Thüringens mit Angabe der nützlichen u. der f. Forst-, Land- u. Gartenwirthschaft schädlichen Arten. gr. 8. (186 S.) Erfurt 874. (Gotha, Thienemann.) n. 6. —

Kellner, A[dalbert]. Statistik der Schiffchen-Stickmaschinen in der Schweiz und Vorarlberg bis 1. Mai 1906. Bearb. und hrg. von A. K', Rorschach. 4. revidierte Aufl. [Mit Abbildungen.] IV + 32 S. 8. Rorschach, Buchdr. J. M. Cavelti-Hubatka — *Aufdruck:* L. Kirschner-Engler, Buchh., St. Gallen —, 1906. [fr. 1. —]

Kellner, A[dalbert]. Kellner's Statistik der Schiffchen-Stickmaschinen in der Schweiz und in Vorarlberg 1908. Bearb. und hrg. von A. K', Rorschach. 5. revidierte Aufl. [Mit Abbildungen.] IV + 40 [+ *Annoncen* 36] S. 8. Rorschach, Buchdr. J. M. Cavelti-Hubatka, beziehen bei A. K', 1908. fr. 2. —

Kellner, Alb., Dido. Trauerspiel in 5 Aufzügen. 8. (IV, 81 S.) Berlin 884. Berliner Verlags-Anstalt. 1. 50

— das Feuer der Vesta, s.: Wallner's allgemeine Schaubühne.

— Melechsala. Romantisches Gedicht in elf Gesängen. 8. (VII, 128 S.) Berlin 883. Berliner Verlagsanstalt. geb. n. 3. 60

Kellner, Alb., Ferdinand v. Schill. Ein vaterländ. Trauerspiel in 5 Aufzügen. 8. (IV, 80 S.) Berlin 886, Berliner Verlags-Anstalt. 1 50

Kellner, Alb., s. Zehnpfennig-Bibliothek Nr. 6 u. 8.

Kellner, Albert [Assist.-Arzt d. Lothring. Bezirks-Irrenanst. zu Saargemünd]: Beobachtungen über Dementia paralytica bei Frauen.... Marburg, Univ.-Buchdr. (R. Friedrich), 1887; 2 Bl. + 44 S. 8°

Marburg, Med. Fak., Inaug.-Diss. v. [20. Dez.] 1887

Kellner, Alex., zwei leicht ausführbare Festmotetten (à capella) f. Sopran, Alt, Tenor u. Bass, zum Gebrauch in höh. Lehranstalten u. beim öffentl. Gottesdienste komponiert. Op. 13. gr. 8. (11 S.) Delitzsch (898). R. Pabst. n. — 40

Zwei leicht ausführbare Festmotetten (a capella) für Sopran, Alt, Tenor u. Bass z. Gebr. in höheren Lehranst. u. beim öffentl. Gottesdienste komp. von Alexander Kellner. No 1. Danket dem Herrn! Aus d. Psalmen 106, 9, 119 u. 146. No 2. Singet dem Herrn ein neues Lied! Psalm 96. Op. 13. *Delitzsch: R. Pabst [1898].* (11 S.) 8° [00. 3615

Kellner, Andreas Edmund

Offenbarung der göttlichen Trinitaet durch die Idee, die Kreatur und das Wort. Verhältniss der heidnischen Götterdreiheiten zum christlichen Trinitätsbegriffe. Von Dr. A. E. Kellner, P. der Dogm. und Religionsphilos. — 1849. Eichstaett, Brönner. — S. 3—36.
Progr. Eichstätt

Kellner, Anna, u. Leon Kellner, englische Märchen. Für d. deutsche Jugend bearb. M. Illustr. v. John D. Batton. 8. (VI, 285 S.) Wien 898. Gesellschaft f. graph. Industrie. Kart. n. 3. —

Kellner, Aug., Alltägliches aus Neapel, s. a. Kennst du d. Land?

[F.] Alltägliches aus Neapel. Von August Kellner. *Leipzig: C. G. Naumann 1898.* (VI S., 1 Bl., 208 S., 1 Bl.) 1 Bd 8.
= Kennst du das Land? Bd x. [97. 7508

Kellner, Aug., statistisches Amts-Handbuch für den k. bayer. Regierungsbezirk Schwaben und Neuburg. Nach amtl. Quellen bearb. gr. 8. (IV und 193 S.) Augsburg 862, (Schmid's Verlag.) *

Kellner, A., Hesperische Bilderbogen, s. a. Kennst du das Land. 16. 17. Bd.

Hesperische Bilderbogen. Von A[ugust] Kellner. Th. 1. 2. *Leipzig: C. G. Naumann 1900.* 2 Bde 8° [F.]
— Kennst du das Land? Bd 16. 17. [00. 10828

Kellner, im blühenden Cinquecento. Eine Dichtg. in Bild. aus Raffael Sanzios Römertagen. 8. (181 S. m. Titelbild.) Frankfurt a/M. 894. Literar. Anstalt. Geb. in Leinw. n. 4. 80

Kellner, Aug., im blühenden Cinquecento. Eine Dichtg. in Bildern aus Raffael Sanzios Römertagen. 2. Aufl. gr. 8. (181 S. m. 1 Taf.) Frankfurt a/M. (902). Literar. Anstalt. n. 2. —; geb. n. 3. —

Kellner, Aug., Auf der Eisenbahn, s. Bloch's, E., Theater-Gartenlaube.

Kellner, Aug., das Feuer der Vesta, s. Wallner's allgemeine Schaubühne.

Kellner, Aug., Julitage in Skandinavien. (144 S.) 8. Heidelberg 908. G. Koester. 2. —

Kellner, Aug., der verrätherische Kuß, s. a. Novitäten-Bühne, Frankfurter.

Kellner, Aug., d. verrätherische Kuß. Schwank in 1 Acte. Nach e. ält. italien. Idee. 8. (24 S.) Frankfurt a/M. 882. (Berlin, M. Böhm.) 1. —

Kellner, Aug., hie Rothenburg! Dichtung v. der Wende des XIV. Jahrh. 1. u. 2. (Titel-)Aufl. 8. (VII, 252 S.) Oldenburg 893. 894. Schulze. n. 4. —; geb. n. 5. —

Kellner, Aug. Imm., d. Mensch u. d. Thiere, e. Lesb. 8. Leipz. 807. Steinacker. 12 gl.

— Naturgesch. d. Canarienvögel od. Anleit. z. Kenntn. u. Wartung derselb. ꝛc. 8. Leipz. Comt. f. Lit. 805.

— Naturgeschichte d. Canarienvögel oder Anleitung zur Kenntniß u. Wartung derselben u. was in d. Hecke zu beobachten. 8. Leipz. 805. (Steinacker). 12 gl.

— Sittenlehren in Beispielen v. Thieren. 8. Leipz., Steinacker.
12 K

Kellner, B., Erziehungsgeschichte in Skizzen u. Bildern. Mit besond. Rücksicht auf das Volksschulwesen f. Lehrer, deren Bildner u. Leiter hrsg. 2. umgearb. u. verm. Aufl. 6. Lfg. gr. 8. (2. Bd. S. 257—352.) Essen 870. Bädeker. 1. —

— deutsches Lese- u. Bildungsbuch f. höhere kathol. Schulen, insbesondere f. höhere Töchterschulen u. weibl. Erziehungsanstalten. 6. unveränd. Aufl. gr. 8. (XII, 616 S.) Freiburg i. Br. 871. Herder. n. 3. —

Kellner, Béla: Untersuchungen über Perwolframate. (Berlin 1909: Ebering.) 43 S. 8°
Berlin, Phil. Diss. v. 2. Okt. 1909, Ref. Gabriel
[Geb. 26. Febr 84 Budapest; Wohnort: Charlottenburg; Staatsangeh.: Ungarn; Vorbildung: Gymn. d. 7. Bezirks Budapest Reife Sommer 03; Studium: Budapest 1, Berlin Techn. Hochsch. 5, Univ. 6 S.; Rig. 29. Juli 09.] [U 10. 186

Kellner, Bern. Otto (geb. Charlottenburg 19. 12. 1836): De perforatione processus vermiformis. Berolini (1861). (32 S.) 8°
Berlin, Med. Diss. v. 7. Aug. 1861

Kellner, Bruno. Wir heissen euch hoffen. Predigten von B' K', Diakonus ... zu Landsberg a. W. IV + IV + 147 S. 8. Basel, Friedrich Reinhardt, (1906). [geb. fr. 3.—]

Kellner, C. G., Anleit. z. Tugendlehre. (n. Tit. v. Grundl. g. ein. Tugendl.) 8. Frft. Eßlinger. 795.

Kellner, C. G., s. Cato, d. sterbende.

Kellner, Camillo: Kurze E l e m e n t a r g r a m m a t i k ..., s. K e l l n e r , Hermann Camillo

Kellner, ausführl. Lehrplan der drei- u. der einklass. Seminarschule zu Habelschwerdt, s.: Voltmer, Franz

Kellner, Camillo, über die erotische Poësie bei den Persern. Vortrag gehalten im Gabelsberger Stenographen-Verein Tironia zu Dresden. gr. 8. (16 S.) Dresden 864, (Schöpff.) *

Kellner, Carl, s. K e l l n e r , Karl

Kellner, Christian (geb. am 18 Juni 1846 in Bonn): Ueber Blei-Intoxicationen ... Bonn, gedr. bei J. F. Carthaus (1870). 36 S., 1 Bl. 8.
Bonn, Med. Fak., Diss. v. 12 März 1870

— Christian (Zeitz), Pastor fidus ex. I. Tim. IV, 16. adumbratus. Präs. Caspar Loescher. Wittbg. (Christian Schrödter) 27. III. 1702. 36 Seiten. (6.50) 17688

Kellner, David.
Anleitung zur Probirkunst. Gotha, 1690. 8vo.

Ars metallica curiosa, oder curiose angestellte und experimentirte Schmelzproben. Nordhausen, 1701. 8vo.

Kelner, D. Kurtz abgefastes Berg- und Saltzwercks-Buch. Nordhausen, 1702.

Kellner, D.: „Kurtz gefasstes sehr nütz- und erbauliches Berg- und Salzwerks-Buch", Frankfurt und Leipzig 1702. — Vorh.: Com. Bib. Hamburg.

Kellner, Dav., erneuerte u. sehr nützliche Scheidekunst. 8. Chemnitz. 727.

Kelner, Dav., Unterricht zum Generalbaß. 4. Hamb. ... 7e X. 97. (Herold u. W. in Lüneb.) 12 K

Kellner, Dav., Unterr. z. Generalbaß. 4. Hamb. (Herold. u. Wahlstab in Lüneb.) 797.

Kellner, David. Treulicher Unterricht im General-Bass. 3. Auflage. Hamburg 1743.

— Vorstellung der zur edlen Chymie gehörigen Wissenschaften. Nordhausen, 1702. 8vo.

Kellner(n), D. David, der einfältige, doch königliche Weg der Natur, von —. 704. 8.

— Weg der Natur zur Verbesserung der Metalle. Nordhausen, 1704. 8vo.

Kellner, E., s. Die A l p e n 1867.

— s. W. Thdr. H u n d e i k e r, new English Reading Book.

Kellner, E., die neuesten Widersacher der Lutherischen Kirche in Preußen, s. C. Ehrenström.

Kellner, E. G., die Beschuldigungen d. Prof. Dr. Herrmann Olshausen zu Erlangen geg. d. Hönigernsche Kirchengemeinde, ihren Pastor u. alle schles. Lutheraner in d. Abhandl.: „Was ist von d. neuesten kirchl. Ereignissen in Schlesien u. von d. Anwend. militair. Gewalt wider d. strengen Lutheraner daselbst zu halten?" Beleuchtet in e. offenen Sendschreiben. gr. 8. (6 B.) Leipzig 835, Fr. Fleischer. Thlr. *

Kellner, Ed., Gottes Führen und Regieren zur Erhaltung der lutherischen Kirche in Preußen. Erlebnisse. 3., erweit. Aufl. 8. (XII, 162 S.) Dresden 868, Naumann. *

Kellner, Ed., Lebenslauf des Daniel Tschierlei, luther. Kirchenvorstehers und Kirchvaters in Schwirz; am Pfingstfest 1850 von der dasigen Kanzel deutsch und polnisch abgekündigt. Als ein Beitrag zur Verfolgungs-Geschichte der hiesigen, bis Weihnachten 1834 Hönigernschen luther. Parochie. 8. (28 S.) Breslau 850, (Max und Comp.) *

Kellner, Eduard

Kellner, Ed., die wichtigsten Unterscheidungslehren der lutherischen, reformirten, unirten und katholischen Kirche. 2. Aufl., verm. durch den Abdruck der drei wichtigsten Kabinetsordern über Union und Confession nebst 30 Anmerkungen, und der General- und Specialconcession für die luther. Kirche in Preußen nebst mehreren Actenstücken aus der Verfolgungszeit von 1834 bis 1840. 8. (XVI und 122 S.) Leipzig 852, Dörffling und Franke. *

Kellner, Ed., die wichtigsten Unterscheidungslehren der lutherischen, reformierten, unierten u. katholischen Kirche. Ein Auszug aus früherer Schrift f. Konfirmanden u. neue Aufzunehmende. 3. Aufl. gr. 8 (48 S.) Elberfeld 899. (Baedeker.) n. — 30

Die wichtigsten Unterscheidungslehren der lutherischen, reformierten, unierten und katholischen Kirche. Ein Auszug aus früherer Schrift von Eduard Kellner, weil. Pastor zu Schwirz. 3. Aufl. *Elberfeld: Luth. Bücherverein 1899.* (48 S.) 8° [F.]

Kellner, Eduard Gust., eine Königsgeschichte, s. a. Saatkörner aus der ev.-luth. Kirche. 13.

Eine Königsgeschichte. Von E(duard) G(ustav) Kellner, † Pastor. Elberfeld: Luth. Bücherverein [1905]. (15 S.) 8° [F.]
— Saatkörner aus d. Evang.-Luth. Kirche. No 13.

— eine Liebes- u. e. Bekenntnisgeschichte, s. a. Saatkörner aus der ev.-luth. Kirche, 14.

Eine Liebes- und eine Bekenntnisgeschichte. Von E[duard] G[ustav] Kellner, † Pastor. Elberfeld: Luth. Bücherverein [1905]. (24 S.) 8° [F.]
— Saatkörner aus d. Evang.-Luth. Kirche. No 14.

Kellner, Emilie, Familiensilhouetten. Freie Bearbeitung der „Little Foxes" by Mrs. H. Beecher-Stowe. 2. Aufl. 12. (III, 248 S.) [Frankfurt a. M. 885, Schriften-Niederlage des Evangel. Vereins.] Stuttgart, Vereinsbuchhandlung. * 3 —
geb. * 3 60

Kellner, Emilie, die ersten sechs Geburtstage eines lieben Kindes. gr. 8. (189 S. mit 12 Stnt.) Ratibor 874, Wichura und Comp. geb. *

— Goethe u. das Urbild seiner Suleika. 8. (X, 117 S.) Leipzig 876. Schlicke. n. 3. —; geb. n. 4. —

— Lieben u. Leiden. Neue Novellen. 8. (300 S.) Ebend. 877. n. 5. —; geb. n. 6. —

— das Manuscript der Tante. Ein Lebensbild aus dem Anfange dieses Jahrh. 2. (Titel-)Ausg. 8. (IV, 134 S.) Erlangen (862)76. Deichert.

Kellner, Erich, approb. Arzt aus Oldenburg: **Beitrag zur Kenntnis der Hautcarcinome der Nase mit Benutzung der in der Zeit vom 1. Dezember 1895 bis zum 1. April 1904 in der Königlichen chirurgischen Universitätsklinik zu Göttingen behandelten Kranken.** *Oldenburg 1904: A. Littmann.* (47 S.) 8°
Göttingen, Med. Diss. v. [1. Juli] 1904

Kellner, Erich, Beitrag zur Kenntnis der Hautcarcinome der Nase, m. Benutzg. der in der Zeit vom 1. XII. 1895 bis zum 1. IV. 1904 in der königl. chirurg. Universitätsklinik zu Göttingen behandelten Kranken. Diss. (47 S.) 8. Oldenburg 904. (Göttingen, Vandenhoeck & Ruprecht.) n. 1. —

Kellner, Erich: Ueber aromatische Nitrosoverbindungen und die Chinonoximcarbonsäure. (Berlin 1910: Ebering.) 51 S. 8°
Berlin, Phil. Diss. v. 13. Aug. 1910, Ref. E. Fischer
[Geb. 1. Sept. 84 Weimar; Wohnort: Charlottenburg; Staatsangeh.: Sachsen-Weimar; Vorbildung: Realgymn. Weimar Reife O. 05; Studium: Jena 4, Berlin 6 S.; Rig. 21. Juli 10.] [U 10. 187

(Kellner, F. L.,) die neuen Theorien in d. zürcherischen Rechtspflege, s. Theorien.

KELLNER, Franciscus: Historia magni schismatis occidentalis. — (1870) 149 S. 4° (Handschr.) Diss. 354
Diss. Wien, Univ.

Kellner, Frz. Seraph., die biblische Geschichte für die kleineren Schüler. 12. (32 S. mit eingedr. Holzschn.) Amberg 883, Habbel. cart. *

Kellner, Frz. Seraph., die biblische Geschichte für die kleineren Schüler. 2. Aufl. 12. (32 S. mit eingedr. Holzschn.) [Amberg 886.] Regensburg, Habbel. cart. * — 20

Kellner, F. S., die biblische Geschichte f. die kleineren Schüler. 3. Aufl. 12. (48 S. m. 26 Bildern.) Regensburg 890. Habbel. cart. n. — 20

Kellner, Frz. Seraph., die biblische Geschichte f. die kleineren Schüler. 5. Aufl. (48 S. m. Abbildgn.) 12. Regensburg (903). J. Habbel. Kart. n. — 20

KELLNER, Franz Xaver (Bernau): De angina membranacea.- Monachii: Franz 1838. 40 S.
3.4.1838 - Urk; F 64
Diss. Ingolst.-Landsh.-Mchn.

KELLNER, Franz Xaver (Burghausen): Zur Physiologie & Pathologie der Medulla oblongata.- München: Deschler 1867. 1 Bl., 43 S.
16.12.1863 - Urk (Titel: De physiologia et pathologia medullae oblongatae.); F 71
Diss. Ingolst.-Landsh.-Mchn.

Kellner, Friedr. Wilh., kurzer Abriß der Erdkunde für Elementarschulen und Vorbereitungsklassen mittlerer und höherer Lehranstalten. 8. (VII, 54 S.) Reval 878, Kluge's Verlag. cart. *

Kellner, Friedr. Wilh., kurzer Abriß der Erdkunde für Elementarschulen und Vorbereitungsklassen mittlerer und höherer Lehranstalten. 2.—4. verb. Aufl. 8. (VII, 54 S.) Reval 880—84, Kluge's Verlag. cart. *

Kellner, Friedr. Wilh., kurzer Abriß der Erdkunde für Elementarschulen und Vorbereitungsklassen mittlerer und höherer Lehranstalten. 5. verb. Aufl. 8. (VII, 54 S.) Reval 885, Kluge's Verlag. cart. * — 80

Kellner, Frdr. Wilh., kurzer Abriß der Erdkunde für Elementarschulen u. Vorbereitungsklassen mittlerer Lehranstalten. 7., verb. Aufl. 8. (VII, 54 S.) Reval 900. F. Kluge. Kart. n. 1. —

Kellner, Frdr. Wilh., kurzer Abriß der Erdkunde f. Elementarschulen u. Vorbereitungsklassen mittlerer Lehranstalten. 9., verb. Aufl. (VII, 54 S.) 8. Reval 908. F. Kluge. Kart. — 80

— ausführliche Anweisung für den Rechenunterricht im Zahlenkreise von 1—100. Eine Zugabe zum Wegweiser für den Rechenunterricht in Elementarschulen. 8. (IV, 51 S.) Ebendas. 885. * — 60

— methodisch-geordnete Aufgaben für das Kopfrechnen. 3 Hefte. 8. Ebendas. *
Inhalt:
Heft 1. Die 4 Species mit gleichbenannten ganzen Zahlen. [Stufe 1, 2 und 3.] 876. * M. 1,20.
" 2. Die Grundrechnungsarten mit ungleichbenannten ganzen Zahlen. — Algebraische Aufgaben. — Die Bruchrechnung mit unbenannten und gleichbenannten Zahlen. — Resolution und Reduction in Brüchen. — Regeldetri. — Algebraische Aufgaben. (II, 229 S.) 877. * M. 1,60.
" 3. Zusammengesetzte Regeldetri. — Zinsrechnung. — Verhältnißbestimmungen. — Gesellschaftsrechnung. — Mischungsrechnung. — Algebraische Aufgaben. (108 S.) 879. * M. 1,20.

— — methodisch-geordnete Aufgaben für das Kopfrechnen. 1. und 2. Heft. 2. Aufl. 8. Ebendas. *
Inhalt:
Heft 1. Die vier Species mit gleichbenannten ganzen Zahlen. [Stufe 1, 2 und 3.] (102 S.) 880. * M. 1,20.
" 2. Die Grundrechnungsarten mit ungleichbenannten ganzen Zahlen. — Algebraische Aufgaben. — Die Bruchrechnung mit unbenannten und gleichbenannten Zahlen. — Resolution und Reduction in Brüchen. — Regeldetri. — Algebraische Aufgaben. (II, 229 S.) 884. * M. 1,60.
3. Heft. Ebendas. 1879. * M. 1,20.

— methodisch-geordnete Aufgaben für das Kopfrechnen. 1. Heft. 3. verb. Aufl. 8. (102 S.) Ebendas. 888. * 1 20

Kellner, Friedr. Wilh., methodisch geordnete Aufgaben zum Tafelrechnen. 6 Hefte. 8. Reval, Kluge's Verlag. *
Inhalt:
Heft 1. Die Zahlenkreise von 1 bis 10 und von 10 bis 100. [Die 4 Species mit gleichbenannten Zahlen.] (40 S.) 876. * 50 Pf.
" 2. Unbegrenzter Zahlenkreis. [Die 4 Species mit gleichbenannten Zahlen.] (47 S.) 876. * 50 Pf.
" 3. Die Grundrechnungsarten mit ungleichbenannten ganzen Zahlen. (76 S.) 878. * 60 Pf.
" 4. [Bruchrechnung mit gleichbenannten und ungleichbenannten Zahlen nebst Regeldetri.] (53 S.) 877. * 60 Pf.
" 5. Die Decimalbruchrechnung nebst einfacher und zusammengesetzter Regeldetri. [Mit Erklärungen.] (69 S.) 878. * 60 Pf.
" 6. Zinsrechnung. — Verhältnißbestimmungen. — Gesellschaftsrechnung. — Mischungsrechnung. — Kettenrechnung. — Vermischte Aufgaben. — Abgekürzte Multiplication und Division der Decimalbrüche. — Wurzelausziehung. [Mit Erklärungen.] (88 S.) 878. * 80 Pf.

— dass. — Resultate. 6 Hefte. 8. Ebendas. [1. und 2. Heft. (24 S.) 876. * 60 Pf.; 3. Heft. (38 S.) 878. * 60 Pf.; 4. Heft. (44 S.) 877. * 60 Pf.; 5. Heft. (34 S.) 878. * 60 Pf.; 6. Heft. (66 S.) 878. * 80 Pf.] *

Kellner, Frdr. Wilh., methodisch-geordnete Aufgaben für das Tafelrechnen. Resultate. 1—6. Hft. 8. Reval 878—81. Kluge. n. 3. 20
1. u. 2. 2. Aufl. (24 S.) n. — 60. — 3. 2. Aufl. (38 S.) n. — 60. — 4. 2. Aufl. (44 S.) n. — 60. — 5. (34 S.) n. — 60. — 6. (66 S.) n. — 80

— methodisch-geordnete Aufgaben für das Tafelrechnen. 1—6. Hft. 8. Ebend. 879—82. n. 3. 60
1. Die Zahlenkreise von 1 bis 10 u. von 10 bis 100. [Die 4 Species mit gleichbenannten Zahlen.] (40 S.) 2. Aufl. n. — 50
2. Unbegrenzter Zahlenkreis. [Die 4 Species mit gleichbenannten Zahlen.] 3. Aufl. (47 S.) n. — 50
3. Die Grundrechnungsarten mit ungleichbenannten ganzen Zahlen. 2. Aufl. (76 S.) n. — 60
4. [Bruchrechnung mit gleichbenannten u. ungleichbenannten Zahlen nebst Regeldetri.] 2. Aufl. (52 S.) n. — 60
5. Die Decimalbruchrechnung nebst einfacher u. zusammengesetzter Regeldetri. [Mit Erklärungen.] (69 S.) n. — 60
6. [Mit Erklärungen.] (88 S.) n. — 80

—— methodisch-geordnete Aufgaben zum Tafelrechnen. 6 Hefte. 8. Ebendas. *
Inhalt:
Heft 1. Die Zahlenkreise von 1 bis 10 und von 10 bis 100. [Die vier Species mit gleichbenannten Zahlen.] 2.—4. verb. Aufl. (40 S.) 880—84. * 50 Pf.
" 2. Unbegrenzter Zahlenkreis. [Die vier Species mit gleichbenannten Zahlen.] 2. und 3. verb. Aufl. (47 S.) 881,82. * 50 Pf.
" 3. Die Grundrechnungsarten mit ungleichbenannten ganzen Zahlen. 2. und 3. verb. Aufl. (78 S.) 881,84. * 60 Pf.
" 4. [Bruchrechnung mit gleichbenannten und ungleichbenannten Zahlen nebst Regeldetri.] 2. und 3. verb. Aufl. (94 S.) 881,84. * 60 Pf.
" 5. Die Decimalbruchrechnung nebst einfacher und zusammengesetzter Regeldetri. [Mit Erklärungen.] 2. Aufl. (69 S.) 882. * 60 Pf.
" 6. Zinsrechnung. — Verhältnißbestimmungen. — Gesellschaftsrechnung. — Mischungsrechnung. — Kettenrechnung. — Vermischte Aufgaben. — Abgekürzte Multiplication und Division der Decimalbrüche. — Wurzelausziehung. [Mit Erklärungen.] 2. Aufl. (88 S.) 882. * 80 Pf.

—— dass. — Resultate. 6 Hefte. 2. verb. Aufl. 8. Ebendas. [1. und 2. Heft. (24 S.) 880. * 60 Pf.; 3.—5. Heft. (40; 44; 34 S.) 881,82. à * 60 Pf.; 6. Heft. (66 S.) 882. * 80 Pf.] *

—— methodisch-geordnete Aufgaben für das Tafelrechnen. 2.—6. Heft. 8. Ebendas. * 3 10
Inhalt:
Heft 2. Unbegrenzter Zahlenkreis. [Die vier Species mit gleichbenannten Zahlen.] 5. und 6. Aufl. (47 S.) 886,88. * 50 Pf.
" 3. Die Grundrechnungsarten mit ungleichbenannten ganzen Zahlen. 4. verb. Aufl. (78 S.) 886. * 60 Pf.
" 4. [Bruchrechnung mit gleichbenannten und ungleichbenannten Zahlen nebst Regeldetri.] 4. verb. Aufl. (94 S.) 886. * 60 Pf.
" 5. Die Decimalbruchrechnung nebst einfacher und zusammengesetzter Regeldetri. [Mit Erklärungen.] 3. Aufl. (69 S.) 886. * 60 Pf.
" 6. Zinsrechnung. — Verhältnißbestimmungen. — Gesellschaftsrechnung. — Mischungsrechnung. — Kettenrechnung. — Vermischte Aufgaben. — Abgekürzte Multiplication und Division der Decimalbrüche. — Wurzelausziehung. [Mit Erklärungen.] 3. und 4. Aufl. (88 S.) 885,88. * 80 Pf.

—— dass. — Resultate. 3.—6. Heft. 8. Ebendas. [3. und 4. Heft 4. verb. Aufl. (40; 44 S.) 886. à * 60 Pf.; 5. Heft 3. verb. Aufl. (34 S.) 886. * 60 Pf.; 6 Heft 3. Aufl. (66 S.) 885. * 80 Pf.] * 2 60

— methodisch geordnete Aufgaben f. das Tafelrechnen. 1.—6. Hft. 8. Ebd. 889. n. 3. 60
1. 6. Aufl. (40 S.) n. — 50. — 2. 7. Aufl. (47 S.) n. — 50. — 3. 4. 5., verb. Aufl. (78 u. 94 S.) à n. — 60. — 5. 4., verb. Aufl. (69 S.) n. — 60. — 6. 4., verb. Aufl. (88 S.) n. — 80.

Kellner, Friedr. Wilh. Methodisch-geordnete Aufgaben f. das Tafelrechnen. 1.—5. Heft. 8. Reval, Kluge. [1. Heft. 8. Aufl. (40 S.) 891. * — 50. — 2. Heft. 8. Aufl. (47 S.) 890. * — 50. — 3. Heft. 6. verb. Aufl. (78 S.) 890. * — 60. — 4. Heft. 5. Aufl. (94 S.) 889. * — 60. — 5. Heft. 4. Aufl. (69 S.) 889. * — 60.] * 2 80
6. Heft. Ebd. 1888. * — 80.
—— dass. — Resultate zum 1./2. u. 4. Heft. 8. Ebd. [1./2. Heft. 4. Aufl. (24 S.) 888; 4. Heft. 5. Aufl. (44 S.) 889.] à Heft * — 60; * 1 20
Resultate z. 3., 5. u. 6. Heft. Ebd. 1885,86. * 2 —.

Kellner, Frdr. Wilh., methodisch-geordnete Aufgaben f. d. Tafelrechnen. 1.—3. Hft. 8. Reval, F. Kluge. n. 2. 20
1. 8. Aufl. (40 S.) 891. n. — 50. — 2. 9. Aufl. (47 S.) 894. n. — 50. — 3. 6., verb. Aufl. (78 S.) 890. n. — 60. — 4. 6., verb. Aufl. (94 S.) 894. n. — 60.

— dasselbe. Resultate zum 1. u. 2. Hft. 4. Aufl. 8. (16 u. 24 S.) Ebd. 888. n. — 60

— dasselbe. Resultate zum 4. Hft. 5., verb. Aufl. 8. (44 S.) Ebd. 889. n. — 60

Kellner, Frdr. Wilh., method.-geordn. Aufgaben f. das Tafelrechnen. 1.—3. Hft. 8. Reval, F. Kluge. n. 1. 80
1. 9. Aufl. (40 S.) 895. n. — 50
2. 10. Aufl. (47 S.) 897. n. — 50
3. 7., verb. Aufl. (78 S.) 896. n. — 80

— dasselbe. Resultate z. 3.—5. Hft. 8. Ebd. 898. à n. — 60
3. (Die Grundrechnungsarten m. ungleich benannten ganzen Zahlen.) 6. Aufl. (40 S.)
4. Stufe 5: Bruchrechng. m. gleich benannten Zahlen. Stufe 6: Bruchrechng. m. ungleich benannten Zahlen u. Regeldetri. 5., verb. Aufl. (44 S.)
5. Stufe 7: Die Dezimalbruchrechng. nebst einf. u. zusammenges. Regeldetri. (M. Erklärgn.) 4., verb. Aufl. (34 S.)

— methodisch geordnete Aufgaben für das Tafelrechnen. 1. Hft. Die Zahlenkreise von 1 bis 10 u. von 10 bis 100. (Die vier Species m. gleichbenannt. Zahlen.) 10. Aufl. 8. (40 S.) Reval 899. F. Kluge. n. — 50

Kellner, Frdr. Wilh., methodisch-geordnete Aufgaben f. das Tafelrechnen. 1. u. 2. Heft. 11. Aufl. (40 u. 47 S.) 8. Reval 905. F. Kluge. à n. — 50

— Methodisch geordnete Aufgaben f. das Tafelrechnen. I., III. u. IV. Heft. 8. Ebd. 1. 70
I. Die Zahlenkreise von 1—10 u. von 10—100. (Die 4 Spezies m. gleichbenannt. Zahlen.) 12. Aufl. (40 S.) 908. - 50
III. Die Grundrechnungsarten m. ungleichbenannten ganzen Zahlen. 8. Aufl. (78 S.) 907. — 60
IV. 5. Stufe: Bruchrechnung m. gleichbenannten Zahlen. 6. Stufe: Bruchrechnung m. ungleichbenannten Zahlen u. Regeldetri. 8. verb. Aufl. (94 S.) 908. — 60

Kellner, Frdr. Wilh., Lehrbuch der allgemeinen Geographie f. mittlere u. höhere Lehranstalten. 2. verb. Aufl. gr. 8. (XII, 419 S. m. eingedr. Holzschn. u. 1 Holzschntaf.) Reval 874. Kluge. n. 3. —

— Lehrbuch der allgemeinen Geographie für mittlere u. höhere Lehranstalten. 4., verb. Aufl. gr. 8. (XII, 416 S. m. eingedr. Holzschn. u. 1 Holzschntaf.) Ebend. 881. n. 3. —

— Lehrbuch der allgemeinen Geographie f. mittlere u. höhere Lehranstalten. 5. Aufl. gr. 8. (XII, 415 S. m. 1 Holzschntaf.) Ebend. 884. n. 3. —

—— Leitfaden für den Unterricht in der Geographie. 1. und 2. durchges. Aufl. gr. 8. (X, 141 S.) Ebendas. 874. cart. *

—— Leitfaden für den Unterricht in der Geographie. 3. Aufl. (VI, 146 S.) 1876; 4. verb. Aufl. gr. 8. (X, 145 S.) Ebendas. 878. cart. *

Kellner, Friedr. Wilh., Leitfaden für den Unterricht in der Geographie. 5.—7. verb. Aufl. gr. 8. (VIII, 146 S.) Ebendas. 880—84. cart. *

—— Leitfaden für den Unterricht in der Geographie. 8. verb. Aufl. gr. 8. (VIII, 146 S.) Ebendas. 886. cart. * 1 50

— Leitfaden f. den Unterricht in der Geographie. 9., verb. Aufl. gr. 8. (VIII, 151 S.) Ebd. 894. Kart. n. 2. 40

— Leitfaden f. d. Unterr. in d. Geographie. 10., verb. Aufl. gr. 8. (VIII, 151 S.) Ebd. 896. Kart. n. 2. 40

Kellner, Frdr. Wilh., Leitfaden f. den Unterricht in der Geographie. 11., verb. Aufl. gr. 8. (VIII, 151 S.) Ebd. 900. Kart. n. 2. —

— Leitfaden f. den Unterricht in der Geographie. 12., verb. Aufl. (VIII, 151 S.) 8. Ebd. 905. Kart. n. 2. —

— Leitfaden f. den Unterricht in der Geographie. 13., verb. Aufl. (VIII, 159 S.) 8. Ebd. 908. Kart. 2. —

—— Wegweiser für den Rechenunterricht in Elementarschulen. 1. und 2. Abthl. 8. Ebendas. à Abthl. * ℳ 1,20. *
Inhalt:
Abthl. 1. Das Rechnen mit ganzen gleichbenannten Zahlen. [Stufe I—III.] (V, 88 S.) 876.
" 2. Das Rechnen mit ungleichbenannten ganzen Zahlen und mit Brüchen. — Regeldetri. [Stufe IV bis VI.] (IV, 184 S.) 878.

— Wegweiser für den Rechenunterricht in Elementarschulen. 1. u. 2. Abth. 8. Ebend. 878. 81. à n. 1. 20
1. Das Rechnen mit ganzen gleichbenannten Zahlen. [Stufe I—III.] 2. Aufl. (V, 88 S.)
2. Das Rechnen mit ungleichbenannten ganzen Zahlen u. mit Brüchen. — Regeldetri. [Stufe IV bis VI.] (IV, 184 S.)

—— Wegweiser für den Rechenunterricht in Elementarschulen. 1. Abthl.: Das Rechnen mit ganzen gleichbenannten Zahlen. [Stufe I bis III.] 2. verb. Aufl. 8. (IV, 88 S.) Ebendas. 880. *

— Wegweiser f. den Rechenunterricht in Elementarschulen. 2. Abthlg. Das Rechnen m. ungleichbenannten ganzen Zahlen u. m. Brüchen. Regeldetri. [Stufe IV bis VI.] 2. verb. Aufl. 8. (IV, 185 S.) Ebend. 885. n. 1. 60

—— Wiederholungsbüchlein für den Rechenunterricht in den unteren Klassen der Gymnasien, in Kreisschulen und in höheren Mädchenschulen. 8. (VI, 76 S.) Ebendas. 879. *

Kellner, Friedr. Wilh., Zahlentafeln zu Kellner's methodischen Rechenwerken. gr. Fol. Ebendas. 885.

Kellner, G., zur Geschichte des Physiokratismus. Quesnay. — Gournay. — Turgot. gr. 8. (VI u. 241 S.) Göttingen 847, Dieterich. n. 1⅓ ₰

Kellner, G., Hessenlieder. 1. Aufl. 1848. und 2. Aufl. 12. (VI und 90 S.) Kassel 852, Appel. *

— s.a. Programm d. demokrat. Vereins zu Kassel.

Kellner, G., und Heise, H., Programm des demokratisch-socialen Vereins zu Kassel. Im Namen des Komites aufgestellt und vorgelegt. 8°. Kassel, Wilh. Appel, 1848.

—— Rede am Trauerfeste für Rob. Blum und die gefallenen Wiener, am 26. Novbr. 1848 (zu Kassel) gehalten. gr. 8. (4 S.) Kassel 849, (Raabé und Comp.)

Kellner, G. Andr., Synops. observation. medicar. et physicar. s. index decuriar. III. et centur. X. Ephemerid. II Tmi. 4. Norimb. Stein. 739.

Kellner, Geo., die königliche Burg zu Nürnberg. Kurzgefaßte Geschichte und Beschreibung derselben. 16. (23 S.) Nürnberg 867, (Stein's Buchh.) *

Kellner, Georg Christoph, s. Abent(h)euer eines französischen Emigranten.

— s. Charakteristik, Über die, der Tonarten.

— s. Charidion.

— s. Clavierschule, Neue.

Kellner, Geo. Cph., († d. ... Sept. 1808.) Dialog einiger guter Zöglinge mit ihrem Lehrer über d. Vorbereitung zu ihrer Confirmation. 8. Bresl. 790. (Gosohorsky). 5 gr

Kellner, G. Ch., Dialog einig. gut. Zöglinge m. ihr. Lehrer üb. die Vorbereit. zu ihrer Confirmation. 8. Bresl. Meyer. 790.

Kellner, G. Ch., die Edeln der Vorwelt. 2 Thle. (1r Thl. Griechen. 2r Thl. Römer.) 8. Hamb. 793 u. 94. (Campe). 2 ₰ 16 gr

Kellner: Familie

— — von Dienen, Die. Eine humoristische (ziemlich zahme) Erzählung (von *G. Ch. Kellner*). Elberfeld. 1806. In der Büschlerschen Buchhdlg. 8°. 333 S.
Erschien zuerst m. d. Tit.: „Das Sandwerk, eine Stadtneuigkeit vom Kaffeehause". Vom Vf. der Edlen Griechen. Leipzig u. Elberfeld, Heinr. Büschler, 1803. 8°. 333 S. (7 Mk. H. Streisand, Berlin, 1908.)

Kellner: Familiengeschichte

— — der Rosenbusche. Eine wahre (stellenweise anstössige) Geschichte aus authentischen Quellen. (Roman von *Georg Christoph Kellner*.) 4 Thle. Mit Titelvign. Leipzig, Schneider, 1789—90. 8°. (2⅔ Rthl.) Cplt. rar! (2 Mk. W. Koebner, Breslau, ca. 1880; jetzt theurer!)
Bildet Bd. 33—36 der Serie: „Neue Orig.-Romane der Deutschen".
Vgl. Familiengeschichte der Rosenbusche.

— s. Griechen, Edle, in d. Revolutionszeit d. alten Syrakus.

— s.a. Hieroglyphen, Chinesische.

HIEROGLYPHEN, Chinesische. (Satyr. Aufsätze ziemlich harmloser Art, von *Georg Christoph Kellner*.) Mit Titelkupfer. Mannheim, Schwan und Götz, 1791. 8°. 387 S. (3 Mk. Völcker, Frankf. a. M., 1876; jetzt höher notirt!)
Anon.-Lex. II. p. 284 (nach Kayser u. Meusel).

— s. Klingstein.

LAUNEN, Die, der Liebe, ein (zahmer) Roman vom Verfasser der Edlen der Vorwelt (von *G. Chr. Kellner*). 2 Thle. Leipzig 1802. Elberfeld, Heinrich Büschler. 8°. 207 u. 215 S. (8 Mk. Hugo Streisand, Berlin, 1908.)

— — Dasselbe, tit.: Liebe auf den verschiedensten Stufen ihrer Reinheit und Würde, vom Verf. der edlen Griechen. Ib. eod. a. 8°.

LIEBE auf den verschiedensten Stufen ihrer Würde und Reinheit. Vom Verfasser der edlen Griechen (von *Georg Christoph Kellner*). 2 Bde. Leipzig u. Elberfeld 1802. 8°. (1½ Rthl.) Zahm. (12 [!] Mk. H. Streisand, Berlin, 1908.)
Bibl. Bülov II. 4. p. 145; Anon.-Lex. III. p. 58 (nach Kayser).

— Molly u. Urania rc. 8. Manh. 790 Schwan u. G. 20 gr

— s. Plutarchus: Über Erziehung.

— s. Versuch zur Grundlegung einer subjektiven Tugendlehre.

-- **Gottfried** (Carsdorf / Thüring.), De divinatione animae humanae perperam tribuat. Präs. Carl Rudolph Lencke (Auerbach/Vogtl.). Lpz. (Langenheim) 16. VIII. 1755. 46 S. (6.80) 17689

Kellner, H., Bilder aus der alten u. vaterländischen Geschichte. Ein Leitfaden für katholische Volks- u. Bürgerschulen. Mit 81 in den Text gedr. Abbildungen. gr. 8. (80 S.) Berlin 882. Th. Hofmann. cart. n. — 40

Kellner, H., Bilder aus der alten und vaterländischen Geschichte. Ein Leitfaden für kathol. Volks- und Bürgerschulen. 2.—4. Aufl. gr. 8. (80 S. mit 31 in den Text gebr. Abbild.) Gera 885—88, Th. Hofmann. cart. *

Kellner, H. Bilder aus der alten u. vaterländischen Geschichte. Ein Leitfaden f. kathol. Volks- u. Bürgerschulen. 7. verm. u. verb. Aufl. gr. 8. (96 S. m. 43 Abbildgn.) Gera 892, Hofmann. cart. * — 40

Kellner, H., Bilder aus d. alten u. vaterländ. Geschichte. Ein Leitfaden f. kathol. Volks- u. Bürgerschulen. 9. Aufl. gr. 8. (100 S. m. 43 Abb.) Gera 897. Th. Hofmann. Kart n. — 50

Kellner, H., Bilder aus der alten u. vaterländischen Geschichte. Ein Leitfaden f. kathol. Volks- u. Bürgerschulen. 10. Aufl. gr. 8. (100 S. m. 43 Abbildgn.) Gera 899. Leipzig, Th. Hofmann. Kart. n. — 40

— dasselbe, s.a. Realienbuch, illustriertes.

— Geschichtsbilder f. katholische Volks- u. Bürgerschulen. (1. Tl. des illustr. Realienbuchs.) 6. Aufl. gr. 8. (96 S. m. 40 Abbildgn.) Ebd. 891. Kart. n. — 40
Die 7. Aufl. s. oben u. d. T.: Bilder aus der alten u. vaterländischen Geschichte.

—— Lehrplan mit Pensenverteilung, s. Polack, Fr.

— illustr. Realienbuch. Leitfaden f. Geschichte, Geographie, Naturgeschichte u. Naturlehre. Bearb. f. kathol. Volks- u. Bürgerschulen. M. 213 Abb. u. Karten im Text u. 3 Karten in Farbendr. 3 Tle. in 1 Bde. 8., verm. u. verb., 78. u. 81. Aufl. gr. 8. (100, 72 u. 136 S.) Ebd. 895. Geb. in Halbleinw. n.n. 1. —

— dasselbe, s. a.: Realienbuch, illustr.

—— kleines Realienbuch. Für einfache kathol. Schulverhältnisse bearb. 1.—5. Aufl. gr. 8. (144 S. mit 124 Abbild. im Text und 3 Karten in Farbendr.) Berlin 882—84, Th. Hofmann. *

—— kleines Realienbuch. Für einfache kathol. Schulverhältnisse bearb. 6.—28. Aufl. gr. 8. (144 S. mit 124 Abbild. im Text und 8 Karten in Farbendr.) Ebendas. 885—88. * geb. **

Kellner, H., kleines Realienbuch. Für kathol. Volksschulen bearb. 28. Aufl. 8. (144 S. m. 127 Abbildgn. u. 8 Karten in Farbendr.) Gera 890. Th. Hofmann. n. — 50; geb. n. — 60

— Kleines Realienbuch. Für kathol. Volksschulen bearb. Mit 133 Abbildgn. u. Karten im Text u. 3 Karten in Farbendr. 35. verb. u. verm. Aufl. gr. 8. (160 S.) Ebd. 892. * — 50; cart. ** — 60
Vgl.: Realienbuch.

— kleines Realienbuch. Für kathol. Volksschulen bearb. Mit 183 Abbildgn. u. Karten im Text u. 8 Karten in Farbendr. 38. Aufl. gr. 8. (160 S.) Ebd. 893. Kart. n.n. — 60

— kleines Realienbuch. Für kathol. Volksschulen bearb. M. 152 Abb. u. Karten im Text u. 3 Karten in Farbendr. 51. Aufl. gr 8. (176 S.) Gera 898. Th Hossmann. Kart. n.n. — 60

— kleines Realienbuch. Für kathol. Volksschulen bearb. Mit 152 Abbildgn. u. Karten im Text u. 8 Karten in Farbendr. 55. Aufl. gr. 8. (176 S.) Gera 900. Leipzig Th. Hofmann. n. — 50; kart. n.n. — 60

Kellner, Hans. Dem Andenken d. Altmeisters Adam Kraft. gr. 4. (38 S. m. Abbildgn.) Nürnb. 889, J. L. Schrag. cart. * 3 —

Kellner, Hans: Die Mittel der Anstiftung in ihrer materiell-rechtlichen und prozessualen Bedeutung. Straubing 1900: Attenkofer. 63 S. 8°
Würzburg, Jur. Diss. v. 1. Febr. 1910, Ref. Oetker
[Geb. 30. April 85 Kaisheim; Wohnort: Straubing; Staatsangeh.: Bayern; Vorbildung: Gymn. Straubing Reife Juli 04; Studium: Regensburg Lyz. 2, München 2, Würzburg 4 S.; Rig. 14. Juli 09.] [U 10. 4305

KELLNER, Heinrich (Trier): Das Buss- und Strafverfahren gegen Kleriker in den sechs ersten christlichen Jahrhunderten. Eine historisch-kirchenrechtliche Abhandlung.- Trier: Braun 1863. 130 S.
28.3.1862 - Urk (Titel: De disciplina ecclesiae, quae circa poenitentiam et censuras clericorum prioribus VI. saeculis viguit.); F 44
Diss. Ingolst.-Landsh.-Mchn.

Kellner, Heinrich [pr. Arzt aus Küllstedt (Eichsfeld)]: Ein Fall von Gangrän der Penishaut und des Gesammtscrotums. Heilung unter antiseptischer Behandlung.... Frankfurt a. M., Druck v. Josef Müller 1889; 16 S. + 1 Bl. u. 5 Taf. 8°
Würzburg. Med. Fak., Inaug.-Diss. v. 1889

—— Hellenismus und Christenthum oder die geistliche Reaktion des antiken Heidenthums gegen das Christenthum. Mit besond. Rücksicht auf die christenfeindl. Literatur des klass. Alterthums so wie auch der Gegenwart. gr. 8. (VIII und 454 S.) Köln 866, DuMont-Schauberg'sche Buchh.

Kellner, Heinrich *Otto* [aus Bloemfontein '(Oranje-Frei-Staat in Afrika)']: Über Tubengravidität ... Berlin, Buchdr. v. G. Schade, *1893*; 31 S. 8.
Berlin, Med. Fak., Inaug.-Diss. v. 13. Juni 1893

Kellner, Heinr., Verfassung, Lehramt und Unfehlbarkeit der Kirche oder der kirchl. Autoritätsbeweis bei den wirkl. Altkatholiken. 1. Aufl. (VII, 72 S.) 1873, und 2. überarb. Aufl. gr. 8. (VI, 93 S.) Kempten 874, Kösel'sche Buchh.

Kellner, Heinr., Wann waren Petrus u. Paulus in Rom?
Auch separat. Mainz, Kirchheim, 1887, 8°, 60 S.

KELLNER, Hermann (Burghausen): Geburtskomplikation durch Scoliose und Kyphoscoliose.- München: Wolf 1910. 44 S.
13.3.1911 - Chr 1910/11,25; U 11.3663
Diss. Ingolst.-Landsh.-Mchn.

KELLNER, Hermann (Burghausen): Ueber chronische Gelenk-Krankheiten.- München: Mühlthaler 1871. 35 S.
25.7.1870 - Urk (Titel: De morbi articularibus chronicis.); F 72; Chr 1870/71,14
Diss. Ingolst.-Landsh.-Mchn.

Kellner, Hermann: Ueber einige **Methoden** und **Apparate** zur Bestimmung der optischen Konstanten des Fernrohrs. *Berlin: J. Springer [1900].* (33 S.) 4°
Jena, Phil. Diss. v. (4. Nov.) 1899

Kellner, Herm., was ist des deutschen Volkes Kraft, Zuversicht, und allerheiligste Pflicht? Predigt, gehalten in der Dreifaltigkeitskirche zu Worms, gelegentlich der Deutsch-Feier [Sedanfest] den 2. Septbr. 1888. gr. 8. (16 S.) Worms 888, Reiß. *

Kellner, Hermann Camillo, Kurze Elementargrammatik der Sanskrit-Sprache. Mit vergleichender Berücksichtigung des Griechischen und Lateinischen. Leipzig 1868.

Kellner, Camillo, kurze Elementargrammatik der Sanskrit-Sprache. Mit vergleich. Berücksicht. des Griech. und Latein. gr. 8. (XVI, 213 S.) Leipzig 868, Brockhaus. *

Kellner, Camillo, kurze Elementargrammatik der Sanskrit-Sprache. Mit vergleichender Berücksichtigung des Griechischen u. Lateinischen. Zum Selbststudium u. zum Gebrauche bei akademischen Vorträgen. 2., verb. u. verm. Aufl. 8. (XX, 249 S.) Leipzig 877. Brockhaus. n. 4. 50

Kellner, Herm. Camillo, kurze Elementargrammatik der Sanskritsprache. Mit vergleichender Berücksichtigung des Griech. und Lateinischen. Zum Selbstunterrichte und zum Gebrauche bei akadem. Vorträgen. 3. verb. und verm. Aufl. gr. 8. (XVI, 262 S.) Leipzig 885, Brockhaus. *

—— das Lied vom Könige Nala. Erstes Lesebuch für Anfänger im Sanskrit. Nach didakt. Grundsätzen bearb. und in transskribiertem Texte mit Wörterbuch hrsg. gr. 8. (XI, 251 S.) Ebendas. 885. *

Kellner, H. C., üb. Hans Herrig's kirchliches Festspiel Luther. Vortrag, geh. im Gewandhause zu Zwickau am 4. Mai 1889. Festschrift, verf. zur vorläuf. Verständigg. üb. Herrig's Lutherspiel. Nebst e. Anh., enth. die Namen der beim Spiele Mitwirkenden. 12. (32 S.) Zwickau 889. Bär. n. — 40

Kellner, Herm. Camillo, s. a. Sâvitrî.

—— Sâvitrî. Prakt. Elementarbuch zur Einführung in die Sanskritsprache. Ein Buch zum Selbstunterrichte für Philologen und gebildete Laien. gr. 8. (XIII, 245 S.) Ebendas. 888. *

— Sâvitrî. Praktisches Elementarbuch zur Einführg. in die Sanskritsprache. gr. 8. (XIII, 245 S.) Leipzig 888. Brockhaus. n. 5. —

Kellner, J. (Mitarb.), s. A b e n d , Der fröhliche, des 20. Febr. 1801 in Nürnberg.

Kellner, J., röm. Baureste in Ilidze bei Sarajevo, s. a. Mitteilungen, wissenschaftl., aus Bosnien u. der Hercegovina.

Kellner, J., Römische Baureste in Ilidže bei Sarajewo. Mit 10 Tafeln und 127 Abbildungen im Texte. Lex.-8. (32 S.) * 1.—
Wien: Gerold 1898.

Kellner, J., Römische Ruine in Lahtasi. Mit 21 Abbildungen. (9 S.) Wien: Gerold 1894. —.50

Kellner, J., römische Ruine in Laktaši. [Aus: „Wissenschaftl. Mittheilgn. aus Bosnien u. d. Hercegovina" 1. Bd.] Lex.-8. (9 S. m. 21 Abbildgn.) Wien 893. (C. Gerold's Sohn.) n. 1. —

Kellner, J. C., Grundr. d. Generalbasses. 1r Thl. 4. Cassel, Cramer. 797.

Kellner, J. F., praes. Jo. Fr. Wucherer, De harmonia mentis et corporis humani praestabilita, stabilimento orbata. 30 pp. Jen. 4°.
1724

Kellner, J. W., s. K e l l n e r v. Zinnendorff, Joh. Wilh.

Kellner, Jac., Handbuch der Zündwaaren-Fabrikation. Die Fortschritte u. der heut. Standpunkt derselben. Mit 71 Abbildgn. Lex.-8. (XIV, 208 S.) Wien 886. Hartleben. n. 8. —; geb. n. 9. —

[J.] Kellner, Johann Baptist [Vikar am kgl. Hof- u. Kollegiatstifte St. Kajetan in München]: Der heilige Ambrosius, Bischof von Mailand, als Erklärer des Alten Testamentes. E. Beitr. z. Gesch. d. biblischen Exegese. Gekr. Preisschr. Regensburg, Verl.-Anst. vorm. G. J. Manz, 1893; VIII, 186 S., 1 Bl. 8.
München, Theol. Fak., Inaug.-Diss. v. 1893
(Nur in beschränkter Zahl für den Austausch)

Kellner, Joh. Baptist, der hl. Ambrosius, Bischof v. Mailand, als Erklärer d. Alten Testamentes. Ein Beitrag zur Geschichte der bibl. Exegese. Gekrönte Preisschrift. gr. 8. (VIII, 186 S.) Regensburg 893. Nationale Verlags-Anstalt. n. 2. —

— **Johann Heinrich** (Wanzleben/Magdeburg), De restitutione in integrum universitatis. Diss. jur. Präs. Tobias Jac. Reinharth. Erfurt (Joh. Christoph Hering) 11. V. 1733. 24 S. (6.50) 17693

Kellner, Jh. Mt., s. Julie, oder d. kurze Irrthum.

Kellner, Johann Otto

— — (Hannover), De originibus feudalibus. Diss. jur. Präs. Christian Thomasius. Halle (Christoph Andreas Zeitler) 24. IV. 1710. 112 S. mit Widm. v. Präs. (8.50) 17697

— **Johann Otto,** De successione in Germaniae territoria. Diss. jur. publ. Präs. D. Gottlieb Gerh. Titius. Lpz. (Jo. Heinrich Richter) 12. V. 1707. 24 Bl. (6.80) 17696

Kellner, Johann Wilhelm

— über Erziehung; e. Vorlesung, Eltern u. Erziehern gewidmet. 8. Leipz. 784.

Kellner, J. W. Gebot Jesu Christi . . . Bregenz 1789. H: *Brentano, Dominicus von.* (MGT)

Kellner, Jh. Wlh, († d. 7. März 1794.) d. Gebote Jesu Christi. 8. Leipz. 784. Mit Zusätzen verm. u. verb., sammt e. Vorrede v. D. v. Brentano. 8. Kempt. 789. N. A. 8. Bamb. 801. (Wesche in Frankf.) 12 gl.

Kellner, J. W., d. Gebote Jesu C. gr. 8. Leipz. Gleditsch. 789.

Kellner, Johann Wilhelm. Die Gebote Jesu Christi . . . Dritte Aufl. Bamberg u. Würzburg 1794. II: *Bauer, Joseph.* (MGT)

— — dass. 8. Bamb. Göbhard. 801.

Kellner, Joh. Wilh. (geb. am 24 Okt. 1844 in Bonn): Ueber Harnroehrenstricturen ... Bonn, gedr. bei J. F. Carthaus (1869). 30 S., 1 Bl. 8.
Bonn, Med. Fak., Diss. v. 20 Juli 1869

Kellner, Josef, aus Ruwer: Das Lanthanspektrum. *Bonn 1904: C. Georgi.* (29 S.) 8°
Bonn, Phil. Diss. v. 27. Juli 1904

Kellner, J[oseph]. Statistik der Schiffchen-Stickmaschinen in der Schweiz und Vorarlberg bis 1. Juli 1903. Bearb. und hrg. von J. K', ... Rorschach. 3. revidierte Aufl. [Mit Abbildungen.] IV + 34 S. 8. Einsiedeln, Eberle & Rickenbach, 1903. [fr. 1.—]
4. Aufl. 1906 s. Kellner, A[dalbert].

Kellner, Joseph. Vorstellung der Offentlichen Sehbaren Gebrauchen in Nurnberg, zu finden bey Joseph Kellner daselbst [um 1780]
4 Teile. 8°.
I. Kol. Kupfertit.; 7 Taf. in Kupferst.
II: 7 Taf. in Kupferst.
III: 7 Taf. in Kupferst.
IV: 8 Taf. in Kupferst.
Die Taf. z. T. koloriert.

Kellner, K., Gesangschule, s. Krieger, F.

Kellner, K., die Zeit der Verfolgungen, s.: Jugend- u. Volks-Bibliothek, geschichtliche.

Kellner, K. A. Heinrich (Hrsg.), s. Kellner, Lorenz: Lebensblätter.

Kellner, Karl

Kellner, *Friedrich* Carl *Wilhelm* [aus Frankfurt a. M.]: Ueber eine Absorptionserscheinung in einigen sehr verdünnten, wässerigen Säure- und Alkalilösungen bei Gegenwart von Platinmohr ... Strassburg i. E., Buchdr. C. Gœller. 1895; 31 S., 1 Taf. 8.
Strassburg, Math.-naturw. Fak., Inaug.-Diss. v. 1895

Kellner, Karl, zahnärztliche Bücherkunde, s.: Sternfeld, Alfr.

Kellner, Carl, das orthoskopische Ocular, eine neu erfundene achromatische Linsencombination, welche dem astronom. Fernrohr, mit Einschluß des dialytischen Rohrs, und dem Mikroskop, bei einem sehr großen Gesichtsfeld, ein vollkommen ungekrümmtes, perspectivisch richtiges, seiner ganzen Ausdehnung nach scharfes Bild ertheilt, so wie auch den blauen Rand des Gesichtsraumes aufhebt. Mit einer Anleitung zur Kenntniß aller Umstände, welche zu einer maßgebenden Beurtheilung und richtigen Behandlungsart der opt. Instrumente, insbesond. des Fernrohrs, durchaus nöthig sind. Nebst einem Anhange: Zur Kenntniß und Prüfung der Libellen oder Niveau's von M. Hensoldt. gr. 8. (VI und 64 S. mit eingedr. Holzschn.) Braunschweig 849, Vieweg und Sohn. *

Kellner, Carl, welche Resultate u. Fortschritte sind bezüglich der Verwendung d. Holzes zu chemisch-technischen Zwecken zu verzeichnen? [Aus: „Centralbl. f. d. ges. Forstwesen".] (Internationaler land- u. forstwirthschaftl. Congreß zu Wien 1890, Hft. 91.) gr. 8. (11 S.) Wien 890. (W. Frick.) n. — 80

Zur Geschichte der deutschen Volksschule insbesondere im Kurfürstentum Mainz. Von Dr. K[arl] A[dam] Heinrich **Kellner**, Prof., Bonn. Freiburg i. B.: Herder 1897. 27 S. 8° [11. 6785 6

Heortologie oder das Kirchenjahr und die Heiligenfeste in ihrer geschichtlichen Entwicklung. Von Dr. K. A. Heinrich **Kellner**, Prof. zu Bonn. *Freiburg i. Br.: Herder 1901.* (VIII, 240 S.) 8° [01. 1771

Heortologie oder die geschichtliche Entwicklung des Kirchenjahres und der Heiligenfeste von den ältesten Zeiten bis zur Gegenwart von Dr. K[arl] A[dam] Heinrich **Kellner**, Prof. zu Bonn. 2., vollst. neu bearb. u. verm. Aufl. Freiburg im Br.: Herder 1906. (XI, 303 S.) 8° [06. 9497

Jesus von Nazareth und seine Apostel im Rahmen der Zeitgeschichte. Von Dr. th. K[arl] A[dam] Heinrich **Kellner**. Regensburg, Rom, New York & Cincinnati: Pustet 1908. VIII, 461 S. 8° [11. 11836 6

Sacram memoriam Regis Serenissimi Divi Friderici Guilelmi III universitatis Fridericiae Guilelmiae Rhenanae conditoris munificentissimi ab eadem universitate d. III m. Aug. a. 1890 ... pie recolendam victorumque renuntiationem e litterarum certaminibus prodeuntium ... indicit Carolus Adamus Henricus **Kellner** ord. theol. cath. h. a. decanus. Inest eiusdem dissertatio: Chronologiae Tertullianeae supplementa. Bonnae, form. Caroli Georgi univ. typogr. (1890); 34 S. + 1 Bl. 4°

Kellner, C. A. H., chronologiae Tertullianeae supplementa. gr. 4. (34 S.) Bonn 890. (Hanstein.) n. 1.20

— Tradition, geschichtliche Bearbeitung u. Legende in der Behandlung der Chronologie des apostolischen Zeitalters. Zugleich Antwort auf die Frage: Wie lange war Petrus in Rom? Eine literarhistor. Studie. Meinen Kritikern gewidmet. (56 S.) gr. 8. Bonn 909. P. Hanstein. 1.—

Kellner, L.

— Fischerknabe und Edelmann, s. Erzählungen, katholische.

— Fischerknabe u. Edelmann, od.: D. Herr führt d. Seinen! s.a. Zehnpfennigbibliothek, Regensburger.

Kellner, L. (II.), Fischerknabe und Edelmann, oder der Herr führt die Seinen! Nach einer wahren Begebenheit aus dem 17. Jahrh., für's Volk und die reifere Jugend erzählt. 2. revid. Aufl. 8. (184 S. mit 1 Stahlst.) Regensburg 875, Manz.

Kellner, L., Fischerknabe und Edelmann oder der Herr führt die Seinen! Nach einer wahren Begebenheit aus dem 17. Jahrh., für das Volk und die reifere Jugend erzählt. Neue Aufl. 8. (208 S. mit 1 Stahlst. und Illustr.) Regensburg 886, Verlags-Anstalt. *M* 1.10.; geb. *M* 1.40. und

KELLNER, L.: Gründlicher Versuch die Laubholzwaldungen in den möglichst hohen Ertrag zu stellen oder durch veränderte Schlagwirthschaft die Holzproduction des Laubholzes so zu erhöhen, dass in Zukunft der Ertrag den bisher bezogenen ... doppelt, dreifach und wohl noch höher betragen und somit den Ertrag des Nadelholzes noch übersteigen wird; zugleich Beitrag zur Verminderung des Holzmangels, für die Freunde des Forstwesens.- o. O. 1815. 95 S.

—— s. Wenig, Chr., Handwörterbuch der deutschen Sprache.

Kellner, L. E. E., Gleanings from some of the best Authors of the modern British Literature. Zum Schul- und Privat-Gebrauch hrsg. und mit erläut. Anmerkungen versehen. gr. 8. (VI und 290 S.) Hannover 848, Hahn'sche Hofbuch. Thlr.

Kellner, Leon, s.: Bausteine.

Kellner, L., Chaucer's Boethius, } s.: Studien, eng-
— Sir Clyomon and Sir Chamides, } lische. 14. 18. Bd.

Kellner, Leon, Grammatik d. engl. Sprache, s.: Baudisch, Jul.

Kellner, Leon, Grammatik der englischen Sprache, s.: Sonnenburg.

— neues u. vollständiges Handwörterbuch d. englischen u. deutschen Sprache, s.: Thieme, F. W.

Kellner, L., s. Herzl's zionist. Schriften.

— ein Jahr in England 1898—1899. 8. (X, 418 S.) Stuttgart 900. J. G. Cotta Nachf. n. 4.50; geb. n. 5.50

— Lehrbuch der englischen Sprache für Mädchenlyzeen. gr. 8. (IV, 238 S.) Berlin 902. J. Springer. — Wien, Gerold & Co. n. 2.—; geb. in Leinw. n. 2.40

Kellner. Dr. Leon, Lehrbuch der englischen Sprache für Mädchenlyzeen. 2., unveränderte, sonach gemäß Min.-Erl. vom 24. April 1902, Z. 12220, allgemein zulässige Auflage. Wien. Gerold und Comp., Berlin, Julius Springer, 1910. K 280.

Kellner, Leon, die engl. Literatur im Zeitalter d. Königin Viktoria. (XXX, 703 S.) gr. 8. Leipzig 909. B. Tauchnitz. 10.—; geb. in Leinw. 11. —

— englische Märchen, s.: Kellner, Anna.

Kellner, Leon. Die Quelle von Marlowe's „Jew of Malta", s. Studien, englische. X. Bd. 1. Heft.

— Shakespeare, s. a. Dichter u. Darsteller. IV.

Shakespeare. Von Prof. Dr. L[eon] Kellner. *Leipzig, Berlin, Wien: E. A. Seemann 1900.* (280 S.) 8° [F.]
— Dichter u. Darsteller. 4.

Kellner, L. Zur Sprache Christopher Marlowes. Wien, R. III. Bez., 1887. 24 S. Progr.

Kellner Dr. Leon: Altenglische Spruchweisheit. (Alt- und mittelenglischen Autoren entnommen). 26. Wien XVIII. R. 97. Progr.

Kellner, Leon, zur Syntax des englischen Verbums mit besond. Berücksicht. Shakespeare's. gr. 8. (VII, 103 S.) Wien 885, Hölder. *

Kellner, L. (Hrsg.), s. a. T a l e s, English fairy

— english fairy tales. Für d. Schulgebrauch hrsg. 1. Tl.: Einleitg. u. Text. 2. Tl.: Anmerkgn. u. Wörterverzeichnis. 8. (VIII, 136 S.) Leipzig 899. G. Freytag. Geb. in Leinw. u. geh. n. 1.25

Kellner Leon: Die Genera Verbi bei Shakespeare. 1884 PN 305 Diss. Wien, Univ. 1910

Kellner, Lorenz

Kellner, L., Aufgaben zu Uebungen im höheren schriftlichen Gedankenausdrucke für weibliche Bildungsanstalten. Freiburg im Br. 864. Herder. 12. (VIII, 143 S.) 9 ngr.

Kellner, L., Aufgaben zu Uebungen im höheren schriftlichen Gedankenausdrucke, vorzugsweise für weibl. Bildungsanstalten. 2. verm. Aufl. 8. (VIII, 151 S.) Freiburg im Br. 872, Herder'sche Verlagsh. *

Kellner (Lorenz), s.: Bibliothek der kathol. Pädagogik.

— lose Blätter. Pädagog. Zeitbetrachtgn. u. Ratschläge. Ges. u. geordn. v. Adam Görgen. M. 2 Schriftproben. gr. 8. (XVIII, 358 S.) Freiburg i/B. 895. Herder. n. 2.40; geb. in Leinw. n. 3.50

— die Denk-, Sprech- u. Aufsatz-Schule f. Unter-, Mittel- u. Oberklassen der Volksschulen. Methodisch geordnete Übungsstoffe f. Lehrer an Seminaren u. Volksschulen. 17., verb. Aufl. gr. 8. (X, 238 S.) Altenburg 889. Pierer. n. 2.50

—— Erziehungsgeschichte in Skizzen und Bildern. Mit besond. Rücksicht auf das Volksschulwesen, für Lehrer, deren Bildner und Leiter hrsg. 2. verb. und erweit. Aufl. 2 Bde. in 8 Lfgn. gr. 8. (VIII, 392; IV, 572 S.) Essen 869—71, Bädeker. à Lfg. *M 1. *

Kellner, L., Erziehungsgeschichte in Skizzen u. Bildern. Mit vorwiegender Rücksicht auf das Volksschulwesen. 3., sehr verb. u. verm. Aufl. 3 Bde. gr. 8. (VIII, 408, III, 335 u. VI, 306 S.) Essen 880. Bädeker. n. 8. —; einzeln à Bd. n. 3. —

Kellner, L. (I.), kurze Geschichte der Erziehung und des Unterrichts, mit vorwaltender Rücksicht auf das Volksschulwesen. Ein Hülfsmittel für den Unterricht und zur Vorbereitung auf die durch die Allgemeinen Bestimmungen vom 15. Octbr. 1872 vorgeschriebenen Prüfungen. 1. Aufl. (VII, 260 S.) 1877; 2. sorgfältig revid. Aufl. (VII, 264 S.) 1877; 3. sorgfältig revid. Aufl. (VII, 266 S.) 1878; 4. verb. Aufl. gr. 8. (VII, 274 S.) Freiburg i. Br. 879, Herder'sche Verlagsh. geb. *

— kurze Geschichte der Erziehung u. des Unterrichtes mit vorwaltender Rücksicht auf das Volksschulwesen. Ein Hilfsmittel für den Unterricht u. zur Vorbereitung auf die durch die allgemeinen Bestimmungen vom 15. Oktbr. 1872 vorgeschriebenen Prüfungen. 6. Aufl. 8. (VII, 276 S.) Freiburg i/Br. 881. Herder. n. 2. —

—— kurze Geschichte der Erziehung und des Unterrichtes mit vorwaltender Rücksicht auf das Volksschulwesen. Ein Hilfsmittel für den Unterricht und zur Vorbereitung auf die durch die Allgemeinen Bestimmungen vom 15. Oktbr. 1872 vorgeschriebenen Prüfungen. 5. und 6. Aufl. (VII, 276 S.) 1881; 7. revid. Aufl. 8. (VII, 278 S.) Freiburg i. Br. 883, Herder'sche Verlagsh. *

— kurze Geschichte der Erziehung u. d. Unterrichtes m. vorwaltender Rücksicht auf das Volksschulwesen. Ein Hilfsmittel f. den Unterricht u. zur Vorbereitg. auf die durch die Allgemeinen Bestimmgn. vom 15. Oktbr. 1872 vorgeschriebenen Prüfgn. 8. Aufl. 8. (VII, 278 S.) Freiburg i/Br. 885. Herder. n. 2. —; Einbd. n.n. — 50

Kellner, L. Kurze Geschichte der Erziehung u. d. Unterrichtes mit vorwaltender Rücksicht auf das Volksschulwesen. Ein Hilfsmittel f. d. Unterricht u. zur Vorbereitg. auf d. durch die Allgemeinen Bestimmgn. v. 15. Oktbr. 1872 vorgeschriebenen Prüfgn. 8. 9. Aufl.i (XI, 298 S.) Freib. i. Br. 889, Herder. * 2 —; geb. ** 2 35

Kellner, L., kurze Geschichte der Erziehung u. des Unterrichtes m. vorwaltender Rücksicht auf das Volksschulwesen. Ein Hilfsmittel f. den Unterricht u. zur Vorbereitg. auf die durch die allgemeinen Bestimmgn. vom 15. Oktbr. 1872 vorgeschriebenen Prüfgn. 10. unverän Aufl. gr. 8. (XI, 298 S.) Freiburg i/B. 893. Herder. n. 2. —; geb. in Halbldr. n.n. 2.35

Kellner, L., kurze Geschichte der Erziehung u. d. Unterrichtes m. vorwaltender Rücksicht auf d. Volksschulwesen. Ein Hilfsmittel f. den Unterricht u. zur Vorbereitg. auf die durch die allgemeinen Bestimmgn. vom 15. X. 1872 vorgeschriebenen Prüfgn. 11., durchgeseh. Aufl. gr. 8. (XI, 300 S.) Freiburg i/B. 899. Herder. n. 2.40; Einbd. in Halbldr. n.n. — 35

—— Grundlagen zu einem formal bildenden Unterricht in der deutschen Sprache und Literatur, für gehobene Töchterschulen, Bürgerschulen, Seminare ꝛc. 3., verb. und verm. Aufl. 8. (64 S.) Altenburg 864, Pierer. *

Kellner, L., Grundlagen zu den Vorbereitungen auf einen formal bildenden Unterricht in der deutschen Sprache u. Literatur, für gehobene Töchterschulen ꝛc. (Abdr. aus den „Vorbereitungen ꝛc.") 2., verb. u. verm. Aufl. Erfurt 857. Otto. 8. (1 Bl., 59 S.) 3 ngr.

— der katholische Jugendfreund, s. Jugendfreund.

Kellner, L., der kathol. Jugendfreund. Ein Lesebuch f. d. oberen Klassen u. Abthl. christkathol. Volksschulen. M. besond. Rücksicht auf religiöse Bildung herausgegeben. 8. (17⅛ B.) Heiligenstadt 842, Delion. Thlr.

Kellner, L., das Kleeblatt, od. Wahrheit u. Dichtung aus d. Lehrerleben. Ein pädagog. Roman f. Lehrer u. Lehrerfreunde. 8. (13 B.) Neuhaldensleben 836, Eyraud

—— Lebensblätter. Erinnerungen aus d. Schulwelt. Mit d. (Lichtdr.-) Bilde des Verf. 1. Aufl. (VIII, 588 S.) 891. * 4 50; geb. * 5 60; 2. ergänzte Aufl. 8. (XI, 618 S. m. Lichtdr.-Bildnis.) Ebd. 892. * 4 —; geb. * 5 20

[F.] Lebensblätter. Erinnergn. aus d. Schulwelt v. Dr. L[orenz] Kellner, weil. Geh. Reg.- u. Schulr. M. d. Bildn. d. Vfs. 3. Aufl. '(Unveränd. Abdr. d. 2., ergänzten Aufl.)' (Hrsg.: K. A. H[einrich] Kellner, o. ö. Prof. ... in Bonn.) *Freiburg i. Br.: Herder 1897.* (VII S., 2 Bl., 606 S., 1 Portr.) 1 Bd 8.

— praktischer Lehrgang für den gesammten deutschen Sprachunterricht. 1r Thl. Die Denkübungen, als Vorschule des schriftl. Gedankenausdrucks, und die Methodik des höhern Leseunterrichtes enthaltend. gr. 8. Erfurt 837. Otto. n. 2/3 ℛ

— dass. 2r Thl. Den ersten Theil des grammatischen Sprachunterrichtes, verbunden mit fortgesetzten Denkübungen und den Lehrgang in der Orthographie enthaltend. gr. 8. Ebd. 838. n. 2/3 ℛ

— dass. 3r Thl. Enthaltend die Stylschule, zugleich eine Fortsetzung des Cursus in den Denkübungen. A. u. d. T.: Theoret.-prakt. Anweisung zum Unterrichte im schriftlichen Gedankenausdrucke. Für Volks- u. Bürgerschulen entworfen, und mit mehr als 300 größtentheils ausgeführten Beispielen versehen. gr. 8. Ebd. 839. n. 2/3 ℛ

— dass. 4r Thl. Enthalt. d. zusammengesetzten Satz als zweiten Theil d. grammat. Unterrichtes, hiermit verknüpfte fortgesetzte Denkübungen u. eine kurze Grammatik nach Becker's Grundsätzen. Mit 1 Tabelle. gr. 8. Ebd. 840. n. 1/2 ℛ

— praktischer Lehrgang f. den gesammten deutschen Sprachunterricht. Ein Hand- und Hülfsbuch für Lehrer an Volksschulen, Bürgerschulen u. Seminarien. 1. Thl. — A. u. d. T.: Prakt. Anleitung z. Ertheilung eines zweckmäß. Unterrichtes in den Denkübungen. Nebst e. die Methodik des höhern Leseunterrichtes darstell. Anhange u. e. Einleitung in den Zweck u. die Methode des Sprachunterrichtes. — 2. sehr verb. u. verm. Aufl. gr. 8. Erfurt 841, Otto. (à) n. 1/2 ℛ — 3. verb. u. verm. Aufl. gr. 8. Ebend. 843. n. 1/2 ℛ — 4. umgearb. Aufl. in 3 Bdn. 1. Bd. Die Denk-, Sprech- u. Stylschule. gr. 8. Ebend. 845. n. 3/4 ℛ — 2. u. 3. Bd. Der Sprachunterricht ꝛc. — Kurzgefaßte deutsche Sprachlehre. gr. 8. Ebend. 846. n. 3/4 ℛ

Kellner, L., praktischer Lehrgang ꝛc. 2. Thl. Den ersten Theil des grammatischen Sprachunterrichtes, verbunden mit fortgesetzten Denkübungen, enthaltend. 2. sehr verb. Aufl. gr. 8. Erfurt 842, Otto. (à) n. 1/2 ℛ — 3. verb. u. verm. Aufl. gr. 8. Ebend. 844. n. 1/2 ℛ

— dass. 3. Thl. — A. u. d. T.: Theoretisch-prakt. Anweisung zum Unterrichte im schriftl. Gedankenausdrucke. Für Volks- u. Bürgerschulen entworfen, und mit mehr als 300 größtentheils ausgeführten Beispielen versehen. 2. sehr verb. u. verm. Aufl. gr. 8. Ebend. 842. n. 1/2 ℛ — 3. verm. u. verb. Aufl. gr. 8. Ebend. 844. n. 1/2 ℛ

— dass. 4. Thl. Enthaltend den zusammengesetzten Satz als 2. Thl. des grammat. Unterrichtes, hiermit verknüpfte fortgesetzte Denkübungen u. eine kurze Grammatik nach Becker's Grundsätzen. 2. sehr verb. u. verm. Aufl. gr. 8. (Mit 1 Tab.) Ebend. 842. (à) n. 1/2 ℛ — 3. verb. u. verm. Aufl. gr. 8. Ebend. 844. n. 1/2 ℛ — Alle 4 Thle. zusammen nur 1 1/2 ℛ

Kellner, L., prakt. Lehrgang für den deutschen Sprachunterricht. Ein Hand- u. Hülfsbuch f. Lehrer an Volks- u. Bürgerschulen. 1. Bd. Die Denk-, Sprech- u. Schreibschule. 5. verb. Aufl. gr. 8. (255 S.) Erfurt 847, Otto. n. 3/4 ℛ — 6. verb. Aufl. gr. 8. (X u. 247 S.) Ebd. 850. n. 24 ngr — 7. verb. u. verm. Aufl. gr. 8. (XVI u. 240 S.) Ebd. 852. — 2. Bd. A. u. d. T.: Der Sprachunterricht in seiner Begründung durchs Lesebuch. Ein Leitfaden f. den sprachl. Unterricht in den Mittel- u. Oberklassen der Volks- u. Bürgerschulen. 5. verb. Aufl. gr. 8. (195 S.) Ebd. 849. n. 16 ngr — 6. verb. Aufl. gr. 8. (192 S.) Ebd. 851. n. 16 ngr — 3. Bd. 5. verb. Aufl. A. u. d. T.: Kurze deutsche Sprachlehre nach den neuesten Grundsätzen u. Forschungen. Ein Leitfaden zum Gebrauch in Seminarien, Realschulen u. den oberen Klassen d. Bürgerschulen; insbesondere eine Vorschule für Volksschullehrer zu tieferem Studium der Muttersprache. gr. 8. (X u. 144 S. m. 1 Tab. in qu. 4.) Ebd. 849. n. 8 ngr — 6. verb. Aufl. A. u. d. T.: Kurze deutsche Sprachlehre nach den neuesten Grundsätzen u. Forschungen; ausgestattet m. Beispielen aus unsern Klassikern u. einem Uebungsfelde so wie mit einer Reihe v. Wiederholungsfragen. Ein Leitfaden zum Gebrauche in Seminarien, Realschulen u. oberen Klassen der Bürgerschulen. 6. verb. u. verm. Aufl. gr. 8. (XII u. 144 S.) Ebd. 852. n. 8 ngr (1—3: 1 ℛ 16 1/2 ngr)

— praktischer Lehrgang für den deutschen Sprachunterricht. Ein Hand- u. Hülfsbuch für Lehrer an gehobenen Volks- u. Bürgerschulen. 3 Bde. Ebend. 854—58. gr. 8. n. 1 ℛ 18 ngr

1. Bd.: Die Denk-, Sprech- u. Schreibschule. Eine methodische Anleitung für Lehrer an Volks- u. Bürgerschulen. 8. verb. Aufl. 854. (XVI, 240 S.) — 9. verb. Aufl. 856. (XVI, 254 S.) — 10. verb. Aufl. 858. (XVI, 251 S.) n. 24 ngr

2. Bd.: Der Sprachunterricht in seiner Begründung durchs Lesebuch. Ein Leitfaden für den sprachlehrlichen Unterricht in den Mittel- u. Oberklassen der Volks- u. Bürgerschulen. 7. verb. Aufl. 854. — 8. verb. Aufl. 856. (4 Bl., 184 S.) n. 16 ngr

3. Bd.: Kurze deutsche Sprachlehre nach den neuesten Grundsätzen u. Forschungen; ausgestattet mit Beispielen aus unsern Klassikern u. einem Uebungsfelde, so wie mit einer Reihe von Wiederholungsfragen. Ein Leitfaden zum Gebrauche in Seminarien, Realschulen u. den oberen Klassen der Bürgerschulen; insbesondere eine Vorschule zu tieferem Studium der Muttersprache. 7. verb. u. verm. Aufl. 855. — 8. revid. Aufl. 857. (XII, 148 S.) n. 8 ngr

— praktischer Lehrgang für den deutschen Sprachunterricht. Ein Hand- und Hülfsbuch für Lehrer an Seminarien, Bürgerschulen u. Volksschulen. 3 Bde. Erfurt, Otto. (Altenburg, Pierer.) gr. 8.

1. Bd.: Vollständige Denk-, Sprech- und Styl-Schule für Unter-, Mittel- und Oberklassen. 11. Aufl. 861. (XVI, 256 S.) — 12., sehr verb. u. verm. Aufl. 864. (XVI, 264 S.) n. 24 ngr

2. Bd.: Der Sprachunterricht in seiner Begründung durchs Lesebuch. 9. Aufl. 859. (VIII, 198 S.) — 10., sorgfältig durchgeseh. Aufl. 862. (VIII, 206 S.) n. 16 ngr

3. Bd.: Kurze deutsche Sprachlehre nach den bewährtesten Grundsätzen und Forschungen, ausgestattet mit klassischen Beispielen, mit Wiederholungsfragen und einem Uebungsfelde. 9. Aufl. 860. (XII, 148 S.) n. 8 ngr — 10., verb. u. verm. Aufl. 863. (XVI, 172 S.) n. 12 ngr

— Lehrgang für den deutschen Sprachunterricht. Ein Hand- u. Hilfsbuch für Lehrer an Volks- u. Bürgerschulen. 3 Bde. Altenburg, A. H. Pierer. gr. 8. n. 1 ℛ 22 ngr

1. Bd Vollständige Denk-, Sprech- u. Styl-Schule für Unter-, Mittel- u. Oberklassen. 13. u. 14. verb. u. verm. Aufl. (XIV, 246 S.) 867, 69. n. 24 ngr

2. Bd. Der Sprachunterricht in seiner Begründung durchs Lesebuch ꝛc. 11., sorgfältig durchgeseh. Aufl. (VII, 192 S.) 867. n. 16 ngr

3. Bd. Kurze deutsche Sprachlehre nach den bewährtesten Grundsätzen u. Forschungen ꝛc. 11—14., sehr verb. u. verm. Aufl. (X, 166 S.) mit 1 Tab. in 4.) 865—69. n. 12 ngr

Kellner, L., praktischer Lehrgang f. den deutschen Sprachunterricht. Ein Hand- u. Hülfsbuch f. Lehrer an Seminarien, Bürgerschulen u. Volksschulen. 1. Bd. Vollständige Denk-, Sprech- u. Stylschule f. Unter-, Mittel- u. Oberklassen. 15. verb. u. verm. Aufl. gr. 8. (XIV, 246 S.) Altenburg 872. Pierer. n. 2. 40

Kellner, L., praktischer Lehrgang für den deutschen Sprachunterricht ꝛc.

Bd. 2. Der Sprachunterricht in seiner Begründung durchs Lesebuch. Ein Leitfaden für den sprachl. Unterricht in den Mittel- und Oberklassen der Volks- und Bürgerschulen. 14., sorgfältig durchgeseh. Aufl. (VIII, 184 S.) 875. *ℳ 1,70.

" 3. Kurze deutsche Sprachlehre nach den bewährtesten Grundsätzen und Forschungen; ausgestattet mit klass. Beispielen, Wiederholungsfragen und einem Uebungsfelde. 14. Aufl. 1869. *ℳ 1,20., und 15. verb. und verm. Aufl. (VIII, 154 S. mit 1 Tab. in qu. gr. 4.) 874. *ℳ 1,30.

—— praktischer Lehrgang für den deutschen Sprachunterricht. Ein Hand- und Hülfsbuch für Lehrer an Volks-, Bürger- und Mittelschulen. 1. und 3. Bd. gr. 8. Altenburg 878, Pierer. *

Inhalt:

Bd. 1. Vollständige Denk-, Sprech- und Stylschule für Unter-, Mittel- und Oberklassen. 16. verb. und verm. Aufl. (XIV, 276 S.) *M 2,50.

" 3. Kurze deutsche Sprachlehre nach den bewährtesten Grundsätzen und Forschungen; ausgestattet mit klassischen Beispielen, mit Wiederholungsfragen und einem Uebungsfelde. Ein Leitfaden zum Gebrauche in Seminarien und höheren Schulanstalten; insbesondere eine Vorschule zu tieferem Studium der Muttersprache. 17. sorgfältig durchgeseh. und verb. Aufl. (X, 164 S.) *M 1,30.

2. Bd. Ebendas. 875. *M 1,70.

—— Praktischer Lehrgang f. den deutschen Sprachunterricht. Ein Hand- u. Hilfsbuch f. Lehrer an Volks-, Bürger- u. Mittelschulen. 1. u. 3. Bd. gr. 8. Altenb., H. A. Pierer. * 3 80

1. Die Denk-, Sprech- u. Aufsatz-Schule f. Unter-, Mittel- u. Oberklassen d. Volksschulen. Methodisch geordnete Übungsstoffe f. Lehrer an Seminaren u. Volksschulen. 17. rev. u. verb. Aufl. (X, 238 S.) 889. * 2 50.

3. Kurze deutsche Sprachlehre. Ein Leitfaden zum Gebrauche in Seminaren u. höheren Schulanstalten, zugleich e. Vorschule zu tieferem Studium der Muttersprache. 18. sorgfältig durchgeseh. u. verb. Aufl. (X, 164 S.) 892. * 1 30.

2. Bd. Ebd. 1877. * 1 60.

– Lese- und Bildungsbuch für Mittel- und Oberklassen, s. Kellner: Lesebuch für Mittel- und Oberklassen ...

— deutsches Lese- u. Bildungsbuch für höhere Schulen, insbesondere für katholische Töchterschulen u. weibliche Erziehungsanstalten. 8. Aufl. (Gewöhnl. Ausg.) gr. 8. (XII, 430 S.) Freiburg i/Br. 878. Herder. n. 3. 20; feinere Ausg. n. 4. —

—— deutsches Lese- und Bildungsbuch für höhere Schulen, insbesondere für die oberen Klassen kathol. Töchterschulen und weibl. Erziehungsanstalten. 9. revid. und verm. Aufl. (Feine Ausg.) gr. 8. (XII, 464 S. mit 1 Farbendr.) Ebendas. 883. *

Schulausg. ohne Bild *

— deutsches Lese- u. Bildungsbuch f. höhere Schulen, insbesondere f. die oberen Klassen kathol. Töchterschulen u. weibl. Erziehungsanstalten. 10. Aufl. (Feine Ausgabe.) gr. 8. (VIII, 460 S. m. 1 Farbendr.) Ebend. 886. n. 4. —

— dasselbe. 10. Aufl. (Schul-Ausg. ohne Bild.) gr. 8. (VIII, 460 S.) Ebend. 886. n. 3. 20; Einbd. n.n. — 70

Kellner, L., deutsches Lese- u. Bildungsbuch f. höhere Schulen, insbes. f. die oberen Klassen höherer Töchterschulen u. weibl. Erziehungsanstalten. 11., rev. Aufl. gr. 8. (VIII, 452 S. m. 1 Stahlst. u. 1 Lichtdr.) Freiburg i/Br. 889. Herder. n. 3. 20; geb. in Leinw. n. 4. 80; in Halbldr. n. 3. 90

—— Deutsches Lese- u. Bildungsbuch f. höhere Schulen, insbesondere f. die oberen Klassen höherer Töchterschulen u. weibl. Erziehungsanstalten. 12. rev. Aufl. gr. 8. (XV, 407 S. m. 1 Stahlst. u. 1 Lichtdr.) Freib. i. B. 892, Herder. * 3 20; in Hlbldr. * * 3 70 geb. in Leinw. * 4 80

— deutsches Lese- u. Bildungsbuch f. höh. Schulen, insbes. f. d. ob. Klassen höh. Töchterschulen u. weibl. Erziehungsanst. 13. Aufl. gr. 8. (XV, 407 S. m. 1 Stahlst. u. 1 Lichtdr.) Ebd. 895. n. 3. 20; Einbd. in Halbldr. n.n.n. — 50

— deutsches Lese- u. Bildungsbuch f. höhere Schulen, insbesondere f. die oberen Klassen höh. Töchterschulen u. weibl. Erziehungsanstalten. 14. Aufl. Mit e. Stahlst. u. e. Lichtdr. gr. 8. (XV, 407 S.) Ebd. 899. n. 3. 20; Einbd. in Halbldr. n.n.n. — 50

— Deutsches Lese- u. Bildungsbuch f. höh. Schulen, insbes. f. die oberen Klassen höh. Töchterschulen u. weibl. Erziehungsanstalten. 15. Aufl. Mit 1 Stahlst. u. 1 Lichtdruck. (XV, 407 S.) gr. 8. Freiburg i/B. (908). Herder. 3.40; geb. 4. —

—— deutsches Lese- und Bildungsbuch für katholische höhere Töchterschulen und Pensionate, zugleich eine Grundlage für den Unterricht in der Muttersprache und in der Literaturgeschichte. gr. 8. (XVI und 752 S. mit 1 Stahlst.) Freiburg im Br. 857, Herder'sche Verlagsbuchh. *

—— deutsches Lese- und Bildungsbuch für höhere katholische Schulen, insbesondere für höhere Töchterschulen und weibl. Erziehungsanstalten. 2., verb. Aufl. gr. 8. (XIX und 720 S.) Freiburg im Br. 860, Herder'sche Verlagsbuchh. *

Feine Ausg. mit 1 Stahlst. *

—— deutsches Lese- und Bildungsbuch für höhere katholische Schulen, insbesond. für höhere Töchterschulen und weibl. Erziehungsanstalten. 3. Aufl. 1864. und 4., unveränd. Aufl. gr. 8. (XX und 663 S.) Freiburg im Br. 866, Herder'sche Verlagsh. *

Feine Ausg. *

—— deutsches Lese- und Bildungsbuch für höhere katholische Schulen, insbesondere für höhere Töchterschulen und weibl. Erziehungsanstalten. 5. und 6. Aufl. 1870,71. *M 3., und 7. Aufl. gr. 8. (VIII, 616 S.) Ebendas. 874. * 4 —

Feine Ausg. 4 50

—— Lese- und Bildungsbuch für Mittel- und Oberklassen gehobener Mädchenschulen. Als Vorstufe des deutschen Lese- und Bildungsbuches für höhere Töchterschulen und weibl. Erziehungsanstalten. gr. 12. (XI und 487 S.) Freiburg im Br. 861, Herder'sche Verlagsbuchh. *

Feine Ausg. *

—— Lesebuch. Für Mittel- und Oberklassen gehobener Mädchenschulen, als Vorstufe des deutschen Lese- und Bildungsbuches für höhere Töchterschulen und weibl. Erziehungsanstalten hrsg. 2., durchgeseh. Aufl. 1865. und 3., unveränd. Aufl. gr. 12. (XII und 487 S.) Freiburg im Br. 868, Herder'sche Verlagsh. *

—— Lesebuch für Mittel- und Oberklassen gehobener Mädchenschulen als Vorstufe seines deutschen Lese- und Bildungsbuches für höhere Töchterschulen und weibl. Erziehungsanstalten. 4. unveränd. Aufl. 1869. *M 1,60.; 5. revid. Aufl. 1872. *M 1,80., und 6. revid. Aufl. gr. 8. (490 S.) Freiburg im Br. 874, Herder'sche Verlagsh. * 2 —

—— Lesebuch für Mittel- und Oberklassen gehobener Mädchenschulen, als Vorstufe seines deutschen Lese- und Bildungsbuches für höhere Töchterschulen und weibl. Erziehungsanstalten. 7. verb. Aufl. (XI, 495 S.) 1876; 8. Aufl. 8. (XI, 488 S.) Freiburg i. Br. 876, Herder'sche Verlagsh. *M 2.; geb. *

— Lesebuch für Mittel- u. Oberklassen gehobener Mädchenschulen, als Vorstufe seines deutschen Lese- u. Bildungsbuches für höhere Töchterschulen u. weibliche Erziehungsanstalten. 8. Aufl. 8. (VI, 488 S.) Ebend. 878. n. 2. —

— Lesebuch f. Mittel- u. Oberklassen gehobener Mädchenschulen, als Vorstufe seines deutschen Lese- u. Bildungsbuches f. höhere Schulen, insbesondere f. die oberen Klassen kathol. Töchterschulen u. weibl. Erziehungsanstalten. 9. Aufl. 8. (XI, 495 S.) Ebend. 881. n. 2. —; Einbd. n.n. — 50

—— Lesebuch für Mittel- und Oberklassen gehobener Mädchenschulen, als Vorstufe seines deutschen Lese- und Bildungsbuches für höhere Schulen, insbesondere für die oberen Klassen kathol. Töchterschulen und weibl. Erziehungsanstalten. 9. Aufl. 8. (XI, 495 S.) Ebendas. 884. *

—— Lesebuch für Mittel- und Oberklassen gehobener Mädchenschulen, als Vorstufe seines deutschen Lese- und Bildungsbuches für höhere Schulen, insbesondere für die oberen Klassen kathol. Töchterschulen und weibl. Erziehungsanstalten. 10. Aufl. 8. (XI, 500 S.) Ebendas. 887. *M 2.—; geb. * *

— Lesebuch f. Mittel- u. Oberklassen gehobener Mädchenschulen, als Vorstufe seines deutschen Lese- u. Bildungsbuches f. höhere Schulen, insbesondere f. die oberen Klassen kathol. Töchterschulen u. weibl. Erziehungsanstalten hrsg. 11. Aufl. 8. (XV, 506 S.) Freiburg i/B. 893. Herder. n. 2. —; geb. n.n. 2. 35.

— Lesebuch f. Mittel- u. Oberklassen gehob. Mädchenschulen, als Vorstufe f. deutschen Lese- u. Bildungsbuches f. höh. Schulen, insbes. f. d. oberen Klassen kathol. Töchterschulen u. weibl. Erziehungsanst. 12. Aufl. 8. (XV, 506 S.) Ebd. 898. n. 2. —; Einbd. in Halbldr. n.n.n. — 35

— Materialien für den mündlichen und schriftlichen Gedankenausdruck in höheren Lehranstalten, bestehend in einer Sammlung von 210 Dispositionen zu leichteren und schwereren Aufsätzen, Vorträgen, Reden, Katechesen und Unterhaltungen. 9. verm. und verb. Aufl. gr. 8. (VIII, 232 S.) Altenburg 883, Pierer. *

— Materialien f. d. Unterricht im Gedankenausdrucke, bestehend in einer Sammlung v. Dispositionen zu leichteren u. schwereren Aufsätzen, Vorträgen, Reden, Katechesen u. Unterhaltungen. gr. 8. (13 B.) Erfurt 844, Otto. *

— Materialien für den Unterricht im mündlichen und schriftlichen Gedankenausdrucke, bestehend in einer Sammlung von Dispositionen zu leichteren und schwereren Aufsätzen, Vorträgen, Reden, Katechesen und Unterhaltungen. 2. Aufl. (XVI und 192 S.) 1852. und 3., verb. und verm. Aufl. gr. 8. (XVI und 197 S.) Erfurt 855, Otto. *

— Materialien für den Unterricht im mündlichen und schriftlichen Gedankenausdrucke, bestehend in einer Sammlung von Dispositionen zu leichteren und schwereren Aufsätzen, Vorträgen, Reden, Katechesen und Unterhaltungen. 4., verb. und verm. Aufl. 8. (XX und 256 S.) Erfurt 860, Otto's Verlag. *

— Materialien für den Unterricht im mündlichen und schriftlichen Gedankenausdrucke, bestehend in einer Sammlung von Dispositionen zu leichteren und schwereren Aufsätzen, Vorträgen, Reden, Katechesen und Unterhaltungen. 5., sehr verm. Aufl. gr. 8. (IV und 227 S.) Altenburg 866, Pierer. *

— Materialien für den Unterricht im mündlichen und schriftlichen Gedankenausdrucke, bestehend in einer Sammlung von Dispositionen zu leichteren und schwereren Aufsätzen, Vorträgen, Reden rc. 6. Aufl. 1869, und 7. Aufl. gr. 8. (XII, 224 S.) Altenburg 872, Pierer. * 2 —

— Materialien für den Unterricht im mündlichen und schriftlichen Gedankenausdrucke, bestehend in einer Sammlung von 200 Dispositionen zu leichteren und schwereren Aufsätzen, Vorträgen, Reden, Katechesen und Unterhaltungen. 8. verm. Aufl. gr. 8. (240 S.) Altenburg 876, Pierer. *

— pädagogische Mittheilungen aus dem Gebiete der Schule und des Lebens. Mit besonderer Rücksicht auf die Bildung und Fortbildung der Volksschullehrer, für diese, ihre Leiter und Freunde hrsg. 1. Aufl. (IV und 259 S.) 1853, und 2., verb. und verm. Aufl. 8. (IV und 290 S.) Essen 856, Bädeker. Thlr. —

— — 2. Bdchn. 854. (104 S.) — 2., sehr verm. Aufl. Ebend. 858. (2 Bl., 167 S.) 15 ngr.

— pädagogische Mittheilungen aus den Gebieten der Schule und des Lebens. Mit besond. Rücksicht auf die Fortbildung der Volksschullehrer in den Conferenzen hrsg. 1. Bdchn. 3. verm. Aufl. gr. 8. (VI, 260 S.) Essen 868, Bädeker. * 2 50

2. Bdchn. 2. Aufl. Ebendas. 1859. *M 1,50.

— pädagogische Mittheilungen aus den Gebieten der Schule u. d. Lebens. 4., verm. Aufl. in 1 Bde., m. dem Bilde d. Verf. gr. 8. (VI, 348 S.) Essen 889. Baedeker. n. 4. —; geb. n. 4. 80

— ausgewählte Musterstücke, als Grundlage e. bildenden Sprachunterrichtes; zunächst f. d. Besitzer seines prakt. Lehrganges ausgearb. u. zusammengestellt. 8. (3¼ B.) Erfurt 841, Otto.

— ausgewählte Musterstücke, Sätze, Sprüchwörter, Räthsel und Gedichte für Volksschulen. Ein kurzes Lesebuch, als methodisch geordnete Grundlage eines bildenden Unterrichts in der Muttersprache. 8. verm. Aufl. 853. (76 S.) — 9. verm. Aufl. 854. (82 S.) — 10. verm. Aufl. 855. (86 S.) — 11. verm. Aufl. 857. (VIII, 80 S.) — 12. Aufl. Erfurt 858. Otto. 8. (VIII, 80 S.) 3 ngr.

— ausgewählte Musterstücke, Sätze, Sprüchwörter, Räthsel und Gedichte für Volksschulen. Ein kurzes Lesebuch, als methodisch geordnete Grundlage eines bildenden Unterrichts in der Muttersprache. 13. Aufl. 860. — 14. Aufl. Ebend. 863. 8. (VIII, 85 S.) 3 ngr.

— ausgewählte Musterstücke, Sätze, Sprüchwörter, Räthsel u. Gedichte für Volksschulen. Ein kurzes Lesebuch, als methodisch geordnete Grundlage eines bildenden Unterrichts in der Muttersprache. 15. Aufl. Altenburg 865. A. H. Pierer. 8. (VI, 74 S.) 3 ngr.

— ausgewählte Musterstücke, Sätze, Sprüchwörter, Räthsel und Gedichte für Volksschulen. Ein kurzes Lesebuch als methodisch geordnete Grundlage eines bildenden Unterrichts in der Muttersprache. 17. Aufl. 8. (VI, 74 S.) Altenburg 873, Pierer. * 30 Pf.; geb. * — 45

— ausgewählte Musterstücke, Sätze, Sprüchwörter, Räthsel und Gedichte für Volksschulen. Ein kurzes Lesebuch als methodisch geordnete Grundlage eines bildenden Unterrichts in der Muttersprache. 18. Aufl. 8. (VI, 74 S.) Ebendas. 878. geb. *

— zehn Musterstücke aus den Sprachstunden. Separat-Abdr. für Schulen. 8. (22 S.) Leipzig 850, Hartknoch. *

— zehn Musterstücke als Grundlage zu den Sprachstunden. Sep.-Abdr. für Schulen. 2., durchgeseh. und erweiterte Aufl. 8. (30 S.) Leipzig 862, Hartknoch.

— zur Pädagogik der Schule u. d. Hauses. Aphorismen. Schulaufsehern, Lehrern, Erziehern u. Eltern gewidmet. 9. Aufl. gr. 8. (VIII, 176 S.) Essen 874. Bädeker. n. 1. 80

— zur Pädagogik der Schule u. des Hauses. Aphorismen. Schulaufsehern, Lehrern, Erziehern u. Eltern gewidmet. 10., verb. Aufl. gr. 8. (VIII, 178 S.) Essen 878. Bädeker. n. 1. 80

— zur Pädagogik der Schule u. d. Hauses. Aphorismen. Schulaufsehern, Lehrern, Erziehern u. Eltern gewidmet. 11. verb. Aufl. gr. 8. (X, 277 S.) Essen 883. Bädeker. n. 2. —; Einbd. n.n. — 45

— zur Pädagogik der Schule und des Hauses. Aphorismen, Schulaufsehern, Lehrern, Erziehern und Eltern gewidmet. 12. revid. Aufl. gr. 8. (X, 281 S.) Essen 888, G. D. Baedeker. *M 2.—; geb. **

— Zur Pädagogik der Schule u. d. Hauses. Aphorismen. 13. rev. Aufl. 8. (X, 282 S.) Ebd. 892. * 2 —; geb. * 2 50

[F.] Die Pädagogik der Schule und des Hauses. Aphorismen von Dr L[orenz] Kellner, vorm. Geh. Regiergs- u. Schulr. in Trier. Schulaufsehern, Lehrern, Erziehern u. Eltern gewidm. 14. Aufl. M. Bildn. u. Biogr. d. Vf. *Essen: G. D. Bädeker 1896.* (XVI, 287 S., 1 Portr.) 1 Bd 8. [97. 4187]

— Zur Pädagogik der Schule und des Hauses. Aphorismen. Schulaufsehern, Lehrern, Erziehern und Eltern gewidmet. Mit Bildnis und Biographie des Verf. (287 S.) Essen 1899. G. D. Bädeker. Geb. in Leinw.

— zur Pädagogik der Schule u. des Hauses. Aphorismen. Schulaufsehern, Lehrern, Erziehern u. Eltern gewidmet. 16. Aufl. Mit Bildniß u. Biographie des Verf. 8. (XV, 287 S.) Essen 903. G. D. Baedeker.
Geb. in Leinw. n. 2.50

— Zur Pädagogik der Schule u. des Hauses. Aphorismen. Schulaufsehern, Lehrern, Erziehern u. Eltern gewidmet. 17. Aufl. Mit Bildnis u. Lebensabriß des Verf. (XVI, 287 S.) 8. Essen 907. G. D. Baedeker.
Geb. in Leinw. 2.50

—— die Pädagogik der Volksschule in Aphorismen. Ein Beitrag zur Belebung der Lehrer-Konferenzen und der Berufsliebe. 1. Aufl. gr. 12. (VIII und 111 S.) 1850. 9 Ngr., 2. Aufl. (VIII und 158 S.) 1851. $12\frac{1}{2}$ Ngr. und 3., verm. und verb. Aufl. 8. (VIII und 179 S.) Essen 852, Bädeker.

— die Pädagogik der Volksschule in Aphorismen. 4. verm. u. verb. Aufl. 854. (VIII, 168 S.) — 5., verm. Aufl. Essen 857. Bädeker. 8. (VIII, 179 S.) 15 ngr.

— die Pädagogik der Volksschule in Aphorismen. Schulaufsehern, Lehrern, Erziehern und Eltern gewidmet. 6., verb. u. verm. Aufl. Essen 860. Bädeker. gr. 8. (VIII, 180 S.) 15 ngr.

—— die Pädagogik der Volksschule und des Hauses in Aphorismen. Schulaufsehern, Lehrern, Erziehern und Eltern gewidmet. 7., sehr verm. und verb. Aufl. gr. 8. (VIII und 170 S.) Essen 865, Bädeker.

—— die Pädagogik der Volksschule und des Hauses in Aphorismen. 8., verb. und verm. Aufl. gr. 8. (VIII, 176 S.) Essen 869, Bädeker. 1 50

—— die Poesie in der Volksschule. Eine Sammlung von Gedichten älterer und neuerer Zeit zur Förderung der Gemüthsbildung. Für Volksschullehrer und Volksschulen zusammengestellt und mit einer Einleitung begleitet. 16. (XL und 288 S.) Essen 852, Bädeker.

—— die Poesie in der Volksschule. Eine Sammlung von Gedichten älterer und neuerer Zeit zur Förderung der Sprach- und Gemüthsbildung. Für Lehrer und Schulen zusammengestellt und mit einer Einleitung begleitet. 2., verb. und verm. Aufl. gr. 8. (188 S.) Essen 868, Bädeker.

—— der Rechtschreibe-Unterricht in der Elementarschule; eine theoretisch-prakt. Anweisung zur einfachen und erfolgreichen Behandlung dieses Lehrgegenstandes. 8. (79 S.) Eisleben 850, Reichardt. *

— der Rechtschreibe-Unterricht in der Elementarschule; eine theoretisch-praktische Anweisung zur einfachen und erfolgreichen Behandlung dieses Lehrgegenstandes nebst angefügtem kleinem Wörterbuche. 2., verm. u. verb. Aufl. Eisleben 861. Reichardt. gr. 8. (100 S.) $7\frac{1}{2}$ ngr.

—— der Rechtschreibe-Unterricht in der Elementarschule; eine theoretisch-prakt. Anweisung zur einfachen und erfolgreichen Behandlung dieses Lehrgegenstaudes nebst kleinem Wörterbuche. 3., verm. und verb. Aufl. gr. 8. (92 S.) Altenburg 872, Pierer. — 75

— der Rechtschreibe-Unterricht in der Elementarschule; eine theoretisch-praktische Anweisung zur einfachen, erfolgreichen u. bildenden Behandlung dieses Lehrgegenstandes, nebst einem Wörterbuche als Wegweiser in Schulen u. zur Selbstbelehrung. 4., verm. u. in Gemäßheit des Ministerial-Erlasses vom 21. Jan. 1880 verb. Aufl. 8. (94 S.) Altenburg 881. Pierer. cart. n. — 80

—— ausgewählte Sätze u. Musterstücke, als sprachlehrliches Lesebuch od. Grundlage ein. bildenden Unterr. in d. Muttersprache. 2. Aufl. ($2\frac{1}{3}$ B.) 844 u. 3., verm. Aufl. gr. 12. (3 B.) Erfurt 845, Otto. à

— ausgewählte Sätze u. Musterstücke; ein kurzes sprachlehrliches Lesebuch u. Grundlage eines bildenden Unterrichts in der Muttersprache. Zunächst für die Besitzer seines „Prakt. Lehrganges" zusammengestellt. 4. Aufl. 12. (70 S.) Erfurt 847, Otto. — 5. Aufl. 12. (72 S.) Ebd. 849. — 6. m. der 5. ganz gleich lautende Aufl. gr. 12. (72 S.) Ebd. 850. — 7. Aufl. 8. (71 S.) Ebd. 851. 3 ngr.

— Sätze u. Musterstücke, als sprachlehrliches Lesebuch, oder Grundlage eines bildenden Unterrichts in der Muttersprache. Zunächst für die Besitzer seines „Prakt. Lehrganges" zusammengestellt. 2. verm. Aufl. 12. Ebend. 844. $\frac{1}{8}$ ℛ — 3. verm. Aufl. gr. 12. Ebend. 845. $\frac{1}{8}$ ℛ

— s.: Schulfreund, der.

—— Skizzen und Bilder aus der Erziehungsgeschichte. Mit besond. Rücksicht auf das Volksschulwesen, für Lehrer, deren Bildner und Leiter. (In 3 Bdn.) 1. und 2. Bd. gr. 8. (XV und 730 S.) Essen (861)62, Bädeker. *

—— Skizzen und Bilder aus der Erziehungsgeschichte. Mit besond. Rücksicht auf das Volksschulwesen, für Lehrer, deren Bildner und Leiter. 3. Bd. gr. 8. (VIII und 164 S.) Essen 862, Bädeker. *
1. und 2. Bd. Ebendas. 1862. * 2 Thlr. 5 Ngr.

— Skizzen und Bilder aus der Erziehungsgeschichte. Mit besonderer Rücksicht auf das Volksschulwesen, für Lehrer, deren Bildner u. Leiter. 3 Bde. Essen 862. Bädeker. gr. 8. (XXIII, 894 S.) n. 2 ℛ 20 ngr.

—— kurzgefaßte deutsche Sprachlehre. Ein Leitfaden z. Gebr. in Seminarien u. den oberen Klassen d. Bürgerschulen ꝛc. 4., verm. Aufl. gr. 8. ($8\frac{3}{4}$ B.) Erfurt 846, Otto. *

—— deutsche Sprachstunde, enth. Beiträge zum sprachl. Unterrichte in den Mittel- und Ober-Abtheilungen gehob. Volksschulen und einer vorausgeschickten Darstellung des Entwickelungsganges der Methode. 3., verb. und verm. Aufl. gr. 8. (VIII, 208 S.) Ebendas. 872. * 2 —

—— Sprachstunden, enth. einen Leitfaden für den sprachlichen Unterricht in den Mittelklassen der Volksschulen und eine vorausgeschickte krit. Darstellung des Entwickelungsganges der Methode. 8. (248 S.) Leipzig 847, Hartknoch.

— Sprachstunden, enth. e. Leitfaden für den sprachl. Unterricht in den Mittelklassen der Volksschulen u. e. vorausgeschickte krit. Darstellung des Entwickelungsganges der Methode. 8. (248 S.) Leipzig 849, Hartknoch. $\frac{3}{4}$ ℛ

— Sprachstunden, enthltd. einen Leitfaden für den sprachlichen Unterricht in den Mittel- u. Ober-Abtheilungen der Volksschulen u. eine vorausgeschickte Darstellung des Entwickelungsganges der Methode. 2. verb. u. verm. Aufl. Leipzig 857. Hartknoch. 8. (VII, 240 S.) $22\frac{1}{2}$ ngr.

—— Uebungsstoffe z. Beförderung des Sprach-Verständnisses u. der Sprachfertigkeit. Eine Geistesgymnastik für d. mittl. Abthlgn. u. Klassen d. Volksschulen, u. ein Hülfsmittel z. Ertheilung d. Sprachunterrichts, ohne Rücksicht auf grammat. Systeme. 1. Aufl. (11 B.) 843. * 10 Ngr. u. 2., verb. u. erw. Aufl. 8. ($19\frac{1}{4}$ B.) Eisleben 846, Reichardt. *

— Uebungsstoffe zur Beförderung des Sprach-Verständnisses und der Sprachfertigkeit. Eine Geistesgymnastik für die mittleren Abtheilungen und Klassen der Volksschulen und ein Hülfsmittel zur Ertheilung des Sprach-Unterrichts, ohne Rücksicht auf grammatische Systeme. 3. verb. Aufl. Eisleben 860. Reichardt. gr. 8. (XII, 256 S.) n. 20 ngr.

— Uebungsstoffe zur Förderung des Sprach-Verständnisses und der Sprachfertigkeit. Eine Geistesgymnastik für die mittleren Abtheilungen und Klassen gehobener Volksschulen und ein Hülfsmittel zur Ertheilung des Sprach-Unterrichts, ohne Rücksicht auf grammat. Systeme. 4. verb. Aufl. gr. 8. (VIII, 232 S.) Ebendas. 869. * 2 —

— der Unterricht im Briefschreiben f. höh. u. nied. Volksschulen u. d. unt. Klassen d. Realschulen. Nach richt. Grundsätzen theoret. u. prakt. dargest. u. mit e. bedeut. Anzahl ausgeführter Beispiele versehen. 1. Aufl. (8 B.) 835., 2., sehr verm. u. verb. A. 8. (7 B.) Weimar 841, Voigt.

— Volksschulkunde. Ein Hand- und Hülfsbuch für kathol. Seminare, Lehrer und Schulaufseher. 1. Aufl. 1855., 2., unveränd. Aufl. (XIV und 326 S.) 27 Ngr. und 3., verm. und verb. Aufl. 8. (XVI und 388 S.) Essen 856, Bädeker.

— Volksschulkunde. Ein Hand- und Hülfsbuch für kathol. Seminare, Lehrer und Schulaufseher. 4. Aufl. 1858. und 5., sehr verb. Aufl. gr. 8. (XII und 843 S.) Essen (861)62, Bädeker.

— Volksschulkunde. Ein Hand- und Hülfsbuch für kathol. Seminare, Lehrer und Schulaufseher. 6., sehr verb. und verm. Aufl. gr. 8. (XII, 363 S. mit 1 Stnt.) Essen 868, Bädeker. 3 —

— dass. — Ein theoretisch-prakt. Wegweiser für kathol. Lehrer und Lehrerinnen, Schulaufseher und Seminare. 7. verb. und verm. Aufl. gr. 8. (XI, 352 S.) Ebendas. 874. * 3 60

— Volksschulkunde. Ein theoretisch-prakt. Wegweiser für kathol. Lehrer und Lehrerinnen, Schulaufseher und Seminare. 8. verb. Aufl. gr. 8. (X, 323 S.) Ebendas. 886. *
geb. *

— Vorbereitungen auf einen höheren, formal bildenden deutschen Sprachunterricht in gehobenen Stadtschulen, Bürgerschulen, Seminarien 1c. basirt auf Musterstücke aus Klassikern. gr. 8. (10¾ B.) Erfurt 843, Otto. *

— Vorbereitungen auf einen formal bildenden Unterricht in der deutschen Sprache und Literatur für gehobene Töchterschulen, Bürgerschulen, Seminare 1c. basirt auf Musterstücke aus Klassikern, und mit einem Anhang über den Reim und Rhythmus versehen. 2., verb. und verm. Aufl. 8. (VIII und 248 S.) Erfurt 857, Otto's Verlag. *

— was muß aus unsern Volksschulen werden? s. Was.

Kellner, Louise, s. Bibliothek, kleine, neuer moral. Erzähll.

Kellner, Ludw., Stuhl- u. Pferd-Pyramiden. 8 Hfte. Nebst erklär. Texte. qu. 8. Zürich 898. F. Schulthess. à n. 1. 60
1. Stuhl-Pyramiden Nr. 1—50. (40 Taf. m. 2 S. Text.)
2. Pferd-Pyramiden Nr. 51—100. (31 Taf. m. 2 S. Text.)
3. Pferd-Pyramiden Nr. 101—150. (50 Taf. m. 2 S. Text.)

Kellner, Max (geb. Berlin 29. 9. 1848): Ueber Noma. Berlin (1870). (32 S.) 8°
Berlin, Med. Diss. v. 23. Juli 1870

Kellner, Oskar

Kellner, O. Arbeiten d. Kgl. landwirtsch. Versuchsstation Moeckern. Berlin 1894.

Kellner, O., s.: Bericht des deutschen Landwirtschaftsrats betr. Fütterungsversuche m. Pferden üb. den Ersatz v. Hafer u. Mais durch Trockenkartoffeln.

Kellner, O., s.: Bericht des deutsch. Landwirtschaftsrats betr. Fütterungsversuche m. Schweinen üb. die Verdaulichkeit verschiedener Futtermittel.

— s.: Bericht des deutschen Landwirtschaftsrats an das Reichsamt des Innern betr. Mästungsversuche m. Schweinen.

— s.: Bericht des deutschen Landwirtschaftsrats an das Reichsamt des Innern betr. Untersuchungen üb. die Wirkung des Nahrungsfettes auf die Milchproduktion der Kühe.

— s.: Biedermann's Zentralblatt f. Agrikulturchemie.

Die Ernährung der landwirtschaftlichen Nutztiere. Lehrbuch auf d. Grundlage physiolog. Forschung u. prakt. Erfahrung bearb. von Dr. O[skar] Kellner, Prof., Möckern. Berlin: P. Parey 1905. (VIII, 594 S.) 8° [F.]

Die Ernährung der landwirtschaftlichen Nutztiere. Lehrbuch auf d. Grundlage physiol. Forschung u. praktischer Erfahrung bearb. von Dr. O[skar] Kellner, Prof. 2., verm. u. verb. Aufl. Berlin: P. Parey 1906. (VIII, 601 S.) 8° [F.]

Die Ernährung der landwirtschaftlichen Nutztiere. Lehrbuch auf d. Grundlage physiolog. Forschung u. prakt. Erfahrung bearb. von Dr. O[skar] Kellner, Prof. 3., verm. u. verb. Aufl. Berlin: P. Parey 1906. (VIII, 611 S.) 8° [F.]

Die Ernährung der landwirtschaftlichen Nutztiere. Lehrbuch auf d. Grundlage physiolog. Forschung u. prakt. Erfahrung bearb. von Dr. O[skar] Kellner, Prof., Möckern. 4., verm. u. verb. Aufl. Berlin: P. Parey 1907. (VIII, 621 S.) 8° [F.]

— Die Ernährung der landwirtschaftl. Nutztiere. Lehrbuch auf der Grundlage physiolog. Forschg. u. prakt. Erfahrg. 5., verm. u. verb. Aufl. (VIII, 634 S.) gr. 8. Berlin 909. P. Parey. Geb. in Leinw. 13.—
4. Aufl. (VIII, 621 S.) 907. Geb. 13.—.

— Über die Fütterung des Milchviehes. Vortrag, geh. in d. ökonom. Gesellschaft im Königr. Sachsen, Dresden, am 15. III. 1907. (16 S.) gr. 8. Leipzig 906. Fritzsche & Schmidt. —80

— Grundzüge der Fütterungslehre. Gemeinverständlich dargestellt. 3., neubearb. Aufl. (VII, 223 S.) gr. 8. Berlin 909. P. Parey. Geb. in Leinw. 3. 50
1. u. 2. Aufl. (VII, 216 S.) 908. Geb. 3.50.

Kellner, O., üb. d. Methoden z. Ermittelg. d. Düngerbedürfnisses d. Ackererden. Vortrag, geh. in d. ökonom. Gesellschaft im Königr. Sachsen, Dresden, am 10. XII. 1897. [Aus: „Mitteilgn. d. ökonom. Gesellsch. im Königr. Sachsen".] gr. 8. (16 S.) Dresden 898. G. Schönfeld. n. — 60

— die Nährwirkung einzelner Futterbestandteile u. ganzer Futtermittel. Vortrag, geh. am 6. III. 1903 in der ökonom. Gesellschaft im Königr. Sachsen. (18 S.) gr. 8. Leipzig 903. Berlin, G. Schönfeld. n. — 60

(B) — Die Nährwirkung. 903. (KB 23.) Jetzt: Leipzig, Fritzsche & Schmidt.

— Untersuchungen üb. den Stoff- u. Energie-Umsatz des erwachs. Rindes bei Erhaltungs- u. Produktionsfutter, s. a. Versuchs-Stationen, die landwirtsch. 53.

Untersuchungen über den Stoff- und Energie-Umsatz des erwachsenen Rindes bei Erhaltungs- und Produktionsfutter, ausgeführt in d. Jahren 1895—1899 an d. Kgl. landwirtsch. Versuchs-Station zu Möckern. Bericht von Dr. O[skar] Kellner, Prof. zu Möckern. *Berlin: P. Parry 1900.* (X, 474 S.) 8°
— Versuchs-Stationen, Die landwirtschaftlichen. Bd 53.

— Die Verfütterung der Zuckerfuttermittel, s. a. Arbeiten der deutschen Landwirtschafts-Gesellschaft.

Die Verfütterung der Zuckerfuttermittel. Bearb. von Geh. Hofrat Prof. Dr. [Oskar] Kellner-Möckern. Berlin: Deutsche Landwirtsch.-Gesellsch. 1900. 72 S. 8°
(Arbeiten d. Deutschen Landwirtschafts-Gesellschaft. H. 152.)

— s.: Versuchs-Stationen, die landwirtschaftl.

KELLNER, OSCAR. Ueber einige chemische Vorgänge bei der Keimung von Pisum Sativum. (Leipzig) Falkenberg o. S., 1868 [?].

KELLNER (—.). Vorgaenge bei d. Keimung von Pisum sativum. Falkenb. 1874. 8°.

— die Wirkung der einzelnen Nährstoffe bei der Mast des erwachsenen Rindes, s. a. Preisschriften u. Sonderabdrücke der Deutschen landwirtschaftlichen Presse. Nr. 18.

Die Wirkung der einzelnen Nährstoffe bei der Mast des erwachsenen Rindes. Von Prof. Dr. O[skar] Kellner. Berlin: P. Parey 1903. (20 S.) 8° [F.] = Preisschriften u. Sonderabdrücke d. Deutschen Landwirtschaftl. Presse. No 18. [illegible]

— Emil v. Wolff. Ein Rückblick auf s. Lehren u. Forschgn. M. Bildn. [Aus: „Landwirtschaftl. Jahrbb."] Lex.-8. (45 S.) Berlin 897. P. Parey. n. 1. —

Kellner, Otto, das Erziehungssystem Fr. Fröbels. Für Ältern und Erzieher bearb. gr. 8. (43 S.) Stralsund 882, Misch. *

Kellner, Paul, u. Putzke, Gustav, Trockenschwimmen und Springen, mit Gewöhnungsübungen, Startsprung, Trainingsbestimmungen u. Rettungsgriffen, in Wort u. Bild, 1., u. 2. neu bearb. Aufl., Berlin o. J. u. 1924, 44 S., 2 Taf. u. 48 S., 1 Taf., 8°. 2 Bde.

Kellner, Paul: Das Wasserballspiel, s. Putzke, Gustav

Kellner's, Pet., Schön- und Schnellschrift für den Schul- u. Privatgebrauch, insbesondere auch für Handelslehrlinge methodisch bearb. u. herausg. von R. Bohny. 1. Liefg.: Englische Cursivschrift. Basel (856.) Fischer u. Co. 4. (2 Bl. u. 26 lith. Bl.) n. 15 ngr.

[F.] Der Sieg des Kreuzes. E. Erzählg aus d. Zeit d. Kaisers Julian d. Abtrünnigen. F. d. reifere Jugend. Von Th. Kellner. M. 4 Farbendr.-Bild. v. W. Rohm u. e. erklär. Anh. *Köln a. Rh.: J. P. Bachem [1898].* (3 Bl., 152 S., 1 Bildert., 4 Taf.) 1 Bd 8.
— Jugendschriften, Bachem's neue illustr. Bd 12. [illegible]

Kellner, W., zur Belebung des Missionssinnes, s. Stosch, G.

Kellner, W., Handreichung zum Studium d. Kirchenrechts unter Berücksicht. der Verhältnisse der ev.-luth. Landeskirche d. Herzogt. Braunschweig, nach den v. Hille hinterlassenen Aufzeichngn. bearb. 1. Tl. Allgemeines. 8. (X, 98 S.) Braunschweig 890. Wollermann. n. 1. 50

Kellner, W., Handreichung zum Studium des Kirchenrechts unter Berücksicht. der Verhältnisse der ev.-luth. Landeskirche des Herzogt. Braunschweig, nach den v. Hille hinterlassenen Aufzeichngn. bearb. 2. Tl. Braunschweigisches. 8. (S. 99—312.) Braunschweig 893. H. Wollermann. n. 2. 40 (1 u. 2.: n. 3. 90)

Kellner, Handreichung zum Studium des Kirchenrechts unter Berücksicht. der Verhältnisse der ev.-luth. Landeskirche des Herzogth. Braunschweig. 2 Thle. Braunschweig 893—95.

— —, der preussische Staat. Berlin 1873. 8.

Kellner, W., Wegweiser zur Seligkeit u. Warnungstafel v. kathol. u. and. Irrlehren. 8. (88 S.) Braunschweig 888. H. Wollermann. n. — 80

Kellner, W. G. Emil, s. d. Bürgerfreund, e. Wochenschrift. Bremen, u. setze hinzu: (v. W. G. E. Kellner).

Kellner, Werner, Referendar in Magdeburg: Consilia Hallensium Jureconsultorum ⟨Die Spruchpraxis d. Halleschen Juristenfakultät in d. ersten Hälfte d. 18. Jahrhunderts⟩. Magdeburg 1908: B. Richter. (79 S.) 8° [F. u. Ant.]
Halle, Jur. Fak., Ref. Rehme, Diss. v. 13. März 1908
[Geb. 29. Dez. 84 Berlin; Wohnort: Magdeburg; Staatsangeh.: Preußen; Vorbildung: König-Wilhelms-Gymn. Magdeburg Reife O. 03; Studium: Halle 6 S.; Rig. 17. Febr. 08.]

Kellner, Wilh., kurzer Abriß der Geschichte der Regierungsbezirke Kassel und Wiesbaden und des gesammten Königr. Preußen. Für Schule und Haus. 8. (IV, 86 S.) Cassel [Leipzig und Berlin] 868, Luckhardt'sche Verlagsh. 1 —

Kellner, Wilh. (geb. Berlin 1. 1. 1855): Ein Fall von rheumatischer Paraplegie. Berlin (1879). (30 S.) 8°
Berlin, Med. Diss. v. 19. Dez. 1879

Manetho. Kellner, Wilhelm, De fragmentis Manethonianis, quae apud Josephum contra Apionem I, 14 et I, 26 sunt. [Diss.] Marburgi Cattorum 1859.

Kellner, Dr. Wilhelm. Handbuch für Staatskunde. Politische Statistik aller Culturländer der Erde. 8. Leipzig 1866.

Kellner, Wilh., Handbuch für Staatskunde. Politische Statistik aller Kulturländer der Erde. gr. 8. (XVI und 539 S.) Leipzig 866, Quandt und Händel. *

Kellner, Wilh., der neue deutsche Kaiser und die Hohenstauffen. Ein Vergleich alter und neuer Zeit. gr. 8. (20 S.) Hanau 871, Prior. * — 25

Kellner, Guilielmus: De menstruatione anomala. Halae (1823): Grunert. 34 S. 8°
Halle-Wittenberg, Med. Diss. v. 11. Jan. 1823
Geb. Bernburg [27. 1.] 1796. V.
Verf. ist nach dem KB getauft als: Köllner.

— Wilhelm (Bernburg), De menstruatione anomala. Diss. med. Halle (Friedrich Grunert S.) 11. I. 1823. 34 S. mit Biogr. (M.: M. E. Bamberg.) (6.50) 17698
Gew.: Curt Sprengel, David Gottfr. Herzog (Bernburg). — Nachschrift v.: Johann Friedrich Meckel.

—— die Ortsnamen des Kreises Hanau, Reg.-Bezirk Kassel, Königr. Preußen. Etymologische Studien. gr. 8. (IV, 52 S.) Ebendas. 871. * — 60

Kellner, Wilh., das türkische Reich. Politische Statistik nebst historisch-geograph. Abriß. Umgearb. und erweit. Abdr. aus dem „Handbuch der Staatskunde". gr. 8. (62 S.) Leipzig 876, Quandt und Händel. *

Kellner, Dr. Wilhelm, verantwortlicher Redacteur des Frankfurter Journal. Taschenbuch der politischen Statistik Deutschlands oder Aufstellung der staatlichen Einrichtungen Gesammt-Deutschlands sowohl als der einzelnen deutschen Staaten. Zum Handgebrauche für praktische Politiker als: Landtagabgeordnete, Gemeindevertreter, Verwaltungsbeamte, Zeitungsredacteure, Publicisten, Zeitungsleser etc. 8. Frankfurt a. M. 1864.

—— Taschenbuch der politischen Statistik Deutschlands oder Aufstellung der staatlichen Einrichtungen Gesammt-Deutschlands sowohl als der einzelnen deutschen Staaten. Zum Handgebrauch für prakt. Politiker als: Landtagsabgeordnete, Gemeindevertreter, Verwaltungsbeamte rc. br. 8. (VII und 270 S.) Frankfurt a. M. 864, (Küchler.) *

Kellner, W., über Trinitrocressol u. Chrysauissäure. Göttingen 1863. 31 S
Schul-/Univ.-Schrift

—. **Wilhelm Andreas** (Eisenach), Observationes et cautelas circa acidularum et thermarum usum et abusum. Diss. med. Präs. Friedrich Hoffmann. Halle (Christian Henckel) Juli 1717. 48 Seiten. (6.50) 17699
Widm. v.: Präs., Jo. Joachim Ulrici (Halberstadt).

— **Wilhelm Ernst** (Frankfurt a. M.), De alienatione fisci vel imperatoris privilegiata. Diss. jur. Präs. Jo. Philipp Slevogt. Jena (Gollner) Juli 1708. 36 S. (6.80) 17700
Gew.: Jo. Philipp Kellner (Vater). — Widm. v. Präs.

— — Dasselbe. Jena (Jo. Bernh. Heller) 1745. 48 S. ohne Widm. (6.50) 17701

Kellner v. Zinnendorf, Johann Wilhelm, s. Zinnendorf, Johann Wilhelm Kellner v.

KELLNER v. ZINNENDORFF, Joh. Wilh. („Erb-Herr auf Ober-Gurck und Sora etc."), Tantz-Greuel, Das ist: Vollkommene ACTA PUBLICA Was zwischen dem gelehrten und Welt-bekandten Mathematico, Tit. Hrn. Ehrenfried Walthern von Tschirnhauß. auf Kießlingswalda und Stoltzenberg etc. und dessen Pfarrern binnen fünff Jahren darüber gestritten; Darbey vieles von der Beicht, Abendmahl, Hochzeiten, Leichen-Predigten, Schwedischen Invasion, Amts-Führung, auch andern merckwürdigen Dingen, ja ganzer Lebens-Lauf, vorkommt, deme wieder beygefüget: Gerichte GOttes an Titzmannen (einem liederlichen Mitbewohner von Kießlingswalda, der dem Tanzen und Saufen in den Bierhäusern ergeben war und sich am 20. Juli 1705 in einem Teiche ertränkt hatte), Auf bißheriges vieles Verlangen .... zur Ehren GOttes, Förderung der Gottseligkeit, Abthuung alles wollüstigen Wesens, und sonderlich des schädlichen Tantzens dem Drucke übergeben von —. Auf Kosten guter Freunde. Angstburg, druckts Jeremias Klagezeit (Bautzen, Drachstädt), 1716. 8⁰. Rariss. (In Dresden: Biogr. erud. D. 5838; auch in Görlitz, Bibl. d. oberlaus. Gesellsch. d. Wissensch. (40 Kr., grüner Maroquinbd., Halm & Goldmann, Wien, 1907.)

Kellner-Freund, der. Zeitschrift für Hebung und Vertretung des deutschen Kellner-Standes. Anzeiger für kostenfreien Stellen-Nachweis. Redact.: M. Blüher. 1. Jahrg. 1878. 45 Nrn. (Bog.) gr. 4. Leipzig, Duncker und Blüher. *

—— dass. — 2. Jahrg. 1879. 52 Nrn. (Bog.) gr. 4. Ebendas. *

Kellner-Freund, der. Zeitschrift für Hebung und Vertretung des deutschen Kellner-Standes. Anzeiger für kostenfreien Stellen-Nachweis. Redact.: M. Blüher. 3. und 4. Jahrg. 1880 und 1881. à Jahrg. 52 Nrn. (Bog.) gr. 4. Leipzig, Blüher. à Jahrg. *
Die Fortsetzung erschien u. d. T.: Restaurant-Hôtel-Revue.

Kellner-Heim, das. Sonntagsblatt f. Gastwirtsgehülfen. Red.: W. Faber. 1. Jahrg. 1897. 52 Nrn. (Bog.) gr. 4. Berlin, Deutsche Ev. Buch- u. Traktatgesellschaft. n. 2.—
Weiter nicht erschienen.

Kellnerin, Die. Luzern 1903.
V: *Weibel, Rosa.* (BBullSchw 3, 1903)

Die deutsche Kellnerin. Zeitung für die Interessen der deutschen Kellnerinnen (später: Gastwirtsgehilfinnen). Organ der Vereine zur Fürsorge für Gasthofgehilfinnen. (Red.: O[ttilie] Duvernay.) Jg. 3-5. —Stuttgart: Widmeyer 1908-10. 2⁰
Forts. u. d. T.: Die Gastwirtsgehilfin.

KELLNERINNEN, Münchner. Skizzen aus deren Leben. Von Dr. *J. W*..... („Preis 10 Pfennig".) Verlag v. Th. Thaller, München, Thal I..... 8⁰.

KELLNERINNEN. — Dramatische Kellnerinnen-Lieder. Aus Papierkörben schöner Kellnerinnen. O. O. u. J. 16 S. 8⁰. (1 Mk. E. Frensdorff, Berlin, 1910.)

Kellner-Kalender, s. Gastwirths- und Kellner-Kalender.

Kellnert, Albert, Beobachtungen über Dementia paralytica bei Frauen. Diss. Marburg 1887, N. G. Elwertsche Univ.-Buchh. 8⁰. 44 S.

Kellnerzeitung, Allgemeine. Central-Organ der österr.-ungar. Gastwirths- u. Kaffeesieder-Gehilfen. Herausgeber Eduard Scherhak. IV. Jahrg. 1889. 26 Nrn. 4. 4.—, halbj. Wien: Helios 1889. 2.—

Kellogg, J. H.: Anwendung v. Wärme nach e. neuen Methode. *Wien & Leipzig 1897.*
in: Fortschritte d. Hydrotherapie. Festschr. z. vierzigjähr. Doctorjub. d. Prof. Dr. W. Winternitz. [97. 1495

Kellogg, Oliver Dimon, aus Pennsylvanien: Zur Theorie der Integralgleichungen und des Dirichlet'schen Princips. *Göttingen 1902: Dieterich.* (IV, 43 S.) 8⁰
Göttingen, Phil. Diss. v. [22. Jan.] 1903

Kellogg, Oliver Dimon, zur Theorie der Integralgleichungen u. des Dirichlet'schen Princips. Diss. (IV, 43 S. m. 2 Fig.) Lex.-8. Göttingen 902. (Vandenhoeck & Ruprecht.) n. 1.20

Kelly, Agnes: Beiträge zur mineralogischen Kenntnis der Kalkausscheidungen im Tierreich. Mit 2 Fig. im Text. *Jena: G. Fischer 1901.* (66 S.) 8⁰
München, Phil. Diss. v. 1901

Kelly, Augustus (geb. St. Gallen 1813): De renibus succenturiatis nonnulla. Berolini (1837). (27 S.) 8⁰
Berlin, Med. Diss. v. 12. Juli 1837

Kelly, Bartholome: Nützliche und vortheilhafte Lehren für Küfer und Weißbinder. Meistern, Gesellen u. Lehrjungen gewiedmet und zum Nutzen und Dienst beschrieben. St. Gallen: Huber 1816. VI, 90 S., 8 Taf. -- Stadtbibliothek St. Gallen*
--- Dass. 2. Aufl. St. Gallen & Bern: Huber 1833. X, 90 S., 8 Taf. -- Stadtbibliothek St. Gallen*

Kelly, Barthol., nützl. u. vortheilhafte Lehren f. Küfer u. Weißbinder. Meistern, Gesellen u. Lehrjungen gewid. u. z. Nutzen u. Dienst geschrieben. 2. Aufl. M. 8 Holzschn.-Taf. (qu. Fol.) 8. (6⅛ B.) St. Gallen 833, Huber u. Comp.

Kelly, Ferd[inand], Tierarzt von und in St. Gallen: Das Civilveterinärwesen der Schweiz. St. Gallen, V. Schmid & Co., 1910. IV, 290 S. 8⁰. Erscheint im Buchhandel. [20. VII. 10.]
Bern. Vet.-Med. Diss. 1910/11.

Kelly, Isabelle, Joscelina; traduit de l'anglais sur la troisième édition par A. J. Lemierre, orné de gravures. 2 Vols. 12. Braunschw. 799. Vieweg. 20 ₰

Kelly, Joscolina, orné de fig. II Vol. 8. Paris. (Sommer à Leipz.) 799.

Kelly, Kuhn-
s. Kuhn-Kelly.

Steuerfragen und Finanzreform v. Ad. Kelm. Wissenschaftliche Beilage zu Nr. 21 des Fortschritt, 2. Jahrg. (dieser angeb.). Kiel. 1908. 8°

Vorschläge zur Vereinfachung der Schrift und Entlastung im Schreibwesen von Ad. Kelm. *Gleiwitz [1901]: M. Krimmer.* (33 S.) 8° [Text autogr.]

Kelm, Werner, Referendar: Beiträge zur rechtlichen Konstruktion und Würdigung des Erbbaurechts. Eckernförde 1910: Spethmann. 70 S. 8°
Würzburg, Jur. Diss. v. 15. Nov. 1910, Ref. Mendelssohn-Bartholdy
[Geb. 24. Febr. 88 Bischweiler; Wohnort: Kiel; Staatsangeh.: Elsaß-Lothringen; Vorbildung: Gymn. Kiel Reife O. 06; Studium: Kiel 3, Berlin 4 S.; Rig. 20. Juli 10.] [U 11. 4501

Kelmenffy, Ladislaus. Der Zerfallene. Roman. Aus dem Ungarischen übersetzt von *Adolf Dux*. 2 Bde. Neue wohlfeile Ausgabe. *Pest* 1858. Verl. v. *Lauffer & Stolp*. 208, 198 S. 8°.

Kelp, Franz Ludw. Anton (Oldenburg), De systemate salivali. Diss. chemico-physiol. Bln. (Nietack) 3. X. 1832. 32 S. mit Biogr. (M.: Ummius.) (6.50) 17703
Oppon.: E. Lemphert (Holstein), J. S. Kappeler (Schweiz), R. Kelp (Oldenburg). — Gew.: A. G. Bruel.

Kelp, L., medicinisch-statistischer Bericht über die Heilanstalt zu Wehnen, umfassend den 6jähr. Zeitraum von 1861—1866. gr. 8. (58 S.) Oldenburg 867, Schulze'sche Buchh. *

Kelp, L., die Großherzoglich Oldenburgische Irrenheilanstalt zu Wehnen in ihrer ganzen Einrichtung dargestellt. Nebst einem Anh. u. 1 (lith.) Plane (in Fol.). Oldenburg 861. Stalling. gr. 8. (48 S.) 7½ ngr.

Kelp, St.: Einige Bemerkungen über die Methode des Unterrichtes in der lateinischen Sprache im Unter-Gymnasium. 19 S.– Bistritz, Progr. 1853.

Kelpe, Just. J., hist. Anmerk. üb. einen alten Ablaßbrief. 8. Hannov. Helwing. 733.

Kelpius, John. Gedichte. N. p., n. d. (Mss copied fr the earliest ms. On t.-p.: Christus Warmer in 1907 in Germantown in P-ien.)

KELS, HEINRICH WILHELM.
Dissertatio de carbone vegetabili. Helmstadii, 1791. 4to.

Kels, Hnr. Wlh., s. a. *Onomathologia* chemica pract. etc.

KELS, HEINRICH WILHELM.
* Onomatologia chymica practica, oder vollständig practisches Handbuch der Chemie in alphabetischer Ordnung zum Nutzen und Gebrauch für Aerzte, Apotheker, Fabrikanten, Künstler und andere Personen; unter der Aufsicht und mit einer Vorrede von Johann Friedrich Gmelin. Ulm, 1791. pp. [x]–722 columns–[29].

Kels, Heinrich Wilhelm: Onomatologia chymica practica oder vollständiges practisches Handbuch der Chemie in alphabetischer Ordnung...von H.W.Kels und Johann Friedrich Gmelin. 749 S., gbd.

Ulm: Stettin 1791

JB 322

Kelsch, die Geschäftsordnung f. die Gerichtsschreibereien der preuß. Amtsgerichte, s.: Seiffert.

— s.: Hilfsbücher f. d. gerichtl. Sekretariats- u. Kassendienst.

Kelsch, Carl Emil (Grottkau/Schles.), De partu arte praematuro. Diss. med.-obstetr. Bln. (Doench) 23. III. 1824. 78 S. mit Biogr. (M.: W. C. Witschel.) (7.—) 17704
Oppon.: A. Rosenstiel, C. Rothmund, F. Scholz. — Gew.: A. E. v. Siebold, T. E. Kelsch (Vater).

Kelsch, (C. A.,) de partu arte praematuro Dissert. 4. Berolini 824, Dümmler.

Kelsch, Mich., die vorn. u. nützl. Aufgaben bey d. Rechenkunst, Geometrie u. Trigonometrie. 8. Nürnb. Hanfe. 730 Rthlr.

Mich. Kelsch die vornehmsten und nützlichsten Aufgaben der Rechenkunst, Geometrie und Trigonometrie, auf eine leichte Theorie gegründet, und aus denen mathematischen Schriften des Hrn. Hofr. *Wolffs* gezogen, mit Kupf. Nürnb. bey J. Wilh. Rönnagel. 8. 1730.

Kelsch, Michael [Praes.], s. Eppelin, Johann: De cognitione philosophica per rationem spuria ex mathesi illustrata.

Kelsch, Michael [Praes.], s. Lochner, Matth. Friedrich: De entibus rationis in geometria.

Kelsch, Michael [Praes.], s. Lufft, Johann Konrad: De utilitate studii matheseos in philosophia.

Kelsch, Michael [Praes.], s. Schoenleben, Konrad: De divisibilitate materiae ex atri liquoris gutta demonstr.

Kelsch, Michael [Praes.], s. Schwebel, Nikolaus: De variis modis numerum enunciandi.

Kelsen, Hans, Kommentar zur österreich. Reichsratswahlordnung (Gesetz v. 26. I. 1907, RGBl. Nr. 17). (VIII, 217 S.) gr. 8. Wien 907. Manz. 3.40; geb. n 4.30

Kelsen, Hans, die Staatslehre des Dante Alighieri, s. a. Studien, Wiener staatswissenschaftliche. VI. 3.

Die Staatslehre des Dante Alighieri. Von Hans Kelsen. Wien & Leipzig: F. Deuticke 1905. (IV, 152 S.) 8°
— Studien, Wiener Staatswissenschaftliche. Bd 6, H. 3.

Kelsen, Hugo, Buchweizen. Eine Saat. 8. (91 S.) Wien: Jacob Dirnböck's Buchhdlg. 1891. —.80

Kelsen, Hugo, Gedichte. 12. (88 S.) Wien 885. (Hölder.) n. 2.—

Kelsen, Hugo, das Lied v. der Technik. 8. (15 S.) Wien 890. Leipzig, Schaumburg-Fleischer's Verl. n.n. — 80

Kelso, James A., Alleghany, Pa., Ver. St.: **Die Klagelieder, der masoretische Text und die Versionen.** *Leipzig 1901: W. Drugulin.* (67 S.) 8°
Leipzig, Phil. Diss. v. [12. Okt.] 1901

Kelso, John B., aus Allegheny, Pa.: **Die Spanier in Irland** ⟨1588—1603⟩. *Leipzig 1902: E. Glausch.* (XIII, 94 S.) 8°
Leipzig, Phil. Diss. v. [27. März] 1902

Kelteger, J. A. T. (Dr. d. Philos u. Pfarrer zu Rauschenberg im Königr. Baiern). Bemerkungen über die baierischen Geschichten Hrn. Heinr. Zschokke's. 3 Bde. Aarau 1813—1816. O. O. 1818. 8°. 36 S. Ppb. m. 3 Beibdn.

Kelteger, J. A. T., (Jh. Andr. Träger), Bemerkk. über d. 1n bis 3n Bd. d. baierischen Geschichten H. Zschokke's. 8. Landsh. 818. Krüll. 3 9/

Kelter, Edmundus [Hamburgensis]: Apulei quae fertur physiognomonia quando composita sit.... Kiliae, typ. expr. Schmidt & Klaunig, 1890: 50 S. + 1 Bl. 8°
Kiel, Phil. Fak., Inaug.-Diss. v. 9. Aug. 1890

Kelter, Edm., Erich Ziebarth u. Carl Schultess, Beiträge zur Gelehrtengeschichte des 17. Jahrh. Festschrift zur Begrüssg. der 48. Versammlg. deutscher Philologen u. Schulmänner zu Hamburg im J. 1905. (V, 206 S.) Lex.-8. Hamburg 905. (Herold). n.n. 5.—

Kelter, Edm., das Stammbuch des Andreas Chemnitius 1597—1626. (6. Beiheft zum Jahrbuch d. hamburg. wissenschaftl. Anstalten. XXVII. 1909.) (V, 119 S. m. Abb. u. 5 [4 farb.] Taf.) Lex. 8. Hamburg 910. L. Gräfe & Sillem. 20.—

— Ein Jenaer Student um 1630. (Eberhard v. Todenwarth.) Eine Jubiläumsgabe zur Universitätsfeier. (83 S. m. 27 Abbildgn.) 8. Jena 908. E. Diederichs. 2.50; geb. 3.50

— Jenaer Studentenleben zur Zeit des Renommisten v. Zachariae. Nach Stammbuchbildern aus dem Besitze des hamburg. Museums f. Kunst u. Gewerbe geschildert. (5. Beiheft zum Jahrbuch d. hamburg. wissenschaftl. Anstalten. XXV. 1907.) (75 S. m. Abb. u. 2 farb. Taf.) Lex. 8. Hamburg 908. (L. Gräfe & Sillem.) 5.—

Kelterborn. Robert Franz. (Abdruck aus dem New-Yorker Belletristischen Journal No. 1955 vom 19. September 1889.)

Kelterborn, Ernst, s.: Jahrbuch f. das Reinigungs-Gewerbe.

— **Die angebliche Notwendigkeit des Zehnstundentages f. die Fabrikarbeiterin im Wäschereigewerbe,** s.a. Flugschriften des internat. Wäscherei-Centralblattes. 4. Heft.

Kelterborn, Ernst, Die angebliche Notwendigkeit des Zehnstundentages für die Fabrikarbeiterin im Wäschereigewerbe. 8°. Göttingen, E. Kelterborn, 1905. (Flugschriften d. Internat. Wäscherei-Centralblattes.)

Kelterborn, Ernst, die sozialpolitischen Verhältnisse im deutschen Wäscherei-Gewerbe, s.a. Flugschrift des internationalen Wäscherei-Centralblattes. Nr. 1.

Kelterborn, Ernst, Die sozialpolitischen Verhältnisse im deutschen Wäschereigewerbe. Eine Antwort auf die Frage nach Zweck u. Ziel des Central-Verbandes der Dampf-Wäschereien Deutschlands. gr. 8°. Göttingen, E. Kelterborn, 1904. (Flugschrift Nr. 1 des Internat. Wäscherei-Centralblattes.)

Kelterborn, Ernst: Der Zehnstundentag für die Fabrikarbeiterinnen im Wäscherei-Gewerbe. — Göttingen: Verl. d. Internat. Wäscherei-Centralbl. [1904]. 31 S. 8°

Kelterborn, Fr. Geo. Experimentelle Untersuchungen üb. die Consequenzen operativer Eingriffe in den Peritonealraum m. besond. Berücksicht. der Entstehungsbedingungen v. Adhaesionen u. deren Folgezustände. Diss. gr. 8. (80 S. m. 1 Taf.) Dorpat 890, (Karow). * 1 50

Kelterborn, G., der zoologische Garten in Basel und seine Thierwohnungen, s. a. Mittheilungen, technische.

Kelterborn, G. Der zoologische Garten in Basel u. dessen Thierwohnungen. (Heft 5 der „Technischen Mittheilungen".) Zurich 1877. 8.

Kelterborn, R., auf der Alp. Scherz in 1 Aufzug. 8. (12 S.) Aarau 878, Sauerländer's Verlag. *

Kelterborn, R., Elias Ewigmeier. Lustspiel in 5 Aufzügen. 8. (82 S.) Leipzig 881. (Aarau, Sauerländer's Verlag.) *

Kelterborn, R., zur Geschichte der Erfindungen. Vortrag. 28 Stn. 8. Basel, Buchdr. J. J. Mast (F. Wittmer). 1872.

Kelterborn, R., gut getroffen. Schwank in 1 Akt. gr. 8. (22 S.) Aarau 887. Sauerländer's Verl. n. — 70

Kelterborn, R., unter freiem Himmel. Gedichte. (V, 148 S.) 8. Bern (908). Neukomm & Zimmermann. 2.—; geb. 3.—; m. Goldschn. 3. 30

Kelterborn, R., sechs humorist. Novellen. M. Orig.-Kopfleisten v. E. Boß. 8. (III, 339 S) Bern 899. Neukomm & Zimmermann. n. 4. 50; geb. n. 5. 50

— der Planetenstand. Lustspiel in 1 Aufzug. gr. 8. (28 S.) Ebd. 889. n. — 80

Kelterborn, Rudolf

Kelterborn, Rud., Basel u. Umgebung, s.: Beckmann-Führer.

Kelterborn, R. Beitrag zur Geschichte d. Schweizer Karten. Einladungsschrift z. Promotionsfeier d. beiden Gymnasien u. d. Realschule zu Basel, 1878. 8°. 36 S. Mit 3 Kärtchen. Basel (Druck v. Wittmer).

Kelterborn, Rud., Ehrlos. Die Notlüge. Sonnenaufgang, s.a. Bergkristalle. I. 5.

(Kelterborn, R[udolf]. Ehrlos. — Die Notlüge. — Sonnenaufgang. Drei Erzählungen....) 160 S. 8. [fr. 1. 50]
Bergkristalle.... (Serie I.) Band 5. 1. bis 3. Tausend. Biel, Ernst Kuhn, 1902.

[F.] Hans Holbein. Sitten- u. Lebensbild aus d. Reformationszeit v. Rudolf **Kelterborn.** *Leipzig & Zürich: Th. Schröter 1897.* (112 S.) 1 Bd 8. [97. 3412

— **Hans Holbein.** Sitten- u. Lebensbild aus der Reformationszeit. 2. Aufl. gr. 8. (112 S.) Zürich 900. Th. Schröter. n. 1. 20

Kelterborn, Rud., Joseph und Gretchen. Ländliches Idyll in 7 Gesängen. gr. 16. (78 S.) Basel 871, Schweighauser'sche Buchh. cart. * 1 50

Kelterborn, R. Die gestörte Kaffevisite. Schwank in Basler Mundart. 2. verb. Aufl. 16. (35 S.) Aarau 890, Sauerländer u. Comp. * — 60

Kelterborn, R[udolf]. Die gestörte Kaffeevisite. Schwank in Basler Mundart. 3. Aufl. 36 S. 8. Aarau, H. R. Sauerländer & Co., 1903. [fr. —. 60]

— höhere Mächte, s. a. Verein f. Verbreitung guter Schriften, Basel.

Kelterborn, R[udolf]. Höhere Mächte. [Erzählung.] 56 S. 8. Basel, Emil Birkhäuser, Januar 1905. fr. —. 10
Verein für Verbreitung guter Schriften. Basel, No. 64.

Kelterborn, Rud., die Reiselehrlinge, s.: Bobie, Herm., aus helvetischen Landen.

Keltie, J. Scott (Hrsg.), s. Stanley's Briefe über Emin Pascha's Befreiung.

Keltinger, Elise, Lehrbuch f. Dienstmädchen in bürgerl. u. vornehmeren Häusern. (VIII, 171 S.) kl. 8. Essen 905. Fredebeul & Koenen. n. — 75; kart. n. 1. —; geb. in Leinw. n. 1. 80

Keltsch [Schlagwort]

Keltsch, s.: Gross-Strehlitz.

Keltsch [Verfasser]

Keltsch, ..., s. Extreme, die.

Keltsch-Stein, W. v., keltische Königshöfe in Schlesien. Eine etymolog. Studie. gr. 8. (24 S.) Oels 879. Grüneberger & Co. n. — 50

Keltscha, Oberstlieutenant Julius, Ueber die Anlage kleinerer Gefechts-Uebungen und die Verfassung der Uebungs-Annahme. Mit vier Beilagen. Gr.-8. (54 S.) —.80
Wien: Seidel & Sohn 1896.

Keltscha, Jul., über d. Anlage kleinerer Gefechts-Uebungen u. d. Verfassg. d. Uebungs-Aufnahmen. gr. 8. (54 S. m. 4 Tab.) Wien 896. (L. W. Seidel & Sohn.) n. 1. 60

Keltsl, A. v., Beitr. z. Lehre vom Verdauungsferment des Magensaftes. Dorpat. 1864.
Schul-/Univ.-Schrift

Lord [William Thomson] **Kelvin.** Vorlesungen über Molekulardynamik und die Theorie des Lichts [Baltimore Lectures on molecular dynamics and the wave theory of light]. Deutsch hrsg. von B[ernhard] Weinstein. Mit 132 Fig. Leipzig & Berlin: Teubner 1909. XVIII, 590 S. 8° [09. 14312

Kelz, J. Nic., s. Kelz, Nikol.

Kelz, Joh. Adolph (Hanau) [Auctor]
Dissertatio inauguralis medica de temperamentis corporis humani in statu hominis sano.
Giessae 25. Aug. 1767: Braun. 24 S. 4°
pro gradu doctoris summisque in arte medica honoribus legitime impetrandis.

Kelz, Jh. Andr., Versuch üb. d. Gewohnheit d. menschl. Körpers, in Grundzügen. 8. Frankf. 809. Gebhard u. K. 6 gl.

Kelz, Karl, Wegweiser in das Grundbuch. Ein Behelf f. das Richtigstellungsverfahren in Vorarlberg u. f. die Kenntnis d. Grundbuchs im allgemeinen. (62 S.) gr. 8. Feldkirch 907. F. Unterberger. 1. —

Kelz, Nikol., (†...) zwölf heil. Charfreitagsreden über d. denkwürdigsten Umstände bei d. Tage d. Erlösers rc. gehalt. in den Jahren 1742—1753. gr. 8. Bresl. 754. W. G. Korn. 12 gl.

Kemal Bey, Heimat oder Silistria. Schauspiel in 4 Acten. Aus dem Türkischen übers. und hrsg. von Leop. Pekotsch. 8. (VI, 104 S.) Wien 887, Konegen. *

Kematmüller, Rittmeister. Die Einnahme Belgrads im October 1789 durch den Feldmarschall Gideon Ernst Freiherrn v. Loudon. Nach Daten aus dem k. k. Kriegs-Archiv. 8. Temesvár 1889.

Kematmüller, Heinrich. Der Feldzug zwischen Böhmen und Ungarn im Jahre 1260. Eine militärische Studie. (Mit 3 Skizzen.) 8. Steyr (1904).

Kematmüller, Heinr., lehrreiche Geschichten, s.: Zehnpfennig-Bibliothek.

Kematmüller, Heinrich, Deutschlands Colonien und Colonialpolitik vom handelspolitischen und militärischen Standpunkte. Vortrag, gehalten am 4. Februar 1887 im militärwissenschaftl. Verein zu Temesvár. kl. 8°. (35 S.) Temesvár, F. J. Wettel. fl. —.30.

Kematmüller, Heinr. Die Rohrer. Historische Erzählg. aus Steyr's Vergangenheit. 8. (76 S.) Steyr 892, Kutschera. * — 50

Kematmüller, Heinr., historischer Vergleich zwischen Attila und Napoleon I. Vortrag, gehalten am 3. März 1886 im militärwissenschaftl. Verein zu Temesvár. 8. (47 S.) Temesvár 888. (Rathenow, Babenzien.) *

— Historischer Vergleich zwischen Attila u. Napoleon I. Vortrag, gehalten am 3. März 1886 im militär-wissenschaftlichen Vereine zu Temesvár. 8°. (47 S.) Temesvár, Ramel & Reitzer. fl. —.60.

— die Waldenser in Steyr. Historische Erzählg. aus Steyr's Vorzeit. 8. (62 S.) Steyr 890. Kutschera. n. — 50

— die periodische Wiederkehr der Hegemoniefrage zwischen der germanischen u. slavischen Race in der Geschichte. Geschichtliche Studie. 8. (84 S.) Temesvár 889. Ramel. n. — 75

Kemberg [Schlagwort]

Kemberg, s.: Preussen. Messtischblätter.

Kemble, John Mitchell, die Sachsen in England. Eine Geschichte des englischen Staatswesens bis auf die Zeit der normannischen Eroberung. Uebers. von H. B. Chr. Brandes. 2 Bde. gr. 8. Leipzig, T. O. Weigel. [1. (VII und 442 S.) 852., 2. (III und 481 S.) 854. à Bd. * 2 Thlr. 20 Ngr.] *

Kemble, John Mitchell, Mitglied mehrerer gelehrten Gesellschaften in England, München, Berlin, Stockholm, Kopenhagen u. s. w. Die Sachsen in England. Eine Geschichte des englischen Staatswesens bis auf die Zeit der normannischen Eroberung. Uebersetzt von Dr. H. B. Chr. Brandes, Privatdocent an der Universität zu Leipzig. (2 Bde.) 8. Leipzig **1853—1854.**

Kemble, John Mitchell, die Sachsen in England. Eine Geschichte des Englischen Staatswesens bis auf die Zeit der Normannischen Eroberung. Uebers. von H. B. Chr. Brandes. 2 Bde. Leipzig 853, 54. T. O. Weigel. gr. 8. (VII, 442; 3 Bl., 481 S.) Jeder Bd. n. 2 ₰. 20 ngr.

Kemble, Marie Therese, the day after the wedding etc., s. Theatre the british, No. 12.

Kembter, Adrianus (o. Praemonst., in ecclesia Wilthinensi canonicus regularis), Acta pro veritate martyrii corporis et cultus publici B. *Andreae Rinnensis pueruli*, anno 1462. die 12. Julii à Judæis in odium fidei occisi, collecta . . . . ab — —. Publ. *J. L. Thallgueter & Jos. Lizi.* Oeniponti, M. A. Wagner, 1745. 4°. Unbeschn. in Hpgmtb. Vorzügl. schönes Expl. (Auct. Graf v. Mohr no. 626.)

Das seltene Werk ist Bearb. eines lat. Mspts. des angesehenen Arztes Hippol. Guarinonius (1571–1654), welches betitelt ist „Begründete History der Marter des heil. unschuld. Kinds Andreä von Rinn etc., id est: Solida historia martyrii s. innocentis infantis Andreæ Rinnensis &c. (Cfr. Biogr. G's in Kembter's Werk, S. 18–37: „De Hippolito Guarinonio.") — 8 Bll., 312 S., 2 Bll. Manches in deutscher Spr. Mit merkw. Titelkpf. (Jos. et Joan. Klauber sc.).

Kembter, **Adr., († 1774.) Acta pro veritate martyrii corporis et cultus publici B. Andr. Rinnensis. 4. Augsb. 761.**

— introductio ad theologiam Patrum, praecipue secundum ductum S. Augustini. 8. Augsb. 761.

— veterum scriptorum de re rustica praecepta in Dialogos collecta. 4. Augsb. 760. ... Dann unt. d. Titel: Veter. disciplina de re rustica, c. fig. aen. 4. Mayland (Lindau) 770. Otto. 2 ₰ 12 gr

***Kembter*, Adr., tractatus de Sacramentis in genere, de Baptismo, Confirmatione et SS. Eucharistia. 8. Augsburg 761.**

Kemen, Joseph [aus Bonn]: Aus d. chirurg. Univ.-Klinik zu Bonn. Ueber die Schussverletzungen des Herzbeutels ... Bonn, Buchdr. v. A. Henry, 1897; 28 S., 2 Bl. 8.
Bonn, Med. Fak., Inaug.-Diss. v. [6. Febr.] 1897

Kemen, Carl, Rene, s. a. Rene.

Kemen, Karl, Rene oder die wahre Quelle des Glücks. Ein Lese- u. Uebungsbuch für die deutsche Jugend. Frei nach der 4. französ. Aufl. Frankfurt a. M. 858. Hermann. 8. (1 Bl., 154 S.) n. 12 ngr.

1611–1911. Geschichte der Pionierkadetten und deren Schulen. Hrsg. von Felix **Kemenović** v. Belovar, Feldmarschallt. Red. von Karl Friedrich Kurz. Wien: (Selbstverl.; Seidel in Komm.) 1911. XI, 435 S. 4°(8°) [10. 16333

Kemény, Frz., Beiträge zur Kenntnis des modernen Volksschulwesens v. Frankreich, m. Berücksicht. der übrigen auf der Pariser Weltausstellung vertretenen Länder, s.a. Zeit- u. Streitfragen, pädagogische.

Kemény, F., Beiträge zur Kenntnis des modernen Volksschulwesens in Frankreich. (57 S.) Gotha 1890. Behrend.

Entwurf einer internationalen Gesammt-Academie: Weltacademie nebst e. franz. Anh. von Franz **Kemény**, Realschuldir. in Budapest. *Dresden, Leipzig, Wien: E. Pierson 1901.* (148 S.) 8° [01. 4917

Kemény, Frz., Gegenwart u. Zukunft der körperlichen Erziehung, s.a Bausteine, pädagogische. 21. Hft.

Gegenwart und Zukunft der körperlichen Erziehung. Ein universalpädag. Reformversuch von Dir. Franz **Kemény** in Budapest. Berlin: Gerdes & Hödel 1904. (89 S.) 8°
= **Bausteine**, Pädagogische. H. 21. [04. 6710

Kemény, Fr., Minister u. Ministerien. Prolegomena zu e. Lehre v. der höheren Unterrichtsverwaltg. u. -leitung, s.a. Bausteine, pädagogische. 33. Heft.

Minister und Ministerien. Prolegomena zu e. Lehre von d. höh. Unterrichtsverwaltung u. -Leitung. Von Dir. Fr[anz] **Kemény**, Budapest. Berlin: Gerdes & Hödel 1908. 79 S. 8° [Umschlagt.]
(Pädagogische Bausteine. H. 33.) [10. 12314

Kemény, Frz., die Mittelschulen Ungarns (Gymnasien u. Realschulen), Geschichte—Verwaltg.—Organisation—Statistik. Im Auftr. d. kgl. ungar. Ministers f. Cultus u. Unterricht f. d. Millenniums-Ausstellg. verf. gr. 8. (III, 80 S.) Pressburg 896. C. Stampfel. n. 1. —

Kemeny, Ferenz, und Nászó, Kovacz (Stand der Körperkultur in den ungar. Mittelschulen, 1897—98, Ungar.), Budapest 1899, 118 S., Gr.-8°.

— Eine staatliche Volks- u. Mittelschule f. nervöse Kinder, s.a. Magazin, pädagogisches.

Eine staatliche Volks- und Mittelschule für nervöse Kinder. Von Dir. Fr[anz] **Kemény**, Budapest. Langensalza: Beyer 1910. 15 S. 8°
(Pädagogisches Magazin. H. 404.) [11. 9340

Kemény, Frz. Das moderne Volksschulwesen v. Frankreich, s. Zeit- u. Streitfragen, pädagogische.

Kemény, G. Jos., deutsche Fundgruben, s. Fundgruben.

—— Notitia histor.-diplomat. archivi et literalium capituli Albensis Transsilvaniae. II Pts. 8maj. (34¾ B.) Cibini 836. [Krabs.]

– Dass., s.a. Kemény, Jos. C.

Kemeny, Johann Freih. von (Transylvano-Hungari [= Siebenbürgen/Ungarn]), Commentatio historico-juridica de jure succedendi serenissimae domus Austriacae in Regnum Hungariae ex fontibus historiae regni constitutionibus jurisque naturalis ac gentium principiis composita. — Praemisit Justus Henning Böhmer: Diss. praelim. de vestigiis et usu antiquitatum Dacicarum in jure Romano. Halle (Joh. Christ. Hilliger) 1731. 16 Bl. 196 S. (15.—) 17705
Mit Landkarte: Pannonia antiqua (Liebe sc. Halae) u. genealog. Tfl.

Kemeny, L de, de jure succedendi dom. Austriacae in regn. Hungar. 4. Halae, Renger. 733.

Kemény, Jos. C., Notitia Historico-Diplomatica Archivi et Literalium Capituli Albensis Transsilvaniae. II Partes. 8maj. Cibini 836. Thierry. $2^2/_3$ ₰

– Dass., s.a. Kemény, G. Jos.

KEMENY, Julius. Hungara. Ungarische Mädchen auf dem Markte. Enthüllungen über den internationalen Mädchenhandel. Budapest, Sachs & Pollack, 1903.
Verboten S. 186 von: »Schon zu Lebzeiten ...« bis S. 196 bis zum Absatz und S. 199 von: »Kurze Zeit darauf ...« bis S. 201. d. Ldg. Düsseldorf 12 J. 788/07.

Kémény, Julius, „Hungaria", Ungarische Mädchen auf dem Markte. Enthüllungen über den internationalen Mädchenhandel. Budapest 1903. 8⁰. 352 S. (Mk. 3—.) (3 Mk. Taussig, Prag, 1904.)

Kemény, Sigmund Freiherr von. Zur Geschichte des öffentlichen Lebens in Siebenbürgen von 1791 bis 1848. A. d. Ungar. Kronstadt [1871]. Ü: *Trauschenfels, Eugen von.* (Bibl. d. Landeskirche in Siebenb. Hermannst. 1889.)

Kemény, Sigmund, rauhe Zeiten. Historischer Roman. Deutsch von Otto Weber. 1. Thl. Pest 859. Emich. 8. (VII, 173 S.) 20 ngr.

Kemeny, Sigm., rauhe Zeiten. Geschichtlicher Roman. Aus dem Ungar. übers. von Thdr. Opitz. 3 Bde. 8. (750 S.) Zürich 867, Verlags-Magazin. *

Kemeter, August Maria: Flavio Biondos Verhältnis zu Papst Eugen IV. 8 (XXXVII S.).
Progr. K. k. Staats-G. im VI. Bezirke Wien 1896.

Kemetmüller, Heinrich: Die periodische Wiederkehr, s. Kematmüller, Heinrich

Kemetter A.: Der Visitationsbericht über die Pfarre Mödling vom Jahre 1544. 12. Mödling 99.
Progr.

Kemetter August M.: Flavio Biondos Verhältnis zu Papst Eugen IV. 37. Wien VI. 96.
Progr.

Kemink, Herm. Henr., Comment. de carmine Deborae, quod legitur lib. Jud. Cap. V. 8maj. (6 B.) Trajecti ad Rh. 840, Kemink et fil. *

Kemke, Heinr., ostpreuss. Altertümer, s.: Tischler, O.

— ein Beitrag zur Chronologie der ostpreussischen Gräberfelder m. Berücksicht. d. Nachbargebiete. gr. 4. (S. 87—112.) Königsberg (900). (W. Koch.) n. — 90

Kemke, Heinr., d. Bronzeschwert v. Atkamp. [Aus: „Sitzungsber. d. physik.-ökonom. Gesellsch. zu Königsberg".] gr. 4. (7 S. m. 2 Abb.) Königsberg 896. (W. Koch.) n. — 35

— Fundverzeichnis zu Taf. 7—15 der 1. (ostpreussischen) Section des photographischen Albums der Berliner anthropologischen Ausstellung vom J. 1880. Nach Materialien des ostpreuss. Prov.-Museums der königl. physikalisch - ökonom. Gesellschaft zusammengestellt. gr. 4. (S. 88—95.) Ebd. (901). n. — 20

— das Gräberfeld v. Bartlickshof. gr. 8. (S. 108—134 m. 3 Taf.) Ebd. 900. n. 1. 40

— neues Material zur Kenntnis der baltischen Vorgeschichte. gr. 4. (S. 19—24 m. 2 Abbildgn.) Ebd. 900. n. — 20
4 Sonderabdrucke aus: „Schriften d. physikalisch-ökonom. Gesellschaft zu Königsberg i. Pr."

— der Silberfund v. Marienhof. [Aus: „Schriften d. physikal.-ökonom. Gesellsch. zu Königsberg".] gr. 4. (18 S. m. 1 Taf.) Ebd. 898. n. 1. —

Kemke, Johs., Patricius Junius (Patrick Young), Bibliothekar d. Könige Jacob I. u. Carl I. v. England, s.: Sammlung bibliothekswissenschaftl. Arbeiten.

Kemke, Ioannes (geb. am 20 Jan. 1863 in Königsberg Pr.): Philodemi de mvsica librorvm qvae exstant praeter librvm IV edidit ... Bonnae, typ. C. Georgi (1884). 3 Bl. 8. ¶ Nur Titel- u. Widmungsbl., Vita u. Thesen.
Bonn, Phil. Fak., Thes. v. 11 Aug. 1884

Kemke, Ioannes (geb. am 20 Jan. 1863 in Königsberg Pr.): Philodemi de mvsica librorvm qvae exstant praeter librvm IV edidit ... Lipsiae, typ. B. G. Tevbneri 1884. 3 Bl., 32 S. 8. ¶ Sonderabdr. d. ersten beiden Bogen d. vollständigen Ausg., die in dems. J. in d. Bibl. Teubn. erschien.
Bonn, Phil. Fak., Diss. v. 11 Aug. 1884

Kemke, Walther *Louis* [pr. Arzt]: Über angeborenen Defekt der Fibula ... Königsberg i. Pr., Druck v. M. Liedtke, 1893; 2 Bl., 41 S., 2 Bl., 1 Taf. 8.
Königsberg, Med. Fak., Inaug.-Diss. v. 3. März 1893

Kemke, Walth., üb. angeborenen Defekt der Fibula. Diss. gr. 8. (41 S. m. 1 Taf.) Königsberg i/Pr. 893. (W. Koch.) n. 1. 20

Rückblick auf die ersten 25 Schuljahre (1873—1898) der humanistischen Lehranstalt zu Ludwigshafen a. Rh. — Von Gottlob Kemlein, G.-P. — 1899, Ludwigshafen a. Rh., J. G. Biller. — P. 3—25.
Progr. Ludwigshafen a. Rh.
K. Gymnasium

Kemlein, Gottlob, Prof.: Zum Unterricht in der analytischen Geometrie an den humanistischen Gymnasien Bayerns. Ludwigshafen a. Rh. 1905: J. Waldkirch. (28 S.) 8°
Ludwigshafen a. Rhein, k. human. G P 1905°

Kemmann, Gustav

Kemmann, G: Bericht über die Tunnelentwürfe der Großen Berliner Straßenbahn. Mit Atlas. (Berlin 1907) Atl. Fol.

Kemmann, Gust., die Berliner Elektrizitätswerke bis Ende 1896, Geplant u. erbaut v. d. allgem. Elektrizitäts-Gesellschaft. gr. 4. (XII, 270 S. m. Abb. u. 38 Taf.) Berlin 897. J. Springer. — München, R. Oldenbourg (Ausliefrg. durch Springer). Geb. in Leinw. n.n. 15. —

Zur Eröffnung der elektrischen Hoch- und Untergrundbahn in Berlin. Von Reg.R. a. D. Gustav Kemmann. Mit 4 Taf., 1 Karte u. 55 Abb. *Berlin: J. Springer 1902.* (55 S.) 4°
Aus: Zeitung d. Ver. Deutscher Eisenbahn-Verwaltungen 1902, No 3. 5. 8 u. 10

Kemmann, G: Die Erzeugung von Glühlicht unter Anwendung flüssiger Brennstoffe. Berlin 1895 (Aus: Zeitschr. f. Spiritus-Jnd.)

Kemmann, G: Ueber Glühkörper und Gasglühlicht. Berlin 1894

Kemmann, G. Pollák-Virág'scher Schnelltelegraph. Berlin 1902. 4°. (Aus: Zeitung d. Ver. deutscher Eisenbahn-Verwaltungen.)

Kemmann, G: Die Tunnelentwürfe der Großen Berliner Straßenbahn. (Berlin 1908)

Kemmann, Gust. Der Verkehr Londons m. besond. Berücksicht. der Eisenbahnen. Mit 8 Plänen u. zahlreichen in den Text gedr. Abbildgn. Hrsg. v. der königl. techn. Hochschule zu Berlin, Louis Boissonet-Stiftg. gr. Fol. (VII, 197 S.) Berl. 892, Springer. cart. * 40 —

Kemmann, G., der Londoner Verkehr nach dem Bericht des englischen Handelsamts. Mit 4 (farb.) Übersichtstaf. (62 S.) Lex. 8. Berlin 909. J. Springer. 5. — Sonderabdruck aus: „Ztschr. f. Kleinbahnen".

Kemme, Cl., praes. Andr. El. **Buechner,** De diversa colicam pictonum curandi methodo. Hal. 4°. *Baldinger,* Syll. V p. 289—315.
1768

Kemme, Jo. Chr., De vi vitali. Hal. 4°. 1777

Kemme, Johann Christian

Kemme, D. J. Ch., Abhandlung von der Heiterkeit des Geistes bey einigen Sterbenden. Neue und mit einer kurzen Nachricht von dem Leben des Verfassers versehene Ausgabe. 8. Halle, Hendel. 818.

—, Jo. Chr., Beurtheilung eines Beweises v. d. Immaterialität der Seele a. d. Medicin. 1770. 8°.

— Beurtheilung e. Beweises f. d. Immaterialität der Seele aus d. Medicin. 8. Halle 776. Hendel. 4 K

— Einleit. in die Medicin überh. m. Anh. 8. Halle, Hemmerde u. Schw. 77[1]. 7[2].

— von d. Heiterkeit d. Geistes bei einigen Sterbenden. 8. Halle 774. Hendel. 3 K Neue mit einer kurzen Nachricht v. d. Leben d. Verfass. versehene Ausg. (v. Prof. Düffer). 8. Ebd. 818. 10 K

Kemme, Johann Christian.
Von der Heiterkcit des Geistes bei einigen Sterbenden. Neue . . . Ausgabe. Halle 1818. H: *Düffer, Joh. F. C.*]?] (Ky)

Kemme, Jh. Chr., († d. 10. Oct. 1815.) Zweifel u. Erinnerungen wider die Lehre d. Aerzte von Ernährung d. festen Theile. 8. Halle 778. Hendel. 9 K

Kemme, Johann Christlieb [Praes.], s. Groschopp, Friedrich Wilhelm Leopold Moritz: De notione gangraenae et sphaceli.

Kemme, Jos. Chr., Diss. sistens obs. quasdam med. pract. Hal. 4°. 1773

Kemmer, neue Bestimmungen des Gewerberechtes, insbesondere der Gewerbe-Novelle vom 30. VI. 1900. Für Handels- u. Gewerbekreise zusammengestellt. gr. 8. (VII, 63 S.) Ludwigshafen 901. (F. Baumgartner). n. — 80

Kemmer, das Richten bei Steilfeuerbatterien. Mit Maßstab f. den Stellungs-Unterschied. (41 S.) 12. Metz 903. P. Müller. n. — 50

Kemmer, Ernst, aus Germersheim: Die polare **Ausdrucksweise** in der griechischen Literatur. *Würzburg: A. Stuber 1900.* (71 S.) 8° ¶(Aus: Schanz, Beiträge z. hist. Syntax, H. 14.)
Würzburg, Phil. Diss. v. 1900

Kemmer, Ernst, die polare Ausdrucksweise in der griech. Literatur, s.a. Beiträge zur histor. Syntax der griech. Sprache. 15. Hft.

Die polare Ausdrucksweise in der griechischen Literatur. Von Dr. Ernst **Kemmer,** Gymnasiall. in München. *Würzburg: A. Stuber 1903.* (VIII, 263 S.) 4°(8°)
— **Beiträge** z. historischen Syntax d. griech. Sprache. H. 15. [03. 3046

Kemmer, Franz

Andeutungen zu einer englischen Wort- und Satzlehre für Deutsche. Von F. Kemmer, Stdl. — 1853. K., Rindfleisch. — S. 3—22.
Progr. Neuburg.

Kemmer, F. Beiträge zur Lehre von der englischen Aussprache. Neuburg a. D., St. A., 1859. 17 S. 4. Progr.

Kemmer, Frz., der Kontokorrent-Verkehr. Systemat. Darstellg. in rechtl., wirtschaftl. u. kaufmännisch-techn. Hinsicht. gr. 8. (VII, 143 S.) München 897. J. Schweitzer, Verl. n. 8. —

Kemmer, Franz [Rechtspraktikant]: **Die rechtliche Natur** des Kontokorrent-Verhältnisses ... [Erschien vollst. 1897 im gl. Verl. u. d. T.: Der Kontokorrent-Verkehr. Systemat. Darstellg ...] München, J. Schweitzer, 1897; 1 Bl., 33—115 S. 8.
Würzburg, Jur. Fak., Inaug.-Diss. v. 1897

Kemmer, Gottfried: **Über die Verwandlung** von Projektivitäten in Involutionen und von Reziprozitäten in Polarsysteme durch Anwendung von Projektivitäten. *Darmstadt 1898: C. F. Winter.* (25 S. mit Taf.) 8° [F.]
Giessen, Phil. Diss. v. 1898

Kemmer, (K[arl]): **Bericht über die Feier des 25jährigen Bestehens der Grossherzoglichen Realschule zu Wimpfen a. Neckar am 2. und 3. April 1897.** *Wimpfen 1898: Ch. Elser.* (22 S.) 4°
Wimpfen a. N., grossh. R, OP 1898 (686)

Kemmer, Karl, Bismarckworte. Sonette. 12. (82 S.) Heilbronn 895. Stuttgart, M. Kielmann. n. — 50

Kemmer, *Karl* [Dir. Dr.]: Zur Feier. (Gedicht.) Wimpfen, Buchdr. v. Ch. Elser, 1897; S. 3. 4.
Wimpfen a. N., grossh. R, Festschr. 1897 (675)

Kemmer, Karl (Alsfeld)
Kriterien der Realität für die Schnittpunkte von Linien zweiter Ordnung.
Giessen: W. Keller 1878. 19 S. 4°
Diss. phil. Juli 1878. vorh. 26.

Kemmer, Karl [Dr.]: Trigonometrische Messungen. (Bingen a. Rh., Druck v. O. Boryszewski, 1890); S. 10—11; 4°
Bingen a. Rhein, großh. R, P 1890 (622)

Kemmer, *Karl* [Dir. Dr.]: Die Realschule zu Wimpfen während der ersten 25 Jahre ihres Bestehens 1872—1897. Wimpfen, Buchdr. v. Ch. Elser, 1897; 4—47 S. 4.
Wimpfen a N., grossh. R, Festschr. 1897 (675)

Im Wechsel der Zeiten. Wimpfener Festspiel z. Feier d. hundertjähr. Zugehörigkeit Wimpfens zu Hessen von Karl **Kemmer** u. Richard Weitbrecht. Wimpfen 1903: Elser. 95 S. 8° [10. 14019 7

[F.] **Kemmer,** Karl [Dr.]: Der Wisperwind. *Bingen, Druck v. A. Pennrich, 1891;* S. 9—11; 4°
Bingen a. Rh., grossh. R, P 1891 (629)

Kemmer, Ludw., Briefe an e. jungen Offizier. 1. u. 2., unveränd. Aufl. 1.—5. Taus. (V, 100 S.) kl. 8. München 907. 08. C. H. Beck. Geb. 1. —

Grundschäden des Gymnasiums und Vorschläge zu ihrer Heilung. Von Dr. Ludwig **Kemmer,** Gymn.Prof. München: Gmelin 1910. 59 S. 8° [10. 1177

— Grundschäden des Gymnasiums u. Vorschläge zu ihrer Heilung. (60 S.) gr. 8. München 910. Verlag der ärztl. Rundschau. 1. 40

Die graphische Reklame der Prostitution. Nach amtl. Material u. nach eignen Beobachtungen geschildert von Dr. Ludwig **Kemmer**. 4. u. 5. Taus. (Mit Briefen von Hans Thoma u. Paul Heyse an d. Verf.) Als Ms. gedr. München: (C. H. Beck in Komm.) 1906. (52 S.) 4°(8°) [F.] 10a. 12503

Die Sage vom Strandsegen und das Strandrecht an der deutschen Küste v. Ludwig **Kemmer**. Ausschnitt aus: Die Grenzboten, Jg. 63. Nr. 31, 33, 43, 45 u. 48. Leipzig. 1904. 4°.

Kemmer, Ludwig, aus Germersheim: **Versuch einer Darstellung des Lautstandes der Aschaffenburger Kanzleisprache in der ersten Haelfte des sechzehnten Jahrhunderts.** *Dillingen a. D. 1898: J. Keller.* (135 S.) 8°
Würzburg, Phil. Diss. v. 1898

Kemmer, Ludwig: **Versuch einer Darstellung des Lautstandes der Aschaffenburger Kanzleisprache in der ersten Hælfte des sechzehnten Jahrhunderts. 1. T.: Die Vocale.** *Dillingen (1898): J. Keller.* **(62 S. mit Tab.) 8°**
Dillingen, k. humanist. G. P 1898*

Kemmer, Ludwig, Dr.: **Versuch** einer Darstellung des Lautstandes der Aschaffenburger Kanzleisprache in der ersten Haelfte des sechzehnten Jahrhunderts. T. 2: Die Konsonanten. *Dillingen (1899): J. Keller.* (S. 63–135.) 8° ¶ [Forts. d. P-Beil. 1898.]
Dillingen, k. humanist. G, P 1899

Kemmer, Otto, Arminius. Auf Grund der Quellen dargestellt. gr. 8. (V, 71 S.) Leipzig 893. Duncker & Humblot. n. 1. 60

Kemmer, Otto, phantastische Geschichten. Novellen. 8. (94 S.) Leipzig 885, Lemme. *

Kemmer, Otto, Pessimisten-Gesangbuch. 8. (XVI, 332 S.) Minden 884, Bruns' Verlag. *M 3.; geb. *

Kemmerich, Adolph, appr Arzt: Beitrag zur Paracentesenfrage. Göttingen 1908: Dieterich. 34 S. 8°
Göttingen, Med. Diss. v. 7. Sept. 1908, Ref. Bürkner-Braun
[Geb. 28. Apr. 78 Bremen; Wohnort: Bremen; Staatsangeh.: Bremen; Vorbildung: Joachimsth. Gymn. Berlin Reife O. 97; Studium: Würzburg 1, Berlin 4, Göttingen 4 S.; Coll. 29. Juli 08; Approb. 4. Apr. 02.] [U 09. 1311

Kemmerich, Andr. Fr., s. A l t e r t h ü m e r , Westphälische.

– s. B r u d e r l i e b : Vertrauliche Briefe ...

– s. D a n i e l , Der Prophet.

– s. Gedanken v. d. Hölle.

Kemmerich, Andr. Fr., († d. 9. Sept. 1799.) hist.-krit. Nachweisung, daß d. Europäer Israeliten zc. sind. 8. Hamb. 776. Ritter. 3 K

– s. S k i z z e n zu e. Weltsystemslehre.

Kemmerich, Dietrich Hermann

— accession. institution. juris civil. ex jure nat. et gent. 8. Vitemb. 726.

— — **Ad disputationem solennem candidati Christian Wilhelm Poeppelmann (Dresden) invitat. Wittbg. (Wwe. Gerdes) 14. IX. 1724. 7 Bl. mit Biogr. P.'s. (M.: C. M. Stumph.) (6.—)** 17713

— — **Ad disputationem solenn. candidati M. Jo. Hieronymus Dathe (Kemberg) invitat. Wittbg. (Wwe. Gerdes) 14. XI. 1724. 6 Bl. mit Biogr. D.'s. (M.: J. E. Hausner.) (6.—)** 17715

— — **Ad orationem inaug. qua professionem juris naturae et gentium ordin. in incl. hac academia Wittenbergensi demandat. invitat. Wittbg. (Samuel Kreusig) 20. XI. 1719. 14 Bl. (5.—)** 17708

D. Dieterich Hermann Kemmerichs Directoris des Ritter-Collegii zu Brandenburg Neu-eröffnete Academie Der Wissenschaften, Zu welchen Vornemlich Standes-Personen nützlich können angeführet, und zu einer vernünfftigen und wohlanständigen Conduite geschickt gemacht werden, Erste (-Zweyte) Eröffnung. Zweyte Auflage, vermehrt und verbessert. Leipzig, bey Thomas Fritschen, 1717. (Vol. 2, 1711.)

Kemmerich, Diet. Herm., neu eröffn. Akademie d. Wissensch. 3 Thle. 8. Leipz. Hartung. 739.

Kemmerich, Dietrich Hermann [Praes.], s. B e c k e r , Johann August: De secretariis protonotariis et actuariis judicialibus.

Kemmerich, Dietrich Hermann [Praes.], s. B e r g n e r , Christian August: Capita quaedam judicii provocatorii ...

Kemmerich, Dietrich Hermann [Praes.], s. B e y e r , Christian August: De potestate relaxandi juramentum in Imperio R. G.

Kemmerich, M. Dietrich Hermann (Mark) u. (Respond.) **Christian Osten** (Mark), De corona Borussiae Friderico regi et electori a deo data commentarius historicus in numisma Borussicum pro illustranda divina providentia in domus augustae incrementis conspicua. In memoriam coronationis publ. exponit. Lpz. (Joh. Christoph Brandenburger) 18. I. 1704. 58 S. (7.—) 17706
Titelkupf.: 2 Med.-Abb. (v. R. Faltz): Brustbild Friedr. I. u. Krönungsinsign.

Kemmerich, Diet. Herm.: De corona Borussiae Friderico, regi et electori a deo data commentarius historicus. [Resp.:] Chr. O s t e n. Lipsiae (1705).

Kemmerich, Dietrich Hermann [Praes.], s. D a r i e s , Joachim Georg: De tutela pactitia ...

Kemmerich, Dietrich Hermann [Praes.], s. D o r n b l ü t h , Adolph Gottlieb: De majori principum aetate ...

— Einleit. zu d. Staatswissensch. 3 Thle. 8. Leipz. Eurich. 714.

— — **Programma de favore testamentorum, ex principiis juris naturalis civilis et canonici nec non moribus Germanicis, diverso, dissert. inaug. de genuino sensu legis CXX. de verb. signif. nob. jurium candidati Jo. Carl Langguth (Hildburghausen/Frk.) 28. III. 1736. publ. disquisit. subjic. praemissum. Jena (Horn) 27. III. 1736. 16 S. mit Biogr. L.'s. (M.: M. C. Dietz.) (6.—)** 17724

Kemmerich, Dietrich Hermann [Praes.], s. Gleser, Hieronymus Bernhard: De donationibus conjugum illustrium.

Kemmerich, Dietrich Hermann [Praes.], s. Gohren, Johann Adolph Wilhelm von: De neutralitate statuum Imp. R. G. in bello imperii illicita.

Kemmerich, Dietrich Hermann [Praes.], s. Grell, Friedrich Gottlob: De jure collectarum provincialium.

Kemmerich, Diet. Herm.: Grund-Sätze des Völcker-Rechts von der Unverletzlichkeit der Gesandten. Samt einer relation von dem affront, welcher dem Moscowit. Abgesandten in Engelland anno 1708 erwiesen. Christian-Erlang 1710.

Kemmerich, D. H.: Grundsätze d. Völkerrechts v. d. Unverletzlichk. d. Gesandten u. s. w. *Erlang.* 718.

Kemmerich, Dietrich Hermann [Praes.], s. Hennig, Johann Friedrich: De magno longe vitae beneficio pauca.

Kemmerich, Dietrich Hermann [Praes.], s. Hervart, Jo. Elias Leopold: De judiciis nunciaturae quam vocant apostolicae in Germania ...

Kemmerich, Dietrich Hermann [Praes.], s. Hinckel, Christian Gottfried: De jure de non evocando electorum principum et statuum imp. aliorumque immediatorum et mediatorum.

Kemmerich, Dietrich Hermann [Praes.], s. Holl, Friedrich Christian: De consiliario principis curatore uxoris ejusdem principis.

— — Programma de paroemia, Huth bey Schleyer, Schleyer bei Huth, invitationi ad nob. jurium candidati Johann David Wogau (Biberach. Memmingen) disput. inaug. de societate bonorum connubiali secundum jus commune et statutarium liberae S. R. I. civitatis Memmingensis 17. X. 1739 publ. disquisit. subjic. praemissum. Jena (Horn) 16. X. 1739. 4 Bl. mit Biogr. W.'s. (M.: S. Hartlieb v. Wallsporn.) (6.—) 17728

— — Programma de institutis Germanorum ad conservationem familiae spectantibus. — Diss. inaug. candidati Gottlieb Adolph Heinrich Heydenreich (Weimar) de alienatione fideicommissorum familiae vel omnibus etiam de ea consentientibus illicita (24. VIII.) praemissum. Jena (Croeker) 18. VIII. 1737. 15 S. mit genealog. Biograph. H.'s. (M.: R. E. Meurer.) (6.—) 17725

Kemmerich, Diet. Herm: Introductio ad jur. publ. Imp. Rom.-Germ. T. I. II. *Frcf.* et *Lips.* 742. 8.

— introd. ad jus public. imp. rom. germ. 8. Lips. Gleditsch. 744.

— — Commentatio de investitura per baculum et annulum, et jure patronatus regio, per modum programmatis disput. inaug. nob. jurium candidati Eberhard Friedrich Jos (Heilbronn/Schwab.) de jure patronorum honorifico primario, nim. jure praesentandi, praemissa. Jena (Müller) 13. XI. 1733. 12 S. mit Biogr. J.'s. (M.: M. M. Boehringer.) (6.—) 17719

— — Dasselbe. Accedit disput. jurid. de praescriptione feudali, in Marpurgensium academia 9. IV. 1707 pro gradu doctorali habuit Johann Jacob Brandt (Homberg/Hessen). Jena (Heller) 1750. 40 S. (6.50) 17720
S. 14 kurze Biogr. v. E. F. Jos.

— — Programma de jure foresti nobilis imp. immediatis quoque competente, dissert. inaug. nob. jurium candidati Justus Georg Heuser (Eysenbach/Riedesel) de jure glandis legendae praemissum. Jena März 1736. 4 Bl. mit Biogr. H.'s. (M.: J. R. Beutel.) (5.50) 17723

— — Meditatio juridica qua discursus juris publici abbreviatus de jure haereditario, aut feudi successorio, eorum, qui cum renunciatione mundi, bonorum, atque omnis juris temporalis in statu regulari apud catholicos extitere, et ad unam vel alteram ex tribus in S. R. I. receptis ac toleratis religionibus, e. g. Augustanam aut reformatam transeunt, etc. in academia Wirceburgensi in lucem editus per succinctas animadversiones sub examen revocatur. Jena (Joh. Adam Melchior) 1739. 55 S. (6.50) 17726
Respond. d. Würzburger Dissertation: Georg Friedrich Zehner (Würzb.). Präs.: D. Johann Caspar Barthel (30. I. 1737). — s. a. Zehner, G. F.

— de jure hereditario, aut feudi successorio. 4. Jenae, Melchior. (Gabler.) 739.

— — De augustissimi imperatoris R. G. jure circa constitutionem pontificis Romani commentatio per modum programmatis invitatorii ad diputat. inaug. Behrischianam. Wittbg. (Wwe. Gerdes) 1724. 8 Bl. mit genealog. Biogr. v. Wolffg. Albrecht Behrisch (Dresden; M.: J. A. v. Hantschmann.) (6.50) 17710

— — Dasselbe. (Ad disputationem solenn. candidati Wolffgang Albrecht Behrisch (Dresden) invitat.) Wittenberg (Wwe. Gerdes) 22. VI. 1724. 8 Bl. mit Biogr., aber ohne aufgedruckten Sachtitel. (6.50) 17711

— — Dasselbe. (Programma de jure augustissimi imperatoris circa constituendum ecclesiae Romanae caput. Editum 1724.) Jena (Ritter) 1740. 16 S., ohne Biographie. (3.50) 17712

— — Lectori benevolo s. p. d. Wittbg. 1724. 8 Bl. mit genealog. Biogr. v. Hieronymus Nicolaus Gercken (Lübeck; M.: C. E. v. Dassel). (6.—) 17709
[De jure Lubecensi.]

— — De jure principis circa dogmata fidei ex codice et novellis pariter ac historia reformationis et cumprimis Augustanae confessionis illustr. Amoenitates juris publ. Jena (Müller) 28. VI. 1730. 54 S., tlws. dtsch. (7.—) 17717

Kemmerich, Dietrich Herm. (Praeses): „Exercitatio juridica de jure statuarum Mercurialium ac columnarum milliarium, Vom Recht der Post- und Wege-Säulen ....", Auctor respond.: Carol. Chr. Schrammius, Wittenberg (1723). — Vorh.: StB Nürnberg.

— — Programma de libertate commercium tempore belli restricta, nob. jurium candidati Johann Adolph Wilhelm v. Gohren (Jena) disput. inaug. de neutralitate statuum Imp. R. G. in bello imperii illicita praemissum. Jena (Müller) 12. I. 1735. 6 Bl. mit Biogr. G.'s. (M.: C. E. Bielcke.) (6.—) 17721

— — Programma de meritis principum electorum et ducum Saxoniae, circa processum judiciarium, invitat. publ. ad nob. jurium candidati David Jacob Spindler (Neustadt a. Orla) dissertat. inaug. de libertate mutandae probationis in processu, 19. XI. 1735 publ. disquisit. subjic. praemissum. Jena (Ritter) 12. XI. 1735. 12 S. mit Biogr. S.'s. (M.: J. D. Waechtler.) (6.—) 17722

— — De arctissimo juris publici privatique nexu. Ad orat. qua profess. codicis et novellarum in incl. hac acad. Jenensi demandat. invitat. Jena (Müller) 7. V. 1730. 16 Bl. (6.—) 17716

— — De origine contractuum nominatorum et innominatorum, nec non diversarum actionum inde natarum quaedam praefatus, ad disput. inaug. clar. jurium candidati Johann David Backhaus (Langensalza/Thür.) de poenitentia in contractu innominato hodie non locum inveniente, invitat. Jena (Horn) 18. IX. 1733. 16 S. mit Biogr. B.'s. (M.: M. D. Gleichmann.) (6.—) 17718

KEMMERICH, Diet. Herm.: Programma de origine et progressu iuris venandi. - Wittenberg 1724

— — Ad disputationem inaug. candidati Johann Nicolaus Biel (Rudolstadt/Schwarzburg) invitat. Wittbg. (Gottfried Gaeberdt) 22. IX. 1724. 7 Bl. m. Biogr. B.'s. (M.: A. J. Endersin.) (6.—) 17714
[De venationis origine et jure.]

— origines juris ecclesiast. 8. Lips. Vierling. 745.

— praecogn. juris div. natural. 8. Jen. Schulz. 737.

Kemmerich, D. H.: De probat. consuet. et observantiae. *Jena.* (732.) 773.

— — Liber de probatione consuetudinis et observantiae tam privatae, quam publicae, sive imperialis cum indice necessario. Jena u. Weissenfels (Joh. Christoph Croeker) 1746. 102 Seiten. (7.50) 17729

Kemmerich, Diet. Herm., de probatione consuetudinis et observantiae. 8. Halle 773. Hendel. 6 gr.

— Pufendorf. enucleat. s. elementa juris nat. et gent. 8. Lips. Hilscher. 716.

— — Programma de quaestione, an tutor illustris ad inventarium conficiendum et rationes reddendas obstrictus sit? Invitat. ad disput. inaug. jurium candidati Carl Gottlieb Fürbringer (Gera) de tutore alienae jurisdictionis 26. V. 1739 publ. disquis. subjic. praemissum. Jena (Croeker) 24. V. 1739. 8 S. m. Biogr. F.'s. (M.: R. M. Schmid.) (5.50) 17727

— responsor. juris sylloge II. Francf. Eslinger. 727–31.

Kemmerich, Dietrich Hermann [Praes.], s. Saher, Johannes Sophonias: De probatione consuetudinis et observantiae ...

Kemmerich, Dietrich Hermann [Praes.], s. Siemers, Heinrich Ernst: De collegiis mercatorum.

Kemmerich, Dietrich Hermann [Praes.], s. Sorge, Paul Heinrich: De denunciatione injuriarum Saxonica.

— — De statu reipublicae Germanicae feudali et feudis regalibus. Theses inaug. Präs. Heinrich Bodin. Halle (Chr. Henckel) Okt. 1707. 32 S. (6.20) 17707

Kemmerich, Dietrich Hermann [Praes.], s. Sultzner, Gottlob Ernst: Vitiosus heautontimorumenos ...

Kemmerich, Herm.: Synopsis juris criminalis, in usum auditorii — adornata. *Lips.* 733. 8. — *Tubing.* 755. 8. — ed. auct. *Frcf.* 777. 8.

— synopsis juris criminalis, neu herausg. v. J. J. Sorber. 8. Marb. 771. (Hermann in Frankf.) 6 gr.

Kemmerich, Dietrich Hermann [Praes.], s. Ulmer, Johann Ludwig Desiderius: De Austraegis S. R. G. I. comitatum ... conventionalibus.

Kemmerich, Diet. Herm.: Was bey Eröffnung u. Lesung fremder, sonderl. d. Minister u. Gesandten Briefe Rechtens sei? als Vorr. zu Mart. Luther's Schrift v. heimlichen u. gestollnen Briefen u. s. w. *Jena.* 731. 8.

Kemmerich, Dietrich Hermann [Praes.], s. Wientzek, Johann Sigismund: De creditore antichretico rationes non reddente.

Kemmerich, Dietrich Hermann [Praes.], s. Wogau, Johann David: De societate bonorum connubiali.

Kemmerich, E., über die Wirkung, den Ernährungswerth und Verwendung des Fleisch-Extracts. (Abdr. aus der Deutschen Klinik.) gr. 8. Berlin 870, D. Reimer. * — 50

Kemmerich E.: Ueber die Wirkungen, den Ernährungswerth u. die Verwendung d. Fleisch-Extracts. Berl. 1870. 16 S. (Särtr.). P.

Kemmerich, Eduard (geb. am 5 Mai 1845 in Erkrath bei Düsseldorf): Ueber die physiologische Wirkung der Fleischbrühe als Beitrag zur Lehre von den Kalisalzen ... Bonn, Druck von C. Georgi 1868. 2 Bl., 33 S., 1 Bl. 8. ¶ Unvollständiger Sonderabdr. aus Pflügers Arch. f. d. ges. Physiol. II 1869 (S. 49 ff.).
Bonn, Med. Fak., Diss. v. 31 Juli 1868

Kemmerich, Georg, Referendar aus Coblenz: **Die Gewährleistungspflicht des Verkäufers wegen Mängel der Sache nach gemeinem Recht und dem B.G.B.** *Erlangen 1899: E. Th. Jacob.* (52 S.) 8° [F.]
Erlangen, Jur. Diss. v. 6. Jan. 1899

Kemmerich, Hermann, s. K e m m e r i c h , Dietrich Hermann

Kemmerich, Jos., Blitzgestreist, s.a. Eckstein's 60 Pfennig-Bibliothek. Nr. 40.

Kemmerich, Jos., Blitzgestreist s.a. Weichert's Wochen-Bibliothek.

Blitzgestreist. Novelle von Joseph **Kemmerich.** Berlin: A. Weichert [1903]. (S. 59-96.) 8° [F.]
= **Wochen-Bibliothek,** A. Weichert's. Bd 152, [2.] [05. 5308

Kemmerich, Max, aus Tegernsee: **Die Charakteristik bei Machiavelli.** Ein Beitrag zur Geschichte d. litterar. Porträts. *Leipzig 1902: O. Schmidt.* (131 S.) 8°
Leipzig, Phil. Diss. v. [31. Mai] 1902

— **Dinge, die man nicht sagt.** (VII, 297 S.) 8. München (910). A. Langen. 3.50; geb. n 5. —

— Die deutschen **Kaiser** u. Könige im Bilde. Ein Ergänzungsbuch zum deutschen Geschichts-Unterricht. (VII, 60 S.) 32,5×24,5 cm. Leipzig 910. Klinkhardt & Biermann. Kart. 2. 50

Kemmerich, Max, ein unbekannter **Codex** der Vögeschen Malschule in Augsburg. Ein Beitrag zur Kunstgeschichte des X. u. XI. Jahrh. (S. 57—96 m. Abbildgn.) Lex. 8. München 907. (G. D. W. Callwey.) 2. —
Sonderabdruck aus: „Altbayer. Monatsschr."

KEMMERICH, M., **Kultur-Kuriosa.** München (1909). 8°. (2 Mk. 50 Pfg. B. Seligsberg, 1911.)
Enthält sehr interess. Nachrichten üb. d. Ketzer u. d. röm.-kathol. Kirche, Toleranz u. Aehnliches, Kriegswesen, Ehe, Sittlichkeit, Hygiene, Ehre, H e x e n , Rechtspflege, Reliquien etc. Kulturgeschichtlich von Wert.

— **Kultur-Kuriosa.** (1.) u. 2. Bd. 1.—4. Taus. (VIII, 294 u. IV, 296 S.) 8. München (909. 10). A. Langen. à nn 3.50; geb. à nn 5. —

— Die **Lebensdauer** u. die Todesursachen innerhalb der deutschen Kaiser- u. Königsfamilien. (106 S.) Lex. 8. Wien 909. F. Deuticke. 3. 50
Erweit. Sonderdr. aus Alfr. v. Lindheim „Saluti senectutis".

— (Hrsg.), s. N a t u r s c h u t z p a r k e in Deutschland und Österreich.

— Die frühmittelalterl. **Porträtmalerei** in Deutschland bis zur Mitte des XIII. Jahrh. (VII, 167 S. m. 38 Abb.) Lex. 8. München 907. G. D. W. Callwey. 8. —

— Die frühmittelalterl. **Porträtplastik** in Deutschland bis zum Ende des XIII. Jahrh. (VIII, 253 S. m. 112 Abbildgn.) Lex. 8. Leipzig 909. Klinkhardt & Biermann. 11.—; geb. 12. 50

— Die **Porträts** deutscher Kaiser u. Könige bis auf Rudolf v. Habsburg. (S. 463—513.) 8. Hannover (908). Hahn. 1. 20
Sonderabdr. aus: „Neues Archiv d. Gesellsch. f. ält. deut. Gesch.-Kde."

Kemmerich, Wilhelm Eduard, a. Basel: **Über polychrome Salze und Ester aus Oximidoketonen.** Weida i. Th. 1908: Thomas & Hubert. (56 S.) 8°
Leipzig, Phil. Fak., Ref. Hantzsch-Beckmann, Diss. v. 21. April 1908
[Geb. 11. Mai 82 Basel (Schweiz); Wohnort: Berlin; Staatsangeh.: Preußen; Vorbildung: Theresien-Gymn. München Reife Juli 02; Studium: München 5, Heidelberg 1, Leipzig 4 S.]

Kemmern u. seine Heilkräfte. Führer f. Kranke. Hrsg. v. der Direction der Kemmernschen Mineralbäder. 8. (141 S. m. 1 Karte.) Kemmern 892. (Riga, Jonck & Poliewsky.) n. 2. —

K e m m i n g e r Ant. Jos. Worte der Weihe bei der Enthüllung des den Vertheidigern Ofens errichteten Denkmales. 2. Aufl. Ofen. 4. 1853.

Kemmler, Adolf, approb. Arzt aus Breslau: **Ueber einen Fall von Magencarcinom, kombiniert mit sekundärer Ösophagustuberkulose.** *München 1902: C. Wolf & Sohn.* (30 S.) 8°
München, Med. Diss. v. 1902

K e m m l e r, C. A., und G. v. M a r t e n s, Flora von Württemberg und Hohenzollern, s. M a r t e n s, G. v.

Kemmler, Frz., Liedersammlung, s.: **Müller, Frz.**

Kemmler, G., an d. Menschen e. Wohlgefallen, s.: Eckardt, R., wahrer Mund.

—— die Berechtigung der T o d e s s t r a f e. Mit besond. Berücksicht. der Schrift des Prälaten von Mehring: „Die Frage von der Todesstrafe." gr. 8. (69 S.) Tübingen 868, Osiander'sche Buchh. [Heilbronn, Scheurlen's Verlag.] * 1 —

Kemmler, G., s.: Frühlingsblüthen.

Kemmler, G., Hiob oder die Weisheit der Urzeit. Freunden heiliger Poesie gewidmet. Cannstatt 858. Bosheuyer. 16. (IV, 112 S.) n. 15 ngr.

Kemmler, G., Hiob oder Kampf u. Sieg im Leiden. In dichter. Form wiedergegeben. 8. (184 S.) Calw. Stuttgart 877. A. F. Steinkopf in Comm. n. 2. 40

K e m m l e r, G., deutsche L i e d e r. 8. (32 S.) Stuttgart 870, (Lindemann.) * — 40

K e m m l e r, G., Liederklänge vom Rigi. Allen Rigifahrern gewidmet. 16. (56 S.) Reutlingen 855, Kurtz'sche Buchh. *

—— die Nachtgesichte S a c h a r i a s für Freunde der Weissagung. gr. 8. (VIII, 86 S.) Stuttgart 874, Grüninger. * 1 50

K e m m l e r, G., die Offenbarung Jesu Christi an Johannes. Aus Schrift, Geschichte und Gegenwart für die Gemeinde dargestellt. gr. 8. (VIII und 487 S.) Tübingen 863, Osiander'sche Buchh.

—— die O f f e n b a r u n g Jesu Christi an Johannes. Aus Schrift, Geschichte und Gegenwart für die Gemeinde dargestellt. Neue wohlfeile (Titel-)Ausg. gr. 8. (VI, 487 S.) Heilbronn (863)72, Scheurlen's Verlag. 3 —

K e m m l e r, G. Der Kindertaufe Recht u. Kraft. 8. (80 S.) Stuttg. 890, Buchh. der Evangel. Gesellschaft. * — 50

—— die Stellung der evangelischen Kirche zu der kirchenpolitischen Bewegung der Gegenwart. Ein Versuch zur Verständigung. 8. (104 S.) Stuttgart 876, J. F. Steinkopf.

— aus Stille u. Sturm. Gedichte. 16. (VI, 226 S.) Stuttgart 872. Grüninger. geb. m. Goldschn. n. 3. —

— d. Versöhnung durch Christi Opfertod nach Schrift u. neuerer Theologie. E. Vortrag. gr. 8. (48 S.) Leipzig 895. Dörffling & Franke. n. — 60

Kemmler, G., Winterrosen. Gedichte. 12. (VIII, 127 S.) Stuttgart 900. Buchh. der ev. Gesellschaft. Geb. in Leinw. m. Goldschn. n. 1. 50

—— Heinrich Zeller. Ein schwäb. Zeit- und Lebensbild. Aus seinem handschriftl. Nachlaß entworfen. gr. 8. (IV und 502 S. mit lithogr. Bildniß.) Stuttgart 867, (J. F. Steinkopf.) *

— das Zukunftsideal des Christenthums. Vortrag gehalten im obern Museum zu Stuttgart den 10. März 1869. Stuttgart 869. Grüninger. gr. 8. (30 S.) 5 ngr.

Kemmler, G. A., Flora von Württemberg und Hohenzollern, s. Martens, Geo. v.

Kemmler, Glob., Gedichte. 8. (319 S.) Calw 887. Vereinsbuchh. n. 3. — ; geb. n. 4. —

Kemmler, Paul [app. Arzt aus Stuttgart, derzeit Assist. a. d. kgl. psychiatr. Klinik in Breslau]: Über gewohnheitsmässiges Erbrechen auf der Grundlage krankhafter Seelenzustände '(Hyperemesis hysterica)' ... Tübingen, Druck v. H. Laupp jr., 1891; 126 S. 8.
Tübingen, Med. Fak., Inaug.-Diss. v. 1891

Kemmler, Paul. Über gewohnheitsmässiges Erbrechen auf der Grundlage krankhafter Seelenzustände [Hyperemesis hysterica]. Diss. gr. 8. (126 S.) Tüb. 891, (Moser). ** 2 —

Kemmling, Joseph (geb. Glehn im Rheinl. (14. 10. 1846)). Thesen. Berlin (1870). (2 Bl.) 8°
Berlin, Med. Thes. v. 30. Juli 1870

Kemmling, Theod. (geb. Gilverath 6. 4. 1814): De dentitione. Berolini (1839). (36 S.) 8°
Berlin, Med. Diss. v. 5. Nov. 1839

Kemna, J. H. Anton, das Opfer d. neuen Bundes od. d. heil. Messe, begründet durch d. heil. Schrift, gefeiert in d. Kirche d. Urchristenthums fast wie jetzt. Eine Frohnleichnams-Predigt. 8. (1½ B.) Elberfeld 832, Becker.

Kemna, Karl, aus Herne: Der Begriff 'Schiff' im Französischen. Eine lexikogr. Untersuchung. *Marburg 1901: J. A. Koch.* (252 S.) 8°
Marburg, Phil. Diss. v. [20. Dez.] 1901

Kemna, Ludolph Bernhard, In Pentateuchum Wertheimensem recens translatum castigationes quaedam. Quibus ipsam conversionem Wertheimensem principia illius hermeneutica et loci quaedam Mosaica de christo agentia male translata sub examen vocat. Lpz. (Langenheim) 1737. 40 S. (6.80) 17730

Kemner, August, Kreistierarzt in Wittlich: Ueber die Wirkung und Gedeihlichkeit der Mohnkuchen. ⟨Aus dem hygienischen Institut der Königl. Tierärztlichen Hochschule in Hannover. Professor Dammann.⟩ Neustadt a. Rbge. 1909. 24 S. 8°. [27. V. 09.]
Bern. Vet.-med. Diss. 1909/10.

Kemnitz, A.: Zur Lehrweise des Französischen an lateinlosen Realschulen. Apolda, Druck v. R. Birkner (1890); S. 3—12; 4°
Apolda, großh. W. & L. Zimmermann's R, OP 1890

Kemnitz, Albin

Kemnitz, A., französisches Lesebuch f. den Anfangsunterricht. gr. 8. (IV, 71 S.) Leipzig 890. A. Neumann's Verl. n. — 90

Kemnitz, Albin, französische Schulgrammatik. 1. und 2. Tl. gr. 8. Leipzig, A. Neumann's Verlag. *
Inhalt:
Tl. 1. Formenlehre mit dem Notwendigsten aus der Syntax. (VII, 288 S.) 885. *ℳ 3.20.
" 2. Syntax. (VIII, 93 S.) 887. *ℳ 1.20.

—— dass. — Ubungsbuch zum 2. Tl. gr. 8. (IV, 151 S.) Ebendas. 887. *

Kemnitz, Alfr. v., die allgemeinen Rechtsgrundsätze d. Entwurfes e. deutschen bürgerlichen Gesetzbuches. Für das Gebiet d. preuß. allgemeinen Landrechtes dargestellt. gr. 8. (VIII, 170 S.) Frankfurt a/O. 890. Trowitzsch & Sohn. n. 3. —

Kemnitz, Paul Waldemar, aus Hamburg: Sulfosäuren des 1-Phenyl-3-Methyl-5-Chlor- und des 1-Phenyl-3,4-Dimethyl-5-Chlorpyrazols und einige Derivate derselben. *Rostock 1903: C. Hinstorff.* (37 S.) 8°
Rostock, Phil. Diss. v. [18. Juni] 1903

Kemp, Theodor v. der, Rittmeister im holländ. Garde-Dragoner-Regiment, Doktor der Medicin und Missionar des Königs aller Könige. Ein Lebensbild aus der neueren Missionsgeschichte, nebst 1 (lithogr.) Kärtchen der Südspitze Afrikas. 8. (39 S.) Basel 870, Spittler. * — 20

Kemp, Theodor van der, Rittmeister im holländischen Garde-Dragoner-Regiment, Doktor der Medicin und Missionär des Königs aller Könige. Ein Lebensbild aus der neueren Missionsgeschichte, nebst 1 (lithogr.) Kärtchen der Südspitze Afrika's. 2. Aufl. 8. (39 S.) Basel 879, Spittler.

Kemp, Etwas üb. d. Kenntniß u. Heil. d. Wasserscheu. 59 S. Düsseld. 8°. A. D. B. XCV, 485. A. L. Z. 1789, n. 296. Salzb. med. chir. Zt. 1790, IV, 23.

Kemp, Egbert *Cornelius Johannes* [aus Winschoten in d. Niederl.]: Zur Aetiologie und Therapie der Querlagen ... Berlin, Druck v. E. Ebering, *1897;* 45 S., 1 Bl. 8.
Berlin, Med. Fak., Inaug.-Diss. v. 5. März 1897

Kemp, Henricus ⟨geb. am 26 Nov 1841 in Münstereifel⟩: De loco et ambitu vermium classis in systemate ... Bonnae, form. Carthausianis (1864). 37 S., 1 Bl. 8.
Bonn, Phil. Fak., Diss. v. 8 Juli 1864

Kemp, H(einr.), approb. Arzt aus Elmpt: Aus d. Pharmakol. Institut d. Universität Bonn. Über die Wirkungen des Amido-Orexins. *Bonn 1902: C. Georgi.* (33 S.) 8°
Bonn, Med. Diss. v. 28. Apr. 1902

Kemp, J. B. Die Gedichte des Jehan Froissart. Klagenfurt, R., 1879. 32 S. Progr.

Kemp, J. B. Vier altfranzösische Lieder. Klagenfurt, R., 1885. 11 S. Progr.

Kemp, J. B., de sacris musices praefectis apud veteres Hebraeos. Dresd. 1737. 4.

Zur Geschichte der Kölner Fastnacht. Von Dr. Jacob Kemp. Elberfeld: Martini & Grüttefien 1906 36 S. 8°
Aus: Zeitschrift f. rhein. u. westf. Volkskunde. H. 4. 109. 13509

Kemp, Jacob, a. Köln: Die Wohlfahrtspflege des Kölner Rates in dem Jahrhundert nach der großen Zunftrevolution. Bonn 1904: P. Hauptmann. (41 S.) 8° ¶(Erschien vollst. u. d. gleich. Tit. bei P. Hanstein, Bonn 1904.)
Bonn, Phil. Fak., Ref. Schulte, Diss. v. 11. Nov. 1904
[Geb. 13. Okt. 77 Cöln; Heimatsort: Cöln; Staatsangeh.: Preußen; Vorbildung: Friedr. Wilh.-Gymn. Cöln Reife O. 99; Studium: Münster 1, Bonn 7 S.; Rig. 5. Febr. 04.]

Die Wohlfahrtspflege des Kölner Rates in dem Jahrhundert nach der großen Zunftrevolution. Kulturhist. Studie von Dr. Jacob Kemp. Bonn: P. Hanstein 1904. (67 S.) 8°
— Geschichte, Aus d. Rheinischen. No 42. (05. 6)1, 6

Kemp, Johannes, approb. Arzt: Aus d. chirurg. Universitäts-Klinik zu Bonn. Beiträge zur Casuistik der diffusen symmetrischen Lipome des Halses (Madelung'scher Fetthals). *Bonn 1902: J. Trapp.* (49 S.) 8°
Bonn, Med. Diss. v. 5. Juli 1902

Kemp, Karl: Die wirtschaftlichen Verhältnisse der Republik Haiti einst und jetzt. Bonn 1909: Ludwig. 101 S. 8°
Bonn, Phil. Diss. v. 14. Aug. 1909, Ref. Rein
[Geb. 29. Jan. 82 Elmpt; Wohnort: Elmpt; Staatsangeh.: Preußen; Vorbildung: Gymn. M.-Gladbach Reife O. 03; Studium: Bonn 2, München 1, Bonn 9 S.; Rig. 16. Juni 09.] [U 10. 391

Kemp, Pierre Antoine: Theoretisches und praktisches Linearzeichnen, zunächst für die Primärschulen. I. Theil mit Atlas von 204 Figuren. Luxemburg: M. Bourger 1866. – 8°

Kemp, P., theoret. u. prakt. Linearzeichnen, zunächst für die Primärschulen des Großherzogth. Luxemburg faßlich dargestellt. 1. Thl. Luxemburg 866. Schamburger. gr. 8. (IV, 70 S. mit einem Atlas von 204 Figg. auf 30 Steintaff. in gr. 4.) n. 22 ngr.

Kemp, Pierre Antoine: Der Schulhausbau und die Schulzimmer-Einrichtungen mit Rücksicht auf die Schulhygiene. Gedankenspäne gesammelt auf der Hygiene-Ausstellung zu Berlin 1883 und zur Förderung der Schulgesundheitspflege in unserem Lande. Luxemburg: V. Bück 1885. – 25 S. 4°

Kemp, P., die kleinen Zeichner. 50 Vorlegeblätter zunächst für die Primär-Schulen des Grossherzogth. Luxemburg hrsg. 1. Thl. gr. 8. (50 Stnt.) Luxemburg 864, Brück. In Mappe. *

Kempa, August. aus Gleiwitz O.-Schlesien: Ein Beitrag zur Geflügeldiphterie. Gleiwitz 1909. II + 46 S. 8°. [6. III. 08.]
Bern. Vet.-med. Diss. 1908/09.

Kempe, A., Kaiserbilder aus den Harzbergen u. dem alten Sachsenlande von Karl dem Großen bis Friedrich Barbarossa. Mit einer (Holzschn.-)Abbildung des Kaiserhauses zu Goslar. 12. (92 S.) Quedlinburg 882. Ernst. n. 1. —

Kempe, A., s.: Paramenty, K.

Kempe, Adolf, a. Bielefeld: Zur Kenntnis β-substituierter α. α. γ. γ-Propantetracarbonsäureester und ihrer Derivate. Hildesheim 1905: A. Lax. (61 S.) 8°
Göttingen, Phil. Fak., Ref. Wallach, Diss. v. 17. Juni 1905
[Geb. 25. März 80 Bielefeld; Wohnort: Bielefeld; Staatsangeh.: Preußen; Vorbildung: Realgymn. Bielefeld Reife O. 00; Studium: Freiburg i. B. 2, Bonn 3, Göttingen 5 S.; Rig. 23. Nov. 04.]

Kempe, Arvid, Stockholm—Linköping—Nässjö—Malmö—Trelleborg, s.: Rechts u. links der Eisenbahn. 65. Hft.

Kempe, Carl, s. Kempe, Karl

Kempe, Christian Gottlob (Wiesenthal / Misn.). Quaest. utrum pacta dotalia invita altera parte revocari possint. Exercit. jurid. Präs. D. Frid. Gottlieb Zoller. Lpz. (Langenheim) 10. V. 1770. 14 S. (6.—) 17732
Gew.: Immanuel Benjamin Kempe (Vater).

Kempe, Erich, Aviatik. Ein Beitrag zur Entwicklungsgeschichte der Flugmaschine. (52 S. m. Abb.) gr. 8. Konstanz 911. (E. Kempe.) 1. 25

Kempe, Friedr., Franz Lißt. Richard Wagner. Aphoristische Memoiren und biograph. Rhapsodien. Ein Erinnerungsblatt für die Theilnehmer des 3. anhalt-bernburg'schen Musikfestes, ein Beitrag zur Kunstgeschichte für alle Freunde der Tonkunst rc. gr. 8. (43 S.) Eisleben 852, Kuhnt.

— Friedrich Schneider. Ein Lebensbild. Nach Orig.-Mittheilungen, Orig.-Briefen und Urtheilen namhafter Kunstrichter bearb. Herausg. von Arth. Lutze. 2. Ausg. Mit Schneider's Portr. in Stahlst., 2 Lithogr., Facsim., Autographie und vielen Musik-Beilagen. Berlin 864. Janke. gr. 8. (XX, 483 S.) 1 ₰ 15 ngr.

Kempe, Frdr., Friedrich Schneider als Mensch und Künstler. Ein Lebensbild nach Orig.-Mittheilungen, Orig.-Briefen und Urtheilen namhafter Kunstrichter bearb. Mit Schneider's Portr. in Stahlst., 2 Lithogr., (lith.) Facsim., Autographie u. vielen Musik-Beilagen. Dessau 859. Neubürger in Comm. gr. 8. (XX, 483 S.) 3 ₰

Kempe, H. R., Handbuch der Elektrizitätsmessungen. Aus dem Engl. übertr. von J. Baumann. gr. 8. (VIII, 309 S. mit in den Text eingedr. Holzst.) Braunschweig 883, Vieweg und Sohn. *

Kempe, Henriette. Laienblüthen. New York, 1862. UC

Kempe, *Hermann* Bemerkungen zu dem propädeutischen Unterricht in der Geometrie. (Umschlagtitel: Über den propädeutischen Unterricht in der Geometrie.) 4 (S. 3–8).
Progr. Rsch. in U. *Remscheidt* 1888 (454).

Kempe, H[ermann], Dr.: Die konjugierten Durchmesser der Kegelschnitte in schulgemäßer Behandlung. *Remscheid 1902: H. Krumm.* (S. 73—82.) 8°
Remscheid, RG m. R (Reform-S), Festschr. 1902 (541)

Kempe, Hermann [aus Buchholzen]: Kugel- und Kegelfläche in ihren Beziehungen zu den Schwingungskurven.... Marburg, C. L. Pfeil'sche Univ.-Buchdr., 1887; 56 S. + 1 Bl. u. 1 Taf. 8°.
Marburg, Phil. Fak., Inaug.-Diss. v. [15. Mai] 1887.

Kempe, Hermann, Kugel- und Kegelfläche in ihren Beziehungen zu den Schwingungskurven. Diss. Marburg 1887, N. G. Elwertsche Univ.-Buchh. 8°. 56 S. mit 1 Taf.

Kempe, Hermann, aus Loewen (Westf.): Die Ortsnamen des Philomena. *Halle a. S. 1901: H. John.* (71 S.) 8°
Halle, Phil. Diss. v. 1901

Kempe, Im. Aug., († d. 17. Febr. 1826.) christliche Lieder u. Gesänge nach Kirchenmelodien zur häusl. Andacht. 8. Dresd. 786. (Leipz., Kummer). 6 gl.

Kempe, Im. A., christl. Lieder u. Gesänge nach Kirchenmelod. z. häusl. Andacht. 8. Leipz. Hilscher, 787.

Kempe, Karl

Kempe, Carl, d. Anlage v. Zinkätzungen. Prakt. Ratschläge u. Berechngn. aller Art f. angeh. Chemigraphen. Zugl. Preisliste chemigraph. Hilfsmaschinen. gr. 8. (48 S. m. Abb.) Nürnberg 895. (Leipzig, G. Hedeler.) n. 2. —

Kempe, Carl (Hrsg.), s. Anzeiger, Graphischer.

Kempe, C.. Galvanoplastik (Die) für den Mittel- und Kleinbetrieb bearbeitet. Sechste Auflage. Leipzig, 1896. 8vo. Ill.

— d. Galvanoplastik. F. d. Mittel- u. Kleinbetrieb bearb. 6., neu bearb. Aufl. gr. 8. (72 S. m. Abb.) Ebd. 897. n. 2. 25

Kempe, Carl, s.: Jahrbuch der Stereotypie.

Kempe, Carl, Manneswort u. Frauenlob. Bilder aus dem Leben. 12. (168 S.) Leipzig 899. (G. Hedeler.) n. 2. —

Kempe, Carl, die Papierstereotypie. Ein Wegweiser durch die Flach- u. Rundstereotypie. Illustr. Handbuch f. Stereotypeure u. Buchdrucker. 10. Aufl. Vollständig neu bearb. (256 u. 174 S. m. Abbildgn.) gr. 8. Nürnberg 904. (Leipzig, G. Hedeler.) Geb. in Leinw. n. 5. —

— Wegweiser durch d. Rund- u. Flachstereotypie d. Neuzeit. E. Handbuch f. Stereotypeure, Schriftsetzer u. Maschinenmeister. 8. Aufl. Neu bearb. 1899. Reich illustr. u. m. vielen Anlagen verseh. Lex.-8. (187 S.) Ebd. 898. n. 2. 25

Kempe, Carl. Wegweiser durch die Stereotypie u. Galvanoplastik. Mit 9 Anlagen in gr. 4. u. e. Anh. aller in der Stereotypie gebräuchl. Papiere. Lex.-8. (71 S. m. eingedr. Illustr.) Nürnb. 889, (J. L. Schrag. — Lpz., Hedeler.) * 3 —
—— dass. — I. Die Papierstereotypie der Neuzeit f. Flach- u. Rundguss. Der Druck auf der Rotationsmaschine. II. Lehrgang der Galvanoplastik. 3. u. 4. Aufl. (II, 64 S. m. Abbildgn.) 891. 5. Aufl. Nebst Anh.: Anleitung zum Giessen der Hohlstege u. Regletten. 8. (II, 64; Anh. 8 S. m. Abbildgn.) Nürnb. 892. (Lpz., Hedeler). * 1 50

Kempe, Karl-Gustav, a. Oberherzogswaldau-Rittergut, Referendar am kgl. Oberlandesgericht in Breslau: Die Gegensätze der Verwaltung und Nutzniessung des Ehemanns und des Vaters. Nürnberg: „Noris“ 1906. (X, 104 S.) 8°
Erlangen, Jur. Fak., Ref. Siber, Diss. v. 5. Febr. 1907
[Geb. 13. Dez. 76 Oberherzogswaldau (Kr. Freystadt, Schles.); Wohnort: Breslau; Staatsangeh.: Preußen; Vorbildung: Gymn. Bunzlau Reife M. 98; Studium: Breslau 7 S.; Rig. 7. Dez. 06.]

Kempe, Kurt, Referendar in Chemnitz: Die letztwillige Auflage des Bürgerlichen Gesetzbuchs. Borna-Leipzig 1907: R. Noske. (VIII, 63 S.) 8°
Leipzig, Jur. Fak., Diss. v. 14. Sept. 1907
[Geb. 30. Juni 79 Chemnitz; Wohnort: Chemnitz; Staatsangeh.: Sachsen; Vorbildung: Kgl. Gymn. Chemnitz Reife O. 99; Studium: Leipzig 8 S.; Rig. 14. Febr. 03.]

Kempe, Ludwig (geb. Posen 7. 2. 1856): Der Dualismus des syphilitischen und Schanker-Contagiums. Berlin (1881). (29 S.) 8°
Berlin, Med. Diss. v. 30. Aug. 1881

Kempe, Martin, a. Stettin: Beitrag zur Kenntnis optischaktiver Polypeptide und über einige Derivate des Tryptophans. (Berlin 1907: G. Schade.) (46 S.) 8°
Berlin, Phil. Fak., Ref. Fischer, Diss. v. 13. Juli 1907
[Geb. 22. Okt. 84 Stettin; Wohnort: Berlin; Staatsangeh.: Preußen; Vorbildung: Kgl. Marienstifts-Gymn. Stettin Reife O. 03; Studium: Marburg 2, München 1, Berlin 5 S.; Rig. 27. Juni 07.]

Kempe, Mart., Bibliotheca Anglor. philos. 4. Königsb.

Kempe, Paul, Christus und die Sozialdemokratie. Für die ländliche Bevölkerung. 8°. Braunschweig, Günther, 1893.

Die Buchführung und Abrechnung in Molkerei-Genossenschaften nach Zulassung der Rahmlieferung ... bearb. vom Revisor Robert **Kempe**-Prenzlau. *Prenzlau: A. Mieck 1900.* (11 S.) 4° [F.]
(Anlage z. 10. Jahresbericht d. Molkerei-Revisions-Verbandes f. d. Prov. Brandenburg, Pommern ... in Prenzlau.) [01. 3911

Kempe, St., wahrhafter Bericht, d. Kirchensachen in Hamburg v. Anfang d. Evangelii betreff., aus d. Niedersächs. ins Hochdeutsche übertr. u. als Beitr. z. Feier d. dritten Reformations-Jubelfestes d. Hamburg. Kirche hrsg. v. L. C. G. Strauch. 8. (3¼ B.) Hamburg 828, Perthes u. Besser. Thlr.

Kempe, Steph., Reformation v. Hamburg. 12. Hamburg, Herold. 717.

Kempe, Wilhelm, aus Othfresen i. Hann.: Über das Pulenon. *Hildesheim 1903: A. Lax.* (48 S.) 8°
Göttingen, Phil. Diss. v. [10. Jan.] 1904

Kempe, Wilhelm: Studien zum Barretter. Halle a. S. 1909: Kaemmerer. 22 S. 4° ¶(Mitteilungen d. physik. Versuchs-Station Halle-Cröllwitz. No 19.)
Halle, Phil. Diss. v. 11. Dez. 1909, Ref. Dorn
[Geb. 6. Okt. 87 Magdeburg; Wohnort: Magdeburg; Staatsangeh.: Preußen; Vorbildung: Oberrealsch. Magdeburg Reife M. 05; Studium: Berlin 4, Halle 4 S.; Rig. 5. Aug. 09.] [U 10. 1756

Kempel, Franz: Die zweckmässigste Form der Arbeitslosenversicherung. T. 2. *Tübingen: H. Laupp 1900.* (III, 52 S.) 8°
¶(Aus: Zeitschrift f. d. gesamte Staatswissenschaft, Bd 56. — Erschien vollst. ebenda.)
Bonn, Phil. Diss. v. 22. Jan. 1900

Kempel, Franz, Die „christliche“ und die „neutrale“ Gewerkvereins-Bewegung, beurteilt an der Hand des Rundschreibens „Rerum novarum“ des Papstes Leo XIII. vom 17. Mai 1891 und des Hirtenschreibens der preussischen Bischöfe an ihre Geistlichkeit vom 22. August 1900. gr. 8°. Mainz, F. Kirchheim, 1900.

Kempel, Frz., die „christliche“ u. die „neutrale“ Gewerkvereins-Bewegung, beurteilt an der Hand des Rundschreibens ‚Rerum novarum‘ des Papstes Leo XIII. v. 17. V. 1891 u. des Hirtenschreibens der preuß. Bischöfe an ihre Geistlichkeit v. 22. VIII. 1900. gr. 8. (IV, 163 S.) Mainz 901. F. Kirchheim. n. 1. 60

Kempel, Frz. Die Gottesfahrt nach Trier im J. 1891 od. Geschichte der diesjähr. Ausstellg. d. hl. Rockes in der Trierer Domkirche unter besond. Berücksicht. der Anfeindg. d. großart. Festes. 12. (VII, 190 S.) Mainz 891, Kupferberg. * 1 20

Kempel, F., Göttliches Sittengesetz u. neuzeitliches Erwerbsleben. Eine Wirtschaftslehre in sittenorgan. Auffassg. der gesellschaftl. Erwerbsverhältnisse. Mit e. Anh. üb. die wirtschaftsliberale Richtg. im Katholizismus u. üb. die Frage der christl. Gewerkschaften. gr. 8. (XVI, 450 S.) Mainz '02, F. Kirchheim. 6. —

Kempel, Gustav und **Karl Wilhelm**, Die Bäume und Sträucher des Waldes. In botanischer und forstwirthschaftlicher Beziehung. (Cplt. in 20 zweimonatlichen Lieferungen.) 4. Lieferung 5 mit drei Farbendrucktafeln nach Original-Aquarellen vom Maler W. Liepoldt in Wien u. 17 Textfiguren. (S. 105—128) 1 50
Wien: Ed. Hölzel 1891.

Kempele, le Joueur aux échecs, copié d'après l'original. av. fig. gr. 8. Lips. Breitkopf. 790.

Kempelen, Wolfgang von: Mechanismus der menschlichen Sprache nebst der Beschreibung seiner sprechenden Maschine. 456 S., gbd., 27 Taf.

Wien: Degen 1791

JB 4.303

v. Kempelen, Wolfg., († d. 26. März 1804.) Mechanismus d. menschl. Sprache nach d. Beschreib. sr. sprechenden Maschine. Mit 27 Kpf. gr. 8. Wien 791. Linz. (Liebeskind in Leipz.) 3 ℛ 8 gr (a. Pichler). 2 ℛ Dass. Französ. (le mécanisme de la parole etc.) 8. Ebd. 791. 3 ℛ 8 gr

— — dass. franz. (le mechanisme de la Parole etc.) 8. Ebend. (a. Sammer in Wien.) 791.

Kempen [Sachl. OW]

Kempen, Thom., d. zuvor laue, hernach eifrige Diener der seligsten Jungfrau. Schsp. v. Reißner. gr. 8. Insbruck, Wagner. 768.

Kempen [Schlagwort]

— s. a.: Forstkarten.

— s. a.: Posen, Reg.-Bez.

Kempen-Oswiecim, s.: Automobilkarten. Automobil-Tourenkarte.

Kempen-Posen, s.: Automobilkarten. Automobil-Tourenkarte.

Kempen, Kreis. Anschütz, E., Uebersichtskarte des Kreises Kempen. 1:40,000. 71,5×83 cm. Farbdr. Düsseldorf (905). C. Schaffnit. n. 2. —; m. Stäben n. 2. 50

Kempen. Baron, P., Spezial-Karte d. Kreises Kempen. Rev. v. d. zuständ. Behörden. 1:100,000. 36,5×27,5 cm. Farbdr. Lissa (902). F. Ebbecke. n. — 50

— Spezialkarte des Kreises Kempen. Rev. v. den zuständ. Behörden. 2. Aufl. 1:100,000. 36,5×27,5 cm. Farbdr. Ebd. 910. — 50; auf Leinw. in Etui 1. —

Kempen, Kreis. Baron, Paul, Wanderkarte des Kreises Kempen, entworfen nach den neuesten Hilfsquellen. 1:25,000. 4 Bl. à ca. 64×52,5 cm. Farbdr. Lissa (909). O. Eulitz. 12.—; auf Leinw. m. Stäben 15. —

Kempen [Verfasser]

v. Kempen, Frhrr., s. H. W. Blum.

Kempen, Ansfridus M. Th. van, O. S. B., Novene zu Ehren des hl. Joseph, s.: Eberhard, Laur.

Kempen, Gerhard Heinrich, appr. Arzt a. Prummern ⟨Rheinprovinz⟩: Beiträge zur Statistik und Kasuistik der chronischen Bleivergiftung. Die in den Jahren 1890—1904 auf der I. med. Abteilung des Krankenhauses München l. d. I. zur Beobachtung gekommenen Fälle von chronischer Bleiintoxikation. München 1905: C. Wolf & Sohn. (29 S.) 8°
München, Med. Fak., Ref. v. Bauer, Diss. v. 19. Mai 1905

[Geb. 26. Febr. 66 Prummern, Rheinprovinz; Wohnort: Prummern; Staatsangeh.: Preußen; Vorbildung: Gymn. Montabaur Reife O. 88; Studium: München 10 S.; Coll. 23. März 05; Approb. 7. Febr. 05.]

Kempen, Carl van, Geographie für Elementarschulen. Mit mehreren den Text erläuternden eingedr. Holzschn. u. 5 (lith. u. color.) Karten (in 4.). M.-Gladbach (858.) Riffarth. 8. (56 S.) n. 6 ngr.

— practisches Schulrechenbuch. Aufgaben zum schriftlichen Rechnen für Elementarschulen. 2., verm. u. verb. Aufl. Ebend. 853. 8. (1 Bl., 142 S.) n. 6 ngr.

— Sprach- und Aufsatz-Aufgaben für Schüler. In 4 Stufen. 2., verb. u. verm. Aufl. Ebend. 851—53. 8. n. 7½ ngr.

Inhalt: 1. Stufe: Für die untere Klasse. Enthltd. 172 Aufgaben aus der Satz-, Wortformen-, Wortbildungs-, Rechtschreibe- und Aufsatzlehre. 2. Aufl. 851. (16 S.) — 2. Stufe: Für die untere oder mittlere Klasse. Enthltd. 245 Aufgaben ꝛc. 2. Aufl. 852. (32 S.) — 3. Stufe: Für die mittlere (in Landschulen obere) Klasse. Enthltd. 276 Aufgaben ꝛc. 2. Aufl. 852. (48 S.) — 4. Stufe: Für die obere Klasse. Enthltd. 380 Aufgaben ꝛc. 853 (47 S.)

Kempen, Thomas von, s. Kempis

Kempen (Kempis), Thomas v., s. Thomas.

Kempen-Album. Mit Beiträgen von Ritter v. Alpenburg, M. Bermann, L. Bowitsch ꝛc. Herausg. von J. Zajączkowski. Wien 859. Wallishausser'sche Buchhdlg. gr. 8. (VIII, 156 S.) n. 1 ℛ 10 ngr.

de Kempenare, Ph., Vlaemsche Kronijk, of dagregister van al het gene gedenkweerdige voorgevallen is, binnen de stad Gent, sedert den 15. July 1566 tot 15. Juny 1585; onderhouden in 't latijn, overgezet door J. P. van Male, Pastor van Bovekerke, thans voor de eerste mael uitgegeven door Ph. B. Lex.-8. Brussel 839. Muquardt. n. 2 ℛ

Kempeneers, Aug., Dissert. dogmat.-canon. de romani Pontificis Primatu ejusque attributis. 8maj. (17¾ B.) Lovani 841. (Moguntiae, Kirchheim, Schott et Thielmann.) *

Kemper und Heine, Repetitorium für das Einjährig-Freiwilligen- und Fähnrichs-Examen in der deutschen Armee. 2. durchges. und erweit. Aufl. in 2 Bdn. Mit einem Verzeichnis der Militär-Pädagogien. 8. Berlin 886, H. J. Meidinger. geb. *

Inhalt:
Bd. 1. Sprachen. (XXIV, 413 S.) *ℳ 6.—.
» 2. Realien. (446 S. mit 3 Taf.) *ℳ 5.—.

—— —— dass. — Einzelausg. 11 Tle. 8. Ebendas. 886. cart. *

Inhalt:
Tl. 1. Deutsch. (126 S.) *ℳ 2.—.
» 2. Lateinisch.. (69 S.) *ℳ 1.50.
» 3. Griechisch. (88 S.) *ℳ 2.—.
» 4. Französisch. (64 S.) *ℳ 1.50.
» 5. Englisch. (66 S.) *ℳ 1.50.
» 6. Mathematik. (122, 17 S. mit 1 Taf.) *ℳ 3.—.
» 7. Geographie. (98 S.) *ℳ 2.—.
» 8. Geschichte. (131 S.) *ℳ 2.—.
» 9. Physik. (IV, 65 S. mit 1 Taf.) *ℳ 1.50.
» 10. Planzeichnen. (1 autogr. Taf.) * 50 Pf.
» 11. Die wissenschaftlichen Anforderungen in den Prüfungen. Verzeichnis der Militär-Pädagogien. (V, 30 S.) *ℳ 1.—.

Kemper u. Heine, s. Repetitorium f. das Einjährig-Freiwilligen-, Fähnrichs- u. Seekadetten-Examen.

Kemper und Heine, Repetitorium für das Fähnrichs-Examen in der deutschen Armee. 8. (VII, 107; 67, 64, 120, 96, 130 S. mit 2 Stnt.) Charlotttenburg 882, Fritze's Buchh. * geb. *

Kemper, Ueber den Seeverkehr u. das Seewesen der Römer von den ältesten Zeiten zum I. punischen Kriege. Pr. 1863. 26 S. 4°.

Kemper: Ueber das Seewesen und den Seeverkehr der Römer von den ältesten Zeiten bis zum ersten punischen Kriege. 26 S.–Warendorf, Progr. 1863

Kemper A, Verwendg v. Gasmotoren f. Strassenbahnbetrieb. (8 S) 4° (München) 1893

Kemper, Eduard [app. Arzt aus Olpe i./W.]: Aus d. Augenklinik zu Kiel. Statistische Beiträge zur Lehre von der Solutio retinae ... Kiel, Druck v. H. Fiencke, 1892; 28 S. 8.
Kiel, Med. Fak., Inaug.-Diss. v. [7. Okt.] 1892

Kemper, Eduard, appr. Arzt a. Liesborn (Westf.): Aus der medic. Poliklinik der Universität Kiel. Zur Casuistik der Stokes-Adams'schen Krankheit. Kiel 1905: H. Fiencke. (28 S.) 8°
Kiel, Med. Fak., Ref. Quincke, Diss. v. 20. Juli 1905
[Geb. 11. Aug. 78 Liesborn, Westf.; Wohnort: Liesborn; Staatsangeh.: Preußen: Vorbildung: Gymn. Warendorf Reife O. 97; Studium: Kiel 4, München 1, Kiel 4 S.; Coll. 14. Aug. 02; Approb. 1. Juli 02.]

Kemper, Engelbert Johann Heinrich

Kemper, Engelbert J. H. (Vreden/Westf.), De applicatione hirudinum ad portionem uteri vaginalem. Diss. med.-chir. Bln. (August Petsch) 24. IV. 1830. 28 S. m. Biogr. (M.: F. Glumm.) (6.—) 17736
Oppon.: R. Knapp, E. Michaëlis, H. Thienemann. — Gew.: Frh. v. Vincke, Joseph Kemper.

Kemper, Franciscus, Guestfalus: De vitarum Cypriani, Martini Turonensis, Ambrosii, Augustini rationibus. *Monasterii Guestf. 1904: Soc. typogr. Guestf.* (51 S.) 8°
Münster, Phil. Diss. v. [30. Jan.] 1904

Kemper, H. W., wie man den Teufel los wird. Meine persönl. Erfahrg. u. Arbeit in der Seelenrettg. 8. (142 S.) Louisville, Ky., 890. (Bremen, Verlag d. Tractathauses.) n. — 80

Kemper, Henr., quaestiones Tibullianae. Dissert. philolog. Monasterii 857. (Cazin.) gr. 8. (46 S.) 15 ngr.

Kemper, Herm. Jos., Die letzte physische Bedingung des Gewordenen. Dialektisch entwickelt. Brilon 1862, 4°, 32 S., 60 Pf., Gymn.-Progr.

Kemper, Jos., die letzte physische Bedingung des Gewordenen, dialektisch entwickelt. Brilon 862. Friedländer. 4. (32 S.) 6 ngr.

Kemper, Herm. Jos., Neue philosophische Beweise für Gottes Erkennen und Wollen. Brilon 1864, 4°, 18 S., Gymnasial-Programm.

—— Theologia naturalis. Düsseldorf 1863.

Kemper, J., kritische Begründung d. Regeln d. engl. Aussprache u. d. Accentes. 8. Wien 821. Morschner u. J. 8 gr.

Der Unterricht im Rechtschreiben. Im Anschl. an die im Auftr. d. Kgl. Prov.-Schulkolleg. zu Münster hrsg. Lesefibeln u. Lesebücher f. d. verschied. Stufen d. Volksschule bearb. von I. **Kemper**. *Hamm i. W.: Breer & Thiemann 1899.* (71 S.) 8° [F.] [illegible] 6

Kemper, J. de Bosch, Wetboek van Strafvordering, naar deszelfs beginselen ontwikkeld, en in verband gebragt niet de algemeene regtsgeleerdheid; met een Bijvoegsel, bevattende Formulieren en Voorbeelden der amtsverrigtingen van Regts-Commissarissen, Officieren van justitie, Griffiers, Hulpofficieren, enz. 1e Deel. Mit 1 Tabelle u. Bijvoegsel. gr. 8. Amsterdam 838 Müller. n. $4\frac{1}{3}$ ß

— Johann Melchior (Leyden), Oratio de aetatis nostrae fatis, exemplo gentibus ac praesertim Belgis, numquam negligendo. Leyden (S. & J. Luchtmans) 1816. 32 S. (6.—) 17737
Gew.: A. F. van der Duin van Benthorn u. Maasdam, Gysb. Car. van Hogendorp.

Kemper, J. M, Orat. de aetat. nost. fatis etc. Lugd. B. 8maj. (Lips., Weigel in comm.) 816. -

— Oratio de jure naturae immutabili et aeterno. 4maj. Hardervicii 799. (Leipz., Weidmann). ...

— Oratio de prudentia civili in promovenda eruditione 4maj. Hardervicii. 801. (Leipz., Weidmann.) ...

— Versuch über d. Einfluß der polit. Ereignisse u. d. religiös. u. philosoph. Meinungen seit mehr als 25 Jahren auf d. Religiose u. Sittliche bei d. Völkern Europas. Gekronte Preisschrift. Aus d. Holländ. v. G. A. Dietrich. 8. Leipz. 823. (Klinckhardt). 20 gr. Neue unveränd. Ausg. 831. 14 gr.

Kemper, (M. J. M.,) Versuch üb. d. Einfluß d. polit. Ereignisse u. d. relig. u. philos. Meinungen seit mehr als 25 Jahren auf d. Religiöse u. Sittl. bei den Völkern Europas. Gekrönte Preisschrift. A. d. Holländ. v. A. Dittrich. 8. Lpz. 823, Sühring.

Kemper, Jan Melchior.
Versuch über den Einfluss der politischen Ereignisse ... auf das Religiöse und Sittliche bei den Völkern Europas. A. d. Holl. Leipz. 1831. Ü: *Dietrich, Albert.* (Wa)

Kemper, Joh. Melch., Versuch üb. d. Einfluss d. polit. Ereignisse u. d. religiösen u. philosoph. Meinungen seit mehr als 25 Jahren auf d. Religiöse u. Sittliche bei d. Völkern Europa's. (A. d. Holländ.) v. A. Dietrich. (Neue, unveränd. Ausg.) 8. (11½ B.) Leipzig 831, [Klinkhardt.]

Kemper, Jos., s. a.: Busch, K.

– s.a. Kemper, Hermann Josef

— der rote Adler im weißen Felde, s.: Jugendperlen. 14. Bd.

Kemper, Jos., der Bonenjäger, eine Forschung auf dem Gebiete der münsterschen Mundart. gr. 8. (52 S.) Münster 881. Aschendorff. n. 1.—

— Buschiri, der Feind der deutschen Kolonieen, od. der Aufstand in Ostafrika im J. 1888, s.: Jugendperlen. 6. Bd.

Kemper, Jos., de Ungarorum ex Lebedia et Atelcuzu demigratione primisque Francos inter et illos foederibus et bellis. Dissert. inaug. Monasterii 857. (Cazin.) gr. 8. (IV, 51 S.) 15 ngr.

Kemper, Jos., de Ungarorum ex Lebedia et Atelcusu demigratione primisque Francos inter illos foederibus et bellis. Dissertatio inauguralis. gr. 8. (IV und 51 S.) Münster 858, (Cazin.)

—— grammatische Einführung in das Studium der hebräischen Sprache. gr. 8. (VIII und 70 S.) Mainz 867, Kirchheim.

Kemper, (Jos.), die Femgerichte, s.: Jugend- u. Volksbibliothek, geschichtliche.

Kemper, Jos., Münsterländische Götterstätten, erörtert. Münster, Aschendorff, 1882, gr. 8°, 85 S., 1,50 Mk.

— Hexenwahn u. Hexenprozesse in Deutschland, s.: Jugend- u. Volks-Bibliothek, geschichtliche.

KEMPER, J., Hexenwahn und Hexenprozesse in Deutschland. Mit 13 Abbildgn. 1908. 8°. (90 Pfg. O. Schönhuth, München, 1909, ohne Ortsangabe.)

Das katholische Kirchenjahr in seinen hl. Zeiten u. Festen. Der kath. Jugend erzählt von J[osef] Kemper. *Hamm: Breer & Thiemann 1900.* (64 S.) 8° [F.] [01. 3913 6

— Das kathol. Kirchenlied in der Volksschule. 72 Kirchenlieder im Anschlusse an d. Diözesangesangbücher f. Paderborn, Köln, Münster, Osnabrück u. Hildesheim f. die Volksschule erläutert. (XVI, 160 S.) 8. Hamm (909). Breer & Thiemann. 1.80

— Mexiko unter Kaiser Maximilian I., s.: Jugend- u. Volksbibliothek, geschichtliche.

Kemper, J., d. Perikopenstunde. Erklärg. d. sonn- u. festtägl. Evangelien nebst d. Erklärg. d. kath. Kirchenjahres, d. hl. Messe u. ein. Lebensbild. a. d. kathol. Kirchengeschichte aus d. Leben d. Heiligen. Für d. Hand d. Lehrer an Oberklassen kathol. Volksschulen bearb. 8. (XVI, 214 S.) Hamm 898. Breer & Thiemann. n. 1.60

— die Perikopenstunde. Erklärg. der sonn- u. festtägl. Evangelien, nebst der Erklärg. des kathol. Kirchenjahres, der hl. Messe u. einigen Lebensbildern aus der kathol. Kirchengeschichte u. aus dem Leben der Heiligen. Für die Hand der Lehrer an Mittel- u. Oberklassen kathol. Volksschulen bearb. 2. verb. Aufl. 8. (XVI, 224 S.) Ebd. 900. n. 1.60; geb. n. 2.10

— Die Perikopenstunde, Erklärung der sonn- u. festtägl. Evangelien, nebst der Erklärg. des kathol. Kirchenjahres, der hl. Messe u. einigen Lebensbildern aus der kathol. Kirchengeschichte u. aus dem Leben der Heiligen. Für die Hand der Lehrer an Mittel- u. Oberklassen kathol. Volksschulen bearb. 3., verb. Aufl. (XVI, 260 S.) 8. Hamm 908. Breer & Thiemann. 2.40; geb. in Leinw. 3.—

— Rechnen fürs Leben, s.: Kamp, K.

— der Sohn der Heide, s.: Jugendperlen. 5. Bd.

Kemper, R., Rechenbuch f. gewerbliche u. kaufmänn. Fortbildungsschulen, s.: Schürmann, F.

Kemper, R., Rechenbuch f. Handwerker- u. gewerbliche Fortbildungsschulen, s.: Schürmann, F.

Kemper, Richard

Kemper u. Staas, 60 Ausflüge in die nähere u. weitere Umgegend von Essen. Nebst e. Karte des rhein.-westf. Kohlen- u. Industriegebiets. 12. (97 S.) Essen 900. O. Radke's Nachf. n. —60

50 Ausflüge in die nähere und weitere Umgegend von Essen. Nebst e. Karte d. Rhein.-Westf. Kohlen- u. Industriegebiets. Hrsg. von [Richard] Kemper u. [Emil] Staas. *Essen: Thaden & Schmemann 1900.* (98 S.) 8° [F.] [01. 1772 5

Kemper, Wilhelm: Die Inschriften des Klosters Oliva. Neustadt Westpr., Druck v. E. H. Brandenburg & C., 1893; 16 S. 4.
Neustadt in Wpr., k. G. OP 1893 (38)

Kemperdick, Henricus Guilelmus (geb. am 10 Sept. 1831 in Erkrath bei Düsseldorf): Observationes nonnullae novae de galactobdellis dolores ad partum firmantibus et augentibus ... Bonnae, typ. C. Krüger 1855. 2 Bl., 32 S., 2 Bl. 8.
Bonn, Med. Fak., Diss. v. 22 Aug. 1855

Kemperdick, Carl: Experimentelles über die Folgen der Elimination der Schilddrüse auf dem Stoffwechsel durch Abbindung ihrer Gefässe. . . . Bonn, Druck v. J. F. Carthaus, 1889; 1 Bl. + 30 S. + 1 Bl. 8°
Bonn, Med. Fak., Inaug.-Diss. v. 30. März 1889

Kemperdick, Wilhelm, Gerichtsrefer.: Besitz, Gefahr, Nutzungen und Lasten beim Kauf unter Eigentumsvorbehalt. Borna-Leipzig 1910: Noske. VIII, 49 S. 8°
Heidelberg, Jur. Diss. v. 22. März 1910, Ref. Heinsheimer
[Geb. 19. April 82 Düsseldorf; Wohnort: Düsseldorf; Staatsangeh.: Preußen; Vorbildung: Städt. Gymn. Düsseldorf Reife O. 03; Studium: Tübingen 1, Würzburg 3, Bonn 2 S.; Rig. 8. Jan. 10.] [U 10. 1906

Kempermann u Slevogt, das Kloster Maulbronn. (30 T) fol Stuttgart (1891)

—— —— s. a. Maulbronn, das Kloster, in Württemberg.

Kempermann u. Slevogt. Rathaus-Konkurrenz f. Pforzheim in Baden. Fol. (29 Lichtdr.-Taf. m. 1 Bl. Text.) Karlsr. 892, Kundt. In Mappe * 20 —; auch in 5 Lfgn. à * 4 —

Kempermann, Albert [I. Assistenzarzt am Bürgerhospital zu Köln]: Aus dem Bürgerhospitale zu Köln a. Rh. Ueber acute spontane Osteomyelitis.... Köln, Druck v. Albert Ahn, 1886; 19 S. 8°.
Würzburg, Med. Fak., Inaug.-Diss. v. 1886.

Kempermann, Albert, aus dem Bürgerhospitale zu Köln a. Rh. Ueber acute spontane Osteomyelitis. Diss. Würzburg 1886, Stahelsche Univ.-Buchh. 8°. 19 S.

Kempermann, P.: Reise durch die Central-Provinzen Japans. Mit einer Karten-Skizze der Provinz Idzumo. ([S.-A.] Mittheilungen der Deutschen Gesellschaft für Natur- und Völkerkunde Ostasiens. Heft 14. Jahrg. 1878.) Yokohama 1878. 25 S. 4°.

Kempert, H. Das alte u. das neue Dogma. Offener Brief an den Verf. der Schrift: „Brauchen wir e. neues Dogma?" Hrn. D. Jul. Kaftan, Prof. der Theologie in Berlin. gr. 8. (13 S.) Berl. Bibliograph. Bureau. * — 40

Kempert, H., Inhalts-Verzeichnis, s.: Verhandlungen des Vereins zur Beförderung des Gewerbfleisses.

Kempf

— s. a. Kaempf, Kämpff.

Tugenden eines Raiffeisen-Mannes. Vortrag, geh. zu Coblenz 1906 von Pfarrer Kempf in Gerbach. Neuwied: Landw. Central-Darlehnskasse f. D. (1906). (15 S.) 8° [F.]
— Raiffeisen-Bibliothek. 13. [07. 4617

Kempf Anton: Das Baden und Schwimmen, ein unentbehrliches Hilfsmittel der Schulhygiene. (11). Kaaden. 96.
Progr.

Kempf, Anton, Der obligate Turnunterricht am Gymnasium (Zeitschr. f. d. österr. Gymnas., Jg. 46, H. 5, S. 449—462), 12 S., Gr.-8°.

Kempf, August, a. Winzenheim (Ob.-Els.): Tetraëder, deren Kanten eine Fläche F^2 zweiter Ordnung berühren. Straßburg i. E. 1908: Müh & Cie. (47 S.) 8°
Straßburg, Math.-naturwiss. Fak., Ref. Reye, Diss. v. 25. Mai 1908
[Geb. 23. Febr. 83 Winzenheim; Wohnort: Winzenheim; Staatsangeh.: Elsaß-Lothringen; Vorbildung: Bischöfl. Gymn. Straßburg Reife Sommer 03; Studium: Straßburg 9 S.]

Kempf, C. Vergleichende Tabelle der gebräuchlichsten in- u. ausländischen Garn-Maasse in Decimalzahlen zur praktischen Benutzung. gr. 8. (16 S.) Berl. 889. (Altona. Send.) * 1 —

Kempf, Carl, s. Kempf, Karl

Kempf, E., Das Verhältnis zwischen Glauben und Vernunftwissenschaft nach den Entscheidungen des Vatikanums de fide cath. cap. IV. (Linzer) Theol.-prakt. Quartalschr. 1890.
I. Berührungspunkte u. Rangordnung zwischen Dogma u. Vernunftwissenschaft. S. 49—56.
II. Autonomes Rechtsgebiet des Glaubens gegenüber der Vernunftwissenschaft. S. 330—40.
III. Die Vernunftwissenschaft in ihrer Berechtigung u. ihre Dienstleistungen für den Glauben. S. 582—9.
IV. Die Wissenschaft unter der gesegneten Obhut u. Führung des Glaubens. S. 815—25.

Kempf, Egbert, die natürliche Haut- u. Haarpflege, s.: Volksschriften zur Aufklärung üb. natürliche Lebensweise. 1. Hft.

Kempf, Ernst [aus Osterode i. Ostpreussen]: Darstellung der Syntax in der sogenannten Caedmon'schen Exodus .... Halle a. S., Druck v. Ehrhardt Karras, 1888; 55 + 1 S. 8°
Leipzig, Phil. Fak., Inaug.-Diss. v. 30. Mai 1888

Kempf, Ernst, Darstellung der Syntax in der sogenannten Caedmon'schen Exodus. Inaugural-Dissertation. gr. 8. (55 S.) Halle 888. (Leipzig, Fock.) *

Kempf, F. L., der kleine Zinsrechner oder Zinstabellen zu 3, 3½, 4, 4½, 5 und 5½ Procent von 1 Tag bis 1 Jahr, nebst Ausrechnungsformel von 1—7½ Procent, sowie einem Anhang über Berechnung der Zinszahlen und Zinsen im Conto-Corrent-Verkehr. gr. 8. (12 S.) Wiesbaden 875, Limbarth. *

Kempf, Franz Bartholomä, in Sandhausen: Bruchsaler Streitigkeiten zwischen Stadt und Bischof unter der Regierung des Fürstbischofes Karl Philipp August, Grafen von Limburg-Styrum v. J. 1773—1797. Bruchsal 1907: F. Biedermann & C. (160 S.) 8° [F.]
Heidelberg, Phil. Fak., Ref. Marcks, Diss. v. 1907
[Geb. 28. Aug. 84 Weier b. Offenburg; Wohnort: Sandhausen; Staatsangeh.: Baden; Vorbildung: Gymn. Offenburg Reife Juli 86; Studium: Heidelberg 7 S.; Rig. 22. Dez. 04.]

Kempf, Frz. Xav., Geschichte und Bau des neuen israelitischen Kultus-Tempels in Pest. Mit besonderer Berücksichtigung der architektonischen, künstlerischen und handwerklichen Ausstattung. Mit 1 Holzschn. (in 4.) Pest 859. (Osterlamm.) gr. 8. (24 S.) n. 5 ngr.

Kempf, Friedrich: Zur traumatischen Aetiologie maligner Tumoren. *Göttingen 1900: W. F. Kaestner.* (39 S.) 8°
Göttingen, Med. Diss. v. [2. Juli] 1900

Kempf, Frdr., zur traumatischen Aetiologie maligner Tumoren. Diss. gr. 8. (39 S.) Göttingen 900. (Vandenhoeck & Ruprecht.) n. — 90

Kempf, Frdr., das Münster zu Freiburg im Breisgau u. seine Wiederherstellung. Vortrag, geh. auf dem 2. Tag f. Denkmalpflege zu Freiburg im Breisgau am 24. IX. 1901. gr. 8. (28 S. m. 1 Taf.) Freiburg i/B. 902. Herder. n. 1. —
Sonderabdruck aus: „Stenogr. Bericht üb. den 2. Tag für Denkmalspflege zu Freiburg i. Br."

Kempf, Friedrich, und Schuster, Carl. Das Freiburger Münster. Ein Führer für Einheimische und Fremde von F' K', Münsterarchitekt, und K' Sch', Kunstmaler. Mit 93 Bildern [wovon 2 Tafeln, und mehreren Figuren]. VIII + 232 S. 8. Freiburg im Breisgau, Herder, 1906. [geb. M. 3. —]
Darin S. 24. 27. 30 f. 33/5. 112. 128 f. 129 f. 169/71. 174/7. 179/83. 191 f. 207. 218. 224/9 etc. die Schweiz (insbes. Basel) und Schweizer betr.

Kempf, Georg [aus Offenburg]: Ueber den Mechanismus der Wanderung der wachsenden Beckentumoren, speciell der Ovarialtumoren, aus der Beckenhöhle in die Bauchhöhle. Offenburg, Druck von A. Reiff & Cie., 1880. 8. 30 S. u. 1 Taf.

Kempf, H., das Berner Oberland, s.: Grieben's Reiseführer.

Kempf, H[ans]. Das Berner Oberland. Praktischer Reiseführer. Mit 3 Karten. 87 S. 8. Berlin, Albert Goldschmidt, 1907—1908. ([cart.] M. 1. 50)
Griebens Reiseführer. Band 110.

Kempf, Heinr., Führer durch den Wienerwald. I. Kahlengebirge, Hadersfelder Berggruppe und Wienerwald nördlich der Westbahnstrecke Wien-Neulengbach. Mit einem Anhange: Der Bisamberg und seine Umgebung. 8. (124 S. mit 1 Karte.) Wien 887, Lechner's Sortiment. *

Kempf, Heinr. Führer durch den Wienerwald. 2. Thl. Südlicher Theil. Mit Illustr. 12. (153 S.) Wien 890, Lechner's Sort. geb. * 2 40
1. Thl. Ebd. 1887. * 1 80. 1. u. 2. Bd. in 1 Bd. geb. * 3 60.

Kempf, Heinr., Führer durch den Wienerwald. 2 Thle. Mit Illustr. 12. Wien, Lechner's Sort. geb. n. 4. 20; in 1 Bd. geb. n. 3. 60
I. Kahlengebirge, Hadersfelder Berggruppe u. Wienerwald nördlich der Westbahnstrecke Wien — Neulengbach. Mit e. Anh.: Der Bisamberg u. seine Umgebung. (127 S.) 888. n. 1. 80
II. Südlicher Theil. Umfassend das Gebiet des Wienerwaldes südlich v. der Westbahnstrecke Wien — St. Pölten, östlich v. der Theilstrecke der k. k. österr. Staatsbahnen St. Pölten — Scheibmühl, nördlich v. der Linie Scheibmühl — Leobersdorf u. westlich v. der Südbahnstrecke Leobersdorf — Wien. (153 S.) 890. n. 2. 40

—— Die Hermanns-Höhle im Eulenberge bei Kirchberg am Wechsel u. deren Umgebung. Hrsg. v. der „Schutzhütte" [Verein f. Touristik, Kunst u. Wissenschaft.] 12. (45 S. m. Abbildgn.) Wien 891, (Szelinski). * — 60

— touristisch-botanischer Wegweiser auf den Schneeberg in Nieder-Oesterreich. 2., erweit. Aufl. Mit e. Rundschau u. Orientirungs-Skizze. 12. (105 S.) Wien 889. Lechner's Verl. n. 2. —

Kempf, J., Geschichte des Deutschen Reiches während des grossen Interregnums 1245—1273. Auf Grund e. von der philosoph. Fakultät der Julius-Maximilians-Universität Würzburg gekrönten Preisarbeit umgearb. u. ergänzt. gr. 8. (VIII, 292 S.) Würzburg 893. A. Stuber's Verl. n. 6. —

Kempf, J., bayerisches Lehrer-Pädagogium. Ein Vorschlag zu weit. Ausbau d. Lehrerbildg. 8. (31 S.) Würzburg 898. Stahel'sche Verlagsanstalt. n. — 50

Kempf, J., Liederbuch f. Mädchen-Schulen, s.: Reissing, K.

Kempf, J.B. (Hrsg.), s. Alphons Maria von Liguori: Die Herrlichkeiten Mariens.

Kempf, J. B., ein Exjesuit, s. Exjesuit, ein.

Kempf, J. B., Geschichte der hebräischen Sprache als lebender Sprache. Nebst einem Anhang über die hebräische Schrift und einer (lithogr.) Schrifttafel. gr. 4. (28 S.) Mainz 874, Kirchheim. ** — 75

—— Heiligen-Leben mit besond. Berücksicht. der Heiligen Deutschlands in kurzen Lesungen mit Betrachtung und Gebet auf alle Tage des Jahres. gr. 8. (XVII, 752 S.) Ebendas. 872. 4 50

Kempf, J. B. (Bearb.), s. Sales, F. v.: Philothea od. Anleitg. zum gottsel. Leben.

Kempf, J. B. und H. Goldhagen. Verehrung des heiligsten Herzens Jesu Christi. Einsiedeln, Benziger. 1880. — 90

KEMPF, Jakob (Passau): De morbis tractus alimentaris infantum. (Titel nach der Urkunde) 23.5.1866 - Urk; F 71
Diss. Ingolst.-Landsh.-Mchn.

Kempf, J[ohann], Dr.: Froumund von Tegernsee. *München 1900: F. Straub.* (68 S.) 8°
München, k. Ludwigs-G, P 1900*

Alefeld, Joh. Ludw. [Präs.] u. Joh. Chrph. Kempf (Giessen) [Auctor et Resp.] Specimen inaugurale philosophicum de caussa gravitatis corporum ac motus planetarum, summa uberioris tractationis capita exhibens.
Giessae 16. Jan. 1745: E. H. Lammers. 16 S. 4°
pro summis in philosophia honoribus consequendis.

Kempf, Johannes: Geschichte des deutschen Zwischenreichs von 1256—1273 ... [Erschien vollst. 1893 u. d. T.: Gesch. d. Deutschen Reiches während d. grossen Interregnums 1245—1273.] Würzburg, A. Stuber, 1893; 94 S. 8.
Würzburg, Phil. Fak., Inaug.-Diss. v. 1893

Kempf, Johannes: Über Schwefelderivate des p-Kresols. Marburg 1910: Friedrich. 68 S. 8°
Marburg, Phil. Diss. v. 19. Sept. 1910, Ref. Zincke
[Geb. 22. Nov. 87 Frankfurt a. M.; Wohnort: Kassel; Staatsangeh.: Preußen; Vorbildung: Klinger-Oberrealsch. Frankfurt Reife O. 06; Studium: Marburg 3, Berlin 1, München 1, Marburg 3 S.; Rig. 29. Juni 10.] [U 11. 3464

Kempf, Ioannes Georgius: Romanorum sermonis castrensis reliquiae collectae et illustratae. *Lipsiae 1901: B. G. Teubner.* (S. 341—373.) 8° ¶ (Gekr. Preisschr. — Aus: Jahrbücher f. class. Philol., Suppl.Bd 26. — Erscheint vollst. ebenda.)
Giessen, Phil. Diss. v. 1900

Kempf, I. G., Romanorum sermonis castrensis reliquiae collectae et illustratae. gr. 8. (S. 341—400.) Leipzig 901. B. G. Teubner. n. 2. 40
Sonderabdruck aus: „Jahrbücher f. class. Philologie".

Kempf, Johs. Mart., üb. unsere Pflicht u. Aufgabe bei den kirchlichen Wirren der Gegenwart. Ein Wort zur Prüfg. u. gegenseit. Verständigg. 12. (18 S.) Zwickau 894. J. Herrmann. — 15

Kempf, Joseph, Geschichte des Hebräischen als lebender Sprache. Mit einem Anhange: Die hebräische Schrift nebst Schrifttafel. Mainz, 1873, 4°, 28 S., Gymnas.-Programm.

Kempf, Geschichte der hebräischen Sprache als lebender Sprache. Nebst e. Anh. üb. die hebr. Schrift u. e. (lith.) Schrifttaf. gr. 4. (28 S.) Mainz 874. Kirchheim. n.n.—75

Kempf, Jos., Liturgik oder Erklärung der heiligen Zeiten, Orte und Handlungen der katholischen Kirche, für die mittleren Gymnasialclassen und entsprechenden Stufen anderer Lehranstalten bearb. 2 Tle. 8. Mainz 886, Frey. *
Inhalt:
Tl. 1. Die heiligen Zeiten [das Kirchenjahr]. (32 S.) * 30 Pf.
" 2. Die heiligen Orte und Handlungen. (73 S.) * 60 Pf.

Kempf, Jos. Liturgik od. Erklärg. der heil. Zeiten, Orte u. Handlgn. der kathol. Kirche f. die mittleren Gymnasialklassen u. entsprech. Stufen anderer Lehranstalten bearb. 2. verb. Aufl. gr. 8. (VI, 118 S. m. Holzschn.) Paderb. 892, F. Schöningh. * 1 —

Kempf, Jos., Liturgik od. Erklärg. d. hl. Zeiten, Orte u. Handlgn. d. kath. Kirche, f. d. mittl. Gymnasialklassen u. entsprech. Stufen and. Lehranst. bearb. 3., verb. Aufl. gr. 8. (VII, 120 S. m. 14 Holzschn.) Paderborn 896. F. Schöningh. n. 1. —

Liturgik oder Erklärung der heil. Zeiten, Orte u. Handlungen d. kath. Kirche f. d. mittleren Gymnasialklassen u. entsprechende Stufen anderer Lehranst. bearb. von Joseph Kempf. Mit 14 Holzschn. 5. Aufl. *Paderborn: F. Schöningh 1901.* (VIII, 121 S.) 8° [J.] [01. 111 6

Kempf, Jos., Liturgik od. Erklärg. der hl. Zeiten, Orte u. Handlgn. der kathol. Kirche, f. die mittleren Gymnasialklassen u. entsprech. Stufen anderer Lehranstalten bearb. 6., verb. Aufl. gr. 8. (VIII, 121 S. m. 14 Holzschn.) Paderborn 903. F. Schöningh. n. 1. —; geb. n. 1. 50

Liturgik oder Erklärung d. heil. Zeiten, Orte u. Handlungen d. kath. Kirche f. d. mittl. Gymnasialklassen u. entsprechende Stufen anderer Lehranst. bearb. von Joseph Kempf, Pfarrer. 7., verb. Aufl. Mit 14 Holzschn. Paderborn: F. Schöningh 1905. (VIII, 121 S.) 8° [J.] [06. 18]

Liturgik oder Erklärung d. heil. Zeiten, Orte u. Handlungen d. kath. Kirche f. d. mittleren Gymnasialklassen u. entsprechende Stufen anderer Lehranst. bearb. von Joseph Kempf. Mit 14 Holzschn. 8. Aufl. Paderborn: F. Schöningh 1906. (VIII, 121 S.) 8° [J.] [07. 1105]

Kempf, Jos., Liturgik od. Erklärg. der hl. Zeiten, Orte u. Handlgn. der kathol. Kirche, f. die mittleren Gymnasialklassen u. entsprech. Stufen anderer Lehranstalten bearb. 9. Aufl. (VII, 120 S. m. 17 Holzschn.) 8. Paderborn 909. F. Schöningh. 1.—; geb. n 1. 50

Kempf, K.

— Bericht über die neuere den Valerius Maximus betreff. Litteratur. S. A. 1890. 83 S. 1.—

Kempf. De incerti auctoris fragmento, quod inscribitur de pronominibus [Valer. Maxim.] 30 S.
Berlin, Gr. Kl. 1854

Kempf: Novae quaestiones Valerianae. 37 S.–Berlin Kl., Progr. 1866

Kempf, Karl, Gedächtnisrede auf Robert Püschel, s.: Zur Geschichte des Friedrichs-Gymnasiums.

Kempfii, Caroli, observationes in Juvenalis aliquot locos interpretandos. 8 maj. (6 B.) Berolini 843, libr. Nicolai. *

Kempf, Car. (Frid.) (geb. Berlin 1819): De satira quinta decima quae sub Iuvenalis nomine circumfertur. Berolini (1843). (38 S.) 8°
* Vollst. ersch. u. d. T.: Observationes in Juvenalis aliquot locos interpretandos. Berolini: Nicolai 1843.
Berlin, Phil. Diss. v. 20. Juni 1843

Kempf, Carl M., Anwendung v. Carbolineum im Obstbau. (24 S. m. 4 Taf.) 8. München (906). (Leipzig, Hachmeister & Thal.) n. — 50

Kempf, Carl M., Reife, Ernte, Sortierung u. Aufbewahrung des Kernobstes. (29 S.) 8. Würzburg (906). (Leipzig, Hachmeister & Thal.) n. — 50

Kempf, Caspar Friedrich (Hildburghausen/Frk.), **De vera notione vocabuli *ΚΟΙΝΩΝΙΑ* ad illustrandos varios N. F. locos inprimis I. Cor. X, 16. Diss. philol. Präs. Paul Schaffshausen. Lpz. (Jo. Christian Langenheim) 13. XII. 1738. 76 S. (6.50)** 17738

Kempf, P. W., die Darlegung d. Bedürfnisse d. evangel. Kirche in Kurhessen u. d. Bickell'sche Reform d. protestant. Kirchenverfassung, e. Appellation an d. stimmfähige Publicum u. e. Warnungsruf an seine Amtsgenossen. gr. 8. (4 B.) Cassel 831, Luckhardt.

—— christl. Katechismus z. Gebr. evangel. Kirchen, besond. als Leitfaden bei d. Confirmanden-Unterr. 1. u. 2. Aufl. (à 5 B.) 8. Cassel 830, 31, Luckhardt. ü

Kempf, P. W., die christl. Kirche, s. Kirche.

Kempf, Paul

Kempf, P., populäre Astronomie, s.: Newcomb u. Engelmann.

Kempf, P., meteorolog. Beobachtungen in den Jahren 1844—1848, } s.: Publicationen d. astrophysikalischen Observatoriums zu Potsdam.

Kempf, P., meteorologische Beobachtungen in den J. 1881 bis 1883, s.: Publicationen d. astrophysikalischen Observatoriums zu Potsdam.

Kempf, P. Meteorologische Beobachtungen in den J. 1884 bis 1887, s. Publicationen d. astrophysikalischen Observatoriums zu Potsdam.

Kempf, P., meteorolog. Beobachtgn. in d. J. 1888 bis 1893, s.: Publikationen d. astrophysikal. Observatoriums zu Potsdam.

Kempf, P., Beobachtungen v. Nebelflecken u. Sternhaufen, s.a. Publicationen d. astrophysikalischen Observatoriums zu Potsdam.

Beobachtungen von Nebelflecken und Sternhaufen. Von P[aul] Kempf. *In Comm. b. W. Engelmann in Leipzig 1892.* (48 S.) 4. = Publicationen d. astrophysikal. Observatoriums zu Potsdam. No 29. Bd VIII, St. 3. [94. 5137

Kempf, P.,
— Bestimmung der Polhöhe des Observatoriums,
— Bestimmung der Wellenlängen von 300 Linien im Sonnenspectrum,
} s. Publicationen des astrophysikalischen Observatoriums zu Potsdam.

— Bestimmung der Wellenlänge v. 300 Linien im Sonnenspectrum, s.: Müller, G.

Kempf, P., photometr. Durchmusterung des nördlichen Himmels, s.: Müller. G.

— ein neuer veränderlicher Stern v. aussergewöhnlich kurzer Periode, s.: Müller, G.

— Untersuchgn. üb. d. Absorption d. Sternenlichts in d. Erdatmosphäre, s.: Müller, G.

Kempf, Paul, Untersuchungen über die Masse des Jupiter, s.: Publicationen d. astrophysikalischen Observatoriums zu Potsdam.

Kempf, Paul (geb. Berlin 3. 6. 1856): Untersuchungen über die Ptolemäische Theorie der Mondbewegung. Berlin 1878. (38 S.) 8°
Berlin, Phil. Diss. v. 22. Juni 1878

— Untersuchungen über die Ptolemäische Theorie der Mondbewegung. 8. (88 S.) Berlin 878. (Mayer & Müller.) n. 1. —

Kempf, Richard, aus Berlin: Ueber parasubstituierte Orthonitrobenzaldehyde. *Berlin (1903): E. Ebering.* (64 S.) 8°
Berlin, Phil. Diss. v. 4. Juli 1903

Alt-Augsburg. Eine Sammlung architekt. u. kunstgewerbl. Motive, hrsg. von Archit. Rudolf Kempf in Augsburg. Text von Stadtarchivar Dr. A. Buff, Augsburg. *Berlin: Kanter & Mohr 1898.* (22 S., 100 Taf.) gr. 2° [00. 13944

Kempf, Rud., Alt-Rothenburg. Eine Sammlg. maler. Architekturstücke, aufgenommen, zusammengestellt u. hrsg. Mit einer Textbeigabe vom Vereine „Alt-Rothenburg" durch Mart. Weigel. gr. Fol. (30 Lichtdruck-Taf. m. 4 S. Text.) Frankfurt a/M. 900. H. Keller. In Leinw.-Mappe n. 30. —

Kempf, Rud., Dorfwanderungen. Die interessantesten Bauernhaus-Typen Süddeutschlands. In Aufnahmen nach der Natur. (100 Taf. u. 12 S. Text m. 6 Fig.) qu. 4. Frankfurt a/M. 904. H. Keller. In Mappe n. 20. —

— Landarchitekturen aus alter Zeit. Malerische Landsitze u. Bauernhäuser, Stadtthore, Thürme, kleinere städt. Bauten, sowie interessante architekton. Einzelheiten aus dem südl. u. mittleren Deutschland. Aufgenommen u. hrsg. 2 Serien je 30 Lichtdr.-Taf. gr. Fol. Berlin (902). B. Hessling. In Mappe à n. 30. —
1. Mit 114 Motiven. (6 S. Text.)
2. Mit 133 Motiven. (5 S. Text.)

Kempf, Rud., Landarchitekturen aus alter Zeit. Malerische Landsitze u. Bauernhäuser, Stadttore, Türme, kleinere städt. Bauten, sowie interessante architekton. Einzelheiten aus dem südl. u. mittleren Deutschland. Aufgenommen u. hrsg. I. Serie. 2. Aufl. 30 Lichtdr.-Taf. m. zahlr. Motiven. (Mit VI S. Text.) 48,5×35 cm. Berlin (909). [B. Hessling.] Ornament-Verlag. In Halbleinw.-Mappe 18. —

Kempf, Traugott Georg Christian (Darmstadt)
Theses inaugurales.
Giessae 6. Nov. 1770: Jo. Jak. Braun. 21 S. 4°
pro licentia summos in utroque iure honores rite obtinendi.

Kempf v. Angreth, Jos., Monographie über die in der Stadt Znaim in Mähren 1862 geherrschte Typhus-Epidemie und deren Grundursachen. gr. 8. (VI und 34 S.) Wien 862, Gerold's Sohn. *

Johann Franz Kempfe

Genaue und eigentliche Beschreibung der Natur, Beschaffenheit, Würckung und vortrefflichen Nutzens des uhralten Töplitzer-Bades...; nebst e. Nachricht von dee Orthes Gelegenheit... Von Joh[an ne] Francisco Kempfe. Berlin: Rudiger 1706. 59 S. 8°

Kempfe, Max: Ueber den Einfluss der Insufficienz einer Niere auf das Verhalten der anderen. Mit 2 Abbildungen. Halle a. S. 1885: Köhler. 36 S., 1 Taf. 8° (4°)
Halle-Wittenberg, Med. Diss. v. 11. März 1885
Geb. Magdeburg 1. 11. 1859. V.

Liebknecht, Johann Georg [Präs.] u. Jo. Georg Kempfer (Billertshausen) [Resp.]
Dissertatio historico-theologica de evangelicae veritatis ante reformationem praesertim Sec. XV. in Hassia confessoribus.
Giessae Nov. 1728: vid. Vulpii. (2), 54 S. 4°

May (Majus), Joh. Heinr. d. J. [Präs.] u. Constantin Kempfer [Resp.]
Dissertatio philologica de corona justitiae.
Giessae 1712: Haer. Vulpii. (4) 16 S, 4°

Kempff, Franz, approb. Arzt aus Saargemünd i. Lothr.: Zur Biologie des B. Paratyphi A. *Straßburg i. E. 1903: C. Müh & Co.* (22 S.) 8°
Straßburg, Med. Diss. v. 1903

Jahwe siegt. Eine Erzählung aus d. Zeit d. Omriden von Fritz Kempff. Spandau: Hopf 1910. 240 S. 8° [11. 452

Kempff, Carl [aus Giessen]: Über die Einwirkung des Benzylamins auf das Methylenchlorid. . . . Jena, Druck v. Julius Hossfeld, 1889; 29 S. + 1 Bl. 8°
Jena, Phil. Fak., Inaug.-Diss. v. 1889

Geschichte des 4. Westpreußischen Infanterie-Regiments Nr 140 u. seiner Stammtruppenteile, 1887 bis 1907. Von [Otto] Kempff, Oberlt. Berlin: Mittler 1908. IV, 107 S. 8° [09. 3391

Kempffer (Kaempffer), Andreas. Selbstbiographie. Nach der Giessener Handschrift hg. Leipzig 1880. H: *Baur, Gust. Adolph Ludwig.* (Erman & Horn, Bibliogr. d. dtsch. Univers. Leipz. u. Berl. 1904—5. III.)

Kempfle, Mart., Theologia examinandor. pro ordinib. 8. Augs. Wolf. 752.

Kempfler, A., s.: Festgabe, Alois Knöpfler zur Vollendg. des 60. Lebensjahres gewidmet.

[F.] Traum der Liebe. Verse v. Peter Kempgens. *Düsseldorf: Düsseldorfer Ver.-Dr. 1894.* (XV, 187 S.) 1 Bd 8. [97. 4047

Kempgens, Pet., Traum der Liebe. Verse. 16. (XV, 187 S.) Düsseldorf 894. Bahnstr. 52, I, Selbstverlag. Geb. m. Goldschn. 6. —

Kenpph, des Kartäuser Nik., Schrift: Über das rechte Ziel u. die rechte Ordnung des Unterrichts, s.: Bibliothek der katholischen Pädagogik.

Kempin, Emilie

Kempin, Emily: Die Ehefrau im künftigen Privatrecht der Schweiz. — Zürich: Albert Müller 1894. 22 S. 8°

— Vide: Frauenrecht.

Kempin, Emilie: Rechtsbrevier für deutsche Ehefrauen. 52 Merksprüche aus d. Bürgerl. Gesetzbuch mit Erl. — Berlin: Heine (1896). 62 S. 8°

Kempin, Emilie, Rechtsbrevier f. deutsche Ehefrauen. 52 Merksprüche aus d. bürgerl. Gesetzbuch m. Erläuterungen. 8. (62 S.) Berlin 897. J. J. Heine. n. 1. —

—— Die Rechtsquellen der Gliedstaaten u. Territorien d. Vereinigten Staaten v. Amerika m. vornehmlicher Berücksicht. d. bürgerlichen Rechts. gr. 8. (80 S.) Zür. 892, Art. Institut Orell Füssli Verl. * 3 —

— d. Rechtsstellg. d. Frau, s.a. Existenzkampf, der, d. Frau im mod. Leben.

— Die Rechtsstellung der Frau. »Die Existenz der Frau im modernen Leben.« (37 S.) Berlin 1895. Taendler.

— Die Rechtsstellung der Frau. 3. Taus. — Berlin: Taendler 1895.

Kempin, Emilie. Die Stellung der Frau nach den zur Zeit in Deutschland gültigen Gesetzes-Bestimmgn., sowie nach dem Entwurf e. bürgerl. Gesetzbuches f. das Deutsche Reich. Hrsg. vom Allgem. Deutschen Frauenverein (Leipzig). 12. (XVI, 118 S.) Lpz. 892, (Schäfer). * — 20

Kempin, Emilie, Die Stellung der Frau im Entwurf des Bürgerlichen Gesetzbuches. Berlin 1896. 8°.

Kempin. Emilie W., von Zürich: Die Haftung des Verkäufers einer fremden Sache. Zür. Zürcher u. Furrer Dr. 1887. 2 Bl., 97 S., 1 Bl. 8°. Zürich, Jur. Diss. [v. 16. Juli 1887].

Kempin, Emily, s. Kempin, Emilie

Kempin. K. K. Der Staat Wis. seine Hülfsquellen und Vorzüge für Auswanderer. Basel. 1882.

Kempin, Th., neuester illustr. Führer durch Bad Kolberg, m. ärztl. Ratgeber v. Raabe, nebst neuestem Plan. 16. (III, 53 S. m. 8 Lichtdr.) Kolberg-Münde 898. P. Pickel. Kart. n. 1. —

[F.] Neuester illustrirter Führer durch Bad Kolberg v. Th. Kempin. Mit ärztl. Ratgeber v. Dr. Baggerd, prakt. Arzt . . . zu Kolberg nebst kol. Plan. 3. verb. Aufl. *Kolberg: P. Raschdorff 1897.* (2 Bl., 64 S., 1 kl. Bl., 1 Taf., 1 Tab., 1 Pl.) 1 Bd 8. [97. 4128

Kempin, Th., neuester illustr. Führer durch Bad Kolberg unter Berücksicht. der Nachbarbäder Kolberger Deep u. Henkenhagen. Mit ärztl. Ratgeber v. Baggerd nebst kolor. Plan der Stadt u. Uebersichtsplan der weiteren Umgebg. 4. verb. Aufl. 12. (VI, 80 S. m. Abbildgn.) Kolberg 899. P. Raschdorff. n. 1. —

Kempin, W. Die Börsensysteme der Schweiz nach den Ordnungen von Zürich, Basel und Genf. Zürich 1892.

Kempin, W., Plan zur Bekämpfung des Alkoholismus, s.a. Zeit- und Streitfragen.

Kempin, W. Plan zur Bekämpfung des Alkoholismus ab Seite der freien Thätigkeit der Gesellschaft. Im Auftrage des Schweiz. Departement des Innern entworfen. Thalweil 1885. 54 S. 8°. Mk. — .60.

Kempin, W., Plan zur Bekämpfung des Alkoholismus. (54 S.) Thalweil 1885. Brennwald.

Kempin, (Walth.), Begründung der doppelten Buchführung, Konto-Korrent u. Wechsel. (67 S.) 8. Köln 910. Hch. Faust-Verlag. 2. 40

— Entwicklung der Bilanzlehre u. der Abschlusstechnik. 2. Aufl. meiner Schrift: „So liest man Bilanzen!“ (89 S.) 8. Köln 910. Hch. Faust-Verlag. 3. 60

Vom Geist der Buchführung. Auf rechtshistor. Grundlage dargest. von Walther Kempin. T. 1. Barmen: Theuerkauf & Möhle 1908. 8° [09. 10382

— Vom Geist der Buchführung. (189 S.) 8. Köln 910. Hch. Faust-Verlag. 5. —

Grundlagen, Mängel und Wirkungen der Reichs-Wertzuwachssteuer nach der Gesetzesvorlage in Beratung ... erkl. von Walther Kempin. Leipzig: Klemm (1910). 46 S. 8° [11. 11323] 4

Kempin, Walth. Die Handelsgeschäfte m. Inhaber-Papieren, untersucht u. dargestellt. gr. 8. (36 S.) Lpz. 890, Fock. * — 80

— Staatsbürgerliche Propaedeutik. Die Elemente des Finanzwesens. Zur Einführg. in das Studium der Finanzwissenschaft. (95 S.) 8. Barmen 908. (Köln a/Rh., Görresstr. 1 I, Alfr. Brödner.) 3. —

Staatsbürgerl. Propaedeutik. Die Elemente des Finanzwesens. Zur Einführung in d. Studium d. Finanzwiss. von Walther Kempin. (Hrsg. nach d. Vorträgen f. d. Vereinigung d. Gemeindebeamten d. Kr. Mettmann...) Barmen: Theuerkauf & Möhle 1908. 95 S. 8° [09. 10381

— s.: Rundschau, handelswissenschaftliche.

— So liest man Bilanzen! Die Theorie des Bilanzwesens als Antwort auf die Frage: Wie liest man e. Bilanz? (56 S.) 8. Elberfeld (907). W. Bacmeister. 1. 25
Firma erloschen.

— (Hrsg.), s. Studienblatt der Handelswissenschaftlichen Rundschau.

System der Handelswissenschaft. Grundriß e. handelswissensch. Encyklopaedie f. Kaufleute u. Studierende. Entworfen von Walther **Kempin.** Elberfeld 1906: (F. Berle). (39 S.) 8° [F.]

Kempin, Walth., System der Handelswissenschaft. Grundriß e. handelswiss. Encyklopaedie für Kaufleute u. Studierende. (40 S.) 8. Elberfeld 906. Selbstverlag. n. 1.—

Kempinsky, Heinr., Französisch als Fortbildungsfach zur 2. Prüfung, s.a. Zur Fortbildung des Lehrers.

Französisch als Fortbildungsfach zur 2. Prüfung. Von Heinrich **Kempinsky,** Seminarl. Berlin: Gerdes & Hödel 1908. 22 S. 8° (Zur Fortbildung d. Lehrers. H. 11.)

— Der junge Lehrer beim Schreibleseunterricht. Eine Anleitg. auf psycholog. Grundlage. (26 S. m. Fig.) gr. 8. Breslau (909). H. Handel. —40

Kempis

— der andere Thomas von, oder göttliche Hertzensgespräche des gottsel. Gerlach Petersen. Jetzt zum viertenmal an's Licht gegeben von Gerh. Tersteegen. 12. Ebend. 845. 1/4 ℛ

Kempis, Thomas a, s.a. **Thomas a Kempis.**

— Andachtsübungen u. vier Bücher von d. Nachfolge Christi. Uebersetzt u. herausg. v. Geistl. Rath 2c. Mich. Hauber. Mit Titelk. 12. Münch. 829. 2e A. 831. 3e A. 832. Mich. Lindauer. (Jaquet). 14 gr Mit 1 Kpf. 6 gr Mit 3 Kpf. 8 gr in 18. mit 1 Kpf. 6 gr

v. Kempis, Thom., Andachtsübungen und 4 Bücher von der Nachfolge Christi. Uebersetzt u. herausg. v. Mich. Hauber. 3e Aufl. 12. München 832. (Jaquet.) 1/4 ℛ — 4e Aufl. 12. Ebd. 834, 5e Aufl. ... 1/4 ℛ, Velp. 3/8 ℛ (NB. Die Ausg. zu 1 1/2 gr enth. nur die Andachtsübungen.)

— Andachtsübungen u. vier Bücher von der Nachfolge Christi. Uebersetzt u. herausgeg. von Mich. Hauber. 5. Aufl. (Mit Titelbild.) gr. 12. München 838, Jaquet. 3/8 ℛ — 6. Aufl. 12. Ebend. 842. 1/4 ℛ Velinp. 3/8 ℛ — 7. Stereot.-Ausg. 16. Augsburg 846, Jaquet. 4 1/2 ngr

— Auszüge aus seinen vermischen Schriften. 2 Bde. 8. Bresl. 795. J. F. Korn. 12 gr

— s. **Buch,** das, von der Nachfolgung Christi.

Kempis, Thom. v., **alle Bücher** u. Schriften verdeutscht durch Adam Jacob. 4. Cöln. 713.

— s. auch **Bücher,** die vier, von der Nachfolge Christi.

— s. auch **Bücher,** die vier, v. d. Nachfolgung Christi.

— s. De imitatione J. Chr.

— sechs Erbauungsschriften. Aus dessen sämmtl. Werken ausgewählt, übersetzt v. Joseph Weinzierl. gr. 12. Augsb. 818. Doll. (Krüll in Landsh.) 7 gr Postpap. mit d. Bildniß d. Verf. 12 gr

— s. Folge mir nach.

— **Gebete** u. Betrachtt. von dem Leben u. den Wohlthaten unsers Heilandes Jesu Christi. Aus d. 2ten Ausg. seiner sämmtl. Werke übersetzt u. mit e. Anh. verm. von J. Egli. gr. 12. Luzern 828. Meyer. (Schmidt in Leipz.) 18 gr ohne Anhang 14 gr

— **Gebete** und Betrachtungen von dem Leben und den Wohlthaten unseres Heilandes Jesu Christi, übersetzt und mit e. Anhange Morgen-, Abend-, Meß-, Beicht-, Kommunion- und Vesperandachten 2c., zum Theil aus den übrigen Werken des Thomas v. Kempis verm. von Jodoc Egli. 2e Ausg. gr. 12. Luzern 836. Meyer. 1/2 ℛ, weiß Pap. 2/3 ℛ

— die **Herberge** der Armen u. das Rosengärtlein. Aus d. Latein. frei übersetzt. 8. Aachen 836. Hensen u. Comp. 1/4 ℛ

Kempis, v., traduction nouvelle faite d'après une édition latine, revue sur les textes les plus authentiques, principalement sur le plus ancien manuscrit de l'Imitation, en 4 livres, inédit et conservé à la Bibliothèque du Roi, par M. J. B. Genc. Edition stéréotype d'Herhau. in 18. 820. Strasbourg, Treuttel et Würtz. Rthlr.

— — le même ouvrage. 12. chez les mêmes.

— **l'imitation de Jesu Christe** traduite du latin en français, par l'Abbé Berault, av. 7 Gravures. 12. Augsb. Stage.

— — l. m. 18. Leipz. 724.

— — l. m. p. Poiret. 12. Basle. 768.

— — l. m. 8. Vien. Tendler. 772.

— de l'imitation de Jésus Christ etc., par de Gonnelieu. 8. Bresl. 754. W. G. Korn. 10 gr 8. Wien 772. Trattner. 16 gr

— — l. m. en vers p. Corneille. 12. Bern, Soc. Typ. 801.

— le même par de Gonnelieu. 24. Braunschw. 813. Pluchart. 1 ℛ

— — le même, traduction nouvelle par Connelier. 24. Brunsv. Pluchart. 814.

— **Imitation de Jésus Christ,** traduction nouv. in 8. Strassb. 821. Treuttel et W. 16 gr in 12. du même. 20 gr

— **l'imitation** de Jésus-Christ. Edition illustrée. 32. (450 Seiten u. 25 Kpfr.) Bruxelles 839. (Muquardt.) n. 1 1/6 ℛ

— — id. in IV Libr. 18. Presburg. Patzko.

— **de imitatione Christi. Libri IV.**

— — id. per. Rosweyd. 12. Amsterd. 701.

— — id. 32. Insulis. 708.

Kempis, Thom. a, **de Christo imit.** a Seb. Castellione, cum Figur. 8. Hannov. Helwing. 727.

— — id. per Castellion. 12. Hannov. Helwing. 727.

— de **imitatione** Christi. 4. Paris. 736.

— — id. 8. Vien. Monath. 739.

— — id. 18. Lips. W. Vogel. 742.

— in 12. Basel 764. Schweighauser. 10 gr

— in 18. Augsb. 772. Rieger. 4 gr

— — id. 12. Budae, Soc. Typ. 775.

Kempis, Thom. a, de imitatione Christi. 8. Bamberg. Goebhard. 787. Rthlr.

— de imitatione Christi et ad Mscrpt. ćd. rec. J. Valart. libr. IV. 8. Bamb. 787. (Wesché in Frankf. a. M.) 10 gr

— de imitat. Chr. mit einer zierlichen Estampe Salvator. mundi. fol. Paris. (Tourneysen in Basel.) 788.

— de imitatione Chr. av. un tableau du Sauveur p. Klauber, d'après Stella Didot jeune. pet. fol. Strasb. Treuttel et W. 788. Velinp.

— de imitatione Christi libri quatuor. Ex postrema recognitione Herib. Rosweydi, cum vita et syllabo omnium operum ejusd. Thomae, tribus codicibus manuscript. in lucem prolatis a Georgia Hesero. 8maj. Augsb. 798 Kranzfelder. 18 gr

— — id. 8. Passau, Ambrosi. 798.

— — id. 12. Vien. Gerold.

— — id. ed. a Desbillons. 8. Mannh. Acad. Bhdl. 807.

a Kempis, Thom., de imitatione Christi ed. a Desbillons. 8. Manh. 809. Löffler. 16 gr

— de imitatione Christi, editio adcurata. 18. Sulzb. Seidel. 815.

— de imitatione Christi libri tres interprete S. Castellione, quibus adjungitur liber quartus de coena Domini. 12. Hamb. 818. Perthes u. B. 6 gr

— — de imitatione Christi. Libri quatuor. Praemittitur Sanctum Missae officium et Precationum in usum confitentium et communicantium delectus. 8. Francof. a. M., Andreae. 820.

— de Imitatione Christi. lib. IV. 12. Zürich 822, Orell.

— id. lib. libri IV. Edit. nova, cum vita Auctoris et Sacrae Scripturae textuum adnotatione. 12. Mechliniae 825. (Mainz, Müller., Lips., Hinrichs.)

— de imitatione J. Christi libri IV. 18. München 834. (Lentner.) 7/12 ₰ — s. auch de Imitatione.

— de imitatione Christi libri IV. Ad opt. edit. fidem accurate editi. Edit. stereot. 16. Lipsiae 840. Car. Tauchnitz. 1/3 ₰, fein Pap. 1/2 ₰

— de imitatione Christi libri IV. ad optimarum edition. fidem accurate editi. Praemissa sunt Sanctum Missae Officium, Preces matutinae et vespertinae et Praecationum in usum confitentium et communicantium delectus. 16. Paderbornae 840. Wesener. 5/12 ₰

— de imitatione Christi libri quatuor ex accuratiss. recensione Heriberti Rosweydi ad fidem autographi facta. Edit. nova cur. Presb. saec. Aloys. Schlör. 12. Graecii 841, Kienreich. 5/12 ₰

— de imitatione Christi libros quatuor, redactos in Seriem Dominicalem et Festivalem per annum, cum locis scripturae sacrae, inde convenientibus Orationibus, libello precum et indice capitum, edid. Fr. Hnr. Gossler. — Et. s. titulo: De Vita Christi Sanctiss. redemptoris, Jesu Nazareni, filii Dei, Magni Dei et Salvatoris nostri, secundum scripturas et patrum interpretat., libri IV., in serie dominicali et festivali, auctore Henrico Magdeburgensi, Fratre minore. 12. Paderbornae 841, Junfermann. 1 1/4 ₰ — 2. Aufl. 12. Ebend. 846. n. 2/3 ₰

— Capita XV. inedita, libro I. tractatus de imitatione Christi. Vulgatae editionis integro ita insuper accedentia, ut cum eo vetustae alicujus recensionis speciem referant. E codice Eutinensi edid., praefatione et brevi annotat. instr. Joan. Fr. Er. Meyer. 4maj. Lübeck 845, v. Rohden'sche Buchh. 1/2 ₰

— de imitatione Christi libri IV. Ad fidem optimarum editionum et potissimum codicis de advocatis accurate editi. Accedunt preces missae, adjuncto precationum delectu in usum confitentium et communicantium. Edit. stereot. ornamentis illustrata. Prachtausg. mit 4 Hauptblattern. gr. 16. Lipsiae 846, Armbruster. (auch ohne Gebete.) n. 1 ₰

a Kempis, Thom., de imitatione Christi libri IV. Ad fidem optimarum editionum et potissimum codicis de advocatis accurate editi etc. Mittlere Ausg. ohne Hauptblätter auf schönem Druckvelinp. Lipsiae 846, Armbruster. n. 2/3 ₰

— dass. Billigste Ausg. Taschen-Format. Ebend. 846. n. 1/3 ₰

Kempis, Thomae a, De imitatione Jesu Christi cura et sumptibus Ludovici Donin. 3. aucta editio. 32. (349 S.) Wien, Gorischek. 23 kr. 1865.

— dell' imitazione di Christo, con fig. 24. maj. Augsburg. Wolf.

— di l'imitazione de Giesu C. 8. Lindau. 752.

Kempis,
— der kleine, } s. a Thomas a Kempis.

Kempis, d. kleine. 12. Duisburg, Bädecker u. K.

Kempis, d. kleine. 12. Schwelm ... Scherz. (Bädecker in Essen). 4 gr

— — der kleine, 500 Sätze, ausgewählt aus den meistens unbekannten Schriften des Thomas von Kempis. gr. 8. Grätz. Ferstl. 819.

Kempis, Der kleine, oder Brosamen aus den meistens unbekannten Schriften. 2. Aufl. München 1820. V: *Buchfelner*, *Simon*. (Ky)

— der kleine, oder Brosamen aus den meistens unbekannten Schriften, (v. S. Buchfelner). 2e Aufl. 12. München 820. Giel. (Barth in Leipz.) 4 gr

Kempis, der kleine, oder Brosamen aus den kleinern Schriften des Thom. v. Kempis. 3e Aufl. 18. München 835. Giel. 1/6 ₰

Kempis, der kleine, oder kurze Sprüchlein und Gebetlein aus den meistens unbekannten Werklein des gottseligen u. hocherleuchteten Thomas von Kempis. Zusammengetragen zur Erbauung d. Kleinen. 12. Zürich 843, Hanke. 6 ngl

Kempis, der kleine, oder: Kurze Sprüche und Gebetbüchlein aus den meistens unbekannten Werken des Thomas v. Kempis. Zusammengetragen zur Erbauung der Kleinen von G. T. St. Neue, durchges. Ausg. Berlin 856. Wohlgemuth. 32. (256 S.) 3 ngr.

— — Zusammengetragen rc. von G. T. St. Neue durchges. Ausg. Tübingen 855. (Ulm, Gebr. Nübling.) 32. (254 S.) 5 ngr.

— — oder: kurze Sprüche und Gebetlein aus den meistens unbekannten Werken Thomas a Kempis zusammengetragen zur Erbauung der Kleinen wieder herausg. von A. Koppen. Marburg 855. Elwert. 16. (108 S.) 5 ngr.

Kempis, der kleine, oder: kurze Sprüche und Gebetlein aus denen meistens unbekannten Werklein des Thomae a Kempis. Zusammengetragen zur Erbauung der Kleinen. Von G. T. St. Neue, durchgeseh. Ausg. 32. (VIII und 387 S.) Reutlingen 859, Rupp und Baur. geb. *

— der kleine, oder: kurze Sprüche und Gebete aus den meisten unbekannten Werken d. Thomas v. Kempis, zusammengetragen zur Erbaug. 32. (314 S. mit 1 Holzschntaf.) Stuttgart 872. Rupfer. n. — 30

Kempis, der kleine. Brosamen aus den meistens unbekannten Schriften des Thomas v. Kempis. 32. (232 S. mit 1 Stahlst.) Freiburg im Br. 874, Herder'sche Verlagsh. — 60

Kempis, der kleine. Brosamen aus den meistens unbekannten Schriften des Thomas v. Kempis. Hrsg. von Frz. Hettinger. 2. Aufl. gr. 16. (VIII, 176 S. m. Titelbild.) Freiburg i/B. 900. Herder. n. — 75; geb. in Leinw. m. Goldschn. n. 1. 30

— der kleine. Brosamen aus den Schriften des ehrw. Thomas v. Kempen. Hrsg. v. Frz. Hettinger. 3. Aufl. (VIII, 176 S. m. Titelbild.) 16. Freiburg i/B. (907). Herder. — 75; geb. in Leinw. m. Goldschn. 1. 30

— Schtwore Knihi wot Khodzenja sa Khrystusom. S Laczonskeho do Sserskeho pschelozi J. E. Wanak a Predysyom nenje pschistaji E. T. Jakub, Duchomny pschi michalskej Wosadzi. 8. Bautzen 845, Schlüssel. n. 2/3 ng

— schtwore Knihje wot Khodzenja sa Krystusom. 1 Hft. 8. (32 S.) Bautzen 847, Reichel. n. 1/12 ng

— négy könyve: Jézus Krisztus, követéséröl. Forditotta: Sujanszky antal Pest-Leopold ujvarosi segédpap. 16. Lipcsében 844, Tauchnitz Bernátnál. n. 13 ngl

— das Kreuz Christi, unser Heil u. unsere Erlösung! Christkathol. Gebet- u. Erbauungsbuch. Mit 4 Stahlstichen. 8. Würzburg 846, Etlinger. 2/3 ng

— das Kreuz Christi, unser Heil u. unsere Erlösung! Christkatholisches Gebet- u. Erbauungsbuch. 8. (394 u. VI S. mit 4 Stahlst.) Würzburg 847, Etlinger. 2/3 ng — 16. (VI u. 378 S. m. 4 Stahlst.) Ebd. 847. 1/2 ng — 4. verb. Aufl. 8. (VI u. 346 S. m. 1 Stahlst.) Ebd. 848. 2/3 ng — 5. verb. u. verm Aufl. 16. (VI u. 410 S. m. 1 Stahlst.) Ebd. 849. 1/4 ng — 6. verb. u. verm. Aufl. (kleine Ausg.) 16. (VI u. 410 S. m. 3 Stahlst. u. gest. Titel.) Ebd. 850. 1/3 ng

— s. Libri de imitatione.

— d. Lilienthal. Eine kl. Erbauungsschrift. Aus d. Latein. durch C. Stündeck. 12. Köln 824. Bachem. 6 gl

— das Lilienthal. (In der Geburtsstadt des Verf. veranstaltete Uebersetzung.) (60 S. m. 1 Holzschn.) Crefeld 848, Schüller. 1/8 ng

v. Kempis, Thom., üb. die Nachahmung Jesu, abgekürzt nebst e. Anh. v. Kommunionandachten. Herausg. v. Fr. v. Blomberg, geb. Schott v. Schottenstein. gr. 8. Lemgo 805. Meyer. 12 gl Schrbp. 16 gl.

— vier Bücher von d. Nachahmung Christi, ein poetisch. Versuch nach d. Latein. 1r Thl. 1s u. 2s Buch. 8. Augsburg, Wolf. 815.

— vier Bücher von der Nachahmung Jesu Christi. Aus d. Latein. übersetzt. Neueste, mit Morgen-, Abend-, Meß-, Beicht-, u. Communion-Andachten verseh. Ausg. 12. Augsburg 837. Wolff. (Kollmann.) — N. Ausg. 839. n. 1/8 ng

— dass. Uebersetzt von einem kathol. Geistlichen der Diöcese Augsburg. Mit Morgen-, Abend-, Meß-, Beicht-, Communion- u. Kreuzweganbacht. (Mit Titelkpfr.) 12. Thannhausen 837. (Augsb., Kollmann.) n. 5 gl — 2e Aufl. gr. 12. 840. n. 1/4 ng

— dass. Mit Uebungen u. Gebeten zu Ende eines jeden Kapitels. 9e sehr verb. Ausg. Mit einer Meßandacht. (Mit Titelkpfr.) 8. Münster 837. Aschendorff'sche Buchh. 1/2 ng

— dass. Mit Erwägungen u. Gebeten zu Ende eines jeden Kapitels, nebst Morgen-, Abend-, Meß-, Beicht-, Communion- u. Ablaßgebeten. Von J. Annegarn. 2e verm. Aufl. Mit Titelkpfr. 8. Münster 837. Coppenrath. 5/12 ng, weiß Pap. 7/12 ng, Schreibp. 5/6 ng

— dass., mit Anwendung u. Gebeten; aus d. Franz. des Abbé Berault von L. v. M. Mit 7 Kpfrn. (3e Ausg.) 12. Augsburg 837. v. Jenisch u. Stage'sche Verlagsh. 1 ng

— dass. Für Geistliche u. Weltliche neu übersetzt u. mit Morgen-, Abend-, Meß-, Beicht- u. Communion-Gebeten herausg. von Ant. Ferd. Dyckhoff. (Mit Titelkpfr.) 8. Münster 837. Regensberg. 5/12 ng, Schreibp. 2/3 ng

— vier Bücher v. d. Nachahmung Jesu Christi. Aus d. Latein. übers. Mit Morgen-, Abend-, Meß-, Beicht- u. Kommunion-Gebeten, einer Kreuzweg-Andacht und Titelbild. 10. Aufl. 12. Augsburg 842, Wolff'sche Buchh. n. 1/8 ng

a **Kempis (von Kempen)** Thomas, vier Bücher von der Nachahmung Jesu Christi. Aus d. Latein. übers. Mit Morgen-, Abend-, Meß- rc. Gebeten. 11. Aufl. Mit 1 Kpfr. 12. (XLVIII u. 272 S.) Augsburg 847, Wolff. (München, Finsterlin.) n. 4 ngl

– (Vier Bücher) von der Nachfolge (Jesu) Christi.

— Dass. 8. Brünn ... Gastl. 6 gl

— Dass., nebst Morgen-, Meß- u. Abend-Andachten. Neuburg, Joh. Prechter. 8 gl

— vier Bücher v. d. Nachfolge Christi. 12. Leipz. 716.

— — dies. in Vers. v. Blümel. 12. Breslau. 724.

— — dies. von Poiret übers. m. K. 12. Leipz. Hilscher. 734.

— — dies. m. Pfaffens Vor.. u. K. 12. Frkf. Cotta. 737.

— — dies. 8. Leipz. 737.

— — dies. m. K. 8. Eisenach. 740.

— — dies. v. Reising. 8. Lübeck. 740.

— — dies. 12. Wien, Tendler. 755.

— Dass. 12. Wien 755. (Trattner). 4 gl.

— vier Bücher v. der Nachfolge Christi, übers. von Oleario. 12. Köthen 756. Deer. 6 gl.

— — dies. mit lat. Schr. 8. Coburg, Ahl. 758.

— Dass. Mit latein. Schrift. 8. Coburg 758. (Riemann). 10 gl.

— — dies. 12. Bamb. Göbhard. 761.

— vier Bücher von d. Nachfolge Christi. 12. Bamb. 761. (Wesché in Frankf. a. M.) 4 gl.

— — dies. in Vers. v. H. Hübner. 8. Leipz. Gleditsch. 769.

— Dass. Mit grober Schrift u. Kpf. 8. Alt. 771. (Christiani in Schleswig). 8 gl.

— vier Bücher v. d. Nachfolge Christi, mit Uebungen u. Gebeten rc. 8. Ofen 771. Typograph. Societ. 12 gl.

— 4 Bücher von der Nachfolge unsers Erlösers in deutsche Verse übersetzt von J. B. Mareck. gr. 8. Wien, Gerold. 776.

— Dass., übersetzt v. J. Mertian. 8. Augsb. 802. Wolf. 12 gl.

– Vier Bücher von der Nachfolge Christi.

— Dass., herausgeg. v. Friederici a Jesu. 8. Augsb. 777.

— Dass., verbess. von J. Valart. 12. Augsb. 780. Rieger. 5 gl.

— Dass., übers. von A. Stribel. 8. Augsb. 782. N. Aufl. 790 u. 99. Wolf. 5 gl.

— Dass. Mit Kpf. 8. Leipz. 782. Junius. 4 gl.

— Dass., mit Uebungen u. Gebeten. 8. Würzb. 783. 3e A. 790. Stahel. 8 gl.

— — dies. 12. Ebend. 784.

— — dies. a. d. Franz. d. P. von Gonnelieu. 8. Bamb. Göbhard. 787.

— — dies. 8. Basel, Flick. 788.

— — dies. 8. Würzb. Stahel. 790.

— ganz neue Uebersetzung. 12. Augsb. 793. Wolf. 5 gl. Neue, mit Morgen-, Abend-, Meß-, Beicht- u. Kommunion-Andachten verm. Aufl. 24. Ebd. 831. 4 gl.

— das Buch v. der Nachfolge Christi, übers. von J. M. Sailer. 2 Thle. 12. Münch. 794. N. Aufl. 8. Ebd. 800. Lentner. 16 gl. 4e Aufl. 8. Ebd. 814. 5e Aufl. 818. 6e Aufl. 820. 22 gl. 2e Ausg. in Taschenformat. Ebd. 820. Druckp. 12 gl. Schrbp. 20 gl.

— vier Bücher von der Nachfolge Christi, übers. von e. Priester d. Gesellschaft Jesu. 8. Köln 796. Fabricius. 10 gl.

— vier Bücher v. der Nachfolge Christi, übers. von H. Braun. 8. Münch. 796. J. Lindauer. 9 gl.

— Dass., übers. (v. M. Conrads u. C. B. Verspöll). 8. Münster 796. N. Aufl. 803. Aschendorff. 12 gl. Schrbp. 16 gl.

— — dies. 8. Augsb. Rieger. 799.

— — dies. übers. v. A. Stribel. 8. Augsb. Wolf. 799.

— Dass. 18. Augsb. 800. Veit. 3 gl.

— — dies. 8. Lemgo, Meyer. 805.

Schreibp.

— — u. d. Gebete d. P. Gonnelieu, übers. v. J. Stark. mit K. 8. Augsb. Doll. 810.

— vier Bücher von d. Nachfolge Jesu Christi, mit Anwendung u. Gebeten. Aus d. Franz. d. Abbé Herault von L. v. M. mit 7 K. 12. Augsb. Stage. 812.

— vier Bücher aus dem Original neu übersetzt v. Fr. Aug. Köthe. 8. Nürnb. 815. N. Aufl. 824. Raw. 16 gl. Hdg. Pr. 9 gl.

— — dies. ein poetischer Versuch nach dem Lateinischen. 2 Thle. 8. Augsburg, Wolff. 816. (1r Thl. 10 Gr. 2r Thl. 18 Gr.)

— — vier Bücher von der Nachfolge Christi. 12. Augsburg, Doll (in Comm.) 817.

— — dies. dem christl. Volke in einer neuen Uebersetzung und wohlfeilen Ausgabe gewidmet. 2te Aufl. 12. Landshut, Weber. 818.

— — neu übersetzt und mit einer Einleitung und kurzen Anmerk. für nachdenkende Christen herausgegeb. von Joh. Mich. Sailer. 5te Aufl. 8. München, Lentner. 818.

— — dies. 2te Ausgabe in Taschenformat. Ebend. 820.

— — sammt den Anwendungen und Gebeten des P. Gonnelieu, übersetzt von J. Stark. gr. 8. Augsburg, Doll. 819.

— Buch von d. Nachfolge Christi, mit Einleit. u. Anmerkk. f. nachdenkende Christen. 6e verm. Aufl. von Jh. Mch. Sailer. gr. 8. Grätz 820. Ferstl. 1 th

– Vier Bücher von der Nachfolge Christi.

— — dies. 3te Aufl. gr. 18. Landshut, Krüll. 820.

— — übersetzt von Ph. Göbel. gr. 8. Leipzig, Fr. Fleischer. 820.

— dass. in e. neuen Uebersetzung. 4te Aufl. 12. Landsh. 821, Weber.

— dass. in e. neuen Uebersetzung mit e. Anh. v. d. heil. Messe. 4te Aufl. gr. 12. Luzern 821, Anich.

— — dies. neu bearbeitet von F. A. Köthe. N. A. 8. Nürnberg, Raw. 821.

— dass in latein. heroische u. deutsche gereimte Verse übers. v. Joh. Bapt. Nebauer. gr. 12. Augsburg 822, Doll. (Landshut, Krüll.) Rthlr.

— Dass., mit Uebungen u. Gebeten am Ende e. jeden Kapitels. 822. N. Aufl. 8. Münster 825. Aschendorff. 12 ℊ Schrbp. 16 ℊ Dies. (ohne d. Uebungen), mit e. Anh. von Meßgebeten. 12. Ebd. 828. 8 ℊ Schrbp. 12 ℊ

— 4 Bücher v. d. Nachfolge Christi, übersetzt v. J. P. Silbert, mit einer Vorrede v. F. L. Z. Werner. gr. 12. Wien 822, Wallishauser.

— dass. mit Anwendung u. Gebeten; aus d. Franz. des Abbe Berault. Neue verb. Ausg. Mit 7 Kpf. 12. Augsburg 823, v. Jenisch u. St.

— dass. mit lat. Lettern. 12. Ebend.

— dass., sammt den Anwendungen u. Gebeten des P. Gonelieu, d. G. J. Uebersetzt v. Joseph Stark. Mit 5 Kpf. 8. Augsburg 824, Doll. (Landshut, Krüll.)

— dass. neu übersetzt v. Joh. Goßner. 8. Leipz. 824, Tauchnitz. 8 gr. weiß Pap. 12 gr. Velinp.

v. Kempis, (Th.) 4 Bücher v. d. Nachfolge Christi, dem christl. Volke in einer neuen Uebersetzung u. wohlfeilen Ausg. gewidmet. 4te Aufl. 18. Regensb. 824. (Landshut, Krüll.)

— dass. Uebers. v. J. Annegarn. 12. Münster 826, Coppenrath.

— Dass., mit Erwägungen u. Gebeten zu Ende e. jeden Kapitels, nebst Meß-, Beicht- u. Kommuniongebeten, von J. Annegarn. 8. Münster 827. Coppenrath. 10 ℊ Fein Pap. 14 ℊ Velinp. 20 ℊ in 12. 6 ℊ Fein Pap. 8 ℊ Velinp. 16 ℊ

— das Buch von d. Nachfolge Christi. Nebst Morgen-, Meß- u. Abend-Andachten. (Nach Haubers Gebetbuch.) 8. Regensb. 829. Pustet. 9 ℊ

— vier Bücher von d. Nachfolge Christi, übers. von J. P. Silbert, mit e. Vorrede v. F. L. Z. Werner. gr. 12. Wien 822. 3e Aufl. 830. Wallishausser. 8 ℊ

— vier Bücher von d. Nachfolge Christi, nebst Morgen- u. Abend-, Meß-, Beicht- u. Kommunion-Gebeten, übersetzt u. verfaßt v. J. Erkens. Mit e. Vorrede v. J. M. Claessen. gr. 12. Aachen 831. Meyer. 12 ℊ

— Dass., für Geistliche u. Weltliche, neu übersetzt von A. F. Dyckhoff. 8. Münster 831. Regensberg. 10 ℊ

— von der Nachfolge Christi, in e. Auszuge der schönsten Lehren und Sprüche. 18. Donauwörth 834. (Augsburg, M. Rieger.) 1/6 ℛ

— dass. 4 Bücher. In Prosa und Versen übersetzt von G***** u. H*****. 8. Reutlingen 834. Fischer. 1/2 ℛ

— dass. Nebst einem kurzen Gebetbuche von einem Pfarrgeistlichen (J. Blum). 3e verb. Aufl. Mit Titelkpfr. 12. Köln 834. J. G. Schmitz. 1/4 ℛ, Schreib-Velinp. 1/3 ℛ — 4e verb. Aufl. 16. Ebd. 836. 1/4 ℛ — 5e verb. Aufl. gr. 12. Ebd. 840. 1/4 ℛ

— dass., nebst Morgen- u. Abend-, Meß-, Beicht- u. Communiongebeten; übersetzt u. verfaßt von Jos. Erckens, mit einer Vorrede begleitet von J. M. Claessen. 2e, von dem Verfasser selbst verb. u. mit neuen Meßgebeten verm. Aufl. Mit d. Bildnisse Th. v. Kempis. 8. Aachen 835. Mayer. 1/2 ℛ

— dass. Sammt den Anwendungen und Gebeten des P. Gonnelieu, D. G. J. Ins Deutsche übersetzt von Jos. Stark. Nebst einer Zugabe von Gebeten und einer Anweisung, wie dieses Buch auch zu den gewöhnlichen Andachtsübungen benützt werden könne. Mit 1 Bildniß. 8. Augsburg 835. (Landshut, Manz.) 1/2 ℛ — 18e Aufl. 837. — 19e verm. Aufl. 8. Ebd. 839. 1/2 ℛ

— dass. Hierbei Morgen-, Meß-, Beicht-, Communion- und Abendgebete. Herausg. von Hnr. Goßler. gr. 12. Paderborn 835. Wesener. 1/3 ℛ, Schreibp. 1/2 ℛ

— dass. Ein Gebet- und Erbauungsbuch für gebildete evangel. Christen. Mit Anwendungen und Betrachtungen von v. Ammon, Breiger, Bretschneider, Couard, Cramer, Dräseke, Ehrenberg, Illgen, Kottmeyer, Neander, Nebe, v. Oven, Reinhard, Röhr, Rößler, Schmaltz, Strauß, Theremin, Wanckel, Westermeier, Zimmermann, Zollikofer. (In 4 Lfrgg.) Mit 4 Stahlstich. gr. 8. Leipzig 836. Weber. Subscr.-Pr. 1 1/3 ℛ — 2e Aufl. 839. 1 1/2 ℛ

— dass., für gebildete kathol. Christen. Mit Anwendungen u. Betrachtungen v Archer, Bossuet, Bordoni, v. Boulogne, Bourdaloue, Dittrich, Duval, von Eckartshausen, Fenelon, Fritz, Gehrig, Girouet, Goffine, Hahn, Häglsperger, Hortig, Hussey, Köhler, Massillon, Pallu, Parizek, Prach, v. Seiler, Schwäbl, Tschrik, Turchi ꝛc. (In 4 Lfrgg.) Mit 1 Stahlstich. gr. 8. Leipzig 836. Weber. Subscr.-Pr. n. 1 1/3 ℛ — 2e Aufl. Mit 4 Stahlst. gr. 8. Ebd. 837. n. 2 ℛ, Ladenpreis 2 2/3 ℛ

— dass. Neueste, poetische Ausg. von H. Achenbach. Mit 1 feinen Stahlstich. 8. Düsseldorf 838. (Leipzig, Hermann.) 2/3 ℛ

— dass. Ein allgemein geschätztes Büchlein. Auf's Neue übersetzt u. mit einem Gebetbüchlein versehen von Jos. Kremer. (Mit Titelbild.) 12. Köln 838. Heinrigs u. Gatti. 1/3 ℛ

— Bücher von der Nachfolge Jesu Christi; nach einer der allerältesten Handschriften treulich übers., u. m. des Autors Lebens-Lauf, sammt e. vortreffl. Vorrede v. Gehrhart Tersteegen versehen. 16. (274 S.) Neu-Berlin 838. (Philadelphia, Schäfer & Koradi.) n. 1/2 ℛ

— dass., neu übersetzt und mit einer Nachlese und Anwendung zu jedem Kapitel versehen von Johannes Goßner. Stereotyp-Ausg. 16. Leipzig 839. Karl Tauchnitz. 1/2 ℛ

— dass., dem christl. Volke in einer neuen Uebersetzung u. wohlf. Ausg. gewidmet von Franz Jos. Weinzierl. Nebst Morgen-, Abend-, Meß-, Beicht-, Communion- u. Kreuzwegandachten nach der Erklärung u. Auslegung der allerbesten Gebete des Papstes Pius VI. 8e Aufl. Mit 1 Stahlstich. 8. Regensburg 839. Manz. n. 1/8 ℛ

— dass. Aus d. Latein. von Guido Görres. (Pracht-Ausg. mit vielen Vign. u. breiten Randzeichnungen in Holzschnitt.) gr. 8. St. Pölten 839. Passy. n. 2 2/3 ℛ — Wohlf. Ausg. Mit Vign. gr. 8. Ebd. 839. n 1 2/3 ℛ

— dass. Wortgetreu aus d. Latein. übersetzt. Mit 12 Holzstichen u. Randzeichnungen. 2 Lfrgg. 16. Stuttg. 839. Krabbe. 2 Thlr

— vier Bücher von der Nachfolge Jesu Christi. Wortgetreu aus d. Latein. übers. Mit 12 Holzst. u. Randzeichnungen. 2 Liefg. 16. Stuttgart 839, Krabbe. Jetzt nur n. 1/2 Thlr

— dass. 2e, mit einer Lebensbeschreibung und dem Bildnisse des Verfassers u. mit Morgen-, Abend-, Meß-, Beicht-, Communion-, Vesper- u. Complet-Gebeten verseh. Ausg. 12. 1840. (Crefeld u. Kempen, Schüller.) 1/3 Thlr

— dass. (Mit 1 Stahlstich, sauber ill. Titel u. Titelvign., auch 4 Holzschnitt-Einfassungen zu jedem Buche.) 16. Leipzig 840. Weber. n. 1 1/3 Thlr

— vier Bücher von d. Nachfolge Christi. Aus d. Latein. übers. Neue, mit Morgen-, Abend-, Meß-, Beicht- u. Communion-Andachten verseh. Ausg. 8. Paderborn 840, Junfermann'sche Buchh. 4 Ngr Velinp. 1/4 Thlr — 2. Aufl. 841. — 3. Aufl. 18. Ebend. 843. 1/8 Thlr — In 18. Velinp. 1/4 Thlr

v. Kempis, Thom., vier Bücher von d. Nachfolge Christi. Nebst Morgenandacht, zwei Meßgebeten, Nachmittagsandacht für Sonn- u. Festtage, Beicht- u. Communiongebeten u. Abendandacht. 12. Ebd. ... 1/6 Thlr — 2e, mit vollständ. Gebetbuch verm. Aufl 12. 840 1/4 Thlr

— dass., oder die Summa der mystischen Theologie des gottsel. Thomas v. Kempis, aus dessen vier Büchern von der Nachfolge Christi mit treuer Beibehaltung aller u. jeder Worte d. Autors, nach den drei Wegen der Reinigung, der Erleuchtung und der Vereinigung in latein. Sprache systematisch zusammengestellt u. geordnet von Georg. Heserus u. nun in's Deutsche übersetzt u. mit Morgen-, Abend-, Meß-, Beicht- u. Communion-Gebeten rc. verm. von Jos. Weber. (Mit Titelbild.) 8. Salzburg 840. Oberer'sche Buchh. 7/12 Thlr

— vier Bücher von der Nachfolge Christi. Sammt den Anwendungen und Gebeten des P. Gonnelieu, d. G. J. In's Deutsche übersetzt von Jos. Stark. 20. durchaus verb., mit Morgen-, Abend-, Meß-, Beicht-, Kommunion- u. Vesper-Gebeten verm. Aufl. 8. Augsburg 841, Doll. (Regensburg, Manz.) 1/2 Thlr — 21. Aufl. gr. 8. Ebend. 843. 1/2 Thlr — 22. Aufl. 844. 1/2 Thlr — 23. Aufl. 846. 1/2 Thlr

— vier Bücher von der Nachfolge Jesu Christi. Wortgetreu aus d. Latein. übers. gr. 16. Frauenfeld 841, Beyel. 3/8 Thlr

— die Vier Bücher von der Nachfolge Christi. Uebers. v. Jos. Annegarn zu Braunsberg. 3. mit Morgen-, Abend-, Meß-, Beicht- u. Communion-Andachten nebst Ablaßgebeten versehene Aufl. (Mit Titelbild.) 12. Münster 841, Coppenrath'sche Buch- u. Kunsth. 1/6 Thlr

— die vier Bücher von der Nachfolge Jesu Christi. Mit Erwägungen und Gebeten zu Ende eines jeden Kapitels, nebst Morgen-, Abend-, Meß-, Beicht-, Communion- und Ablaßgebeten. 3. verm. Aufl. Mit Titelk. gr. 12. Ebd. 841. 5/12 Thlr

— die vier Bücher von der Nachfolge Jesu Christi. Mit Morgen-, Abend-, Meß-, Beicht-, Kommunion- und Vesperandachten, Gebeten vor und nach der Arbeit, vor und nach dem Tische, nebst dem heil. Kreuzwege. Mit 1 Kupferstich. gr. 12. Rottenburg a/N. 841, Gack. 1/4 Thlr — 2. Aufl. Ebend. 844. geb. 1/4 Thlr

— die Nachfolge Christi. Uebers. u. herausgeg. v. C. Schmid. 10. Aufl. Mit 1 Kpf. 8. Sitten 841. (Augsb., Schlosser.) 3 Ngr

— vier Bücher von der Nachfolge Christi. Aus d. Latein. in's Deutsche übers. von Ph. Jak. Spindler u. Balth. Jerusemer. Mit einer Zugabe von Morgen-, Abend-, Meß-, Beicht- und Kommuniongebeten, Vespergesängen und Kreuzwegbetrachtungen aus den übrigen Schriften des Thomae von Kempis. Stereotyp-Ausg. (Mit Vignetten.) 12. Augsburg 842, Kollmann'sche Buchh. 1/8 Thlr

— die Nachfolge Christi. Neu bearb. von K. F. Reiche. gr. 8. Berlin 842. (Büchting in Nordhausen). 5/6 Thlr

— die Nachfolge Christi. Ein Erbauungsbuch für wahre Christen. In einer neuen Uebers. herausgeg. von Gotthold Pilger. Mit 6 Stahlst. gr. 8. Berlin 842, Hübenthal u. Comp. 1 1/2 Thlr

— von der Nachfolge Christi. Nebst einem kurzen Gebetbuch von J. Blum. 6. verm. Aufl. (Mit Titelbild.) 16. Köln 842, J. G. Schmitz. 1/4 Thlr

— vier Bücher von der Nachfolge Jesu Christi. Aus d. Latein. 2. ganz neue, mit einer Lebensbeschreibung u. d. Bildn. des Verf., u. mit Gebeten verseh. Ausg. 12. Crefeld u. Kempen 842; Crefeld, Schüller. 1/3 Thlr

a Kempis, Thom., vier Bücher von der Nachfolge Christi. Ins Deutsche übertragen u. mit den nöthigsten Gebeten, Uebungen u. Belehrungen aus des sel. Verf. übrigen Schriften versehen von dem Herausg. des Gebetbuches u. d. T.: „So sollet ihr beten!" (Nebst 1 Stahlst.) 8. (grobe Schrift.) Münster 842, Deiters. 1/2 Thlr — Pracht-Ausg. 1 1/6 Thlr

— dass. 8. (Cicero-Schrift.) 1/6 Thlr

— dass. (Miniatur-Ausg. mit 1 Stahlst.) kl. 18. Ebend. 842. n. 1/6 Thlr

— die Nachfolge Christi in vier Büchern. Nebst Morgenandacht, 2 Meßgebeten, Nachmittagsandacht f. Sonn- u. Festtage, Beicht- u. Communiongebeten u. Abendandacht. 2. verb. und mit mehreren Gebeten, namentlich der Kreuzwegandacht verm. Aufl. 12. Paderborn 842, Wesener. 1/8 Thlr Velinp. mit 1 Stahlst. 1/4 Thlr

a Kempis (von Kempen) Thomas, d. Nachfolge Jesu Christi, oder die Summa der mystischen Theologie, aus dessen vier Büchern von der Nachfolge Christi mit treuer Beybehaltung aller u. jeder Worte des Autors rc. in latein. Sprache systematisch zusammengestellt u. geordnet von Geo. Heserus, u. nun in's Deutsche übers. u. m. Morgen-, Abend-, Meß-Gebethen rc. verm. von Jos. Weber, 2. verb. Aufl. 8. (XLIV u. 276 S. m. 1 Lith.) Salzburg 842, Oberer. 9 Ngr

— von der Nachfolge Christi. Uebers. von e. kathol. Geistlichen der Diöcese Augsburg. Mit Morgen-, Abend-, Meß-, Vesper-, Beicht-, Communion- u. Kreuzwegandacht. 3. Aufl. gr. 12. Thannhausen 842. (Augsb., Kollmann.) n. 1/4 Thlr Velinp. mit 1 Stahlst. n. 3/4 Thlr

— vier Bücher von der Nachfolge Christi und Verachtung der Welt. Nach der latein. Urschrift neu übers. v. Jos. A. Moshamer. 18. (Mit 1 Stahlstich.) Wien 842, Mechitaristen-Congregat.-Buchh. 6 1/4 Ngr

— vier Bücher von der Nachfolge Christi. Dem Latein. in der Sinnesrichtung des Verf. und textgetreu in Alexandrinern nachgebildet durch Jh. Bapt. Rousseau. Für die kirchl. Andacht, häusl. Erbauung u. d. Schulgebrauch. gr. 16. Berlin 843, Voß'sche Buchh. 3/4 Thlr — Dass. 844. Berl., Bade. 3/4 Thlr

— vier Bücher von der Nachfolge Jesu Christi. 16. Frankfurt a/M. 843, Andreäische Buchh. 1/8 ℛ

— dass. Mit e. Anhange v. Morgen-, Abend-, Meß-, Beicht-, Kommunion- und Nachmittags-Andachten aus den übrigen Werken des Thomas von Kempis, herausgeg. von Marcus Adm. Nickel. Mit 1 Stahlst. 16. Ebend. 843. 1/8 ℛ — Mit 2 Stahlst. u. 3 Lithogr. 3/4 ℛ

— Nachfolge Christi. Erklärend übers. und mit erläuternden Anmerkungen u. einem kurzen Gebetbuche versehen von Jos. Kremer. 2. verb. Aufl. 12. Köln 843, Heinrigs u. Gatti. 1/3 ℛ

— die Nachfolge Christi. Mit Anwendungen u. Betrachtungen. 3. verm. u. verb. (Pracht-) Ausg. (Mit 2 Kunstblättern.) Lex.-8. Leipzig 843, Weber. n. 2 2/3 ℛ

— vier Bücher von der Nachfolge Christi. Nebst e. Anhange von Morgen-, Abend-, Meß-, Beicht-, Communion- u. Ablaß-Gebeten. (Mit Titelbild.) 18. Münster 843, Aschendorff. 1/8 ℛ

— Büchlein von der Nachfolge Christi. In metrisches Versmaaß gebracht von Herm. Achenbach. 2. verb. Aufl. 16. Düsseldorf 844. (Berlin, Grobe.) n. 2/3 ℛ

— Bücher von der Nachfolge Jesu Christi. Aufs neue übers. u. anstatt des 4. Buchs verm. mit den göttl. Hertzens-Gesprächen des gottsel. Gerlachs. Beide mit neuen Vorreden, wie auch beider Autoren Lebens-Lauff versehen von Gerh. Tersteegen. 4. Ausg. 12. Essen 844, Bädeker. 18 ngℛ

— dass. Ein Gebet- u. Erbauungsbuch mit Nutzanwendungen u. Betrachtungen herausgeg. v. Karl Steiger. 4 Liefg. Mit 4 Stahlst. Ebend. 844, 45. 1 1/3 ℛ geb. 1 3/4 ℛ

— die Nachfolge Christi. Neu übersetzt aus d. Latein. Nebst einer Zugabe von Gebeten. 18. (Mit 1 Abbild.) Innsbruck 845, Wagner'sche Buchh. 1/8 ℛ

— vier Bücher von der Nachfolge Christi. Aus d. Latein. ins Deutsche übers. von Kaplan Dr. Sauerborn. 32. (Mit 2 Lithogr.) Coblenz 845, Reiff. n. 1/4 ℛ — 2. Aufl. 16. 846. n. 1/4 ℛ

— dass. kleine Stereot.-Ausg. 2. Aufl. mit 1 Stahlst. kl. 16. Ebend. 846. n. 4 ngℛ Engl. geb. n. 5/12 ℛ

a Kempis, Thom., Nachfolge Christi für evangel. Christen bearb. und mit Beicht- u. Communiongebeten versehen von Aug. Ldw. Glo. Krehl. Mit (6) Illustrationen von Alex. Straehuber. 8. Leipzig 845, Armbruster. n. 1 1/3 ℛ geb. n. 1 11/12 ℛ In Maroquinbd. mit Goldschn. n. 2 5/12 ℛ

— Nachfolge Christi. Auch zugleich ein vollständ. Meß- u. Gebetbuch. Uebers. u. herausgeg. von e. Geistlichen d. Rottenburger Diözese. Mit 1 Stahlst. u. 1 Vign. 8. Rorschach 845. (Metzger u. Koch.) n. 8 ngℛ

— 4 Bücher v. d. Nachfolge Christi f. evangel. Christen bearb. u. m. noch 2 kleinen Schriften desselb. Verf. als Anhang versehen von Frz. Jul. Bernhard. gr. 12. (Mit 1 Holzschn.) Leipzig 846, Teubner. 12 ngℛ

— vier Bücher von der Nachfolge Jesu Christi. Aus d. Latein. Mit 12 Holzstichen u. Randzeichn. 2. Aufl. 16. St. Gallen 846, Scheitlin u. Zollikofer. n. 1/2 ℛ

— dass. (Ausgabe für Katholiken.) Mit e. Anhange von Gebeten. 2. Aufl. 16. Ebend. 846. n. 1/2 ℛ

— dass. (Kleinste Taschenausg.) Mit Vorwort v. K. Steiger. 32. Ebend. 846. 1/4 ℛ

— dass. Uebers. von G. Kaiser. Mit 8 Holzschn. 16. Ebend. 845. 1/6 ℛ

— vier Bücher von der Nachfolge Christi. Aus dem Latein. in's Deutsche übers. von Sauerborn. 3. Aufl. Mit 1 Stahlst. 32. (XII u. 412 S.) Coblenz 847, Reiff. — Mit einer Zugabe von Andachtsübungen am Morgen, am Abend, bei der heiligen Messe, bei der Beichte u. Communion. 4. Aufl. 32. (XII u. 412 S. m. 1 Holzschn.) Ebd. 849. — 5. Aufl. Mit 1 Titelkpfr. 32 (X u. 413 S.) Ebd. 850. n. 4 ngℛ; in Engl. Einb. n. 1/3 ℛ

— vier Bücher von der Nachfolge Christi. Ins Deutsche übertr. u. mit den nöthigsten Gebeten, Uebungen u. Belehrungen aus des sel. Verf. übrigen Schriften versehen v. d. Hrsg. des Gebetbuches: „So sollet ihr beten." Wohlfeilste Ausg. 18. (VI u. 424 S.) Münster 847, Deiters. 1/8 ℛ — [Min.-Ausg. m. 1 Stahlst.] 18. (VI u. 424 S.) Ebd. 850. 1/6 ℛ; fein Pap. 1/3 ℛ

— vier Bücher von der Nachfolge Christi. Ster.-Abdr. d. Haupttextes der Prachtausg. dess. Werkes v. Frz. Seraph Häglsperger. Sammt e. Anh., enth.: Morgen-, Abend-, Meß-Gebete. Mit 1 Stahlst. 12. Regensburg 847, Manz. n. 3 1/2 ngℛ — [8. Abdr.] Mit 1 Titelkpfr. 12. (X u. 220 S.) Ebd. 851. n. 4 1/4 ngℛ

— Nachfolge Christi. Uebersetzt von Gall Kaiser. Nebst Morgen-, Abend-, Meß-, Beicht- u. Kommuniongebeten. 2. Aufl. 16. (VIII u. 287 S.) St. Gallen 847, Scheitlin & Zollikofer. 1/6 ℛ

— vier Bücher von der Nachfolge Christi. Aus dem Latein. von C. Schmid. Mit einer Zugabe von Andachtsübungen am Morgen, am Abend &c. 12. Aufl. Mit 1 Stahlst. 12. (VI u. 174 S.) Sitten 847. Augsburg, Schlosser in Comm. 1/6 ℛ — 13. Aufl.? — 14. Aufl. Mit 1 Stahlst. 8. (VI u. 154 S.) Ebd. 850. 4 ngℛ

— vier Bücher von der Nachfolge Jesu Christi. Aus d. Latein. übers. v. e. kath. Geistlichen. Mit 16 Kpfrn. u. e. Anh. enth.: Morgen-, Abend-, Meß-, Beicht- u. Kommuniongebete &c. 8. (VIII u. 333 S.) Landshut 848, Rietsch. 6 ngℛ Mit 31 Kpfrn. 12 ngℛ

— die Nachfolge Christi. Mit Anwendungen u. Betrachtungen von Augustin, Bona, Bordoni, Bossuet &c. 4. verm. u. verb. Aufl. Pracht-Ausg. mit 180 (eingedr.) Illustr. (in Holzschn.) nach Zeichnungen v. J. G. Schlick. Lex. 8. (XII u. 372 S. mit lithochrom. Titel.) Leipzig 848, Teubner. 3 1/3 ℛ — 5. verm. u. verb. Aufl. Pracht-Ausg. für Katholiken mit 180 Illustrationen nach Zeichnungen v. J. G. Schlick. 16 Lfgn. Lex. 8. (XII u. 370 S. m. eingedr. Holzschn., lithochrom. Tit. u. 1 Stahlst.) Ebd. 852. (à n. 1/6 ℛ) n. 2 2/3 ℛ

— vier Bücher v. der Nachfolge Christi. Für fromme Christen neu u. getreu aus d. Urtexte übers. v. Anselm. gr. 8. (VIII u. 207 S.) Leipzig 848, G. Wigand (jetzt: Schlicke). n. 1/3 ℛ — Mit lithochrom. Titelbild. 1 ℛ — Prachtausg. m. 10 Lithochrom. n. 3 1/3 ℛ; in Seide geb. n. 5 ℛ

— vier Bücher von der Nachfolge Christi. Aus dem Latein. neu übers. u. m. Anwendungen u. Gebeten nach Gonnelieu, sowie mit Morgen-, Abend-, Meß-Gebeten &c. verm. v. e. Benediktiner. Mit 1 Stahlst. 8. (VI u. 477 S.) Luzern 848, Gebr. Räber. n. 12 ngℛ

— vier Bücher von der Nachfolge Christi. Aus d. Latein. übers. v. Al. Bendel. Mit e. Beigabe d. gewöhnl. Andachtsübungen. Ausg. m. 4 Kpfrn. 2. Aufl. 16. (376 u. VIII S. m. Titel in Buntdruck.) Rottweil 848, Setzer. 9 ngr In Engl. Einb. ⅓ Thlr In Engl. Einb. mit Goldschn. n. ½ Thlr In Leder geb. mit Goldschn. n. 16 ngr — Ausg. mit 1 Kpfr. 7 ngr

— vier Bücher v. der Nachfolge Christi Uebers. u. m. Andachtsübungen von Morgen-, Abend-, Meß-, Beicht-, Communion- u. andern Gebeten hrsg. v. Joh. Mich. Hauber. 8. Ster.-Aufl. 16. (VIII, 218 u. 34 S. m. 1 Stahlst.) Augsburg 849, Jaquet. 4½ ngr

— vier Bücher von der Nachfolge Christi. Aus d. Latein. neu übers. v. e. Benediktiner. Mit e. Anh. v. Morgen-, Abend-, Meß-Gebeten rc. Mit e. Titelbilde. 24. (XVI u. 428 S.) Luzern 849, Gebr. Räber. n. 4 ngr

— vier Bücher v. d. Nachfolge Christi. Aus der latein. Urschrift übers. v. e. Geistlichen der Erzdiöcese Köln. Mit Vorwort v. W. Smets. Nebst e. Anh. v. Morgen-, Abend-, Meß-, Beicht- u. Kommuniongebeten, sowie Kreuzwegbetrachtungen. 32. (VIII u. 471 S. mit 4 Stahlst. u. lithochrom. Titel.) Reutlingen 850, Fleischhauer & Spohn. 7 ngr; geb. m. Goldschn. u. in Futteral. 14 ngr

— vier Bücher von der Nachfolge Christi. Aus d. Latein. übers. v. Al. Bendel. Mit e. Beigabe der gewöhnl. Andachtsübgn. am Morgen, Abend, bei der heil. Messe, Beichte, Communion u. a. 5. Aufl. 16. (VIII u. 400 S. m. lith. Titel in Golddr. u. 1 Stahlst.) Stuttgart 850, Stoppani. 9 ngr — Mit 8 Stahlst. ½ Thlr; in Engl. Einb. m. Goldschn. 24 ngr

— vier Bücher von der Nachfolge Christi für evangel. Christen bearb. u. m. Beicht- u. Communiongebeten versehen v. Aug. Ludw. Glob Krebl. Mit Illustr. v. Alex. Straehuber, xylograph. v. E. Kretzschmar. 2. ster. Aufl. 8. (XVI u. 353 S.) Leipzig 851. (Hildburghausen, F. Kesselring.) n. ½ Thlr; feine Ausg. n. 1 Thlr — 3. ster. Aufl. 8. (XIV u. 353 S. m. eingedr. Holzschn.) Hildburghausen 852, Kesselring. n. ½ Thlr; in Engl. Einb. m. Goldschn. n. n. 18 ngr

— vier Bücher v. der Nachfolge Christi. 32. (XVI u. 272 S.) Leipzig 851, Teubner. n. ⅙ Thlr; Velinp. in Engl. Einb. m. Goldschn. u. 2 Stahlst. 27 ngr — gr. 16. (VIII u. 280 S. m. 6 Stahlst.) Ebd. 852. ½ Thlr; in Engl. Einb. m. Goldschn. u. Futteral. 1 Thlr

— vier Bücher v. d. Nachfolge Christi. Aus dem Latein. übers. Taschenausg. f. Katholiken. Mit 4 Stahlst. u. Randzeichngn. (in Holzschn.) 3. Aufl. 16. (606 S.) St. Gallen 851, Scheitlin & Zollikofer. n. ½ Thlr; cart. ¾ Thlr; in Engl. Einb. mit Goldschn. u. Futteral n. 1 Thlr

— vier Bücher v. d. Nachfolge Christi. Taschenausg. f. Protestanten. Mit 4 Stahlst. u. Randzeichngn. (in Holzschn.) 3. Aufl. 16. (IV u. 562 S.) Ebd. 851. n. ½ Thlr; cart. ¾ Thlr; in Engl. Einb. m. Goldschn. u. Futteral. n. 1 Thlr

— vier Bücher v. d. Nachfolge Christi. Für evangel. Christen. 32. (XII u. 324 S.) Trier 851, Lintz. ⅛ Thlr

— vier Bücher v. d. Nachfolge Christi. Mit e. Anh. v. Morgen-, Abend-, Meß-, Beicht- rc. Andachten aus den übrigen Werken des Thom. v. Kempen hrsg. v. M. A. Nickel. 2. verb. u. m. e. Lebensgeschichte des Thom. v. Kempen verm. Aufl. Ster.-Ausg. Mit 1 Stahlst. 32. (XX u. 400 S.) Trier 851, Lintz. ⅛ Thlr; Velinp. m. 2 Stahlst., 3 Lith. u. lith. Tit. in Golddr. ⅓ Thlr

— vier Bücher v. der Nachfolge Jesu Christi. Aus dem Latein. neu übers. u. mit e. vollständ. Gebetbuch u. e. Anleitung zur christl. Vollkommenheit versehen v. Joh. Peter Schmitz. 18. (XIV u. 546 S. mit 1 Lith.) Aachen 852, Hensen & Co. ¼ Thlr

a Kempis (von Kempen) Thomas, vier Bücher von d. Nachfolge Christi. Mit e. Anh. v. Morgen-, Abend- u. Meßandachten von F. X. Müller. Mit 1 Stahlst. 24. (374 S.) Köln u. Neuß 852, Schwann. ⅓ Thlr

— dass. Nebst einem vollständ. Gebetbuche v. F. X. Müller. Mit 1 Stahlst. 24. (470 S.) Ebd. 852. ¼ Thlr; Velinpap. m. 4 Stahlst. ½ Thlr

— vier Bücher v. der Nachfolge Jesu Christi. Mit Vorwort v. K. Steiger. 2. Aufl. 32. (VIII u. 501 S.) St. Gallen 852, Scheitlin & Zollikofer. ¼ Thlr; geb. n. ⅓ Thlr; m. Goldschn. u. m. Stahlst. n. ⅔ Thlr

Kempen, Thomas von. Vier Bücher von d. Nachfolge Christi. Nach dem latein. Original neu bearb. von *Bernhard Lesker*, Pfarrer. Nebst einem Gebetbuch. Ausgabe N° 1. Mit Chromotitel und 2 Chromobild. In-32°, 480 S. Einsiedeln, Gebr. K. & N. Benziger. 1886. Brosch. — 65

Kempen, Thomas von. Vier Bücher von der Nachfolge Christi. Nach dem lateinischen Original neu bearbeitet von *Bernhard Lesker*, Pfarrer. Nebst einem Gebetbuch. Ausgabe Nr. 5 in Roth- und Schwarzdruck. Mit Chromotitel und 2 Stahlstichen. In-24°, 480 S. Einsiedeln, Gebr. K. u. N. Benziger. 1886. 1 60 geb. 2 25—4 65

Kempen, Thomas von. Die Nachfolge Christi. Mit Anwendungen und Gebeten nach P. Gonnelieu, S. J., und einem Anhange der nothwendigsten Gebete. Bearbeitet von K. Maier, Repetitor. Mit bischöflicher Approbation. Mit 1 Stahlstich. Gr. in-18°, 624 S. Einsiedeln, Gebr. K. & N. Benziger. 1886. broch. 1 10, geb. 1 45 bis 2 05

Kempis, Thomas a. Th' von Kempen's Vier Bücher von der Nachfolge Christi. Nach dem Lateinischen von Bernhard Lesker.... Ausg. No. 6. [Mit Illustrationen und 1 Tafel.] 480 S. 8. Einsiedeln *etc.*, Benziger & Co. A. G., 1901. [geb. fr. 1. 50 *bis* 3. —]

(F) Kempen, Th. v., Nachfolge Christi. 8°. (XVI, 545 S.) Graz: Styria 1908. geb. K 1.40

— die Nachfolge der heil. Jungfrau Maria. Neue, mit 1 Stahlst. verschön. Aufl. gr. 12. Wien 836, Mayer u. C. ½ Thlr

— Nachfolgung Christi zu d. innerl. Gebet eingerichtet von Dion. Genger. 8. Köln 777. Simon.

— Dass., in Versen von Jh. Hübner. 8. Leipz. ... N. Aufl. 769. (Brockhaus). 12 K

— Dass., übers. von S. Grynäus. 8. Basel 779. N. Aufl. 788. (Neukirch). 12 K

— Dass., aus d. Französ. des P. Gonnelieu. 8. Bamb. 787. (Wesché in Frankf.) 9 K

— Dass., u. Gebete des P. Gonnelieu, übers. von J. Starck. Mit Kpf. 8. Augsb. 788. 2e Aufl. 790. N. Aufl. 809, 24 u. 830. Doll. 12 gr

— übersetzt von Ph. Göbel. gr. 8. Leipz. 820. Fr. Fleischer. 1 rß 2e Aufl. 8. Trier 832. Troschel. 20 gr Dies., kathol. Ausg. 8. Köln 820. J. G. Schmitz. 16 gr

— Dass., neu übersetzt v. Joh. Goßner. 8. Leipz. 824. Tauchnitz. 8 gr weiß Pap. 12 gr Velinp. 16 gr Dies., Taschenausg. 18. Ebd. 8 gr

— das Buch von der Nachfolgung Christi, neu übersetzt und mit e. Einleitung u. kurzen Anmerkk. für denkende Christen herausg. von Jh. Mich. Sailer. 6e Ausg. Mit dem Portrait des Verfassers. 8. München 825? Lentner. 1 rß

— dass., übersetzt u. herausg. vom Bischof Sailer. Mit Titelkpfr. 8. Freiburg... Waizenegger. 3/4 rß

— Lehre aus dem Buche: Von der Nachfolgung Christi, für jeden Tag des Jahres abgesondert. kl. 12. Wien 837. Mechitaristen-Congregat.-Buchh. 1/8 rß

— von der Nachfolgung Christi. Auf Grund d. Uebersetzungen von Jh. Arndt und Gerh. Tersteegen neu verdeutscht und für evangel. Christen bearb. von Ldw. Beuder. gr. 8. Meurs 842. (Leipzig, Fr. Fleischer.) n. 1 rß

— dass. 16. Ebend. 842. n. 1/3 rß

— O nas'ladowaniu Jezusa Chrystusa. (Prachtausg. mit 4 Stahlst. u. vielen Holzschn., auch verziert. farbig gedr. Titel.) 12. Berlinie 841, Behr. 1 1/3 rß

— Ctwero kneh o Nasledowanj Krista. Z latinského prelozil a zíwotopisem i kratkau obranau skladatele opatril Frant. Daucha. Wydanj stereot. s ozdobami, po wykresjch Al. Strachubera. 8. (Mit 2 Illustrationen und 2 lith. Taf.) Leipzig 843. (Armbruster.) n. 1/2 rß — Velinp. mit 6 Illustrationen n. 1 1/3 rß

— dass. Druhy otisk s prjdawkem modliteb. 16. Ebd. 845. 1/4 rß

— dass. Anhang: Modlitby k weregne i domacj pobožnosti. 8. Ebend. 845. n. 1/12 rß — Velinp. in gr. 8. n. 1/6 rß

— s. Nickel, M. A.: Summa der mystischen Theologie.

— opera omnia quae extant theologica. 4. Lausanne 759. Pott. 2 rß 8 gr

a *Kempis*, Thomas, opera selecta. Tom. I. — Et. s. t.: de immitatione Christi libri IV. 18 maj. Frankf 820.

a Kempis, (Th.,) Opera selecta. Tom. I. — Et. s. t.: de imitatione Christi libri. IV. 2te Aufl. 18 maj. Frkf. 823, Andreii.

— id. lib. Tom. II. Et. s. t.: Kempis Soliloquium animae, vallis liliorum, de Thibus tabernaculis et de vera compunctione. 18. Francof. 824, Andreae.

— Opera selecta. Tom. I. Et. s. tit.: De imitatione Christi libri quatuor. Praemittuntur sanctum officium et precationum in usum confitentium et communicantium delectus. Edit. III. De imitatione Christi libri quatuor. (Mit Titelb.) 18. Francofurti 838. Andreü. 2/3 rß

a Kempis, Thom., opera selecta. Tom. I. editio 4a. Et. s. tit.: Thomae a Kempis qui vulgo feruntur de imitatione Christi libri quatuor. Praemittitur precationum delectus. Editio 4a. 16. Frankfurt a. M. 845, Andreä'sche Buchh. 1/2 rß

— Perlen der Weisheit. Vier Bücher v. der wahren Weisheit. Der „Nachfolge Christi" 2. Thl. Uebers. von Christoph Fuchs. Mit Morgen- u. Abend-, Meß-, Beicht-Andachten etc. 24. (456 S. mit 2 Lithogr.) Einsiedeln 852, Gebr. Benziger. 9 ngr

— Predigt über das Leiden unsers Herrn Jesu Christi. Aus d. Latein. gr. 8. Berl. 825. (Stuhr). 3 gr

— — 36 Reden und Betrachtungen über die Menschwerdung, das Leben, Leiden und Sterben, und die Verherrlichung Jesu Christi. Aus dem Lateinischen übersetzt. 8. Landshut. Thomann. 819.

— — Rosengärtlein, ein poetischer Versuch, nach dem Lateinischen. 8. Augsburg, Wolff. 819.

— Dass. u. Thränen einer reuevollen Seele, od. desselben meistens unbekannte Schriften, (v. S. Buchfelner). 12. München 818. Giel. (Barth in Leipz.) 3 gr

— auserlesene Schriften. Deutsch bearb. von Jh. Andr. Herberer. 4 Bde. br. 12. Ilmenau (u. Weimar) 834. Voigt. 4 rß

— Schriften in Ausz. s. Auszüge.

— drei auserwählte Schriften: d. Rosengärtlein, d. Lilienthal u. d. Alleingespräch einer Seele. Zur Erbauung für evangel. Christen. Bearb. u. hrsg. v. F. J. Bernard. 8. (X u. 237 S.) Leipzig 847. Dyk. 1/2 rß

— geistr. Schriften. 8. Leipzig, Walther. 733.

— kleine Schriften, enthaltend: Dessen Getreuen Haushälter. — Von den drei Hütten, der Armuth, der Demuth und Geduld. — Handbüchlein für fromme Christen. — Die Herberge der Armen. — Geistliches Rosengärtlein. — Lilienthal zum Lobe Gottes u. zum Troste der Betrübten. Uebers. u. herausgeg. von C. Schmidt. 11. veränd. Aufl. Mit Titelkpfr. 12. Sitten 841. (Augsburg, Schlosser.) 1/8 rß

— Unterr. v. d. Nachfolge Christi, nebst dess. Lebenslaufe. 12. Cöthen u. Dessau. (Fr. Günther in Glogau.) 736.

— — dies. von Sailer, s. Sailer.

— — abgekürzt u. ein. Anh. v. Communionandacht. herausg. von Fr. v. Blomberg geb. Schott von Schottenstein. gr. 8. Lemgo, Meyer. 805.

— Dass., dem christl. Volke in einer neuen Uebersetzung u. wohlfeilen Ausgabe gewidmet. 18. Augsb. 817. 5e A. 829. Doll. 5 gr

v. Kempis, Thom., sämmtl. Werke. Aus d. Latein. übersetzt von J. P. Silbert. (In 4 Bdn.) 1r u. 2r Bd. gr. 8. Wien 833, 34. Wallishauser. 4 1/4 rß

— dass. 2e wohlf. Ausg. 4 Bde. gr. 8. Ebd. 838 — 40. 4 2/3 rß

[Kempis, Thomas a.] Goldene Worte aus der Nachfolge Christi auf jeden Tag des Jahres. Nebst den gewöhnlichen Andachtsübungen. Nach [Jacob Leonz] Brunners Zusammenstellung neu bearb. von P. Cölestin Muff, O. S. B. [Mit Vignetten und 2 Tafeln.] 256 S. 8. Einsiedeln *etc.*, Benziger & Co. A. G., 1901. [geb. fr. 1. — *bis* 2. 50]

Der Porträt- und Gruppenphotograph beim Setzen und Beleuchten. Von Ernst **Kempke**, ... Hofphotogr. in Freiburg i. B. *Halle a. S.: W. Knapp 1898.* (2 Bl., 49 S.) 1 Bd 8. [98. 3360

Kempke, Ernst, der Porträt- u. Gruppenphotograph beim Setzen u. Beleuchten, s.a. Encyklopädie der Photographie. 55. Hft.

Der Porträt- und Gruppenphotograph beim Setzen und Beleuchten. Von Ernst **Kempke**, Hofphotogr. 2. Aufl. Halle: W. Knapp 1906. (40 S.) 8° = **Encyklopädie** d. Photographie. H. 55. [06. 9003 8

Kempken, Eberhard, a. Wickrath: **Experimentaluntersuchungen zur Constitution permanenter Magnete. Tübingen: G. Schnürlen 1906. (32 S.) 8°**
Tübingen, Naturw. Fak., Ref. Paschen, Diss. v. 7. März 1906
[Geb. 10. Mai 79 Wickrath, Rheinprov.; Wohnort: Tübingen; Staatsangeh.: Preußen; Vorbildung: Oberrealsch. Rheydt Reife O. 98; Studium: Tübingen 4. Göttingen 3. Würzburg 4. Tübingen 3 S.; Coll. 7. März 06.]

Kempkes, *Johann* [Referendar zu Rheydt]: **Wird durch Verfügung des Käufers über die mangelhafte Sache die actio redhibitoria ausgeschlossen? ... Rheydt, Druck v. Th. Buresch,** *1896;* 32 S. 8.
Erlangen, Jur. Fak., Inaug.-Diss. v. 1896

Kempner, Alfons, approb. Arzt aus Berlin: **Ueber Sarkomatose** des Mesenteriums mit Durchbruch in den Darm. *München 1903: C. Wolf & Sohn.* (28 S.) 8°
München, Med. Diss. v. 1903

Kempner, Alfr., s. a. **Kerr, Alfr.**

[J.] Alfred Kerr [d. i. Alfred **Kempner**]. Godwi. E. Kapitel deutscher Romantik. *Berlin: G. Bondi 1898.* (XI, 136 S.) 1 Bd 8. [98. 3445

[J.] **Kempner**, Alfred [aus Breslau]: **Clemens Brentanos Jugenddichtungen. '(Abschn. 1: Der Ideengehalt des Godwi.)' ... (Erscheint vollst. bei J. G. Cotta Nachf. in Stuttgart.)** Halle, *Buchdr. im Buchhändlerhaus Berlin,* 1894; 33 S., 1 Bl. 8.
Halle, Phil. Fak., Inaug.-Diss. v. 7. Febr. 1894

Kempner, D., Briefe aus Helgoland. 8. (40 S.) Breslau 900. H. Lesser. n. 1. —

Briefe aus Helgoland von D. **Kempner**. *Breslau: O. Lessheim in Komm. 1900.* (40 S.) 8° [J.] [00. 3343

Kempner, D. Ems u. Paris. Ein histor. Roman aus dem J. 1870. 8. (272 S.) Bresl. 892. (Max u. Comp.). * 3 —

Kempner, D., **Ems u. Paris. Ein histor. Roman aus dem J. 1870. 8. (272 S.) Breslau 893. (G. C. Bürkner.)** n. 3. —

Kempner, D., historische Novellen aus der neuesten Zeit. gr. 8. (III, 254 S.) Breslau 868, Heidenfeld. 5 25

Vor Plewna. Russisch oder türkisch? Lustspiel in 1 Aufz. von David **Kempner**. Breslau 1890: (O. Opitz in Namslau). (24 S.) 8° [J.] [06. 1895 2

Kempner, Felicja, aus Plock (R.-Polen): **Beiträge zur physikalischen Chemie der Nierensekretion. ⟨Aus dem physiologischen Institut Zürich.⟩ Zürich 1909.** 22 S. 8°. [16. VII. 09.]
Zürich, Med. Diss. 1908/09

Kempner, Franz, Kammergerichtsref.: Der rechtliche **Charakter** des Strassenbahnbillets. *Berlin 1902: J. Sittenfeld.* (57 S.) 8°
Rostock, Jur. Diss. v. [2. Mai] 1902

Kempner, Frz., der rechtliche Charakter des Strassenbahnbillets. gr. 8. (57 S.) Berlin 902. C. Heymann. n. 1. —

Kempner, Friederike, Antigonos. Trauerspiel in 3 Aufzügen. 8. (VIII, 45 S.) Berlin 880. Hermann. n. 2. —

Kempner, Friederike, Antigonos. Trauersp. in 3 Aufzgn. 8. (VIII, 45 S.) Berlin 880. (R. Siegismund.) n. 2. —

Kempner, Friederike, Auszüge aus den berühmtesten Philosophen von Plato bis auf unsere Zeit in beliebiger Zeit u. Reihenfolge. 1. Lfg.: Kant. Locke. Cartesius. Friedrich der Große. Marc Aurel. Rousseau. gr. 8. (55 S.) Breslau 883. (Berlin, Stuhr.) n. 2. —

— Auszüge aus d. berühmtesten Philosophen v. Plato bis auf uns. Zeit in belieb. Zeit- u. Reihenfolge. 2. Lfg.: Plato, Leibnitz, Wolf, Cicero, Haller, Garve, Bernhard v. St. Pierre, Reimarus, Bayle. gr. 8. (VII, 36 S.) Ebd. 886. n. 1. — (1. u. 2.: n. 2. 50)

Kempner, Friederike, Roger Bacon. Historische Novelle. Aus dem Nachlaß ihrer verew. Schwester Frau Luise Stadthagen, geb. Kempner. (2. Aufl.) 8. (128 S.) Berlin 893. Stuttgart, C. Malcomes. n. 2. 50; geb. n. 3. 50

Kempner, Friederike, Berenize. Tragödie in 5 Aufzügen und in Jamben. Breslau 860. Aland. (Morgenstern.) 8. (XV, 156 S.) n. 1 ℳ

Kempner, Friederike, Berenize. Tragödie in 5 Aufzügen u. in Jamben. 2. (Titel-)Aufl. Leipzig (860) 865. Thelle. 8. (XV, 156 S.) n. 20 ngr.

Kempner, Friederike, das Büchlein von der Menschheit. Mit einem Anhang: Gegen die Einzelhaft oder das Zellengefängniß. gr. 8. (24 S.) Berlin 885, Grüger. ** — 75

Kempner, Friederike, Denkschrift über die Nothwendigkeit einer gesetzlichen Einführung von Leichenhäusern. (Neuer Abdr.) Breslau 856. Korn. gr. 8. (IV, 34 S.) n. 6 ngr.

—— Denkschrift über die Nothwendigkeit einer gesetzlichen Einführung von Leichenhäusern. 6., verm. Aufl. gr. 8. (VII und 119 S.) Breslau 867, Korn. *

—— drei Dramen. [Berenize. — Rudolf II. — Antigonos.] (Neue [Titel-]Ausg.) 12. (XIV, 156; 107; VIII, 45 S.) Berlin (865, 67, 80) 885, Gerstmann. * 6 —
Vergriffen.

—— zwei Dramen. [Rudolf II. — Antigonos.] (Neue [Titel-]Ausg.) 12. (107; VIII, 45 S.) Ebendas. (867, 80) 885. * 3 —

Kempner, Friederike, gegen die Einzelhaft oder das Zellengefängniß. gr. 8. (15 S.) Breslau 869, Heidenfeld. * — 30

—— der faule Fleck im Staate Dänemark oder eine lustige Heirath. Lustspiel in 1 Aufzuge. Neuer Abdr. 8. (IV, 35 S.) Berlin 888, Siegismund. * 1 —

—— Gedichte. 2. verm. Aufl. 16. (VIII, 190 S. mit photogr. Portr.) Breslau 882, Trewendt und Granier's Buchh. *

— Gedichte. 2., verm. Aufl. 16. (VIII, 190 S. m. photogr. Portr.) Breslau 882. Woywod. n. 1. 80

—— dass. — 3. verm. Aufl. 16. (VIII, 194; neue Gedichte III, 51 S. mit Photogr. der Verf.) Berlin 884, Stuhr'sche Buchh. *ℳ 2,40.; geb. *

—— Gedichte. 4. verm. Aufl. 12. (XII, 239 S.) Berlin 885, Stuhr. geb. * 3 60
—— dass. — 5. verm. Aufl. 8. (XII, 231 S.) Berlin 888, Siegismund. geb. * 4 —

Kempner, Friederike. Gedichte. 6. verm. Aufl. 12. (XIII, 247 S. m. 1 Bildnis.) Berl. 891, K. Siegismund. geb. in Leinw. * 4 —

— dasselbe. 7., verm. Aufl. 12. (XVI, 272 S. m. Bildnis.) Ebd. 895. n. 3. 20; geb. in Leinw. n. 4. —

Kempner, Friederike, Gedichte. 8. verm. Aufl. (XVI, 288 S. m. Bildnis.) 8. Berlin (903). K. Siegismund. n. 3. 20; geb. in Leinw. n. 4. —

— Jahel. Drama. 12. (VI, 58 S.) Ebd. 886. n. 1. —

—— Nettelbeck oder Patriot und Kosmopolit. 16. (VI, 73 S.) Dresden 868, C. E. Dietze. geb. — 75

— Nettelbeck. Miß Maria Brown. Historische Novellen. 8. (V, 212 S.) Berlin 893. Stuttgart, C. Malcomes. n. 3. —; geb. n. 4. —

—— Novellen. 8. (XII und 177 S.) Leipzig 861, Schrag's Verlag.

[Umschlagt.:] [F.] Novellen v. Friederike Kempner. (Sondert. 1: In d. goldenen Gans ...; 2: Eine Frage Friedrich's d. Grossen ...) *Berlin: K. Siegismund 1898.* (2 Bl., 45 S., 2 Bl., 93 S.) 1 Bd 8. [99. 5221

—— Rudolf der Zweite oder der Majestätsbrief. Ein Trauerspiel. 8. (107 S.) Leipzig 867, Fritsch. *

[F.] Rudolf der Zweite oder Der Majestätsbrief. E. Trauersp. v. Friederike Kempner. Neue Aufl. *Berlin: K. Siegismund 1896.* (115 S.) 1 Bd 8. [96. 6,..

Kempner, Gustav [approb. Arzt aus Berlin]: Ueber die in der Strassburger Entbindungs-Anstalt in dem Zeitraum vom 1. Juni 1874 bis 1. Januar 1877 vorgekommenen Operationen und Wochenbetts-Erkrankungen. Berlin, Emil Streisand, 1878. 8. 52 S.

Kempner, Hans, Referendar: Die Besonderheiten der Verpfändung mittels Lagerscheins gegenüber der gewöhnlichen Lombardierung. Breslau 1910: Schatzky. 87 S. 8°
Breslau, Jur. Diss. v. 11. Mai 1910, Ref. Meyer, Fischer
[Geb. 1. Mai 89 Breslau; Wohnort: Freiburg i. Schl.; Staatsangeh.: Preußen; Vorbildung: Johannes-Gymn. Breslau Reife M. 06; Studium: Breslau 1, Freiburg i. B. 1, Breslau 4 S.; Rig. 14. Dez. 09.] [U 10. 504

Kempner, Henricus *(geb. Leobschütz [29. 6.] 1819)*: De septi narium restitutione. Vratislaviae (1843). (35 S.) 8°
Breslau, Med. Diss. v. 16. Okt. 1843

Kempner, Ignacy *(geb. Praszka in Pol. 5. 3. 1842)*: Inversion des nicht puerperalen Uterus, veranlasst durch ein Sarcom. Breslau (1868). (31 S., 1 Taf.) 8°
Breslau, Med. Diss. v. 3. Nov. 1868

Kempner, M., s.: Wochenschrift, juristische.

[F.] Studierten-Proletarier v. Eckart [d. i. Max Kempner]. *Berlin: H. Lazarus [1894].* (24 S.) 1 Bd 8. [98. 8939

[F.] Studierten-Proletarier v. Eckart [d. i. Max Kempner]. 2. Aufl. *Berlin: H. Lazarus [1895].* (24 S.) 1 Bd 8. [98. 4474 Ba

Kempner, N.

— Das Recht auf Leben nicht nur „Recht auf Arbeit". 8°. Berlin 1884.

Kempner, Salomea, aus Plotzk (R.-Polen): Versuche zum mikroskopischen Nachweis der Narkose des Nerven. ⟨Aus dem physiologischen Institut der Universität Zürich.⟩ Zürich 1909. 27 S. 8°. [10. II. 09.]
Zürich, Med. Diss. 1908/09.

Kempner, Walt., Beitrag zur Aetiologie der Säuglingstuberkulose, s. a. **Abhandlungen,** Münchener medicinische.

Kempner, Walter [app. Arzt aus Gross-Glogau]: Beitrag zur Aetiologie der Säuglingstuberkulose ... München, J. F. Lehmann, 1894; 21 S. 8.
München, Med. Fak., Inaug.-Diss. v. 1894

Kempner-Hochstädt, Max, Harakiri. Schwank in 4 Acten. 8. (184 S.) Berlin 897. F. Barschall. 1. 50

— Medea. Mod. Schausp. in 4 Akten. 8. (127 S. m. Bildn.) Berlin 896. Trautwein. n. 2. —

Kempner-Hochstädt, Max, die Schatten leben. 3 Bilder. (164 S.) 8. Berlin (908). Berl. Continent. 2.50; geb. 3. 50

Kempneriana. Allerhand gereimte und ungereimte Gedanken von ***. 8. (61 S.) Dresden 888, (Engelhaupt und Beyer.) — 75

Kemp's, J. Th. van der, Leben, s. Jensen, Ch.

Kempski, E[mil], dipl. Landwirt, Tierzuchtinspektor, Breslau: Über endozoische Samenverbreitung und speziell die Verbreitung von Unkräutern durch Tiere auf dem Wege des Darmkanals. Bonn 1906: C. Georgi. (VI, 172 S.) 8°
Rostock, Phil. Fak., Ref. Heinrich, Diss. v. 9. Mai 1906
[Geb. 8. Dez. 80 Breslau; Wohnort: Patschkau; Staatsangeh.: Preußen; Vorbildung: Realgymn. am Zwinger Breslau Prima-Reife M. 98; Studium: Halle 4, Rostock 3 S.; Rig. 3. Mai 06.]

Kempt, Otto *Emil Erdmann* [pr. Arzt zu Massow in Pomm.]: Zwei Fälle von Oesophagotomia externa aus ddm[!] Krankenhause Bethanien-Stettin ... Leipzig, Druck v. A. Edelmann Univ.-Buchdr., *1897;* 17 S. 8.
Leipzig, Med. Fak., Inaug.-Diss. v. 2. Mai 1897

Kempte, Ernst Timotheus (Crimmitschau), De sectione alta cum hujus operationis in nosocomio St. Jacobi Lipsiensi factae relatione. Diss. chirurg. Lpz. (J. H. Nagel) 17. III. 1846. 27 Seiten. (5.50) 17739
Krankengeschichte d. Michael Gentszch.

Kempte, Heinrich A. [aus Crimmitschau, Kgr. Sachsen]: Ueber Derivate des Methyl- und Aethyl-Diphenylamins und des α-Dinaphtylamins. ... Erlangen, k. b. Hof- u. Univ.-Buchdr. v. Fr. Junge (Junge & Sohn), 1890; 39 S. 8°
Erlangen, Phil. Fak., Inaug.-Diss. v. 1890

Kempten [Sachl. OW]

Kempten. Im Jahre 1826. Gemessen 1823 vom K. Steuer-Kataster. 1 : 2,500. 1 Bl.

Kempten [Schlagwort]

Kempten, s. a. Deutschland. Karte. (Abt. Bayern.) Kürschner-Peip.

Kempten a. d. Iller, s. a. Woerl's Reisehandbücher.

Kempten — Campidonia vulgo — peructus sacri Romani Imperii Oppid. Ohne Maasstab. 1 Bl.

Kempten. Karte der Umgebung v. Kempten. 1 : 40,000, bearb nach d. Material d. k. bayer. topograph. Bureaus. 60 × 65 cm. Photolith. Kempten 898. J. Kösel. Auf Leinw. in Futteral n.n. 2. 50

Kempten. Plan von Kempten. 1 : 5000. Chromolith. gr. Fol. Kempten 888. Dannheimer. n.n. 1. —

— Plan von Kempten. 1 : 5000. Farbendr. gr. Fol. Kempten 892. T. Dannheimer. n.n. 1. —

Kempter, L. Festspiel anlässlich d. Eidgenössischen Schützenfestes in Winterthur 1895. Opus 16. Klavierauszug. Gr. in-8°. 60 S. Zürich, Gebr. Hug & Co. 5 —

Kemritz, Hans, Referendar: Welche Ansprüche hat der elterliche Gewalthaber bei Entführung oder Verletzung seines minderjährigen Kindes? Greifswald 1910: Abel. 79 S. 8°
Greifswald, Jur. Diss. v. 3. Aug. 1910, Ref. Frommhold
[Geb. 19. Aug. 88 Berlin; Wohnort: Berlin; Staatsangeh.: Preußen; Vorbildung: Luisen-Gymn. Berlin Reife O. 07; Studium: Berlin 6 S.; Rig. 11. Juli 10.] [U 10. 1524

Kemshead, C., The German reader, s.: Otto, Emil.

Kemsies, F. A. Wird Rom in Amerika siegen? Cleveland, 1895.

Kemsies, Ferd., Arbeitshygiene d. Schule auf Grund v. Ermüdungsmessgn., s. a. Sammlung v. Abhandlgn. aus d. Gebiete d. pädagogischen Psychologie u. Physiologie.

Arbeitshygiene der Schule auf Grund von Ermüdungsmessungen. Von Dr. Ferdinand **Kemsies**, Oberl. ... in Berlin. *Berlin: Reuther & Reichard 1898.* (64 S.) 8.
= Sammlung v. Abhandlungen a. d. Gebiete d. paedagog. Psychologie u. Physiologie. Bd 2. H. 1. [98. 864

Kemsies, Ferd., s.: Aufklärung, die sexuelle, der Jugend.

Kemsies, Ferdinand [aus Berlin]: Herbart und A. Diesterweg. Ein Vergleich ihrer Erziehungs- und Unterrichtsgrundsätze mit Rücksicht auf die Voraussetzungen aus Psychologie und Ethik. ... Gumbinnen, Druck v. W. Krauseneck, 1889; 1 Bl. + 52 S. + 1 Bl. 8°
Königsberg, Phil. Fak., Inaug.-Diss. v. 7. Aug. 1889

Kemsies, Ferd. Herbart u. A. Diesterweg. Ein Vergleich ihrer Erziehungs- u. Unterrichtsgrundsätze m. Rücksicht auf die Voraussetzungen aus Psychologie u. Ethik. Diss. gr. 8. (52 S.) Gumbinnen 889. (Königsb. i. Pr., Koch.) * 1 —

— die Entwickelung der pädagogischen Psychologie im XIX. Jahrh. (42 S.) gr. 8. Berlin 903. Herm. Walther. n. 1. —
Sonderabdruck aus: „Ztschr. f. pädagog. Psychologie".

Kemsies, Ferd., socialistische u. ethische Erziehung im J. 2000. 8. (III, 142 S.) Berlin 893. Bibliograph. Bureau. n. 2. —

Kemsies, Ferd., s.: Zeitschrift f. pädagog. Psychologie, Pathologie u. Hygiene.

Kenski, E., Calciumcyanamid als Düngemittel, s.: Immendorff, H.

Kenski, Paul, Aerotherapie. Höchste Lebenskraft. Dem Gesunden zur Kräftigg. Dem Leidenden zum Heil. (28 S.) 8. Krefeld (905). Selbstverlag. n. 5. —

Kenter, Adr., veter. disciplina in re rustica. c. fig. aen. 4. Lind. Otto. 770.

Kemter, Johann Traugott

— — (Dresden), De actione publiciana adversus ipsum dominum competente. Diss. jur. Präs. Hieronymus Friedrich Schorch. Erfurt (Nonn) 21. VIII. 1769. 40 S. (6.50) 17741
Gew.: August Friedrich Frh. v. Ende (Remsdorff). — Widm. v.: Johann Adolph Hermstaedt (Gotha).

Kemter, Johann Traugott (Drebacensis/Misnicus), Vindiciae Pomponii de materia XII. tabularum in cap. II. §. IV. π. de Orig. Jur. Präs. August Friedrich Schott. Lpz. (Langenheim) 11. XII. 1765. 19 S. (6.—) 17740
Gew.: Heinrich Christoph Schussler (Rehnsdorff, Gersdorff, Heckendorff).

Kemter, Wolfg., Liebesgaben u. andere Humoresken. (III, 149 S.) kl. 8. Leipzig 910. Verlag f. Literatur, Kunst u. Musik. 2. 50

Kemuri, G., auf Flügeln des Kosmoplan. Ein Sommernachtstraum. (144 S.) 8. Leipzig 910. Modernes Verlagsbureau. 2. 50

Auf Flügeln des Kosmoplan. Ein Sommernachtstraum von G. **Kemuri**. (Buch 1/2.) Berlin-Leipzig: Wigand 1910. 8° [11. 4259

Kenan, M., das Leben der politischen Gefangenen in den russischen Gefängnissen. (In russ. Sprache.) (69 S.) 8. Berlin (904). H. Steinitz. n. 1. 60

Kendall, A. Josephine, aus Boston, U. S. A.: Ueber Herpes corneae. Zür. Zürcher u. Furrer Dr. 1880. 2 Bl., 32 S., 1 Bl., 1 Taf. 8°.
Zürich, Med. Diss. [v. 19. Nov. 1879].

Kendall, A. Josephine, über Herpes corneae. Inaugural-Dissertation. gr. 8. (33 S. m. 1 Chromolith.) Zürich 880. (Wiesbaden, Bergmann.) n.n. 1. 25

Kende Ferd.: Anleitung zu den chemisch-praktischen Arbeiten im zweiten Curse. 37. Steyr R. 00.
Progr.

Die Entartung des Menschengeschlechts, ihre Ursachen u. d. Mittel zu ihrer Bekämpfung. Von Moriz **Kende**. (Vorr.: Julius Donath.) *Halle a. S.: C. Marhold 1901.* (136 S.) 8° [01. 10616 3

Kende Oskar: Beiträge zu einer Geschichte des Passes über den Semmering bis in die Mitte des 15. Jahrhunderts.
1903 PN 1609 Diss. Wien, Univ. 866

Kende, Osk., die Bevölkerungsbewegung in e. ostalpinen Siedlung (Gröbming in Steiermark). Progr. (18 S.) gr. 8. Prag (908). Erste deutsche Staatsrealschule. — 70

— Geographie der österreichisch-ungarischen Monarchie f. die IV. Klasse österreichischer Mittelschulen. (V, V, 137 S. m. 2 Tab. u. XXXI S. Abb.) gr. 8. Wien 909. Manz. Geb. 2. 10

— dasselbe f. die VII. Klasse der Realschulen. (IV, V, 200 S. m. 2 Tab. u. Bildbeigaben XXXI S.) gr. 8. Ebd. 908. Geb. u. geh. 2. 30

— Zur frühesten Geschichte des Passes üb. d. Semmering. Progr. (19 S.) gr. 8. Wien (XVII, Kalvarienberggasse) 907. K. k. Staatsgymnasium. — 75

Kende-Ehrenstein, A., d. Miniatur-Porträt, s. a. Sammler-Kompendien. I.

Kende-Ehrenstein, A., Das Miniaturporträt. [Sammlerkompendium, Bd. I.] 8°. (92 S. mit 16 Tafeln) Wien 1908. K 3.60

Kendel, H., 90 Abschnitte d. hl. Schrift, f. d. Bibellesen in d. oberen Klassen d. Volks- u. Mittelschulen bearb. gr. 8. (VIII, 328 S.) Gera 898. Th. Hofmann. n. 2. 80; Einbd. n.n. — 50

— der Religionsunterricht auf d. Mittelstufe d. evang. Volksschule. Ausführl. Präparationen f. 81 bibl. Geschichten. gr. 8. (III, 239 S.) Ebd. 899. n. 2. —

Kendel, H., deutsche Sprachschule. Sprachlehre, Wortbildg., Rechtschreibg. u. Stilübgn. in konzentr. Kreisen. 2. Hft. 4. Schulj. 2., durchgeseh. Aufl. 8. (68 S.) Leipzig 902. Th. Hofmann. n. — 30

KENDEL Joseph Lorenz. Praktische Abhandlung über d. einfachste . . . Heilart d. Trippers. Wien 1789.

Kendler, Jos. Edler v., neuester Fahr- und Briefpost-Tarif nach den wichtigsten Staaten des Auslandes. 5 Tab. in Fol. u. Imp.-Fol. Wien 876. F. Beck. n. 2.—

Kendler, J. Edler v., Orts-Lexikon von Oesterreich, s. Hübner, C.

Kendler, Jos. Edler v. Orts- u. Reise-Lexikon f. den gesammten Eisenbahn-, Post-, Dampfschiff- u. Telegraphenverkehr Oesterreich-Ungarns. Mit Angabe der gerichtl. u. polit. Eintheilg. Enth. sämmtl. Ortschaften u. deren Eisenbahn-, Post-, Dampfschiff- u. Telegraphen-Stationen m. Bezeichng. der Eisenbahn- u. Dampfschiffs-Unternehmgn. Lex.-8. (XVI, 1222; 5; XXXII S.) Wien 890. (Lpz., A. Twietmeyer.) cart. * 16 50

Kendler, Josef von, Nachtrag zum Orts- und Reise-Lexikon für den gesammten Eisenbahn-, Post-, Dampfschiff- und Telegraphen-Verkehr Oesterreich-Ungarns. Mit Angabe der gerichtlichen und politischen Eintheilung. Richtiggestellt bis 31. Dezember 1890. 8. (16 S.) Wien: Administration des Orts- u. Reise-Lexikon v. Oesterreich-Ungarn 1891. —.50

Orts- und Reise-Lexikon für den gesammten Eisenbahn-, Post-, Dampfschiff- und Telegraphenverkehr Oesterreich-Ungarns. Mit Angabe der gerichtlichen und politischen Eintheilung. Enthaltend sämmtliche Ortschaften und deren Eisenbahn-, Post-, Dampfschiff- und Telegraphen-Stationen mit Bezeichnung der Eisenbahn- und Dampfschiffs-Unternehmung. Ein unentbehrliches Hand- und Nachschlagebuch für den Kaufmann, Reisenden, Beamten, Advokaten, Notar etc. redigirt von Josef Edlen v. Kendler. Beigeb.: 1. Nachtrag. Richtiggestellt bis 31. Dezember 1891. 8. Wien (1889—1891).

Kendler, J. von, & L. Siller, Orts- und Verkehrs-Lexicon für den gesammten Eisenbahn-, Post-, Dampfschiff- und Telegraphen-Verkehr Bosniens und der Herzegowina, nebst den wichtigsten Verkehrsorten im Limgebiete mit einer Verkehrskarte der politischen und gerichtlichen Eintheilung. Ein unentbehrliches Hand- und Nachschlagebuch für den Kaufmann, Reisenden, Beamten, Advocaten, Notar, Militär-Personen etc. 8. (68 S. mit einer Verkehrskarte.) Cart. 1.— Wien: Leopold Siller 1891.

Kendler, Jos. v., u. Carl v. Kendler, Orts- u. Verkehrs-Lexikon v. Oesterreich-Ungarn. Enth. sämmtl. Orte u. deren polit. u. gerichtl. Eintheilg., Eisenbahn-, Post-, Dampfschiff- u. Telegraphen-Stationen m. Bezeichng. der Eisenbahn- u. Dampfschiff-Unternehmgn. nebst den wichtigsten Ortschaften v. Bosnien u. der Herzegowina. Ein unentbehrl. Hand- u. Nachschlagebuch f. Behörden, Aemter, Notare, Advocaten, Kaufleute, Reisende etc. etc., nach amtl. Quellen bearb. 3. vollständig umgearb. Aufl. (IX, 1814 S.) gr. 8. Wien 905. J. Deubler. Geb. in Leinw. 16. —

—— Postorte-Lexikon Deutschlands mit Tabellen zur schnellen Taxirung von Briefpostsendungen nach den europäischen und aussereuropäischen Staaten und für Fahrpostsendungen in Oesterreich-Ungarn und nach Deutschland, zum prakt. Gebrauch für Geschäftsleute, Beamte und Private zusammengestellt. gr. 8. (VIII, 124 S.) Wien 882, (M. Stern.)

—— Postorte-Lexikon Oesterreich-Ungarns mit den Taxirungs-Meilen [Zonen], sowie Tabellen zur schnellen Taxirung von Brief- und Fahrpostsendungen, zum prakt. Gebrauch für Geschäftsleute, Beamte und Private. (78 S. mit 3 Taf.) 1881; 2. ergänzte Aufl. gr. 8. (VI, 93 S.) Wien 882, (Sallmayer'sche Buchh.)

—— Post-Orte-Lexikon von Oesterreich-Ungarn mit Angabe der Eisenbahn- und Telegraphen-Stationen und der [Taxirungs-Meilen] Zonen zur schnellen Berechnung von Werth-Postsendungen. Nebst einem Verzeichniss der Militär- und Feldpostämter im Occupationsgebiete. Ein Handbuch, zum prakt. Gebrauch für Geschäftsleute, Beamte und Private zusammengestellt. 3. Aufl. gr. 8. (III, 96 S.) Wien 884, Konegen. cart.

— Verzeichniss der Post-Aemter Oesterreich-Ungarns mit den Taxirungs-Meilen [Zonen], sowie (3) Tabellen zur schnellen Taxirung von Briefpost- u. Fahrpostsendungen, zum prakt. Gebrauch für Geschäftsleute, Beamte u. Private zusammengestellt. gr. 8. (VI, 78 S.) Wien 881. Wilh. Köhler's Buchdr. n. 3. —

—— Postalische Zonen-Tarife zur sofortigen Auffindg. der f. Werthsendungen nach den verschiedenen Zonen-Entfernungen in Oesterreich-Ungarn u. nach Deutschland, sowie den occupirten Provinzen zu entrichtenden summarisch berechneten postalischen Gebühren, nebst den zwischen den verschiedenen Orten u. den Hauptstädten Oesterr.-Ungarns untereinander, u. m. den grösseren Orten Deutschlands ermittelten Zonen. Lex.-8. (56 S.) Wien 892, Weiss. cart. * 2 —

KENDLER, Rudolf, von

(F) Die gerichtliche Geldbuchführung. Verfasst von Rudolf von Kendler. Wien. 1900. Manz. Gr.-8°. IV, 101 S. K 1.80

Kendler, Rud. v., die gerichtl. Geldbuchführung. 2., verm. u. verb. Aufl. (V, 110 S.) gr. 8. Wien 909. Manz. 1.80; kart. n 2. 10

Kendler, Rud. Edler v., Tabelle über die von den Strafgerichten gemäß § 83 StPO. u. den sonstigen besteh. gesetzl. Anordnungen u. Uebertretungs-, Vergehens- u. Verbrechensfällen zu erstatt. Anzeigen unter besond. Berücksicht. der auf den Kinderschutz sich bezieh. Verordngn. Auf Grund der besteh. Gesetze u. Verordngn. verf. (39 S.) gr. 8. Wien 905. Manz. Kart. n. 1. 20

Kenedi, Géza, et Gerlai, Wilhelm. Du Danube au Quarnero. Pécs, Agram et la Zagorje, Fiume et le Littoral. Par G' K' et Guillaume G'. Avec 23 Illustrations de J[ohann] Weber [dont 6 planches] et une carte. (L'Europe illustrée. № 133. 134.) 8. Zurich ([18]90).
A travers la Hongrie. 5e fascicule.
s.a. L'Europe illustrée.

Kenedi, Géza, s.a. Europe, illustrated.

Kenedi, Géza, and Gerlai, Wilhelm. From the Danube to the Quarnero. Pécs, Agram, and the Zagorje. Fiume and the Coast Land. By Dr. G' K' and William G'. With 23 Illustrations by J[ohann] Weber [6 Plates], and a Map. (Illustrated Europe. № 125. 126.) 8. Zurich ([18]90).
To and through Hungary. Part 5.

– s. Ungarn in Wort und Bild.

— u. W. Gerlai, nach u. durch Ungarn, s.a. Wanderbilder, europäische.

Kenedi. Géza. und Gerlai, Wilhelm. Von der Donau zum Quarnero. Fünfkirchen. Agram und die Zagorje. Fiume und das Küstenland. Mit 23 Illustrationen von J[ohann] Weber [wovon 6 Tafeln] und einer Karte. (Europäische Wanderbilder. № 172. 173.) 8. Zürich ([18]89).
Nach und durch Ungarn. Bändchen 5.

Kenessey, Koloman v., über die einheitliche Pflege der Hydrographie der Verbandsländer, s.: Lauda, Ernst.

Kember [Übers.]
s. Verne, Jules: Julius Verne's Schriften. 1875

Kenilworth, von W. Scott. Aus d. Engl. v. G. Loh. 3 Thle. 8. Hannover, Hahn. 821.

Kenkel, C., anatomische Abbildungen, s. Gabler, E., Icones anatomicae.

Kenkel, F. Der Schädel der Secundus Arbiter, Novelle. Chicago, 1898. UC

Kenkel, F. P.

--Der Schädel des Petronius Arbeiter; die Geschichte eines Seelenwanderers. Chicago, 1898.

Kennan, George, russisches Gefängnisleben, s.: Meyer's Volksbücher.

Kennan, George. Russische Gefängnisse, s. Meyer's Volksbücher. — Universal-Bibliothek.

Kennan, George, Sibirien! Deutsch v. E. Kirchner. 1.—11. Aufl. gr. 8. (XI, 267 S.) Berlin 890. Cronbach. n. 3. —; geb. n. 4. —

— dasselbe. Neue Folge. 1.—8. Aufl. 8. (V, 218 S.) Ebd. 890. n. 3. —; geb. n. 4. — (Beide Bde. in 1 Bd. geb. n. 7. 50)

—— Sibirien. Deutsch v. E. Kirchner. 3 Bde. 8. Berl., Cronbach. [1. Bd. 1.—12. Aufl. (XI, 267 S.) 890—91; 2. Bd. 1.—10. Aufl. (V, 218 S.) 890—91; 3. Bd. 1.—3. Aufl. (XI, 259 S. m. 1 Bildnis.) 892.] à Bd. 3 —; 9 —; geb. à Bd. 4 —; 12 —

— dasselbe, s.a. Bibliothek der Gesamt-Litteratur d. In- u. Auslandes.

— dasselbe u. das Verbannungssystem, s.a. Meyer's Volksbücher.

— dasselbe, s.a. Universal-Bibliothek.

— dasselbe, s.a. Zehnpfennig-Bibliothek.

— Sibirien! (In russ. Sprache.) gr. 8. (XV, 476 S.) Berlin 891. S. Cronbach. n. 7. 50

Kennan, George, Sibirien! — Deutsch v. E. Kirchner. 3. (Schluss-) Bd. 4. Aufl. 8. (XI, 259 S. m. Bildn.) Berlin 892. S. Cronbach. 3. —; geb. n. 4. —

—— Aus Sibirien u. Rußland. Neue Beiträge zur Kenntnis d. Gefängnis- u. Verbannungswesens. Deutsch v. Leop. Katscher. Autoris. Ausg. 8. (230 S.) Klagenf. 892, v. Kleinmayr. * 1 20

—— Zeltleben in Sibirien u. Abenteuer unter den Korjäken u. anderen Stämmen in Kamtschatka u. Nordasien. Deutsch v. E. Kirchner. 1.—4. Aufl. 8. (X, 355 S.) Berl. 890, Cronbach. 4 — geb. 5 50

— dasselbe, s.a. Meyer's Volksbücher.

—— dass. — s.a. Universal-Bibliothek.

— Zeltleben in Sibirien u. Abenteuer unt. d. Korjäken u. and. Stämmen in Kamtschatka u. Nordasien. Deutsch v. E. Kirchner. 6. Aufl. 8. (X, 355 S.) Ebd. 891. 4. —; geb. in Leinw. 5. 50

Kennan, George, Zeltleben in Sibirien u. Abenteuer unter den Korjäken u. anderen Stämmen in Kamtschatka u. Nordasien. Deutsch v. E. Kirchner. 8. Aufl. (X, 355 S.) 8. Berlin 905. S. Cronbach. Geb. in Leinw. n. 5. 50

[Russ.] Ž. Kenan [George Kennan] Žizn' političeskich arestantov v russkich tjurmach. Berlin: G. Štejnic (1904). (69 S.) 8°
[Auf d. Umschl.:] M.[!] Kenan. Das Leben der polit. Gefangenen. La vie des prisonniers politiques.
(Sobranie lučšich russkich proizvedenij. Č. 96.) [06. 609

Kennauer, G. A., 648 Tabellen durch welche aus d. gegeb. Geldwerthen d. Einheit von $1/_{100}$ Pf. bis zu 4000 Rthlr. d. Geldbetrag f. jede Anzahl von 1—10000 Stücke einschließl. nebst d. Bruchtheilen $1/_4$, $1/_2$ u. $3/_4$, u. umgekehrt aus jedem gegeb. Geldbetrage f. e. belieb. Stückzahl d. Werth d. Einheit genau u. richtig ausgemittelt werden kann. gr. 4. (21 B.) Frankfurt a. O. 838, (Hoffmann'sche Buchh.) *

Kenne dich selbst! Ein Wort zu seiner Zeit; philosoph.-diätetisch-moralischer Lehrbegriff nach dem Latein. ins Deutsche übers. von Ad. Gouge. Nebst der 2ten verm. u. verb. Aufl. des gegenüberstehd. latein. Textes: Nosce te ipsum! Verbum suo tempore dictum Epitome etc. Auctore Ad. Gouge. gr. 8. Wien 829. Adolph. 12 K

Kenne dich selbst! Ein Wort zu seiner Zeit; philosoph.-diätet.-moral. Lehrbegriff nach d. Latein. ins Deutsche übers. v. Ad. Gouge. Nebst d. 2., verm. u. verb. Aufl. d. gegenüberstehd. latein. Textes: Nosce te ipsum! Verbum suo tempore dictum Epitome etc. gr. 8. (8 B.) Wien 829. [Leipzig, Cnobloch.]

Kennedy's Vereinigte Staaten Banknoten-Kenner: 1853?—?
Edited & published by W. & B. Lange. Illustrated including plates that show counterfeit bills, etc.; also gives report on gold market, etc. Advertised in N. Y. STAATS-ZEITUNG, Dec. 26, 1853.
New York, NY

Kennedy, Edward Shirley
Thoughts on being; suggestet by meditation uppon the infinite, the material and the eternal.
London 1850.
[An Stelle einer Dissertation eingesandt.]
Dr. phil. Giessen 2.5.1851.

Kennedy, Francis: The metaphysical worth of the atomic theory. *Leipzig-R. 1898: O. Schmidt.* (38 S.) 8°
Leipzig, Phil. Diss. v. [23. Mai] 1898

(Kennedy, Miß Grace,) die Familie Aberley, od. d. gute Wahl. Eine schott. Erzähl. gr. 12. (6⅔ B.) Elberfeld 830, Hassel.

—— (dass. u. d. T.:) Die Familie Aberley, od. d. Aufrichtigen gelingt es. A. d. Engl. (nach d. 8. Ausg.) 8. (12 B.) Berlin 830, (Logier.)

— s. a. die Familie Aberley.

—— Jessy Allan, e. Erzähl. f. d. Jugend. (A. d. Engl.) 1. Aufl. Berlin 830, Franklin u. Comp., 2. A. (à 6½ B.) 16. Berlin 834, Stuhr. à

—— Jessy Allan, eine Erzählung f. d. Jugend. 3. Aufl. 16. (6½ B. u. 3 ill. Bild.) Berlin 844, Stuhr'sche Buchh. *

Kennedy, Grace, Jessy Allan, the lame girl. A story founded on facts. Zum Schul- und Privatgebrauch mit einem vollständigen Wörterbuche von Aug. Bauer. 8. (IV und 86 S.) Celle 859, Schulze'sche Buchh.

Kennedy, G., Pater Clemens, s. a. Familienbibliothek, Calwer.

CLEMENS, Der Pater, oder der Jesuit als Beichtvater. Eine englische Novelle. Deutsch .... von Fr. Gleich (aus d. Engl. d. *Grace Kennedy*). Frankf. 1826. (Im British Museum.) (1 Mk. J. G. Riemann, Coburg, c. 1880; 75 Pfg. Adolf Graeper, Barmen, 1896.)
Anon.-Lex. I. p. 330 hat „1827" (nach Engelmann).

— Dunallan; or, know what you judge: a story. New edition. 8. (527 S.) London 851. (Leipzig, Twietmeyer.) In Engl. Einb. n. 2 ₰

—— sämmtl. christl. Erzählungen. In Verbind. m. Andern a. d. Engl. hrsg. v. Gust. Plieninger. 12 Thle. gr. 12. (74⅙ B.) Reutlingen 837, 38, [Mäcken Sohn.] à 7 Gr. Zusamm. gen.

Thl. 1. Die Entscheidung. Uebers. v. Plieninger.
„ 2. Howard u. Conway, od.: Was macht uns zu Christen? Uebers. v. Karl Eb.
„ 3. u. 4. Pater Clemens. Uebers. v. Karl Eb. 2 Thle.
„ 5—8. Dunallan. Uebers. v. Plieninger. 4 Thle.
„ 9. Anna Roß. Jessy Allan. Uebers. v. Karl Eb.
„ 10. Andreas Campbell's Besuch bei seinen irischen Vettern. Gotteswort u. Menschenwort. Zuruf an eine verlassene kranke Person. Uebers. v. Alb. Meißner.
„ 11. u. 12. Philipp Colville. Uebers. v. Karl Eb. 2 Thle.

— sämmtl. christl. Erzählungen. In Verbindung mit Anderen a. d. Engl. übers. u. herausgeg. v. Gust. Plieninger. 5.—8. Bdchn. A. u. d. T.: Dunallan. 4 Thle. (in 1 Bde.) 2. Aufl. 12. Reutlingen 846, Mäcken Sohn. 1 ₰

—— sämmtl. christl. Erzählungen. In Verbindung m. Anderen a. d. Engl. übers. u. hrsg. v. Gust. Plieninger. 2. Aufl. 3 Bde. (od. 12 Bdchn.) 12. Reutlingen 846, 47, Mäcken Sohn.
Inhalt. Vgl. die 1. Aufl. im 9. Bde.

—— sämmtliche christliche Erzählungen. In Verbindung mit Andern aus dem Engl. übers. und hrsg. von G. Plieninger. 2. Aufl. 8 Bdchn. oder 3 Bde. 12. Reutlingen 847, Mäcken, Vrlgsh.
Bdchn. 1—4. Die Entscheidung. — Howard und Conway. — Pater Clemens. 2 Thle. (534 S.)
„ 5—8. Dunallan. (585 S.)
„ 9—12. Anna Roß. — Jessy Allan. — Andr. Campbell's Besuch bei seinen irischen Vettern. — Gotteswort und Menschenwort. — Zuruf an eine verlassene kranke Person. — Philipp Colville. (501 S.)

—— die beiden Freunde, od. Zweifel u. Ueberzeugung. Eine engl. Novelle. Deutsch v. Fr. Gleich. 8. (13 B.) Gotha 831, [Frankfurt a. M.,] Krug.

—— Anna Roß, e. Erzähl. f. Kinder. 1. Aufl. Berlin 830, Franklin u. Comp., 2. A. N. d. 5. Aufl. d. engl. Originals. (à 9½ B.) 8. Berlin 833, Stuhr. à

KENNEDY, MISS GRACE. *Anna Ross*, e. Erzählung für Kinder. 3. Aufl. Mit 3 colorirten Bildern [Lithogr. im Hosemann-Stil]. Berlin, Stuhrsche Buchhandlung [ca. 1835]. Kl.-8°. Pappbd. d. Z. (leicht bestoßen). 9.—

—— Anna Roß. Eine Gesch. f. Kinder. A. d. Engl. gr. 12. (5 B.) Bielefeld 839, Velhagen u. Klasing.

— **Anna Ross, a Story. gr. 12. Celle, ist die Jahrz. 840, Schulze, u. der Pr. nur ⅜ ₰**

— Anna Ross, a story for children. ... Celle 840. Schulze. ½ ₰

—— Anna Roß, eine Erzähl. f. Kinder. 3. Aufl. N. d. 5. Aufl. d. engl. Orig. 16. (7 B.) Berlin 840, Stuhr'sche Buchh.

—— Anna Roß, eine Erzählung f. Kinder. 3. Aufl. Nach der 5. d. engl. Origin. 8. (7 B. u. 3 ill. Bild.) Berlin 844, Stuhr'sche Buchh. *

—— Anna Roß. Eine Geschichte f. Kinder. A. d. Engl. 12. (5 B. u. 1 Kpfr.) Bielefeld 846, Velhagen u. Klasing.

—— Anna Ross, a story. With a copious vocabulary. (2. Aufl.) 8. (159 S.) Celle 847, Schulze'sche Buchh. *

— Anna Ross, a story for children. Mit einem vollständ. erklärenden Wörterbuche zum Schul- u. Privatgebrauche herausg. von Frz. Bauer. 3. revid. Aufl. 853. — 4. revid. Aufl. Celle 856. Schulze. 8. (159 S.) n. 10 ngr.

—— Anna Roß. Eine Erzählung für Kinder. Aus dem Engl. 2. Aufl. 8. (92 S. mit 1 Titlkpfr.) Bielefeld 850 (57,) Velhagen und Klasing.

— Anna Roß. Eine Erzählung für Kinder. Aus dem Engl. Mit 1 Titelkpfr. 2. Aufl. Bielefeld 857. Velhagen u. Klasing. 8. (1 Bl., 92 S.) 7½ ngr.

—— Anna Ross. Nouvelle pour les enfants chrétiens. Traduit de nouveau de l'anglais par une mère. Zum Schul- und Privatgebrauch mit einem vollständigen Wörterbuche von Aug. Bauer. 8. (148 S.) Celle 858, Schulze'sche Buchh. *

—— Anna Ross, the orphan of Waterloo. A story for children. Zum Schul- und Privatgebrauche mit einem vollständigen Wörterbuche versehen von Aug. Bauer. 5. Aufl. 8. (IV und 131 S.) Celle 861, Schulze'sche Buchh. *

Kennedy, Grace, Anna Ross, the orphan of Waterloo. A story for children. Zum Schul- und Privatgebrauch mit einem vollständ. Wörterbuche versehen von Aug. Bauer. 6. Aufl. 8. (IV und 131 S.) Celle 863, Schulze'sche Buchh.) *

—— Anna Roß. Eine Erzählung für Kinder. Aus dem Engl. 3. Aufl. 8. (103 S.) Bielefeld 867, Velhagen und Klasing. cart.

Kennedy, Grace, Anna Ross, the Orphan of Waterloo. A story for children. Zum Schul- und Privatgebrauch mit einem vollständ. Wörterbuche versehen von Aug. Bauer. 7. Aufl. gr. 8. (IV, 131 S.) Celle 869, Schulze'sche Buchh. * 1 —

Kennedy, Grace, Anna Ross, the orphan of Waterloo. A story for children. Zum Schul- u. Privatgebrauch m. deutschen Anmerkungen u. e. vollständ. Wörterbuche versehen v. Frz. Bauer. 8. Aufl. 8. (116 S.) Celle 875. Schulze'sche Buchh. n. 1. —

Kennedy, Grace, Anna Ross, the Orphan of Waterloo. A story for children. Zum Schul- und Privatgebrauch mit deutschen Anmerkungen und einem vollständ. Wörterbuche versehen von Frz. Bauer. 9. Aufl. 8. (112 S.) Celle 878. Schulze'sche Buchh.

Kennedy, Grace, Anna Ross, the orphan of Waterloo. A story for children. With a vocabulary compiled by Fr. Bauer. New ed. 8. (112 S.) Celle 884. Literar. Anstalt. n. 1. —

Kennedy, Grace, Anna Ross, the orphan of Waterloo. A story for children. New ed. M. Wörterbuch. 8. (88 u. 16 S.) Leipzig 895. Literar. Anstalt, A. Schulze. 1. 20; ohne Wörterbuch 1. —

Kennedy, Miß Grace, sämmtl. Werke. A. d. Engl. 6 Bde. 8. (112¼ B.) Berlin 835, 36, [Thome.] *
Bd. 1. Die Familie Aberly. — Die Freunde. 16 Gr.
〃 2. Anna Roß. — Jessy Allan. — Der Besuch. 16 Gr.
〃 3. u. 4. Dunallan. 2 Bde. 1 Thlr. 8 Gr.
〃 5. Pater Clemens. 16 Gr.
〃 6. Philipp Colville. 16 Gr.

— sämmtl. Werke. Aus d. Engl. von H. Clemen u. W. Pirscher. I. Bd. 1e — 4e Lfrg.: I. Die Entscheidung. II. Bekenntniß ist nicht Glaube. III. u. IV. Jessy Allan. — Anna Roß. — Der Besuch in Irland. — Gottes Wort u. Menschenwort. — Zuruf an eine kranke Person. 16. Bielefeld 838. Velhagen u. Klasing. à Lfrg. 4½ gl — 5e u. 6e Lfrg. II. Bd.: Dunallan Eine Novelle. Uebersetzt von W. Pirscher. 16. Ebd. 838. à 4½ gl — 7e — 12e Lfrg. (Inhalt: VII. u. VIII.: Dunallan, 2e Hälfte. IX. — XII.: Pater Clemens u. Philipp Colville.) 16. Ebd. 838. à 4½ gl (Alle 12 Lfrgn. jetzt 2 ₰)

Kennedy, Miß Grace, sämmtl. Werke. A. d. Engl. v. H. Clemen u. W. Pirscher. 3 Bde. (od. 12 Lfgn.) 16. (109⅛ B.) Bielefeld 838, Velhagen u. Klasing. à L. ⅙ Thlr. Thlr.
Bd. 1. Lfg. 1. Die Entscheidung. — 2. Bekenntniß ist nicht Glaube, od. d. Name Christ ist nicht Christenthum. — 3. u. 4. Jessy Allan. Anna Roß. Der Besuch in Irland. Gotteswort u. Menschenwort. Zuruf an eine kranke u. verlassene Person.
〃 2. Lfg. 5—8. Dunallan. 2 Hälften.
〃 3. Lfg. 9—12. Pater Clemens. Philipp Colville.

Kennedy's, Miß Grace, sämmtliche Werke. Aus d. Engl. v. H. Clemen u. W. Pirscher. 2. u. 3. Aufl. 3 Bde. gr. 16. (à 77¾ B. u. 3 Stahlst.) Bielefeld 843, 44, Velhagen u. Klasing. n

—— select works, s. Dürr's Collection of standard American authors.

Kennedy, Hans, d. weltberühmten Zitherakademiedirektors Blasius Klapperplekter's untrügl. Anleitg.: In 3 Stunden e. fert. Zitherspieler zu werden. Kom. Intermezzo. gr. 16. (62 S.) Tölz 896. F. Fiedler. n. — 75

— d. Zither in d. Vergangenheit, Gegenwart u. Zukunft. E. historisch-krit. Studie üb. d. Instrument u. s. musikal. Verhältnisse. M. Federzeichngn. von Demselben. 8. (VII, 207 S.) Ebd. 896. n. 2. 40

Kennedy, J., Description of the antiquities and curiosities in Wiltonhouse. Salisb. 769. 4.

Kennedy, J. P., Hufeisen-Robinson, — der Krüppel, } s. Bibliothek, amerikanische.

Kennedy, James Houghton, Gottesglaube u. moderne Weltanschauung. Mit e. Einführg. v. Otto Zöckler. Autoris. Uebersetzg. gr. 8. (XVI, 214 S.) Berlin 893. Reuther & Reichard. n. 4. —

Kennedy, Ildephons

Kennedy, Ild. Abhandlung von einigen in Baiern gefundenen Beinen. 4.

— Abhandl. von d. Morästen. Mit 1 Kpst. Münch., (G. Franz). 8 gl

— Anmerkk. über d. Justis Geschichte des Erdkörpers. München, (G. Franz). 12 gl

Kennedy, Ildephons, († d. 11. April 1804.) Anmerkungen über d. Singen der Vögel. München, (G. Franz). 9 gl

— Anmerkk. über d. Witterung. München, (G. Franz). 10 gl

— s. Bailey, William: Die Beförderung der Künste ...

— von d. Baumsteine. Mit 3 Kpf. München, (G. Franz). 16 gl

— v. einigen in Baiern gefundenen Beinen. Mit 2 Kpf. Münch., (G. Franz). 15 gl

— vom Bezoar. Mit 2 Kpf. München, (G. Franz). 8 gl

— s. Hauptsätze und Erklärungen jener physicalischer Versuche ...

— s. Stein, Über einen, der vom Himmel soll gefallen sein.

— Versuche mit dem Eise. Mit 2 Kpf. München, (G. Franz). 11 gl

— üb. die Verwandtschaft des Fuchses mit d. Hunde. Mit 1 Kpf. München, (G. Franz). 7 gl

— s. Volksbelehrung eines Kometen.

Kennedy, Theo, „Farnorth". Roman. Aus dem Engl. Einzige autoris. deutsche Ausg. 2 Bde. br. 8. (III, 228; IV, 230 S.) Leipzig 878, Schlicke. *

The poems of Walter Kennedy ed. with introd., various readings, and notes by J[akob] Schipper. *Vienna: C. Gerold's Sohn in Komm. 1901.* (94 S.) 4°
= Denkschriften d. Kais. Akademie d. Wissenschaften in Wien. Philos.-hist. Classe. Bd 48, 1. [04. 4144 4

(Kennedy, William): William Kennedy's Geographie, Naturgeschichte und Topographie von Texas. Aus dem Englischen von Otto von Czarnowsky. Mit einer Karte von Texas. Frankfurt am Main 1845. 212 S. 8°.

Kennedy's, William, Geographie, Naturgeschichte u. Topographie von Texas. Aus d. Engl. von Czarnowsky. Mit 1 Karte v. Texas. gr. 8. Frankfurt a/M. 845, Sauerländer. n. ⅚ ₰ — 2. verm. Aufl. Mit 1 Karte. gr. 8. Ebend. 846. n. ⅚ ₰

Kennel, A., Ludwig Eichrodt. Ein Dichterleben. 12. (149 S. m. Bildn.) Lahr 895. M. Schauenburg. n. 2. —

— s.: Nicht rasten u. nicht rosten!

Kennel, Albert, Prof.: Burleigh, Shrewsbury u. Leicester in Schillers Maria Stuart. Speyer 1906: Jäger. (30 S.) 8° [F.]
Speyer, k. G P 1906*

Kennel, Albert [cand. med. aus Kaiserslautern]: 3 Fälle von Cholelithiasis ... Erlangen, Druck d. Univ.-Buchdr. v. E. Th. Jacob, 1897; 50 S. 8.
Erlangen, Med. Fak., Inaug.-Diss. v. 31. Jan. 1896

[F.] **Kennel,** Albert: Die Schlacht bei Speier am 15. November 1703. Nach den im K. Bayr. Kriegsarchiv zu München gesammelten Materialien, nach Akten d. K. niederländ. Reichsarchivs u. sonstigen Quellen bearb. Speier, Druck d. Dr. Jäger'schen Buchdr., 1895; 73 S., 1 Kt. 8.
Speier, k. humanist. G, P 1895*

Kennel, A[ugust]: Zur ärztlichen Kontrolle Unfallverletzter nebst casuistischen Beiträgen. *Würzburg 1897: P. Scheiner.* (49 S.) 8°
Würzburg, Med. Diss. v. 1897

Kennel, Erwin, Rechtspraktikant a. Speyer a. Rh.: Die rechtliche Stellung der deutschen Kolonial-Gouverneure. Speyer 1908: Zechner. (III, 99 S.) 8° [F.]
Würzburg, Jur. Fak., Ref. Piloty, Diss. v. 13. Juli 1908
[Geb. 22. Mai 84 Speyer; Wohnort: Speyer; Staatsangeh.: Bayern; Vorbildung: Gymn. Speyer Reife Juli 02; Studium: München 5, Berlin 1, Würzburg 2 S.; Rig. 22. Jan. 08.]

Kennel, Julius von

Kennel, J., s. **Bericht** über die wissenschaftlichen Leistungen in der Naturgeschichte der niederen Thiere.

Kennel, J. v., biologische und faunistische Notizen aus Trinidad. gr. 8. (28 S.) Wiesbaden 883, Kreidel's Verlag. *
Aus: Arbeiten aus dem zoologisch-zootom. Institut in Würzburg, besonders abgedruckt.

Kennel, J. v., die in Deutschland gefundenen Landplanarien Rhynchodemus terrestris O. F. Müller u. Geodesmus bilineatus Mecznikoff. [Aus: „Arbeiten d. zool.-zootom. Instituts in Würzburg".] gr. 8. (40 S. m. 1 Steintaf.) Würzburg 879. Staudinger. n. 3. 60

Kennel, J. v., s.: **Sitzungsberichte** d. Naturforscher-Gesellschaft b. d. Universität Jurjew (Dorpat)

Kennel, J., Studien üb. sexuellen Dimorphismus, Variation u. verwandte Erscheinungen bei Schmetterlingen, s.: **Schriften,** hrsg. v. der Naturforscher-Gesellschaft bei der Universität Jurjeff. IX.

Kennel, Jul. v., **Lehrbuch der Zoologie.** Mit 310 Abbildgn. im Text, enth. gegen 1000 Einzeldarstellgn. (Bibliothek d. Arztes.) gr. 8. (XVI, 678 S.) Stuttgart 893. F. Enke. n. 18. —

Kennel, Jul. v., über Theilung und Knospung der Thiere. gr. 4. (26 S.) Dorpat 887, (Karow.) * 1 —

Kennel, J., d. palaearktischen Tortriciden, s. a. **Zoologica.** 54. I. II.

Die Palaearktischen Tortriciden. Eine monogr. Darstellung mit 24 Taf., 1 Stammtaf. u. mehreren Abb.... bearb. von Dr. J[ulius v.] **Kennel.** Prof. Stuttgart: E. Schweizerbart 1908. (100 S.) 4°
— Zoologica. Bd 21, Lfg 1. [08. 18310

Kennel, Jul. v., die **Verwandtschaftsverhältnisse** der Arthropoden, s.: **Schriften,** hrsg. v. der Naturforscher-Gesellschaft bei der Universität Dorpat.

Kennel, Walter, praktischer Arzt in Stans: Heißwasser-Alkohol-Desinfektion oder Handschuhprophylaxe in der Geburtshilfe. (Aus der Frauenklinik Basel. Vorsteher Prof. von Herff.) Sarnen, Louis Ehrli, 1911. II, 32 S. 8°.
Basel. Med. Diss. 1910/11.

Kenner, Der, eine moralische Wochenschrift. Magdeb. 1762. H: *Reichard, Elias Caspar.* (Ky)

Kenner, der, eine moral. Wochenschr. 2 Thle. 8. Magdeb. Hechtel. 762.

Kenner, Der, eine Wochenschrift . . . A. d. Engl. Leipz. 1775. Ü: *Hölty, Ludw. Hnr. Chph.* (GGr) (MI.) (Ky)

— der, e. Wochenschrift von Town dem Sittenrichter; aus dem Engl. (v L. H. C. Hölty). 8. Leipz. 775. Weygand. 21 gr.

Kenner, C., Backfischchens Reise in die Schweiz. 8. (383 S.) Zofingen 874. Schauenberg-Ott. 4. 50

Kenner, C., Backfischchen's Reise in die Schweiz. 8. Zofingen 874. Zürich, Trüb'sche Buchhh. (M 4,50.) *
geb. *

Kenner, Fr. Josef Ritter von Arneth. Biographische Skizze. Wien. 1864. 8.

Kenner, Friedr., die Anfänge des Geldes im Alterthum. Lex.-8. (109 S.) Wien 864, (Gerold's Sohn.) *
Aus: Sitzungsberichte der k. Akademie der Wissenschaften, besonders abgedruckt.

Kenner, Friedr., **Beiträge** zu einer Chronik der archäologischen Funde in der österreich. Monarchie (1856—1858). Lex.-8. (199 S. mit eingedr. Holzschn.) Wien 860, (Gerold's Sohn.) *

Kenner, Friedr., Beiträge zu einer Chronik der archäologischen Funde in der österreichischen Monarchie (1859—61). 7. Fortsetzung. [Aus: Archiv für Kunde österreichischer Geschichtsquellen.] Wien 862. (Gerold's Sohn.) Lex.-8. n. 20 ngr

— — (1862—63.) 8. Fortsetzung. [Aus: Archiv für Kunde österreichischer Geschichtsquellen.] Ebend. 864. Lex.-8. (162 S. mit eingedr. Holzschn.) n. 24 ngr

— dass. — (1864—66). 9. Fortsetzung. Lex.-8. (218 S. mit eingedr. Holzschn.) Ebendas. 867. *
Vorstehende drei Schriften des Verf. sind aus: Archiv für Kunde österreichischer Geschichtsquellen, besonders abgedruckt.
Vgl.
Seidl, Joh. Gabr.

Kenner, Dr. Friedrich. Bericht über römische Funde in Wien in den Jahren 1896 bis 1900. Herausgegeben von der k. k. Central-Commission für Kunst- und historische Denkmale. Mit 1 Tafel und 93 Abbildungen im Texte. 4. Wien 1900.

Kenner, Frdr., **Bericht** üb. römische Funde in Wien in d. J. 1896 bis 1900. Hrsg. v. der k. k. Central-Commission f. Kunst- u. histor. Denkmale. gr. 4. (VI, 91 S. m. 1 Taf. u. 93 Abb.) Wien 900. W. Braumüller. n.n. 6. —

Bericht über römische Funde in Wien in d. J. 1896-1900. Von Dr. Friedrich **Kenner.** Hrsg. von d. K. k. Central-Comm. f. Kunst- u. histor. Denkmale. Mit 1 Taf. u. 93 Abb. Wien: Hof- & Staatsdr. 1900. VI, 91 S. 4° [01. 10691 II

Kenner, Friedr., Joseph Hilarius v. Eckhel. Ein Vortrag gehalten in der festl. Jahresversammlung der numismat. Gesellschaft in Wien, am 13. Jan. 1871. [Hrsg. von der numismat. Gesellschaft.] gr. 8. (26 S.) Wien 871, (Gerold's Sohn.) *

— Ernolatia. [Mit 4 (lith.) Taf.] Aus: „Sitzungsber. d. k. Akad. d. Wiss.“] Lex.-8. (90 S.) Ebend. 875. n. 2. 40

Kenner, Frdr., Freund. Novelle in 5 Büchern. gr. 16. (236 S.) Dresden 878. Pierson. n. 3. —; geb. m. Goldschn. n. 4. —

Kenner, Frdr., neue römische Funde in Wien. [Mit 7 Text-Illustr.] [Aus: „Mittheilgn. d. k. k. Central-Commission f. Kunst- u. histor. Denkmale“.] gr. 4. (24 S.) Wien 879. Gerold's Sohn in Comm. n. 2. 40

—— über eine griechische Inschrift aus Erythrae. Lex.-8. (24 S.) (Ebendas.) 872. *
Aus: Sitzungsberichte der k. Akademie der Wissenschaften, besonders abgedruckt.

— Inschriften aus d. Vardarschlucht. [Aus: „Sitzungsber. d. k. Akad. d. Wiss.“] Lex.-8. (8 S.) Ebend. 875. n. — 20

Kenner, Friedrich, Dr., Karl Kreil (gestorben am 21. Dezember 1862.) Eine biographische Skizze. Wien 1863.

Kenner, Fr. Über die römische Militärstadt in Celeja u. die Procuratur in Noricum. 4. Wien 1864.

— Uber das Munzrecht und die Goldprage der Konige der Axumiten. S. 39. 554 . ngr.
Separatabdruck

—— die Münzsammlung des Stiftes St. Florian in Ober-Oesterreich in einer Auswahl ihrer wichtigsten Stücke beschrieben und erklärt, nebst einer die Geschichte der Sammlung betr. Einleitung vom Chorherrn Jos. Gaisberger. gr. 4. (XXXII, 221 S. mit 7 Taf. in Kpfrst. und 8 lithogr. Abbild. im Text.) Wien 871, Braumüller. *

Die römische Niederlassung in Hallstatt ⟨Oberösterreich⟩. Von Friedrich Kenner. Mit 1 Taf. u. 14 Abb. *Wien: C. Gerold's Sohn in Komm. 1901.* (44 S.) 4°
= Denkschriften d. Kais. Akademie d. Wissenschaften in Wien. Philos.-hist. Classe. Bd 48, 4. [04. 4845 4

— Pförtner Jugend. Eine Portenser Historie. Nach dem Berichte seines Freundes Wolrad Ayrer niedergeschrieben. 8. (VIII, 304 S.) Leipzig 879. Barth. n. 4.—

—— über einen semuncialen Quadrans von Larinum. Lex.-8. (15 S.) Wien 861, (Gerold's Sohn.) *

—— über die römische Reichsstrasse von Virunum nach Ovilaba und über die Ausgrabungen im Windisch-Garsten. I. und II. Lex.-8. Wien, (Gerold's Sohn.) [I. (59 S.) 1872. *ℳ 1.; II. (75 S. mit 6 lithogr. Taf.) 874. *ℳ 4,20.] *
Aus: Sitzungsberichte der k. Akademie der Wissenschaften, besonders abgedruckt.

— Uber die romische Reichsstraße von Virunum nach Ovilaba und uber die Ausgrabungen von Windischgarsten in Oberosterreich. 1. Teil. S. 71. 357 . . . . . . 1.—
Separatabdruck

Kenner, Friedr., die Roma-Typen. Mit 1 lith. Taf. (Aus den Sitzungsberichten d. k. Akad. d. W.) Wien 857. Gerold in Comm. gr. 8. (45 S.) n. 9 ngr

—— die Römerorte zwischen der Traun und dem Inn. Lex.-8. (76 S. mit 5 Fig. im Texte.) (Ebendas.) 878. *
Vorstehende zwei Schriften sind aus: Sitzungsberichte der k. Akademie der Wissenschaften, besonders abgedruckt.

Kenner, Friedr., und E. v. Sacken, die Sammlungen des k. k. Münz- und Antiken-Cabinets, } s. Sacken, E. v.
—— —— die antiken Sculpturwerke und Inschriftsteine des k. k. Münz- und Antiken-Cabinets, } s. Sacken, E. v.

Kenner, Frdr., römische Sonnenuhren aus Aquileia. [Mit 13 (eingedr.) Text-Illustr. (in Holzschn.).] gr. 4. (25 S.) Wien 880. Gerold's Sohn in Comm. n. 1. 60

—— die antiken Thonlampen des k. k. Münz- und Antiken-Cabinets und der k. k. Ambraser-Sammlung. Lex.-8. (126 S. mit 18 Holzschn.-Zeichnungen im Text und 3 Stnt. Abbildungen in qu. gr. 4.) Wien 858, (Gerold's Sohn.) *
Vorstehende vier Schriften des Verf. sind aus dem „Archiv für Kunde österreich. Geschichtsquellen“ und den „Sitzungsberichten der k. Akademie der Wissenschaften, Jahrg. 1857 und 1861,“ besonders abgedruckt.

— Untersuchungen uber die romische Reichsstraße von Virunum nach Ovilaba und über die Ausgrabungen in Windischgarsten. 2. Teil (mit 6 Taf.). S. 74. 421 . . . 3.20
Separatabdruck

Kenner, Fritz v., die Mär v. König v. Tunderland. 8. (140 S.) Dresden 901. E. Pierson. n. 2.—; geb. n. 3.—

(S) Kenner, Fritz v., die Mär vom König v. Tunderland. 901. (KBL 31.) Jetzt: Wien, A. Pichler's Wwe. & Sohn.

Kenner, Fritz v., Ramsamperl. Eine Geschichte f. Kinder. Mit Illustr. von A. v. Kenner. (32 S.) gr. 4. Wien (903). A. Pichler's Wwe. & Sohn. Kart. 3.—

Kenner, Fritz, d. moderne prakt. Schnellrechner. (IV, 159 S.) gr. 8. Dresden, F. Casper & Co. 3.—; geb. 5.—

Kenner, Fritz, Syphilis u. ihre Heilung durch Ehrlich-Hata 606. Für Laien dargest. (81 S.) gr. 8. Leipzig-Connewitz (910). Deutscher Reform-Verlag. 1. 80

— dasselbe, nebst e. Darstellung der Erscheinungen d. Ansteckungsweise, sowie der Verhütung d. Syphilis. (81 S.) gr. 8. Ebd. (910). 1. 80

Syphilis und ihre Heilung durch Ehrlich-Hata 606. Nebst e. Darstellung d. Erscheinungen, d. Ansteckungsweise, sowie d. Verhütung d. Syphilis von Dr. Fritz Kenner. Leipzig-Connewitz: Steiniger [1910]. 81 S. 8° A 12. 1030 11

Kenner, James, a. Morpeth ⟨England⟩: Über Friedel-Crafts'sche Synthesen mit Hülfe von schwefliger Säure in Gegenwart von Salzsäure. Heidelberg 1907: K. Rössler. (34 S.) 8°
Heidelberg, Naturw.-math. Fak., Ref. Curtius, Diss. v. 20. März 1907
[Geb. 13. Apr. 83 Morpeth (Northumberland, England); Wohnort: Morpeth; Staatsangeh.: England; Vorbildung: Bachelor of science Univ. London 04; Studium: London University 6, Heidelberg 4 S.; Rig. 19. Dez. 06.]

Kennerknecht, Ant., Andacht z. heil. Joseph m. Morgen- u. a. Gebeten vermehrt. 8. Augsb. M. Rieger. 780.

Kennerknecht, *Daniel* Zur Argonautensage. 8 (70 S.).
Progr. Studienanst. *Bamberg* 1888.

— zur Argonautensage. gr. 8. (70 S.) Bamberg 888. (Buchner's Verl.) n. 2. —

Kennerknecht, D.: De Argonautarum fabula quae veterum scriptores tradiderint .... p. I-II. Monachii, in aedibus Lindaueri (Schöpping), 1886; 61 S. 8°.
Erlangen, Phil. Fak., Inaug.-Diss. v. 1886.

Kennerknecht, D., Leitfaden der Stenographie nach Gabelsbergers System. Im Auftrag des Stenographenvereins Bamberg hrsg. 2. Aufl. gr. 8. (IV, 58 S.) Bamberg 894. (H. Uhlenhuth.) Kart. n. 1. 20

Kennerknecht, D., Leitfaden d. Stenographie nach Gabelsbergers System. 1. Tl.: Anfangskurs. 5. (unveränd.) Aufl. gr. 8. (IV, 59 S.) Bamberg 898. H. Uhlenhuth. Kart. n. 1. 20

Kennerknecht, D., u. J. **Neubauer**, deutsches Lesebuch f. bayer. höh. Töchterschulen. 3 Tle. gr. 8. Bamberg 899. C. C. Buchner Verl. Geb. in Leinw. n. 7.20
1. Unterstufe. 10.—12. Lebensj. (XII, 275 S.) n. 2. 40
2. Mittelstufe. 13. u. 14. Lebensj. (VIII, 258 S.) n. 2. 20
3. Oberstufe. 15. u. 16. Lebensj. (VII, 304 S.) n. 2. 60

Kennerknecht, D., u. J. **Neubauer**, deutsches Lesebuch f. bayerische höhere Töchterschulen. 3 Tle. gr. 8. Bamberg, C. C. Buchner's Verl. Geb. nn 7. 80
I. (Unterstufe.) 10.—12. Lebensj. 2. verb. Aufl. (XII, 288 S.) 907. Geb. nn 2. 60
II. (Mittelstufe.) 13. u. 14. Lebensj. 2., durchgeseh. Aufl. (VIII, 281 S.) 903. Geb. 2. 40
III. (Oberstufe.) 15. u. 16. Lebensj. 2. verb. Aufl. (VII, 314 S.) 904. Geb. 2. 80

— u. J. **Neubauer**, deutsches Lesebuch f. bayerische höhere Töchterschulen. Vorstufe. 8.—9. Lebensj. Bearb. v. J. Neubauer. (VII, 162 S.) gr. 8. Bamberg 909. C. C. Buchner's Verl. Geb. nn 1. 70

Kennerknecht, D., stenographisches Lese- u. Diktierbuch. 2. Tle. 8. Wolfenbüttel, Heckner. nn 2. 60; geb. nn 3. 60
1. Verkehrsschrift. (IV u. 48 S. in Autogr.) 905. nn 1.—; geb. nn 1. 50
2. Redeschrift. (48 autogr. S. u. S. 49—96.) 906. nn 1. 60; geb. nn 2. 10

KENNERKNECHT, Martini Gregorii episcopi Bergomensis 1134-1146 et vita et tractatus, quos contra Berengarianos scripsit "De veritate corporis Christi"; cum textus nova recensione et adnotationum additione. (Titel nach der Urkunde)
8.11.1902 - Urk; Chr 1902/03,20
Diss. Ingolst.-Landsh.-Mchn.

Kenneth, Series for the young, s. Series.

Kenneth, M., das Intermezzo auf der silbernen Hochzeit, s. Theater, kleines.

Kenney, Jam., Raising the Wind. — Love, Law, and Physic. A farce, s. Theatre the british, No. 2. 3.

Kenngott, (Joannes Friedericus) Bertholdus *(geb. Breslau 12. 1. 1816)*: De tumore albo articuli. Vratislaviae (1841). (33 S.) 8°
Breslau, Med. Diss. v. 2. Apr. 1841

Kenngott, (Johann Gustav) Adolf

— über die Achatmandeln in Melaphyren, s.: Abhandlungen, naturwissenschaftl., herausggb. v. W. Haidinger, IV. Bd.

Kenngott, G. A.: Ueber die Achatmandeln in den Melaphyren, namentlich über die von Theiss in Tirol. (Aus den naturwiss. Abhandl. herausgegeben von W. Haidinger.) Wien 1851. 4°

Kenngott, J(oannes) Gust. Adolph. *(geb. Breslau 6. 1. 1818)*: Systematis crystallorum rhombici adumbratio. Vratislaviae (1842). (45 S., 1 Taf.) 8° *[Verf. erlebte die Diplomerneuerung 1892 als Prof. in Zürich.]*
Breslau, Phil. Diss. v. 9. Dez. 1842

Kenngott, Gust. Adf., Beiträge zur Bestimmung einiger Mineralien. [Aus d. Octbr.-Hft. 1850 der Sitzungsberichte d. math.-naturw. Cl. d. k. Akad. d. W. abgedr.] Lex. 8. (38 S.) (Wien 851, Braumüller). n. 1/4 ß

Kenngott, Adolf: Beiträge zur Bestimmung einiger Mineralien: Antrimolith, Poonalith, Harringtonit, Karpholith, Abrazit, Berzelin, Gismondin. S. 5.234
Separatabdruck

– Bemerkungen über d. Zusammensetzung d. Vanadinit. (Pogg. Ann.) 1856. 8°

– Bemerkungen über die Zusammensetzung einer Vesuvlava. (Aus der Zeitschrift f. die gesammten Naturwissensch.) Halle 1860. 8°

Kenngott, G. A.: Bericht über die geogn. Untersuchung des nordwestlichen Theiles von Schlesien. (Aus d. Jahrbuche d. k. k. geol. Reichsanstalt.) Wien 1853. 4°

Kenngott, Adf., ein Dünnschliff e. Meteorsteinprobe von Knyahinya. [Mit 1 (lith.) Taf.] [Aus den Sitzungsber. der k. Akad. der Wiss.] Wien 869. (Gerold's Sohn.) Lex.-8. (8 S.) n. 4 ngr

Kenngott, A.: Die Edelsteine. Vortrag. Zürich 1858. 8°

— Über die Einschlüsse von Mineralien in kristallisiertem Quarz. S. 9. 4?? . . . vgr
Separatabdruck

—— Elemente der Petrographie, zum Gebrauche bei Vorlesungen und zum Selbststudium. gr. 8. (VI, 274 S. mit 25 Fig. in eingedr. Holzschn.) Leipzig 868, Engelmann. *

— über eine eigenthümliche Erscheinungsweise der elliptischen Ringsysteme am zweiaxigen Glimmer. [Aus d. April-Hft. 1851 der Sitzungsberichte der mathemat.-naturwiss. Classe der k. Akad. der Wiss. abgedr.] Mit 3 (lith.) Taf. gr. 8. (8 S.) Ebd. 851. n. 8 ngr

Kenngott, A.: Ueber die Gemengtheile eines Granites aus der Nähe von Pressburg. (Jahrb. d. k. geol. Reichsanstalt. Jahrg. II.) Wien 1851. 4°

– Ueber die Gestalten-Gruppen der Krystall-Species. (Aus der Zeitschrift der gesammten Naturwissensch.) Halle 1858. 8°

Kenngott, A., s.a. Handwörterbuch der Mineralogie, Geologie und Palaeontologie.

Kenngott, Adf., Handwörterbuch der Mineralogie, Geologie und Palaeontologie, s.a. Encyklopädie der Naturwissenschaften.

Kenngott A und A, Handwörterbuch der Mineralogie, Geologie und Paläontologie. 3 Bde (Encyklopädie der Naturwissenschaften II, 1) Breslau 1882-87

Kenngott, A. Handwörterbuch der Mineralogie, Geologie und Paläontologie. Bd. I—III. Breslau, 1883—1887.

— Über Kristallbildungen an der inneren Seite von Schaufenstern, die zur Aufbewahrung ausgestopfter Tiere dienen. S. 9. 782 . . . . vgr.
Separatabdruck

Kenngott, Adf., 120 Krystallformennetze zum Anfertigen von Krystallmodellen. Für Schüler und Hörer an Lehranstalten jeder Art, so wie zum Gebrauche für Lehrer bei den Vorträgen. 2 Hefte. gr. 8. Prag 876—78, Tempsky. [1. Heft. 25.—27. Aufl. (7 S. mit 5 Stnt. in Fol.); 2. Heft. 10.—12. Aufl. (4 S. mit 5 Stnt.)] à Heft * ℳ 1. *

—— 120 Krystallformennetze zum Anfertigen von Krystallmodellen. Für Schüler und Hörer an Lehranstalten jeder Art, sowie zum Gebrauche für Lehrer bei den Vorträgen. 2 Hefte. gr. 8. Prag 881,84, Tempsky. [1. Heft. 28. und 29. verb. Aufl.; 2. Heft. 13. verb. Aufl. (à Heft 7 S. mit 5 Stnt. in gr. Fol.).] à Heft * ℳ 1. *

— 120 Krystallformennetze zum Anfertigen v. Krystallmodellen. Für Schüler u. Hörer an Lehranstalten jeder Art, sowie zum Gebrauche f. Lehrer bei den Vorträgen. 1. Hft., enth. die Krystallformennetze Nr. 1—60. 29. Aufl. gr. 8. (7 S. m. 5 Steintaf. in gr. Fol.) Prag 884. Tempsky. — Leipzig, Freytag. n. 1. —

Kenngott, Adf., 60 Krystallformennetze zum Anfertigen von Krystallmodellen. Für Schüler u. Hörer an Lehranstalten jeder Art, so wie zum Gebrauche für Lehrer bei den Vorträgen entworfen u. herausg. Wien 853. Lechner. gr. 8. (7 S. u. 5 lith. Taf. in gr. Fol.) n. 10 ngr.

Kenngott, (Gust.) Adf., 60 Krystallformnetze zum Anfertigen von Krystallmodellen. Für Schüler und Hörer an Lehranstalten jeder Art ꝛc. 2. Reihe. gr. 8. (4 S. und 5 Stnt. in gr. Fol.) Wien 854, Lechner's Universitäts-Buchh. Thlr. *

Kenngott, Adf., 60 Krystallformennetze zum Anfertigen von Krystallmodellen. Für Schüler und Hörer an Lehranstalten jeder Art, so wie zum Gebrauche für Lehrer bei den Vorträgen. 2—9. Aufl. Wien 856—62. Lechner. gr. 8. (7 S. u. 5 lith. Taf. in Fol.) n. 9 ngr.

Kenngott, Adf., 60 Krystallformennetze zum Anfertigen von Krystallmodellen. Für Schüler und Hörer an Lehranstalten ꝛc. 2. Reihe. 2. Aufl. Wien 860. Lechner. gr. 8. (4 S. u. 5 lith. Taf. in Fol.) n. 13 ngr.

Kenngott, Adf., 60 Krystallformennetze zum Anfertigen von Krystallmodellen. Für Schüler und Hörer an Lehranstalten jeder Art, so wie zum Gebrauche für Lehrer bei den Vorträgen. 2 Hefte. Imp.-Fol. Wien 863—65, Lechner's Universitäts-Buchh. [1. Heft. 9.—12. Aufl. (5 Stnt. mit 7 S. Text in gr. 8.) * 9 Ngr., 2. Heft. 4. Aufl. (5 Stnt. mit 4 S. Text in gr. 8.) * 13 Ngr.] *

—— 60 Krystallformennetze zum Anfertigen von Krystallmodellen. Für Schüler und Hörer an Lehranstalten jeder Art, sowie zum Gebrauche für Lehrer bei den Vorträgen. 1. und 2. Heft. gr. 8. Wien 866—75, Lechner's Verlag. [1. Heft. 13.—24. Aufl. (7 S. mit 5 Stnt. in Fol.); 2. Heft. 5.—9. Aufl. (4 S. mit 5 Stnt. in Fol.)] *

– Ueber einige Krystallgestalten der Siderits. (Aus Poggendorff's Annalen.) Leipzig 1856. 8°

—— s. Kurr, J. G. v., das Mineralreich in Bildern.

Kenngott, Gust. Ad., Lehrbuch d. reinen Krystallographie. Mit 4 Bogen lith. Krystallnetze. gr. 8. (12 B.) Breslau 846, Trewendt. Thlr.

—— Lehrbuch der Mineralogie, zum Gebrauche an Ober-Gymnasien, Ober-Realschulen und anderen höheren Lehr-Anstalten, so wie zum Selbststudium. gr. 8. (VIII und 386 S. mit 4 Stnt.) Wien 852, Seidel. *

— Lehrbuch der Mineralogie zum Gebrauche beim Unterricht an Schulen u. höheren Lehranstalten. Mit 55 in den Text gedr. Abbildgn. (Holzschn.). Darmstadt 857. Diehl. gr. 8. (2 Bl., 184 S.) n. 16 ngr.

—— Lehrbuch der Mineralogie zum Gebrauche beim Unterricht an Schulen und höheren Lehranstalten. Mit 69 eingedr. Holzschn. 2. Aufl. (III, 202 S.) 1871. * ℳ 2., und 3. verm. und verb. Aufl. gr. 8. (III, 211 S.) Darmstadt 875, Diehl's Verlag. *

—— Lehrbuch der Mineralogie zum Gebrauche beim Unterricht an Schulen und höheren Lehranstalten. 4. verm. und verb. Aufl. gr. 8. (VI, 120 S. mit 116 in den Text gedr. Abbild.) Darmstadt 876, Diehl's Verlag.

— Lehrbuch der Mineralogie zum Gebrauche beim Unterricht an Schulen u. höheren Lehranstalten. 5. Aufl. Mit 136 Abbildgn. gr. 8. (VI, 210 S.) Darmstadt 880. Bergsträßer. n. 2. 10

—— tabellarischer Leitfaden der Mineralogie zum Gebrauche bei Vorlesungen und zum Selbststudium bearb. gr. 8. (XII und 271 S.) Zürich 859, Orell, Füssli und Comp. *

——— Ueber Leucit und Analcim und ihre gegenseitigen Beziehungen. (Sep.-Abdr. a. d. Sitz.-Ber. d. K. Pr. Akad. d. Wissenschaften zu Berlin.) Berlin 1897. 8.

Kenngott (A.), Ueber die Melaphyre der niederen Tatra in Ungarn.
S.-A. aus: N. Jb. f. Mineralogie 1872.

Kenngott, A. Ueber die Meteoreisen oder die meteorischen Steine und Eisenmassen. Leipzig. 1863.

—— über Meteoriten. Ein Vortrag, gehalten in der Sitzung des wissenschaftl. Vereins am 31. October. gr. 8. (20 S.) Zürich 860, Meyer und Zeller's Verlag. *
Aus: Monatsschrift des wissenschaftlichen Vereins in Zürich, besonders abgedruckt.

—— über die Meteoriten oder die meteorischen Stein- und Eisenmassen. Ein öffentl. Vortrag gehalten am 19. Febr. 1863 in Zürich. Lex.-8. (26 S.) Leipzig 863, Engelmann.

—— die Minerale der Schweiz nach ihren Eigenschaften und Fundorten ausführlich beschrieben. 8. (X und 460 S. mit 87 eingedr. Holzschn.) Leipzig 866, Engelmann. *

— Mineralogie. 4. Aufl. (24 T m Text) (Schubert, Naturgeschichte III, 1) 4° Esslingen

Kenngott, A., elementare Mineralogie, besonders zum Zweck d. Selbststudiums leicht faßlich dargestellt. Mit zahlreichen in den Text gedr. Holzschn. gr. 8. (III, 338 S.) Stuttgart 890. Weisert. n. 5. —; geb. n.n. 6. —

—— illustrierte Mineralogie, s. Naturgeschichte des Tier-, Pflanzen- und Mineralreichs.

— das Mohs'sche Mineralsystem, dem gegenwärtigen Standpunkte der Wissenschaft gemäss bearb. Wien 853. Gerold. gr. 8. (XX, 164 S.) n. 1 ₰. 6 ngr.

—— Supplement zu dem Werke: Das Mohs'sche Mineralsystem, dem gegenwärtigen Standpunkte der Wissenschaft gemäss bearb. gr. 8. (38 S.) Wien 854, Gerold's Sohn. *

– Mineralogische Mittheilungen. 1. u. 2. Heft. (Aus den Schriften der naturhistorischen Gesellsch.) Zürich 1859. 8°

Kenngott, A., ausgewählte Netze v. Krystallgestalten zum Anfertigen v. Krystallmodellen aus Pappe. Mit e. Anleitg. zum Zusammenkleben derselben. qu. gr. 4. (28 Taf. auf Pappe m. II S. Text.) Esslingen (890). J. F. Schreiber. In Karton n. 2. 50

Kenngott, J[oh.] Gustavus Adolphus: De notione et principiis crystallologiae, quae sequuntur crystallorum species nonnullae ad angulos observatos descriptae. Vratislaviae (1844). (26 S.) 8°
Breslau, Phil. Fak., Hab.-Schr. v. 27. Nov. 1844

—— **Notiz über ein Meteoreisen in der Universitäts-Sammlung in Zürich. Lex.-8. (4 S.) Wien 864, (Gerold's Sohn.)**
Aus: Sitzungsberichte der k. Akademie der Wissenschaften, besonders abgedruckt.

– N o t i z über das Tyrit genannte Mineral. (Aus Poggend. Ann.) Leipzig 1856. 8°

Kenngott, Ad. Mineralogische Notizen. I. II. Abdr. Wien 1850—1855.

— Mineralogische Notizen: Oligoklas, Arseniksilber, Gold, Diamant, Childrenit, Mellit, Enargit, Pyrrhotin, Antimon. S. 10. 179 . . . . —.34
Separatabdruck

— — 2. Folge: Bamlit, Baralit, Cancrinit, Chalilith, Beckit, Kieselwismut, Bromit, Pyrit, Felsöbanyt, Berthierin, Flußspat, ein neues Mineral. S. 10. 288 . . . . . . —.34
— — 3. Folge. S. 11. 12 . . . . vgr.
— — 4. Folge. S. 11. 290 . . . . vgr.
— — 5. Folge. S. 11. 378 . . . . vgr.
— — 6. Folge. (mit 2 Taf.). S. 11. 604 . . . . vgr.
— — 7. Folge. S. 11. 750 . . . . vgr.
— — 8. Folge. S. 11. 977 . . . . vgr.
— — 9. Folge. S. 12. 22 . . . . —.40
— — 10. Folge. S. 12. 161 . . . . vgr.
— — 11. Folge. S. 12. 281 . . . . vgr.
— — 12. Folge. S. 12. 485 . . . . vgr.
— — 13. Folge. S. 12. 701 . . . . vgr.
— — 14. Folge. S. 13. 462 . . . . vgr.
— — 15. Folge. (mit 4 Taf.). S. 14. 243 . . . . vgr.
— — 16. Folge. (mit 2 Taf.). S. 15. 234 . . . . vgr.
— — 17. Folge. S. 16. 152 . . . . vgr.
Separatabdruck

— s.: Schreiber's kolorierte Wandtafeln des Mineralreichs.

Kenngott, G. A.: Geologische S k i z z e (in zwanglosen Versen). Leipzig 1861. 8°

—— **Synonymik der Krystallographie. Ein zum Verständniss krystallograph. Arbeiten und Schriften unentbehrliches Lehr- und Hilfsbuch für Mineralogen und Chemiker und für Alle, welche sich mit der Naturgeschichte der Krystalle beschäftigen. gr. 8. (XXXV und 176 S.) Wien 855, Gerold's Sohn.**

Uebersicht mineralogischer Forschungen in den Jahren 1853—1865, herausgegeben von A. Kenngott. Bd. I—VIII. Leipzig. 1855—1868.

— Uebersicht der Resultate mineralogischer Forschungen in den Jahren 1844 bis 1861. X. Vol. Vol. I—III. 4. Wien 1852—1854. Vol. IV—X. 8. Leipzig. 1855—1862.

Kenngott, Dr. Gustav Adolph —. Uebersicht der Resultate mineralogischer Forschungen in den Jahren 1844 bis 1849. Von — —. Herausgegeben von der k. k. geologischen Reichsanstalt. Wien. 1852 Aus der k. k. Hof- und Staatsdruckerei. Bei W Braumüller. (XX, 330 S. 4.)

—— **Uebersicht der Resultate mineralogischer Forschungen in den J. 1844 bis 1849. Hrsg. von der k. k. geolog. Reichsanstalt. 4. (XX und 330 S.) Wien 852, (Gerold's Sohn.)** *

—— **dass. — in den J. 1850 und 1851. Beilage zu dem Jahrbuch der k. k. geolog. Reichsanstalt. 3. Jahrg. 1852. 4. Heft. gr. 4. (XII und 212 S.) Ebds. 853.** *

— **Uebersicht der Resultate mineralogischer Forschungen im Jahre 1852. Beilage zu dem Jahrbuch der k. k. geolog. Reichsanstalt. IV. Jahrg. 1853. 2 Hefte. Wien 854. (Gerold.) 4. (XII, 212; XII, 170 S.) Jedes Heft** n. 1 Thlr. 10 ngr.

— — **im Jahre 1853. Leipzig 853. T. O. Weigel. 4. (XII, 174 S.)** n. 2 Thlr. 8 ngr.

— — **im Jahre 1854. Ebend. 856. 4. (X, 184 S.)** n. 2 Thlr. 10 ngr.

— — **im Jahre 1855. Ebend. 856. 4. (X, 180 S.)** n. 2 Thlr. 10 ngr.

— — **in den Jahren 1856 u. 1857. Leipzig 859. Engelmann. Lex.-8. (XII, 272 S.)** n. 2 Thlr. 10 ngr.

— **Uebersicht der Resultate mineralogischer Forschungen im Jahre 1858. Leipzig 860. Engelmann. Lex.-8. (X, 229 S.)** n. 2 Thlr.

— — **im Jahre 1859. Ebend. 860. Lex.-8. (X, 212 S.)** n. 2 Thlr.

— — **im Jahre 1860. Ebend. 862. Lex.-8. (X, 217 S.)** n. 2 Thlr.

— — **im Jahre 1861. Ebend. 862. Lex.-8. (X, 232 S.)** n. 2 Thlr. 7½ ngr.

—— **dass. — in den J. 1862—65 entworfen. gr. 8. (XVIII und 482 S.) Ebendas. 868.** *

Kenngott, Adf., erster Unterricht in der Mineralogie. gr. 8. (31 S.) Darmstadt 876. Diehl. — 45

—— **mineralogische Untersuchungen. 1. und 2. Heft. gr. 8. (VIII und 156 S. mit 3 Stnt.) Breslau 849—50, (Schmeidler.) à Heft * 20 Ngr.** *

— Mineralogische Untersuchungen, betreffend die Minerale Liebenerit, Brevicit, Quarz, Kryptolith, Pyrargyrit und Diaspor. S. 9. 586 . . . . —.80
Separatabdruck

– Mineralogische U n t e r s u c h u n g e n , betreffend Minerale des k. k. Hof- Mineralien-Kabinets. (Aus den Sitzungsber. der k. Akad.) Wien 1850–56. 8°

Kenngott (A.), Mineralogische Untersuchungen und Notizen. Eine Sammlung von 19 Separatabdrücken aus den Sitzungsberichten der K. K. Akademie der Wissenschaften. Wien 1852—55. 8.

— **mineralogische Untersuchungen, betreffend die Minerale: Zinkenit, Gyps, Antimonsilber, Kupferglanz, Millerit, Pyrrhotin, Danait u. den oktaedrischen Antimon-Baryt. (Aus den Sitzungsberichten d. k. Akad. d. W.) Wien 852. (Gerold.) gr. 8. (41 S. m. Holzschn. im Text.)** n. 12 ngr.

—— **mineralogische Untersuchungen, betr. die Minerale: Zinkenit, Gyps, Antimonsilber, Kupferglanz, Millerit, Pyrrhotin, Danait und den oktaedr. Antimon-Baryt. Lex.-8. (41 S. mit eingedr. Holzschn.) Wien 853, (Gerold's Sohn.)** *
Aus: Sitzungsberichte der k. Akademie der Wissenschaften J. 1852, besonders abgedruckt.

Kenngott, G. A.: Ueber ein bestimmtes V e r h ä l t n i s s zwischen dem Atomgewichte, der Härte und dem specifischen Gewichte isomorpher Minerale. (Aus dem Jahrbuche der k. geolog. Reichsanst.) Wien 1852. 4°

– Ueber die Z u s a m m e n s e t z u n g des Apophyllit. (Aus Erdmann's J. f. pr. Chemie.) Leipzig 1863. 8°

Kennicke, J. G. Deutschlands letzter Rettungsanker. Offener Brief des alten Invaliden mit dem Leierkasten, ehemaligen Webermeister Johann Gottlieb Kennicke an Isaak Moses Hirsch, Wohlgeboren. Verlag von E. Litfaß. 1 Bl. Fol.
Flugblatt. Berlin, 1848/49.

Kennicot, Benjamin

— dissertatio generalis in Vet. Test. hebraicum, cum variis lect. ex codd. msceptis et impressis recudit, cur. et not. adj. P. Jak. Bruns. 8 maj. Braunschw. 783. Schulbuchhandl. 1 ₰ 12 gl.

Kennicott, Benj., dissertationes super ratione text. hebr. Vet. Test. in libris editis, in quinque capita divisa. Lat. vert. cur. et praef. (J. J. Glaesener), auxit Wlh. Abr. Teller. II Tom. 8 maj. Leipz. 756—65. Dyck. 3 ₰ 12 gl.

Kennicot, Benjamin. Dissertatio secunda super ratione textus Hebraeici Vet. Test. . . . Lips. 1765. V: *Gläsener, Justus Julius.* (ML) (Ky)

— epistola ad J. D. Michaelis de censura I. Tomi biblior. hebraicor. 8 maj. Bremen 778. (Barth in Leipz.) 3 gl.

— epistola ad I. D. Michaelis de censura I. Tmi. biblior. hebraicor. 8. maj. Brem. Cramer. 778.

— notae crit. in Psalmos 42, 43, 48, 49. ex angl. vert. et append. auxit P. J. Bruns, c. not. Jh. C. F. Schulz. 8 maj. Leipz. 772. Weygand. 12 gl.

Kennst du d. Land? Eine Büchersammlg. f. d. Freunde Italiens. Hrsg. von Jul. R. Haarhaus. 1. bis 12. Bd. 12. Leipzig, C. G. Naumann. à n. 2. 50; in Baedekerbd. à n. 3. —; in Liebhaberbd. à n.n. 4. —

1. Auf Goethes Spuren in Italien. Von Jul. R. Haarhaus. 1. Thl.: Ober-Italien. (X, 207 S.) 896.
2. D. Fornarina. Trauersp. in 5 Akten v. Paul Heyse. (1895.) (VII, 137 S.) 896.
3. Volksthümliches aus Süditalien. Von Woldemar Kaden. (VII, 196 S.) 896.
4. Rom im Liede. E. Anthologie. Von Gust. Naumann. M. Vignetten v. M. Pörschmann. (XIII, 269 S.) 896.
5. Aus d. Vatican. Ernstes u. Heiteres. Von Hekt. Frank. (V, 220 S.) 896.
6. Sommerfäden. Hundstage in Italien. Von. Gust. Floerke. (V, 162 S.) 896.
7. Aus meinem röm. Skizzenbuch. Von Rich. Voß. (V, 175 S.) 896.
8. Auf Goethes Spuren in Italien. Von Jul. R. Haarhaus. II. Thl.: Mittelitalien. (VI, 186 S. m. 1 farb. Karte.) 897.
9. Dasselbe. III. (Schluß-) Thl.: Unter-Italien. (V, 194 S. m. 1 farb. Karte.) 897.
10. Alltägliches aus Neapel. Von Aug. Kellner. (VII, 209 S.) 897.
11. Im glückl. Campanien. Von R. Schoener. (V, 211 S.) 898.
12. Das Trinkgeld in Italien, sprachlich, touristisch, volkswirthschaftl. Von Rud. Kleinpaul. (XI, 203 S.) 898.

— du das Land? Eine Büchersammlg. f. die Freunde Italiens. Hrsg. v. Jul. R. Haarhaus. 13.—19. Bd. 8. Leipzig, C. G. Naumann. à n. 2. 50; in Baedekerbd. à n. 3. —; in Liebhaberbd. à n.n. 4. —

13. Römische Culturbilder. Von Max Ihm. (VII, 168 S.) 898.
14. Mailand. Ein Gang durch die Stadt u. ihre Geschichte. Von H. Holtzmann. (V, 172 S.) 899.
15. Die pontinischen Sümpfe. Ihre Geschichte, ihre Zukunft. Von Alfr. Ruhemann. Mit e. Orientierungskarte. (XI, 196 S.) 899.

16. 17. Hesperische Bilderbogen. Von A. v. Kellner. 2 Thle. (V, 212 u. V, 216 S.) 900.

18. Erzählungen aus Rom. Von C. W. Th. Fischer. (V, 221 S.) (900.)
19. Dasselbe. 2. Bd. (V, 181 S.) (901.)

— du das Land? Eine Büchersammlg. für die Freunde Italiens. Hrsg. v. Jul. R. Haarhaus. 20. Bd. 8. Leipzig, C. G. Naumann. n. 2. 50; geb. in Leinw. n. 3. —; in Halbfrz. n.n. 4. —
Architekturdenkmäler in Rom, Florenz u. Venedig. Von D. Joseph. (X, 215 S.) (904.)

Kennst Du dich! Nein! So nimm u. lies mich! Zur Belehrg. f. Erwachsene u. Kinder. (14 S. m. 1 farb. Modell.) Lex.-8. Berlin (905). W. Pilz. 1. —

Kennst du die Bibel? Ein bibl. Übungsspiel m. 120 Karten. 16. Leipzig 899. (F. Jansa.) In Karton — 75

Kenntniss (Zur) der Arbeiterversicherungsgesetze. Zwölf Flugblätter, hrsgg. von der Vereinigung zur Fürsorge für kranke Arbeiter. 4°. Leipzig 1897.

— gemeinnütz., a. d. Natur, s. Simon.

— histor.-geograph., von Deutschland, zum Gebrauch f. Lehrer. 8. Quedlinb. 786. Ernst. 18 gl.

— höhere, aus d. Karte wahr zu sagen, s. Geheimniß die Karte zu schlagen 36 46

Kenntniß, die, antiker Münzen, nach d. Grundsätzen des L. Jobert u. de la Bastie, herausgeg. von J. Eph. Rasche. 3 Thle. Mit Kpf. 8. Nürnb. 778, 79. Monath u. K. 1 ₰ 22 gl. (3r Thl. Auch u. dem T.: Die Schätzbarkeit antiker Münzen ꝛc. 10 gl.)

— antiker Münzen nach d. Grunds. des L. Jobert u. de la Bastion, herausg. v. Rasche. 3 Thle m. K. 8. Nürnb. Monath u. K. 778. 79. (1r 16 gr. 2r 20 gr. 3r 10 gr.)

Kenntniß, nützl., f. die Jugend. 8. Salzb. Mayr. 806.

Kenntnis dererjenigen Pflanzen, die Mahlern und Färbern zum Nutzen . . . gereichen können. Leipz. 1776. V: *Reuss, Christian Friedrich.* (BrMm)

— derj. Pflanzen, d. Malern z. Nutzen u. Kräuterkenn. zum Vergnügen dienen. 8. Leipz. Compt. f. Litt. 776.

B. S. Ueber die Kenntniss der drei Waffen und ihre Verwendung. Zusammengestellt von . . . . ., einem Veteran der k. k. Armee. Mit 5 Tafeln. Wien 1849.

KENNTNISSE. – von naturlichen Dingen zum Gebrauche der studierenden Jugend . . . Trattner, Wien 1782. Trattner, Wien (1783). 1 vol. 186 S. + 2 Bl. Inh. + 4 Kpf.

— von natürl. Dingen. 8. Ofen 782. N. Aufl. 789. Univers.-B. 4 gl. (a. Trattner in Wien). 3 gl.

Kenntnisse, Erste, für Taubstumme . . . Wien 1813. V: *May, Jos.* (Mell)

Kenntnisse, gemeinnützige. Interessantes, aber nicht Jedermann Bekanntes. Ein Buch für Alt u. Jung. Nach dem Engl. von Aug. Härtel. 1. u. 2. Abth. Leipzig 857, 58. Haendel. 8. (XI, 190 S.) 1.: 7½ ngr.; 2.: 15 ngr.

Kenntnisse, gemeinnützige. Interessantes, aber nicht Jedermann Bekanntes. Ein Buch für Jung und Alt. Nach dem Engl. 1. und 2. Abthl. 8. Leipzig, Haendel.

Inhalt:

Abthl. 1. Die Wunder des Himmels. — Die Erde, ihre Oberfläche und ihr Inneres. — Das Meer. — Die Luft. — Farbe und Ton. — Geographisches. (IV und 62 S. mit 1 Abbild. des Niagara-Falles in Holzschn.) 857. 7½ Ngr.

" 2. Aus dem Thierreiche. — Aus dem Pflanzenreiche. — Leben und Tod. — Natürliche Magie. — Wissenschaft, Kunst und Gewerbsthätigkeit. (VII und S. 63—190.) 859. 15 Ngr.

Kenntnisse, gemeinnütz., f. d. reif. Jugend, s. Wörle, J. G. C.

Kenntnisse, Gemeinnützige, für die reifere Jugend. Ulm 1838. V: *Wörle, Joh. Georg Chn.* (Ky)

— gemeinnützige, für die reifere Jugend. (Von J. G. C. Wörle.) 8. Ulm 838. Ebner. 3/8 ß — 2e verb. Aufl. 8. Ebd. 840. 3/8 ß

— gemeinnützige, d. Naturkunde. 2 Thle. 8. Nürnberg, Bieling. 796.

— nöthige, f. Kind. in d. Naturgesch., Haushalt. rc. 5 Stck. 8. München, Fleischmann. 787.

Die nöthigsten und wichtigsten Kenntnisse von Eisenwerken. Theil I, II. Frankfurt a/M., 1803.

— die nöth. u. wicht., von Eisenwerken, bes. von Hütten-, Schmelz- u. Hammerwerken rc. 2 Thle m. K. gr. 8. Frankf. Jäger. 810.

Anonym: „Die nöthigsten und wichtigsten Kenntnisse von Eisenwerken, besonders von Hütten-, Schmelz- und Hammerwerken", 2 Bände, 2. Auflage, Frankfurt a. M. 1810 (Jäger).

Kenntnisse und Entdeckungen, Nothwendige, des Forst- und Jagdwesens in Bayern. München 1780. V: *Schellenberg, Joh. Georg von.* (Engoec) V: *Rottmanner, Sim.* (Ky)

— nothwend., d. Forst- u. Jagdwesens in Baiern, (von S. Rottmanner). 2 Thle. 8. München 780. (Fleischmann). 1 ß 8 K

Kenntnisse, nützliche, f. die Jugend. 8. Salzb. 806. N. A. 811. Mayr. 3 K

— nützl., f. die Jugend, ein Lehr- u. Lesebuch. 8. München, Lindauer. 808.

weiß P.

Kenntnisse, nützliche, für die Jugend. Ein Lehr- und Lesebuch. 8. München, Lindauer. 819.

Kenntnisse, nützliche, für höhere Curse der Feiertags- und Elementarschulen rc. 8. Augsburg 834. M. Rieger. 5 gl

— des Nützlichsten u. Nothwend. f. die Jugend. 8. Amb. (Heigl in Strauding.) 804.

Kenntnisse, welche, werden v. d. Militär-Anwärtern in d. Vorprüfgn. verlangt? E. Sammlg. thatsächlich gestellter Aufgaben aus d. letzten Jahren. I.—IV. Hft. 8. Berlin, S. Gerstmann. à n. 1.—

I. Vorprüfungsaufgaben zum Eisenbahnstationsdienst. — Lademeister. (16 S.) 897.
II. Vorprüfungsaufgaben z. Postassistenten-Laufbahn. (14 S.) 897.
III. Vorprüfungsaufgaben z. Eisenbahn-Telegraphendienst, Magazinaufseher u. Schaffner. (16 S.) 898.
IV. Vorprüfungsaufgaben z. Garnisonverwaltgs.-, Kasernen- u. Lazarettinspektor-Laufbahn. (15 S.) 898.

Kenntnisse, welche, werden v. den Militär-Anwärtern in den Vorprüfungen verlangt? Eine Sammlg. thatsächlich gestellter Aufgaben aus den letzten Jahren. V. Heft. Vorprüfungsaufgaben zur Grenzaufseher-, Straßenmeister- u. Chausseeaufseher-Laufbahn. 8. (21 S. m. Fig.) Berlin (899). S. Gerstmann. n. 1.—

Kenntnisse, Die wichtigsten, der k. k. österreichischen Feld- und Batterie-Geschütze und der Belagerungs-Batterien. Ein Handb. für Offiziere, exclus. der k. k. Artillerie zusammengestellt von As. Olmütz 1857. V: *Andres, Th.* (Pr)

— die wichtigsten, der k. k. österreichischen Feld- und Batterie-Geschüze und die Belagerungs-Batterien. Ein Handbuch für die Herren Offiziere und Cadeten aller Waffengattungen der k. k. österreich. Armee exclusive der k. k. Artillerie. Mit Berücksicht. der neuesten Verhältnisse zusammengestellt von As. (Thdr. Andres.) In 5 Abschn. nebst einem Anhang rc. gr. 8. (VIII und 101 S. mit 1 Tab. in Fol. hiezu 98 Fig. auf 8 Stnt. in gr. 4. und qu. Fol.) Olmüz 857, (Große.)

Kennzeichen, Die allersichersten, der nahen Zukunft des Hrn Jesu Christi zum Gericht . . . 1790. V: *Richter, Joh. Leonh. Frdr. (= Glieb Lebrecht Hurter).* (MGT) (Ky)

Anonym: „Kennzeichen einer rechtschaffenen Hauswirthinn", Frankfurt a. M. 1765 (Brönner).

Kennzeichen u. Heilung der allgemeinsten innerl. u. äusserl. Krankheiten d. Hunde. 8. (II. u. 32 S.) Öhringen 47. (Stuttgart, Fischhaber.) M. —.50

Kennzeichen und Heilung der allgemeinsten innerl. und äußerl. Krankheiten der Hunde. 8. (II und 32 S.) Oehringen 847. (Schwäbisch Hall, Haspel'sche Buchh.) *

Kennzeichen der Jakobiner. o. O. 1795. 200 S. 8°
Kl. 3482. Richtet sich gegen die Illuminaten.

Kennzeichen der Jacobiner. 12. 796.

— die Menschen aus d. Gesichte beurtheilen zu lernen, nebst dem Geheimnisse, aus d. Gesichte die Gesundheit od. Krankheit zu erkennen u. vorher zu sagen, was leztere für einen Ausgang nehmen werde. 8. Leipz. Joachim.

Kennzeichen, Des Menschen; ein Wort der Erfahrung! O. O. [1895]. V: *Fröhlich, Edmund.* (Cat. d. Stadtbibl. Zürich. Zürich 1864—97.)

Kennzeichen, Die, der wahren Religion. Deutsch v. Th. Klitsche. Augsburg 1829. V: *Gerdil, Giacinto Sigism.* (Mitth. M. Grolig.)

Die Kennzeichen der wahren Religion. Von einem Priester der Gesellschaft Jesu. Aus dem Italien. übers. von Theodor Klitsche. Augsburg, Jos. Wolffische Buchhandlung (jetzt Regensburg, Verlagsanst.). 1829, 8°, IX, 124 S., 1.25 Mk.

Enthält alle Elemente einer bündigen Vertheidigung der christkath. Religion u. Kirche. Recc. Katholik 1830, Bd. 38 S. 387—9. Kath. Littztg v. Kerz Bd. 3 (1829), S. 262—73. Kath. Littblätt. zur Sion 1855, S. 92.

Kennzeichen, die, d. wahren Religion. Von e. Priester d. Gesellsch. Jesu. A. d. Ital. v. Th. Klitsche. gr. 8. (8½ B.) Augsburg 829, Wolff. (Kollmann.)

Kennzeichen, Das untrügliche, der sittlichen Auferstehung . . . Brixen 1795. V: *Malsiner, Jos.* (MGT) (Jes) (Adel)

Kennzeichen, üb. die, Ursachen, Vorbeugungsmittel der Rindvieh-Seuche. gr. 8. Carlsruhe, Braun.

Kennzeichen, vier, von der Wahrheit der hl. Schrift. Ein Auszug aus dem grösseren Werk von Leslie. Aus dem Englischen übersetzt. 31 Stn. 8. Schaffhausen, C. Widmaier. *1876* —. 30

Kenosha Volksfreund: Feb. 1892 1919

Independent weekly. Circulation: 1895, 1000; 1900, 500; 1910, 850; 1915, 960. Edited & published by Adolf Fischer, Feb. 1892 Sept. 1894; by John Haug, Oct. 4, 1894 -Feb. 1895; by Volksfreund Publishing Co. [R. J. Buchmann, bus.mgr.], Feb. 21, 1895 June 1896; by George Giegold [has been cited as G. Gold] July 9, 1896 -1899 by Louis Ewe, 1900–15; by Miss Tillie Holmes, 1916 -19.
Kenosha, WI

Kenrick, Erzbischof v. St. Louis: Zu seinem Leben u. Wirken. Eine Festgabe zu dem goldenen Bischofsjubiläum unsers hochwürdigsten Oberhirten. 12. (24 S.) St. Louis, Mo., 891. Freiburg i/B., Herder. n. — 50

Kenrick, Erzbischof v. St. Louis, in seinem Leben u. Wirken. Eine Festgabe zu dem goldenen Bischofsjubiläum unseres Hochw. Oberhirten. 12. (24 S.) St. Louis, Mo. 892, Herder. * — 50

Kenrick, F. B., Untersuchgn. üb. d. Bildungsverhältnisse d. ocean. Salzablagergn., s.: **Hoff, J. H. van't.**

Kenrick, Frank *Boteler* [aus Toronto, Canada]: **Die Potentialsprünge zwischen Gasen und Flüssigkeiten** ... (Aus: Zeitschr. f. physik. Chem., Bd XIX Heft 4.) Leipzig, W. Engelmann, 1896; 34 S., 1 Bl. 8.
Leipzig, Phil. Fak., Inaug.-Diss. v. [19. Mai] 1896

Kenrick, Franziskus Patritius, das Primat des Apostolischen Stuhls, vertheidigt und gerechtfertigt. 3. Aufl. mit Verbesserungen des Verf. Uebers. von R. **Steinbacher.** New-York 853. (Leipzig, Köhler.) gr. 8. (XXI, 535 S.) n. 2 ℛ︀. 20 ngr.

— theologia dogmatica. 3 voll. Secundis curis auctoris. Mechliniae (858.) (Mainz, Kirchheim.) gr. 8. (XVI, 500; 2 Bl., VI, 430; X, 426 S.) n. 5 ℛ︀. 6 ngr.

Kenrick, Franc. Patricius, theologia moralis. 2 Voll. Secundis curis auctoris. Mecheln 860. (Mainz, Kirchheim.) gr. 8. (XXII, 822 S.) n. 3 ℛ︀ 6 ngr.

Kenrick, J., die neuesten Methoden d. engl. Verzinnung. Nebst Belehrn. üb. d. verschied. Sorten d. Zinnes. M. 1 Taf. Abbild. 8. (2 B.) Quedlinburg 833, Basse.

Kenrick, Dr. Peter, Richard —. **Das heilige Haus von Loretto.** Eine Untersuchung der geschichtlichen Wahrheit seiner wunderbaren Uebertragung. Verfaßt von dem hochwürdigsten Herrn — —. Aus dem Englischen ins Deutsche übertragen von Dr. Josef Salzbacher. 8. (154 S.) Wien. Aus der k. k. Hof- und Staatsdruckerei. In Kommission bei Franz Leo. 1854.

Kenricker, die Frau ohne Mann. 8. Danzig 773. Wedel. 6 ℊ︀

Kenschin. Samurai, japanische Briefe. Berichte e. Japaners üb. deutsche Kulturzustände u. europäische Verhältnisse überhaupt. gr. 8. (VI, 118 S.) Bamberg 891. Handelsdruckerei. n. 1. —

Japanische Briefe, Berichte eines Japaners über deutsche Kulturzustände und europäische Verhältnisse überhaupt, von Samurai Kenschin. Bamberg: Handelsdr. 1892.
cf. FZ. 58 (1904) S. 133—135; L. 27 (1904) S. 61—62 (P. **Fischer**).
Enth. zerstreut (S. 97—99, 103, 105, 109) Bemerk. üb. die Frmrei.

Kent; Trspl. 8. Leipz. 782. Comt. f. Lit. 4 ℊ︀

— Ritterl. Trspl. 8. Cilli 793. (Bresl., J. F. Korn). 6 ℊ︀

Kent

— Handbuch des deutschen Patentrechts in rechtsvergleichender Darstellung. (In 5 Lfgn.) Lfg. 1 u. 2.. Mannheim 900.

— aus dem Patent- u. Industrierecht. I—III cplt. Berlin 891—92.

Kent, Asa, Lebensabriß der Lucie Kent. Bremen 860. Verlag d. Tractathauses. 16. (128 S. m. Holzschn.) n. 10 ngr.

Kent, Bob, wechselnde Stimmgn. wechselnder Stunden. Gedichte. (58 S.) 8. München(-Schwabing) 907. E. W. Bonsels & Co. 2.—; kart. 3. —

Kent, Charles William: Teutonic antiquities in Andreas and Elene .... Halle-on-Saale, Ehrhardt Karras printer, 1887; 3 Bl. + 64 S. + 1 Bl. 8°.
Leipzig, Phil. Fak., Inaug.-Diss. v. 5. Aug. 1887.

Kent, Charles William, Teutonic antiquities in Andreas u. Elene. gr. 8. (64 S.) Halle 887. (Leipzig, Stauffer.) * 1 50

Kent, E., das Haus gegenüber, s.: Lutz' Kriminal- u. Detektiv-Romane.

Die Lehre Hegels vom Wesen der Erfahrung und ihre Bedeutung für das Erkennen v. George **Kent.** Christiania. 1891. = Forhandlinger i Videnskabs-Selskabet i Christiania. Aar 1891. Nr. 5. 8°.

Kent, George, d. Lehre Hegels v. Wesen d. Erfahrg. u. ihre Bedeutg. f. d. Erkennen. [Aus: „Christiania Videnskabs-Selskabs Forhandlinger.] gr. 8. (80 S.) Christiania 891. (J. Dybwad.) n. 1. 65

Kent, George, die Lehre vom Wesen der Erfahrung u. ihre Bedeutung f. das Erkennen. [Aus: „Christiania Videnskabs-Selskabs Forhandlinger".] gr. 8. (80 S.) Christiania 891. (J. Dybwad.) n. 1. 65

Kent, J., See- u. Handlungs-Geschichte von England, od. Leben d. Seehelden Englands; aus d. Engl. 1r Bd. Mit Kpf. gr. 8. Leipz. 777. Weygand. 1 ℛ︀ 4 ℊ︀

Kent, J. W., die Verschleimungen des Halses, der Luftwege, und der Brust-Organe und Beseitigung derselben, sowie ihrer Folgezustände, wie Husten, Schnupfen, Heiserkeit ꝛc. Aerztliche Belehrung über obige Leiden unter Anführung von pract. Rathschlägen und bewährten Heilmitteln. 8. (42 S.) Berlin 867, Mode's Verlag.

Kent, J. W., die Verschleimungen des Halses, der Luftwege und der Brustorgane und Beseitigung derselben. 8. Berlin 869, Frank.

Kent, J. W., die Verschleimungen des Halses, der Luftwege und der Brustorgane und Beseitigung derselben, sowie ihrer Folgezustände, wie Husten, Schnupfen, Heiserkeit rc. Aerztliche Belehrung über obige Leiden unter Anführung von prakt. Rathschlägen und bewährten Heilmitteln. 6. Aufl. 8. (42 S.) Berlin 869, Mode's Verlag.

Kent, Paul, d. Patentgesetz v. 7. IV. 1891. Kommentar. 2 Bde. (XV, 848 u. XII, 672 S.) gr. 8. Berlin 906. 07. C. Heymann. 30.—

Kent, Paul, d. Reichsgesetz z. Schutz d. Waarenbezeichnungen v. 12. V. 1894. Unt. Berücksicht. in- u. ausländ. Literatur u. Rechtsprechg., sowie d. Praxis d. Patentamts erläut. gr. 8. (XXXV, 660 S.) Berlin 897. C. Heymanns Verl. n. 14.—

Kent, Walter H., Untersuchungen über Milchzucker und Galactose. Inaugural-Dissertation. gr. 8. (41 S.) Göttingen 884, (Vandenhoeck und Ruprecht's Verlag.) *

Kentenich, Franz: Die rechtliche Behandlung des Zufalls beim Werkvertrag nach dem deutschen bürgerlichen Gesetzbuch. *Bonn 1898: K. Drobnig.* (40 S.) 8°
Erlangen, Jur. Diss. v. 4. Juni 1898

Der Trierer Altmarkt. Von G[ottfried] Kentenich. Trier: Schaar & Dathe [1904]. (23 S.) 8° [Umschlagt. F.] (o4. 8341 5

Kentenich, Godofredvs [Bonnensis]: Analecta Alexandrina Bonnae, typ. C. Georgi typogr. acad., 1896; 36 S. 8.
Bonn, Phil. Fak., Inaug.-Diss. v. 5. Aug. 1896

Kentenich, G., Anleitung zur Ertheilung des Rechenunterrichtes in der Volksschule. 2 Thle. 8. Köln und Neuß, Schwann's Verlag. *

Inhalt:

Thl. 1. Ein Commentar zu dem 1. Thle. der Ausg. für Elsaß und Lothringen von Kentenich's Rechenschule. 2. Aufl. (31 S.) 871. * 30 Pf.
„ 2. Ein Commentar zu dem 2. Thle. der Rechenschule [Ausg. für Elsaß-Lothringen] nebst Antworten und Auflösungen zu den in diesem Theile vorkomm. Aufgaben. (156 S.) 872. * 80 Pf.

Kentenich, G., Anleitung zur Erteilung des Rechenunterrichts in der Volksschule. Ein Handbuch für Seminaristen und Lehrer, insbesondere beim Gebrauche meiner Aufgabensammlungen. 3. verm. und verb. Aufl. gr. 8. (VIII, 232 S.) Düsseldorf 881, Schwann'sche Verlagsh. *

— u. J. Frohn. Anleitung zur Erteilung d. Rechenunterrichts u. der Raumlehre in der Volksschule. Ein Handbuch f. Seminaristen u. Lehrer. 4., völlig neubearb. u. verm. Aufl. gr. 8. (X, 262 S.) Ebd. 892. n.n. 3. 60; geb. n.n. 4. —
Die 1.—3. Aufl. sind v. G. Kentenich allein verf.

Kentenich, G., Anleitung zur Ertheilung des Turnunterrichtes in Elementarschulen und den unteren Klassen höherer Lehranstalten. Mit 44 Fig. auf 5 (lith.) Taf. Bonn 862. Cohen & Sohn. gr. 8. (IV, 70 S.) 12 ngr.

Kentenich, Gottfr., s., Archiv, trierisches.

— Aufgaben f. das schriftliche Rechnen in d. Volksschule. 1—4. Hft. 8. (60, 47, 60 u. 52 S.) Ebend. 874. à n.n. — 25

— dasselbe. Antworten zum 1—4. Hft. [2. u. 3. Thl. d. Rechenschule Hft. A. u. B.]. 8. (38, 32, 47 u. 38 S.) Ebend. 874. 75. à n.n. — 30

—— Auflösungen und Antworten zum 3. und 4. Heft der Aufgaben für das schriftliche Rechnen. [3. Thl. der Rechenschule Heft A. und B.] 8. (47; 88 S.) Ebendas. 874. à Heft ** 30 Pf. **

Kentenich G, Aufgaben für das schriftliche Rechnen in der Volksschule. Heft 1-4 in 1 Bd Köln 1876

—— Aufgaben für das schriftliche Rechnen in der Volksschule. 4 Hefte. 8. Ebendas. 884. [1. Heft. 46. Aufl. (68 S.); 2. Heft. 29. Aufl. (59 S.); 3. Heft. 24. Aufl. (80 S.); 4. Heft. 12. Aufl. (64 S.).] à Heft ** 30 Pf. **
—— dass. — Antworten zum 2.—4. Heft. 8. Ebendas. 884. [2. Heft. 6. Aufl. (24 S.); 3. Heft. 7. Aufl. (44 S.); 4. Heft. 8. Aufl. (39 S.).] à Heft * 40 Pf. *

Kentenich, G., Aufgaben für das schriftliche Rechnen in der Volksschule. 4 Hefte. 8. Düsseldorf 885—87, Schwann. [1. Heft 47.—68. Aufl. (68 S.); 2. Heft 30.—38. Aufl. (59 S.); 3. Heft 25.—30. Aufl. (80 S.); 4. Heft 13.—19. Aufl. (64 S.)] à Heft ** 30. Pf. ** 1 20
—— dass. — Antworten zum 1.—4. Heft. 8. Ebendas. 886. [1. Heft 6. Aufl. (36 S.); 2. Heft 7. Aufl. (24 S.); 3. Heft 8. Aufl. (44 S.); 4. Heft 9. Aufl. (39 S.)] à Heft * 40 Pf. * 1 60
Erscheint nicht weiter; seit Ostern 1887 mit „Praktische Rechenschule" (s. d.) vereinigt u. d. T.:

—— Aufgabenhefte für den Rechenunterricht in der Volksschule. 5 Hefte. 8. Ebendas. 887,88. à Heft ** 30 Pf. ** 1 50
geb. ** 1 75

Inhalt:

Heft 1. (Rechenfibel.) Übungen im Zahlenkreise von 1—100. 93.—117. Aufl. (56 S.) geb. ** 35 Pf.
„ 2. Übungen im Zahlenkreise von 1—1000 und 1—1000000. 122.—124. Aufl. (72 S.)
„ 3. Das Rechnen mit Decimalen und gemeinen Brüchen. 96.—110. Aufl. (53 S.)
} zusammen geb. ** 70 Pf.
„ 4. Die Rechnungsarten des bürgerlichen Lebens. 58.—69. Aufl. (66 S.)
„ 5. Schwierigere Aufgaben aus den bürgerlichen Rechnungsarten. 40.—45. Aufl. (61 S.)
} zusammen geb. ** 70 Pf.

—— dass. — Antworten zum 2.—5. Heft. 8. Ebendas. 887,88. [2. Heft 7. Aufl. (32 S.); 3. Heft 8. Aufl. (24 S.); 4. Heft 9. Aufl. (38 S.); 5. Heft 10. Aufl. (46 S.)] à Heft * 40 Pf. * 1 60

— Aufgabenhefte f. den Rechenunterricht in der Volksschule. 5 Hfte. 8. Ebd. à n.n. — 30; 1. Hft. geb. n.n. — 35; 2. u. 3. Hft. in 1 Bd. geb. n.n. — 70; 4. u. 5. Hft. in 1 Bd. geb. n.n. — 70
1. 103. Aufl. (56 S.) 888. — 2. 158. Aufl. (72 S.) 889. —. 3. 122. Aufl. (53 S.) 889. — 4. 75. Aufl. (75 S.) 889. —. 5. 45. Aufl. (61 S.) 888.

— dasselbe. Antworten zum 2.—5. Hft. 8. Ebd. 888—890. à n. — 40
2. 8. Aufl. (32 S.) — 3. 9. Aufl. (24 S.) — 4. 10. Aufl. (38 S.) — 5. 10. Aufl. (46 S.)

Kentenich, G. Aufgabenhefte f. den Rechenunterricht in der Volksschule. 5 Hefte. 8. Düsseld. 892, Schwann. geb. ** 1 95
1. [Rechenfibel.] 151. Aufl. (56 S.) ** — 35.
2. 198. Aufl. (74 S.) ** — 40.
3. 153. Aufl. (58 S. m. Fig.) ** — 40. (2. u. 3. geb. in 1 Bd. ** — 70).
4. 94. Aufl. (67 S. m. Fig.) ** — 40.
5. 60. Aufl. (64 S. m. Fig.) ** — 40. (4. u. 5. geb. in 1 Bd. ** — 70.)

—— dass. — Antworten zum 2.—5. Hefte. gr. 8. Ebd. à Heft * — 40
2. 8. Aufl. (32 S.) 890. — 3. 9. Aufl. (24 S.) 890. — 4. 10. Aufl. (40 S.) 890. — 5. (48 S.) 891.

Kentenich, G., Aufgabenhefte f. den Rechenunterricht in der Volksschule. 5 Hfte. gr. 8. Düsseldorf, L. Schwann. Geb. n.n. 1. 95
1. 165. Aufl. (56 S.) 893. n.n. — 35. — 2. 215. Aufl. (74 S.) 893. n.n. — 40. — 3. 163. Aufl. (58 S.) 893. n.n. — 40. (2. u. 3. in 1 Bd. geb. n.n. — 70.) — 4. 103. Aufl. (67 S. m. 32 Fig.) 893. n.n. — 40. — 5. 64. Aufl. (67 S. m. Fig.) n.n. — 40. (4. u. 5. in 1 Bd. geb. n.n. — 70.)

— dasselbe. Antworten zum 3. u. 5. Hfte. 8. (24 u. 48 S.) Ebd. 891. à n. — 40

Kentenich, G., Aufgabenhefte f. d. Rechenunterricht in d. Volksschule. 1.—4. Hft. 8. Düsseldorf, L. Schwann. Geb. n.n. 1. 55
1. (Rechenfibel.) 195. Aufl. (56 S.) 898. n.n. — 35
2. 228.—235. Aufl. (74 S.) 896. n.n. — 40
3. 174. Aufl. (58 S.) 896. n.n. — 40
4. 107. Aufl. (67 S.) 895. n.n. — 40

— dasselbe. Antworten z. 2.—5. Hfte. 8. Ebd. à n. —40
2. 10. Aufl. (32 S.) 895. — 3. 12. Aufl. (24 S.) 896.
4. 13. Aufl. (40 S.) 895. — 5. 13. Aufl. (48 S.) 896.

[J.] Aufgabenhefte für den Rechenunterricht in der Volksschule. Von G[ottfr.] **Kentenich**, Kgl. Schulr. Heft I – V. *Düsseldorf: L. Schwann 1897. 98.* 7 Bde 8.
I. '(Rechenfibel).' Übgn im Zahlenkreise v. 1 bis 100. 109. Aufl. 1898. (56 S.)
II. Übgn im Zahlenkr. v. 1 bis 1000 u. bis 1000000. 249. verb. Aufl. 1898. (70 S.)
III. Das Rechnen m. Decimalen u. gemeinen Brüchen. 188. Aufl. 1898. (58 S.)
IV. Die Rechngsarten d. bürgerl. Lebens. 115. Aufl. 1898. (67 S.)
Ausg. A. Für d. Oberstufe d. mehrklass. Volkssch., f. Präparanden-Anstalten u. Fortbildgsschulen. 118. verb. Aufl. 1898. (125 S.)
Ausg. B. Für d. Oberstufe d. ein- u. zweiklass. Volkssch. 74. Aufl. 1898. (82 S.)
V. Schwierigere Aufgaben a. d. bürgerl. Rechngsarten. 72. Aufl. 1897. (67 S.)
[98. 20728 1b

Kentenich, G., Aufgabenhefte f. den Rechenunterricht in der Volksschule. 1.—3. Hft. u. 4. Hft. Ausg. A u. B. 8. Düsseldorf, L. Schwann. Kart. n.n. 2. 30
1. Rechenfibel. Übgn. in der Zahlenreihe von 1 bis 100. 231. Aufl. (56 S.) 902. n.n. — 35
2. Übungen im Zahlenkreise von 1 bis 1000 u. 1 bis 1 000 000. 235. Aufl. (70 S.) 902. n.n. — 40
3. Das Rechnen m. Decimalen und m. gemeinen Brüchen. 213. Aufl. (58 S.) 902. n.n. — 40
4. Die Rechnungsarten des bürgerlichen Lebens. Ausg. A. Für die Oberklasse der mehrklass. Volksschule, f. Präparanden-Anstalten u. Fortbildungsschulen. 127. verb. Aufl. (125 S.) 901. n.n. — 75
Dasselbe. Ausg. B. Für die Oberstufe der ein- u. zweiklass. Volksschule. 83. Aufl. (82 S.) 901. n.n. — 40

— dasselbe. Antworten u. Lösungen zu Hft. 2, 3 u. 4 A u. B. 8. (36, 32, 95 u. 59 S.) Ebd. 899. 900. à n. —40

Kentenich, G., Aufgabenhefte f. den Rechenunterricht in der Volksschule. Weiter bearb. v. F. Kreutz. Heft I—III, IV A u. B. 8. Düsseldorf, L. Schwann. Geb. n.n. 2. 35
I. (Rechenfibel.) Uebungen in der Zahlenreihe von 1—100. 270. Aufl. (64 S.) 906. n.n. — 40
II. Uebungen in der Zahlenreihe von 1 bis 1000 u. 1 bis 1000000. 326 Aufl. (79 S.) 906. n.n. — 40
III. Das Rechnen mit Dezimalen u. m. gemeinen Brüchen. 247 Aufl. (64 S.) 906. n.n. — 40
IV. A. Die Rechnungsarten des bürgerlichen Lebens. Für die Oberstufe der mehrklass. Volksschule u. für Fortbildungsschulen. 145. Aufl. (125 S. m. Fig.) 907. n.n. — 75
B. Dasselbe. Für die Oberstufe der ein- u. zweiklass. Volksschule. 87. Aufl. (87 S.) 904. n.n. — 40

— dasselbe. Antworten u. Lösgn. Methodik. 1. Heft. 2. veränd. Ausg. des Werkchens „Unterrichtl. Behandlung der grundleg. Rechenübgn. v. F. Kreutz". (88 S.) 8. Ebd. 904. n. 1. —

— dasselbe zu Heft 2, 3, 4 A u. 4 B. Zugleich Methodik Heft 2, 3, 4 A u. 4 B. 8. Ebd. n. 3. 20
2. (40 S.) 904. n. — 60. — 3. (48 S.) 904. n. — 60.
4. A. (92 S.) 904. n. 1. 20. — 4. B. (68 S.) 904. n. — 80.

Kentenich, G., Aufgabenhefte f. den Rechenunterricht in d. Volksschule. Weiter bearb. v. F. Kreutz. I.—III. Heft u. IV. Heft Ausg. A u. B. 8. Düsseldorf, L. Schwann. Geb. nn 2. 35
I. (Rechenfibel.) Übungen in der Zahlenreihe von 1 bis 100. 298—305. Aufl. (64 S.) 909. Geb. nn — 40
II. Übungen in der Zahlenreihe v. 1 bis 1000 u. 1 bis 1000000. 358. Aufl. (79 S.) 908. Geb. nn — 40
III. Das Rechnen m. Dezimalen u. m. gem. Brüchen. 273. Aufl. (64 S.) 910. Geb. nn — 40
IV. Ausg. A. Die Rechnungsarten des bürgerlichen Lebens. Für die Oberstufe der mehrklass. Volksschule u. f. Fortbildungsschulen. 155. Aufl. (125 S. m. Fig.) 909. Geb. nn — 75
IV B. Die Rechnungsarten des bürgerlichen Lebens. Für die Oberstufe der ein- u. zweiklass. Volksschule. 97. Aufl. (88 S. m. Fig.) 908. Geb. nn — 40

— s.: Chronik, trierische.

Kentenich, G., Cours d'arithmétique pratique. 1re partie. Exercices sur les nombres de 1 à 100. Édition française. 8. (49 S.) Köln und Neuss 873, Schwann's Verlag. geb. *

—— dass. — [Practische Rechenschule.] Edition française-allemande. 1re et 2me partie. 8. Ebendas. 873. [1re partie. (64 S.) * 40 Pf.; 2me partie. (162 S. mit eingedr. Holzschn.) * 80 Pf.] *

Kentenich, G., Cours d'arithmétique pratique. Edition française-allemande. 2 parties. 8. Düsseldorf 875, Schwann. [1re partie. 2e et 3e édit. (64 S.) * 40 Pf.; 2e partie. 2e édit. (162 S.) * 80 Pf.] *

Zur Geschichte der Dampfschiffahrt auf der Mosel. Von Dr. [Gottfried] **Kentenich.** Trier: F. Lintz 1910. 16 S. 8° [Umschlagt.]
Aus: Trierische Chronik. 1910. [11. 3703 5

— Zur Geschichte der Stadtbibliothek in Trier, s.: Zentralblatt f. Bibliothekswesen. 38. Beiheft.

— Die ascetischen Handschriften der Stadtbibliothek Trier, s.a. Verzeichnis, beschreibendes, der Handschriften der Stadtbibliothek zu Trier. 6. Heft.

Die ascetischen Handschriften der Stadtbibliothek zu Trier, Nr 654–804 d. Handschriften-Katalogs, u. Nachträge von Dr. G[ottfried] **Kentenich.** Trier: Lintz in Komm. 1910. X, 172 S. 8°
(Keuffer, Max: Beschreib. Verzeichnis d. Handschriften d. Stadtbibl. zu Trier. H. 6.) [11. 990 2

Der deutsche Handwerker am Schluß des Mittelalters. Unter besond. Berücks. d. Trierer Verhältnisse. Von G[ottfried] **Kentenich.** Trier: Trierer Dr.-Gesellsch. (1904). 30 S. 8° [10. 3181 5

Kentenich, Gottfried *Franz Michael Heinrich* [aus Düsseldorf]: Ueber Kieferfibrome ... München, Buchdr. Kastner & Lossen, 1896; 57 S., 2 Taf., 6 Tab. 8.
München, Med. Fak., Inaug.-Diss. v. 1896

Aus dem Leben einer Trierer Patrizierin (Adelheid von Besselich). Ein Beitrag z. Kunst- u. Wirtschaftsgeschichte d. Stadt Trier im 15. Jh. von Dr. [Gottfried] **Kentenich.** Mit 8 Abb. Trier: Lintz [1909]. 73 S. 8° [10. 9056 5

— s.: Moselland, das, u. die westdeutsche Eisenindustrie.

— Rechenbuch für höhere Töchterschulen u. weibliche Erziehungsanstalten. gr. 8. (245 S.) Ebend. 871. n. 1. 50

—— praktische Rechenschule. 3 Thle. 8. (420 S. mit eingedr. Holzschn.) Cöln und Neuß 867, Schwann'sche Verlagsh. *

Kentenich, G., praktische Rechenschule. [Größere Ausgabe.] 3 Thle. Cöln u. Neuß 867. Schwann'sche Verlagsh. 8. n.n. 16 *ngr.*
1. Thl. 1—4. verb. u. verm. Aufl. (52 S.) n. 3 *ngr.*
2. Thl. 1—3. Aufl. 869. u. 2. u. 3. nach der neuen Maaß- u. Gewichtsordnung bearb. Aufl. (202 S.) n.n. 6½ *ngr.*
3. Thl. 1. Aufl. 869. u. 2. nach der neuen Maaß- u. Gewichtsordnung bearb. Aufl. (180 S.) n.n. 6½ *ngr.*

— — Antworten zum 3. Thl. Ebend. 870. 8. (61 S.) n.n. 5 *ngr.*

— — [Kleinere Ausgabe.] 2. u. 3 Thl. Ebend. 870. 8. Jeder Thl. n.n. 5 *ngr.*
2. Thl. 2. u. 3., nach der neuen Maaß- u. Gewichtsordnung bearb. Aufl. (128 S.)
3. Thl. 2., nach der neuen Maß- u. Gewichtsordnung bearb. Aufl. (148 S.)

—— praktische Rechenschule. 1. Thl.: Uebungen im Zahlenkreise von 1—100. 2.—6. Aufl. 8. (52 S.) Ebendas. 868—71. **

—— dass. — 2. Thl. nach der neuen Maß- und Gewichtsordnung bearb. 8. [Kleinere Ausg.] 2.—4. Aufl. (128 S.) Ebendas. 870,71. geb. **
Antworten dazu (88 S.) geb. **
[Größere Ausg.] 5. Aufl. (202 S.) geb. **
Antworten dazu (132 S.) geb. **

—— dass. — 3. Thl. nach der neuen Maß- und Gewichtsordnung bearb. 1. und 2. Aufl. 8. [Kleinere Ausg.] Antworten (73 S.) Ebendas. 870,71. geb. **
[Größere Ausg.] 4. Aufl. (180 S.) geb. **
Antworten dazu (61 S.) geb. **

—— dass. — 2. und 3. Thl. [Größere Ausg.] 8. Ebendas. 870. geb. ** à Thl. 65 Pf. **
Inhalt:
Thl. 2. 3., nach der neuen Maß- und Gewichtsordnung bearb. Aufl. (202 S.)
" 3. 2., nach der neuen Maß- und Gewichtsordnung bearb. Aufl. (180 S.)

—— praktische Rechenschule. 3 Thle. 8. Ebendas. geb. *
Inhalt:
Thl. 1. Uebungen im Zahlenkreise von 1—100. 8. Aufl. Der Ausg. für Elsaß und Deutsch-Lothringen 7. Aufl. (48 S.) 872. * 35 Pf.
" 2. 7. Aufl. Der Ausg. für Elsaß und Deutsch-Lothringen 8. und 9. Aufl. (158 S.) 873. * 65 Pf.
" 3. 5. Aufl. Der Ausg. für Elsaß und Deutsch-Lothringen 1. Aufl. (188 S.) 871. * 80 Pf.

— dasselbe. Auflösungen u. Antworten zum 2. u. 3. Theil. 8. Ebend. 871. 73. n. — 80
2. (182 S.) n.n. — 70. — 3. (110 S.) n. — 80.

— dasselbe. 2. Thl. nach der neuen Maß- und Gewichtsordnung bearb. 8. (kleinere Ausg.) 4. Aufl. (128 S.) Ebend. 871. geb. n.n. — 50; Antworten dazu. (88 S.) geb. n.n. — 60

— dasselbe. 3. Thl. (kleinere Ausg.) Antworten. 8. (73 S.) Ebend. 876. geb. n.n. — 50

—— praktische Rechenschule. 3 Thle. 8. [Köln und Neuß 875—79.] Düsseldorf, Schwann. geb. *
Inhalt:
Thl. 1. Uebungen im Zahlenkreise 1—100. 9.—45. Aufl. (46 S.) geb. * 35 Pf.
" 2. Die Grundrechnungen mit ganzen und gebrochenen Zahlen. 8.—33., nach der neuen Maß- und Gewichtsordnung umgearb. Aufl. (114 S.) geb. * 65 Pf.
" 3. Die bürgerlichen Rechnungsarten. 6.—15., nach der neuen Maß- und Gewichtsordnung bearb. Aufl. (138 S.) geb. * 70 Pf.

—— praktische Rechenschule. 3 Thle. 8. Ebendas. 880—84. geb. *
Inhalt:
Thl. 1. Uebungen im Zahlenkreise 1—100. 46.—69. Aufl. (48 S.) geb. * 35 Pf.
" 2. Die Grundrechnungen mit ganzen und gebrochenen Zahlen. 34.—44. nach der neuen Maß- und Gewichtsordnung umgearb. Aufl. (114 S.) geb. * 65 Pf.
" 3. Die bürgerlichen Rechnungsarten. 16.—21. nach der neuen Maß- und Gewichtsordnung bearb. Aufl. (138 S.) geb. * 70 Pf.

—— dass. — Antworten zum 2. und 3. Thl. 8. Ebendas. 881. à Thl. * 80 Pf. *

— praktische Rechenschule. 3 Tle. 8. Ebend. 885. 86. geb. n.n. 1. 70
1. Rechenfibel. 61. Aufl. (48 S.) n.n. — 35. — 2. Die Grundrechnungen m. ganzen u. gebrochenen Zahlen. 50. Aufl. (128 S.) n.n. — 65. — 3. Die Rechnungsarten d. bürgerlichen Lebens. 23. Aufl. (142 S.) n.n. — 70

Kentenich, G., praktische Rechenschule. 3 Thle. 8. Düsseldorf 885,86, Schwann. geb. ** 1 70
Inhalt:
Thl. 1. Rechenfibel. 70.—92. Aufl. (48 S.) geb. ** 35 Pf.
" 2. Die Grundrechnungen mit ganzen und gebrochenen Zahlen. 45.—58. Aufl. (128 S.) geb. ** 65 Pf.
" 3. Die Rechnungsarten des bürgerlichen Lebens. 22.—28. Aufl. (142 S.) geb. ** 70 Pf.

—— dass. — Antworten zum 2. und 3. Thl. 8. (58; 81 S.) Ebendas. 886. à Thl. * 80 Pf. * 1 60
Erscheint nicht weiter; seit Ostern 1887 mit „Aufgaben für das schriftliche Rechnen in der Volksschule" vereinigt u. d. T.: „Aufgabenhefte" rc., (s. d.)

—— praktische Rechenschule für Elsaß-Lothringen. Neue deutsche Ausg. 3 Thle. 8. Ebendas. 875—79. [1. Thl. 8.—43. Aufl. (420 S.) geb. * 36 Pf.; 2. Thl. 10.—31. Aufl. 112 S.) geb. * 68 Pf.; 3. Thl. 2.—15. Aufl. (136 S.) geb. * 70 Pf.] geb. *
Antworten zum 2. und 3. Thl. à * 80 Pf. *

—— praktische Rechenschule für Elsaß-Lothringen. Neue deutsche Ausg. 3 Thle. 8. Ebendas. 880—82. [1. Thl. 44.—56. Aufl. (420 S.) geb. * 36 Pf.; 2. Thl. 32.—38. Aufl. (112 S.) geb. * 68 Pf.; 3. Thl. 16. und 17. Aufl. (136 S.) geb. * 70 Pf.] geb. *

—— der Rechenunterricht in der Volksschule in seiner durch die neue Maß- und Gewichts-Ordnung bedingten Umgestaltung. 1. Aufl. 1869, und 2. Aufl. gr. 8. (112 S.) Ebendas. 869. *

— — 2. Aufl. Ebend. 870. gr. 8. (120 S.) n. 10 ngr.

— s.: Stadtrechnungen, Trierer, des Mittelalters.

Kentenich, Wilhelm *Heinrich Josef* [aus Bonn]: Aus d. medicin. Klinik in Bonn. Ueber einige Fäl'e von paroxysmaler Haemoglobinurie ... Bonn, Buchdr. J. Bach Wwe, 1895; 47 S. 8.
Bonn, Med. Fak., Inaug.-Diss. v. [8. März] 1895

Kenter, J., morphologisch-biologisches Skizzenbuch f. Schüler mittlerer u. höherer Lehranstalten. Eine Anleitg. zur Beobachtg. d. Pflanzenlebens. Ausg. A: Botanik. (86 S.) gr. 8. Arnsberg 908. F. Stahl. Geb. 1. 60

— dasselbe. Ausg. B. 3 Tle. (Mit Zeichenpap. durchschossen.) 22×29 cm. Ebd. 910. 2.—; in 1 Bd. geb. 3. —
1. Säugetiere. (20 S.) — 60
2. Vögel, Kriechtiere, Lurche u. Fische. (25 S.) — 60
3. Gliederfüssler, Weichtiere, Würmer, Stachelhäuter, Hohltiere, Urtiere. (30 S.) — 80

— 500 Zeichenskizzen f. den zoolog. Unterricht m. praktischer Anleitg. u. erklärendem Text. (VIII S. u. 48 Taf. m. Text auf der Rückseite.) Lex. 8. Ebd. (910). Geb. in Leinw. 5. —

Kentish, Rich., Briefe an Baudelocque über einige Stellen seiner Entbindungskunst; aus d. Französ. von F. H. Martens. gr. 8. Leipz. 801. Rein. 1 " 12 K (Auch u. dem T.: Anmerkk. zu Baudelocque's Entbindungskunst.)

Kentish, Richard: Guter Rath für Podagristen oder Gichtpazienten. (Advice to gouty persons. Dt.) Übers.und mit einigen Anmerkungen begleitet von Christian Friedrich Michaelis. 68 S.(S.197 - 264), gbd.

Leipzig: Junius 1792
in: Gardiner, John: Untersuchung der Beschaffenheit, Ursache und Kur des Podagra's und einiger damit verbundenen Krankheiten. (An inquiry into the nature, cause and cure of the gout... Dt.) Übers... von C.F.Michaelis. 1792

JB 2.311

— Versuche u. Beobachtt. üb. eine neue Gattung v. Fieberrinde rc. Aus d. Engl. gr. 8. Leipz. 787. Schwickert. 6 K

Kentling, Johann Bernhard (Ahlen/Westf.), De natura medicatrice. Diss. med.-physiol. Bln. (Nietack) 25. XI. 1836. 30 S. mit Biogr. (M.: M. Kothe.) (6.50) 17742
Oppon.: M. Cruse, F. Bahlmann, J. Brentjes. — Gew.: H. W. Credé.

Kentmann, F., ein Jahrgang Morgenandachten f. Kinder. (242 S.) 8. Reval 908. Cordes & Schenk. Kart. 3. —

Kentmann, H., s.: Neisser, A., stereoscop. medicin. Atlas.

Kentmann, Paul, Ceylon—Honkong—Japan. Reiseerinnergn. aus d. fernen Osten. 8. (312 S.) Moskau 897. (Reval, F. Kluge.) n. 5. —

Der Kentucky Colonist: 1883?–1885?

Weekly. Probably state-subsidized to attract German immigrants. Kentucky published such propaganda in book form.

Louisville, KY

Kentucky Courier: 1894? – 1895? Louisville, KY

Republican weekly. Edited & published by William B. Fischer.

Kentucky Demokrat: 1891?–1895?

Democratic daily, evening except Sunday. For Sunday edition, see SONNTAGSBLATT DES KENTUCKY DEMOKRAT. Circulation: 1895, 1700. Edited & published by Kentucky Publishing Co., 1891–94; by J. V. Schiffer, 1895.

Covington, KY

Sonntagsblatt des Kentucky Demokrat: 1892?–1895? Covington, KY

Sunday edition of KENTUCKY DEMOKRAT. Circulation: 1893, 2200.

Kentucky Journal: 1890?– ?

Deutsches Abendblatt. Reported by *DABZ XX*, No. 11 on Sept. 1, 1892 as a publication of a press employing a comparatively large staff.

Newport, KY

Kentucky Staats-Zeitung: 1879?–1880?

Weekly, dated also at Covington, Ky. Edited & published by Joseph Maier.

Newport, KY

Kentzing, A. v. (Hrsg.), s. P l a n i t z , Ernst von der: Der letzte Königsumritt.

Kentzing, A. v., Kronprinz Rudolf, s.a. **Odescalchi**, Prinzessin.

Kronprinz Rudolf das Opfer der Baronesse Vetsera. Enthüllung d. Prinzessin Odescalchi geb. Gräfin Zichy. Nach d. franz. Orig.-Text unter Benutzung d. Uebers. von Ernst Edler v. der Planitz bearb. von A. v. Kentzing. 3. Aufl. *Berlin: A. Piehler & Co. [1900].* (60 S.) 8° [F.] [illegible]

Kentzingen, Frhr. v., s. Amts-Handbuch für Niederbayern.

Kentzinger, **Ant.**, Documens historiques, rélatifs à l'histoire de France, tirés des archives de la Ville de Strassbourg. 11 Vols. 8. Strassb. 818, 19.

Kentzinger, Ant. de, Documens historiques, rélatifs à l'histoire de France, tirés des archives de la ville de Strasbourg. gr. 8. Strasbourg, Levrault. 818.

— des grains et des quelques objets de police à Strassbourg. 8. Strassb. 820.

— des hospices civils de Strassbourg, et de l'hôpital au particulier. 8. Paris 823.

— Strassbourg et l'Alsace, ou choses mémorables des vieux temps. 8. Strassb. 824.

Kentzler, Jos., Gleichenberg, topograph. Scizzen des Curortes und der physiologisch-therapeut. Werth der Curmittel. 8. (57 S.) Ungvár 885. (Budapest, Grimm.) * 1 —

Kentzler, Wilh.

Kentzler W. deutsche Geschichte. (Weber's Katechismen 86) Leipzig 1879

Kentzler, W., Katechismus der deutschen Geschichte, s. Weber's, I. I., illustrirte Katechismen.

Kentzler, Wilh., Katechismus der deutschen Geschichte. 8. (VIII, 306 S.) Leipzig 879. Weber. cart. n. 2. 50

Kentzler, Wilh., s. Kohlrausch, Friedr., deutsche Geschichte.

Kenyeres, B., Verletzungen durch Schuss, Schlag, Wurf, s.: **Neisser, Alb.**, stereoscop. medicin. Atlas.

Kenyon, Frederic George, some additional fragments of the London medical papyrus. (Mit e. Anh. v. H. Diels.) gr. 8. (5 S.) Berlin 901. (G. Reimer.) n. — 50
Sonderabdr. aus: „Sitzungsber. d. preuss. Akad. d. Wiss."

Kenzelmann, Christian Beatus

— über die lehrreichen Erfahrr. des verfloss. Jahrhunderts. Eine Predigt am Neujahrstage 1801. gr. 8. Meißen 801. Goedsche. 4 K

Kenzelmann, C. B., interpretatio Joh. 4, 19–25. Dresd. 1789. 4.

Kenzelmann, Chr. Beatus, histor. Nachrichten über die Porzellain-Manufaktur in Meißen u. deren Stifter Jh. Fr. v. Böttger. gr. 8. Meißen 810. Goedsche. 3 K

— s. Frz. V. Reinhard, Predigten. Supplementband.

Kenzelmann, Christian Beatus (Meissen), Viro Gottlob Siegmund Donner, A. L. M., dioeceseos Misenensis ephoro grav. . . . summos in theologia honores Lipsiae 24. VIII. 1810 rite susceptos pie gratul. dioeces. Misen. concionat., scholaeque civicae magistri. Lpz. (Neubert). 2 Bl. mit Namen d. Gratul. (4.50) 17745

Kenzinger, Georg (Ober-Bergheim), Excerpta controversiarum illustrium, de advocatis. Präs. Johann Heinrich Feltz. Strassburg (Josias Staedel) 11. VI. 1706. 26 S. (6.80) 17746

Der Keokuk Anzeiger: 1891–1899.

Weekly. Independent, 1891–98; Republican, 1899. United with DIE KEOKUK POST, to form KEOKUK POST-ANZEIGER. Published SONNTAGSBEILAGE, 1891–99. Circulation: 1895, 600 (est.). Edited & published by George Henzel, 1891–99.

Keokuk, IA

Die Keokuk Post: 1869–1911.

Weekly. Independent, 1871–89; Democratic, 1890–97; Independent, 1898–1911; supported Tilden. Merged with DER KEOKUK ANZEIGER, to form KEOKUK POST-ANZEIGER. For tri-weekly edition, see DIE KEOKUK POST. Published SONNTAGSBEILAGE, large quarto, each issue 4 pages. Circulation: 1870, 1000 (est.); 1880, 1200; 1890, 1100; 1900, 600; 1905, 900; 1910, 750. Edited & published by Theo. Bischof, 1869–74; by Carl Normann, 1875–77; by Adolphus Wulff, 1878–80; edited by H. C. Bechtold, & published by H. C. Bechtold & Son, 1881–86; edited & published by John A. Henzel, 1887–1900; edited by George Henzel, & published by Keokuk Publishing Co., 1901–11.

Keokuk, IA

Die Keokuk Post: 1870?–1872?

Republican tri-weekly edition of DIE KEOKUK POST. Circulation: 1871, 450 (est.).

Keokuk, IA

Képek a' Magyar politikai és törvényhozási életből. Elsö füzet. 8. Lipcsében 844, Wigand Ottonál. n. 1/3 ₰

— dass. Második füzet. 8. Ebend. 844. n. 1/3 ₰

Képes-A. B. Cz., magyar-német, és olváso-könyv jó gyermek ek számára. — Ungarisch-deutsches Bilder-A. B. C. und Lese-Buch für gute Kinder. gr. 12. (24 S. mit 12 ill. Stnt.) Pesth 854. [Leipzig,] Geibel. *

Kephalides, Aug. Guil.: De fluviis Mare Caspium et Lacum Aral subeuntibus. Disputationis de Mari Caspio p. 2. Gottingae: Vandenhoek et Ruprecht 1814. (VIII S., S. 270–420) 8° *(Mit e. Vorrede v. A. H. L. Heeren.) [P. 1 ist Göttinger phil. Diss. v. 26. 2. 1814; vollst. Buchausg. 1814.]*

Breslau, Phil. Fak., Hab.-Schr. v. [22. Okt.] 1814

Kephalides, Augustus Guilelmus: De historia Maris Caspii. Praefatus est A. H. L. Heeren. Goettingae 1814. X, 266 S. 8°.

Kephalides, **Aug. Wlh., († d. 10. März 1820.) de historia maris Caspii; praefatus est A. H. L. Heeren. 8. Götting. 815. Vandenhöck u. R. 1 ß 4 gl**

Kephalides, Aug., Wilh., Reise durch Italien und Sicilien. 2 Theile. Mit 6 Karten und Plänen. gr. 8. Leipzig, Gerh. Fleischer. 818.

Kephalides, August Wilhelm. Reise durch Italien und Sicilien. Mit Karten und Plänen. 2. Auflage. (2 Bde.) 8. Leipzig 1818.

Kephalides, August Wilhelm: Reise durch Italien und Sicilien. Th. 1, 2. Leipzig 1822. 1 Bd. XII, 334 S., 2 Krt.; VIII, 396 S., 3 Krt. 8°

Kephalides, (A. W.,) Reise durch Italien u. Sicilien. 2 Thle. Mit 5 Charten. 2te Aufl. gr. 8. Leipz. 822, Gerh. Fleischer.

Kephalides, Jh. Gli., Lebensbeschreibung. Von ihm selbst verfaßt. 12. Berlin 844, Wohlgemuth. 1/8 ß

Kephalides, J. G., weiland. Predigers der evangel. Gemeinde zu Heidersdorf, Lebensbeschreibung, von ihm selbst verfaßt, herausgeg. von D. L. Wachler. 8. Breslau, Holäufer. 818.

Kephalides, Konrad

Kephalides, Conrad (Augsburg), De alienatione fideicommissorum familiae vel sine consensu liberorum postea procreatorum licita. Diss. jur. Erlangen (Junge) Nov. 1793. 68 S. (6.80) 17747
Gew.: Johann Baptist Christoph Adam Valent. Joseph v. Rechlingen u. Haltenberg, Paul v. Stetten, Jo. Baptist Moritz Ludwig v. Carl zu Mühlbach, Jac. Ulrich Holzapfel v. Herxheim u. Koetz, Philipp Georg Friedrich v. Rauner zu Mühringen, Wolfg. Ignaz Langenmantel zu Westheim u. Ottmarshausen, Johann Thomas v. Ammann.

Kephalides, **Konr, de alienatione fideicommissorum familiae vel sine consensu liberorum postea procreatorum licita. 4. Erlang. 794. Palm. 8 gl**

Kephallenia, Insel, s. Biedermann, Georg.

Kephas hat gerufen. Wer folgt dem Rufe der Liebe? Paderborn, Bonif.-Dr., 1897, 12°, 10 Pf. (Bonif.-Brosch. Jahrg. 28, Heft 12.)

Kepingen, Aug., Tangbor, die Hexe von Uralt, od. die Blutnacht auf Rosenstein. Eine vaterländ. Geschichte aus d. abenteuerl. Tagen der Ritterzeit. 8. (9 B.) Znaim 844. (Wien 845, Jasper's Verl.) *

Kepinow, Leon: ⟨Aus d. Krebsinst. d. Univ. Heidelberg. Dir.: Czerny.⟩ Ueber die eiweissspaltenden Fermente der benignen und malignen Gewebe. Berlin 1909: Schumacher. 32 S. 8° ¶(Aus: Zeitschr. f. Krebsforschung. Bd 7, H. 3.)
Heidelberg, Med. Diss. v. 1909, Ref. Ernst
[Geb. 1. Juni 81 Tiflis; Wohnort: Moskau; Staatsangeh.: Rußland; Vorbildung: Gymn. Tiflis Reife O. 02; Studium: Moskau 5, Heidelberg 6 S.; Rig. 15. Dez. 08.] [U 09. 1961

Kępiński, Witold v.: Aus d. Pathol. Inst. d. Univ. München. Der Tod durch Elektrizität. München 1909: Ernst. 35 S. 8°
München, Med. Diss. v. 30. April 1909, Ref. v. Bollinger
[Geb. 4. Mai 84 Warschau; Wohnort: Warschau; Staatsangeh.: Rußland; Vorbildung: III. Gymn. Warschau Reife Juni 03; Studium: Warschau 3, Kiel 3, München 4 S.; Rig. 30. April 09.] [U 09. 3348

Kepler, J., Neues über ihn, s. Dvorský, Frz.

Kepler, Johannes. Ein Lebensbild von J. Schall, s. Neujahrsblätter, württembergische.

Kepler, Johannes, der große Astronom Deutschlands, in seinem Leben, Wirken u. Leiden. Wien 866. Hartleben's Verlag. 8. (63 S. mit dem lith. Jugend-Portr. u. Facs. Kepler's.) 10 ngr.

Kepler, Johannes, der große Astronom Deutschlands, in seinem Leben, Wirken und Leiden. 2. Aufl. Mit dem Jugend-Portr. u. Fcsm. Kepler's (auf e. Steintaf.) 8. (63 S.) Wien 871. Hartleben. — 50

Kepler und die unsichtbare Welt . . . Berlin 1819. V: *Fischer, Ernst Gottfried.* (MGT) (KY) (NN) (Hitzig)

Kepler und die unsichtbare Welt. Eine Hieroglyphe. 8. Berlin, Nicol. 819.

– Dass., s.a. Keppler

Kepler, E., s.: Ewald's Fahrt m. dem Christkinde.

Kepler, Johannes

Kepler, J., s. Correspondenz, ungedruckte wissenschaftliche, zwischen J. K. und Herwart v. Hohenburg.

Kepler's, Joha., Dioptrik, s. a. Ostwald's, W., Klassiker der exakten Wissenschaften. Nr. 144.

Johannes Keplers [Kepplers] Mathematikers Sr. Kais. Majestat Dioptrik [Dioptrice] oder Schilderung d. Folgen, die sich aus der unlängst gemachten Erfindung d. Fernrohre f. d. Sehen u. d. sichtbaren Gegenstände ergeben. Augsburg: Druck von David Franke 1611. Übers. u. hrsg. von Ferdinand Plehn. Mit 43 Fig. *Leipzig: W. Engelmann 1904.* (114 S.) 8°
== Klassiker, Ostwald's, d. exakten Wissenschaften. No 144. [illegible] 2

Keppler, Joh., Discurs welcher Gestalt allerhand Ulmische Masssachen in einander zu verknüpfen und zu conserviren sein möchten. Nach einem Orig.-Mscr. mit Bemerkungen hrsg. von L. F. Ofterdinger. gr. 4. (10 S.) Ulm 872, (Stettin'sche Buchh.) — 75

J. Keppleri Epiſtolae mathematicae inſertis ad eandem reſponſionibus opus quo recondita Kepplerianae doctrinae capita dilucide explicantur. Lipſ. haered. Lanckiſian. fol. 1721.

Keppler, I., aliorumq. epistolae mutuae. fol. Lpz. Compt. f. lit. 718.

— — eaed. gr. fol. Paris. (F. C. W. Vogel in Lps.) 718.

I. Keppleri epistolae selectae edit. a C. L. Ettlos, P. — (1839) Ibid. — S. III–IV u. 1–29. Progr. München.

Kepler, Jo.: Opera omnia, ed. Ch. Frisch. 8 in 9 Bdn [nebst] Vita. Frankf. a. M.: Heyder & Z. 1858—71.

Kepleri, Joh., astronomi, opera omnia edid. Ch. Frisch. (In 8 Bdn.) Vol. I., II. pars 1 und 2, Vol. III., IV. pars 1. Lex.-8. Frankfurt a. M. 857—61, Heyder und Zimmer. [Vol. I. pars 1. (287 S. mit eingedr. Holzschn.) * 1 Thlr. 24 Ngr., Vol. I. pars 2. (XV und S. 288—672 mit eingedr. Holzschn.) * 2 Thlr. 6 Ngr., Vol. II. pars 1. (S. 1—320 mit eingedr. Holzschn.) * 2 Thlr., Vol. II. pars 2. (VI und S. 321—842 mit eingedr. Holzschn. und 4 lithogr. S.) * 3 Thlr., Vol. III. (748 S. mit eingedr. Holzschn.) * 4 Thlr., Vol. IV. pars 1. (368 S.) * 2 Thlr.] *

Kepleri, Joa., astronomi, opera omnia. Edidit C. H. Frisch. Vol. IV. pars 2. Vol. V. Vol. VI. pars 1 et 2. Vol. VII. Lex.-8. Frankfurt a. M. 863—68, Heyder und Zimmer. [Vol. IV. pars 2. (VI und S. 369—666 mit eingedr. Holzschn.) * 2 Thlr., Vol. V. (IV und 648 S. mit eingedr. Holzschn. und 3 Stnt.) * 4 Thlr., Vol. VI. pars 1. (S. 1—368 mit eingedr. Holzschn.) * 2 Thlr. 15 Ngr., Vol. VI. pars 2. (IV und S. 369—775 mit eingedr. Holzschn. und 1 Stahlst.) * 2 Thlr. 15 Ngr., Vol. VII. (VIII und 839 S. mit eingedr. Holzschn., 1 Stnt. und 1 Tab. in qu. 4.) * 5 Thlr.] *
Vol. I—IV. pars 1. Ebendas. 1857—61. * 15 Thlr.

Kepleri, Joa., Opera omnia. Edidit Ch. Frisch. Vol. VIII. 2 Partes. Bericht von den Finsternissen der J. 1620 und 21. Astronomia lunaris. Unterricht vom heil. Sacrament des Leibs und Bluts Jesu Christi. Nachträge aus den Pulkowaer Mss. Judicium matris Kepleri. Kepleri vita. Register. Lex.-8. (S. 1—562 mit eingedr. Holzschn.; CXXVII, S. 563—1028 mit eingedr. Holzschn. und 1 Photogr.) Frankfurt a. M. 870,71, Heyder und Zimmer. à Pars *ℳ 10,50. *
Vol. I—VII. Ebendas. 1858—68. *ℳ 93.

Kepler, Johs., neue Stereometrie der Fässer, besonders der in der Form am meisten geeigneten österreichischen, u. Gebrauch der kubischen Visierrute, s. a. Ostwald's, Wilh., Klassiker der exakten Wissenschaften.

Neue Stereometrie der Fässer [Nova stereometria doliorum], besonders der in d. Form am meisten geeigneten österreichischen, u. Gebrauch d. kubischen Visierrute. Mit e. Erg. z. Stereometrie d. Archimedes. Von Johannes Kepler [Keppler]. Linz 1615 ... Aus d. Lat. übers. u. hrsg. von R. Klug. Mit 29 Fig. Leipzig: W. Engelmann 1908. (130 S.) 8°
— Klassiker, Ostwald's, d. exakten Wissenschaften. No 165. fol. 11680

Kepler, R. E., s.: Tagebuch, mein.

Kepler's Traum vom Mond. Von Ludw. Günther. M. d. Bildniss Keplers, d. Fksm.-Titel d. Orig.-Ausg., 24 Abb. im Text u. 2 Taf. gr. 8. (XXII, 185 S.) Leipzig 898. B. G. Teubner. n. 8. —

Kepner, Friedrich, Prof. und Bibliothekar in der Wiener-Neustädter Akademie. Thaten und Charakterzüge berühmter österreichischer Feldherrn. (Mit 1 Bildniss.) (3 Bde.) 8. Wien 1808.

Kepner, Jh. Fr.

— Entwurf literar. Vorlesungen. 4 Thle. 8. Wien 791. Hörling. 1 ℛ 16 𝔤ℊ

Kepner, Jh. Fr., (†...) Fabeln in gereimtem Sylbenmaße. 8. Wien 799. Sammer; a. Pichler. 10 𝔤ℊ

— lyr. Gedichte. 8. Wien 799. Pichler. 8 𝔤ℊ

Kepner, Jh. Fr., s. 1) Geizige, der. 2) Menschenfeind, der.

Kepner, F., s. Mondor.

MONDOR; eine Persische Geschichte (von *Joh. Friedr. Kepner*). Prag 1771.
Anon.-Lex. III. p. 157 (nach Adelung, Kayser, Meusel).

— s. Schriftsteller, Der.

— s. Westindier, Der.

Keppel, Aug., Kehre wieder, deutsches Volk, kehre wieder! Predigt am allgemeinen Landes-Buß- und Bettag beim Ausbruch des Krieges Frankreichs gegen Deutschland am 7. Aug. 1870 gehalten. gr. 8. (18 S.) Nürnberg 870, (Löhe.) *

Keppel, Frz., Signor Formica, s.: Schutt, Ed.

Keppel, Friedrich: Patriotismus des Dichters Q. Horatius Flaccus. Augsburg 1904: Haas & Grabherr. (40 S.) 8°
Augsburg, k. RG P 1904*

Keppel, Georg

Keppel, G., Reise v. Indien durch Persien u. Rußland nach Großbritannien. Aus d. Engl. gr. 8. Jena 827. Bran. 1 ℛ 6 𝔤ℊ

Keppel, Joh. Sim., das neue Gesangbuch d. protest. Kirche in Bayern. Zur Orientirung auf d. Gebiete der kirchl. Hymnologie. (Als Fortsetzung der Schrift: Die Gesangbuchs-Angelegenheit d. protestant. Kirche in Bayern.) gr. 8. (6¾ B.) Bayreuth 846, Grau'sche Buchh.

—— die Gesangbuchs-Angelegenheit der protestant. Kirche in Bayern diesseits des Rheins. Zur Vermittelung der Gegensätze. gr. 8. (4 B.) Bayreuth 844, Grau'sche Buchh. *

Keppel, Karl, Abriß der bayerischen Geschichte. gr. 8. (23 S.) Hof 878. Büching. n. — 20

Keppel, Karl, Abriß der bayerischen Geschichte. 2. Aufl. gr. 8. (24 S.) Nürnberg 885, Büching's Verlag. * — 20

Keppel, Karl, Abriß der bayerischen Geschichte. 3. Aufl. gr. 8. (53 S.) Nürnberg 902. C. Koch. n. — 40; kart. n.n. — 50

Keppel, Carl, Atlas z. Geschichte d. deutsch. Volkes für Mittelschulen. 2. Aufl. gr. 8. (13 chromolith. Karten in gr. 4.) Hof 876. Büching. n. 1. 20

— Atlas zur Geschichte des deutschen Volkes für Mittelschulen. 2. Aufl. Billige Quart-Ausg. qu. gr. 4. (12 lith. u. color. Karten.) Ebend. 878. n. — 75

— deutsche Geschichte in Verbindung m. den Hauptmomenten aus der bayer. Geschichte u. e. kurzen Ueberblick über die alte Geschichte für Mittelschulen. 8. (208 S.) Ebend. 871. n. 1. 80

— dasselbe. 2., verm. u. verb. Aufl. gr. 8. (IV, 240 S.) Ebend. 872. n. 2. —

— dasselbe. 3., verb. u. verm. Aufl. gr. 8. (250 S.) Ebend. 875. n. 2. 40

Keppel, Karl, deutsche Geschichte in Verbindung mit dem Wichtigsten aus der baierischen Geschichte und einem kurzen Ueberblick über die alte Geschichte für Mittelschulen. 1. Aufl. (208 S.) 1871. *ℳ 1,80.; 2. Aufl. (IV, 240 S.) 1872. *ℳ 2., und 3. verb. und verm. Aufl. gr. 8. (250 S.) Hof 875, Büching. * 2 40

— deutsche Geschichte in Verbindung mit dem Wichtigsten aus der bayerischen Geschichte u. einem kurzen Ueberblick über die alte Geschichte für Mittelschulen. 4., verb. Aufl. gr. 8. (VIII, 264 S.) Ebend. 877. n. 1. 80

—— deutsche Geschichte in Verbindung mit dem Wichtigsten aus der bayerischen Geschichte und einem kurzen Überblick über die alte Geschichte für Mittelschulen. 5. verm. und verb. Aufl. gr. 8. (XXXII, 244 S.) Ebendas. 885. * 2 40

— Geschichts-Atlas in 27 (chromolith.) Karten. 7. Aufl. qu. gr. 4. Ebend. 885. n. 1. —

Keppel, Carl, Geschichts-Atlas für Mittelschulen. A. Zur Geschichte des Alterthums. B. Zur deutschen Geschichte. qu. 4. (4 Stnt.) Hof 874, Büching. *

— Geschichts-Atlas f. Mittelschulen. 2. Aufl. gr. 8. (24 chromolith. Karten in gr. 8. u. 4.) Ebend. 876. n. 1. 50

— Geschichts-Atlas für Mittelschulen. 2. Aufl. Billige Quart-Ausg. qu. gr. 4. (15 lith. u. color. Karten.) Ebend. 878. n. 1. —

— Leitfaden beim ersten Unterricht in der Geschichte mit besonderer Berücksichtigung der deutschen Geschichte. gr. 8. (VIII, 152 S.) Ebend. 878. n. 1. —

Keppel, Karl, Schülerbuch f. den deutschen Aufsatz-Unterricht an den Mittelschulen im Sinne der Schulreform, s.: Steinel, Osk.

Die Ansichten der alten Griechen und Römer von der Gestalt, Grösse und Weltstellung der Erde. — Von Theodor Keppel, G. P. — 1884, Schweinfurt, ibid. — S. 3—58.

Progr. Schweinfurt, K. Gymn.

[J.] Keppel, Theodor [Rektor]: Die Weinbereitung im Altertum und in der Neuzeit. Bayreuth, Buchdr. v. E. Mühl, 1896; 45 S. 8.
Bayreuth, k. Humanist. G, P 1896*

Keppel, Thdr., d. Weinbereitung im Altertum u. in d. Neuzeit. Progr. gr. 8. (45 S.) Bayreuth 896. (C. Giessel.) — 75

Keppel, Theodor: Die Weinlese der alten Römer. Schweinfurt 1874. 29 S. Schweinfurt, Progr. der Kgl. Studienanstalt 1873/74. -- 43.121*. Tr 1

Keppeler, Gustav, aus Heilbronn a. N.: Die Bildung der Oxyazofarbstoffe. *Heilbronn a. N. [1900]: C. Rembold & Co.* (69 S.) 8°
Heidelberg, Naturw.-math. Diss. v. 1900

Keppeler, Gust, Chemisches auf der Weltausstellg. zu Paris im J. 1900. gr. 8. (88 S.) Stuttgart 901. F. Enke. n. 1. 20
Sonderabdruck aus: „Sammlung chem. Vorträge".

— chemischer Führer durch die Industrie- u. Gewerbe-Ausstellung Düsseldorf 1902. 8. (46 S.) Leipzig 902. S. Hirzel. n. — 60

Keppeler, Gust., s.: Jahrbuch, keramisches.

Keppeler, Gustav, Dr., dipl. Chemiker: Über die Reinigung des technischen Acetylens. 1902. 54 S. 8° ¶ Aus: Schilling's Journal f. Gasbeleuchtung. Jg. 44. 45. 1901. 02.
Darmstadt Te. H., Hab.-Schr. v. 7. 1. 1903

— s.: Zeitschrift f. komprimierte u. flüssige Gase.

Keppen, A. de, Aperçu sur la question des accidents du travail en Russie. 8°. Berne 1891.

Keppen, A., mining and metallurgy for the worlds Columbian exposition at Chicago, s.: Industries, the, of Russia.

Keppich Paul: Über die Bestimmung der Löslichkeit einige. Salze der normalen Capronsäure und Diäthylessigsäure (mit 2 Taf.) S. 97. IIb. 83 . . . . vgr.
Separatabdruck

Keppler, Johann, Kaiserlicher Mathematiker . . . O. O. 1842. V: *Gandershofer, Maurus.* (Lindner)

JOHANN KEPPLER KAISERLICHER MATHEMATIKER. Denkschrift des historischen Vereins der Oberpfalz und von Regensburg auf die Feier seines zehnjährigen Bestandes. Mit Keppler's Bildniss, Wappen und dem Faksimile seiner Handschrift. Regensburg 1842. Gedruckt bei Julius Heinrich Demmler (vormals Brenck). 4°.

Keppler, Jh., Kaiserlicher Mathematiker. — Denkschrift des histor. Vereins der Oberpfalz und von Regensburg auf die Feier seines zehnjährigen Bestandes. Mit Kepplers Bildniß, Wappen u. Facsimile seiner Handschrift. Imp.-4. Regensburg 842, Manz. n. 1 1/8 ₰

Keppler, Johannes, s. Fortschritte, die, der Naturwissenschaft in biographischen Bildern.

Keppler u. die unsichtbare Welt. Eine Hieroglyphe (v. Er. Gf. Fischer). 8. Berl. 819. Nicolai. 10 gr

– Dass., s.a. Kepler

Keppler, Geschichte Sforza, s. Sforza.

Keppler, Alfred, med. pract. in Speicher, Kant. Appenzell (von Muhen, Kt. Aargau): Ueber Pleuritis pulsans. [S. A. aus: Deutsches Archiv für klinische Medicin. Bd 41. S. 220—240]. Leipz. J. B. Hirschfeld Dr. 1887. 2 Bl., 31 S. 8°.
Zürich, Med. Diss. [v. 9. Aug. 1887].

Keppler, Ferdinand [aus Freudenstadt]: Über 1. 3. Dinitropropan . . . Stuttgart, Druck v. Ch. Scheufele, 1892; 35 S. 8.
Heidelberg, Naturw.-math. Fak., Inaug.-Diss. v. [26. Juli] 1892

Keppler, Fr., Choleraanfall, Vergiftung, Incarceration? [Aus: „Wiener medicin. Wochenschr."] gr. 8. (16 S.) Wien 891. (Tübingen, Osiander.) n. — 80

— das Geschlechtsleben d. Weibes nach der Kastration. Vortrag. [Aus: „Wiener medizin. Wochenschrift".] gr. 8. (12 S.) Ebd. 891. n. 1. —

— die Kraniotomie m. dem Hohlmeissel. Eine neue Methode der Perforation. [Aus: „Wiener medizin. Presse".] gr. 8. (16 S. m. 7 Fig.) Ebd. 891. n. — 80

Keppler, Fr., die acute Saponinvergiftung u. die Bedeutung des Saponins als localen Anästheticums durch das physiologische Experiment an sich selber dargestellt. [Aus: „Berliner klin. Wochenschr."] gr. 8. (25 S.) Berlin 878. Hirschwald. n. — 60

—— die Wanderniere und ihre chirurgische Behandlung. gr. 8. (45 S.) Ebendas. 879. *
Aus: Archiv für klinische Chirurgie, besonders abgedruckt.

Keppler, Franc. (geb. Höfferhof im Rheinl. 29. 1. 1841): De dysenteria. Berolini (1865). (32 S.) 8°
Berlin, Med. Diss. v. 31. Juli 1865

Keppler, Fritz, üb. Copa. (99 S.) 8. Leipzig 908. Buchh. G. Fock. 3. —

Keppler, Fritz, die Erfolge meiner Behandlung des asphyktischen Choleraanfalles mit continuirlichen subcutanen Infusionen alkoholischer Kochsalzlösung. gr. 8. (36 S.) München 886, G. Franz'sche Hofbuchdr. * 1 —

Keppler, Fritz, vier Erzählungen. 8. (83, 83, 36 und 14 S.) München 885. Franz'sche Hofbuchdr. n. 4. —; geb. m. Goldschn. 5. —

Keppler, Fritz, Auf der Flucht. Lustspiel in 5 Akten. 8. (IV, 82 S.) München 872, Beck. * 2 50

Keppler, G., neue Entwürfe f. Schmuck u. Silbergeräth. Fol. (10 Taf.) Berlin (900). M. Spielmeyer. In Mappe n. 16. —

Keppler, G., sechs Blatt Original-Entwürfe für Goldschmiede und Juweliere. [Unveränderl. Lichtdr.-Reproduktion.] gr. 4. Pforzheim 884, Riecker's Buchh. *

—— wilde Rosen. Lieder. 16. (VIII, 65 S.) Ebendas. 873. cart. 1 50

—— wilde Rosen. Lieder. 2. verm. Aufl. 8. (103 S.) Ebendas. 885. *M 2.50.; geb. mit Goldschn. 3 50

Keppler, Heinrich, Lebenserinnerungen e. Frühvollendeten. Aus Briefen u. Tagebüchern. Ges. v. Sohnes- u. Freundeshand. gr. 8. (80 S. m. Bildn.) München 895. F. A. Ackermann. 1.50

Keppler, Joh. Friedr., s. Keppler, Joseph Friedrich

Keppler, Johannes, s.a. Kepler

Keppler, Johannes: Die Politik des Kardinals-Kollegiums in Konstanz vom Januar bis März 1415. *Heiligenstadt (Eichsfeld) (1899): F. W. Cordier.* (46 S.) 8°
Münster, Phil. Diss. v. [28. Juni] 1899

Keppler, Joseph Friedrich

KEPPLER, Joh. Friedr. (v.) (geb. 1760 in Stralsund, seit 1781 in Wien, lebte noch 1823), Adelstern, oder Ehrgeiz und Vorurtheil für seine Familie. Mit Titelkpfr. Wien 1781. 8⁰. Selten!
Haydinger's Bibl. I. 2. Nr. 204.

v. Keppler, Jos. Fr., Adelstern, oder Ehrgeiz u. Vorurtheil. 8. Wien 781. Gerold. 12 K

Keppler, Jos. F. v., d. schöne Beata, od. d. Kapaun in 12 Ges. 8. Wien, Kaulfuß. (Gräff in Lpz.) 790.

v. Keppler, Jos. Fr., († ...) d. schöne Beata, oder d. Kapaun in 12 Gesängen. 8. Wien 790. Kaulfuß. (Leipz., Wienbrack). 7 K

— — Der Fasan. (Derb-satyr.-politischer Roman gegen die kathol. Geistlichkeit, fleischliche Sünden des Klerus, frommen Aberglauben, Bauchphilosophie etc.)
Deguisant la raison sous l'air de la Folie
Dorat.
(Typogr. Ornam.-Vign.) Frankfurt u. Leipzig (Prag, Schönfeld) 1784. 8⁰. (3 Mk. W. H. Kühl, Berlin, c. 1883; jetzt theurer!)
Titel, 5 Bll. Vorr., 3 Bll. Pränumerantenliste, 286 S. — Selten!

— d. Fasan, 8. Frkf. u. Lpz. (Schönfeld in Prag.) 785.

— neueste Geschichte des Papstes Pius VI. bis auf seine Abreise v. Wien. 8. Wien 782. Gerold. 8 K (a. Barth in Leipz.) 10 K

— — dasselbe. 8. Lpz. Barth. 783.

— die Grafen von der Provence. 8. Wien 792. 14 K

§ — — Die Inoculation der Dummheit. Wien 1782. 8⁰. (In München: P. o. germ. 1687, 44.)

— die Inoculation der Dummheit. 8. Wien 783.

— Kapotrock, der.

— — Der Kapotrock. Eine Geschichte, aus einer schwedischen Handschrift übersetzt. Wien, Gerold, 1782. 8⁰.
Tit., 3 Bll. Vorr. d. Übersetzers, 184 S. — Zahm. Schwerlich Uebersetzung.

— Maria Galeazzi, Herzog v. Mailand. 8. Wien u. Leipz. 793. Sammer. 1 K

— — Christian Piphan, oder Vertheidiger der Unwissenheit. Eine Geschichte. Mit Titelvignette. Wien 1781. 8⁰.
Haydinger's Bibl. I. 2. Nr. 206.

— Christ. Piphan, od. die Vertheidigung der Unwissenheit. 8. Wien 781. Gerold. (Barth in Leipz.) 5 K

— — Rahmin und Sigismunda, oder Größe und Schwäche des menschlichen Herzens. 3 Thle. Mit 1 figurenreichen TVign. (Seb. Mansfeld fec.). WIEN, 1783, gedr. u. verlegt in der Sonnleithnerischen Buchhdlg. 8⁰. (4 Mk. Friedr. Klüber, München, c. 1895.)
1: 7 Bll. Vorst. u. 141 S. „Dem Herrn Grafen Karl v. Traun gewidmet.“ 2: 109 S. (incl. Tit. u. 4 Bll. Vorr.). 3: 110 S. — In Th. 2 Einiges etw. frei. — Selten!

— Rahmin u. Sigismund. 3 Thle. 8. Wien 783. Hörling. 20 K

— Sterne, oder der gekränkte weibl. Stolz. 8. Wien 783. Gerold. 8 K

— krit. Untersuchung üb. die Ursache u. Wirkung des Lächerlichen. 2 Thle. 8. Cilli 792. Jenko. 1 ꝑ 12 K

— — Kritische Untersuchungen über die Ursache und Wirkungen des Lächerlichen. 2 Bde. Cilli 1792. 8⁰. 358 u. 191 S. (6 Mk. 50 Pfg. der Vorige, c. 1895.)
Nirgends citiertes, durch Flögel's Geschichte der komisch. Litt. veranlasstes Werk, mit vielen interessanten Proben in Prosa u. Versen.

Keppler, Max, appr. Arzt: **Über extracranielle Aneurysmen der Carotis interna. Naumburg a. S. 1910: Lippert. 24 S. 8°**
Leipzig, Med. Diss. v. 7. März 1910, Ref. Trendelenburg
[Geb. 19. Dez. 83 Fehrbellin; Wohnort: Leipzig; Staatsangeh.: Preußen; Vorbildung: Gymn. Neu-Ruppin Reife O. 02; Studium: München 8, Erlangen 1, Leipzig 4 S.; Coll. 19. März 10; Approb. 31. Jan. 10.] [U 10. 3000

Keppler, Paul, s. Keppler, Paul Wilhelm

Keppler, Paul Wilh. v., die Adventsperikopen, s. a. Studien, biblische. IV. 1.

Die Adventsperikopen. Exeget.-homilet. erkl. v. Dr. Paul Wilhelm **Keppler**, Bischof v. Rottenburg ... *Freiburg i. B.: Herder 1899.* (3 Bl., 143 S.) 8.
— Studien, Biblische. Bd IV. H. 1.

Keppler, Paul Wilh. v., die Adventsperikopen. Exegetisch-homiletisch erklärt. 8. Aufl. (V, 148 S.) gr. 8. Freiburg i/B. 904. Herder. n. 2.—; geb. in Leinw. n. 2.80

Keppler, Paul Wilh. v., die Adventsperikopen, exeget.-homiletisch erklärt. 4. Aufl. (V, 153 S.) gr. 8. Freiburg i/B. 910. Herder. 2.—; geb. in Leinw. 2.80

Keppler, Paul Wilh. von, Die Arbeit und die christliche Hoffnung. 8°. Stuttgart, Deutsches Volksblatt, 1907.

— die Rottenburger Dombaufrage. Rede, geh. am Feste Peter u. Paul 1904 in der Festhalle zu Rottenburg. (24 S.) 8. Rottenburg 904. W. Bader. n n. — 25

— s.: Fasten-Hirtenbrief des Bischofs v. Rottenburg.

— Festpredigt, geh. bei der Feier des 50jährigen Jubiläums des Ordenshauses des heiligsten Herzens zu Riedenburg am 18. V. 1904. (16 S.) 8. Bregenz (904). J. N. Teutsch. n. — 20

— Homilet. Gedanken u. Ratschläge. 1.—6. unveränd. Aufl. (V, 113 S.) 8. Ebd. 910. 1.20; geb. in Leinw. 1.80

— Der christlichen Charitas Geist u. Wesen. Rede. — Gisler, A., der hl. Franz v. Assisi, e. Vorbild sozialen Wirkens. Rede. Geh. am XIII. Charitastag zu Ravensburg. 2. durchgeseh. Aufl. (47 S.) kl. 8. Ravensburg (909). Dorn. p — 30

— s.: Hirtenbrief des Bischofs v. Rottenburg.

— das Johannes-Evangelium u. das Ende d. ersten christlichen Jahrhunderts. Eine akadem. Antrittsrede. gr. 8. (32 S.) Rottenburg a/N. 883. Bader. n. — 50

Keppler, Paul, die Composition des Johannes-Evangeliums. 4. (118 S.) Tübingen 884, (Fues.) *

— aus Kunst u. Leben. 1. u. 2. unveränd. Aufl. (Je VIII, 312 S. m. 100 Abbildgn. u. 6 Taf.) gr. 8. Freiburg i/B. 905. Herder. n. 5.40; geb. in Leinw. n. 7.—; in Halbfrz. n. 8.40

— dasselbe. Neue Folge. 1. u. 2. unveränd. Aufl. (Je VIII, 294 S. m. 100 Abbildgn. u. 6 Taf.) gr. 8. Ebd. 906. n. 5.40; geb. in Leinw. n. 7.—; in Halbfrz. n. 8.40

— Aus Kunst u. Leben. 3., verb. Aufl. (VIII, 346 S. m. 118 Abb. u. 6 Taf.) gr. 8. Freiburg i/B. 908. Herder. 6.—; geb. in Leinw. m. Goldschn. 7.50; in Halbfrz. m. Goldschn. 9.—

—— Württemberg's kirchliche Kunstalterthümer. Als Vereinsgabe für den Kunstverein der Diöcese Rottenburg bearb. gr. 8. (LXXVI, 401 S. und Anhang 103 S.) Rottenburg a. N. 888, Bader. * 8 —

Keppler, Paul Wilh. v., mehr Freude. 1.—50. Tausf. (Umgearb. u. wesentlich erweit. Sonderabdr. d. 7. Abschn. „Aus Kunst u. Leben", neue Folge.) (V, 199 S.) 8. Freiburg i/B. 909. 10. Herder. Geb. in Leinw. 2.60; in Ldr. m. Goldschn. 5.—; in Perg. m. Goldschn. 5.50

Keppler, Paul, d. Problem d. Leidens in d. Moral. Eine akadem. Antrittsrede. gr. 8. (58 S.) Freiburg i/B. 894. Herder. n. 1.—

— das Problem des Leidens in der Moral. 2. Aufl. (78 S.) 8. Ebd. 904. n. 1.—

— wahre u. falsche Reform. Rede, geh. auf der freien Konferenz des Kapitels Rottenburg am 1. XII. 1902. gr. 16. (16 S.) Stuttgart (902). Verlag „Deutsches Volksblatt". n. — 20

— dasselbe. 2., durchgeseh. Ausg. (1.—5. Taus.) gr. 8. (32 S.) Freiburg i/B. 903. Herder. n. — 25

— wahre u. falsche Reform. Rede. Geh. auf der freien Konferenz des Kapitels Rottenburg am 1. XII. 1902. 3. durchges. u. verm. Ausg. (6.—10. Taus.) (40 S.) gr. 8. Ebd. 903. n. — 25

Keppler, Paul Wilhelm von. Vraie et fausse réforme. Discours de Paul Guillaume de Keppler, Évêque de Rottenbourg. Prononcé... le 1er décembre 1902. Traduit en français, avec l'autorisation de l'auteur, d'après la 3e éd. revue et augmentée, par l'abbé Charles Bègue, ... Fribourg ⟨Suisse⟩. 32 p. 8. [Fribourg,] Impr. du B. P. Canisius, 1903. [fr. —. 40]

— s. a. Stationen, die XIV, des hl. Kreuzwegs.

Keppler PWv, die 14 Stationen des heiligen Kreuzweges. Zugleich Erklärung der Kreuzwegbilder der Malerschule von Beuron. 3. Auflage. (77 S 8° 14 T fol) In Mappe. Freiburg 1899

Keppler, Paul, unseres Herrn Trost. Erklärung der Abschiedsreden und des hohepriesterlichen Gebetes Jesu [Joh. c. 14—17]. gr. 8. (VIII, 304 S.) Freiburg i. Br. 887, Herder'sche Verlagsh. *ℳ 4.—; geb. * 4 80

— Wanderfahrten u. Wallfahrten im Orient. Mit 106 Abbildgn., 1 Plan der Kirche d. hl. Grabes u. 2 Karten. gr. 8. (X, 509 S.) Freiburg i/B. 894. Herder. n. 8.—; geb. in Halbfrz. u. 10.50

— Wanderfahrten u. Wallfahrten im Orient. 2. Aufl. M. 109 Abb., 1 Plan d. Kirche d. hl. Grabes u. 2 Karten. gr. 8. (VIII, 517 S.) Ebd. 895. n. 7.50; geb. in Halbfrz. n. 10.—

Wanderfahrten und Wallfahrten im Orient. Von Paul Wilhelm v. Keppler, Bischof. Mit 140 Abb. u. 3 Kt. 3. Aufl. Freiburg i. B.: Herder 1899. VII, 532 S. 8°

— Wanderfahrten u. Wallfahrten im Orient. 4. Aufl. gr. 8. (VI, 537 S. m. 145 Abbildgn., Bildnis u. 3 Karten.) Freiburg i/B. 902. Herder. n. 8.—; geb. in Halbsaff. n. 11.—

— Wanderfahrten u. Wallfahrten im Orient. 5. Aufl. (IX, 535 S. m. 177 Abbildgn., 3 Karten u. Bildnis.) gr. 8. Freiburg i/B. 905. Herder. n. 8.50; geb. in Halbsaff. n. 11.50

— Wanderfahrten u. Wallfahrten im Orient. 6. Aufl. (IX, 550 S. m. 195 Abbildgn. u. 2 Karten.) gr. 8. Ebd. 909. 9.—; geb. in Leinw. 10.50; in Halbfrz. 12.50

Keppler, Wilhelm, appr. Arzt: Über die Heilung von Pseudarthrosen unter spez. Berücksichtigung größerer Knochendefekte. Bonn 1904: C. Georgi. (93 S.) 8°
Bonn, Med. Fak., Ref. Bier, Diss. v. 21. Dez. 1904
[Geb. 28. Jan. 77 Neuenrode i. W.; Heimatsort: Neuenrode; Staatsangeh.: Preußen: Vorbildung: Gymn. Attendorn Reife O. 95; Studium: Bonn 6, München 1, Bonn 3 S.; Coll. 21. Dez. 04; Approb. 19. Juli 01.]

Keppner, F., s. Kepner, Jh. Fr.

Keppner, Fr. J. A., kurze Geschichte der musikalischen Ideen. Freiburg im B. 856. Wagner. 8. (58 S.) n. 9 ngr.

Ker, Pablo, con los Jesuitas . . . por Castigo, s.: Herder, narrador de la juventud. I.

Ker von Kersland, Joh. Denkwürdigkeiten. A. d. Engl. 4. Hamburg 1734.

Ker de Kersland, J. Mémoires p. s. à l'histoire du règne de George I. 3 v. 12. Rotterdam 1726–28. — A. d. Französ. Hamburg 1730.

v. Keralio, Geschichte d. letzten Krieges zwischen den Russen und Türken; aus d. Französ. 2 Thle. 8. Lpz. 777, 78. Schwickert. 1 ₰ 8 gr

Keralio, G. Réflexions militaires sur différents objets de la guerre. Avec des figures. 8. Francfort et Leipzig 1762.

Keralio, Louis Felix Guinement de

— Unters. üb. Darst. u. allgem. Grunds. d. Taktik. a. d. Frz. m. K. gr. 4. Bresl. W. G. Korn. 771.

— Untersuchung üb. die ersten u. allgem. Grundsätze der Taktik; aus d. Französ. (von Geo. Dtr. v. d. Gröben). Mit Kpf. gr. 4. Bresl. 771. W. G. Korn. 12 gr

— — Untersuchungen über die ersten u. allgem. Grundsätze der Tactic. Aus d. Franz. nach der Pariser Ausg. übs. Breslau 1771. 56 S.

Keralio, Louis Felix Guinement de. Untersuchungen über die ersten und allgemeinen Grundsätze der Taktik. A. d. Franz. Bresl. 1771. Ü: *Gröben, Georg Dietrich von der.* (ML) (Ky)

Keralio, Louise Felicité Guinement dame de Robert

v. Keralio, Madem., Gesch. der Königin Elisabeth v. England; aus d. Französ. (v. Dor. M. Liebeskind u. H. Würzer). 6 Bde. 8. Berl. 789—93. Maurers B. 8 ₰

— Dass., aus dem Französ. 8. Wien 801. Schalbacher; (Rohrmann u. S.) 18 gr

Keralio, Louise Felicité Guinement dame de Robert. Leben der Königin Elisabeth von England ... A. d. Franz. Berlin 1789—93. Ü: *Liebeskind, Dorothea Margaretha, geb. Wedekind.* & *Hnr. Würtzer.* (Ky) (Schl) (MGT)

Keramik

— die, s. a. Fachblatt, illustrirtes, f. die gesamte Glas-, Porzellan- u. Steingut-Industrie.

Keramik. Technisch-commerzielle Zeitschrift und Submissions-Anzeiger für die Porzellan-, Fayence-, Steingut- und Steinzeugfabrikation, die Töpferei, Fabrikation von Terracotta-Artikeln, Bodenbelegen und Leitungsröhren, Boden- und Wandmosaiken, irdenen Pfeifen, Schmelztiegeln, feuerfesten Steinen und feuerfestem Kochgeschirr, sowie Chamottewaaren und Ziegeln aller Art; ferner für Glas-, Glaswaaren- und Spiegelfabrikation, sowie für Glasmalerei; endlich für Kalk- und Gypsbrennerei, Cementfabrikation und Steingießerei, für die Stein-Industrie und den Handel mit mineralischen Baustoffen. Hrsgbr.: N. Besselich. [22.] Jahrg. 1888. 36 Nrn. (Bog.) Fol. Trier. (Leipzig, P. Braun's Verlag.) * 12 —

Keramik. Technisch-commerzielle Zeitschrift u. Submissions-Anzeiger für die Porzellan-, Fayence-, Steingut- u. Steinzeugfabrikation etc. [23.—26. Jahrg.] 1890—1892. à Jahrg. 36 Nrn. (Bog.) Fol. Trier. (Lpz., P. Braun.) à Jahrg. * 12 —

Keramik. Technisch-commerzielle Zeitschrift u. Submissions-Anzeiger f. die Porzellan-, Fayence-, Steingut- u. Steinzeugfabrikation u. s. w. Red.: N. Besselich. Jahrg. 1894. 36 Nrn. (Bog.) Fol. Trier, Exped. Postfrei n. 12. —

Keramik. Techn.-commerz. Zeitschrift u. Submissions-Anzeiger f. die Porzellan-, Fayence-, Steingut- u. Steinzeugfabrikation u. s. w. Red.: N. Besselich. 29. Jahrg. 1895. 24—36 Nrn. (Bog.) Fol. Trier, Exped. Postfrei n. 12. —

— die, d. Neuzeit u. ihre Bezugsquellen, s.: Technik, d. neuzeitl., d. Thon-, Ziegel-, Cement-, Kalk-, Porzellan- u. Glas-Industrie.

Keramik, praktische Vorbilder f. Formen u. Dekorationen im Geschmacke der Gegenwart. I. u. II. Bd. à 12 Lfgn. (à 5 z. Tl. farb. Lichtdr.-Taf.) 33×24,5 cm. Plauen (908. 09). Ch. Stoll. Subskr.-Pr. à Lfg. 3.—; Einzelpr: 4. —

— dasselbe. III. Bd. 4 Hefte. (à 15 z. Tl. farb. Lichtdr.-Taf.) 33×24,5 cm. Ebd. (910). 36.—; einz. Hefte 9. —

Keranion, die Eine weint, die Andere lacht, s. Universal-Bibliothek.

Keraniou, de, Giovanna che piange, s. Emporeo drammatico.

Keranstret, de, Taktik für Widderschiffe. Aus dem Französ. übersetzt von Dittmer. gr. 8. (32 S. mit 1 lithogr. Taf. Abbild. in gr. 4.) Berlin 870, Mittler und Sohn. — 75

Keratophores; ein Mährchen in 4 Gesängen, v. C. A. v. Steigentesch. 8. München, Fleischmann. 809.

Keratry, Auguste-Hilarion de

Die Burg Helvin, oder die letzten Zweige des Hauses Beaumanoir, von Keratry. Ein historisch-romantischer Roman für gebildete Leser. Aus dem Französ. frei übers. von C.G.Hennig. 2.Aufl. Th.1 - 4.
Ronneburg: Weber 1830. 8°

Keratry, Auguste-Hilarion de

Friedrich Styndall oder das verhängnisvolle Jahr. Aus dem Französ. von L.Storch. Bd.1.2.
Leipzig: Bossange 1828. 8°

Kératry, Emile Comte de

de Kératry, Em. L'Elévation et la chûte de l'empereur Maximilien. Intervention française en Mexique 1861—1867. 1e et 2e éd. (XX. 372.) 8. Paris 1867. 7 fr. — 4e éd. ib. 1868. — (323) 8. Leipzig. 1867. 5.40.

—— Kaiser Maximilians Erhebung und Fall. Originalcorrespondenzen und Documente in geschichtl. Zusammenhange dargestellt. gr. 8. (VI und 328 S.) Leipzig 867, Duncker und Humblot. *

de Kératry, Em. Die Erhebung u. der Sturz des Kaisers Maximilian. Die französ. Intervention in Mexico 1861—1867. A. d. Franz. (VI. 328.) 8. Leipzig 1867. 5.40.

Kératry, Emile Comte de, L'empereur Maximilien, son élévation et sa chute. D'après des documents inédits. gr. 8. (323 S.) Leipzig 867, Duncker und Humblot. *

Kératry, (Marg. Hil.), die Baronin von Kerleya, od. eine bretannische Familie in Paris. Ins Deutsche übertragen von Emilie Wille. 8. (21 B.) Leipzig 845, Kollmann.

—— das Ende d. letzt. Jahrhunderts, od.: Acht Jahre. A. d. Franz. übers. v. Emilie Wille. 3 Thle. 8. (58 B.) Leipzig 841, Kollmann.

Keratry, die Burg Helvin, oder die letzten Zweige d. Hauses Beaumanoir. Aus d. Franz. frei übersetzt v. C. G. Hennig. 4 Thle. 8. Ronneburg 826, Fr. Schumann.

Keratry, die Burg Helvin, oder die letzten Zweige des Hauses Beaumanoir; aus d. Französ. frei übers. von C. G. Hennig. 4 Thle. 8. Ronneb. 826. (Weber). 5 ß Hbg. Pr. 3 ß

Kératry, die Burg Helwin, od. d. letzten Zweige d. Hauses Beaumanoir. Ein histor.-romant. Roman f. gebild. Leser. A. d. Franz. frei übers. v. C. G. Helwing. 4 Thle. 2. Ausg. 8. (103½ B.) Ronneburg 830, Weber.

—— Friedrich Styndall, od. d. verhängnißvolle Jahr. A. d. Franz. v. L. Storch. 3 Bde. 8. (75 B.) Leipzig 828, Bossange.

Kératry, Marg Hil., Friedrich Styndall oder das verhängnißvolle Jahr. Aus d. Franz von Georg Kleine. 3 Thle. 8. Holzminden 837. Erdmann. 3 ß

Keraunos, Traug., Welt- u. Wahrheit spiegelnde Gesichte. Gesehen u. gesungen. (In 2 Bdchn.) 1. Bdchn.: 73 Gesänge. 8. (VI, 243 S.) Leipzig 894. G. Strübig. n. 2. 50; geb. n.n. 3. 25

Kerausch, Joseph = Heimfelsen, J. [Autorname].

Kerausch-Heimfelsen, Jos., s. Heimfelsen, J.

Kerausch-Heimfelsen, Jos., Andreas Hofer. Zeitbild aus den Tiroler Befreiungskriegen in 4 Acten. gr. 8. (93 S.) Wien 893, Leipzig, Literar. Anstalt A. Schulze. n. 2. —

– der Berg Isel bei Innsbruck. Die historisch denkwürd. Schiesstätte der Kaiser-Jäger. [Aus: „Streffleurs österr. militär. Zeitschr."] gr. 8. (15 S.) Wien 893. W. Braumüller. n. — 40

Kerb, Heinz, [a.] Berlin: Aus dem anatomisch-biologischen Institut zu Berlin. Biologische Beiträge zur Frage der Überwinterung der Ascidien. (Bonn: F. Cohen 1908.) (28 S.) 8° ¶ (Aus: Archiv f. mikroskop. Anatomie u. Entwicklungsgesch. Bd 72, 1908, ohne d. Taf.)
Berlin, Phil. Fak., Ref. F. E. Schulze, Diss. v. 5. Juni 1908
[Geb. 7. Aug. 83 Berlin; Wohnort: Berlin; Staatsangeh.: Preußen; Vorbildung: Joachimsth. Gymn. Berlin Reife M. 02; Studium: Göttingen 2, Berlin 8 S.; Rig. 27. Febr. 08.]

Kerb, Johannes Wolfgang, a. Berlin: Zur Kenntnis aromatischer Ketone. Freiburg i. Br.: Speyer & Kaerner 1908. (37 S.) 8°
Freiburg i. B., Phil. Fak., Ref. Gattermann, Diss. v. 1908
[Geb. 24. Juni 84 Berlin; Wohnort: Freiburg i. B.; Staatsangeh.: Preußen; Vorbildung: Friedrich-Wilhelms-Gymn. Berlin Reife O. 03; Studium: Berlin 3, München 1, Heidelberg 1, Freiburg i. B. 4 S.; Rig. 19. Juli 07.]

Kerb, Martin, bacc. iur. a. Berlin: Die rechtliche Stellung des Prokuristen. Borna-Leipzig 1906: R. Noske. (27 S.) 8° [F.]
Leipzig, Jur. Fak., Diss. v. 1. März 1906
[Geb. 28. Dez. 80 Berlin; Wohnort: Berlin; Staatsangeh.: Preußen; Vorbildung: Gymn. Fridericianum Rudolstadt Reife O. 01; Studium: Göttingen 3, Brüssel 1, Berlin 3 S.; Rig. 20. Okt. 05.]

Kerb, Max [aus Koeln]: Aus d. chirurg. Klinik zu Bonn. Ueber das branchiogene Halscarcinom und Resection eines Stückes des Nervus vagus ... Bonn, Buchdr. J. Bach Wwe, 1893; 27 S. 8.
Bonn, Med. Fak., Inaug.-Diss. v. [15. März] 1893

Kerber, A., Die Eroberung Troja's durch die Griechen. Nach d. 2. Buche d. Aene[is] dargestellt. Pr. 1868. 18 S. 4°. 1.

Kerber, A. Die Eroberung Trojas durch die Griechen. 4. Rathenow 1868.

Kerber, Arth., I. Ableitung der Seidel'schen Formeln aus der Erweiterung der Gleichung v. Lagrange-Helmholtz. II. Genauere Bestimmung d. Koordinaten m u. M. III. Die Differenzausdrücke f. die Bildfelder 5. Ordnung. (11 S. m. Fig.) Lex. 8. Nikolassee b/Berlin (910). Administration der Fachzeitschrift „Der Mechaniker". 1.20
Sonderabdruck aus: „Der Mechaniker".

Kerber, Arth., Beitrag zur Theorie der Anastigmat-Linsen. (5 S.) hoch 4. Berlin 908. Nikolassee, Administration der Fachzeitschrift „Der Mechaniker". n. — 75

Kerber, Arth., Beiträge zur Dioptrik. 1.—4. Hft. gr. 8. (14 S. m. 4 Fig.; 16 S. m. 5 Fig.; 16 u. 16 S.) Leipzig 895—898. (Buchhdlg. G. Fock.) à n. — 50

Kerber, Arth., Beiträge zur Dioptrik. 5. Hft. gr. 8. (16 S.) Leipzig 899. (Buchh. G. Fock.) n. — 50

— systematische Berechnung sphärisch korrigierter Anastigmatlinsen. — Bequeme Formeln zur Berechng. v. Anastigmatlinsen. (7 S.) 4. Ebd. (904). n. — 75
Sonderabdruck aus: „Der Mechaniker".

Kerber, Arth., Gedanken über die Entwickelung der Conjugation. 1. Heft: Einleitung. — Das Praesens. 4. (IV, 45 S.) Rathenow 872, Haase. * 2 50

Kerber, Arth., Gedanken üb. die Entwickelung der Conjugation. 1. Hft. Einleitung. — Das Praesens. 4. (IV, 45 S.) Rathenow. 873. Haase. n. 2. 50

Kerber, Arthurus: Significationes temporum verbi Graeci et Latini in uno conspectu collocantur. Halis Saxonum (1864): Ploetz. 49 S. 8°
Halle-Wittenberg: Phil.Diss. v. 10. Nov. 1864
Geb. [Kanig (Kr. Guben) 8. 4. 1842]

Die religionsgeschichtliche Bedeutung der hebräischen Eigennamen des Alten Testamentes v. neuem geprüft v. Georg Kerber, Dr. phil. ... *Freiburg i. B., Leipzig & Tübingen: J. C. B. Mohr 1897.* (2 Bl., 99 S.) 1 Bd 8. [97. 6116

Kerber, Georgius *Fridericus Oscarus* [Silesius]: Gregorii Abulfaragii Bar-Hebraei scholia in Leviticum ex quattuor codicibus Horrei mysteriorum in Germania asservatis edita ... (Soll fortges. werden.) Lipsiae, ex offic. G. Drugulini, 1895; 30 S., 1 Bl. 8.
Breslau, Phil. Fak., Inaug.-Diss. v. 17. Jan. 1895

Kerber, K., die Orientirung auf der Erdoberfläche. gr. 4. (12 S. m. 2 Steintaf.) Neuwied 876. Heuser. n. 1. —

Kerber, K(onrad): Katalog der Lehrer-Bibliothek. 1. T. *Neuwied 1898: L. Heuser.* (58 S.) 8°
Neuwied, k. G m. RPG, OP 1898 (480)

Kerber, K(onrad), Prof.: Katalog der Lehrer-Bibliothek. T. 2. *Neuwied 1899: L. Heuser.* (S. 59—136.) 8° ¶ [Forts. d. P.-Beil. 1898.]
Neuwied, k. G m. RPG, OP 1899 (480 [vielm. 486])

Kerber, P., Geschichte des Schlosses und der Freien Standesherrschaft Fürstenstein in Schlesien. Nach zum größten Theile bisher unbenutzten Fürstensteiner Archivalien und anderen sicheren Geschichtsquellen bearb. gr. 8. (VIII, 164 S. mit einer Photogr. Abbild. des Fürstensteiner Schlosses und 2 genealog. Taf.) Breslau 885, Max und Comp. [*M 2.50.] * 2 —

Kerber, Richard, approb. Arzt aus Querfurt: Ueber die Dauererfolge der Laparatomie bei Peritonitis tuberculosa. *Leipzig 1900: B. Georgi.* (38 S.) 8°
Leipzig, Med. Diss. v. (29. Sept.) 1900

Kerber, Rich., über die Dauererfolge der Laparotomie bei Peritonitis tuberculosa. Diss. gr. 8. (39 S.) Leipzig 900. (Dresden, Th. Kerber.) n. 1. —

Kerber, *Heinrich* Richard [Assist.-Arzt 2. Kl. im Feld-Art.-Regim. v. Peucker '(Schles.)' Nr. 6]: Zur Kenntnis der von der ersten Rippe ausgehenden Halsgeschwülste ... Breslau, Druck d. Bresl. Gen.-Buchdr., 1895; 30 S., 1 Bl. 8.
Breslau, Med. Fak., Inaug.-Diss. v. 2. Mai 1895

Kerber, Rich., zur Kenntnis d. v. d. ersten Rippe ausgeh. Halsgeschwülste. Diss. gr. 8. (30 S.) Breslau 895. (Schletter.) n. — 50

Kerber, Theodorus: De acupunctura. Halis Saxonum (1832): Ruff jun. 34 S. 8°
Halle-Wittenberg, Med. Diss. v. 30. Juni 1832
Geb. Halle 28. 10. 1809. V.
Verf. erlebte die Diplomerneuerung 1882 als praktischer Arzt in Querfurt und 1892 das 60jährige Dr.-Jubiläum, vgl. Anh. Nr. 363.

Album zur Erinnerung an den Simplon-Tunnel-Bau ⟨Nord-Seite⟩. Album en souvenir de la construction du Tunnel du Simplon ⟨côté nord⟩. Photogr. Aufnahmen von F. Kerber-Hilzinger. Zürich: Bergeret [1909]. 32 Taf. quer-8° . [illegible]

Kerber's Taschen-Fahrplan, s.a. Taschenfahrplan

Kerber's Taschen-Fahrplan. Eisenbahn- und Dampfschifffahrts-Course für Salzburg, das Salzkammergut, Ober-Oesterreich und Tirol, umfassend das zwischen Wien—München—Verona—Klagenfurt gelegene Verkehrsgebiet. Mit 1 (eingedr.) Uebersichts-Kärtchen und dem Verzeichniss der von Mitgliedern des deutschen und österreich. Alpenvereins etc. zu beziehenden Abonnements-Karten und deren Verkaufsstellen. 1883 und 1884. à Jahrg. 4 Hefte. 16. (à Heft 60—70 S.) Salzburg, Kerber. à Heft
Erschien früher u. d. T.: Eisenbahn-Tarif und Verkehrs-Anzeiger.

Kerber's Taschen-Fahrplan. Eisenbahn- und Dampfschifffahrts-Course für Salzburg, das Salzkammergut, Ober-Oesterreich und Tirol, umfassend das zwischen Wien—München—Verona—Klagenfurt gelegene Verkehrsgebiet. Mit einem Gebirgstouren-Verzeichniss des Salzburger Gebietes. Sommer-Fahrordnung 1885—1888. 16. (à Jahrg. 80 S. mit einem Uebersichtskärtchen.) Salzburg, Kerber. à Jahrg. [Heft] — 30.
—— dass. — Winter-Fahrordnung 1885—1888. 16. (à Jahrg. 64 S.) Ebendas. à Jahrg. [Heft] — 30

Kerber's Taschenfahrplan. Eisenbahn- und Dampfschifffahrt-Course für Salzburg, das Salzkammergut, Ober-Oesterreich und Tirol, umfassend das zwischen Wien—München—Verona—Klagenfurt gelegene Verkehrsgebiet. Mit einem Uebersichtskärtchen und einem Gebirgstouren-Verzeichnisse des Salzburger Gebietes. Sommerfahrordnung. 1889. Ausgabe vom Juni. 24. (88 S.) —.18
Salzburg: Kerber 1889.

Kerber's Taschen-Fahrplan. Eisenbahn- u. Dampfschifffahrts-Kurse f. Salzburg, das Salzkammergut, Ober-Oesterreich u. Tirol, umfassend das zwischen Wien—München — Verona — Klagenfurt gelegene Verkehrsgebiet. Mit e. Uebersichtskärtchen u. e. Gebirgstouren-Verzeichniss d. Salzburger Gebietes. 1890. 2 Hfte. 16. (84 u. 64 S.) Salzburg 890. Kerber. à — 30

Kerber's Taschenfahrplan. Eisenbahn- und Dampfschiffcurse für Salzburg, das Salzkammergut, Oberösterreich und Tirol, umfassend das zwischen Wien, München, Ala—Klagenfurt gelegene Verkehrsgebiet. Mit einem Uebersichtskärtchen und einem Anhange: Gebirgstouren-Verzeichniss d. Salzb. Gebietes, Sommerfahrordnung 1891. 24. (22 und 15 S.) Ebd. —.20

Kerber's Taschen-Fahrplan. Eisenbahn- u. Dampfschifffahrts-Kurse f. Salzburg, das Salzkammergut, Ober-Österreich u. Tirol. Mit 1 Uebersichts-Kärtchen und Gebirgstouren-Verzeichniss des Salzburger Gebietes. Sommer-Fahrordnung 1892 u. Winter-Fahrordnung 1892—93. 16. (87; 64 S.) Salzb. 892, Kerber. à Heft — 35
Erscheint jährlich 2 Mal.

Kerber's Taschen-Fahrplan. Eisenbahn-Kurse f. Salzburg, das Salzkammergut, Ober-Österreich u. Tirol, umfassend das zwischen Wien-München-Verona-Klagenfurt gelegene Verkehrsgebiet. Mit 1 Uebersichts-Kärtchen. Winter-Fahrordng. 1893—94. II. Ausg. vom 15. Jan. 1894. 16. (66 S.) Salzburg, H. Kerber. n. — 35

— dasselbe. Gekürzte Frühjahrs-Ausg., giltig ab 1. Mai 1894. 16. (32 S.) Ebd. — 18

— dasselbe. Eisenbahn- u. Dampfschiffahrts-Kurse Wien-München. Mit e. Anh.: Gebirgstouren-Verzeichniss des Salzb. Gebietes. Sommer-Fahrordng. 1894. 16. (80 u. 15 S.) Ebd. n. — 35

Kerber's Taschen-Fahrplan. Eisenbahn- und Dampfschiff-Curse für Salzburg, das Salzkammergut, Oberösterreich und Tirol, umfassend das zwischen Wien—München—Ala—Klagenfurt gelegene Verkehrs-Gebiet. Mit Uebersichts-Kärtchen und einem Anhange: Gebirgs-Touren-Verzeichniss des Salzburger Gebietes. Sommer-Fahrordnung 1895. 16. (84 S.) Ebd. —.20

Kerber's Taschen-Fahrplan. Eisenbahn-Curse für Salzburg, das Salzkammergut, Oberösterreich und Tirol, umfassend das zwischen Wien—München—Ala—Klagenfurt gelegene Verkehrs-Gebiet. Mit einem Uebersichts-Kärtchen. Winter Fahrordnung 1895/96. 16. (76 S.) Ebd. 1895. —.20

Kerber's Taschen-Fahrplan. Eisenbahn- und Dampfschifffahrts-Curse für Salzburg, das Salzkammergut, Oberösterreich und Tirol, umfassend das zwischen Wien—München—Ala—Klagenfurt gelegene Verkehrs-Gebiet. Mit einem Uebersichtskärtchen. Sommer-Fahrordnung 1896. 16. (82 S.) Ebd. —.20

Kerber's Taschen-Fahrplan. Eisenbahn-Curse für Salzburg, das Salzkammergut, Oberösterreich und Tirol, umfassend das zwischen Wien—München—Ala—Klagenfurt gelegene Verkehrs-Gebiet. Mit Uebersichts-Kärtchen. Winter-Fahrordnung 1896/97. (October bis April.) 16. (68 S.) Ebd. —.20

Kerber's Taschenfahrplan. Eisenbahn- und Dampfschiff-Curse für Salzburg, das Salzkammergut, Ober-Oesterreich und Tirol, umfassend das zwischen Wien—München—Ala—Klagenfurt gelegene Verkehrsgebiet. (Sommerfahrordnung.) 1897. (Juni bis September) mit 1 Kärtchen. 24. (87 S.) —.20 Ebd.

Kerber's Taschen-Fahrplan. Eisenbahn-Course für Salzburg, das Salzkammergut, Oberösterreich und Tirol, umfassend das zwischen Wien—München—Ala—Klagenfurt gelegene Verkehrs-Gebiet Mit Uebersichts-Kärtchen. Winter Fahrordnung 1897/98. (October bis April.) 16. (74 S.) Ebd. —.20

Kerber's Taschen-Fahrplan. Eisenbahn- u. Dampfschifffahrts-Kurse f. Salzburg, d. Salzkammergut, Ober-Österreich u. Tirol, umfassend das zwischen Wien-München-Ala-Klagenfurt geleg. Verkehrsgebiet. Mit 1 Uebersichts-Kärtchen, Sommer-Fahrordng. 1898. (Juni—Septbr.) 16. (91 S.) Salzburg, H. Kerber. n. — 35

— dasselbe, Winter-Fahrordng. 1898—99. (Octbr.—April.) 16. (81 S.) Ebd. n. — 35

Kerber's Taschen-Fahrplan. Eisenbahn- und Dampfschiff-Kurse für Salzburg, das Salzkammergut, Ober-Österreich und Tirol, umfassend das zwischen Wien — München — Ala — Klagenfurt gelegene Verkehrsgebiet Mit einem Uebersichskärtchen. Sommer-Fahrordnung 1900. Salzburg. 1900. Kerber. 16°. à K —.40

Kerber's Taschen-Fahrplan, hrsg. v. E. Höllrigl. Eisenbahn- u. Dampfschiff-Kurse f. Salzburg, das Salzkammergut, Ober-Österreich u. Tirol, umfassend das zwischen Wien-München-Ala-Klagenfurt gelegene Verkehrsgebiet. Mit 1 Uebersichtskärtchen. Sommer-Fahrordg. 1902. 16. (105 S.) Salzburg, E. Höllrigl. n. — 35

— dasselbe. Winter-Fahrordng. 1902—1903. 16. (94 S.) Ebd. n. — 35

Kerber's Taschen-Fahrplan. Eisenbahn- und Dampfschiffskurse für Salzburg, das Salzkammergut, Oberösterreich und Tirol. 16°. (114 S. mit 1 Karte) Ebd. 1903. K —.40

Kerbers Taschenfahrplan. Eisenbahnkurse für Salzburg, das Salzkammergut, Oberösterreich und Tirol. Winter-Fahrordnung 1903—1904. 8°. (98 S. mit einer Übersichtskarte) Ebd. 1903. K —.40

Kerbers Taschenfahrplan. Eisenbahnkurse für Salzburg, das Salzkammergut, Oberösterreich und Tirol etc. 16°. (106 S. mit 1 Karte) Ebd. 1904. K —.40

Kerbers Taschenfahrplan. Gekürzte Frühjahrsausgabe, gültig für Mai 1905. 16°. (47 S.) Ebd. K —.20

Kerbers Taschenfahrplan. Eisenbahn- und Dampfschiffkurse für Salzburg, das Salzkammergut etc. Sommerfahrordnung 1905. 8°. (101 S. mit 1 Übersichtskarte) Ebd. K —.40

Kerber's Taschenfahrplan. Eisenbahnkurse für Salzburg, das Salzkammergut, Oberösterreich und Tirol. Winterfahrordnung 1905/1906. 16°. (89 S.) Ebd. 1905. K —.40

Kerber's Taschen-Fahrplan. Eisenbahn-Kurse f. Salzburg, das Salzkammergut, Ober-Oesterreich u. Tirol, umfassend das zwischen Wien-München-Ala-Klagenfurt gelegene Verkehrsgebiet. Mit 1 Uebersichtskärtchen. Sommer-Fahrordng. 1906 bezw. Winter-Fahrordng. 1906—1907. (VI, 129 bzw. 111 S.) 16. Salzburg, E. Höllrigl. à n. — 35

— dasselbe. Gekürzte Frühjahrs-Ausg., giltig für Mai 1906. (47 S.) 16. Ebd. — 20

Kerbers Taschenfahrplan. Gekürzte Frühjahrsausgabe, gültig für Mai 1907. 8°. (47 S.) Ebd. K —.20

Kerber's Taschenfahrplan. Sommerfahrordnung 1910 K —.40 Ebd.

Kerber's Taschen-Fahrplan. Eisenbahn-Kurse f. Salzburg, das Salzkammergut, Ober-Österreich u. Tirol, umfassend das zwischen Wien-München-Ala-Klagenfurt gelegene Verkehrsgebiet. Winter-Fahr-Ordnung 1910—1911. (127 S. m. 1 Karte.) 16. Salzburg, E. Höllrigl. — 35

— dasselbe. Gekürzte Frühjahrs-Ausg., giltig f. Mai 1910. (72 S.) 16. Ebd. — 30

Kerbert, Conr., Flora Leidensis, s. Molkenboer, J. H.

—— de urina albuminosa et albuminuriae dignitate diagnostica. 8maj. (7½ B.) Lugduni-Bat. 839, van Leeuwen. (Lipsiae, T. O. Weigel; Weidmann.) *

(Kerberus, Carolus: * De Fato Euripideo.) 80 Bl. 4° Halle-Wittenberg, Phil. Diss. v. 27. Juni 1831 Geb. Bobersberg (Neumark) 1806. V.

Kerbl, Heinrich: Katalog der Lehrerbibliothek. 8 (S. 3—24). (Fortsetzung.) 8 (S. 3—24). (Fortsetzung.) 8 (S. 3—24). Progr. K. k. deutsches Oberg. der Kleinseite *Prag* 1898. 1899. 1900.

Kerbl, Heinrich: Katalog der Lehrerbibliothek. (Fortsetzung.) S. 3—24. 8. S. 3—9. 8. (Fortsetzung.) S. 3—12. 8. S. 3—10. 8. (Fortsetzung.) S. 3—10. 8. K. k. deutsches Obergymn. der Kleinseite *Prag* 1901. 1902. 1903. Progr. 1904. 1905.

Kerbler, Rudolf. Aloysius-Büchlein. Andachts- und Betrachtungs-Büchlein für fromme Verehrer des hl. Aloysius jeglichen Standes und Berufes. Von P. R' K', S. Ord. Cist. [Mit Illustrationen und 1 Tafel.] 192 S. 8. Einsiedeln *etc.*, Benziger & Co. A. G., 1902. [geb. fr. 1. —]

— Maria-Hilf. Gebet- u. Andachtsbüchlein f. fromme Verehrer Mariens, f. Wallfahrer u. besonders f. die Mitglieder der Erzbruderschaft Unserer Lieben Frau v. der immerwähr. Hilfe. 16. (133 S. m. Titelbild.) Kevelaer 899. Butzon & Bercker. Geb. in Leinw. n. — 60

Kerbler, Rud., O. Cist., Rosenkranz-Büchlein. Andachts- u. Betrachtungsbüchlein f. fromme Verehrer der Königin des hl. Rosenkranzes. (287 S. m. 15 Abb. u. 2 Lichtdr.-Taf.) 16. Einsiedeln 907. Verlagsanstalt Benziger & Co. Geb. in Leinw. — 80; in Ldr. m. Goldschn. 1. 50

St. Josephbüchlein. Andachten, Gebete u. Betrachtungen zu Ehren d. heil. Joseph, nebst e. Anh.: Der Verein d. immerwährenden Verehrung d. hl. Joseph. Von P. Rudolf Kerbler. S. Ord. Cist. *Kevelaer: Butzon & Bercker 1900.* (135 S.) 8° | J. |

Schmerz Maria-Büchlein. (Joh. 19. 27.) Kathol. Gebet- u. Betrachtungsbuch f. fromme Verehrer d. schmerzhaften Mutter Gottes Maria von P. Rudolf **Kerbler**, Cisterciensei. Auszug aus d. Buche: 'Siehe, deine Mutter!' von dems. Verf. *Kevelaer: Butzon & Bercker 1898.* (142 S.) 8° [F.]
I. 9. F317

— Schmerz-Maria-Büchlein. Kathol. Gebet- u. Betrachtungsbuch f. fromme Verehrer der schmerzhaften Mutter Gottes Maria. 2. Aufl. 16. (142 S. m. Titelbild.) Ebd. 899. Geb. in Leinw. n. — 50

— „Siehe, deine Mutter!" (Joh. 19, 27.) Kathol. Gebet- u. Betrachtungsbuch f. fromme Verehrer d. schmerzhaften Mutter Gottes Maria. 16. (238 S. m. Titelbild.) Ebd. 898. Geb. in Leinw. — 75

Kerbler, Vikt., Anleitung zur Geschäftsführung der Vorschußkassenvereine (Spar- u. Darlehenskassenvereine) nach dem System F. W. Raiffeisen. 4. Aufl. (308 S.) Lex.-8. Linz 904. Preßverein. n. 4. 20

Kerbler, Vikt., Anleitung zur Geschäftsführung der Vorschußkassenvereine (Spar- u. Darlehenskassenvereine) nach dem System F. W. Raiffeisen. 5. Aufl. (318 S.) Lex. 8. Linz 910. Preßverein. 4.60; geb. 5. —

Kerbler, Vict., Erläutgn. z. Gemeindeordnung, s.: Scheda, Jul.

Kerbler, Vikt., Das landwirtschaftliche Genossenschaftswesen in Oberösterreich. Ein Beitrag zum Ausbau der genossenschaftlichen Organisation der Landwirtschaft in Oberösterreich. gr. 8°. Linz-Urfahr, Verlag d. kathol. Pressvereins, 1903. (108 S.)

Kerbosch, G., het leven der allerzaligste maagd Maria, aan de lieve jeugd vertaald. Vrij naar Hoogduitsch van Theod. Borthold. Mot 4 chromolit. en 45 illustr. 16. (190 S.) Einsiedeln 891. Benziger & Co. Kart. n. 1. —

Kerbschnittarbeiten, einfache. Nr. 1. u. 2. qu. 4. (à 12 Taf.) München 894. Mey & Widmayer. à — 60

Kerbschnittarbeiten, einfache. Nr. 3. qu. 4. (12 Taf.) München 897. Mey & Widmayer, Verl. n. — 60

Kerbschnitt-Vorlagen, s.: Universal-Malvorlagen, Mappe.

KERCHA, A. [*or* KERSCHA, A.].
Pantobiblion, Revue bibliographique internationale des sciences polytechniques. 12 livraisons par an. St. Pétersbourg. *n. d.* [1891]. Square 8vo.

Also with the German title: Internationale Bibliographie der polytechnischen Wissenschaften. Monatliche Uebersicht der auf diesen Gebieten neu erschienenen Buch- und Journal-Literatur.
Of this ambitious work only one part was published.

Kerchnawe, Hugo, Armee-Almanach, s.: Veltzé, Alois.

— Strategische Aufklärung einst — u. jetzt. Eine kriegsgeschichtl. Studie. (34 S. m. 1 Karte.) Lex. 8. Wien 907. C. Konegen. 1. 80
Sonderabdruck aus: „Kavallerist. Monatshefte".

— s.: Jahre, 60, österreichisch-ungarischer Kavallerie.

— **Kavallerieverwendung, Aufklärung u. Armeeführung bei der Hauptarmee in den entscheidenden Tagen vor Leipzig (2. bis 14. X. 1813). Bearb. nach den Feldakten u. anderen authent. Quellen. Mit 9 Beilagen u. 21 Textskizzen. (XII, 248 S.) Lex.-8. Wien 904. L. W. Seidel & Sohn. n. 10. —**

Kolin. Ein Ruhmesblatt in d. Geschichte unserer Kavallerie. Zur 150. Wiederkehr d. Tages d. Schlacht bei Kolin am 18. Juni 1757. Von Hugo **Kerchnawe**, k. u. k. Hauptm. (Mit 1 Ktskizze u. 1 Kt. d. Schlachtfeldes sowie e. Ordre de bataille als Beil.) Wien: Kavallerist. Monatshefte 1907. 19 S. 4°
A 12. 1051

— Kolin. Ein Ruhmesblatt in der Geschichte unserer Kavallerie. Zur 150. Wiederkehr d. Tages der Schlacht bei Kolin am 18. VI. 1757. (Mit e. Kartenskizze im Text u. e. Karte des Schlachtfeldes sowie e. Ordre de bataille als Beilagen.) (19 S.) Lex. 8. Wien 907. (C. Konegen.) 1. 20

Kerchnawe, H.: Krieg 1809, s. Hön, Maximilian von

— s.: Krieg 1809.

— Bei Linz u. Ebelsberg anno 9. (VII, 179 S. m. 2 Taf. u. 3 Karten.) 8. Wien 910. C. W. Stern. 2.50; geb. 3. 70

— Raids. (16 S.) Lex. 8. Wien 909. (C. Konegen.) 1. —
Sonderabdruck aus: „Kavallerist. Monatshefte".

Kerchnawe, Hugo, von Leipzig bis Erfurt. Die Verfolgung der französ. Armee in den Tagen vom 18. bis 23. X. 1813. Mit 9 Textskizzen. (147 S.) gr. 8. Wien 906. L. W. Seidel & Sohn. n. 3. 60
Sonderabdruck aus: „Mitteilgn. d. k. u. k. Kriegsarchivs".

Die Vorgeschichte von 1866 u. 19??. Von einem alten kaiserl. Soldaten. (H. Kerchnawe.) Wien 1909. 178 S.

— Kaiserliche Waffen in Schleswig-Holstein u. Jütland 1864. (48 S. m. Abbildgn. u. 5 Kartenskizzen.) gr. 8. Wien 907. C. W. Stern. 1. 50

Kerck, E., s. Ansichten, gesammelte und eigene, über kaufmännische Bildung.

Kerck, Ernst, die doppelte Buchführung. gr. 8. (VII und 294 S.) Hamburg 862, O. Meissner. *

Christlyke **Kercken** Ordeninge, De yn den Fürstendömen, Schlesswig, Holsten etc. schal geholden werdenn. [Magdeborch.] (1542.) 4°k.

—— Schlesswieck. 1601. 4°k.

—— (Neue Ausg. Altona. 1750.) Neudruck der Ausgabe: Magdeborch. 1542. Siehe in: Corpus Constitutionum Regio Holsaticarum. Nebenbd. 1. Altona. 1750.

Friederichs (IV.) . . . Hertzogs zu Schlesswig, Holstein, . . . etc.

Kerckhoffs, Aug., Daniel Caspar v. Lohenstein's Trauerspiele mit besond. Berücksicht. der Cleopatra. Beiträge zur Geschichte des Dramas im XVII. Jahrh. gr. 8. (VII, 110 S.) Paderborn 877, F. Schöningh. *

Kerckhoff, Bernhard, a. Haren a. d. Ems: Ueber eine neue quantitative Zuckerbestimmung im Harn und ihre Anwendung für den prakt. Arzt. Aus der Königl. medizinischen Universitätsklinik zu Göttingen. Göttingen 1906: Dieterich. (20 S.) 8°
Göttingen, Med. Fak., Ref. Bendix, Diss. v. 22. Juni 1907
[Geb. 9. Dez. 81 Haren a. d. Ems; Wohnort: Göttingen; Staatsangeh.: Preußen. Vorbildung: Gymn. Carolinum Osnabrück Reife O. 01; Studium: Heidelberg 1, Göttingen 1, Kiel 2, München 3, Göttingen 3 S.; Coll. 1. Mai 06; Approb. 30. Jan. 06.]

Kerckhoff, Friedrich [Apotheker aus Meppen]: Ueber Carvol und Terpineol ... Göttingen, Druck d. Dieterich'schen Univ.-Buchdr., 1893; 53 S. 8.
Göttingen, Phil. Fak., Inaug.-Diss. v. [27. Juli] 1893

Kerckhoff, Frdr., üb. Carvol u. Terpineol. Diss. gr. 8. (53 S.) Göttingen 893. (Vandenhoeck & Ruprecht.) n. 1. —

van **Kerckhoff**, Johan Hendrik Pieter [app. Arzt, geb. zu Zwolle (Niederlände [sic!])]: Beitrag zur Lungen-Chirurgie. . . . Leiden, S. C. v. Doesburgh, 1891; 3 Bl., 67 S. 8°
Freiburg i. B., Med. Fak., Inaug.-Diss. v. 21. Nov. 1890

Kerckhoff, Klemens

Kerckhoff, *Franz Bernhard* Clemens [aus Lathen, Prov. Hannover]: Beiträge zur Kenntniss von Carlina acaulis und Atractylis gummifera ... München, Buchdr. v. M. Ernst, 1896; 56 S., 2 Bl., 3 Taf. 8.
Erlangen, Phil. Fak., Inaug.-Diss. v. 10. März 1896

Kerckhoff, Paulus (geb. Berlin 23. 12. 1858): Duae quaestiones Papinianae. Berolini (1884). (61 S.) 8°
Berlin, Phil. Diss. v. 4. Aug. 1884

Kerckhoff, Paul, duae quaestiones Papinianae. Dissertatio inauguralis. gr. 8. (61 S.) Berlin 884, Mayer und Müller. *

Kerckhoff, Paul [Dr.]: Reiseerinnerungen aus Sicilien. Berlin, R. Gaertner, 1894; 30 S. 4.
Berlin, Berlinisches G z. grauen Kloster, OP 1894 (52)

Kerckhoven, P. F. van, Daniël. gr. 8. (238 S. und 1 Holzschnt.) Antwerpen 845. (Cöln, Welter's Buchh.) *

— Fernand der Seeräuber. Daniel, od. Kampf u. Sieg, s.a. **Europa**, das belletristische, 15 Bd.

van Kerckhoven, P. F., Fernand, der Seeräuber. Erzählung. — Daniel, oder: Kampf u. Sieg. Liebesroman. Aus dem Flämischen von Jul. Stern. 12. Augsburg 846, v. Jenisch u. Stage. 1 *ℛ* 3 *ngl*

van Kerckhoven, P. F., Fernand, der Seeräuber, Erzählung. — Daniel, od.: Kampf u. Sieg. Lebensroman. Aus d. Fläm. v. **Jul. Stern.** 12. (301 S.) Augsburg 847, v. Jenisch & Stage. 1 *ℛ* 3 *ngl*

—— der **Kaufmannsdiener**. Ein antwerpener Sittengemälde. Aus dem Fläm. übertr. von S. Berlit. gr. 8. (90 S. mit 11 lithogr. Zeichnungen nach Eug. de Block.) Kassel 850, Raabé und Comp.

—— der **Ochsenkopf** zu Arnheim, f. **Bibliothek**, europäische.

Das Abschluss- und Bilanz-Verfahren der doppelten Buchführung an der Hand einer ein abgerundetes Ganzes bildenden Illustration ... Hierzu: E. erläut. Schrift, enth.: Monats-Bilanz, Inventur u. Probe-Bilanz. Hrsg. v. Oscar **Kerckow**, Buchhalter, Chemnitz. *Berlin: J. M. Spaeth [1897].* (1 Bl., 10 S., 1 Tab.) 1 Bd 8. '97. 3ac8

Kerckow, Osc., Bücher-Abschluss u. Bilanz-Verfahren der doppelten Buchführung an der Hand einer, e. abgerundetes Ganzes bildenden Illustration. (1 Bl. in Fol.). Nebst erläut. Schrift. enth.: Monats-Bilanz, Inventur u. Probe-Bilanz. 3. u. 4. Aufl. schmal Lex.-8. (à 10 S.) Berlin (902). J. M. Spaeth. n. 1. 30

Kerckow, Osc., Bücher-Abschluss u. Bilanz-Verfahren der doppelten Buchführung an der Hand e., e. abgerundetes Ganzes bildenden Illustration (1 Bl. 46,5 ×48,5 cm.), nebst erläut. Schrift, enth.: Monats-Bilanz, Inventur u. Probe-Bilanz. 7. Aufl. (10 S.) schm. Lex.-8. Berlin (906). J. M. Spaeth. n. 1. 30

— die **Geheimbuchführung** (nach doppeltem System), wie sie praktisch, übersichtlich u. doch nur minimalen Zeitaufwand erfordernd, eingerichtet sein soll. schmal Lex.-8. (14 S.) Ebd. (902). n. — 80

Kercksig, Fridericus: De fungo medullari. Halae (1828): Baentsch. 44 S. 8°
Halle-Wittenberg, Med. Diss. v. 19. Apr. 1828
[Beigedr.:] Dzondi, Carolus Henricus: Pathologiae systematis sanguiferi brevis adumbratio. 1828.
Geb. Lüdenscheid (Westf.) [11. 5.] 1804. V.

— **Friedrich Degenhard** (Lüdenscheid/Mark/Westf.), Observationes et experimenta circa usum medicum calcis zinci et bismuthi. Diss. med. Halle (Curtius) 30. IV. 1792. 47 S. (6.50) 17751

Kercselich, Balthasar Adam, s. Krčelić, Baltazar Adam

Kerekes, Frz., Betrachtung üb. die chemischen Elemente. gr. 8. Pesth 819. N. Aufl. 829. Hartleben. 1 *ℛ*

Kerekes, Franz.
Betrachtungen über die chemischen Elemente. Pest, 1819. 8vo.

v. Kerekes, Frhr. Karl, zwei Abhandl. über Metaphysik u. Naturlehre, geschöpft aus Principien der reinen Vernunft. gr. 8. Tyrnau 806. (Reinicke u. C. in Halle). 2 *ℛ*

Kerekes, Abhandl. üb. Metaphysik u. Naturlehre. gr. 8. Halle, Ruff. 807.

כרם חמד **Kerem Chemed.** (Enthält hebräische Briefe wissenschaftlichen Inhalts von jüdischen Gelehrten. 5. Bd.) gr. 8. Prag 841, Landau. (Leipzig, C. L. Fritzsche.) n. 1¼ *ℛ* — (1. u. 2. Bd. Wien 834, 36, v. Schmid. n. 1⅓ *ℛ* 3. u. 4. Bd. Prag 838, 39, Landau. n. 2¾ *ℛ*)

Kerem Chemed. 6. Bd. (enthalt.: Briefe jüdischer Gelehrten wissenschaftl. Inhalts). 8. (16½ B.) Prag 841, Landau. (Leipzig, C. L. Fritzsche.) *

—— dass. 7. Bd. 12. (15 B.) Ebds. 843. *

Kerem Chemed. (Lieblicher Weinberg.) Neue Folge. (Bd. 8.) Briefe und Abhandlungen die jüdische Literatur und die mit ihr verwandten Wissenschaften betr., von den bekanntesten jetzt lebenden jüd. Gelehrten, nebst Mittheilungen aus alten Handschriften: hrsg. von S. Sachs. gr. 8. (X und 220 S.) Berlin 854. (Leipzig, Hunger.) **

—— dass. — (Bd. 9.) Briefe und Abhandlungen die jüdische Literatur und Wissenschaft betreffend von den bekanntesten jetzt lebenden jüd. Gelehrten, nebst Mittheilungen aus alten Handschriften. Hrsg. von (S.) Sachs. gr. 8. (IV und 160 S.) Berlin 856. (Leipzig, C. L. Fritzsche.) *

Kerenhapuch.
Deutsches Fegefeuer der Scheidekunst, worinnen nebst den neugierigsten und grössten Geheimnissen die wahren Besitzer der Kunst, wie auch die Ketzer, Betrüger, Pfuscher, Stümpler, Bönhasen und Herren Gerngrose vor Augen gestellt werden; mit gar vielen Orten aus der Schrift und anderen Urkunden erörten, von einem Feind der Vizlipuzli der ehrlicher Leute, Ehre und der aufgeblasenen Schande entdecken will. Hamburg, 1702. 8vo.

Keren Hapuch, Posaunen Eliä des Künstlers . . . Amsterdam [Hamb.] 1702. V: *Söldner, Joh. Ant.* (Wr)

Kerer, Ant. Über die Abhängigkeit des C. Silius Italicus von Livius. 49 S. 8. Progr. G. *Bozen* 1881.

Kerer, Anton Einiges über den Betrieb der Jugendspiele in der Schweiz. 8 (S. 13—21). Progr. K. k. R.- u. Oberg. *Feldkirch* 1895.

Kerer, Frz. Xav., auf zur Freude! 1. u. 2. Aufl. 1.—5. Taus. (VII, 185 S.) 8. Regensburg 908. 10. Verlagsanstalt vorm. G. J. Manz. 1.50; geb. in Leinw. n 2. 10

Kerer, Frz. Xav., das Büchlein v. der Barmherzigkeit Gottes. 12. (32 S. m. 1 Abbildg.) München 894. H. Korff. n. — 40

Kerer, Frz. X., gebt mir grosse Gedanken! Ein Buch f. die Krisen des Lebens. (VII, 152 S.) 8. Regensburg 906. Verlagsanstalt vorm. G. J. Manz. n. 1. 20

— Gebt mir grosse Gedanken! Ein Buch f. die Krisen des Lebens. 3., verb. Aufl. (5. u. 6. Taus.) (VIII, 154 S.) 8. Ebd. 911. 1.20; geb. in Leinw. 1. 80
2. Aufl. (VIII, 151 S.) 908. 1.20

— Jesus, unsere Liebe, s.: Zwickenpflug, K.

— die Macht der Persönlichkeit im Priesterwirken. 2. Aufl. 3. u. 4. Taus. (VIII, 114 S.) 8. Ebd. 905. n. 1. —

— Die Macht der Persönlichkeit im Priesterwirken. 3. Aufl. 5. u. 6. Taus. (VIII, 115 S.) 8. Regensburg 909. Verlagsanstalt vorm. G. J. Manz. 1.—; geb. in Leinw. 1. 60

Kerer, Frz. Xav., Gottes Meissel u. Hammer. 1. u. 2. Aufl. 1.—4. Taus. (VII, 190 S.) 8. Regensburg 909. 10. Verlagsanstalt vorm. G. J. Manz. 1. 80; geb. in Leinw. 2. 40

Kerer, Franz X.: Von der Steinzeit bis zur Gegenwart. Die Geschichte eines Bauerndorfes (Langengeisling) im Erdinger Gau. München 1907.

Paul. Kererszetesi diss. med. theol. complectens historiam medicam gentis Hebraeae ex libris V. T., nec non personas praxin medicam exercentes maxime sub initiis N. T. Franequerae 1725. 4.

Kereszturi, J. Aloys

— s. J. Bardosy, animadversiones.

Kereszturi, I., Aloys. Lineamenta hist. pragm. Hungariae. 8. maj. Pest, Eggenberger. 796.

Kereszturi, J. Aloys, lineamenta hist. pragm. Hungariae. 8 maj. Pesth 797. Eggenberger. 5 K

Kereszturÿ, Jos., das neue Dercsényi'sche Erziehungs-System im Auszuge, sammt eigenen beurtheilenden Ansichten, als Handbuch für Eltern, Erzieher u. die denkende Jugend bearb. 2. Aufl. mit Vervollständigung der Vorerinnerung. gr. 8. (65 S.) Pesth 852, H. Geibel. n. 1/3 ₰

Keresztury, Joseph. Das neue Dercseny'sche Erziehungs-System im Auszuge sammt eigenen beurtheilenden Ansichten, als Handbuch für Eltern ꝛc. bearbeitet. 3. Aufl. kl. 8. (100 S.) Pesth, Herm. Geibel, J. P. Sollingers Witwe Druck 1853.

KERESZTY, Victor: De mysticismo in sacris sermonibus saeculi 14. — (1881) III, 174 S. 4° (Handschr.) Diss. 358
Diss. Wien, Univ.

Kerez, J. K.: Die Schwanenkolonie in Zürich von 1869–76. 4°

Kerez, Conrad [aus Zürich]: Über die Einwirkung von Halogenverbindungen des Aluminiums auf halogensubstituirte Kohlenwasserstoffe .... Tübingen, Druck v. H. Laupp, 1885; 39 S. 8°.
Tübingen, Naturw. Fak.. Inaug.-Diss. v. 1885.

Kerez, Conrad, über die Einwirkung von Halogenverbindungen des Aluminiums auf halogensubstituirte Kohlenwasserstoffe. Diss. Tübingen 1885, Fues' Sort. 8°. 39 S.

Die Berechtigung des Faltenwurfs in der modernen Innendekoration. Ein Taschenskizzenbuch moderner Dekorationsmotive von E[duard] **Kerfack**, Charlottenburg. Berlin: Berg & Schoch 1908. (101 S.) quer-8° [F.]
Aus: Deutsche Tapezierer-Zeitung. (08. 3139

Kerfolin; oder das Glück sucht ihn, ein Pendant zur Kandide, nach dem Franz. 8. Frankfurt, 786. Fleischer. 8 gl.

Kerfolin, od. das Glück sucht ihn; ein Pendant z. Kandide, nach dem Franz. 8. Frankf. Fleischer. (Sommer in Leipzig.) 807.

Kerfolin, od. das Glück sucht ihn. 8. Leipz. 807. (Nauck). 6 K

Kerfstedt, Amanda, Greta u. Svante, nebst 3 anderen Erzählungen f. Kinder. Autoris. Uebersetzg. nach der 2. Aufl. d. schwed. Originals von L. Fehr. Mit 8 Illustr. 8. (IV, 164 S.) Basel 889. [Schneider.] Geering. n. 1.20; geb. n. 2. —

Kergel

— s. a. **Kaergel.**

Kergel, Benjamin Gottlob (Dresden), De haemorrhagiis in universum. Diss. med. Jena (Schlotter) 8. V. 1802. 32 S. (6.50) 17752

— Johann Levi Benjamin (Wallhausen/Thür.), De partibus irritabilibus humani corporis dissert. (med.) altera. Präs. D. Carl Christian Krause. Lpz. (Langenheim) 1777. 28 S. (6.50) 17753

Kergel, Guilelmus *(geb. Grochwitz bei Glogau 30. 11. 1822)*: De tempore quo scriptus sit libellus qui vulgo fertur Xenophontis de republica Atheniensium. Vratislaviae (1846). (48 S.) 8°
Breslau, Phil. Diss. v. 14. Mai 1846

Kergeradec, Jean Alexandre Le Jumeau: Ueber die Auskultation (das Hören) in Beziehung auf die Schwangerschaft oder Untersuchungen über zwei neue Zeichen, mittelst derer man mehrere Umstände des Schwangerschaftszustandes erkennen kann. (Mémoires sur l'auscultation. Dt.) 34 S., gbd.

Weimar: Landes-Industrie-Comptoir 1822

de Kerguelan Tremarec, Beschreib. seiner Reise nach der Nordsee, die er 1767 u. 68 an den Küsten von Island, Grönland, Färoer, Shetland d. Orkney u. Norwegen gethan; aus d. Französ. Mit 1 Kpf. u. 2 Karten. 8. Leipz. 772. (W. Vogel). 20 K

Keri, Franciscus Borgia

Keri, Fr., Imperatores Orientis e compluribus Graecis praecip. Scriptoribus etc. II Tom. 8. Budae Typ. 743.

Kerigjan, Garabed, wie Bedros heimging, s.: Schäflein, verlorene u. gerettete.

Haremsbilder. Von **Kerimée** Hanoum [d. i. Marie v. Hobe]. Breslau: Schles. Buchdr. u. Verl.-Anst. 1896. (124 S.) 8° [F.]
= **Unterwegs** u. Daheim. [2, 7.] [05. 13891

Vom Orient und vom Occident. Fortsetzung d. ersten Bandes d. Haremsbilder von **Kerimée** Hanoum [d. i. Marie v. Hobe]. Breslau: Schles. Buchdr. u. Verl.-Anst. 1897. (211 S.) 8° [F.]
= **Unterwegs** u. Daheim. [4, 8.] [05. 13842

Was der Aussenwelt verschlossen. Von **Kerimée** Hanoum (d. i. Marie v. Hobe). 3. Aufl. Breslau: Schles. Verl.-Anst. 1904. (228 S.) 8° [F.] [08. 17169

Was der Aussenwelt verschlossen. Neue Ausg. d. 'Haremsbilder' von **Kerimée** Hanoum [d. i. Marie v. Hobe]. Breslau: S. Schottlaender 1904. (228 S.) 8° [F.] [08. 15031

Xia. Weiteres vom Orient u. Occident. Von **Kérimée** Hanoum [d. i. Marie v. Hobe]. Breslau: Schles. Verl.-Anst. [1901]. (161 S.) 8° [F.]
— **Unterwegs** u. Daheim. [8, 4.] [05. 15037

Keringer, ..., Tabelle, z. Behuf schneller Uebersicht u. Belehrung f. Leichenbeschauer. Placat: Fol. Ulm ... Ebner. 2 K

Kerkau, Frédério Godefroy, die Seherin Ferriöm. (17 S.) 8. Schweidnitz 903. P. Frömsdorf. n. — 20

Kerkau, G. Handbuch der Billardkunst ... Leipzig, Berlin, Paris, Grethlein [1908]. 232 S. m. 155 Abb. 8°. (Bibliothek für Sport und Spiel.)

Kerkau, G., Handbuch der Billardspielkunst, s. a. Bibliothek f. Sport u. Spiel.

Kerkau, Hugo, s.: Billardspiel, das.

Kerker, Der, von Edinburgh

nach Walter Scott ... Berlin 1817. 2. Aufl. 1822. V: *Schmidt, Maria Wilhelmine geb. Nauen.* (MGT) (schl)

Kerker, der, zu Edinburgh, von W. Scott. Herausgeg. von F. W. A. Schmidt. 3 Bde. 8. Berlin. Dümmler. 821.

§ **KERKER** und Liebe. Aus den Papieren eines Amnestirten. Stuttgart 1843. 8°.

Die oberen Zehntausend. Amerikan. Tanz-Operette in 3 Akten. Text von Julius Freund. Musik von Gustav **Kerker**. (Textbuch.) Berlin: Bote & Bock 1909. 32 S. 8° [11. 3824

Kerker, M., John Fisher, der Bischof von Rochester und Martyrer für den katholischen Glauben. Sein Leben und Wirken. Mit einem Anhang über die engl. Karthäuser. gr. 8. (XI und 856 S.) Tübingen 860, Laupp'sche Buchh.

Kerker, M., Reginald Pole, s. Sammlung historischer Bildnisse.

Kerker, Mor., aus der heil. Weihnachtszeit, s. Tröstein-samkeit, katholische.

Kerker, M., Wilhelm der Selige, Abt von Hirschau und Erneuerer des süddeutschen Klosterwesens zur Zeit Gregor's VII gr. 8. (IV und 362 S.) Tübingen 863, Laupp'sche Buchh.

Kerkerbilder, mit der Feder gezeichnet von einem Dresdener Maigefangenen. Hrsg. v. Ruhlieb Gogin. 8. (46 S.) Leipzig 849, Matthes in Comm. n. 6 ngl

Kerkerhaft, die, d. Jesuiten P. Moriz Thoman, s. Flugschriften, katholische, zur Wehr u. Lehr'.

Kerkermeister, der, von Norwich. Schspl. in 4 A. 8. Wien, Wallishausser. 6 gr.

Kerkermeister, Der, von Norwich.

Schauspiel in 4 A. Wien 1776. 1793. V: *Welisch J.* (GGr)

KERKERNACHT, Die, einer wunderbar erretteten Kindesmörderinn. Eine schauspielerische Erzählung. Verfasset vom Urheber der freyherrlich Diedischen Grabidille. Regensburg 1790. 8°. 52 S. u. 1 Bl. Correcta. Sehr rar! (15 Mk. C. G. Boerner, Lpz., 1907.)
Bibl. Kürschner. Lpz., Mai-Auction 1904. Nr. 913.

Kerkhof, Karl, aus Osnabrück: Ueber **Temperaturen** in Geisslerschen Röhren. *Bonn 1900: J. Bach Wwe.* (40 S.) 8°
Bonn, Phil. Diss. v. 23. Okt. 1900

Kerkhof, Wilhelm, aus Osnabrück: Über die **Einwirkung** von Phosphorpentachlorid auf Salol. *Rostock 1899: C. Boldt.* (39 S.) 8°
Rostock, Phil. Diss. v. [14. Dez.] 1898

Van den Kerkhoff, Eduard, aus Crefeld: Untersuchungen über Anis- und Cuminil-Verbindungen. Zürich 1904. 51 S. 8°. [11. XI. 04.]
Zürich. Phil. Diss. II. S. 1904/1905.

Van den Kerkhoff, Eduard. Untersuchungen über Anis- und Cuminil-Verbindungen. Diss. Phil. [II.] Univ. Zürich von E' van den K'.... 51 S. 8. Zürich (J. C. Herbert'sche Hofbuchdr., Darmstadt) 1904.

Kerkhoff, F., die Mängel unserer Orthographie u. die vereinfachte Rechtschreibung. 8. (40 S. m. 1 Tab.) Braunschweig 890. Wollermann. n. — 50

(B) Kerkhoff, T., Betrachtgn. üb. Weltall u. Welt. 905. (KBL 33.) Jetzt: München, Isaria-Verlag.

Kerkhoff T, ein Beitrag zur Förderung des geograph. Unterrichts. (22 S) Leer 1896

Kerkhoff, T., die Buchführung f. den Handwerkerstand u. f. einfache Geschäftsbetriebe, sowie f. den Unterricht in Gewerbeschulen. 8. (III, 61 S.) Berlin 893. E. S. Mittler & Sohn. Kart. n. — 80

Kerkhoff, T., e. Frage der Zeit, od. e. Zeitfrage? Neue deutsche Volksschrift. Mit e. Anleitg. zur schnellen u. leichten Erlerng. derselben. Autograph vom Verf. gr. 8. (23 S., wovon 7 autogr.) Emden 885. Haynel. n. — 50

Kerkhoff T, Lern- u Übungsstoff zur Einführung in das Kartenverständnis. (21 S) angebunden an: Kerkhoff, Beitrag z. Förderung des geograph. Unterr. Leer 1896

Kerkhoff, T., Liederschatz, s.: Genters, F.

— **d. deutsche Rechtschreibung**, f. Lernende bearb., in Druck gegeben v. ostfries. Lehrerverein. gr. 8. (IV, 28 S.) Norden 898. (D. Soltau.) — 30

Betrachtungen über Weltall und Welt, sowie neue Anschauungsmittel f. d. Unterr. in d. math. Geogr. in Wort u. Bild von T[önjes] **Kerkhoff**. München: Natur u. Kultur 1905. (34 S.) 4° [F.]
Aus: Natur u. Kultur. Jg. 2, H. 11–16. [05. 8804 7

Kerkhoven, Christian [aus Rotterdam, Holland]: Ueber Ammoniumoxalovanadinolybdate. Eine neue Klasse von Verbindungen. Bern 1902. 32 S. 8°.
Bern. Phil. Diss. 1902/1903.

Kerkhoven, Christian. Ueber Ammoniumoxalovanadinmolybdate. Eine neue Klasse von Verbindungen. Diss. Phil. Bern. 32 S. 8. Bern, Neukomm & Zimmermann, 1902.

Kerkovius, Emil, kurzgefaßte Grammatik der deutschen Sprache (f. Russen). 10. Aufl., m. Hinzufügg. des deutschen Textes. gr. 8. (116 S.) Odessa 894. (St. Petersburg, C. Ricker.) n.n. 1. 50

Kerkovius, Mor., Hading. Eine nordische Sage. 8. (64 S.) Stuttgart 881, Metzler'sche Buchh. *

Kerkow, Blumen d. Erinnerung. 8. Lübeck 815. Niemann. 3 K

Kerkow, Carl Frdr., s.: Spielmann, C.

Kerksieck, Wilhelm, approb. Arzt aus Blankenhagen: Ueber Dysenterie und Leberabscess in Kamerun. *Leipzig 1901: B. Georgi.* (26 S.) 8°
Leipzig, Med. Diss. v. (9. Dez.) 1901

Kerksieg, Cl Heinrich Theodor (Osnabrück)
Historische Begründung des humanistischen Lehrsystems.
Diss. phil. Giessen 16.6.1829.
(Hat lt. Promot.-Akten handschriftlich vorgelegen, liegt jedoch nicht mehr bei.)

Kerl, der närrische, oder: Spaß muß sein, sagt Neumann! Ein sehr lustiges Geschichts- und Anecdoten-, ein fideles Declamations- rc. Büchlein, von Fritz Neumann (genannt: Bruder Immerlustig.) Niedergeschrieben von dessen Freunde Ludw. Immerdurstig. 1. und 2. Thl. 1001. Aufl. 12. Landsberg a. d. W., Volger und Klein. [1. (120 S.) 847. * 7½ Ngr., 2. (168 S.) 848. * 10 Ngr.] *

Kerl, der närrische, oder: Spaß muß sein, sagt Neumann! Ein sehr lustiges Geschichts- u. Anecdoten-, ein fideles Declamations- rc. Büchlein, von Fritz Neumann (genannt: Bruder Immerlustig). Niedergeschrieben von dessen Freunde Ludw. Immerdurstig. 1001. Aufl. 12. (120 S.) Landsberg a. d. W. 848, Volger & Klein. n. 1/4 Thlr — 2. Thl. Hrsg v. den beiden Berlinern Fritz Neumann [genannt: Bruder Immerlustig] u. dessen Freunde Ludwig Immerdurstig. 1001. Aufl. 12. (168 S.) Ebd. 848. n. 1/3 Thlr (1. 2. n. 7/12 Thlr)

Kerl, Bruno

—— Abriß der Thonwaarenindustrie. gr. 8. (XX, 524 S. mit 127 in den Text eingedr. Holzschn.) Braunschweig 871. Schwetschke und Sohn. * 8 —

Kerl, Bruno, Anleitung zum Studium der harzer Hütten-Prozesse insbesondere sowie der Hütten-Prozesse überhaupt. 8. (VIII und 84 S.) Clausthal 857, Grosse'sche Buchh. Thlr. *

Kerl: Bericht über Eisen, Stahl und Kupfer, s. Gurlt, Adolph

Kerl, Bruno, Beschreibung der oberharzer Hüttenprozesse in ihrem ganzen Umfange. Mit Berücksichtigung anderer metallurg. Prozesse im Allgemeinen. gr. 8. (XII und 272 S. mit 4 lithogr. Figurentaf. in qu. gr. Fol. und 8 Stammbäumen in 4. und Fol.) Clausthal 852, Schweiger-sche Vrlgsh. *

– Dass., 2. Aufl. Ebd. 1860.

Kerl, B. (Bearb.), s. Bodemann, Theodor

Kerl, Bruno, theoret. prakt. u. analyt. Chemie, s.: Muspratt.

Kerl, Bruno, die Fortschritte in der metallurgischen Probirkunst in den J. 1882 bis 1887. Suppl. zur 2. Aufl. der „Metallurgischen Probirkunst". gr. 8. (IX, 98 S. mit 28 eingedr. Holzschn.) Leipzig 887, Felix. *
Hauptwerk. Ebendas. 1882. * M 24.—.

Kerl, Bruno, Grundriss der Eisenhüttenkunde. gr. 8. (XIX, 468 S. mit 222 in den Text gedr. Holzschn.) Leipzig 875, Felix. * 13 —

—— Grundriss der Eisenprobirkunst. Anh. zum Grundriss der Eisenhüttenkunde. gr. 8. (IV, 56 S. mit 36 in den Text gedr. Holzschn.) Ebendas. 875. * 2 —

—— Grundriss der allgemeinen Hüttenkunde. gr. 8. (XVI, 284 S. mit 163 in den Text gedr. Holzschn.) Ebendas. 872. * 7 —

Kerl, Bruno, Grundriss der allgemeinen Hüttenkunde. 2., stark verm. u. verb. Aufl. Mit 322 (eingedr.) Holzschn. gr. 8. (XVI, 423 S.) Leipzig 879. Felix. n. 15. —

—— Grundriss der Metallhüttenkunde. gr. 8. (XX, 445 S. mit 246 in den Text gedr. Holzschn.) Ebendas. 873. * 13 —

Kerl, Bruno, Grundriss der Metallhüttenkunde. 2. stark verm. und verb. Aufl. 2 Abthlgn. gr. 8. Leipzig, Felix. [1. Abthl. (S. 1—272 mit 137 in den Text gedr. Holzschn.) 880; 2. Abthl. (XX, S. 273—575 mit 162 in den Text gedr. Holzschn.) 881.] à Abthl. * M 11. *

Kerl, Bruno, Grundriß der Salinenkunde. Mit 56 in den Text eingedr. Holzschn. Braunschweig 868. Schwetschke & Sohn. gr. 8. (XV, 232 S.) n. 1 Thlr 15 ngr.

— Grundriss der Salinenkunde, Neubearbeitg., s.: Fürer, F. A., Salzbergbau- u. Salinenkunde.

— encyklopädisches Handbuch der techenischen Chemie, s.: Muspratt's theoretische, praktische u. analytische Chemie in Anwendung auf Künste u. Gewerbe.

— Handbuch der metallurgischen Hüttenkunde zum Gebrauche bei Vorlesungen u. zum Selbststudium. 1. Bd. Mit 7 lith. Taf. (in Fol.). (XXIII, 326 S.) n. 2 Thlr. 20 ngr. — 2. Bd. Mit 5 lith. Taf. (in Fol.). (XXVI, 384 S.) n. 2 Thlr. 20 ngr. — 3. Bd. 1. u. 2. Abth. Mit 9 lith. Taf. (in Fol.). (XXVI, 392; XX, 432 S.) n. 5 Thlr. 10 ngr. Freiberg 855. Engelhardt. gr. 8. n. 10 Thlr. 20 ngr.

Kerl, Bruno, Handbuch der metallurgischen Hüttenkunde zum Gebrauche bei Vorlesungen und zum Selbststudium. 2., umgearb. u. vervollständ. Aufl. 1. Bd. 1. u. 2. Abth. Mit 17 lith. Taf. — 2. Bd. Mit 8 lith. Taf. — 3. Bd. 1. u. 2. Abth. Mit 8 lith. Taf. (in Fol.). Freiberg 861—64. (Engelhardt.) Leipzig, Felix. gr. 8. n. 16 Thlr 10 ngr.
I. 1: n. 1 Thlr 20 ngr.; I. 2.: n. 4 Thlr 10 ngr.; II. n. 5 Thlr; III. 1. 2. à n. 2 Thlr 20 ngr.

Kerl, Bruno, Handbuch der metallurgischen Hüttenkunde zum Gebrauche bei Vorlesungen und zum Selbststudium. 2., umgearb. und vervollständ. Aufl. II. Bd., III. Bd. 1. und 2. Abthl. und IV. Bd. gr. 8. Freiberg 863—65. Leipzig, Felix. [2. Bd. (XXIV und 848 S. mit 8 Stnt. in Imp.-Fol.) * 5 Thlr., 3. Bd. 1. Abthl. (S. 1—416 mit 3 Stnt. in Imp.-Fol.) * 2 Thlr. 20 Ngr., 3. Bd. 2. Abthl. (XXIV und S. 417—764 mit 5 Stnt. in Imp.-Fol.) * 2 Thlr. 20 Ngr., 4. Bd. (XXIII und 615 S. mit 5 Stnt. in Imp.-Fol.) * 4 Thlr.] *
1. Bd. [Ebendas.] 1861. * 6 Thlr.

Kerl, B. Theoretisch-practisches Handbuch der Eisenhüttenkunde. Leipzig 1864

— Handbuch der gesamten Thonwarenindustrie. Braunschweig 1878

— Handbuch der gesammten Thonwaarenindustrie. 2., stark verm. u. verb. Aufl. Mit 214 in den Text eingedr. Holzschn. gr. 8. (XXIV, 744 S.) Braunschweig 879. Schwetschke & Sohn. n. 12. —

Kerl, Bruno, Handbuch der gesammten Thonwaarenindustrie, 3. Aufl., bearb. v. Eduard Cramer u. Herm. Hecht, s. a. Handbuch d. chemisch. Technologie.

Handbuch der gesammten Thonwaarenindustrie von Bruno **Kerl.** 3. Aufl. Beurb. von Eduard Cramer u. Hermann Hecht. Mit 518 Abb. u. 1 Tab. Braunschweig: F. Vieweg & Sohn 1907. (XLIII, 1588 S.) 8° [F.]
— **Handbuch** d. chemischen Technologie. Bd 3, Gruppe 2. [07. 1480 9]

—— die oberharzer Hüttenprocesse zur Gewinnung von Silber, Kupfer, Blei und arseniger Säure mit besond. Berücksicht. des Vorkommens und der Aufbereitung der Erze. 2., grösstentheils umgearb. Aufl. gr. 8. (XXV und 709 S. mit 7 lithogr. Figurentaf. und 11 Anlagen in qu. 4., Fol., qu. gr. Fol. und Imp.-Fol.) Clausthal 860, Grosse'sche Buchh. *

—— die rammelsberger Hüttenprozesse am Communion-Unterharze. Theoretisch und praktisch dargestellt. gr. 8. (X und 196 S. mit 4 lithogr. Figurentaf. und 6 Stammbäumen in 4. und Fol.) Clausthal 854, Schweigersche Vrlgsh. *

—— die rammelsberger Hüttenprocesse am Communion-Unterharze. Theoretisch und praktisch dargestellt. 2., vervollständ. Ausg. gr. 8. (X und 250 S. mit 4 lithogr. Figurentaf. und 8 Stammbäumen in qu. Fol. und qu. gr. Fol.) Clausthal 861, Grosse'sche Buchh. *

—— der Communion-Unterharz. Ein Leitfaden für den Besuch des Rammelsberges, der rammelsberg'schen Silberhütten, Siedewerke und Fabriken, der Eisenwerke bei Gittelde, so wie auch für geognost. Excursionen in der Umgegend von Goslar. 8. (VIII und 188 S.) Freiberg 853, Engelhardt. *

Kerl, Bruno, Leitfaden beim Löthrohrprobierunterrichte an der Bergschule zu Clausthal. gr. 8. (20 S.) Clausthal 851, Schweigersche Buchh.

—— Leitfaden bei qualitativen und quantitativen Löthrohr-Untersuchungen. Zum Gebrauche beim Unterrichte und zum Selbststudium für Chemiker, Pharmaceuten etc. 2., umgearb. Aufl. 8. (VIII und 158 S. mit 1 lithogr. Fig.-Taf. in qu. 4.) Clausthal 862, Grosse'sche Buchh. *

— Leitfaden bei qualitativen u. quantitativen Löthrohr-Untersuchungen. Zum Gebrauche beim Unterrichte u. zum Selbststudium für Chemiker, Pharmaceuten, Mineralogen, Berg- u. Hüttenleute u. sonstige Techniker. 2. Aufl. 2., durch Nachträge vervollständ. Ausg. Mit 1 (lith.) Fig.-Taf. 8. (VIII, 158 u. Nachträge VI, 40 S.) Klausthal 877. Grosse. n. 3. —; Nachträge ap. n. — 60

– (Hrsg.), s. Mittheilungen des Clausthaler Naturwissenschaftlichen Vereines Maja.

— s.: Muspratt, theoretische, praktische u. analytische Chemie.

—— der Oberharz. Ein Wegweiser beim Besuche der oberharzer Gruben, Pochwerke, Silberhütten und sonstigen damit in Verbindung stehenden Anstalten, so wie auch ein Leitfaden auf geognost. Excursionen. 12. (VIII und 144 S. mit 1 Anlage in qu. Fol.) Clausthal 852, Schweigersche Vrlgsh. *

— Probirbuch. Kurzgefasste Anleitung zur docimast. Untersuchung von Erzen, Hütten- u. anderen Kunstprodukten auf trockenem u. nassem Wege. Mit 69 in den Text eingedr. Holzschn. gr. 8. (XII, 150 S.) Leipzig 880. Felix. n. 5. —

— Probirbuch. Kurzgefasste Anleitg. zur dokimast. Untersuchg. v. Erzen, Hütten- u. anderen Kunstproducten, m. Ausschluss derer des Eisens, auf trockenem u. nassem Wege. 2., vervollständ. Aufl. gr. 8. (XII, 195 S m. 84 Holzschn.) Leipzig 894. A. Felix. n 7. —

— Probierbuch. Kurzgefasste Anleitg. zur Untersuchg. v. Erzen u. Hüttenprodukten. Bearb. v. Carl Krug. 3. Aufl. (VIII, 197 S. m. 71 Abbildgn.) gr. 8. Leipzig 908. A. Felix. 7.—; geb. 8. —

— metallurgische Probirkunst zum Gebrauche bei Vorlesungen u. zum Selbststudium. Ebend. 866. gr. 8. (XXXI, 512 S. mit 8 Steintaff. in qu. Fol.) n. 3 ℛ 20 ngr.

— metallurgische Probirkunst. Ausführliche Anleitung zur dokimastischen Untersuchung von Erzen, Hütten- u. anderen Kunstproducten auf trockenem u. nassem Wege. 2., verm. u. verb. Aufl. Mit 8 lith. Taf. u. 98 Holzschn. im Texte. gr. 8. (XXVII, 629 S.) Leipzig 882. Felix. n. 24. —

Metallurgische Probierkunst. . . . Mit Supplement. Zweite Auflage. Leipzig, 1882–87. 8vo. Ill.

Kerl, Bruno, Repertorium der technischen Journal-Literatur. Im Auftrage des kaiserlichen Patentamts hrsg. Jahrg. 1879. hoch 4. (IV, 502 Sp.) Berlin 881. C. Heymann's Verl. n. 15. —

— dasselbe. Jahrg. 1880. hoch 4. (X, 404 Sp.) Ebend. 882. n. 15. —

Kerl, Bruno, Repertorium der technischen Journal-Literatur. Im Auftrage d. kaiserl. Patentamts hrsg. Jahrg. 1881. hoch 4. (V, 356 S.) Berlin 882. C. Heymann's Verl. n. 15. —
cfr: Biedermann, Rud.

KERL, BRUNO.
Repertorium der technischen Literatur. Neue Folge die Jahre 1854 bis einschliesslich 1868 umfassend. Im Auftrage des königlich preussischen Ministeriums für Handel, Gewerbe und öffentliche Arbeiten. Leipzig, 1871–73. 2 vols., roy. 8vo.
The same, for the years 1869–1873. Leipzig, 1876–78. 2 vols., roy. 8vo.
The same, for 1874, 1875, 1876, 1877, 1878. Leipzig, 1875–1879. 5 vols., roy. 8vo. 1 vol. each year.
An alphabetical index to the technological articles in about 140 journals. Contains much chemical matter. Invaluable. Compare Schubarth, of which this is a continuation.

— Repertorium der technischen Literatur. Neue Folge die Jahre 1854 bis einschliesslich 1868 umfassend. Im Auftrage d. königl. preuss. Ministeriums f. Handel, Gewerbe u. öffentliche Arbeiten. 2 Bde. Lex.-8. (XII, 696 u. LXIX, 656 S.) Leipzig 870. 73. Felix. n. 28. —

—— Repertorium der technischen Literatur. Neue Folge, die J. 1854 bis einschliesslich 1868 umfassend. Im Auftrage des königl. preuss. Ministeriums für Handel, Gewerbe und öffentl. Arbeiten. 1. Bd. in 2 Lfgn. gr. 8. Leipzig 871, Felix. [1. Lfg. (VIII, S. 1—320.) * ℳ 6.; 2. Lfg. (IV, S. 321—696.) * ℳ 7.] * 13 —

—— dass. — 2. Bd. in 2 Lfgn. gr. 8. Ebendas. [1. Lfg. (S. 1—288.) 872. * ℳ 6.; 2. Lfg. (LXIX, S. 289—656.) 873. * ℳ 9.] * 15 —

—— dass. — Neue Folge, die J. 1869—1873 umfassend. 1. Lfg. gr. 8. (VIII, 320 S.) Ebendas. 875. * 8 —

— Repertorium der technischen Literatur. Neue Folge, die J. 1869 bis einschliesslich 1873 umfassend. Im Auftrage des königl. preuss. Ministeriums für Handel, Gewerbe und öffentl. Arbeiten hrsg. 2.—4. (Schluss-)Lfg. gr. 8. Leipzig, Felix. [2. Lfg. (S. 321—768.) 876. * ℳ 12.; 3. Lfg. (S. 769—1088.) 877. * ℳ 8.; 4. Lfg. (S. 1089—1506.) 878. * ℳ 12.] *

1. Lfg. Ebendas. 1875. * ℳ 8. — Jahrg. 1874. * ℳ 5.

—— dass. — Neue Folge, Jahrg. 1874. gr. 8. (VIII, 150 S.) Ebendas. 875. * 5 —

— dass. — Jahrg. 1875. gr. 8. (VIII, 178, XIV S.) Ebendas. 876. *

— dass. — Jahrg. 1876. Im Auftrage des königl. preuss. Ministeriums für Handel, Gewerbe und öffentl. Arbeiten hrsg. gr. 8. (VIII, 210 S.) Ebendas. 877. *

— — dass. — Jahrg. 1877. Im Auftrage des kaiserl. Patentamtes hrsg. gr. 8. (VIII, 202 S.) Ebendas. 878. *

— — dass. — Jahrg. 1878. gr. 8. (VIII, 315 S.) Ebendas. 879. *

Die Fortsetzung erscheint in C. Heymann's Verlag in Berlin.

Kerl, B. Vorträge über praktische Geometrie und Feldmesskunst. Handschrift. Clausthal. 1839.

Kerl, Jh. Fr., s. Günther, Fr. Aug., der homöopath. Thierarzt.

Kerl, Joh. Friedr., die Krankheiten des Pferdes, s. Günther, Fr. A., der homöopathische Thierarzt.

Kerl, O., u. K. **Wenzel**, die schriftlichen Arbeiten aus dem bürgerlichen Geschäftsleben. Zum Gebrauch an Handwerker- u. Fortbildungsschulen bearb. 8. (IV, 79 S.) Berlin 887. Weidmann. n. — 80

[F.] Die schriftlichen Arbeiten aus dem bürgerlichen Geschäftsleben. F. Fortbildgs-, Gewerbe- u. Fachsch. bearb. v. O. **Kerl** u. K. Wenzel, Lehrer ... in Hildesheim. 2. Aufl. Heft 1. 2. *Berlin: Weidmann 1896.* 2 Bde 8.

1. (2 Bl., 64 S.) 2. (2 Bl., 85 S.) [96. 6608

— u. K. **Wenzel**, die schriftlichen Arbeiten aus dem bürgerl. Geschäftsleben. Für Fortbildungs-, Gewerbe- u. Fachschulen. 8. Aufl. 1. Hft. 8. (V, 68 S.) Berlin 902. Weidmann. Kart. n. — 60

— u. K. **Wenzel**, die schriftlichen Arbeiten aus dem bürgerl. Geschäftsleben. Für Fortbildungs-, Gewerbe- u. Fachschulen. 3. Aufl. 2. Heft. (III, 95 S.) 8. Berlin 904. Weidmann. Kart. n. — 80

Kerl, O., Raumlehre, s.: Schmidt, Ph.

– u. K. Wenzel

— — die deutsche Rechtschreibung, mit besond. Berücksicht. der in den verschiedenen Handwerken vorkommenden Bezeichnungen zum Gebrauch in Handwerker- u. Fortbildungsschulen. 8. (IV, 34 S.) Ebd. 887. n. — 40

[F.] Die Deutsche Rechtschreibung. F. Fortbildgs-, Gewerbe- u. Fachschulen. Bearb. v. O. **Kerl** u. H. Wenzel. 2. Aufl. *Berlin: Weidmann 1898.* (56 S.) 1 Bd 8. [98. 2677

— s.: Zeitung, berg- u. hüttenmännische.

Kerl, Otto, a. Hildesheim: „Voranschläge" der Genauigkeit beim trigonometrischen Punkteinschalten. (Berlin 1907: G. Schade.) (59 S.) 8°

Berlin, Phil. Fak., Ref. Helmert, Diss. v. 15. Juni 1907

[Geb. 7. Mai 82 Hildesheim; Wohnort: Potsdam; Staatsangeh.: Preußen; Vorbildung: Andreas-Realgymn. Hildesheim Reife O. 00; Studium: Berlin Landw. Hochsch. 4, Univ. 8 S.; Rig. 16. Mai 07.]

Kerlé, Joh. Mart., der wiedererstandene Meistersänger. Gedichte. Als Mscr. gedr. für die Freunde des Verf. 8. (158 S. m. Portr. in Holzschn.) Bremen 879. Tannen. n. 2. —; geb. n. 3. —

Kerlé, Joh. Mart., der wiedererstandene Meistersänger. Gedichte. Als Mspt. gedruckt f. die Freunde d. Verf. Neue Ausg. gr. 8. (158 S. m. lith. Portr.) Bremen 886. Haake. n. 2. —; geb. n. 3. —

Kerlé, Karl [app. Arzt aus Tübingen]: Beitrag zur Aetiologie der Meningitis tuberculosa ... Rudolstadt, Druck d. fürstl. priv. Hofbuchdr. F. Mitzlaff, *1893;* 17 S. 8.

Tübingen, Med. Fak., Inaug.-Diss. v. 1893

Kerlen, Gerh., Gerhard Tersteegen, der fromme Liederdichter und thätige Freund der innern Mission. 8. (160 S.) Mülheim a. d. Ruhr 851, Nieten's Verlag. *

Kerlen, Gerhard, Gerhard Tersteegen, der fromme Liederdichter und thätige Freund der innern Mission. 2., verb. und verm. Aufl. gr. 8. (XVIII und 142 S.) Mühlheim 853, Nieten's Verlag. *

Kerlen, W[ienandus] G[odo]f[re]d[us] A[ugustus] **Gerhardus**: *Commentatio de Versibus Sibyllinis, qui leguntur apud Zosimum ⟨Hist. Lib. II. cap. VI⟩ & apud Phlegontem Trallianum ⟨de Longaev. cap. IV⟩. 24 Bl. 8° (4°)

Halle-Wittenberg, Phil. Diss. v. 8. Okt. 1825

Geb. [Münster (Westf.) 30. 6. 1804]

Kerler, zum Gedächtniß d. Fürstbischofs Franz Ludwig v. Erthal. Mittheilungen aus Oberthür's handschriftl. Nachlaß u. and. zeitgenöss. Quellen. [Aus: „Archiv d. histor. Vereins v. Unterfranken u. Aschaffenburg".] gr. 8. (77 S. m. 1 Bildn.) Würzburg 895. (Stahel'sche Verlagsanstalt.) n.n. 2. —

Kerler, unter Fürstbischof Julius. Kalendereinträge des Tuchscherers Jakob Röder, bearb. u. hrsg. gr. 8. (69 S. m. 1 Taf.) Würzburg 899. (Stahel's Verl.) n. 2. —

Sonderabdruck aus: „Archiv des hist. Ver. f. Unterfranken u. Aschaffenburg".

— die Statuten d. philosoph. Fakultät d. Universität Würzburg in ihrer frühesten Fassg.. gr. 8. (42 S. m. 2 Taf.) Ebd 898. n. 1. 80

Kerler, A., christliche Gedanken f. die Suchenden unserer Zeit, gesammelt v. K. (X, 248 S.) 8. Tübingen 905. J. C. B. Mohr. n. 2. —; geb. in Leinw. n. 3. —

Kerler, Adb., u. Ed. **Schmitt**, Gebäude f. Pflanzenhäuser, s.: Handbuch der Architektur.

Kerler, Armin [aus Memmingen]: Molekulargewichtsbestimmungen von Salzen in Methyl- und Äthylalkohol nach der Siedemethode neben Bestimmungen der molekularen Leitfähigkeit derselben Salze in obigen Lösungsmitteln und in Wasser ... Erlangen, k. b. Hofbuchdr. v. A. Vollrath, 1894; 79 S. 8.

Erlangen, Phil. Fak., Inaug.-Diss. v. [6. Juni] 1894

Kerler, D., s.: Reichstagsakten, deutsche.

Kerler, D., Oberbibliothekar. Die Trunksucht. Vortrag im Arbeiterverein zu Würzburg. Würzburg 1890.

Kerler, Dietr., aus dem siebenjährigen Krieg. Tagebuch d. preuß. Musketiers Dominicus. Nebst ungedr. Kriegs- u. Soldatenliedern hrsg. 8. (XV, 125 S.) München 891. Beck. n. 2. 25

– (Hrsg.), s. M o h l , Rob. v.: Lebenserinnerungen ...

Kerler, Dietr. Heinr., über Annahmen. Eine Streitschrift gegen A. v. Meinongs gleichnam. Arbeit nebst Beiträgen zur Bedeutungslehre u. Gegenstandstheorie. (36 S.) gr. 8. Ulm 910. H. Kerler. 1. —

Die Idee der gerechten Vergeltung in ihrem Widerspruch mit der Moral. Ethische Gedanken z. Strafrechtsreform von Dietrich Heinrich **Kerler**. Ulm: H. Kerler 1908. (32 S.) 8° [F.] [08. 12240

Nietzsche und die Vergeltungsidee. Zur Strafrechtsreform von Dietrich Heinrich **Kerler**. Ulm: Kerler 1910. 49 S. 8° [10. 9281

Kerler, Dietr. Heinr., die Patronate der Heiligen. Ein alphabet. Nachschlagebuch f. Kirchen-, Kultur- u. Kunsthistoriker, sowie f. den prakt. Gebrauch des Geistlichen. (V, 499 S.) 8. Ulm 905. H. Kerler. n. 6. 50; geb. in Leinw. n. 8. —

Kerler, H. J., s. Fabeldichter, römische.

Kerler, H. J., s. Phädrus, aesop. Fabeln.

Kerler, Heinr., Fragmente u. Funde zur Geschichte d. Freimaurerei in Ulm. [Aus: „Hamburg. Zirkel-Correspondenz".] gr. 8. (20 S. m. 4 Abb.) Ulm 897. H. Kerler. 1. 50

Freimaurerei in der Münsterstadt. Eine Festzeichnung von H[einr.] Kerler. Ulm: Kerler 1894. 18 S. 8° [Umschlagtit.]
Auch in: D. 50 j. Jubiläum d. L. Karl zu den drei Ulmen, Ulm. 1894 S. 14—28. 23.

Heinrich Kerler in Ulm. Antiquarischer Katalog Nr. 293. Bücher, Bilder und Karten zu Geschichte, Geographie & Literatur von Schweiz, Tyrol und Burgund. Hierin zum Teil die Bibliothek des Hrn. Oberbibliothekars Dr. [Emil] Blösch ... zu Bern. II + 26 S. 8. [1901.]

Heinrich Kerler in Ulm a/D. Antiquarischer Katalog Nr. 315: Schweiz-Alpina.... II + 46 S. 8. (Blaubeuren, Fr. Mangold, [1903].)

Kerler, Heinr. Fr.

Kerler, H. F., Geschichte der Grafen von Helfenstein, nach den Quellen dargestellt. Mit 1 Stahlst. Lex.-8. Ulm 840, Stettin'sche Buchh. n. 1 ₰

— Urkunden zur Geschichte der Grafen von Helfenstein. Ulm: Stettin 1840.

— Urkunden dazu. gr. 8. Ebd. 841. 1/2 ₰

KERLER, J., Gedichte. (Mit erotischem Anhang.) Memmingen 1841. 8°. (2 Mk. B. Seligsberg, Bayreuth, 1906.)

Kerling, Aug., Beschreibung des Bezirksamtes Beilngries. Erläuterung zur Karte des Bezirksamtes Beilngries. Bearb. für Schulen und den allgemeinen Gebrauch. 8. (39 S. mit 1 color. Kärtchen.) Regensburg 888, Bauhof. **

—— Beschreibung des Bezirksamtes Regensburg. Erläuterung zur Karte des Bezirksamtes Regensburg. Bearb. für Schulen und den allgemeinen Gebrauch. 8. (39 S. mit 1 color. Kärtchen.) Ebendas. 887. **

—— Beschreibung des Bezirksamtes Stadtamhof. Erläuterung zur Karte des Bezirksamtes Stadtamhof. Bearb. für Schulen und den allgemeinen Gebrauch. 8. (26 S. mit 1 Kärtchen.) Ebendas. 887. **

Kerll, Adolf: Saal und Kemenate der altfranzösischen Ritterburg, zumeist nach dichterischen Quellen. Göttingen 1909: Haensch. 173 S. 8°
Göttingen, Phil. Diss. v. 15. Sept. 1909, Ref. Stimming
[Geb. 10. Sept. 82 Imbsen; Wohnort: Imbsen; Staatsangeh.: Preußen; Vorbildung: Oberrealsch. Kassel Reife O. 02, Erg. Realgymn. Kassel O. 06; Studium: Göttingen 10 S.; Rig. 25. Nov. 08.] [U 10. 1428

Ausgewählte Werke des kurfürstlich bayerischen Hofkapellmeisters Johann Kaspar **Kerll** ⟨1627–1693⟩. Eingeleitet u. hrsg. von Adolf Sandberger. T. 1. *Leipzig: Breitkopf & Härtel 1901.* 2°(4°)
= Denkmäler d. Tonkunst in Bayern. Jg. 2, Bd 2.
= Denkmäler deutscher Tonkunst. Folge 2, Jg. 2, Bd 2. [04. 1146

[F.] Ein Interview Goethes im Jahre 1896. Authent. Bruchstücke e. spiritistischen Unterhaltg v. E. C. **Kermann**. *Erlangen: F. Junge 1897.* (75 S.) 1 Bd 8. [97. 1:5

Kermann, E. C., praktischer Wegweiser durch die amtliche allgemeine Rechtschreibung in Deutschland, Oesterreich u. in der Schweiz. (23 S.) kl. 8. Kaiserslautern 902. (Thiemesche Druckereien.) — 20

Kermaria, Yvonne, die Geschwister, s. a. Jugendbücherei.

(F) **Kermaria**, V., Die Geschwister. [Jugendbücherei. Nr. 12/13.] 8°. (61 S.) K —.60, geb. K 1.—
Graz: „*Styria*" 1908.

Kermauner, F., die Missbildungen der weiblichen Geschlechtsorgane, s.: Morphologie, die, der Missbildungen des Menschen u. der Tiere.

Kermauner, Fritz, Dr., Assist. an d. Univ.-Frauenklinik zu Heidelberg: Beiträge zur Anatomie der Tubenschwangerschaft. Mit 44 Abb. *Berlin: S. Karger 1904.* (137 S.) 8°
Heidelberg, Med. Hab.-Schr. v. 1904

Kermavner, V.: Die Allegorien in Platons Gorgias. 17 S. –Czernowitz, Progr. 1863

Kermavner, V.. Latinska slovnica. 2. Auflage. Laibach 1893. Jg. v. Kleinmayr und Fed. Bamberg. (Min.-Erl. v. 22. September 1893, Z. 21015.) Broschirt 1.40, in Leinwand gebunden 1.60

Kermes, Le, du nord ou la cochenille de Pologne ... O. O. 1774. V: *Hamann, Joh. Georg.* (Hamann, Schriften. Hsg. Roth. IV.) (ML) (R-N) (Ky) le Kermes du Nord ou la Cochénille de la Pologne, (par J. G. Hamann). 4. (Mitau) 774. (Hartknoch in Leipz.) 2 gr.

Kermes, Gtthlf. Thdr., Erklärung der in d. königl. preuß. Staaten verordneten Texte zur Feier des 3ten Jubiläums d. Kirchenreformation, nebst einigen Entwürfen. 8. Leipz. 817. Paul Vogel. 4 gr.

Kermes, J. Ludw. Aug., s.a. Anleitung, Systemat., für die Gutsherrschaften in den sämmtl. k. Preuß. Staaten ...

Kermes, L. A.: „Systematische Anleitung für die Gutsherrschaften in den sämmtlichen k. preußischen Staaten, zur richtigen Beurtheilung und Wahrnehmung ihrer Gerechtsame und sonstigen Rechtsverhältnisse"; auch u. d. T.: „Ausführliche systematische Darstellung der in den preussischen Staaten befindlichen ..... standesherrlichen Besitzungen, der Ritter- und adeligen Güter, bestehenden Rechte etc.", Leipzig 1829 (Hartmann).

(Kermes, L. A.): „Systematische Anleitung für die Gutsherrschaften in den sämtlichen kgl. preussischen Staaten, zur richtigen Beurtheilung und Wahrnehmung ihrer Gutsgerechtsame und sonstigen Rechtsverhältnisse, sowohl in Gerichtsbarkeits-, Jagd-, Patronats-, Fideicommiss- und Lehnsangelegenheiten, als auch insonderheit bei der gesetzlich angeordneten Regulirung der gutsherrlichen und bäuerlichen Verhältnisse und bei den Gemeinheitstheilungen; mit beigefügter genauer Bezeichnung sämtlicher, deshalb mit dem Jahre 1828 ergangener gesetzlicher Anordnungen", Leipzig 1829 (Nauck).

Kermes, J. Ludw. Aug.: Systematische Anleitung für d. Gutsherrschaften in den sämmtl. Königl. Preuss. Staaten zur richtigen Beurtheilung und Wahrnehmung ihrer Gutsgerechtsame und sonstiger Rechtsverhältnisse u. s. w. — A. u. d. T. Ausführl. system. Darstell. der nach d. jetzt. Preuss. Staats- u. Rechtsverfassung sowohl in Anseh. d. vormals unmittelbaren deutschen reichsständ., jetzt aber unter Königl. Preuss. Hoheit befindl. standesherrl. Besitzungen, als auch in Ansehung d. Ritter- u. adel. Güter in den Königl. Preuss. Staaten besteh. Rechte u. s. w. *Leipzig*, Nauck. 829. gr. 8. (2 Thl.)

Kermes, J. Ludw. Aug.: Kurze u. prakt. Anweisung zur Fertigung u. Abfassung aller Arten von Kauf- u. Pachtanschlägen, ingl. d. bisweilen vorkommenden Gegenanschläge. Zum Gebrauch f. Gutsbesitzer, Beamte, Gerichtsverwalter, Advocaten, Notare, Gutspächter u. s. w. von einem prakt. Rechtsgelehrten. *Lpz.* Tauchnitz. 802. 8. (16 Gr.)

Kermes, J. L. A.: „Kurze und praktische Anweisung zur Verfertigung und Abfassung aller Arten von Kauf- und Pachtanschlägen, ingleichen der bisweilen vorkommenden Gegenanschläge", Leipzig 1802 (Richter).

— kurze u. prakt. Anweis. zur Verfertigung u. Abfassung aller Arten v. Kauf- u. Pacht-Anschlägen rc. gr. 8. Leipz. 802. Tauchnitz. 16 gr.

— prakt. Anweis. für Diejenigen, welche für sich oder für andere ein Testament od. andere letzte Willensverordnn. fertigen u. errichten lassen. 8. Leipz. 803. (Lauffer). 12 gr. (vergl. auch Anweisung rc.)

Kermes, J. Ludw. Aug.: Ausführl. systemat. Darstellung d. Rechte u. vorzüglichen Gerechtigkeiten, auch sonst. Rechts- u. Lehensverhältnisse der Ritter- u. adel. Güter im Königr. Sachsen u. d. Markgrafth. Oberlausitz, königl. Sächs. Antheils, nach d. deshalb bis z. J. 1828 ergang. gesetzl. Anordnungen. *Leipz.*, (Böhme.) 808. gr. 8. (21 Gr.)

—— ausführl. systemat. Darstellung d. Rechte u. vorzügl. Gerechtigkeiten, auch sonst. Rechts- u. Lehnsverhältnisse d. Ritter- u. adlichen Güter im Königr. Sachsen u. d. Markgrafenth. Oberlausitz K. Sächs. Antheils, nach d. deshalb bis z. J. 1828 ergang. gesetzl. Anordnungen. gr. 8. (14½ B.) Leipzig 829, [Hartmann.]

(Kermes, L. A.): „Ausführliche systematische Darstellung der Rechte und vorzüglichsten Gerechtigkeiten, auch sonstigen Rechts- und Lehnsverhältnisse der Ritter- und adelichen Güter im Königreich Sachsen und Markgrafenthum Oberlausitz sächsischen Antheils; nach den, deshalb bis zum Jahre 1828 ergangenen gesetzlichen Anordnungen; für Gutsbesitzer und Rechtsgelehrte", Leipzig 1829 (Nauck).

— prakt. Handbuch beim Güterkaufen u. bei Pachtungen. gr. 8. Leipz. 803. (Brockhaus). 1 rf 12 gr.

— prakt. Handbuch b. Gütherkaufen u. Pachtungen. gr. 8. Lpz. Gleditsch. 803.

Kermes, Leopold August: „Praktisches Handbuch für Handlungs-Associes, so wie auch insbesondere für diejenigen, welche einen Handlungssocietäts-Contract und andere bey einer solchen Societät vorkommende schriftliche Aufsätze abfassen wollen. Zum Gebrauche für Jedermann", Leipzig 1804. — Vorh.: Büch. der Industrie- und Handelskammer Leipzig.

— prakt. Handbuch f. Handlungs-Associés, so wie für Diejenigen, welche e. Handlungs-Societäts-Kontrakt rc. abfassen wollen. gr. 8. Leipz. 804. (W. Nauck). 1 rf

— prakt. Handbuch f. Handlungs-Associés rc. gr. 8. Lpz. Sommer. 804.

Kermes, J. Ludw. Aug.: Prakt. Handb. für Kapitalisten aus allen Ständen bei Gelddarlehnsgeschäften u. den damit gemeiniglich verbundenen Sicherheitsstellungen. *Leipz.*, Lauffer. 801. 8. (20 Gr.)

— prakt. Handbuch f. Kapitalisten. gr. 8. Lpz. H. Richter. 801.

K(ermes), L. A.: „Praktisches Handbuch für Kauf- und andere Geschäftsleute zum Unterricht bey Wechselgeschäften sowohl in Teutschland überhaupt, als auch in Chursachsen insbesondere", Leipzig 1801. — Vorh.: Bibl. des Kammergerichts Berlin — Ff. 2232.

— prakt. Handbuch für Kauf- u. andere Geschäftsleute rc. gr. 8. Leipz. 801. Tauchnitz. 16 gr.

Ders.: Prakt. Handbuch z. Gebrauch bei Ritterguts-Käufen u. Pachtungen f. Gelehrte u. Ungelehrte. *Lpz.*, (Brockhaus.) 802. gr. 8. (1 Thl. 12 Gr.)

Kermes, J. L. A.: „Practisches Handbuch zum Gebrauch bey Rittergutskäufen und Pachtungen, für Gelehrte und Ungelehrte", Leipzig 1802 (Richter).

— prakt. Handbuch für Vormünder jeder Art. gr. 8. Leipz. 808. H. Richter. 21 gr.

Kermes, J. Ludw. Aug.: Pract. Commentar üb. sämmtl., die gesetzl. Allodial-, Heergeräths- u. Geraden-Erbfolge betreffenden chursächs. Verordnungen, nebst angehängten Gerade- u. Erbstücken-Verzeichnisse, f. Rechtsgelehrte. N. Ausg. *Leipzig*, (Meissner.) (803.) 809. gr. 8. (9 Gr.)

Kermes, Ldw. Aug., prakt. Commentar üb. die gesetzl. Allodial-Heergeräths u. Gerade-Erbfolge betreff. kursächs. Verordnn. nebst Gerade- u. Erbstückenverzeichniß, für Rechtsgelehrte. 8. Leipz. 803. N. A. 809. (Reinicke in Halle). 1 rf 8 gr Schrbp. 1 rf 12 gr

Kermes, J. L. A., prakt. Commentar üb. d. gesetzl. Allodial-Heergeräths u. Geraden-Erbfolge rc. n. Geraden- u. Erbstückenverzeichn., f. Rechtsgel. 8. Lpz. Hinrichs. 809.

Kermes, (L. A.,) prakt. Commentar üb. sämmtl., die gesetzl. Allodial-Heergeräth u. Gerade-Erbfolge betreffende Sächsische Verordnungen, nebst angehängten Gerade- u. Erbstücken-Verzeichnisse. Neue Ausg. gr. 8. 809. ist Verl. v. Reinicke u. C. in Halle.

KERMES, J. Ludw. Ang.: Allgem. posit. Staats-Landrecht der unmittelbar. freyen Reichs-Ritterschaft in Schwaben, Franken u. am Rheine, nebst e. Einleit. in das Staatsrecht der unmittelbaren freyen Reichs-Ritterschaft überhaupt. 3 Bde. *Lemgo*, Meyer. 787—89. 8. (2 Thl. 10 Gr.)

Kermes, Theod., Erklärung der in den Königl. Preuß. Staaten verordneten Texte zur Feyer des 3ten Jubiläums der Kirchenreformation, nebst einigen Entwürfen. 8. Leipzig, Paul Vogel. 817.

Kern, Den, aller Glück- und Segenswünsche bringet dem ... Dov- und Menzelischen verlobten Braut-Paare ... der Willige am Escol. O. O. [1777]. V: *Klose, Wilh.* (ML)

Kern, der, der wahren Andacht. Ein ganz vollständ. christkath. Gebet- u. Erbauungsbuch für ein. jeden Christen. Bearbeitet nach d. Geiste unserer heil. kathol. Kirche. 12. (15½ B. u. 1 Stahlst.) Straubing 846, Schorner.

Kern, der, zur wahren Andacht. Ein vollständ. christkathol. Gebet- und Erbauungsbuch für einen jeden Christen. 12. (VIII und 302 S. mit 1 Stahlst.) Straubing 847, Schorner. —

Kern, d. best. prosaisch. Aufsätze a. Journal. 6 Hefte. 8. Wien. 797. (14 gr.)

Kern, auserlesener, aller Gebete rc. 12. Coblenz, Huber. (Hadam. neue Gel. Buchh.) 784.

— auserlesener, aller Gebete rc. 12. Coblenz 784. Huber. (Lanz in Weilb.) 4 ggr

— od. kurz. Begr. d. ganz. Hist. v. Engl. b. a. d. Tod. d. Kön. Anna. a. d. Engl. 8. Kopb. 749.

Kern aller Buss-Gebete. Kopenhagen o. J. V: *Neumann, Caspar.* (Collin, Anonymer. Kiobenh. 1869.)

Kern der Christenlehre oder kurzer und vollständiger katholischer Katechismus von einem prakt. Katecheten. 8. (80 S.) Breslau 869, (Görlich und Coch.) * — 3(

Kern der Christenlehre, nach d. ältern u. neuern, im Großherzogthum Baden synodisch beglaubigten Lehrformeln der evangel.-protestant. Kirche. 8. Heidelb. 827. Oßwald. 4 ggr

Kern, Der deutsche, der italienischen Frage ... Leipzig 1859. V: *Aegidi, Ludwig Carl James.* (Biogr. Jahrbuch, hsg. von Anton Bettelheim. VI, 267.)

Kern, der deutsche, der italienischen Frage. Leipzig 859. Veit & Comp. gr. 8. (41 S.) 1⅓ ngr

— ächter, aller Gebete. 10e Aufl. 12. Kaschau 819. Wigand. 4 ggr

vgl. 1. Aufl. Kern ... Gebete

— a. Folards Erklär. üb. d. Polybius. 8. Leipz. Weidmann. 761.

—— jeder Erziehungslehre. Eine freundliche Gabe an Erzieher, Elementarlehrer u. Jugendfreunde. 16. (6½ B.) Münster 843, Deiters.

Kern der Gebete. Eine Auswahl kathol. Andachten nebst 12 Besuchgn. d. allerheiligsten Altarsakramentes u. kirchl. Litaneien. gr. 16. (252 S. m. 15 Holzschn.) Einsiedeln 874. Eberle, Kälin & Co. — 42

Kern aller Gebete; samt einer Zugabe. München u. Eichstädt 1782. 2. Aufl. 1785. V: *Sailer, Joh. Michael.* (MGT) (Jes) (Winer) (Ky)

— aller Gebete, f. alle Menschen, Alter u. Anliegen. 12. Bresl. 790. Graß, Barth u. Comp. 6 ggr

— aller Gebete, od. andächt. Gebetbuch, welches Morgen-, Abend-, Meß-, Beicht- u. Kommuniongebete rc. enthält, v. P. Elias. 8. Münster 802. Neueste Aufl. 831. Aschendorf. 6 ggr Schrbp. 10 ggr

— aller Gebete oder Gebetbuch, worin Morgen-, Abend-, Meß-, Beicht-, Communion- u. Vespergebete, Gebete zur heil. Dreifaltigkeit, zum göttl. Heiland rc. Ganz umgearb. Aufl., großentheils aus Kirchengebeten zusammengetragen von einem Curatpriester zu Münster. 8. Münster 824. 5e Aufl. 831. Coppenrath. 6 ggr Schrbp. 12 ggr

— aller Gebete. Eine vollständ. Auswahl aus d. ganz umgearb. Aufl. vom Jahre 1824. Mit 1 Kpf. 8. Ebd. 825. 2e A. 831. Ebd. 6 ggr Schrbp. 12 ggr In 12. Mit e. Anh.: Brüderschaft der Todesangst unsers am Kreuze sterbenden Heilandes Jesu Christi. Ebd. 826. Ebd. 4 ggr Schrbp. 6 ggr

— aller Gebete, od. andächt. Gebetbuch, worin die kräftigst. Morgen- u. Abend-, Meß-, Beicht- u. Kommunion-Gebete zu der heil. Dreifaltigkeit, zum süßen Namen Jesu rc., die 7 Bußpsalmen, St. Brigitten-Gebete rc. begriffen sind. Zusammengetragen durch J. Chr. Elias. 8. Mainz 829. Müller. 10 ggr Dass. auch u. d. T.: heilsames Gebet- u. Tugendbuch. Ebd. Schrbp. 15 ggr

Kern aller Gebete, od. andächt. Gebetbuch, worin d. kräftigsten Morgens- u. Abends-Meß-, Beicht- u. Kommunion-Gebete, zu d. heil. Dreifaltigkeit, z. süßen Namen Jesu rc.; die 7 Bußpsalmen, St. Brigitten-Gebete rc. begriffen sind. — A. u. d. T.: Heilsames Gebet- u. Tugendbuch rc. Zusammengetr. durch J. Chr. Elias. 8. (21 B.) Mainz 829, [Kirchheim, Schott u. Thielmann.]

Kern aller Gebete. Eine vollständ. Auswahl a. d. ganz umgearb. Aufl. v. J. 1824, v. e. Curatpriester zu Münster. 2. Aufl. (Grobe Schrift.) 8. (21 B.) Münster 830, Coppenrath.

—— aller Gebete, od. Gebetbuch, worin Morgen-, Abend-, Meß-, Beicht-, Communion- u. Vespergebete, Gebete z. heil. Dreifaltigkeit, z. göttl. Heilande, z. heil. Geiste, z. Mutter

Gottes, zu d. Engeln u. Heiligen, auf d. Feste d. Jahrs, für Kranke u. Verstorbene. Ganz umgearb. Aufl., großentheils aus Kirchengebeten zusammengetr. v. e. Curatpriester zu Münster. 4—8., verm. u. verb. Aufl. (à 22 B.) 8. Münster 831, 33—35, Coppenrath. à 6 Gr., Schrbp. Thlr.

— aller Gebete, oder Gebetbuch, worin Morgen-, Abend-, Meß-, Beicht-, Communion- und Vespergebete, Gebete zur heiligen Dreifaltigkeit, zum göttl. Heilande, zum heil. Geiste, zur Mutter Gottes ꝛc. Ganz umgearb. Aufl., großentheils aus Kirchengebeten zusammengetragen v. einem Curatpriester zu Münster. 6e verm. u. verb. Aufl. 8. Münster 833. Coppenrath. 1/4 Thlr. — 7e Aufl. … — 8e verb. u. verm. Aufl. 8. Ebd. 835. 1/4 Thlr. — 9e Aufl. … — 10e verb. u. verm. Aufl. 8. Ebd. 836. 1/4 Thlr. — 15e verm. Aufl. 8. Ebd. 840. 1/4 Thlr.

— dass. im Auszuge. 12. Ebd. 835. 1/6 Thlr. — 2e Aufl. 12. 1/6 Thlr., grobe Schrift 7 gr. — 3e Aufl. 12. Ebd. 838. 1/6 Thlr., Schrbp. 1/4 Thlr.

— dass. Eine vollständ. Auswahl aus der ganz umgearb. Aufl. 2e verm. Aufl. 8. Ebd. 838. Grober Druck mit Titelkpfr. 1/4 Thlr., Schrbp. 1/2 Thlr.

Kern aller Gebete, od. Gebetbuch, worin Morgen-, Meß-, Beicht-, Communion- u. Vespergebete ꝛc. größtentheils aus Kirchengebeten zusammengetragen. 9—16., verm. u. verb. Aufl. 8. (à 22 B. u. Titkpfr.) Münster 836—42, Coppenrathsche Buchh. à 1/4 Thlr., Schrbpap.

—— dess. — eine vollständ. Auswahl hieraus. 1—3. Aufl. 8. (à 21 B. grober Druck u. Titkpfr.) Ebds. 835—41. à

—— dess. — 1—5. Aufl. 18. (à 13 B.) Ebds. 835—41. à

— aller Gebete. Eine vollständ. Auswahl aus der ganz umgearb. Aufl. Von e. Curatpriester zu Münster. 3. verm. Aufl. (Mit Titelkpfr.) 8. Münster 841, Coppenrath. 1/4 Thlr.

— dass. Auszug. 5. Aufl. (Mit Titelbild.) 18. Ebend. 841. 1/6 Thlr. — 6. Aufl. 18. Ebend. 844. 1/6 Thlr.

—— aller Gebete. 16., verm. u. verb. Aufl. 8. (22 B. u. 1 Kpfr.) Münster 843, Coppenrathsche Buchh.

—— aller Gebete. Auszug aus der ganz umgearbeiteten Auflage von einem Curat-Priest. z. Münster. 6. Aufl. 18. (296 S.) Münster 844, Coppenrathsche Buchh.

—— aller Gebete. Gebetbuch worin Morgen-, Abend-, Meß-, Beicht-, Communion- und Vespergebete, so wie Gebete zur heil. Dreifaltigkeit ꝛc. und Gebete auf die Feste des Jahres, Gebete für Kranke und Verstorbene enthalten sind. Ganz umgearb. Aufl., großen Theils aus Kirchengebeten zusammengetragen von einem Curatpriester zu Münster. 17., verm. und verb. Aufl. 8. (VIII und 342 S. mit 1 Stnt.) Münster 848, Coppenrathsche Buchh. Thlr.

Kern aller Gebete. Auszug aus der ganz umgearb. Aufl. von einem Curat-Priester zu Münster. 8. Aufl. 16. (268 S. und 1 Holzschn.) Münster 850, Coppenrathsche Buchh.

—— aller Gebete. Vollständiges Gebet- und Erbauungsbuch für kathol. Christen. Großentheils aus Kirchengebeten zusammengetragen von einem Curatpriester zu Münster. Neue mit Zusätzen verm. Taschenausg. 32. (XVI und 366 S. mit Stahlst.) Münster 851, Coppenrathsche Buchh.

Fein Pap.

— — Auszug aus der ganz umgearb. Aufl. Von einem Curat-Priester zu Münster. 9. Aufl. Münster 857. Coppenrath. 32. (VI, 266 S. u. 1 Holzschn.) 3¾ ngr.

—— aller Gebete. Auszug aus der ganz umgearb. Aufl. Von einem Curat-Priester. 9. Aufl. 16. (VI und 266 S. mit 1 Holzschnt.) Münster 857, Coppenrath'sche Buchh.

—— dass. — Gebetbuch worin Morgen-, Abend-, Meß-, Beicht-, Communion- und Vespergebete, sowie Gebete zur heil. Dreifaltigkeit, zum göttl. Heilande, zum heil. Geiste ꝛc. und Gebete auf die Feste des Jahres, Gebete für Kranke und Verstorbene enthalten sind. Ganz umgearb. Aufl., großentheils aus Kirchengebeten zusammengetragen von einem Curatpriester zu Münster. 19., verm. und verb. Aufl. 12. (VIII und 440 S.) Münster 867, Coppenrath'sche Buchh.

Kern aller Gebete, mit Morgen-, Abend-, Meß-, Beicht- u. Kommunion-Gebeten ꝛc. Mit 1 Bildniß. 18. Köln 832. Matthieux. Druckpap. das Dutzend 1 Thlr. 8 gr.

—— aller Gebete. Ein Christenlehrgeschenk. Neue Aufl. 12. (1½ B.) Mainz 834, Kunze.

—— aller Gebete, das ist: Tägl. Andachten d. Christen, nebst andern nützl. u. nothwend. Gebete zu Gott, seinen Heiligen u. f. d. Anliegen d. Christenheit. (Nebst: Andachtsübn. d. Hl. Kreuzwegs ꝛc.) gr. 12. (10½ B. u. 16 Holzschn.) Einsiedeln 828. (Augsburg, Kollmann.)

— aller Gebete, d. ist: tägl. Andachten des Christen, nebst andern nützl. u. nothwend. Gebeten zu Gott, seinen Heiligen ꝛc. gr. 12. Einsiedeln 828. (Augsb., Kollmann; a. Orell in Zürich). 5 gr. (bei Kösel in Kempten). 4 gr.

—— aller Gebethe, od. tägliche Andachten des Christen, nebst andern höchst nothwendigen Gebeten zu Gott, seinen Heiligen u. für die Anliegen der Christenheit. Mit d. Anh.: Andachtsübungen des heil. Kreuzwegs. 18. (7 B.) Einsiedeln 843, Gebr. Benziger.

—— aller Gebete, eine Auswahl kathol. Andachten, mit zwölf Besuchungen des allerheiligsten Altarsakramentes und kirchl. Litaneien. 36. Aufl. 12. (252 S. und 1 Stnt., lithogr. Titel und eingedr. Holzschn.) Einsiedeln 851, Gebr. Benziger.

Kern aller Gebete, eine Auswahl kathol. Andachten mit 12 Besuchungen des allerheiligsten Altarsakramentes und kirchl. Litaneien. 47. Aufl. 16. (254 S. mit eingedr. Holzschn. und 2 Stnt.) Einsiedeln 867, Gebr. Benziger.

Mit Meßanhang. (344 S.)

—— aller Gebete. Ein vollständ. Gebet- und Erbauungsbuch für kathol. Christen jeden Standes, welches nebst gründl. Belehrung über die wichtigsten Angelegenheiten des Menschen, verschied. Morgen-, Abend-, Meßgebete ꝛc. enthält. Auf's Neue verm. und verb. von einem kathol. Priester. 8. (XVI und 384 S. mit 1 Stnt.) Paderborn 851, Junfermann'sche Buchh.

—— aller Gebete. Ein vollständiges Gebet- und Erbauungsbuch für kathol. Christen jeden Standes, welches nebst gründlicher Belehrung über die wichtigsten Angelegenheiten des Menschen, verschiedene Morgen-, Abend-, Meßgebete ꝛc. enthält. Auf's Neue verm. und verb. von einem kathol. Priester. 8. (XVI und 384 S. mit 1 Stahlst.) Paderborn 855, Junfermann'sche Buchh.

Kern aller Gebete. Eine Auswahl kathol. Andachten für fromme Seelen. 24. (287 S. mit 1 Stahlst.) Saarlouis 855, Stein.

Kern aller Gebete. Gebet- u. Andachtsbüchlein f. römisch-kathol. Christen. Von e. Priester der Erzdiözese Köln. Besondere dünne Taschenausg. 16. (136 S. m. Abbildgn. u. 1 Stahlst.) M. Gladbach 896. A. Riffarth.

Geb. in Leinw. n. 1.10

—— aller Gebete in allen Anliegen des christl. Erdenwallers. 24. (72 S.) Neuburg a/D. 844, Prechter.

KERN aller Gebeter . . . zu der Mutter Gottes und denen Heiligen. Schemnitz 1794: J. F. Sulzer. (1) 332 (3) S. - 8°

- Dass. 10 Aufl. Kaschau 1819: Wigand. - 12°

Kern katholischer Gebete. Umgearbeitet aus älteren Gebetbüchern, von einem Priester der Diözese Brixen. Mit bischöfl. Approbation. Mit einem Stahlstiche. Innsbruck, 1857. (247 S. 8.)

Kern und Geist des alten Testaments in Beziehung auf das Christenthum... Kreuznach 1830. V: *Kehr*, *Ludw. Chn.* (Ky)

— u. Geist des alten Testaments, in Beziehung auf das Christenthum. Bearbeitet von d. Herausgeber der Schrift: Das einzig wahre Christenthum (L. Chr. Kehr). 8. Kreuznach 830. Kehr. 12 K

Vgl. Bibel, die, im Auszuge, (1. Abthl.)

— geistreicher christ-kathol., aller Gebete. gr. 12. Neisse... (Andrä in Leipz.) 6 K

— aller Gebete, geistreicher, christkatholischer, mit teutschen Lettern. 12. Sulzbach 842, v. Seidel. 1/6 ß

— geistreicher christkathol., aller Gebete, für alle Menschen. 8. Sulzb.... v. Seidel. 8 K in 12. Ebd. 820. 4 K Mit latein. Lettern u. Kpf. 6 K

GEISTREICHER christkatholischer Kern aller Gebeter, für alle Menschen in allem Alter, in allen Ständen, in allem Anliegen, und zu allen Zeiten, sehr nützlich, trostreich, und dienlich. Vermehrt mit auserlesenen Beicht- und Communion-, Mess- und zu unterschiedlichen heiligen Gebetern und Litaneyen; wie auch dem Officio der göttlichen Vorsichtigkeit, und unser lieben Frauen: Nebst einem Anhang christlicher Gedanken auf alle Tag des Monats. Pressburg o. J.: Joh. Mich. Landerer, 374, 8 S. 1 t. - kl. 8°

— geistreicher, aller Gebete. 12. Augsb. 802. N. Aufl. 812. M. Rieger. 4 K

— geistreicher, aller Gebete, f. alle Menschen, Alter u. Anliegen, (katholisch.) Mit 1 Kpf. 8. Leipz.... Rein. 12 K

— geistreicher, aller Gebete, f. alle Menschen rc. 8. Ratibor 803. Juhr; (Gastl in Brünn). 5 K

—— des alten Würtembergischen Gesangbuchs, s. Dann, Chr. Adam, Auswahl rc.

— der bibl. Geschichte Alten Testaments rc., von B. Strauch. 8. Bamb. u. Würzb. 767.

— d. bibl. Geschichte des A. u. N. Testam., mit kurzen Sittenlehren. 8. Bresl.... (Graß, Barth u. Comp.) 6 K

— d. bibl. Geschichte Alt. u. Neuen Testaments. 8. Köln 794. Fabricius. 6 K

Kern der Geschichte Friedrich des Grossen, jetzt regierenden Königs in Preussen — — Mit Kupfern. Theil 1—2. Frankfurt und Leipzig 1761. 8.

— der Geschichte Friedrich des Großen rc. 2 Thle. Mit Kpf. 8. Glogau 761. Chr. Fr. Günther. 1 ß 4 K

Kern der Geschichte und Staatsverfassung Grossbritanniens. Frankfurt u. Leipzig 1763. V: *Hörschelmann*, *Friedrich Ludwig Anton.* (MGT) (K.)

— der Geschichte u. Staatsverfassung Großbritanniens, (v. F. L. A. Hörschelmann). 8. Erfurt 762. Straube. 6 K

— d. Geschichte d. alt. u. neuen Testaments rc. gr. 8. Münst. Aschendorff. 794.

— der Geschichte des alten u. neuen Testaments, mit kurzen Sittenlehren. Zum Gebrauche der deutschen Schulen. 8. Lippstadt 829. (Lange.) $2^1/_2$ K

— der bibl. Geschichten des alten u. neuen Bundes; mit beigesetzten u. verbesserten Sittenlehren, zum Gebrauch der Schulen. 8. Wien 800. Geistinger. 8 K

Kern, Ein, der christkatholischen Glaubens- und Sittenlehre ... O. O. 1813. V: *Buchfelner*, *Simon.* (Hr)

— ein, der christl. Glaubens- u. Sittenlehre, in e. Volkspredigten. Mit e. Anh. 8. Landsh. 813. Thomann. 4 K

Kern der Heiligen-Legende in Gesängen, oder Christus mein Leben und Sterben mein Gewinn. Von Pfr. M. T. 8. (478 S.) Salzburg. Zaunrith'sche Buchdruckerei. In Kommission der Mayr-schen Buchhandlung. 1854.

— d. Kirchenhist. n. Anleit. d. Rechenberg. Summarien in Tabellen. 4. Lpz. 746.

— u. Kraftstellen des N. Testaments, übersetzt u. erläut. f. Leser von Geschmack. 8. Heerborn. (Marb. Krieger.) 811.

— d. gesammten Landwirthschaft, od. wie man seine Wirthschaft einrichten müsse. 8. Leipz. 791. (W. Nauck). 16 K

— d. gesammt. Landwirthsch. od. wie man s. Wirthsch. einricht. müsse. 8. Lpz. Sommer. 791.

Anonym: „Der Kern der gesammten Landwirthschaft, oder wie man seine Wirthschaft einrichten müsse", Leipzig 1791 (Sommer).

— d. Lehre Jesu, von e. Layen. 8. Petersb. 782. Logan. 4 K

Kern der Lehre Jesu Christi für reformirte Schulen. Mannheim 1800. V: *Held*, *Carl Phil.* (Ky)

— d. Lehre Jesu Christi, f. reform. Schulen, (v. Prof... Held). 8. Manh. 800. Schwan u. G. 4 K

— der Lehren und Sprüche des ehrwürd. Thomas v. Kempen, enthoben aus dess. „Buch von der Nachfolge Christi", auf jeden Tag in der Woche abgetheilt. Nebst e. Anh. v. Andachtsübungen. 11. verb. Ausg. 18. Einsiedeln 842, Gebr. Benziger. 1/4 ß

—— aller Lieder f. fröhl. Zirkel, od. Auswahl d. beliebtesten Gesellschafts-Lieder. 1. u. 2. Aufl. 16. (à 7 B.) Wesel 838, 40, Klönne. à

Kern alter und neuer in 730 bestehender, geistreicher Lieder, welche sowohl bey dem öffentlichen Gottesdienste in denen Reformirten Kirchen der Hessisch-hanauischpfältzisch-pennsylvanischen und mehreren anderen angräntzenden Landen, als auch zur Privat-andacht u Erbauung nützlich gebraucht werden: nebst ... Gebätern ... Cathechism und Symbolia. 3d ed. Germantown, 1772.

— geistl. Lieder. 12. Stereotyp-Ausg. Frkf. a. M. 832. Brönner. 3 gGr.

—— geistl. Lieder. Stereotyp-Ausg. 12. (4 B.) Frankfurt a. M. 833, Brönner.

— geistlicher Lieder. Stereotyp-Ausg. 12. Frankfurt a/M. 842, Brönner. 1/8 Thlr. — Neue Stereotyp-Ausg. kl. 12. Ebend. 846. 1 3/4 Ngr.

—— geistlicher Lieder. 1. Ausg. 842. 3 3/4 Ngr. u. neue Stereot.-Ausg. 12. (à 4 B.) Frankfurt a. M. 846, Brönner.

Kern geistlicher Lieder. Neue Ausg. 12. (144 S.) Frankfurt a. M. 864, Brönner.

— des deutschen Liederschatzes der christl.-evangel. Kirche. — Oder allgemeines evangel.-christl. Gesangbuch aus dem deutschen Liederschatz der evangel. Kirche dargestellt. 1r Thl. Lieder von dem Worte Gottes u. der christl. Kirche überhaupt, wie auch Bibelgesellschafts-, Missions- u. Verein-Lieder insbesond. 8. Dinkelsbühl 828. Walthr; Nürnb. 823. Raw. 8 gGr.

— der ganzen Medicin; aus dem Engl. mit Anmerkk. von Chr. A. Rosenberg. 2e Aufl. 8. Bresl. 777. (Gosohorsky). 6 gGr.

Kern d. ganz. Medicin. a. d. Engl. 8. Bresl. Meyer. 777. Rthlr.

Kern d. ganzen Medizin, worinnen auf d. allerkürzeste Art d. Arzneimittel in geringen Recepten deutl. angegeben u. erkläret werden. Hamburg 1748.

Kern d. ganzen Medizin, worinnen auf d. allerkürzeste Art Arzney-Mittel, so by d. vornehmsten medicin. u. chirurg Krankhtn notwendig sind, zum Gebrauch d. Kriegs-Hospitals, v. d. Kgl. Leib-Aerzten, Wund-Aerzten u. s. w. zusammengetragen. A. d. Engl. Hamburg 1847.

KERN Dressdnischer Merckwürdigkeiten vom Jahre 1700 bis 1783. Dresden, bey Mohrenthal etc. 4°. (80 Mk., schönes Expl. in 4 starken Bdn., v. Zahn & Jaensch, Dresden, c. 1900:)
„Die alte Zeitung ist von grösster Seltenheit u. Wichtigkeit."

Kern des Methodenbuchs besonders für die Landschulmeister in den k. k. Staaten ... Deutsche Schulanstalt bei St. Anna, Wien 1786. 1 vol. 152 S.

— der schweizerischen Reformationsgeschichte, herausgeg. auf die dritte Säcularfeier, (v. Melch. Kirchhofer). 8. Schafhaus. 819.

— der Osmanischen Reichsgeschichte durch Hammer-Purgstall. Musterstücke histor. Darstellung, gewählt u. geordnet von C. P. Berly. gr. 8. Leipz. 837. Hartleben's Verl.-Exped. 2 Thlr.

— d. seligmachend. Religion d. Christen. 8. Offenb. 776. Wrede. 4 gGr.

Kern und Safft der erbaulichen Schrifft . . . Philipp Jacob Speners Vertheidigung des Zeugnisses von der ewigen Gottheit Jesu Christi . . . Gotha 1711. V: *Kannengieser, Bartholomäus.* (Myl)

— d. sämmtl. ökonom. Schriften Schubarts v. Kleefeld. 8. Prag 787. Schönfeld. 7 gGr.

Kern christlicher Sittenlehre, zum Unterricht für alle Stände. Übersetzt von Hillinger. Augsburg 1778—81. V: *Franz von Sales.* (Th)

— aus Mosheims Sittenlehre d. heil. Schrift, herausgeg. von Jh. Sommerau. 2 Thle. u. Anh. 8. Blankenb. 763—66. Ernst. 1 Thlr. 6 gGr. Neue verb. u. verm. Ausg., unt. d. T.: Vollst. Ausz. aus Mosheims Sittenlehre d. heil. Schrift etc., worin 9 Theile dieses Werkes in zween Bänden enthalten sind. Von Cph. G. L. Meister. 8. Ebd. 772. 2 Thlr. 16 gGr. Neue wohlf. Ausg. 799. 2 Thlr.

— der italien. Sprache. 8. Quedlinb. 797. Ernst. 10 gGr. Neue Ausg., s. kurzgefaßte italien. Grammatik.

Kern der deutschen Sprachkunst. Leipzig 1754. 1762. V: *Gottsched, Johann Christoph.* (Rüdiger, Neuest. Zuwachs. Leipz. 1782—93. IV, 13.)

—— der deutschen Sprachlehre f. Volksschulen. Ein Leitfaden f. Schüler. 8. (2 B.) Königsberg 836, Hartung.

Kern auserlesener Sprüch- und Denck-Wörter, Der, auch Lebens- und Sitten-Regeln. Frankfurt u. Leipzig 1718. 8. . . . . (D.)

Kern deutscher Vaterlands- und Kriegslieder für den vierstimmigen Männergesang. Zugleich als Anhang zu allen deutschen Lieder- und Commersbüchern. Bearb. und hrsg. von J. G. Herzog. gr. 16. (IV und 86 S.) Erlangen 1859, Blaesing. Thlr.

Kern Vinzenz Nekrolog
Necrolog. Vinzenz v. Kern. 4 S. (S.462-465)
Berlin: 1830
(Krit.Rep.ges.Heilkde, Bd 27, N.F. Bd 7)
JB 6.065/27

„Kern eines auserlesenen Vorraths curieuser und nützlicher gesammelter Wissenschaften und derer brauchbarsten Kunststücken aus mathematisch - medicinisch - chymisch - mechanisch-historisch-oeconomisch und vermischten Materien", Erfurt 1745 ff.

— d. Weisheit, s. *Sophias* apandisma.

Kern menschlicher Weisheit und Klugheit. [Wien ca. 1800.] V: *Richter, Joseph* [?]. (WBL)

— menschl. Weisheit u. Klugheit; ein Handbuch f. alle Menschen. 8. Wien ... Rehm. 1 Thlr.

—— alles Wissens, od. Kunst in 24 Stunden ein Universal-Genie zu werden. Eine faßl. Uebersicht sämmtl. Wissenschaften u. Künste f. d. reifere Jugend. Von d. Verf. des Wiener Galanthomme. 3 Hfte. 8. (20 1/4 B.) Wien 845, Grund.

v. Kern, (Oberlieut.), histor.-statist. Beschreib. aller Belagerungen d. Stadt Augsburg, v. Kaiser Augustus bis auf gegenwärt. Zeiten. Mit 12 Plänchen u. 1 Specialkärtchen. gr. 8. Augsb. 823. v. Jenisch u. St. 1 Thlr. 16 gGr.

Kern, k. bayer. Ingenieur-Hauptm. Geschichtliche Darstellung des Vertheidigungs-Standes und Kriegsbegebenheiten der Stadt Augsburg von 12 v. Chr. bis 1813. Mit Plänen. 8. Augsburg (1813).

Kern, geschichtl. Darstell. des Vertheidigungsstandes u. d. Kriegsbegebenheiten d. Stadt Augsburg, v. Kaiser Augustus bis auf gegenwärt. Zeiten. Mit 12 Plänchen u. 1 Specialkärtchen. gr. 8. Augsb. 823, Jenisch u. St.

Kern, ..., Grammaire allem. gr. 8. Basel 793. Thurneisen. 10 ℋ (Haller in Bern). 8 ℋ

Kern, Dr. Commissionsbericht über die Abschaffung des Zehnten. Karlsruhe, Braun, 1830. (Aus d. Verhandl. der Badisch. Ständeversamml. bes. abgedruckt.)

Kern. Die Concentration des Unterrichts und die Realschulen. Mühlheim a. d. Ruhr, R., 1863. 20 S. 4. Progr.

(Kern.) Kriegsgeschichte sämmtlicher im Bezirke des Kgl. bayerischen 2. Armee-Divisions-Commandos belegenen Städte, Festungen u. Schlösser. (39 B.) 8. M. 14 Plänen. 4 Krtn. Nürnberg 1833. 12,00.

Kern. Zur Realschulfrage. Berlin, Luisenstädt. G. S., 1869. 13 S. 4. Progr.

Kern (II.), Rede bei der Trauerfeier für König Wilhelm im Ulmer Gymnasium. Vorgetragen am 20. Juli 1864. gr. 8. (20 S.) Ulm 865, Ebner'sche Buchh.

Kern, der Rheinbund. Rede geh. am Geburtsfest Sr. Maj. d. Königs. 4. (10 S.) Ulm 872. (Tübingen, Fues' Sort.) n. — 40

— Taschen-Tabellen zur Vergleichung der gangbarsten Münzen, der norddeutschen, süddeutschen und österreichischen Währungen, der Handelsgewichte u. Meilenmaaße. Zins- und Interessenberechnung. Nebst Notizzettel über gültiges, ungültiges und falsches Papiergeld 2c. Abdruck aus der Agenda, Notizbuch für alle Tage des Jahres. Ebend. 860. 12. (30 S.) 3 ngr.

Kern, Dr., s. Verhandlungen d. Versammlung deutscher Wein- u. Obstproducenten zu Freiburg.

Kern, Adm., Predigten auf alle Sonn- u. Festtage d. Jahres. 6 Jahrgg. zu 4 Thln. gr. 8. Augsb. 784—89. Rieger. 18 ℛ

Kern, Adf., Aufgabensammlung für den deutschen Sprachunterricht an den Oberklassen der Volks- und Wiederholungsschulen Oesterreichs. 8. (IV und 123 S.) Wien 867, Sallmayer und Comp. *

Kern, Adolf, aus Lübben: George Chapman's Tragödie 'Caesar and Pompey' und ihre Quellen. *Halle a. S. 1901: H. John.* (44 S.) 8°
Halle, Phil. Diss. v. 1901

—— Hilfsbuch für den geografischen Unterricht an den Oberklassen der Volks- und Wiederholungsschulen Österreichs. 8. (IV und 102 S.) Wien 867, Sallmayer und Comp. *

Kern, Adf., das Himmelsbrot oder Beicht- und Kommunion-Andacht für Katholiken. Pest 857. (Lauffer u. Stolp.) 16. (31 S.) nn. 2⅓ ngr.

—— s. Lesebuch für die katholischen Wiederholungsschulen Oesterreichs.

—— Maria, die Mutter der Unschuld. Gebetbuch für die christkathol. Jugend. 16. (141 S. mit 1 Stahlst.) Pest 857, Lauffer und Stolp. 6 Ngr.; geb.
geb. in Leder mit Goldschn.

KERN, ADOLPH: Reise in das heilige Land. In: Der kath. Christ. Jg. 13. 1860. Nr. 15-52 v. 14. IV. - 29. 12. 1860, S. 117-396.
- Dass. SA. Pest 1861: Gustav Emich. 156 (1) S. - 220 mm

Kern, Albert, a. Steinbach: Beitrag zur conservativen Behandlung der offenen Hydronephrose. Freiburg i. B. 1906: U. Hochreuther. (29 S.) 8°
Freiburg i. B., Med. Fak., Ref. Kraske, Diss. v. 1907
[Geb. 7. Sept. 80 Steinbach; Wohnort: Karlsruhe; Staatsangeh.: Baden; Vorbildung: Gymn. Rastatt Reife Juli 00; Studium: Würzburg 2, Freiburg i. B. 8 S.; Coll. 3. Aug. 06.]

Kern, Alb., d. Kratzenindustrie in Vergangenheit u. Gegenwart. [Aus: „Festschrift d. Vereins deutscher Ingenieure zur 36. Hauptversammlg."] Lex.-8. (34 S. m. 4 Taf.) Aachen 896. R. Barth, Verl. n. 2. —; geb. in Leinw. n. 3. —

Kern, Alex., Gumpoldskirchens Weinbau einst u. jetzt. Eine Cultur-Skizze. gr. 8. (16 S.) Wien 895. C. Gerold's Sohn. — 60

Kern, Arthur *Eugen Ludwig* [aus Quanzendorf in Schles.]: Der „Neue Grenzzoll" in Schlesien, seine Begründung und Entwicklung 1556—1624 ... Berlin, W. Weber, 1892; 2 Bl., 72 S., 1 Bl. 8.
Berlin, Phil. Fak., Inaug.-Diss. v. 26. Okt. 1892

Kern, Arth., s.: Hofordnungen, deutsche, des 16. u. 17. Jahrh.

KERN, AUGUST: Lobpreiset den Herrn! Katholisches Gebet- und Liederbuch für die fromme Jugend. 2. Aufl. Temesvár (Temeswar) 1897: Csanáder (Tschanader) Diöc.-Buchdr. 180. VI. S. - 8°
- Dass. 3. Aufl. Temesvár (Temeswar) [3]1897: Csanáder (Tschanader) Diöc.-Buchdr. 227 S. - 140 mm

Kern, B. G.

— Beschreib. des am 22. Febr. 1821 gefeierten Stiftungsfestes d. Bürgerschule zu Jüterbock. gr. 8. Leipz. 821.

Kern, B. G., üb. die Einrichtung d. Bürgerschulen. Ein Versuch. gr. 8. Berl. 828. L. Oehmigke. 1 ℛ 12 ℋ

Kern, B. G., ein deutsches Schullehrerseminar u. die Vorbereitung zu demselb. gr. 8. (4 B.) Leipzig 843, Goetz. (Schrey.)*

Kern, Berthold (geb. Münsterberg in Schles. 5. 12. 1848): Ueber den physiologischen Einfluss der Elevation. Berlin (1872). (32 S.) 8°
Berlin, Med. Diss. v. 23. Dez. 1872

Kern, Berth., das Erkenntnisproblem u. seine kritische Lösung. (III, 195 S.) gr. 8. Berlin 910. A. Hirschwald. 5. —

— Die psychische Krankenbehandlung in ihren wissenschaftlichen Grundlagen. Vortrag, geh. im Verein f. innere Medizin in Berlin am 15. XI. 1909. (58 S.) gr. 8. Ebd. 910. 1. 20

Kern, Kriegschirurgie d. Sehorgans, s.a. Zeitschrift, deutsche militärärztliche.

Kern. Kriegschirurgie des Sehorgans. E. Monographie. Berlin 1890. (Dopp.) 2 Bde.

— Das Problem des Lebens in krit. Bearbeitung. (VIII, 592 S.) gr. 8. Ebd. 909. 14. —

Sehproben-Tafeln. Mit bes. Berücks. d. militärärztl. Gebrauchs. Von Dr. Berthold Kern, Generalarzt, u. Dr. Reinhold Scholz, Oberstabsarzt. [Text u. Tafeln.] *Berlin: A. Hirschwald 1904.* 1 Bd 8°, 1 Bd 4° [04. 3143

— u. Rhold. Scholz, Sehproben-Tafeln. Mit besond. Berücksichtigung des militärärztl. Gebrauchs. 2. Aufl. 7 Taf. Fol. u. gr. 4. Nebst Text. (15 S.) gr. 8. Ebd. 906. In Mappe n. 3. —

Kern, Berthold, das Wesen des menschlichen Seelen- u. Geisteslebens. Festschrift zur 110. Stiftungs-Feier der Kaiser Wilhelms-Akademie für das militärärztl. Bildungswesen. Auszugsweise als Festrede geh. am 2. XII. 1905. (VIII, 180 S.) gr. 8. Berlin 905. A. Hirschwald. n. 2. 40

— Das Wesen des menschlichen Seelen- u. Geisteslebens, als Grundriss e. Philosophie des Denkens. 2., völlig neubearb. Aufl. (XI, 434 S.) 8. Ebd. 907. 7. —

Kern, C., s. Kern, Karl

Kern, C. A., s. Kern, Karl August

Kern, C. Gl., geistl. Saft- u. Andachtsquelle Jesum liebender Seelen. m. K. 8. Nürnb. 715.

Kern, Carl, s. Kern, Karl

Kern, Carl August, s. Kern, Karl August

Kern, Carl Ferdinand, s. Kern, Karl Ferdinand

Kern, Christ. Gottlob, Predigten auf alle Sonn- und Festtage des Kirchenjahrs. Nach dem Tode des Verfassers herausg. von Wilh. Hoffmann u. Ldw. Völter. gr. 8. Stuttgart 837. Metzler'sche Buchh. 1 5/6 ℳ

Kern, Conrad, s. Kern, Konrad

Kern, Constantin, s. Kern, Konstantin

Kern, D. S. F., das natürliche Geldsystem od. die Entdeckung der Goldmacherkunst. Kurzgefaßter Leitfaden zum Verständnis f. jeden Denkenden. 1. u. 2. Aufl. gr. 8. (14 S.) Berlin 893 C., Wallstr. 97, Uthemann & Müller. n. — 40

Kern, E., 18jährige praktische Erfahrungen im rationellen Korbweidenbau u. Bandstockbetriebe, nebst Anh.: Die kanad. Pappel, wertvollste u. grösste Holzerzeugerin unserer Breiten. (VIII, 275 S. m. Abbildgn.) gr. 8. Dresden 904. [E. Pierson.] (Lingen, R. van Acken.) n. 4. 50; geb. n. 5. 50

Kern, E.: Über ein neues Milchferment aus dem Kaukasus. 1881.

Kern, Ed., üb. die Äusserung des Volkswillens in der Demokratie. Eine staatsrechtl. Skizze als Beitrag zur Frage der Wahlreform. gr. 8. (VII, 152 S.) Basel 893. R. Reich. n. 2. —

Kern, Else, s.: Müller, Carl Otfried.

Kern, Erich (geb. Breslau 10. 3. 1859): Entwickelung des Grundsatzes „Hand muss Hand wahren". Breslau (1881). V, 60 S.) 8° [Im Buchhandel 1881 bei Köhler in Breslau.]

Breslau, Jur. Diss. v. 1. Aug. 1881

Kern, Ernst Ferdinand. Einige Untersuchungen über den Milchzucker. Leipzig, 1872.

Kern, F. H., s. Cicero's Werke.

Kern, F. I., diss. de infallibili remedio prophylactico siphyleos. 8. maj. Frib. Wagner. 777.

Kern, Ferd., pädagogisch-diätetische Behandlung Schwach- und Blödsinniger. gr. 8. (24 S.) Leipzig 847, Klinkhardt.

Kern, Ferdinand [app. Arzt aus Leipzig]: Beiträge zur chirurgischen Behandlung der Perityphlitis. . . . Erlangen, Druck d. Univ.-Buchdr. v. E. Th. Jacob, *1891*; 19 S. 8°

Erlangen, Med. Fak., Inaug.-Diss. v. Jul. 1890

Kern F.: Mitteilungen aus dem kgl. kroatisch-slavonischen bakteriologischen Landesinstitute in Križevci. (Deutsche Ausgabe). Križevci 1906. 60 S. 4 Tvl. 4°.

(Publikationen d. wissenschaftlichen Institute d. kgl. höheren landw. Lehranstalt in Križevci (Kroatien)). 373.

Kern, Ferd., Perikopen-Lieder. Vorschläge f. die Lieder zu den Hauptgottesdiensten, im Anschluß an die altkirchl. u. an die sog. Thomasianischen Perikopen. (79 S.) gr. 8. Gütersloh 907. C. Bertelsmann. 1. 50

Kern Ferdinand: Die Politik Maximilians I. Herzog von Baiern gegen Oesterreich auf dem westfälischen Friedenskongreß.

II. 1902 PN 1520 Diss.Wien, Univ. 850

Kern, Ferdinand. Studien über das Wesen der Beschälseuche. Diss. Vet.-Med. Bern. Mit 5 Tafeln. Sonderabdruck aus der Zeitschrift für Thiermedicin [Band 9,] 1905. *Kopftitel:* ⟨Aus dem königl. kroat.-slavonischen bacteriologischen Landesinstitute in Križevci ⟨Kroatien⟩⟩. 72 S. 8. Jena, Gustav Fischer, 1905.

Kern, Fr., Essai sur la fièvre jaune. 4. Strasbg. Levrault. 807.

Kern, Fr. Hausschwamm u. Trockenfäule. Bericht üb. alle wicht. Ergebnisse, Gutachten u. Urtheile e. in neuester Zeit geführten Prozesses, welcher zu Ungunsten d. Baumeisters entschieden wurde. Nebst Darstellg. der jetzt bekannten Erkennungsmerkmale u. Vorzeichen, sowie der Mittel u. Methoden zur Bekämpfg. d. Hausschwamms u. der Trockenfäule. gr. 8. (68 S.) Halle 889, Hofstetter. * 2 50

Kern, Fr. E., Häuser u. Hütten f. Feld, Wald u. Heide, s.: Kugelberg.

Kern, Franz

Kern, F., Die Abschiedsrede d. Sophokleischen Antigone. S.-A. s. a. 82 S. 1.—

Kern, Franz, Gerichtsassessor: Die Anfechtung der Annahme oder Ausschlagung einer vor der Eröffnung des Konkurses dem Gemeinschuldner angefallenen Erbschaft seitens des Konkursverwalters. *Greifswald 1901: J. Abel.* (37 S.) 8°

Greifswald, Jur. Diss. v. [7. Dez.] 1901

Kern, Franz [Dir. Prof.]: *Ansprache an den scheidenden Professor Dr. George Rose.* Berlin, Nauck'sche Buchdr., 1895; 19—20 S. 4.

Berlin, Köllnisches G, P 1895 (59)

Kern, Franz *Ansprache an die Schüler beim Tode Kaiser Wilhelms I.* 4 (S. 26—27 der Schuln.). Köllnisch. G. *Berlin* 1888 (50). Progr.

Kern, F.: Beitrag zur Darstellung der Philosophie des Xenophanes. 19 S. – Danzig, Progr. 1871.

Kern, Franz Bemerkungen zu Sophokles' Aias und Antigone. 7 S. Progr. St. G. *Stettin* 1880.

Kern, Frz., kritische Bemerkungen zum 3. Thl. der pseudo-aristotelischen Schrift περὶ Ξενοφάνους, περὶ Ζήνωνος, περὶ Γοργίου. 4. (27 S.) Oldenburg 869, Stalling's Verlag. — 60

Kern, Frz., drei Charakterbilder aus Goethes Faust. Faust, Gretchen, Wagner. 8. (IV, 84 S.) [Oldenburg 882, Schmidt's Verlag.] Berlin, Nicolai'sche Verlagsb. *

Kern, Frz., drei Charakterbilder aus Goethes Faust. Faust, Gretchen, Wagner. 2. Ausg. 8. (IV, 84 S.) Berlin 885. Nicolai's Verl. n. 1. —

Kern, F., die 5. Direktorenversammlung in der Prov. Sachsen u. die deutsche Satzlehre. Begleitworte zu dem Leitfaden f. den Anfangsunterricht in der deutschen Grammatik. gr. 8. (31 S.) Berlin 888. Nicolai's Verl. n. — 60

— deutsche Dramen als Schullektüre. Vorlesung, in der Berliner Gymnasiallehrer-Gesellschaft geh. gr. 8. (39 S.) Ebend. 886. n. — 80

— *Aus der Gedächtnisrede auf Gustav Krause.* 4 (S. 23—24 der Schuln.). Progr. Köllnisch. G. *Berlin* 1888 (50).

Kern, Franz: Germanenglaube. Dramat. Gedicht von –. Berlin-Leipzig: C. Wigand 1908. 67 S. 8°

Kern, Frz., Germanenglaube. Dramat. Gedicht. (67 S.) 8. Leipzig 908. Modernes Verlagsbureau. 2. —

Kern, Frz., Ludwig Giesebrecht als Dichter, Gelehrter und Schulmann. Als Anhang: Ferd. Calos' Leben erzählt von Ludw. Giesebrecht. gr. 8. (VI, 416 S.) Stettin 875, v. der Nahmer. *

—— Grundriß der deutschen Satzlehre. gr. 8. (VIII, 79 S.) Berlin 884, Nicolai'sche Verlagsb. geb. *

—— Grundriß der deutschen Satzlehre. 2. Aufl. 8. (VIII, 79 S.) Ebendas. 885. geb. *

[F.] Grundriss der Deutschen Satzlehre. Von Franz Kern, weil. … Dir. d. Köllnischen Gymn. in Berlin. 3. Aufl. (Hrsg.: Dr. Gottfried Koch.) *Berlin: Nicolai 1896.* (XII, 91 S.) 1 Bd 8. 96. 3968

Kern, Franz [Prof. u. Dir.]: *Dr. Paul Herrmanowski, gest. am 29. Juli 1892.* Berlin, Nauck'sche Buchdr., 1893; 20—23 S. 4.
Berlin, Köllnisches G, P 1893 (59)

Kern, Frz., s.: Homer's Ilias.

—— Lehrstoff für den deutschen Unterricht in Prima. gr. 8. (X, 197 S.) Ebendas. 886. geb. *

— Lehrstoff f. den deutschen Unterricht in Prima. 2. Aufl. gr. 8. (X, 211 S.) Ebd. 897. Geb. in Leinw. n. 1. 80

— Leitfaden für den Anfangsunterricht in der deutschen Grammatik. gr. 8. (80 S.) Ebd. 888. geb. n. — 80

— Leitfaden f. d. Anfangsunterricht in der deutschen Grammatik. 2. Aufl. gr. 8. (VIII, 77 S.) Ebd. 897. Geb. n. 1. —

Kern, F., u. A. Lübben, deutsches Lesebuch für höhere Schulen. 2 Thle. Oldenburg 868. Schmidt. gr. 8. n. 1 Thlr 17½ ngr.
1. (V, 545 S.) n. 22½ ngr.
2. (V, 422 S.) n. 25 ngr.

Kern, F., u. A. Lübben, deutsches Lesebuch f. höhere Schulen. 1. u. 2. Thl. 2. durchgeseh. Aufl. 8. Oldenburg 873. 76. Schmidt's Verl. n. 5. 25
1. (IV, 351 S.) n. 2. 25. — 2. (V, 421 S.) n. 3. —.

Kern, *Franz: Professor Dr. August Lorenz, gest. am 14. Februar 1894.* Berlin, Nauck'sche Buchdr., 1894; 21—25 S. 4.
Berlin, Köllnisches G. P 1894 (59)

Kern, Frz. Goethes Lyrik, ausgewählt u. erklärt f. die oberen Klassen höherer Schulen. gr. 8. (IV, 128 S.) Berl. 889, Nicolai's Verlag. * 1 20; geb. * 1 50

—— zur Methodik des deutschen Unterrichts. 8. (VIII, 112 S.) Ebendas. 883. *

Kern, Franc., quaestionum Xenophanearum capita II. gr. 4. (54 S.) Naumburg 864. (Berlin, Calvary und Comp.) *

— *Rede zum Gedächtnis des Oberlehrer Dr. Fischer.* 4 (S. 21—23 der Schuln.) Progr. Köllnisch. G. *Berlin* 1889 (58).

Kern, Franz *Aus der Rede zum Gedächtnis von Erich Wasmansdorff.* 4 (S. 22—24 der Schuln.). Köllnisch. G. *Berlin* 1887 (50). Progr.

—, *Rede bei der Trauerfeier für den am 11. Febr. 1891 verstorbenen Professor August Lorenz.* 4 (S. 21—25 der Schuln.). Progr. Köllnisches G. *Berlin* 1894 (59).

—— zur Reform des Unterrichts in der deutschen Satzlehre. gr. 8. (71 S.) Ebendas. 884. *

—— die deutsche Satzlehre. Eine Untersuchung ihrer Grundlagen. 8. (IV, 111 S.) Ebendas. 883. *

— die deutsche Satzlehre. Eine Untersuchung ihrer Grundlagen. 2., verm. Aufl. gr. 8. (V, 184 S.) Ebd. 888. n. 2. 40

Kleine Schriften von Franz Kern. (Hrsg.: Otto Kern.) Bd 1. 2. *Berlin: Nicolai 1895—98.* 2 Bde 8.
1. 1895. [A. T.:] Zu deutschen Dichtern. Gesammelte Aufsätze v. F. Kern. (4 Bl., XXV, 265 S., 1 Portr.)
2. 1898. [A. T.:] Vermischte Abhandlungen v. F. Kern. (4 Bl., 250 S.) 98. 1606

—— Schulreden, bei der Entlassung von Abiturienten in den J. 1875—1881 in Stettin gehalten. gr. 8. (67 S.) Stettin 881, Dannenberg. *

—— Schulreden, bei der Entlassung von Abiturienten gehalten. 2. verm. Aufl. gr. 8. (123 S.) Ebendas. 887. *

Kern, Franz [Prof. u. Dir.]: Schulreden bei der Entlassung von Abiturienten (Mich. 1887 – Mich. 1890). Berlin, R. Gaertner, 1891; 24 S. 4°
Berlin, Köllnisches G, OP 1891 (59)

—, Schulreden bei der Entlassung von Abiturienten (Ostern 1891 bis Michaelis 1892) und Ansprache an die Schüler am 27. Januar 1892. 4 (17 S.). Köllnisches G. *Berlin* 1893 (59).
I. Über Goethes Wort: „Es bleibt Idee und Liebe". II. Der Schmuck unserer Aula. III. Sich vor Erinnerungen hüten, sich Erinnerungen schaffen. IV. Das Rühmliche und das Gerühmte. V. Ansprache an die Schüler am 27. Januar 1892.
Progr.

Kern, Franz [Prof. u. Dir.]: Schulreden bei der Entlassung von Abiturienten '(Ostern 1891 bis Michaelis 1892)' und Ansprache an die Schüler am 27. Januar 1892. Berlin, R. Gaertner, 1893; 17 S. 4.
Berlin, Köllnisches G, OP 1893 (59)

—— Symbolae criticae ad libellum Aristotelicum περὶ Ξενοφάνους, περὶ Ζήνωνος, περὶ Γοργίου. gr. 4. (28 S.) Oldenburg 867, Stalling's Verlag. *

— Goethes Tasso u. Kuno Fischer, nebst e. Anh.: Goethes Tasso u. Goldonis Tasso. gr. 8. (V, 102 S.) Ebd. 892. * 2 —

—— Goethes Torquato Tasso. Beiträge zur Erklärung des Dramas. gr. 8. (VII, 160 S.) Berlin 884, Nicolai'sche Verlagsh. *

Kern, Franz Untersuchung über die Quellen für die Philosophie des Xenophanes. 10 S. Progr. St. G. *Stettin* 1877

— Johann Scheffler's cherubinischer Wandersmann. Eine literar-histor. Untersuchung. Leipzig 866. Hirzel. gr. 8. (VI, 133 S.) n. 20 ngr.

—— Friedrich Rückert's Weisheit des Brahmanen dargestellt und beurtheilt. 8. (V, 209 S.) Oldenburg 868, Schmidt's Verlag. * 2 40

— Friedrich Rückert's Weisheit d. Brahmanen, dargestellt u. beurtheilt. 2. Ausg. 8. (V, 209 S.) Ebend. 885. n. 1. 60

Kern, Franz *Georg Gustav Worte bei der Gedächtnisfeier für den am 29. Juli 1892 verstorbenen ordentl. Lehrer Dr. Paul Herrmanowski.* 4 (S. 21—23 der Schuln.). Köllnisches G. *Berlin* 1893 (59). Progr.

Kern, F., zur Würdigung des Melissos von Samos, s. a. Festschrift zur 100jährigen Jubelfeier der Erziehungsanstalt Schnepfenthal.

— zur Würdigung des Melissos von Samos, s. a. Festschrift des Stettiner Stadtgymnasiums.

Kern, F., Zur Würdigung des Melissos von Samos. S.-A. 1880. 24 S. 1.20

— Ueber Xenophanes von Kolophon. Pr. 1874. 28 S. 4°. 1.50

— Zustand u. Gegenstand. Betrachtungen üb. den Anfangsunterricht in der deutschen Satzlehre. Nebst e. Lehrprobe. gr. 8. (XIX, 134 S.) Ebend. 886. n. 1. 80

Kern, Frz. Xav., Geschichte der Gemeinde Bernang im St. Gallischen Rheinthale. (In 7 Hftn.) 1—5. Hft. gr. 8. (S. 1—210.) Bern 879. Wyß. à n. — 50

Kern, Frz. Xaver, da Waldlabua. Ernstes u. Heiteres aus dem Bayerwald. (IV, 48 S.) kl. 8. Dresden 904. E. Pierson. n. 1. —; geb. n. 2. —

Kern, Friedrich, aus Dessau: Über einige Derivate der p-Toluyl-o-benzoesäure. *Greifswald 1901: J. Abel.* (25 S.) 8°
Greifswald, Phil. Diss. v. 18. Febr. 1901

Kern, Friedrich: Molière's Femmes savantes neuarabisch bearbeitet von Muḥammad bey 'Osmân Galâl unter dem Titel Innisâ'u-l'âlimât. Transkribiert, übers., eingeleitet u. mit einem Glossar versehen. *Leipzig 1898: W. Drugulin.* (149 S.) 8°
Jena, Phil. Diss. v. (8. Juni) 1898

Kern, Frdr., Innisâ' U-L 'Alimât v. Muḥammed Bey 'Osman Galal. Neuarabische Bearbeitg. v. Molière's femmes savantes. Transkribiert, übers., eingeleitet u. m. e. Glossar versehen. gr. 8. (152 S.) Leipzig 898. O. Harrassowitz. n. 4. —

Kern, Frdr., das egyptische Schattenspiel, s.: Horovitz, Jos., Spuren griechischer Mimen im Orient.

Kern, Friedr. Heinr., der Brief Jakobi, untersucht und erklärt gr. 8. Tübingen 838. Fues. 1³/₁₆ ℳ

— M. Friedrich Heinrich u. (Respond.) Matthia Schneckenburger (Thalheim), De persuasione dei ex animi sensu et conscientia eruenda. Diss. theol. Tübing. (Eifert) Nov. 1826. 38 S. (6.—) 17759

— — Commentationis de virtute christiana pars I. (Festum paschale in acad. Tubing.) Tübing. (Eifert) 6. IV. 1828. 26 S. (5.—) 17760

— — Disquiritur de II. Petr. ep. (Festum pentecostes in acad. Tubing.) Tübing. (Eifert) 6. VI. 1829. 60 S. (6.—) 17761

— — Disquiritur de 1. Joh. ep. consilio. (Festum Christi natalitium in acad. Tubing.) Tübing. (Ludwig Fried. Fues) 24. XII. 1830. 32 Seiten. (4.50) 17762

— — Commentationis de praedestinatione partic. I. (Festum paschale in acad. Tubing.) Tübing. (Ludwig Fried. Fues) 21. IV. 1832. 28 Seiten. (5.—) 17763

— s. 1) G. Schübler, Flora v. Würtemberg. 2) Zeitschrift, Tübinger, für Theologie.

Kern, Friedrich Karl: Zur sozialen Lage der Verkäuferinnen in Mannheim. — Mannheim 1910: Eyer. 68 S. 8°
Heidelberg, Phil. Diss. v. 12. Jan. 1911. 1: Ah 8705-1911

— — Eine Studie üb. d. Entwicklung, Verteilung und Grund d. Beschäftigung v. Kontoristinnen in Leipzig u. ihr Arbeitsverhältnis. — Tübingen 1910: Laupp. IV, 41 S. 8° ¶ (Vollst. als: Archiv f. Sozialwiss. u. Sozialpolit. Erg.H. 3. 1911.)

Die Anfänge der französischen Ausdehnungspolitik bis zum Jahr 1308. Mit 1 Kt. Von Fritz **Kern.** Tübingen: Mohr 1910. XXXII, 375 S. 8° [11. 788

Kern, Fritz, a. Stuttgart: Dorsualkonzept und Imbreviatur. Zur Geschichte der Notariatsurkunde in Italien. (Stuttgart: W. Kohlhammer 1906.) (75 S.) 8° [F.]
Berlin, Phil. Fak., Ref. Tangl, Diss. v. 15. Aug. 1906
[Geb. 28. Sept. 84 Stuttgart; Wohnort: Stuttgart; Staatsangeh.: Württemberg; Vorbildung: Karlsgymn. Stuttgart Reife Juli 02; Studium: Lausanne 2, Tübingen 2, Berlin 4 S.; Rig. 5. Juli 06.]

Kern, Fritz: Grundlagen der Französischen Ausdehnungspolitik. Leipzig 1910: Hirschfeld. 66 S. 8° ¶ (Ersch. vollst. als Buch b. Mohr, Tübingen, u. d. T.: Der Anfang d. Franz. Ausdehnungspolitik.)
Kiel, Phil. Hab.-Schr. v. 1910 [U 10. 2549
(Nicht für den Austausch)

Kern, G., s.a. K e r n , Georg Ludwig

Kern, G.: De anastropha. 28 S. – Stettin, Progr. 1860.

Kern, G. C., s. K e r n , Georg Ludwig

Kern, G. Ch. Fr., s. K e r n , Georg Christoph Elias

Kern, Gaston, Histoire de l'éclairage à Strasbourg depuis son origine jusqu'à nos jours. (VII, 316 S. m. Abbild. u. 6 z. Tl. farb. Taf.) 35×28 cm. Strassburg 909. (J. Noiriel.) 24. —

Kern, Georg: *Der Abschied des Professors Rudolf Schwarze.* Frankfurt a. O., kgl. Hofbuchdr. Trowitzsch & Sohn, 1894; XVII—XVIII S. 4.
Frankfurt a. d. O., k. Friedrichs-G. OP 1894 (74)

Kern, Georg *Ansprache an den scheidenden Professor Rudolf Schwarze.* 4 (S. XVIII). Kgl. Friedrichs-G. *Frankfurt a. O.* 1894 (74).
Progr.

Kern, Geo., die Armagnaken im Elsaß. Geschichtliche Skizze. 12. (68 S.) Straßburg 898. Schlesier & Schweikhardt. n. — 50

Kern, Georg Bemerkungen zum zehnten Buch des Laertius Diogenes. 14 S. **Progr.** *Prenzlau* 1878.

— **Bilder aus der Geschichte des Elsaß.** Geschichtliche Skizzen üb. Daniel Specklin — Hohlandsberg — Kienzheim — Kaysersberg — Lichtenberg — Leopold der Fromme. 8. (174 u. 7 S.) Ebd. 900. n. 1. —

Kern, Georg [Dir.]: Im Dionysostheater zu Athen. E. Versuch. Frankfurt a. O., kgl. Hofbuchdr. Trowitzsch & Sohn, 1894; 15—31 S. 8.
Frankfurt a. O., k. Friedrichs-G, Festschr. 1894

Kern, Georg Die Einweihung des neuen Gebäudes des kgl. Friedrichs-Gymnasiums zu Frankfurt a/O. 8 S. — Baubeschreibung von Jobl, Reg.-Baumstr. S. 9—15 u. 2 Taf. G. *Frankfurt a/O.* 1883.
Progr.

Kern, Geo., Geschichte d. Colmarer Verschönerungsvereins, in 2 Thln. (in 1 Bde.). 8. (VII, 70 u. 40 S. m. 8 Taf.) Colmar 896. (Straßburg, Schlesier & Schweikhardt.) n. 2. —

Kern, Georg [cand. med. in Strassburg]: Über Colossaltumoren der weiblichen Genitalien. . . . Strassburg, Univ.-Buchdr. v. J. H. Ed. Heitz (Heitz & Mündel), 1888; 44 S. 8°
Strassburg, Med. Fak., Inaug.-Diss. v. 1888

— **Geschichtliche Skizzen.** IV. D. Schlachten bei Sempach u. St. Jakob. 12. (28 u. 20 S.) Straßburg 898. Schlesier & Schweikhardt. n. — 50
I—III sind noch nicht erschienen.

— **die Todtentänze zu Basel — Kienzheim — Luzern.** Geschichtliche Skizzen. 8. (135 S.) Ebd. 900. n. 1. —

Kern, Georg Christoph Elias

— freiere Behandlung des kleinen luther. Katechismus, nebst e. kurzen Apologie desselben u. einer gedrängten Lebensbeschreib. Luthers. 8. Gießen 811. Heyer. 5 gr

— praktisch-katechet. Religionslehre des Christenthums, nebst e. Abhandlung üb. Form u. Materie der Katechese für Prediger ꝛc. 8. Frankf. a. M. 821. Gebhard u. K. 1 ₰ 12 gr

Kern, Geo. Cph. Elias, Versuch populärer Kanzelreden, Homilien ꝛc. 8. Frankf. a. M. 804. Gebhard u. K. 20 gr

— **Georg Ludwig** (Lüneburg), De errore contrahentium. Diss jur. Götting. (Baier) Mai 1806. 58 S. (6.50) 17764
Gew.: Johann Friedrich Kern (Uelzen).

Kern, G. C., de errore contrahentium. 4. Götting. 803. Brose. 8 gr

Kern, G., vera trium generum ratiocinationum mediatarum origo. 8. Götting. Brose. 805.

— **Gottfried Ludwig** (Uelzen/Lüneburg), De obligatione tutoris defuncti ex persona heredis haud minuta, sive ad L. I. C. de heredibus tutorum. Diss. jur. Götting. (Johann Christ. Dieterich) 23. III. 1782. 40 S. (6.50) 17765
Gew.: Johann Friedrich Kern (Uelzen; Vater).

Kern, Guido Josef

Kern, G. Jos., Karl Blechen. Sein Leben u. seine Werke. (VII, 191 S. m. 110 Abbildgn.) Lex. 8. Berlin 911. B. Cassirer. 12. —

Kern, G(uido) Joseph, a. Aachen: Die Grundzüge der linear-perspektivischen Darstellung in der Kunst der Gebrüder van Eyck und ihrer Schule. I. Die perspektivische Projektion. Mit 3 Zeichnungen im Text und 14 Tafeln. Leipzig: E. A. Seemann 1904. (36 S.) 4°
Leipzig, Phil. Fak., Ref. v. Oettingen u. Schmarsow, Diss. v. 17. Sept. 1904
[Geb. 17. Febr. 78 Aachen; Wohnort: Aachen; Staatsangeh.: Preußen; Vorbildung: Gymn. Montabaur Reife O. 99; Studium: München 1, Leipzig 2, Berlin 2, Leipzig 5 S.; Rig. 25. Febr. 04.]

— **die deutsche Jahrhundert-Ausstellung.** Ein Erinnerungsblatt. (55 S. m. 6 Abbildgn.) 8. Berlin 906. Edm. Meyer. n. 1. 50

— Meisterzeichnungen deutscher Künstler, s.: Reichhold, Karl.

Die perspektivische Projektion. Mit 3 Zeichn. u. 14 Taf. von G. Joseph **Kern.** *Leipzig: E. A. Seemann 1904.* (36 S.) 4°
— **Kern:** Grundzüge d. linear-perspekt. Darstellung in d. Kunst d. Gebrüder van Eyck. 1. [04. 8278]

Kern, Gust. v., Anleitung Zimmer- u. Kochöfen, Sparkochheerde u. Kesselheerde den neuesten Erfahrungen entsprechend, zu bauen, m. vorzügl. Rücksicht auf d. Geschichtliche der Feuerungskunde, ihrer allmähl. Verbesserung u. der darauf Bezug habenden Literatur. Für Töpfer ꝛc. gr. 8. (10 B. u. 5 Taf. Abbild.) Nürnberg 843, Korn'sche Buchh.

Kern, Gustav [approb. Arzt]: Beiträge zur Lehre von der Entstehung der Gesichtslagen . . . . Marburg, Univ.-Buchdr. (R. Friedrich). 1885; 26 S. u. 1 Taf. 8°.
Marburg, Med. Fak., Inaug.-Diss v. 26. Okt. 1885.

Kern, Gust., die Zinses-Zinsen-Berechnung zu 2, $2^1/_2$, 3, $3^1/_2$, 4, $4^1/_2$, 5 und 6% in 1 bis 120 Jahren. Tabellarisch zusammengestellt. Revid. und bevorwortet von Ludw. Arnold. gr. 8. (13 S.) München 877, Uhland. *
— dass. — 2. und 3. Aufl. gr. 8. (13 S.) Neuwied 878,79, Heuser'sche Verlagsh. *

Kern, Gust., die Zinses-Zinsen-Berechnung zu 2, $2^1/_2$, 3, $3^1/_2$, 4, $4^1/_2$, 5 u. 6% in 1 bis 120 Jahren. Tabellar. zusammengest. Rev. u. bevorwortet v. Ludw. Arnold. 4. Aufl. 12. (13 S.) Leipzig 897. G. Weigel. n. — 60

Kern, H., Auswahl aus d. Beispielen u. Erzählgn. des II. Jahrgangs d. sächs. Perikopen, hrsg. v. J. Kneschke u. G. Hiller, z. Gebr. f. d. III. Jahrgang zusammengest. 1. Advent bis 27. Sonntag nach Trinitatis. gr. 8. (38 S.) Frankenberg 897. C. G. Roßberg. n. — 80

Kern, H., s.: Beiträge, ethnographische.

Kern, Hans, a. Künzelsau: Aus d. med. Poliklinik in Tübingen. ⟨Vorst.: Müller⟩. Beiträge zur Frage der Jodwirkung bei Arteriosklerose. Tübingen 1909: Laupp. 18 S. 8°
Tübingen, Med. Diss. v. 10. Jan. 1910, Ref. v. Romberg
[Geb. 27. Febr. 85 Kupferzell; Wohnort: Tübingen; Staatsangeh.: Württemberg; Vorbildung: Gymn. Schw.-Hall Reife M. 03; Studium: Tübingen 3, Kiel 1, Tübingen 1, München 3, Tübingen 2 S.; Coll. 9. Juni 09; Approb. 2. Jan. 10.] [U 10. 4158

Zum Gebrauch des Ablativ bei Vergil. — Von Hans Kern, Stdl. — 1881, Schweinfurt, ibid. — S. 3—45[8].
Progr. Schweinfurt, K. Gymn.

Kern, H., Zur Geschichte d. Aussprache d. Griechischen. Wiedergabe indischer W bei griech. Autoren. S.-A. 1889. 20 S.

Kern, Hans: Supplemente zur Äneis aus dem 15. und 17. Jahrhundert. 8 (43 S.). **Progr.** Kgl. Neues G. *Nürnberg* 1896.
I Supplement des Maffeo Vegio (1427). II. Supplement des Pier Candido Decembrio (1419). III. Supplement des Jan van Foreest (um 1650) IV. Supplement des C. S. Villanova (um 1697).

[F.] **Kern,** Hans [Prof.]: Supplemente zur Äneis aus dem 15. und 17. Jahrhundert. Nürnberg, Buchdr. v. J. L. Stich, 1896; 43 S. 8.
Nürnberg, k. Neues G, P 1896*

Kern, Heinrich

Kern, H. (Hrsg.), s. Âryabatîya, the.

Keru, Heinr., les bains iodurés de Lipik et sa source chaude. 8. (60 S.) Wien 883. Braumüller. n. 2. —

Kern, Heinrich [aus Karlsruhe]: Beitrag zur Kenntnis der im Darme und Magen der Vögel vorkommenden Bacterien. Karlsruhe o. J. [1896]. 154 S. 8°.
Basel. Phil. Diss. 1896/97.

Kern, Heinr., **Beitrag** zur Kenntnis d. im Darme u. Magen d. Vögel vorkomm. Bacterien. [Aus: „Arbeiten aus d. bacteriol. Inst. d. techn. Hochsch. zu Karlsruhe".] gr. 8. (S. 377—532.) Karlsruhe 897. Wiesbaden, O. Nemnich. n. 4. —

Kern, Heinr., der Buddhismus u. seine Geschichte in Indien. Eine Darstellung der Lehren u. Geschichte der buddhist. Kirche. Vom Verf. autoris. Uebersetzung von Herm. Jacobi. 1. Bd. 1. u. 2. Tl. 8. (XII, 574 S.) Leipzig 882. O. Schulze. n. 8. 50

Kern, Heinr., der Buddhismus u. seine Geschichte in Indien. Eine Darstellg. der Lehren u. Geschichte der buddhist. Kirche. Vom Verf. autoris. Uebersetzg. v. Herm. Jacobi. 2. Bd. in 2 Tln. 8. (VI, 594 S. m. 1 lith. Karte.) Leipzig 883/84. O. Schulze. n. 8. 50 (cplt.: n. 17. —; geb. n. 18. —)

Kern, Heinr., der buddhistische Dichter Çura, s. Festschrift an Otto v. Böhtlingk.

Kern, Heinrich [Übers.]
s. Fullerton, G.Ch.: Lady-Bird. 1853.

Kern, Heinr., das Jodbad Lipik und seine warme Quelle. 8. (31 S.) Wien 873, Braumüller. * 1 —

Kern, Heinr. (II.), das Jodbad Lipik und seine warme Quelle. 8. (61 S.) Wien 881, Braumüller. *

— manual of Indian buddhism, s.a. Grundriss der indoarischen Philologie u. Altertumskunde.

Manual of Indian Buddhism. By H[einrich] **Kern.** *Strassburg: K. J. Trübner 1896.* (137 S.) 8.
= Grundriss d. indo-arischen Philologie u. Altertumskunde. Bd III. H. 8. [98. 7087

Kern, H., s.: Râmâyana.

Kern, H., s.: **Saddharmapundarika.**

Kern, H., s. Wrtta-sañćaya.

Kern, Hendrik

Kern, H., die Glossen in der lex salica und die Sprache der salischen Franken. Beitrag zur Geschichte der deutschen Sprachen. gr. 8. (V, 187 S.) Haag 869, Nijhoff. * 4 —

Keru, Hendrik. the Jataka-Mala or Bodhisattvavadana-Mala by Arya-Cûra, s.: Harvard oriental series.

Kern, *Hermann* Beiträge zur Geschichte des Königlichen Friedrich-Wilhelms-Gymnasiums. 4 (S. 32—39).
Progr. Friedrich-Wilhelms-G. *Berlin* 1888 (55).

Kern, Herm., mein Christentum. Kurze Unterweisg. f. d. lieben Konfirmanden. 12. (16 S.) Bernstadt 898. E. Schmorrde. n. — 20

Kern, Herm., mein Christentum. Schlichter Konfirmandenunterricht. gr. 8. (III, 78 S.) Bernstadt 899. E. Schmorrde. n. 1. 20

Kern, Herm., Grundriss der Pädagogik. gr. 8. (XII, 295 S.) Berlin 873, Weidmann'sche Buchh. * 5 —

Kern, Herm., Grundriss der Pädagogik. 2. durchgeseh. Aufl. gr. 8. (XII, 310 S.) Berlin 878, Weidmann'sche Buchh. *

Kern, Herm., Grundriss der Pädagogik. 3. Aufl. gr. 8. (XII, 314 S.) Berlin 881, Weidmann'sche Buchh. *

Kern, Herm., Grundriss der Pädagogik. 4. Aufl. gr. 8. (XII, 326 S.) Berlin 887, Weidmann'sche Buchh. *

Keru, Herm., Grundriss der Pädagogik. 5. Aufl., hrsg. v. Otto Willmann. gr. 8. (XII, 328 S.) Berlin 893. Weidmann. n. 6. —

Kern, Herm., die Naturlehre, methodisch bearb. für den elementaren Unterricht. gr. 8. (X und 158 S. mit 64 eingedr. Holzschn.) Halle 853, Schmidt. *

Kern, Herm. De Leibnitii scientia generali commentatio. 28 S.
Halle, Päd., Progr. 1847

Kern, J., das Erdbeben in Süditalien u. der Gottesglaube. Predigt, geh. am Sonntag, den 3. I. 1909 in der Aegidienkirche zu Nürnberg. (10 S.) 8. Nürnberg 909. Buchh. des Vereins f. innere Mission. — 20

Kern, J., Lehrbuch der Wechselkunde. Gr.-8°. (IV, 139 S.) Wien: Pichler 1905. K 1.70

(F) Kern, J., Lehrbuch der Wechselkunde für Handelslehranstalten. 8°. (130 S.) Wien: Pichler 1903.

Kern, J. A., s. Anleitung zum Hopfenbau.

Kern, J. H., Silberausrechnung in Tabell. 8. Strasburg. 736.

Kern, J. H. O., unter Blaujacken. Ernste u. heitere Geschichten aus dem Leben deutscher Seeleute. Für die Jugend unter Berücksicht. der neuen Rechtschreibg. erzählt. Mit 5 schwarzen Textbildern v. Alb. Richter sowie 3 farb. Bildern v. Eug. Hanetzog. (III, 120 S.) 8. Berlin (907). Verlag Jugendhort. Geb. 2. —

Kern, J. H. O. Unter schwarz-weiß-roter Flagge. Ernste u. heitere Geschichten aus dem Leben deutscher Seeleute, f. die männl. Jugend erzählt. Mit 8 Orig.-Illustr. v. Alb. Richter. 1. u. 2. Aufl. gr. 8. (III, 182 S.) Glogau 891,92, Flemming. geb. in Leinw. * 5 —

Kern, J. H. O., unter schwarz-weiß-roter Flagge. Ernste u. heitere Geschichten aus dem Leben deutscher Seeleute, f. die männl. Jugend erzählt. Mit 8 Orig.-Illustr. v. Alb. Richter. 3. Aufl. gr. 8. (III, 182 S.) Glogau (901). C. Flemming. Geb. in Leinw. n. 3. —

Kern, J. H. O., unter schwarz-weiß-roter Flagge. Ernste u. heitere Geschichten aus d. Leben deutsch. Seeleute. Für d. Jugend unter Berücksicht. d. neuen Rechtschreibg. erzählt. Mit 8 schwarzen Textbild. v. Alb. Richter sowie 6 farb. Bildern v. Eug. Hanetzog. 4. Aufl. (108 u. 120 S.) 8. Berlin (907). Verlag Jugendhort.
Geb. in Halbleinw. 3.—; gr. 8., geb. in Leinw. 4.50

—— Die Freibeuter v. Sumatra. Erlebnisse zweier jungen Seeleute unter den räuberischen Bewohnern der Pagai-Inseln. Für die reifere Jugend erzählt. Mit vielen in den Text gedr. Illustr. u. 9 Vollbildern nach Zeichngn. v. Rud. Cronau. gr. 8. (III, 260 S.) Lpz. 890, Abel u. Müller. geb. * 6 —

— die Freibeuter v. Sumatra. Erlebnisse zweier jungen Seeleute unter den räuber. Bewohnern der Pagai-Inseln. Der reiferen Jugend erzählt. Mit vielen in den Text gedr. Illustr. u. 9 großen Vollbildern nach Orig.-Zeichngn. v. Rud. Cronau. 3. Aufl. gr. 8. (III, 260 S.) Leipzig (899). Abel & Müller. Geb. in Leinw. n. 4. 50

Kern, J. H. O., die Freibeuter v. Sumatra. Erlebnisse zweier jungen Seeleute unter den räuber. Bewohnern der Pagai-Inseln. Für die reifere Jugend erzählt. Mit vielen in den Text gedr. Illustr. u. 9 großen Vollbildern nach Orig.-Zeichnungen v. Rud. Cronau. 5. Aufl. (III, 260 S.) gr. 8. Leipzig (903). Abel & Müller.
Geb. in Leinw. n. 4. 50

Kern, J. H. O., Freuden u. Leiden auf offener See. Völker-, Insel- u. Seebilder aus dem Stillen Ocean. Für die reifere Jugend erzählt. Mit 6 Farbdr.-Bildern u. vielen in den Text gedr. Illustr. gr. 8. (VI, 244 S.) Stuttgart 887. [Gebr. Kröner.] Union. geb. 5. 50

Kern, J. H. O., bei Freund und Feind in allen Zonen. Aus den Tagebüchern Arnolds und Erichs über ihre Reisen in fremden Ländern zunächst für die reifere Jugend ausgewählt und bearb. 1. und 2. Bd. gr. 8. Stuttgart, Rieger'sche Verlagsh. geb. *

Inhalt:

Bd. 1. Reisen im Innern von Brasilien. Mit 1 Titelbild (Holzschn.) von F. Specht und 30 (eingedr.) Holzschn.-Illustr. (XII, 239 S.) 883. geb. *M 4,50.
" 2. Rot von Geburt — durch Bildung weiß. Mit 1 Titelbild und 27 Holzschn.-Illustr. im Text. (XV, 347 S.) 884. geb. *M 6.

—— bei Freund und Feind in allen Zonen. Aus den Tagebüchern Arnolds und Erichs über ihre Reisen in fremden Ländern zunächst für die reifere Jugend ausgewählt und bearb. 3. und 4. Bd. gr. 8. Stuttgart, Rieger'sche Verlagsh. *

Inhalt:

Bd. 3. Der Flüchtling im Gran Chaco. (XII, 354 S. mit 11 ganzseit. Illustr. und 24 Illustr. im Text.) 885. geb. *M 6.—.
" 4. Bei den Tobas und Gauchos. (V, 351 S. mit 1 Titelbild und 34 Illustr. im Text.) 886. geb. *M 6.—.

—— Die Geißel der Südsee. Leben u. Thaten e. Freibeuters der Jetztzeit, der reiferen Jugend erzählt. 1. u. 2. Aufl. gr. 8. (399 S. m. Abbildgn. v. Johs. Gehrts.) Lpz. 890, Hirt u. Sohn. 6 —; geb. 7 50

— die Geißel der Südsee. Leben u. Taten e. Freibeuters der Jetztzeit, der reiferen Jugend erzählt. Mit vielen Abbildgn. v. Johs. Gehrts. 3. Aufl. (400 S.) gr. 8. Leipzig 904. F. Hirt & Sohn. n. 3. 50
geb. in Leinw. n. 5. —

— Die Geißel d. Südsee. Leben u. Taten e. Freibeuters d. Jetztzeit, d. reiferen Jugend erzählt. Mit vielen Abb. v. Johs. Gehrts. 4. [Titel-] Aufl. (400 S.) gr. 8. Leipzig [904] (909). F. Hirt & Sohn. 3.50; geb. in Leinw. 5. —

— Auf hoher See. Ernste u. heitere Geschichten aus dem Leben deutsch. Seeleute. Für d. Jugend unter Berücksicht. d. neuen Rechtschreibg. erzählt. Mit 3 schwarzen Textb. v. Alb. Richter sowie 3 farb. Bildern v. Eug. Hanetzog. (108 S.) 8. Berlin (907). Verlag Jugendhort. Geb. 2. —

—— in Sturm und Not. Bilder aus allen Meeren und Kämpfe mit Wind und Wellen. Den Berichten von Seeleuten für die männl. Jugend nacherzählt. Mit einem erläut. Anhang der seemänn. Ausdrücke. gr. 8. (176 S. mit vielen Abbild. nach Orig.-Zeichnungen von Johs. Gehrts.) Leipzig 888, Hirt und Sohn. M 3.50.; geb.

Kern, J. H. O., in Sturm u. Not. Bilder aus allen Meeren u. Kämpfe m. Wind u. Wellen. Den Berichten v. Seeleuten f. die männl. Jugend nacherzählt. Mit e. erläut. Anh. der seemänn. Ausdrücke u. m. vielen Abbildgn. nach Orig.-Zeichng. v. Joh. Gehrts. 3. u. 4. Aufl. gr. 8. (à 160 S.) Leipzig (899. 902). F. Hirt & Sohn. 2. 25;
geb. in Leinw. 3. —

— in Sturm u. Not. Bilder aus allen Meeren u. Kämpfe m. Wind u. Wellen. Den Berichten v. Seeleuten f. die männl. Jugend nacherzählt. Mit e. erläut. Anh. der seemänn. Ausdrücke u. m. vielen Abbildgn. nach Orig.-Zeichng. v. Johs. Gehrts. 5. Aufl. (160 S.) gr. 8. Ebd. 904. n. 2. 25; geb. in Leinw. n. 3. —

— In Sturm u. Not. Bilder aus allen Meeren u. Kämpfe m. Wind u. Wellen. Den Berichten v. Seeleuten f. die männl. Jugend nacherzählt. Mit e. erläut. Anh. d. seemänn. Ausdrücke u. m. vielen Abb. nach Orig.-Zeichng. v. Joh. Gehrts. 6. [Titel-] Aufl. (160 S.) gr. 8. Leipzig [904] (907). F. Hirt & Sohn. 2.25; geb. in Leinw. 3. —

Kern, J. J., zerstreute Blätter. 8. Zürich 840. Schultheß. $1^1/_3$ ß

— s. Foa, E., Kindestreu.

Kern, J. J., Genre-Bilder von verschied. Meistern verschied. Nazionen. 8. (18½ B.) Zürich 842, Schultheß.

— Hermaeon, oder Fundgrube der Unterhaltung für die fleißige Jugend u. ihre Freunde. Mit 4 Abbild. gr. 8. Aarau u. Thun 841, Christen. $^3/_8$ ß

Kern, J. J., die Wege d. Vorsehung. Fünf Erzähln. f. d. heranwachs. Jugend. gr. 12. (7 B. u. Ttlbild.) Burgdorf 841, Langlois. Thlr.

Kern, J. W. C. [geb. zu Timor Coepang (Java)]: Ein Beitrag zur Kenntniss grosser Cervicalmyome. . . . Leiden, Blankenberg & Co., *1890;* 3 Bl., 49 S., 2 Taf. 8°
Freiburg i. B., Med. Fak., Inaug.-Diss. v. 4. Jul. 1890

Kern, Jean, Lieder u. Sagen. 16. Breslau 846, Kern. 18 ngl

— **Jo. Christoph** (Dinkelsbühl), Ex argumento juris ΠΡΟΕΔΡΙΑΣ Präs. D. Casp. Heinr. Horn. Wittbg. (Gerdes) 20. IX. 1702. 16 Bl., tlws. dtsch. (6.80) 17766
Widm. v.: Präs., C. S. Schurzfleisch.

Kern, Johann

Kern, Jh., († d. 18. Jan. 1801.) Beurtheilung d. Vorschläge des Mönchs P. F. K. in W***, in seinem ersten Schritt zur künftigen Vereinigung d. kathol. u. der evangel. Kirche. 8. Ulm 779. Wohler. 1 gl

— s. Beweis, daß d. Mönche.

— Briefe üb. die Denk- Glaubensrede u. Preßfreiheit. 8. Ulm 786. Wohler. 8 gl

— s. Briefe, Frz. v. Kronenburgs.

— s. Chronologie.

— Dankpredigt, für die, seit d. Eröffnung des diesjähr. Feldzugs von den k. k. Armeen in Schwaben u. Italien erfochtenen Siege. 8. Ulm 799.

— d. Katholicismus u. Protestantismus u. ihr gegenseit. Verhältniß betreff. 1r Bd. 8. Ulm 792. Wohler. 10 gl

— Lehre v. der Freiheit u. Unsterblichkeit d. menschl. Seele, nach d. Grundsätzen d. Philosophie. 8. Ulm 797. Wohler. 9 gl

— die Lehre von Gott, nach d. Grundsätzen der krit. Philosophie. 8. Ulm 795. Wohler. 9 gl

— Leitfaden zum Unterricht in d. Erfahrungsseelenlehre. 8. Ulm 797. Wohler. 6 gl

— sa. Liebe gegen d. and. Geschlecht.

Kern, Johann: Über

— — die Liebe gegen das andere Geschlecht. Ein Lesebuch für Mädchen u. Jünglinge (von *Johannes Kern*, 1756—1801). Mit TKpf. u. TVign. (Schellenberg del. et sc., interess. Costümbilder). Winterthur, bei Heinr. Steiner und Komp. 1782. 8°. (In Zürich, Stadtbibl.) (2 Mk. 40 Pfg. Th. Ackermann, München; 2 Mk. 20 Pfg. A. Buchholz, München, 1906.)

— — Dasselbe. Neue Auflage. Stuttgart, Löflund, 1792. (?) 8°.
Anon.-Lex. IV. p. 223 (nach Callisen, Kayser u. Behrisch, Die Wiener Autoren. 1784) hat nur „Zürich 1782".

— Schwäb. Magazin zur Beförderung d. Aufklärung. 8 Stücke in 2 Bdn. 8. Ulm 786, 87. Wohler. 2 thl 16 gl

— der Mensch, in Vorlesungen. 1r Thl. 8. Nürnb. 785. Felssecker. 20 gl

— Schreiben an d. Verf. des „Etwas üb. die Rathsfähigkeit bürgerl. Gelehrten in Ulm." 8. Ulm 794. Wohler. 1 gl

— Theses ex Logica et Metaphysica desumpt. 4. Ulm 798.

— Versuch üb. das Vorstellungsvermögen, üb. die Sinnlichkeit, d. Verstand u. die Vernunft. 8. Ulm 786. Wohler. 16 gl

— **Joh. Friedrich** (Schleusingen/Henneberg), De annis ministerii Christi. Discursus histor.-theolog. Präs. Isaac Laurbecchius. Altdorf (Jodocus Wilhelm Kohles) 21. V. 1700. 42 S. (6.80) 17767

— s.a. Bericht v. Bergbau

[Kern, J. G.]: „Bericht vom Bergbau", Leipzig 1722. — Dass., neu bearbeitet und mit Zusätzen und Verbesserungen versehen von F. W. von Oppel, ebenda 1772. — Beide vorh.: Verein zur Wahrung der bergb. Interess. Essen-Ruhr — Fa 33¹.

Kern, Jh. Gli., († ...) vom Schneckensteine, od. der sächs. Topasfelsen, mit Anmerkk. herausgeg. von Ign. v. Born. Mit 5 Kpf. gr. 4. Prag 776. Mit n. Titelbl. Dresd. 792. Walther. 18 gl

Kern, Johann Konrad

Kern, Johann Conrad s. Collectivnote. Die C' von Oesterreich, Frankreich und Preussen.... Zürich 1848.

Kern, J.-C., docteur en droit, ancien envoyé extraordinaire et ministre plénipotentiaire de la Confédération suisse à Paris. Souvenirs politiques 1838 à 1883. Rédigés avec la collaboration de *Charles Dubois*, fonctionnaire à la Chancellerie fédérale suisse. In-12°, V et 383 p. Berne, Jent & Reinert. 1887. 4 —

Kern, J. C., politische Erinnerungen 1833—1883. Hrsg. unter Mitwirkg. v. K. Dubois. Deutsche rev. Ausg. 8. (VIII, 348 S.) Frauenfeld 887. Huber. n. 4. —

Kern. J[ohann] C[onrad]. Souvenirs politiques (1838 à 1883) de J.-C. K'.... Rédigés avec la collaboration de Charles Dubois.... 8. Berne, Paris 1887.

Kern, J. C., souvenirs politiques 1833 à 1888. Rédigés avec la collaboration de Charles Dubois. 2e édit., revue et corrigée. 8. (V, 382 S.) Bern 887, Jent und Reinert. *

Kern, [Johann Conrad]. Votum des Herrn Präsident Dr. K', Gesandter des Kantons Thurgau, betreffend die Beantwortung der Collectivnote von Oesterreich, Frankreich und Preussen, d. d. 18. Januar 1848. in der Sitzung der eidgenössischen Tagsatzung vom 15. Februar 1848. 8. (Zürich 1848.)

— **Johann Ludwig** (Pappenheim), De juribus et praerogativis S. R. I. mareschallorum haereditariorum comitum in Pappenheim. Diss. jur. publ. Götting. (Jo. Christ. Ludolph Schulz) 1. XII. 1753. 80 S., tlws. dtsch. (8.50) 17770
Gew.: Friedrich Ferdinand v. Pappenheim (Rothenstein, Calden, Bellenberg; mit Wappen).

Kern, Johann Michael

— doctrina symbolica eccles. christ. evangel. de operationibus gratiae ordinar. 4. Götting. 776. Dieterich. 3 gl

Kern, Jh. Mich., († d. 28. Febr. 1795.) Artis poeticae elementa versibus conclusa. 8. Poson. 761.

Kern, Joh. Michael (Präs.): Epicuri prolepseis, s. Biener, Johann Georg (Resp.)

— Erklärung d. Weissagung David's Psalm 110, 3. nach d. alten Uebersetz. v. d. göttl. Herrlichkeit Christi ꝛc. gr. 8. Hannov. 763.

— Erklärung d. Weissagung Jakobs 1 B. Mos. 49, 10—12. von Christo Jesu nach d. Zusammenhange u. Sinne d. göttl. Offenbarr. 8. Götting. 785. Dieterich. 2 Th

— das Feuer- u. Wasserberühren rem. Brautleute. Preßb. 762.

— die Geschichte u. sittl. Beurtheilung der Schämen u. der sogenannten Masken. Preßb. 764.

— Artis variandi institutiones. 8. Pressb. 763.

— drei Confirmationspredigten. 8. Hannov. 776. Hahn. 3 Th

— **Johann Michael** (Preßburg/Ungarn), Accentuum veterum Graecorum genuina pronuntiatio. Disp. philos. Präs. Johann Matthia Gesner. Götting. (Elias Luzac) 15. XI. 1755. 24 S. (6.50) 17771

— Versuch e. neuen Erklärung der Weissagung Jesaiä 7, 14. 15. 8. Bremen 781. Förster. 3 Th

— **Johann Samuel** (Cüstrin/Neumark), De lingua regnatrice. Diss. histor.-polit.-philol. Präs. M. Samuel Grosser (Rector d. Görlitzer Gymnas.) Görlitz (Michael & Jacob Zipper) 22. IV. 1705. 14 Bl. (6.50) 17772

Kern, Joh. Urban, kurzer Abriß d. Geschichte d. franz. Literatur im 19. Jahrh. gr. 12. (1 B.) Breslau 840, Kern.

—— schlesische Sagen-Chronik. Ein Album ausgewählter Balladen, Romanzen u. Legenden Schlesiens. (Mit Zeichnn. v. R. Kretschmer, 2 Bl. Nebst vielen Vign. in Holzschn.) gr. 16. (17 B.) Breslau 840, Kern.

—— gedrängte Uebersicht d. schönen Literatur Teutschlands von Lessing bis auf d. neueste Zeit. gr. 8. (1¼ B.) Breslau 839, Kern.

Kern, Johannes

Kern, Johs., Advent — Palmsonntag — Bußtag. 3 Predigten aus meinem 1. Amtsjahre. gr. 8. (53 S.) Dresden 896. (J. Naumann.) n. — 60

Kern, Johs., dramatische Charaden. Zur Aufführung in geselligen Zirkeln. 1. Heft. 8. (90 S.) Breslau 849, Kern.

—— Homers Frosch- und Mäusekrieg, s. Homer.

—— Lieder und Sagen. 16. (194 S.) Breslau 847, Kern.

—— und Mary Osten, neue Polterabend-Scherze. 1. Heft. 1. und 2. Aufl. und 2. und 3. Heft. 8. Breslau, Kern. [1. (VII und 101 S.) 848,52. 10 Ngr., 2. (VIII und 132 S.) 849. 12½ Ngr., 3. (IV und 109 S.) 851(52,) 10 Ngr.]

Kern, Johs., und Mary Osten, neue Polterabend-Scherze. 1. Heft. 2. und 3. Aufl. und 2. Heft. 3. Aufl. 8. (IV und 116 S.) Breslau 853—56, Kern. à Heft 10 Ngr.

—— dass. — 4. Heft. 8. (IV und 124 S.) Ebds. 855.

Kern, Johs., und Mary Osten, neue Polterabend-Scherze. 1. Heft. 3. verm. Aufl. 856. (VI, 105 S.) — 2. Heft. 2. Aufl. 854. (2 Bl., 116 S.) — 3. Heft. 2. Aufl. 858. (2 Bl., 107 S.) — 4. Heft. 855. (2 Bl., 124 S.) Breslau, Kern. 8. Jedes Heft 10 ngr.

Kern, Johs., und Mary Osten, neue Polterabend-Scherze. 2. Heft. 3. Aufl., 3. Heft. 2. Aufl. und 4. Heft. 2. Aufl. 8. Breslau, Kern. [2. Heft. (120 S.) 859., 3. (IV und 107 S.) 858. 4. (IV und 124 S.) 861. à Heft 10 Ngr.]

—— —— dass. — 5. und 6. Heft. 8. Ebendas. [5. Heft. (IV und 124 S.) 858., 6. (IV und 126 S.) 861. à Heft 10 Ngr.]
1. Heft. 3. Aufl. Ebendas. 1856. 10 Ngr.

Kern, Johs., und Mary Osten, neue Polterabend-Scherze. 2. Heft. 3. Aufl. 859. — 4. Aufl. 863. — 4. Heft. 2. Aufl. 861. — 5. Heft. 859. — 2. Aufl. 863. — 6. Heft. Ebend. 861. 8. (2.: 120 S.; 4.: 2 Bl., 124 S.; 5.: 2 Bl., 122 S.; 6.: 2 Bl., 126 S.) Jedes Heft 10 ngr.

— neue Polterabend-Scherze. 7. Heft. Nebst Anh.: Nur ein paar Hände breit. Dramatischer Scherz in 2 Akten. Von Mary Osten. Ebend. 864. 8. (IV, 128 S.) 10 ngr.

—— und Mary Osten, neue Polterabend-Scherze. 2., 3., 5., 7. und 8. Heft. 8. Breslau, Kern's Verlag. [2. Heft. 4. Aufl. (120 S.) 864., 3. Heft. 3. Aufl. (111 S.) 865., 5. Heft. 2. Aufl. (IV und 122 S.) 863., 7. Heft. Nebst Anh.: Nur ein paar Hände breit. Dramatischer Scherz in 2 Akten. Von Mary Osten. (IV und 128 S.) 864., 8. Heft. Mit Beiträgen von Eug. Vogtherr. (IV und 132 S.) 867.] à Heft 10 Ngr.

— u. Mary Osten, neue Polterabend-Scherze. 3., 4., 8. u. 9. Heft. Ebend. 8. [3. Heft. 3. Aufl. (111 S.) 865. 4. Heft. 3. Aufl. (IV, 124 S.) 870. 8. Heft. Mit Beiträgen von Eug. Vogtherr. (IV, 132 S.) 867. 9. Heft. (IV, 140 S.) 870.] Jedes Heft 10 ngr.

Kern, Johs., und Mary Osten, neue Polterabend-Scherze. 1.—10. Heft. gr. 16. Breslau 870—73, Kern's Verlag. [I. 5. Aufl. (V, 100 S.); II. 5. Aufl. (IV, 114 S.); III. 4. Aufl. (111 S.); IV. 3. Aufl. (IV, 124 S.); V. 3. Aufl. (IV, 116 S.); VI. 2. Aufl. (VI, 126 S.); VII. 2. Aufl. Nebst Anh.: Nur ein paar Hände breit. Dramat. Scherz in 2 Akten. Bei festl. Gelegenheiten aufzuführen. Von Mary Osten. (IV, 115 S.); VIII. 2. Aufl. Mit Beiträgen von Eug. Vogtherr. (IV, 124 S.); IX. (IV, 140 S.); X. (IV, 139 S.)] à Heft M. 1. 10 —

Kern, Joh., u. Mary Osten, neue Polterabend-Scherze. 1—3. 5—11. Hft. 8. Breslau 871—76. Kern. à 1. —
1 5. Aufl. (V, 100 S.) — 2. 5. Aufl. (IV, 114 S.) — 3. 4. Aufl. (111 S.) — 5. 3. Aufl. (IV, 116 S.) — 6. 2. Aufl. (IV, 121 S.) — 7. 2. Aufl. Nebst Anh.: Nur e. paar Hände breit. Dramatischer Scherz in 2 Akten. Bei festl. Gelegenheiten aufzuführen. Von Mary Osten. (IV, 115 S.) — 8. 2. Aufl. Mit Beiträgen v. Eug. Vogtherr. (IV, 124 S.) — 9. 2. Aufl. (IV, 121 S.) — 10. 2. Aufl. (IV, 131 S.) — 11. (IV, 128 S.)

Kern, Johs., und Mary Osten, neue Polterabend-Scherze. 1.—12. Heft. gr. 8. Breslau, Kern's Verlag. [1. Heft. 6. Aufl. (VI, 100 S.) 879.; 2. Heft. 6. Aufl. (IV, 112 S.) 879.; 3. Heft. 5. Aufl. (111 S.) 879; 4. Heft. 4. Aufl. (IV, 124 S.) 879; 5. Heft. 4. Aufl. (IV, 116 S.) 880; 6. Heft. 3. Aufl. (IV, 124 S.) 879; 7. Heft. 3. Aufl. (Nebst Anhang: Nur ein paar Hände breit. Dramatischer Scherz in 2 Akten. bei festl. Gelegenheiten aufzuführen. Von Mary Osten.) (IV, 115 S.) 880; 8. Heft. 3. Aufl. (Mit Beiträgen von Eug. Vogtherr.) (IV, 124 S.) 879; 9. Heft. 2. Aufl. (IV, 121 S.) 876; 10. Heft. 2. Aufl. (IV, 131 S.) 876; 11. Heft. (IV, 128 S.) 876; 12. Heft. (IV, 126 S.) 879.] à Heft M. 1.

Kern, Johs., u. Mary Osten, neue Polterabend-Scherze. 1—5., 7., 8., 11—13. Hft. 8. Breslau 879—82. Kern's Verl. à 1. —
1. 6. Aufl. (VI, 100 S.) — 2. 6. Aufl. (IV, 112 S.) — 3. 5. Aufl. (111 S.) — 4. 4. Aufl. (IV, 124 S.) — 5. 4. Aufl. (IV, 116 S.) — 7. 3. Aufl. Nebst Anh.: Nur ein paar Hände breit. Dramatischer Scherz in 2 Akten. Bei festl. Gelegenheiten aufzuführen. Von Mary Osten. (IV, 115 S.) — 8. 3. Aufl. Mit Beiträgen v. Eugen Vogtherr. (IV, 124 S.) — 11. 2. Aufl. (IV, 128 S.) — 12. (IV, 126 S.) — 13. Polterabend-Gedichte u. Toaste in Versen bei Hochzeiten von J. Freund. (IV, 122 S.)

Kern, Johs., u. Mary Osten, neue Polterabend-Scherze. 6., 9., 12. u. 14. Hft. 8. Breslau 886. Kern's Verl. à 1. —
6. 4. Aufl. (128 S.) — 9. 3. Aufl. (125 S.) — 12. 2. Aufl. (120 S.) — 14. (120 S.)

Kern, Johs., u. Mary Osten, neue Polterabend-Scherze. 1.—5., 7., 8., 10. u. 13. Hft. 12. Breslau 888. Kern's Verl. à 1. —
1. 7. Aufl. (106 S.) — 2. 7. Aufl. (116 S.) — 3. 6. Aufl. (111 S.) — 4. 5. Aufl. (128 S.) — 5. 5. Aufl. (120 S.) — 7. 4. Aufl. Nebst Anh.: Nur e. paar Hände breit. Dramatischer Scherz in 2 Akten. Bei festl. Gelegenheiten aufzuführen. Von Mary Osten. (119 S.) — 8. 4. Aufl. Mit Beiträgen von E. Vogtherr. (127 S.) — 10. 3. Aufl. (135 S.) — 13. Polterabend-Gedichte und Toaste in Versen bei Hochzeiten von J. Freund. 2. Aufl. (126 S.)

Kern, Johs., und Mary Osten, neue Polterabend-Scherze. 1., 4., 6., 8.—10., 12. und 14. Heft. 12. Breslau, Kern's Verlag. [1. Heft 7. Aufl. (106 S.) 888; 4. Heft 5. Aufl. (128 S.) 888; 6. Heft 4. Aufl. (128 S.) 886; 8. Heft 4. Aufl. Mit Beiträgen von Eug. Vogtherr. (127 S.) 888; 9. Heft 3. Aufl. (125 S.) 886; 10. Heft 3. Aufl. (135 S.) 888; 12. Heft 2. Aufl. (120 S.) 886; 14. Heft (120 S.) 886.] à Heft *M* 1.—.

Kern, Johs. u. Mary Osten. Neue Polterabend-Scherze. 2., 3., 5., 7. u. 13. Heft. 8. Bresl. 890, Kern's Verlag. à Heft 1 —
2. 7. Aufl. (116 S.) — 3. 6. Aufl. (111 S.) — 5. 5. Aufl. (120 S.) — 7. 4. Aufl. Nebst Anh.: Nur e. paar Hände breit. Dramat. Scherz in 2 Akten. Von Mary Osten. (119 S.) — 13. Polterabend-Gedichte u. Toaste in Versen bei Hochzeiten v. J. Freund. 2. Aufl. (126 S.)
1., 4., 6., 8.—12. u. 14. Ebd. 1882—88. à 1 —.

Kern, Johs., u. Mary Osten, neue Polterabend-Scherze. 11. Hft. 3. Aufl. 12. (128 S.) Breslau 894. J. U. Kern's Verl. 1. —

Kern, Johs., Schlesiens Sagen, Legenden und Geschichten. In metr. Bearbeitungen. 8. (XVI und 552 S. mit 2 Illustr. von C. Th. Reiffenstein in Holzschn.) Breslau 867, Kern's Verlag. 1 Thlr. 15 Ngr.; geb.

Kern, Jos., Lehrbuch der Wechselkunde f. Handelslehranstalten. Mit 41 verkleinerten Darstellgn. v. Wechselformularen im Texte u. e. Beilage. gr. 8. (IV, 130 S.) Wien 902. A. Pichler's Wwe. & Sohn Kart. n. 1. 50

Kern, Jos., Lehrbuch der Wechselkunde. Mit 37 verkleinert. Darstellgn. v. Wechselformen im Texte u. einer Beilage. (IV, 139 S.) 8. Wien 904. A. Pichler's Wwe. & Sohn. Geb. in Leinw. n. 1. 70

Kern, Jos., S. J., de sacramento extremae unctionis tractatus dogmaticus. (XVI, 396 S.) gr. 8. Regensburg 907. F. Pustet. 4.—; geb. in Leinw. 5. —

Kern, Josephine, die Gottesbraut im Ordensstande u. in d. Welt. (32 S. m. Titelbild.) 16. Regensburg 908. A. Coppenrath's Verl. — 40

Kern, Julie, Koch- u. Back-Etui. 12. Leipzig, Joachim. 815.

Kern Julius: Lessing und der Sturm und Drang. H. 1908 PN 2433 b Diss. Wien, Univ. 251

Kern, Jul. Erich, Israels Bußspiegel, od. Unterr. zur wahr. Buße. 8. Halberst. 712.

Kern, K., Statistik der Schiessresultate, kantonalen u. eidg. Unterstützungen der freiwilligen Schiessvereine des Kts. Zürich i. J. 1872. 8. Zürich, Genossenschaftsbuchdr. —. 80

Kern, Karl

Kern, C., die Haberfeldtreiber. Oberbayerisches Sittenbild. 8. (404 S.) Stuttgart 855, Hallberger'sche Vrlgsh. Thlr.

Kern, C., die Haberfeldtreiber. Oberbayerisches Sittenbild. 3. Aufl. 8. (404 S.) Stuttgart (861)62, Hallberger'sche Verlagsh.

Kern, Karl: Georg von Podiebrad u. das Haus Wettin 1444–1451. Prag: Phil. Diss., 1896/97.

Kern, Karl August

Kern, Carl Aug. Am Grabe. Choräle u. Lieder zum Gebrauche bei Beerdiggn. f. Männerchor. Op. 177. 1. u. 2. Aufl. gr. 8. (56 S.) Langens. 889,92, Schulbuchh. * — 70

—— dass. — Für gemischten Chor. Op. 178. gr. 8. (58 S.) Ebd. 889. * — 70

Kern, Carl Aug., am Grabe. Choräle u. Lieder zum Gebr. bei Beerdiggn. f. gem. Chor. Zusammengest. u. komponiert. Op. 178. 2. Aufl. gr. 8. (58 S.) Langensalza 896. Schulbuchh. n. — 70

Kern, Carl Aug., am Grabe. Choräle u. Lieder zum Gebrauche bei Beerdiggn. f. Männerchor. Zusammengestellt u. komp. 3. Aufl. gr. 8. (56 S.) Langensalza 901. Schulbuchh. n. — 70

Kern, Carl Aug., Hausmusik. 60 Lieder von Jul. Altmann, Geo. Chrst. Dieffenbach und Frz. Alfr. Muth in zweistimm. Satz mit leichter Klavierbegleitung komponirt und Jung und Alt zum häusl. Gebrauch dargeboten. Op. 37. 4. (52 S.) Mainz 873, Kunze's Nachf. * 2 —

– s. Jugend, Fröhliche.

— aus der Jugendzeit, s.: Dieffenbach, G. Chr.

Kern, Karl Aug., 50 Kinderlieder von G. Chr. Dieffenbach für zwei Singstimmen mit leichter Klavierbegleitung komponirt. Op. 36. Mit einem Beitrag von Gr. A. v. G. 3. verm. Aufl. hoch 4. (IV, 32 S.) Mainz 877, Kunze's Nachf. *

Kern, Karl Aug., 50 Kinderlieder v. G. Chr. Dieffenbach für 2 Singstimmen mit leichter Klavierbegleitung komponirt. Op. 36. Mit einem Beitrag v. Gr. A. v. G. 3., vermehrte Aufl. hoch 4. (IV, 32 S.) Wiesbaden 877. Kunze's Nachf. n. 1. —

Kern, Karl Aug., 60 Kinderlieder, s.: Dieffenbach, G. Chr.

Kern, C. A., Legov, M., u. Musiol, R., Liederbuch f. Turner f. vierstimmigen Männerchor, Große Ausg., Leipzig, 164 S., 8°.

— Liederstrauß. Eine Sammlung der schönsten Lieder m. 2- u. 3stimm. Weisen, nebst 86 vorbereitenden Tonübungen, für Schule, Haus u. Leben bearb. Op. 39. 8. (VII, 104 S.) Ebend. 877. n. — 70

Kern, Carl Aug., Liederstrauß. Eine Sammlung der schönsten Lieder mit ein-, zwei- und dreistimmigen Weisen, nebst vorbereitenden Tonübungen für Schule, Haus und Leben. 39. Werk. 3 Hefte. 2. verm. Aufl. gr. 8. Wiesbaden 884, Kunze's Nachf. [1. Heft. (23 S.) * 20 Pf.; 2. Heft. (38 S.) * 25 Pf.; 3. Heft. (74 S.) * 40 Pf.] *

Kern, Karl August. Liederstrauß. Eine Sammlung d. schönsten Lieder mit ein-, zwei- u. dreistimmigen Weisen nebst vorbereitenden Tonübungen f. Schule, Haus u. Leben. 39. Werk. 2. u. 3. Heft. 3. verm. Aufl. 8. Wiesb., Kunze Nachf. * — 80
2. 24 Übungen u. 55 zweistimmige Lieder f. d. Mittelklasse d. Volksschule. (48 S.) 893. * — 30.
3. Für die Oberklasse d. Volksschule. 32 Übungen u. 90 zwei- u. dreistimmige Lieder. (III, 88 S.) 889. * — 50.

Kern, C. A., M. Legov u. Rob. Musiol, deutscher Liederwald, s.: Glaser's, Conr., Taschenalbum Ideal.

— Melodieen, s.: Flinzer, F., glückliche Kinderzeit.

—— 45 Melodien in zweistimmigem Satz und mit leichter Klavierbegleitung zu G. Chr. Dieffenbach's Kinderliedern. Op. 36. Mit einem Beitrag von Gr. A. v. G. 1. Aufl. 1870, und 2. Aufl. 4. (28 S.) Ebendas. 873. * ,1 —

Kern, Karl Ferdinand

Kern, Carl Ferdinand (Eisenach), De fatuitatis cura et medica et paedagogica consocianda. Diss. med. Lpz. (Polz) 16. III. 1852. 35 S. mit Biogr. (M.: S. Kürschner) u. 3 Abb. (C. Schmiedel. Dr. v. J. G. Fritzsche, Leipzig). (6.50) 17758

Kern, Karl Hermann, Rekt.: Schwäbische Schulordnung vom Jahre 1543 und ihre Beziehungen zu der Württemberger Schulordnung 1559. *Kitzingen 1901: Meschett & Hissiger.* (VII, 76 S.) 8° [F.]
Kitzingen, k. PG, P 1901**

Kern, Konrad

Kern, Conrad *Karl Theodor* [app. Arzt]: Aus d. Kgl. Univ.-Frauenklinik zu Breslau. Beitrag zur operativen Behandlung der entzündlichen Adnexerkrankungen ... Breslau, Druck v. F. W. Jungfer, 1897; 51 S., 2 Bl. 8.
Breslau, Med. Fak., Inaug.-Diss. v. 28. Juni 1897

Kern, Conr., Beitrag z. operativen Behandlg. d. entzündlichen Adnexerkrankungen. Diss. gr. 8. (52 S.) Breslau 897. (Schletter.) n. 1. —

Kern, Konstantin

Constantin Kern. Die hebräische Sprache und eine Partikel derselben. 40 S. Konstanz, P 1869 .

Kern, Leo [aus Essingen (Rheinpfalz)]: Beiträge zur Kenntnis der hygienischen Bedeutung des chromsauren Bleies. . . . Würzburg, Universitätsdr. v. H. Stürtz, 1890; 35 S. 8°
Würzburg. Med. Fak., Inaug.-Diss. v. 1890

Kern, Maria, die Waldhexe. Lustspiel in 1 Act. gr. 8. (24 S.) Berlin (901). M. Böhm. 1.50

Kern, Max., das Auge des Fo. Mit 1 farb. Titelbilde u. 16 Tondr.-Bildern. (459 S.) 8. Stuttgart (905). Union. Geb. in Leinw. n. 7. —

Kern, Max., das Auge d. Fo. 4. Aufl. (V, 459 S. m. 17 [1 farb.] Bildern.) 8. Stuttgart (908). Union. Geb. in Leinw. 7. —

— **Max** (Schulpforta), Ein Fall von Sanduhrmagen. Diss. med.-chir. Bln. (Gustav Schade [Otto Francke]) 25. X. 1889. 32 S. mit Biogr. (5.—) 17773
Oppon.: Neuburger, Seele, Miethke.

Kern, Max, F. E, R. T. (Foemina erit ruina tua.) Roman. gr. 8. (90 S.) Wien 898. M. Breitenstein. n. 1.80

— Unter d. Klaue d. Drachen. Eine Geschichte aus Tibet. Mit 1 farb. Titelbild u. 16 Tondr.-Bildern. (III, 444 S.) 8. Ebd. 909. Geb. in Leinw. 7. —

Kern, Maximilian: Im Labyrinth des Ganges. 2. Aufl. Stuttgart, Berlin, Leipzig: Union [1908]. 352 S. 8°
(Kamerad-Bibliothek. [14.])

— Im Labyrinth d. Ganges. (Kamerad-Bibliothek.) 3. Aufl. (V, 352 S. m. Abb.) kl. 8. Ebd. (908). Geb. in Leinw. 3. —

— Selbst ist d. Mann: Ein neues Beschäftigungsbuch bei Sonnenschein u. Regenwetter. Hrsg. v. d. Red. d. „Guten Kameraden". 5. u. 6. Aufl. (VII, 291 S. m. 441 Abb. u. 4 farb. Taf.) 8. Ebd. (908. 10). Geb. in Leinw. 5. —

— In d. Wildnis d. Gran Chaco. (Kamerad-Bibliothek.) (V, 290 S. m. Abb. u. Titelbild.) kl. 8. Ebd. (909). Geb. in Leinw. 3. —

Kern, O., über die Einwirkung v. Brom auf Metamidobenzoesäure u. v. Chlorbenzoyl auf Orthoamidobenzoesäure, sowie ein Beitrag zur Kenntniss der Amide der Zimmtsäure. Inaugural-Dissertation. gr. 8. (30 S.) Göttingen 877. (Vandenhoeck & Ruprecht.) n. — 60

Kern, O., s.: Versuche üb. die Verdaulichkeit der Weizenkleie etc.

Kern, Oskar: Johann Rist als weltlicher Lyriker. ⟨Teildr.⟩ Marburg 1910: Koch. VI, 93 S. 8° ¶ (Ersch. vollst. als: Beiträge z. dtsch. Literaturwiss. Nr 15.)
Marburg, Phil. Diss. v. 5. März 1910, Ref. Elster
[Geb. 3. April 84 Erfurt; Wohnort: Schleusingen; Staatsangeh.: Preußen: Vorbildung: Realgymn. Erfurt Reife O. 02; Studium: Leipzig 2, München 1, Marburg 10 S.; Rig. 4. März 08.] [U 10. 3300

Kern, Otto, über die Anfänge der hellen. Religion. Vortrag, geh. am 25. XI. 1901 in der Aula der Universität Rostock. gr. 8. (34 S.) Berlin 902. Weidmann. n. — 80

Kern, O., Eleusinische Beiträge. Gel. 1909. 19 S. m. 4 Abb. 4°.

Kern, Otto, Beitr. z. Gesch. d. griech. Philosophie u. Religion, s.: Wendland, Paul.

Kern, Otto: Ernst Curtius. Am 2. Sept. 1896. Von –. Berlin 1896. 16 S. 8° [Umschlagt.]
Aus: Vossische Zeitung. Nr. 411, 413, 415.

Kern, Otto: Die Entwicklung der klassischen Altertumswissenschaft an der Universität Rostock. Rede zur Eröffnung der Institute für Altertumskunde am 6. November 1906 gehalten. Rostock 1906: Adlers Erben. (14 S.) 8°

Kern, Otto, die Entwicklung d. klassischen Altertumswissenschaft an d. Universität Rostock. Rede z. Eröffng. d. Institute f. Altertumskunde, am 6. XI. 1906 geh. (14 S.) gr. 8. Rostock 906. (G. B. Leopold.) — 70

Kern, Otto, De epigrammate Larisaeo commentariolus. Rostochii 1906: Formis Adlerianis. (7 S.) 4°
Rostock, Gratulationsschrift zum Greifswalder Universitätsjubiläum 1906

Kern, Otto, appr. Arzt a. Marbach a. N., derz. Assistenzarzt an der Kgl. Württ. Heilanstalt Winnenthal: Drei Fälle von Herderkrankung des Gehirns mit Psychose. Berlin 1905: L. Schumacher. (31 S.) 8° ¶ Aus: Archiv für Psychiatrie u. Nervenkrankheiten ⟨Bd 40, H. 3⟩.
Tübingen, Med. Fak., Ref. Wollenberg, Diss. v. 2. Nov. 1905
[Geb. 30. Aug. 78 Weinsberg; Wohnort: Winnenthal; Staatsangeh.: Württemberg; Vorbildung: Seminar Urach Reife M. 96; Studium: Straßburg 8, München 2, Tübingen 1 S.; Coll. 8. Febr. 05; Approb. 24. Juli 02.]

Kern, Otto, Kammergerichtsref. aus Spremberg N./L.: Die betagte Forderung. *Greifswald 1904: J. Abel.* (86 S.) 8°
Greifswald, Jur. Diss. v. [2. Mai] 1904

Kern, Otto: De Musaei Atheniensis fragmentis. *(Rostochii 1898): Adler.* (14 S.) 4°
Rostock, Einladungsprogr. zu d. Vorl. im S.S. 1898

Kern, Otto, das Gerichtskostengesetz, s.: Roos, Karl.

Kern, Otto, Goethe, Böcklin, Mommsen. 4 Vorträge über die Antike. (101 S.) 8. Berlin 906. Weidmann. n. 1.80

Kern, Otto, die Gründungsgeschichte v. Magnesia am Maiandros. Eine neue Urkunde, erläutert v. K. hoch 4. (27 S. m. 1 Lichtdr.) Berlin 894. Weidmann. n. 4.—

— die Inschriften v. Magnesia am Maeander. Mit 10 Taf. u. einigen Abbildgn. im Text. Hrsg. von den königl. Museen zu Berlin. gr. 4. (VII, 296 S.) Berlin 900. [W. Spemann.] G. Reimer. Kart. n. 20.—

— s.: Inscriptiones graecae.

Kern, Otto: Inscriptiones Thessalicae. *(Rostochii 1899): Adler.* (13 S.) 4°
Rostock, Einladungsprogr. zu d. Vorl. im WS 1899/1900

— Inscriptiones thessalicae. Progr. gr. 4. (13 S. m. 4 Taf.) Rostock 900. (H. Warkentien.) n. 2.—

Kern, Otto: Inscriptionum Thessalicarum antiquissimarum sylloge edita. *(Rostochii 1901): Adler.* (18 S.) 4°
Rostock, Einladungsprogr. zu d. Vorl. im WS 1901/02

— Inscriptionum thessalicarum antiquissimarum sylloge, edita a K. Progr. gr. 4. (18 S. m. Abbildgn.) Ebd. 902. n. 1.50

[F.] Instruktion für die Erteilung des Schwimmunterrichts sowie z. Selbstlernen des Schwimmens unt. Benutzg d. Kern-Voigt'schen Schwimmkörbe. M. 7 Abb. Von Otto **Kern.** *Berlin: Buchh. d. 'Dtsch. Lehrer-Zeitg' 1896.* (15 S.) 1 Bd 8. [97. 8054

Kern, Otto: Bei den Mönchen auf d. Athos, s.a. Sammlung gemeinverständl. wissenschaftl. Vorträge.

Kern, Otto: Bei den Mönchen auf dem Athos. Von Otto Kern, a. o. Prof. in Rostock. Hamburg: Verlagsanst. u. Dr. A.-G. 1898. (27 S.) 8°
= Sammlung gemeinverständl. wiss. Vorträge. N. F. Ser. 13. H. 293.

— s.: Müller, Carl Otfried.

Kern, Otto [Saxo-Borussus]: De Orphei Epimenidis Pherecydis theogoniis quaestiones criticae .... Berolini, libraria Nicolai R. Stricker (1888); 2 Bl. + 44 S. 8°
Berlin, Phil. Fak., Inaug.-Diss. v. 21. Jan. 1888

— die Landschaft Thessalien u. die Geschichte Griechenlands. Vortrag, geh. am 10. X. 1903 vor der 47. Versammlg. deutscher Philologen u. Schulmänner zu Halle. (15 S.) Lex.-8. Leipzig 904. B. G. Teubner. n. — 80
Sonderabdruck aus: „Neue Jahrbb. f. das klass. Altertum, Gesch. u. deut. Lit."

Kern, Paul, an Gottes Segen ist alles gelegen. Predigt (üb. das Evangelium v. Petri Fischzug, Luk. 5, 1—11, bei Gelegenheit der Synodal-Versammlg. der „Evang.-Luth. Freikirche in Sachsen u. a. St.") am 5. Sonntag nach Trinitatis 1887 in Frankenberg geh. u. auf Anordng. der Synode mitgeteilt. [Aus: „Evang.-Luth. Freikirche".] 12. (16 S.) Zwickau 887. (Schriften-Verein.) n. — 10

Kern, P., an Gottes Segen ist alles gelegen. Predigt über das Evangelium von Petri Fischzug Luk. 5, 1—11, bei Gelegenheit der Synodal-Versammlung der „Evangelisch-Lutherischen Freikirche von Sachsen u. a. St." am 5. Sonntag nach Trinitatis 1887 in Frankenberg gehalten. 8. (16 S.) Zwickau 888. (Dresden, H. J. Naumann.) *
Aus Evangelisch-lutherische Freikirche, besonders abgedruckt.

Kern, P., an Gottes Segen ist alles gelegen. Predigt üb. d. Evangelium v. Petri Fischzug (Luk. 5, 1—11). 2. Aufl. (16 S.) 8. Zwickau 907. J. Herrmann. — 10

Kern, P., kurze Geschichte der sep. ev.-luth. Dreieinigkeits-Gemeinde ungeänderter augsburgischer Konfession zu Chemnitz. Der Gemeinde zu ihrem 25jähr. Jubiläum gewidmet. 8. (23 S.) Zwickau 900. (Dresden, E. Steyer.) n.n. — 30

— eines Christen Glaubensfreudigkeit u. Heilsgewißheit trotz aller Feinde Macht u. Bosheit. Predigt üb. Psalm 118, 3. 4., geh. zur Eröffng. der Synode der evang.-luth. Freikirche in Sachsen u. a. St. am 16. VII. 1902 in Allendorf a. d. Lumda. 8. (12 S.) Zwickau (902). Schriften-Verein. n. — 10

Kern, Paul, der Lebensweg des christlichen Jünglings. Predigt zum Bundesfest der Jünglingsvereine der evangelisch-lutherischen Freikirche Sachsens am 10. Juli 1881 zu Chemnitz. 8. (20 S.) Zwickau 881. Dresden, H. J. Naumann in Comm. n. — 30

— dasselbe. 2. Aufl. 12. (16 S.) Ebend. 882. n. — 20

— der Lebensweg des christlichen Jünglings. Predigt zum Bundesfest der Jünglingsvereine der evangelisch-luther. Freikirche Sachsens am 10. Juli 1881 in Chemnitz. 3. Aufl. 12. (16 S.) Ebd. 893. n. — 10

Kern, P., Präparationen zur Behandlung der Lesestücke in Fischers Unterklassen-Lesebuch, s.: Biner, J.

Kern, Ph. Er., († d. 20. Febr. 1776.) Ermahnung zur Buße, üb. die Eintheilung der Tage des Herrn. gr. 8. Hildburgh. 772. Hanisch. 6 gr.

— heil. Gedanken von Gott u. seinen Eigenschaften, in gebund. Rede. 3 Thle. 8. Frankf. a. M. 745—50. Fleischer. 16 gr.

— Gedanken von d. Schicksal d. ersten Menschen. 8. Jena, Ritter. 745.

— Hindernisse des Heils, in Reden erklärt. 8. Frankf. a. M. 752. Andreä. 8 gr.

— Leidensgeschichte des Lammes Gottes. 8. Hildburghaus. 767. Hanisch. 4 gr.

Kern, Ph. Er., erste u. letzte Predigt in Hildburghausen. 8. Hildburgh. 760. Hanisch. 6 gr.

— Predigten des Evangel. von Jesu Christo. 8. Nürnberg 745.

— Predigten v. der Würde d. Obrigkeit. 4. Heilbr. 757. Glaß. 6 gr.

— erbauliche Reden über verschiedene Stellen d. heil. Schrift. 8. Nürnb. 750. Monath u. K. 4 gr.

— heil. Reden über verschied. Stell. der heil. Schrift. 8. Nrnb. Monath. 750.

— der Schilo vor d. Sterbebette Jakob's in seinem blutigen Kleide. 8. Hamb. 774.

— eine Stimme v. Himmel: Wachet, wachet! Der gemeine Grol nach einem gewaltigen Blitze, der d. 29. Juli 1764 fünf Menschen in ihrer Kirche plötzlich getödtet rc. 8. Hildburgh. 764.

— Triumph v. dem Todtenbette. Fol. Hildburgh. 766. Hanisch. 16 K

— öffentl. Zeugnisse zween Jüdischer Schriftgelehrten in d. Judenschule zu Weikersheim, daß Jesus d. Gekreuzigte der Messias sei rc. 8. Hildburgh. 760. Hanisch. 8 K

Kern, R. Die Biene u. ihre Zucht, s.a. Glock, Joh. Ph., Haupt-Schnitzer-Verzeichnis.

Kern, R., die Biene und ihre Zucht. Eine Anleitung zur richt. Bienenpflege. 8. (VIII, 297 S.) Karlsruhe 888, (Reiff.) *

Kern, R., Hans Böhm, der Pfeifer v. Niklashausen. Ein histor. Spiel f. die Volksbühne, nach urkundl. Berichten verf. 2., durchgeseh. Aufl. 8. (46 S.) Karlsruhe 902. J. Lang. n. — 50

Kern, Reinold *Paul* [aus Danzig]: Beiträge zu einer Charakteristik des Dichters Tiedge ... Berlin, Speyer & Peters, 1895; 2 Bl., 81 S. 8.
Göttingen, Phil. Fak., Inaug.-Diss. v. [3. Dez.] 1895

Kern, Richard, a. Basel ⟨Schweiz⟩: Über den Austausch von Brom und Chlor in Chinolinderivaten. Freiburg i. B.: Speyer & Kaerner 1906. (42 S.) 8°
Freiburg i. B., Phil. Fak., Ref. Gattermann, Diss. v. 1907
[Geb. 12. Jan. 82 Basel; Wohnort: Freiburg i. B.; Staatsangeh.: Schweiz; Vorbildung: Oberrealsch. Basel Reife M. 00; Studium: Univ. Basel 2, T.H. Darmstadt 5, Univ. Freiburg i. B. 5 S.; Rig. 7. Dez. 06.]

Kern, Robert

Kern, R., Einige Bemerkungen über die Freier in der Odyssee. Pr. 1861. 18 S. 4°. 1.—

Kern (H.), einige Bemerkungen über die Freier in der Odyssee. gr. 4. (18 S.) Ulm 861. (Tübingen, Fues'sche Sortimentsbuchh.)

Kern, Robert, med. pract. in Mumpf '(Aargau)' [von Villigen, Kt. Aargau]: Zur Embolie der arteria centralis retinae. Rheinfelden R. Steffen Dr. 1892. 29 S., 1 Bl. 8°.
Zürich, Med. Diss. [v. 12. März 1892].

Kern, die beiden Erzählungen im 2. Buch der Ilias. 4. (10 S.) Ulm 868. (Tübingen, Fues'sche Sortimentsb.) * — 40

Kern, R., Ueber Horat. Od. I, 34 u. III. 1. Pr. 1878. 12 S. 4°. 1.20

Kern, über Horat. Od. I, 34 u. III, 1. gr. 4. (12 S.) Ulm 878. (Tübingen, Fues.) n. — 60

Kern. Etymologische Versuche. Stuttgart, G., 1858. 56 S. 4. (Deutsch, lateinisch, französisch.) Progr.

—— etymologische Versuche. gr. 4. (56 S.) Stuttgart 858. (Tübingen, Fues'sche Sortimentsbuchh.)

Kern, R(olf): Die Külsheimer Fehde 1463. *Wertheim 1897: E. Bechstein.* (83 S.) 8°
Heidelberg, Phil. Diss. v. [23. Okt.] 1897

Kern, Rolf, die Külsheimer Fehde 1463. gr. 8. (83 S.) Wertheim 897. (E. Buchheim Nachf.) n. 1. 20

Kern, Rolf., der Glaube unserer evangel. Kirche, auf der Grundlage des Katechismus für den Konfirmanden-Unterricht dargestellt. (80 S.) 8. Heidelberg 903. C. Winter, Verl. n. — 40

— D. Richard Rothe. Das Lebens- u. Charakterbild Rothes, nach seinen gesammelten Briefen entworfen. (186 S.) gr. 8. Kassel 904. (E. Röttger.) n. 2. 50

Kern, S., kleine Erdbeschreibung f. deutsche Schulen d. Pfalz. 8. Speyer 810, Neidhard.

Kern, S., kleine Erdbeschreibung für deutsche Schüler d. Pfalz. 3. Aufl. 12. Landau 843, (Kaußler.) 1/12 ß — 4. Aufl. 846. 2 ngl

Kern, Sam., († d. 20. Juli 1801.) s.a. Wilhelmine.

Kern, Samuel: Wilhelmine

— —, ein Roman (von *Samuel Kern*). Leipzig 1784.
Anon.-Lex. IV. p. 401 (nach Kayser u. Meusel).

Kern, Th[eodor] v[on]. Der Bauernaufstand im Hegau 1460. (SA.) 8. Freiburg 1867.

Kern, Theodor von. Die Freiburger Deputation in Basel 1814. (SA.) 8. Freiburg i. B. 1868.

Kern, Thdr., über die Divertikel des Darmkanals. Inaugural-Dissertation. gr. 8. (41 S.) Tübingen 874, (Fues'sche Sortimentsh.) *

Kern, Thdr., die gesetzl. Erbfolge in Ungarn. [Aus: „Zeitschr. f. d. Privat- u. öffentl. Recht d. Gegenwart".] gr. 8. (90 S.) Wien 897. A. Hölder. n. 1. —

(Kern, Theodor v[on].) Nachträge (zu: [1.] Bauernaufstand im Hegau; — [2.] Konstanzer Weltchronik). [SA.] 8. [Freiburg i. B. 1869.]

Kern, Theo, eine spiritist. Seance u. andere Novelletten, s.: Viktoria-Bibliothek.

Kern, Thdr. v., geschichtliche Vorträge und Aufsätze. 8. (VII, 342 S.) [Tübingen 875, Laupp'sche Buchh.] Freiburg i. Br., Mohr. (* M 4.) *

Kern, Th[eodor] v[on]. Eine Konstanzer Weltchronik aus dem Ende des 14. Jahrhunderts. (SA.) 8. Freiburg 1868.

Kern, Vincenz von: Abhandlung über die Verletzungen am Kopfe, und die Durchbohrung der Hirnschale. 162 S., gbd.

Wien: typ. Sollinger 1829

JB 3.161

Kern, Vincenz (von): Anleitung für Wundärzte zur Einführung einer einfachern, natürlichern und minder kostspieligen Methode, die Verwundeten zu heilen. (Avis aux chirurgiens pour les engager à accepter et à introduire une méthode plus simple, plus naturelle et moins dispendieuse dans le pansement des blessés. Dt.) Übers. von J(ohann B(aptist) Schaul. 24 S., gbd.

Stuttgart: Metzler 1810

JB 3.592

v. Kern, Ritter Vinc., († d. 16. Apr. 1830.) Annalen der chirurg. Klinik an d. hohen Schule zu Wien. 2 Bde. gr. 8. Wien 807—809. Schaumburg u. Comp. 2 ß 16 K

Kern, Vincenz von: Ueber die Anwendung des Glüheisens bei verschiedenen Krankheiten. 136 S., gbd., 1 Taf.

Wien: Grund 1828

JB 3.344

Avis aux chirurgiens pour les engager, à accepter, et à introduire une methode plus simple, plus naturelle et moins dispendieuse dans le pansement des blessés. Par Vincent [Ritter von] Kern. Vienne 1809: van Ghelen. 22 S. 8°

— Avis aux Chirurgiens pour les engager à adopter une méthode plus simple, plus naturelle et moins dispendieuse dans le pansement des blessés. 4. Wien 809. N. Aufl. 825. (Gerold). 6 ℋ

Kern, Vincenz von: Bemerkungen über den Gebrauch der Bäder. 32 S., gbd.

Laibach: Licht 1802

JB 2.711

— Bemerkk. üb. den Gebrauch der Bäder. 8. Laibach 802. (Mayr in Salzb.) 8 ℋ

— Bemerkk. üb. die neue, v. Civiale u. Le Roy verübte Methode, die Steine in der Harnblase zu zermalmen u. auszuziehen. gr. 8. Wien 826. (Schalbacher). 4 ℋ (Gerold). 6 ℋ

Kern, Vincenz von: Beobachtungen und Bemerkungen aus dem Gebiethe der praktischen Chirurgie. 326 S., gbd., 1 Taf.

Wien: Sollinger 1828

JB 3.345

— Erinnerungen üb. die Einführung d. Blattern: Einimpfung im Herzogthum Krain. kl. 8. Laibach 798.

— Handbuch der Chirurgie. (Nach dem Tode des Verfass. zusammengestellt u. herausgeg. von R. F. Hussian.) 1r Bd., in 2 Abtheill. Auch u. dem T.: Vorlesungen aus d. prakt. Chirurgie. gr. 8. Wien 830, 31. Sollinger. 2 ₰

Kern, Vincenz von: Handbuch der Chirurgie. Nach dem Tode des Verf. geordnet u. herausgeg. von Raphael Ferdinand Hussian. Bd 1: Die Krankheiten mit hervorstechend veränderter Thätigkeit der organischen Materie. 433 S., gbd.

Wien: Sollinger 1831

JB 3.346

— üb. die Handlungsweise bei d. Absetzung der Glieder. Mit Kpf. gr. 8. Wien 814. (Rohrmann u. Schw.) 1 ₰ 6 ℋ 2e Aufl. Mit 1 Kpft. gr. 8. Ebd. 826. (Ebd.) 20 ℋ bei Gerold das. 1 ₰ 12 ℋ

Kern, Vincenz (von): Über die Handlungsweise bey Absetzung der Glieder. 82 S., gbd., 1 Taf.

Wien: Strauss 1814

JB 3.342

Kern, Vincenz von: Über die Handlungsweise bey Absetzung der Glieder. 2. Aufl. 91 S., gbd., 1 Taf.

Wien: PP. Mechitaristen 1826

JB 3.343

— über d. Handlungsweise bey Absetzung d. Glieder. 2. Aufl. gr. 8. (5¾ B. u. 1 Kpfrt.) Wien 826, (Rohrmann u. Schweigerd.)

Kern, Vincenz (von): Lehrsätze aus dem mannualen Theile der Heilkunde. Zum Gebrauche seiner Vorlesungen. 127 S., gbd.

Wien: Bauer 1805

Kern, Vincenz von: Die Leistungen der chirurgischen Klinik an der hohen Schule zu Wien vom 18. April 1805, bis dahin 1824. 219 S., gbd.

Wien: Sollinger 1828

JB 3.160

— Sul Modo di Trattamento nell Amputazione delle Estremità, c. una Tavola. gr. 8. Wien 820. Volke. 18 ℋ

— d. Steinbeschwerden d. Harnblase, ihre verwandten Uebel, u. d. Blasenschnitt bei beiden Geschlechtern. Imp. 4. (Mit 8 Kupf. u. 1 Steintaf. in Fol.) Wien 828. (Fr. Fleischer in Leipz.)

Kern, Vincenz von: Die Steinbeschwerden der Harnblase, ihre verwandten Übel, und der Blasenschnitt bei beiden Geschlechtern. 164 S., gbd.

Wien: typ. PP. Mechitaristen 1828

JB 4.168 a b

— d. Steinbeschwerden d. Harnblase, ihre verwandten Uebel, u. d. Blasenschnitt bei beiden Geschlechtern. (Mit 8 Kpf. u. 1 Steindruck.) Imp.-4. Wien 828. Sollinger. 8 ₰ (Gerold). 11 ₰ 6 ℋ

Kern, Vincenz von: Vorlesungen aus der praktischen Chirurgie. Nach dem Tode des Verf. geordnet und herausgeg. von... Raphael Ferdinand Hussian. Wien: 1831

s.a. Kern, V. von: Handbuch der Chirurgie.

JB 3.346

— Vorlesungen aus d. prakt. Chirurgie. — A. u. d. T.: Handbuch d. Chirurgie. N. d. Tode d. Verf. geord. u. hrsg. v. dessen Zögling etc. R. F. Hussian. 1. Bd. Die Krankheiten mit bevorstehend veränd. Thätigkeit d. organ. Materie. 2 Abthln. gr. 8. (29¾ B.) Wien 830, 31, Sollinger.

Kern, W. G., und W. Willms, Ostfriesland wie es denkt und spricht. Eine Sammlung der gangbarsten ostfries. Sprichwörter und Redensarten. Mit einem Vorwort von W. J. Jütting. 8. (XVI, 138 S.) Norden 869, Soltau. * 1 80
—— —— dass. — 2. Aufl. gr. 8. (XVI, 138 S.) Bremen 871, Kühtmann und Comp. * 1 80

Kern, W. G., und W. Willms, Ostfriesland, wie es denkt und spricht. Eine Sammlung der gangbarsten ostfries. Sprichwörter und Redensarten. Mit einem Vorwort von W. J. Jütting. 3. (Titel-)Aufl. 8. (XVI, 137 S.) Bremen (871)76, [Kühtmann und Comp.] Fischer. *

Kern, W. H. L., Mythotheologie, od. Vers. e. Traversion der mosaischen Schöpfungsgesch. ic. 8. München, Fleischmann. 807.

— Napoleon und sein Zeitalter. 8. Coblenz, Pauli und Comp.

Kern, W. H. L. Napoleon und sein Zeitalter. 8. Coblenz 1808.

Kern, Walther: Zur Ätiologie und Therapie des Ulcus corneae serpens. Mit 1 Kurventaf. Berlin: Trenkel 1909. 44 S. 8°
Erlangen, Med. Diss. v. 2. Febr. 1910, Ref. Oeller
[Geb. 24. Nov. 84 Michelrieth; Wohnort: Bayreuth; Staatsangeh.: Bayern, Vorbildung: Anna-Gymn. Augsburg Reife Juli 03; Studium: Erlangen 8; München 2 S.; Coll. 29. April 09; Approb. Okt. 08.] [U 10. 804

Kern, Walther. Aus den Papieren des Verf. der Selbstbekenntnisse oder vierzig Jahre aus dem Leben eines oft genannten Arztes. (Separat-Ausg. der letzten Hälfte der „Nachlese in und außer mir.") 2 Bde. 8. (575 S.) Leipzig 858, Kollmann.

Kern, Wilhelm

Kern, W., Analyse d. Grundb. d. kritischen Transcendental-Philosophie. 8. Göttingen u. Leipz. Gräff. 806.

Kern, Wlh., Analyse des Grundes d. krit. Transcendental-Philosophie. 8. Gött. (u. Leipz.) 806. (Wienbrack). 8 K

— ein Brief an Pestalozzi. 8. Götting. 805. Schneider. 8 K

— pädagogische Fragmente. 8. Lpz. Gräff. 807.

— pädagogische Fragmente. 8. Leipz. 807. (Wienbrack). 12 K

Kern, Wilhelm: Gnoseologie, s. Kern: Nosologie

— Lehrbegriff d. Metagnostik u. Theorie der Methoden f. dieselbe, nebst e. skizzirten Geschichte derselben, v. Socrates bis jetzt. gr. 8. Gött. 815. Brose. 1 ℳ 6 K

— Metamathematik (als 2r Thl. der Metagnostik). 4. Götting. 812. (Vandenhöck u. R.) 4 ℳ

— Nosologie. 8. Gött. 803. Schneider. 1 ℳ 20 K

— Wilh., Vera trium generum ratiocinationum mediatarum origo. Diss. philos. Götting. (J. C. Baier) 19. X. 1805. 39 S. (6.—) 17775

— Diss. vera origo trium generum ratiocinationum mediatarum. 8. Götting. 805. Brose. 3 K

— Programma zur Philosophie. 8. Götting. 802. (üb. 300 S.)

— Theorie des allgem. Völkerrechts. 8. Götting. 803. Schneider. 10 K

Kern, Wilh. Friedr., Dr., Untersuchungen über die Temperatur-Verhältnisse der schwäb. Alp. (Aus: Archiv f. Chemie u. Meteorol. B. 4, H. 1.) 1831.

KERN, Wilhelm Friedrich: Untersuchungen über die Temperaturverhältnisse der schwäbischen Alb. - Tübingen 1831. 30 S., 1 Taf. - Diss.

Kernahan, Coulson, das Kind, der Weise u. der Teufel. Aus d. Engl. übers. v. C. R. 8. (68 S.) Leipzig 897. F. Jansa. Kart. n. 1. —

Kern-Andachtsbuch, katholisches, zum privaten u. gemeinsamen Gebrauche in der altkirchlichen Gebetsweise. Zugleich ein vollständiges Religionshandbuch in Gebet u. Betrachtung. Von dem Verf. der „christl. Gemeinde in der Andacht". 16. (IV, 456 S.) Köln 881. Boisserée. n. — 80; geb. n.n. 1. —

Kern-Andachtsbuch, katholisches, zum privaten und gemeinsamen Gebrauche in der altkirchlichen Gebetsweise. Zugleich ein vollständ. Religionshandbuch in Gebet und Betrachtung. Von dem Verf. der „christl. Gemeinde in der Andacht". (IV, 456 S.) 1881. * 80 Pf.; geb. **ℳ 1.; 2. verm. Aufl. 16. (VIII, 512 S.) Köln 883, Boisserée. * geb. von *ℳ 1. bis *

Kernaul, M.: Geologische Verbreitung der Braunkohlen in Bayern, s. Oebbeke, K.

KERNBAUM, ALEXANDER. Ueber die Constitution der β-Naphtolcarbonsäure. Bern, 1892.

Kernbeißer, Romanus, e. Gesch. worin Menschen handeln, m. K. 2 Thle. 8. Halle, Hendel. 800.

KERNBEISSER, Romanus, eine Geschichte, worinnen Menschen handeln. 2 Theile. Mit 1 Kupfer. Halle, Hendel, 1801. 8°. Selten!

Kern-Chronicke, Schlesische, oder kurtze jedoch gründliche geographisch-, historisch- und politische Nachricht von dem Hertzogthum Schlesien. Worinnen die Beschaffenheit des Landes und der darinnen sich befindlichen Fürstenthümer, Herrschafften, Städte, Klöster, Flüsse, Berge etc. Ingleichen derer Schlesischen Hertzoge Ursprung, Abstammung, Abtheilung, und Praerogativen, wie auch derer Schlesischen Ober-Regenten Ordnung und Folge von Piasto an, bis auf den jetzigen Glorwürdigsten und Allerdurchlauchtigsten Josephum, Römischen Kayser etc.; nicht weniger das Schlesische Regiments-, Policey-, Kriegs-, Steuer-, Kammer- und Müntz-Wesen, nebst dem Religions-Staat mit etc. abgehandelt worden. Nebst einer umständlichen Erzehlung von der Executions-Comission der Altranstädtischen Convention. (Mit 3 Karten, 2 Abbild. und 1 Taf.) Anderer Theil, oder fortgesetzte und mehr-ausgeführte Nachricht von Schlesischen geist- und weltlichen, alten und neuen Geschichten etc. (2 Bde.)
8. Nürnberg, Frankfurth und Leipzig 1710—1711.

Kern-Chronik, Schlesische, oder kurtze . . . Nachricht von dem Herzogthum Schlesien. Nürnberg 1710—15. V: *Köhler, Joh. Dav.* (LVS) »1710—11.« (Nent)

Kernchronik, Schles., oder geogr. hist. und pol. Nachr. von Schlesien. 2 Thle. m. K. 8. Nürnb. 710—14.

Kerndl, J. B., über die vener. Drüsenbeulen. 8. Wien, Kaulfuß. 798.

Kerndl, J. L., chirurg.-prakt. Abhandl. über die venerische Drüsenbeule (Bubo venereus). 8. Wien 798. (Schaumburg u. Comp.) 4 K

Kerndl, Jos., medicin. Versuch, die Inokulation d. Blattern entbehrlich zu machen. 8. Wien 787.

Kerndler, Mich., Prüfung des Entwurfs e. geistl. Staats- und Privatrechts f. das kathol. Deutschland. 8. Augsb. 784.

Kerndörfer, H. A., s. Kerndörffer, Heinrich August

Kerndörffer, Heinrich August

— s. ABC- u. Bilderbuch, militair.

— s. ABC- u. Bilderbuch, wirthschaftl., f. Mädchen.

MATHILDIS, Gräfin von Adelingen (von *Heinr. Aug. Kerndörffer*). Leipzig 1795.
Anon.-Lex. III. p. 122 (nach Meusel, Goedeke, Kayser u. dem Neuen Nekrolog).

Kerndörffer, Heinrich August, s. Ahnfrau, Die.

— s. Allino, der Greis.

Kerndörffer, Heinr. Aug., Anleitung zu d. richt. u. würdevollen declamator. Behandlung der in d. kgl. Preuß. Landen angeord. Kirchen-Agende. 8. (21 B.) Leipzig 831, Barth.

—— Anleitung z. gründl. Bildung d. öffentl. Beredsamkeit. Ein Compend. f. Schulen, Gymnasien u. akadem. Vorlesungen. gr. 8. (29 B.) Leipzig 833, Steinacker.

Kerndörffer, Hnr. Aug., Anleit. zur gründl. Bildung des guten deklamator. Vortrags, besonders f. geistl. Beredtsamkeit. gr. 8. Leipz. 823. Liebeskind. 1 ℛ 16 gl

Kerndörffer, Heinr. Aug., Anleitung z. Kryptographie, od. d. verschied. Arten d. geheimen Schreibekunst, in Verbind. m. d. Stenographie u. Tachygraphie etc. 8. (9 B., 1 Stnt. u. 1 Tab.) Leipzig 835, [Melzer.]

Kerndörfer, Hnr. Aug., leichtfaßl. Anleitung zur Kryptographie oder d. verschied. Arten der geheimen Schreibekunst, in Verbindung mit der Stenographie u. Tachygraphie oder der Geschwindschreibekunst u. ihrer Anwendung für die mannigfalt. Verhältnisse u. Angelegenheiten des Staatslebens neuerer Zeit. Mit 1 Tab. u. 1 Steindr. 8. Leipz. 835. Fort, jetzt Melzer. 3/4 ℛ

– s.a. Anton, d. Knabe u. Jüngling

ANTON, oder der Knabe und der Jüngling, wie er seyn sollte (von *Heinr. Kerndörffer*). 2 Bdchen. Mit I Titelkpf. Leipzig 1800, bey Salomo Linky. 8°.
Zahm. Tit. m. Vign. u. 211 fortl. S. — Fehlt Kayser unter Romanen.

— — Dasselbe. Zweyte Auflage. Ebd. 1800—1. 8°. (Im British Museum.)
Anon.-Lex. I. p. 83 (nach d. Neuen Necrolog).

– s.a. Fürst Astolph.

Fürst Astolph und sein Freund Orion. Ein Roman. Leipzig, Graffé, 1800. 8°.
Neue Allg. dtsch. Bibl. 60, 357. (Goedeke VI, 400, 2, 15, wo die vorige Ausgabe fehlt.)

H. A. Kerndörfer's Athanasie, od. Beweisgründe üb. Dasein Gottes u. Unsterblichk. d. menschl. Seele; z. Beförd. d. Seelenfriedens u. d. menschl. Glückseligk. herausg. *Quedlinb.*, Ernst. B. 840. gr 12° 8 gl

—— und Heinichen, Athanasia, oder: Das Buch vom Wiedersehen, Dasein Gottes und Unsterblichkeit der menschl. Seele. 2. Aufl. 12. (IV und 130 S.) Quedlinburg 849, Ernst'sche Buchh.

– s.a. Athelin, Graf v. Rothenstern.

—— 600 Aufsätze f. Stammbücher, m. Angabe paff. Unterschriften. Oder Denkmäler d. Liebe, Freundschaft u. Dankbarkeit in d. verschied. Verhältn. d. weibl. Lebens. Wohlf. Ausg. 16. (20½ B.) Leipzig 838, Hunger.

BARDENSTERN, Die Familie. (Pikanter Roman von *Heinr. Aug. Kerndörfer*, geb. 1769, † 1846). Th. 1. (einz.). Leipzig 1794. 8°.

— — von Bardenstern, Die. Ein histor. Gemählde (frivoler Roman) aus der wirklichen Welt (von *Heinr. Aug. Kerndörffer*). Leipzig, Schubarth, d. Aelt., 1794. 8°. (In Warmbrunn.)
TKpf., Tit. m. Vign., 4 Bll. Dedic. (unterz.: *K*), 414 SS. In der ersten Hälfte des Buches einige üppige Schäferscenen. Erstlingswerk des bekannten Vielschreibers. Selten!

– s. Bartenstein, die Familie.

– s. Beaumont, Magazin.

– s. Bekenntnisse e. glückl. Vaters.

– s. Bettlerknabe, der.

BORNHEIM, Die Familie von, historisches Gemälde aus der großen Welt (von *Heinr. Aug. Kerndörffer*, geb. 16. Dezbr. 1769 in Leipzig, † in Reudnitz 23. Septbr. 1846). Frankfurt und Leipzig 1796. 8°.
Neue Allg. dtsch. Bibl. 39, 412. Das Anon.-Lex. I. p. 254 hat „Bornhelm" (? — s. Goedeke VI, 399, 2, 8.)

– s.a. Bornheim, die Familie.

Kerndörffer, s.a. Bosco's, Carlo, Zauber-Cabinet.

Kerndörffer, Heinrich August: Carlo Bosco, das Zauberkabinet, s.a. Kerndörffer: Carlo Bosco's Zauberkabinet.

Kerndörffer, (Heinr. Aug.), Carlo Bosco, das Zauberkabinet, od. das Ganze der Taschenspieler-Kunst. 4. Aufl. (8¼ B.) 843 u. 5., umgearb. u. verm. Aufl. 12. (8 B. u. 2 Taf. Abbild.) Quedlinburg 845, Ernst'sche Buchh.

—— allgem. Briefsteller f. d. bürgerl. Leben, od. Anleit. zu d. Abfass. d. verschied. Gattungen v. Briefen, nebst e. Beispielsamml. v. Briefen u. a. schriftl. Aufsätzen d. Geschäftslebens. — A. u. d. T.: Neuer Leipziger Briefsteller etc. 8. (26 B.) Leipzig 832, [Krappe.]

— allgemeiner Briefsteller f. das bürgerl. Leben, od. Anleit. zu der Abfassung der verschied. Gattungen von Briefen, nebst e. Beispielsammlung von Briefen u. and. schriftl. Aufsätzen des Geschäftslebens. Auch u. dem T.: Neuer Leipziger Briefsteller etc. (N. Aufl.) 8. Leipz. 832. Taubert. 1 ℛ Die 1e u. 2e Aufl., s.a. Briefsteller.

—— allgem. Briefsteller f. d. bürgerl. Leben etc. — A. u. d. T.: Neuer leipz. Briefsteller etc. 2. Aufl. 8. (26 B.) Leipzig 838, Krappe.

—— Briefsteller f. Frauenzimmer; od. faßl. Anleitung z. d. Abfassung d. verschied. Briefe u. ähnlicher nöthiger schriftl. Aufsätze, nebst d. erforderl. Regeln d. deutsch. Sprache, d. Rechtschreibung u. d. Schreibart. Ein Handb. z. Selbstunterr. 2. Aufl. 8. (20½ B.) Leipzig 831, [Krappe.]

– s. Briefsteller, Leipz., f. Frauenzimmer.

—— Chrestomathie f. Declamation. Ein Leitfaden zu d. öffentl. Unterr. u. z. Privatgebr., f. d. Bildung d. richtigen mündl. Vortrages mit besond. Hinsicht auf d. Charakteristische d. verschied. Dichtungsarten. gr. 8. (36½ B.) Leipzig 831, Enobloch.

— der neue Comus, od. 60 Kartenbelustigungen zu gesellschaftlichen Unterhaltungen in den interessantesten neuesten Kartenkünsten u. a. Kunstleistungen. 8. Quedlinb. 839. Ernst. 5/12 ℛ

– s.a. Dämonio.

DÄMONIO, der umherwandelnde Unhold oder das verschleierte Bild auf den Höhen des Schreckhorns. Eine abentheuerliche Erzählung vom Verfasser des Lorenzo (von *Heinr. Aug. Kerndörfer*). Eisenberg, Schöne, 1810. 8°. (1 Mk., stark fleckiges Expl., Franz Teubner, c. 1898.)
Zuerst gedr. ebd. 1807. — Anon.-Lex. I. p. 360 (nach Goedeke).

(Kerndoerffer, Heinrich August)

Dämonio der umherwandelnde Unhold, oder: das verschleierte Bild auf den Höhen des Schreckhorns. Abenteuerliche Erzählung. Vom Verf. des Lorenzo. Mit 1 Kupfer. 3. gänzlich umgearb. Aufl.
Eisenberg: Schöne 1839. 268 S. 8°

– s.a. Darstellungen aus d. Menschenwelt.

DARSTELLUNGEN (zahme) aus der Menschenwelt. Zur Beförderung eines frohen und weisen Lebensgenusses (von *Heinr. Aug. Kerndörffer*). (Lat. Motto aus Horaz.) Mit Titelkpf. (Rosmaesler del., Frosch sc.). Leipzig, bey Friedrich Gotthold Jacobäer 1798. 8⁰.
Tit., 3 S. Vorr. (unterz. „August Kerndörffer"), 1 S. Inh., 286 S., 1 Bl. Verlag d. Firma. — 1. Unsterblichkeit. 2. Vorsehung. 3. Ergebung. 4. Bewusstseyn. 5. Menschenwürde. 6. Selbsttäuschung. 7. Freimüthigkeit. 8. Zufriedenheit. 9. Häuslichkeit.
Anon.-Lex. I. p. 369 (nach Goedeke, Meusel etc.).

—— neuer Declamirsaal. Eine Samml. z. mündl. Vorträge geeigneter, erzählender Gedichte beliebter neuer vaterländ. Dichter, zur angenehmen Unterhalt. gesell. Zirkel. 2 Thle. gr. 12. Leipzig 830, [Fritzsche.] à ¾ Thlr.
Thl. 1. Gedichte launigen Inhalts. (11 B.)
„ 2. Gedichte ernsten Inhalts. — A. u. d. T.: Neuer Declamirsaal rc. (10½ B.)

°Dianora oder Die Verschwörung vom schwarzen Bunde. Eine abentheuerliche Geschichte. [Von Heinr. Aug. Kerndörffer.] Bd 1. 2. Penig [d. i. Leipzig: Leich] 1821. 8⁰
cf. °Müller-Fraureuth: Die Ritter- u. Räuberromane. 1894 S. 84.
K. war Mitglied der Loge Apollo in Leipzig.

(Kerndoerffer, Heinrich August)
Dianora. Oder die Verschwörung vom schwarzen Bunde. Eine abenteuerliche Geschichte. Völlige Umarbeitung des Romans:Lorenzo, der kluge Mann im Walde. Th. 2-4. Leipzig: Leich 1821. 8⁰

—s.a. Einsegnung, die.

EINSEGNUNG, Die, eine Klostergeschichte (von *Heinr. Aug. Kerndörffer*. Leipzig, Joachim, 1805. 8⁰.
Anon.-Lex. II. p. 14 (nach Kayser).

– s.a. Ermahnungen e. Vaters an d. Herz s. Sohnes.

(H. A. Kerndörfer's) Ermahnungen e. Vaters an d. Geist u. d. Herz s. Sohnes b. dess. Eintritt in d. bürg. Leben, f. d. Gewinn inn. Ruhe, Zufriedenh. u. Glückseligkeit. *Lpz.*, Glück. 825. 8⁰ m. 1 Kpf. 1 ß 6 gl

—Ermahnungen eines Vaters an das Herz s. Sohnes rc Leipzig, jetzt Bade in Berlin.

—s.a. Erwina.

ERWINA, oder die Geheimnisse der unterirdischen Gruft (von *Heinr. Aug. Kerndörffer*). 2 Thle. Pirna, Friese, 1806. 8⁰.
— — Dasselbe. Ebd. 1809. 8⁰.
— — Dasselbe. Ebd. 1817. 8⁰.
Goedeke VI, 400, 29, Anon.-Lex. II. p. 59 hat nur „1806".

Kerndörfer, H. A., kl. Fabelbuch f. Kinder edl. Erzieh. mit schw. u. illum. Kupf. 8. Leipz. Schladebach. (Friedr. Bruder.) 802.

—s.a. Familie an d. Gahrenburg.

Kerndörffer, Heinrich August: Familie

— —, Die, von der Garenburg, oder Kampf und Pflicht. Vom Verf. des Carlo Orsino und des Schreckensthurmes am See. (Ziemlich zahmer Roman von *Heinr. Aug. Kerndörffer*.) Chemnitz und Leipzig, Schröter, 1808. 8⁰. Titel u. 348 S.
— — Dasselbe. Ebd. 1815. 8⁰.
Anon.-Lex. II. p. 87 (nach Goedeke). Kayser hat „1813".

Festgesang. [Unterz.: Heinr. Aug.] Kerndörffer. [Leipzig] o. J. 1 Bl. 8⁰ [Kopftit.]
Ohne Noten: „Im Festesglanz, der mild dem Ost entspriesst, . . ." 283.

—s.a. Fluch des Leichtsinns.

Kerndörffer, Heinrich August: Fluch

— —, Der, des Leichtsinns. Ein (zahmes) Familien-Gemälde (von *Heinr. Aug. Kerndörffer*). Mit Titelvignette (Malvieux fec.). Franckfurt, bey J. L. E. Zeßler 1798. 8⁰. 216 S. (8 Mk. H. Streisand, 1908.)

— s.a. Flüchtling, der.

FLÜCHTLING, Der, eine abentheuerliche Geschichte (von *Heinr. Aug. Kerndörffer*). 3 Bde. Mit 1 Kpfr. Jena, Voigt, 1826. 8⁰. (2½ Rthl.)
Anon.-Lex. II. p. 105 (nach Kayser u. Meusel).

– s. J. J. Funke, Karl d. Tausendkünstler.

— Gallerie der Stände. Ein unterhalt. Lese- u. Bilderbuch f. die Jugend. Mit Kpf. Taschenformat. Pirna (811). Friese. 2 ß

—— Gedichte, humorist., lächerl. u. komischen Inhalts, z. declamator. Vortrage. 8. (10 B.) Quedlinburg 839, Ernst'sche Bh.

— 73 humoristische Gedichte zu scherzhaften, declamatorischen Vorträgen. 2. Ausg. 8. Ebend. 842. $^{5}/_{12}$ ß

Kerndörffer, Heinrich August: Geheimnisse

— — Die, des Ahnensaales. Eine abenteuerliche Erzählung a. d. Archive des Schlosses Olivaros. Von dem Verf. von „Urach der Wilde", „Lorenzo der kluge Mann im Walde" u. a. m. (von *Heinr. Aug. Kerndörfer*). Mit Titelkpfr. Leipzig 1829. 8⁰. 230 S. Zahm.

Kerndörffer, Heinrich August: Gemälde

— —, Moralische, aus der Ehe (von *Heinr. Aug. Kerndörffer*). Leipzig, Linke, 1797. 8⁰. 300 S.
Anon.-Lex. II. p. 174 (nach Meusel, Kayser, Goedeke).

– s. Genuss d. Ruhe.

– s.a. Gesänge f. Freimaurer

Gesänge für Freymaurer, im Auftrage der Loge Apollo [in Leipzig] besorgt von H[einr.] A[ug.] **Kerndörffer.** Zum Gebrauche in der Loge und als Ms. f. Brr. Leipzig: 1814. XII, 242 S. 8°
Kl. 1671. 193 Lieder ohne Noten.
[Anh. u. d. Tit.:]
Anhang zu der Liedersammlung der Loge Apollo [in Leipzig]. [Leipzig: ca 1814.] 36 S. 8°
Kl. 1671. 18 Lieder ohne Noten.
[Nachtr. u. d. Tit.:]
Nachtrag zu den maurerischen Gesängen für die Loge Apollo in Leipzig. (Nur f. Brr käuflich.) Leipzig 1859: Vollrath. 31 S. 8° [Umschlagtit.]
Tt. 2326. 16 Lieder ohne Noten von O. Marbach, Hallbauer, E. Anschütz, F. S. Lucius, M. Zille, K. Seidel, Sulzer.

Gesänge für die Todtenfeier geschiedener Brüder in der ger. und vollk. Loge Apollo. Vom Br. [Heinr. Aug.] **Kerndörffer.** Leipzig o. J.: Sommer. 8 S. 8° [Umschlagtit.]
3 Lieder ohne Noten.

— kleine Geschichten und Erzählungen für Kinder. 12. Ebd.

— 60 kl. Geschichten u. Erzählungen f. Kinder. Mit 7 Kpft. 12. Pirna, ohne Jahrz. Verm. Aufl. 812. Friese. 18 gr.

— s. Sebaldus Götz.

— Guido u. Mincna, od. Unterhaltungen zweier Freunde mit ihren Kindern. Mit ill. Kpf. 8. Lpz. 827. Mag. f. Ind. 1 Rthl. 12 gr.

—— Handbuch d. Beredsamkeit, z. Schul- u. Privatunterr. Mit erläut. Beispielen aus d. besten deutschen Dichtern. gr. 12. (8⅔ B.) Leipzig 839, Fritzsche.

Kerndörffer, H. A., Handbuch d. Declamation. Ein Leitfaden f. Schulen u. f. den Selbstunterricht zur Bild. eines guten rednerischen Vortrags. 3 Bde. 8. Leip. Gerh. Fleischer. 813—15. (à 1 Rthlr. 8 gr.)

Handbuch für Freimaurer von H[einr.] A[ug.] **Kerndörffer.** Mit Erlaubniss der Loge, und als Ms. f. Brr. gedr. Leipzig: Richter in Comm. 1806. VIII, 348 S. 1 Taf. 8°
Kl. 567, Tt. 1633. 13 Aufsätze in Form von Briefen, Reden, Gespräche, Erzähl. Mater. z. Gesch. d. Frmrei, fragment. Nachrichten üb. Mysterien d. Alten.

—— Handbuch d. Redekunst, m. ein. Mustersamml v. Lehrvorträgen, Gelegenheitsreden, akadem. u. Schulreden, zum mündl. u. auch schriftl. Vortrage geeignet u. erläut. mit d. nöthigen Regeln z. Behuf eigener Ausarbeitung u. d. richtigen Vortrags. 8. (21 B.) Quedlinburg 839, Ernst'sche Buchh.

Kerndörffer, H. A., Handbuch der Redekunst mit einer Mustersammlung von 18 Lehrvorträgen, Gelegenheitsreden, Akademischen und Schulreden, zum mündlichen und auch schriftlichen Vortrage geeignet, und erläutert mit den nöthigen Regeln zum Behuf eigener Ausarbeitung und des richtigen Vortrags. Neue (Titel-) Ausg. 8. (VIII und 350 S.) Quedlinburg (839)59, Ernst'sche Buchh.

Kerndörffer, Heinr. Aug., Handbuch f. d. geregelten mündl. Vortrag geistl. Reden, mit e. erläut. Beispielsamml. gr. 8. (30½ B.) Leipzig 832, Cnobloch. Thlr.

— s. Handlungs Briefsteller, Leipziger.

— s. Heinichen, Dr., die Kunst, zu denken.

— s.a. Herrmann u. Agnese.

Kerndörffer, Heinrich August: Hermann

— — und Agnese. Ein historisches Gemälde der Barbarey, der Vorzeit (von *Heinr. Aug. Kerndörffer*). Leipzig 1794. 8°. (1 Rthl.)
Anon.-Lex. II. p. 279 (nach Meusel u. Goedeke). Kayser hat „1797".

HOF, Der, von Askala, oder die Geschichte eines vernünftigen Narren (von *Heinr. Aug. Kerndörffer*). Leipzig, in Commission der Müllerschen Buchhandlung. 1796. 8°. (5 Mk. 50 Pfg., etwas fleckiges Expl., Frdr. Klüber, München, 1898.)
Titel, 341 S., 1 unbez. S. „Epilog." — Seltener, stellenw. pikanter Roman.

— s. Isidors schwärm. Nächte.

— Carl d. Tausendkünstler, s.a. Funke.

Kerndörffer. *Carl der Tausendkünstler,* oder Sammlung mechanischer, chemischer-, magnetischer-, und Karten-Kunststücke und arithmetischer Belustigungen zur angenehmen geselligen Unterhaltung von Kerndörffer. 6. umgeänderte Aufl. Mit 6 Kupfern. Leipzig, Carl Cnobloch. 1825. VIII, 343 S. 2 Bl. (Anzeigen). Kl.-8°. Hellbrauner Or.-Kartonbd. m. typograph. Verzierung. 18.—
Interessante Sammlung amüsanter und belehrender Kunststücke und Spiele. — Abges. v. wenigen Fleckchen gut erhalten, der hübsche Einband etwas benutzt.

— 60 Kartenbelustigungen zur gesellschaftl. Unterhaltung, in den interessantesten Kartenkünsten bestehend. (Neue Ausg.) kl. 8. Ebend. 842. 5/12 Rthl.

— Kinderbibliothek, oder Anleit. zu mancherlei nützl. u. angenehmen Beschäftigungen f. Kinder. 2 Thle. Mit 2 Kpf. Taschenformat. Pirna, Friese. (1r Thl. A. u. d. T.: der kleine Papparbeiter rc. 809. 2e Aufl. 815. 3e Aufl., mit 9 Kpf. 829. 20 gr. 2r Thl. A. u. d. T.: der kl. Taschenspieler u. Magiker rc. 810. 2e Aufl. 812. 16 gr.) 1 Rthl. 12 gr.

— s. Klostermayer, Matthias.

COPIEEN nach der Natur. Spiegel für Jünglinge und Mädchen. Vom Verfasser des Sebaldus Götz (*K**r,* d. i. *Heinr. Aug. Kerndörfer,* 1769—1846). Cöthen, Aue, 1796. 8°. 293 S.
„Verführungsgeschichten etc." R. Zinke's Dresdener Nov.-Auction 1905, no. 284. — Anon.-Lex. I. p. 349 (nach Goedeke u. Meusel).
— — S. auch Kopien.

* **LEBEN,** Meinungen und Schicksale Sebaldus Göz, eines Kosmopoliten (von *Heinr. August Kerndörffer*). 2 Thle. Leipzig, Hilscher, 1795—96. 8°. (1 Rthl.) (In Berlin: Yw 4436.)
Anon.-Lex. III. p. 18 (nach Goedeke, Kayser, dem Neuen Nekrol. u. Meusel).

— Lebensphilosophie f. die Toilette. 8. Leipzig, Steinkopf.

(Kerndörffer), [Heinrich August]. Militärisches Lese- und Bilderbuch zur angenehmen und nützlichen Unterhaltung für Knaben. Pirna, bei Carl August Friese (1808).
VI – 83 S.; 6 Taf. in kol. Rad. 8°.

Kerndörffer, H. A., Lese- und Declamir-Uebungen zunächst für das frühere Kindesalter. 12. Leipzig, Hartmann. 820.

— Lese- u. Declamir-Uebungen, zunächst f. das frühere Kindesalter. 12. Leipz. 820. (Lehnhold). 16 gGr. 2e Aufl., unt. d. T.: neue Mustersammlung zu Gedächtniß- u. Declamirübungen. 1r Lehrgang. Zunächst für das frühere Jugendalter u. zum Gebrauche f. Elementarklassen in Schulen. gr. 8. Ebd. 829. 16 gGr. 2r Lehrgang. Ebd. 830. 20 gGr.

Kerndörffer, Heinrich August: Über

— — die Liebe. Allen liebenden Jünglingen u. Mädchen gewidmet (von *Heinr. Aug. Kerndörffer*). 2 Thle. Stuttgart 1791. 8°. (3 Mk. Scheible, vor 1885.)

— — Dasselbe. Leipzig, Kühn, o. J. (1795). 8°. (2 Mk. Damköhler, Berlin, vor 1885.)
Anon.-Lex. IV. p. 223 (nach Meusel); Kayser u. der Neue Nekrolog haben „1795".

[Lied.] Den musicalischen Brudern. [Unterz.: Heinr. Aug.] Kerndörffer. o. O. u. J. 1 Bl. 8° [Kopftit.]
Ohne Noten: „Der Bund, der freundlich uns umwindet, . . ."

[Lied.] Zum Johannisfeste 1829. [Unterz.: Heinr. Aug.] Kerndörffer. [Leipzig: 1829.] 1 Bl. 8° [Kopftit.]
Ohne Noten: „Geschmücket mit hehrem Feierglanze . . ."

— s.a. Lorenzo, der kluge Mann.

LORENZO, der kluge Mann im Walde oder das Banditenmädchen. Ein Seitenstück zum Rinaldo Rinaldini (von *Heinr. Aug. Kerndörffer*). 4 Bde. Leipzig 1801—3. 8°. ($5^1/_3$ Rthl.) (12 Mk. [!] Edm. Meyer, Berlin, 1908.)
Neue Allg. dtsch. Bibl. 81, 208; 89, 506; Anon.-Lex. III. p. 86 (nach Kayser, Goedeke u. dem Neuen Nekrolog).

— — Dasselbe (umgearb.) mit d. Titel: Dianora oder die Verschwörung vom schwarzen Bunde. 2 Bde. Ebd. 1821. 8°.

— s. Lotterie, u. Kunst zu gewinnen.

— s. Luchs.

MAGAZIN schrecklicher Ereignisse u. fürchterlicher Geschichten (verfaßt von *Heinr. August Kerndörffer*). 2 Bde. (à 4 Stücke). Mit 2 Titelvign. u. 8 Kpfrn. Leipzig, im Industrie-Comptoir am Markte 171, o. J. (1803ff.). 8°. (I, St. 3—4: Berlin und Leipzig [o. Adresse] 1805.)
Anon.-Lex. III. p. 104 hat „1803—11" (nach Goedeke u. dem Neuen Nekrolog).

— s. Magazin f. die Jugend.

— s. Magazin d. Schrecklichen.

— s. Gräfin Mathildis.

— s.a. Mann, der, im Mantel.

MANN, Der, im Mantel. Vom Verfasser des Lorenzo *(Heinr. Aug. Kerndörffer)*. 2 Bde. Leipzig 1809. 8°. (1 Mk. 50 Pfg. Franz Teubner, c. 1892.)
Anon.-Lex. III. p. 110 (nach Goedeke u. Kayser).

—— Materialien für Declamation, s. Lehrmeister, der erste, 11. Bd.

— Materialien f. den ersten Unterricht in d. Declamation zur Bildung eines guten, richtigen u. schönen Vortrags. 8. Leipz. 815. 2e Aufl. 820. 3e Aufl. 828. Cr. Fleischer. 10 gGr. (A. u. d. T.: Der Lehrmeister, 11r Bd.)

—— Mustersammlung von 39 Declamations-Gedichten f. Schulen, Akademien u. z. gesell. Unterhalt. Mit d. nöthig. Regeln üb. d. Ausbildung d. declamator. Vortrags selbst. 1. Aufl. u. 2. Ausg. 8. (à $10^1/_4$ B.) Quedlinburg 839, 42, Ernst'sche Buchh.

— Mustersammlung zu Gedächtniß- u. Declamirübungen. 1r Lehrg. gr. 8. Leipzig (839). Lehnhold, ist der Pr. herabges. auf $^5/_{12}$ Thlr — 2r Lehrg. gr. 8. Ebd. ... Ebenso nur $^7/_{12}$ Thlr

— neue Mustersammlung zu Gedächtniß- u. Declamirübungen, s.a. oben: Lese- u. Declamirübungen.

—— neue Mustersammlung zu Gedächtniß- u. Declamationsübungen. 1. u. 2. Lehrgang. Zunächst f. d. frühere Jugendalter u. z. Gebr. f. Elementarklassen in Schulen. Neue, völlig umgearb. u. verb. Aufl. gr. 8. Leipzig, Lehnhold. [1. ($17^1/_2$ B.) 829. 16 Gr., 2. (24 B.) 830. 20 Gr.]
Die 1. Aufl. erschien u. d. T.: Lese- u. Declamir-Uebungen &c. 12. Ebendas. 1820. 16 Gr.

— Musterstücke f. die Declamation, nebst erläut. Bemerkk. zur Leitung e. guten geregelten Vortrags. gr. 8. Leipz. 822. Steinacker. 20 gGr.

ISIDOR'S schwärmerische Nächte. Oder romantische Darstellungen aus dem Gebiete der Phantasie u. der Träume (von *Heinr. Aug. Kerndörffer*). Leipzig 1823. 8°. (1 Rthl.) (1 Mk. 50 Pfg. Franz Teubner, c. 1898.)

— — Dasselbe. Neue Auflage. Ebd. 1825. 8°.
Das Anon.-Lex. II. p. 199 hat 2 Ausgaben mit der Jahrzahl „1822" (?). — Die Ausgabe 1825 nicht bei Kayser.

— Naturgeschichte d. Hausthiere u. anderer hierher gehöriger Thiere, mit Hinsicht auf deren Benutzung in der Oekonomie u. Technologie; z. Unterhaltung f. d. Jugend. 3te Aufl. Mit 17 illum. bildl. Darstell. 8. Leipz. 825, Cnobloch.

— s.a. Karlo Orsino.

ORSINO, Carlo, Räuber und Zeitgenosse Rinaldo Rinaldini's (von *Heinr. Aug. Kerndörffer*). 2 Bde. Leipzig 1804. 8°.
Neue Allg. dtsch. Bibl. 90, 328.
— — Dasselbe. Ebd. 1810. 8°.
— — Dasselbe. Ebd. 1816. 8°.
Anon.-Lex. III. p. 245 (nach Goedeke, Meusel, Kayser u. dem Neuen Nekrolog).

—— der Papparbeiter, od. deutl. Anweis., jede Art v. Papparbeit ohne alle Vorkenntnisse verfert. zu können. Für Kinder u. Erwachsene. 3., durchaus umgearb. u. sehr verm. Ausg. M. 9 neugezeichn. Kpfr. 12. (12 B.) Pirna 829, [Leipzig,] Friese.
Bildet den 1. Thl. v. dess. „Kinderbibliothek" &c.

— der kleine Papparbeiter, od. deutl. Anweisung in Pappe zu arbeiten f. Kinder, mit K. 2te Ausg. Taschenf. Pirna, Friese. 815.

— Rechnungs-Vortheile für die verschiedensten Verhältnisse des kaufmännischen Geschäfts- u. bürgerl. Lebens, verbunden mit 28 algebraischen Aufgaben u. 1 Tabelle zur Erklärung d. Münzen, Gewichte, Maaße u. Zahlenbenennungen. 8. Ebend. 841. $^1/_2$ Thlr

SOPHIENS Reisen und merkwürdige Schicksale in England und der Türkei. Eine Geschichte zum Troste bedrängter Liebenden (von *Heinr. Aug. Kerndörffer*). Leipzig 1824, bei C. G. Kayser. 8⁰. (1⅓ Rthl.) Tit. u. 286 SS. (½ Rthl. Schmidt, Halle, vor 1870; jetzt höher notirt!)
Hier u. da etwas frei. — Anon.-Lex. III. p. 369 (nach Kayser).

— praktiſ[illegible]hetorik. Ein Handbuch für Schulen, Gymna[illegible] zum gründlichen Selbſtunterricht. 8. Leipzig 834. Lauf[illegible] 1 [illegible]

— s.a. Rinaldo di Sargino.

RINALDO di Sargino, oder Geheimnisse der unterirdischen Burg. Eine Spanische Novelle (von *Heinr. Aug. Kerndörffer*). Leipzig, Joachim, 1805. 8⁰. (⅚ Rthl.)
Das Anon.-Lex. III. p. 385 hat irrig „Sargiono".

— — Dasselbe. Ebd., Taubert, 1813. 8⁰. (1⅙ Rthl.)

— s.a. Ritter, der verkappte, von Winneberge.

RITTER, Der verkappte, vom Winneberge oder die wandelnde Jungfrau (von *Heinr. Aug. Kerndörffer*). Pirna, Friese, 1807. 8⁰.
Anon.-Lex. III. p. 386 (nach d. Neuen Nekrol., Kayser u. Goedeke), ohne Angabe der beiden folgenden Ausgaben.

— — Dasselbe. Ebd. 1810. 8⁰.

— — Dasselbe. Wolf. Ausgabe. Ebd. 1817. 8⁰. (¾ Rthl.)

— s.a. Roderigo Anduro.

RODERIGO Anduro oder die Unbekannten in den Klüften des Pombino. Vom Verfasser des Orsino (d. i. *Heinr. Aug. Kerndörffer*). Leipzig, J. G. Heinr. Richter, 1807. 8⁰. (⅔ Rthl.) (1 Mk. 50 Pfg. Franz Teubner, Bonn, c. 1895.)
Anon.-Lex. I. p. 57 (nach Kayser, Goedeke u. dem Neuen Nekrolog).

— s.a. Rudelsburg, die.

RÜDELSBURG, Die, oder der wilde Jäger (von *Heinr. Aug. Kerndörffer*). Leipzig, Schmidt, 1906. 8⁰. (1⅓ Rthl.)
Anon.-Lex. III. p. 398 (nach Meusel u. d. Neuen Nekrolog). Goedeke hat „Rudelsburg" (?).

— s.a. Ruinen der Geisterburg.

RUINEN, Die, der Geisterburg, oder die warnende Stimme um Mitternacht (von *Heinr. Aug. Kerndörffer*). 4 Thle. Pirna, Friese, 1805. 8⁰. (2 Rthl.)
Neue Allg. dtsch. Bibl. 96, 321. — Anon.-Lex. III. p. 399 (nach Goedeke, dem Neuen Nekrolog, Kayser), wo die 2 folg. Ausgaben fehlen.

— — Dasselbe. Ebd. 1808. 8⁰.

— — Dasselbe. Ebd. 1817. 8⁰.

— s.a Schreckensthurm, der.

SCHRECKENSTHURM, Der am See, oder die mitternächtliche Todtenglocke. Vom Verfasser des Carlo Orsino (*Heinr. Aug. Kerndörffer*). Mit 1 Kpf. (Thoenert fec.). Chemnitz u. Leipzig, Schröter, 1808. 8⁰. (1½ Rthlr.)
Titel u. 312 S. Zahm. — Goedeke VII, 400, 2, 34, nennt noch die ff. Ausgaben:

— — Dasselbe. Ebd. 1813. 8⁰.

— — Dasselbe. Ebd. 1823. 8⁰.

(Kerndoerffer, Heinrich August)
Der Schreckensthurm am See oder die mitternächtliche Todtenglocke. Vom Verf. des Lorenzo. 3. Aufl.
Stuttgart: Fischhaber 1863. 230 S. 8⁰

— erſtes Schul- u. Hausbuch für die Jugend, oder neu eingerichtetes ABC- u. Leſebuch zum Privat- u. Schulunterricht. Mit 25 ill. Kpfr. gr. 12. Leipzig 835. Taubert's Verlagsbuchh.; jetzt Fritſche. ½ [illegible]

— s.a. Sidonie, das Opfer.

SIDONIE, das Opfer einer unnatürlichen Mutter. Eine wahre Geschichte. (Zahmer Roman von *Heinr. Aug. Kerndörffer.*) Braunschweig, Schröder, 1800. 8⁰. (⅔ Rthl.) 192 S. (2 Mk. 50 Pfg., geles. Expl., Lehmann & Lutz, 1884; 7 Mk. [!] H. Streisand, Berlin, 1908.)
Anon.-Lex. IV. p. 82 (nach Kayser, Meusel u. dem Neuen Nekrol.); Goedeke hat „1799". (?)

— s.a Sionio.

SIONIO der Greis des Gebirges. Eine abentheuerliche Geschichte (von *Heinr. Aug. Kerndörffer*). 2 Thle. Leipzig, Lauffer, 1812. 8⁰. (2⅓ Rthlr.)

— — Dasselbe. Ebd. 1813. 8⁰.
Anon.-Lex. IV. p. 87 (nach Meusel, Kayser, Goedeke); der Neue Nekrol. hat „1802" (?)

— ſ. Solbrig's Declamirbuch.

— s. Sophiens Reiſen.

— s. Sprichwörterſpiel.

— Laura's Stammbuchblätter, od. Denkmäler d. Liebe, Freundſchaft u. Dankbarkeit in d. verſchied. Verhältniſſen d. weibl. Lebens. 12. Leipz. 822, Mag. f. Ind.

— s.a. Stube, die graue.

STUBE, Die graue, auf der Burg Ulmenhausen oder das stille Kind (von *Heinr. Aug. Kerndörffer*). 2 Thle. Mit 1 Titelkpfr. von Roßmäßler. Leipzig, Kollmann, 1818. 8⁰. (6 Mk. 50 Pfg. Edm. Meyer, Berlin, 1908.)
Anon.-Lex. IV. p. 129 (nach Goedeke, Kayser u. dem Neuen Nekrolog).

— s. Taschenbuch zur Bildung der Jugend

— Taſchenbuch f. Freunde d. Deklamation. 12. Hamburg, Großmann. 806.

— der kl. Taſchenſpieler u. Magiker s.a. oben: Kinderbibliothek.

— der kleine Taſchenſpieler u. Magiker, od. deutliche Anweiſ. verſchiedene Taſchenſpielerkünſte u. magiſche Täuſchungen mit wenigen Koſten zu machen. 2te verb. Aufl. mit K. 8. Ebend. 812.

— Teone, od. Beiſpielſamml. f. eine höhere Bildung d. deklamator. Vortrags im öffentl. u. Privatunterr. gr. 8. Lpz. 823, Hinrichs.

—— Teone, od. Beiſpielſamml. f. e. höh. Bildung d. declamator. Vortrags, im öffentl. u. Privat-Unterr. Neue, wohlf. Ausg. gr. 8. (20½ B.) Leipzig 832, Hinrichs.

Kerndörffer, Heinrich August: Trauergesänge, s. Ebers, Karl Friedr.

— kurze Uebersicht d. declamator. Regeln. 8. Leipz. 800.

_s.a.. Ullo, der Barde.

ULLO der Barde des Gebirgs (!) oder die Schreckgeister in den Klüften des Chilo-Felsens, vom Verf. des Lorenzo *(Heinr. Aug. Kerndörffer)*. 2 Thle. Pirna, Friese, 1806. Kl. 8°. 253 u. 292 SS. Zahm.
— — Dasselbe. Ebd. 1808. Kl. 8°.
Goedeke III. p. 144.
— — Dasselbe. Neue Auflage. Ebd. 1817. Kl. 8°.
Kayser p. 125.

—— der Umgang mit Menschen. Eine Anweis. z. Weltkenntn., Lebensklugheit u. d. gesell. Umgangs. 8. (11 B.) Quedlinburg 839, Ernst'sche Buchh.

— über Umgang mit Menschen. Eine Anweisung zur Weltkenntniß, Lebensklugheit und des geselligen Umgangs. Zur Selbstbelehrung f. Jedermann. Neue Ausg. 8. Ebd. 841. 1/3 ß

—— über Umgang m. Menschen. Eine Anweisung z. Weltkenntniß, Lebensklugheit u. des gesell. Umgangs. Zur Selbstbelehrung f. Jedermann. Neue Ausg. 8. (11 B.) Quedlinburg 842, Ernst'sche Buchh.

_s.a. Unsichtbaren, die.

UNSICHTBAREN, Die, oder die Abentheuer in den Ruinen von St. Elmo .... (von *Heinr. Aug. Kerndörffer*). Leipzig 1807. 8°. (1⅓ Rthl.)
Anon.-Lex. IV. p. 256 (nach Meusel, Kayser, Goedeke u. dem Neuen Nekrolog).

_s.a. Urach d. Wilde.

URACH der Wilde, Roman aus den Ritterzeiten (von *Heinr. August Kerndörffer*), 2 Bde. Mit Titelkpfrn. Leipzig, Seeger, 1804. 8°.
— — Dasselbe. Neue Auflage. 2 Bde. Mit 2 illum. Kpfrn. u. Vignetten. Ebd. 1816. 8°.
— — Dasselbe. 3. Auflage. 2 Bde. Ebenso. Leipzig u. Sorau. 8°. (2⅓ Rthl.) (9 Mk. 50 Pfg. Edm. Meyer, Berlin, 1908.)
Kayser p. 126.
— — Dasselbe. 4. Auflage. 4 Bde. Meerane, o. J. 8°. (6 Mk. 50 Pfg., geles. Expl., der Vorige, 1908.)

(Kerndoerffer, Heinrich August)
Urach der Wilde. Roman aus den Ritterzeiten. 4. Aufl. Bd 1.3.
Meerane: Hinze [um 1850]. 8°

_s. Verbildung u. Leichtsinn.

_s.a. Vermächtniß e. Vaters an seine Tochter.

Eb. Vermächtniss eines Vaters f. se. Tochter b. ihrem Eintr. in d. bürg. Leben, f. d. bleib. Gewinn inn. Ruhe, Zufriedenh. u. Glückseligk. *Lpz.*, Glück. 824. 8° m. 1 Stdr. 21 gl

KERNDÖRFFER, H. A., Versuch einer Lebensphilosophie für Toilette, oder Wanderungen durch das Gebiet d. Welt- u. Lebensklugheit. E. Hausbedarf für Frauenzimmer. Leipzig 1806. 8°. (2 Mk. Paul Neubner, Cöln, 1892.)

H. A. Kerndörfer's Vers. e. Lebensphilosophie f. d. Toilette. *Lpz.*, Steinacker. 806. 8° 1 ß

_s.a. Wanderungen e. Mißmuthigen.

Kerndörffer, Heinrich August: Wanderungen

— — eines Mismuthigen (!) in die Gefilde ländlicher Zufriedenheit (von *Heinr. August Kerndörffer*). Mit Titelvignette. Leipzig, Joachim, 1798. 8°. (⅔ Rthl.) (9 Mk. 50 Pfg. [!] Edm. Meyer, Berlin, 1908.)
Anon.-Lex. IV. p. 372 (nach Goedeke, Meusel, Kayser u. dem Neuen Nekrolog). — Die Titelvignette ist auf S. 67 des Edm. Meyer'schen Cat. reproducirt.

_s.a. Worte e. edlen Greises.

(H. A. Kerndörfer): Worte e. edlen Greises an se. Zeitgenossen üb. e. weisen u. frohen Genuss des Lebens. *Lpz.*, Müller. 800. 8° 20 gl

_s.a. Worte e. Vaters.

(H. A. Kerndörfer's) Worte e. edlen Vaters an d. Geist u. d. Herz s. Sohnes. *Lpz.*, Supprian. 801. 8° 20 gl

WOTHENSTERN, Athelin Graf von, und seine Familie. (Zahmer Roman von *Heinr. Aug. Kerndörffer*). Mit Titelkpfr. u. Titelvignette. Leipzig, Köhler, 1797. 8°. 2 Bll., 253 S.

Kerndörffer, Zauber-Kabinet, s.a. Bosco, Carlo.

Kerndörffer, Heinrich August: Carlo Bosco's Zauberkabinet, s.a. Kerndörffer: Carlo Bosco, das Zauberkabinet.

Kerndörffer, (Heinr. Aug.,) Carlo Bosco's Zauberkabinet, oder: Das Ganze der Taschenspielerkunst. 6., verb. und verm. Aufl. Mit 24 Abbild. 12. (XII und 180 S. mit 2 Stnt.) Quedlinburg 847, Ernst'sche Buchh.

Kerndörffer, Carlo Bosco's Zauberkabinet, oder: Das Ganze der Taschenspielerkunst, enthaltend: 110 Wunder erregende Kunststücke aus der natürlichen Magie mit Karten, Würfeln, Kugeln, Geldstücken, Ringen &c. nebst 19 Kunststücken mit Spielkarten u. 68 der interessantesten arithmetischen Belustigungen. Zur geselligen Unterhaltung u. Belehrung. 7. verm. Aufl. Mit Abbildgn. (auf 2 lith. Taf.). Quedlinburg 853. Ernst. 8. (XII, 177 S.) 20 ngr.

— — enthaltend: 138 Wunder erregende Kunststücke aus der natürlichen Magie &c. nebst 32 Kunststücken mit Spielkarten, ferner 47 der interessantesten arithmet. Belustigungen &c. 8. verb. &c. Aufl. Mit 24 Abbildgn. (auf 2 lith. Taf.). Ebend. 854. 8. (XII, 180 S.) 20 ngr.

Kerndörffer, Carlo Bosco's Zauber-Kabinet, oder: das Ganze der Taschenspielerkunst, enthaltend 151 Wunder erregende Kunststücke aus der natürlichen Magie &c., nebst 36 Kunststücken mit Spielkarten, ferner 45 der interessantesten arithmet. Belustigungen. Zur geselligen Unterhaltung und Belehrung hrsg. 9., verb. und mit einem Anh. verm. Aufl. Mit 24 Abbild. 8. (XV und 199 S. mit 2 Stnt.) Quedlinburg 856, Ernst'sche Buchh.

Kerndörffer, Carlo Bosco's Zauber-Kabinet oder: Das Ganze der Taschenspielkunst, enthaltend: 154 Wunder erregende Kunststücke aus der natürlichen Magie xc., nebst 46 Kunststücken mit Spielkarten, ferner 13 der interessantesten arithmetischen Belustigungen. Zur gesellschaftl. Unterhaltung und Belehrung hrsg. 10., verb. und verm. Aufl. 8. (XII und 216 S. mit 24 Abbild. auf 2 Stnt.) Quedlinburg 857, Ernst'sche Buchh.

Kerndörfer, Carlo Bosko's Zauber-Cabinet, oder das Ganze der Taschenspielerkunst, enth.: 154 Wunder erregende Kunststücke aus der natürl. Magie mit Karten, Würfeln, Kugeln xc. Zur gesellschaftl. Unterhaltung und Belehrung. 11. Aufl. 1863. und 12., verb. und verm. Aufl 8. (XII und 196 S. mit 24 Abbild. auf 2 Stnt.) Quedlinburg 865, Ernst'sche Buchh.

KERNDT, CARL HULDREICH THEODOR.
Encyclopädie der chemisch-technischen Wissenschaften. Leipzig, 1860.
Poggendorff states only one part (Lieferung) was published up to date.

Kerndt, Carl Huldreich Theodor (Naunhof)
Ueber die Krystallform und die chemische Zusammensetzung des Geokronits vom Val di Castello.
[In: Poggendorffs Annalen der Physik und Chemie Bd 45, 1845, S. 302-307.]
Dr. phil. Giessen 16.11.1846.

Kerndt, Car. Huldericus Thdr., Quaestionum phytochemicarum sectio I. De fructibus Asparagi et Bixae orellanae. Dissertatio pro venia docendi rite adipiscendu. gr. 8. (VIII u. 96 S.) Lipsiae 848, H. Fritzsche. n. 2/3 ₰

Kerndt, Car. Huldericus Thdr., Quaestionum phytochemicarum sectio I. De fructibus Asparagi et Bixae orellanae. Dissertatio pro venia docendi rite adipiscenda. 8maj. (VIII und 96 S.) Lipsiae 849, H. Fritzsche. *

Kerndt, Th. [Hrsg.], s. Zeitung, für die deutschen Land- und Forstwirthe.

Kerndter, Fr., s.a. Preis-Liste der Baugewerbe in Württemberg.

Kerndter, Fr., Preis-Liste d. Baugewerbe in Württemberg. (VII, 400 S.) 8. Stuttgart 909. K. Wittwer. Geb. in Leinw. 4. 50

Kerndter F, Schiftbuch f. Bautechniker u Zimmerleute. (24 T) 4° Stuttgart 1905

— Schift-Buch zur Erlernung der verschiedenen Dachschiftungsmethoden f. Bautechniker u. Zimmerleute. (24 S. m. Fig.) Lex.-8. Stuttgart 905. J. B. Metzler. n. 1. 60

— Schift-Buch zur Erlernung der verschiedenen Dachschiftungsmethoden f. Bautechniker u. Zimmerleute. 2. u. 3. Aufl. (24 S. m. Fig.) Lex. 8. Stuttgart 907. 10. J. B. Metzler. 1. 60

Kernen, Abraham Jakob K', gew. Mitglied des Berner'schen Obergerichts. Bern 1874 s. [Ochsenbein, Ulrich].

Kernen, Abraham Jacob. Geschichtliche Notizen über das Geschlecht der Kernen. Zusammengetragen von A' Jak' K'..., und gedruckt von Eduard Kernen.... Einzig für die Glieder des Geschlechts bestimmt. 8. Bern 1869.

Kerner, Justinus, s. Klassiker, moderne.

Kerner, ..., s. Reisen durch d. Sund.

Kerner, Andreas Justinus, s. Kerner, Justinus

Kerner, Anton v., Botaniker. 1864 ff. s. Kerner v. Marilaun.

Kerner, C. G., methodischer Lehrgang für den ersten Schreibunterricht. Ein Beitrag zur Lösung der Schreibfrage. gr. 8. (16 S. mit 8 Stnt.) Stuttgart 865, Schaber.

Kerner, Carl, s. Kerner, Karl

Kerner, M. Christ. Ludw. (Hechingen), De donatione capite damnati ad L. XV. D. de donat. Diss. jur. Präs. Carl Friedr. Walch. Jena (Strauss) 16. VII. 1766. 54 S. (7.—) 17776
Widm. v.: Präs., Jacob Raue, Gott. Just. Wilh. Salzmann, Jo. Frid. Adolph Zwanziger, G. G. Boecklen (Eßlingen).

Kerner, Ernst, zwölf Geschichten vom Studiosus Kurt. kl. 4. (189 S.) Leipzig 902. H. Seemann Nachf. n. 2. —

— Resignation. 8. (71 S.) Dießen (902). J. C. Huber. n. 1. 50

Kerner, Frdr., die schönsten deutschen Gedichte u. Lieder. 16. (128 S.) Mülheim 885. Bagel. geb. 1. —

— die Sprache d. Herzens. Sammlung der schönsten deutschen Braut- u. Liebeslieder. 16. (127 S.) Ebend. 885. geb. 1. —

Kerner, Fritz v., die theoretische Temperaturvertheilung auf Prof. Frech's Weltkarten der altpaläozoischen Zeit. gr. 8. (4 S.) Wien 899. (C. Gerold's Sohn.) n.n. — 10
Sonderabdruck aus: „Sitzungsber. d. k. Akad. d. Wiss."

Kerner, Fritz v., Thermoisodromen. Versuch e. kartograph. Darstellung des jährl. Ganges der Lufttemperatur. (30 S. m. 2 farb. Taf.) Lex.-8. Wien 905. R. Lechner's Sort. n.n. 4. —
Sonderabdr. a.: „Abhandlgn. der geograph. Gesellsch. in Wien".

Kerner, Fritz: Unfallsicherheit und Betriebsökonomie im Kraftmaschinenbetrieb. Diss. TH. Berlin 1910

— Untersuchungen über die Abnahme der Quellentemperatur m. der Höhe im Gebiete der mittleren Donau u. im Gebiete des Inn. (72 S.) gr. 8. Wien 908. (A. Hölder.) n. 1. 80
Sonderabdruck aus: „Sitzungsber. d. k. Akad. d. Wiss."

Kerner, G.

Kerner, Briefe über Frankreich, die Niederlande u. Deutschland. 3 Bde. 8. Hamb. Vollmer.

Kerner, ..., Briefe über Frankreich, die Niederlande u. Deutschland, geschrieben auf e. Reise in den J. 1795—96. 3 Bde. 8. Altona 797, 98. (Herold jun. in Hamb.) 1 ₰ 12 ℊℊ

— üb. die Gefahren, die d. Innere der Fränk. Republik u. das republikan. System bedrohen. 8. Hamb. 798. (Herold jun.) 5 ℊℊ

Kerner jun., G., das Guanin, dessen Verbindungen und Zersetzungsproducte. Inaugural-Dissertation. gr. 8. (62 S.) Wiesbaden 857. (Göttingen, Vandenhoeck und Ruprecht's Verlagsh.) **

Kerner, G. Frankfurter Quellwasserleitung. Bericht über die Untersuchungen betr. die Beschaffenheit des Wassers und die Erhaltung seiner Qualität. 1874. 4.

Kerner, G: Frankfurter Quellwasserleitung. Frankfurt a. M. 1874

Kerner, Tabellen zur Verwandlung des preußischen Maßes und Gewichtes in metrisches Maß und Gewicht, sowie zur Umrechnung der Preise zum Gebrauch für Schule und Haus. 16. (28 S.) Tilsit 871, Reyländer und Sohn. — 20

Kerner, G., die Trinkwasser von Frankfurt a. M., in chemischer, physiologischer und hygienischer Beziehung untersucht und beleuchtet. Ein Beitrag zur Topographie der freien Stadt Frankfurt a. M. Lex.-8. (III und 115 S. mit 1 hydrograph. chromolithogr. Generalplan in Fol.) Frankfurt a. M. 861, Sauerländer's Verlag. *

Kerner, Geo., († 181?.) üb. das Hamburger Entbindungshaus u. das Entbindungswesen d. Anstalt. 8. Hamb. 810. Perthes u. B. 4 gl

— **Georg Andreas** (Göpping.), Hostis supplex sive de deditione sub clausula clementiae et discretionis, vulgò: (Auff Gnad und Ungnad.) Dissertatio. Präs. David Scheinemann. Tübing. (Martin Romme) Sept. 1690. 32 S. (7.—) 17777

— — Dasselbe. 24 S. (7.—) 17778

— — Dasselbe. Altdorf (Jod. Wilh. Kohles) 1721. 32 S. (7.—) 17779

Kerner, Dr. Gust., s. Gustav Scanderholm.

Kerner, H. [Pseud.], s.a. Cardauns, Hermann

Kerner, H., die Abenteuer des Johannes Reusch. Culturgeschichtlicher Roman aus der Wende des Mittelalters. 8. (280 S.) Köln 888, Bachem. * 3 50
geb. mit Goldschn. ** 4 75

[J.] Johannes Reusch's Abenteuer. Erzählg aus d. Wende d. Mittelalters. F. d. reifere Jugend. Von H. Kerner. M. 4 Farbendr.-Bild. v. W. Rohm u. e. erkl. Anh. *Köln a. Rh.: J. P. Bachem [1897].* (4 Bl., 202 S., 4 Taf.) 1 Bd 8.
— Jugendschriften, Bachem's neue illustrierte. Bd 9. [97. 7790

Kerner, H., Papst Alexander III., s. Sammlung historischer Bildnisse.

—— Onkel Breunung und sein Neffe, s. Familien-Bibliothek.

—— die Erzählung Walter's des Erzpoeten, s. Familienfreund.

— alte Geschichten vom Rhein, s.: Aus Vergangenheit u. Gegenwart. 29.

Kerner, H. (Herm. Cardauns), Geschichten aus dem alten Köln, s.: Aus Vergangenheit u. Gegenwart. 16.

— die Heimatlosen, s.: Hausbibliothek, kleine, f. die Jugend.

— der Stadtschreiber v. Köln. Geschichtliche Erzählg. 2. Aufl. 8. (VI, 284 S.) Freiburg i/B. 900. Herder.
n. 2.—; geb. in Leinw. n. 3. 20

— Walter, der Erzpoet. Erzählung aus der Zeit des Kaisers Friedrich Barbarossa. Für die reifere Jugend. Mit 4 Farbendr.-Bildern von C. H. Kuechler. gr. 8. (III, 156 S.) Köln (899). J. P. Bachem.
Geb. in Leinw. n. 3. —

Kerner, J., die Artikulationsstufe. Lex.-8. (71 S.) Berlin 900. E. Staude. 2. —
Sonderabdruck aus: „Blätter f. Taubstummenbildung".

— **Jo. Georg** (Württemberg), De nomine Augustanae confessioni addictorum, secundum art. VII. instr. pac. Osnabrug. protestantibus non communi, sed. Lutheranis proprio. Diss. jur. publ. Präs. Jo. Aug. Reichardt. Jena (Mauk) 28. IV. 1772. 30 S. (6.50) 17781

Kerner, Jh. Geo., († d. 15. Dec. 1804.) üb. reichsständ. Abzugsrecht u. ritterschaftl. Abzugsfreiheit rc. 8. (Stuttg.) 790. 2e Aufl. 791. Metzler. 6 gl

Kerner, Joh. Ge.: Ueber reichsständisches Abzugsrecht und ritterschaftliche Abzugsfreiheit. 2. Aufl. Frankfurt u. Leipzig 1791.

Kerner, J. G.: „Ueber reichsständisches Abzugsrecht und reichsritterschaftliche Abzugsfreyheit", Stuttgart 1792 (Metzler).

— allgem. posit. Staats-Landrecht d. Reichsritterschaft in Schwaben, Franken u. am Rheine. 3 Thle. 8. Lemgo 786—90. Meyer. 2 Rthlr 10 gl

Kerner, Joh. Ge.: Staatsrecht der unmittelbaren freyen Reichsritterschaft in Schwaben, Franken und am Rhein. Lemgo.

Th. [1.] Allgemeines positives Staats-Landrecht. 1786.
„ 2. Allgemeines positives Staats-Genossenschaftsrecht. 1788.
„ 3. Allgemeines positives Staats-Reichs-Recht. 1789.

Kerner, Ritter Jh. Sim., Abbildd. der vorzügl. ausländ. Bäume u. Gesträuche, welche in Deutschland im Freien ausdauern. 1r Bd. zu 4 Heften. Mit 60 ill. Kpf. gr. 4. Leipz. 796. Fr. Fleischer. 20 Rthlr

— Abbild. aller ökonom. Pflanzen, 800. Mit ill. Kpf. Fol. Tübing. 786—96. (v. Cotta). 240 Rthlr

— Abbildung 25 seltener ausländ. Pflanzen, aus freier Hand gemalt. Fol. Stuttg. 782.

— Beiträge zur Kenntniß der Waaren, die in den deutschen Handel kommen. 1s Heft mit 5 ill. Kpf. gr. 4. Stuttg. 801. u. 2s Heft. 804. (Fr. Fleischer in Leipz.; a. Hennings in Gotha). 4 Rthlr

— Beyträge zur Kenntn. der Waaren, die in den deutschen Handel kommen. 2 Hefte. m. ill. Kupf. 4. Mannh. Kaufmann. 804.

— — dies. 1s und 2s St. m. illum. Kupf. gr. 4. Erfurt, Hennings. 805. (à 2 Rthlr.)

— Beobachtt. üb. die bewegl. Blätter der Süßkleepflanze, Hedysarum gyrans. 4. Stuttg. 784.

— Beschreib. u. Abbildung der Bäume u. Gesträuche, d. in Wirtemberg wild wachsen. 9 Hfte. Mit ill. Kpf. gr. 4. Stuttg. 783—92. (Metzler). 23 Rthlr

Kerner, J. S., Darstell. ausländ. Bäume und Gesträuche, welche in Deutschland im Freyen ausdauern. 1r Bd. zu 4 Heften m. illum. Kupf. gr. 4. Leipzig, Benj. Fleischer. 796.

— s. Flora Stuttgard.

s. J. R. Forster, Beschreib. der Gattungen d. Pflanzen.

KERNER (J. S.). Genera plantarum . . . iconibus illustrata. Stutt. 1811–28. 9 vols. fol.

— Deutschlands Giftpflanzen in Abbildd. mit Erklärung. 1s Hft. gr. 4. Hannov. 798. Hahn. 8 gr

— Handlungsprodukte aus d. Pflanzenreiche. 6 Hefte. Mit ill. Kpf. Fol. Stuttg. 781—86. Mezler. 13 rthl

KERNER (J. S.). Hortus sempervirens . . . Stutt. 1795–1830. 71 parts, fol. max.
Highly-finished coloured drawings, entirely by hand, from various sources; 71 fasciculi were issued, the text to each plate is the only portion printed.

— Hortus sempervirens etc., od. Samml. d. schönsten u. seltensten ausländ. Pflanzen etc. 7 Vol. Fol. Stuttgart, 1795—1801. (Mannheim, Artaria). 180. —

— hortus sempervirens, od. Samml. der schönsten u. seltf. ausländ. Pflanzen durch Abbildd. ꝛc. erläutert. 1r Thl. gr. Fol. Tübing. 795. (b. Cotta). 148 rthl 12 gr Vol. II. — VII. oder 2r — 7r Thl. Ebd. 796 — 801.

— Hortus semper virens etc. Fasc. I. color. Fol. Stuttg. Löflund. 802.

KERNER (J. S.). Icones plantarum selectiorum. Stuttgardiae, 1802. fol.

— les Melons. Contenant 36 espèces etc. gr. Fol. Stuttgart, 1811.

s. A. Michaux, Geschichte d. Eichen.

— Naturgeschichte d. Coccus Bromelia od. d. Ananasschildes; nebst e. Vorschlag z. gänzl. Vertilgung dieses Insekts. Mit 1 Kpf. 8. Stuttgart, 1778. Erhard. (Cotta.) — 7⅓

— ökon. Pflanzen, 800, mit ill. K. Fol. Tüb. Cotta. 789—96. (d. Hundert à 30 Thlr.)

— le Raisin, ses espèces et variétés dessinées et colorées d'apres nature. 1—XII. Livr. avec 144 planches dessinées. Eleph. Fol. Stuttgart, 1803. 460. —

KERNER (J. L. von). Le Raisin, ses espèces et variétés . . . Stuttg. 1803–15. fol.

— giftige u. eßbare Schwämme, welche in Würtemberg u. d. übrigen Deutschland wild wachsen. Mit 16 ill. Kpft. gr. 8. Stuttg. 786. Mezler. 1 rthl 8 gr

— allgem. posit. Staats- Landrecht d. Reichsritterschaft. 3 Thle. 8. Lemgo, Meyer. 786—90. (1r 16 gr. 2r 1 Rthlr. 3r 18 gr.)

Kerner, Julius. Experimenteller Beitrag zur Hämolyse und zur Agglutination der Streptokokken. Diss. Med. Univ. Zürich. [Sep.-Abdr. aus: Centralblatt für Bakteriologie etc. Abteilung I. Originale. Band 38.] *Kopftitel:* Aus der bakteriologischen Abteilung des Hygiene-Institutes der Universität Zürich. Abteilungsvorstand: ... Dr. W[illiam] Silberschmidt. II + 16 S. 8. Jena, Gustav Fischer, 1905.

Kerner, Just. (Hrsg.), s.a. Almanach, Poetischer.

Kerner, J., poetischer Almanach. 12. Carlsruhe, Braun. 812.

Kerner, (Andr.) Justinus, der Bärenhäuter im Salzbade. Ein Schattenspiel. 16. (5 B.) Stuttgart 837, [Scheible, Rieger u. Sattler.]

— s. K. Bayer, Geschichten aus d. Geisterwelt.

Kerner, Dr. (Andr.) Just., neue Beobachtt. üb. die in Würtemberg so häufig vorfallenden tödtl. Vergiftungen durch d. Genuß geräucherter Würste. gr. 8. Tübing. 821. Osiander. 12 gr

(Kerner, Just.) über das Besessenseyn oder das Daseyn und den Einfluß des bösen Geisterreichs in der alten Zeit, mit Berücksichtigung dämonischer Besitzungen in der neuern Zeit. Heilbronn 833. 8.

Kerner, Justinus. Die Bestürmung der Stadt Weinsberg durch die heldenchristlichen Haufen im Jahre 1525. Oehringen 1821. Neue Aufl. Heilbronn 1840. (26.) 8. ib. 1848. 0,50.

Kerner, (Andr.) Justinus, die Bestürmung der württemberg. Stadt Weinsberg durch den hellen christl. Haufen im J. 1525 und deren Folgen für diese Stadt. Aus handschriftl. Ueberlieferungen der damaligen Zeit dargestellt. Neue Aufl. 8. (26 S.) Heilbronn 848, Landherr.

Bibliothek des schwäbischen Dichters Justinus Kerner, 1786–1862, bestehend hauptsächl. aus Werken d. schönen Lit.... *(Stuttgart: R. Levi [1902].)* (45 S.) 8° [F. u. Ant.]
Antiq. Katalog No 143 von R. Levi, Stuttgart. [03. 11559 3

—— das Bilderbuch aus meiner Knabenzeit. Erinnerungen aus den Jahren 1786 bis 1804. 8. (VIII und 419 S.) Braunschweig 849, Vieweg und Sohn. *

Kerner, Justinus, das Bilderbuch aus meiner Knabenzeit. Erinnerungen aus den J. 1786 bis 1804. 2. unveränd. Abdr. 8. (VIII, 419 S.) Stuttgart 886, Krabbe. * 4 50
geb. * 6 —

Kerner, Justinus, das Bilderbuch aus meiner Knabenzeit. Erinnerungen aus den J. 1786 bis 1804. Vollständige Ausg. 8. (294 S.) Frankfurt a/O. 893. H. Andres & Co. n. 1. —; geb. n. 2. —

Kerner, Just., das Bilderbuch a. meiner Knabenzeit. 8. (294 S.) Frankfurt a/O. 893. Berlin, J. Gnadenfeld & Co. n. 1. —; geb. n. 2. —

(Kerner, Andr. Justinus,) Blätter aus Prevorst, s.a. Blätter aus Prevorst.

(Eb.) Blätter aus Prevorst; Originalien u. Lesefrüchte f. Freunde d. inn. Lebens, mitgeth. v. d. Herausg. d. Seherin v. Pr. 1-7e Samml. *Karlsr.*, Braun. Hofb. 831-35. 8-11e Samml. *Stuttg.*, Brodhag. B. 836-38. gr 12° à 18 gr

Kerner, (Andr.) Justinus, der letzte Blüthenstrauß. 32. (XVI und 254 S.) Stuttgart 852, Cotta'sche Buchh. *

[J.] Justinus Kerners Briefwechsel mit seinen Freunden. Hrsg. v. s. Sohn Theobald Kerner. Durch Einleitgn u. Anm. erl. v. Dr. Ernst Müller. M. vielen Abb. u. Facs. Bd 1. 2. *Stuttgart & Leipzig: Deutsche Verl.-Anst. 1897.* 2 Bde 8.
1. (X, 584 S., 10 Portr., 12 Facs.)
2. (VI, 554 S., 1 Portr.-Taf., 10 Portr., 14 Facs.) [97. 3367

— Dichtungen, s.a. Volksbibliothek, deutsche.

—— Dichtungen. Neue, vollständ. Samml. in Einem Bande. 8. (35¾ B.) Stuttgart 834, Cotta.

—— Dichtungen. 2 Bde. 3., sehr verm. Aufl. 8. (45 B.) Stuttgart u. Tübingen 841, Cotta'sche Buchh.

—— Eine Erscheinung aus d. Nachtgebiete d. Natur, durch eine Reihe v. Zeugen gerichtl. bestätigt, u. den Naturforschern z. Bedenken mitgetheilt. 8. (22¼ B.) Stuttgart 836, Cotta'sche Buchh.

KERNER, JUSTINUS.
Das Fettgift, oder die Fettsäure und ihre Wirkungen auf den thierischen Organismus, ein Beytrag zur Untersuchung des in verdorbenen Würsten giftig wirkenden Stoffes. Stuttgart und Tübingen, 1822. pp. xxiii–368, 12mo.

Kerner, (Just.,) d. Fettgift od. d. Fettsäure u. ihre Wirkungen auf d. thierischen Organismus, ein Beitrag z. Untersuchung des in verdorbenen Würsten giftig wirkenden Stoffes. gr. 8. Stuttg. 822, v. Cotta.

— Gedichte, s.a. Universal-Bibliothek.

— Gedichte. gr. 8. Stuttg. 826. v. Cotta. 1 ₰ 4 gl

—— lyrische Gedichte. 4., verm. Aufl. (Miniatur-Ausg.) 16. (XIV und 459 S. mit 1 Stahlst.) Stuttgart 848, Cotta'sche Buchh.

—— lyrische Gedichte. 5., verb. Aufl. 16. (XIV und 459 S. mit 1 Stahlst.) Stuttgart 854, Cotta'sche Buchh.

Kerner, Justinus: G e s a m t w e r k e. In 4 Bden hrsg. v. Justinus Kerner-Verein in Weinsberg. Bd. 1–4. Weinsberg: Justinus Kerner-Verl. (1909). 8°
(Weinsberger Kernerbücher. 1. 2.)

— Geschichte d. Mädchens v. Orlach. M. e. geschichtl. Rückblick d. Verf. auf ähnl. Vorkommnisse im Altertum, einschließl. derjenigen in d. hl. Schrift, e. litterargeschichtl. Anh. v. Wilh. German u. 2 Bild. 8. (III, 98 S.) Schwäb. Hall 898. W. German's Verl. n 1. —

— Geschichte des Mädchens v. Orlach. Mit e. geschichtl. Rückblick des Verf. auf ähnl. Vorkommnisse im Altertum, einschließlich derjenigen in der hl. Schrift, e. litterargeschichtl. Anh. v. Wilh. German. 2. m. dem „Spuk v. Sigmarswangen" verm. Aufl. Mit 2 Bildern. (117 S.) 8. Schwäb. Hall 904. W. German's Verl. n. 1. —

— Geschichte zweier Somnambülen; nebst einigen andern Denkwürdigkeiten aus d. Gebiete d. magischen Heilkunde u. der Psychologie. gr. 8. Karlsr. 824. Braun. 1 ₰ 10 gl

—— Geschichten Besessener neuerer Zeit. Beobachtn. aus d. Gebiete kakodämonisch-magnet. Erscheinungen; nebst Reflexionen v. C. A. Eschenmayer üb. Besessenseyn u. Zauber. 1. Aufl. (12½ B.) 854. 1 Thlr., 2., verm. A. (16¼ B.) gr. 8. Karlsruhe 835, Braun.

— s. Harn, ..., erprobte Behandlung.

—— die Heimatlosen, s.a. Hausbibliothek, kleine, für die Jugend.

— Die Heimatlosen, s.a. Schatzgräber, der.

Kerner, Justinus: Die H e i m a t l o s e n von –. Hrsg. v. Dürer-Bunde. Berlin: Koenig [1908]. 40 S. 8°
(Der Schatzgräber. N. F. 1907/08. H. 7.)

Kerner, Justinus, Klecksographien. Mit Illustr. nach den Vorlagen d. Verf. gr. 8. (VII, 79 S.) Stuttgart 890. Deutsche Verlags-Anstalt. geb. n. 3. —

— s. Jh. Lammerer, Gedichte.

Kerner, (Andr.) Justinus, Magikon, s.a. Magikon.

— — Magikon. Archiv für Beobachtungen aus dem Gebiete der Geisterkunde und des magnetischen und magischen Lebens, nebst andern Zugaben für Freunde des Innern, als Fortsetzung der Blätter von Prevorst. Herausgegeben von —. 1. Jahrg. 1. Heft. Stuttg. 840. 8.

Magikon u. s. w., h. v. Justin. Kerner. 4r Bd. (4r Jahrg.) 4s H. *Stuttg.*, Ebner u. Seubert. 850. gr 8° 12 gl

— Franz Anton Mesmer aus Schwaben, Entdecker des thierischen Magnetismus. Erinnerungen an denselben, nebst Nachrichten von den letzten Jahren seines Lebens zu Meersburg am Bodensee. Frankfurt a. M. 856. Literarische Anstalt. 8. (XII, 212 S.) 1 ₰.

Kerner, Just., Mitteilungen aus K.'s „Magikon". Hrsg. u. m. Erläuterungen versehen von Herm. Barth. 1. Lfg. 8. (S. 1—50.) Bitterfeld (902). F. E. Baumann. — 30

— — Mysterien des innern Lebens, erläutert aus der Geschichte der Seherin von Prevorst. Tübingen 830. 8.

Kerner, Justinus: Nachricht von dem Vorkommen des Besessenseyns eines dämonisch-magnetischen Leidens und seiner schon im Alterthume bekannten Heilung durch magisch-magnetisches Einwirken. 70 S., gbd.

Augsburg: Cotta 1836

JB 2.685

—— Nachricht v. dem Vorkommen d. Besessenseyns, ein. dämon.-magnet. Leidens u. seiner schon im Alterthume bekannten Heilung durch magisch-magnet. Einwirken, in e. Sendschr. an Dr. Schelling in Stuttgart. 8. (4½ B.) Stuttgart 836, Cotta'sche Buchh. Thlr.

—— s. Prel, C. du.

Kerner, Just., s.a. Seherin, die, von Prevorst.

Kerner, Justinus, die Seherin v. Prevorst, s.a. Rohleder, Thdr.

—— die Seherin v. Prevorst. — Eröffnungen üb. d. innere Leben d. Menschen u. üb. d. Hereinragen e. Geisterwelt in d. unsere. 2 Thle. M. 8 Stnt. (Fol.) 1. Aufl. (38½ B.) 829., 2., verm. u. verb. A. (40½ B.) gr. 8. Stuttgart 832, Cotta. à

—— die Seherin von Prevorst. Eröffnungen üb. d. innere Leben d. Menschen u. üb. d. Hereinragen einer Geisterwelt in d. unsere. 3. Aufl. gr. 8. (31¼ B. u. 9 Stnt.) Stuttgart 838, Cotta'sche Buchh.

Kerner, (Andr.) Justinus, die Seherin v. Prevorst. Eröffnungen über das innere Leben des Menschen u. über das Hereinragen einer Geisterwelt in die unsere. 4., verm. u. verb. Aufl. gr. 8. (35¾ B. u. 8 Stnt.) Stuttgart 846, Cotta'sche Bh.

— die Seherin von Prevorst. Eröffnungen über das innere Leben des Menschen u. über das Hereinragen einer Geisteswelt in die unsere. 5., verm. u. verb. Aufl. Mit 8 Steindr.-Taf. gr. 8. (XII, 396 S.) Stuttgart 877. Cotta. n. 7. —

—— Die Seherin v. Prevorst. Eröffnungen üb. das innere Leben d. Menschen u. üb. das Hereinragen e. Geisterwelt in die unsere. 6. Aufl. 8. (VIII, 467 S. m. 9 Taf. u. 2 Bildnissen.) Stuttg. 892, Cotta Nachf. * 3 —

— dasselbe, s.a. Universal-Bibliothek.

—— die somnambülen Tische. Zur Geschichte und Erklärung dieser Erscheinung. gr. 8. (XVI und 64 S.) Stuttgart 853, Ebner und Seubert.
Vgl.: Klassiker, moderne.

-- s. Weib, ..., d. neuesten Vergiftungen.

Kerner's Justinus, ausgewählte poetische Werke. 2 Bde. 12. (XXXII, 266 u. VI, 412 S. mit Portr. des Verf. in Holzschn.) Stuttgart 878 u. 79. Cotta. In 1 Bd. geb. n. 8. 50

Kerner's, Justinus, ausgewählte poetische Werke. 2 Bde. 12. (XXXII, 266; VI, 412 S. mit Port. des Verf. in Holzschn.) Stuttgart 878,79, Cotta'sche Buchh. geb. in 1 Bd. *
—— dass. — s.a. Volksbibliothek, deutsche.

Kerner's, Justinus, sämtliche Werke in 8 Büchern. Mit dem Portr. des Dichters, der Abbildg. des Kerner-Hauses, sowie des Kerner-Denkmals u. vielen anderen Autotypie-Vollbildern u. Illustr. Neu hrsg. m. e. biograph. Einleitung v. Walt. Heichen. (27, 205, 250, 220, 64, 89 524 u. 810 S.) 8. Berlin (903). A. Weichert.
In 2 Leinw.-Bdn. 5. —

Justinus Kerners sämtliche poetische Werke in 4 Bänden. Hrsg. mit e. biogr. Einl. u. erl. Anm. von Josef Gaismaier. Mit 3 Bildn., 3 Abb., 41 Nachbildungen d. Klecksographien u. e. Stammbuchblatte als Handschriftprobe. Bd 1–4. Leipzig: M. Hesse (1905). 4 Bde 8° [F.]
1. Biogr. Einl. Die lyrischen Gedichte.
2. Der letzte Blütenstrauß. Winterblüten. Nachlese. Klecksographien.
3. Dramat. Dichtungen. Die Reiseschatten. Die Heimatlosen.
4. Das Bilderbuch aus meiner Knabenzeit. Kleine Schriften. Register d. Versanfänge. Verzeichnis sämtl. Schriften.
[04. 140 2

— das Wildbad im Königreich Würtemberg. Mit Nachrichten üb. die Heilquelle zu Liebenzell. 8. Tüb. 813. 2e Aufl. Ebd. 820.

Kerner, A. J. K., das Wildbad im Königr. Würtemberg. 8. Tübing. Osiander. 813.

—— das Wildbad im Königr. Würtemberg, mit Nachrichten üb. d. Heilquelle zu Liebenzell. 3., verb. u. verm. Aufl. 8. (12½ B.) Tübingen 832, Osiander.

—— das Wildbad im Königr. Württemberg. Nebst Nachrichten üb. d. benachbarten Heilquellen Liebenzell u. Teinach u. d. Kloster Hirsau. 4., verb. u. verm. Aufl. gr. 12. (9⅔ B.) Tübingen 839, [Osiander'sche Buchh.]

Kerner, Justin., Winterblüthen. 16. (VIII und 160 S.) Stuttgart 859, Cotta'sche Buchh. geb. *

Kerner, Karl

Kerner, Carl, verkehret mit d. Geistern! Prakt. Leitf. f. spiritist. Anfänger. gr. 8. (54 S. m. Abb.) Leipzig 894. [M. Spohr.] E. Fiedler. n. 1. —

Kerner, Carl, verkehret m. den Geistern! Praktischer Leitfaden f. spiritist. Anfänger. 2. Aufl. (54 S. m. Abbildgn.) 8. Leipzig (905). E. Fiedler. n. 1. —

Kerner, R.: Ritzebütteler Ufer, s. Hübbe, Heinrich Wilhelm Clemens

Kerner, Salomon. Ueber die Form des Beckens bei Luxatio coxae congenita bilateralis. Diss. Med. Univ. Zürich. [Mit Figuren. Sep.-Abdr. aus: Zeitschrift für orthopädische Chirurgie .... Band 17.] *Kopftitel:* Mitteilungen aus dem orthopädischen Institut von Dr. A[ugust] Lüning und Dr. W[ilhelm] Schulthess ... in Zürich. II + 17 S. 8. Stuttgart, Union Deutsche Verlagsgesellschaft, 1906.

Kerner, Theob., Altes u. Neues. Dichtungen. (1. Tl. Gedichte. — 2. Tl. Scherz u. Ernst.) 12. (IV, 240 S. m. Bildnis.) Berlin (902). A. Weichert.
Geb. in Leinw. m. Goldschn. 2. —

Altes und Neues. Dichtungen von Theobald Kerner. 3 T. in 1 Bde. Berlin: A. Weichert [1903]. (Getr. Pag.) 8° [F.]
1. Gedichte. 2. Scherz u. Ernst. 3. Dramat. Dichtungen. [03. 4744

Kerner, Theob., tragische Erlebnisse. Hamburg 864. Hoffmann & Campe. 8. (V, 158 S.) 25 ngr

Kerner, Theob., Galvanismus und Magnetismus als Heilkraft. 3. verm. Aufl. 857. (IV, 60 S.) — 4. verm. Aufl. Canstatt 858. Bosheuyer. 16. (IV, 68 S.) 7½ ngr

Kerner, Theob., Gedichte. gr. 8. (12⅛ B.) Jena 845, Mauke.

Kerner, Theobald, Gedichte. 16. (VIII und 176 S. mit Kerner's Bildn. in Stahlst.) Stuttgart 851(52,) Hallberger'sche Vrlgsh.

Kerner, Theobald, das Kernerhaus u. seine Gäste. Mit dem Bildnis u. Fesm. Justinus Kerners, nebst anderen Portraits u. Illustr. 8. (VII, 376 S.) Stuttgart 894. Deutsche Verlags-Anstalt. n. 4. —; geb. n.n. 5. —

Kerner, Theob., das Kernerhaus u. seine Gäste. Mit dem Bildnis u. Fksm. Justinus Kerners nebst andern Porträts u. Illustr., 2., verm. Aufl. (VIII, 396 S.) 8. Stuttgart 897. Deutsche Verlags-Anstalt. 4. —; geb. 5. —

Kerner, Theob., Aus dem Kinderleben. Bilderfreude der Kindheit. Fol. (20 S. mit 8 ill. Stahlst.) Stuttgart 852, Ed. Hallberger.

Kerner, Theobald, Prinzessin Klatschrose. Ein Blumen-Bilderbuch für Kinder. (Deutsch, französisch und englisch.) 4. (47 S. mit ill. Holzschn.) Stuttgart 851, Hallbergersche Vrlgsh. Thlr.

— Prinzessin Klatschrose. Ein Blumen-Bilderbuch f. Kinder. (In deutscher, französ. u. engl. Sprache.) gr. 4. (47 S. m. farb. Abbildgn.) Ebd. 894. Kart. n. 3, 50

—— Natur und Frieden. 1. Aufl. 1859. * 26 Ngr. und 2., verm. Ausg. 8. (VI und 314 S. mit 1 Titel-Holzschn.) Frankfurt a. M. 861, Literarische Anstalt. *

—— Nature and peace, from the german. With an illustr. 8. (VII und 247 S. mit 1 Holzschnt.) Heidelberg 861, Bangel und Schmitt. *

Kerner, Theodorus *(geb. Türpitz bei Strehlen in Schles. 27.5.1831)*:
De perforatione capitis. Vratislaviae (1856). (32 S.) 8°
Breslau, Med. Diss. v. 22. März 1856

Kerner, Wilh., ein Revolverschuß, s.a. Kaufmann's moderne Zehnpfennig-Bibliothek. I, 11.

Kerner, Wilh.: Ein Revolverschuß. Roman von –. Neurode: Zehnpfennig-Bibliothek 1903. (152 S.) 8°
= Zehnpfennig-Bibliothek, Kaufmann's moderne. [Jg. 1,] Bd. 11.

Kerner von Marilaun, Anton

Kerner, A., die Abhängigkeit der Pflanzengestalt von Klima und Boden. Ein Beitrag zur Lehre von der Entstehung und Verbreitung der Arten, gestützt auf die Verwandtschaftsverhältnisse, geograph. Verbreitung und Geschichte der Cytisusarten aus dem Stamme Tubocytisus D. C. gr. 4. (48 S. mit 2 Stnt. in gr. 4. und qu. Fol.) Innsbruck 869, Wagner'sche Universitäts-Buchh. * 1 20

Kerner, A., gute und schlechte Arten. gr. 8. (60 S.) Innsbruck 866, Wagner'sche Universitäts-Buchh. *

Kerner, A. Der Bakonyerwald. Pflanzengeographische Skizze. Wien 1856.

Kerner v. Marilaun, Ant., Beitrag zur Flora von Ostafrika. [Aus: „Sitzungsber. d. k. Akad. d. Wiss."] gr. 8. (6 S.) Wien 897. (C. Gerold's Sohn.) n. — 20

Kerner: Beitrag zur physikalischen Geographie von Ofen. 17 S. 8°–Ofen OR., Progr. 1856

Kerner, A. *Dr.* Beitrag zur Hydrographie von Ofen. *Wien* 1857. Druck von *M. Auer.* 4 S. gr. 8°.
Aus den Mittheilungen der k. k. geograph. Gesellschaft, I. Jahrg. 1857, II. Heft, besonders abgedruckt.

Kerner, A., Der Einfluss der Winde auf die Verbreitung der Samen im Hochgebirge. München 1871.

Kerner, Ant., die Entstehung relativ hoher Lufttemperaturen in der Mittelhöhe der Thalbecken der Alpen im Spätherbste und Winter. Lex.-8. (32 S. mit 1 lithogr. Taf. in qu. gr. 4.) Wien 875, (Gerold's Sohn.) *
Aus: Sitzungsberichte der k. Akademie der Wissenschaften, besonders abgedruckt.

Kerner, A.: Die Flora der Bauerngärten in Deutschland. Ein Beitrag zur Geschichte des Gartenbaues von –. (Abdruck aus: Verhandlungen des zoologisch-botanischen Vereins in Wien. Bd. 5.) Wien. 1855. 8°

—— der botanische Garten der Universität zu Innsbruck. 8. (22 S.) Innsbruck 863, (Wagner'sche Universitäts-Buchh.)
Aus: Tiroler Bothe, besonders abgedruckt.

—— der botanische Garten der Universität zu Innsbruck. 2. umgearb. Aufl. gr. 16. (20 S.) Ebendas. 869. * — 40

—— die botanischen Gärten, ihre Aufgabe in der Vergangenheit, Gegenwart und Zukunft. gr. 8. (42 S.) Ebendas. 874. * — 80

—— die Geschichte der Aurikel. gr. 8. (27 S.) Münster 875. (Innsbruck, Wagner'sche Universitäts-Buchh.) *
Aus: Zeitschrift des deutschen und österreichischen Alpenvereins, besonders abgedruckt.

—— und J. Kerner, Herbarium österreichischer Weiden. 1.—7. Decade. Fol. (à Decade 10 Bl. mit aufgeklebten Pflanzen und 1 Bl. Text.) Innsbruck 863—67, Wagner'sche Universitäts-Buchh. In Mappe à Decade ** 1 Thlr. **

—— und J. Kerner, Herbarium österreichischer Weiden. 8. und 9. Decade. Fol. (à 10 Bl. mit aufgeklebten Pflanzen und 1 Bl. Text.) Ebendas. 869.
In Mappe à Decade ** ℳ 3. **

Kerner (A.). Koennen aus Bastarden Arten werden? Wien, 1871. 8°.

—— die Cultur der Alpenpflanzen. 8. (XI und 162 S. mit eingedr. Holzschn.) Innsbruck 864, Wagner'sche Universitäts-Buchh. *

Kerner, A. Vorläufige Mittheilungen über die Bedeutung der Asyngamie für die Entstehung neuer Arten. 1874.

Kerner, Ant., monographia Pulmonariarum. Tabulis XIII (lith.) illustrata. gr. 4. (III, 51 S.) Innsbruck 878. Wagner. n. 12. —

Kerner v. Marilaun, Prof. Dr. A., Allgemeine Naturkunde. IX. Band. (Pflanzenleben. II. Bd.) Complet. Mit 1547 Abbildungen im Texte und 20 Aquarell-Tafeln. Lex.-8. (VIII, 896 S.) In Halbfranzband 9.60

— — Pflanzenleben II. Bd. Lex.-8. (Inhalt wie oben.) In Halbfranzband 9.60
Wien: Meyer's Bibliographisches Institut 1891.

Kerner (A.). Floristichen notizen. Wien, 1876. 8°.

—— die hybriden Orchideen der österreichischen Flora. gr. 8. (34 S.) Wien 865. (Innsbruck, Wagner'sche Universitäts-Buchh.) *
Aus: Abhandlungen der k. k. zoologisch-botanischen Gesellschaft, besonders abgedruckt.

Kerner (A.). Ueber Paronychia Kapela. Wien, 1877. 8°

—— Parthenogenesis einer angiospermen Pflanze. Lex.-8. (8 S.) Wien 876, (Gerold's Sohn.) *
Aus: Sitzungsberichte der k. Akademie der Wissenschaften, besonders abgedruckt.

Kerner v. Marilaun, A., Pflanzenleben, s.a. Naturkunde, allgemeine.

— Pflanzenleben. 2., gänzl. neubearb. Aufl. 2 Bde. Lex.-8. Leipzig, Bibliograph. Institut.
à Bd. geb. in Halbfrz. n. 16. —
1. Gestalt u. Leben der Pflanze. Mit 215 Abb. im Text, 21 Farbendr.- u. 18 Holzschn.-Taf. v. Ernst Heyn, Fritz v. Kerner, H. v. Königsbrunn u. a. (X, 766 S.) 896.
2. D. Geschichte d. Pflanzen. M. 1 Karte, 233 Abb. im Text, 19 Farbendr.- u. 11 Holzschn.-Taf. v. Ernst Heyn, Adele u. Fritz v. Kerner, H. v. Königsbrunn u. a. (X, 778 S.) 898.

—— das Pflanzenleben der Donauländer. gr. 8. (XIII und 348 S.) Innsbruck 863, Wagner'sche Universitäts-Buchh. *

— die Primulaceen-Bastarte der Alpen. [Aus: „Oesterr. botan. Zeitschr."] gr. 8. (22 S.) Wien 875. (Innsbruck, Wagner.) n. — 80

— die Schafgarben-Bastarte der Alpen. [Aus: „Oesterr. botan. Zeitschr."] gr. 8. (7 S.) Ebend. 873. n. — 40

Kerner, A., s.a. **Schedae ad floram exsiccatam austro-hungaricam.**

— schedae ad floram exsiccatam austro-hungaricam a museo botanico universitatis Vindobonensis editam. Fasc. 1 et 2. gr. 8. (IV, 139 S.) Wien 881. (Frick.) à n. 1. 60

Kerner v. Marilaun, A., schedae ad floram exsiccatam austro-hungaricam. Opus cura musei botanici universitatis Vindobonensis conditum. III. Editio anni 1883. gr. 8. (IV, 177 S.) Wien 884. (Frick.) n. 2. 80

Kerner [v. Marilaun], Ant., schedae ad floram exsiccatam austro-hungaricam. Opus cura musei botanici universitatis Vindobonensis conditum. IV et V. gr. 8. (IV, 114; IV, 118 S.) Wien 886,88, (Frick.) à Thl. * ℳ 2.80. *

— dasselbe. VI. gr. 8. (IV, 135 S.) Ebd. 893. n. 2. 80

— schedae ad floram exsiccatam austro-hungaricam. Opus cura musei botanici universitatis Vindobonensis conditum. VII. gr. 8. (IV, 111 S.) Wien 896. (W. Frick.) n. 2. 80 (I.—VII.: n. 20. —)

—— die Schutzmittel der Blüthen gegen unberufene Gäste. gr. 4. (75 S. mit 3 lithogr. Taf.) Wien 876. (Braumüller. — Leipzig, Brockhaus' Sortiment und Antiquarium.) *
Aus: Festschrift zur Feier des 25jährigen Bestehens der k. k. zoologisch-botanischen Gesellschaft in Wien, besonders abgedruckt.
—— dass. — 2. unveränd. Aufl. gr. 4. (69 S. mit 3 Taf.) Innsbruck 879, Wagner'sche Universitäts-Buchh. *

— die Schutzmittel d. Pollens gegen die Nachtheile vorzeitiger Dislocationen u. gegen die Nachtheile vorzeitiger Befeuchtung. gr. 8. (71 S.) Innsbruck 873. Wagner. n. 1. 60

Kerner (A.). Novae plantarum species. Innsbruck, 1870–1. 8°.

Kerner (A.). Novae pl. sp. Tiroliae . . . Innsbruck, 1870–1. 8°.

— Studien üb. die Flora der Diluvialzeit in den östlichen Alpen. [Aus: „Sitzungsberichte d. k. Akad. d. Wiss."] Lex.-8. (38 S.) Wien 888. (Tempsky.) n. 1. 60

— die Vegetationsverhältnisse des mittleren u. östlichen Ungarns u. angrenzenden Siebenbürgens. 1. u. 2. Lfg. gr. 8. (S. 1—408.) Ebend. 875. n.n. 12. —

Kerner (A.). Vegetations-Verhaeltniss des mittleren und oestlichen Ungarn und Siebensbuergen. Innsbr. 1878. 8°.

— üb. die Verbreitung v. Quarzgeschiebe durch wilde Hühnervögel. [Aus: „Sitzungsber. d. k. Akad. d. Wiss."] Lex.-8. (3 S.) Ebd. 888. n. — 10

— u. R. Wettstein v. Westersheim, die rhizopodoiden Verdauungsorgane thierfangender Pflanzen. [Mit 1 Taf.] Lex.-8. (12 S.) Wien 886. (Gerold's Sohn.) n.n. — 60

Kerner, Ant. v., der Wald u. die Alpenwirtschaft in Österreich u. Tirol. Gesammelte Aufsätze. Hrsg. v. Karl Mahler. (178 S.) Lex.8. Berlin 908. Gerdes & Hödel. 3.20; geb. n 4. —

Kerner, A. Über Wanderungen des Maximums der Bodentemperatur. 1870?

— u. Edm. Mojsisovics v. Mojsvar, zur Wasserfrage. gr. 8. (8 S.) Wien 893. A. Hölder. n. — 24

Kerner, A.: Niederösterreichische Weiden von — . 1. u. 2. Separatabdruck aus: Verhandlungen der zool.-botan. Gesellschaft zu Wien. Bd 10. Wien: 1860. 4°k.

Kerner, A.: Über die Zsombek-Moore Ungarns. Von — . Mit 1 Taf. Abdruck aus: Verhandlungen der zool.-botan. Gesellschaft zu Wien. Bd 8. Wien: 1858. 4°k.

Kerner v. Marilaun, Fritz. Die Änderung der Bodentemperatur m. der Exposition. Lex.-8. (26 S. m. 2 Taf.) Wien 891, (Tempsky). * 1 40

Kerner v. Marilaun, Fritz, e. paläoklimatolog. Studie. [Aus: „Sitzungsber. d. k. Akad. d. Wiss."] Lex.-8. (6 S.) Wien 895. (C. Gerold's Sohn.) n. — 20

— Synthese der morphogenen Winterklimate Europas zur Tertiärzeit (mit 2 Taf. und 2 Textfiguren). S. 122. IIa. 23 . . . . . . 2.40
Separatabdruck

— Die theoretische Temperaturverteilung auf Prof. Frechs Weltkarten der altpaläozeischen Zeit. S. 108. IIa. 25 . . . . . . —.10
Separatabdruck

Kerner v. Marilaun, Fritz Ritter, Untersuchungen über die Schneegrenze im Gebiete des mittleren Innthales. Imp.-4. (62 S. mit 11 Holzschn. und 1 Taf.) Wien 887, (Tempsky.) *
Aus: Denkschriften der k. Akademie der Wissenschaften, besonders abgedruckt.

Kerner v. Marilaun, Fritz, Untersuchungen üb. d. Veränderlichkeit d. jährl. Niederschlagsperiode im Gebiete zwischen d. Donau u. nördl. Adria. (58 S.) 31,5×25 cm. Wien 908. (A. Hölder.) 4. 30
Sonderabdr. aus: „Denkschr. d. k. Akad. d. Wiss."

Kerner von Marilaun, Fritz: Die letzte Vergletscherung der Central-Alpen im Norden des Brenner. ([S.-A.] Mittheilungen der k. k. Geographischen Gesellschaft in Wien. Bd. 33. 1890. Heft 5 und 6. S. 307—332.) Wien 1890. 26 S., 4 Tf 8°.

— die Vorschiebungen der Wasserscheide im Wippthale während der Eiszeit. [Aus: „Sitzungsber. d. k. Akad. d. Wiss."] Lex.-8. (15 S. m. 2 farb. Taf.) Ebd. 891. n. 1. 20

Kerner Ritter von Marilaun Rudolf: Die Personifikationen der Sonne und des Mondes in der antiken und altchristlichen Kunst.
II. 1901 PN 1359 Diss. Wien, Univ. 1878

Kerner's, Justinus, Leben, s. Reinhard, A.

Kerner's, Georg, Lebensbild, s. Wohlwill, A.

KERN-EXTRACT, aus einem noch ungedruckten Lexikon über Galanterie, Geschmack, Denkart, Sitte, Laune und Mode des heutigen Zeitalters. Mit 1 Kupferstich in qu.-Folio. Vom Verfasser des Landfreundes. Wien, 1819. Gedr. bey Felix Stöckholzer von Hirschfeld, k. k. priv. Buchdrucker. Gr. 8°. (2 Mk. 50 Pfg. Friedr. Klüber, 1905.)
48 S. (incl. Titel). Enth. die Artikel: Aber — Exempel (soviel ersch.) u. S. 46 ff. 2 Gedichte: Das Schuster-Gastmahl; Schicksal unbesonnener Mädchen.

Kernfragen, die, bei der Reorganisirung unseres militärischen Erziehungs- und Unterrichtswesens. gr. 8. (127 S.) Wien 875, v. Waldheim. *
Aus: Oesterreichische militärische Zeitschrift, besonders abgedruckt.

Kerngebete, Auserlesene christliche. Ein allgemeines Gebetbuch . . . Nördlingen 1842. H: *Göring*, *Chn Carl Ernst.* (zu)

Kerngebete, auserlesene, christliche, ein allgemeines Gebetbuch, gesammelt u. hrsg. v. Verfass. der Mitgabe fürs Leben. 8. (21 B. u. Titlbld.) Nördlingen 842, Beck'sche Buchh.

Kerngebete, kurze, f. Kranke. Größtentheils aus den Schriften des hl. Alphonsus Maria v. Liguori u. des ehrw. P. Mart. v. Cochem. gr. 8. (32 S.) Dülmen 894. A. Laumann. Geb. in Leinw. n. — 75

Kernhistori. Europeische K'-H': Oder Summarischer ... Außzug der vornehmsten ... Geschichten Europæ .... Sampt einem Anhang, darinn der jetztlebenden Potentaten ... Namen, Alter ... und Familie beschriben wird. Mit einem vollstendigen Register versehen. 8. Zürich 1701.

Kern-Historie, Europeische: oder summarischer und begreiflicher Auszug der vornehmsten . . . Geschichten Europae. Zürich 1701. V: *Diebold*, *Casp.* (zuwzür)

Kernhistorie all. Künste und Wissensch. 9 Thlr. 8. Leipz. Decr. 748.

Kernhistorien. Kleine K'-H' der interessantesten Begebenheiten vom Anfang der Stadt Basel bis zum Jahre 1712. Nebst den sehenswerthesten Merkwürdigkeiten derselben. 8. Basel 1840.

Kernig z. Kenntniss der Wärmeregulirung beim Menschen Dorpat
Schul-/Univ.-Schrift

Kernig, Woldemar, Experimentelle Beiträge zur Kenntniss der Wärmeregulirung beim Menschen. Diss. Dorpat. 8°. 178 pp.
1864.

Kernig, Wold., experimentelle Beiträge zur Kenntniss der Wärmeregulirung beim Menschen. gr. 8. (VI und 179 S.) Dorpat 864, Gläser's Verlag.

Kerning, J. [d.i. Joh. Baptist Krebs]

Kerning, J. B., Betrachtungen über christliche Wahrheiten f. alle Tage des Jahres. Neuausg. (653 S. m. Bildnis.) 8. Freiburg i/B. 900. (Lorch, K. Rohm.)
Geb. in Halbfrz. n.n. 5.—

Kerning, J. B., Betrachtungen über evangelische Wahrheiten, s.a. Betrachtungen.

Kerning, J. B., Betrachtungen über evangelische Wahrheiten, auf alle Tage des Jahres. Als Beitrag zur wahren Verständigung der heil. Schrift. 12 Lfgn. Januar—Decbr. gr. 16. (735 S.) Stuttgart 850, Schweizerbart. (à 3 ngl) 1 ℛ 6 ngl

Kerning, J. B., drei Blätter aus d. Meisterbuche. (23 S.) kl. 8. Lorch 909. K. Rohm. —20

Vertrauliche Briefe zweier Freimaurer von J. B. Kerning [d. i. Joh. Bapt. Krebs]. Lorch: Rohm 1910. 23 S. 8°. (Separatabdr. aus: Kerning: Maurerische Mitteil.)
Vgl. W. 1832.

Kerning, J. (Joh. Bapt. Krebs), Christentum od. Gott u. Natur nur Eins durch das Wort, s.a. Bibliothek, theosophische.

Kernning, J.: Christentum oder Gott und Natur nur Eins durch das Wort. Von –. (Hrsg.: [M.] Hübbe-Schleiden.) Braunschweig: C. A. Schwetschke & Sohn 1894. (VIII, 240 S.) 8°
= Bibliothek, Theosophische. Bd. 3.

Kerning, J. B., der Freimaurer. gr. 12. Dresden 841, Bromme. 3/4 ℛ

—, *der Freimaurer*. 3. Aufl. (besorgt von *Glökler*). Ulm, Wohler, 1883. Kl. 8°. Ppb.
VIII—269 S. Abth. 1: Das Christenthum. II: Die Freimaurerei in sozialer Beziehung. III: Das Positive der Freimaurerei. — Zuerst gedr. 1841, Dresden, Bromme; rep. ib. 1844. 8°. (Eine holländ. Uebers. erschien Amsterd., van Kesteren, 1845.) — Taute no. 2658—60: „Eine der besseren Schriften des Verfassers" etc. — Vorliegende Ausg. ist Nachdruck der mit der Firma Stuttg., Grüninger (Kerler in Ulm), 1879 ersch. 3. Aufl.

— Geistesblicke in d. Natur. [Aus: „Leben u. Schriften".] (16 S.) kl. 8. Ebd. 909. —10

— die Grundzüge d. Bibel. 2 Abthln. 8. (8½ B.) Stuttgart 838, [Scheible, Rieger u. Sattler.]

— Die Grundzüge d. Bibel. In 2 Abtlgn. (144 S.) kl. 8. Ebd. 908. 1.50; geb. 2.—

Kerning's, J. B., Leben u. Schriften. I. Bd. 1.—4. Hft. 12. Lorch, K. Rohm. à n. —20
1—3. J. B. Kerning. Eine biograph. Skizze von Gottfr. Buchner. Mit dem Bilde Kernings u. e. Anh.: Proben aus Kernings Schriften. (S. 1—72.) (902).
4. Geschichtlicher Ueberblick üb. die Freimaurerei in ihrer wesentlichen Beziehung auf die Geschichte der Menschheit von ihrem Ursprung an bis auf unsere Zeiten. Entnommen aus den ältesten Kunsturkunden u. aus der Konstitution des Prinzen Edwin vom J. 926. (S. 73—96.) (902).

— Leben u. Schriften. I. Bd. 5. Heft. 12. Lorch (903). K. Rohm. n. —20
Styx, Charon, Leiche. Und andere kleinere Schriften. (S. 97—120.)

— Lichtstrahlen vom Orient. Philosophische Betrachtgn. f. Freimaurer. Als Mskr. im J. △ 5841 gedr. Aufs Neue gesammelt u. red. v. Frz. Hartmann. gr. 8. (209 S.) Leipzig (899). [W. Friedrich.] Lotus-Verlag. n. 3. —

— Die Missionäre od. d. Weg z. Lehramte des Christent. (222 S.) kl. 8. Ebd. 904. 2.—; geb. 2.50

— Maurerische Mitteilungen. Mskr. f. Brüder Freimaurer. Neu hrsg. u. m. e. Vorwort versehen v. Gottfr. Buchner. 6 Sammlgn. in 2 Bdn. (1. Bd. 359 S. m. Bildn.) gr. 8. Ebd. 910. 8.—; geb. 10.—

Kernning, J.: Schlüssel zur Geisteswelt od. die Kunst d. Lebens, s.a. Bibliothek, Theosophische.

Kernning, J., Schlüssel zur Geisterwelt, s.a. Schatzgräber, der.

— Der Schlüssel z. Geisterwelt, s.a. Talisman-Bibliothek.

Kerning, J., Schlüssel zur Geisterwelt, od. d. Kunst d. Lebens. gr. 12. (10½ B.) Stuttgart 833, Scheible.

— Schlüssel zur Geisterwelt oder die Kunst des Lebens. gr. 12. Stuttgart 833. Scheible. 5/6 ℛ; jetzt Literatur-Comptoir u. der Pr. n. 5/12 ℛ — N. Ausg. gr. 12. Schwäb. Hall 840. Haspel. 5/6 ℛ

Kerning, J. (d. i. Joh. Bapt. *Krebs*, Opernregisseur in Stuttgart), Schlüssel zur Geisterwelt oder die *Kunst des Lebens*. Neue Aufl. (Auch u. d. Tit.: Der Schatzgräber in christl. Landen. Für Sammler alten und neuen Goldes von *S. Ulmer*. Th. 5.) Stuttgart, J. Scheible, 1855. 16°. 288 S. Cart. *)

Der Schlüssel zur Geisterwelt von J. Kerning. [Bd 1.] Berlin: Georgi [1908]. 8°
1. 63 S.; °2.
(Talisman-Bibl. 15.)
Enth. 2 Erzählungen.

Kerning, J. B., (ausgewählte Schriften. 1. Bd.) der Freimaurer. 2., verm. Aufl. Mit einer Erwiederung: „Was ist Wahrheit?" 12. (13⅓ B.) Dresden 844, Bromme's Verl.

— dass. 2. Bd. Die Missionäre, od. der Weg zum Lehramte des Christenthums. 8. (13¼ B.) Ebds. 844.

— dass. 3. Bd. Christenthum od. Gott u. Natur nur Eins durch das Wort. 8. (14¼ B.) Ebds. 844.

— der Student. Aus d. frühern Mspt. d. Verf. d. „Schlüssel z. Geisterwelt" rc. 8. (7¾ B.) Stuttgart 837, [Scheible, Rieger u. Sattler.]

— der Student. Wissenschaft, Gefühlsleben u. Religion od. Erkenntnis, Empfindg. u. Ausführg. Aus früheren Manuskripten im J. 1837 gedr. Neu red. u. hrsg. v. Paul J. Rohm. 8. (101 S. m. Bildnis.) Wiesbaden (900). (Leipzig, W. Besser). Kart. n. 2.—

— **Testament**, veröffentlicht durch Kama, Censor of the R. O. O. o. S. B. a. S. (16 S. m. 1 Fig.) gr. 8. Berlin 898. Leipzig, M. Altmann. n. — 30

Kerning's Testament. Veröffentlicht v. Kama, Censor of the R. O. O. o. S. B. a. S. 2. Aufl. (25 S.) 8. Leipzig 907. M. Altmann. — 50

Kerning, J., [J. B. Krebs], geschichtlicher Ueberblick der Freimaurerei in ihrer wesentlichen Beziehung auf die Geschichte der Menschheit. 2. Aufl. Stuttgart 860. Fischhaber. 16. (48 S.) 7½ ngr.

– Der Weg zur Unsterblichkeit, auf unläugbare Kräfte der menschlichen Natur gegründet,
s.a. Bibliothek, Theosophische.

— **Wege** zur Unsterblichkeit, auf unläugbare Kräfte der menschl. Natur gegründet. gr. 12. Leipzig u. Stuttgart 833. Scheible's Verlags-Expedition. ½ ℛ; jetzt Literatur-Comptoir u. d. Pr. n. ¼ ℛ — N. Ausg. gr. 12. Schwäb. Hall 840. Haspel. ½ ℛ

—— **Wege** zur Unsterblichkeit, auf unläugbare Kräfte d. menschl. Natur gegründet. Neue Ausg. gr. 12. (7½ B.) Schw. Hall 840, Haspel'sche Buchh.

— **Weisheit** des Orients. Als Mskr. im J. △ 5841 gedr. Aufs Neue gesammelt u. red. von Frz. Hartmann. (Neue [Titel-] Ausg. v. K.'s Lichtstrahlen vom Orient.) 8. (157 S.) Leipzig [899.] 901. Lotus-Verlag. n. 2. —; geb. n. 3. —

®— Weisheit d. Orients. 901. (KBl. 31.) Jetzt: Leipzig, Theosoph. Verlagshaus.

Kerning, J. B., s. Kerning, J.

Kernler, Sebastian [aus Hausen a/A. bei Sigmaringen]: Ein seltener Fall von Magenkrebs ... München, Buchdr. v. M. Ernst, 1893; 23 S. 8.
München, Med. Fak., Inaug.-Diss. v. 1893

Kernlieder, auserlesene christliche, f. Kirche, Schule u. Haus. In original- u. schriftgemäßer Textberichtigung aus d. bewährtesten evang. Kirchengesangbüchern zusammengest. 8. (12⅓ B.) Schweinfurt 810, Wetzstein. *

Kernlieder, geistliche, der deutschen Nation. 8. Hamm, Schulze und Wundermann. 816.

Kernlieder, 150 evangelische, nach ihren Orig.-Texten und Melodieen für vierstimmigen Männergesang. Zunächst für Jünglingsvereine. Auch zum Gebrauche für Seminarien, Prediger- und Lehrerkonferenzen, Männergesangvereine ꝛc. Ein Beitrag zur Belebung des Kirchengesangs (hrsg. von Joh. Meier). br. 8. (VIII und 236 S.) Schaffhausen 856, Brodtmann'sche Buchh.

Kernlieder d. deutschen Soldaten. Eine Liedersammlg. f. alle Waffengattgn. der deutschen Heere. Mit Melodien zusammengestellt v. e. alten Soldaten. 16. (64 S.) Bielefeld 876. Gülker & Co. — 30

Kernning, J., s. Kerning

Kernobstsorten, Deutschlands, s.a. (Aehrenthal, Joh. v.)

Kernobstsorten, Deutschlands, dargestellt in Abbildungen nach der Natur ... Leitmeritz 1833—42. V: *Aehrenthal, Joh. Freih. von.* (BrMm)

Kernobstsorten, Deutschlands, dargest. in Abbildn. nach d. Natur; mit erläuternden Auszügen aus F. A. Diel's Versuch ein. systemat. Beschreib. d. in Deutschl. vorhand. Kernobstsorten. Von ein. wirkl. Mitgliede d. patriot. ökonom. Gesellsch. etc. im Königr. Böhmen. 1. Bd. (10 Hfte.) u. 2. Bd. 1—9. Hft. gr. 4. Prag 833—40, Calve'sche Bh. [1. (à Hft. 4 Taf. à 4 col. Abbild. u. 3¼ B. Text.), 2. (à Hft. 3 Taf. à 4 col. Abbild. u. 3 B. Text.) à H. * 3 Thlr.] *

Kernobstsorten, Deutschlands, dargestellt in Abbild. nach d. Natur mit erläut. Auszügen aus Diel's Beschreibung der in Deutschland vorhand. Kernobstsorten ꝛc. II. Bd. 10. u. 11. Hft. gr. 4. (à 3 lith. u. sauber illum. Taf. u. Text.) Prag 841, 42, Calve'sche Buchh. à n. 3 ℛ
(Beigefügt ist: Verzeichniß derjenigen Obstsorten, welche in den freiherrlich von Aehrenthal'schen Gärten, Anlagen u. Baumschulen auf der Herrschaft Doran u. dem Gute Kleinpriesen, Leitmeritzer Kreises in Böhmen vorhanden sind. gr. 8.)

— dass. III. Bd. 1.—7. Heft. Mit à 3 illum. Kupf. Ebend. 843—45. à n. 3 ℛ

Kernobstsorten, die wichtigsten deutschen, in farbigen naturgetreuen Abbildungen v. Walt. Müller, hrsg. im engen Anschluß an die „Statistik der deutschen Kernobstsorten" v. R. Goethe, Herm. Degenkolb u. Reinh. Mertens u. unter Leitg. der Obst- u. Weinbau-Abteilg. der deutschen Landwirtschafts-Gesellschaft. 24 Lfgn. Lex.-8. (94 farb. Taf. m. 94 Bl. u. IV, 33 S. Text.) Gera 891—893. A. Nugel. à n. — 60 (kplt.: n. 12. —; geb. in Leinw. n. 15. —)

— dasselbe. Ergänzungsbd. Lex.-8. (13 farb. Taf. m. III S. u. 10 Bl. Text.) Ebd. 894. n. 2. —

Kernobstsorten, die wichtigsten deutschen, neue Ausg., s.: Aepfel u. Birnen.

Kernpunkt, der bisher verheimlichte, der socialen Frage oder der Feudalismus als Grundlage constitutioneller Freiheit. Ueber semit. u. german. Socialismus u. die Beziehungen der Racen- u. Rentenfrage. Offenes Sendschreiben vom Mann aus dem Monde (D. Beta). gr. 8. (32 S.) Leipzig 876. Schulze & Co. n. — 80

Kernpunkt, der bisher verheimlichte, der socialen Frage od. der Feudalismus als Grundlage constitutioneller Freiheit. Ueber semit. u. germ. Socialismus u. die Beziehungen der Racen- u. Rentenfrage. Offenes Sendschreiben v. Mann aus dem Monde (D. Beta). 2. Aufl. gr. 8. (32 S.) Leipzig 877. Schulze & Co. in Comm. n. — 80

Kernreuter, Jos. Karl, die Grundzüge der Socialreform auf deutsch-nationaler Grundlage, s.: Reden, zwei, geh. in der Versammlung des „Deutschen Volksvereins" aus Wien in Judenburg

Kern's Haus-Sekretär. Ein vollständiger Briefsteller für die mannichfaltigsten Fälle des Lebens, sämmtliche Titulaturen, die Regeln beim Briefschreiben, Eingangs- und Schlußformeln und viele Musterbriefe enthaltend: ein prakt. Rathgeber bei schriftlichen Aufsätzen in kaufmännischen und andern Angelegenheiten. Nebst kurzem Abriß der deutschen Sprachlehre. gr. 16. (IV und 235 S.) Breslau 856, Kern.

Kern's Konsulent für den preuß. Staatsbürger, für Geschäfts- und Gewerbetreibende, Landwirthe und alle Beamtete. Enthaltend die wichtigsten neuen Gesetze und Verordnungen, nebst dem neuen Verfahren in Prozeß-Sachen ꝛc. 1—9. Lfg. oder 1. Bd. und 2. Bd. 1—4. Lfg. gr. 16. Breslau, Kern. [1. Bd. (338 S.) 2. Bd. (IV und S. 1—323.) 850—52. à Lfg. 4 Ngr.]

— Konsulent für den preuß. Staatsbürger ꝛc. Enthaltend die wichtigsten neuen Gesetze und Verordnungen, nebst dem neuen Verfahren in Prozeß-Sachen ꝛc. 10. Lfg. oder II. Bd. 5. (letzte) Lfg. gr. 16. (VIII und 56 S.) Breslau 853, Kern.

— — 2. u. 3. Aufl. 2 Bde. Ebend. 853. 16. (1. Bd.: VIII, 394 S.; 2. Bd.: IV, 153, 170 S.) 1 ℛ. 10 ngr

— dass. — Neue Folge. I. Heft.: Enthaltend die wichtigsten neuen Gesetze aus den J. 1854 und 1855. gr. 16. (II und 180 S.) Ebds. 855.

— dass. — Neue Folge. 2. Heft.: Enthaltend die wichtigsten neuen Gesetze aus dem J. 1856. gr. 16. (110 S.) Ebds. 856.

Kern's, Dr. J. C., Lebensskizze, s. Kesselring, H.

Kern's (I.), Notizbuch für jeden Tag des Jahres 186—. 8. und 9. Jahrg. Mit Münzvergleichungs-, Zinsenberechnungs- und Gewichtsreductions-Tabellen, Notizen über Geld ꝛc. ꝛc. 12. (à Jahrg. 226 S.) Breslau 860. 61, Kern. geb. à Jahrg. *
Durchschossen à Jahrg. *
Vgl.: Notizbuch.

Kern's (I.), Notizbuch für jeden Tag des Jahres. 10.—15. Jahrg. Mit Münzvergleichungs-, Zinsenberechnungs- und Gewichtsreduktions-Tabellen, Notizen über Geld ꝛc. 12. (à Jahrg. 236 S.) Breslau 862—67, Kern's Verlag. geb. à Jahrg. *
Durchschossen à Jahrg. *

Kern's Notizbuch für jeden Tag der J. 1868—1875. 15.—21. Jahrg. Mit Tab. und Notizen über Geld, gilt. und ungilt. Banknoten, Maße und Gewichte. 16. (à ca. 245 S.) Breslau, Kern's Verlag. à Jahrg. geb. in Lwd. * 1 —
durchschossen * 1 50
geb. in Leder * 2 —

Kern's Notiz-Buch für jeden Tag des J. 1876—1879. 22.—25. Jahrg. Mit Tabellen und Notizen über Geld, gilt. und ungilt. Banknoten, Maße, Gewichte ꝛc. 16. (244; 243; 338; 240 S.) Breslau, Kern's Verlag. geb. à Jahrg. *
durchschossen à Jahrg. *
Nicht weiter erschienen.

Kerns und Umgebung. Mit Illustrationen. Hrg. vom Verschönerungsverein Kerns 1904. II + 32 S. 8. (Stans, Karl Engelberger.)

Kernsprüche zum Auswendiglernen f. Kinder u. als Stoff zu Katechisationen f. Elementarschulen. 1. Aufl. Itzehoe 835. (Heide, Pauly.) 2½ Gr., 2. verb. A. 12. (à 2 B.) Kiel 840, Bünsow.

Kern-Sprüche, biblische. Hameln (857.) Labuske. (Leipzig, Naundorf.) (1 Bgn. in Fol.) 1 ngr

Kern-Sprüche, biblische. (1 Bog. in Fol.) Hameln 857, [Schmidt und Suckert.]
In Etui in 72. *

Kernsprüche, bibl., nebst Liederverzeichnis f. d. höh. Schulen d. Prov. Hannover. (32 S.) 8. Hannover 907. C. Meyer. — 25

Kern-Sprüche, deutsche. Fol. (20 Bl. m. eingedr. altertüml. Holzschn.-Facsms.) München 884. Knorr & Hirth. In Mappe n. 6. —; Ausg. f. Oesterreich n. 6. —

Kern-Sprüche aus dem Ewig-Evangelium v. dem Erfinder der Entzifferung alt-ägyptischer Hieroglyphen. gr. 8 (IV, 34 S.) Chemnitz 894. M. Winter. n. 2. —

Kernsprüche, des Priesters, in der Verwaltung des Bußgeschäftes, s. a. Priesters, des, Kernsprüche.

Kernsprüche, des Priesters, zunächst in der Verwaltung des heiligen Bußgeschäftes, zusammengetragen von einem Beichtvater. Klagenfurt 853. Leon. 12. (IX, 183 S. u. 1 Kpfrst.) 12 ngr

Kernsprüche a. d. heil. Schrift m. Reimgebetlein ꝛc. 16. Frankf. Gebhar. t u. K. 788.

— für Volksschulen, gesamm. v. einigen Lehrern d. Bürgerschule zu Grimma. 1. u. 2. unveränd. Aufl. 8. (1 B.) Grimma 837, 41, Verlags-Comptoir. à *

Kernsprüche aus den Werken der heiligen Theresia von Jesu und des heiligen Johannes vom Kreuz, nebst Gebeten und Andachten. gr. 16. (XVI und 368 S.) Mainz 867, Kupferberg.

Kernsprüchlein u. Stammbuchverse, 100, f. Freunde d. Gesundheitspflege u. naturgemäßer Lebenslehre, s.: Möller's, Wilh., Biblioth. f. Gesundheitspflege u. Volksaufklärung.

Kern- u. Kraft-Stellen, s. J. F. W. Motz.

Kern- und Kraftstellen über wichtige Gegenstände aus D. Martin Luthers Schriften gezogen . . . Leipzig 1797. H: *Motz, Joh. Frdr. Wilh.* (MGT) (Ky)

— üb. wichtige Gegenstände, aus Dr. M. Luthers Schriften gezogen (v. J. F. W. Motz). gr. 8. Leipz.... 2e Aufl. mit f. Namen 804. Mittler. 12 K

Kern- u. Kraftstellen des N. Testaments, übersetzt u. erläut. für Leser v. Geschmack. 8. Heerborn 811. (Krieger in Marb.) 20 K

Kernstellen aus Jeremias Gotthelf's Schriften. (Gesammelt von Otto Meißner.) 1. Thl. 32. (IV und 200 S.) Hamburg 851, Meißner und Schirges.

Kernstock, E.

— Die Flechten von Bozen und Umgebung. 83. Bozen R. 83. Progr.

Kernstock E.: Die pflanzlichen Parasiten des Menschen. (Neuester Stand der Frage über Infectionskrankheiten.) (19.) Bozen R. 78. Progr.

Kernstock, E., Tabelle zur Bestimmung der Zierhölzer, Blatt- und Decorationspflanzen nach dem Laube. gr. 8. (36 S.) Bozen 886, Promperger. * 1 —

Kernstock, Ernst, die europäischen Cadonien. Ein Orientierungsbehelf. Progr. gr. 8. (36 S.) Klagenfurt 900. (F. v. Kleinmayr). n. 1. —

Kernstock, O., J. C. Hackhofers Festenburger Gemälde. Mit 1 Titelbilde u. 5 Taf. (25 S.) Lex.-8. Festenburg 903. Graz, Styria. n. 1. —
Sonderabdruck aus: „Kirchenschmuck".

Kernstock, O., unter der Linde. Gedichte. (178 S.) kl. 8. München (905). Braun & Schneider. Geb. in Leinw. n. 3.50

Kernstock, O., Turmschwalben. Gedichte. (148 S. m. Bildnis.) kl. 8. München (908). Braun & Schneider. Geb. in Leinw. 3. —

Kernstock, O., aus dem Zwingergärtlein. Gedichte. 8. (184 S.) München (901). Braun & Schneider. Geb. in Leinw. n. 3.50

Kerntler, Fr., Erfahrungen aus der Praxis der Rothweinbereitung. [Aus: „Annalen der Oenol."] gr. 8. (18 S.) Heidelberg 878. C. Winter. n. — 60

Kerntler, Frz., das Ampère'sche elektrodynamische Elementarpotential. (17 S.) gr. 8. Budapest (II, Albrechtstr.) 903. Frz. Kerntler. — 50

— die Ermittlung der richtigen elektrodynamischen Elementargesetze auf Grund allgemein anerkannter Thatsachen u. auf dem Wege einfacher Anschauung. (29 S.) gr. 8. Ebd. 905. — 50

Kerntler, Frz., d. elektrodynamischen Grundgesetze u. d. eigentl. Elementargesetz. gr. 8 (VII, 68 S.) Budapest n. 897. (Leipzig, B. G. Teubner.) n. 2. —

— die Möglichkeit e. experiment. Entscheidg. zwisch. d. verschied. elektrodynam. Grundgesetzen. Nachtrag zu d. Abhandlg.: „D. elektrodynam. Grundgesetze u. d. eigentl. Elementargesetz". gr. 8. (18 S.) Ebd. 898. — 50

Kerntler, Frz., die Unität des absoluten Maass-Systems in Bezug auf magnetische u. elektrische Grössen. gr. 8. (VII, 46 S.) Budapest 899. (Leipzig, B. G. Teubner). n. 1. 50

Kernwart, E. A., s. a.: Weber, Arth.

— s.: Bibliothek berühmter Mystiker.

— s.: Uttarâ Gîtâ, die.

Kernwart, E. A., s.: Vedanta-Philosophie.

— die materialistische Weltanschauung — e. überwundener Standpunkt. 8. (VIII, 96 S.) Leipzig (902). Jaeger. n. 1. 50; geb. n. 2. 50

Ⓑ — Materialist. Weltanschauung. 902. (KBL.31.) Jetzt: Leipzig, Theosoph. Centralbuchh.

Kernworte unseres Alt-Kanzlers. [Titel-Ausg. v. „Lichtstrahlen aus Bismarcks Reden, Briefen u. Gesprächen".] 8. (V, 181 S.) Berlin 893. R. Eckstein Nachf. n. 1. 50

Kernworte Bismarcks 1847—1885. Festgabe zur Jubelfeier des Reichskanzlers. gr. 8. (XVI, 96 S.) Leipzig 885, Findel. * 1 —

— Bismarcks 1847—1885. Festgabe zur Jubelfeier des Reichskanzlers. Von Dr. . . . . t. Billige (Titel-)Ausg. 8. (XVI, 96 S.) Leipzig 894. J. G. Findel. — 60

Kern- und Kraftworte für Deutsche. [Leipz. 1813.] V: *Arndt, Ernst Moritz.* (GGr)

Kernworte, republikanische, zur Beherzigung aller Eidgenossen. Aus Johs. v. Müller's Schweizergeschichte gesammelt. 16. (53 S.) Winterthur 855, Steiner'sche Buchh.

Kerp, Heinrich: Die außereuropäischen Erdteile nebst den deutschen Kolonien. Von Heinrich Kerp, Lehrer. Trier: Lintz 1904. (XII, 356 S.) 8⁰
= Kerp: Method. Lehrbuch e. begründ.-vergl. Erdkunde Bd 3.

Kerp, Heinr., d. Erziehung zur Tat zum nation. Lebenswerk. (192 S.) gr. 8. Breslau 907. F. Hirt. 2. 50

Kerp, H., Führer bei dem Unterrichte in der Heimatkunde. Methodische Erörtergn., nebst e. Anleitung zur gründl. Erteilg. dieses Unterrichts. Mit 10 Zeichngn. u. Skizzen. gr. 8. (114 S.) Breslau 890. F. Hirt. n. 1. 50

Kerp, Heinr., Führer bei d. Unterrichte in d. Heimatkunde. Nach begründ. Methode u. mit vorwieg. Betrachtg. d. Kulturbildes d. Heimat. M. 10 Zeichngn. u. Skizzen. 2., erweit. Aufl. gr. 8. (168 S.) Breslau 897. F. Hirt. n. 2. 25

Kerp, Heinr., Führer bei dem Unterrichte in der Heimatkunde. Nach begründ. Methode u. m. vorwieg. Betrachtg. des Kulturbildes der Heimat. Mit 10 Zeichngn. u. Skizzen. 3., durchgeseh. Aufl. (168 S.) gr. 8. Breslau 904. F. Hirt. n. 2. 25

— Führer bei d. Unterricht in d. Heimatkunde. Nach begr. Methode u. m. vorwieg. Betrachtg. des Kulturbildes der Heimat. 4., durchgeseh. u. ergänzte Aufl. (179 S. m. 10 Zeichngn. u. Skizzen.) gr. 8. Ebd. 910.
Geb. in Leinw. nn 2. 75

Kerp's, Heinr., Heimatkunden. 1. u. 2. Hft. gr. 8. Trier, F. Lintz. n. — 85
1. Heimatkunde des Reg.-Bez. Trier. Nach begründ. Methode bearb. Von Heinr. Kerp. (55 S. m. 14 Abb.) 900. n. — 35
2. Heimatkunde des Reg.-Bez. Cöln. In anschaul. u. begründ. Darstellung. Von Jos. Kerp. Mit 11 Abbildgn. (81 S.) 901. n. — 50

— s.: Hirt's, Ferd., neues Realienbuch.

— Die deutsch. Kolonien. [Aus: „Method. Lehrb. e. begründend-vergleich. Erdkunde".] (43 S. m. 10 Abb.) gr. 8. Trier 907. F. Lintz. Kart. — 60

— Landeskunde v. Skandinavien, s. a. Sammlung Göschen.

Kerp, Heinrich: Landeskunde von Skandinavien Schweden, Norwegen u. Dänemark von —. Mit 11 Abb. z. 1 Kt. Leipzig: Göschen 1904. 138 S. 8⁰
(Sammlung Göschen. 202.)

Die deutschen Landschaften. '(Das deutsche Reich u. d. Schweiz)'. Nebst e. Method. d. erdkundl. Unterr. Von Heinrich Kerp ... *Bonn a. Rh.: A. Henry 1896.* (XIV, 424 S.) 1 Bd 8.
— Kerp, H.: Method. Lehrbuch e. begründ.-vergl. Erdkunde. Bd I. [96.7135]

Kerp, Heinrich: Die Deutschen Landschaften. Das Deutsche Reich u. die Schweiz. Von —. 2. Aufl. Trier: F. Lintz 1902. (VIII, 368 S.) 8⁰
= Kerp: Method. Lehrbuch e. begründ.-vergl. Erdkunde. Einl. T. Bd. 1.

Kerp, Heinrich: Die Landschaften Europas. Mit 4 Taf. Zeichnungen. Von Heinrich Kerp, Lehrer zu Bonn. Trier: F. Lintz 1900. (XIII, 458 S.) 8⁰
= Kerp: Method. Lehrbuch e. begründ.-vergl. Erdkunde. Bd. 2.

Kerp, Heinrich: Die Landschaften Europas. Mit 2 Taf. Zeichnungen. Von Heinrich Kerp, Kreisschulinsp. 2. verb. Aufl. Trier: F. Lintz 1905. (XIV, 420 S) 8⁰
= Kerp: Method. Lehrbuch e. begründ.-vergl. Erdkunde. Bd. 2.

Kerp, Heinrich: Lehrbuch der Erdkunde von —. Mit 65 Abb. Trier: F. Lintz 1903. (VII, 439 S.) 8⁰

Kerp, Heinrich: Lehrbuch der Erdkunde. Von Heinrich Kerp, Lehrer. Ausg. B. Mit 36 Abb. Trier: F. Lintz 1904. (202 S.) 8⁰

— Lehrbuch der Erdkunde. 2. u. 3. Aufl. (VIII, 426 S. m. 69 Abbildgn.) gr. 8. Trier 905. F. Lintz. n. 4. —; geb. in Leinw. n. 4. 50

— dasselbe. Ausg. B. 2. u. 3. verm. Aufl. (IV, 209 S. m. 36 Abbildgn.) gr. 8. Ebd. 906. n. 2. —; geb. n. 2. 60

— dasselbe. Ausg. C. Kleine Ausg. (IV, 158 S. m. 14 Abbildgn.) gr. 8. Ebd. 906. Kart. n. 1. 50

— Lehrbuch d. Erdkunde. 6., 7. u. 8. Aufl. (VIII, 447 S. m. 113 Abb.) gr. 8. Ebd. 909. 3.60; geb. 4.20

— dasselbe. Ausg. B. 6.—9. durchgeseh. Aufl. Mit 1 Titelb., 41 Abb. im Text u. 36 Typenbildern im Bilderanh. (IV, 257 u. 24 S.) gr. 8. Ebd. 910. 2.40; geb. n 3.—

— dasselbe. Ausg. D f. weibl. Bildungsanstalten. 1.—4. Heft. 8. Ebd. 6.70
1. (IV, 40 S. m. 14 Abb. u. 1 Taf.) 909. Kart. — 60
2. Mit 1 Titelbilde, 38 Abbildgn. im Text u. 36 Typenbildern im Bilderanh. (IV, 182 u. 24 S.) 909. 2.20
3. Mit 1 Titelbilde, 30 Abb. im Text u. 20 Typenbildern im Bilderanh. (IV, 208 u. 16 S.) 910. 2.40
4. Mit 1 Titelbilde, 30 Abb. im Text u. 13 Typenbildern im Bilderanh. (IV, 118 u. 8. S.) 910. 1.50

— Kleines Lehrbuch der Erdkunde. Ausg. C. I. u. II. gr. 8. Ebd. 909. 1.50; in 1 Leinw.-Bd. 1.80
I. Die deutschen Landschaften. 2.—4. Aufl. (64 S. m. 16 Abbildgn.) — 60
II. Europa u. die übr. Erdteile nebst e. kurzen Handelsgeographie u. mathemat. Erdkunde. 2.—4. Aufl. (IV, 131 S. m. 20 Abbildgn.) — 90

— methodisches Lehrbuch e. begründend-vergleichenden Erdkunde. Mit begründ. Darstellung der Wirtschafts- u. Kulturgeographie. Einleitender Tl.: Die Methodik d. erdkundl. Unterrichts. 1. u. 2. Bd. gr. 8. Ebd. n. 8.40; geb. in Leinw. n. 10.20
I. Die deutschen Landschaften. (Das Deutsche Reich u. die Schweiz.) 2. Aufl. (VIII, 368 S.) 902. n. 3.80; geb. n. 4.60
II. Die Landschaften Europas. Mit 4 Taf. Zeichngn. (XIV, 458 S.) 900. n. 4.60; geb. n. 5.60

— methodisches Lehrbuch e. begründend-vergleichenden Erdkunde. Mit begründ. Darstellg. der Wirtschafts- u. Kulturgeographie. II. u. III. Bd. gr. 8. Ebd. n. 8.—; geb. in Leinw. n. 9.60
II. Die Landschaften Europas. Mit 2 Taf. Zeichngn, 2. verb. Aufl. (XVI, 420 S.) 905. n. 3.80; geb. n. 4.60
III. Die aussereuropäischen Erdteile nebst den deutschen Kolonien. (XII, 356 S.) 904. n. 4.20; geb. n. 5.—

— Method. Lehrbuch e. begründend-vergleichenden Erdkunde. Einleitender Tl.: Die Methodik des erdkundl. Unterrichts. 3. u. 4. verm. Aufl. (XVI, 199 S.) gr. 8. Ebd. 908. 2.40; geb. 2.90

— dasselbe. Mit begründ. Darstellg. der Wirtschafts- u. Kulturgeographie. 1.—3. Bd. gr. 8. Ebd. 12.10; geb. in Leinw. 14.20
1. Die deutschen Landschaften. (Das Deutsche Reich u. die Schweiz.) 3. u. 4. Aufl. (VIII, 371 S. m. 11 Abbild.) 907. 3.50; geb. 4.20
2. Die Landschaften Europas. Mit 4 Zeichngn. u. 2 Taf. Zeichngn. 3. u. 4. Aufl. (XVI, 408 S.) 908. 4.40; geb. 5.—
3. Die aussereuropäischen Erdteile nebst den deutschen Kolonien. 2. u. 3. Aufl. Mit 7 Zeichngn. (VIII, 382 S.) 907. 4.20; geb. 5.

Kerp, Heinrich: Die Methodik des erdkundlichen Unterrichts. Von Heinrich Kerp, Lehrer, Bonn. 2. stark verm. Aufl. Trier: F. Lintz 1902. (XVI, 183 S.) 8°
[Die 1. Bearb. ist in Kerp: Die deutschen Landschaften. 1896 = Kerp: Method. Lehrbuch 1 enthalten.]
= Kerp: Method. Lehrbuch e. begründ.-vergl. Erdkunde. Einl. T.

— die erdkundlichen Raumvorstellungen. Als 1. Tl. einer erdkundl. Anschauungskunst. Mit 33 Zeichngn., darunter 28 Orig.-Zeichngn. gr. 8. (XIX, 182 S.) Berlin 899. D. Reimer. n. 3.60; kart. n. 4.—

— am Rhein, s.a. Land u. Leute. X.

Am Rhein. Die Rheinlande von Frankfurt bis Düsseldorf u. d. Thäler d. rhein. Schiefergebirges. Von H[einrich] Kerp. Mit 182 Abb. u. 1 Karte. *Bielefeld & Leipzig: Velhagen & Klasing 1901.* (183 S.) 4°(8°) [F.]
— Land u. Leute. 10. [01. 951]

Kerp, Heinrich: Am Rhein. Von —. Mit 192 Abb. u. 1. Kt. 2. Aufl. Bielefeld & Leipzig: Velhagen & Klasing 1908. 201 S. 4° (8°)
(Land u. Leute. 10.)

— die Rheinprovinz, s.a. Landeskunde Preußens. 1. Hft.

Kerp, Heinrich: Die Rheinprovinz bearb. von —. Mit 33 Abb. (Ausg. A.) Berlin u. Stuttgart: W. Spemann 1901. (IV, 140 S.) 8°
= Landeskunde Preussens. H. 1.

Kerp, Jos., Heimatkunde des Reg.-Bez. Cöln, s.: Kerp's, H., Heimatkunden.

Kerp, (Math. Wilh.) Betracht. u. Gebete üb. d. Leiden u. Sterben Jesu Christi. Als Andachtsüb. zunächst z. Gebrauche bei d. sogen. Römerfahrt. 8. Köln 824, Dü-Mont-Sch.

Kerp, Matth. Wlh., s. Jamin, Dom., Placidus an Maclovia über die Scrupel.

— s. J. Merlo Horstii Aphorismi.

— Rede üb. das Evangel. Johannis 10, 11 — 16. bei Gelegenheit d. 13stündig. Gebets zu Erflehung ꝛc. f. Sr. Erzbischöfl. Gnaden Ferd. Aug. Spiegel, Graf zu Desenberg. gr. 8. Köln ... Dü-Mont-Schauberg. 2 K

— Rede üb. d. Gewißheit e. zukünftigen Lebens. gr. 8. Köln 826, Dü-Mont-Schauberg.

Kerp, M. W., Trauerrede zum Andenken d. Grafen F. Leopold zu Stolberg. gr. 8. Kölln, Dümont-Schauberg. 820.

Kerp, P. [Red.], s. Winzerzeitung

Kerp, Pet., Feldmessen, Nivellieren u. Zeichnen. Ein Unterrichtsbuch f. landwirtschaftl. Lehranstalten. gr. 8. (VIII, 99 S. m. 109 Abb. u. 8 Taf.) Stuttgart 897. E. Ulmer. Kart. n. 1.80

Kerp, Pet., Führer durch Saarburg u. Umgegend. 12. (52 S. m. 5 Illustr.) Saarburg 895. (R. Hegner.) n.n. — 25

Kerp, Wilhelm

Kerp, W. [aus Düsseldorf]: Beiträge zur Kenntniss der asymmetrischen Dimethylbernsteinsäure, des Mesitenlactons und der Isodehydracetsäure. . . . Bonn, Druck v. Peter Neusser, 1890; 68 S. + 1 Bl. 8°
Bonn, Phil. Fak., Inaug.-Diss. v. [12. Aug.] 1890

Kerp, W., s.: Jahresbericht üb. d. Fortschritte d. Chemie.

Kerpely, A. von, s. Kerpely, Anton K. von

Kerpely, Ant. K., die Anlage und Einrichtung der Eisenhütten. Ausführliches prakt. Handbuch für Hüttentechniker, Hüttenbesitzer und Ingenieure, sowie für Studirende der Bergwissenschaften. 1. Lfg. gr. 8. (176 S. mit Holzschn. im Text und 1 Atlas von 17 lithogr. Taf. in qu. Fol.) Leipzig 873, Felix. *

Kerpely, Ant. Ritter v., die Anlage und Einrichtung der Eisenhütten. Ausführliches prakt. Handbuch für Hüttentechniker, Hüttenbesitzer und Ingenieure, sowie für Studirende der Bergwissenschaften. 2. Lfg. Mit einem Atlas von 22 lithogr. Taf. (in qu. gr. Fol.). gr. 8. (S. 177—320.) Leipzig 876, Felix.

Kerpely, Ant. Ritter v., die Anlage und Einrichtung der Eisenhütten. Ausführl. prakt. Handbuch für Hüttentechniker, Hüttenbesitzer und Ingenieure, sowie für Studirende der Bergwissenschaften. 1. Bd. 3.—7. (Schluss-)Lfg. gr. 8. Leipzig, Felix. [3. Lfg. (S. 321—416 mit 1 Atlas von 10 lithogr. Taf. in qu. gr. Fol.) 880. *M 11.; 4. Lfg. (S. 417—528 mit 1 Atlas von 16 lithogr. Taf. in qu. gr. Fol.) 880. *M 16.; 5. Lfg. (S. 529—624 mit 1 Atlas von 14 lithogr. Taf. in qu. gr. Fol.) 881. *M 15.; 6. Lfg. (S. 625—720 mit 1 Atlas von 19 lithogr. Taf. in qu. gr. Fol.) 883. *M 19.; 7. Lfg. (XVII, S. 721—832 mit 1 Atlas von 16 lithogr. Taf. in qu. gr. Fol.) 881. *M 19.] *

Kerpely, A. von, s.a. Bericht über die Fortschritte der Eisenhütten-Technik.

Kerpely, A. K., Bericht über die Fortschritte der Eisenhütten-Technik in den J. 1864 und 1865. 1. und 2. Jahrg. Nebst einem Anh., enth. die Fortschritte der andern metallurg. Gewerbe. gr. 8. Leipzig 866,67. [1. Jahrg. (XII und 310 S. mit 9 Stnt. in Imp.-4.) * 4 Thlr., 2. Jahrg. (X und 268 S. mit 5 Stnt. in qu. gr. Fol.) * 3 Thlr. 20 Ngr.] *

—— Bericht über die Fortschritte der Eisenhütten-Technik in den J. 1866—1870. Nebst einem Anhang, enth. die Fortschritte der anderen metallurg. Gewerbe. 3.—7. Jahrg. gr. 8. Leipzig, Felix. [3. Jahrg. (XII, 280 S. mit 7 lithogr. Taf. in qu. Fol. und 2 Tab. in qu. Fol.) 869; 4. Jahrg. (XVI, 365 S. mit 7 lithogr. Taf. in qu. Fol.) 870; 5. Jahrg. (XIII, 341 S. mit 6 lithogr. Taf. in qu. Fol.) 871; 6. Jahrg. (X, 325 S. mit 6 lithogr. Taf. in 4. und qu. Fol.) 872; 7. Jahrg. (XII, 444 S. mit 8 lithogr. Taf. in 4. und qu. Fol.) 874.] 3. Jahrg. *
4.—6. Jahrg. à *
7. Jahrg. *

—— dass. — in den J. 1871, 1872 und 1873. Nebst einem Anh., enth. die Fortschritte der anderen metallurg. Gewerbe. 8.—10. Jahrg. gr. 8. (XIII, 889 S. mit 14 lithogr. Taf. in qu. Fol., mehreren eingedr. Holzschn. und einem alphabet. Inhaltsverzeichnisse über die Jahrg. VI—X.) Ebendas. 875. *

—— Bericht über die Fortschritte der Eisenhütten-Technik in den J. 1874—1877. Nebst einem Anhang, enth. die Fortschritte der anderen metallurg. Gewerbe. 11.—14. Jahrg. gr. 8. Ebendas. [11. Jahrg. (VIII, 404 S. mit 9 lithogr. Taf. in qu. Fol.) 877. *M 18.; 12. Jahrg, (IX, 436 S. mit 9 lithogr. Taf. in qu. Fol.) 878. *M 19.; 13. und 14. Jahrg. (XI, 567 S. mit 13 lithogr. Taf. in qu. Fol.) 879. *M 30.]

— dasselbe, im J. 1878. Nebst einem Anh., enth. die Fortschritte d. übrigen metallurg. Gewerbe. 15. Jahrg. Mit 10 lith. Tafeln. gr. 8. (X, 475 S.) Ebend. 881. n. 24. —

— Bericht üb. die Fortschritte der Eisenhütten-Technik in den J. 1879 u. 1880. Nebst e. Anh., enth. die Fortschritte der übrigen metallurg. Gewerbe. 16. u. 17. Jahrg. Mit 14 lith. Taf. gr. 8. (X, 461 S.) Ebend. 883. n. 28. —

Kerpely, Ant. Ritter v., Bericht über die Fortschritte der Eisenhütten-Technik in den J. 1881 und 1882. Nebst einem Anhang, enthaltend die Fortschritte der übrigen metallurg. Gewerbe. 18. und 19. Jahrg. gr. 8. (X, 433 S. mit 16 lithogr. Taf.) Leipzig 885, Felix. ** 28 —
—— dass. — im J. 1883. Nebst einem Anhang, enthaltend die Fortschritte der übrigen metallurg. Gewerbe. 20. Jahrg. gr. 8. (VIII, 320 S. mit 10 lithogr. Taf.) Ebendas. 886. ** 19 —
—— dass. — in den J. 1884 und 1885. Nebst einem Anhang, enthaltend die Fortschritte der übrigen metallurg. Gewerbe. Hrsg. von Bernh. Kosmann. Neue Folge. 1. und 2. Jahrg. [Der ganzen Reihe 21. und 22. Jahrg.] gr. 8. (X, 407 S. mit 15 lithogr. Taf.) Ebendas. 887. ** 30 —
—— dass. — im J. 1886. Nebst einem Anhang, enthaltend die Fortschritte der übrigen metallurg. Gewerbe. Hrsg. von Bernh. Kosmann. Neue Folge. 3. Jahrg. [Der ganzen Reihe 23. Jahrg.] gr. 8. (XIII, 362 S. mit 15 lithogr. Taf.) Ebendas. 888. ** 24 —

Kerpely's, Ant. v., Bericht üb. die Fortschritte der Eisenhütten-Technik im J. 1887—1889. Nebst e. Anh., enth. die Fortschritte der übrigen metallurg. Gewerbe. Hrsg. v. Bernh. Kosmann. Neue Folge. 4.—6. Jahrg. [Der ganzen Reihe 24.—26. Jahrg.] gr. 8. (X, 304 S. m. 10 lithogr. Taf.; X, 349 S. m. 12 lithogr. Taf.; XVI, 388 S. m. 281 Abbildgn. u. 2 autogr. Taf.) Lpz. 889—92, Felix. 4. Jahrg. ** 21 —; 5. u. 6. Jahrg. à ** 25 —

— dasselbe im J. 1890/91. Nebst e. Anh., enth. die Fortschritte der übr. metallurg. Gewerbe. Neue Folge. 7. u. 8. Jahrg. (Der ganzen Reihe 27. u. 28. Jahrg.) 2 Thle gr. 8. Ebd. n.n. 50 —
1. (440 S. m. 350 Abbildgn.) 894. n.n. 26. —. — 2. (XXIII u. S. 441—797 m. 294 Abbildgn.) 895. n.n. 24. —.

Kerpely's, Ant. v., Bericht üb. d. Fortschritte der Eisenhütten-Technik im J. 1892. Hrsg. v. Thdr. Beckert. Neue Folge. 9. Jahrg. (D. ganzen Reihe 29. Jahrg.) gr. 8. (XV, 396 S. m. 393 Abb.) Leipzig 896. A. Felix. n.n. 23. —

— dasselbe im J. 1893. Hrsg. von Thdr. Beckert. Neue Folge. 10. Jahrg. (D. ganzen Reihe 30. Jahrg.) gr. 8. (XII, 362 S. m. 277 Abb.) Ebd. 897. n.n. 22. —

Kerpely's, Ant. v., Bericht über die Fortschritte der Eisenhütten-Technik in d. J. 1894—1898. Hrsg. von Thdr. Beckert. Neue Folge. 11.—15. Jahrg. (Der ganzen Reihe 31.—35. Jahrg.) gr. 8. Leipzig, A. Felix. n.n. 63. 50
1894. (VIII, 224 S. m. 176 Abbildgn.) 899. n.n. 12. —
1895. (VIII, 211 S. m. 155 Abbildgn.) 899. n.n. 12. —
1896. (VIII, 195 S. m. 162 Abbildgn.) 901. n.n. 12. —
1897. (VIII, 219 S. m. 186 Abbildgn.) 901. n.n. 13. 50
1898. (VIII, 240 S. m. 187 Abbildgn.) 902. n.n. 14. —

— Eisen u. Stahl auf der Weltausstellung in Paris im J. 1878. Bericht an das königl. ungar. Finanzministerium. Mit zahlreichen (eingedr.) Holzschn. u. 11 lith. Taf. gr. 4. (VII, 200 S.) Ebend. 879. n. 16. —

—— das Eisen auf der Wiener Weltausstellung 1873. [Bericht an das königl. ungar. Finanz-Ministerium.] 8. (229 S. mit 16 eingedr. Holzschn. und 4 lithogr. Taf. in qu. 4.) Schemnitz 873, Joerges. *

— über Eisenbahnschienen. [Versuche u. Studien.] Mit zahlreichen (eingedr.) Holzschn. u. 18 lith. u. Naturabdr.-Taf. gr. 4. (III, 60 S.) Ebend. 878. n. 15. —

Kerpely, A. Das Eisenhüttenwesen in Ungarn. sein Zustand und seine Zukunft. Schemnitz. 1872.

Kerpely, A. v. Die Eisenindustrie Ungarns. Budapest 1885.

—— Ungarn's Eisensteine und Eisenhütten-Erzeugnisse mit besond. Berücksicht. der wichtigsten chemischen und physikalischen Eigenschaften des Eisens. Im Auftrage der Kgl. ungar. Naturforscher-Gesellschaft. gr. 4. (VII, 95 S. mit 3 Tab., 4 lithogr. Taf. und 11 eingedr. Holzschn.) Wien 877, Lehmann und Wentzel. *

— Unterscheidungsmerkmale des Stahles. [Warmbruchprobe, erregter Zustand der Eisen- u. Stahlmolecüle.] Mit 4 lith. Taf. (Aus: „Berg- u. hüttenmänn. Zeitg.“] gr. 4. (14 S.) Leipzig 878. (Wien, Gerold & Co.) n. 2. —

v. Kerpely, A. Ritter. Versuche und Studien über Eisenbahnschienen. Leipzig, 1878.

Kerpen [Schlagwort]

Kerpen, s.: Geologische Karten. Karte (Preussen).

Kerper, Friedr. Kleine Heimatskunde d. Kreises Mülheim am Rhein f. Schule u. Haus. Mit Karte d. Kreises, gez. v. G. Schaum. (2. Aufl.) gr. 8. (VIII, 123 S.) Bielef. 889, Helmich. * — 75; geb. * — 90

— Kaiser-Gedichte u. Gedenktage aus dem Leben Kaiser Wilhelm's II. Zugleich Ergänzung von: Lebensbild Wilhelm's II., Kaiser v. Deutschland u. König v. Preußen, v. F. K. gr. 8. (16 S.) Ebd. 890. n. — 25

— Lebensbild Wilhelm's II., Kaiser v. Deutschland u. König von Preußen. gr. 8. (IV, 100 S.) Ebd. 890. n. — 60; in Schulbd. n. — 85; in Leinwdbd. n. 1.25

Ker Porter, Robert, der ruff. Feldzug im Jahre 1812. Aus dem Engl. von P. L. Kritz. gr. 8. Leipz. u. Altenb. 815. Brockhaus. 1 ℛ 12 gr

Ker Porter, Rob., Reise in Georgien, Persien 2c., 2. Thl., s.a. Bibliothek, neue, der wichtig. Reisebeschreibungen, 62. Bd.

Ker Porter, Robert: Reisen in Georgien, Persien, Armenien, dem alten Babylonien u. s. w. im Laufe der Jahre 1817—1820. Aus dem Englischen. Th. 1. 2. Mit einer Kupfer- und zwei Steindrucktafeln. (Neue Bibliothek der wichtigsten Reisebeschreibungen zur Erweiterung der Erd- und Völkerkunde . . . . Bd. 35 u. 62.) Weimar 1823 u. 1833. 2 Bde. IV, 648; XX, 806 S., 3 Tf. 8⁰.

Kerppola, K., zur Theorie der biquadratischen Reste. Akadem. Abhandlung. 4. (40 S.) Helsingfors 888, (Edlund's Buchh.) * — 80

Kerr, Alfred: Davidsbündler - Schriften von Alfred Kerr [d. i. Kempner]. Reihe 1. 2. Aufl. Berlin: S. Fischer 1907. 8⁰

Kerr, Alfr., das neue Drama. 1. Reihe der Davidsbündler-Schriften. 1. u. 2. Aufl. (à XV, 312 S.) gr. 8. Berlin 905. 907. S. Fischer, Verl. n. 5.—; geb. n.n. 6.—

Kerr, Alfr. (Alfred Kempner), Godwi. Ein Kapitel deutscher Romantik. 8. (XI, 136 S.) Berlin 898. G. Bondi. n. 2.—

— Schauspielkunst, s.a. Literatur, die. 9. Bd.

Schauspielkunst von Alfred Kerr [d. i. Kempner]. Mit 1 Heliograv. u. 18 Vollbild. Berlin: Bard, Marquardt & Co. [1904]. (84 S.) 8°
— Literatur, Die. Bd 9. [05 9738

Kerr, Alfr., Herr Sudermann, der D.. Di.. Dichter. Ein krit. Vademecum. 8. (95 S.) Berlin 903. Verlag Helianthus. n. 1.—

Kerr, Colin M[ackay], M.A.B.Sc. a. Aberdeen (Schottland): Eine Untersuchung über das Hauptproblem der Religionsphilosophie mit bes. Berücksichtigung d. engl. Agnosticismus. Jena 1908: Frommann. (44 S.) 8°
Jena, Phil. Fak., Ref. Eucken, Diss. v. 10. Aug. 1908
[Geb. 12. Juli 80 Aberdeen (Schottland); Wohnort: Aberdeen; Staatsangeh.: England; Vorbildung: Grammar School Aberdeen; Studium: Aberdeen 10, Marburg 1, Berlin 1, Jena 2 S.; Rig. 4. Juli 07.]

Kerr, Guy Manning [aus Colorado Springs, Colo. U. S. A.]: Ueber die Oxydationsprodukte des Terpineols ... Göttingen, Druck d. Univ.-Buchdr. v. E. A. Huth, 1895; 46 S., 1 Bl. 8.
Göttingen, Phil. Fak., Inaug.-Diss. v. [1. Dez.] 1895

Kerr, Guy Manning, üb. die Oxydationsprodukte des Terpineols. Diss. gr. 8. (46 S.) Göttingen 895. (Vandenhoeck & Ruprecht.) n. 1.20

Kerr, Hanns, Frank Wedekind, s.a. Beiträge zur Literaturgeschichte.

Kerr, Hanns: Frank Wedekind. Eine Studie von –. Leipzig: Verl. f. Lit., Kunst u. Musik 1908. (48 S.) 8⁰
= Beiträge z. Literaturgeschichte. H. 56.

— Frank Wedekind als Mensch u. Künstler. Eine Studie. (72 S. m. 1 Bildnis.) 8. Berlin 909. [Herm. Walther.] Pankow, O. Linser Verl. — 50

Kerr, John Graham

Kerr, J. Graham, normal plates of the development of Lepidosiren paradoxa and Protopterus annectens, s.a. Normentafeln zur Entwicklungsgeschichte d. Wirbeltiere. 10. Heft.

Kerr, J[ohn] Graham: Normal Plates of the development of Lepidosiren paradoxa and Protopterus annectens. By –. With 1 fig. and 3 pl. Jena: Fischer 1909. 31 S. 4⁰
(Normentafeln z. Entwicklungsgeschichte d. Wirbeltiere. H. 10.)

Kerr, Karl: Barfuß zur Hochzeit. Posse in 1 Akt von Karl Kerr [d. i. Karl Röder, Darmstadt]. Darmstadt 1894: Herbert. 30 S. 8⁰

Kerres, Jos., der moderne Zeichenunterricht in der Praxis der Volksschule. Nach Erfahrgn. im Unterrichte dargestellt. Nebst e. Anleitg. f. den Lehrer zum Selbstunterrichte auf diesem Gebiete. 1. Tl.: Unterstufe. Mit 59 Taf. nach Schülerzeichngn. (49 S.) gr. 8. Köln 905. J. P. Bachem. Geb. in Leinw. n. 4.—

Kerris, Eduard. (Joseph. Joan. Christian. Hubert.) (geb. Dusseldorf 26. 5. 1825): De sanguinis detractionibus apud infantes instituendis. Berolini (1852). (25 S.) 8°
Berlin, Med. Diss. v. 29. Sept. 1852

Kerris, Eduard Friedrich Josef: Einige Fälle von Combination tabischer und spastischer Symptome bei Erkrankung des Rückenmarkes. . . . Bonn, Buchdr. Jos. Bach Wwe., 1889; 38 S. + 1 Bl. 8°
Bonn, Med. Fak., Inaug.-Diss. v. 27. Febr. 1889

Kerrl, Fr. A., poetische Philosophien. (56 S.) 8. Heidelberg (910). L. M. Waibel & Co. 1.—; geb. 2.—

Kerrl, Fr. A., Siebeneichen. Poetische Erzählg. aus der Zeit Friedrichs I. Barbarossa. (470 S.) 8. Berlin (908). K. Siegismund. n. 4.—; geb. in Leinw. n. 5.—

Kerrl, Theodor

Kerrl, Th., Johann Amos Comenius, s.a. Klassiker, die pädagog.

Johann Amos Comenius. Sein Leben, s. pädag. Schriften u. s. Bedeutung. Von Dr. Th[eodor] Kerrl, Oberl. T. 1–4. Halle a. S.: H. Schroedel 1904–06. 4 Bde 8° [F.]
1. Das Leben d. Comenius u. d. Entstehung s. wichtigsten Schriften. 1904.
2. 3. Die wichtigsten pädagog. Schriften d. Comenius. 1905.
Abt. 1: Philos., pansophische u. speziell didakt. Schriften.
[2]: Allgemein didakt. Schriften: Große Unterrichtslehre, Mutterschule, Schullabyrinth.
4. Die Bedeutung d. Comenius. Wissenschaftl. Darstellung u. Beurteilung s. Pädagogik. 1906.
— Klassiker, Die pädagogischen. Bd 17. 20–22. [07. 1193

Kerrl, Theodor: Zur Lehre von der Aufmerksamkeit. *Neu-Ruppin 1898: Märkische Zeitung.* (115 S.) 8°
Greifswald, Phil. Diss. v. 19. Febr. 1898

Kerrl, Th., die Lehre v. der Aufmerksamkeit. Eine psycholog. Monographie. 8. (VII, 219 S.) Gütersloh 900. C. Bertelsmann. n. 3.—; geb. n. 3.60

— Die Lehre v. der Aufmerksamkeit. Eine psychologisch-pädagog. Monographie. 2., umgearb. Aufl. (XII, 274 S.) 8. Gütersloh 909. C. Bertelsmann. 3.60; geb. 4.20

Kerrl, Thdr., welche Bedeutung hat die philosophische Propädeutik f. die Bildung u. insbesondere f. die Lehrerbildung?, s.: Beiträge zur Lehrerbildung u. Lehrerfortbildung.

Kerry, Benno

Kerry, B., System e. Theorie der Grenzgebiete. Ein Beitrag zur Erkenntnisstheorie. 1. Thl., hrsg. v. Gust. Kohn. gr. 8. (XV, 198 S.) Wien 890. Deuticke. n. 6. —

Kerry, Richard und Fränkel Siegmund: Über die Einwirkung der Bazillen des malignen Ödems auf Kohlehydrate. 1. Mitteilung. S. 99. IIb, 297
Separatabdruck

Kerry, Richard, und Siegmund Fränkel: Über die Einwirkung der Bazillen des malignen Odems auf Kohlehydrate und Milchsäure. 2. Mitteilung. S. 100. IIb, 304
Separatabdruck

Kerry, R., üb. die Zersetzung d. Eiweisses durch die Bacillen d. malignen Oedems. [Aus: „Sitzungsber. d. k. Akad. d. Wiss."] Lex.-8. (10 S.) Wien 889. (Tempsky.) n. — 80

Kersandt, Carl Louis, s. Kersandt, Karl Louis

Kersandt, Friedrich: Das Kleinbahnwesen in der Provinz Ostpreussen vom volkswirtschaftlichen Standpunkte aus betrachtet. Mit 1 Karte. Berlin: R. Trenkel 1907. (120 S.) 4°(8°)

Königsberg, Phil. Fak., Ref. Diehl-Gerlach, Diss. v. 9. Nov. 1907

[Geb. 4. Aug. 82 Wehlau (Ostpr.); Wohnort: Königsberg i. Pr.; Staatsangeh.: Preußen; Vorbildung: Gymn. Memel Reife O. 03; Studium: Halle 3, Königsberg 4 S.; Rig. 26. Juni 07.]

Kersandt, Karl Louis

Kersandt, Carl Louis, die in den J. 1854 bis 1856 in der königl. Straf-Anstalt zu Rhein bei der Beschäftigung der Sträflinge im Freien gewonnenen unerfreulichen Resultate und deren Ursachen. gr. 8. (118 S.) Königsberg 858, (Theile's Buchh.) *

Kersch, Frdr., Kaiser Wilhelm II. Sein Leben u. Wirken, f. jung u. alt erzählt. (80 S. m. 3 Taf.) kl. 8. Reutlingen (909). R. Bardtenschlager. Geb. — 50

Kerschbaum, Frz. Xav., Lehrbuch d. hochdeútschen Sprache, welches durchgángig mit Rücksicht auf d. deútschen Mundarten das Sprechen in Verbind. mit d. schriftl. Bezeichnung lehret, f. d. Lehrer u. f. alle Deútschen z. Selbstbelehr. gr. 8. (35¼ B.) Bamberg 835, Lachmüller.

Kerschbaum, Friedrich P(aul): Elektrizitätsleitung durch Glas. Mit 7 Fig. im Text. Leipzig: W. Engelmann 1910. 42 S. 8° ¶ (Aus: Zeitschrift f. physik. Chemie. Bd 72, H. 4.)

Leipzig, Phil. Diss. v. 14. Mai 1910, Ref. Le Blanc, Des Coudres

[Geb. 10. Juli 87 Villach; Wohnort: Graz; Staatsangeh.: Österreich; Vorbildung: Gymn. Klagenfurt Reife Juli 05; Studium: Graz 5, Leipzig 3 S.; Rig. 4. Febr. 10.] [U 10. 3169

Kerschbaum, G., Beweis, daß es eine Quadratur des Kreises giebt, und daß die bisher zur Berechnung des Kreises benützte Ludolph'sche Zahl etwas zu klein ist. gr. 8. (13 S. mit 1 Taf.) Coburg 887, (Riemann jun.) * 1 —

—— dass. — 2. verm. und verb. Aufl. gr. 8. (16 S. mit 1 Stnt.) Ebendas. 888. * 1 —

Kerschbaum, G. Plan von Coburg und Umgegend. Coburg. 1 Bl. L.

Kerschbaum Josef — Reden, gehalten vor und nach der Preise=Vertheilung an der Stadtpfarr=Musterschule in Linz am 6. August 1856. Von — — Feichtinger'sche Buchdruckerei. (4 Bl. 4.)

Kerschbaum, Jos., Stufengang u. Materialien z. schriftl. Aufsätzen, nebst Beispielen üb. d. meisten Fälle d. im bürgerl. Leben vorkomm. Aufsätze. Ein Handb. f. Lehrer u. Schüler. 1. Aufl. 835. ⅔ Thlr., 2. Ausg. 8. (à 9½ B.) Linz 839, Heumer.

Kerschbaum, Max [aus Ludwigsburg]: Über Synthesen mittels Chlorjod ... Ludwigsburg, Druck v. C. Schnabel, 1896; 33 S., 1 Bl. 8.

Heidelberg, Naturw.-math. Fak., Inaug.-Diss. v. [17. Juni] 1896

Kerschbaumer, Anton, Autobiographie aus Anlaß des diamantenen Jubeljahres. (IV, 64 S. m. Bildnis.) 8. Wien 906. H. Kirsch. n. — 80

Kerschbaumer, Ant., Beichtlehren oder specielle Behandlung der gewöhnlichen Sünder nach der verschiedenen äußeren That. 8. (IV und 95 S.) Schaffhausen 867, Hurter'sche Buchh.

Kerschbaumer, Ant., Beichtlehren oder specielle Behandlung der gewöhnl. Sünder nach der verschiedenen äußeren That. 2. umgearb. Aufl. 8. (VII, 96 S.) Schaffhausen 871, Hurter'sche Buchh.

Kerschbaumer, Ant., Beichtlehren oder specielle Behandlung der gewöhnl. Sünder nach der verschiedenen äußeren That. 3. Aufl. 8. (VII, 98 S.) Regensburg 886, Verlags-Anstalt. — 75

Kerschbaumer, Ant., Eligius, s.a. Für Hütte u. Palast.

Kerschbaumer, Ant., Eligius. Lebensbilder aus dem niederösterreichischen Gebirge. Freiburg im Br. 860. Herder. 8. (VIII, 280 S.) 25 ngr.

Kerschbaumer, Dr. Ant., Eligius. Lebensbilder aus dem niederösterreichischen Gebirge. 2. Aufl. 12 (267 S.) [Für Hütte und Palast. Sammlung gediegener österreichischer Unterhaltungsschriften. IV] Wien: Kirsch 1893. 1. —

Kerschbaumer, Ant., die Erdenreise, s.: Blüten aus dem Himmelsgarten.

—— katholische Erziehungslehre. gr. 8. (X, 191 S.) Wien 868, Braumüller. *

Kerschbaumer, Dr. Anton, Fastenpredigten eines Volksmissionärs. gr. 8. (359 S.) geh. 1 fl 80 kr. Brixen: Weger 1882.

— Fasten-Predigten e. Volksmissionärs. 2. Aufl. gr. 8. (III, 338 S.) Brixen 902. A. Weger. n. 3. 60

—— Bischof Feigerle. Nach dem Leben geschildert. gr. 8. (V und 99 S.) Wien 864, Sartori. *

—— und M. J. Binder, katholische Fest- und Gelegenheits-Reden, s. Binder, M. J.

— s.a. Festtags-Predigten e. Volksmissionärs.

—— Festtags-Predigten eines Volksmissionärs. [Mit kirchl. Druckgenehmigung.] gr. 8. (299 S.) Brixen 871, Weger's Buchh. *

— Festtags-Predigten e. Volksmissionärs. 2. Aufl. gr. 8. (308 S.) Brixen 874. theolog. Verlags-Anstalt. n. 2. 40

Kerschbaumer, Dr. Anton. Festtags-Predigten eines Volksmissionärs. 3. Auflage. Gr. 8. (IV, 296 S.) Brixen: Weger 1892. 1.50

—— das kaiserliche Frauenstift und die Habsburgergruft zu Tuln. gr. 4. (45 S. mit 2 lithogr. Taf. und eingedr. Holzschn.) Wien 874, (Kirsch.) *

— Gentiana Austriaca, s.a. Für Hütte u. Palast. 23. Bd.

— Gentiana Austriaca. Erinnerungen aus d. Erlafthale. Gesammelt u. bearb. 8. (84 S. m. 6 Bildern.) Wien 902. H. Kirsch. n. 1. 60

Kerschbaumer, Anton: Gentiana Austriaca. Alpine Kulturbilder. Von Dr. –. Mit d. Portr. d. Verf. 2. verm. Aufl. Wien: Kirsch 1903. 140 S. 8⁰
(Für Hütte u. Palast. Bd. 23.)

—— Geschichte des deutschen Nationalhospizes Anima in Rom. Aus authent., bisher unbenützten Quellen bearb. 8. (IV, 124 S.) Wien 868, Braumüller. *

—— Geschichte der Stadt Krems. gr. 8. (XVI, 651 S. mit 16 Illustr.) (Ebendas.) 885. * 6 —

— Geschichte d. Bisth. St. Pölten. Unter Mitwirkg. v. Adb. Dungel u. Gfr. Frieß hrsg. 1. u. 2. Bd. gr. 8. Wien 875. 76. Braumüller in Comm. à n. 8. —
1. Vorgeschichte. (1. Hft. S. 1—180.)
2. Geschichte. Mit den Stifts- u. Städtewappen der Diöcese (auf 8 lith. Taf.) (VII, 739 S. m. 1 Photogr.)

— Geschichte der Stadt Tuln. gr. 8. (VIII, 530 S. m. 6 Steintaf.) Wien 874. Kirsch. n. 6. —

— Geschichte der Stadt Tulln. 2. Aufl. gr. 8. (VIII, 881 S. m. Abbildgn. u. 5 Taf.) Krems 902. (Wien, H. Kirsch.) n.n. 4. —

— die Grabstätten der Habsburger. [Aus: „Berichte u. Mittheilungen des Alterthums-Vereines zu Wien".] Imp.-4. (19 S.) Ebend. 878. n. — 80

Kerschbaumer, Ant., d. Jäger v. Dürnstein, s.a. Für Hütte u. Palast.

Kerschbaumer, A., Der Jäger von Dürnstein. 4. Aufl. [Für Hütte und Palast. 6. Bd.] 8°. (ill. 119 S.) K 1.60
Wien: Kirsch 1905.

—— der Jäger von Tirnstein. Eine Erzählung aus der Heimat. 8. (120 S.) Wien 864, Mechitharisten-Congregations-Buchh. *

—— der Jäger von Tirnstein. Eine Erzählung aus der Heimat. 2. umgearb. illustr. Aufl. 8. (IV, 127 S.) Krems 886, Löhner. geb. * 1 60

— Kaleidoskop. Biographische Erinnergn. e. Achtzigjährigen. (VI, 120 S. m. Bildnis.) 8. Wien 906. H. Kirsch. n. 1. 50

—— Cardinal Klesel, Minister-Präsident unter Kaiser Mathias. Quellenmäßig bearb. gr. 8. (XV und 402 S. mit lithogr. Portr.) Wien 865, Braumüller. *

— Kardinal Klesl. Eine Monographie. 2. umgearb. Aufl. (XI, 328 S. m. 1 Bildnis.) gr. 8. Ebd. 905. n. 4. —

Kerschbaumer, Ant., Koloman v. Hauseck, s.a. Für Hütte u. Palast. 30. Bd.

— Coloman von Hausek. Eine vaterländische Geschichte aus der Zeit der Kreuzzüge. 2., veränd. Aufl. Mit einem (lith.) Titelbilde. 8. (224 S.) Wien 879. Kirsch. n. 1. 60

Kerschbaumer, Ant., Correspondenz zwischen Cardinal Klesel u. seinem Official zu Wiener Neustadt M. Gaissler. [Aus: „Archiv f. oesterr. Geschichte".] Lex.-8. (29 S.) Wien 878. Gerold's Sohn in Comm. n.n. — 50

Kerschbaumer, Dr. Anton, Franz Seraphicus Kräutle. Ein Priesterbild. Mit Porträt 8. (40 S.) Wien: Kirsch 1896. –.30

—— das Kreuz. Sechs Fastenpredigten. gr. 8. (37 S.) Brixen 874, Theolog. Verlags-Anstalt. **

— das Kreuz. Sechs Fastenpredigten. 2. Aufl. gr. 8. (38 S.) Brixen 896. A. Weger. n. — 64

KERSCHBAUMER, Anton: Das christliche Leben in seiner Gestaltung als bildende Kunst. — (1850) 58 S. 4° (Handschr.) Diss. 149
Diss. Wien, Univ.

—— Lehrbuch der katholischen Pastoral. gr. 8. (XVI und 457 S.) Wien 863, Braumüller. *

—— Lehrbuch der katholischen Pastoral. 2. umgearb. Aufl. gr. 8. (XVI, 486 S.) Wien 871, Braumüller. *

— Liebfrauenbilder. Eine Mai-Andacht für kunstsinnige Verehrer Mariens. Wien 868. Braumüller. gr. 8. (VII, 219 S.) n. 20 ngr.

Kerschbaumer, Ant., Liebfrauenbilder. Eine Mai-Andacht für kunstsinnige Verehrer Mariens. gr. 8. (VII, 219 S.) Wien 870, Braumüller. *

— Liebfrauenbilder. E. Maiandacht f. kunstsinn. Verehrer Mariens. 2. Aufl. 8. (188 S.) Wien 898. H. Kirsch. n. 2. —

— Mai-Predigten. Ebend. 863. 8. (X, 257 S.) n. 24 ngr.

—— Mai-Predigten. 8. (X und 257 S.) Wien 864, Braumüller. *

— Maria, die Mutter vom guten Rathe. Betrachtungen zum Vorlesen bei der Maiandacht. 2. Aufl. 8. (VIII, 224 S.) Innsbruck 883. F. Rauch. n. 2. 40

Kerschbaumer, Ant., Maria, die Mutter vom guten Rathe. Betrachtungen zum Vorlesen bei der Maiandacht. 2. umgearb. Aufl. 8. (VIII, 224 S.) Wien 883, Braumüller. *
1. Aufl. erschien 1864 u. d. T.: Mai-Predigten.

Kerschbaumer, Ant. Maria, die Mutter vom guten Rathe. Neue Folge. Eine Mai-Andacht zum Vorlesen. 8. (VIII, 96 S.) Wien 891, Kirsch. * 1 20

— Maria, d. Mutter v. guten Rathe. E. Mai-Andacht z. Vorlesen. Neue Folge. 2. Aufl. 8. (VIII, 96 S.) Ebd. 898. n. 1. 20

— Maria die Mutter vom guten Rate. Eine Maiandacht. 3. umgearb. Aufl. (VIII, 218 S.) 8. Ebd. 903. n. 2. —

—— Missionarius apostolicus. Pastorale Fotografien, Excursionen und Reisebilder. 8. (XVI, 470 S.) Schaffhausen 870, Hurter'sche Buchh. [Regensburg, Manz.]

—— Missionarius apostolicus. Pastorale Lebensbilder, Reisemiscellen und Abenteuer. 2. gänzlich umgearb. und verm. Aufl. 8. (III, 288 S.) Regensburg 887, Verlags-Anstalt. 2 70

— Novene zum göttlichen Jesuskind, s.: Blüten aus dem Himmelsgarten.

—— Paterfamilias. Eine Pastoral in Beispielen für alte und junge Seelsorger. 8. (XXIII und 799 S.) Schaffhausen 867, Hurter'sche Buchh.

— Paterfamilias. Eine Pastoral in Beispielen f. alte u. junge Seelsorger. 2., umgearb. Aufl. gr. 8. (XVI, 446 S.) Regensburg 876. Manz. 6. —

— Paterfamilias. Eine Pastoral in Beispielen f. alte u. junge Seelsorger. 3., umgearb. Aufl. gr. 8. (XVI, 320 S.) Regensburg 894. Nationale Verlagsanstalt. 4. 60

—— Pilgerbriefe aus dem heiligen Lande. 2., ganz umgearb. Aufl. 8. (V und 429 S.) Wien 863, Mechitharisten-Congregations-Buchh. *

Kerschbaumer, Dr. Anton — Römische Pilgerbriefe. Von — —. (Aus dem „Oesterr. Volksfreunde“ besonders abgedruckt.) Wien, 1857. Gedr. bei Karl Ueberreuter. In Kommission bei Passy u. Sydy in St. Pölten. (42 S. 8.)

Kerschbaumer, Ant., neuer Pilger-Kalender, s. Pilger-Kalender.

— ein Pilgerleben. Memoiren. 2., durch e. Nachtrag verm. Ausg. M. 3 Bild. 8. (168 u. 32 S.) Ebd. 897. n. 3. —; Nachtrag allein n. — 60

— Ein Pilgerleben. Memoiren. 2. umgearb. u. ergänzte Ausg. (III, 220 S. m. 4 Bildern.) 8. Wien 908. H. Kirsch. Kart. 3. —

— Reisebilder aus Scandinavien. [Aus dem österr. Volksfreund.] Wien 870. Mayer & Co. in Comm. 8. (127 S.) n.n. 10 ngr.

— Reisebilder aus Spanien. [Aus dem österr. Volksfreund.] Mit einem Vor- u. Nachwort. Ebend. 860. 8. (XII, 151 S.) n. 10 ngr

—— Reisebilder aus Spanien. Mit einem Vor- und Nachwort. 8. (XII, 151 S.) Ebendas. 869. *

Kerschbaumer, Dr. A. Prof., Römerbriefe. gr. 8. (124 S.) St. Pölten. Passy & Sydy in Comm. 1861. 1 fl.

— s.: Sonntags-Predigten.

—— Sonntags-Predigten eines Volksmissionars, s.a. Sonntags-Predigten.

—— Sonntags-Predigten eines Volksmissionärs. 2. und 3. Aufl. gr. 8. (548 S.) Brixen 868,81, Weger's Buchh. *

Kerschbaumer, Dr. Anton, Sonntags-Predigten eines Volksmissionärs. 4. Auflage. Gr.-8 (IV, 527 S) Brixen: Weger 1892. 2.40

— Wahrzeichen Niederösterreichs. Eine Studie. Mit 61 Illustr. Lex.-8. (V, 88 S.) Wien 899. H. Kirsch. n. 2. 40

Kerschbaumer, Anton, Wahrzeichen Niederösterreichs. Eine Studie. 2., durch die Gesellschaft der Geschichtsfreunde im O. T.-K. verm. u. ergänzte Aufl. (VII, 106 S. m. 74 Abbildgn.) Lex.-8. Wien 905. H. Kirsch. n. 3. —

Kerschbaumer, Friedr., die Blinden des Herzogthums Salzburg, nebst Bemerkungen über die Verbreitung und die Ursachen der Blindheit im Allgemeinen. Eine Studie für Aerzte, Hygieniker und Nationalökonomen. gr. 8. (VIII, 109 S.) Wiesbaden 886, Bergmann. * 2 70

Kerschbaumer, Fritz, Malaria, ihr Wesen, ihre Entstehg. u. ihre Verhütg. gr. 8. (VII, 170 S. m. 12 Taf. u. 12 Bl. Erklärgn.) Wien 901. W. Braumüller. n. 7. —

Kerschbaumer, Jh., († ...) Principia hydraulicae, secundum theoriam Georgii Krazii. 4. Ingolst. 770.

Kerschbaumer, R., s.: Putiata-Kerschbaumer, R.

Kerschbaumer, Rosa, u. Frdr. Kerschbaumer, Augenheilanstalt in Salzburg. Bericht über das Jahr 1878. gr. 8. (56 S.) Salzburg 879. (Mayr.) n. 1. —

Kerschbaumer, Rosa, und Friedr. Kerschbaumer, Bericht der Augenheilanstalt in Salzburg über die J. 1879 und 1880 und über 212 Staar-Extractionen nach v. Graefe's Methode. gr. 8. (76; 68 S.) Salzburg 881, (Mayrische Buchh.) à Jahrg. *

Kerschbaumer, Rosa. Die Augenheilanstalt in Salzburg. Bericht üb. die Thätigkeit in den J. 1883—1890. gr. 8. (59 S. m. 1 Lichtdr.-Taf.) Salzb. 892, Kerber. * 1 50

—— Die ärztliche Berufsbildung u. Praxis der Frauen. Vortrag. gr. 8. (16 S.) Wien 889, (Bermann u. Altmann). ** — 60

Kerschbaumer, Rosa: Über die ärztliche Berufsbildung und Praxis der Frauen. Vortrag. — Wien: Konegen (1889). 16 S. 8° (Jahresbericht d. Vereines f. erweiterte Frauenbildung in Wien. 1. 1888/89. Beil.)

Kerschenmeyer, François, s.a. Handels-Adressbüch usw. des Grossherzogt. Luxemburg.

Kerschenmeyer, F., Handels-Adreßbuch sämtlicher Handel- und Gewerbetreibenden des Großherzogtums Luxemburg nebst Verzeichnis der im Großherzogtum Luxemburg befindlichen Staats- und Kommunalbehörden und der bei denselben angestellten Beamten. Luxemburg, 1906. 388 S. mit 2 Karten.

Kerschensteiner, A., Jugend- u. Turnspiele in Kinderhorten. [Aus: „Knabenhort“.] schmal gr. 8. (24 S.) München 894. Bh. L. Auna. n. — 40

Kerschensteiner, Albert [app. Arzt aus Regensburg]: Ein Fall von doppelseitiger Oculomotoriuslähmung ... München, kgl. Hof- u. Univ.-Buchdr. v. Dr. C. Wolf & Sohn, 1895; 41 S. 8.
München, Med. Fak., Inaug.-Diss. v. 1895

Kerschensteiner, Geo., Aufgabe u. Gestaltung der höh. Schulen, s.: Cornelius, Hans.

Kerschensteiner, Geo., eine Aufgabe der Stadtverwaltungen. Vortrag auf dem 6. deutschen Kongresse f. Volks- u. Jugendspiele zu Dresden am 6. VII. 1903. (34 S.) gr. 8. München (903). Buchdruckerei u. Verlagsanstalt. C. Gerber. n. — 75

— Der Begriff der staatsbürgerlichen Erziehung. (VII, 62 S.) 8. Leipzig 910. B. G. Teubner. 1.—; geb. in Leinw. 1. 40

Kerschensteiner, Geo., Beobachtungen u. Vergleiche üb. Einrichtungen f. gewerbliche Erziehg. außerhalb Bayern. 4. (XI, 245 S.) München 901. C. Gerber. n. 4.—; geb. n. 4.75

Kerschensteiner, Georg: Bericht über gewerbliche Erziehungseinrichtungen außerhalb Bayern. Erstattet von Stadtschulrat Dr. –. München 1900. Gerber. V, 245 S. 8°

Bericht über den Fortgang der Neugestaltung der gewerblichen Fortbildungsschulen Münchens in d. Schuljahren 1900/01 u. 1901/02. Zugl. als Vorlagebericht z. kgl. Kreisregierung u. z. kgl. Staatsministerium erstattet von Dr. Georg Kerschensteiner, Stadtschulrat. Als Ms. gedr. *München 1902: C. Gerber.* (86 S.) 4° [F.] [03. 10991

— s.: Bericht üb. die städt. Volks- u. Mittelschulen Münchens.

— Betrachtungen zur Theorie des Lehrplanes. Mit eingeh. method. Bemerkgn. u. Erläutergn. zu dem beigefügten neuen Lehrplane der Weltkunde (Geographie, Geschichte, Naturkunde) f. die siebenklass. Volksschulen Münchens. 8. (XII, 211 S.) Ebd. 899. Geb. in Leinw. n. 2.50

— die Entwickelung der zeichnerischen Begabung. Neue Ergebnisse auf Grund neuer Untersuchgn. Mit 800 Fig. in Schwarzdr. u. 47 Fig. in Farbendr. (XV, 508 S.) Lex.-8. Ebd. 905. Geb. in Leinw. n. 12.—

— die gewerbliche Erziehung der deutschen Jugend. Fest-Vortrag. Geh. aus Anlass der 50jähr. Jubelfeier des bayr. Kunstgewerbe-Vereins im Saale des alten Rathauses zu München am 8. VII. 1901. gr. 8. (16 S.) Darmstadt (901). A. Koch. n.n. —75

Ⓑ — Die gewerbl. Erziehung d. dtsch. Jugend. 901. (KBL 31.) Jetzt: Breslau, A. Stenzel.

— staatsbürgerliche Erziehung der deutschen Jugend. Gekrönte Preisschrift. gr. 8. (VI, 78 S.) Erfurt 901. C. Villaret. n. 1.60

— staatsbürgerliche Erziehung der deutschen Jugend. Gekrönte Preisarbeit. 3. Aufl. (VIII, 78 S.) gr. 8. Erfurt 906. C. Villaret. n. 1.60

— Staatsbürgerliche Erziehung d. deutsch. Jugend. Gekrönte Preisarbeit. 4. verb. u. erweit. Aufl. (VIII, 93 S.) gr. 8. Erfurt 909. K. Villaret. 2.—; geb. 3.—

— eine Grundfrage der Mädchenerziehg. Erweiterter Vortrag. Geh. auf der 11. Generalversammlung des deutschen Vereins f. das Fortbildungsschulwesen in der städt. Tonhalle zu Düsseldorf am 5. X. 1902. Lex.-8. (20 S.) Leipzig 902. B. G. Teubner. n. —60
Sonderabdruck aus: „Frauenbildung".

Grundfragen der Schulorganisation. Eine Sammlung von Reden, Aufsätzen u. Organisationsbeispielen von Georg Kerschensteiner. Leipzig: B. G. Teubner 1907. (VI, 296 S.) 8° [F.] [07. 8484

— Grundfragen der Schulorganisation. Eine Sammlung v. Reden, Aufsätzen u. Organisationsbeispielen. 2., verb. u. verm. Aufl. (VII, 296 S.) 8. Leipzig 910. B. G. Teubner. 3.60; geb. in Leinw. 4.20

— s.: Grundlagen, die allgem., der Kultur der Gegenwart.

— s.: Jahresbericht der männlichen Fortbildungs- u. Gewerbeschulen Münchens.

— das zeichnende Kind u. sein Verhältnis zur Kunst. Vortrag, geh. im Liebigschen Hörsaale der Universität am 15. III. l. J. (15 S.) gr. 8. München 904. (Buchdr. u. Verlagsanstalt C. Gerber.) n. —50
Sonderabdruck aus: „Beil. z. Allg. Zeitg."

Kerschensteiner, Georg [aus München]: Über die Kriterien für die Singularitäten rationaler Kurven vierter Ordnung .... Nürnberg, gedr. bei U. E. Sebald, 1888; 2 Bl. + 65 S. u. 4 Taf. 8°
München, Phil. Fak., Inaug.-Diss. v. 1888

Kerschensteiner, G.: Organisation und Lehrpläne der obligatorischen Fach- und Fortbildungsschulen für Knaben in München. (336 S.) München 1910

Kerschensteiner, Georg [Dr.]: Die Resultate der zweiten Gepatschfernervermessung. Schweinfurt, Druck v. F. J. Reichardt, 1893; 30 S., 1 Kt. 8.
Schweinfurt, k. humanist. G., P. 1893

— Zwischen Schule und Waffendienst. (17 S) Leipzig (1905)

Kerschensteiner, G[eorg], Die Schule der Zukunft, e. Arbeitsschule. 8°.
Aus: Jahresber. d. Pestalozzigesellschaft. Jg 12 1907/1908.

— der erste naturkundliche Unterricht. Ein Beitrag zur Unterrichtsmethode aller Schulgattgn. Einzelabdr. des Anh. zur 2. Aufl. der „Betrachtgn. zur Theorie des Lehrplanes". (IV, 28 S.) gr. 8. Ebd. 901. n. —50

Kerschensteiner, Georg, über die Wendepunktsgleichung 6. Grades und die ihr zugehörigen rationalen Kurven vierter Ordnung. Wissenschaftl. Beilage zum Jahresbericht der städt. Handelsschule Nürnberg. gr. 8. (65 S. mit 3 Stnt.) Nürnberg 888, (Ballhorn.) ** 1 —

Kerschensteiner, H., s.: Fürsorgewesen.

Kerschensteiner, Hermann: Pneumonische Endocarditis an den Pulmonalarterienklappen. *München: J. F. Lehmann 1897.* (32 S.) 8° (Aus: Münchener medicinische Wochenschrift, 1897 Nr 30 u. 31.) [Umschlagt.]
München, Med. Diss. v. 1897

Kerschensteiner, Hermann, Dr., Assist. am med.-klinischen Inst. d. Univ. München: Studien zur Bakteriologie der Lungen- und Bronchialeiterungen. Ein Beitrag zur Lehre von d. Mischinfektion bei Lungentuberkulose. ⟨Aus d. med.-klinischen Institut d. Universität München.⟩ *München [1902]: C. Wolf & Sohn.* (104 S.) 8°
München, Med. Hab.-Schr. v. 1902
(Nicht für den Austausch)

Kerschensteiner, Josef

Kerschensteiner, Dr. J. v., *Malachias Geiger* (1606–83) u. *Franz Ignaz Thiermayer.* Ein Münchener Aerztebild aus d. XVII. Jahrh. (Vortrag, gehalten im ärztl. Verein zu München, am 10. Febr. 1886.) 8°. Mit eigenhänd. Dedic. d. Verf. auf d. Umschl. Cart. *)
Sep.-Abdr. aus d. Münch. medic. Wochenschrift, Jahrg. 1886, Nr. 7–8.

—— s. General-Bericht üb. d. Sanitäts-Verwaltg. im Königr. Bayern.

Kerschensteiner, Jos., über öffentliche Gesundheitspflege. Der Heilmittelschatz der Gegenwart. Zwei Vorträge gehalten im Saale der goldenen Traube in Augsburg. 8. (26 S.) Augsburg 874, Lampart und Comp. *

— die Fürther Industrie in ihrem Einflusse auf die Gesundheit der Arbeiter, s.a. Mittheilungen u. Auszüge aus dem aerztl. Intelligenzblatt.

Kerschensteiner, J., Die Fürther-Industrie in ihrem Einfluss auf die Arbeiter. (Mittheilungen u. Auszüge aus d. Aerztlich. Intelligenzblatte, Ser. 1, Heft 6.) gr. 8°. München 1874.

Kerschensteiner, J. v. Krankenhäuser f. kleinere Städte und ländliche Kreise. Referat, erstattet bei der XVI. Versammlg. d. „Deutschen Vereins f. öffentliche Gesundheitspflege" zu Braunschweig am 11. Septbr. 1890. 2. Aufl. gr. 8. (VIII, 47 S. m. 1 farb. Karte.) Braunschw. 892, Vieweg u. Sohn. * 1 20
Aus: Deutsche Vierteljahrsschr. f. öffentl. Gesundheitspflege, bes. abgedr.

—— das Leben und Wirken des Dr. Carl v. Pfeufer weil. kgl. bayer. Obermedicinalrath und Professor an der Universität zu München. gr. 4. (36 S. mit 1 Photogr.) Ebendas. 871. *

Kerschensteiner, J. von

Kranz. Dr. Cajet. Ant. (k. b. Centralimpfarzt, geb. 14. Juni 1839 zu München, † ebd. 8. Juli 1880). — *Kerschensteiner* Dr. J. v., Nekrolog auf —. (S.-A. aus der Münchener medicin. Wochenschr.) München, Finsterlin, 1880. 8°. Cart.
Tit. (m. Trauerrand) u. 11 S.

Kerschensteiner, J., über infektiöse Pneumonie, s.: Zur Aetiologie der Infectionskrankheiten.

—— Reform d. bayerischen Mittelschulwesens vom ärztlichen Standpunkte aus, s. Abhandlungen, Münchener medicinische.

Kerschensteiner, J., s.: Tierstudien.

— die Verbreitung v. Masern, Scharlach u. Blattern, s.: Vorträge üb. Gesundheitspflege u. Rettungswesen.

— über die Vertragbarkeit der Masern, des Scharlachs u. der Blattern durch dritte Personen. 2 Vorträge, geh. im ärztlichen Vereine zu München. [Aus: „Aerztl. Intelligenz-Blatt".] gr. 8. (56 S.) München 882. J. A. Finsterlin. n. 1. —

Kerschensteiner, Xav., das Griffblatt der Zither. 8. (13 S.) Tölz 890. Verlag des „Echo vom Gebirge". n. — 40

Kerscher, August, cand. med. aus Grossaigen: Ueber die leukämischen Veränderungen in der Leber. *München 1901: M. Ernst.* (39 S.) 8°
München, Med. Diss. v. 1901

Kerscher, F. M., Auszüge aus Schulbüchern u. Schriften v. der gemeinnütz. Arithmetik u. Reesischen Regeln. gr. 8. München 796. Lentner. 8 gl. Pbg. Pr. 6 gl.

Kerscher, J. M., Ausz. a. Schulbüch. u. Schr. von der gemein. Arithmetik u. Reesisch. Regeln. gr. 8. Münch. Lentn. 796.

Kerscher, Michael, appr. Arzt: Kasuistischer Beitrag zur Lehre über kongenitale Tuberkulose. Stuttgart 1909/10: Schober. 158 S. 8°
Erlangen, Med. Diss. v. 14. Juli 1910, Ref. Jamin
[Geb. 9. März 78 Roding; Wohnort: Roding; Staatsangeh.: Bayern; Vorbildung: Altes Gymn. Regensburg Reife Juli 99; Studium: München 3, Erlangen 14 S.; Coll. 20. Nov. 09; Approb. 9. Sept. 08.] [U 10. 805

Korschner, Diss. de ischuria. Vienn. 4°. 1758

Kerschner, Franziska, s. Proben weiblicher Handarbeiten mährisch-ländlicher Hausindustrie.

Kerschner, Ludw.: Keimzelle und Keimblatt, s. Arbeiten aus dem zoologischen Institut zu Graz.

Kerschner, Ludw., über 2 neue Notodelphyiden, nebst Bemerkungen über einige Organisationsverhältnisse dieser Familie. Mit 6 (lith.) Taf. [Aus: „Denkschriften d. k. Akad. d. Wiss."] gr. 4. (44 S.) Wien 879. Gerold's Sohn in Comm. n. 4. 40

– Zur Zeichnung der Vogelfeder, s. Arbeiten aus dem zoologischen Institut zu Graz.

Kerschner, Moses. aus Odessa, Russland: Casuistisches zur Sectio Caesarea 1896—1907. ⟨Aus dem Frauenspital zu Basel.⟩ Basel 1909. 16 S. 8°.
Basel, Med. Diss. 1908/09.

Kerscht, Ignaz (geb. Neuerburg im Rheinl. 22. 12. 1840): Zur Casuistik der Aphasie. Berlin (1869). (32 S.) 8°
Berlin, Med. Diss. v. 16. Aug. 1869

Kersebaum, J. A. Georg, Gebet- u. Gesangbuch für kathol. Christen. gr. 12. (9⅙ B. incl. Ttlbld.) Köln 842, J. G. Schmitz.

Kersebaum, Paul Friedrich, a. Essen a. d. Ruhr: Die Strafverfolgungspflicht des Staatsanwalts im geltenden Recht unter dem Gesichtspunkte des Legalitätsprinzips. ⟨§ 152 Abs. 2 StPO.⟩ Borna-Leipzig 1906: R. Noske. (37 S.) 8° [F.]
Erlangen, Jur. Fak., Ref. Allfeld, Diss. v. 22. Febr. 1906
[Geb. 5. Dez. 82 Essen a. d. Ruhr; Wohnort: München; Staatsangeh.: Preußen; Vorbildung: Gymn. Essen Reife O. 02; Studium: Freiburg i. B. 1, München 3, Münster 2 S.; Rig. 16. Jan. 06.]

Kersek, J. C., s. Kersek, J. K.

Kersek, J. K., die heilige Glocke zur frühen Andacht. Ein Gebet- u. Erbauungsbuch f. die christkathol. Jugend. 18. (204 S., 2 Stahlst. u. gest. Ttl.) Wien 845, Grottendiek.

Kersek, J. K., die heilige Glocke zur frühen Andacht. Sammlung gewählter Gebete u. Andachten für katholische Christen jeden Standes. Neue rev. Aufl. 16. (XII, 500 S. m. 1 Stahlst.) Wien 881. Grottendiek. n. 1. 60;
geb. m. Goldschn. n. 2. 40

—— Maria, lichter Stern! Ein Gebet- u. Erbauungsbuch für kathol. Frauen u. Jungfrauen. 8. (20 B. u. 6 Stahlst.) Wien 848, Grottendiek.

Kersek, J. K., Maria lichter Stern! Ein Gebet- und Erbauungsbuch für kathol. Frauen und Jungfrauen. 8. (316 S. und 6 Stahlst.) Wien 847, Grottendiek.

—— Strahlen des Friedens. Ein Gebet- u. Erbauungsbuch f. kathol. Christen gebild. Stände. 1. Aufl. 8. (19½ B.) 843 u. 2., verm. Aufl. 16. (21½ B., 3 Stahlst. u. gest. Ttl.) Wien 845, Grottendiek. à

Kersek, J. C., Strahlen des Friedens. Ein Gebet- und Erbauungsbuch für kathol. Christen gebildeter Stände. 2. Aufl. 16. (834 S. mit 4 Stahlst.) Wien 860, Grottendiek.

Kershansko Devishtvo. Potrébni nauki, isgledi ino molitve sa shénsko mladóst. Spisali mladi duhovni v'Zelovshki duhovshnizi. Zheterti natis. gr. 12. (9½ B., 1 Holzschnittt. u. 1 Musikbeil.) V'Zelovzi 844, Leon.

Kershaw, John B. C., die elektrolytische Chloratindustrie, s.a. Monographien üb. angewandte Elektrochemie. 19. Bd.

Kershaw, John B. C.: Die elektrolytische Chloratindustrie von John B. C. Kershaw, ⟨London⟩. Ins Deutsche übertr. von Dr. Max Huth, Chemiker. Mit 39 Fig. u. 3 Tab. u. e. Anh., welcher die wörtl. Wiedergabe d. wichtigsten Patente enthält. Halle a. S.: W. Knapp 1905. (IX, 123 S.) 8°
= Monographien über angewandte Elektrochemie. Bd. 19.

Kershaw, John B. C., die elektrochemische u. elektrometallurg. Industrie Grossbritanniens, s.a. Monographien üb. angewandte Elektrochemie. 28. Bd.

Kershaw, John B. C.: Die elektrochemische und elektrometallurgische Industrie Grossbritanniens von –. Ins Deutsche übertr. von Dr. Max Huth. Mit 87 Fig. u. 10 Tab. u. e. Anh. Halle a. S.: W. Knapp 1907. (IX, 180 S.) 8°
= Monographien über angewandte Elektrochemie. Bd. 28.

Kersig, A. G., de verbo: orthodoxus. Viteb. 1735. 4.

Kerssenboom, Eduard, Referendar in Bonn a. Rh.: Der Leistungsort nach dem neuen deutschen bürgerlichen Gesetzbuch. *Bonn a. Rh. 1901: J. Bach Wwe.* (108 S.) 8°
Leipzig, Jur. Diss. v. 1904

Kerssenboom, Eduard, der Leistungsort nach dem neuen deutschen bürgerl. Gesetzbuch. Diss. (108 S.) 8. Bonn 904. (L. Röhrscheidt.) n. 1. 50

Kerßenboom, Johann, approb. Arzt aus Winnekendonk: Aus d. Kgl. Psychiatr. u. Nervenklinik d. Universität Kiel. Über einen Fall von Hysterie, verbunden mit organischer Gehirnerkrankung und dementia senilis. *Kiel 1903: H. Fiencke.* (21 S.) 8°
Kiel, Med. Diss. v. [3. Aug.] 1903

Kerssenboom, Theodor [aus Köln a. Rh.]: Syphilitische Erkrankung des Centralnervensystems compliciert durch Diabetes und Epilepsie ... Berlin, Buchdr. v. G. Schade, *1895;* 35 S. 8.
Berlin, Med. Fak., Inaug.-Diss. v. 2. Mai 1895

Kerssenbroch, s.a. Kerssenbrock

Kerssenbroch, Herm. a., Anabaptistici furoris Monasterium inclitam Westphaliae metropolim evertentis historica narratio, hrsg. v. H. Detmer, s.a. Geschichtsquellen, die, des Bisth. Münster. 5. u. 6. Bd.

Hermanni a **Kerssenbroch** Anabaptistici furoris Monasterium inclitam Westphaliae metropolim evertentis Historica narratio. Im Auftr. d. Vereins f. vaterl. Gesch. u. Altertumskunde hrsg. von Dr. H(einrich) Detmer. (In 2 Hälften.) *Münster: Theissing 1900.* (XII, 462*, 997 S.) 8°
= Geschichtsquellen d. Bisthums Münster. Bd 5. 6. [00. 4151 5

Kerssenbroch, Hermannus a: A. Ratio studiorum scholae Monasteriensis saeculi XVI. ((1551).) B. Leges scholae Monasteriensis (1574). *Münster i. W. 1898: Aschendorff.* (137—149 S.) 8°
Münster i. W., k. Paulinisches G, Festschr. 1898

Kerssenbroek-Korff-Schmising, Theresia Gräfin, Gedichte. 12. (95 S.) Prag, Cyrillo-Method'sche Buchhandl. 60 kr. 1865.

Kerssenbrock, s.a. Kerssenbroch

Kerssenbrock, Hermann

v. Kerssenbroik, Herm., Geschichte d. Wiedertäufer in Münster. Mit Kpf. 4. Frkf. a. M. 771. (Aschendorf in Münst.) 1 ℔ 4 gr

Kerssenbroick, Herm. v., Geschichte der Wiedertäufer zu Münster in Westphalen. Nebst einer Beschreibung der Hauptstadt dieses Landes. Aus einer latein. Handschrift übers. Mit 8 Bildern und 1 Plan von Münster aus der Zeit der Wiedertäufer. 2. Aufl. 4. (766 S.) Münster 881, Aschendorff'sche Buchh. *

Kerssenbroick, Hermann, s. Kerssenbrock

Kerssenbroik, Hermann, s. Kerssenbrock

Kerst, welche Bedeutung haben Schulkarten in Kuhnerts Reliefmanier, s.: Wauer A.

Kerst, E., Würdigung d. Zuckerrübenbaues, mit besonderer Bezieh. auf Thüringen. gr. 8. (1½ B.) Gotha 839, Müller.

Kerst, Frdr., s.: Almanach, bergischer.

Kerst, Friedrich: Nach Altenberg! Eine kunstgeschichtl. Wanderung durchs Dhünntal von –. Elberfeld: W. Bacmeister 1908. (55 S.) 8°

Kerst, Frdr., Beethoven im eigenen Wort. (213 S.) kl. 8. Berlin 904. Schuster & Loeffler. n. 3. —; geb. n. 4. —

Kerst, Frdr., bergische Dichtung. Eine Sammlg. berg. Gedichte aus dem 19. Jahrh. 8. (V, X, 363 S.) Elberfeld 900. Baedeker. Geb. in Halbleinw. n. 4. 50

—s.a. Kriegserinnerungen 1806/15.

Kerst, Friedrich: Kriegserinnerungen 1806/15. Ein geschichtl. Quellenbuch f. Haus u. Schule. Nach d. Berichten vieler Augenzeugen hrsg. von –. [1.] Das Jahr 1806. Elberfled: W. Bacmeister 1907. 8°

Kerst, Friedrich. Mozart-Brevier. Berlin und Leipzig 1905.

— Mozart-Brevier. (286 S. m. 7 Taf.) kl. 8. Ebd. 905. n. 3. —; geb. n. 4. —

— Schumann-Brevier. (234 S. m. 8 Taf.) kl. 8. Ebd. (905). n. 3. —; geb. n. 4. —

Kerst, Gfried., Reduktions-Tabellen für Münzen, Gewichte und Maße, mit einem Anhang, enth. einige physikalische Tabellen. gr. 4. (82 S.) Berlin 874, (Grieben.) **
Aus: Gerber-Zeitung, besonders abgedruckt.

Kerst, Helene, weibliche Liebe. Roman in 2 Tln. (330 S.) 8. Berlin (904). H. Seemann Nachf. n. 3. —

Kerst, S. Gottfried

Kerst, S. G., der Ausgangszoll auf rohe Häute und Felle und sein lähmender Einfluß auf die deutsche Leder-Industrie und den ganzen internationalen Verkehr. Fol. (7 S.) Berlin 861, (Th. Grieben.) **

Kerst, S. Gottfried: Ueber Brasilien. Zustände der Gegenwart, mit Bezug auf die dt. Auswanderung nach Brasilien ... zugleich zur Abfertigung der Schrift [von] Gade: Bericht über die dt. Kolonien am Rio preto. — Bln: Veit 1853. 97 S.

Kerst, S. G[ottfried]: Die Colonien der Brasilianischen Provinz Rio Grande do Sul. — Bln: (Central-Verein für die dt. Auswanderungs- und Colonisations-Angelegenheit) 1853. 30 S. mit 1 Kt. ([Vortrag] in der öffentl. Sitzung des Central-Vereins für die dt. Auswanderungs- u. Colonisations-Angelegenheit...)

Kerst, S. Gotfr., die Länder im Stromgebiete des La Plata mit Rücksicht auf den deutschen Handel und die deutsche Auswanderung. Vortrag, gehalten am 12. Mai 1852 in der öffentlichen Sitzung des Central-Vereins für deutsche Auswanderungs- und Kolonisations-Angelegenheiten in Berlin. gr. 8. (32 S.) Berlin 852, (Schneider.) *

Kerst, S. G., die Länder am Uruguay. Vortrag, gehalten in der Sitzung des berliner Vereins zur Centralisation deutscher Auswanderung und Colonisation am 8. Octbr. 1851. gr. 8. (16 S.) Berlin 851, (Schneider und Comp.) *

—— die Plata-Staaten und die Wichtigkeit der Provinz Otuquis und des Rio Bermejo seit der Annahme des Princips der freien Schifffahrt auf den Zuflüssen des Rio de la Plata. gr. 8. (III und 139 S. mit 1 lithogr. und ill. Karte in Fol.) Berlin 854, Veit und Comp. –

Kerst, S. G. Das Salzmonopol in seinen Wirkungen beleuchtet. 1. Aufl. 1864. 2. Aufl. gr. 8°. Berlin, Grieben, 1865. 100 S.

Kerst, S. Gfr., über Brasilianische Zustände der Gegenwart, mit Bezug auf die deutsche Auswanderung nach Brasilien und das System der brasilianischen Pflanzer, den Mangel an afrikanischen Sklaven durch deutsche Proletarier zu ersetzen, zugleich zur Abfertigung der Schrift des Kaiserl. brasil. Prof. Dr. Gade: Bericht über die deutschen Kolonien am Rio preto. Berlin 853. (Leipzig) Veit u. Co, gr. 8. (1 Bl., 98 S.) 15 ngr.

Kerst, Thdr., die Vögel des Aristophanes in Hinsicht auf Idee, histor. Beziehung und komischen Charakter. 8. (80 S.) Erfurt 847, Müller'sche Vrlgsh.

Kerstan. Sapere aude! [Wage es, weise zu sein.] Roman. 3 Bde. 1. u. 2. (Titel-)Aufl. gr. 8. (V, 262; 237; 228 S.) [Berl. 890, Deubner.] Lpz., Spohr. * 10 —

Kerstan, Sapere aude! [Wage es, weise zu sein.] Roman. 3 Bde. 2. (Titel-)Aufl. gr. 8. (V, 262; 237 u. 228 S.) Leipzig 891. Spohr. n. 10. —

Kerstan, C., d. unsinnige Richtung der mod. Bildermalerei u. wirkl. Kunst. Für ernsthafte Kunstfreunde u. Maler. gr. 8. (III, 55 S.) Zürich 897. Th. Schröter. n. 1. 20

Kerstan, Carl, s. Kerstan, Karl

Kerstan, Hermann *Theodor* [aus Berlin]: Ueber stabiles Oedem ... Berlin, C. Vogts Buchdr., *1896*; 27 S., 2 Bl. 8.
Berlin, Med. Fak., Inaug.-Diss. v. 3. Juli 1896

Kerstan, Karl

Kerstan, Carl, s.: Aletheia, E.

Kerstan, Karl: Über den Einfluß des geotropischen und heliotropischen Reizes auf den Turgordruck in den Geweben. Breslau 1907: R. Nischkowsky. (50 S.) 8° ¶ (Aus: Beiträge zur Biologie der Pflanzen Bd 9 H. 2.)
Leipzig, Phil. Fak., Ref. Pfeffer-Chun, Diss. v. 12. Sept. 1907
[Geb. 19. April 80 Markneukirchen (Sachsen); Wohnort: Waldenburg (Sachsen); Staatsangeh.: Sachsen; Vorbildung: Sem. Waldenburg Wahlfähigkeitszeugnis Nov. 02; Studium: Leipzig 6 S.; Rig. 26. Febr. 07.]

Kerstan, M. Martin Gottlieb, De fideicommisso perpetuo familiae in feudo. Diss. jur. feudal. Lpz. (Gabriel Trog) 6. XI. 1731. 44 S. (6.80) 17783

Kerstein, Ernst August (Ibbenbueren/Westf.), De mutationibus in truncis dissectis obviis. Diss. med. Halle (Heinrich Ruff jun.) 28. X. 1835. 40 S. mit Biogr. (M.: E. Mettingh) u. 1 Tfl. Abb. (lith. v. König, Halle). (6.50) 17784
Oppon.: H. Runde, M. Robinow. — Gew.: Ernst Blasius. — Krankengesch. v.: Philipp Kunze (Lettin), Henrietta Eikmueller (Herchersdorff), Maria Conrad.

Kerstein, Fr. Sylvester

Kerstein (F. S.). Vollständige praktische Anleitung zur Zinnprobirkunst. Oder gründlicher Unterricht in der Kunst, die Legirungen des Zinnes mit Blei, Zink etc. zu probiren. Quedlinburg 1831. 8.

Kerstein, Fr. Sylv., vollständ. prakt. Anleitung z. Zinnprobirkunst. 8. (5 B.) Quedlinburg 831, Basse.

— s. Chevalier, die Mikroskope.

Kerstein, Fr. Sylv., allgemeiner Harz-Berg-Calender auf das J. 1838. Mit 1 Holzschn. 4. Clausthal 838, Schweiger. 1 1/2 ℛ

— s. Le Normand, Anweis. Wachslichte zu fabriciren.

Kerstein, Fr. Sylv., die katadioptrischen Linsen, s. Chevalier, Ch.

—— die wohlfeilste u. beste Zimmerheizung vermittelst d. Kersteinschen Spiralofens. Beschreib. e. neu erfund., f. Holz-, Torf- od. Steinkohlenfeuerung eingerichteten Stubenofens von Eisen od. Kachelwerk ꝛc. gr. 8. (2 B. u. 1 Stnt.) Quedlinburg 841, Basse.

Kerstein, Johann Gottfried Sylvester

Kerstein, Jh. Gf. Sylvester, Calender auf d. Jahr nach Christi Geburt 1833 u. 1835. (Mit e. Genealogie.) 4. Braunschweig 833, 34. Meyer. (à 1/12 ℛ) 1/6 ℛ — Derselbe auf das 459. Schalt-Jahr nach Christi Geburt 1836. Nach d. Braunschweiger Meridian. Mit 25 Holzschn. 4. Ebd. 835. 1/12 ℛ

Kerstein, Jh. Gf. Sylvester, Universalmaaß f. alle Geschäfte d. prakt. Lebens, zum Gebrauch f. Forst- u. Hüttenmänner, Oekonomen ꝛc. 16 Bdchn. Mit 1 Kpf. u. 18 Tabb. 8. Hildesh. 810. (Gerstenberg. 1 ℛ 21 gr Schrbp. 2 ℛ 6 gr 2e Aufl. 8. Hannov. 827. (Hahn). 2 ℛ 8 gr Schrbp. 2 ℛ 12 gr

Kerstein, Johann Gottfried Sylvester: „Universalmaass für alle Geschäfte des praktischen Lebens, wozu man der Maasse, Münzen und Gewichte bedarf", 2. verb. und verm. Auflage, Hildesheim 1827. — Vorh.: Bibl. des Oberlandesgerichts Celle — Tc. 315².

Kerstein, Wilhelm [aus Ibbenbüren]: Beiträge zur Kenntniss des Hydrastins. ... Halle a. S., Gebauer-Schwetschke'sche Buchdr., 1889; 1 Bl. + 38 S. 8°
Erlangen, Phil. Fak., Inaug.-Diss. v. 1889

Kersten, ..., (Polizeisecretair), s. Florestin.

Kersten, A.F.C.: Quo jure Kantius Aristotelis categorias rejecerit. 11 S. – Progr. Berlin R.G. 1853.

Kersten, C., die revidirte Bergordnung für das Herzogth. Cleve etc., s. a. Bergordnung.

Kersten, C., die revidirte Bergordnung für das Herzogthum Cleve, Furstenth. Meurs und für die Grafschaft Mark vom 29. April 1766 nebst den dieselbe ergänzenden neueren Bestimmungen. Dortmund 856. Köppen. gr. 8. (2 Bl., III, 140 S.) n. 22 1/2 ngr.

Kersten, C. Beschreibung des Gold-, Silber-, Blei- u. Kupfer-Ausbringens auf den kgl. ungarischen Hütten zu Fermezely (Nagy-Banya), Kapnik, Felsöbanya, Laposbanya, Olahlaposbanya und Borsa. (Aus dem Journ. für prakt. Chemie. Vol. I.) Leipzig. 1834. 8.

Kersten, C., über d. nähern Bestandtheile d. Knochen u. deren Darstell. aus denselben mittelst Wasserdampfes, f. Hospitäler, Krankenanstalten etc. Nach D'Arcet. (Aus Erdmann's „Journal" abgedr.) gr. 8. (3 B. u. 1 Kpfrt. gr. 4.) Leipzig 832, Barth.

Kersten, C., Brücken in Eisenbeton. Ein Leitfaden f. Schule u. Praxis. I. u. II. Tl. Lex. 8. Berlin, W. Ernst & Sohn. à 5.20; geb. in Leinw. à 6. —
I. Platten- u. Balkenbrücken. 2. neubearb. u. stark erweit. Aufl. (VII, 187 S. m. 472 Abb.) 909.
II. Bogenbrücken. 2. neubearb. u. stark erweit. Aufl. (VIII, 198 S. m. 466 Abb.) 910.
1. Aufl. (V, 142 u. V, 147 S.) 907. 08. à 4. —; geb. 4. 80

Kersten, C., der Eisenbetonbau. Ein Leitfaden f. Schule u. Praxis. 2 Tle. kl. 8. Berlin 906. W. Ernst & Sohn. Kart. à n. 3. —
1. Ausführung u. Berechnung der Grundformen. Mit 120 Textabbildgn. 3. unveränd. Aufl. (VIII, 176 S.)
2. Anwendungen im Hoch- u. Tiefbau. 1. u. 2. Aufl. (Je VIII, 162 S. m. 296 Abbildgn.)

— Der Eisenbetonbau. Ein Leitfaden f. Schule u. Praxis. 2 Tle. 8. Ebd. 910. Geb. in Leinw. à 4. —
I. Ausführung u. Berechnung der Grundformen. 7. verb. Aufl. (XII, 293 S. m. 195 Abb.)
4. Aufl. (VI, 222 S. m. 159 Abb.) 907. 3.—; 5. u. 6. Aufl. (XII, 285 S. m. 182 Abb.) 908. 10. 4.—.
II. Anwendungen im Hoch- u. Tiefbau. 5. verb. Aufl. (VII, 209 S. m. 465 Abb.)
3. Aufl. (VI, 194 S. m. 417 Abb.) 907. 3.60; 4. Aufl. (VII, 212 S. m. 468 Abb.) 909. Geb. 4.—.

Kersten, E., eine Predigt mit andern Lippen. Etwas zum Nachdenken über die höchsten Interessen der Menschheit bis zu ihrer End-Entwicklung oder Vollendung. gr. 8. (32 S.) Breslau 867, (Mälzer.) *

—— 10 Predigten zur Erbauung auf unserem allerheiligsten Glauben. gr. 8. (V und 138 S.) Breslau 866, (Dülfer.) *

Kersten, C. Untersuchung des Wismuth-Kobalt-Erzes vom Schneeberg im Erzgebirge. 1826.

Kersten, C. Ueber den Zinkbleispath vom Monte Poni bei Iglesias in Sardinien. (Aus Schweigger's Jahrb. für Chemie und Physik. Vol. V.) 1832. 8.

Kersten, C. Ueber die chemische Zusammensetzung der Braunbleierze. Halle 1831.

Kersten, C. M., s. K e r s t e n , Karl Moritz

Kersten, C. T., f. J. W. v. Göthe's Hermann u. Dorothea.

Kersten, Carl Andreas, s. K e r s t e n , Karl Andreas

Kersten, Charles Thdr. v., Goldsmith's vicar of Wakefield employed as a means of reading made easy without any alteration of orthography. gr. 8. (72 S.) Leipzig 857, (Teubner.) *

Kersten, Chr. Fr., de poena conventionali. Dissert. inaug. 4maj. Lipsiae 839. (Goethe.) n. 1/4 ₰

— Christian Friedrich (Germano-Luppensis), De poena conventionali. Diss. jur. Lpz. (Staritz) 9. X. 1839. 39 S. (6.—) 17787
Gew.: Heinrich Constantin v. Ende (Grosspoesna).

Kersten, Chr. Fr., de poena conventionali. Dissert. inaug. 4maj. (5 B.) Lipsiae 839, (T. O. Weigel.) *

— Christoph Gottlieb (Hettstad/Mansfeld), De filia herede contra jura Germanica antiqua. Diss. jur. Präs. D. Christian Heinrich Breuning. Lpz. (Langenheim) 2. VI. 1762. 5 Bl., 22 S. (6.50) 17788
Gew.: Friedrich Abraham v. Hopfgarten (Milverstedt, Zimmern, Heineck), Rudolph v. Bünau (Losse, Widderode), Friedrich Wilhelm Frh. v. Hohenthal (Hohenpriesnitz, Grune, Wallendorf). — Widm. v. Präs.

Kersten, G., die Baumaterialienkunde mit besonderer Berücksichtigung der Ziegel- und Kalkbrennerei für Bau- und Gewerbeschulen als Lehrbuch, für ausführ. Bautechniker und Studirende der Bauwissenschaft, sowie für Besitzer von Ziegel- und Kalkbrennereien als Handbuch bearb. gr. 8. (X und 278 S. mit über 100 in den Text gedr. Holzschn.) Leipzig 863, [Haynel.]

Kersten, Ewald, appr. Arzt a. Vegesack: Aus der Psychiatrischen und Nervenklinik zu Kiel. Ein Beitrag zur Lehre von der „Syringomyelie nach Trauma". Lübbecke 1905: F. Werneburg. (18 S.) 8°
Kiel, Med. Fak., Ref. Siemerling, Diss. v. 23. Mai 1905
[Geb. 10. Juli 80 Vegesack; Wohnort: Vegesack; Staatsangeh.: Bremen; Vorbildung: Hohenzollerngymn. Schwedt a. O. Reife O. 99; Studium: Berlin 1, Tübingen 1, Halle 3, Kiel 5 S.; Rig. 14. März 05; Approb. 4. Febr. 05.]

Kersten, F. L., kurze Nachricht über die Gesinde-Krankenkasse zu Magdeburg. gr. 8. (23 S.) Magdeburg 847, (Creutz'sche Buchh.) *

Kersten, Felix: Ueber einige Derivate des 4-Nitrocumarons und des 4-Amidocumarons. Werdau i. Sa. 1910: Booch. 42 S. 8°
Rostock, Phil. Diss. v. 20. Juli 1910, Ref. Stoermer
[Geb. 1. Jan. 85 Kösen; Wohnort: Rostock; Staatsangeh.: Sachsen; Vorbildung: Gymn. Rudolstadt Reife O. 05; Studium: Berlin 2, Leipzig 3, Rostock 5 S.; Rig. 15. Juli 10.]. [U 11.4155

Kersten, Ferdinand: F e s t g e s ä n g e im Anschluß an d. evang. Kirchenjahr z. Erbauung in stillen Stunden, nebst e. Anh.: Vermischte Gedichte von Ferdinand Kersten, Lehrer.
Barby: H. Kropp (1907). (176 S.) 8°

— Ferdinand (Treba/Altenburg), De febrium nervosarum cura meditationes nonnullae. Diss. med. Lpz. (Staritz) 28. VI. 1836. 27 S. (6.—) 17789

— Ferdinand Gustav (Hettstad/Mansfeld), Leucorrhoeae pathologiam. Diss. med.-chir. Präs. D. Georg Rudolph Boehmer. Wittbg. (Adam Christian Charisius) 28. IX. 1798. 23 S. (6.—) 17790
Gew.: Christoph Gottlieb Kersten (Vater).

— Ferdin. Leopold (Magdeburg), Nonnulla de dacryolithis. Diss. med. Bln. (August Petsch) 14. IV. 1828. 40 S. mit Biogr. (M.: Ch. Blumenthal) u. 1 Tfl. Abb. (C. L. Müller ad nat. del. F. Guimpel sc.) (6.50) 17791
Oppon.: G. Faber, Ed. Schultze, G. Benedix. — Gew.: Ferd. Gust. Kersten (Hettstad), Theoph. Wilh. Kersten.

Kersten, Franz [aus Potsdam]: De ellipseos usu Lucianeo. . . . Kiel, Druck v. Plesse & Lührs, Hamburg, 1889; 2 Bl. + 48 S. + 3 Bl. 8°
Kiel, Phil. Fak., Inaug.-Diss. v. 8. Aug. 1889

Kersten, F., de ellipseos usu Lucianeo. Inaug.-Diss. gr. 8. (48 S.) Kiel 889. (Lipsius & Tischer.) 1.20

Kersten, [Franz], Dr.: Wielands Verhältnis zu Lucian. [T. 1.] *Cuxhaven 1900: G. Rauschenplat & Sohn.* (28 S.) 4°
Cuxhaven, h. Staats-S, P 1900 (784)

Kersten, Wielands Verhältnis zu Lucian. Progr. gr. 4. (28 S.) Hamburg 900. (Herold). n. 2.—

Kersten, Friedrich Heinrich Maximilian

Kersten, F. H. Max., prakt. Abhandl. von der gesetzl. Erbfolge, d. Heergeräthe und Gerade. gr. 8. Altenb. (Academ Buchh. in Jena.) 786.

— prakt. Abhandl. von d. Intestaterbfolge, d. Heergeräthe u. d. Gerade nach d. Dresdner Statuten. 4. Dresd. 776. Walther. 6 gr. 2e verm. Ausg. 8. Altenb. 786. (Hennings in Reisse). 18 gr.

Kersten, F. H. M.: „Practische Anweisung für Gerichtsverwalter und Dorfgerichtspersonen", Leipzig 1792 (Jacobäer).

Kersten, Fr. Hnr. Max., († d. 13. Dec. 1791.) prakt. Handbuch f. Sächs. Gerichtsverwalter u. Dorfgerichtspersonen. 8. Dresd. 784. (Göthe in Leipz.) 16 gr. 2e Aufl. gr. 8. Ebd. 792. (Aue in Altona). 2 ₰

— s. Kauf und Verkauf und Pacht u. Verpacht der Landguter.

— — Ad legem unicam cod. quando imperator inter pupillos. Diss. jur. Präs. Frid. Gottlieb Zoller. Lpz. (Langenheim) 15. IV. 1773. 26 S. (6.—) 17794
Gew.: Christian Gotthelf Frh. v. Gutschmid.

— **Friedrich Heinrich Maximilian** (Dresden), De mutuis petitionibus. Präs. Johann August Cleemann. Lpz. (Langenheim) 5. II. 1770. 40 Seiten. (6.50) 17792
Gew.: Christian Gotthelf Frh. v. Gutschmid. — Widm. v. Präs.

Kersten, F. H. M. v. s.a. : Schuldenwesen der sächs. Bauern.

(Kersten, F. H. M.): „Ueber das Schuldenwesen der sächsischen Bauern und einige Mittel, sie wider den ferneren Verfall zu sichern", Dresden und Leipzig 1789 (Hilscher).

– s.a. Taxation. – Über die Taxation und Veranschlagung der Güter ...

Taxation (Ueber die) und Veranschlagung der Güter nach den neuesten Grundsätzen dargestellt (v. F. H. M. Kersten). 4°. Dresden, Walther, 1788.

— — De visu privatis eorumque juribus. Diss. jur. Lpz. (Langenheim) 1773. 47 S. (6.50) 17793

Kersten, G. A.

—— und J. R. Linke, Atlas der Giftpflanzen oder Abbildung und Beschreibung der den Menschen und Thieren schädlichen Pflanzen. Mit 104 ill. Abbild. und einer allgemeinen Uebersicht der wichtigsten Gifte überhaupt. Zum Schul- und Hausgebrauch hrsg. 4. (32 S. mit 15 Kpfrt.) Leipzig 853, Polet. Thlr.

Kersten, G. A., allgemeines Giftpflanzenbuch oder Beschreibung der den Menschen und Thieren schädlichen Pflanzen. Zum Schul- und Hausgebrauch hrsg. 4. (32 S.) Leipzig, 853, Polet.

Kersten, G. Herm., s. Brochant de Villiers die Krystallisation.

Kersten, Gfrd., Reduktions-Tabellen für Münzen, Gewichte und Maße, mit einem Anh., enth. einige physikal. Tabellen. gr. 4. (82 S.) Berlin 874, (Grieben.) **
Aus: Gerber-Zeitung, besonders abgedruckt.

Kersten, Gotthelf [app. Arzt aus Oberspier]: Aus d. geburtshülfl.-gynaekolog. Klinik zu Giessen. Ein Beitrag zur Lehre von den Erweichungen der Gebärmuttermyome ... Giessen, C. v. Münchow, Univ.-Dr., 1893; 36 S. 8.
Giessen, Med. Fak., Inaug.-Diss. v. 1893

Kersten, Gustav

Kersten, G., die beiden Gesichter der Medizin. Eine populäre Abhandlg. üb. das Wesen u. die Erfolge der wissenschaftl. Heilkunde im Gegensatz zu den kurpfuscher. u. naturheilkünstler. Verfahren u. e. Beitrag zur Naturgeschichte des Kurpfuschertums selbst. (46 S.) gr. 8. Hamburg 903. Gebr. Lüdeking. n. 1.50

— Kopfschmerz, Migräne, Neuralgien. Eine gemeinverständl. Darstellg. des Wesens, der Erscheinungsformen, der Verhütg. u. der Behandlg. dieser Leiden. (99 S.) 8. Berlin (903). Deutscher Verlag. 1.50

Kersten, Gust. (geb. Schmölau bei Salzwedel 19. 2. 1854): Ueber Lungenbrand. Berlin (1878). (30 S.) 8°
Berlin, Med. Diss. v. 1. Aug. 1878

Kersten, G., Schlaganfälle u. Lähmungen, ihr Wesen, ihr Zustandekommen, ihre Verhütung u. ihre Behandlung gemeinverständlich dargestellt. 8. (68 S.) Berlin (902.) Deutscher Verlag. 1.—

— Wochenbett u. erste Kindespflege. Mit e. Anh.: Das Verhalten der Schwangeren vor der Niederkunft. (Aerztl. Winke u. Ratschläge.) (99 S.) 8. Ebd. (903). 1.50

Kersten, H.

— die idealistische Dichtung in der modernen Entwicklungslehre. Mit besond. Berücksicht. der Theorien v. O. Hamann u. E. v. Hartmann. gr. 8. (88 S.) Ebd. 901. n. — 80
2 Sonderabdrucke aus: „Zeitschr. f. Naturwiss."

Kersten, H., die „postvitale" Erklärung der organischen Zweckmässigkeiten im Darwinismus u. Lamarckismus. gr. 8. (14 S.) Stuttgart 901. E. Schweizerbart. " — 40

Kersten, H. Die Frau u. das Universitätsstudium, s.a. Zeitfragen d. christl. Volkslebens.

Kersten, H.: Die Frau und das Universitätsstudium. — Stuttgart: Belser 1892. 44 S. 8° (Zeitfragen d. christl. Volkslebens. Bd 17, H.5.)

— **Hermann** (Prenzlau / Mark), Capitis Trichechi Rosmari descriptio osteologica. Diss. med. Bln. (Brueschck) 3. IV. 1821. 24 S. mit Biogr. u. 3 Tfln. Abb. (6.50) 17795
Oppon.: D. Strempel, O. Westphal, E. Schumann. — Gew.: C. A Rudolphi.

Kersten, J. A. Kurzer Auszug a. d. Nachrichten der besten Geschichtsschreiber, welche von der Stadt Stade handeln. 2 Th. 8. Bremen 1761. 62.

Kersten, J. H. Max., s. Kersten, Friedrich Heinrich Maximilian

— **Johann Christian** u. (Respond.) **Christian Gottlob Zieger** (Oelsnitz/Vogtl.), De maturatione ut causa perfectionis corporum organicorum. Diss. prior philos. Lpz. (F. G. Jacobaeer) 24. IX. 1757. 24 S. (6.50) 17796

Kersten, Johs. Sündenstrafe und Züchtigung m. besond. Berücksicht. der Offenbarungsstufen. gr. 8. (VII, 176 S.) Dorpat 891. (Lpz., Deichert's Nachf.) * 2 —

Kersten, Jonath., Harry Maasdamme, e. schwarzer Lehrer v. Gottes Gnaden. Ein Lebensbild aus d. Missionsfeld. 8. Aufl. 12. (16 S. m. 1 Bildn.) Herrnhut 894. Missionsbuchh. n. — 10

Kersten, Julius, aus Berlin: Über einige Condensationen von Aldehyden mit Hydrocotarnin. *Berlin 1899: G. Schade.* (45 S.) 8°
Rostock, Phil. Diss. v. [2. Aug.] 1899

Kersten, Karl

— s. Bouillaud, Untersuch. über d. Rheumatismus.

Kersten, Karl, Handbuch d. metallurg.-analyt. Chemie, s. Berthier, P.

Kersten, Karl Andreas

Kersten, Carl Andreas (Magdeburg), De interpretatione facienda contra eum qui clarius loqui debuisset, occasione L. veteribus. 39 ff. de pact. Disp. jur. Präs. Justus Henning Böhmer. Halle (Christoph Andreas Zeitler) 24. XI. 1700. 40 S. (6.50) 17785

— — Dasselbe. Halle (Jo. Christ. Grunert) 1742. 40 S. (6.50) 17786

Kersten, Karl Moritz

Kersten, C. M., der Kreuz- u. Ferdinands-Brunnen in Marienbad. Von neuem chemisch untersucht. 12. (5½ B.) Leipzig 845, Brockhaus.

Kersten, Ludwig: Die Indianerstämme des Gran Chaco bis zum Ausgange des 18. Jahrhunderts. Ein Beitrag zur historischen Ethnographie Südamerikas. Mit 2 Karten. Leiden: E. J. Brill 1904. (75 S.) 4° ¶[Aus: Internation. Archiv f. Ethnographie Bd 17, H. 1 u. 2.]
Leipzig, Phil. Fak., Ref. Ratzel u. Weule, Diss. v. 2. Nov. 1904
[Geb. 25. Dez. 78 Sennewitz b. Merseburg; Wohnort: Leipzig; Staatsangeh.: Preußen; Vorbildung: Albert-Gymn. Leipzig Reife O. 99; Studium: Leipzig 9 S.; Rig. 10. Nov. 04.]

Kersten, Max, a. Berlin: Über β-Benzyläpfelsäure. Halle a. S. 1905: R. P. Nietschmann. (30 S.) 8°
Halle, Phil. Fak., Ref. Doebner, Diss. v. 7. Juni 1905
[Geb. 4. Okt. 80 Berlin; Wohnort: Halle; Staatsangeh.: Preußen; Vorbildung: Gymn. Altenburg Reife O. 99; Studium: Halle 1, München T.H. 2, Leipzig 7. Halle 3 S.; Rig. 16. Mai 05.]

— **Maximilian** (Rees / Rhld.), De complicationibus morbillorum et quibusdam gravioribus morbis qui eos sequi solent. Diss. med. Halle (Lipk) 19. XII. 1867. 32 S. mit Biogr. (M.: G. te Pass) (6.—) 17797
Oppon.: J. Berndgen, L. Degener.

Kersten, Otto (Hrsg.), s. Beiträge zur Landeskunde von Südafrika.

Kersten, Otto, magnetische Beobachtungen im mittleren Ost-Afrika. Mit einem Anh.: Dr. Albr. Roscher's Messungen in den Jahren 1858 u. 1859. Bearb. von C. Börgen. [Aus: „v. der Decken's Reisen".] Lex.-8. (48 S.) Leipzig 879. C. F. Winter. n. 2. 40

Kersten, O., s. Decken's, C. Cl. v. der, Reisen in Ost-Afrika.

— astronomische, geodätische u. Höhenmessungen im mittleren Ost-Afrika, nebst kartographischen Bemerkungen. [Aus: „v. der Decken's Reisen".] Lex.-8. (107 S.) Ebend. 879. n. 4. 80

Kersten, O., über Colonisation in Ost-Afrika. Mit Hervorhebung ihrer Wichtigkeit für Deutschland und besond. für Oesterreich. 8. (37 S.) Wien 867, Hilberg.
Aus: Internationale Revue, besonders abgedruckt.

— Meteorologie von Sansibar in Monatsmitteln. Mit 6 Tabellen u. 5 lith. Taf. [Aus: „v. der Decken's Reisen".] Lex.-8. (86 S.) Ebend. 879. n. 6. 40

Kersten, Otto [Red.], s. Nachrichten. – Geographische Nachrichten für Welthandel und Volkswirtschaft

Plan der Residenzstadt Altenburg, S.-A. Für d. Verschönerungsver. gezeichnet von Dr. Otto **Kersten**. Massstab 1 : 12500. *Altenburg: O. Bonde [um 1900]; Lith. v. C. Dietze.* (1 Kartenbl. 35×30 cm mit Legende.) 8° [Kol.] [os. 11649

Kersten, Otto: Baron Carl Claus von der Decken's Reisen in Ost-Afrika in den Jahren 1859 bis 1865. Mit einem Vorworte von A Petermann. Bd I. II. 2 voll. Leipzig und Heidelberg: 1869. 1871.

— tabellarische Uebersicht der Geschichte Ost-Afrikas. Hauptsächlich nach Guillain's Documents sur l'histoire, la géographie et le commerce de l'Afrique orientale, bearb. u. bis zur Gegenwart fortgeführt. [Aus: „v. der Decken's Reisen".] Lex.-8. (40 S.) Ebend. 879. n. 2. 40

Kersten, Paul, Arnold von Wied, Erzbischof von Köln 1151—1156. Ein Beitrag zur Geschichte des deutschen Mittelalters. gr. 8. (56 S.) Berlin 881. Engelhardt. n. 1. —

Kersten, Paul, die Buchbinderei u. das Zeichnen d. Buchbinders, f. Fortbildungs- u. Handwerkerschulen fachmännisch erläutert. Mit 175 Abb. auf 35 Taf. (V, 74 S.) 8. Halle 909. W. Knapp. 3. —

— Der exakte Bucheinband. Der gute Halbfranzband, der künstler. Ganzlederband, die Handvergoldg. Mit 133 Abb., 38 Taf., 48 Papiermustern, nebst e. Beiwort: „Entwurf des Bucheinbandes", v. L. Sütterlin. (VII, 177 S.) gr. 8. Ebd. 909. 8. —

Kersten, Paul, moderne Entwürfe f. Bucheinbände. 2 Bde. à 6 Lfgn. 4. Halle, W. Knapp. n. 12. —
I. Vorlagen f. künstlerische Ledereinbände. 48 farb. Taf. 904. In Mappe n. 6. 60
II. Ganzleinenbände. (37 Bl.) 905. 906. n. 6. —

Kersten, Paul, d. versunk. Glocke, s.: Universal-Bibliothek.

— **Paul Moritz** (Freiberg), De chloroformii inhalatione. Diss. med. Präs. Gustav Biedermann Guenther. Lpz. (Giesecke & Devrient) 23. IV. 1859. 24 S. mit Biogr. (M.: Reiz.) (6.—) 17798
Gew: Julius Goepel (Altenburg).

[F.] **Kersten,** Robert: Die Auflösung der reduzierten Gleichungen dritten Grades. Luckau, Druck d. Entleutner'schen Buchdr., 1897; 3—12 S. 4.
Luckau, k. G, P 1897 (81)

Kersten, Theob., de conjunctis particulis μὴ οὐ. Dissertatio inauguralis. gr. 8. (47 S.) Göttingen 875, (Vandenhoeck und Ruprecht's Verlag.)

Kersten, Theobald (Bearb.), s. Dix, Franz: Deutsches Lesebuch für höhere Mädchenschulen.

Kersten, Th., deutsches Lesebuch für höhere Mädchenschulen, s. Dix, F.

Kersten, Wilhelm: [Ansprache bei der Enthüllung der Fahne des Gymnasiums.] S. 30—31. 4.
Städt. Realgymn. (Reformschule) *Görlitz* 1907 (264).
Progr.

Kersten, Wilhelm: Antrittsrede des Direktors 13. April 1904. S. 3—8. 4. **Progr.** Städt. Realgymn. (Reformschule) *Görlitz* 1905 (256).

KERSTEIN, WILHELM. Beiträge zur Kenntniss des Hydrastins. (Erlangen) Halle, 1889.

Kersten, W., Zwanzig Colloquia familiaria des Erasmus von Rotterdam. 8°. (61 S.) geb. K 1.20
Wien: Tempsky 1903.

Kersten, Wilhelm, Referendar a. Lütgendortmund ⟨Westfalen⟩: Der gesetzliche Eintritt Dritter in die Rechte des befriedigten Gläubigers nach dem Rechte des BGB. Borna-Leipzig 1907: R. Noske. (IX, 92 S.) 8°
Rostock, Jur. Fak., Ref. Bernhöft, Diss. v. 20. Juni 1907
[Geb. 5. Febr. 80 Lütgendortmund; Wohnort: Lütgendortmund; Staatsangeh.: Preußen; Vorbildung: Gymn. Burgsteinfurt Reife O. 00; Studium: Marburg 2, München 1, Kiel 1, Berlin 1, Münster 1 S.; Rig. 28. Sept. 03.]

Kersten, Wilh., lateinisches Elementarbuch f. Reformschulen. Mit 1 (farb.) Karte d. Römerreiches. (254 S.) 8. Leipzig 908. G. Freytag. — Wien, F. Tempsky. Geb. 3. —

Kersten, Wilhelm: Gedächtnisrede auf den verstorbenen Direktor Herrn Dr. Baron. 21. September 1904. S. 9—12. 4.
Progr. Städt. Realgymn. (Reformschule) *Görlitz* 1905 (256).

Kersten, Wilhelm, Dr.: Lehrplan für den Turnunterricht nebst einer Zusammenstellung von Gerätübungen für die einzelnen Klassen. *Barmen (1902): D. B. Wiemann.* (120 S.) 8° [F.]
Barmen, st. RG m. R ⟨Reform-S⟩, OP 1902 (533)**

Kersten, Guilelmus: De Cyzico nonnullisque urbibus vicinis quaestiones epigraphicae ... Halis Sax., typ. Plootzianis (R. Nietschmann), 1886: 42 S. 8°.
Halle, Phil. Fak., Inaug.-Diss. v. [10. Apr.] 1886.

K e r s t e n, G u i l e l m u s, de Cyzico nonnullisque urbibus vicinis quaestiones epigraphicae. Diss. Halle 1886, Lippertsche Buchh. 8⁰. 42 S.

Kersten, Wilhelm, Direktor Dr.: Zwei Reden. Görlitz 1905: Görlitzer Nachrichten und Anzeiger. (S. 3—12.) 4°
Görlitz, st. RG ⟨ReformS⟩ P 1905 (256)

Kerstens, Arth., kurische Jagd-Signale. 8. (8 S.) Goldingen (900). Mitau, F. Besthorn. n. — 60

Kerstens, Dietrich: Dissertatio iuridica inauguralis de b o n i s hereditate delatisa cognatis intestato mortuis statuo Lubecensi iuxta et Stadensi tum mobilibus tum immobilibus sed praxi tantum immobilibus. Quam praeside Ioanne Zacharia Hartmanno anno 1735 publico cruditorum examini submittet auctor – . Kiliae: 1735. 4⁰k.

Kerstens, Geo. Jak., († d. 26. Nov. 1794.) die Confirmation d. Kinder. 8. Stade 786.

– Confirmationsreden u. Gebete. Sammt e. kurzen Religionsunterrichte. 8. Stade 786.

Johann Christian Kerstens

De Bronchotome et ad illam instituendam commodissimis instrumentis. [Resp.:] Ioannes Rhode [*1754]. Kilonii Holsat. (1776:) Bartsch. 8 S. 3⁰
Kiel, Med. Diss. v. 30. Okt. 1776

KERSTENS, JOH. CHR., Formidolosi Rheumatismi biliosi triplici abcessu metastatico ex aegre demum sanati historia. Kiliae Hols. 1792. P.

Kerstens, Jh. Chr. l., († d. 5. Juli 1801.) f. 1) *Linné*, genera morborum.

Kerstens, Johann Christian: Prolusio illustrans memorabile medii aevi m o n u m e n t u m , quod ad Medicinam Forensem spectat, responsum Jurisconsultorum Moguntinorum datum in caussa illustri, elogii Medicorum aliorumque naturae scrutatorum habito respectu.
Kiliae Holsatorum. (1786.) 4⁰

Kerstens, Johann Christian (Übers.):

s.: Saxtorph, Matthias: Auszug der Entbindungskunst zum Gebrauch für Hebammen. (Kort Inhold af de nyeste Udtog af Foedselsvidenskaben. Dt.) Leipzig u.Kopenhagen: 1792

JB 3.928

Kerstens, Johann Christian (Hrsg.):

s.: Tissot, S(imon) A(ndré): Sämmtliche zur Artzneykunst gehörige Schriften..., aus dem Französischen und Lateinischen übersetzt. Th.1 - 2: 2.Aufl. Th.1 - 5. Leipzig: 1779 - 1782

JB 2.042

Kerstiens, Bernard: Untersuchungen zur Seelenlehre des Descartes. Leipzig: W. Engelmann 1909. 42 S. 8° ¶(Aus: Archiv f. d. ges. Psychol. Bd 16, H. 3/4.)
Münster, Phil. Diss. v. 3. Dez. 1909, Ref. Meumann
[Geb. 13. Nov. 75 Neuenkirchen, Bez. Münster i. W.; Wohnort: Stadtlohn; Staatsangeh.: Preußen; Vorbildung: Gymn. Rheine Reife O. 96; Studium: Med. später Phil. u. Theol. Freiburg i. B. 1, Münster 9 S.; Rig. 26. Juli 09.]
[U 10. 3779

Kerstiens, Carl [aus Neuenkirchen Reg.-Bez. Münster]: Beiträge zur Kenntnis der aus Ketonen und Oxaläther entstehenden Ketonoxaläther. ... München, k. Hof- u. Univ.-Buchdr. v. Dr. C. Wolf & Sohn, 1890; 76 S. 8°
München, Phil. Fak., Inaug.-Diss. v. 1890

Kersting, Bernhard Philipp (Grebenstein/Hessen), De antichresi. Disp. jur. Rector Philipp Wilhelm Graf v. Boineburg. Präs. Johann Philipp Streit. Erfurt (Georg Heinrich Müller) 15. V. 1706. 24 Seiten. (6.80) 17799
Gew.: Gustav Georg v. Halcken, Nicolaus Wilhelm Goedde, Wilhelm Vultej. — Widm. v.: Präs., Ernst Tentzell, Rudolph Friedrich v. Ziegler (dtsch.), Justus Henning Schöniger (Erfurt).

— Ernst Fried. (Meissen), Saccharum sanguine receptum in urinam transire probatur experimentis. Diss. med. Leipzig 24. V. 1844. Meissen (C. E. Klinkicht & S.). 23 S. (5.50) 17800
Gew.: Carl Gotthelf Lehmann.

Kersting, Georg: Beiträge zur Pathologie der Zungentonsille... Würzburg, Druck & Verl. d. Stahel'schen k. Hof- & Univ.-Buch- & Kunsth., 1889: 1 Bl. [+]23 S. 8°
Würzburg, Med. Fak., Inaug.-Diss. v. 1889

Kersting, G., Beiträge zur Pathologie der Zungentonsille. [Aus: „Verhandlgn. der phys.-med. Gesellschaft zu Würzburg".] gr. 8. (23 S.) Würzburg 889. Stahel. n. 1. —

Kersting, H., Lehr- u. Gebetbüchlein, s.: A r v i s e n e t, Cl.

Kersting, H., s.a. R u d o l p h u. Victor.

K e r s t i n g, H., Rudolph u. Viktor od. das gute Beispiel. Eine v. d. Academie gekrönte Preisschrift. Nach d. größern Werke der Mad. Guizot. 2 Bde. 12. (25 B.) Münster 845, Deiters.

—— dass. 3. Bd. A. u. d. T.: Drei Erzählungen f. d. reifere Jugend. Nach dem Französ. d. Mad. Guizot frei bearb. 12. (7¾ B.) Ebds. 845.

—— Rudolph und Victor oder das gute Beispiel. Eine von der französ. Academie gekrönte Jugendschrift. Nach dem größern Werke der Mme. Guizot bearb. 3 Thle. in 1 Bd. 2. Ausg. 12. (VIII und 762 S. mit 1 Stnt.) Münster 849, Deiters.

Kersting, Hnr. Ldw., Vergleichung des französ. Gewichts u. Gemäßes mit d. Gewicht u. Gemäß in den Hauptprovinzen d. Königr. Westphalen. 8. Cassel 808. ... Auch französisch.

Kersting, Herm., die Forst-, Jagd- und Fischerei-Vergehen nach Kurhessischem Rechte sämmtl. Gebietstheile. (Abdr. aus dessen Strafrecht.) Rinteln 854. Bösendahl. gr. 8. (4 Bl., S. 731—776.) n. 8 ngr.

Kersting, Hermann: Aus d. Ambulatorium d. Privatdoz. Dr. P. Michelson. Die Pachydermia laryngis. . . . Königsberg i. Pr., Buch- u. Steindr. E. Erlatis, *1891;* 50 S., 1 Bl. 8°
Königsberg, Med. Fak., Inaug.-Diss. v. 24. Jul. 1891

Kersting, Herm. Die Pachydermia laryngis. Diss. gr. 8. (50 S.) Königsb. i. Pr. 891, (Koch). * 1 —

Kersting, Herm., die Sonderrechte im Kurfürstenth. Hessen, s. Sonderrechte, die.

— das Strafrecht in Kurhessen. In einzelnen Abhandlungen. 1—6. Heft. Ebend. 853—55. gr. 8. (VII, S. 1—856.) n. 3 *ʀ.* 1 *ngr.*

— die Vergehen gegen die Finanzhoheits-Rechte, insbesondere gegen die Zoll- und Steuergesetze, nach dem Rechte des Kurfürstenth. Hessen bezugsweise des Zollvereins. gr. 8. (VI und 74 S.) Rinteln 855, Bösendahl. *
Aus des Verf.: Das Strafrecht in Kurhessen rc., besonders abgedruckt.

Kersting, Herman Henrich Moritz: Freymüthige Gedanken und Vorschläge, in wie weit Branteweinbrennereyen nöthig und nützlich, oder aber schädlich, und wie solche einzurichten sind, damit sie zu allen Zeiten im Gange bleiben und beybehalten werden können; vorzüglich in Rücksicht auf die Hessen-Casselischen Länder nebst Berechnungen und Tabellen auch einer kurzen Geschichte der Branteweinbrenner-Verordnungen in Hessen, von denen ältesten Zeiten an bis anjetzo; sodann einem Anhang zu Beantwortung der Gedanken eines Ungenannten, über die Schädlichkeit der Branteweinbrennereyen. Cassel: Cramer 1790. 295 S.
-- 8°

Kersting, Herm. Hnr. Mor., freimüthige Gedanken u. Vorschläge, in wie weit Branntweinbrennereien in Hessencasselschen Landen nützlich oder schädlich sind. 8. Marb. 790. Krieger. 16 *gr*

Kersting, Jh. Adam, († d. 3. April 1784.) Anweis. zur Kenntniß u. Heilung der äußern Pferdekrankheiten. 8. Marb. 796. 6e Aufl. 819. Krieger. 12 *gr*

— Anweisung zur Kenntn. der innern Pferdekrankh. s.a. Anweisung.

— Anweis. zur Kenntniß u. Heilung d. innern Pferdekrankheiten. ... 2e Aufl. 8. Marb. 788. N. Aufl. 817. Krieger. 12 *gr*

— Erfahrungen über die Heilung des Rotzes bei Pferden. Kassel 774.

Kersting J. A.: Der sichere u. wohl erfahrne Huf- u. Reitschmied od. neue u. gründliche Anweisung z. bessern u. nützlichern Beschlagen d. Pferde ... Cassel 1760. 143 S. 1 Tvl.

— der sichere u. wohlerfahrne Huf- u. Reitschmied. 8. ... 760. 2e veränd. Aufl., unt. d. T.: Unterr., Pferde zu beschlagen u. die an d. Füßen vorfallenden Gebrechen zu heilen. 8. Gött. 777. N. A. 794. Dieterich. 16 *gr*

— nachgelass. Manuscripte üb. die Pferdearzneiwissenschaft; herausg. u. mit e. Anh. versehen v. Otto Sothen. gr. 8. Berl. 789. Von Neuem herausg. von Geo. v. Sothen, mit Kpf. 792. 3e Aufl., mit Anmerkk. verm. gr. 8. Braunschw. 801. 4e A. 803. 5e Aufl. 818. Vieweg. 1 *ʀ*

— Manuscripte üb. die Pferdearzneiwissenschaft. 2 Thle. 8. Marburg 796. N. Aufl. 817. Krieger. 1 *ʀ*

... Rossarzneikunst. Liebenau 771.

Unterricht, Pferde zu beschlagen, u. die an den Füssen d. Pferde vorfallende Gebrechen zu heilen. Götting. 1777. 375 S. (Tvl. mgl.).
-- [Neue Titel-Aufl.]. Sst. 1794. 375 S. 3 Tvl.

— Unterr. Pferde zu beschlagen. 8. Gött. Dieterich. 794.

— patriot. Unterricht f. d. Landmann, wie er der jetzt grassirenden Viehseuche mit Nutzen vorbeugen könne. 8. Rinteln 776.

Kersting, [Johann Adam]: Zeichenlehre zur Kenntniss und Beurtheilung der vorzüglichsten Beschaffenheit eines Pferdes. Herborn 1804. 240 S.

— Zeichenlehre, od. Anweis. z. Kenntn. u. Beurtheil. der vorzügl. Beschaff. e. Pferdes. 8. Marb. Krieger. 804.

Kersting, J. P. L., Merk auf Deutschland! Aufschlüsse üb. d. polit. Tendenzen d. Zeit, nach Thatsachen u. zur Warnung vor drohendem Verderben. gr. 8. (10 B.) Bremen 837, Heyse.

Kersting, Jh. Pt., († ...) Unterricht üb. den geschwinden Gebr. der Brandspritzen. Mit 4 Kpft. 8. Münst. 792. Theissing. 18 *gr*

Kersting, Karl

Kersting, Carl, appr. Arzt: Über die künstliche Lösung der Placenta nach reifer Geburt. Berlin 1909: G. Schade. 37 S. 8°
Berlin, Med. Diss. v. 12. Juni 1909, Ref. Olshausen
[Geb. 27. Aug. 82 Leipzig; Wohnort: Potsdam; Staatsangeh.: Preußen; Vorbildung: König-Wilhelms-Gymn. Berlin Reife O. 01; Studium: Berlin K. W. A. 10 S.; Coll. 9. Juni 09; Approb. 22. Jan. 08.] [U 09. 62

Kersting, Paul u. Max Horn, Katechismus der chem. Technologie, s.a. Weber's illustr. Katechismen.

Kersting P und M Horn, Katechismus der chemischen Technologie. 2 Teile. (Webers illustrierte Katechismen 233. 234) Leipzig 1902

Kersting, Richard Georg (Meißen)
Untersuchung einiger Weinsorten der Bergstrasse zur Vergleichung ihres Werthes.
[In: Annalen d. Chemie u. Pharmacie Bd 70 (1849) 250.]
Dr. phil. Giessen 19.11.1850.

Kersting, Theodor, approb. Arzt aus Brilon: Beitrag zur Behandlung des Caput obstipum. *Göttingen 1904: L. Hofer.* (100 S.) 8°
Göttingen, Med. Diss. v. [16. Apr.] 1904

Kersting, Thdr., Beitrag zur Behandlung des Caput obstipum. Diss. (100 S.) 8. Göttingen 904. (Vandenhoeck & Ruprecht.) n. 2.—

v. Kerstorf, unmaaßgebliche Bemerkungen zum neuesten Entwurfe der Bücher V. u. VI. des allgemeinen deutschen Handelsgesetzbuches [von dem Fallimente und der Gerichtsbarkeit in Handelssachen]. Oktober 1860. Augsburg 861. Rieger. gr. 8. (19 S.) n. 4 *ngr.*

Kerstorf, v., einige Bemerkungen zur Zollvereinsfrage. Oktbr. 1867. gr. 8. (13 S.) Münster 867, Kaiser. *

Kerstorf, v., Denkschrift über die Fortsetzung des deutschen Zoll- und Handels-Vereines. gr. 8. (24 S.) Augsburg 851, Rieger'sche Buchh.

Kerstorf, v., s. Erkenntnisse, vier, rc.

Kerstorf, Friedr. Ferd. v., über d. Schutzmittel d. Eigenthums an Papieren au porteur in Deutschland. Eine Inaugural-Abhandl. 8. ($6^{1}/_{2}$ B.) Würzburg 828. (München, Jaquet.)

v. Kerstorf, H. S., über d. Klagen d. Zeit, nebst einigen Bemerkk. über d. Bankprojekt in Baiern. gr. 8. Münch. 822. J. Lindauer. 3 ℛ

Kertbeny, Carl Maria [Autorname] s.a. Benkert, Carl Maria.

Kertbeny, C. M., Album hundert ungrischer Dichter, s. Album.

Kertbeny, K. M., Bibliografie ungarischer nationaler und internationaler Literatur. 1441—1876. In 12 Fachheften. Ungarische Redaktion mit danebenstehenden deutschen Erläuterungen. 1. Heft: Die ungar. Literatur in der Weltliteratur. Bibliografischer Ausweis der in fremdsprachl. Uebersetzungen und in selbstständ. Ausg. erschienenen ungar. Werke. gr. 8. (VIII, 75 S.) Budapest 876, Tettey und Comp. *

Kertbeny, Karl M., und Géza Petrik. Ungarns deutsche Bibliographie, 1801—1860. Verzeichniss der, in Ungarn und Ungarn betreffend, im Auslande erschienenen deutschen Drucke. Im Auftrage des königl. ungar. Ministeriums für Kultus und Unterricht begonnen von Karl M. Kertbeny. Fortgesetzt und mit einer wissenschaftlichen Uebersicht versehen von Géza Petrik. I. Th. Enthaltend die Literatur der Jahre 1801—1830 nebst wissenschaftlicher Uebersicht zum ganzen Werke. II. Th. Enthaltend die Literatur der Jahre 1831—1860. (In 1 Bd.) 8 Budapest 1886.

Kertbeny, Karl M., Ungarns deutsche Bibliographie 1801—1860. Verzeichniss der in Ungarn und Ungarn betreffend im Auslande erschienenen deutschen Drucke. 2 Theile in einem Bande. Im Auftrage des k. ungar. Ministeriums für Cultus und Unterricht begonnen, fortgesetzt u. mit einer wissenschaftlichen Uebersicht versehen von Géza Petrik. gr. 8°. CCXIX, I. Thl. 416 S., II. Thl. 657 S.) Budapest, Kilián. fl. 10.—. 1887.

Kertbeny, K. M., Erinnerungen an Charles Sealsfield. 12. (102 S.) Brüssel [Köln] 864, Ahn's Verlagsh.

Kertbeny, K. M., Erinnerungen an Graf Stefan Szécsenyi. 2. Aufl. Basel 860. Georg. 8. (149 S.) n. 20 ngr.

—— Erinnerungen an Graf Ladislaus Teleki. 8. (144 S. mit photogr. Portr. Teleki's.) Prag (861)62, Kober. *

— Erinnerungen an Graf Ladislaus Teleki. Prag 862, Kober. (Hamburg, Richter.) 8. (144 S. u. photogr. Portr.) n. 24 ngr.

— Ungarn betreffende deutsche Erstlingsdrucke, s.: Bibliografie der ungarischen nationalen u. internationalen Literatur.

Kertbeny, Gedichte aus fremden Sprachen, s. Gedichte.

Kertbeny. C[arl] M[aria]. Genf und die Genfer seit zwei Jahrtausenden. Historisch-biografisches Lexikalwerk in fünf Büchern. von K. M. K'.... 1. [einziges] Heft (Probeheft). 8 Genf 1862.

—— Silhouetten und Reliquien. Erinnerungen an Albach, Bettina, Grafen Louis und Casimir Batthyányi, Bem ꝛc. 2. Bd. 8. (260 S.) Prag 863. (Hamburg, Richter.) *
I. (Bd.) Prag 1861. * 1 Thlr. 6 Ngr.

Kertbeny, K. M., Petöfis Tod vor 30 Jahren 1849. Jókai's Erinnerungen an Petöfi 1879. Historisch-literar. Daten u. Enthüllungen, bibliograf. Nachweise. gr. 8. (100 S. m. 1 lith. Karte.) Leipzig 880. Friedrich. n. 2. —

Kertbeny, C. M., s. Ungarns deutsche Bibliographie 1801—1860.

—— ausgewählte ungarische Volkslieder, s. Volkslieder.

Kertbeny, (C. M.), Volksliederquellen in der deutschen Litteratur. (Aus d. Anzeiger f. Bibliographie hrsg. v. J. Petzholdt besond. abgedr.) gr. 8. (15 S.) Halle 851, Schmidt. n. 4 ngr.

[F.] Kertelhein, *Johannes Friedrich Detlef:* Über Gräcismen in Ciceros Reden. Jena, Frommannsche Hofbuchdr., 1894: 1—24 S. 4.
Bergedorf bei Hamburg, Hansa-S, OP 1894 (732)

v. Kerten, Aug. Fr. Wlh., s. Auszug aus d. Tagebuche eines Russen.

Kertész, A., die Anilinfarbstoffe. Eigenschaften, Anwendung und Reactionen. Auf prakt. Grundlage bearb. für Chemiker, Coloristen, Färber des Woll-, Baumwoll- und Seidenfaches, sowie für sonst. Interessenten der Anilinfarbstoffe. gr. 8. (XII, 283 S.) Braunschweig 888, Vieweg und Sohn. * 10 —

Kertesz A, die Diaminfarben der Farbenfabrik L. Cassella & Co, Frankfurt a. M. (278 S 38 T) Frankfurt a. M. 1895-96

Kertész, C., Catalogus Dipterorum hucusque descriptorum. (Museum nationale hungaricum.) (In 8—10 vols.) Vol. I. Sciaridae, Mycetophilidae, Bibionidae, Chironomidae, Stenoxenidae, Culicidae, Ptychopteridae, Dixidae, Blepharoceridae, Simulidae, Orphnephilidae, Psychodidae, Rhyphidae. gr. 8. (III, 338 S.) Budapestini 902. (Leipzig, W. Engelmann.) n. 15. —

Kertész, C., Catalogus Dipterorum hucusque descriptorum. (Museum nationale hungaricum.) Vol. II. Cecidomyiidae, Limnobiidae, Tipulidae, Cylindrotomidae. (357 S.) gr. 8. Leipzig 902. W. Engelmann. n. 17. —
Vol. I Ebd. 902. n. 15. —.

Kertész, C., Catalogus Dipterorum hucusque descriptorum. (Museum nationale hungaricum.) Vol. III—VII. gr. 8. Budapest. Leipzig, W. Engelmann. 90. —
III. Stratiomyiidae, Erinnidae, Coenomyiidae, Tabanidae, Pantophthalmidae, Rhagionidae. (367 S.) 908. 18. —
IV. Oncodidae, Nemestrinidae, Mydaidae, Apioceridae, Asilidae. (349 S.) 909. 18. —
V. Bombyliidae, Therevidae, Omphralidae. (200 S.) 909. 11. —
VI. Empididae, Dolichopodidae, Musidoridae. (362 S.) 909. 18. —
VII. Syrphidae, Dorylaidae, Phoridae, Clythiidae. (470 S.) 910. 25. —
Vol. I. u. II. Ebd. 902. 32. —

Kertész, K. Rob., s.: Bauernhaus, das, in Ungarn.

Kertitschka, J., Anleitung über d. Beschlagen d. Pferdehufe. Ein kurzer leichtfaßl. Unterricht für Hufschmiede u. Pferdebesitzer. 8. Grätz 827. Damian u. Sorge. 4 ℛ

— Anleitung zur Verbesserung u. Veredlung d. Pferde durch Landgestüte u. gemeine Land- oder Hauszucht. Ein kurzgefaßter populärer Unterricht für d. Pferdezüchter d. österreich. Monarchie, mit besond. Beziehung auf d. Provinz Steyermarck. 8. Grätz 827. Damian u. Sorge. 5 ℛ

Kertscher, Friedrich Karl, Referendar aus Altenburg S.-A.: Der Einfluss des Bestehens einer Streitgenossenschaft auf die Pflicht zur Tragung und Erstattung der Processkosten. *Altenburg 1901: O. Bonde.* (39 S.) 8°
Erlangen, Jur. Diss. v. 3. Juni 1901

Kertschiker, Thaissa. Aphthen-Epizootie des Rindviehs ⟨Blasenseuche⟩ und Säuglingsmortalität in ihren gegenseitigen Beziehungen in der Schweiz. Diss. Med. Univ. Zürich. *Kopftitel:* Aus dem Kinderspital in Zürich. 40 S. 8. Zürich, J. F. Kobold-Lüdi, 1905.

Kertz, Gustav, a. Frankfurt a. Main: Die Religionsphilosophie Joh. Heinr. Tieftrunks. Ein Beitrag zur Geschichte der Kantischen Schule. Halle a. S. 1906: C. A. Kaemmerer & Co. (X, 81 S.) 8°
Halle, Phil. Fak., Ref. Ebbinghaus, Diss. v. 5. Febr. 1907
[Geb. 16. Mai 83 Frankfurt a. M.; Wohnort: Eschersheim b. Frankfurt a. M.; Staatsangeh.: Preußen; Vorbildung: Lessing-Gymn. Frankfurt Reife O. 01; Studium: Tübingen 1, Berlin 2, Marburg 2, Berlin 3 S.; Rig. 3. Aug. 06.]

Kertz, Gust., d. Religionsphilosophie Joh. Heinr. Tieftrunks, s.a. Kantstudien. 4. Erg.-Heft.

Die Religionsphilosophie Joh. Heinr. Tieftrunks. Ein Beitrag z. Geschichte d. Kantischen Schule. Von Gustav **Kertz**. Mit 1 Bildn. Tieftrunks. Berlin: Reuther & Reichard 1907. (VIII, 81 S.) 8°
— **Kantstudien**. Erg.H. 4. 07. 3711 3

Kerval, L. de, die hl. Rosa v. Viterbo. Autoris. Uebersetzg. aus dem Franz. (175 S. m. 6 Vollbildern.) 8. Regensburg (904). J. Habbel. n. 1. 20; geb. in Leinw. n. 1.80

Kerville, Henri Gadeau de, die leuchtenden Tiere u. Pflanzen. Aus dem Franz. übers. v. W. Marshall. 8. (VI, 242 S. m. 27 Abbildgn. u. e. Titelbild.) Leipzig 893, J. J. Weber. Geb. in Leinw. n. 3. —

Kervin de Volkaersbeke, Ph., joyeuse entrée de l'empereur Maximilien I. à Gand, en 1508. (Description d'un livre perdu.) hoch 4. (44 S. mit 1 Stahlst. und eingedr. Holzschn.) Bruxelles et Leipzig 850, Muquardt. *

—— Volksliederquellen in der deutschen Litteratur. gr. 8. (15 S.) Halle 851, Schmidt. *

Kervyn v. Lettenhove, Aufzeichnungen des Kaiser Karl's des Fünften, s. Aufzeichnungen.

Kervyn de Volkaersbeke, Ph. Joyeuse entrée de l'empereur Maximilien I à Gand. en 1508. (Description d'un livre perdu.) ... Gand, Bruxelles et Leipzig, C. Muquardt 1850.
Vortit., Tit., 44 S. m. 1 Holzschn.; 1 Taf. in Kupferst. 4°.

Kery, Karl „Welchen Werth haben die Landwirthschafts- und Gewerbsschulen und die an denselben zu lehrenden Realien?" pg. 3—7. 4°. Biechele'sche Buchdr. (F. A. H. Nigg).
Amberg, Progr. 1842/43

Kery, Karl „Wie wichtig und nothwendig ist eine gute häusliche Erziehung!" pg. 3—8. 4°. C. Klöber'sche B.
Amberg, Progr. 1849/50

Kerym, Abdoul-, Voyage de l'Inde à la Mekke, avec des notes etc. par Langlés. III Vol. av. fig. 18. Strasb. König 798. 799.

Kerz, Ferd., weitere Ausbildung der Laplace'schen Nebularhypothese. 2. (Titel-)Ausg. (von „Erinnerungen an Sätze aus der Physik und der Mechanik des Himmels"). Lex.-8. (XV, 384 S. mit 5 Taf.) Leipzig 887, (Spamer.) * 12 —
—— dass. — Ein Nachtrag. Lex.-8. (VIII, 127 S. mit 3 Taf.) Ebendas. 888. * 3 —

Kerz, Ferd. Weitere Ausbildung der Laplace'schen Nebularhypothese. 2. Nachtrag. Lex.-8. (V, 66 S.) Lpz. 890, Spamer. * 1 60

Kerz, Ferd., die Bahnen der Kometen u. die Monde des Mars. Ein Nachtrag zur „Entstehung des Sonnensystems". gr. 8. (VIII, 68 S. m. 1 Steintaf.) Darmstadt 878. Schlapp. n. 2. —

—— über die Entstehung der Körper, welche sich um die Sonne bewegen. Auch als Nachtrag zu der Schrift: „Erinnerungen an Sätze aus der Physik und der Mechanik des Himmels". gr. 8. (VIII, 79 S.) Leipzig 886, Veit und Comp. * 1 80
—— dass. — Auch als Nachtrag zu der Schrift: „Weitere Ausbildung der Laplace'schen Nebularhypothese". 2. (Titel-)Ausg. Lex.-8. (VIII, 79 S.) Leipzig 887, Spamer. * 1 80

Kerz, Ferd., die Entstehung d. Sonnensystems. Nach der Laplace'schen Hypothese, in verschiedenen neuen Richtgn. ausgeführt. Eine mathemat. Abhandlg. gr. 8. (XII, 197 S. m. 3 Steintaf. in qu. Fol.) Darmstadt 875. Schlapp. n. 3. —

—— die Entstehung des Sonnensystems. Nach der Laplace'schen Hypothese, in verschiedenen neuen Richtungen ausgeführt. Eine mathemat. Abhandlung. 1. Aufl. (XII, 197 S. mit 3 Stnt. in qu. Fol.) 1875. * ℳ 3.; 2. gänzlich neu bearb. Aufl. Lex.-8. (XV, 381 S. mit 6 Stnt.) Ebendas. 877. *

— die Entstehung des Sonnensystems. Nach der Laplace'schen Hypothese, in verschiedenen neuen Richtungen ausgeführt. Eine mathematische Abhandlung. 2., gänzlich neu bearb. Aufl. Lex.-8. (XV, 381 S. m. 6 Steintaf.) Ebend. 877. n. 10. —

Kerz, Ferd., die Entstehung des Sonnensystems. Zweiter Nachtrag zur 2. Aufl. gr. 8. (VIII, 120 S. mit 1 Stnt.) Darmstandt 879, Schlapp. *

— **dasselbe. 3. Nachtrag zur 2. Aufl. gr. 8. (V, 80 S. m. 1 Steintaf.) Ebend. 880. n. 2. —**

—— **Erinnerungen an Sätze aus der Physik und der Mechanik des Himmels. Lex.-8. (XV, 384 S. mit 5 Stnt.) Leipzig 884, Veit und Comp. ***

—— Plaudereien über die Kant-Laplace'sche Nebularhypothese. Lex.-8. (VIII, 103 S.) Jena 887, Mauke's Verlag. * 3 —

—— Die Schalablagerungstheorie [I] u. II. Eine Erweiterg. der Laplace'schen Nebularhypothese. gr. 8. (XVI, 64; V, 40 S.) Ebd. 891,92. I * 1 60, II * 1 —; * 2 60

Kerz, Ferd., die allgemeine Umkehrung der Reihen nebst Anwendung derselben auf die vollständ. Lösung numerischer Gleichungen. gr. 4. (V und 52 S.) Gießen 850, Heinemann. *

Kerz, Ferd., die allgemeine Umkehrung der Reihen nebst Anwendung derselben auf die vollständige Lösung numerischer Gleichungen. 2. Abth. Darmstadt 861. Jonghaus. gr. 4. (58 S.) n. 1 Thlr

—— **Wider den Weltäther. Vierter Nachtrag zur „Entstehung des Sonnensystems". gr. 8. (VIII, 68 S.) Darmstadt 881, Schlapp. ***

Kerz, Friedrich

Kerz, Fr. v., Geschichte d. Religion Jesu Christi, s. Stolberg, Fr. Leop. Graf zu.

—— kathol. Literatur-Zeitung, s. Literatur-Zeitung.

— s. Stellung, über d. politische, d. europ. Staaten.

— s. F. L. Graf zu Stolberg, Gesch. d. Religion Jesu.

— u. **Dallas**, Vertheidigung des Jesuitenordens, s.: Novellen-Bibliothek, katholische, 3 u. 4. Hft.

— s. Wahrscheinlichkeit, die, oder Unwahrscheinlichkeit e. Landung d. Engländer.

— s. Wunder in Zons.

Kerz, Petrus (geb. am 20 Juni 1818 in Bonn): De electro-magnetismi vi et usu in arte obstetricia quaedam ... Bonnae, litt. F. P. Lechneri 1846. 2 Bl., 29 S., 1 Bl. 8.
Bonn, Med. Fak., Diss. v. 24 März 1846

Kerzig, Adm. Gli., († 1779.) biblisch-histor. Abhandl. von d. Kenitern, zur Erläuterung vieler Stellen d. heil. Schrift. 8. Chemnitz 769. Stößel. 6 gr

— Abhandl. von Paulo. 4. Chemn. 764. Stößel. 4 gr

— unvorgreifl. Gedanken von den 15 sogenannten Stufenpsalmen oder Liedern im höhern Chor. 8. Schneeb. 752.

— neue exeget. Versuche, in welch., n. a. Stellen der heil Schr., bes. d. Zeitrechn. d. Kön. Juda u. Israel ins Licht ges w. 8. Lpz. Comt. f. Lit. 740.

KERZIG, Gotthelf Fürchtegott

— s. ABC-Buch, ökonomisches.

Kerzig, Ghf. Fg., hist. Abh. v. d. Schriftgel. in der evangel Gesch. 4. Chemn. Stößel. 779.

Kerzig, Ghlf. Fürchteg., († d. 15. Aug. 1811.) histor. Abhandl. v. d. Schriftgelehrten in d. evangel. Geschichte. 4. Chemn. 780. Stößel. 3 gr

— ökonom. Lesebuch für Landleute. (Als d. 2e Aufl. seines ökonom. ABC-Buchs). gr. 8. Leipz. 798. Rabenhorst. 18 gr

— Sonntagsblatt. 1r Jahrg. gr. 8. Chemn. 801. Mauke. 16 gr

Kerzinger, Frz., Zur 50jährigen Jubelfeier des Heidelberger Turnvereins, Heidelberg 1896, 75 S., 8°.

Kerzmann, Heinr., Soll man bei dem Unterrichte der christlichen Jugend die Schriftsteller des heidnischen Alterthums beibehalten oder verwerfen? Gesprochen bei Gelegenheit der Schlußfeier des k. Athenäums (in Mastricht) am 29. Juli 1852. gr. 8. (12 S.) Düsseldorf 852, Engels und Lensch.

Kerzmann, Jacob [aus Köln]: Aus d. chirurg. Klinik zu Bonn. Über die Varicocele und deren Behandlung ... Bonn, Univ.-Buchdr. v. C. Georgi, 1892; 34 S., 1 Bl. 8.
Bonn, Med. Fak., Inaug.-Diss. v. [7. März] 1892

Kerzmann, P., der Militäranwärter, s.: Radzio.

— die Verfassung u. Verwaltung des Deutschen Reiches u. des Preußischen Staates. In gedrängter Darstellg. zum Gebrauch f. Jedermann, insbes. f. angeh. Beamte, Fortbildungs- ꝛc. schulen u. s. w. (20 S.) gr. 8. Wiesbaden 903. H. Staadt. n. — 30

Kes, Bertha: Die Kulturarbeit der russischen Frauen. — Leipzig: Frauen-Rundschau 1903. 39 S. 8°
— — 2. Aufl. 1903.

v. Kesaer, Frz. Xav., († d. 29. Dec. 1804.), s. Abhandl. über d. Lehre von Parallellinien.

Keschnitz, W., Bilder für Geist und Herz der lieben Kleinen. In freundl. Geschichten und Gedichten. Mit vielen Abbildungen. 4. (52 S. und 8 ill. Stnt.) Schwäbisch Hall 850, Nitzschke.

Keschnitz, W., Bilder des Lebens in unterhaltenden und lehrreichen Erzählungen für Knaben und Mädchen. Mit Bildern. 16. (240 S. mit 4 ill. Stnt.) Schwäbisch Hall 852, Nitzschke.

—— der Bildermann. Scherz und Ernst in Reimen und Prosa für kleine Kinder. 1. Jahrg. 1. und 2. Lfg. 4. (16 Bl. mit eingedr. lithogr. und ill. Bildern.) Schwäbisch Hall 851—52, Nitzschke. à Lfg. 7 Ngr.

—— das erste Büchlein für die Kinderstube, oder: Was Mütter und Ammen den kleinen Kindern vorsagen und erzählen sollen. gr. 8. (IV und 52 S. mit 6 ill. Stnt.) Schwäbisch Hall 849, Nitzschke.

Keschnitz, W., das erste Büchlein für die Kinderstube, oder: Was Mütter und Ammen den kleinen Kindern vorsagen und erzählen sollen. 2., verm. und verb. Aufl. qu. gr. 4. (IV und 56 S. mit 6 lithogr. Bildern in Farbendr.) Stuttgart 860, Nitzschke.

—— kleine Erzählungen, gemüthliche Scherze, Fabeln und Parabeln für kleine brave Kinder. gr. 8. (IV und 92 S. mit 8 ill. Stnt.) Schwäbisch Hall 849, Nitzschke.

Keschnitz, W., Erzählungsbuch für kleine Kinder. Mit (6 lith. u.) color. Bildern. Schw. Hall (854.) (Stuttgart) Nitzschke. gr. 8. (72 S.) 27 ngr

—— Goldkörner für gute Kinder. In einer Reihe gemüthl. Erzählungen. 16. (256 S. mit 4 lithogr. und ill. Bildern.) Schwäbisch Hall 851, Nitzschke.

— siehe: Jugendbibliothek, wohlfeilste deutsche.

— u. A. Hilberth, das Kind im Spiel u. Leben, siehe: Hilberth, A.

— kleine Kindergeschichten aus dem Jugendleben. Zum Nutz u. Frommen kleiner braver Kinder hrsg. Mit vielen col. Bildern auf 4 (lith.) Taf. 4. (22 S.) Ebd. 850. 12 ngr

Keschnitz, W., Kinderleben und Kinderlust in freundl. Bildern, Erzählungen, Liedern und Reimen. Mit vielen ill. Bildern. 4. (22 S. und 4 Stnt.) Schwäbisch Hall 850, Nitzschke.

—— kleine Kindermährchen. Zum Vorerzählen. Für die lieben Kleinen von 4 bis 8 Jahren hrsg. 12. (48 S. und 4 ill. Stnt.) Schwäbisch Hall 851, Nitzschke.

—— Lohn des Fleißes. Unterhaltende und lehrreiche Erzählungen für Knaben und Mädchen. Mit Bildern. 16. (255 S. mit 4 ill. Stnt.) Schwäbisch Hall 853, Nitzschke.

Keschnitz, Märchenbuch, s. a. Sträßle, Frz., die schönsten Märchen, Sagen und Schwänke für Kinder.

—— Mährchenbuch. 12. (IV und 240 S.) Schwäbisch Hall 849, Nitzschke.

—— nehmet Euch ein Beispiel daran! Eine Sammlung moral. Erzählungen, zur Weckung und Förderung christl. Sinnes. Für die Jugend hrsg. Mit 12 ill. Bildern. gr. 12. (IV und 164 S. mit 6 Stnt.) Schwäbisch Hall 850, Nitzschke.

—— die schönsten Sagen und Mährchen für Deutschlands Jugend. 16. (256 S. mit 4 ill. Stnt.) Schwäbisch Hall 852, Nitzschke.

—— kleine Jugendschule in lehrreichen Erzählungen für Knaben und Mädchen von 6 bis 8 Jahren. Mit Bildern. 16. (255 S. mit 8 ill. Stnt.) Schwäbisch Hall 852, Nitzschke.

—— das Wunderhorn. Ein Mährchen-Cyklus für die Jugend. Mit Bildern. 16. (255 S. mit 4 ill. Stnt.) Schwäbisch Hall 852, Nitzschke.

Keseberg, Alexander (geb. am 23 Aug. 1857 in Köln): Zwei Fälle von Exstirpatio totalis uteri superior mit Drainage der Peritonealhöhle ... Bonn, Univ.-Buchdr. v. C. Georgi 1881. 26 S., 1 Bl. 8.
Bonn, Med. Fak., Diss. v. 12 Aug. 1881

Keseberg, August [Dr.]: Ἀριστοτέδους [!] Ἀθηναίων πολιτεια [!]. Deutsche Übs. Eupen, Druck v. C. J. Mayer, 1893; 3 45 S. 4.
Eupen, PG m. Realparallelkl., P 1893 (443)

Keseberg, Aug., quaestiones Plautinae et Terentianae ad religionem spectantes. Dissertatio philologica. gr. 8. (60 S.) Lipsiae 884. (Köln, Neubner.) n. 1. 20

Keseberg, Fr[iedericus]: *De Censoribus. Commentatio historica et critica. 145 S. 8° (4°)
Halle-Wittenberg, Phil. Diss. v. 22. Sept. 1827
Geb. [Stendal 6. 6. 1804]
Vom Verf. ersch. ein gedrängter Ausz.: Joach. Frdr. Keseberg: De censoribus Romanorum: Quedlinburg 1829: Basse. 24 S. 8° (4°) Gymn.-Progr.

Keseberg, P. H: Jll. Katalog über Dampf-Dreschmaschinen von Clayton & Shuttleworth und Gras- und Getreide-Mähmaschinen usw. der McCormick-

Keseberg, P. H: Jll. Catalog über Dampf-Dreschmaschinen von Robinson & Anden usw. (Hamburg 1897?)

Keseberg, Phil. Reinh., Bändl. geistl. Predigten rc. 8. Elbing. 742.

Kesel, Jac. (Pred. u. rev. minist. Senior), Kemptisches Denckmahl, oder geist- u. weltliche Geschichte der uralten schwäbischen Reichs-Stadt Kempten. Ulm, gedr. bey Elias Kühnen, bestellten Buchdruckern. O. J. (Vorr. dat. 1727). Kl. 8⁰. Name auf d. Tit. Ppb.
4 Bll., 127 S., 1 S. Err. Bürgermeister u. gesammtem „Magistrat" gewidmet.

Keseling, Ferdinandus, Duderstadiensis: De Mythographi Vaticani secundi fontibus. Halis Sax. 1908: Wischan & Burkhardt. (150 S.) 8°
Halle, Phil. Fak., Ref. Wissowa, Diss. v. 11. Jan. 1908
[Geb. 27. Juni 77 Duderstadt (Hannover); Wohnort: Halle a. S.; Staatsangeh.: Preußen; Vorbildung: Gymn. Josephinum Hildesheim Reife O. 97; Studium: Münster 6, Sem. Hildesheim 2, Göttingen 1, München 1, Halle 5 S.; Rig. 15. Nov. 07.]

Keseling, Joseph [d'Hildesheim (Hanovre)]: **Entwickelungsgeschichte und vergleichende Anatomie der Axen der Sektion Ptarmica des Genus Achillea.** Hildesheim 1898. 69 p. 5 pl. 8⁰.
Lausanne. Thèse sc. 1898/99.

Kesenheimer, K., Festpredigt bei der Fahnenweihe des Veteranen-Vereins in Wachendorf den 2. Juni 1873 gehalten. gr. 8. (12 S.) Rottenburg 873, Bader.

Kesevic, C., k. k. Steuer-Inspector. Tabellen zur Berechnung aller Steuern, Gebühren, land. fürstl. und Gemeinde-Zuschläge, Provisionen, Rabatte, Zinsen, Agio's u. s. w. zu 1/10, 1/8, 1/4, 1/3, 1/2 und 1 bis 100%; ferner alle Gehalte, Besoldungen, Löhnungen u. s. w., dann Zinsen nach allen Procenten vom Jahr auf Monate und Tage, endlich des Preises vom Centner auf Pfund, Lothe und Quentchen, von 1 kr. bis 30.000 fl. Ein Hilfsbuch für Jedermann. 4. (28 S.) Neusatz, Hintz in Comm. 80 kr.

Kesić Georg: De sententiarum usu apud Euripidem. II. 1908 PN 2465 Diss. Wien, Univ. 1639

Kesler, s.a. K e s s l e r . – K e s z l e r

***Stargard i. Preuss.*: Gruss der besuchenden Brüder bei der feierlichen Tafel d. g. u. v. Loge Augusta zur Unsterblichkeit i. O. Pr. Stargardt am 10. Okt. 1880. [Unterz.:] Kesler. [Pr. Stargardt 1880.] 2 Bl. 8⁰ [Umschlagtit.]**
Lied ohne Noten.

Kesler, Carl Gottl., s. K e s l e r , Karl Gottl.

Kesler, Chr. Dav., († d. 22. Sept. 1801.), s. Hiob.

— **M. Christian David** (Kircho-Teccensis [= Kirchheim]), Historia excidii Babylonis collata cum vaticiniis v. testamenti. Präs. Christoph Friedrich Sartorius. Tübing. (Sigmund) Sept. 1766. 36 S. mit Widm. v. Präs. (6.50) 17804

— s. Leben Wiederholt.

Kesler, Christoph Friedr.: De A b u s i b u s appellationum tollendis ..., s. B r ü c k n e r , Wilh. Hieronymus (Präs.)

— **Daniel Wilhelm** (Halle), De ecclesia columna et firmamento veritatis ad I. Timoth. III, 15. Diss. exeget. Präs. Samuel Mursinna. Halle 25. II. 1763. 20 S. (6.—) 17805
Gew.: Carl Ludoph Frh. v. Danckelmann (Lodersleben, Ophausen). — Widm. v.: Präs., Samuel Wilhelm Turner (Danzig), G. F. Sagittarius (Minden).

Kesler, Fr. Edw., († d. 20. Mai 1808.) Beobachtungen über d. epidem. Faulfieber in d. Wintern 1770—72. 8. Halle 773. Schwetschke u. S. 8 K

Kesler, G. G., Diss. de L. Cornelio Sulla. Marb. 727. 4. (14 Seiten).

Kesler, Joh., s. K e s l e r - Sluys, Joh.

— **Johann Andreas** (Coswig/Anhalt), De suprema ad ducem Saxoniae Querfurthensis appellatione. Diss. jur. Erfurt (Hering) 1. XII. 1740. 43 S., tlws. dtsch. (7.—) 17806

Kessler, Karl Christian Gottlieb: H i s t o r i a antiquior dogmatis de modo salutis tenendae ... P. II., s. H e u b n e r , Heinrich Leonhard.

Kesler, Car. Gottl., Die Bewegung der electr. Materie, als die würkende Ursache der Bewegungen u. Empfindungen im lebendigen Körper. Landsh. 8⁰. *Haller*, Bibl. anat. II, 321.
1748

— **Paul Friedrich** (Öschatz), De fundamento beneficii competentiae fratrum ad Leg. LXIII. princ. D. pro Socio. Disp. jur. Präs. Georg Friedrich Kraus. Wittbg. (Ephraim Gottlob Eichsfeld) 20. X. 1750. 24 S. (6.—) 17807
Gew.: Gottfried Kesler. — Widm. v. Präs.

Kesler, Thomas: Fünff-hundert außerlesene chymische Prozesse und Artzneyen, theils zu innerlichen und äusserlichen Kranckheiten, theils auch zu Verbesserung der mindern Metallen hochnutzlich. Deren erstlichen vierhundert...zum sechstenmahl auffgelegt, anjetzo aber von einem...Chymico auff das neue übersehen und mit Hinzusetzung des fünfften Hundert...gesetzet. 548 S., gbd.
Franckfurth am Mayn: Hermsdorff 1713

— **Valentin** (Kassel), De judicio statario. German. Vom Standt=Gerichte. Diss. jur. militar. Präs. Caspar Achaz Beck. Jena (Fickelscherr) Juni 1727. 36 S. (6.50) 17808

Kesler-Sluys, Joh., Konversationsunterricht im Niederländischen (Vlämischen). Die vier Jahreszeiten f. die niederländ. Konversationsstunde. De vier jaargetijden voor nederlandsche spreekoefeningen naar Hölzel's platen. 1—4. Mit Anh.: Beschreibung des Bildes. gr. 8. Giessen, E. Roth. à n. — 40; m. farb. Titelbild à n. — 60; (kplt. in 1 Bd. n. 1.20; geb. n. 1.40)
1. Der Frühling (de lente) (28 S. m. Titelbild.) 900.
2. Der Sommer (de zomer). (24 S. m. Titelbild.) (901.)
3. Der Herbst (de herfst). (32 S. m. Titelbild.) (902.)
4. Der Winter (de winter). (36 S. m. Titelbild.) (902.)

Kesler, Joh., Konversationsunterricht im Niederländischen (Vlämischen). 9. u. 10. Heft. gr. 8. Giessen, E. Roth. à n. — 40; m. farb. Bild à n. — 50; in 1 Bd. geb. n.n. 1. —
9, 10. De woning voor nederlandsche spreekoefeningen, naar Hölzels platen bewerkt. (VII, 75 S. m. 1 Taf.) (903.)

Kesler, Joh., Konversationsunterricht im Niederländischen (Vlämischen). 5. u. 6. Heft. gr. 8. Giessen, E. Roth. à — 40; m. farb. Bild à — 60
5. De stad voor nederlandsche spreekoefeningen, naar Hölzels platen bewerkt. (43 S. m. 1 Taf.) 907.
6. Het bosch voor nederlandsche spreekoefeningen, naar Hölzels platen bewerkt. (32 S. m. 1 Taf.) (907.)

Keslerus redivivus

s.: Kesler, Thomas: Fünff-hundert außerlesene chymische Prozesse und Artzneyen... Franckfurth am Mayn: 1713

JB 263

Keso, Alma: Über Alter und Wachstumsverhältnisse der Reiser in Tavastland von –. Helsingfors 1908: Simelii arfv. 49 S. 8°
(Acta Societatis pro fauna et flora Fennica. 31, 1.)

Keß, über die Aufheb. der Wuchergesetze. 8. Brünn; Gastl. Rthlr.

v. Kesse, Kathar., Unterhaltungen ꝛc., s. T. v. Kirzinger.

Kessel, von: „Beantwortung der Frage: liegt es in der Bestimmung der schlesischen Landschaft, auf dauernden Besitz der Rittergüter oder leichten Verkehr mit ihnen hinzuwirken?" Breslau 1837 (Max & Comp.).

Kessel, nähere Erläuterung seiner Beleuchtung d. Sustentationsanordnung d. Geistlichen u. Schullehrer ꝛc. 8. Carlsr. 824, Marx.

Kessel, üb. die vordere Tenotomie, Mobilisirung u. Extraction des Steigbügels. [Nach e. Referat, vorgetragen in der Sitzung der Deutschen Otolog. Gesellschaft zu Bonn am 13. Mai 1894.] gr. 8. (24 S.) Jena 894. G. Fischer. n. — 80

von Kessel, Andreas. Schlüter's bisher unbekanntes Portrait. Berlin 1863. Fol.

Kessel, C. von, s. Kessel, Karl von

Kessel, Carl von, s. Kessel, Karl von

Kessel, Christoph Heinrich (Ed.):

s.: Neumann, Kaspar: Chymia medica dogmatico-experimentalis... Züllichau: 1749 - 1755

JB 346

Kessel, Dionys. Gottfried van der (Daventnensis [= Deventer]), De usucapione partus et foetus rei furtivae. Diss. jur. Leyden 1761. (S. 183 bis 264.) (6.80) 17809

Kessel, E., s. Zeitschrift f. d. ges. technische u. gewerbl. Recht.

Kessel, Franz: Aus d. med. Klinik in Bonn. Über Chorea magna (major) sive Germanorum. . . . Uerdingen, Buchdr. v. Georg Fohrer, 1890; 21 S. + 1 Bl. 8°
Bonn, Med. Fak., Inaug.-Diss. v. [28. Jul.] 1890

Kessel, Franc. Adolph. (geb. Pegau in Sachs. 28. 11. 1814): Difficultas abscessum congestivum a fungo medullari dignoscendi casu singulari explicata. Berolini (1842). (30 S.) 8°
Berlin, Med. Diss. v. 4. Nov. 1842

Kessel, Franciscus Bernardus Iosephus Hubertus ⟨geb. am 20 Aug. 1834 [nicht 1824] in Rheinbach⟩: Symbola ad penitiorem diagnosin mutationum pathologico-anatomicarum in pede varo ... Bonnae, form. F. Kruegeri (1860). 29 S., 1 Bl. 8.
Bonn, Med. Fak., Diss. v. 18 Aug. 1860

— Friedrich Ludwig (Braunschweig), De vomitu cruento. Diss. med. Helmstedt (C. G. Fleckeisen) 22. II. 1797. 22 S. (6.—) 17810

— Friedrich Wilhelm, De Psalmo quadragesimo quinto. (Nachrichten über die von Witzlebensche Klosterschule zu Rosleben, in Thüringen, auf das Jahr 1827). Halle (Gebauer) 1828. 74 S. (6.50) 17811
Ab S. 61: Chronik der Klosterschule zu Rosleben auf d. Jahr v. Michaelis 1826—1827 (Namen).

Kessel, Gustav

Kessel, v., die Ausbildung des preußischen Infanterie-Bataillons im praktischen Dienst. 1. Aufl. 1863. und 2., unveränd. Aufl. gr. 8. (IV und 184 S. mit Holzschn. im Texte und 2 lithogr. Plänen in Buntdr.) Berlin 867, Mittler und Sohn.

Kessel, v., die Ausbildung des preußischen Infanterie-Bataillons im praktischen Dienst. 3., unveränd. Aufl. gr. 8. (IV, 184 S. mit Holzschn. im Texte und 2 lithogr. Plänen in Buntdr.) Berlin 869, Mittler und Sohn.

Kessel, Gust. v., Geschichte des königl. preußischen 1. Garde-Regiments zu Fuß. 1857—1871, unter Fortsetzung der Personalnotizen bis zum J. 1880. Im Auftrage des Regiments verfaßt. Mit dem (Stahlstich-)Porträt Sr. Maj. des Kaisers u. Königs. Lex.-8. (VIII, 365 S. mit 2 Lichtdrucken u. 9 lith. Karten.) Berlin 881. Mittler & Sohn. n. 10. 50; geb. n.n. 12. 50

Kessel, Gustav v., k. preuss. Major z. D. Tagebuch Dietrich Sigismund's von Buch aus den Jahren 1674—1683. Beitrag zur Geschichte des Grossen Kurfürsten von Brandenburg. Nach dem Urtexte im k. geheimen Staats-Archive zu Berlin bearbeitet und herausgegeben. (2 Bde.) 8. Jena und Leipzig 1865.

Kessel, v., zur Taktik der Infanterie von 1880, s.a. Beiheft zum Militär-Wochenblatt.

Kessel. Zur Taktik der Infanterie von 1880. Beihft. z. „Milit.-Wochenblatt". — Berlin 1880.

Kessel, Gust. v., Henniges von Treffenfeld und seine Zeit. Beiträge zur Geschichte Friedrich Wilhelms des großen Kurfürsten von Brandenburg. gr. 8. (VI und 169 S. mit 3 photolithogr. Plänen in Fol. und 1 lithogr. Bilde.) Stendal 863, Franzen und Große. *

— Heinrich Albert Christian (Langensalza/Thür.), De constituta pecunia dissertatio. Präs. Martin

Gottlieb Pauli. Wittbg. (Gerdes) Juni 1764. 16 S. (5.—) 17812

Kessel, Hermann, aus Jena: (Aus d. Augenklinik zu Jena.) Ueber einen Fall von Doppelperforation des Auges durch Eisensplitter. *Jena 1903: Frommann.* (24 S.) 8°
Jena, Med. Diss. v. (24. Dez.) 1903

Kessel, Hilar., Anleit. zum zweckmäß. Katechisiren für angehende Volks- u. Jugendlehrer. gr. 8. Manh. 801. Schwan u. G. 9 K

— Taschenbuch d. Pastoralunterrichts zum Behuf junger Seelsorger, zunächst für Katholiken. 2 Thle. 8. Karlsr. 804. Müller. 10 K

Kessel, Jean

Kessel, J.: Beiträge zur Topographie u. Mechanik d. Mittelohres, s. Mach, E.

Kessel, Jean (Selzen)
Fälle von Otitis interna mit Vereiterung der Zellen des Warzenfortsatzes und Sinusthrombose. Perforation des Warzenfortsatzes.
Giessen 1866. 48 S.
Diss. med. 1866, 22. Dez. vorh. 26.7.

– Die Function der Trommelhöhle u. der Tuba Eustachii, s. Mach, E.

– Versuche üb. die Accomodation d. Ohres, s. Mach, E.

Kessel, Johann Carl, s. Kessel, Johann Karl

Kessel, Jh. Chr. Bertr., († d. 19. Juni 1823.) Unterricht in dem Generalbasse rc. gr. 8. Leipz. 790. N. A. 791. Hertel. 14 K
Zusätze zu d. 1n Ausg. Ebd. 6 K

— **Johann Friedrich** (Coburg), Foetum in utero materno liquorem amnii deglutire. Präs. Georg Erhard Hamberger. Jena (Fickelscherr) 6. XI. 1751. 24 S. (6.—) 17814
Widm. v.: Präs., M. Jo. Christian Blashe, Johann Erhard u. Johann Georg Hamberger (dtsch.), Johann Georg Schmidt (Nordhausen; dtsch.), Johann Georg Pabst (Meinungen; dtsch.), H. C. Dreyhaupt (Hannover; dtsch.).

Kessel, Jh. Gf., († d. 3. Juli 1789.) freimüthige Bemerkk. über Hindernisse d. Volksglückseligkeit. 8. Hildburgh. 789. Hanisch. (Taubert in Leipz.) 14 K

— s. Fabeln, polit., u. Erzähll. mit Fragmenten

– s.a. Ein Landschaftsgemälde für Freunde der schönen Natur.

— ein Landschaftsgemälde für Freunde d. schön. Natur und ländl. Anlagen. 8. Erlangen, Palm. 786.
Schrbp.

— auserles. moral. Predigten; nach seinem Tode herausg. 8. Coburg 790. Ahl. 8 K

— s. Schulmeistergespräche.

Kessel, Joh. Hubert

Kessel, Joa. Hubert., Disquisitiones eschatologicae de libro Koheleth. gr. 8. (XVI, 256 S.) Brixen 870, Weger's Buchh. *

Kessel, Joh. Hub., der selige Gerrich, Stifter der Abtei Gerresheim. Ein Beitrag zur Gründungsgeschichte des Christenthums im Bergischen Lande. Quellenmäßig dargestellt. 8. (VIII, 230 S. m. 1 Photogr.) Düsseldorf 877. Schwann. n. 3. —

— Geschichte der Stadt Ratingen mit besonderer Berücksichtigung des ehemaligen Amtes Angermund. 2. Band: Urkundenbuch. gr. 8. (IV, 386 S.) Ebend. 877. n. 5. —
Der 1. Band erscheint später.

—— geschichtliche Mittheilungen über die Heiligthümer der Stiftskirche zu Aachen nebst Abbildung und Beschreibung der sie bergenden Behälter und Einfassungen. Festschrift zur Heiligthumsfahrt von 1874. hoch 4. (XIII, 209 S.) Cöln und Neuß 874, Schwann's Verlag. *

Kessel, Joa. Hubert., Monumenta historica ecclesiae Coloniensis. Tom. I.: Antiquitates monasterii S. Martini majoris Coloniensis, quas ex codd. ms. primum eruit ac notis commentationibusque historicis illustravit Joa. Hubert. Kessel gr. 8. (XLII und 442 S.) Cöln 862, Heberle.
Wurde nicht fortgesetzt.

Kessel, Joh. Hub., das Rathhaus zu Aachen in seiner geschichtlichen Bedeutung. gr. 8. (IV, 82 S.) Aachen 884. (Cremer.) n. 1. 60

—— St. Ursula und ihre Gesellschaft. Eine kritisch-histor. Monographie. gr. 8. (XXI und 279 S.) Köln 863, DuMont-Schauberg'sche Buchh. *

Kessel, Johann Karl

— **Johann Carl** (Langensalza/Thür.), De donatione mortis causa ex principiis antiqui juris Germanici non revocabili. Präs. Georg Friedrich Kraus. Wittbg. (Ephraim Gottlob Eichsfeld) Juni 1764. 15 S. (5.—) 17813

Kessel, Joh. Pet., der Pseudo-Millionär, s. Theater, kleines.

Kessel, Jos., Anleit. zur schnellen u. richtigen Flächen-Inhalts-Berechnung für Forst- u. Landmesser. 8. Wien 817.

Kessel, Carl v., ein Abenteuer an der Seeküste,
—— der Beschützte des Götz v. Berlichingen,
} s. Ruhl's Miniaturbibliothek.

Kessel, Carl v., der Dämon des Hauses, s. Lese-Cabinet, neues belletristisches.

—— der Diogenesclub. Humoristisch-satyrischer Roman. 2 Bde. 8. (243; 224 S.) Leipzig 868, Grunow.

Kessel, Carl v., eine heimliche Ehe. Roman. 2 Bde. 8. (572 S.) Leipzig 867, Grunow.

—— Friedrich Eigenreich oder die Schule des Lebens. Roman. 2 Bde. 8. (à III, 252 S.) Leipzig 870, Dürr'sche Buchh.

—— die Einnahme von Alsen. gr. 8. (30 S.) Berlin 866, F. Schulze's Buchh.

—— die Folgen eines Kusses. Novelle. (Weltbibliothek.) 8. (140 S.) Berlin 867, Lesser. *

Kessel, Carl v., die Folgen eines Kusses. Novelle. 2. Aufl. 8. (142 S.) Leipzig 876, Schulze und Comp.

— das verlassene Haus, s. Ruhl's Miniaturbibliothek.

—— Königstreu. Roman. 2 Bde. 8. (259; 236 S.) Leipzig 869, Grunow. *

Kessel, C. v., der Krieg Deutschlands gegen Frankreich im J. 1870. Mit Karten und Plänen rc. 14 Lfgn. gr. 8. (624 S. mit 1 lithogr. Karte in qu. gr. 4. und 2 lithogr. Plänen in 8. und qu. 4.) Berlin 870, F. Schulze. à Lfg. 30 Pf.

—— der Krieg Preußens gegen Oesterreich und seine Verbündeten, und der Krieg in Italien im J. 1866. Mit Benutzung amtl. Quellen dargestellt. 5 Lfgn. gr. 8. (224 S.) Berlin 866, F. Schulze's Buchh. à Lfg. 3 Ngr.

—— aus dem Leben eines Junggesellen, s. Album. Bibliothek deutscher Originalromane.

Kessel, Karl v., Lebensrichtungen. Roman. 2 Bde. 8. (196; 227 S.) [Leipzig 875, Dege.] Jena, Dege und Haenel. *

— Novellen, s. Abende, deutsche.

—— nur Pflichten — keine Rechte, s. Bloch's, E., Dilettanten-Bühne.

—— Petersburg und Stockholm. Historischer Roman. 2 Bde. 8. (206; 205 S.) Leipzig 868, E. J. Günther. *

—— Unter Schill, s. Novellen-Sammlung.

—— Schill und seine Gefährten. 8. (245 S.) Leipzig 866, Dürr'sche Buchh.

—— Schleswig-Holstein meerumschlungen. Histor. Roman aus den J. 1848—50. 1. Aufl. 1864. 1 Thlr. und 2. (Titel-) Ausg. 8. (255 S.) Leipzig 866, Grunow.

– Schleswig-Holstein meerumschlungen. Histor. Roman aus den J. 1848—50. 2. (Titel-)Ausg. Leipzig (864) 866. Grunow. 8. (255 S.) 22½ ngr.

Kessel, Carl v., die Seelenverkäufer. Historischer Roman. Wien 856. Hartleben. 8. (195 S.) 24 ngr.

—— die Seelenverkäufer. Historischer Roman. 8. (195 S.) Wien 857, Hartleben's Verlagsexpedition.

—— der Teufel auf Reisen, s. Lese-Cabinet, neues, belletrist.

– die letzten Thränen. Roman. Illustrirt von W. Schröter. Leipzig 866. [Haynel.] br. 8. (169 S. mit eingedr. Holzschn.) 15 ngr.

—— der Wahrsager, s. Eisenbahn-Unterhaltungen.

Kessel, Karl Moritz von

v. Kessel, K. M., Gedichte. 8. Erfurt 827. (Leipz., Engelmann). 12 K

v. Kessel, Karl Mor., Gedichte. 8. Erf. 827. (Leipz., Friese.) ½ ß

KESSEL, Maximilien Alexander von (Mannheim): De sistendis haemorrhagiis e laesionibus mechanicis ortis.- Monachii: Wolf 1832. 35 S.
24.3.1831 - Urk (Titel: De remediis antihaemorrhagicis.); F 60
Diss. Ingolst.-Landsh.-Mchn.

Kessel, Osc. v., Reise- und Jagd-Abenteuer aller Länder und Völker. br. 8. (IX und 324 S. mit 8 lithogr. Abbild. in Farbendr. von A. Haun.) Berlin 859, Janke.

Kessel Oskar von: Über das Vorkommen und die Gewinnung des Kampfers von Dryobalanops Camphora Colebr. in Ostindien. S. 8. 418 . . . . vgr.
Separatabdruck

Kessel, Otmar G(eorg): Aus d. psychiatrischen Universitätsklinik in Jena. Zur Kasuistik der hysterischen Dämmerzustände. Jena 1907: A. Kämpfe. (48 S.) 8°
Jena, Med. Fak., Ref. Binswanger, Diss. v. 21. Dez. 1907
[Geb. 13. Okt. 82 Graz; Wohnort: Jena; Staatsangeb.: Sachsen-Weimar; Vorbildung: Gymn. Jena Reife O. 01; Studium: Jena 10 S.; Coll. 14. Juni 07; Approb. 21. Dez. 07.]

Kessel, P. L. v., kurze Betrachtungen über die Leidensgeschichte unseres Heilandes, besonders geeignet für die Fastenzeit. 16. (III und 64 S.) Düsseldorf 852, Kampmann. *

Kessel, Paul, Tabelle zur Ermittelg. d. Netto-Gewichtes bei Zuckerrüben-Liefergn. nach Abzug d. Schmutzprocente. Für Gespanne u. Eisenbahnwaggonladgn. gr. 8. (47 S.) Haynau 886. (C. Piétzuch.) n. 2. —

Kessel, Peter, a. Krefeld: De pentametro inscriptionum Latinarum. Trier 1908: Trierer Druckerei-Gesellschaft. (79 S.) 8°
Bonn, Phil. Fak., Ref. Bücheler, Diss. v. 11. März 1908
[Geb. 28. Juli 79 Linn b. Crefeld; Wohnort: Crefeld; Staatsangeb.: Preußen; Vorbildung: Gymn. Crefeld Reife O. 00; Studium: 9 S.; Rig. 4. Dez. 07.]

Kessel, Petrus ⟨geb. am 19 Juli 1812 in Odendorf. Rgbz. Köln⟩: De sarcomatis cystici mammae muliebris specie nova ... Bonnae, typ. F. Baaden 1839. 28 S., 2 Bl., 1 Taf. 8.
Bonn, Med. Fak., Diss. v. 17 Sept. 1839

Kessel, Rob., die Gleichnisse Jesu. Nach der Auffassg. der neueren Zeit f. die Schulpraxis erklärt u. gewürdigt. (IV, 123 S.) gr. 8. Langensalza 906. H. Beyer & Söhne. n. 1. 60; geb. n. 2. 40

Kessel, Rob., die Gleichnisse Jesu u. d. Bildreden der Bergpredigt. Nach der Auffassg. der neueren Zeit f. d. Schulpraxis erklärt u. gewürdigt. 2., verm. u. verb. Aufl. (VI, 206 S.) gr. 8. Langensalza 909. H. Beyer & Söhne. 2.60; geb. n 3. 40

Kessel, Robert: L e h r e r b e s o l d u n g und Schulaufsicht. 2 Grundfragen unserer Schulverfassung von Rektor R[obert] Kessel-Mühlheim a. Rh. Köln: Reichsverb. d. Ver. d. nationalliberalen Jugend 1907. (46 S.) 8°

Kessel und Tscheutsch, Adph. v., 1813. Memoiren-Roman mit eigenmächtigen Interlocuten des Verf. 2 Bde. Leipzig 856. Kollmann. 8. (2 Bl., 268; 2 Bl., 352 S.) 2 ₰. 20 ngr.

Kessel-Zeutsch, Frhr. v. Erinnerungen e. Gardeoffiziers aus der Regierungszeit d. Königs Friedrich Wilhelm IV. gr. 8. (IV, 96 S. m. 1 Bildnis.) Wiesb. 891. (Berl., Eisenschmidt.) * 2 —

Kessel-Zeutsch, Frhr. v., über die Neugestaltung der Wegegesetzgebung in Preußen. Mit besond. Berücksicht. des französ. Vicinal-Wege-Gesetzes vom J. 1836. Vortrag gehalten in der Sitzung des landwirthschaftl. Central-Vereins für Schlesien am 27. Jan. 1874. gr. 8. (22 S.) Breslau 874, Korn. *

Kessel-Zeutsch, Frhr. v., das Ardenner Pferd. Mit der Photogr. eines Ardenner Hengstes. gr. 8. (16 S.) Breslau 882, (Korn.) *
Aus: Der Landwirth, besonders abgedruckt.

Kesselbaum, C. W.: B e m e r k u n g e n über die Tokayerweine. 1835. – – [Zit. nach Bibliotheca oenologica, Nachtr. 4]

Kesselburg, Hermann [aus Viersen (Rheinl.)]: Ueber Tuberculose innerer Organe ohne Fieber ... Göttingen, Druck d. Dieterichschen Univ.-Buchdr., 1896; 65 S. 8.
Göttingen, Med. Fak., Inaug.-Diss. v. [29. Apr.] 1896

Kesseldorfer, Ferdinand

Oberhollabrunn: Katalog der Lehrerbibl. 98. v. Ferdinand Kesseldorfer. 54.
Progr.

Oberhollabrunn, **St.-ROG.: Historisch-statistischer Rückblick auf das erste Decennium 1866—75. v. F. Kesseldorfer. 46. 1876.**
Progr.

Kesseldorfer, Ferdinand Rückblick auf die ersten 25 Jahre der Lehranstalt. 8 (36 S.). Progr. Staats-G. *Oberhollabrunn* 1890.

Kesseldorfer, Ferdinand Rückblick auf die ersten 25 Jahre der Lehranstalt (1865/66—1890/91), II. Theil. (Umschlagtitel: ... 1866—1890 (Fortsetzung)). 8.
K. k. Staats-G. u. gewerbl. Fortbildungssch. *Oberhollabrunn* 1891.
Progr.

— Statistisches. 8. ibd. 96.
Progr.

Kesseldorfer Wilhelm: Robert Fergusson und sein Einfluß auf Robert Burns.
H. 1902 PN 1488 Diss. Wien, Univ. 1951

[Ant. u. J.] **Kesseler,** *August* [Dir.]: *Bericht über seine Einführung als Direktor der Anstalt.* Bromberg, Buchdr. v. A. Dittmann, 1897; S. 29. 4.
Bromberg, k. RG, OP 1897 (176)

—: [Bericht über die Feier des 50jährigen Dienstjubiläums des Realgymnasiallehrers Hertel.] S. 31—32 der Schuln. 4.
Progr. Kgl. Realgymn. *Bromberg* 1905 (206).

Kesseler, August, Dir.: Festbericht über die Jubiläumsfeier. (Umschlagt.: Bericht über die Feier des fünfzigjährigen Bestehens der Anstalt im Mai 1901.) *Bromberg 1902: O. Grunwald.* (S. 29—48.) 4° [J.]
Bromberg, k. RG, OP 1902 (191)

Kesseler, August, Dir.: Dr. Gustav Gerber †. (Umschlagt.: Nachwort zur Erinnerung an den Realgymn.-Dir. Dr. Gustav Gerber.) *Bromberg 1902: O. Grunwald.* (2 ungez. S.) 4° [J.]
Bromberg, k. RG, OP 1902 (191)

Kesseler, August, Dir.: **Zur Geschichte des Königlichen Realgymnasiums zu Bromberg.** ***Bromberg 1901: (A. Dittmann).*** (66 S.) 4° [J.]
Bromberg, k. RG, Festschr. 1901 (1902 No 191)

—: Provinzial-Schulrat und Geheimer Regierungsrat Professor D. Hermann Polte †. 1 Bl. 4. Kgl. Realgymn. *Bromberg* 1904 (206).
Progr.

Kesseler, August Otto: Zur Methode des französischen Unterrichts. Leipzig, G. Fock, 1889; 26 S. 4°
Rawitsch, k. RG, OP 1889 (162)

Kesseler, C., die Dampfkessel-Explosionen und das Haftpflichtgesetz. Ein Wort an alle Industrielle, welche den Dampf als Betriebskraft benutzen, sowie an unsere gesetzgebenden Factoren. 8. (47 S.) Greifswald 874, Bamberg. * 1 —

Kesseler, C: Prospekt über die erste deutsche Original-Torfpresse. Greifswald 1876

Kesseler, C., die Radreifen-Befestigungen bei Eisenbahnwagen-Rädern behufs Sicherung gegen das Abspringen der Reifen bei eintretendem Bruche. Eine Sammlung patentirter Constructionen. Lex.-8. (65 S. m. eingedr. Holzschn.) Berlin 880. Polytechn. Buchh. n. 10. —

Kesseler, Hans: Über Kondensation von sym.-Dialkylacetondicarbonsäureestern zu Dialkylcyclobutandioncarbonsäureestern und deren Spaltungsprodukte. Bonn: Georgi 1910. 39 S. 8°
Bonn, Phil. Diss. v. 10. Aug. 1910, Ref. Anschütz
[Geb. 8. Febr. 86 Elberfeld; Wohnort: Elberfeld; Staatsangeh.: Preußen; Vorbildung: Realgymn. Elberfeld Reife O. 05; Studium: Bonn 4, Berlin 1, Bonn 6 S.; Rig. 20. Juli 10.] [U 10. 392

Kesseler, Jacob (geb. am 8 Okt. 1858 in Boppard): Untersuchungen über den Temperatursinn ... Bonn, Univ.-Buchdr. v. C. Georgi 1884. 39 S., 1 Bl. 8.
Bonn, Med. Fak., Diss. v. 23 Aug. 1884

Kesseler, Kurt, Kant u. Schiller. Zwei deutsche Propheten des Wahren, Guten u. Schönen. (37 S.) 8. Bunzlau 910. G. Kreuschmer. —75

— Die Lösung der Widersprüche des Daseins durch Kant u. Eucken in ihrer religiösen Bedeutung. Eine philosoph. Studie. (30 S.) 8. Ebd. 909. —75

— Der Unsterblichkeitsglaube in religionsgeschichtlicher u. religionsphilosophischer Beleuchtung. (56 S.) 8. Ebd. 910. —90

— Die Vertiefung der kantischen Religionsphilosophie durch Rudolf Eucken. (39 S.) 8. Ebd. 908. —75

Kesseler, Wilh., moderne Handelsbetriebslehre m. besond. Berücksicht. der Organisation kaufmännischer u. industrieller Grossbetriebe. Zum Gebrauch an kaufmänn. Lehranstalten, zum Selbststudium u. f. die Praxis. (VIII, 149 S.) 8. Stuttgart 905. Muth. n. 2.—; geb. in Leinw. n. 2.50

Kesseler, Willi, Apotheker a. Greifswald: **Über einige 1-Benzoyl-2-methyl-4-amino-Cumarone und deren Derivate.** Rostock 1905: C. Hinstorff. (38 S.) 8°
Rostock, Phil. Fak., Ref. Michaelis, Diss. v. 10. März 1905
[Geb. 15. Aug. 73 Greifswald; Wohnort: Rostock; Staatsangeh.: Preußen; Vorbildung: Gymn. Greifswald Prima-Reife O. 92; Studium: Greifswald 3, Rostock 8 S.; Rig. 4. März 05.]

KESSELFLICKER, Der. Eine Romanze aus einem alten Volksmährchen gebildet v. *J. A. V—e* (Pfr.). Oehringen, Schmeisser'sche Hofbuchhdlg., 1796. 8°. (4 xr.)
Anzeige d. Verlegers.

Kesselflicker, der brave, s. Volks- u. Jugendbibliothek, belehrende u. unterhaltende.

Kesselkaul, Ludwig [aus Aachen]: **Über das 3,4-Dioxybenzalcumaranon. Aachen 1900. 45 S. 8°.**
Bern. Phil. Diss. 1900/1901.

Kesselkaul, Nicolaus (geb. am 9 Dez. 1812 in Aachen): De metrorrhagiis in quinta partus periodo ... Bonnae, typ. C. Georgii 1836. 2 Bl., 33 S., 1 Bl. 8.
Bonn, Med. Fak., Diss. v. 18 Aug. 1836

Kesselmeyer, Paul Aug., s.a. **Stoff, d. ewige, allgegenwärt. u. allvollkomm., d. einz. mögl. Urgrund alles Seyns u. Daseyns.**

Der ewige, allgegenwärtige und allvollkommene Stoff, der einzigemögliche Urgrund alles Seyns und Daseyns. Von e. freien Wandersmann durch d. Gebiete menschl. Wissens, Denkens u. Forschens. (Vf.: Paul August Kesselmeyer.) (Vorr.: William Johannes Kesselmeyer [&] Charles Augustus Kesselmeyer.) Bd 1–4. Leipzig: Veit & C. 1895–97. 4 Bde. 8°
1. 1895. (XII, 580 S.) 2. 1896. (VI, 449 S.)
3. 1896. (V, 547 S.) 4. 1897. (VI, 374 S.)

Kesselmeyer, P. A., über den Ursprung der Meteorsteine. Mit 3 (chromolithogr.) Taf. (in Imp.-Fol.) gr. 4. (144 S. mit: Versuch eines Quellenverzeichnisses zur Literatur über Meteoriten. Von Otto Buchner. 18 S.) Frankfurt a. M. 860, Brönner. *
Das erstere Werk ist aus: Abhandlungen der Senckenberg'schen naturforschenden Gesellschaft, besonders abgedruckt.

Kesselring, d. Jugend- bezw. Schulsparkassen sind eine zeitgemässe u. segensreiche Einrichtung. München 881.

Kesselring & Röthenbacher: Prospekte und Preise für Spezial-Artikel zur sanitären Haus-Installation. Straßburg i. E. 1903

Kesselring, Eduard, aus Kradolf (Thurgau): I. Ueber einige neue Derivate des Hydrochinons. II. Neue Methode zur Darstellung der Nitranilsäure. Basel, Gasser & Cie., 1910. 38 S. 8°. [17. XI. 10.]
Basel. Phil. Diss. 1910/11.

Kesselring, Ernst Friedr. (Königsberg/Pr.), De Massa ex qua Christus natus praeservata. Problema theolog. Präs. B. Johann Fecht. Rostock 4. VI. 1707. Neudruck o. O. 1722. 46 S. (7.—) 17815

Kesselring, Frz., Brocken, die auch für die Noth unserer Zeit noch übrig sind vom großen Speisungswunder. Predigt über Marcus 8, 1 bis 9, gehalten in der Lutherkirche zu Plauen am 7. Sonntag nach Trin. 1885. gr. 8. (12 S.) Plauen 885, Neupert's Verlag. * — 25

Kesselring, F., Denkschrift zur Erinnerg. an d. Einweihg. d. Pauluskirche in Plauen i/V. am 29. XI. 1897. Im Auftr. d. Kirchenvorstandes zusammengest. gr. 8. (16 S. m. 1 Bild.) Plauen 897. A. Neupert jun. n.n. — 25

Kesselring, F., der Herr ist mein Hirte! Predigten. gr. 8. (VI, 197 S.) Plauen 887. Neupert's Verl. n. 3.—; geb. n. 3. 50

— Kirchweihpredigt, s.: Erinnerung an d. Einweihg. d. Pauluskirche (in Plauen).

Kesselring, Frz., die Zeugnisse v. der Herrlichkeit des Herrn in der Geschichte unseres Volkes. Predigt üb. Psalm 89, Vers 14—19, geh. am Trinitatisfeste 1889 als am 800jähr. Regierungsjubiläum des Hauses Wettin in der Hauptkirche zu Plauen. gr. 8. (14 S.) Plauen 889. F. E. Neupert's Verl. n. — 20

Kesselring, Georg: Beitrag zum Aussterbeprozess des Infinitivs im Neugriechischen. München 1906: C. Wolf & S. (31 S.) 8°
München, k. Theresien-G P 1906*

Kesselring, Heinrich

Kesselring, H., der Alkohol im Verhältnis zum öffentlichen Wohlstand u. zur öffentlichen Sitte. Ein Vortrag. Hrsg. vom Verein zur Bekämpfg. d. Alkoholgenusses. 8. (16 S.) Bremerhaven 892. (Ch. G. Tienken.) n. — 20

Kesselring, H., die Aufgabe der protestantischen Kirche u. Theologie in Bezug auf die äussere Mission. Referat, geh. an der Jahresversammlg. der schweizer. Predigergesellschaft in Glarus den 26. Aug. 1884. gr. 8. (51 S.) Zürich 884. Meyer & Zeller. n. — 50

Kesselring, H., die Freigebung der Heilkunde, s. Zeit- und Streitfragen.

Kesselring, Heinrich s. Furrer, Conrad, und Kesselring, Heinrich.

Kesselring, Heinrich: Diss. de Iride, s. Marquard, Konrad Theop. [Praes.]

—— Dr. J. C. Kern. Eine Lebensskizze. 8. (42 S. mit dem Bildniß Dr. Kerns.) Frauenfeld 888, Huber. * 1 20
Aus: Thurgauer Zeitung, besonders abgedruckt.

— s.: Missions-Vorträge, acht.

Kesselring, H., s. Steiner. – H. Steiner.

— Worte der Erinnerung an Hrn. Prof. Dr. Heinrich Steiner, s.: Furrer, K.

Kesselring, Heinr., Verschiedenheit und Einheit in der Kirche Christi. Synodalpredigt gehalten in der Kirche zu St. Peter in Zürich den 6. Novbr. 1860. 8. (15 S.) Zürich 861, Schultheß.

Themen für freimaurerische Arbeiten. Zusammengestellt von [Karl] Kesselring. [Dat.:] Bayreuth, Oktober 1909. 2 Bl. 4°. [Kopftit.] 21.

Kesselring, Karl Adf., die Jugend- beziehungsweise Schulsparkassen sind eine zeitgemäße und segensreiche Einrichtung. Nebst einem Anhang. gr. 8. (44 S.) München 881, Expedition des k. Zentral-Schulbücher-Verlags. **

Kesselring, M[ax], Dr.: Die Beziehungen der Chronique gargantuine zu Rabelais' Gargantua. *Oschersleben 1901: W. Eichel.* (S. 3—12.) 4° [F. u. Ant.]
Oschersleben, R ⟨m. gymn. Nebenkursus⟩, OP 1901 (293)

Kesselring, Max [aus Halberstadt]: Die betonten Vocale im Altlothringischen. . . . Halle a. S., Buchdr. Carl Colbatzky, 1890; 40 S. + 1 Bl. 8°
Halle, Phil. Fak., Inaug.-Diss. v. [25. Apr.] 1890

Kesselring, Max Kilian [med. pract. von Märstetten (Thurgau)]: Beiträge zur Kasuistik der Myxome des Herzens. Zürich 1900. 26 S. 8°.
Zürich. Med. Diss. 1899/1900.

Kessels, Heinr., Der Metallguß. Ein populärer Vortrag, gehalten am 24. Jänner 1861 im Saale des nieder-österr. Gewerbe-Vereines. gr. 8. (16 S.) Wien, Seidel & Sohn. 1861. 10 kr.

Kessels, Heinr., technologische Terminologie. Enth. eine alphabet. Zusammenstellung und Erklärung aller techn. Ausdrücke und Kunstwörter, welche bei der gesammten Darstellung und Verarbeitung der Metalle, des Holzes, bei der Spinnerei rc. gebräuchlich sind, nach den besten Quellen bearb. br. 8. (VII und 229 S.) Prag 864, Credner. *

Kessemeier, Theodor

Kessemeier, Th. Der Bienenkorb, catalogus catalogorum und kleinere Zugaben. Ein Beitrag zur Charakteristik u. Litteratur Fischarts. 25 S. Progr. Debb. R. *Bremen* 1877.

Kessemeyer, Theodor Festrede am Geburtstage unseres Kaisers. Bremen, den 22. März 1886. (Umschlagtitel: Festrede zur Geburtstagsfeier unseres Kaisers.) 4 (S. 16—20).
Progr. Rsch. v. C. W. Debbe *Bremen* 1886 (661).

Kessemeier, Th., u. G. C. Heinrichsen Lehrplan für den Geschichtsunterricht und für den Unterricht in der Geographie. 29 S. Progr. Debb. R. *Bremen* 1882.

Kessemeier, Th., u. K. W. Debbe u. C. Schindler Lehrplan für den deutschen und mathematischen Unterricht. 46 S. Debb. R. *Bremen* 1880. Progr.

Kessemeyer, Theodor, s. K e s s e m e i e r

Kesser, Hermann. Kuno Amiet. Von H' K'-Zürich. [Mit 9 Abbildungen.] 4.
In: Kunst und Künstler. (Monatsschrift für bildende Kunst und Kunstgewerbe.) Jahrg. 4. Heft 5. (Februar 1906.) Berlin, Bruno Cassirer. M. 2.50. S. 185–194.

Kesser, Hermann. Neue Schweizer Kunst. 2 *Artikel.* ⟨Hierzu siebzehn u. zehn Abbildungen nach Werken verschiedener Künstler.⟩ fol.
In: Über Land und Meer. Deutsche Illustrierte Zeitung. Band 99. Jahrg. 50, Oktober 1907—1908. Nr. 25 *u.* Nr. 26. (Stuttgart, Deutsche Verlags-Anstalt, 1908.) [pro Nr. M. —.30.] S. 612—615 *u.* 643—645 (*Abbildungen* S. 607—619 *u.* 641—645).

Kesser, Herm., Luzern, der Vierwaldstätter See u. der St. Gotthard, s.a. Stätten der Kultur.

Kesser, Hermann. Luzern, der Vierwaldstätter See und der St. Gotthard. (Original-Holzschnitte [im Text und auf 1 Tafel] und) Buchschmuck von E[duard] Stiefel, Zürich. IV + 172 S. 8. Leipzig, Klinkhardt & Biermann, (1908). [geb. M. 3. — *u.* 5.—]
Stätten der Kultur. (Eine Sammlung künstlerisch ausgestatteter Städte-Monographien. Hrg. von Dr. Georg Biermann.) Band 7.

Kesser, Hermann. Neue Schweizer Malerei. [Illustriert.] 4.
In: Deutsche Kunst und Dekoration. Illustr. Monatshefte.... Jahrg. 10, (Heft) 11. August 1907. Darmstadt, Alexander Koch. M. 2.50. S. 275—301.

Kessinger, C. v., das Menschenherz, s.: Passow, A.

Kessinger, C. A., Romanzen. 8. Altona 780. Hellmann. 7 gr.

Kessinger, Christian August (Groedel. Misnic.), Quaestio juris controversi an gerada legari possit. Präs. D. Christian Heinr. Breuning. Lpz. (Langenheim) 24. 11. 1778. 8 S. (4.50) 17816

v. Kesslau, ..., öffentl. Rede bei d. Einweihung d. Stadtkirche zu Hildburghausen. Fol. Hildburgh. 785. Hanisch. 1½ gr.

Kessler, s.a. K e s l e r . — K e s z l e r

— s. J. C. Brauvolsin, Nachrichten.

Keßler, ..., (Major), Beschreib. über d. Insel St. Helena u. ihren Staats-Gefangenen, nebst Nachrichten von einigen Inseln in dem atlant. Ozean u. in andern Gewässern, u. Reflexionen über solche. Mit 2 Kpft. 8. Stuttg. 816. Sattler. (Hofmann). 12 gr.

Keßler, Bis hieher hat der Herr geholfen. Predigt über 1. Samuel 7, 12—17 zur Königs-Geburtstags-Feier am 22. März 1871 gehalten in der Stadtkirche zu Torgau. gr. 8. (12 S.) Torgau 871, Jacob. * — 40

Keßler, s.: Entscheidungen des königl. preuß. Oberverwaltungsgerichts.

KESSLER: Erhaltung der Wälder und Holzmangel. Abgedruckt aus Nr. 53 und 54 des Rheinisch-Westphälischen Anzeigers im Jahre 1839 und beantwortet von dem Königlich Preussischen Oberpräsidenten Vincke. - Münster 1839. 16 S.

Keßler. Erlebnisse eines Feldgeistlichen auf dem Kriegsschauplatz in Böhmen. 2. Aufl. Brandenburg a. H. 1866. 8°.

Kessler: Kann ein überzeugter Katholik und insbesondere ein Priester dem Liberalismus anhängen? Landau 1909. 8°

[Lied.] Zur Feier des Allerhöchsten Geburtstages Sr. Majestät des Königs Wilhelm I. dem Hochw. Protector des Fr.-Mr.-Bundes in d. preuss. Staaten am 22. März 1861. Festlied gesungen von den Bbrr. der sehr ehrw., ger. und vollk. St. Johannes-Freimaurer-Loge Tempel der Eintracht im Or. Posen. [Unterz.:] **Kessler.** [Posen 1861: Zörn.] 2 Bl. 8° [Umschlagtit.]
Ohne Noten: „Willkommen Tag, dem Freud' entspriesst, . . .“

Keßler, das Liebes- u. Geschlechtsleben in seinem ganzen Umfange dargestellt. 8. (164 S. m. 2 Taf.) Berlin 893. Friedrichs & Co. 1. 50

Keßler, ..., Napoleon u. seine glorreichen Thaten 2c.; e. poet. Versuch. Fol. Karlsr. 806. (Müller). 8 gr.

K e s s l e r : Für Recht und Ordnung. Ein klares Bild der letzten Ereignisse im Pfalzer Raiffeisen-Verband. Ludwigshafen: Biller 1897.

Keßler, e. Vaterunser auf hoher See, s.: F r o m m e l , Emil.

Kessler: Versuch eines Leitfadens der Geometrie für Untergymnasien. 1. Th. 39 S. 8°–Kronstadt ev., Progr. 1869

Kessler: V e r s u c h eines Leitfadens der Geometrie für Untergymnasien. 2 Th. 44 S. 8°. Forts. v. 1869 – Kronstadt, ev. OG., Progr. 1870.

Keßler, s.: Verwaltungs-Organisation, die neue, in d. Prov. Westfalen.

Kessler, A., Liste officielle de marchandises ou nomenclature explicative concernant le tarif général du Zollverein du 1 Octobre 1870. Traduction des textes officiels allemands suivis du texte du tarif général et d'un double vocabulaire. Autorisée par le Reichs-Kanzleramt. gr. 8. (506 S.) Berlin 871, Kortkampf. * 8 —

Kessler, A., tarif douanier de l'Empire allemand. Loi du 15 juillet 879. Traduit du texte officiel. 4. éd. 8. (IV, 83 S.) Berlin 880. Kortkampf. cart. n. 1, 60

Kessler, Adolph. (geb. Gleiwitz 26. 11. 1833): De epilepsia et eclampsia. Berolini (1855). (46 S.) 8°
Berlin, Med. Diss. v. 24. Aug. 1855

Kessler, Adolf: Ueber einen Fall von Macropodia lipomatosa. Halle (1869): Plötz. 28 S. 8°
Halle-Wittenberg, Med. Diss. v. 5. Mai 1869
Geb. Barby (Kr. Kalbe) 30. 9. 1843. V.

Kessler, Adolf. Führer durch Wil. 1903. Hrg. vom Verkehrs- und Verschönerungsverein. Druck und Illustration der Buchdruckerei J. Meyerhans Erben, Wil. Text von Adolf Kessler in Wil. Photographien von H. Tschopp in Wil. Stadtplan von Aug[ust] Raschle in Wil. II + 12 S. 8.

Kessler, Albert, aus Mütterholz ⟨Els.⟩: Ein Beitrag zur Cystenbildung in den Polypen der Nase und des Kehlkopfes. *Straßburg 1903: M. DuMont Schauberg.* (36 S.) 8°
Würzburg, Med. Diss. v. 1903

Kessler, Alexander Otto (Lengenfeld/Voigtl.), Beiträge zur Lehre über die hernia obturatoria. Diss. med. Präs. Ernst Heinrich Weber. Lpz. (C. E. Elbert) 24. V. 1865. 34 S. mit Biogr. (M.: C. P. Wolff.) (6.—) 17817
Oppon.: Paul Schröter, Anton Kauffmann, Albert Müller.

Keßler, Anna, über die Ausführung der Buchstaben in der Weißstickerei. (30 S. m. 1 lith. Taf.) gr. 8. Leipzig 903. Hoffmann & Ohnstein. n. — 60

Kessler, [illegible]

Kessler, Arthur, aus Bernberg: Zur Kenntnis einiger Benzimidazolderivate des 4. 2. Nitramidodiphenylamins. Erlangen 1904: Junge & Sohn. (53 S.) 8°
Erlangen, Phil. Fak., Ref. Fischer, Diss. v. 1. Nov. 1904
[Geb. 28. Okt. 74 Bernburg; Staatsangeh.: Anhalt; Vorbildung: Gymn. Bernburg Reife O. 94; Studium: Heidelberg 1, Halle 1, Berlin 4, Dresden T.H. 5, Erlangen 1 S.; Rig. 1. Nov. 04.]

Kessler, Arthur (aus Dresden): Die Nitrierung des Benzols in ihrer Abhängigkeit von der Masse der wirkenden Stoffe ... Dresden, Ramming'sche Buchdr., 1887; [illegible] Taf. [illegible]
Tübingen, Naturw. Fak., Inaug.-Diss. v. 1887

Kessler, Arth., die Nitrierung des Benzols in ihrer Abhängigkeit von der Masse der wirkenden Stoffe. Inaugural-Dissertation. [Gekrönte Preisarbeit.] gr. 8. (44 S. mit 3 Taf.) Dresden 887. (Tübingen, Laupp'sche Buchh.) ** — 90

Kessler, August): Kants Ansicht von der Grundlage der Empfindung und Anschauung. Im Anschlusse an die Kritik d. reinen Vernunft u. die Prolegomena. *Darmstadt 1903: G. Otto.* (36 S.) 8°
Bensheim, großh. hess. G, P 1903 (720)

Keßler, Aug. Ed., über d. innere Form d. Medicin. 8. Jena 807. (Gnobloch in Leipz.) 18 gr

— Grundzüge zu e. System d. Physiologie des Organismus. 8. Jena 807. (Gnobloch in Leipz.) 1 Rthl 16 gr

— über d. Natur d. Sinne, ein Fragment zur Physik d. animal. Organismus. 8. Jena 805. (Gnobloch in Leipz.) 1 Rthl 8 gr

Kessler, August Eduard: Ueber die Natur der Sinne, ein Fragment zur Physik des animalischen Organismus. 245 S., gbd.

Iena u.Leipzig: Gabler 1805

JB 6.523

Keßler, Aug. Ed., († d. 31. März 1808.) Prüfung d. Gallschen

Systems d. Hirn- u. Schädellehre. 8. Jena 805. (Gnobloch in Leipz.) 12 gr

Prüfung des Gall'schen Systems der Hirn- und Schädellehre. Von A[ugust] E[duard] Keßler. Iena & Leipzig: Gabler 1805. VIII,102 S. 8°
Angeb.an: Ackermann, Jakob Fidelis: Die Gall'sche Hirn- Schedel- und Organenlehre. Heidelberg 1806.

Keßler, B., über Offenbarung u. Wunder. gr. 8. (III, 94 S.) Göttingen 899. Vandenhoeck & Ruprecht. n. 2. 40

Kessler, Bernhard, approb. Arzt aus Berlin: Aus d. chirurg. Abt. d. städt. Krankenhauses zu Altona. Die Voroperation zur Freilegung und Exstirpation der Samenblasen und des Endstückes der Samenleiter. *Kiel 1901: Schmidt & Klaunig.* (22 S.) 8°
Kiel, Med. Diss. v. [25. Aug.] 1901

Kessler, C., s.a. Kessler, Karl

Kessler, C., Alphabete römischer Schriftarten, in ihren Normalformen zu leichter Erlernung construirt. Mit Einrichtung Buchstaben und Zahlen in eleganter Form in jedem Höhen- oder Breiten-Verhältnisse ohne Mühe daraus herstellen zu können. 1 Stnt. in gr. Fol. Hannover 863, Schmorl und v. Seefeld. In 8.-Carton. *

Keßler, C. Antwort auf die Frage der Gegenwart: Was wird aus d. Menschheit? Gegeben im Lichte d. Wortes Gottes in 3 Predigten. gr. 8. (36 S.) Einbeck 890, Ibbeken. * — 40

Keßler, C., wahres Christenthum. Vorträge über bibl. Texte nach der Ordnung der Sonn- u. Festtage zur Förderung christlicher Erkenntniß u. christlichen Lebens. 1. Jahrg. 1. u. 2. Heft. gr. 8. (124 S.) Hamburg 878. 79. Koch in Comm. à n. — 50

Kessler, C., die vorzüglichsten Fährten-Abdrücke urwelt. Thiere in buntem Sandsteinbrüchen d. Umgegend v. Hildburghausen; treu nach d. Nat. gez. u. lith. Mit e. Vorwort hrsg. v. F. K. L. Sickler. I. Hft. — A. u. d. T.: Die Plastik d. Urwelt im Werrathale b. Hildburghausen. Fol. (2 B., 8 Stnt. u. 1 Karte.) Hildburghausen 836, Kesselringsche Hofbuchh. Thlr. *

Keßler, C., Hausfrauenbuch üb. Nahrungsmittel u. Hygieine. 12. (204 S.) Köln 897. Kölner Verlags-Anstalt u. Druckerei. n. — 50

—. Die christliche Lehre. Ein Hülfsbuch zur Reform d. Religionsunterrichts, im Anschluß an d. kl. Katechismus Luthers. 1. Heft: Die 3 ersten Hauptstücke. gr. 8. (VIII, 135 S.) Hannov. 891, Meyer. * — 80

— C. Chr. G. (Conr. d. Schule Rosleben), De locis qui in M. Frontonis epistolis ad Antonium Pium, ad Marcum Caesarem et ad Verum Imperatorem Aurelium Caesarem ab A. Maio inscriptis litura corrupti deprehenduntur, probabili conjectura sarciendis, adjectis de loco Virgiliano, Ovidiano et Lucianeo commentariis. Lpz. (Carl. Heinr. Reclam) 1829. 34 S. mit handschr. Widm. (6.50) 17818

Kessler, C. Ch. G. De loco Ovidii Metamorph. VIII. 661, 662. 4 S.
Rosleben, Progr. 1828

Kessler, C. Ch. G. De loco Virg. Aen. I. 135—6. Quos ego. 6 S. . .
Rosleben, Progr. 1828

Kessler, C. Ch. G. De *τὰ σῦκα σῦκα, τὴν σκάφην δὲ σκάφην ὀνομάζειν.* Lucian. de conscr. hist. c. 41. coll. Jup. Trag. c. 32. 6 S. . . . .
Rosleben, Progr. 1828

Kessler, Carl, s. Kessler, Karl

Kessler, Carl Friedrich, s. Kessler, Karl Friedrich

Kessler, Carl Moritz, s. Kessler, Karl Moritz

Kessler, Chr. David

Keßler, C. D., Hiob, a. d. Hebr. übers. m. Anm. 8. Tüb. Heerbrand. 784.

(Kessler, Chr. Dav.) Leben Conrad Widerholds, Commandantens auf der Festung Hohentwiel im 30jährigen Kriege. 8. Tübingen 1782.

— Leben Conrad Wiederholds ꝛc. 8. Tübingen, Cotta. 782.

Kessler, Christoph

Kessler, Christ. Edler von: „Oesterreichisches Geschäften-Lexicon, oder Sammlung aller Gattungen, Formeln zu schriftlichen Aufsätzen, welche in rechtlichen, politischen, öffentlichen, Finanz-, Handlungs-, Land- und hauswirthschaftlichen Angelegenheiten vorkommen und zu wissen nöthig sind", 2 Teile, 3. verb. und verm. Auflage, Wien 1801 (Mössle).

v. Keßler, Cph., Hannchen; Drama. 8. Preßb. 772. Löwe. 4 Kr

v. Keßler, Cph. Edler, Unterricht für angehende Beamte, d. Geschäfte bei den Stellen zu betreiben haben. 8. Wien 791. N. A. 794. Al. Doll. 1 fl 8 Kr Hbg. Pr. 16 Kr

Kessler, Chrph. Edler von: „Theoretisch-praktischer Unterricht für angehende Beamte und für jene, die Geschäfte bei den Stellen zu betreiben haben . . . .", Wien 1793 (Hörling). 2. Aufl. u. d. T.: „Vollständiger Unterricht im Dienste für Beamte . . . . . mit Beilagen erläutert", 2 Teile, Wien 1794 (Mössle).

— **Christoph Friedr.** (Zittau/Laus.), De officio actuarii. Diss. jur. Präs. Christian Wildvogel. Jena (Müller) 19. VIII. 1702. 56 S. (7.—) 17820
Gew.: Casp. Christian Seeligmann (Zittau).

— — Dasselbe. 54 S. (7.—) 17821

Kessler, Conrad, s. Kessler, Konrad

Kessler, Conrad Friedrich, s. Kessler, Konrad Friedrich

Kessler, Curt, s. Kessler, Kurt

Kessler David: Saadja's arabischer Kommentar zu den Sprüchen.
H. 1899 PN 1247 Diss. Wien, Univ. 2872

Keßler, Engelb., Natur- u. Stimmungsbilder vom St. Gebhardsberg. (Schloß Hohenbregenz.) Eine lyr. Bergpredigt. (VII, 27 S.) gr. 8. Wien 906. C. W. Stern. n. 1.—

Kessler, Erich, a. Weimar: Beiträge zum Beginn des Krieges von 1805 und der Aufmarsch der Grossen Armee an der Donau. Weimar 1907: Hofbuchdruckerei. (70 S.) 8°
Freiburg i. B., Phil. Fak., Ref. Meinecke, Diss. v. 1907
[Geb. 16. Sept. 84 Kaltennordheim im Großh. Sachsen; Wohnort: Weimar; Staatsangeh.: Sachsen-Weimar; Vorbildung: Gymn. Weimar Reife O. 03; Studium: Heidelberg 1, Berlin 1, München 1, Heidelberg 2, Freiburg i. B. 3 S.; Rig. 28. Febr. 07.]

Kessler, Ernst, Plutarchs Leben des Lykurgos, s.a. Quellen u. Forschungen zur alten Geschichte u. Geographie. 23. Heft.

Kessler, Ernst: Plutarchs Leben des Lykurgos. (Kapitel 1—8.) Wittenberg 1909: Herrosé & Ziemsen. 41 S. 8° ¶(Ersch. vollst. in: Quellen u. Forschungen z. alten Gesch. u. Geogr. H. 23.)
Straßburg, Phil. Diss. v. 29. Febr. 1908, Ref. Neumann
[Geb. 25. Dez. 84 Elberfeld; Wohnort: Straßburg; Staatsangeh.: Preußen; Vorbildung: Friedrich-Wilhelms-Gymn. Trier Reife O. 04; Studium: Phil. Münster 1, Berlin 3, Straßburg 4, Jura 2 S.; Rig. 29. Febr. 08.] [U 10. 4085

Plutarchs Leben des Lykurgos. Von Dr. Ernst **Kessler.** Berlin: Weidmann 1910. VIII, 132 S. 8°
[Ein T. ersch. als Inaug.-Diss. Strassburg 1909.]
(Quellen u. Forschungen z. alten Gesch. u. Geographie. H. 23.) [11. 1908

Keßler, F. A. C. U., Herzensklänge oder lyrische Dichtung geistlichen und weltlichen Inhalts. 8. (X und 98 S.) Hannover 862. (Verden, Steinhöfel'sche Buchh.) *–

Keßler, F. Ludw., Beobacht. üb. d. epidem. Faulfieber in den Wint. 1770—72. 8. Halle, Hemmerde u. Schw. 773.

Keßler, Fr., kurze u. faßl. Andeutungen einiger Mängel des Kirchengesanges. Ein Neujahrsbüchlein für Jung u. Alt. 12. Iserlohn 832. Langewiesche. 2 Kr

Keßler, Fr., Choral-Buch f. evangel. Kirchen, s. Choral-Buch.

—— Choralbuch f. evangel. Kirchen ꝛc., s. Natorp, B. C. L.

Keßler, Fr., das Gesangbuch von seiner musikalischen Seite betrachtet. Ein Wort vornehmlich für Prediger u. für Alle, denen dieser Gegenstand lieb u. theuer ist. 8. Elberfeld 834.; Iserlohn u. Barmen 835. Langewiesche. 1/3 Rthlr

— d. musikal. Kirchendienst. Ein Wort für Alle, denen d. Beförderung d. Cultus am Herzen liegt; insonderheit für Organisten u. Prediger. Nebst e. Vorrede von Dr. C. Imm. Nitzsch. gr. 12. Iserlohn 832. Langewiesche. 1 fl 4 Kr

Kessler, Fr. Hermann

— Neue Beobachtungen und Entdeckungen an den auf Ulmus campestris L. vorkommenden Aphidenarten. 28 S. u. 2 Taf.
Progr. Rsch. *Cassel* 1880.

Kessler, Fr. Herm. Die Lebensgeschichte der auf Ulmus campestris L. vorkommenden Aphidenarten und die Entstehung der von denselben bewirkten Mißbildungen auf den Blättern. 18 S.
Progr. Rsch. *Cassel* 1878.

Kessler, Friedrich

Kessler, Frid. (Christian. Ludov.) (geb. Frankfurt a. O. 30. 4. 1824): De acidis polythionicis. Berolini (1848). (57 S.) 8°
Berlin, Phil. Diss. v. 11. März 1848

Keßler, Frdr., Anweisung zur Leitung einfacher Leibesübungen f. Mädchen in der Volksschule. (20 S.) kl. 8. Stuttgart 910. Chr. Belser. Geb. nn — 45

Kessler: Über zwei Arten von Schlupfwespen u. deren Wohungsthiere. 18 S.– Cassel R., Progr. 1867.

Kessler, Friedr., über die Beziehung zwischen Spannkraft und Temperatur des gesättigten Wasserdampfes, s.a. Schriften, neueste, der naturforschenden Gesellschaft in Danzig.

Kessler, Friedrich, Dr., Ueber die Beziehung zwischen Spannkraft und Temperatur des gesättigten Wasserdampfes. (Vergleichung verschiedener Formeln unter einander und mit den Regnault'schen Versuchen. Danzig 1861.

Kessler, Einiges über Schulturnziele u. Schulturnbetrieb. [Aus: „Korrespondenzbl. f. die württ. Gelehrten- u. Realschulen".] gr. 8. (32 S.) Tübingen 890. Fues. n. 6. —

Keßler, Fr., Eisenstabübungen z. Gebrauch b. Turnunterricht in Schulen u. Vereinen. Mit 117 Abb. 8. (VII, 118 S.) Stuttgart 898. A. Bonz & Co. Geb. in Leinw. n. 2. 40

Kessler, über die Entwicklung unseres Schulturnens. [Vortrag, gehalten auf der Jahresversammlung württemberg. Turnlehrer in Gmünd, 6. April 1885.] gr. 8. (20 S.) Tübingen 886, Fues' Verlag. — 30
Aus: Korrespondenzblatt für die württembergischen Gelehrten- und Realschulen, besonders abgedruckt.

Keßler, Frdr., Erdbeschreibung, s.: Holl, C.

— **Friedrich** (Calbe a. Saale), De Euthanasia medica sive de moribundorum adjuvandorum ratione. Diss. med. Bln. (Feister & Eisersdorff) 29. IV. 1828. 40 S. mit Biogr. (M.: H. Küpper.) (6.50) 17823
Oppon.: Fr. J. Behrend, Theod. Brandt, W. Sinsteden. — Gew.: Maassen.

Keßler, Fr., Allgemeine Freiübungen, festgesetzt v. Turnaussch. d. D.T., zum 11. Deutschen Turnfest in Frankfurt a. M. 1908, m. Abb., Leipzig 1908, 20 S., 8°.

Keßler, F., Gefährlichkeit des Fußballspiels?, Stuttgart 1895, 2 S., 4°.

Keßler, F.: Grundformen für Eisenstabübungen. Leipzig 1910. 16 S. m. Abb.

Kessler, Frdr., ist das Atomgewicht des Antimons SB 120 oder 122? gr. 4. (25 S.) Bochum 879. Stumpf in Comm. n. 1. —

— Lehrgang f. Mädchenturnen in 6 Stufen. 1.—3. Aufl. (62 S.) kl. 8. Stuttgart 908—10. A. Bonz & Co. — 95

Keßler, F., über Pflege der Turnspiele (Süddtsch. Blätter f. höh. Unterrichtsanstalten, Jg. 2, Nr. 4, S. 46/47), Stuttgart 1894, 3 S., 4°.

Keßler, F., s.: Schul- u. Unterrichtsordnung, definitive, f. allgemeine Volksschulen u. f. Bürgerschulen.

Keßler, Das Schulturnen in Württemberg mit besonderer Berücksichtigung neuerer Bestrebungen auf dem Gebiet des Schulturnwesens (S. Abdr. a. d. Korrespondenzbl. f. d. Gebiet d. Realschulen, 1884, H. 11 u. 12), m. e. Anh. üb. d. Württemb. Vereinsturnen, 13 S., Gr.-8°.

Keßler, F.: Das Schulturnen in Württemberg. Mit e. Anh. über das württembergische Vereinsturnen. Das Turnen an der Universität Tübingen in den 50 Jahren 1845—1895 von K. Wüst. Stuttgart 1896. 64 S. 4° Sonderdr. aus: Württ. Jahrbücher f. Statistik u. Landeskunde. 1895. H. 1.

Keßler, F., Stoff- u. Uebungsbuch f. den Sprachformen-Unterricht in Taubstummen-Anstalten. gr. 8. (83 S.) Kassel 882. Klaunig. n. — 75

Keßler, F., & K. Partsch: Eine turnerische Studienreise nach Schweden. Leipzig 1906. 59 S. Sonderdr. aus: Deutsche Turnzeitung.

Keßler, F., Übungsbeispiele f. den Turnunterricht in den Schulen der männlichen Jugend. In stufenmäßiger Form zusammengestellt im Anschluß an O. H. Jägers „Neue Turnschule“ u. an die Übersicht der Stoffverteilung“. 8 (VIII, 141 S. m. 9 Fig.) Stuttgart 894. A. Bonz & Co Geb. in Leinw. n. 1. 80

Keßler, F., Übungsbeispiele f. den Turnunterricht in den Schulen der männlichen Jugend. In stufengemäßer Folge zusammengestellt im Anschluß an O. H. Jägers „Neue Turnschule“ u. an d. „Übersicht der Stoffverteilg.“ 2. Aufl. gr. 8. (VIII, 254 S. m. 234 Abbildgn.) Stuttgart 901. A. Bonz & Co. Kart. n. 3. 60

Keßler, F., Uebungsbeispiele f. den Turnunterricht in den Schulen der männlichen Jugend. In stufengemäßer Folge zusammengestellt im Anschluß an O. H. Jägers „Neue Turnschule“ u. an die „Uebersicht der Stoffverteilg.“ 3. Aufl. (X, 269 S. m. 241 Abbildgn.) 8. Stuttgart 905. A. Bonz & Co. Kart. n. 3. 60

— s.a. Verhandlungen, die, der 14. deutschen Turnlehrer-Versammlg.

Die Verhandlungen der 14. deutschen Turnlehrerversammlung u. d. 2. Turnlehrertages des Deutschen Turnlehrer-Vereins in Magdeburg 1900. Hrsg. v. F. Keßler u. a. Berlin 1901. 109 S. Beih. d. Monatsschrift f. d. Turnwesen.

— Versuche über die Wirkung des Pepsins auf einige animalische u. vegetabilische Nahrungsmittel. Inaugural-Dissertation. gr. 8. (48 S.) Dorpat 880. (Karow.) n. 1. —

Keßler, G., über Verbesserung des Gemeinde-Gesanges in der evangelischen Kirche. Nebst 2 Anhängen. Marburg 862. Elwert in Comm. gr. 8. (VI, 89 S.) n. 12 ngr.

— — 2. unveränderte [nur in den Anhängen verm.] Aufl. Göttingen 863. Wigand. gr. 8. (VI, 85 S.) n. 12 ngr.

Keßler, G., über Verbesserung des Gemeinde-Gesanges in der evangelischen Kirche. Nebst 2 Anh. 1. Aufl. 1862. und 2., unveränd. (nur in den Anh. verm.) Aufl. gr. 8. (VI und 85 S.) Göttingen 863, Wigand. *

Keßler, G. W., viel Lärmen um Nichts, s. Shakspeare noch nicht übersetzte Werke.

Kessler, Georg (Esslingen)
Ueber weinsauren Antimonoxyd-Strontian.
[In: Annalen d. Chemie u. Pharmacie Bd 68 (1848) 334.]
Dr. phil. Giessen 21.3.1849.

Kessler, Geo., Photographie auf Stahl, Kupfer und Stein zur Anfertigung von Druckplatten für den Kupfer-, Stein- und Buchdruck. Die neuesten Entdeckungen auf dem Gebiete der Photographie. Berlin 856. Artistische Anstalt. (Mecklenburg.) gr. 8. (VII, 72 S.) 1 ℛ.

Georg Friedrich Kessler

De Differentia encephalitidis et typhi contagiosi. Halis Sax. 1814: Schimmelpfennig. 29 S. 8°
Halle, Med. Diss. v. 1814

— **Georg Gabriel** (Nürnberg), ΣΥΖΗΤΗΣΙΣ de pediloquio. Präs. Dan. Wilh. Moller. Altdorf (Kohles) 27. V. 1702. 16 S. (6.—) 17824

Kessler, Ge. Wilh., Briefe auf einer Reise durch Süd-Deutschland, der Schweiz u. Ober-Italien, im Sommer 1808. Leipzig später: Berlin 1810. 8. . . . . (D.)

Keßler, Ritter Geo. Wlh., Briefe auf meiner Reise durch Süd-Deutschland etc. gr. 8. Berl. 810. (Brandenburg). 1 ℛ 12 ℊ
Schrbp. 2 ℛ

Keßler, G. W., Briefe auf meiner Reise durch Süd-Deutschl. gr. 8. Berl. Saalfeld. 810.
Schreibp.

* Keßler, G. W., Briefe auf meiner Reise durch Süd-Deutschland, ist jetzt Verlag von Achenwall in Berl.

Keßler, Georg Wilhelm: Der alte Heim. Leben und Wirken Ernst Ludwig Heim's, königl. preußischen Geheimen-Raths und Doctors der Arzneiwissenschaft. Aus hinterlassenen Briefen und Tagebüchern. 2...verm. Aufl. 520 S., gbd., Abb.

Leipzig: Brockhaus 1846

JB 5.757

—, s.a. Nachr. von d. Leben d. Hrn. Geh. R. E. L. Heim

Keßler, Geo Wilh., der alte Heim. Leben u. Wirken Ernst Ludw. Heim's. Nach hinterlassenen Briefen u. Tagebüchern dargestellt. Mit Heim's Bildniß (in Stahlst.). 3. Aufl. 2 Thle. 8. (XV, 255 u. 232 S.) Leipzig 879. Brockhaus. n. 3. —; geb. n. 4. —

Keßler, Geo. Wilh., Leben d. k. preuß. Geh.-Rathes u. Doct. d. Arzneiwissensch. Ernst Ludw. Heim. A. d. hinterlass. Briefen u. Tagebüchern hrsg. 2 Thle. gr. 12. (32 B.) Leipzig 835, Brockhaus.

Keßler, Georg Wilhelm: Nachrichten von dem Leben des Königlich Preußischen Geheimen-Rathes und Doktors der Arzneiwissenschaft Ernst Ludwig Heim, gesammelt zur Feier seines 50jährigen Doktor-Jubiläums, den 15.April 1822. 2.Aufl. 168 S., gbd.

Berlin: Herbig 1823

JB 5.756

Keßler, Geo. Wilh., s. Volks-Bibliothek.

Keßler, Gerh., die deutschen Arbeitgeber-Verbände, s.a. Schriften des Vereins f. Socialpolitik.

Kessler, Gerhard: Die Deutschen Arbeitgeber-Verbände. Von Dr. –. (Vorr.: Karl Bücher.) Leipzig: Duncker & Humblot 1907. (XV, 386 S.) 8°
= Schriften d. Vereins f. Socialpolitik. Bd. 124.

Kessler, Gerh., Die Arbeitsnachweise der Arbeitgeberverbände. 8°. Leipzig, Duncker u. Humblot, 1911.

Keßler, G., Die geschichtliche Entwicklung der deutschen Arbeitgeberorganisation. Tübingen, 1907. 41 S.

Deutsche Sektion, Gesellschaft für Soziale Reform. — Die Nachtarbeit jugendlicher Arbeiter in Glashütten, Walz- und Hammerwerken. (Nach den Berichten der deutschen Gewerbeaufsichtsbeamten 1909.) Bericht an die Internationale Vereinigung für gesetzlichen Arbeiterschutz, erstattet von Dr. GERHARD KESSLER, Berlin. Sonderabdruck aus der „Sozialen Praxis", Jahrg. XIX, Nr. 49 u. 50. Nicht im Handel. ib. —. 8°.

Kessler, Gerhard, a. Gr.-Wilmsdorf: Die Tradition über Germanicus. Berlin 1905: F. Rosenthal. (104 S.) 8°
Leipzig, Phil. Fak., Ref. Wachsmuth, Marx, Diss. v. 9. Okt. 1905
[Geb. 24. Aug. 83 Groß-Wilmsdorf, Ostpreußen; Wohnort: Berlin; Staatsangeh.: Preußen; Vorbildung: Kölln. Gymn. Berlin Reife O. 01; Studium: Berlin 1, Leipzig 2, Berlin 1, Leipzig 4 S.; Rig. 22. Febr. 05.]

Kessler, Gustav

Keßler, ist Religion Privatsache? Vortrag, geh. zu Dudenhofen auf der Centrumsversammlg. am 12. Juli 1891. gr. 4. (11 S.) Speyer 891. Jäger. — 15

Keßler, Gust., kurzer Leitfaden für den Unterricht in der geometrischen Formenlehre, den Anfangsgründen der Planimetrie, der darstellenden Geometrie u. der geometrischen Schatten-Construction. Zunächst für den Gebrauch beim Unterricht in den Zeichnen-Klassen des Berliner Handwerker-Vereins, sowie für alle ähnlichen Lehranstalten u. zum Selbstunterricht für Zimmerleute, Maurer, Schlosser ꝛc. Mit 3 (lith.) Figurentafeln (in Fol.). Berlin 860. F. Schulze. gr. 8. (XII, 68 S.) n. 15 ngr.

Keßler, Gust., d. Religion soll Privatsache werden. Glaube, Religion, Sittlichkeit u. Kirche im Verhältniß z. Sozial-Demokratie. 12. (48 S.) Berlin 894. H. Baake. n. – 20

— Wer zerstört die Familie? 8°. Berlin, Baake, s. a. (Sammlung gemeinverständlicher Abhandlungen, Nr. 1.)

— d. Ziele d. sozialdemokrat. Partei. Volksthümlich entwickelt. gr. 8. (31 S.) Berlin 895. Buchh. d. Vorwärts. n. — 15

Keßler, H., Beschreibung der Hohenzollernschen Lande. Im amtl. Auftrage bearb. Mit e. (farb.) Karte v. Schuh. Lex.-8. (VI, 97 S.) Sigmaringen 893. (Liehner.) n. 3. 50

Kessler, H., Die lateinischen Deminutiva. Pr. 1869. 29 S. 4°.

Keßler, H., Etwas üb. d. Lehren d. Hrn. v. Littrow vom Mondslauf. Od.: Giebt es ein. siderischen Umlauf d. Mondes, wie ihn d. Gravitations-Theorie voraussetzt? gr. 8. (1½ B.) Stuttgart 837, [Liesching u. Comp.] *

Kessler, H., De quibusdam verbis eundi Homericis. Pr. 1861. 20 S. 4°. 1.—

Kessler, Hans: Beiträge zur Kenntnis der Reduktions-Vorgänge im Tierkörper. Würzburg 1909: Staudenraus. 13 S. 8°
Würzburg, Med. Diss. v. 4. Okt. 1909, Ref. Lehmann
[Geb. 14. März 79 Steinfeld b. Lohr; Wohnort: Würzburg; Staatsangeh.: Bayern; Vorbildung: Realgymn. Würzburg Reife Juli 00; Studium: Techn. Hochschulen Darmstadt u. München sus. 4, Würzburg 10 S.; Coll. 22. Dez. 08; Approb. 4. Mai 08.] [U 10. 4355

Kessler, Hans, s.: Philotesia.

Keßler, Hans, die Psalmen, s.: Kommentar, kurzgef., zu den hl. Schriften Alten u. Neuen Testaments. A. 6. I.

Keßler, [Hans]. Ueber die Wiedervereinigung der christlichen Kirchen. Vortrag im evangel. Vereinshause zu Berlin am 23. Febr. 1891. gr. 8. (30 S.) Berl. 891, Reuther u. Reichard. * — 50

Kessler, Harry Graf, Impressionisten. Die Begründer der modernen Malerei in ihren Hauptwerken. 60 Matt-Tonbilder m. einleit. Text u. e. Catalogne raisonné. (23 S. Text. 34×24 cm.) München (908). F. Bruckmann. In Leinw.-Mappe 360. —

Kessler, Harry Graf, der deutsche Künstlerbund. (80 S.) 8. Berlin (904). B. Cassirer. n. — 50
Erweit. Sonderabdruck aus: „Kunst u. Künstler".

Kessler, Harry Graf, Notizen üb. Mexico. gr. 8. (IX, 195 S. m. 3 Heliograv.) Berlin 898. F. Fontane & Co. n. 5. —; geb. n. 6. 50

Keßler, Hnr., d. Abgabenkunde. gr. 8. Tübing. 818. Laupp. 20 ℳ

— über d. Ablösung d. Feudal-Abgaben im Königreich Würtemberg. gr. 8. Tubing. 818. (Laupp). 3 ℳ

Keßler, Heinr., Adelgund. Ein Trauersp. in 2 Aufz. Mit e. lyrischen Zugabe. 12. (4 B. u. 2 Musikbeil.) Heilbronn 830, Drechsler.

Keßler, H., praktische Beispiele aus der Staatsrechnungs-Wissenschaft, s.a. Letsch, C.

Letsch, C., u. Kessler, H. Praktische Beispiele aus der Staatsrechnungswissenschaft, Kameralistik, Doppik und kommissionelle Gebahrungen. 8°. Wien, Braumüller, 1900.

Kessler, Heinr. (geb. Biebrich a. Rh. 16. 5. 1846): Beitrag zur Diagnose des Haematom der Dura mater. Berlin (1868). (32 S.) 8°
Berlin, Med. Diss. v. 25. Juli 1868

Kessler, Heinr. Ein Beitrag zur Geschichte des Gymnasiums zu Hildburghausen. 32 S. Progr. **Hildburghausen* 1877.

Kessler, [Heinr.:] Bericht über die Gemeindeverfassung in der Commission der Kammer der Abgeo. mit Bemerkungen. Stuttgart: Zuckschwerdt 1820.

Kessler, Hnr. Beweis von der grossen Unrichtigkeit in den Grundlagen des provisor. Katasters, mit Vorschlägen zur Abhülfe. gr. 8°. Tübingen (Laupp) 1823.

— s. Correspondenz d. röm. Leses.

Kessler, Hnr. Dynamik der Finanzwissenschaft. 1. Heft. 8°. Tübingen (Laupp) 1819.

— Eunomia. 1r Bd. 1s Stück. 8. Tüb. 818. Laupp. 12 kr

Kessler, Hnr. Finanzsystem nach den Verhältnissen Würtembergs mit dem Gesetzplan zu einer allgemeinen Einkommensteuer nach dem reinen Erwerbe. gr. 8°. Stuttgart (Tübingen, Laupp) 1821.

Kessler, Heinr., Lehrbuch der prakt. Photographie, s.: Weber's illustrierte Handbücher. 40. Bd.

Kessler, H[einrich]: Ueber Myositis ossificans traumatica besonders nach Ellenbogenverrenkungen. Leipzig 1910: Lehmann. 48 S. 8°

Leipzig, Med. Diss. v. 25. Juli 1910, Ref. Trendelenburg

[Geb. 22. Juli 79 Leipzig; Wohnort: Leipzig; Staatsangeh.: Sachsen; Vorbildung: Nikolaisch. Leipzig Reife O. 99; Studium: Berlin 3, Leipzig 15 S.; Coll. 2. Aug. 10; Approb. 20. Mai 10.] [U 10. 3001

Keßler, Heinr., die Photographie, s.a. Sammlung Göschen.

Kessler H. die Photographie. (159 S) 16° (Sammlung Göschen 94) Leipzig 1899

Kessler, Hnr. Sendschreiben an den Freiherrn von V. über die Frage: Was ist jetzt zweckmässig in Ansehung des Finanz- und Militärsystems? gr. 8°. Tübingen (Laupp) 1823.

— über Staatsorganisationen überhaupt u. über d. Würtembergische insbesondere. gr. 8. Tübing. 819. (Laupp). 8 kr

H.. Kessler: das Unsterbliche u. d. sittl. Freiheit; philos. Untersuch. als Grundlage e. Physiologie d. menschl. Gesellschaft. *Heilbr.*, Drechsler. 828. gr 8° 8 gl

Kessler, Hnr. Staatswirthschaftliche Würdigung der Schrift „Ueber Verwaltung der Finanzen des Königreiches Westphalen, von dem Grafen Malchus v. Marienrode, 1814. gr. 8°. (Stuttgart u. Tübingen, Laupp, 1818.)

H. Keßler's Staatswirthschaftl. Würdigung der Schrift: „Ueber die Verwaltung der Finanzen des Königr. Westphalen von dem Grafen Malchus von Marienrode." Braunschw. 1818. — Vgl. auch Harl's Handbuch der Staatswirthschaft, 2. Th., S. 12—14, 232—236.

Kessler, Heinr. Conr., über das Potential des Kreises und der Kugelfläche. Inaugural-Dissertation. gr. 8. (32 S. mit 1 Stat.) Marburg 856, Koch.

Keßler, Frau Helene, geb. v. Monbart, s.: Kahlenberg, Hans v.

Kessler, Hermann, aus Hessdorf: Ueber die Beeinflussung der Milzbrandsporen durch den Gerbeprozess. *Würzburg 1902: C. J. Becker.* (29 S.) 8°

Würzburg, Med. Diss. v. 1902

Kessler, H(ermann), appr. Arzt a. Herrenbreitungen: Kasuistischer Beitrag zur epidemischen Genickstarre. Erlangen 1906: E. Th. Jacob. (41 S.) 8°

Leipzig, Med. Fak., Ref. Curschmann, Diss. v. 26. Febr. 1906

[Geb. 5. Jan. 77 Herrenbreitungen, Kr. Schmalkalden; Wohnort: Frankenberg, Hessen; Staatsangeh.: Preußen; Vorbildung: Gymn. Steglitz Reife M. 90; Studium: Berlin 9 S.; Coll. 26. Febr. 06; Approb. 15. Dez. 05.]

Kessler, Hermann, a. Wiesbaden: Über eine quantitative Bestimmung des Fluors in den Fluoriden, und Untersuchungen von Verbindungen des Eisens mit Fluorwasserstoffsäure. Weida i. Th. 1906: Thomas & Hubert. (34 S.) 8°

Leipzig, Phil. Fak., Ref. Beckmann-Le Blanc, Diss. v. 2. Jan. 1907

[Geb. 13. Jan. 80 Wiesbaden; Wohnort: Wiesbaden; Staatsangeh.: Preußen; Vorbildung: Realgymn. Wiesbaden Reife O. 00; Studium: München 4, Leipzig 6 S.; Rig. 18. Dez. 06.]

Keßler, Herm. (I.), s. Betrachtungen, fromme.

Kessler, Hermann, von St. Gallen: Über mangelhafte Entwicklung der Lunge in ihren Beziehungen zur Kyanose. Zür. Zürcher u. Furrer Dr. 1858. 33 S., 1 Bl., 1 Taf. 8°

Zürich, Med. Diss. v. 18. Aug. 1858.

Kessler, Hermann [app. Arzt aus Stade]: Ueber haemorrhagisches Glaucom ... Leipzig-Reudnitz, Druck v. M. Hoffmann, 1890; 30 S., 1 Bl. 8.

Leipzig, Med. Fak., Inaug.-Diss. v. 17. Juli 1890

—— s. Spieker, Chr. W., Morgenandachten.

Keßler, Herm., das beste und neueste Unterhaltungsbuch in langen Winterabenden. Eine Anweisung kleine Gesellschaften durch Spiele, Vorlesen, Kunststücke ꝛc. zu unterhalten und zu erheitern. 8. (208 S. und Titlbd.) Pesth 847, Hartleben's Verlags-Expedition.

Keßler, Herm., Was fangen wir heute an? oder: Das neueste und beste Unterhaltungsbuch in langen Winterabenden. Eine Anweisung, kleine Gesellschaften durch Spiele, Vorlesen pikanter Anekdoten, Witze, Einfälle ꝛc. äußerst angenehm zu unterhalten und zu erheitern. Mit einem Anhang, enthaltend: Stoff zu Liebesbriefen und Stammbuch-Aufsätzen. 2., verm. und verb. Aufl. 8. (VIII und 232 S. mit dem lithogr. Portr. eines Weinreisenden.) Wien 854, Hartleben's Verlag.

Keßler, Herm., was fangen wir heute an? oder: Das neueste und beste Unterhaltungsbuch an langen Abenden im Winter und auf Landpartien im Sommer. Eine Anweisung, kleine Gesellschaften durch Spiele, Vorlesen pikanter Anekdoten, Witze ꝛc. angenehm zu unterhalten ꝛc. Mit einem Anhang, enthaltend: Stoff zu Liebesbriefen und Stammbuch-Aufsätzen. 3., vielfach verm. und verb. Aufl. 8. (252 S.) Wien 861, Hartleben's Verlags-Expedition.

Keßler, Herm., Was fangen wir heute an? oder: das neueste und beste Unterhaltungsbuch an langen Abenden im Winter und auf Ausflügen im Sommer. Eine Anweisung, kleine und größere Gesellschaften durch Spiele, Vorlesen pikanter Anekdoten, Witze ꝛc. zu unterhalten und zu erheitern. Mit einem Anh., enth.: Stammbuch-Aufsätze und Sinnsprüche. 5., verm. Aufl. 8. (VI und 248 S.) Wien 867, Hartleben's Verlag.

Keßler, Herm. (II.), Was fangen wir heute an? oder: das neueste und beste Unterhaltungsbuch an langen Abenden im Winter und auf Ausflügen im Sommer. Eine Anweisung kleine oder größere Gesellschaften durch Spiele, Vorlesen pikanter Anekdoten, Witze, Einfälle ꝛc. äußerst angenehm zu unterhalten und zu erheitern. 6. verm. Aufl. 8. (VII, 256 S.) Wien 872, Hartleben's Verlag. cart. 1 50

Keßler, Herm., Was fangen wir heute an? oder das neueste u. beste Unterhaltungsbuch an langen Abenden im Winter u. auf Ausflügen im Sommer. Eine Anweisung, kleine oder größere Gesellschaften durch Spiele, Vorlesen pikanter Anekdoten, Witze, Einfälle, Gedichte oder leicht auszuführende Kunststücke äußerst angenehm zu unterhalten u. zu erheitern. 7. verm. Aufl. 8. (VIII, 262 S.) Wien 879. Hartleben. cart. 1. 80

Keßler, Herm., was fangen wir heute an? od. das neueste u. beste Unterhaltungsbuch an langen Abenden im Winter u. auf Ausflügen im Sommer. Eine Anweisg., kleine od. größere Gesellschaften durch Spiele, humorist. Deklamationen, Vorlesen pikanter Anekdoten, Witze, Einfälle, Gedichte od. leicht auszuführ. Kunststücke äußerst angenehm zu unterhalten und zu erheitern. 8., verm. Aufl. 12. (348 S.) Wien 889. Hartleben. geb. n. 2.—

Keßler, Herm., was fangen wir heute an? od. das neueste u. beste Unterhaltungsbuch an langen Abenden im Winter u. auf Ausflügen im Sommer. Eine Anweisg., kleine od. größere Gesellschaften durch Spiele, humorist. Declamationen, Vorlesen pikanter Anekdoten, Witze, Einfälle, Gedichte od. leicht auszuführ. Kunststücke äußerst angenehm zu unterhalten u. zu erheitern. 9., verm. Aufl. 12. (VII, 220 S.) Wien (900). A. Hartleben. Geb. in Leinw. n. 2.—

Kessler, Hermann Friedrich

— die auf Populus nigra L. u. Populus dilalata Ait. vorkommenden Aphiden-Arten u. die von denselben bewirkten Missbildungen. Mit 4 (lith.) Taf. Abbildungen. gr. 8. (41 S.) Ebend. 882. n. 1. 60

— dasselbe. s.a. Bericht, 28., des Vereins für Naturkunde zu Cassel.

Kessler, H. F., die Ausbreitung der Reblauskrankhei in Deutschland u. deren Bekämpfung, unter Benutzg v. amtl. Schriftstücken beleuchtet. gr. 8. (III, 50 S. Berlin 892. R. Friedländer & Sohn. n — 8(

Kessler, H. F., Beitrag zur Entwicklungs- und Lebensweise der Aphiden, s.a. Acta, nova, acad. caes. Leopoldino-Carolinae.

Kessler, Herm. Friedr., Beitrag zur Entwickelungs- und Lebensweise der Aphiden. gr. 4. (36 S. mit 1 lithogr. Taf.) Halle 884. (Leipzig, Engelmann.) *
Aus: Nova Acta der k. Leop.-Carol. deutschen Akademie der Naturforscher, besonders abgedruckt.

—— weiterer Beitrag zur Kenntniss der Blutlaus, Schizoneura lanigera Hausm., und deren Vertilgung. Zugleich Erwiderung auf die Kritik der früher vom Verf. hrsg. Broschüre durch R. Goethe. gr. 8. (36 S.) Kassel 886, Kessler. * — 50

—— neue Beobachtungen und Entdeckungen an den auf Ulmus campestris L. vorkommenden Aphiden-Arten. gr. 8. (34 S. mit 2 lithogr. Taf. Abbild.) Cassel 880, Kay. *

— dasselbe. s.a. Bericht, XXVI. u. XXVII., d. Vereines f. Naturkunde zu Cassel.

—— weitere Beobachtungen und Untersuchungen über die Reblaus, Phylloxera vastatrix Planchon. gr. 8. (58 S.) Ebendas. 888. — 75

— die Entwickelungs- u. Lebensgeschichte der Blutlaus, Schizoneura lanigera Hausm., u. deren Vertilgung. Nebst e. kurzen Anh., Aehnlichkeiten in der Entwickelungs- u. Lebensweise der Blutlaus u. der Reblaus betr. Mit 1 (lith.) Taf. gr. 8. (58 S.) Ebend. 885. n. 1.—

Kessler, H. F., die Entwickelungs- und Lebensgeschichte von Chaitophorus aceris Koch, Chaitophorus testudinatus Thornton und Chaitophorus lyropictus Kessler. Drei gesonderte Arten. [Bisher nur als eine Art, Aphis aceris Linné, bekannt.] gr. 4. (31 S. mit 1 Taf.) Halle 886. (Leipzig, Engelmann.) *
Aus: Nova Acta der kaiserl. Leopold.-Carolinischen deutschen Akademie der Naturforscher, besonders abgedruckt.

Kessler, H. F., d. Entwicklungs- u. Lebensgeschichte d. Gallwespe. Cynips calicis Brgsd., u. d. v. derselben an d. weibl. Blüthen v. Quercus pedunculata Ehrh. hervorgeruf. Gallen, Knoppern genannt. [Aus: „Jahresber. d. Ver. f. Naturkunde zu Cassel".] gr. 8. (29 S. m. 1 Taf.) Cassel 895. Th. Kay. — 75

—— die Entwickelungs- und Lebensgeschichte von Schizoneura corni Fbr., s. Bericht, 29. und 30., des Vereines für Naturkunde zu Cassel.

Kessler, Herm. Friedr., das älteste und erste Herbarium Deutschlands, im J. 1592, von Dr. Caspar Ratzenberger angelegt, gegenwärtig noch im Königlichen Museum in Cassel befindlich. gr. 8. (92 S. mit 1 Holzschntaf.) Cassel 870, Freyschmidt. * 1 50

— die Lebensgeschichte der auf Ulmus campestris L. vorkommenden Aphiden-Arten u. die Entstehung der durch dieselben bewirkten Missbildungen auf den Blättern. [Aus: „Jahresbericht d. Vereins f. Naturkunde zu Cassel".] gr. 8. (25 S. m. 1 Steintaf. in 4.) Kassel 878. Kay. n. — 80

Kessler, Herm. Friedr., die Lebensgeschichte von Ceuthorhynchus sulsicollis Gyllenhal und Nematus ventricosus Klug. Beitrag zur Kenntniss und Vertilgung schädlicher Garteninsecten. gr. 8. (65 S. mit eingedr. Holzschn.) Cassel 866, Krieger'sche Buchh. *

—— Notizen zur Lebensgeschichte der Rosenblattlaus, Aphis rosae L. gr. 8. (11 S.) Kassel 886, Kessler. *

Keßler, Herm. Frdr., Rechenaufgaben für die Vorbereitungs- u. unteren Klassen der Realschulen u. Gymnasien [mit besonderer Rücksicht auf Kurhessen]. 3 Hefte. Cassel 861. Freyschmidt. 8. n. $10\frac{1}{4}$ ngr.
Inhalt: 1. Die vier Grundrechnungsarten mit unbenannten u. einfach benannten Zahlen. (24 S.) n. $2\frac{1}{2}$ ngr. — 2. Die vier Grundrechnungsarten mit mehrfach benannten Zahlen. (32 S.) n. $3\frac{1}{4}$ ngr. — 3. Die vier Grundrechnungsarten mit gemeinen u. Decimalbrüchen. (47 S.) n. $4\frac{1}{2}$ ngr.

Keßler, J., Westentaschen-Liederbuch, s. Westentaschen-Liederbuch.

Kessler, J. A.

— über die innere Form der Medicin. 8. Ebd. 807.

— Grundzüge zu e. System der Physiologie des Organismus. 8. Ebend. 807.

— über die Natur der Sinne, ein Fragment zur Physik des animalischen Organismus. 8. Ebend. 806.

Keßler, J. A., Prüfung d. Gallschen Systems der Hirn- und Schädellehre. 8. Jena, Gabler. 805.

Kessler, J. C. A., chronologia judicum et primorum regum Israelitarum quomodo recte constituatur. gr. 8. (69 S.) Leipzig 882. Böhme. n. 1. 20

Keßler, J. F., Robert Raikes, d. Gründer d. Sonntagsschule, s.: Lebensbeschreibung, kurze, hervorrag. Christen.

v. Keßler, J. G., österreich. Geschäften-Lexikon, oder Sammlungen aller Gattungen schriftl. Aufsätze, welche in politischen, Finanz-, Handlungs-, Bergwesens-, land- u. hauswirthschaftl. Angelegenheiten zum Beispiel dienen können. 4e Aufl., nach d. neuen bürgerl. Gesetzbuche umgearb. u. verb. vom Prof. Span. 2 Thle. gr. 8. Wien 816. v. Mösle. 4 ß

vgl. Kessler, J. H. Cph.

Kessler, J. G. Christoph von: Theoretisch-praktischer Unterricht für angehende Beamte. Wien. 1791.

Kessler, J. G. F.: Zum christlichen Ehrengedächtniss Dr. M. Luthers, des deutschen Evangelisten. Predigt gehalten zu Frankenberg in Kurhessen am 22. Febr. 1846. Nebst einer Gedächtnisstafel, worauf die wichtigsten Ereignisse aus Luthers Leben u. mehrere seiner Schriften verzeichnet sind. Frankfurt a. M.: Kessler 1846. 8°

Keßler, J. G. F., zum christl. Ehrengedächtniß Dr. M. Luthers, des deutschen Evangelisten. Predigt. Nebst e. Gedächtnißtaf. worauf die wichtigsten Ereignisse aus Luthers Leben u. mehrere seiner Schriften verzeichnet sind. gr. 8. (1½ B.) Frankfurt a. M. 846, Varrentrapp's Sortb.

Edler v. Kessler, J. H. Cph.: Oesterreich. Geschäfts-Lexicon od. Samml. aller Gattungen schriftl. Aufsätze u. s. w. 4. Aufl. nach d. neuen bürgerl. Gesetzbuche umgearb. v. Mart. Spahn. 2 Bde. *Wien*, v. Mösle. 816. 8.

vgl. Kessler, J. G.

Keßler, J. G., der liturgische Gottesdienst. Predigt über Apostel-Geschichte 2, 42. 8. (20 S.) Philadelphia 860, Schäfer und Koradi.

Keßler, J. Ulr., Predigt über Psalm 104, v. 4, auf Veranlassung des großen Brandes, gehalten in der deutsch-reformirten Kirche zu Hamburg, am 2. Pfingstfeiertage 1842. gr. 8. (1½ B.) Hamburg 842. (Eric.) *

Keßler, Jak., Gesetz üb. die Angelegenheiten der freiwilligen Gerichtsbarkeit. s.: Schneider. Heinr. v.

[F.] Kessler, *Jakob:* Der niedere Kirchendienst in Bayern München, Druck v. J. Deschler, *1897;* 46 S. 8.
Erlangen, Jur. Fak., Inaug.-Diss. v. 1897

Kessler, Jakob, aus Illingen, Reg.-Bez. Trier: Über die Trennung von Aminbasen mit Hilfe von Benzolsulfochlorid und Kalilauge und über einige substituierte Benzolsulfamide. *Freiburg i. B. 1903: E. Kuttruff.* (52 S.) 8°
Freiburg i. B., Phil. Diss. v. 1903

— **Jacob Bernhard** (Oettingen/Schwaben), De ictu fustivum. Diss. jur. Präs. Christian Wildvogel. Jena (Müller) 16. VI. 1703. 64 S. (7.—) 17825

— **Jo. Jacob** (Alzey/Pfalz), De differentiis jurium imperii ac dominii eorumque effectibus in regimine territoriali. Diss. jur. publ. Präs. Georg Friedrich Zentner. Heidelberg (Johann Wiesen) 18. II. 1793. 62 S. (7.—) 17829

Kessler, Joh. Das Leben Joachims von Watt. Übers. von *E. Götzinger*. In-12°. 36 S. St. Gallen, Zollikofersche Buchdruckerei.
*** Sep.-Abdruck aus den „St Galler-Blättern". Nicht im Handel.

Kessler, Joh. Chr.

— Betrachtt. über d. Leiden u. Sterben unsers Heilandes. 8. Frkf. a. d. O. 765.

— Jesus, d. f. alle Sünde leidende Liebe, in Passionsbetracht. 8. Magdeb. Hechtel. 765.

Keßler, Jh. Chr., († d. 8. Juli 1785.) zwei Casualpredigten; nebst e. moral. Predigt. 8. Schwerin 774. Buchenröder. 5 gr

— letzter Zuruf an seine Zeulenrodischen Kinder, in gebund. Rede. 8. Halle 759.

Kessler, Johann Conrad, s. Kessler, Johann Konrad

Kessler, Joh. Elias: „Detectus ac a fuco politico repurgatus .... das ist: Reine und unverfälschte Staats-Regul Christlicher Staats-Fürsten und Regenten ....", Nürnberg 1678 (Joh. Hoffmann). — Vorh.: StB Nürnberg.

Kessler, Johann Friedrich.
Reisen zu Wasser und zu Lande ... Leipz. 1805. H: *Bornschein, Joh. Ernst Daniel.* (BrMm)

Keßler, Jh. Fr., (Jh. Er. Dn. Bornschein), Reisen zu Wasser u. zu Lande. 8. Gera 805. (Leipz., Steinacker). 1 Rthlr 16 gr

— **Johann Georg** (Hermannstadt / Siebenbürgen), Quonam sensu omnipraesentia deo ante mundum conditum sit tribuenda. Diss. philos. Präs. Just. Christ. Hennings. Jena (Tennemann) Sept. 1757. 28 S. (6.50) 17828
Widm. v.: Lor. Johann Daniel Succow, Präs., Lucas Joh. Brenner (Media-Transylvanus [= Mediasch/Siebenbürgen]), Peter Fackler (Hermannstadt / Siebenbürg.), Rudolph v. Bünau (Merseburg), Heinr. Wilh. v. Münch (Merseburg), P. Wolf (Hermannstadt).

Keßler, Jh. Gf., († d. 10. Juli 1830.) d. vollkommenste Getreidemagazin. 8. Quedlinb. 825. Basse. 10 gr

— s. C. J. Koch, vom Bergwerkshaushalt zu Straßburg.

Kessler, Johann Konrad

— **Johann Conrad** (Solms-Braunfels), Oratio, de homicidarum maxime involuntariorum poenis. Bremen (Hermann Brauer) 1700. 38 S. (6.50) 17826
Gew.: Hermann Dwerhagen, Warner Köhne (beide Bremen). — Widm. v.: H. G. Snabel.

Keßler, Jh. Wlh., vollständ. Lehrbuch d. Kunst schön u. geschwind zu schreiben. Mit 18 Vorschriften. gr. 4. Heilbr. 787. N. A. 810. Claß. 2 Rthlr

Keßler, J. W., vollständ. Lehrb. der Schreibekunst m. besond. Anleit. zum Schön- u. Geschwindschr. mit 18 Vorschr. gr. 4. Heilbr. Claß. 810.

— — Auszug daraus. 4. Ebend.

Keßler, Johs., „Aller Augen auf Jesum". Eröffnungspredigt bei d. XI. deutschen evangel. Schulkongreß am 4. X. 1899 in der Gemarker Kirche zu Barmen geh. 1. u. 2. Aufl. gr. 8. (à 19 S.) Berlin 899. 900. F. Zillessen n. — 80

Keßler, J., dennoch! Predigt, geh. am 17. I. 1909 in der Lukaskirche zu Dresden. (15 S.) 8. Dresden 909. C. L. Ungelenk. — 25

— durch Schwachheit zur Kraft. Festpredigt, bei der 57. Hauptversammlg. des evangel. Vereins der Gustav Adolf-Stiftg. geh. in der Christuskirche zu Heidelberg. (22 S.) 8. Berlin 904. M. Warneck. n. — 80

Die Errichtung von Knaben-Mittelschulen in Düsseldorf. (Verf: [Johannes] Keßler, Schulrat.) Düsseldorf (1904): Gebr. Tönnes. (23 S.) 8° [F.] [04. 7313

Keßler, J. s.a. Feldzüge, d. drei, d. Franzosen.

Keßler, J. Die 3 Feldzüge der Franzosen gegen die Spanier in den Westpyrenäen in den Jahren 1793—1795. A. d. Franz. des Bürgers B*** Mit 1 Krt. Leipzig 1804. 208 S.
(s. a. Mémoires sur la dernière guerre . . . dans les pyrenées occidentales.)

— „Furchtlos u. treu! Geleitsworte an die nach China ausrück. ostasiat. Regimenter. In der königl. Hof- u. Garnisonkirche zu Potsdam am 15. u. 26. VII. 1900 gesprochen. gr. 8. (29 S.) Berlin 900. E. S. Mittler & Sohn. n. — 40

Keßler, J., goldene Kaiserworte f. Soldaten, nebst e. Lebensbild des obersten Kriegsherrn. (70 u. XIV S. m. 1 Bildnis.) kl. 8. Berlin (905). H. Toussaint.. n. — 60

— Unser Kampf m. Rom. Predigt üb. 2. Tim. 2,5, geh. am Reformationsfeste, den 31. X. 1910 in der Lukaskirche zu Dresden. (16 S.) 8. Ebd. 910. — 20

— das Leben Jesu, s.: Schumacher, Phil.

Keßler, J., mehr Beter f. uns. Kaiser! Festpredigt üb. 1. Timotheus 2, 1 u. 2, geh. zur Feier d. Kaisers Geburtstag am 27. I. 1897. gr. 8. (15 S.) Berlin 897. G. Nauck. — 25

Keßler, J., „mit Gott f. König u. Vaterland". Festpredig üb. Sprüche Salomonis 24, 21, geh. zur Feier d Kaisers-Geburtstag am 27. Jan. 1894 in der Hof- u Garnisonkirche v. Potsdam. gr. 8. (16 S.) Berlin 894. E. S. Mittler & Sohn. — 30

— s.: Predigten, vier, bei der 57. Hauptversammlung des evangel. Vereins der Gustav Adolf-Stiftung geh.

Kessler's, Joh., Sabbata, m. kleineren Schriften u. Briefen. Unter Mitwirkg. v. Emil Egli u. Rud. Schoch hrsg. vom histor. Verein des Kantons St. Gallen. 4. (XXIV, IV, 719 S.) St. Gallen 902. Febr. n. 15. —

Kessler, M. Johannes, a. Markneukirchen i. S.: Zur Kenntnis der Aethylenoxyde. Heidelberg 1906: K. Rössler. (40 S.) 8°
Heidelberg, Naturw.-math. Fak., Ref. Curtius, Diss. v. 17. Okt. 1906
[Geb. 16. Dez. 83 Markneukirchen (Kgr. Sachsen); Wohnort: Heidelberg; Staatsangeh.: Sachsen; Vorbildung: Realgymn. Plauen i. V. Reife O. 02; Studium: Heidelberg 3, München 1, Heidelberg 4 S.; Rig. 25. Mai 06.]

Kessler, Johannes. Joachimi Vadiani vita per Joannem Kesslerum conscripta. E codice autographo. Historicis Helveticis D. D. D. Historicorum et Amatorum historiae Sangallensium coetus.... 4. [St. Gallen] 1865.
Mit Porträt-Tafel.

Das Volksschulunterhaltungsgesetz und die großen Städte unter besond. Berücks. d. rhein. Verhältnisse. Von d. Schulrat [Johannes] **Keßler** in Düsseldorf. Düsseldorf 1907. (32 S.) 8° [F.] 108. 7314

— Wehr u. Waffe. 12 Predigten u. Reden. 8. (VIII, 159 S.) Berlin 898. F. Rühe. Geb. in Leinw. n. 2. —

— dasselbe. (Wohlf. Ausg.) 8. (VIII, 159 S.) Ebd. 898. Kart. n. — 75

Kessler, Johannes: Kaiser W i l h e l m der Grosse, d. siegreiche Kriegsherr u. s. siegreiches Kriegsheer. Von Johannes Kessler, Garnisonpfarrer v. Potsdam ... M. Abb.
Berlin: E. S. Mittler & Sohn 1897. (1 Bl., 68 S.) 1 Bd. 8°

Kessler, Josef

Kessler J, Berechnung und Konstruktion der Turbinen. (48 S) Hildburghausen 1896

Kessler, Jos., Berechnung u. Konstruktion der Turbinen, s.a. L e h r h e f t e, technische. 9. Hft.

Keßler, Joseph: Berechnung und Konstruktion der Turbinen. 2. verm. u. verb. Aufl. Hildburghausen 1899 (= Techn. Lehrhefte. Maschinenbau, H. 9)

Keßler, Jos.: Berechnung und Konstruktion der Turbinen. 3. Aufl. Hildburghausen 1902 (= Technische Lehrhefte. Maschinenbau. H. 9)

Kessler, Josef: B e r e c h n u n g der Schwungräder und Centrifugalregulatoren, s.a. L e h r h e f t e, Technische.

Kessler, Jos.: Berechnung der Schwungräder und Centrifugalregulatoren. Hildburghausen 1896 (= Technische Lehrhefte. Maschinenbau. H. 6b)

— die Dampfmaschinen, s.a. L e h r h e f t e, techn. Hft. 6a.

Keßler, Jos.: Die Dampfmaschinen. Hildburghausen.
Abt. 1. Konstruktion der Dampfmaschinen. 1900 (= Technische Lehrhefte. Maschinenbau. H. 6a)

— Grundriss der Naturlehre f. Werkmeisterschulen mechanisch-technischer u. elektrotechnischer Richtung. (IV, 199 S. m. 201 Abbildgn.) gr. 8. Wien 905. F. Deuticke. Geb. n. 2. 80

— Grundzüge der Mechanik. Statik fester Körper, s.: L e h r h e f t e, technische. B. II. 10.

— Grundzüge der Mechanik. Kurzgefasstes Lehrbuch in elementarer Darstellg. II. Tl.: Dynamik fester Körper. (VI, 134 S. m. 105 Abbildgn.) Lex.-8. Leipzig 906. J. M. Gebhardt. n. 3. 50; geb. n. 4. —

Kessler, Josef: Isokrates und die panhellenische Idee. Paderborn 1910: Schöningh. 86 S. 8° ¶(Auch als: Studien z. Gesch. u. Kultur d. Altert. Bd 4, H. 3. 1911.)
München, Phil. Diss. v. 22. Juni 1910, Ref. v. Pöhlmann, Crusius
[Geb. 11. März 86 Darmstadt; Wohnort: Darmstadt; Staatsangeh.: Hessen; Vorbildung: Neues Gymn. Darmstadt Reife O. 04; Studium: Darmstadt Techn. Hochsch. 2, Gießen 3, München 7 S.; Rig. 22. Juni 10.] [U 11. 3805

Kessler Jos.: Zur absoluten Messung des elektrischen Stromes. 24 Wien VI. 87. **Progr.**

Keßler, J., lustige Stereometrie, in Reime gebracht. 12. (15 S.) Hildburghausen 889. Kesselring. — 30

Kessler, Josef Über die Veränderlichkeit der elektromotorischen Kraft und des Widerstandes galvanischer Elemente. Mit besonderer Rücksicht auf die Temperatur. 8 (S. 3—35).
Progr. K. k. deutsches Staats-G. *Kremsier* 1893.

Keßler, Jos. Ant., O. M. Cap., der ehrwürdige P. Jesuald v. Reggio aus dem Kapuzinerorden der Apostel Calabriens im 18. Jahrh. † 1803. (VI, 138 S. m. 3 Taf.) kl. 8. Kempten 907. J. Kösel. Kart. 1. 50

Kessler, Julius (geb. Birkenfeld in Oldenb. 5. 12. 1845): Ueber die Haematocele periuterina. Berlin (1869). (32 S.) 8°
Berlin, Med. Diss. v. 2. Aug. 1869

Kessler, Julius, Der Personalkredit des Kleingrundbesitzes im Regierungsbezirk Wiesbaden. Schriften des Vereins f. Sozialpol., Bd. 74. gr. 8°. Leipzig 1896.

Kessler, K.: Auszüge aus dem Berichte über eine an die nordwestlichen Küsten des schwarzen Meeres und durch die westliche Krym unternommene Reise. (S.-A. Bulletin de la Société des Naturalistes de Moscou. T. 32. p. 437—478.) Moskau 1859. 42 S. 8°.

Kessler, K., Beitrag zur Naturgesch. u. Anatomie d. Gatt. Lycosa, siehe: B u l l e t i n de la société Imp. des naturalistes de Moscou, tome XXII, 2. partie.

Kessler, K., Beiträge z. Naturgeschichte der Spechte. gr. 8. (5 B., 4 Stnt. u. 2 Tab.) Riga 845, Kymmel. Thlr. *
Aus: Bulletin der naturforschend. Gesellschaft in Moskau 1844 besond. abgedruckt.

Kessler, K., zur Ichthyologie des südwestlichen Russlands. Moscau 856. (Riga, Kymmel. — Leipzig, C. F. Fleischer.) 8. (1 Bl., 59 S.) n. 15 ngr

Keßler, K., mehr Selbstthätigkeit im ersten Rechenunterricht, s.: Bahnen, neue, im Elementarunterricht.

— Osteologie der Vogelfüsse. gr. 8. (7⅞ B. u. 1 Stnt.) (Leipzig 841, Voss.) *

Aus: Bulletin der naturforschend. Gesellschaft in Moskau 1841 besond. abgedruckt.

— einige Worte über Spalax Pallasii, siehe: Bulletin de la société Imp. des naturalistes des Moscou, tome XXIV, 2. partie.

Keßler, K. F., Extrapost-Reiserouten, von Dresden durch ganz Deutschland u. nach den vorzügl. Städten d. angrenz. Länder. Nach den neuesten Bestimm. bearbeitet. gr. 8. Dresd. 822.

Kessler, Carl, approb. Arzt aus Hildburghausen ⟨S.-Mein.⟩: **Aus** d. chirurg. Klinik zu Jena. Bericht über 31 Fälle von Dickdarmtumoren. *Jena 1902: Frommann.* (47 S.) 8°
Jena, Med. Diss. v. (23. Mai) 1902

Kessler, Carl, Bericht üb. 31 Fälle v. Dickdarmtumoren. Diss. gr. 8. (47 S.) Jena 902. (H. Pohle.) 1. 50

Kessler, Karl [Dr.]: Die Entwickelung der niederländischen Kolonialmacht. '(1. Tl.)' Solingen, Druck v. B. Boll, 1893; 30 S. 4.
Solingen, st. RPG '(R u. PG)', OP 1893 (488)

Kessler, Karl, Dr.: Die **Entwickelung** der niederländischen Kolonialmacht. ⟨T. 2.⟩ *Solingen 1900: B. Boll.* (28 S.) 4° ¶(Schluss d. P-Beil. 1893.)
Solingen, st. R m. PG ⟨G i. Entwickl.⟩, P 1900 (541)

Keßler, Carl, a. Stade: Zur Isomerie von Pulegon-Derivaten. Weida i. Thür. 1905: Thomas & Hubert. (48 S.) 8°
Leipzig, Phil. Fak., Ref. Beckmann, Ostwald, Diss. v. 14. Nov. 1905
[Geb. 8. Jan. 77 Stade; Wohnort: Stade; Staatsangeh.: Preußen; Vorbildung: Realprogymn. Stade Einj.-Freiw.-Berecht. O. 94, Pharmazeut. Approb. Note 1 Leipzig-Dresden Nov. 01; Studium: Leipzig 10 S.; Rig. 1. Aug. 05.]

Kessler, Karl, secundum quos auctores Livius res a Scipione majore in Africa gestas narraverit. 4. (41 S.) Marburg 877. Ehrhardt. n. 1. —

Kessler, Carl Zum Unterrichte in der griechischen Sprache nach dem neuen Lehrplan 4 (S. 3–23).
Progr. Ev. G. A. B. u. verb. Lehranst. *Schässburg* 1886.

Kessler, Karl Friedrich

— **Carl Friedrich** (Lyck/Ostpr.), De tetano. Diss. med. Bln. (Friedlaender) 28. VI. 1837. 34 S. mit Biogr. (M.: Plen.) (6.50) 17819
Oppon.: W. Elze, F. Keber, R. Schirmer. — Gew.: Ed. Wolff.

Kesler, Kar. Gfl., De liquido nervoso ejusque effectu in corpore, ex harmonia corporis et mentis deducendo. Erf. 4°.
1739

Keßler, Karl Gottlob: Kurtzer Inhalt der gesammten Hebammen-Kunst nebst nöthigem Unterricht wie sich eine Bade-Mutter vor, in, und nach der Geburth zu verhalten hat. 2.Aufl. 44 S., gbd.

Landshut: Schöps 1753

Kessler, Karl Moritz

Kessler, Car. Maur. (geb. Glogau 21. 12. 1833): De epilepsia. Berolini (1856). (30 S.) 8°
Berlin, Med. Diss. v. 4. Apr. 1856

Kessler, Konrad

Kessler, Conr., de formatione quorundam nominum syriacorum. gr. 8. (VIII, 58 S.) Marpurgi 875. (Leipzig, Lorentz.) n. 1. 50

Kessler, Konrad, Die katholischen Kolonien auf der Bergseite der Wolga. 1910

Kessler, Konr. Mani. Forschungen üb. die manichäische Religion. Ein Beitrag zur vergleich. Religionsgeschichte d. Orients. 1. Bd.: Voruntersuchungen u. Quellen. gr. 8. (XXVIII, 407 S.) Berl. 889, G. Reimer. * 14 —

Kessler, Konrad Friedrich

— **Conrad Friedrich** (Königsberg/Pr.), De navibus ob mercium illicitarum vecturam commissis. Diss. jur. Präs. Jo. Gottl. Heineccius. Halle (Johann Gruner) Mai 1721. 78 S., tlws. dtsch. (7.—) 17822
Gew.: Alexander Burggraf u. Graf v. Dohna (Wartenberg, Bralln, Goschuz, Schlobitten, Klein Heyde, Schlodien, Carwinden, Rukerswalde).

Kessler, Kurt

Kessler, Curt [aus Magdeburg]: Ueber einige Condensationsproducte des Pseudocumylhydrazins ... Magdeburg, Buchdr. v. C. Pormetter, 1892; 57 S. 8.
Rostock, Phil. Fak., Inaug.-Diss. v. [7. Aug.] 1892

Kessler, L.: Die Kessler'schen Fluate. Von –. Neue Mittel z. Erhärtg. u. Conservirg. v. weichen Kalksteinen, Sandsteinen, Mörtel, Cementwaaren, Gyps u. Thonwaaren. Nach d. 6. französ. Aufl. m. Genehmigg. d. Erfinders übs. v. Prof. a. D. Hans Hauenschild. 2., umgearb. u. verm. Aufl. Berlin: A. Seydel 1895. (4Bl., 48 S.) 1 Bd. 8°

Kessler, L.: Über Offenbarung und Wunder. Von L. Kessler. Göttingen: Vandenhoeck & Ruprecht 1899. (94 S.) 8°

Keßler, L., vergleichende Religionswissenschaft u. Inspiration der hl. Schrift. (103 S.) gr. 8. Göttingen 905. Vandenhoeck & Ruprecht. n. 2. 20

Keßler, L., der Badische Soldat (der Infanterie) in seinen Dienstverhältnissen in der Garnison und im Felde, bearb. für den Unterricht in der Compagnie, mit Rücksicht auf den Dienst der Jäger, für Unterofficiere u. Recruteninstructoren. Carlsruhe 853. Braun. 16. (VI, 218 S. m. Holzschn. im Text.) nn. 7½ ngr

Keßler, L., das Wesen der Poesie. 8. (III, 98 S.) Leipzig 889. Jul. Baedeker Verl. n. 1. 50

Religiöse Wirklichkeit. Von d. Gewißheit d. Auferstehung u. d. ewigen Lebens. Von L. **Keßler.** *Göttingen: Vandenhoeck & Ruprecht 1903.* (83 S.) 8° [J.]
[03. 3071]

Keßler, L., die Wunder d. Glaubens u. sein Selbstzeugniß. Alte u. neue Methode der Apologetik. gr. 8. (VIII, 188 S.) Leipzig 891. Jul. Baedeker. n. 3. —; geb. n. 4. —

Kessler, Leonhard: Über die Entwickelung des Augapfels und seiner einzelnen Theile beim Hühnchen oder beim Embryonen niederer Wirbelthiere.
Preisarbeit. Dorpat 1869.

Kessler, Leonh., zur Entwickelung des Auges der Wirbelthiere. Mit 9 (eingedr.) Holzschn. u. 6 (lith.) Taf. (in qu. Fol.). gr. 4. (VIII, 112 S.) Leipzig 877. F. C. W. Vogel. n. 28. —

Kessler, Leonhard: Untersuchungen über die Entwickelung des Auges, angestellt am Hünchen und Triton. 4⁰. 30 pp. mit einer lithographirten Tafel. 1871.
Diss. Dorpat

Kessler, M. Carmina ad exercendos arte metrica discipulos, alia alio tempore contexta. 36 S. (Zus. 19 Gedichte. Davon 1. Fata scholae Rustlebenensis ad ann. usque 1741 extr. 2. Miles e bello redux. 3. Humanitatis regiae exemplum. 4. Aestus maris German. gravissimi. 5. Cypselus servatus, Laus anseris, Sors Croesi, Laetitia Bonaparte rel.) . . . .
Rosleben, Progr. 1841

Keßler, M., Osteologie der Vogelfüße. (Aus dem Bulletin d. naturforschenden Gesellschaft zu Moskau Nr. 3 u. 4. 1841.) gr. 8. (Mit 1 lith. Taf.) Leipzig 844, Voß. n. 8 ngl

Keßler, M. Metrische Uebersetzung der 95. Fabel des Babrios mit erklärenden Bemerkungen. 16 S. . .
Roßleben, Progr. 1848

Kessler, Max, approb. Arzt aus Stadelhofen in Unterfranken: **Über Vitiligo.** *Würzburg 1899: P. Scheiner.* (31 S.) 8°
Würzburg, Med. Diss. v. 1899

Kessler Moses: Untersuchungen über die Syntax in Thomas Eliots „The Governour".
H. 1908 PN 2552 Diss. Wien, Univ. 1984

Keßler, R., Klagseufzer d. Gefesselten. 8. Augsb. J. Wolf. 735.

Kessler, O.: Darstellung d. Kegelschn. als Rouletten, deren Basis eine Gerade ist. 1869. 8⁰
Diss. Jena

Kessler, Oscar [Prof. Dr.]: Über die Behandlung von Krystallformen beim stereometrischen Unterricht. Breslau, Druck v. Grass, Barth & C., *1894;* XXV S. 4.
Breslau, k. OR u. Baugewerk-S, OP 1894 (223)

Kessler, Otto, Serbien. Wirtschaftliche Verhältnisse u. deren Entwickelg. Unter Berücksicht. d. deutsch. Interessen dargelegt. (III S. u. 77 Sp. m. 3 farb. Karten.) gr. 8. Berlin (910). Gea. 2. —

Kessler, Otto Armin. (geb. Berlin 18. 5. 1825): De carcinomate ventriculi. Berolini (1849). (32 S.) 8°
Berlin, Med. Diss. v. 28. Aug. 1849

Kessler, Otto Guil. (geb. Berlin 24. 4. 1827): De typho abdominali. Berolini (1850). (31 S.) 8°
Berlin, Med. Diss. v. 16. Aug. 1850

Kessler, Paul: Die tertiären Küstenkonglomerate in der Mittelrheinischen Tiefebene mit besonderer Berücksichtigung der elsässischen Vorkommen. Straßburg i. E.: Straßb. Dr. u. Verlagsanst. 1909. 124 S. 8° ¶(Aus: Mitteilungen d. geol. Landesanst. v. Els.-Lothr. Bd 7.)
Straßburg, Math.-naturwiss. Diss. v. 1908, Ref. Holzapfel
[Geb. 20. Juli 82 Saarbrücken; Wohnort: Saarbrücken; Staatsangeh.: Oldenburg u. Preußen; Vorbildung: Gymn. Saarbrücken Reife O. 02; Studium: Tübingen 3, Berlin 1, Marburg 2, Straßburg 6 S.] [U 10. 4116

Kessler, Paul [app. Arzt aus Blankenhain i. Th.]: Ueber Lymphangiome. '(Casuistischer Beitrag.)' ... München, Buchdr. v. M. Ernst, 1891; 27 S. 8.
Jena, Med. Fak., Inaug.-Diss. v. [5. Nov.] 1891

Kessler, Paul, üb. Lymphangiome. (Casuistischer Beitrag.) Diss. gr. 8. (27 S.) München 891. (Rudolstadt, H. Dabis.) n. — 40

Keßler, R., die Einwilligung des Verletzten in ihrer strafrechtlichen Bedeutung. gr. 8. (III, 112 S.) Berlin 884, Guttentag.

— die preußische Selbstverwaltung u. ihre Fortbildung. gr. 8. (III, 83 S.) Ebd. 890. n. 1. 50

Keßler, R., Weihnachtsbekehrung, s.a. Solo-Szenen. Nr. 22.

Weihnachtsbekehrung. Humorist. Solospiel f. 1 Herrn von R. **Keßler.** Berlin: E. Bloch [1905]. (16 S.) 8° [J.]
— Solo-Szene. No 22. [06. 980]

Kessler, Renatus, Versuche über die Wirkung einiger Diuretica. Diss. Dorpat. 8⁰. 84 pp. 1877.

Keßler, Rich., die Benzinmaus, s.: Lustspiele.

— Detektivkniffe od. Sherlock Holmes Nachf., s.: Album f. Liebhaber-Bühnen.

Kessler, Richard [aus Grosserkmannsdorf (Kgr. Sachsen)]: Einige Fälle von Echinococcus hepatis mit Berücksichtigung der Aetiologie und Therapie .... Greifswald, Druck v. F. W. Kunike, 1887; 37 S. 8°.
Greifswald, Med. Fak., Inaug.-Diss. v. 26. Febr. 1887.

Kessler, Richard, einige Fälle von Echinococcus hepatis mit Berücksichtigung der Aetiologie und Therapie. Diss. Greifswald 1887, Jul. Bindewald. 8⁰. 37 S.

— u. A. Stein, die Heiratsannonce, s.: Album f. Liebhaber-Bühnen.

Keßler, Rich., Hotte-Hüh! od. Ein verliebter Schwiegerpapa, s.: Album f. Liebhaber-Bühnen.

— Aus der Jugendzeit . . ., s.: Lustspiele.

— Papas Junge od. Hänschen, s.: Album f. Liebhaber-Bühnen.

— Zwei Junggesellen, s.: Album f. Liebhaber-Bühnen.

— Compagnons! od. Das Ehegespenst, s.: Album f. Liebhaber-Bühnen.

— Schwarze Liebe od. Berliner Ausreißer, s.: Album f. Liebhaber-Bühnen.

— Ihr zweiter Mann od. Auch e. lustige Witwe, s.: Album f. Liebhaber-Bühnen.

— Ein verzweifeltes Mittel, s.: Album f. Liebhaber-Bühnen.

— Ein Spaßvogel od. Ich komme v. Herrn Meyer, s.: Album f. Liebhaber-Bühnen.

Keßler, Rob., kurze Gesundheitslehre. Im Anschluß an die Lehre vom menschl. Körper für einfache Schulverhältnisse zusammengestellt. 8. (IV, 36 S.) Langensalza 883, Beyer und Söhne. *

Keßler, Rob., kurze Gesundheitslehre. Im Anschluß an die Lehre vom menschl. Körper für einfache Schulverhältnisse zusammengestellt. 2. verm. Aufl. 8. (VI, 60 S. mit 20 in den Text gedr. Abbild.) Langensalza 887, Beyer und Söhne. *

Keßler, R., kurze Gesundheitslehre. Im Anschluß an die Lehre vom menschl. Körper f. einfache Schulverhältnisse zusammengestellt. 3., verm. Aufl. gr. 8. (VIII, 68 S. m. 20 Abbildgn.) Langensalza 890. Beyer & Söhne. n. — 40

Keßler, Rob., kurze Gesundheitslehre. Im Anschluß an die Lehre vom menschl. Körper f. einfache Schulverhältnisse zusammengestellt. 4., verm. Aufl. gr. 8. (VIII, 72 S. m. 20 Abbildgn.) Langensalza 894. H. Beyer & Söhne. n. — 40

Keßler, Rob., kurze Gesundheitslehre. Im Anschluß an die Lehre vom menschl. Körper f. einfache Schulverhältnisse zusammengestellt. 5. verm. Aufl. gr. 8. (VIII, 74 S. m. 20 Abb.) Langensalza 899. H. Beyer & Söhne. n. — 40

Keßler, Rob., kurze Gesundheitslehre. Im Anschluß an die Lehre vom menschl. Körper f. einfache Schulverhältnisse zusammengestellt. 6. verm. Aufl. (VIII, 79 S. m. 20 Abbildgn.) 8. Langensalza 906. H. Beyer & Söhne. n. — 50

Keßler, Ronald. Zeitgemäße Betrachtungen üb. schöne Kunst. gr. 8. (IV, 85 S.) Berl. 890, Siemenroth u. Worms. * 1 50

Kessler, Ronald: Eine Philosophie für das XX. Jahrhundert auf naturwissenschaftl. Grundlage von –. Berlin: C. Skopnik 1899. (274 S.) 8°

Keßler, Ronald, praktische Philosophie gr. 8. (VIII, 170 S.) Leipzig 891. W. Friedrich. n. 2. —

—— Die preußische Selbstverwaltung u. ihre Fortbildung. gr. 8. (III, 83 S.) Berl. 890, Siemenroth u. Worms. * 1 50

Kessler, Sidonius. 1. Semicarbazid-Semicarbazone und der Einfluss negativer Gruppen auf die Semicarbazonbildung; 2. Reduktion der Semicarbazone. Diss. Phil. Basel. [Mit Figuren.] 87 S. 8. Basel, Froese & Co., 1909.

Kessler, Theodor: Stadt Siegen. Die städtische Armenpflege vom 15. Jahrhundert bis 1902 u. d. Armen-Unterstützungsverein von 1877 bis 1902. 25 Jahre öffentlicher u. privater Armenpflege nach d. Elberfelder Systeme. 1877 bis 1902. Festschrift z. 1. März 1902. Von Armensekr. Theodor Kessler. Siegen: Vorländer 1902. IV, 96 S. 8°

Keßler, Thom., 500 auserles. chym. Processe und Arzneyen. 8. Frkf. 713.

Keßler, W. D., Amtsvorträge im J. 1809 ꝛc. gr. 8. Magdeb. 810. Heinrichshofen. 10 K

Kessler, Wilhelm: Die Brechung und Dispersion von Methan und Aethylen. Halle a. S. 1909: Kaemmerer. 31 S. 8°
Halle, Phil. Diss. v. 3. Jan. 1910, Ref. Dorn
[Geb. 18. Febr. 88 Marienwerder Wpr.; Wohnort: Halle a. S.; Staatsangeh.: Preußen; Vorbildung: Latina Halle Reife O. 06; Studium: Halle 7 S.; Rig. 18. Okt. 09.] [U 10. 1757

Kessler, W[ilhelm], Dr., wiss. Hilfsl.: Der Charakter des Volkes Israel im Urteile des Propheten Jeremia. *Neustadt Wpr. 1901: H. Brandenburg.* (17 S.) 4°
Neustadt i. Wpr., k. G, OP 1901 (37)

Keßler, W., die Dienstlandwirtschaft der preußischen Staats-Forstbeamten. (16 S.) gr. 8. Neudamm (902). J. Neumann. n. — 60
Sonderabdruck aus: „Deutsche Forst-Zeitg."

Kessler, Wilhelm [Hrsg.], s. Maltitz, Gotthilf August: Humoristisch-satyrische Plänterhiebe.

Kessler, Wilhelm [aus Hage (Brandenburg)]: Die asaphitische Psalmengruppe in Beziehung auf mackabäische Lieder untersucht.... Halle a. S., Druck d. Buchdr. d. Waisenhauses, 1889; 2 Bl. + 31 + 1 S. 8°
Halle, Phil. Fak., Inaug.-Diss. v. [25. Okt.] 1889

Keßler, W., aus Wald u. Welt. Wanderungen u. Studien e. Forstmannes. 1. Tl. Aus dem Kaukasus. gr. 8. (V, 125 S. m. 1 Abbildg.) Neudamm 890. J. Neumann. n 1.50

Keßler von Sprengseisen, s.a. Sprengseisen.

Kessler von Sprengseisen, Christian Friedrich

— s.a. Anti-St. Nicaise.

(Kessler v. Sprengseisen, C. F.) *Anti-Saint-Nicaise.* 3 Thle. Leipzig, bey Frdr. Gotthold Jacobäer, 1786, 86, 87. 8°. Gleichzeit. (etw. rampon.) Frzbde. mit dem goldgepressten Wappen des Grafen Max v. Preysing; sehr saub. Expl.
Selten cplt.! Kloss no. 2326—28; Taute no. 818—820.

(Kessler, C. F. von Sprengseisen,) Anti-Saint-Nicaise. Ein Turnier im XVIII. Jahrhundert gehalten von zwey T.·. H.·. (Tempelherren) als etwas für Freymaurer und die es nicht sind. Leipzig. Jacobäer. 1786. 8. Titkpfr. IV, 202 S. u. 3 Bl. in Querfolio (v. Hundt's Stammtafel).

Archidemides oder Des Anti-Saint-Nicaise zweyter Theil. Mit der Silhouette des Verf. [d. i. Christian Friedr. Kessler gen. v. Sprengseysen]. Leipzig: Jacobäer 1786. XCII, 235 S. 8° [Kupfertit.]
Recens: WJ. 3, 3 (1786) S. 199—201.
Kl. 2327, Tt. 819. Dieser Teil erschien auf eine in No 48 S. 395 der Allg. Literaturztg von 1786 enthaltene, wahrscheinlich von Starck verf. Rezension des 1. Teiles, die von S. XXI—XCII Satz für Satz widerlegt wird. Dann folgen S. 1—216 die in der klerikalen Korrespondenz des Provinzial-Archivs befindlichen Briefe Starcks u. andere Dokumente. Den Schluss (S. 214—235) bildet die offizielle Aussage des Prof. u. kathol. Geistlichen S. Cosandey üb. die Illuminaten in Bayern. 23. 25.

Keßler v. Sprengseysen, Chr. Fr., († d. 11. Jan. 1809.) Antwort auf d. sogenannten Berichtigungen d. Topographie des Coburg-Meining. Antheils. 8. Coburg 781. Thl. 3 K

Abgenöttigte Fortsetzung des Anti-St.-Nicaise als eine Beleuchtung des von dem Herrn Oberhofprediger, Consistorialrath und Definitor D. [Joh. Aug. Frh. v.] Star[c]k herausgegebenen Krypto-Katholicismus in sofern er die Strikte Observanz, ihre verehrungswürdigste Obere und mich anzugreifen für gut gefunden hat, von E. F. [d. i. Christian Friedr.] Kessler [gen.] v. Sprengseysen. Leipzig: Jacobäer 1788. XII, 13—336 S. 8°
cf. D. neuesten Religionsbegebenheiten. 11 (1788) S. 681—692.
Kl. 2329. 23. 25.

— fränkisches Magazin für Statistik, Naturkunde u. Geschichte. 1r Bd. 1s—3s Heft. 4. Sonnenberg 791, 92. Verf.

— s. J. G. Rosenmüller, ält. Geschichte d. Erde.

(Kessler, C. F. von Sprengseisen,) Scala algebraica oeconomica oder des Anti-Saint-Nicaise 3. u. letzter Theil. Leipzig, Jacobäer. 1787. 8. 64 u. 182 S. u. 4 Tabellen.

— Topographie d. Herzogl. Sachsen-Meining. Antheils an dem Herzogth. Coburg. Mit 1 Karte. 4. Sonnenberg 781. Mit n. Tit. 4. Dessau u. Leipz. 784. Gelehrt. Buchh. 1 ℔ 12 K

Hund und Alten-Grotkau, Karl Gotthelf Reichsfrh. v.: Trauer - Rede bei denen Exequien Seiner Hochw. Gnaden des Hochw., Hochwohlgeb. und tapfern Herrn Carl v. Degen [d. i. Karl Gotthelf Frh. v. Hund und Alten-Grotkau] Ritter der grossen Prof. H.-M's. der V. und VII. Provinz, Gross Guvernatoris der II. und III. und Administratoris der VIII., Gross-Schatzmeisters und Visitat[or] Generalis des ganzen Ordens derer Ritter des H[eiligen] T[empels] zu J[erusalem], gehalten in dem + (Capitul) zu Rothenberg den 19/30 Dec. 452/776, von Fr. Christiano a Spina [d. i. Christian Friedr. Kessler gen. v. Sprengseysen] S. S. O. Eq. Prof. et Procurat. Generali. VIII. Provinciae.
in: Neueste ZfFr. 1839—1840 S. 21—75.
Kl. 2301. Nekrolog des Verblichenen. Abgedr. aus der Orig.-Hs. im Archiv der Loge Libanon zu den drei Zedern in Erlangen.

— Untersuchung über d. Entstehung d. jetzigen Oberfläche d. Erde, besond. d. Gebirge. Mit 6 ill. Kpf. gr. 8. Leipz. 787. Kummer. 1 ℔ 16 K

Kesslin, Chrn. Friedr., Nachrichten von Schriftstellern und Künstlern der Grafschaft Wernigerode vom Jahre 1074 bis 1855; herausg. auf Kosten des wissenschaftl. Vereins zu Wernigerode. Wernigerode 856. (Magdeburg, Baensch.) gr. 8. (XII, 312 S.) n. 1 ℔.

Kesslitz, Rainer, die Lohnarbeiter der k. u. k. Kriegsmarine, s.a. Mitteilungen des arbeitsstatist. Amtes im k. k. Handelsministerium. 1. Hft.

Kesslitz, Rainer, Die Lohnarbeiter der k. u. k. Kriegsmarine. Im Auftrage der Marinesection des k. u. k. Kriegsministeriums bearb. Lex.-8°. Wien, Hölder, 1900. (Mittheilungen des arbeitsstat. Amtes im k. u. k. Handelsminist., Heft 1.)

Kesslitz, Wilhelm

— Sigm. **Schluet v. Schluetenberg**, magnetische Aufnahme v. Bosnien u. der Herzegowina, ausgeführt im J. 1898 im Auftrage der kaiserl. Akademie der Wissenschaften in Wien. [Aus: „Denkschr. d. k. Akad. d. Wiss."] Imp.-4. (42 S. m. 1 Karte.) Wien 894. (F. Tempsky.) n. 2. 70

Kesslitz, Wilh., magnetische Beobachtungen an den Küsten der Adria, s.: Laschober, Frz.

— u. Herm. **Marchetti**, Ergebnisse der meteorolog. Beobachtungen in Pola, s.: Veröffentlichungen des hydrograph. Amtes der k. u. k. Kriegs-Marine in Pola. Nr. 12.

Kesslitz, Wilh., die Missionsreise S. M. Schiff „Albatros", s.: Mauler. J. v.

— Frz. **Lüftner** u. Marius **Ratković**, Resultate aus den meteorolog. Beobachtungen in Pola von 1867—1897, s.a. Veröffentlichungen des hydrograph. Amtes der k. u. k. Kriegs-Marine in Pola. Nr. 9.

Resultate aus den meteorologischen Beobachtungen in Pola von 1867 bis 1897. Zsgest. von Wilhelm Kesslitz unter Mitw. der Linienschiffs-Lts Franz Lüftner u. Marius Ratković. Hrsg. von d. Abth. 'Geophysik'. *Pola; Wien: Gerold & Co. in Comm. 1900.* (XXXIX, 96 S.) 4°
= Veröffentlichungen d. Hydrogr. Amtes d. k. u. k. Kriegs-Marine in Pola. Gruppe 5. Fortlauf. No 9.

Keßmodel, C. G., Predigt am Feste d. Himmelfahrt 1829, in d. Stadtkirche d. Fürstl. Schönburg. Bergstadt Lößnitz im Königr. Sachsen, nach d. am Sonnt. Rogate, d. 24. Mai 1829, das. entstand. verheer. Brande. gr. 8. (1 B.) Schneeberg 829. (Leipzig, Hinrichs; Barth.)

Kessner Emilie: Zwei Jahrhunderte Passauer Bistumgeschichte.
H. 1900 PN 2128 Diss. Wien, Univ 949

Kessner, Friedrich [prakt. Arzt aus Sacrow bei Potsdam]: Über die physiologische Wirkung des verminderten Luftdrucks im Höhenklima . . . . Berlin, Buchdr. v. Gustav Schade (Otto Francke) (1887); 29 + 1 S. + 1 Bl. 8°.
Berlin, Med. Fak., Inaug.-Diss. v. 5. März 1887.

Kessner. Friedrich, über die physiologische Wirkung des verminderten Luftdrucks im Höhenklima. Diss. Berlin 1887, Mayer & Müller. 8°. 29 S.

Kessner, Georg [aus Berlin]: Das Zeitalter des Propheten Joel. . . . Leipzig, Druck v. Grimme & Trömel, 1888; 39 + 1 S. 8°
Leipzig. Phil. Fak., Inaug.-Diss. v. 1. Sept. 1888

Keßner, Rob., das Versicherungswesen u. seine großen Vorteile f. jedermann. Gemeinverständlicher Aufschluß üb. alle Arten v. Versichergn. u. ihren großen Nutzen, erläutert durch zahlr. Beispiele aus dem prakt. Leben. Eine hochwicht. volkswirtschaftl. Studie f. Kaufleute, Beamte, Künstler usw. usw. (VII, 78 S.) 8. Leipzig (904). G. Weigel. — 75

Kestell, J. D., mit den Burenkommandos im Felde, s.: Im Kampf um Südafrika. III.

Kestell, J. D.: President Steijn und die Freistaater im Krieg mit England, s. Rompel, Frederik

Kesteloot, L. v., Novellen, s. Perlen.

v. Kesteloott, W., s. Modenspiegel, Berliner, &c.

v. Kesteloott, W., s. Zeit, die, ein Tageblatt.

Kesten-Conrad, Else, s.a. Conrad, Else

[Kesten-]Conrad, Else: Das Dienstbotenproblem in den nordamerikanischen Staaten und was es uns lehrt. — Jena: Fischer 1908. 43 S. 8°

Kestenberg, Leo, Ludwig v. Beethoven's Fidelio, s.: Volksbühne, die.

Kester, Friedl, der Falkenstein bei Füssen-Pfronten u. seine Umgebung. Mit zahlreichen Illustr. u. 2 Kunstblättern. (III, 84 S.) 8. München (Ismaningerstr. 74), 904. Fr. Kester. Kart. n. 1. 20

Kestermann, Herm. jr., s.: Zuchtbuch f. deutsche Schäferhunde.

Kesternich, Werner, theoretisch-praktische Anleitung zum rationellen Betriebe der Bienenzucht m. besond. Berücksicht. der Eifeler Bienenzucht. 12. (164 S. m. Abbildgn.) Köln 891. J. Bacher. n. 1. —

Kestert, s.: Preussen. Messtischblätter.

Kesting, Franz

Kesting, F., Buch der Sprüche, s.a. Bibliothek, kleine.

Buch der Sprüche. Eine Sammlung von Sinnsprüchen ... f. die ins Leben eintretende Jugend u. d. Hand der Erzieher. Von F[ranz] **Kesting**. Hamm i. W.: Breer & Thiemann [1904]. (VIII, 448 S.) 8° [F.]
— **Bibliothek**, Kleine. No 93/97. (s. 5037 6

Kesting, Franç., Dictionnaire de poche polyglotte etc. — The polyglotte poket Dictionary etc. — Reise-Taschenwörterbuch in d. vier Sprachen Europas Deutsch, Französ., Italien. u. Englisch. Nebst 1 Tab. d. deutsch., engl., franz. u. holländ. Münzsorten u. deren Werth. (Auf 3 Bl.) 16. (20 1/4 B.) Wien 840. (Leipzig, Kummer.) *

Kesting, Fr., der schnell lernende Franzose u. der fertige Engländer, oder: Der kleine Plauderer. Ein Doppel-Schlüssel zur schnellen, sicheren u. vollkommenen Erlernung der engl. u. französ. Sprache. — Le Babillard ou double clef de la prononciation Anglaise et Française. — The pratler or new double key to the french and english pronunciation. gr. 8. Wien 841, Grund. (Leipzig, Fr. Fleischer.) n. 1/2 ß

Kesting, Franç, Goldgrube des Seelenadels u. der Moral. 24 Beispiele in aufmunternden Erzählungen für d. Jugend. 12. (2 B. u. Ttlkpfr.) Wien 840, Grund.

— Handbuch d. Whistspielers, s. Whistspielers.

— Isolde. Romantische Dichtg. (219 S.) kl. 8. Paderborn 905. F. Schöningh. n. 2. 20; geb. in Leinw. m. Goldschn. n. 3. 20

— Weidmanns Liebe u. Leid. Episch-lyr. Dichtg. (VII, 152 S.) 8. Dresden 904. E. Pierson. n. 2. —; geb. n. 3. —

— das goldene Schatzkästlein, od. 20 Erzählungen im bunten Gewande d. Moral, zur Belehrung u. Erheiterung f. d. Jugend. 12. (2 1/4 B. u. Ttlkpfr.) Wien 840, Grund.

Kesting, Ludwig [pract. Arzt zu Courl]: Ueber Lyssa humana.... Giessen, C. v. Münchow, Univ.-Buch- & Steindr., 1888; 24 S. 8°
Giessen, Med. Fak., Inaug.-Diss. v. 1888

Kestler, Joh. Bapt., Beschreibung v. Ochsenfurt. gr. 8. (20 1/2 B.) Würzburg 845, Ludw. Stahel. *

Kestler Karl: Lautlehre der Lawemanhandschrift im Vergleiche mit der des älteren Textes.
II. 1906 PN 2198 Diss. Wien, Univ. 1970

KESTLER, Stephan: Pragmatismus der zehn ägyptischen Plagen. — (1907) 132 Bl. 4° (Handschr.) Diss. 635
Diss. Wien, Univ.

Kestner, A., s.a. Kestner, August. — Kestner, Christian August

Kestner, A., Abhandlung üb. d. Frage: Wem gehört d. Kunst? gr. 8. (7 B.) Berlin 830, Reimer.

vgl. Kestner, K. A.

Kestner, A., Goethe u. Werther, s. Goethe und Werther.

Kestner, A., römische Studien. Lex.-8. (XI und 183 S. mit 1 Ttlkpfr.) Berlin 850, Deckersche geheime Ober-Hofbuchdr.

Kestner, A., Sulla. Trspl. in 5 A. gr. 8. Hannov. 822. Hahn. 18 gr

Kestner, August, s.a. Kestner, Christian August

Kestner, August, und Kestner, Charlotte. Briefwechsel zwischen August Kestner und seiner Schwester Charlotte. Hrg. von Hermann Kestner-Köchlin Dr. med. Mit zwei Porträts [Tafeln] in Kupferätzung und einem Anhang. XII + 387 S. 8. Strassburg, Karl J. Trübner, 1904. [M. 9. —, geb. M. 10. —]

Kestner, August (Detmold), De Phaeacibus Homeri. Diss. philos. Gotting. (Dieterich) 14. X. 1839. 33 S. (5.50) 17830

Kestner, Charlotte: Briefwechsel, s. Kestner, August

Kestner, Chr. Aug., († d. 27. Oct. 1821.) d. Agape, oder d. geheime Weltbund d. Christen, von Clemens in Rom unter Domitians Regierung gestiftet. gr. 8. Jena 819. Schmid. 2 ß 6 gr (A. u. d. T.: Versuch e. Schilderung d. Agape in d. 1sten Jahrh., nebst 4 Beilagen u. 1 Zugabe.)

— geschichtl. Andeutungen über den welthistor. Kampf d. alten u. neuen Zeit unter den beiden ersten Antoninen u. deren planmäß. Begünstigung d. siegenden Christenthums. Ein Beitrag zu Gibbon's Einleit. des Untergangs d. Römerreichs. gr. 8. Jena 818. Schmid. 2 ß 6 gr

— **Christian August** (Waltershausen/Gotha), Commentatio de Eusebii, historiae ecclesiast. conditoris, auctoritate et fide diplomatica sive de ejus fontibus et ratione, qua eis usus est. Götting. (Heinrich Dieterich) 4. VI. 1816. 84 S. (7.—) 17831
Gew.: Theophil Jac. u. Heinrich Planck, Christian Daniel Beck, Friedrich Wilh. Doering.

— commentatio de Eusebii, historiae ecclesiasticae conditoris, auctoritate et fide diplomatica. 4maj, Götting. 817. Dieterich. 12 gr Vandenhöck u. R. 16 gr

Versuch einer Schilderung der Agape in ihrem ersten Jahrhunderte. Nebst 4 Beil. und einer Zugabe von Aug. Kestner. Mit einem Titelkupfer. Jena: A. Schmidt 1819. XXVII, 556, 13—72 S. 8°
[Nebentit.:] Die Agape oder der geheime Weltbund der Christen von Klemens in Rom unter Domitians Regierung gestiftet, dargest. von Aug. Kestner.
Auszug in: A. 5 (1830) S. 125—160; FZ. 11 (1857) S. 246—247.
cf. JALZ. 1819 Nr 201, 202, 203.
Kl. 3856, Tt. 2715. Bringt die Entstehung der Frmrei mit den Agapen in unmittelbare Verbindung.

Christian Wilhelm Kestner

Kurzer Begriff der Historie der medicinischen Gelahrtheit überhaupt, hrsg. von Christian Wilh[elm] Kestner. Halle im Magdeb.: Hemmerde 1748. 355 S. 8°

Kestner, Christian Wilh(elm): Kurzer Begriff der Historie der Medicinischen Gelahrtheit überhaupt. 356 S., gbd.

Halle: Hosse 1743

JB 5.692

Kestner, Christ(ian) Wil(helm): Bibliotheca medica, optimorum per singulas medicinae partes auctorum delectu circumscripta... Tom. 1 - 2, 768 S., gbd.

Ienae: Cuno 1746

JB 484

Chr. Wilh. Kestner medicinisches Gelehrtenlexicon, darinnen die Leben der berühmtesten Aerzte, sammt deren wichtigsten Schriften, sonderbaresten Entdeckungen und merkwürdigsten Streitigkeiten etc. beschrieben werden. Nebst einer Vorrede von Gli. Stolle. Jena 1740. 4.

Kestner, Christianus Wilhelmus (Resp.): De praejudicatis quibusdam in physiologia opionibus, s. Alberti, Michael (Praes.)

Kestner, E. Eberhard Ferber, Bürgermeister von Danzig. I. Teil. 22 S. Progr. Rg. Joh. *Danzig* 1880.

Kestner, E., der Kreuzzug Friederichs II. Inaugural-Dissertation. gr. 8. (VII, 72 S.) Göttingen 873, Peppmüller. * 1 50

Kestner, Ernst, Beiträge zur Geschichte der Stadt Thorn. Nach archival. Quellen mitgetheilt. gr. 8. (III, 290 S.) Thorn 883, E. Lambeck. *

Kestner, Fritz, Die Ausführungsbestimmungen zu den Reichssteuergesetzen auf Grund der Reichsfinanzreform von 1909. Textausg. mit alphabet. Sachreg. Leipzig 1910. 8°.
(Reichssteuergesetze Bd 2.)
(Sammlung deutscher Reichs- u. Landesgesetze m. Erl.)

Kestner, Fritz, die deutschen Eisenzölle 1879—1900, s.a. Forschungen, staats- u. socialwissensch. XXI. 3.

Kestner, Fritz, Referendar: Die deutschen Eisenzölle 1879—1900. *Leipzig: Duncker & Humblot 1902.* (IX [vielm. VII], 132 S.) 8° ¶ [= Staats- u. socialwiss. Forschungen, Bd 21, H. 3.]
Leipzig, Phil. Diss. v. [17. Sept.] 1902

Kestner, Fritz, Reichssteuergesetze nebst Ausführungsbestimmungen, s.a. Sammlung deutscher Reichs- u. Landesgesetze m. Erläutergn.

Kestner, F. Reichssteuergesetze nebst Ausführungsbestimmungen auf Grund der Reichsfinanzreform von 1909. Textausgabe mit Anmerkungen und alphabetischem Sachregister. Leipzig.
Band I: Reichssteuergesetze. 1909.
" II: Ausführungsbestimmungen. 1910.

Kestner, Georg [pract. Arzt aus Mülhausen]: Casuistischer Beitrag zu den Hirntumoren im Kindesalter. Druck von B. G. Teubner in Leipzig, 1883. 8. 24 S.

— Heinr. Christoph (Detmold), De naevis quibusdam circa materiam de pactis, ut & ex cap. V. compendii juris universi, nuper editi, paragr. 1. 2. 3. 4. 5. 6. & 7. Problema jurid. Präs. Heinr. Ernst Kestner (Bruder). Rinteln (Hermann Augustin Enax) 6. VIII. 1707. 10 S. (6.—) 17833
Gew.: Christoph Piderit, Joh. Ernst Kestner (Vater).

Kestner, Heinr. Ernst (Präs.), s. Bähr, Georg Heinr. Conrad: De subscriptionibus.

Kestner, Heinrich Ernst [Präs.], s. Casselmann, Philipp: Bonus institutista bonus jurista.

Kestner, Heinr. Ernst (Präs.), s. Combach, Franz Ludwig: De sacrilegio politico.

Kestner, Henr. Ern.: Compendium juris universi, seu jurisprudentia positiva seculo accommodata, in qua solida privati, criminalis, feudalis . . . principia . . . exhibentur. Rinthelii 1707.

— — De defectibus juris communis in republica Germanica, dissertationes, quibus prodromus conclusionum, ad reformandam jurisprudentiam, continetur. Accedit Philippi Burchardi, JC. De hodiernae jurisprudentiae naevis & remediis discursus. Rinteln (Hermann Augustin Enax) 1708. 218 S. (9.50) 17841

— — Dasselbe. Rinteln (Johann Gottfried Enax) 1718. 216 S. (9.50) 17842

— — Discursus praeliminaris de principiis jurisprudentiae modernae, in paucula capita redigendis. Accedit Anonymi JCti Gerichts= u. Process=Ordnung / Worin gezeiget wird / wie das Justitz=Wesen eingerichtet / und ein Process so wohl in erst= als anderer Instantz binnen Jahrs Frist geendiget werden könne. Rinteln (Hermann Augustin Enax) 1710. 62 S., tlws. dtsch. (6.50) 17843
Am Schluss: Brief v. Gottfr. Wilh. Leibnitz (Hannover 5. IX. 1708).

— — Conspectus prudentiae legislatoriae, in quo vera jurisprudentiae principia ex nativis suis fontibus deducuntur. Rinteln (Hermann Augustin Enax) 1710. 136 S. (9.—) 17844
Gew.: Justus Hermann Vultejo.

— — Discursus de Jurisprudentia Papizante. Rinteln (Hermann Augustin Enax) 1711. 94 Seiten. (8.—) 17845

Kestner, Hnr. Ernst, Dissertatio de jure connagii, quam examini submittunt praeses H. E. Kestner et resp. J. D. Läger. Rinthelii 1704. 4. . . . . (D.)

KESTNER, Henr. Ern. (P. P. O. in Acad. Rintel,, † 1723). Dissertatio juridica de jure Connagii, oder vom Recht der Jungferschaft. Ed. V. Jenae 1761.
Citirt Dr. Karl Schmidt, jus primae noctis .... Freiburg i. Br. 1881. p. XXVIII.
Frühere Ausgaben: Lipsiae 17**; ibid. 1727; ibid. 1747. 4⁰. (1/5 Rthlr. Schmidt, Halle, vor 1875; jetzt theurer!)

— — Dissertation vom Tobacks-Recht, aus d. Lat. ins Teutsche übers. u. mit einigen Anmerckungen vermehret. Anbey folgen einiger berühmter Männer Lob-Gedichte und Rätzel auf den Toback. Waldenburg, b. Joh. Theod. Heinsius. 1713. 4⁰. (In Rostock, Univ.-Bibl.)
O. M. V. 1713. E 2 b.

— — Dasselbe. 2. verm. u. verbess. Aufl. Ibid. 1718. 4⁰. 27 S. (3 Mk. 50 Pfg. Fr. Klüber, 1905.)

— — Auserlesene Ergötzlichkeiten vom Tabac, worinnen nicht nur desselben Ursprung, Würckung, medicinischer Nutzen, Annehmlichkeit u. Zierde auf eine anmuthige Weise in allerhand poetischen u. andern .... Gedancken vorgestellet, sondern auch desselben Recht (s. ob.) etc. Leipzig 1715. 8⁰.
Mit Liedern. Selten! — Bibl. J. A. Fabricii II. Hamb. 1739. p. 489: Haydinger's Bibl. I. 2. Wien 1876 no. 482

— — Dasselbe. Nürnberg, b. Dan. Taubers sel. Erb. 8⁰.
O. M. V. 1717. G 2 b.

Kestner, Heinrich Ernst (Präs.), s. Fürstenau, Johann Adolf: De summis in Imperio Rom.-Germ. Personis ...

Kestner, Heinrich Ernst (Präs.), s. Goclen, Reinhard: De jure singulari.

Kestner, Heinr. Ernst (Präs.), s. Gravius, Alexander Arnold: De officio humanitatis abligatorio.

Kestner, Heinr. Ernst (Präs.), s. Hake, Christian Heinrich: De rogationibus.

— — Introductio ulterior ad studium jurisprudentiae. Rinteln (Hermann Augustin Enax) 1704. 52 S. (6.50) 17839

— — Jurisprudentia illustris, seu de statu et firmamento rerumpublicarum, dissertationes. Rinteln (Hermann Augustin Enax) 1704. 62 Seiten. (7.—) 17840
Respondenten: Johann Reinhard Ernst (Rinteln), Johann Diedrich Läger (Hannover), Anthon Frantz Otto Capaun (Schaumburg).

Kestner, H. E.: Memoriale jurid. s. axiomata juris praestantiora sec. ord. Digg. disposita. *Rintel.* 715. 4.

— memoriale iuridic., sec. ordin. digestor. disp. 4. ibid. 736.

Kestner, Heinr. Ernst [Präs.], Praeliminaria de jure..., s. Arent, Jacob [Resp.]

Kestner, J., das Brennerei-Gewerbe unter den gegenwärtigen Steuer-Bestimmungen u. die f. die Zukunft projectirten Abänderungen derselben in Russland, s.a. Mittheilungen der kaiserl. livländischen gemeinnützigen u. oekonomischen Societät.

Kestner, J. Das Brennereigewerbe unter den gegenwärtigen Steuerbestimmungen und die für die Zukunft projektirten Abänderungen desselben in Russland. 8⁰. Dorpat 1884.

Kestner, K. A., Abhandl. über d. Frage: Wem gehört d. Kunst? gr. 8. Berl. 830. Reimer. 12 ℊ
vgl. Kestner, A.

Kestner, Nicolai, aus St. Petersburg: Über Phenylisobuttersäure. *Göttingen 1899: E. A. Huth.* (50 S.) 8°
Göttingen, Phil. Diss. v. [15. Apr.] 1899

Kestner, Nicolai, über Phenylisobuttersäure. Diss. gr. 8. (50 S.) Göttingen 899. (Vandenhoeck & Ruprecht.) n. 1.60

Kestner, Paul, a. Waltershausen: Über einen Fall von toxischer Pylorusstenose mit konsekutiver Magenerweiterung nach Vergiftung mit Lötwasser. Halle a. S. 1907: C. A. Kaemmerer & Co. (21 S.) 8°
Halle, Med. Fak., Ref. v. Mering, Diss. v. 26. April 1907
[Geb. 12. Juli 79 Waltershausen (S.-Coburg-Gotha); Wohnort: Halle a. S.; Staatsangeh.: S.-Coburg-Gotha; Vorbildung: Gymn. Gotha Reife O. 99; Studium: Kiel 1, Halle 3, Straßburg 1, Halle 4 S.; Coll. 13. Febr. 07; Approb. 1. Apr. 07.]

Kestner, Thdr. Fr. Arnold, s. Jh. Fr. Lobstein, über d. Ernährung d. Fötus.

Kestner-Köchlin, Herm., s.: Briefwechsel zwischen August Kestner u. seiner Schwester Charlotte.

Kestner-Köchlin, Hermann [Hrsg.], s. Kestner, August, und Charlotte Kestner: Briefwechsel

Kestranek, Clara, s.: Forstenheim, Clara.

Keszler, s.a. Kesler. – Kessler

KESZLER, Franciscus Xaverius: Propagatio religionis christianae in regno Hungariae. — (1872) 110 S. 4° (Handschr.) Diss. 308
Diss. Wien, Univ.

Keszler's, Sigm., Lexicon sämmtlicher gerichtlich protocollirter Firmen der zur h. Stephanskrone gehörigen Länder. Nach dem amtl. Verlautbarungs-Organe „Központi értesitö" in's Deutsche übers., alphabetisch geordnet u. m. vollständ. Ortsregister versehen. gr. 8. (XXVII, 326 S.) Budapest 879. Lampel. n. 10. —

— dasselbe. II. Enth. alle vom 1. Juli 1879 bis 1. Juni 1880 im Amtsblatte verkündigten Protocollirungen. gr. 8. (IV, 60 S.) Ebend. 880—81. n.n. 5. —

Keszler's, Sigm., Lexicon sämmtlicher gerichtlich protocollirten Firmen der zur heil. Stephanskrone gehörigen Länder. Nach dem amtl. Verlautbarungs-Organe „Kösponti értesitó" in's Deutsche übers. und nach Ortschaften alphabetisch geordnet. 2. Bd. Enthaltend alle vom 1. Juli 1879 bis 1. Juni 1880 im Amtsblatte verkündigten Protocollirungen. gr. 8. (IV, 60 S.) Budapest 880,81, (Lampel's Buchh.) **
1. Bd. (Ebendas.) 1879. ** ℳ 10.

KESZTHELYI, Julius: Initia Lutheranismi in Hungaria, 1522—1541. — (1907) X, 144 Bl. 8° (Handschr.) Diss. 702
Diss. Wien, Univ.

Ketel, Alfred, a. Mölln i. Lbg.: Aus d. städt. Krankenanstalt zu Kiel. Über die Bedeutung und Entstehung des diastolischen Geräusches über der erweiterten Aorta. Kiel 1908: Schmidt & Klaunig. (18 S.) 8°
Kiel, Med. Fak., Ref. Quincke, Diss. v. 5. Aug. 1908
[Geb. 26. Jan. 80 Mölln; Wohnort: Mölln; Staatsangeh.: Preußen; Vorbildung: Gymn. Ratzeburg Reife O. 01; Studium: Kiel 5, München 1, Kiel 4 S.; Coll. 4. Juli 08; Approb. 20. Nov. 07.]

Ketel, Heinrich: Ueber das Gehörorgan der Cyclostomen. Mit 2 Kupfertafeln. Leipzig (1872): Breitkopf & Härtel. 53 S., 2 Taf. 8°
Halle-Wittenberg, Med. Diss. v. 27. März 1872
Geb. Alt-Lüblow (Kr. Neustadt; Mecklenb.-Schwer.) 13. 3. 1847. V.
Ersch. auch in: Anatomische Studien. Hrsg.: C[arl] Hasse. Bd 1. Leipzig 1873. S. 489—541.

Ketel, (Karl Friedrich), Dr.: Die in Norddeutschland bisher beobachteten Schwebfliegen ⟨Syrphidae⟩. T. 1. *(Pasewalk 1903: H. Gnädig.)* (S. 3—16.) 4°
Pasewalk, st. PG m. Realabt., OP 1903 (165)

Ketel, [Karl Friedrich], Dr.: Die in Norddeutschland bisher beobachteten Schwebfliegen ⟨Syrphidae⟩. T. 2. Pasewalk 1904: H. Gnädig. (S. 1—15.) 4° ¶ [Forts. d. P-Beil. 1903.]
Pasewalk, st. PG OP 1904 (168)

Ketel, Karl Friedrich, anatomische Untersuchungen über die Gattung Lemanea. Diss. Greifswald 1887, Jul. Bindewald. 8°. 39 S. mit einer Taf.

Ketel, Karl Friedrich [aus Woldegk in Meckl.-Strelitz]: Anatomische Untersuchungen über die Gattung Lemanea .... Greifswald, Druck v. F. W. Kunike, 1887; 1 Bl. + 39 S. + 1 Bl. u. 1 Taf. 8°.
Greifswald, Phil. Fak., Inaug.-Diss. v. 19. März 1887.

Ketelan, Hermann Franz (Indo-Batavus), De religione jurisjurandi et poena perjurii apud Romanos. Diss. philol.-jurid. Rector Jacob Wittich. Leyden (Samuel Luchtmans) 9. V. 1735. 50 Seiten. (6.50) 17847
Gew.: Heinrich Ketelan (Vater), Johann v. Bruyn (Dordrecht), Jacob Philipp d'Orville (Amsterdam). — Widm. v.: J. W. V. Steenbergen, H. G. van Vryhoff.

KETELAR, Joh. Frid. („Sprach-Meister u. Translateur" etc.), Neu-Eröffnetes CABINET von Hoch- u. Nieder-Teutsche Kauffmanns- u. andere BRIEFE (so!) etc. etc. (Holländ. u. deutsch.) Amsterdam, A. Olofsen, 1737. 8°. (4 Mk. 50 Pfg. Friedr. Klüber, c. 1905.)
Doppeltit. (roth u. schwarz), 6 Bll. Vorr., 512 S. — Enth. ferner (wie auch auf d. Titel steht): „Ernsthafftige u. Kurtzweilige (60 oft sehr derbe) Historien" (holl. u. deutsch), sowie ein alphabet. Wörter-Büchlein. — Selten in Deutschland!

Ketelhodt, Carl Gerhard von, s. Ketelhodt, Karl Gerhard von

Ketelhodt, Eduard von

Denkmäler der Freiherrlich von **Ketelhodt**ischen Familie. Zusammengest. u. hrgg. v. Eduard Freiherrn von Ketelhodt. Mit Abbildungen. = Urkunden u. hist. Nachr. der K. Familie. Th. 3. Schwerin. Dresden. 1855. 4°.

Geschichte der Freiherrlich von **Ketelhodt**ischen Familie von ihren Anfängen bis auf die Gegenwart. Gesamm. u. hrgg. v. Eduard Freiherrn von Ketelhodt. Mit Abbildungen. = Urkunden u. hist. Nachr. der K. Familie. Th. 2. Schwerin. Dresden. 1855. 4°.

Ketelholdt, E. v., Urkunden und historische Nachrichten der Ketelholdt'schen Familie, s.a. Urkunden.

Ketelhodt, E. Frh. v., Urkunden und histor. Nachrichten der Ketelhodtischen Familie. 3 Thle. Mit 8 Tfln. u. 2 Stammbäumen. Schwerin 1855. 4. Nicht im Handel.

— **Friedrich Wilhelm von** (Schwarzburger Adel), Dissertatio de agnato in feudo citra consensum obligato. Präs. Johann Nicolaus Moeckert. Götting. (Johann Christian Dieterich) 15. X. 1785. 36 S. (6.—) 17850

Ketelhodt, G. v.

Der Mensch, ein moralisches Gedichte in fünf Abschnitten, verf. und in der Loge ... regelmässig vorgetragen von derselben L. Mitglied G. v. K[etelhodt]. Rudolstadt, gedruckt zum Gebrauch d. Mitglieder: 1763. LVI S. 1 Kpfr. 2°
Kl. 2783. Selten. Mit Tit. u. Schlusskpfr von J. M. Bernigeroth. Nach Kl. wäre C. G. v. Ketelhodt Verf. u. das Gedicht in einer Loge des Amicistenordens (Moselaner) vorgetragen. 358 a.

Ketelhodt, Karl Gerhard von

Ketelhodt, Carl Gerhard von (Mecklenburger und Schwarzburger Adel), Oratio de origine excellentia atque recenti serenissimae domus Schwarzburgicae in collegium principum cooptatione. — Ad impetranda societatis latinae quae Jenae floret sodalis jura in ejusdem sollemni conventu publice recitata. Jena (Schill) 1755. 20 Seiten. (6.—) 17848

— — De principe in propria causa jus dicente. Tractatus jurid. Jena u. Schleiz (Johann Martin Treuner) 1758. 64 S. (5.50) 17849

Ketelhodt, Luise Freifrau v., s.: Leithold, Friederike, Erinnergn. aus meinem Diakonissenleben.

Ketelhodt, Luise Freifrau v.: Ursprung und Leitmotiv der Frauenbewegung. — Berlin: Dümmler 1899. 16 S. 8°
Aus: Die Frauenbewegung. Jg. 5. Nr 10/12.

Ketelhodt, Lütke Freiherr von, Referendar: Der Teilbesitz nach § 865 des Bürgerlichen Gesetzbuches. Leipzig: Wigand 1909. 53 S. 8°
Leipzig, Jur. Diss. v. 11. Dez. 1909
[Geb. 2. Okt. 86 Koburg; Wohnort: Zella S. Blasii; Staatsangeh.: Sachsen-Koburg-Gotha; Vorbildung: Gymn. Gotha Reife O. 05; Studium: Lausanne 1, München 1, Kiel 1, Berlin 1, Jena 2 S.; Rig. 11. Dez. 09.] [U 10. 2758

v. *Ketelhold*, Fr. Wlh., Diss. inaug. jur. de agnate in feudo citra consensum et fide diplomatica. 4. Götting. 785 Dieterich. 2 K

Ketelholdt, E. v., s. Ketelhodt, Eduard v.

Ketelholdt's, Karl Gerh., († d. 14. Jan. 1814.) Leben u. Charakterzüge ꝛc., s. Chr. Wld. Schwarz.

Ketels, S. B., Bericht über die altonaer Gewerbeausstellung, s. Bericht.

Ketels, Sophus, Handbuch d. Haus- u. Küchengeräte-Branche. gr. 8. (281 u. XI S. m. Bild.) Erfurt 896. (Keyser.) Geb. n. 2. 50

[F.] Handbuch der Haus- und Küchengeräte-Branche v. Sophus Ketels, Disponent b. J. A. John. *Erfurt: Selbstv.; (aufgekl.: Keyser) 1896.* (281, 38, XI S.) 1 Bd 8. 199 334

Ketels, Sophus, fachwissenschaftliche Studie der Haus- u. Küchengeräte-, Glas-, Porzellan-, Steingut-, Eisen- u. Gusswaren-Branche. (VI, 319 S.) gr. 8. Erfurt 906. (Leipzig, Gebr. Reinecke.) Geb. n. 6.—

Ketelsen, Peter [aus Oldsum auf Föhr]: Acht Fälle von Trepanation .... Bonn, Jos. Bach Wwe., 1886; 32 S. 8°.
Bonn, Med. Fak., Inaug.-Diss. v. 10. März 1886.

Kéthy, Dr. Karl.* Die Begrüßungsrede auf der Gründungssitzung des Ungar. Landesvereins für Feuerbestattung. Anhang: Das Gesuch des Vereins an den kgl. ungar. Minister des Innern um Genehmigung der Vereinsstatuten. Budapest 1906. Patria. Mit Illustrationen von Moritz Pogány.

Ketmia Vere (Pseud.), s. Birkholz, Adam Michael

KETÖSY, M. Graf, Habsburgische Mesalliancen und Liebesaffairen. Mit vielen Portraits und Abbildungen sowie einer Stammtafel. Leipzig, Gracklauer, 1900. 8°. (3 Kr. 60 H. Halm & Goldmann, 1904; 3 Mk. 20 Pfg. franco, „5. Aufl.", R. Klinger, Berlin, c. 1905.)

Ketösy, M. Graf, Habsburgische Mesalliancen u. Liebesaffairen im 19. Jahrh. Mit vielen Portr. u. Abbildgn., sowie e. Stammtafel. (7. [Umschlag-]Aufl.) 12. (194 S.) Leipzig (902). Leipziger Verlags-Comptoir. n. 3.—

— s.: Stublics, Laura v., u. Erzherzog Ernst.

de Ketrzynski, A. De bello a Boleslao Magno cum Henrico II Germaniae rege gesto a. 1002—1005. Regimont. 1866.

Kętrzyński, Stanisl., Galli Anonymi chronicon, s.: Gallus.

Kętrzyński, Wojciech, die Lygier. Ein Beitrag zur Urgeschichte der Westslawen und Vindilen. Mit 1 (lithogr.) Karte: die Westslawen und die vindilischen Germanen zu Tacitus Zeiten. gr. 8. (XV, 155 S.) Posen 868, Leitgeber und Comp. *

Kętrzyński, Wojciech v., der deutsche Orden u. Konrad v. Masovien. 1225—1235. Eine Studie. Deutsche verm. Ausg. (189 S.) gr. 8. Lemberg 904. Gubrynowicz & Schmidt. n. 5.—

Ketsch, Just. Chr., De venaesectione in laesionibus capitis vicem terebrae aliquando sustinente. Gryph. 4°. *Weiz,* Auszg. I, 148. *Haller,* Bibl. chir. II, 493.
1763

Ketschau, Johann Christian (Altenginna/Thüring.). De juris Saxonici provincialis compilatione vulgo Vom Sachsen=Spiegel. Diss. jur. Präs. Jo. Bernhard Friesen (Pösen). Jena (Müller) Juli 1718. 22 S. (6.—) 17851

Ketschau, Wilh., Astania, s.: Hesse, Frdr.

Diener, Franz: Franz Diener. Ein Gedenkblatt zur 25. Wiederkehr seines Todestages (15. Mai 1879). Von Wilhelm **Ketschau**. Cöthen [1904] Schettler. 23 S. 8°. 433.

Ein Weihnachtstraum. Eine Weihnachtsfeier in Wort u. Weise. Dichtung u. Musik von Wilhelm **Ketschau**. Werk 16. [Textbuch.] Leipzig-Connewitz: Spitzner [um 1905]. 14 S. 8° 10. 7464

Ketschendorf, Leopold (Pseud.), s.a. Bauke, Leopold

Ketschendorf, Leop., was muß in diesem Jahrhundert noch erfunden werden? Ein Appell an die deutschen Erfinder. 8. (14 S.) Berlin 892. (G. Nauck.) n. — 50

— dasselbe. 2. Aufl. 8. (14 S.) Berlin 898. F. Stahn. n. — 50

Kett, A., Auflösungen f. die Trigonometrie. Für Schule u. Praxis hrsg. 2. verm. u. verb. Aufl. (19 S. m. Fig.) kl. 8. Neustrelitz (907). Heydemann & Kett. — 60

Kett, A., die Flächen- u. Körperberechnungen, m. Anh. (Merkbüchlein). Für Schule u. Praxis hrsg. (19 S. m. Fig.) kl. 8. Neustrelitz 906. Heydemann & Kett. — 60

— Die Flächen- u. Körperberechnungen, m. Anh. (Merkbüchlein.) Für Schule u. Praxis hrsg. 2. verb. Aufl. (19 S. m. Fig.) kl. 8. Ebd. 906. — 60
Firma erloschen.

Die **Kette.** Maurerischer Trinkspruch gewidmet der Loge zur goldenen Mauer in Budissin zum Stiftungsfest 1853. [Bautzen 1853: Monse.] 1 Bl. 8°. [Kopftit.]
„Gluth im Herzen, Geist im Wein ..." 358a.

Kette, d., d. Edelmuths. Lstsp. v. K. L. Schmidt. 8. Leipz. Sommer. (a. Gräff.) 792.

Kette, die, des Schicksals, ein histor. Gemälde der Vorzeit. 2 Bde. 8. Wien 809. Gerold. 1 f

KETTE des Schicksals, Die. Ein histor. Gemählde aus der grauen Vorzeit. 2 Bde. Wien, Lud. Mausberger, 1808. 8°. 319 u. 348 Seiten Zahm. (1 Mk. 50 Pfg. Franz Teubner, Bonn, c. 1895.)

Kette, d., des Schicksals; e. historisch. Gemälde d. Vorzeit. 2 Bde. 8. Wien, Sammer. 808.

Kette, die sonderbare, d. menschl. Schicksals, eine philosoph. Geschichte. 8. Wien, Schalbacher. 791.

— d. sonderbare, d. Schicksals. 8. Wien, Albertl. 796.

Kette

— **Christoph Gottfried** (Naumburg), De tutela illustri. Diss. jur. publ. universalis. Präs. D. Jacob Friedrich Kees. Lpz. (Sommer) 26. III. 1787. 14 S. (6.—) 17853
Gew.: Gebhard Werner Graf v. Schulenburg (Wolfsburg ...). Christoph v. Taubenheim (Benndorf). — Widm. v. Präs.

Kette, Herm., der Artillerist in der Küche, s.a. Bloch's, Eduard, Theater-Korrespondenz. Nr. 335.

Der Artillerist in der Küche. Schwank in 1 Akt von Hermann Kette. 2. Aufl. *Berlin: E. Bloch [1903].* (50 S.) 8° [F.]
= Theater-Korrespondenz, Eduard Bloch's. No 335.

Kette, Herm., Carolina Brocchi. Schauspiel in 5 Aufzügen [Den Bühnen gegenüber. Mscr.] gr. 16. (120 S.) Breslau. 876. Gosohorsky. n. 2. —

— vier Einakter. (Die Saturnalien. — Des lieben Friedens willen. — Sie müssen sich operieren lassen. — Die Tagewähler.) (128 S.) 8. Dresden 905. E. Pierson. n. 2. —

Kette, Herm., Gedichte. Berlin 854. F. Schneider. 16. (IX, 158 S.) n. 20 ngr.

Kette, Herm., Gedichte. 2., verm. u. veränd. Aufl. gr. 8. (V, 118 S.) Cassel 895. Th. G. Fisher & Co. n. 2. —

— Nach zehn Jahren. Schauspiel in 5 Aufzügen. gr. 16. (85 S.) Ebendas. 877. *

— nach zehn Jahren. Schauspiel in 4 Aufzügen. 2., umgearb. Aufl. 16. (76 S.) Breslau 878. Gosohorsky. n. 1. 50

Kette, Herm., Don José v. Tavora. Drama in 5 Aufzügen. 8. (175 S.) Berlin 852, G. Reimer.

Kette, Herm., Neumann od. Schulze?, s.: Bloch's, Ludw., Herren-Bühne.

Kette, Herm., König Saul. Trauerspiel in 5 Aufzügen. (Den Bühnen gegenüber Mscr.) 16. (99 S.) Berlin 860, Schindler. *

Kette, Herm., Friedrich's des Großen Schwurgericht. Schauspiel in 5 Aufzügen. 8. (100 S.) Breslau 883, Schottländer. * M 2.; geb. *

Kette, W., die Fermentations-Theorie gegenüber der Humus-, Mineral- u. Stickstoff-Theorie. Berlin 862. Bosselmann. (Wiegandt & Hempel.) gr. 8. (55 S.) n. 15 ngr.

Kette, W., die Fermentations-Theorie gegenüber der Humus-, Mineral- und Stickstoff-Theorie. 1. Aufl. 1862. und 2. Aufl. gr. 8. (IV und 88 S.) Berlin 865, Wiegandt und Hempel. *

Kette, W., die Lupine als Feldfrucht, s.a. Thaer-Bibliothek.

Kette, W., die Lupine als Feldfrucht nach den neuesten Erfahrungen. 1—3. unveränd. Aufl. Berlin 854. K. Wiegandt. (Bosselmann.) gr. 8. (32 S.) n. 7½ ngr.

— — 4. Aufl. Umgearb., verm. u. berichtigt nach den Erfahrungen d. J. 1854. Ebend. 854. (Ebend.) gr. 8. (2 Bl., 48 S.) n. 10 ngr.

— — 5. Aufl. Umgearb., u. nach den Erfahrungen d. J. 1855 berichtigt u. verm. Ebend. 856. (Ebend.) gr. 8. (VII, 70 S.) n. 12 ngr.

Kette, W., die Lupine als Feldfrucht. 6. Aufl. gr. 8. (IX und 104 S.) Berlin 861, [Wiegandt und Hempel.] *

Kette, W., die Lupine als Feldfrucht. 7., neu bearb. Aufl. 8. (V, 96 S.) Berlin 870, Wiegandt, Hempel und Parey. *

Kette, W: Die Lupine als Feldfrucht. 8. Aufl. Berlin 1877.

Kette, W., die Lupine als Feldfrucht. 9. Aufl. — Die Serradella, der Klee d. Sandes v. C. E. v. Koenig. 6. Aufl. Nach dem Tode der Verf. neu bearb. von H. v. Koenig-Zoernigall. 8. (VI, 170 S.) Berlin 891. P. Parey. Geb. in Leinw. n. 2. 50

Kettel, G., s. Kettel, J. G.

Kettel, G., vor Thorschluß, s. Bloch's, E., Theater-Gartenlaube.

Kettel, G., vor Thorschluß, s. Theater, das, des Auslandes.

Kettel, J. G.

Kettel, G., drei Frauen u. keine, s.a. Bloch's, E., Theater-Correspondenz.

Kettel, J. G., drei Frauen u. keine. Posse in 1 Aufzuge. Nach Varin u. Desvergers frei bearb. Zur Aufführg. durchges. u. m. d. vollst. Scenarium hrsg. v. P. Sonnekalb. 8. (31 S.) Berlin (897). M. Böhm. 1. 50

[F.] Drei Frauen und keine. Posse in 1 Aufz. Nach Varin u. Desvergers frei bearb. v. J. G. Kettel. Z. Aufführg durchges. u. m. d. vollst. Scenarium hrsg. v. Paul Sonnekalb ... *Berlin: M. Böhm [1898?].* (31 S.) 1 Bd 8.

Kettel, Johann Heinrich u. (Bruder) Samuel Friedrich, De impossibilitate athei. Diss. philos. Präs. Wolf Balthas. Adolph v. Steinwehr. Frankfurt a. O. (Johann Christian Winter) 25. I. 1755. 26 Seiten. (6.50) 17854
Gew.: Curt Christoph Graf v. Schwerin (Spantekau .., Schwerinsburg ..). — Widm. v. Präs.

Kettel, Sam. Fr.

— u. Jh. Hnr., Schreiben an den ungenannten Verfasser d. Abhandl. vom Schlaf d. Seele nach dem Tode. 8. Frkf. a. d. O. 754.

— Dies., zweites Schreiben an denselben. 8. Frkf. a. d. O. 755.

Kettel, Sam. Fr., (†...) freimüth. Zeugniß sowohl über die von ihm erlebte neue Aufklärung in d. Religion, als über d. Studium d. Theologie rc. 8. Frankf. a. d. O. 806.

Ketteler, Freihr. v., und die übrigen Bischöfe der Minorität als Märtyrer der Ueberzeugung. Mainz 1875. V: *Denk, Alois.* (Kürschner, Litt.-Kal. 24, 250.)

Ketteler, Freih. v., und die übrigen Bischöfe der Minorität als Märtyrer der Ueberzeugung. Freunden der Wahrheit bei Gelegenheit des 25jähr. Jubiläums des Bischofs von Mainz gewidmet vom Verein zur Unterstützung der kathol. Reformbewegung in Mainz. gr. 8. (59 S.) Mainz 875, Kunze's Nachf. *

Ketteler, Adolf, auf Haus Goy bei Bochum: Das Diverticulum Meckelii als Ursache des Ileus und sonstiger Veränderungen im Abdomen und deren operative Behandlung. *Göttingen 1900: Dieterich.* (80 S.) 8°
Göttingen, Med. Diss. v. [7. Mai] 1900

Ketteler, Bernhard Ignaz (Bocholt/Westf.), De tetani variis speciebus. Diss. med.-chir. Bln. (Nietack) 13. X. 1834. 32 S. mit Biogr. (M.: C. Tangerding.) (6.50) 17856
Oppon.: V. Hansen, C. Bernay, J. M. Foehr. — Gew.: I. L. Truestedt, E. Leop. Grossheim.

Ketteler, E. v., Ein Brief über die von Dr. Friedrich u. Dr. Michelis am 9. Febr. 1873 in Konstanz gehalt. Reden. Freiburg, Herder, 1873, gr. 8°, 13 S., 10 Pf.

Ketteler, Ed., Beobachtungen über die Farbenzerstreuung der Gase. Abhängigkeit der Fortpflanzung des Lichtes von Schwingungsdauer und Dichtigkeit. Auszüglich gelesen in der Sitzung der königl. Akademie der Wissenschaften zu Berlin vom 10. Novbr. 1864. gr. 8. (III und 90 S. mit 1 Stnt. in qu. Fol.) Bonn 865, Henry. *

— Ed., Dr., Ueber den Einfluss der ponderablen Moleküle auf die Dispersion des Lichtes und uber die Bedeutung der Constanten der Dispersionsformeln. (Separ.-Abdr. aus Poggendorff's Ann. der Physik und Chemie. Bd. CXL.) Berlin 1870.

Ketteler, E., theoretische Optik, gegründet auf das Bessel-Sellmeier'sche Princip. Zugleich mit den experimentellen Belegen. gr. 8. (XII, 652 S. mit 44 Holzst. und 4 lithogr. Taf.) Braunschweig 885, Vieweg und Sohn. *

Ketteler, E., astronomische Undulationstheorie oder die Lehre von der Aberration des Lichtes. gr. 8. (VI, 274 S. mit 44 in den Text eingedr. Holzschn.) Bonn 873, Neusser. *

Ketteler, Eduard (geb. Bocholt in Westf. 18. 4. 1836): De refractoribus interferentialibus et de nonnullis experimentis per refractorem auctoris Jamin institutis. Berolini (1860). (45 S.) 8°
Berlin, Phil. Diss. v. 14. Aug. 1860

Ketteler, Ludwig: In welchem Sinne sind in Preußen die Kirchenbeamten öffentliche Beamten? Bonn 1910. 8°
Münster, Jur. Diss. v. (1910).

Ketteler, Paul: Über „Todesfälle bei Cholelithiasis". *Leipzig 1898: Pöschel & Trepte.* (49 S.) 8°
Leipzig, Med. Diss. v. 18. Mai 1898

Ketteler, Wilhelm Emmanuel v. (Mitarb.), s. Actenstücke, neueste, aus d. oberrheinischen Kirchenprovinz.

Ketteler, Bischof Wilh. Emman. Frhr. v., die Angriffe gegen Gury's Moral-Theologie in der Main-Zeitung und der 2. Kammer zu Darmstadt. Zur Beleuchtung der neuesten Kampfesweise gegen die kathol. Kirche für alle rechtl. und unparteiischen Männer. gr. 8. (62 S.) Mainz 869, Kirchheim. *

—— die Anschauungen des Cultusministers Herrn Dr. Falk über die kathol. Kirche nach dessen Rede vom 10. Dezbr. 1873. 1.—3. Aufl. 8. (30 S.) Ebendas. 874.

—— die Arbeiterbewegung und ihr Streben im Verhältniß zu Religion und Sittlichkeit. Eine Ansprache, gehalten am 25. Juli 1869. 1. und 2. Aufl. gr. 8. (24 S.) Ebendas. 869.

Ketteler, Wilh. Eman. Frhr. v., die Arbeiterfrage und das Christenthum. 1.—3. Aufl. gr. 8. (III und 212 S.) Mainz 864, Kirchheim.

Ketteler, Wilh. Emman. Frhr. v., die Arbeiterfrage u. das Christenthum. 4. Aufl. Mit empfehl. Einleitg. v. Ludw. Windthorst. gr. 8. (IV, 157 S.) Mainz 890. Kirchheim. 1.—

— kurz. Begr. d. Historie d. medic. Gelahrheit. 8. Halle, Hemmerde u. Schw. 748.

Ketteler, Wilh. Eman. Frhr. v., Beispiel u. Belehrung f. die Andacht zum göttlichen Herzen Jesu, s.: Pfülf, Otto.

Ketteler, Wilh. Emm. v., Die öffentliche Beschimpfung der kath. Kirche auf der Bühne. Ein Appell an alle, welche Sinn für Gerechtigkeit u. Ehre haben u. mit ihren kathol. Mitbürgern auf Grund gegenseitiger Achtung in Frieden leben wollen. Mainz, Kirchheim, 1868, gr. 8°, 19 S., 1.—5. Aufl., 10 Pf.
Vgl.: Müller, Arth.

Der Bischof von Mainz, [Wilh. Emman.] Frh. v. Ketteler und die Freimaurerei. Leipzig: Fries [1862]. 16 S. 8° [Umschlagtit.]

[Dasselbe.] [Leipzig 1862: Vollrath.] 15 S. 8° [Kopftit.]
(Beil. zu FZ. 1862 No 37.)
cf. FZ. (Wien) 6 (1879) S. 61—62.
Tt. 1635. Ausg. mit 15 S. in 25; 16 S. in 65.

—— ein Brief über die von Dr. Friedrich und Dr. Michelis am 9. Febr. 1873 in Konstanz gehaltenen Reden. gr. 8. (13 S.) Freiburg i. Br. 873, Herder'sche Verlagsh. *

Ketteler, W. E. Frhr. v., Briefe von und an denselben, s. Briefe.

—— der Bruch des Religionsfriedens und der einzige Weg zu seiner Wiederherstellung. 1. und 2. Aufl. gr. 8. (62 S.) Mainz 875, Kirchheim.

—— zur Charakteristik der Jesuiten und ihrer Gegner. 1. und 2. Aufl. 8. (35 S.) Mainz 866, Kirchheim. *

—— Deutschland nach dem Kriege von 1866. 1.—6. Aufl. gr. 8. (VII und 231 S.) Mainz 867, Kirchheim.

Ketteler, Wilh. Emman. Frhr. v., die thatsächliche Einführung des bekenntnißlosen Protestantismus in die katholische Kirche. 8. (34 S.) Mainz 877. Kirchheim. — 30

Decurtins, G. Études sociales catholiques. Oeuvres choisies de Mgr. Ketteler. In-8°. LXIII, 79 p. Fribourg, Libr. de l'université. 1892 1 50

— erste Exercitien vor Beginn seiner theologischen Studien. Von ihm selbst aufgezeichnet u. aus seinem schriftl. Nachlasse hrsg. von J. B. Heinrich. 16. (63 S.) Ebend. 877. — 45

Ketteler, Wilh. v., die großen socialen Fragen der Gegenwart. Sechs Predigten gehalten zu Mainz. gr. 8. (IV und 92 S.) Mainz 849, [Kirchheim.]

— die großen socialen Fragen der Gegenwart. 6 Predigten, geh. in Mainz im J. 1848. Mit einem Anhang: Leichenrede, geh. im J. 1848 zu Frankfurt am Grabe des Fürsten Lichnowski u. des Generals v. Auerswald. gr. 8. (117 S.) Ebend. 878. 1. 50

Allgemeines: Freiheit, Autorität und Kirche. Erörterungen über die grossen Probleme der Gegenwart von Wilh. Emman. Frh. v. Ketteler, Bischof von Mainz. Mainz: Kirchheim 1862. XII, 259 S. 8°

°[Dasselbe.] 2. Aufl. Ebendas. 1862. XII, 259 S. 8°

°[Dasselbe.] 3. Aufl. Ebendas. 1862. XII, 259 S. 8°
[Kayser: Vollst. Bücher-Lexikon. 15 (1866) S. 515.]

[Dasselbe.] 4. Aufl. Ebendas. 1862. XII, 259 S. 8⁰

cf. Steger, C.: Für u. wider d Frmrei. Grosse Ausg. 1896 S. 228—253; T. 9 (1863) S. 12—13, 19—21, 28 30.
Tt. 1634. Richtet sich S. 219—231 gegen die Frmrei.

Ketteler, Wilh. Eman. v., Freiheit, Autorität u. Kirche ꝛc. 5—7. Aufl. Volksausg. Ebend. 862. 8. (VIII, 146 S.) n. 5 ngr.

— die Gefahren der neuen Schulgesetzgebung für die religiös-sittliche Erziehung der Kinder in den Volksschulen. Ein Wort der Belehrung und Ermahnung an die Eltern. 1.—3. Aufl. gr. 8. (71 S.) Mainz 876, Kirchheim.

—— die preußischen Gesetzentwürfe über die Stellung der Kirche zum Staat. 1.—6. Aufl. gr. 8. (52 S.) Ebendas. 873.

—— die Gewaltthat gegen den heil. Vater und die Anliegen unseres Vaterlands. Hirtenbrief. gr. 8. (19 S.) Ebendas. 870.

Ketteler, Wilh. Emman. Frhr. v., des Christen Glaube und Trost bei den gegenwärtigen Angriffen auf die Kirche und ihr Oberhaupt. Ein Hirtenbrief beim Anfange der Fastenzeit 1860. gr. 8. (80 S.) **Mainz 860, Kirchheim.**

—— die wahren Grundlagen des religiösen Friedens. Eine Antwort auf die von Herrn Prälaten Dr. Zimmermann und der evangel. Geistlichkeit Hessens erhobene Anschuldigung wegen „Verunglimpfung des evangel. Glaubens". 1.—3. Aufl. gr. 8. (VIII, 87 S.) Ebendas. 868.
Vgl.: An Frhrn. W. E. v. Ketteler. — Köbler, K. — Schlosser, G. — Schneidewin, Gfr. — Zimmermann, K.

— Vide: Hieronymi, W.: Kritische Blicke.

—— Hirtenbrief über die Encyclica vom 8. Decbr. gr. 8. (28 S.) Mainz 865, Kirchheim. *

Ketteler, Wilh. Eman. Frhr. v., Hirtenbriefe. Hrsg. v. Joh. Mich. Raich. (XI, 944 S. m. Bildnis.) gr. 8. Mainz 904. Druckerei Lehrlingshaus. n. 5. —; geb. in Halbfrz. n. 7. 50

—— die Jesuiten in Mainz und die Beschwerde des Gemeinderathes bei den hohen Ständen gegen deren Aufenthalt in der Pfarrwohnung zu St. Christoph. Ansprache an seine Diöcesanen. gr. 8. (48 S.) Mainz 864, Kirchheim. *

—— Ist das Gesetz das öffentliche Gewissen? s. a. Broschüren-Verein.

—— Ist das Gesetz das öffentliche Gewissen? Frankfurter Broschüre 1866. (Jahrg. 2 Heft 3.)

—— der Kampf gegen die Kirche. Predigt bei Eröffnung des allgemeinen Gebetes für die Anliegen der Kirche im hohen Dome zu Mainz am Sonntag nach Allerheiligen. gr. 8. (15 S.) Ebendas. 872.

Kann ein gläubiger Christ Freimaurer sein? Antwort an Rud. Seydel von Wilh. Emman., Frh. v. Ketteler, Bischof von Mainz. Mainz: Kirchheim 1865. 95 S. 8⁰

[Dasselbe.] 2. Aufl. Ebendas. 1865. 95 S. 8⁰

[Dasselbe.] 3. Aufl. Ebendas. 1865. 95 S. 8⁰

[Dasselbe.] 4. Aufl. Ebendas. 1865. 95 S. 8⁰

[Dasselbe.] 5. Aufl. Ebendas. 1865. 95 S. 8⁰

Recens: FZ. 19 (1865) S. 265-266 (M. Zille), 308—311 (Brüggemann), 339—341; Bh. 8 (1865) S. 302—303.
cf. Bh. 8 (1865) S. 276—277 (H. Graf v. Bressler); °Rheinisch. Herold, abgedr. in: Bh. 8 (1865) S. 357—358, 365—366; vgl. ferner: Zille, M.: Spitzhammer u. Kelle. 1872 S. 380—384.

—— Kann ein Jesuit von seinem Oberen zu einer Sünde verpflichtet werden? Correspondenz mit dem Director des Großherzogl. Hess. Ministeriums des Innern Frhr. v. Starck. gr. 8. (47 S.) Ebendas. 874. *

—— die Katholiken im deutschen Reiche. Entwurf zu einem polit. Programm. 1.—5. Aufl. gr. 8. (VIII, 123 S.) Ebendas. 873.

—— das allgemeine Concil und seine Bedeutung für unsere Zeit. 1.—5. Aufl. gr. 8. (III, 134 S.) Ebendas. 869.
Vgl.: Dieckhoff, A. W. — Göß, Peter.

—— der Culturkampf gegen die kathol. Kirche und die neuen Kirchengesetzentwürfe für Hessen. gr. 8. (VIII, 86 S.) Ebendas. 874.

—— die gegenwärtige Lage des heiligen Vaters. Hirtenbrief gr. 8. (28 S.) Mainz 867, Kirchheim.

—— das unfehlbare Lehramt des Papstes nach der Entscheidung des vatican. Concils. 1.—4. Aufl. gr. 8. (VIII, 96 S.) Ebendas. 871.

—— Leichenrede, gesprochen am Grabe der am 18. Septbr. zu Frankfurt a. M. gewaltsam Ermordeten und der im Kampfe gegen die Aufständischen Gefallenen. gr. 8. (15 S.) Leipzig 848, H. Fritzsche.

—— Liberalismus, Socialismus und Christenthum. Rede gehalten auf der 21. General-Versammlung der kathol. Vereine Deutschlands. 1.—3. Aufl. gr. 8. (20 S.) Ebendas. 871. *

v. Ketteler, Liberalismus, Sozialismus u. Christenthum. Mainz 877.

—— die Minorität auf dem Concil. Antwort auf Lord Acton's Sendschreiben an einen deutschen Bischof des vatican. Concils. gr. 8. (15 S.) Ebendas. 870.

—— die Pflichten des Adels. Eine Stimme aus den Tagen des heil. Thomas von Aquin. Dem gesammten christl. Adel Deutschlands gewidmet. 8. (XIX, 487 S.) Ebendas. 868.

— die Pflichten der Eltern u. des Elternhauses unter den modernen Schulverhältnissen. 4 Predigten. gr. 8. (78 S.) Ebend. 877. — 75

—— Predigten. Hrsg. von J. M. Raich. 12 Lfgn. oder 2 Bde. gr. 8. (VIII, 624 S. mit Portr. in Lichtdr.; IV, 524 S.) Ebendas. 878. à Lfg. ℳ 1.

—— das Recht der Domcapitel und das Veto der Regierungen bei den Bischofswahlen in Preußen und der oberrhein. Kirchenprovinz. gr. 8. (47 S.) Ebendas. 869. *

Ketteler, Wilh. Emman. v., das Recht und der Rechtsschutz der katholischen Kirche in Deutschland, mit besonderer Rücksicht auf die Forderungen des Oberrheinischen Episkopates u. den gegenwärtigen kirchlichen Conflict. 2. Aufl. Mainz 854. Kirchheim. gr. 8. (VIII, 47 S.) 6 ngr.

—— das Reichsgesetz vom 4. Juli 1872, betr. den Orden der Gesellschaft Jesu und die Ausführungsmaßregeln dieses Gesetzes. Schreiben an meine Diöcesanen. 1. und 2. Aufl. gr. 8. (18 S.) Ebendas. 872.

—— der Religionsunterricht in der Volksschule. Ein Hirtenbrief. gr. 8. (87 S.) Mainz 858. Kirchheim.

Ketteler, Wilh. Eman. Frhr. v., soziale Schriften. Neue Auswahl, enth.: 1. Die Arbeiterfrage u. das Christentum. 2. Verfassung u. Arbeiterfrage. 3. Die Arbeiterbewegg. u. ihr Streben im Verhältnis zu Religion u. Sittlichkeit. (V, 117 S.) 8. Essen 908. Fredebeul & Koenen. — 60

—— Soll die Kirche allein rechtlos sein? Ein Mahn- und Hirtenwort an die Gläubigen der Diöcese Mainz, zugleich eine Abwehr ungerechter Anschuldigungen. 2. Aufl. gr. 8. (31 S.) Mainz 861, Kirchheim. *

—— Stellung und Pflicht der Katholiken im Kampfe der Gegenwart. Festrede beim 25jähr. Jubiläum des Erzbischofs Hermann von Freiburg gehalten am 25. März 1868 im Münster zu Freiburg. 1.—3. unveränd. Aufl. gr. 8. (28 S.) Freiburg i. Br. 868, Herder'sche Verlagsh.

—— die moderne Tendenz-Wissenschaft. Beleuchtet am Exempel des Herrn Prof. Dr. E. Friedberg. gr. 8. (31 S.) Mainz 873, Kirchheim.

—— die Trennung der Schule von der Kirche. Hirtenbrief. gr. 8. (32 S.) Ebendas. 873.

— die Unwahrheiten der römischen Briefe vom Concil in der allgemeinen Zeitung. Mainz 868 Kirchheim. gr. 8. (24 S.) 1 ngr.

—— die Unwahrheiten der römischen Briefe vom Concil in der allgemeinen Zeitung. gr. 8. (24 S.) Ebendas. 870.

—— die Verhandlungen in der ersten Kammer der Stände zu Karlsruhe am 17. März 1866 über das Gewissen. gr. 8. (28 S.) Mainz 866, Kirchheim. *

—— Warum können wir zur Ausführung der Kirchengesetze nicht mitwirken? 1. und 2. Aufl. gr. 8. (103 S.) Ebendas. 876.

—— Warum liebt der Katholik seine Kirche? Dai. 1863. 8°.

—— Was hat Herr Professor Nippold in Heidelberg bewiesen? Eine Entgegnung auf dessen Schrift: „Ein Bischofsbrief vom Concil und eine deutsche Antwort". Zugleich eine Beleuchtung moderner Geistesrichtungen. gr. 8. (54 S.) Mainz 870, Kirchheim.

—— ein zweites Wort über die Jesuiten in Mainz. Beleuchtung des Berichtes des Referenten der 2. Kammer über die Beschwerde des Gemeinderathes. Nebst dem Rechtsgutachten französ. Juristen vom 3. Juni 1845, über die Erlaubtheit nicht autorisirter religiöser Genossenschaften, und anderen diesen Gegenstand betr. Aktenstücken. gr. 8. (47 S.) Mainz 864, Kirchheim. *

— Worte der Belehrung u. Ermahnung an christliche Eltern üb. ihre Pflichten bei der Vorbereitung ihrer Kinder zur 1. hl. Kommunion, s.a. Haus u. Herd.

Ketteler, Bischof Wilh. Emman. Frhr. v., Worte der Belehrung und Ermahnung an alle christlichen Eltern über ihre Pflichten bei der Vorbereitung ihrer Kinder zur ersten heil. Communion. 8. Ebendas. 874.

Ketteler, Wilh. Emman. Frhr. v., Worte der Belehrung und Ermahnung an alle christlichen Eltern über ihre Pflichten bei der Vorbereitung ihrer Kinder zur ersten heiligen Communion. 3. Aufl. 8. (59 S.) Mainz 881, Kirchheim. *

Ketteler, Bischof Wilh. Emman. Frhr. v., die Centrums-Fraction auf dem ersten deutschen Reichstage. 1.—3. Aufl. gr. 8. (III, 155 S.) Mainz 872, Kirchheim.

Kettelhoit, Theodor Über die Schuppen der Schmetterlinge. 8 S. Progr. Colmar 1881.

Kettelhoit, Theodor (geb. am 20 Dez. 1832 in Verl Westf.): De squamis lepidopterorum ... Bonnae, form. Carthausianis (1860). 2 Bl., 31 S., 1 Taf. 8.
Bonn, Phil. Fak., Diss. v. 14 Aug. 1860

Kettelholdts Leben und Charakterz. v. Ch. W. Schwarz. gr. 4. Rudolst. Hartknoch. 801. Rthlr.

Schroeder, Octavio Rud.: Kette-Lied [!]. Zur Begrüssung des geliebten Brs O. R. Schroeder am Tage seines goldenen Maurer-Jubiläums, 27. Sept. 1862. [Hamburg 1862.] 1 Bl. 8⁰ [Kopftit.]
Ohne Noten: „Der Wahrheit Keim verbreiten ..." 193.

Kettell's, Thomas P., vollständige Geschichte der großen amerikanischen Rebellion. Nach dem Engl. bearb. von Paul Löser. 2 Bde. Hartfort, Ct. 866. (Philadelphia, Schäfer & Koradi.) gr. 8. (XIV, 1172 S. mit eingedr. Holzschn. u. 22 Stahlst.) geb. n. 7 ℳ

Kettelsen, Boy, Kanzleysecretair etc. Königlich dänischer Hof- und Staats-Kalender für das Jahr 1881. Nebst einem genealogischen Verzeichnisse aller itztlebenden durchlauchtigsten Höchst- und Hohen Häuser in Europa. 4. Altona 1811.

Kettemann, Friedr., gründlich praktische Anweisung Möbel von Tannen-, Fichten-, Eichen- oder anderem Holze auf eine billige Art so herzustellen, daß sie an Eleganz und Dauer den von Nußbaum oder sonstigem feinen Holze gefertigten, völlig gleichkommen; auch dieselben zu schleifen, lackiren und mit Einlagen zu verzieren. Auf 15jährige Erfahrungen gegründet. Für Tischler, Maler, Lackirer ꝛc. 8. Schwäbisch Hall 849, Nitzschke.

Kettembeil, C. G., gründl. Anweisung üb. d. Erzieh. u. Behandlung d. weißen Maulbeerbaumes, so wie auch üb. d. Erzieh. d. Seidenraupen. 2 Hfte. M. 1 Futter-Tab. u. 2 lith. Taf. 8. (7½ B.) Nordhausen 829. [Leipzig, Dörffling.]

Kettembeil, C. G., die Magazin-Bienenzucht nach monatl. Verrichtungen eingerichtet. 12. (9 B.) Nordhausen 846, Fürst.

Kettembeil, C. G., die Magazin-Bienenzucht nach monatlichen Verrichtungen eingerichtet. 2. (Titel-)Aufl. Plauen (846.) 853. Schröter. 12. (VIII, 207 S.) 10 ngr.

Kettembeil, J. A.: Index Florentinus barbariei e medio aevo ad nos transmissae ἀπόδωξ. *Francohus.* 755. 4.

Kettembeil, Johann Ferdin. (Brettleben/Thüring.), De eo, quod circa juris ignorantiam justum est. Diss. jur. Präs. Conr. Wilh. Strecker. Erfurt (Hering) 18. XI. 1754. 24 S. (6.30) 17857

Ketten, Evrard, u. Jean Ketten: Rosenzucht. Kleiner Führer zum Gebrauche der Rosenfreunde.
Luxemburg: P. Breithof 1889. – 96 S. 8⁰

Ketten, J. G. v. der, **der kleine Waldt der freyen Reichs statt Collen, s. Fahne, A., Denkmale und Ahnentafeln in Rheinland und Westfalen.**

Ketten, Jean: Rosenzucht, s. Ketten, Evrard

Kettenacker, Ambr. Siehe: *Linder, C.*

Kettenacker, J. v., s. Kettennacker.

Kettenbach [Schlagwort]

Kettenbach. s.: Preussen. Messtischblätter.

Kettenbach's, F., Getreide-Anatomie u. Trockenreinigungs-Verfahren nebst Arbeitsplänen f. moderne Getreide-Reinigungsanlagen. (67 S. m. 37 Abbildgn.) 8. Leipzig 909. H. A. L. Degener. 2.50

— **Der Müller u. der Mühlenbauer. Prakt. Handbuch f. Müller, Mühlenbauer u. techn. Lehranstalten.** 2 Bde. Lex. 8. Ebd. 907. Geb. in Leinw. 20.—
1. Mit 165 Abb. im Texte u. auf 6 Taf. (X, 178 S.)
2. Mit 198 Abb. im Texte u. auf 9 Taf. (VII, 201 S.)

— **Die Schäl-Industrie u. Müllerei-Nebenzweige. Praktisches Handbuch f. Müller, Mühlenbauer, Fabrikanten u. techn. Lehranstalten.** Mit 134 Abb. im Text u. auf 10 Taf., nebst zahlr. Diagr. u. Tab. (X, 129 S.) Lex. 8. Ebd. 908. Geb. in Leinw. 10.—

Kettenbach's, Heinr. v., Schriften, s.a. **Flugschriften aus den ersten Jahren der Reformation. II, 1.**

Die Schriften Heinrichs v. **Kettenbach**. Hrsg. von Otto Clemen. Leipzig: R. Haupt 1907. (242 S.) 8° [F.]
— **Flugschriften** aus d. ersten Jahren d. Reformation. Bd 2, H. 1. (07.11997 3

Kettenbeil, F. G., prakt. Anweisung z. militair. Exercirkunst f. Kinder beiderlei Geschlechts u. Nichtsoldaten. 8. (1⅓ B. u. 2 ill. Taf.) Jena 843. (Frommann.) *

— – prakt. Anweisung zur Schwimmkunst nach der v. Pfuelschen Methode. 8. (2⅓ B. u. 24 Stnt.) Quedlinburg 842, Basse.

Kettenbeil, Georg Christian (Bretleb./Thüring.), De testamento mystico. Präs. D. Heinrich Gottfr. Bauer. Lpz. (Breitkopf) 8. IX. 1764. 8 Seiten. (4.—) 17858

* **LIEDER** (von *H. G. A. Kettenbeil*, nach v. Meusebach's Notiz zu Koch's Compend. II. p. 120). Gotha bei Paul Mevius 1760. 8⁰. 112 S. (In Berlin: Yl 5801.)

— **Heinrich Gotthardt August** (Breitling./Thüring.), Conciliationem L. 32. D. d. LL. et l. 2. C. quae sit long. consu. Präs. D. Heinr. Gottfried Bauer. Lpz. (Langenheim) 25. VII. 1761. 8 S. (4.—) 17859

Kettenbeil, Wilhelm, aus Leipzig: **Studien über elektrolytische Amalgambildung und Versuche zur Metalltrennung durch Amalgambildung.** *Leipzig 1903: Metzger & Wittig.* (48 S.) 8°
Göttingen, Phil. Diss. v. [28. Dez.] 1903

Kettenbrücke, die, s. Siebenh—r.

Kettenbrücke. die erste (dies- und jenseits des Oceans) ausgeführte, für den Locomotivbetrieb. Projectirt und erbaut im Jahre 1859—60 von Friedrich Schnirch, k. k. Oberinspector. Mit Zeichnungen. Nach authentischen Daten zusammengestellt und herausg. von Julius Fanta, k. k. Ingenieur. gr. 4. (28 S.) Wien. Selch in Comm. 1861. 1 fl.

Kettenburg, C. A. P. v. der, **Betrachtungen über die sogenannten Grundrechte des deutschen Volks.** (Geschrieben im Febr. 1849.) gr. 8. (71 S.) Rostock 849, Stiller'sche Hofbuchh. *

Kettenburg, Heinrich Frh. von der, Referendar: **Die Aquilische Haftung wegen Unterlassung nach gemeinem Recht.** *Strassburg 1898: M. DuMont-Schauberg.* (55 S.) 8°
Freiburg i. B., Rechts- u. staatswiss. Diss. v. 1898

Kettenburg, Kuno v. d., Triumph der Hoffnung. Ein poet. Versuch. 16. (26 S.) Mainz 861, Kirchheim. *

v. d. Kettenburg, Kuno Ldw., († d. 14. Januar 1814.) **Diego.** Trspl. 8. Berl. 812. Rücker. 18 gG (Brandenburg). Hbg. Pr. 6 gG

— **Julianus Apostata.** Tragoedie. 8. Berl. 811. (Rücker). 18 gG

Kettenfeier, Petri [Wirkl. Name]
s. Rosegger, P K [Pseud.]

Kettenglieder, neue, aus e. sehr bewegten Leben. Wahre Erzählungen. 8. (15 B.) Weimar 830, Hoffmann.

Kettenhofen, Peter, Arzt a. Trier: Pharmakologisches Institut der Universität. Das Ylang-Ylang-Öl pharmakologisch untersucht. Bonn 1906: P. Hauptmann. (50 S.) 8°
Bonn, Med. Fak., Ref. Binz, Diss. v. 25. Juli 1906
[Geb. 30. Juni 78 Trier; Wohnort: Trier; Staatsangeh.: Preußen; Vorbildung: Kaiser-Wilhelms-Gymn. Trier Reife O. 99; Studium: München 4, Bonn 9 S.; Coll. 23. Juli 06; Approb. 3. Mai 06.]

Ketten-Lied. o. O. u. J. 1 Bl. 8⁰ [Kopftit.]
Ohne Noten: „Der Freude ist ihr Recht geschehn . . .“ 140.

Kettenlied. o. O. u. J. 1 Bl. 8⁰ [Kopftit.]
[Dasselbe.] o. O. u. J. 1 Bl. quer 8⁰ [Lithogr.]
Ohne Noten: „Wir singen und schlingen zur Wette . . .“ 140. 157.

Kettenlieder und Kettensprüche: [Kettenlied.] o. O. u. J. 1 Bl. 8⁰.
„Traute Brüder reicht die Hände“ . . . 21.

Johannes-Loge „Phönix zur Wahrheit“. **Kettenlied.** o. O. u. J. 1 Bl. 8⁰. [Kopftit.]
Ohne Noten: „Wir folgen dem schönsten der Triebe“ . . . 21.

Ketten-Lied. [Altenburg] o. J. 1 Bl. 8° [Kopftit.]
Ohne Noten: „Auf ihr Brüder Händ' in Hände!" 193.

Kettenlied. [Dresden] o. J.: [Heinrich]. 1 Bl. 8° [Kopftit.]
Ohne Noten: „Wenn die Maurer die Mahlzeit beendet, . . ." 157.

Kettenlied. [Eigentum der Loge Minerva-Rhenana Köln.) [Köln o. J.] 1 Bl. 8°. [Kopftit.]
„Wir folgen dem schönsten der Triebe" . . . 21.

Kettenlied [der Loge zum goldenen Schiff in Berlin]. [Berlin] o. J. 1 Bl. 8°. [Kopftit.]
„Wir treten zum Beten" . . . 21.

Loge Sokrates zur Standhaftigkeit im Or.·. Frankfurt a. M. Tafelloge am 8. Dez. 1901. **Kettenlied.** [Unterz.]: K. H. [Frankfurt a. M.: 1901.] 1 Bl. 4° [Kopftit.]
Ohne Noten: „Hundert Jahre! Sie verschwanden, . . ." 140.

Kettenlied bei der Tafel□. o. O. u. J. 2 Bl. 8° [Kopftit.]
Ohne Noten: „Lasst würdig uns die Bruderkette schliessen, . . ." 345.

Kettenlied zum Verbrüderungsfeste am 5. Juni 1853 in der □ Harmonie, im Or. von Chemnitz. [Unterz.:] Sbg. [Chemnitz 1853: Pickenhahn.] 1 Bl. 8° [Kopftit.]
Ohne Noten: „Erfasst die Bruderhand . . ." 3. 358.

Kettenlieder. Von allen Brüdern zu singen. o. O. u. J. 1 Bl. 8°. [Kopftit.]
2 Lieder ohne Noten. „Grosser Meister dessen Allmacht" und „Wir folgen dem schönsten der Triebe". 21.

Kettenlinie, d., u. ihre Anwendung im Allgemeinen, insbesond. z. Theil auf Kettenhänge-Brücken, v. J. G. K. Mit 1 Steindr. 8. Brünn 826, Traßler.

Kettennacker, J. v.

v. KETTENACKER, J.: Anleit. zu Compromissen, mit Rücks. auf d. Bad. Landrecht. *Freiburg*, Herder. 819. 8. (6 Gr.)

Kettennaker, J. N. v., Archiv f. Rechtspflege, s. Archiv.

Kettenacker, J. v., Betrachtungen üb. die Mängel des Advocatenstandes u. Vorschläge z. Vervollkommnung desselben. 8. Freiburg, Herder. 814.

- s. Denkschrift f. d. deutsche Gerichtsverfahren.

—— Entwurf e. Strafgesetzbuchs f. Baden, s. Entwurf.

Kettenacker, J. s.a. Ursprung (Ueber den) des Zehnten.

(Kettennaker, J.): „Ueber den Ursprung des Zehnten. Eine historisch-rechtliche Erörterung", Karlsruhe 1831 (Groos). — Vorhanden: Preuß. Staatsbibl. Berlin und Bibl. des German. Museums Nürnberg.

v. Kettennacker, J. N., das Verbrechen der Ehrenverletzung. Ein Beitrag zur Beurtheilung des Entwurfes eines Strafgesetzbuches für das Großherzogth. Baden v. J. 1836. u. für das Königreich Würtemberg v. J. 1835. gr. 8. Mannheim 839. Schwan u. Göt. 1/2 ₰

—— über d. Vergleichsgerichte. Zweck, Bedürfniß u. Grundlagen. Lex.-8. (2½ B.) Freiburg 837. [Karlsruhe, Groos.]

Kettennaker, J. N. v., s. Kettennacker, J. v.

Kettenspruch. o. O. u. J. 1 Bl. 8° [Kopftit.]
„Dank Dir, ewiger Weltenmeister, . . ." 100.

Kettenstein, Kuno v., oder Kampf u. Sieg gegen Laster u. Bosheit. 8. Wien, Bauer. (Leipz. J. G. H. Richter in Comm.) 812.

KETTENTRAGER, Der. (Zahmer Roman.) 2 Thle. Mit 1 Titelkpf. u. 1 Titelvign. Amsterdam (Cöthen, Aue) 1796. 8°. 456 u. 694 S.

Kettenträger, der, 2 Thle. 8. Lpz. Jacobäer. 796. (I. 1 Rthlr. 8 gr. II. 1 Rthlr. 16 gr.)

— — Dasselbe. Ebd. 1806. 8°.

Kettenträger, der. 2 Thle. 8. Leipz. Jacobäer. 815.

Ketterer, Burkhard, appr. Arzt a. Schonach ⟨Baden⟩: Über Glycosal. Freiburg i. B.: Speyer & Kaerner 1906. (36 S.) 8°
Freiburg i. B., Med. Fak., Ref. Thomas, Diss. v. 5. Aug. 1906
[Geb. 14. Okt. 77 Schonach; Wohnort: Schonach; Staatsangeb.: Baden; Vorbildung: Gymn. Offenburg Reife Juli 00; Studium: München 2, Freiburg i. B. 7 S.; Coll. 22. Juni 06; Approb. 17. Juni 05.]

Ketterer, Joh. Adam, Grundriß der katholischen Apologetik f. die Oberklasse höh. Lehranstalten. (VII, 127 S.) 8. München 910. R. Oldenbourg. Geb. in Leinw. 1. 20

Ketterer, Joh. Adam, Karl d. Große u. d. Kirche. gr. 8. (V, 279 S.) München 898. R. Oldenbourg. n. 5. —

Ketterer, Martin, Referendar in Leipzig: Das Chikaneverbot im B.G.B. Leipzig: O. Wigand 1907. (52 S.) 8°
Leipzig, Jur. Fak., Diss. v. 14. Mai 1907
[Geb. 25. Sept. 79 Leipzig-Reudnitz; Wohnort: Leipzig-Reudnitz; Staatsangeh.: Sachsen; Vorbildung: Kgl. Staatsgymn. Wurzen Reife O. 00; Studium: Leipzig 3, München 1, Leipzig 4 S.; Rig. 11. Mai 07.]

Ketterer, Wilh., u. Ald. Knapp, das Acherthal u. seine Luftkurorte. Ein Führer auf den Ausflügen zu allen wicht. Punkten, nebst Geschichte u. Sagen d. Thales u. seiner näheren Umgebg. 8. (254 S. m. 1 Abbildg. u. 1 Karte.) Achern 890. (Freiburg i/B., P. Ohnesorge.) Geb. in Leinw. n. 1. 75

Ketterl, Franz [aus Aschaffenburg]: Aus d. Ohrenabteilg d. chirurg. Poliklinik München. Vorstand: Doc. Dr. Haug. Ueber einen Fall von erworbener Atresie des einen Gehörganges sowie beider Naseneingänge, complicirt mit luetischer Sattelnase ... Diessen am Ammersee, Buchdr. v. J. C. Huber, *1897;* 23 S. 8.
München, Med. Fak., Inaug.-Diss. v. 1897

Ketterl, Peter, appr. Arzt aus München: Ueber zwei Fälle von Cilien in der vorderen Augenkammer. *München 1899: Kastner & Lossen.* (22 S.) 8°
München, Med. Diss. v. 1899

Ketterling, Karl Fr.

—Darstellung des Veitstanzes. 4. Regensb. 805. (Doll in Augsburg). 2 K

Ketterling, Karl Fr., über d. gelbe Fieber. 8. Regensb. 804. (Heigl in Straub.) 5 K (Doll in Augsb.; a. Wienbrack in Leipz.) 3 K

Kettiger, J., Der Anschauungsunterricht. Beitrag zur Methodik des Unterrichts in der Muttersprache. Wettingen 1859.
Progr.

Kettiger, J., Arbeitsbüchlein. Wegweiser für einen bildenden und method. Unterricht in den weibl. Handarbeiten und in der Haushaltungskunde. 4. durchgeseh. Aufl. gr. 16. (VII, 130 S. mit 3 Tab. in qu. 4. und 14 S. Beilage.) Zürich 873, Schultheß. *

Kettiger, J., Arbeitsschulbüchlein. Wegweiser für einen method. Unterricht in den weibl. Handarbeiten. 2., umgearb. und verm. Aufl. 16. (XII und 128 S. mit 2 Tab. in 4. und gr. Fol.) Zürich 860, Schultheß. *

Kettiger, J., Arbeitsschulbüchlein. Wegweiser für einen bild. und method. Unterricht in den weibl. Handarbeiten und in der Haushaltungskunde. 3., verm. Aufl. 16. (XVI und 144 S. mit 2 Tab. in gr. 4. und Fol.) Zürich 866, Schultheß. cart. *

Kettiger: Über die Besoldung des Volksschullehrers. Baden. 1863. Schul-/Univ.-Schrift

Kettiger, J., Grundzüge einer berufsmässigen Fortbildung für den Jüngling auf dem Lande. Wettingen 1860.
Progr.

—— Lehr- und Lesebuch für die reifere, weibliche Jugend in Arbeits- und Fortbildungsschulen. Zur Einführung der Mädchen in ihre Lebensaufgabe. Nach dem Tode des Verf. hrsg. von H. Welti-Kettiger. 16. (VIII, 352 S.) Ebendas. 873. *

— Der Lehrverein zu Aarau (1820—1830). Ein Beitrag zur Geschichte des schweiz. Unterrichts- und Erziehungswesens. Wettingen 1858.
Progr.

Kettiger, J. Memorial über die Basellandschaftlichen Repetirschulen und über deren Verbesserung. Liestal 1848.

Kettiger, J. Das Schulwesen des Kantons Basel-Landschaft. Liestal 1844.

Kettiger, J., Wegweiser für Volksschullehrer. Darlegung von Umfang, Richtung u. Ziel des Unterrichts u. Vertheilung des Lehrstoffes auf die Schulzeit. 2. Aufl. Liestal 856. (Aarau, Sauerländer.) gr. 8. (130 S.) n. 15 ngr.

Kettiger, J., Welches ist der durchschnittliche Zustand der Schullehrer-Seminare in der Schweiz? Wettingen 1857.
Progr.

Kettilianus, Th., jus eccles. vetus. ed. Thorkelini. c. fig. 8. maj. Hafn. Pelt. 776.

Kettl, Carl, Bosnien und seine Zukunft. Culturhistor. Vortrag über Bosnien, seine reichen Naturschätze, Handelseigenthümlichkeiten und Kolonien. 8. (36 S.) Würzburg 884, Bucher. *

Kettle, John Edwin, Lehrbuch der englischen Sprache für obere Klassen. 8. (XV, 367 S.) Hamburg 880. Grädener. n. 2. 50

Kettle, R. M., Lord Maskelyne's Daughter, s. Asher's Collection of English Authors.

Kettler

Festschrift zur Feier des 50jähr. Bestehens der Städtischen Sparkasse zu Witten. 1853—1903. (Verf.: Kettler.) — Witten (1903): Pott. 44 S. 8° 38 A.

Kettler, Carl, s. Kettler, Karl

Kettler, Franz: Lateinische Zitate in den Dramen namhafter Zeitgenossen Shakespeares. Bremen 1909: Hauschild. XVI, 120 S. 8°
Straßburg, Phil. Diss. v. 26. Mai 1909, Ref. Koeppel
[Geb. 29. Okt. 85 Bremen; Wohnort: Bremen; Staatsangeh.: Bremen; Vorbildung: Gymn. Bremen Reife O. 05; Studium: Straßburg 4, München 1, Straßburg 3 S.] [U 09. 3836

Kettler, Georg

Nonnullas ad Herodianum, rerum Romanarum scriptorem, annotationes scripsit Gg. Kettler, Stdl. — 1882, Erlangen, Junge et Sohn. — S. 3—39°.
Progr. Erlangen, K. Gymm.

Kettler, Hedwig
Pseud.: J. Kettler

Kettler, J., gleiche Bildung f. Mann u. Frau, s.a. Bibliothek der Frauenfrage. H. 6

Kettler, Hedwig. — Frau J. Kettler [d. i. Hedwig Kettler]: Gleiche Bildung für Mann und Frau. (Vortrag, gehalten im Verein 'Frauenbildungsreform' in Berlin am 24. April 1891.) — Weimar: Weimarer Verlagsanst. 1891. 19 S. 8° (Kettler: Für Frauenglück.)

—— 5. Aufl. 1892. (Bibliothek der Frauenfrage. 6.)

Kettler, Frau J. [d. i.: **Kettler**, Hedwig:] Für Frauenglück! Inhalt: I. Was ist Frauen-Emanzipation? II. Was wird aus unsern Töchtern? III. Streiflichter auf unsere Gegner. IV. Gleiche Bildung für Mann u. Frau. [Nebst Anh.] — Weimar: Weimarer Verlagsanst. [1891]. 28 S. 8°

— das erste deutsche Mädchengymnasium, s.a. Bibliothek der Frauenfrage.

Kettler, [Hedwig]: Das erste deutsche Mädchengymnasium. Von Frau J. Kettler [d. i. Hedwig Kettler]. — Weimar: Weimarer Verl.-Anst. (1893). 32 S. 8° (Bibliothek d. Frauenfrage. 19.)

— Streiflichter auf unsere Gegner. (Bibliothek der Frauenfrage, Heft 5.) 8°. Weimar 1891.

– Dasselbe, s.a. Bibliothek der Frauenfrage

-- Was ist Frauen-Emanzipation? Vortrag, gehalten in Berlin auf d. 2. Generalversammlung d. „Deutschen Frauenvereins Reform". (Nebst Anh.: Die Ziele d. „Deutschen Frauenvereins Reform" und seine Stellung zu anderen Vereinen. Von J. Kettler.) — Weimar: Frauenberuf-Verl. [1891]. 24 S. 8° (Bibliothek d. Frauenfrage. 8. 9. [auch:] 3.)

Die Aufsätze sind auch einzeln als Hefte d. „Bibliothek d. Frauenfrage" ersch. — Der Anh. enthält: 1. Die 2. Petition des „Deutschen Frauenvereins Reform" an den deutschen Reichstag am 18. April 1891 betr. die Zulassung der Frau zur Ausübung d. ärztl. Berufes. — 2. Satzungen des Deutschen Frauenvereins Reform für Eröffnung wissenschaftl. Berufe für die Frauenwelt. — 3. Das Frauenstudium vor der Unterrichtskommission des preuß. Abgeordnetenhauses. — 4. Referat der Zeitschrift „Volkswohl" über den Angriff Waldeyers auf das Frauenstudium.

– Dasselbe, s.a. Bibliothek der Frauenfrage

Kettler, Frau J. [d.i. Hedwig **Kettler**]: Was wird aus unsern Töchtern? — Weimar: Frauenberuf-Verlag 1889. 48 S. 8° (Bibliothek der Frauenfrage. 1/2.)

— — 3. Aufl. 1891.

– Dasselbe, s.a. Bibliothek der Frauenfrage

Kettler, J., s. Kettler, Hedwig

Kettler, Julius Iwan

Kettler, J.: Archiv f. Städtekunde.

Kettler, J. I., Beiträge zur Geographie u. Statistik. 1. Hft. Niedersächsische Städte. gr. 8. (IV, 68 S.) Weimar 894. Weimarer Verlagsanstalt. n.n. 1.50

Kettler, J. I., Deutschland, s.: Grieben's Reisebücher.

Kettler, J. J., Statist. Handbuch d. Prov. Hannover, s.a. Ringklib, H.

Ringklib, Statistisches Handbuch der Prov. Hannover. 6. Ausg., neu bearb. v. **Kettler**. Hannover 897.

Kettler, J. J., siehe: *Hand- und Reisekarte.*

Kettler, J. J. Handkarte der Deutschen Schutzgebiete in Ostafrika. 1 : 1 000 000. Weimar (1888). 1 Bl. c. I.

Kettler, J. I., u. Herm. **Müller**, Karte v. Afrika. 1 : 8,000,000. 4 Bl. in Kpfrst. m. Farbendr. u. Kolorit. qu. gr. Fol. (m. 1 Bl. Text). Weimar 886. Geograph. Institut. n. 12. —

Kettler, J. J., u. C. **Riemer**, Karte der Reichstagswahlen 1887 u. 1890. Weimar, Geogr. Inst. 1890. gr. qu.-Fol. Farbendr. (50 Pf.)

Kettler, J. J., s.: Kolonial-Bibliothek.

Kettler, v., s. Kürschner's Staatshandbuch.

Kettler, J. J., s.a. Nachrichten, afrikan.

— afrikanische Nachrichten. Unabhängige Wochenschrift f. Länder- u. Völkerkunde Afrikas, m. besond. Berücksicht. der deutschen Interessen. 1. Jahrg. Juli 1892—Juni 1893. 48 Nrn. (à ca. 1½ Bog.) gr. 4. Weimar, Geographisches Institut. n. 12. —

– Nord-Deutschland, s. G r i e b e n ' s Reisebücher.

– (Bearb.), s. R e i s e - T a s c h e n b u c h , Fröhlichs, für Handwerker und andere Gewerbetreibende

— Reise-Taschenbuch f. Handwerker, s.: Fröhlich.

– Der R h e i n , s. G r i e b e n ' s Reisebücher

— Skizzen aus Afrika, s.: Universal-Bibliothek, geographische.

Kettler, J. I., Niedersächsische Städte. Weimar 1894. 8.
A. u. d. T.: Kettler, Beiträge zur Geogr. u. Stat. II. 1. . . . . (D.)

– S ü d - D e u t s c h l a n d und Rhein, s. G r i e b e n ' s Reisebücher.

– (Bearb.), s. S ü d - D e u t s c h l a n d und Rhein.

– T h ü r i n g e n , s. G r i e b e n ' s Reisebücher

– (Bearb.), s. T h ü r i n g e n .

Kettler, Uebersichtskarte der deutschen Reichstags-Wahlen 1893 u. 1890. Weimar 893.

Kettler, Julius Iwan, Ukraine und Kaukasus. Sprachgebiete. Berlin und Glogau 1918. (Flemmings Völkerkarten 2)

– Die W e s e r b e r g e , s. G r i e b e n ' s Reisebücher.

– (Hrsg.), s. Z e i t s c h r i f t für wissenschaftliche Geographie.

Kettler, Karl

Kettler, Carl, aus Estland. Ein Beitrag zur Theorie des Fiebers. Diss. Dorpat. 8°. 78 pp. 1867.

Kettler, Louise-Hedwige: La question de l'allaitement à Genève. (Clinique obstétricale et gynécologique de l'Université de Genève. Prof. Beuttner.) Genève 1910. 64 p. 8°. [1. VIII. 10.]
Genève. Thèse méd. 1909/10.

Kettler, Vollrath [Lieutenant a. D. aus Osnabrück]: Über Luftfeuchtigkeit in hygienischer Beziehung . . . . Berlin, Buchdr. v. Gustav Schade (Otto Francke) (1888); 48 S. + 2 Bl. 8°
Berlin, Med. Fak., Inaug. Diss. v. 15. März 1888

Kettlitz B, schattierte Ornam. der italien. Renaissance. (18 Bl) fol auf Pappe. Karlsruhe

Kettlitz, Max [aus Baruth '(Mark)']: Ueber Kaiserschnitt wegen Eklampsie ... Halle a. S., Plötz'sche Buchdr., 1897; 38 S., 1 Bl. 8.
Halle, Med. Fak., Inaug.-Diss. v. 21. Mai 1897

Kettna(c)ker, Richard

Kettnaker, Rich., Eberhard der Erlauchte von Württemberg. Vaterländ. Schauspiel aus dem 13. Jahrh. in 4 Akten, nebst einem Vorspiel: Des Minnesängers Flucht, in 1 Akt. 16. (VI, 124 S.) Nördlingen 882, Reischle. *
—— dass. — 2. Aufl. 12. (112 S.) Stuttgart 883, Greiner und Pfeiffer. *

Kettnacker, Rich., einmal betrunken, s.: Dasbach's, Frdr., Novellenkranz.

Kettnacker, R., einmal betrunken, s.: Novellenkranz.

Kettnaker, die Führung des Grundbuchs, s.: Planck.

—— der Kapellenhof. Roman. 8. (190 S.) Köln 882, Theissing.

— Loreley. Roman. 8. (310 S.) Nördlingen 880. Reischle. n. 2. 40

—— Maximilian oder Palmen und Dornen. Ein Trauerspiel in 4 Akten. 2. verb. Aufl. 12. (104 S.) Stuttgart 883, [Greiner und Pfeiffer.] *
1. Aufl. erschien im Selbstverlage des Verfassers.

Kettnaker, der Notariatskandidat, s.: Dodler.

Kettnaker, s. Planck u. Kettnaker.

— die Schmuggler, s.: Dasbach's, Frdr., Novellenkranz.

— die Schmuggler, s.: Novellenkranz.

Kettnaker, R., in Sturm u. Sonnenschein, s.a. Benno, Max, aus Nah u. Fern.

Kettnaker, Rich., in Sturm und Sonnenschein. Eine Sammlung Erzählungen und Novellen. 2 Bde. 8. (403; IV, 404 S.) Leutkirch 877,79, Roth. à Bd. M. 2,50.
cart. à Bd. * M. 3,20. *
geb. à Bd. * M. 3,50. *

Kettner. Transport und Unterkunft der Verwundeten und Kranken im russisch-japanischen Kriege. 1907. (S. A.)

KETTNER, Adalbert (Neuburg/Donau): De morbillis.- Landishuti: Storno 1819. 35 S.
14.5.1818 - Pe 566; F 57
Diss. Ingolst.-Landsh.-Mchn.

Kettner, Adolf (Red.), s. A l t v a t e r

Kettner, Adf., Ehrenhalle des polit. Bez. Freiwaldau. Eine Sammlg. v. Biographien. Mit dem Bilde des k. russ. Staatsrates Josef Koenig in Petersburg. (VI, 288 S.) gr. 8. Freiwaldau 904. A. Blažek. Geb. in Leinw. n. 6. 40

Kettner, Adf., Führer durch die Curorte Gräfenberg-Freiwaldau und Lindewiese. 12. (V, 144 S. mit illustr. und Karten.) Freiwaldau 887, Blažek. *
geb. *

Kettner, Adf., kleiner Führer durch Freiwaldau-Gräfenberg u. Umgebung. 12. (34 S. m. farb. Plan.) Freiwaldau 892. B. Titze. n. — 50

Kettner, A., Johannesberg. Ein Gedenkblatt zum 100. Geburtstage Eichendorff's. 8. (8 S.) Freiwaldau 888. Blažek. n. — 30

— aus den mähr.-schles. Sudeten, s.: Engelmann, Hugo.

Kettner, Adf., Wegweiser f. Touristen im Vereinsgebiete d. mähr.-schles. Sudetengebirges, s.: Klein, Fpp.

— Wegweiser f. Touristen im Vereinsgebiete d. mähr.-schles. Sudetengebirges, s.: Ripper, J.

Kettner, Arthur, appr. Arzt: **Aus d. pathol. Institute zu Dresden-Friedrichstadt. Ueber einen Fall von erworbenem und über einen von angeborenem Spaltbecken. Leipzig** 1905: B. Georgi. (69 S.) 8°
Leipzig, Med. Fak., **Ref. Marchand, Diss. v. 15. Juli 1905**
[Geb. 14. Juni 74 Waldenburg i. S.; Wohnort: Dresden; Staatsangeb.: Sachsen; Vorbildung; Gymn. Bautzen Reife O. 96; Studium: Jena 5, Leipzig 8 S.; Coll. 26. Juli 05; Approb. 21. Juli 02.]

Kettner, Athur Heinrich Eduard, Dr. phil. nat. approb. Arzt aus Berlin: Über F ü t t e r u n g s v e r s u c h e mit Chondroftinschwefelsäure. Leipzig 1902: J. B. Hirschfeld. 24 S. 8°
Strassburg, Med. Diss. v. 1901

Kettner, Arthur *Heinrich Eduard* [aus Berlin]: Über die Isomeren der Pyrocinchonsäure ... Strassburg i. E., Buchdr. C. & J. Gœller, 1897; 60 S. 8.
Strassburg, Math.-naturw. Fak., Inaug.-Diss. v. 1897

Kettner, Carl, s. K e t t n e r , Karl

Kettner, Ch. F., d' Maiselocker. Lustspiel in 3 Acten. 8. (88 S.) Straßburg 877. Noiriel. n. 1. 20

Kettner, Christian (Halle), Observationes selectas de jure detractionis ad Ordinat. Polit. Ducat. Magdeb. cap. LVI. Diss. jur. Präs. Christian Thomasius. Halle (Christ. Henckel) April 1709. 52 S., tlws. dtsch. (7.—) 17865
Widm. v.: Präs., Justus Henning Böhmer, Jac. Frid. Ludovici, Christoph Cellarius.

— — Dasselbe. 1717. (6.80) 17866

— — Dasselbe. 1724. (6.80) 17867

— — Dasselbe. 1731. (6.80) 17868

Kettner, E: Preisliste über Jagd-Utensilien und Oberländers Dressur-Apparate. Köln a. Rh. (1904?) Fol.

Kettner, Edvard [!] ‹geb. am 28 Nov. 1842 in Köln›: De primis pvlmonvm tvbercvlosis signis atqve symptomatibvs ... Bonnae, form. F. Krvegeri [1866]. 23 S. 8.
Bonn, Med. Fak., Diss. v. [1 Juni 1866]

Kettner, Emil Der Empfang der Gäste im Nibelungenliede, ein Beitrag zur Kulturgeschichte des 12. und 13. Jahrhunderts. 26 S. **Progr.** G. *Mühlhausen i/Th.* 1883.

K e t t n e r, Emil, der Empfang der Gäste im Nibelungenliede. Ein Beitrag zur Culturgeschichte des 12. und 13. Jahrh. 4. (26 S.) Mühlhausen i. Th. 883. (Heinrichshofen'sche Bchh.) *

Kettner, Emil: Festrede zur Schillerfeier. (Umschlagtitel: Rede...) S. 5—8. 4. **Progr.** Gymn. *Mühlhausen i. Thür.* 1906 (299).

Kettner, E., s.: Geschichtsblätter, Mühlhäuser.

Die österreichische Nibelungendichtung. Untersuchgn üb. die Verfasser d. Nibelungenliedes v. Emil **Kettner.** *Berlin: Weidmann 1897.* (1 Bl., IX, 307 S.) 1 Bd 8. [97. 812

Kettner, Emil, Prof. Dr.: Rede zur Schillerfeier. Mühlhausen Thür. 1906: Danner. (S. 3—8.) 4°
Mühlhausen Thür., G OP 1906 (299)

Kettner, Emil: Untersuchungen über das Annolied. Halle a. S. 1878: Waisenhaus. 30 S. 8°
Halle-Wittenberg, Phil. Diss. v. [2. Febr.] 1878
Geb. Magdeburg 16. 4. 1855. V.
Ersch. vollst. in: Zeitschrift f. deutsche Philologie. Bd 9. Halle 1878. S. 257—337.

Kettner, Emil [Dr.]: Untersuchungen über Alpharts Tod. Mühlhausen i. Th., Druck v. C. Andres, *1891;* 52 S. 8°
Mühlhausen i. Th., G u. RPG, OP 1891 (236)

Kettner, Emil, Untersuchungen üb. Alpharts Tod. gr. 8. (52 S.) Mühlhausen i/Th. 891. (Heinrichshofen.) n.n. 1. —

Kettner, Emma, Bergmannsblut, s.: Dietrich's Bibliothek f. die reifere Jugend. 5. Bd.

— Die Stiefmutter, s.: Dietrich's Bibliothek f. die reifere Jugend. 3. Bd.

— Schlagende Wetter, s. a. Glück Auf. 1. Bd.

Schlagende Wetter. Erzählung aus d. Bergmannsleben von E[mma] **Kettner.** Saarbrücken: Clauß 1908. 94 S. 8°
(Glück Auf! Bd 1.) [10. 10134

Kettner, Erwin, appr. Arzt u. Freiburg i. Br.: **Zur Diätetik des Wochenbettes. Emmendingen: Druck- u. Verlags-**Ges. vorm. Dölter 1907. (34 S.) 8°
Freiburg i. B., Med. Fak., **Ref. Krönig, Diss. v. 1908**
[Geb. 7. Juni 80 Neustadt im Schwarzwald; Wohnort: Freiburg i. B.; Staatsangeh.: Baden; Vorbildung: Gymn. Konstanz Reife Juli 00; Studium: Heidelberg 5, Freiburg i. B. 6 S.; Coll. 26. Juli 07; Approb. 15. April 06.]

Kettner, F., s. Laroche-Aymon, Einleitung.

Kettner, Friedrich Benedikt

— — (Leipzig), De dominio rerum sub nomine alterius emptarum et alteri adscriptarum. Ad L. III. C. si quis alteri vel sibi. Präs. Christoph Ludw. Crell. Wittbg. (Scheffler) 31. XII. 1743. 48 S. mit Widm. v. Präs. (6.50) 17870

Kettner, Friedrich Ernst

Kettner, F. Ern., antiquitates Quedlinburgens. oder kaiserl. Diplomata u. Urkund. 4. Quedlinb. 712.

— — Judicia und Responsa vieler grossen Theologorum v o n d e r E h e m i t d e s W e i b e s S c h w e s t e r. Quedlinburg, o. J. (c. 1707). 4°. 19 Bogen.
Cat. Meissner II.

Kettner, Friedrich Ernst. Kirchen- und Reformations-Historie / Des Käyserl. Freyen Weltlichen Stiffts Qvedlinburg / Oder von dessen Fundation, Abbatissen / Pröbstinnen / Decanissen / Canonissen / Clöstern / Kirchen / Schulen / Hospitälern / Epitaphiis, und einigen Müntzen ... zusammen getragen Von D. Friedrich Ernst Kettner ... Qvedlinburg / Zu finden bey Theodorus Jeremias Schwan Anno MDCCX [1710].
Tit., 300 + 105 + 7 S., 7 Tabellen; 13 Taf. in Kupferst. 8°

— Machtsprüche d. heil. Schr. in Predigten. 8. Altenb. (Academ. Handl. in Jena.) 715.

— Miscellanpredigten. 8. Altenb. 724.

— Passionshist. u. d. Betr. üb. d. Passion. 4. Dresden. 718.

KETTNER, Lic. Friedr. Ernst, Gründliche Untersuchung der Gewissens-Frage: O b J e m a n d s e i n e s v e r s t o r b e n e n W e i b e s l e i b l i c h e S c h w e s t e r n a c h g e i s t - u n d w e l t l i c h e n R e c h t e n h e y r a t h e n d a r f f, nebst unterschiedlichen Beylagen. Quedlinburg 1707. 4°. 1 Alph. 13 Bogen.
Bibl. Kielmans-Egg. I. p. 449; Cat. Meissner II. — Das M. M. V. 1707. A 4 b hat: Leipzig, Groschuff. 4

Kettner, Friedrich Gottlob

Kottner, Fr. Gottl., Historicum schediasma de mumiis Aegyptiacis. Cum tab. aen. Ed. 2. auct. Lips. 703. 8.

Kettner, F. Gl., hist. dicti Iohann. de sanct. trinitate. 4. Lips. 713.

Kettner, F. Μούμια τῶν Αἰγυπτίων, s. historicum schediasma de mumiis Aegyptiacis. Ed. 2. Lipsiae 1703.

Kettner, Geo. Fr., Abbild. u. Beschreib. e. holzsparenden Koch-ofens. Mit 1 Kpft. 8. Leipz. 800. Kummer. 4 K

— verbesserte Wärme- u. Kochfeuer-Behälter, in Betreff d. Holzsparung. Mit 8 Kpft. 8. Leipz. 801. Kummer. 8 K

Kettner, Gust., Lessings Dramen im Lichte ihrer u. unserer Zeit. (VII, 511 S.) 8. Berlin 904. Weidmann. Geb. in Leinw. n. 9. —

Kettner, Gust., die Episteln des Horaz. gr. 8. (V, 178 S.) Berlin 900. Weidmann. Geb. in Leinw. n. 3. 60

Kettner, Gustav Über Lessings Emilia Galotti. 8 (S. 5—32).
Scholae Afranae 350 annos peractos congratulantur scholae regiae
Progr. *Portensis* rector et collegae. 1893.

— Über den religiösen Gehalt von Lessings Nathan dem Weisen. 8 (31 S.). Naumburg 1898, J. Domrich. 60 Pf.
Festschrift z. 200j. Jubelfeier der Franckischen Stiftungen zu Halle
Progr. Kgl. Landessch. *Pforta* 1898.

— üb. d. religiösen Gehalt v. Lessings Nathan d. Weisen. Festschrift z. 200jähr. Jubelfeier d. Francki-schen Stiftgn. zu Halle gewidmet v. d. kgl. Landes-schule Pforta. gr. 8. (31 S.) Naumburg 898. J. Domrich. n. — 60

Kettner, G. Cornelius Labeo. Ein Beitrag zur Quellenkritik des Arnobius. 40 S. Progr. *Pforta* 1877.

Kettner, Gustav: Über Lessings Minna von Barnhelm. Gratulationsschrift zum dreihundertundfünfzigjährigen Jubiläum der Königlichen Klosterschule Ilfeld. 8 (40 S.). Berlin 1896, Weidmannsche Buchh. ℳ 1,—. Kgl. Landessch. *Pforta* 1896.
Progr.

— f.: Schiller's dramat. Entwürfe u. Fragmente.

Kettner, Gustav: Schillerstudien. Naumburg a. S., Druck v. H. Sieling, 1894; 1 Bl., 53 S. 4.
Pforta, k. Landes-S, P 1894 (247)

—, Schillerstudien. 4 (53 S., 1 S. Inhalt).
Progr. Kgl. Landessch. *Pforta* 1894 (zu 247).
I. Die Verzeichnisse der Dramen und dramatischen Pläne. II. Die „Polizey". III. Zur „Prinzessin von Zelle" und zum „Don Karlos". IV. Die „Verschwörung gegen Venedig". V. Zu den „Malthesern". VI. Die Composition von „Kabale und Liebe". VII. Zur „Braut von Messina".

Kettner, Gust., Studien zu Schillers Dramen. 1. Tl. Wilhelm Tell. Eine Auslegg. (X, 180 S.) 8. Berlin 909. Weidmann. Geb. in Leinw. 3. 50

Schillers Wilhelm Tell. Eine Auslegung von Gustav **Kettner.** Berlin: Weidmann 1909. X, 180 S. 8°
(Kettner: Studien zu Schillers Dramen. T. 1.) [09. 9320

Kettner, G[ustav Adolf]: •De accusativi apud Sophoclem usu anomalo. 72 S. 4° (2°)
Halle-Wittenberg Phil. Diss. v. 6. Mai 1876
Geb. [Magdeburg 29. 10. 1852]

Kettner, Gustav Herders erstes kritisches Wäldchen. 1. 1 (64 S.). Progr. Landessch. *Pforta* 1887 (230).

Kettner, Gustav: Schillers Warbeck. Naumburg a. S., Druck v. H. Sieling, 1893; 35—62 S. 4.
Pforta, k. Landes-S, Festschr. 1893 (248)

Kettner, Hermann

Kettner: Kritische Bemerkungen zu Varro und lateinischen Glossaren. 37 S. – Rossleben, Progr. 1868

Kettner, Hermann, Oberveterinär im westfälischen Ulanenregiment Nr. 5 zu Düsseldorf: Die Beziehungen der Körperoberfläche zum respiratorischen Gaswechsel. ⟨Aus dem Laboratorium der Klinik für Kinderheilkunde in Düsseldorf. Professor Schlossmann.⟩ [Mit einer Abbildung im Text.] Leipzig 1910. 30 S. und eine Tafel. 8°. Die Arbeit erscheint im Archiv für Anatomie und Physiologie. 1909. Physiologische Abteilung. [28. X. 09.]
Bern. Vet.-med. Diss. 1909/10.

Kettner, H.: Zur Kritik der glossae Placidi. 20 S. – Dramburg städt. G., Progr. 1872.

Kettner, Herm., zur Kritik der Glossae Placidi. gr. 4. (20 S.) Berlin 872, Calvary und Comp. *

—— Varronische Studien. gr. 8. (78 S.) Halle 865, Buchh. des Waisenhauses. *

Kettner, Hermannus: M. Terenti Varronis de vita populi Romani ad Q. Caecilium Pomponianum Atticum librorum quattuor quae extant. Halae (1863): Hendel. 42 S. 8°
Halle-Wittenberg, Phil. Diss. v. 5. Aug. 1863
Geb. Burg b. Magdeburg 29. 10. 1839. V.
Diplom v. 4. August. — Im Buchhandel Halle (Berlin: Calvary) 1863. 44 S. — Vom Verf. ersch. noch: Varronische Studien. Halle: Waisenhaus 1865. 78 S. und: Kritische Bemerkungen zu Varro und lateinischen Glossaren. Halle 1868: Waisenhaus. 37 S. 4° Rossleben, Klosterschule, Progr.

Kettner, Herm., M. Terenti Varronis de vita populi romani ad Q. Caecilium Pomponianum Atticum librorum IV quae extant. Dissertatio inauguralis. Lex.-8. (III und 44 S.) Halae 863. (Berlin, Calvary und Comp.) *

— **Jo. Daniel** (Wittenberg), De eo, quod judici competit ex officio secundum ordinationem processus Saxonici recognitam. Exercit. jurid. Präs. Johann Heinrich Albinus. Wittbg. (August Koberstein) 22. V. 1726. 36 S. (6.80) 17872

Kettner, Joh., wie soll ich klagen? Praktische Anleitgn., einfache Rechtsfälle selbst bei Gericht durchzuführen. (48 S.) kl. 8. Dachau 910. (Warnsdorf, A. Opitz.) — 25

KETTNER, Johann Franz v.: Darstellung der Badischen Forst-Administration, mit besonderer Beziehung auf das Staats-Budget und die bey der Stände-Versammlung 1819 erhobenen Vorwürfe. - Karlsruhe 1820. 104 S.

— Darstell. d. Badischen Forst-Administration, mit besonderer Beziehung auf d. Staats-Budget u. der bei d. Ständeversammlung vom J. 1819 erhobenen Vorwürfe. gr. 8. Karlsr. 820. Müller. 8 K

KETTNER, Johann Franz v.: Organische Formen einer zweckmäßigen Forst-Verfassung, nach den Resultaten der Erfahrung und nach dem Urtheile mehrerer Forst- und Geschäfts-Männer entworfen. - Würzburg 1807. XVIII, 172 S.

Kettner, J. Fr. von: „Organiscne Formen einer zweckmässigen Forstverfassung nach den Resultaten der Erfahrung und nach dem Urteile mehrerer Forst- und Geschäftsmänner entworfen", Würzburg 1807 (Stahl).

Kettner, Jh. Jak., († d. 5. April 1790.) zwei Abhandll. von d. Ehe, s. a. Wortverstand.

Kettner, J. Jac., zwey Abh. v. d. Ehe unt. Verwandt. 8. Leipz. Hilscher. 780.

— die bei d. Höllenfahrt Christi an den Seelen der in d. Sündfluth umgekommenen Menschen erzeigte göttl. Langmuth. gr. 8. Weißenf. 785. Böse. (Leipz.; Weygand). 6 ℊ

— d. eigentl. Wortverstand d. 18. Kap. d. 3. Buch Mose ꝛc. 8. Schleiz 777. Mauke. 3 ℊ Neue verm. Aufl. unt. d. T.: Kettners zwei Abhandll. von d. Ehe ꝛc. 8. Leipz. 780. Hilscher. 9 ℊ

Kettner, Karl

Kettner, Carl, das Kiefernadelbad Wolfach und seine Umgebung. Im Auftrage des Schwarzwaldvereins, Sektion Wolfach, in historisch-statistisch-topograph. Beziehung beschrieben. 8. (IV, 103 S. mit zahlreichen Abbild.) Wolfach 888, Sandfuchs. *

Kettner, Karl Ernst [Praes.], s. Cleemann, Andreas Christian: De Joannis Fabri episcopi Viennensis adversarii Lutheri vita et scriptis.

Kettner, Ludw., kleiner Taschenführer v. Karlsbad. (15 S. m. 1 Plan.) 16. Karlsbad (Kaiser Franz Josefstrasse.) (909). Ludw. Kettner. (Nur direkt.) —50

— **Paul Gottlieb** (Wittenberg), De incommodo ex literatis ephemeridibus capiendo. Diss. posterior. Präs. Jo. Christian Ernesti. Wittbg. (Creusig) Juni 1716. 20 S. mit Widm. v. Präs. (6.—) **17873**

— — Dasselbe. 18 S. ohne Widm. (Anderer Text!) (6.—) **17874**

— — Veterum quorundam philosophorum de mundo opiniones ac sententias. Dissertat. I. Präs. Mart. Gotth. Loescher. Wittbg. (August Koberstein) Juni 1719. 32 S. (5.—) 17875
Gew.: Johann Georg v. Ponikau (Pohla, Schoenbrunn, Taschendorf). — Widm. v. Präs.

— — (Präs.) u. (Respond.) **Carl Lorenz Kettner** (Wittenberg; Bruder), Dasselbe. II. Wittenbg (August Koberstein.) (S. 33—46.) (4.—) 17876

— — (Präs.) u. (Respond.) **Joh. Christian Panther** (Zittau/Laus.), Dasselbe. III. Wittbg. (August Koberstein) 5. VIII. 1719. (S. 47—58.) (4.—) 17877

Kettner, Robert: Die actio de in rem verso utilis nach Allgemeinem Landrecht unter Berücksichtigung des Gemeinen Civilrechts. *Bonn 1897: K. Drobnig.* (77 S.) 8°
Erlangen, Jur. Diss. v. 24. Nov. 1897

Kettner, Robert Paul [aus Zittau]: Der Ehrbegriff in den altfranzösischen Artusromanen mit besonderer Berücksichtigung seines Verhältnisses zum Ehrbegriff in den altfranzösischen Chansons de geste ...
Leipzig, Druck v. Fr. Richter, 1890, 58 S. + 1 Bl. 8°
Leipzig, Phil. Fak., Inaug.-Diss. v. 6. Febr. 1890

Kettner, R. P., der Ehrbegriff in den altfranzösischen Artusromanen, mit besond. Berücksicht. seines Verhältnisses zum Ehrbegriff in den altfranzös. Chansons de geste. Inaug.-Diss. gr. 8. (58 S.) Leipzig 890. (Fock.) n. 1.—

Kettner, Theodor [aus Köln a. Rh.]: Ein Fall von Uterus duplex bicornis cum vagina septa mit Gravidität ... Berlin, C. Vogts Buchdr., *1896*; 32 S., 2 Bl. 8.
Berlin, Med. Fak., Inaug.-Diss. v. 4. Aug. 1896

Kettner, V. Karte des K. K. Küstenlandes nach den neuesten und besten Hilfsquellen. Wien. 1 Bl. K. Ff.

KETTNER, Wilhelm Franz v.: Beiträge zur Nutzholzwirthschaft, mit besonderer Rücksicht auf die Nadelhölzer. - Frankfurt a. M. 1846. VIII, 75 S.

Kettner, W. F. v., Beiträge z. Nutzholzwirthschaft, m. besond. Rücksicht auf die Nadelhölzer. gr. 8. (5½ B.) Frankfurt a/M. 846, Sauerländer's Verl. *

—— Beschreibung des badischen Murg- u. Oosthales, od. des Forstamtsbezirkes von Gernsbach, mit besond. Rücks. auf die für Forstwirthschaft wichtigen Verhältnisse. gr. 8. (11¾ B. u. 1 Tab.) Frankfurt a. M. 843, Sauerländer's Verl. –

KETTNER, Wilhelm Franz v.: Beschreibung des badischen Murg- und Oosthales, oder des Forstamtsbezirkes von Gernsbach mit besonderer Rücksicht auf die für Forstwirthschaft wichtigen Verhältnisse. - Frankfurt 1843. 179 S.

KETTNER, Wilhelm Franz v.: Die badische Forstorganisation von 1849 und ihre Freunde. - Karlsruhe 1851. 54 S.

Kettner, Willy, appr. Arzt: Über 100 Myomoperationen aus der Universitätsfrauenklinik Freiburg i. B. ⟨Oktober 1904 bis Dezember 1900⟩. Emmendingen: Dölter 1907. 35 S. 8°
Freiburg i. B., Med. Diss. v. 1908, Ref. Krönig
[Geb. 25. Mai 81 Neustadt (Schwarzwald); Wohnort: Freiburg i. B.; Staatsangeh.: Baden; Vorbildung: Gymn. Konstanz Reife Juli 02; Studium: Heidelberg 2, Straßburg 1, München 1, Freiburg i. B. 6 S.; Coll. 25. Jan. 07.]
[U 09. 947

Kettwich, Geo. Chr. Heinr., Altargebet u. Predigt z. Einweih. e. neuen Orgel in d. Kirche zu Uthmöden. 8. (1 B.) Helmstedt 840, Fleckeisensche Buchh. *

Kettwig, Ch. Dan., üb. d. selt. Gnadenwerk. Gottes in d. Apost. Paulus. 8. Verl. Hesse. 781.

– Dasselbe, s.a. Ketwieg, Chr. Daniel

Der Tractat Kethuboth [Kotübot] ⟨nach d. Wiener Ausg. vom Jahre 1862 ed. Schlossberg⟩. Unter steter Berücks. d. franz. Übers. von Rabbinowicz ins Deutsche übertr. u. komm. von Dr. M. Rawicz, Rabb. in Offenburg. T. 1. 2. *Frankfurt a. M.: J. Kauffmann 1898-1900.* 2 Bde 8° [00. 5616

Ketwich, Christ. Janus van, Disputatio theologica inauguralis de Simonia. 8maj. (6¼ B.) Lugd.-Batav. 846, Engels. (Leipzig, T. O. Weigel.) *–

Ketwieg, Chr. Dn., über d. seltene Gnadenwerk Gottes in d. Apostel Paulus. 8. Berl. 781. (Stuhr). 3 ℊ

— Sendschreiben, nebst e. Anh. zur Bekehrungsgeschichte überhaupt, u. des Berichts vom Gnadenwerk Gottes in e. 10jähr. Kinde besonders. 8. Berl. 781.

Ketz, Arthur, appr. Arzt a. Marienwerder ⟨Westpr.⟩: Drei Fälle von Geisteskrankheiten mit einzelnen Zeichen der Basedow'schen Krankheit behandelt mit Antithyreoidin-Moebius. München 1906: C. Wolf & Sohn. (32 S.) 8°
München, Med. Fak., Ref. Kraepelin, Diss. v. 13. Juli 1906
[Geb. 11. Sept. 63 Marienwerder; Wohnort: Conradstein i. Westpr.; Staatsangeh.: Preußen; Vorbildung: Kgl. Gymn. Thorn Reife O. 86; Studium: Breslau 5, Würzburg 2, München 2 S.; Coll. 13. Juli 06; Approb. 9. Febr. 05.]

Ketzer, Die, ein Trauerspiel in drei Aufzügen . . . [Gehra im Thal-Ehr] 1789. V: *Poll* [?] (GGr IV, 329)

Ketzer, die. Trspl. 8. Solingen 789. (Thal Ehrenbreitenstein), Gehra. 8 ℊℊ

Die **Ketzer,** ein Trauerspiel in drei Aufzügen. Als Gegenstück des Lustspiels: Das Religionsedikt. Solingen: Schwertfegerzunft [d. i. Gehra in Thal-Ehr.]: 1789.
Verf. ist nach Goedeke: Grundriss zur Gesch. der deutschen Dichtung 2. Aufl. 4 (1891) S. 329 wahrscheinlich Poll. Bahrdt wehrte sich dagegen im Deutschen Zuschauer 1789: Anreden an die Richter des Dr. Bahrdt von einem deutschen Manne H. v. L.

Ketzer, der große, in der Medizin. (Dr. Ernst Schweninger.) gr. 8. (29 S.) Würzburg 902. Memminger. — 30
Sonderabdruck aus: „Neue bayer. Landesztg."

An die Ketzer deutscher Nation. Ein Beitrag z. Erklärung d. neuesten Berliner Gewissens-Bedrängung. Von A. L. Breslau: Th. Schatzky 1905. (28 S.) 8°

Ketzer, Arthur

Ketzer, A., grammatischer Anhang (zum deutschen Lesebuche f. Realschulen u. verwandte Lehranstalten. 1. u. 2. Tl.). gr. 8. (16 S.) Leipzig 894. Dürr'sche Buchh. n. — 80

— dasselbe, s. a. Lesebuch, deutsches, f. Realschulen u. verwandte Lehranstalten.

Ketzer, A., grammatischer Anhang (zu dem Lesebuch für Realschulen u. verwandte Lehranstalten). (3. Aufl.) gr. 8. (16 S.) Leipzig 899. Dürr'sche Buchh. n.n. — 30

Ketzer, Arth., grammatischer Anhang (zu dem Lesebuch f. Realschulen u. verwandte Lehranstalten.) (6. Aufl.) (16 S.) gr. 8. Leipzig (908). Dürr'sche Buchh. n.n. — 30

Ketzer, Arth., grammatischer Anhang zum deutschen Lesebuch f. Realschulen u. verwandte Lehranstalten. (8. Aufl.) (23 S.) 8. Leipzig 909. [Dürr'sche Buchh.] O. R. Reisland. — 40

Ketzer, Arthur: Der Oberflächenbau des Thalsystems der Zwickauer Mulde. *Leipzig (1902): C. G. Naumann.* (26 S.) 4°
Leipzig, Ph. st. R, OP 1902 (636)

Ketzer, Arth., Schulgeographie f. sächs. Realschulen u. verw. Lehranst. gr. 8. (117 S. m. 14 Fig.) Leipzig 896. Dürr'sche Buchh. Geb. in Halbleinw. n.n. 1. 25

— Schulgeographie f. sächsische Realschulen u. verwandte Lehranstalten. 3., nach den Bestimmgn. der Lehr- u. Prüfungsordng. vom 8. I. 1904 umgearb. Aufl. (IV, 168 S. m. 16 Fig.) gr. 8. Ebd. 904. Geb. n. 2. —

— dasselbe. I. Tl.: Für die Klassen VI—IV. Mit 7 Fig. im Text. 4., durchgeseh. u. verb. Aufl. (66 S.) gr. 8. Ebd. 906. Kart. n. — 80

— Schulgeographie f. Realschulen u. Oberrealschulen des Königr. Sachsen. 2 Tle. gr. 8. Ebd. 3. —
1. Für die Klassen VI—IV der Realschulen, Sexta—Quarta der Oberrealschulen. Mit 7 Fig. im Text. 5. Aufl. (67 S.) 909. Kart. — 80
2. Für die Klassen III—I. Mit 10 Fig. im Text. 4., durchgeseh. u. verb. Aufl. (186 S.) 907. Geb. 2. 20

Ketzer-Briefe. Berlin 1891.
V: *Hildebrandt, Mart.* (Ky)

Ketzer-Briefe, (Von Mart. Hildebrandt.) 8. (77 S.) Berlin 891. A. Winser. n. 1. —

Ketzereien aus allen Fächern des menschlichen Wissens. (1799.) 2 Tle. Frankfurt.

— aus allen Fächern d. menschl. Wissens. 2 Thle. 8. Frkft. 799. Hermann. 1 ℛ 12 ℊℊ (A. u. d. T.: Taschenbuch f. Denker).

Ketzereien aus d. Bayreuther Heiligtum. Bühnen-„Fest"-Spiel 1896. Von e. Gläubigen. 16. (96 S. m. Abb.) München 896. Verlagsgesellschaft Münchner freie Presse. n. 1. 20

Ketzereien, Metaphysische, oder Versuche über die verborgensten Gegenstaende der Welt . . . Regensb. 1791. 2. Aufl. 1796. V: *Gleichen, Hnr. Carl Freih. von.* (MGT) (Wr) (Fiker) (BrMm) (Ky) (Cat. d. Stadtbibl. Zürich. 1864—97.)

Ketzereien, metaphys., od. Versuch über d. verborg. Gegenstände d. Weltweisheit, (v. H. K. v. Gleichen). 2 Bde. gr. 8. Regensb. 791. 2e A. 796. Montag u. W. 1 ℛ 8 ℊℊ 1r Abschn. französ.: Essai théosophique. 8. Ebd. 793. 4 ℊℊ

Ketzereien, pädagogische. Ein Gast-Geschenk für die radicalen Erziehungs- und Weltbeglückungs-Künstler der Gegenwart. gr. 8. (IV und 43 S.) Leipzig 849, Dyk'sche Buchh.

Ketzer-Gericht, das, zu Magdeburg. Nebst vollständ. Mittheilung aller der Stellen aus Uhlichs Schriften, welche nach dem Urtheile des Consistoriums zu Magdeburg Ketzereien enthalten. Beleuchtet von einem evangel. Geistlichen. 8. (80 S.) Leipzig 848, [Matthes.]

Ketzer-Lexikon, oder geschichtl. Darstell. d. Irrlehren, Spaltungen u. sonderbaren Meinungen im Christenthume, vom Anbeginne desselben bis auf unsere Zeiten; in alphabet. Ordnung. Aus d. Französ. übers., vielfach verb. u. sehr verm. v. P. Fritz. 3 Bde. gr. 8. Würzb. 828, 29. Etlinger. 5 ℛ 8 ℊℊ Postp. 7 ℛ 8 ℊℊ

Ketzer-Lexicon, oder: geschichtliche Darstellung der Irrlehren, Spaltungen und sonderbaren Meinungen im Christenthume . . . Zweite Aufl. Würzburg 1838. V: *Pluquet, François André Adrien.* (BrMm)

Ketzer-Lexikon, od. geschichtl. Darstell. d. Irrlehren, Spaltungen u. sonderbaren Meinungen im Christenthume, vom Anbeginn desselb. bis auf uns. Zeiten; in alphabet. Ordnung. A. d. Franz. übers., vielfach verb. u. verm. v. Pet. Fritz. 3 Bde. 2. Ausg. gr. 8. (126 B.) Würzburg 838, Etlinger'sche Brlh.

Ketzerphilosophie des Mittelalters. 1909
s. a. Impostoribus, De tribus.

Ketzerphilosophie des Mittelalters. Das Buch genannt „De tribus impostoribus". 1598. Übers., m. e. Nachwort u. Anmerkgn. versehen von Gregor v. Glasenapp. (58 S.) 8. Riga 909. Jonck & Poliewsky. 1. 20

Ketzerspiegel, Hellpolierter, der Abbildung eines abscheulichen Anti-Christs in Halle ... O. O. 1731. V: *Tucht-feldt, Victor Christoph* (?). (ADB)

Ketzin [Schlagwort]

Ketzin, s.: Preussen. Messtischblätter.

Ketzler, Jul., Geschlechtskrankheiten u. deren Gefahren f. d. Einzelnen, wie f. d. ges. menschl. Gesellschaft. Ein Mahnwort f. junge Männer. Vortrag, geh. in e. öffentl. Versammlg. des Vereins f. naturgem. Lebens- u. Heilweise zu Glauchau am 21. März 1894. (Nach e. stenograph. Bericht.) 8. (36 S.) Glauchau (894). (A. Peschke.) n. — 20

— Naturheilkunde, naturgem. Diätkuren, Hausapotheke, Verfälschung d. Nahrungsmittel, Nahrungsmittelgesetz, s.: Ketzler, Pauline, d. Volksküche.

Ketzler, Pauline, „die Volksküche". Rezept- u. Wirtschaftsbüchlein m. allerlei Nützlichem f. d. einfachen Haushalt. M. e. Anh. üb. Naturheilkunde, naturgem. Diätkuren, Hausapotheke, Verfälschung der Nahrungsmittel, Nahrungsmittelgesetz u. vielen And. v. Jul. Ketzler. 2., bedeutend verm. Aufl. 8. (117 S.) Glauchau 897. (A. Peschke.) n.n. — 50

Ketzscher, Paul, Leitfaden der anorgan. Chemie unter besond. Berücksicht. der praktischen Verwendung der chem. Körper f. Realschulen u. verwandte Lehranstalten, zugleich zum Selbstunterricht u. als Repetitionsbuch vor der Reifeprüfg. hrsg. (XII, 84 S.) 8. Leipzig 905. F. Leineweber. Geb. in Leinw. n.n. 1. 60

Ketzscher, Paul, s.: Luther's, Mart., deutsche Sprüche.

Keuchel C. Die Mathematik der Lebensversicherung. Wien 1902.

Keuchel, C., Schule des Lebensversicherungs-Mathematikers. Für den Selbstunterricht bearb. u. hrsg. (IV, 78 S.) gr. 8. Lankwitz 888. Gr.-Lichterfelde, Wallmann. nn 2. 50

Keuchel, Emil, Fabrikgeschäft, s.: Doerr, Alex., u. Emil Hesse, methodisch geordnete Geschäftsgänge f. den Buchhaltungsunterricht.

Keuchel, Emil, Hilfsbuch f. den Unterricht in der doppelten u. einfachen Buchführung. Zum Gebrauch in Handels- u. Fortbildungsschulen u. zum Selbstunterricht bearb. (128 S.) gr. 8. Berlin 903. (Borolina-Versand-Buchh.) Geb. in Leinw. n. 2. 50

— u. Johs. Oberbach, kleine Wirtschafts-, Handels- u. Verkehrs-Geographie. Zum Gebrauch in Fortbildungs-, Handels- u. Fachschulen bearb. I. u. II. Tl. 8. Berlin 905. W. Süsserott. à n. 1. —
I. Enth. Allgemeines u. Deutsches Reich. (102 S.)
II. Enth. die Verkehrsländer des Deutschen Reiches, nach Wirtschaftsgebieten geordnet. (158 S.)

— u. Johs. Oberbach, kleine Wirtschafts-, Handels- u. Verkehrs-Geographie. Zum Gebrauch in Fortbildungs-, Handels- u. Fachschulen bearb. I. u. II. Tl. 8. Berlin [W. Süsserott]. Potsdam, A. Stein. 2. 20
I. Enth. Allgemeines u. Deutsches Reich. 3. verb. Aufl. (111 S.) 907. 1. —
II. Enth. die Verkehrsländer des Deutschen Reiches, nach Wirtschaftsgebieten geordnet. 4. verb. u. verm. Aufl. (160 S.) 910. 1.20; geb. n 1. 50

Keuchel, G., illustr. Führer durch Riga, s.: Mettig, C.

[F.] Goethe's Religion und Goethe's Faust. Von G. **Keuchel**. *Riga: Jonck & Poliewsky 1899.* (VI S., 1 Bl., 333 S.) 1 Bd 8. [98. 11000

Keuchel, Gust., der alte und der neue Glaube. Ein Lebensbild. 8. (594 S.) Berlin 884, Denbner. *

Keuchel, Gust., der alte u. der neue Glaube. Ein Lebensbild. 8. (594 S.) Sondershausen 884. Eupel. n. 6. —

— der Liberalismus in Kirche und Schule. gr. 8. (48 S.) Ebendas. 884. *

Keuchel, Paul, Rigenser. Das Atropin und die Hemmungsnerven. Diss. Dorpat. 8°. 81 pp. *1868*

Keuck, G. L., Ortsverzeichnis v. Russland, s.: Grade, Alb.

Keucker, Alb., capitaine adjoint d'état-major. L'aérostation et les colombiers militaires. (Extrait de la „Revue militaire belge", douzième année, tome IV.) 8. Bruxelles et Leipzig 1888.

Keucker, Frdr., Menschen! Ein trag. Spiel in 5 Aufzügen. (VII, 162 S.) 8. Dresden (909). E. Pierson. 2. 50

Keucker, J.-J., Code de la chasse du grand-duché de Luxembourg, s. Code de la chasse.

Keudel, Entwickel. d. vorzügl. b. d. Cammern geltend. Grunds. f. Preuß. Cameralist. 8. Halle, Hendel. 803.

Keudel, ..., Klingfort. 8. Halle 803. Hendel. 16 gr

Keudel, Heinrich

Keudel, H., praktischer Lehrgang der Geometrie zum Gebrauch in Mittelschulen, höheren Bürgerschulen u. in den oberen Klassen der Volksschulen. gr. 8. (IV, 69 S. m. Steintaf.) Duisburg 877. Mendelssohn. n.n. — 70

Das Lesebuch im Dienste des Aufsatzunterrichts. Ausführungen u. Entwürfe deutscher Aufsätze im Anschl. an d. Arnsberger Lesebuch f. d. Oberstufe d. Volksschule, bearb. von H[einr.] **Keudel**. *Arnsberg: J. Stahl 1900.* (64 S.) 8° [F.] [01. 3030 6

— — Das 3. Schuljahr. Eine method. Behandlg. sämtl. Unterrichtsfächer. Für Lehrer u. Lehrerinnen bearb. gr. 8. (VIII, 311 S. m. 54 Zeichenvorlagen nach der Stuhlmann'schen Methode.) Ebd. 890. * 2 80; geb. ** 3 30

Keudel, H., das erste Schuljahr. Eine method. Bearbeitung sämtl. Unterrichtsfächer der Elementarklasse. Für Lehrer und Seminaristen bearb. gr. 8. (VII, 198 S.) Gera 888, Th. Hofmann. *

— dass. — f. katholische Schulen, s. Brück, H.

Keudel, H. Das erste Schuljahr. Eine method. Behandlg. sämtl. Unterrichtsfächer d. Elementarklasse. Für Lehrer u. Seminaristen bearb. 2. Aufl. gr. 8. (IV, 203 S.) Gera 892, Hofmann. * 2 — ; geb. ** 2 50

— das erste Schuljahr. Eine method. Behandlg. sämtl. Unterrichtsfächer der Elementarklasse. Für Lehrer u. Seminaristen bearb. 3., durchgeseh. Aufl. gr. 8. (IV, 221 S.) Leipzig 902. Th. Hofmann. n. 2. 40; geb. in Leinw. n. 2. 80

Keudel, H., das erste Schuljahr. Eine method. Behandlg. sämtl. Unterrichtsfächer der Elementarklasse. Für Lehrer u. Seminaristen bearb. 4. durchgeseh. u. erweit. Aufl. Im Anh.: Der Werkunterricht im ersten Schuljahr. (VI, 194 S.) gr. 8. Leipzig 909. B. G. Teubner. 2.60; geb. 3. —

—— Das zweite Schuljahr. Eine method. Behandlg. sämtl. Unterrichtsfächer. Für jüngere Lehrer u. Lehrerinnen bearb. Mit 60 Zeichenvorlagen nach der Stuhlmannschen Methode. gr. 8. (VIII, 307 S.) Gera 889, Hofmann. * 2 80; geb. ** 3 80

— das zweite Schuljahr. Eine theroetisch-prakt. Behandlg. sämtl. Unterrichtsfächer. Für Lehrer u. Lehrerinnen, sowie z. Gebrauche in Seminarien bearb. Mit 60 Zeichenvorlagen nach der Stuhlmannschen Methode. 2., durchgeseh. u. erweit. Aufl. gr. 8. (III, 320 S.) Gera 899. Ebd. n. 2.80; geb. n.n. 3.30

—— Deutsche Sprachschule. Sprachlehre, Wortbildg., Rechtschreibg. u. Stilübgn. in konzentr. Kreisen. 5 Hefte. 8. Ebd. 890. [1. Heft. 2. u. 3. Schulj. (56 S.) * — 25; 2. Heft. 4. Schulj. (68 S.) * — 30; 3. Heft. 5. Schulj. (84 S.) * — 30; 4. Heft. 6. Schulj. (74 S.) * — 30; 5. Heft. 7. u. 8. Schulj. (78 S.) * — 30.] * 1 45

— deutsche Sprachschule. Sprachlehre, Wortbildg., Rechtschreibg. u. Stilübgn. in konzentr. Kreisen. 1.—3. Hft. 8. Ebd. n. — 85
1. 2. u. 3. Schulj. 2., durchgeseh. Aufl. (56 S.) 900. n. — 25
2. 4. Schulj. 2., durchgeseh. Aufl. (68 S.) 902. n. — 30
3. 5. Schulj. 2., durchgeseh. Aufl. (88 S.) 900. n. — 30

Keudel, H., deutsche Sprachschule. Sprachlehre, Wortbildg. Rechtschreibg. u. Stilübgn. in konzentr. Kreisen. IV. Hft. 6. Schulj. 2., durchgeseh. Aufl. nach der neuen Rechtschreibg. v. 1902. (79 S.) 8. Leipzig 903. [Th. Hofmann.] B. G. Teubner. n. — 40

Keudell, Adam Friedrich von (Hessischer Adel), De renunciationibus filiarum, clausulis successionis reservativis, harumque valore et successione Hanoica. Diss. jur. Präs. Joh. Ulrich Cramer. Marburg (Phil. Casim. Müller) 31. XII. 1736. 92 Seiten. (8.50) 17881

von Keudell, Gustav: Ueber die Wirkungen des Betrugs beim Vertragsabschlusse. . . . Göttingen, Druck d. Dieterich'schen Univ.-Buchdr. W. Fr. Kästner, 1888; 1 Bl. + 40 S. 8°
Göttingen, Jur. Fak., Inaug.-Diss. v. 11. Dez. 1888

Keudell, Gust. v., über die Wirkungen des Betrugs beim Vertragsabschlusse. Inaugural-Dissertation. gr. 8. (40 S.) Göttingen 888, (Vandenhoeck und Ruprecht.) *

Keudell, J., Geschichte d. Forst- u. Jagdwesens v. Teutschland. gr. 8. (7⅓ B.) Hersfeld 837, Schuster.

KEUDELL, J.: Geschichte des Forst- und Jagdwesens von Teutschland. - Hersfeld 1837. 110 S.

Keudell, Kurt v., Reit-Erinnerungen, s.: Whyte-Melville, G. J.

Keudell, Rob. v., Fürst u. Fürstin Bismarck. Erinnerungen aus den J. 1846 bis 1872. gr. 8. (VI, 497 S. m. 3 Fksms.) Berlin 901. Stuttgart, W. Spemann. n. 12.—; geb. n.n. 13.50

Fürst und Fürstin Bismarck. Erinnerungen aus d. Jahren 1846 bis 1872 von Robert v. Keudell. 3. Aufl. *Berlin & Stuttgart: W. Spemann 1902.* (VIII, 497 S.) 8° [F.] (03.6796 4

Keudell, Rudolf W. L. C.

Keudell, R. W. L. C. v., außerhalb der Gesellschaft. Träumereien eines gefangenen Freien. 4 Bde. 8. (1004 S.) Leipzig 847, Arnoldische Buchh. à Bd. 1 Thlr. 15 Ngr.

v. Keudell, R. W. L. C., außerhalb der Gesellschaft. Träumereien eines gefangenen Freien. 4 Bde. 8. (1: IV u. 294 S. 2: VI u. 301 S. 3: IV u. 314 S. 4: IV u. 404 S.) Leipzig 849, Arnold. (à 1½ ℛ) 6 ℛ

—— Bergan!, s. Bergan!

Keudell, Rud. v., Hans Dolling oder das erste Tournier. Sage in 10 Abenteuern. 8. (VIII, 111 S.) Heilbronn 876, Gebr. Henninger. *

Keudell, Rud. v., ein Glückskind. Roman. 2 Theile. Leipzig 859. Brockhaus. 8. (712 S.) n. 3 ℛ 10 ngr.

v. Keudell, R., s. Lätitia, eine Novelle.

— die Politiker. Eine Tendenz-Novelle geschrieben im Herbst 1848. 8. (IV u. 200 S.) Ebd. 848. 1 ℛ

—— die Politiker. Eine Tendenz-Novelle geschrieben im Herbst 1848. 8. (IV und 200 S.) Leipzig 849, Arnoldische Buchh.

—— ein Wort zum Frieden, s. a. Wort.

(Rudolph von Keudell), Ein Wort zum Frieden und zur Einigkeit von einem des Krieges Fähigen. Dresden und Leipzig, Arnoldi, 1848. 32 S. 8°.
B. (U.) Fr.

Keufel, G. S., de memoriis Sanctorum inter Christianos. Helmst. 1745. 4.

Keuffel, Gebhard Georg Theodor (Magdeburg), De medulla spinali. Diss. med.-chir. Halle (Bathe) 31. III. 1810. 84 S. u. 1 Tfl. Abbildgn. (gez.: König, Halle; gest.: J. F. Schröter, Leipzig.) (6.50) 17882
Gew.: Johann Christian Reil.

Keuffel, Georg Gottfried

Keuffel, G. G., de disciplina ecclesiastica circa orationem dominicam. Helmst. 1751. 4.

— elem. jurisprudentiae eccles. II Tmi. 8. Rost. Fritsch. 728. 29.

– Dasselbe, s.a. Keuffel, H. G.

Keuffel, Georg Gothofr.: „Exercitationes Grotinae quibus ad methodum librorum de jure belli ac pacis juris naturalis et gentium doctrina exponitur", Guelpherbyti 1762. — Vorh.: Bibl. des Oberlandesgerichts Celle — An. 19.

Keuffel, Geo. Gf., († d. 24. Nov. 1771.) exercitationes Grotianae ad method. libr. de jure belli et pacis. 4. Wolfeub. 763. Meissner. 16 ℊℊ

KEUFFEL, Geo. Gfr.: Exercitatt. *Grotianae. Guelph.*, Meister. 763. 4. (16 Gr.)

Keuffel, G. G., historia originis ac progressus scholarum inter Christianos. Helmst. 1703. 8.

— hist. origin. ac progress. Scholar. int. Christian. 8. ibid. 743.

— historia pontificat. rom. 8. Helmst. (Weygand. Lips.) 741.

— institutiones vet. ac. mediae ecclesiae polit. s. disciplinae eccles. 8. ibid. 740.

– Dasselbe, s.a. K e u f f e l , Jo. Gottfried

Keuffel, Ge. Gothofr.: De irregularitate ex ignorantia. Progr. Helmstadii (1742).

Keuffel, G. Gf., Merkwürdigk. d. Bononisch. Schule z. Erkl. akadem. Alterthum. 8. Helmst. (Weygand, Lpz.) 749.

Keuffel, G. G., de reconciliatione paschali et succedente excommunicatione in coena Domini. Helmst. 1771. 4.

Keuffel, Georg Gottfried [Praes.], s. S c h o l z , Johann Friedrich: De honore humanitatis.

KEUFFEL, H. G.: Elementa jurisprudentiae ecclesiast. univers. Praef. est. J. L. MOSHEMIUS. *Rost.* **728. 8.**

– Dasselbe, s.a. K e u f f e l , Georg Gottfried

Keuffel, Herm., s.: Ilsenburg.

KEUFFEL, Jo. Gfr.: Institutiones veteris ac mediae ecclesiae politiae s. disciplinae ecclesiasticae. ***Helmstad.*** **740. 8.**

– Dasselbe, s.a. K e u f f e l , Georg Gottfried

[Umschlagt.:] [J.] **Keuffel,** K*arl* [Prof.]: Gymnasialdirektor Dr. *Anton August* Draeger. E. Nachruf. Aurich, Druck v. H. W. H. Tapper & Sohn, 1895; 3--8 S. 4.
Aurich, k. G, P 1895 (303)

[J.] **Keuffel,** K*arl* [Prof.]: Die Feier des 250jährigen Bestehens der Anstalt am 16. und 17. September 1896. Aurich, Druck v. H. W. H. Tapper & Sohn, 1897; 3—11 S. 4.
Aurich, k. G, P 1897 (309)

Keuffel, Karl Anton [Praes.], s. B ü h r i n g , Johann Andreas: De statu rei Romanae sub principatu.

— prolusio I. II. de contentione juris civilis et canonici. 4. Helmst. 769, 70.

KEUFFEL, C. Ant.: Historia auctoritatis prudentum ap. Romanos. Sect. I—IV. ***Helmst.*****, acad. Buchh. 767. 68. 4.**

Keuffen, Herm., Schlüssel zu den deutschen Lesebüchern. Verzeichnis u. Nachweis derjenigen Lesestücke, die e. nähere Behandlung, resp. Erläuterg. gefunden haben. 8. (96 S.) Crefeld 885. Brocker. n. — 60

Keussen, Herm., die Stadt und Herrlichkeit Crefeld, historisch-topographisch dargestellt. 1. und 2. Heft. gr. 8. (V und S. 1—106 mit 1 lithogr. Karte in gr. Fol. und Anhang S. 1—30.) Crefeld 859, Klein. à Heft * 10 Ngr. *

Keuffer, Max, s.: Archiv, Trierisches.

Keuffer, M. (Hrsg.), s. A r a g o , François: Notices biographiques choisies.

Die Ascetischen Handschriften der Stadtbibliothek zu Trier – No 523–653 des Handschriften-Katalogs – von **Max Keuffer**. Abt. 1. *Trier: F. V. Lintz in Komm. 1900.* 8°
= **Keuffer**: Beschreib. Verzeichnis d. Handschriften d. Stadtbibl. zu Trier. H. 5.
[00. 6408 S

Die Liturgischen Handschriften der Stadtbibliothek zu Trier — No 354—522 d. Hs.-Katalogs — v. Dr. **Max Keuffer**. *Trier: Komm. (u. Dr.) d. F. Lintz'schen Buchh. 1897.* (4 Bl., 108 S.) 1 Bd 8.
= **Keuffer**, M.: Beschr. Verzeichnis d. Hs. d. Stadtbibl. zu Trier. H. 4.
[97. 4765

Keuffer, Max [aus Trier]: Die Stadt-Metzer Kanzleien und ihre Bedeutung für die Geschichte des «Romans» ... Erlangen, k. b. Hof- u. Univ.-Buchdr. v. F. Junge, 1895; x S., 1 Bl., 142 S. 8.
Freiburg i. B., Phil. Fak., Inaug.-Diss. v. 1895

— die Stadt-Metzer Kanzleien u. ihre Bedeutg. f. d. Geschichte d. „Romans". [Aus: „Roman. Forschgn."] gr. 8. (XI, 142 S.) Erlangen 895. F. Junge. n. 4. —

Keuffer, M. Lehrplan für den englischen Unterricht. Trier, Rg., 1889. 9 S. Progr.

Keuffer, Max, s.a. **Verzeichnis, beschreibendes, der Stadtbibliothek zu Trier.**

Keuffer, Max Beschreibendes Verzeichnis der Handschriften der Stadtbibliothek zu Trier. Erstes Heft. Die Bibelhandschriften — Texte und Kommentare — der Stadtbibliothek zu Trier. — No. 1 bis 112 des Handschriftenkatalogs. 8 (IX, 77 S.).
Progr. Rg. *Trier* 1888 (zu 458).

Keuffer, M., beschreibendes Verzeichniss der Handschriften der Stadtbibliothek zu Trier. 1. Hft. gr. 8. Trier 888. (Lintz.) n. 3. —
Die Bibelhandschriften — Texte u. Kommentare — d. Stadtbibliothek zu Trier. Nr. 1—112 d. Handschriftenkatalogs. (IX, 77 S.)

Keuffer, Max, beschreibendes Verzeichnis der Handschriften der Stadtbibliothek zu Trier. 2. u. 3. Hft. gr. 8. Trier, (Fr. Lintz). à n. 3. — (1—3.: n. 9. —)
2. Die Kirchenväter-Handschriften der Stadtbibliothek zu Trier. Nr. 113—214 d. Handschriften-Kataloges. (XIII, 143 S.) 891.
3. Die Predigt Handschriften-Nr. 215—353 d. Handschriften-Katalogs. (XIV, 166 S.) 894.

— Beschreib. Verzeichnis d. Handschriften d. Stadtbibliothek zu Trier. 4. Hft. D. liturg. Handschriften — No. 354—522 — d. Handschriften-Katalogs. gr. 8. (VII, 108 S.) Trier 897. (F. Lintz.) n. 3. —

— beschreibendes Verzeichnis der Handschriften der Stadtbibliothek zu Trier. 5. Hft. Die ascet. Handschriften — No. 523—653 des Handschriften-Katalogs. gr. 8. (VII, 112 S.) Trier 900. (F. Lintz.) n. 3. —

Verzeichnis der Handschriften des historischen Archivs der Stadt Trier. (Verf.: Dr. [Max] **Keuffer.**) (Bogen 1.) Trier: F. Lintz 1899. 8°.
— **Archiv, Trierisches.** H. 2. Anh.
[99. 6030

Keuïbachieff, Dimo [aus Kalofer '(Bulgar.)']: Beiträge zur Kenntniss des Carcinoms nach Lupus ... Freiburg i. Br., Buchdr. v. G. Mehlhase, 1893; 34 S., 1 Bl. 8.
Freiburg i. B., Med. Fak., Inaug.-Diss. v. 1893

Keuk Derö efendi, die Beichte d. Bauernmädchens. (55 S. m. Titelbild.) 8. Wien 905. (K. Mitschke.) n. 1. —

Keul, die Geschlechtskrankheiten bei Mann u. Weib. Allgemeinverständlich u. ausführlich dargestellt. (VIII, 254 S.) 8. Leipzig 910. B. Konegen. 4.—; geb. in Leinw. 5. —

Keul, Hermann, prakt. Arzt aus Karlsruhe i. B.: **Histologische Studien über das Xanthom des Augenlides.** ***Würzburg 1901: A. Boegler.*** (46 S.) 8°
Würzburg, Med. Diss. v. 1901

Keula [Schlagwort]

Keula, s.: Preussen. Messtischblätter.

Keuling, Johann Theophil [Praes.], s. Horn, Johann Jakob: De intentione actionem malam non mutante.

Keuller, Albert (Venloo/Niederlande), Ueber das Verhalten der Uterusmuskulatur gegen Ende der Schwangerschaft. Diss. med. - chirur. Bln. (Gustav Lange [Paul Lange]) 17. VII. 1880. 28 S. mit Biogr. (M.: A. Groethuysen) u. 1 Tfl. Abb. (5.—) 17883
Oppon.: Hans Laehr, Joh. Flatten, B. Pape. — Gew.: Johann Groethuysen (Viersen).

Keun de Hoogerwoerd, Selim Khan, aus Bender-Buschir: Studien zur Einführung in das Recht des Islam. *Erlangen 1901: E. Th. Jacob.* (XII, 64 S.) 8°
Erlangen, Jur. Diss. v. 11. März 1898

Keun de Hoogerwoerd, Selim Khan, kritische Studien zur Einführung in das Recht des Islam. gr. 8. (XII, 64 S.) Erlangen 901. (Rudolstadt, Müller.) n. 2.—

Keune, Fr., Buchführung f. landwirtschaftl. Betriebe. Im Auftr. d. landwirtschaftl. Vereins Badersleben zusammengest. Steuertechn. geprüft v. M. Hübner. 5. Aufl. Fol. (99 S.) Osterwieck 896. A. W. Zickfeldt.
Geb. in Leinw. n. 3.—

Erinnerung an das Museum der Stadt Metz. Mit 47 Abb. u. 1 Vollbild. Kurzer Führer durch d. Sammlungen. Überblick über d. Gesch. d. Stadt Metz. (Verf.: [Johann Baptist] **Keune**.) (Metz [1905]: Druck. 'Le Messin'.) (16 S.) quer-8° (05. 13904

Erinnerung an das Museum der Stadt Metz. Kurzer Führer durch die Sammlungen. Überblick über d. Geschichte d. Stadt Metz. (Verf.: [Johann Baptist] **Keune**.) (Metz [1907]: Le Messin.) (16 S.) quer-8° [Umschlagt.] (07. 9905 3

Keune, J. B. Führer durch das Provinzial-Museum zu Trier. 12. (47 S.) Ebd. 891. * — 50

Keune, J. B., Führer durch das Provinzial-Museum zu Trier. Nebst e. Anh. üb. die Stadtbibliothek. 2. Aufl. 16. (60 S.) Trier 894. F. Lintz. n. — 60

— Metz. Ein Rundgang durch die Stadt unter besond. Berücksicht. ihrer Geschichte u. Sammlgn. (116 S. m. farb. Plan.) 8. Metz 907. R. Lupus. 1.20

Metz, s. Geschichte, Sammlungen u. Sehenswürdigkeiten. Unter Berücks. d. gesamten Bezirkes Lothringen, insbes. d. Vororte von Metz. Mit Unterst. d. Gesellsch. f. lothr. Geschichte ... hrsg. von Prof. [Johann Baptist] **Keune**, Museumsdir. Metz: R. Lupus 1907. (288 S.) 8° (08. 6394

Keune, J. B., Metz, seine Geschichte, Sammlungen u. Sehenswürdigkeiten. Unter Berücksicht. des gesamten Bez. Lothringen, insbesondere der Vororte v. Metz. Mit Unterstützg. der Gesellschaft f. lothring. Geschichte u. Altertumskunde hrsg. (290 S.) 8. Metz 907. G. Scriba. Geb. in Leinw. 4.—

Metz und seine Vororte, mit einer Zusammenstellung von Ausflügen in d. nähere u. weitere Umgebung, insbes. auch auf d. Schlachtfelder um Metz. Diedenhofen, Luxemburger Schweiz, Staatsbad Mondorf. Hrsg. v. Verkehrs-Ver. f. Metz u. d. Metzer Land. (Verf.: Johann Baptist **Keune**.) Metz 1908: Lothring. Druckanst. (70 S.) quer-8° (08.18321

— s.: Moselland, das, u. die westdeutsche Eisenindustrie.

[F.] Die Romanisirung Lothringens und der angrenzenden Gebiete. Vortr. geh. in d. Vers. d. Lehrer an d. höh. Schulen Elsass-Lothringens zu Metz ... v. J. B. **Keune**, Oberl. ... zu Montigny ... *Metz: Dr. d. Lothr. Zeitg 1897.* (46 S.) : Bd 8. (97. 1350

Die Flur Sablon in römischer Zeit. Ergebnisse d. jüngsten Grabungen im südl. Vorgelände von Metz. Von J[ohann] B[aptist] **Keune**. Metz 1904: Lothr. Zeitung. (28 S.) 8°
Aus: Jahresbericht d. Ver. f. Erdkunde zu Metz. 24. (05. 1465 5

Den Teilnehmern am Anthropologen-Tage zu Metz 5.—9. Aug. 1901 gewidmet vom Museum d. Stadt Metz. (Verf.: [Johann Baptist] **Keune**, Dir.) *(Metz 1901.)* (3 S., 8 Taf.) 8° [Umschlagt. F.] (01. 8907

— Geschichtliche Wanderung durch die Stadt Metz u. ihre nächste Umgebung. [Aus: „K., Metz, seine Geschichte u. Sammlgn."] (38 S. m. Abbildgn.) gr. 8. Metz 907. (G. Scriba). — 50

Keune, W., Nahelesent Fritz Reuters Stromtid in Versche bunnen. 16. (23 S.) Quedlinburg 867, Huch.

Keune, W., 50 zweistimmige Volks-Schul-Lieder. 8. Magdeburg 846, Heinrichshofen. 6 ngl (In Partien f. Schulen 1/6 ngl)

Keune, W., 50 zweistimmige Volks-Schul-Lieder. 8. (48 S.) Magdeburg 847, Heinrichshofen'sche Buchh.

Keuner, Johann Friedrich

— — **De alternatione vulgo Mutschirung.** Diss. jur. Präs. Jo. Philipp Slevogt. Jena (Georg Heinrich Müller) Nov. 1691. 12 Bl. (6.80) 17886
Widm. v.: Peter Müller, Christian Weidling, M. Heinrich Sigismund Marquart.

— — **Dasselbe.** D. i. von Vergleichungen bey hohen Häusern, daß ein gewisses Erbstücke nicht getheilet, hingegen Wechselsweise oder auch gemeinschafftlich von denen Erben genutzet werde. Ed. II. Jena (Jo. Bernh. Heller) 1742. 24 Seiten ohne Widmung. (6.50) 17887

— — (Leipzig), **In dissertatione philosophica animadversiones modestas, in placita recentiorum de idearum genuina natura et indole.** Präs. M. Heinr. Jacob Bauer. Lpz. (Schede) 11. III. 1719. 12 Bl. (6.50) 17888
Gew.: D. Jo. August Hölzel. — Widm. v. Präs.

— — **Trigam malorum forensium in causis tum civilibus, tum criminalibus exponens.** Diss. jur. Erfurt (Johann Christoph Hering) 5. II. 1753. 24 Seiten. (4.50) 17889
Gew.: v. Fredersdorff. — Dtsche. Widm. v.: Christ. Ludwig Osann, Johann Andreas Schorch. — Handschr.: Frider. Schorch, Facult. h. t. Decanus.

Keuntje, Hermann [aus Bremen]: Der syntaktische Gebrauch des Verbums bei Amyot, dargest. auf Grund seiner Übersetzg d. Vitae d. Plutarch. E. Beitr. z. französ. Syntax ... Bremen, Druck v. C. Schünemann, 1894; 2 Bl., 67 S. 8.
Leipzig, Phil. Fak., Inaug.-Diss. v. [2. Jan.] 1895

Keup, Johann Bernhard, s. Barneveld: Abhandlung.

— s. Beobachtungen, Arzneikundl.

— Etwas über d. Kenntniß u. Heilung d. Wasserscheu. 8. Düsseld. 789. Dänzer. (Leipz., Barth). 4 gl

– s. Geuns, M. v.: Abhandlung.

– s. Haar v. d.: Beschaffenheit

– s. Lebensgesch. Pt. Camper.

Keup, Jh. Bhrd., († d. ... Juli 1802.) libellus pharmaceut. compos. et praeparat. praecip. praeparandi mod. exhib. 8. Duisb. 789. (Bädecker in Essen.) 8 gr

— manuale pharmaceut., principiis pharmaciae probat. 8. Stend. 793. Franzen u. Gr. 14 gr

– s. Metzger, J. D.: Systema.

– s. Übersicht d. Lavoisier. Theorie.

Keup, Johann Bernhard (Übers.):

s.: Veirac, Jan: Abhandlung über die Rachitis oder englische Krankheit. (Over de Engelsche Ziekte. Dt.) Stendal: 1794

JB 3.449

– s. Vogel, G.: Manuale.

Keup, *Wilhelm:* Das französische en '(inde)'. E. Untersuchg über seinen Laut- u. Bedeutungswandel. Berent, gedr. in d. Buchdr. v. A. Schueler, 1893; 3– 14 S. 4.
Berent, K. PG, OP 1893 (25)

Keuper, Jul., Matthias Claudius, der Wandsbecker Bote, f. Bibliothek der Gesamt-Litteratur des In- und Auslandes.

Keurenaer, J. A., Flachsbereitung in Holland. gr. 8. (X, 128 S.) Berlin 872. Wiegandt, Hempel & Parey. n. 2. 50

Keurenaer, J. A., Die Flachsbereitung in Holland. (Preisschrift, gekrönt von der „Hollandsche Maatschappy van Landbouw.") Berlin 1872. 8°.

Keusch, J[aco]b. Ueber Akromegalie. Diss. Med. Univ. Zürich. [Mit 9 Tafeln.] *Kopftitel:* Aus der Medizinischen Klinik in Zürich, Direktor Prof. Dr. Hermann Eichhorst. 47 S. 8. Zürich, Gebr. Leemann & Co., 1907.

Keusch, Jb., Arzt, aus Boswil (Aargau): Ueber Akromegalie. (Aus der medizinischen Klinik in Zürich. Direktor Prof. Eichhorst.) [Mit 6 Abbildungen im Text.] Zürich 1907. 47 S. und neun Tafeln. 8°. [19. XII. 07.]
Zürich. Med. Diss. 1907/08,

Keusch, P. Rupert. Bruder Klaus und Dr. (Eduard) Herzog. Offenes Wort. 8. Luzern 1887

Keusch, P. Rupert, Notwendigkeit des Glaubens und der Religion für Wissenschaft und Kunst. Sarnen 1876.
Progr.

Jahresbericht über die Kantonal-Lehranstalt zu Sarnen (Obwalden) f. das Schuljahr 1875/76. Mit einer Beilage. Nothwendigkeit des Glaubens und der Religion f. Wissenschaft und Kunst von Prof. P. Rupert Keusch. Sarnen, Buchdruckerei von J. Müller. 1876. 4.

Keusch, P. Rupert. Predigt, gehalten bei der Eckstein-Weihe der neuen Pfarrkirche in Boswil am 23. September 1888. 8. Muri.

Keusch, P. Rupert, Der homerische Zeus. Sarnen 1885.
Progr.

Keuschheit u. Gesundheit i. Lichte d. Wissenschaft. (18 S.) Berlin. Selbstverl. d. Deutschen Sittlichkeits-Vereine.

Keuschheit und Gesundheit im Lichte der Wissenschaft. Gr. Ausg. *Berlin: Selbstverl. d. deutsch. Sittlichkeitsvereine [1897?].* (18 S.) 8° [ ]

§ **KEUSCHHEIT** aller Menschen Zierde. Aus d. Lat. München, 1688. 8°.

§ — — Dasselbe. Ibid. 1723. 8°.

§ — — Dasselbe. Ibid. 1755. 8°.

Keuschheit die edelste Tugend, d. i. Ein sehr schönes Geistliches Lied, in welchem das Leben und Wandel des züchtigen Helden Josephs aus dem alten Testamente beschrieben wird. Wien, o. J. (Anfang XVIII. Jh.?). 8°. 8 Bll. mit 74 Stroph.
Haydinger's Bibl. I. 2. Wien 1876. no. 2114. — Rarl

Keussen, A., Anleitung zur Selbstverfertigung elektrischer Uhren und Haustelegraphen. gr. 8. (52 S.) Berlin 887. (Kühl.) n. 1. 60

[Keussen, Herman]: Ein Aktenstück über die erste Einwanderung der Mennoniten im Jahre 1655 und über die damit verknüpften Vorgänge. *Abdruck aus: Krefelder Zeitung, 1894, No. 421 in: Die Heimat. Mitteilungen der Vereine für Heimatkunde in Krefeld-Uerdingen. Herausgegeben von K. Rembert. Jg. X. Heft 2. Krefeld 1931. S. 96—98.*

Keussen, Herm., Beiträge zur Geschichte Crefelds u. d. Niederrheins. gr. 8. (V, 260 S. m. Bildn.) Köln 898. J. & W. Boisserée. n. 3. —

Keussen, Homer d. Bildner v. Hellas. Crefeld.
Schul-/Univ.-Schrift 1863

Keussen, der Hülserberg u. seine Umgebung. Nebst e. Anh.: Et Vertellsche van den Hölserberg v. H. T. in Crefelder Mundart. 12. (71 S.) Crefeld 887. Kramer & Baum. n.n. — 50

Keussen, Herm., Kölner Inventar, s.: Höhlbaum, Konst.

Keussen, H. Die Stadt u. Herrlichkeit Crefeld, histor.-topogr. dargestellt. (136) 8. Crefeld 1859. 2,00.

Keussen, Herm., kölnische Künstler in alter u. neuer Zeit, s.: Merlo, Joh. Jac.

Keussen, Herm. Die Matrikel der Universität Köln 1389—1559, s. Publikationen der Gesellschaft f. rheinische Geschichtskunde.

Keussen, Herm., de Philippo Heinsbergensi archiepiscopo Coloniensi (1167—1191). Dissertatio historica. Smaj. (65 S.) Crefeldiae 856, Klein.

Keussen, H., Register, s. Zeitschrift des Aachener Geschichtsvereins.

— die Kölner Revolution 1396. Ihre Begründg. u. Darstellg. Mit 1 Taf. [Aus: „Mittheilungen aus d. Stadtarchiv v. Köln".] gr. 8. (57 S.) Köln 888. Du Mont-Schauberg. n. 1. 50

— Schlüssel zu den deutschen Lesebüchern. Verzeichnis und Nachweis derjenigen Lesestücke, die eine nähere Behandlung resp. Erläuterung gefunden haben. 8. (96 S.) Crefeld 885, Brocker. *

Keussen, (Gerhard Emil) Herm. (geb. Crefeld 5. 6. 1862): Die politische Stellung der Reichsstädte mit besonderer Berücksichtigung ihrer Reichsstandschaft unter König Friedrich III. 1440–1457. Bonn 1885. (73 S.) 8°
Berlin, Phil. Diss. v. 10. Jan. 1885

Keussen, Herm., die politische Stellung der Reichsstädte m. besond. Berücksicht. ihrer Reichsstandschaft unter König Friedrich III. 1440—1457. gr. 8. (73 S.) Bonn 885. (Leipzig, Fock.) n. 1.20

Keussen, Herm., Topographie der Stadt Köln im Mittelalter. Gekrönte Preisschrift. 2 Bde. (XXVIII, 209, 457 u. V, 496 S. m. Karten.) 33×25 cm. Nebst: Karten u. Beigaben. (17 [1 Doppel-]Taf. m. 1 Bl. Text.) 69,5×50,5 cm. Bonn 910. P. Hanstein. 50.—; geb. u. in Umschlag 60.—

Topographie der Stadt Köln im Mittelalter. Von Hermann **Keussen.** Gekr. Preisschr. Bd 1. 2 [nebst] Kt. u. Beil. Bonn: Hanstein 1910. 4° u. gr. 2°
(Preis-Schriften d. Mevissen-Stiftung. 2.) [10. 14289]10

Keussen, Rud., Bewusstsein u. Erkenntnis bei Descartes, s. Abhandlungen zur Philosophie. 22. Hft.

Keussen, Rudolf, a. Bonn: Bewußtsein und Erkenntnis bei Descartes. Halle a. d. S. 1906: E. Karras. (60 S.) 8°
¶ (Erscheint vollst. als Bd. 22 der Abhandlungen zur Philosophie u. ihrer Geschichte, hrsg. von B. Erdmann.)
Bonn, Phil. Fak., Ref. Erdmann, Diss. v. 21. Febr. 1906
[Geb. 24. Aug. 77 Crefeld; Wohnort: Bonn; Staatsangeh.; Preußen; Vorbildung: Gymn. Crefeld Reife O. 95; Studium: Bonn 9, München 3, Bonn 3 S.; Rig. 13. Dez. 05.]

Bewusstsein und Erkenntnis bei Descartes. Von Rudolf **Keussen.** Halle a. d. S.: M. Niemeyer 1906. (IX, 95 S.) 8°
[Ein T. erschien als Inaug.-Diss. Bonn 1906.]
— **Abhandlungen** z. Philosophie u. ihrer Geschichte. 22. [06. 1003]

Ph. Keussler, Eduard, aus Livland. Untersuchung des Cathartomannits und der chrysophansäureartigen Substanz der Sennesblätter. Letztere ist mit der Chrysophansäure des Rhabarbers und der Frangulinsäure zu vergleichen.
Dorpat, Preisarbeit von 1877.

Der Ausgang der ersten russischen Herrschaft in den gegenwärtigen Ostseeprovinzen im XIII. Jahrhundert. Eine v. d. kais. Akad. d. Wiss. mit der Graf Uwarow-Prämie prämiierte Abhandlg v. Friedrich v. **Keussler** ... M. 1 kol. Kt. *St. Petersburg: Buchdr. d. Kais. Akad. d. Wiss.; Kommr. v. Eggers & C. 1897.* (VI, 119 S., 1 Kt.) 1 Bd 8. [97. 3818

Keussler, Frdr. v., der Ausgang der ersten russischen Herrschaft in den gegenwärtigen Ostseeprovinzen im XIII. Jahrh. in d. Beleuchtung des Hrn. A. Ssapunow. Eine Entgegng. gr. 8. (65 S.) St. Petersburg 898. (Eggers & Co.) n.n. 1.25

Keußler, Frdr. v., Leopold v. Rankes Leben u. Wirken. Vortrag, geh. am 3./15. Decbr. 1892. 12. (36 S.) St. Petersburg 892. Eggers & Co. n. — 80

Keußler, Gerhard von: Die Grenzen der Aesthetik. *Leipzig: H. Seemann Nachf. 1902.* (167 S.) 8°
Leipzig, Phil. Diss. v. [4. Dez.] 1902

Keußler, H.

— Der junge Goethe u. das Christentum. Vortrag, geh. in Straßburg am 13. X. u. in Freiburg i. Br. am 31. X. 1908. [Aus: „Der alte Glaube".] (31 S.) 8. Leipzig 909. Seria. — 75

Keußler, H. v., Kirche u. Oeffentlichkeit. Eine Appellation, gerichtet an unparteiische Leser d. Flugblattes „Kirche od. Sekte?" m. Bezug auf Pfarrer Schlussers „Erklärg. betr. die luther. Gemeinden in Baden". Im Anh.: „Kirche, Landeskirche, Freikirche". (20 S.) gr. 8. Karlsruhe 904. J. J. Reiff. n. — 50

— Konfession u. Union. Vortrag, geh. in der evangelisch-luther. Gemeinde zu Berlin-Westteil am 18. I. 1905. (16 S.) gr. 8. Schwerin 905. F. Bahn. — 30

Keußler, H. v., wie überwinden wir Glaubenshindernisse? Predigt üb. Matth. 11, 2—10, geh. am 3. Advent, 13. XII. 1908 in der evangelisch-luther. Kirche in Freiburg i. Br. (14 S.) gr. 8. Freiburg i/B. 909. C. Troemer. — 20

Keussler, Hugo. Was sagt Drummond? Ein Beitrag zur Beurtheilg. der „freien Ansprachen" Henry Drummonds „Das Beste in der Welt" u. „Pax vobiscum", gewidmet den Freunden derselben. 8. (51 S.) Riga 891, Stieda. * 1 40

Keußler, Johannes von

Keussler, Dr. Joh. v.,
Der bäuerliche Gemeindebesitz in Russland. gr. 8°. Riga 1877.

Keussler, Johs. v., zur Geschichte und Kritik des bäuerlichen Gemeindebesitzes in Russland. 1. Thl. gr. 8. (VII, 304 S.) Riga 876, Deubner. *

Keussler, Johs. v., zur Geschichte und Kritik des bäuerlichen Gemeindebesitzes in Russland. 2. Thl. 2 Hälften. gr. 8. St. Petersburg, Ricker. [1. Hälfte. (VI, 338 S.) 882; 2. Hälfte. (VIII, 248 S.) 883.] à Hälfte * M 5. *
1. Thl. [Riga, 1876, Deubner.] St. Petersburg, Ricker. * M 5.

Keussler, Johs. v., zur Geschichte und Kritik des bäuerlichen Gemeindebesitzes in Russland. 3. [Schluss-]Thl.: [Zur Lösung des Problems.] gr. 8. (VI, 374 S.) St. Petersburg 887, Ricker. *
1. und 2. Thl. Ebendas. 1876—83. * M 15.—.

Keussler, Dr. Joh. v., Genossenschaftliches Grundbesitzrecht in Russland. (Aus: „Festgabe für Geo. Hanssen.") Lex.-8°. Tübingen, Laupp, 1889.

Keussler, Johannes, Zur Geschichte und Kritik des bäuerlichen Gemeindebesitzes in Rußland. Auszug: Grundbesitzrecht in den deutschen Kolonien Südrußlands. 73 S. St. Petersburg: C. Ricker 1887

Keust, P. Matthäus. Erinnerungen am Grabe des ... Abten Leo Stöcklin. Trauerrede bei Hochdesselben Begräbnissfeier im Gotteshause Mariastein den 24. Februar 1873. 8. Basel.

Keutel, Augustus (Frid. Guil.) (geb. Köslin 3. 8. 1819): De pustula maligna. Berolini (1844). (29 S.) 8°
Berlin, Med. Diss. v. 20. Aug. 1844

Keutel, Friedrich: Ueber die spezifische Wärme von Gasen. (Berlin 1910: Ebering.) 79 S. 8°
Berlin, Phil. Diss. v. 1. Aug. 1910, Ref. Nernst
[Geb. 14. Mai 86 Hannover; Wohnort: Berlin; Staatsangeh.: Preußen; Vorbildung: Lyz. II Hannover Reife O. 05; Studium: Marburg 3, Berlin 5 S.; Rig. 14. Juli 10.] [U 10. 188

Keutel, Fridericus Guilielmus: De rhachitide. [Praeses:] Ioannes Fridericus **Meckel.** Halae (1817): Grunert. 35 S. 8°
Halle-Wittenberg, Med. Diss. v. 22. Aug. 1817
Geb. Köslin (Pomm.) 20. 4. 1796. V.

Keutel, Gottfried

Keutel, G., die Anrufung der höheren Wesen in den altfranzösischen Ritterromanen, s. Ausgaben und Abhandlungen aus dem Gebiete der romanischen Philologie.

Keutel, Gottfried: Die Anrufung der höheren Wesen in den altfranzösischen Ritterromanen .... (Aus: Ausg. u. Abh. a. d. Geb. d. roman. Philol.) Marburg, Univ.-Buchdr. (R. Friedrich), 1885; 45 S. 8°.
Marburg, Phil. Fak., Inaug.-Diss. v. 19. Nov. 1885.

Keutel, Gfr., Choix de récits bibliques, s. Prosateurs français.

Choix de récits bibliques. Mit Anm. zum Schulgebr. hrsg. von Dr. Gottfried Keutel, Prof., Hannover. [Nebst] Anm. *Bielefeld & Leipzig: Velhagen & Klasing 1902.* 2 Bde 8°
= Sammlung, Velhagen & Klasings, franz. u. engl. Schulausg. Prosateurs franç. Lfg 126. [02. 6904

Keutel, Johann Gottfried (Lubenensis Lusat.), De specificatione jurata. Disp. jur. Präs. Conr. Wilhelm Strecker. Erfurt (Joh. Christoph Hering) 14. X. 1737. 26 S. (6.50) 17890

Keutel, *Gottfried Friedrich Eduard* Otto: Über die Zweckmässigkeit in der Natur bei Schopenhauer ... [= Progr. d. n. städt. Realsch. Leipzig 1897.] *Leipzig, Druck v. B. Zechel, 1897;* 35 S. 4.
Leipzig, Phil. Fak., Inaug.-Diss. v. [3. Apr.] 1897

Keutel, Otto: Über die Zweckmässigkeit in der Natur bei Schopenhauer. Leipzig, Druck v. B. Zechel, *1897;* 47 S. 4.
Leipzig, zweite st. R, OP 1897 (591)

Keuten, Carl Engelbrecht, s. Keuten, Karl Engelbrecht

Keuten, C., Jesus Christus, der Weg, die Wahrheit und das Leben! Katholisches Gebet- und Andachtsbuch. 16. (VIII und 376 S. mit 1 Stahlst.) M.-Gladbach 865, Riffarth.
Pracht-Ausg. mit Titel in Farbendr.

Gesetzliche Bestimmungen für den Trichinenschauer. Zsgest. von Dr. J[akob] Keuten, Kreistierarzt. *Geldern: L. N. Schaffrath [1903].* (61, III S.) 8° [F.] [03. 19674

Keuten, Jacob [app. Thierarzt aus Neuss a. Rh.]: Die Kerntheilung von Euglena viridis Ehrenberg ... M. e. Taf. (Aus: Zeitschr. f. wiss. Zool., Bd. LX Heft 2.) Leipzig, W. Engelmann, 1895; 23 S., 1 Taf. 8.
Rostock, Phil. Fak., Inaug.-Diss. v. [24. Dez.] 1894

Keuten, Johann Daniel

Keuten, J. D., Ave Maria. Vollständiges Gebet- und Andachtsbuch für kathol. Christen. 8. (VII und 440 S. mit 1 Stahlst.) M.-Gladbach 856, Riffarth.
Vlnp. mit chromolith. Titel.

Keuten, Joh. Dan., Ave Maria. Vollständiges kathol. Gebet- und Andachtsbuch, insbesond. für fromme Verehrer Mariä. 8., verb. Aufl. 8. (VIII und 440 S. mit 1 Stahlst. und lithogr. Titel.) M.-Gladbach 860, Riffarth.
Ausg. auf Vlnp. mit 2 Stahlst und chromolithogr. Titel
Prachtausg. mit 3 Stahlst. und chromolithogr. Titel

—— Blüthen aus dem Paradiese der Kirche. Vollständiges Gebet- und Andachtsbuch für kathol. Christen. 1. Aufl. 1854. und 2., verb. Aufl. 32. (XI und 561 S. mit 1 Stahlst. und lithogr. Titel.) M.-Gladbach 855, Riffarth.
fein Pap. mit lithochrom. Titel

— — 3. u. 4. Aufl. Ebend. 858. 32. (576 S., 1 Stahlst. u. lith. Titel in Farbendr.) 12 ngr.

— Blüthen aus dem Paradiese der Kirche. Vollständiges Gebet- u. Andachtsbuch für katholische Christen. 5. Aufl. Ebend. 860. 24. (576 S. u. 1 Stahlst.) 15 ngr.

—— Gelobt sei Jesus Christus! Vollständiges kathol. Gebet- und Andachtsbuch zum Gebrauche beim öffentl. Gottesdienste und zur Privat-Andacht. 5., verm. und verb. Aufl. 12. (VIII und 424 S. mit 1 Stahlst. und chromolithogr. Titel.) M.-Gladbach 861, Riffarth. *
Feine Ausg.

Keuten, J. D., Glocke der Andacht. Kathol. Gebet- u. Andachtsbuch. 16. Aufl. 16. (VI, 422 S. m. farb. Titel u. 1 Stahlst.) M. Gladbach (895). A. Riffarth.
Geb. in Leinw. n. — 65

— Halleluja! Ein Gebet- u. Andachtsbuch für kathol. Christen. Ebend. 856. 32. (X, 564 S., 1 Stahlst. u. lith. Titel in Farbendr.) 15 ngr.

— Heilige Maria, bitt' für uns! Ein vollständiges katholisches Gebet- u. Andachtsbuch. Ebend. 858. 12. (XII, 428 S., 2 Stahlst. u. lith. Titel in Farbendr.) 18 ngr.

Keuten, J. D., Hosianna in der Höhe. Vollständiges kathol. Gebetbuch. 2., verb. und verm. Aufl. 32. (XIV und 560 S. mit 2 Stahlst.) M.-Gladbach 863, Riffarth.

— Palmgärtlein. Ein Gebet- u. Andachtsbuch für kathol. Christen. Ebend. 855. 32. (VIII, 376 S., lith. Titel in Farbendr. u. 1 Stahlst.) 12 ngr.

— Palmgärtlein. Ein Gebet- u. Andachtsbuch f. kathol. Christen. 16. (X, 373 S. m. farb. Titel u. 1 Stahlst.) Ebd. (895). Geb. in Leinw. m. Goldschn. 1.20

— so sollt ihr beten! Ein Gebet- u. Andachtsbuch f. kathol. Christen. 23. Aufl. 16. (X, 422 S. m. farb. Titel u. 1 Stahlst.) Ebd. (895). Geb. in Leinw. m. Goldschn. 1.20

Keuten, Karl Engelbrecht

Keuten, C. E., betet ohne Unterlaß! Vollständiges Gebet- u. Andachtsbuch f. röm.-kathol. Christen. 4. Aufl. (XVI, 496 S.) 11,9×7,7 cm. Bonn 887. Düsseldorf, L. Schwann. (Urspr. Pr. 1.25)

Keuten, C. E., Ehre sei Gott in der Höhe! Gebet- und Andachtsbuch für römisch-kathol. Christen. 16. (X, 597 S. mit 1 Chromolithogr. und farb. Titel.) Saarlouis 883. Stein.

Ehre sei Gott in der Höhe! Gebet- u. Andachtsbuch f. röm.-kath. Christen von C[arl] E[ngelbert] Keuten. 2. Aufl. *Saarlouis: Hausen & Co. [1901].* (479 S.) 8° [F.] [01. 3631 B

Keuten, C. E., Ehre sei Gott in der Höhe! Gebet u. Andachtsbuch f. römisch-kathol. Christen. 2. Aufl. 16. (486 S.) Saarlouis (901). F. Stein Nachf. n. — 80;
geb. in Chagrin m. Goldschn. n. 1.50

— Hochpreiset den Herrn! Sammlung vorzügl. Gebete f. kathol. Christen. Auszug aus „Ehre sei Gott". 16. (230 S.) Ebd. (901). — 45; geb. in Leinw. n. — 70; in Chagrin m. Goldschn. n. 1.—

Hochpreiset den Herrn! Sammlung vorzügl. Gebete f. kath. Christen. Auszug aus 'Ehre sei Gott' von C[arl] E[ngelbert] Keuten. *Saarlouis: Hausen & Co. [1901].* (230 S.) 8° [F.] [01. 3630 B

[F.] Mein Gott und mein Alles. '(Spruch des hl. Franziskus v. Assisi.)' Gebet- u. Andachtsb. f. kathol. Christen. Aus d. Gebeten d. Kirche u. d. Schriften d. Heiligen ges. u. bearb. v. C[arl] E[ngelbert] Keuten, Curatpriester. 6. Aufl. ... Ausg. No 1. *Saarlouis: Hausen & C. [o. J.]* (X, 529 S.) 1 Bd 8. [98. 5079 B.

Keuten, D., Wonne der christlichen Seele. Gebet- u. Andachtsbuch f. kathol. Christen. Ausg. II. (416 S. m. Titelbild.) 16. Saarlouis 905. F. Stein Nachf.
Geb. in Leinw. n. — 60; in Ldr. m. Goldschn. n. 1. 20

Keuter, J., Anleitung zum Studium der englischen Sprache, i. Weiterbildung, die, des Lehrers im Amte. VII.

Anleitung zum Studium der englischen Sprache und der Methodik des Unterrichtes in dieser Sprache. Von J. **Keuter.** Düsseldorf: Schwann 1909. VIII, 74 S. 8°
(Die Weiterbildung d. Lehrers im Amte. Bd 7.) 10. 7293 6

Keutgen, C. H. [aus Manchester]: Über die Einwirkung von Schwefel auf Glycerin. . . . Berlin, Druck d. Norddeutsch. Buchdr. u. Verlagsanst., 1890; 11 + 1 S. 8°
Giessen, Phil. Fak., Inaug.-Diss. v. 1890

Keutgen, F.: Die Beziehungen der Hanse zu England im letzten Drittel des vierzehnten Jahrhunderts . . . Giessen, J. Ricker'sche Buchh., 1890; 2 Bl. + 91 + 1 S. 8°
Strassburg, Phil. Fak., Inaug.-Diss. v. 1890

Keutgen, F[riedrich]. Aemter und Zünfte. Zur Entstehung des Zunftwesens. X + 256 S. 8. Jena, Gustav Fischer, 1903. [M. 6. 50] —
Darin S. 16. 19. 22. 25—29. 32 f. 35. 46 f. 57. 67 f. 75. 78. 85 f. 134. 157—165. 173. 176. 182. 193. 220. 230. 244 etc. Basel, Muri, Reichenau, St. Gallen *etc. betr.*

Keutgen, F., s.: Beiträge zur deutschen Territorial- u. Stadtgeschichte.

Keutgen, F[riedrich]: Hansische Handelsgesellschaften, vornehmlich des 14. Jahrhunderts. 8° Aus: Vierteljahrsschrift f. Social- u. Wirtschaftsgeschichte. Bd. 4, H. 2—4. 1906.

Keutgen, *Friedrich* [Dr.]: Untersuchungen über den Ursprung der deutschen Stadtverfassung ... [Erschien vollst. 1895 im gl. Verl.] Leipzig, Duncker & Humblot, 1894; 1 Bl., 62 S., 1 Bl. 8.
Jena, Phil. Fak., Hab.-Schr. v. 1894

— Untersuchgn. üb. d. Ursprung d. deutschen Stadtverfassung. gr. 8. (XI, 236 S.) Leipzig 895, Duncker & Humblot. n. 5. —

Keutgen, F., Urkunden zur städtischen Verfassungsgeschichte, s. Urkunden, ausgewählte, z. deutschen Verfassungsgeschichte. I.

Urkunden zur Städtischen Verfassungsgeschichte von F[riedrich] Keutgen. Hälfte 1. *Berlin: E. Felber 1899.* 8°
= Below, Georg v.: Ausgew. Urkunden z. Deutschen Verfassungsgesch. Bd 1. 10. 9207 2

Keuth, Wilh., Adreß-Buch für die Stadt Brandenburg, s. Adreß-Buch.

Keuthe, Walter, approb. Arzt aus Westend b. Berlin: Ueber Entwicklungshemmung pathogener Bacterien, insbesondere von Typhus, durch Medikamente. *Heidelberg 1902: C. F. Beisel Nachf.* (40 S.) 8°
Heidelberg, Med. Diss. v. 1902

Keutmann, Adam. Elementarkenntnisse der Musik für d. Sänger. 8. (24 autogr. S.) Aachen 888, Schweitzer. * — 60

Keutmann, Adam, Elementarkenntnisse der Musik f. den Sänger. 8. (21 S.) Aachen 894. (J. Schweitzer) — 60

Keutmann, A., die Theorie der Musik im Allgemeinen u. ihre Formen. 8. (24 S.) Aachen 889. Schweitzer. cart. n. — 40

Keutner, Joseph, aus Rüdesheim a./Rh.: Aus d. Botan. Institut in Kiel. Über das **Vorkommen und die Verbreitung stickstoffbindender Bakterien im Meere.** *Kiel 1904: Schmidt & Klaunig.* (31 S.) 4°
Kiel, Phil. Diss. v. [9. Juli] 1904

Keutner, Philipp, Referendar, aus Wiesbaden: Die Rechtliche Natur der gegenseitigen Verträge im Bürgerlichen Gesetzbuch. *Wiesbaden 1899: C. Ritter.* (39 S.) 8°
Erlangen, Jur. Diss. v. 16. Okt 1898

Keutzer, *Hans* Berechnung von Finsternissen. 4 (15 S., 1 Taf.)
Progr. Rg. u. Rsch. *Offenbach a. M.* 1886 (588)

Keutzer, Hermann: Stichverletzung der Arteria cubitalis sinistra mit Bildung eines Aneurysma traumaticum. Würzburg 1910: Staudenraus. 27 S. 8°
Würzburg, Med. Diss. v. 8. Nov. 1910, Ref. Enderlen
[Geb. 2. Aug. 87 Offenbach a. M.; Wohnort: Würzburg; Staatsangeh.: Hessen; Vorbildung: Gymn. Offenbach Reife O. 05; Studium: Rostock 1, Heidelberg 2, Würzburg 7 S.; Coll. 19. Okt. 10; Approb. 3. Aug. 10.] [U 11. 4579

Keverberg, Fr. v., vom Königr. d. Niederlande. A. d. Franz. übers. gr. 8. (24½ B.) Stuttgart 836, Hallbergersche Vrlsbuchh.

Kevič Mate: Ein Beitrag zur Erforschung der glagolitischen Literatur.
1902 PN 1500 **Diss.Wien, Univ.**

Kevill-Davies, Alb., eine interessante Wittwe, s.: Detectiv-Romane, amerikanische. 10. Bd.

Kewall, B., Josua, Moses Jünger und Nachfolger. Episches Gedicht in zehn Gesängen. (In hebräischer Sprache.) Wien 853. (Wenedikt.) 8. (91 S.) 1 ₰.

— — Pirchê qedem. Orientalische Blüthen. Enthält 52 Fabeln in Versen und zwei Heldengedichte: Giedeon und Jiftach. Wien 1843.

Kewaunee County Banner : June? 1887 - 1926
Weekly. Democratic, 1887 - 99; Independent, 1900 - 26. Sub-title: Ein unabhängiges, den Interessen der Deutschen Niederlassungen in Kewaunee und Door County gewidmetes Organ, 1887 - 1926. Title varies [from masthead]: Kewaunee County Banner und Acker- und Gartenbau-Zeitung, vereinigte Wochenblätter [1906]. Edited & published by Tisch & Bruemmer [or, Bruemmer], 1887 - 88; edited by William Moeschler, & published by Bruemmer & Haney, 1889 - 91; edited by L. H. Marung, 1891 - 92, by K. Bremer, 1893 - 94; by Werner Hager, 1895 - 96; by Otto Julian Ahnert, 1897 - 1921; published by Kewaunee Printing Co., 1892 - 1921; edited & published by Julian Ahnert, 1922 - 26.
Kewaunee, WI

Kewe, Adolf, a. Herford: **Schopenhauer als Logiker.** Bonn 1907: J. Bach. (107 S.) 8°
Rostock, Phil. Fak., Ref. Erhardt, Diss. v. 14. Mai 1907
[Geb. 7. Sept. 69 Herford; Wohnort: Aachen; Staatsangeh.: Preußen; Vorbildung: Gymn. Herford Reife M. 88; Studium: T.H. Berlin, Univ. Bonn 1 S.; Rig. 10. Mai 07.]

Kewer, Jos., Gedichte. 8. Cöln 830, Gaul u. Tonger. (?)

Kewer, Jos. J., Rheinische Lieder. 8. Coblenz u. Leipzig 834. Roschütz u. Comp. ½ ₰

Kewes, Henricus, Schmallenbergensis: De Xenophontis Anabaseos apud Suidam reliquiis. Halis Sax. 1908: Wischan & Burkhardt. (48 S.) 8°
Halle, Phil. Fak., Ref. Kern, Diss. v. 28. März 1908
[Geb. 25. Dez. 83 Schmallenberg (Westfalen); Wohnort: Halle a. S.; Staatsangeh.: Preußen; Vorbildung: Gymn. Paderborn Reife O. 04; Studium: Freiburg i. B. 1, Berlin 3, Halle 4 S.; Rig. 17. Febr. 08.]

Kewitsch, Geo., die astronomische Era u. das Jahrhundert 19 (Jahrhundertwende). gr. 8. (16 S.) Freiburg i/B. 901. (C. Troemer.) n. — 80

Kewitsch, G., fünfstellige Logarithmen für den Schulgebrauch. gr. 8. (80 S.) Leipzig 889. Reisland. geb. n. 1. 50

Kewitsch, Geo., fünfstellige Logarithmen, f. den Schulgebrauch hrsg. (m. Erläuterg. u. Beiwort). 2. Aufl. Lex.-8. (72 u. VIII S.) Leipzig 895. O. R. Reisland. Geb. in Leinw. n. 1. 50

— fünfstellige Logarithmen. Für den Schulgebrauch hrsg. 3. Aufl. Lex.-8. (80 S.) Leipzig 899. O. R. Reisland. Geb. n. 1. 50

— vierstellige Logarithmen f. d. Schulgebr. gr. 8. (40 S.) Ebd. 896. n. — 80

Die Vulkane Pele, Krakatau, Etna, Vesuv. Von Prof. Dr. (Georg) Kewitsch in Freiburg (Baden). *Norden: Soltau 1902.* (35 S.) 8°
— Reform. 1902, Unterh.Beil. [02 1370]

Kewitsch. Essay on the Lake School. Trier, R. u. G. S., 1861. 16 S. 4. **Progr.**

Kewitsch. s. l. théories dramatiques de Corneille. Culm. 4. 16 p.
Schul-/Univ.-Schrift 1864

Kewitsch, sur les Theories dramatiques de Corneille, d'après ses discours et ses Examens. Seconde partie. Culm 4. 27 S.
S. I. Culm 1864 4. 16 S.
Schul-/Univ.-Schrift 1865

Kewitsch, Thdr., 4 Antiphonae de beata Maria virgine. 4 vocibus inaequalibus. Opus VII. hoch 4. (15 S.) Regensburg 871, Pustet. *

Kewitsch, Thdr., Auswahl von Kirchenliedern für kathol. Schulen. Ausg. mit Noten. 8. (64 S.) Danzig 880, Boenig. *

Kewitsch, Thdr., Auswahl von Kirchenliedern für katholische Schulen. Ausg. m. Noten. 8. (64 S.) Danzig 881. Boenig. n. — 30

Kewitsch, Thdr., Auswahl v. Kirchenliedern f. katholische Schulen. 5. Aufl. 8. (64 S.) Danzig 888. H. F. Boenig. n.n. — 30

— kurzgefaßte Choral-Gesanglehre für angehende Chorsänger, Organisten und Schullehrer. 8. (95 S.) Trier 873, Lintz' Verlag. *

Kewitsch, Thdr., kurzgefasste Choral-Gesanglehre f. angehende Chorsänger, Organisten u. Schullehrer. 2. Aufl. 8. (IV, 92 S.) Trier 884. Lintz. n. 1. —

Kewitsch Th, Elementar-Violinschule für Schulamtspräparanden und Seminaristen. I. und II. Teil. Köln

— **fünf Gedichte v. Marie Wernicke, f. 3stimmigen Schülerchor in Musik gesetzt.** Op. 81. 8. (12 S.) Berlin 893. E. Hoffheinz. n. — 40

— Missa de Spiritu sancto vocibus virorum concinenda. Op. XV. (15 S.) 1873. *M 1.; edit. II. gr. 8. (13 S.) Ober-Glogau 880, Handel. *

— **Erstes Uebungsbuch für Orgelspieler. Mit einem Anhange, enth. Modulationen in nakten Dreiklängen. 4. Leipzig 872, Ed. Peter's Verlag.** *

Wegweiser. Vermächtnis an d. deutschen Militär-Musikmeister u. deren Freunde von Theodor Kowitsch. *Berlin: Selbstverl. 1901.* (49 S.) 8°
[3] [01. 5184

Kewitsch, Thdr., Wiederholungs-Buch d. musiktheoret. Lernstoffes zur Vorbereitg. angeh. Musik-Gehilfen auf d. ordnungsmäss. Prüfg. vor d. Musiker-Innung. gr. 8. (IV, 86 S.) Hannover (896). Lehne & Co. n. 1. 50

Kexel, Hugo [aus Bad Ems]: Anatomie der Laubblätter und Stengel der Hypericaceae und Cratoxyleae ferner Anatomie der Typhaceae und Sparganiaceae ... Erlangen, kgl. bayer. Hofbuchdr. v. A. Vollrath, 1896; 61 S., 1 Bl., 1 Doppeltaf. 8.
Erlangen, Phil. Fak., Inaug.-Diss. v. 29. Jan. 1896

Key, a, to the exercises of Ahn's new method of learning the german language. I. and 2. Course. 8. (40 S.) Leipzig 851, Brockhaus. *

Key of heaven. A prayer book for all. By a Benedictine Father. New ed. 32. (XII, 603 S.) St. Louis, Mo. 895. Freiburg i/B., Herder. Geb. in Leinw. n. 2. —; in Ldr. m. Goldschn. n. 3. 20

Key, Axel, s.: Archiv, nordisches medizinisches.

Key, Axel (Hrsg.), s. Arkiv nordiskt medicinskt.

Key, Axel. Die Pubertätsentwickelung u. das Verhältnis derselben zu den Krankheitserscheinungen der Schuljugend. gr. 8. (66 S. m. 28 Fig.) Berl. 890, Hirschwald. * 1 60
Aus: Verhandlgn. d. 10. internat. medicin. Congresses, besond. abgedruckt.

Key, Axel, und Gustaf Retzius, Studien in der Anatomie des Nervensystems und des Bindegewebes. 1. Hälfte. Fol. (IX, 220 S. mit 39 lithogr. und chromolithogr. Taf. und 39 Bl. Tafelerklärungen.) Stockholm 875, (Samson und Wallin.) geb. **
— — dass. — 2. Hälfte. 1. Abthl. Fol. (V, 228 S. mit 36 lithogr., chromolithogr. und Kpfrt. und 36 Bl. Tafelerklärungen.) (Ebendas.) 876. geb. **

— **Schulhygienische Untersuchungen.** In deutscher Bearbeitg. hrsg. v. Leo Burgerstein. gr. 8. (VI, 346 S. m. 12 Kurventaf.) Hamb. 889, Voss. * 12 —

Key, Ellen, Essays. Autoris. Uebertragg. von Francis Maro. 1.—3. Aufl. 8. (V, 317 S.) Berlin (899—902). S. Fischer, Verl. n. 4. —; geb. n.n. 5. —

Key, Ellen, Essays. Autoris. Uebertragg. v. Francis Maro. 4. Aufl. (V, 317 S.) 8. Berlin (903). S. Fischer, Verl. n. 4. —; geb. n.n. 5. —

Key, Ellen, Essays. (Autoris. Uebertragg. v. Francis Maro.) 7. Aufl. (12.—13. Taus.) (V, 317 S.) 8. Berlin 907. S. Fischer Verl. 4.—; geb. n 5.—; in Ldr. 6. 50

Key, E., Die Frauenbewegung, s. Gesellschaft, die, 28. 29. Bd.

Key, Ellen: Die Frauenbewegung. [Kvinnorörelsen; 1909.] — Frankfurt a. M.: Rütten & Loening (1909). 204 S. 8° (Die Gesellschaft. Bd 28. 29.)

Key, Ellen: Missbrauchte Frauenkraft. Ein Essay. Autoris. Übertr. von Therese Krüger. — München: Langen 1898. III. 74 S. 8°
— — 2. Aufl. Berlin: S. Fischer 1904.

Key, Ellen: Drei Frauenschicksale. 2. Aufl. (Übertragung v. Marie Franzos.) — Berlin: S. Fischer 1908. 263 S. 8°

Ellen Key. Das Jahrhundert des Kindes. Studien. Autor. Uebertr. von Francis Maro [d. i. Marie Franzos]. *Berlin: S. Fischer 1902.* (391 S.) 8° [o2. 7779

Ellen Key. Das Jahrhundert des Kindes. Studien. Autor. Uebertr. von Francis Maro [d. i. Marie Franzos]. 2. Aufl. *Berlin: S. Fischer 1902.* (391 S.) 8° [o3. 2770 11

Das Jahrhundert des Kindes [Barnets århundrade]. Studien von Ellen Key. Autor. Übertr. von Francis Maro [d. i. Marie Franzos]. 7. Aufl. Berlin: S. Fischer 1905. (391 S.) 8° [o8. 12039 7

— das Jahrhundert des Kindes. Studien. Autoris. Uebertragg. v. Francis Maro. 13. Aufl. (25—26. Taus.) (V, 391 S.) 8. Ebd. 905. n. 4. —; geb. n.n. 5. —; in Ldr. n. 6. —

Das Jahrhundert des Kindes [Barnets århundrade]. Studien von Ellen Key. Volksausg. in gekürzter u. veränd. Form. 1.–6. Taus. Berlin: S. Fischer 1907. (230 S.) 8° [o7. 11631

Das Jahrhundert des Kindes [Barnets århundrade]. Studien von Ellen Key. Volksausg. in gekürzter u. veränd. Form. (Übertr. von Francis Maro [d. i. Marie Franzos].) 7.–10. Taus. Berlin: S. Fischer 1907. (230 S.) 8° [o8. 15443 11

— Das Jahrhundert des Kindes. Studien. Autoris. Uebertragg. v. Francis Maro. 14. Aufl. (27.—28. Taus.) (V, 391 S.) 8. Ebd. 908. 4.—; geb. n 5.—; in Ldr. 6. —

Der Lebensglaube. Betrachtungen über Gott, Welt u. Seele von Ellen Key. Übertr. von Francis Maro [d. i. Marie Franzos]. 3. Aufl. Berlin: S. Fischer 1906. (562 S.) 8°
— [Key: Lebenslinien. Lifslinjer, deutsch. 2.] [o8. 16391 11

Der Lebensglaube. Betrachtungen über Gott, Welt u. Seele von Ellen Key. Übertragung von Francis Maro [d. i. Marie Franzos]. 4. Aufl. Berlin: S. Fischer 1907. (562 S.) 8°
— Key: Lebenslinien [Lifslinjer, deutsch]. [2.] [o7. 15033

(Lebenslinien [Lifslinjer]. [1]–3.) Von Ellen Key. Übertragung von Francis Maro [d. i. Marie Franzos]. Berlin: S. Fischer 1905–07. 3 Bde 8°
[1] — Über Liebe u. Ehe. 5. Aufl. 1905.
[2] — Der Lebensglaube. Betrachtungen über Gott, Welt u. Seele. 4. Aufl. 1907.
(3) — Persönlichkeit u. Schönheit in ihren gesellschaftl. u. geselligen Wirkungen. 2. Aufl. 1907. [o7. 15031

— Über Liebe und Ehe. [Lifslinjer. 1; 1903.] Essays. Autor. Übertr. v. Francis Maro [d. i.: Marie Franzos]. 5. Aufl. — Berlin: S. Fischer 1905. XV, 496 S. 8° (Key: Lebenslinien 1.)

Über Liebe und Ehe. Essays von Ellen Key. Autor. Übers. von Francis Maro [d. i. Marie Franzos]. 10. Aufl. Berlin: S. Fischer 1905. XV, 496 S. 8° A 12. 15505

Über Liebe und Ehe. Essays von Ellen Key. Autor. Übertr. von Francis Maro [d. i. Marie Franzos]. 12. Aufl. Berlin: S. Fischer 1906. (XV, 490 S.) 8° [o6. 9499 11

KEY, Ellen. Ueber Liebe und Ehe. Essays. Aus d. Schwedischen. Autorisirte Uebertragung von Francis Maro. 14. Aufl. (27.—28. Tausend.) Berlin 1905. 8°. (Br. Mk. 4—, gebd. 5—, Orig.-Wildlederbd. 6.50.) (4 Mk., „ebd. 1904", Orig.-Umschl., Adolf Weigel, 1910.)

Inhalt: Die Entwicklungslinie der geschlechtlichen Sittlichkeit; Die Evolution der Liebe; die Freiheit der Liebe; Die Auswahl der Liebe; Das Recht auf Mutterschaft; Die Befreiung von der Mutterschaft; Die Mütterlichkeit der Gesellschaft; Freie Scheidung; Ein neues Ehegesetz.

„Diese mutige Frau predigt die neue Liebe, eine Liebe, die die Geschlechter und ihr krankes Verhältnis adeln soll. Sie weiss diese Liebe zu schmücken mit allem Tiefsten ihrer starken Seele, beschenkt sie mit dem Zauber eines prachtvollen Pathos, der gewaltigen Gebärde der geistigen Revolutionäre, die an die — Evolution glauben." (Münchener Zeitung.)

Key, Ellen, über Liebe u. Ehe. Essays. Autoris. Übertragg. v. Francis Maro. 15. Aufl. (29.—30. Taus.) (XV, 496 S.) 8. Berlin 911. S. Fischer, Verl. 4.—; geb. n 5.—; in Ldr. 6. —

— Liebe u. Ethik, s. a. Zeitfragen, moderne. Nr. 10.

— dasselbe, s. a. Problem, das sexuelle.

Liebe und Ethik von Ellen Key. Autor. Uebers. aus d. Schwed. von Francis Maro [d. i. Marie Franzos]. 2. Taus. Berlin: Pan-Verl. [1905]. (41 S.) 8° [F.]
— Zeitfragen, Moderne. No 10. [o6. 14890 11

Key, Ellen: Liebe und Ethik. Autor. Übers. aus d. Schwed. v. Francis Maro [d. i. Marie Franzos]. 4. Taus. — Berlin: Pan-Verl. [1905]. 41 S. 8° (Moderne Zeitfragen. 10.)
— — Berlin: Borngräber [1909]. 95 S. 8° (Neues Leben. Bibliothek moderner Autoren.)

Ellen Key. Liebe und Ethik. Berlin: Borngraeber [1910]. 80 S. 8° (Neues Leben. Bibliothek Moderner Autoren.) [10. 16433

— Liebe u. Ethik. (11.—15. Taus.) („Neues Leben". Bibliothek moderner Autoren.) (86 S.) 8. Berlin (910). Verlag Neues Leben. 1.—; geb. 2. —

— Menschen. Zwei Charakterstudien. (C. J. L. Almquist, Schwedens modernster Dichter u. Elisabeth Barrett Browning u. Rob. Browning.) Autoris. Uebertragg. von Francis Maro. (V, 330 S.) 8. Berlin 903. S. Fischer, Verl. n. 4. —; geb. n.n. 5. —

Mutter und Kind. Von Ellen Key. Berlin: Pan-Verl. 1908. 37 S. 8° [10. 6367

Ellen Key. Mutter und Kind. Berlin: Borngraeber [1910]. 73 S. 8° (Neues Leben. Bibliothek moderner Autoren.) [11. 271

— Mutter u. Kind. (6.—10. Taus.) (78 S.) 8. Berlin (910). Verlag Neues Leben. 1.—; geb. 2. —

— Persönlichkeit u. Schönheit in ihren gesellschaftlichen u. geselligen Wirkungen. Essays. Übertragung v. Francis Maro. 1.—3. Aufl. (XV, 511 S.) 8. Berlin 907. S. Fischer, Verl. 4.—; geb. n 5.—; in Ldr. 6. 50

Persönlichkeit und Schönheit in ihren gesellschaftlichen und geselligen Wirkungen. Essays von Ellen Key. Übertragen von Francis Maro [d. i. Marie Franzos]. 2. Aufl. Berlin: S. Fischer 1907. (XV, 511 S.) 8°
— Key: Lebenslinien [Lifslinjer, deutsch]. 3. [o7. 15034

Persönlichkeit und Schönheit in ihren gesellschaftlichen u. geselligen Wirkungen. Essays von Ellen **Key**. Übertr. von Francis Maro [d. i. Marie Franzos]. 3. Aufl. Berlin: S. Fischer 1907. (XV, 511 S.) 8°
— **Key**: Lebenslinien [Lifslinjer, deutsch]. 3. [08. 16391 II

— Rahel, s.a. **Biographien bedeutender Frauen.**

Rahel (Varnhagen v. Ense). Eine biogr. Skizze von Ellen **Key**. Einzig autor. Uebertr. aus d. Schwed. Ms. von [Francis Maro d. i.] Marie Franzos. Leipzig: E. Haberland (1907). (171 S.) 8° [F.]
— **Biographien** bedeutender Frauen. 7. [07. 18106

Key, Ellen: Rahel [Rahel Varnhagen. 1908]. Eine biogr. Skizze. Einzig autoris. Übertragung aus d. schwedischen Ms. v. Marie Franzos. 3. durchges. Aufl. — Halle: E. Thamm [1920]. 171 S. 8° 1: Av 19876/10 3

Ellen **Key**. Die Wenigen und die Vielen. Neue Essays. Autor. Übertr. von Francis Maro. *Berlin: S. Fischer 1901.* (351 S.) 8° [01. 380

Key's, Jh., Vermächtniß e. alten Bienenmeisters; aus d. Engl. Mit Kpf. 8. Leipz. 797. (W. Nauck). 1 ß

Key, T H, The representatives of the greek preposition *ἀνά*. S.-A. 1854. 46 S. 1.—

Keydel, Carl Friedrich, s. Keydel, Karl Friedrich

Keydel, J. Casp., Betr. üb. d. 13te Kap. d. Prophet Jesaia, nebst e. Betr. üb. Philipp III. 10. 4. Blankenb. 736.

Keydel, Jh. Wlh., der in e. Haushaltung nützl., aber auch zum Gewerb brauchbare Seifensieder. 8. Braunschw. 790. Schulbuchh. 12 ßl

Keydel, Karl Friedrich

Keydel, *Carl Friedrich* [pr. Arzt aus Hohnstein b. Schandau]: Die Methoden der Neurectomie des Nervus trigeminus an der Schädelbasis hinsichtlich ihrer anatomischen Verhältnisse mit Berücksichtigung eines operativen Verfahrens von Herrn Professor Helferich.... Greifswald, Druck v. J. Abel, 1891; 31 S. 8°
Greifswald, Med. Fak., Inaug.-Diss. v. 26. Apr. 1891

Keyenburg, Wilhelm: Über Cholecystitis ohne Stein. Berlin: Trenkel 1909. 43 S. 8°
Bonn, Med, Diss. v. 25. Juni 1909, Ref. Garrè
[Geb. 10. März 81 Hordel; Wohnort: Berlin; Staatsangeh.: Preußen; Vorbildung: Gymn. Mülheim a. R. Reife O. 03; Studium: Halle 5, Göttingen 1, Bonn 1, Berlin 1, Bonn 2 S.; Coll. 26. Jan. 09; Approb. 2. Juni 09.] [U 09. 343

KEYES, HENRY ELMO. Ueber die Darstellung von Aethern und Säureestern vermittelst aromatischer Sulfosäuren. (Bern) Heidelberg, 1896.

Keyfel, A., Syphilis congenita in Folge paterner Infection, s.a. **Mittheilungen und Auszüge aus dem ärztl. Intelligenzblatt.**

KEYFEL, Anton (Hutthurm): Syphilis congenita in Folge paterner Infection.- München: Finsterlin 1876. 18 S.
15.5.1876 - Urk (Titel: De syphilide ex paterna infectione congenita.); Chr 1875/76,16
Diss. Ingolst.-Landsh.-Mchn.

Keyfel, Frz. Paul, römisch-katholische Kirchen-Choräle, in Violin-Noten übersetzt zu den Verrichtungen bei feierl. Leichenbegängnissen der Erwachsenen und Kinder, nebst drei Miserere, dem Benedictus mit Chor, zwei Libera und Laudate für 3 bis 1 Singstimmen mit willkührl. Begleitung von Blech-Instrumenten, zum Gebrauche für Schullehrer, Cantoren rc. bearb. im Vereine mit Mehrern. hoch 4. (XII und 87 S.) Nördlingen 851, Beck'sche Buchh. Thlr.

Keyfel, Frz. Paul, römisch-katholische Kirchen-Choräle, in Violin-Noten übersetzt zur Feier der heil. Messe an den Sonntagen in der heil. Advent- und Fastenzeit, zur Wachsweihe rc. Zum Gebrauche für Schullehrer, Cantoren und Schullehrlinge bearb. 2. Lfg. hoch 4. (VII und 44 S.) Nördlingen 853, Beck'sche Buchh.
1. Lfg. Ebendas. 1851. 25 Ngr.

Keyhl, Ernst, approb. Arzt aus München: Uber primäre **Darmtuberkulose.** *München 1901: C. Wolf & Sohn.* (21 S.) 8°
München, Med. Diss. v. 1901

Keyhl, Maximilian — Der Scharlach in seinem regelwidrigen Verlaufe und dessen Heilung mit Wasser. Von — —. Gmunden, 1856. Gedruckt bei A. Pichlers Witwe und Sohn. Rudolph Schworella. (VII. 76 S. 8.)

Keyl

— s. a. **Keil.**

Keyl, Diss. num herbae nicotianae usus levis notae maculam contrahat. Lps. 4°.
1715

Keyl, 18 deutsche u. engl. Vorlegeblätter f. fleiss. Schüler d. Schönschreibekunst. gr. 4. (6 Bl.) Leipzig (832), Friese.

Keyl, A. Üb. milit.-sanitätl. Institute u. deren Betrieb. (Diss.) Würzburg 1870.

Keyl, Benj. Gotth. Julius (Löwenberg/Schles.), **De secali cornuto ejusque vi in corpus humanum salubri et noxia. Diss. med. Bln. (G. Hayn) 24. X. 1823. 44 S., mit Literatur u. Biogr. (M.: Mentz.) (6.50)** 17892
Oppon.: F. Beltz, E. Grossheim, B. Brach. — Gew.: Johann Wiebel, Benj. Gottfr. Keyl (Vater).

Keyl, Ernst Gerh. Wilh., Katechismusauslegung aus Dr. Luthers Schriften und den symbolischen Büchern zusammengestellt. 1. Bd.: Erstes Hauptstück. 8. (XVI und 440 S.) Nördlingen 853, Beck'sche Buchh.

Keyl, Ernst Gerh. Wilh., Katechismusauslegung aus Dr. Luthers Schriften und den symbolischen Büchern zusammengestellt. 2. und 3. Bd. 8. New-York. (Philadelphia, Schäfer und Koradi.) geb. *

Inhalt:
Bd. 2. Zweites Hauptstück. (X und 429 S.) 857. * 1 Thlr. 20 Ngr.
" 3. Drittes und viertes Hauptstück. (XIII und 272 S.) 860. * 1 Thlr. 20 Ngr.
1. Bd. Nördlingen 1853, Beck'sche Buchh. 1 Thlr. 6 Ngr.

Keyl, Ernst Gerh. Wilh., das Leben Dr. Martin Luther's. Nach Mathesius erzählt. 2. Aufl. 12. (102 S. mit Bildern.) Zwickau 883. (Dresden, H. J. Naumann.) *

—— Predigt-Entwürfe über die Sonn- und Festtags-Evangelien aus Dr. Luther's Predigten und Auslegungen. 1. Heft: Die Entwürfe über die Evangelien von 1. bis 13. Sonntag nach Trinit., sowie über die Evangelien am Feste Johannes des Täufers und Mariä Heimsuchung enthaltend. gr. 8. (56 S.) New-York 855(57). (Philadelphia, Schäfer und Koradi.) Thlr. *

Keyl, Gotthard [aus Zobten]: Hygiene des Badens ... Berlin, C. Vogt's Buchdr., *1893;* 28 S., 2 Bl. 8.
Berlin, Med. Fak., Inaug.-Diss. v. 11. Dez. 1893

Keyl, Hans, General-Register, s.: Sprachen, die neueren.

Keyl, Hans: Zweigliedrige praedikative Nominalsätze im Französischen. ⟨Ma soeur esclave!⟩ Ein Beitr. z. französ. Syntax u. Stilistik. Marburg 1909: Bauer. 65 S. 8°
Marburg, Phil. Diss. v. 25. Mai 1909, Ref. Wechßler
[Geb. 29. Mai 86 Frankfurt a. M.; Wohnort: Frankfurt; Staatsangeh.: Preußen; Vorbildung: Realgymn. Mustersch. Frankfurt Reife O. 04; Studium: Marburg 8 S.; Rig. 16. Dez 08.] [U 09. 3186

Keyl, Herm., Kinderschatz-Lieder. 1. Thl., enth. 120 Lieder aus H. Schulze und W. Steinmann's Lesebüchlein und Kinderschatz, 1. Thl., mit Angabe der dazu gehör. Choralmelodien und mit 2stimm. Volksweisen versehen. 8. (IV und 68 S.) Dresden 862, Ehlermann. cart. *

Alefeld, Georg Ludwig [Präs.] u. Hilarius Keyl (Frankf. a. M.) [Resp.]
Dissertatio medico-chirurgica inauguralis de sphacelo a causa interna oriundo salutifero aeque ac nocivo.
Gissae 8. Juli 1765: Joh. Jac. Braun. 28 S. 4°
pro impetrandis summis in medicina honoribus.

Keyl, J., s.: Grundriss von Leipzig.

— **Johann Christian** (Leipzig), De judice non judicante. Diss. jur. Erfurt (Johann Christoph Hering) 1. II. 1740. 16 S., tlws. dtsch. (4.50) 17893
Gew.: Friedrich Emanuel von der Streithorst (Naudschütz, Pohlitz), David Leonhard (Breslau).

Keyl, Jul. Adph. Herm., Beweis, daß eine Ziffertafel und zwölf Zifferspähne für Kopf- und Tafel-Rechnen der vier Species mit unbenannten Zahlen genügen. Hierzu 2 Bgn. Ziffern (in gr. Fol.). Lissa 856. E. Günther. 4. (22 S.) 7½ ngr.

— Kern-Sprüche der heiligen Schrift für christliche Schulen und Familien zum religiösen Gebrauch auf alle Tage im Jahre und auf verschiedene Tages-, Jahres- und Fest-Zeiten, aus dem alten u. neuen Testament zusammengestellt u. herausg. Posen 856. (Berlin, Mittler u. Sohn.) 8. (2 Bl., 128 S.) n. 5 ngr.

—— **Kernsprüche der heiligen Schrift für christliche Schulen und Familien zum religiösen Gebrauch auf alle Tage im Jahre und auf verschiedene Tages-, Jahres- und Fest-Zeiten, aus dem alten und neuen Testament zusammengestellt und hrsg. 8. (III und 128 S.) Posen 856(58). (Berlin, Mittler und Sohn.)** *

Keyl, Karl, († d. 30. April 1820.), s. Kunst, Tabellen zu verfertigen.

— **Samuel Benjamin** (Breslau), Difficillimum caput XI. epistolae Pauli ad Romanos explicatur. Diss. philol. Präs. Johann Friedrich Stiebritz. Halle (Hendel) 6. V. 1763. 48 S. (6.50) 17894
Widm. v.: Präs., Jo. Aug. Noesselt, Abraham Gotthelf Maezke (Freistadt/Schles.).

— — Epistola qua viro Johann Friedrich Burg (Breslau) munera sacra, per seculi dimidium summa cum laude administrata, et summos in theologia honores gratul. Halle (Hendel) o. J. 16 S. (4.50) 17895

Keyling, Hermann, Ref. in Berlin: Die rechtliche Bedeutung der Zubehöreigenschaft nach dem Bürgerlichen Gesetzbuche. Borna-Leipzig 1906: R. Noske. (VIII, 37 S.) 8°
Leipzig, Jur. Fak., Diss. v. 22. Jan. 1906
[Geb. 8. Jan. 81 Berlin; Wohnort: Berlin; Staatsangeh.: Preußen; Vorbildung: Gymn. Groß-Lichterfelde Reife O. 00; Studium: Heidelberg 3, Berlin 3 S.; Rig. 26. Okt. 03.]

Keym, Frz., Prinz Eugen von Savoyen, s. a. Sammlung historischer Bildnisse.

Keym, Frz., Prinz Eugen v. Savoyen. Unter Zugrundelegg. von A. Arneth bearb. 3., neuerdings durchgearb. Aufl. (Sammlung histor. Bildnisse.) 8. (VI, 248 S.) Freiburg i/B. 899. Herder. n. 2.—; kart. n. 2.40

Keym, Frz., Geschichte des 30jährigen Krieges. Nach den Resultaten der neuern Forschungen dargestellt. 2 Bde. 12. Freiburg im Br., Herder'sche Buchh.
Inhalt:
Bd. 1. 1618—1630. (XI und 424 S. mit 2 Holzschntaf.) 863. 22½ Ngr.
" 2. 1630—1648. (III und 766 S. mit 2 Holzschntaf.) 864. 1 Thlr.

—— Geschichte des dreißigjährigen Krieges. Nach den Resultaten der neuern Forschungen dargestellt. 2. gänzlich umgearb. Aufl. 2 Bde. 8. (VII, 354; 333 S.) Freiburg i. Br. 873, Herder'sche Verlagsh.

Keym, F., Geschichte d. 30jährigen Krieges. Nach den Resultaten der neueren Forschungen dargestellt. 2 Bde. 3. (Titel-)Ausg. 8. (VII, 354 u. 333 S.) Freiburg i/Br. 809. Herder. In 1 Bd. geb. n. 3.—

Keym, Frz., Johann Tserklaes Graf v. Tilly. 3. Aufl., vollständig neu bearb. v. Ed. Marcour. 8. (XI, 170 S.) Freiburg i/Br. 884. Herder. n. 1.20

—— Tilly im dreißigjährigen Kriege, s. a. Sammlung historischer Bildnisse.

Keym, Fr. Tilly im 30jährigen Kriege. (XI. 424) 12. Freiburg i. Br. 1863. 2,25.

Keym, Franz. Tilly im dreissigjährigen Kriege. Nach O. Klopp bearbeitet. 2. Aufl. 8. Freiburg im Breisgau 1872.

Keymer, Chr., Sprach- u. Stylübungsbuch, s. Junker, M.

Keyn, J. Andr., de paedagogis veterum locos nonnullos apud Romanos auctores occurrentes scholiis comitari et illustrare conatur. Ratisb. 808. 4. 2 gr.

(Keys J.): Anleitung z. praktischen Bienen-Zucht ... [Aus d. Engl. übers.]. Leipz. 1801. (16) 332 S. Tvl. mgl.

Keys, J., Vermächtniß e. alt. Bienenmeisters, a. d. Engl. m. K. 8. Leipz. Sommer. 797.

Keyselitz, Gottfried (Reinswald./Laus.), De partus agripparum difficultatibus. Diss. med.-chir. Lpz. (Wwe. Langenheim) 20. III. 1767. 38 S. u. 1 Tfl. Abb. (J. M. Stock del. et sc. Lips.) (6.50) 17896
Gew.: Johann Erdmann Graf v. Promnitz (Pleß ..., Klitschdorf ...).

Keysen, Théodore A.: Wie wird die sociale Frage gelöst? Antwort an die österreichischen Weckstimmen. Die Academie von Wien hat dem Verfasser den Preis zuerkannt. Luxemburg: Witwe M. Bourger 1877. – 8 S. 16°

Keyser

— s. a. **Kaiser, Kayser, Keiser.**

Keyser, die Praxis des jungen Kompagnieführers, Rekruten- u. Reserveoffiziers. Eine Anleitg. zur Erziehg. u. Ausbildg. (327 S.) kl. 8. Berlin 910. Zuckschwerdt & Co. 3.—

Keyser, Albert Christoph (Regensburg), Generalia quaedam de poenis. Specim. acad. loco. o. O. 1778. 23 S. (6.—) 17897

Keyser, Daniel

— — (Sulza/Thür.), De delatoribus, vulgo Rügemeister. Diss. jur. Präs. Johann Christoph Hartung. Jena (Sam. Adolph Müller) 12. IV. 1690. 28 Bl. (7.50) 17902
Gew.: Georg Keyser (Altenburg). — Widm. v.: Andr. Pleetz, Präs., Joh. Hadrian Slevogt, M. Christoph Donndorff, J. M. Dehn, Just. Seb. Hünefeld (Salz. Henneb.; dtsch.), Christian Henne (Eckartsberga/Thür.; dtsch.).

— — Dasselbe. Jena (Paul Ehrich) 1715. Ohne Widm. an G. Keyser. (7.—) 17903

Keiiser. E. J., Oedipus Rex, prologus, parodus et primum episodium. Diss. 1869. 59 S.

Keyser, Ed., Deutsches Lesebuch f. die mittl. u. oberen Classen der Volksschule. 2 Abthlgn. gr. 8. (VI. 208 u. 322 S.) Sondershausen 851, Eupel. (à 6 ngl geb. à n. 8 ngl) 12 ngl geb. n. 16 ngl

Keyser, F. A. C., unterhaltende Geduldsproben in kleinen Romanen, Novellen und Erzählungen, in welchen jedes Mal ein bestimmter Buchstabe fortgelassen ist, nach der Reihenfolge des ganzen Alphabets. (In 2—3 Heften.) 1. Heft. 8. (80 S.) Nordhausen 866, Büchting.

Keyser, Ferdinand Pieter, Tierarzt, Adjunkt-Direktor des Schlachthofes in Leiden: Die Diagnose des Rotzes am Kadaver. Leiden 1910. X + 82 S. und drei Tafeln. 8°. [6. V. 10.]
Bern. Vet-med. Diss. 1909/10.

KEYSER, Friedrich (Altersweiler): Das Ectropium.- München: Deschler 1852. 16 S.
11.8.1851 - Urk (Titel: De ectropio.); F 67

Diss. Ingolst.-Landsh.-Mchn.

Keyser, Fr., (Buchhändler), († d. 29. Mai 1819.), s. 1) Erholungen. 2) Frauenzeitung. 3) Reformations-Almanach.

Keyser, G., Erläuterungen zu der thüringischen Strafproceßordnung, ingleichen zu dem Gesetze, die Einführung derselben betreffend (in dem Großherzogth. Sachsen-Weimar vom 20. März, in dem Fürstenth. Schwarzburg-Sondershausen vom 25. April und in dem Fürstenth. Schwarzburg-Rudolstadt vom 26. April 1850) und zu dem Gesetze, die Abänderungen derselben betreffend (in Rudolstadt vom 24. Novbr., in Weimar vom 9. Decbr., in Sondershausen vom 10. Decbr. 1854), gesammelt und hrsg. gr. 8. (60 S.) Sondershausen 858, Eupel's Verlag. *

Keyser, G. F., evangel. Glaubensbekenntniß, nebst geschichtl. Darstell. d. merkwürd. Begebenheiten, welche vorhergingen u. d. Uebergabe dess. am 25. Juni 1530 zu Augsburg veranlaßten. 3. Aufl. 8. (3 B.) Sondershausen 830, Eupel.
Vgl. Kayser.

— Lehrbuch d. christl. Religion, für Bürger- u. Landschulen. 8. Sondersh. 831. Eupel.

Keyser, G. H., Annalen d. Literat. u. Kunst in d. churpfalzbayr. St. a. 1804 u. 805. à 12 Hefte. 8. Regensb. Keyser. 804. 806. (à 4 Rthlr. 8 gr.)

— üb. die wissenschaftl. Bildung z. Rechtsgelehrt. 8. Regensb. Kunst-B. 803.

— Elementargeographie von Bayern. 8. Münch. Lentner. 809.

— üb. d. Nachdruck an d. Regier. Baierns. 8. Regensb. Keyser. 804.

— Statistik d. Königr. Bayern. 1r Curs. 8. Münch. Lentner. 809.

Keyser, Geo.: Asylum creditorum bipartitum oder Nothdürftige Anleitung, wie ein Jedweder den Hülfs- u. Arrest-Process rechtmässig anzustellen. Verm. v. Chr. Fr. Kaysern. *Altenburg.* 711. 4.

Keyser, Geo.: Praxis criminalis bipartita oder Anweisung zum Inquisitions- u. Achts-Process. *Altenb.* 673. 8. — *Ebend.* 687. 4. — 693. 4. — Revidiret u. verm. v. J. Fr. Keyserii. *Altenb.* 710. 4.

Keyser, Ge.: Praxis criminalis, oder Rechtsgegründete Anweisung, wie in allen peinlichen Fällen, absonderlich auch in Entleibungs-Sachen . . . zu verfahren. Rev. u. verm. von dessen . . . Sohn Chr. Friedr. Keysern. Altenburg 1710.

Keyser, Georg Adam

— s.a. Antihypochondriakus.

KEYSER, G. A. Der junge Antihypochondriakus oder Etwas zur Erschütterung des Zwergfells (so!) und zur Beförderung der Verdauung. I.—XXI. Porziönchen. Lindenstadt (Leipzig) 1796—1809. 3 Bde. 8°.
Hayn I, 94 kennt nur 15 Portiönchen.

— Beantwort. d. Preisfr.: Wie ist dem so sehr einreiß. Holzmangel vorzubeugen? 8. Erfurt ... Keyser.

KEYSER, Georg Adam: Beantwortung der von der churfürstlichen Mainzischen Akademie nützlichen Wissenschaften zu Erfurt aufgestellten Preißfrage: Wie ist dem so sehr einreissenden Holzmangel vorzubeugen und eine zweckmässige Holzkultur auf Leeden, wüsten Bergen ... zu erzielen. - Erfurt 1794. 96 S.

Keyser, Gg. Adam (Praes.), s. Dacheröden, Karl Friedrich von: Erörterung der Frage: in wie ferne sind Landesherren und Agnaten befugt ...

— s.a. Dorfgeographie, Allgemeine, von Deutschland.

Keyser, Ge. Adam,) Allgemeine Dorfgeographie von Deutschland, oder alphabetische Beschreibung der Dörfer, Flecken, Klöster, Schlösser, Festungen, Herrschaften, Rittergüter und Kupferhämmer, Salz- und Farbenwerke, Glashütten, Papiermühlen, auch einzeln liegender Häuser u. Schäfereyen, nach ihrer Lage, wem u. zu welchen Kreisen, Aemtern oder Gerichten sie gehören. 2 Bde. Mit 1. u. 2. Nachtrag. Erfurt 1789—95. 8. . . . . (D.)

— d. Hegemäler d. Erfurt. Weichbildes. 8. Erfurt 805. Keyser. 2 K

— s. Uhuhu oder Hexen-, Gespenster - Schatzgräber - u. Erscheinungsgeschichten.

VADEMECUM, Poetisches, für Geistliche und Weltliche (von *Georg Adam Keyser*). Lindenstadt (Erfurt) 1796.
Anon.-Lex. IV. p. 279 (nach Weller). — Rar!

Keyser G. A.: Ueber die Veredelung d. Obstes u. die Veränderung d. Obstkernstämme. Erfurt 1800. (32) 126 S.

Keyser, Geo. Adm., (Buchhändler), († d. 9. Mai 1814.) über d. Veredlung d. Obstes u. d. Veränderung d. Obstkernstämme. 8. Erfurt 809. Keyser. 8 K

Keyser, Gg. Ad., üb. d. Veredelung d. Obstes u. d. Veränderung d. Obstkernstämme. 8. Erfurt, 1800. (Winkler). (Leipzig, A. Winter.) — 10

Keyser, Georg Heinrich. Journal für Geschichte, Statistik und Staats-Wissenschaft. (2 Bde.) 8. Münster und Leipzig 1806.

— **Heinrich Johann** (Lichtenberg/Frk.), De argentariis. Diss. philos. Präs. Johann Gottfried Sieber. Lpz. (Jo. Christian Langenheim) Mai 1737. 26 S. (6.—) 17905

Keyser, J. A., das gerettete Eden v. denen falschen Erklärungen rc. 8. Frankf. Andreä. 772.

Liebknecht, Johann Georg u. Joh. Andr. Keyser (Bischofsheim a. M.) [Resp.] Epithemata theologica praefationem Augustanae Confessionis illustrantia et novatorum sentiendi loquendique prurigini magnam partem opposita, et equidem in ipso Jubilaeo evangelico secundo. Giessae 29. Juni 1730: Müller. 24 S. 4°

Keyser, Jh. Fr., (†...) Handbibliothek rc. in gewählten Auszügen aus d. Geschichte, Naturkunde, Statistik u. Oekonomie. 4 Thle. 8. Königsb. 795. (Unzer). 2 ℳ (1797, mit Weglass. d. Verf. Namen unt. d. Tit.: Beiträge zur Encyklopädie für alle Stände.)

Rudolf Christian Keyser

De Mutationibus quas subit infans statim post partum et de morbis ex iis oriundis. Jenae (1830:) Schlotter. 26 S. 8°

Jena, Med. Diss. v. 3. Nov. 1830

Keyser, Stefanie, deutsche Art, treu gewahrt. Eine Hofgeschichte aus dem 17. Jahrh. 8. (246 S.) Leipzig 889. Keil's Nachf. 4. —; geb. n. 5. —

Keyser, Stefanie, Fanfaro. Novelle. 8. (211 S.) Leipzig 885. Keil's Nachf. 3. —; geb. 4. —

— dasselbe, }
— Glockenstimmen, } s. a. Romanbibliothek der Gartenlaube.

— der Krieg um die Haube. Glockenstimmen. Zwei kulturgeschichtl. Novellen. 8. (411 S.) Leipzig 884. Keil's Nachf. 4. 50

— dasselbe, s. a. Romanbibliothek der Gartenlaube.

Keyser, Stefanie, neuer Kurs vor einem Jahrhundert, s. a. Kürschner's Bücherschatz.

[F.] Neuer Kurs vor einem Jahrhundert. Roman v. Stefanie Keyser. M. 25 Ill. v. A. v. Schrötter. *Berlin, Eisenach, Leipzig: H. Hillger [1897].* (120 S.) 1 Bd 8.
= Bücherschatz, Kürschners. No 25. [97. 6199]

Keyser, Stefanie, Lebenswende. Roman. 8. (198 S.) Leipzig 894. E. Keil's Nachf. 3. —; geb. in Leinw. n. 4. —

Keyser, Stefanie, Leitsterne. Novellen. 8. (210 S.) Leipzig (901). E. Keil's Nachf. 2. —; geb. in Leinw. n. 3. —

— ein deutscher Liebesgott. Erzählung. 8. (147 S.) Leipzig 889. Keil's Nachf. 3. —; geb. n. 4. —

— die Lora-Nixe. Novelle. 8. (212 S.) Leipzig 886. Keil's Nachf. 3. —; geb. 4. —

— der Muth zur Wahrheit, s. a. Romanbibliothek der Gartenlaube.

— der Muth zur Wahrheit. Roman. 8. (235 S.) Ebend. 886. 4. —; geb. 5. —

— Seele um Seele. Roman aus dem 12. Jahrh. 8. (179 S.) Ebd. (900). 2. —; geb. in Leinw. n. 3. —

— dunkle Steine. Das Loos d. Schönen. Eine Lichtwirkung? Drei Erzählgn. 8. (258 S.) Ebd. 893. 3. —; geb. in Leinw. n. 4. -

Keyser, Stefanie

Sturm im Wasserglase. Roman. Leipzig: Keil (1895). 236 S. 8°

— Sturm im Wasserglase. Roman. 8. (236 S.) Leipzig 896. E. Keil's Nachf. 3. —; geb. in Leinw. n. 4. —

— was du ererbt v. deinen Vätern hast. 4 kulturgeschichtl. Erzählgn. 8. (V, 194 S.) Ebd. 897. 2. —; geb. in Leinw. n. 3. —

— im Wintermond. Kulturgeschichtliche Märchen u. Erzählgn. f. die reifere Jugend. Mit 6 Bildern in Farbendr. v. Fritz Bergen. gr. 8. (280 S.) Stuttgart 884. Kröner. geb. 4. 50

— Zeit bringt Rosen. Ungeschrieb. Recht. 2 Erzählgn. 8. (234 S.) Ebd. 895. 3. —; geb. in Leinw. n. 4. —

Keyser, Th. Ed., Anweisung, wie die 300jährige Jubelfeier des am 25. Septbr. 1855 abgeschlossenen Augsburger Religionsfriedens auch in Volksschulen festlich begangen werden kann. Sondershausen 855. Eupel. 8. (16 S.) 1 ngr.

— J. G. Fr. Cannabich in seinem Leben und in seiner literarischen Wirksamkeit. Ein biograph. Denkmal für die Schüler, Freunde u. Verehrer desselben. Nordhausen 854. Förstemann. gr. 8. (42 S.) 5 ngr.

Keyser, Th. Ed., Germanos. Sprach- und Bildungsstoffe für Real- und höhere Bürgerschulen. gr. 8. (XXII und 306 S.) Langensalza 855, Schulbuchhandlung des thüringer Lehrer-Vereins.

— illustrirtes pädagogisches Jahrbuch zur Fortbildung und Unterhaltung für Deutschlands Volksschullehrer. 1. Heft. Langensalza 857. Schulbuchhandlung. gr. 8. (X, 134 S. m. Holzschn. im Text u. Beilagen: Der 23. Psalm für 4stimm. Männerchor mit oblig. Orgel comp. von J. G. Sachs. (16 lith. S.) und: Vorlegeblätter zum Zeichnen von Herm. Beyer. 1. Heft. Einübung grader Linien (8 lith. Bl.). 18 ngr.

Keyser, Th. Ed., illustrirtes pädagogisches Jahrbuch zur Fortbildung und Unterhaltung für Deutschlands Volksschullehrer. 1. Heft. gr. 8. (X und 134 S. mit eingedr. Holzschn. 16 S. Noten und 16 Stnt.) Langensalza 857, [Schulbuchhandlung von Greßler.]
Ist nicht fortgesetzt worden.

Keyser, Th. Ed., deutsches Lesebuch für die mittleren und oberen Classen der Volksschulen. 1. und 2. Abthl. gr. 8. (VI und 208 und 322 S.) Sondershausen 851, Eupel. à Abthl. * 6 Ngr. *

— deutsches Lesebuch für die mittleren und oberen Classen der Volksschulen. 1. Abth. 2 verb. Aufl. 853. — 3. verb. Aufl. Sondershausen 857. Eupel. gr. 8. (XV, 208 S.) 5 ngr.

— — 2. Abth. 2. verb. Aufl. Ebend. 857. gr. 8. (322 S.) n. 6 ngr.

Keyser, Th. Ed., deutsches Lesebuch für die mittleren und oberen Klassen der Volksschulen. 1. Abthl. 5. Aufl. gr. 8. (VIII, 208 S.) Sondershausen 869, Eupel. *

—— Pädagogisches und Religiöses. gr. 8. (X und 78 S.) Berlin 855, Gebr. Scherk. *

—— pädagogische Studien. Ein Lese-, Lehr- und Bildungsbuch für Volksschullehrerseminarien und junge Volksschullehrer. Nach den besten Schriftstellern zusammengestellt und hrsg. gr. 8. (XV und 504 S.) Leipzig 853, E. Fleischer. *

Keyserling, Lebensbild, s.a. Taube v. d. Issen.

Keyserling, Graf Alexander. Ein Lebensbild, aus seinen Briefen u. Tagebüchern zusammengestellt v. seiner Tochter Freifrau Helene v. Taube v. der Issen. 2 Bde. gr. 8. (VII, 655 u. III, 692 S. m. 5 Abbildgn. u. 2 Portr.) Berlin 902. G. Reimer. n. 20.—; geb. in Halbfrz. n. 24.—

Keyserling, A., Gen. Adiantum L., s. Mémoires de l'Académie impériale des sciences de St.-Pétersbourg.

v. Keyserling, Graf Alex., s. Beobachtungen auf einer Reise in das Petschora-Land.

(—— und Paul v. Krusenstern,) Beobachtungen auf einer Reise in das Petschora-Land. Im Jahre 1843. gr. 4. (III und 465 S. mit 22 Stat. in 4. und 2 lithogr. Karten in Fol.) St. Petersburg 846. (Berlin, Schröder's Verlag.) *

Keyserling, A. und Krusenstern, P. v. Wissenschaftliche Beobachtungen auf einer Reise in das Petschora-Land im Jahre 1843. Petersburg. 1846. 4.

Keyserling, Alex. Graf, Gedächtnisrede auf Karl Ernst v. Baer, s.: Aus baltischer Geistesarbeit. III.

Keyserling, Alex. v., Geologie des europäischen Rußland, s. Murchison.

Keyserling, Alex., Polypodiacea et Cyatheacea herbarii Bungeani. gr. 8. (VIII, 74 S.) Leipzig 873, Engelmann. *

Keyserling, Graf. Aus den Reisetagebüchern des Grafen Kankrin (russ. Finanzminister). 8°. Braunschweig 1865. (1. Bd. p. 59—118: Russische Finanzen 1823—42.)

Keyserling, Graf Alex. Aus den Tagebuchblättern des Grafen Alex. Keyserling. Philosophisch-religiöse Gedanken m. einzelnen Zusätzen aus Briefen. Hrsg. v. seiner Tochter Freifrau Helene v. Taube. Mit e. Lebensskizze, verf. v. Graf Leo Keyserling. gr. 8. (XL, 290 S.) Stuttgart 894. J. G. Cotta Nachf. n. 6. —

Keyserling, A. Graf, u. J. H. Blasius, die Wirbelthiere Europa's. 1. Buch: Die unterscheidenden Charactere. gr. 8. (22½ B.) Braunschweig 840, Vieweg u. Sohn. *

— einige Worte üb. Raum u. Zeit. Aus den Tagebuchblättern d. Grafen A. K., geb. 15. Aug. 1815, † 8. Mai 1891. 8. (31 S.) Ebd. 894. n. — 80

Keyserling, Archibald Graf. v., Oberst a. D. Aus der Kriegszeit. Erinnerungen. 1. Abth. Der von Thielmann'sche Streifzug. 2. Abth. Ueber den Rhein und nach Paris. Mit 2 Karten. 8. Berlin 1847—1855.

v. Keyserling, Archib. Graf, aus der Kriegszeit. Erinnerungen. 1. Abthlg. Der v. Thielmann'sche Streifzug. Mit 1 Karte. gr. 8. (129 S.) Berlin 847, A. Duncker. 1 ₰

Keyserling, Archibald v., Aus der Kriegszeit. Erinnerungen. 2. Abth. A. u. d. T.: Ueber den Rhein u. nach Paris. Mit 1 (metallograph.) Karte (in gr. Fol.). Berlin 855. A. Duncker. 8. (2 Bl., 236 S.) 1 ₰. 15 ngr.

Keyserling, E[duard] von

Keyserling, Graf E., die Arachniden Australiens, s.: Koch, L.

Beate und Mareile. Eine Schloßgeschichte von E. v. Keyserling. (Buchschmuck von F. Christophe.) *Berlin: S. Fischer [1903].* (195 S.) 8° [03. 14003]

Keyserling, E. v., Beate u. Mareile, s. a. Fischer's Bibliothek zeitgenössischer Romane. I, 9.

Beate und Mareile. Roman von E[duard] v. Keyserling. Berlin: S. Fischer [1909]. 143 S. 8°
(Fischers Bibliothek zeitgenössischer Romane. Jg. 1. Bd 9.) [09. 13694]

— Dumala. Roman. (191 S.) kl. 8. Berlin 908. S. Fischer, Verl. 2.—; geb. n 3.—; in Ldr. 4. —

Dumala. Roman von E[duard Graf] Keyserling. 3. Aufl. Berlin: S. Fischer 1908. (190 S.) 8° [F.] [08. 15445]

— Benignens Erlebnis. 2 Akte. (79 S.) 8. Ebd. 906. n. 1. 50

Keyserling, E. v., ein Frühlingsopfer. Schauspiel in 3 Aufzügen. 8. (160 S.) Berlin 900. S. Fischer. n. 2. —

— der dumme Hans. Trauerspiel in 4 Aufzügen. 8. (111 S.) Ebd. 901. n. 2. —

— Peter Hawel. Drama in 5 Aufzügen. (176 S.) 8. Ebd. 904. n. 2. —; geb. n.n. 3. —

Keyserling, Ed. Graf, Fräulein Rosa Herz. Eine Kleinstadtliebe. Erzählung. 8. (VII, 343 S.) Dresden 887, Minden. * geb. **

— Bunte Herzen. 2 Novellen. (251 S.) kl. 8. Ebd. 909. 3.—; geb. n 4. —

Bunte Herzen. 2 Novellen von E[duard] v. Keyserling. 2. Aufl. Berlin: S. Fischer 1909. 251 S. 8° [09. 15704]

Keyserling, Graf E., die Spinnen Amerikas — Laterigradae. gr. 4. (283 S. mit 8 Kpfrt. und 8 Bl. Taf.-Erklärungen.) Nürnberg 880, Bauer und Raspe. *
—— dass. — 2. Bd. Theridiidae. 1. Hälfte. gr. 4. (222 S. mit 10 color. Kpfrt. und 10 Bl. Erklärungen.) Ebendas. 884. *

Keyserling, Graf E., die Spinnen Amerikas. 2. Bd. 2. Hälfte: Theridiidae. 2. Hälfte. gr. 4. (295 S. mit 11 color. Kpfrt. und 11 Bl. Erklärungen.) Nürnberg 886, Bauer und Raspe. *
1. Bd. und 2. Bd. 1. Hälfte. Ebendas. 1880,84. à *M 40.—.

— die Spinnen Amerikas. 3. Bd. Brasilianische Spinnen. Nach dessen Tode hrsg. v. George Marx. gr. 4. (III, 278 S. m. 10 Taf. u. 10 Bl. Erklärgn.) Nürnberg 891. Bauer & Raspe. n. 40. — (I—III.: n. 165. —)

— dasselbe. 4. Bd. 1. u. 2. Hälfte. Epeiridae —, nach dessen Tode hrsg. v. George Marx. gr. 4. Ebd. n. 75. —
1. (VIII, 208 S. m. 9 z. Tl. farb. Taf. u. 9 Bl. Erklärgn.) 892. n. 40. —
2. (S. 209—377 m. 10 z. Tl. farb. Taf. u. 10 Bl. Erklärgn.) 893. n. 35. —

Keyserling, Graf Ed. v., die dritte Stiege. (Socialer) Roman. 8. (294 S.) Leipzig 892. W. Friedrich. n. 5. —

— schwüle Tage. Novellen. 1. u. 2. Aufl. (Je 185 S.) 8. Ebd. 906. n. 2. —; geb. n.n. 3. —

— Schwüle Tage. Novellen. 4. Aufl. (Schmuck des Buches v. Karl Walser.) (185 S.) kl. 8. Ebd. 908. 2. —

Keyserling, Graf Eug., neue Cypriniden aus Persien. Lex.-8. (27 S. mit 9 Stnt.) Berlin 861, [Wiegandt und Hempel.] *
Aus: Zeitschrift für gesammte Naturwissenschaften, besonders abgedruckt.

v. Keyserling, Reichsgraf Hnr. Chr., († im Nov. 1787.) einige Grundsätze d. Staatsklugheit, s. a. Cäsarea.

Caesarecn (= Keyserling, Heinr. Chr. Reichsgraf): „Einige Gründsätze der Staatsklugheit", Mitau 1772 (W. Nauck in Leipzig).

Keyserling, Herm. Graf, Entwicklungshemmungen. Ein Mahnwort an unsere Zeit. (19 S.) 8. Leipzig 909. F. Eckardt. — 50

Keyserling, Herm. Graf, Erörterungen über das Duell nebst einem Vorschlage. 2., unveränd. Aufl. gr. 8. (32 S.) Dorpat 864, Gläser's Verlag.

Keyserling, Graf Herm., Erörterungen über das Duell, nebst einem Vorschlage. 3. unveränd. Aufl. gr. 8. (32 S.) Dorpat 883, Schnakenburg's Verlag. *

Keyserling, Herm. Graf, das Gefüge der Welt. Versuch e. krit. Philosophie. (VIII, 382 S.) 8. München 906. Verlagsanstalt F. Bruckmann. n. 5. —; geb. in Leinw. n. 6. —

Hermann Graf **Keyserling**. Individuum und Zeitgeist. Rede, geh. zu Reval 1908. Leipzig: Hartmann [usw.] 1909. 23 S. 8° [11. 10395

— Individuum u. Zeitgeist. Rede, geh. zu Reval am 15. XII. 1908. 1. u. 2. Taus. (21 bezw. 23 S.) 8. Reval 909. Kluge & Ströhm. 1. —

— Prolegomena zur Naturphilosophie. (XII, 159 S.) 8. München 910. J. F. Lehmann's Verl. 5. —; geb. 6. —

— Schopenhauer als Verbilder, s. a. Werdandibücherei. 2. Bd.

Schopenhauer als Verbilder. Vom Grafen Hermann Keyserling. Leipzig: Eckardt 1910. 127 S. 8°
(Werdandibucherei. 2.) [10. 4191

— Unsterblichkeit. Eine Kritik der Beziehgn. zwischen Naturgeschehen u. menschl. Vorstellungswelt. (VII, 349 S.) 8. München 907. J. F. Lehmann's Verl. 5. —; geb. 6. —

Keyserling, Gräfin M., geb. v. Dönniges, römische Aquarelle. Ein Karneval in Rom. — Die Signora. 8. (296 S.) Stuttgart 888, Deutsche Verlags-Anstalt. *

Keyserling, Gräfin Margarethe, geb. v. Doenniges, Excentrisch. Erzählung. 8. (319 S.) Jena 893. H. Costenoble. n. 5. —; geb. n.n. 6. 20

Keyserling, Gräfin M., das Fritzche, s.: Daheimbibliothek.

— Gedichte u. Aphorismen. Mit e. Vorworte v. Ad. Frdr. Graf v. Schack. 8. (VII, 138 S.) Breslau 894. E. Trewendt. n. 2. —; geb. in Leinw. m. Goldschn. n. 3. —

Keyserling, Margarete Gräfin
Ein Karneval in Rom. Novelle. 2. Aufl. Stuttgart, Leipzig: Dt. Verl.-Anst. (um 1885). 152 S. 8°

—— Lucciola. Novelle. 8. (VIII, 184 S.) Stuttgart 880. Hallberger. *

—— dass. — 2. (Titel-)Aufl. 8. (VI, 184 S.) Stuttgart 882, Deutsche Verlags-Anstalt. *

— Lucciola. Novelle. 2. Aufl. Wohlf. Ausg. 8. (184 S.) Stuttgart 891. Deutsche Verlags-Anstalt. Geb. n. 1. 25

Keyserling, Gräfin Margarete, Sorbello. Histor.-dramat. Gedicht in 5 Aufzügen. gr. 8. (VIII, 73 S.) Breslau 900. Berlin, E. Trewendt. 1. 50

— dunkle Sterne. Erzählende u. andere Gedichte. Mit Bildschmuck v. Alfr. Bürgel u. Vorwort v. Johs. Fastenrath. gr. 8. (XII, 255 S.) Breslau 902. Schletter. n. 5. —

— Strandgeschichten. 8. (250 S.) Berlin 894. F. Pfeilstücker. n. 3. —

—— die Sturmhexe. Roman. 8. (VI, 294 S.) Ebendas. 881. *

Keyserling, Gräfin Margarethe, geb. v. Doenniges, Unbeschützt. Erzählung. 8. (350 S.) Berlin 895. F. Fontane & Co. n. 5. —

— der Werwolf. Ein Roman aus Litauen. 2 Bde. 8. (VI, 224 u. 184 S.) Breslau 900. Berlin, E. Trewendt. n. 8. —

(Keyserling, P. von und Ernst von Derschau): Beschreibung der Provinz Kurland. — Mitau 1805: Steffenhagen. VI, 375 S., 2 Tab.

[J.] Vom Japanischen Meer zum Ural. E. Wanderg durch Sibirien m. Abb. v. Robert Graf **Keyserling**. *Breslau: Schletter 1898.* (XI, 312 S., 1 Kt.) 1 Bd 8. [98. 3152 Gr

Vom Japanischen Meer zum Ural. Eine Wanderung durch Sibirien mit Abb. von Rob. Graf **Keyserling**. 2. durchges. u. verm. Aufl. *Breslau: Schletter 1899.* (XIV, 328 S.) 8° [F.] [4. 9267 10

Keyserling-C . . . ., Gräfin Emma, Johanna Wolter. Ein Roman aus dem Leben. 8. (IV, 508 S.) Hamburg 898. Agentur d. Rauhen Hauses. n. 5. —; geb. in Leinw. n. 6. —

Keyserling-Rautenburg, Cécile Gräfin, Wahres und Erträumtes. 8. (200 S.) [Rostock 887, Verlag der Album-Stiftung.] Danzig, C. Hinstorff's Verlag. *

Keyserlingk, v., wie verhält sich die wahre Vernunft zum geoffenbarten Worte Gottes u. zur After-Vernunft unserer Tage? gr. 8. (1 5/8 B.) Erfurt 846, Bartholomäus.

Keyserlingk, Heinr. Adalb. Joh. v., Erinnerungen für das preussische Heer. 8. (152 S. mit lithogr. Titel.) Berlin 852. (Potsdam, Riegel'sche Buchh.) **-

Keyserlingk, Frhr. v., Erinnerungen für das Preussische Heer. 2., verb. und verm. Aufl. 16. (IV und 193 S.) Breslau 862, Trewendt.

Keyserlingk, Hnr. Wlh. Ern. v., s.a. Keyserlingk, Herrm. Wilh. Ernst v.

v. Keyserlingk, Hnr. Wlh. Er., Entwurf e. vollständ. Theorie d. Anschauungsphilosophie. gr.8. Heidelb.822. Engelmann. 2 ℛ

— speculative Grundlegung von Religion u. Kirche, oder Religionsphilosophie. gr. 8. Berl. 824. Burchhardt. (Krause.) 12 gl

— Hauptpunkte zu einer wissenschaftl. Begründung d. Menschenkenntniß oder Anthropologie. 8. Berl. 827. Schlesinger. 18 gl

— Metaphysik, eine Skizze zum Leitfaden für seine Vorträge. gr.8. Heidelb. 819. Mohr. 15 gl

— über Repräsentation, Repräsentativ-Verfassung. 8. Götting. 815. Vandenhöck u. R. 12 gl

— de vera liberae voluntatis significatione dissert. Heidelb. 819. Mohr. 6 gl

— Vergleich zwischen Fichtens System u. dem des Hrn. Herberts. 8. Königsb. 817. Unzer. 18 gl

— d. Wissenschaft vom Menschengeiste, oder Psychologie. 8. Berl. 829. Schlesinger. 1 ℛ 8 gl

Keyserlingk, Herrm. Wilh. Ernst v., s.a. K e y s e r l i n g k , Hnr. Wlh. Ern. v.

Keyserlingk, Herrm. (Wilh. Ernst) v., Denkwürdigkeiten ein. Philosophen, od. Erinnerungen u. Begegnisse aus meinem seitherigen Leben. gr. 8. (21 ½ B.) Altona 839, Hammerich.

Eb. Entwurf e. vollständ. Theorie d. Anschauungsphilosophie. *Heidelb.*, Engelmann. 822. gr8° 2 ℛ

Keyserlingk, Herrm. (Wilh. Ernst) v., Glaubensbekenntniß e. Philosophen üb. d. Richtigkeit d. Philosophirens in seiner seither. Vereinzelung vom Christenthume, u. üb. d. Nothwendigkeit e. Beziehung u. Uebereinstimmung dess. zu- u. mit d. Christenthume. gr. 8. (2½ B.) Berlin 833, (Logier.)

v. Keyserlingk, (Herrm.,) speculative Grundlegung v. Religion u. Kirche. od. Religionsphilosophie. gr. 8. Berlin 824, Burchhardt.

Hm. v. **Keyserlingk's** Hauptpunkte zu e. wissensch. Begründ. d. Menschenkenntn. od. Anthropol.; e. philos. Abhandl. *Berl.*, Schlesinger. 827. 8° 18 gl

—— die theoret.-prakt. begründete u. erläut. Lehre vom Schönen, od. Aesthetik. Ein Handb. z. Selbststudium. gr. 8. (11 B.) Leipzig 835, [Geuther.]

Hm. W. E. v. **Keyserlingk's** Metaphys., e. Skizze z. Leitfaden f. s. Vorträge. *Heidelb.*, Mohr u. Winter. 818. gr8° 15 gl

—— Novellen u. Erzählungen. 8. (18¾ B.) Königsberg i. d. N., 838, Windolff u. Striese.

Keyserlingk, Herm. Wilh. Ernst von: „Ueber Repräsentation und Repräsentativverfassungen", Göttingen 1815. — Vorh.: Preuß. Staatsbibl. Berlin.

Hm. W. E. a **Keyserlingk** de vera liberae voluntatis significatione. *Heidelb.*, Mohr u. Winter. 818. 4° 6 gl

(Uebersicht der Ereignisse in Europa von 1789—1822.) Kritisch-geschichtliche Uebersicht der Ereignisse in Europa seit dem Ausbruche der französischen Staats-Umwälzung bis auf den Congress zu Verona. Von Herrmann von **Keyserlingk**. Leipzig. 1834. 8°.

— kritisch-geschichtliche Uebersicht der Ereignisse in Europa seit dem Ausbruche der französ. Staatsumwälzung bis auf den Congreß zu Verona. gr. 8. Leipzig 834. Brockhaus. 1½ ℛ

—— die Wissenschaft v. Menschengeiste, od. Psychologie. 8. (19 B.) Berlin 829, Schlesinger.

Keyserlingk, J. v.; Tangenten. Novellen. 8. (VII, 171 S.) Dresden 896. E. Pierson. n. 2. 50; geb. n. 3. 50

Keyserlingk, J. v., reine Toren, s.: Frauen-Bibliothek, mod.

v. Keyserlingk, Pt. Er., s. Beschreibung von Kurland.

Keyserrecht, das, nach d. Handschrift v. 1372 in Vergleichung mit andern Handschriften u. m. erläut. Anmerkungen hrsg. v. Herm. E. Endemann u. m. einer Vorrede vers. v. Bruno Hildebrand. gr. 8. (20 B. u. 1 Handschriftentaf.) Cassel 846, Krieger'sche Buchh. *

„Das Keyserrecht, nach der Handschrift von 1373, mit Anmerkungen herausgegeben von H. E. Endemann . . . .", Kassel 1846. — Vorh.: Bibl. des German. Museums Nürnberg.

Keysig, Fr. L. [Praes.], s. K u h n , Georg Wilhelm: De haemorrhagia uteri.

Keyslar, Julius, s. K e y z l a r

Keysler

— s. a. **Keyßler.**

Keysler, J. G., s. K e y s s l e r , Johann Georg

Keysler, Johann Vollrath (Thurnau), Quando Horatius odam II. lib. I scripserit inquirit idemque viris Johann Lorenz Degen (Culmbach) et Christoph Heinrich Wolff (Limmersdorf/Thurnau) nomine eorum qui moderante viro M. Theophil Christoph Harles vires in lingua latina exercent felicem ex academia Fridericiana in patriam abitum ac quaevis fausta precatur. Erlangen (I. D. M. Camerarius) Febr. 1764. 16 S. (4.50) 17906

Keysselitz, Gustav, a. Großenhain ⟨Sachsen⟩: **Generations- und Wirtswechsel von Trypanoplasma borreli Laveran und Mesnil.** ⟨Aus dem Zoolog. Institut zu Berlin.⟩ (Jena: G. Fischer 1905.) (74 S.) 8°

Berlin, Phil. Fak., Ref. F. E. Schulze, Diss. v. 11. Nov. 1905

[Geb. 14. Jan. 80 Großenhain; Wohnort: Großenhain; Staatsangeh.: Sachsen; Vorbildung: Vitzthumsches Gymn. Dresden Reife O. 00; Studium: Berlin 5, Marburg 1, München 1, Berlin 2 S.; Rig. 24. Juli 05.]

Keysselitz, Gustav, Dr. phil.: Aus d. Inst. f. Schiffs- u. Tropenkrankh. zu Hamburg. ⟨Dir.: Nocht.⟩ Über die undulierende Membran bei Trypanosomen und Spirochäten. Leipzig 1910: (Lippert, Naumburg a. S.). 14 S. 8° ¶ (Aus: Archiv f. Protistenkunde. Bd 10, H. 1. 1907.)
Leipzig, Med. Diss. v. 11. Febr. 1910, Ref. Hofmann
[Geb. 14. Jan. 80 Großenhain; Wohnort: Dresden; Staatsangeh.: Sachsen; Vorbildung: Vitzthumsches Gymn. Dresden Reife O. 00; Studium: Phil. u. Med. Berlin 5, Marburg 1, München 1, Berlin 6 S.; Coll. 19. Febr. 10; Approb. 4. Jan. 09.] [U 10. 3002

Keysselitz, G., u. **M. Mayer,** über Zellveränderungen in inneren Organen bei Variola, s. a. Archiv f. Schiffs- u. Tropenhygiene. 1909. 2. Beiheft.

Über Zellveränderungen in inneren Organen bei Variola. Von G[ustav] Keysselitz u. M[artin] Mayer, Assist. Von d. Expedit. d. Hamburg. Wissenschaftl. Stiftung nach Deutsch-Ostafrika 1907/08. ⟨Aus d. Inst. f. Schiffs- u. Tropenkrankh. in Hamburg.⟩ Mit 1 Taf. u. 2 Fig. Leipzig: Barth 1909. 22 S. 8°
(Archiv f. Schiffs- u. Tropenhygiene. Bd 13, Beih. 2.) [09. 7224

Keysser, Adf., zur geschichtlichen u. landeskundlichen Bibliographie der Rheinprovinz, s. a. Veröffentlichungen der Stadtbibliothek in Köln.

Zur geschichtlichen und landeskundlichen Bibliographie der Rheinprovinz v. Adolf **Keysser.** Köln. 1891. = Veröffentlichungen der Stadtbibliothek in Köln. Heft 4. 8°.

Die oeffentlichen Bibliotheken und die schoene Literatur mit bes. Beziehung auf d. Coelner Stadtbibliothek von Dr. Adolf **Keysser,** Bibl.-Dir. *Coeln: M. DuMont-Schauberg 1903.* (VIII, 26 S.) 8°
— Veroeffentlichungen der Stadtbibliothek in Coeln. Beih. 5. [03. 11435

— das Bibliothekswesen als Gegenstand der öffentlichen Verwaltung. (51 S.) gr. 8 Köln 905. Kölner Verlags-Anstalt u. Druckerei. n. 1. 50

Keysser, Adf., die Büchererwerbungen der Kölner Stadtbibliothek, s. a. Veröffentlichungen d. Stadtbibliothek in Köln.

Keysser, Adolf: I. Die Büchererwerbungen der Kölner Stadtbibliothek. Denkschrift von Adolf *Keysser.* II. Bestimmungen über die Verwaltung und Benutzung der Stadtbibliothek. Köln 1890. 8°

— Frieden im Kriege. Erinnerungen e. vormal. preuß. Linienofficiers aus dem Feldzuge 1870/71. 8. (86 S.) Köln 893. Kölner Verlags-Anstalt u. Druckerei. n. 1. —

Keysser, Adf., die rheinische Landesliteratur. Denkschrift üb. das Sammeln v. Drucksachen zur Geschichte u. Landeskunde der Rheinprovinz. Im Auftrage des Verbandes rhein. Bibliotheken bearb. (22 S. m. 1 Karte.) gr. 8. Köln 907. M. Du Mont Schauberg. 1. —

Mittheilungen über die Stadtbibliothek in Cœln 1602–1902. Führer f. ihre Besucher von Dr. Adolf **Keysser,** Dir. Mit 4 Taf. u. 1 Faks. Cœln: M. DuMont-Schauberg 1902. (VI, 24 S.) 8°
= Veroeffentlichungen d. Stadtbibliothek in Cœln. Beiheft 4. [04. 7989

(Zum 14. deutschen Geographentage Pfingsten 1903 von d. Coelner Stadtbibl.) Mitteilungen über die Stadtbibliothek in Coeln 1602–1902. Führer f. ihre Besucher von Dr. Adolf **Keysser.** Dir. Mit 4 Taf. u. 1 Facs. 2. erw. Aufl. *Coeln: M. Du Mont-Schauberg 1903.* (VI, 26 S.) 8°
— Veröffentlichungen d. Stadtbibliothek in Coeln. Beih. 4. [03. 8354

Mitteilungen über die Stadtbibliothek in Coeln 1602–1902. Führer f. ihre Besucher von Prof. Dr. Adolf **Keyßer.** Mit 4 Taf. u. 1 Faks. 3. Aufl. *Coeln: M. Du Mont-Schauberg 1904.* (VI, 26 S.) 8°
— Veroeffentlichungen d. Stadtbibliothek in Coeln. Beiheft 4. [04. 13710 4

— Mitteilungen über die Stadtbibliothek in Coeln 1602—1902. Führer f. ihre Besucher. Mit 4 Taf. in Autotypie u. 1 Fksm. in Strichätzung. 4. bis 1905 weitergeführte Aufl. (VI, 27 S.) gr. 8. Coeln 905. M. Du Mont-Schauberg. n. — 60

Keyßer, Adf., der alte Pape. Bilder a. d. Leben e. lipp. Waidmannes. Nach Aufzeichngn. gr. 8. (VIII, 152 S. m. Bildn. u. Abb.) Neudamm 895. J. Neumann. n. 3. —; geb. in Leinw. n. 4. —

Keysser, A., die Stadtbibliothek in Köln, s.: Veröffentlichungen der Stadtbibliothek in Köln.

Bibliographische Uebersicht ueber die Schriften von Dr. Johann Jakob Merlo. Hrsg. von d. Stadtbibliothek in Koeln. (Verf.: Adolf **Keysser.**) Koeln: Du Mont-Schauberg 1890. 26 S. 8° A 14. 5530

Keysser, Adf., das Verbot der Schenkung unter Ehegatten nach römischem Rechte. Inaugural-Abhandlung. gr. 8. (82 S.) Strassburg 878. (Köln, Neubner.) n. 2. —

Keysser, d. Verbot d. Schenkung unter Ehegatten nach röm. Rechte. Strassburg 879.

— s.: Veröffentlichungen der Stadtbibliothek in Koeln.

— Oberst Weiß 1796—1875. Ein Lebensbild aus der kurhess. Heeresgeschichte. (43 S. m. 2 Bildnissen.) 8. Kassel 910. F. Scheel. 1. —
Sonderabdruck aus: „Hessenland".

Keysser, Bernhard, approb. Arzt aus Zierenberg ⟨Hessen-Nass.⟩: Beiträge zur Casuistik der multiplen Sklerose nach Traumen. *Göttingen 1900: Dieterich.* (29 S.) 8°
Göttingen, Med. Diss. v. [12. Sept.] 1900

Keysser, Bernh., Beiträge zur Casuistik der multiplen Sklerose nach Traumen. Diss. gr. 8. (29 S.) Göttingen 900. (Vandenhoeck & Ruprecht.) n. — 60

Keysser, Fr(anz), Medizinalprakt.: Das Wesen der Resistenzherabsetzung bei Erkältung. ⟨Experimentell-serolog. Beiträge zu d. Problem d. Erkältung.⟩ Berlin 1910: G. Schade. 84 S. 8°
Berlin, Med. Diss. v. 10. Juni 1910, Ref. Flügge
[Geb. 19. Mai 85 Wilhelmshaven; Wohnort: Berlin; Staatsangeh.: Preußen; Vorbildung: Neues Gymn. Braunschweig Reife O. 04; Studium: Heidelberg 1, Berlin 4, Paris 1, Berlin 4 S.; Coll. 28. Mai 10; Approb. 26. Mai 10.] [U 10. 54

Keyssler

— s. a. **Keysler.**

Keyßler, ..., s. Magazin für d. phys. Heilkunde.

Antiquitates selectae septentrionales et Celticae quibus plurima loca conciliorum et capitularium explanantur . . . Cum figuris aeri insicis. Auctore Joh. Georgio **Keysler.** Hannoverae. 1720. 8°

Keyssler, I. G., antiquitates sel. septentrional. et celticae. c. fig. 8. Hannov. Helwing. 720.

Dissertatio de cultu Solis, Freji et Othini Joannis Georgii **Keysleri.** Halae. 1728. (in: Eliae Schedii De diis Germanis Syngrammata quatuor. Halae. 1728.) 8°.

Keyßler, Johann Georg (Greiz), Dissertatio de dono nuptiali, vom Braut=Taffel Gelde. Präs. Peter Müller. Jena Mai 1680. Ed. II. (Gollner) 1688. 20 Bl. (7.—) 17909
Widm. v.: Präs., Bernhard Pfretzschner, David Wendler (Neust./Vogtl.).

— — Dasselbe. Ed. III. 1714. (6.80) 17910

Keyssler, J. G., (praes. Müller) de douo nuptiali. Jen. 1739. 4.

Keyssler, Joh. Ge., De dea Nehalennia exercitatio, cui accedet conspectus operis edendi de Germania veteri gentili sive de diis veterum Celtarum gentiumque septentrionalium. Cellae 1717. 4. . . . . (D.)

COURTISANEN in Italien. — Keyssler, Joh. Geo., Neueste Reise . . . . 2 Bde. Mit Kpfrn. Hannover 1740 bis 41. 4°.

„Courtisanen", öffentliche, zu Livorno I. 458; zu Rom I. 636; zu Neapel II. 235; zu Padua II. 678; zu Venedig II. 702. — Curtisane stiftet eine Kirche II. 813. — Ob öffentl. liederliche Häuser in großen Städten unentbehrlich? [Vf. ist dagegen.] I. 638—39.

KEYSSLER, J. G., Neueste Reise durch Teutschland, Böhmen, Ungarn, die Schweitz, Italien u. Lothringen, worinn der Zustand u. das Merckwürdigste dieser Länder beschrieben u. vermittelst der Naturlehre, Gelehrten u. Politischen Geschichte, der Mechanik, Mahler-, Bau- u. Bildhauer-Kunst, Müntzen u. Alterthümer erläutert wird. 2 Bde. Mit Titelkpfr. u. weiteren 6 Kpfrn. Hannover 1740—41. 4°. 2 Bll., 810 u. 1344 S., nebst Anhang u. Reg. (18 Mk. R. Hirsekorn, Berlin, 1910.)

Handelt auch von Hermaphroditen und Priapischen Alterthümern.

Keyssler, Johann Georg. Joh. G' Keyßlers ... Neüeste Reise durch Teütschland, Böhmen, Ungarn, die Schweitz, Italien, und Lothringen.... mit Kupffern. (2 Theile.) 4. Hannover 1740(–1742).

(Theil 1. [Mit 4 Tafeln.]) 1740.

(Theil 2) *u. d. T.:* J' George Keyßlers .. Fortsetzung Neuester Reisen, durch Teutschl', Böhm', Ung', die Schweitz, It' und Lothr'... [Mit 3 Tafeln und] 3 Anhangen.) 1741(–1742).

Keyssler, Johann Georg. Johann Georg Keyßlers ... Neueste Reisen durch Deutschland, Böhmem, Ungarn, die Schweiz, Italien und Lothringen, worinnen der Zustand und das Merkwürdigste dieser Länder beschrieben ... wird. Neue und vermehrte Auflage, welche mit Zusätzen und mit einer Vorrede von dem Leben des Verfassers begleitet hat M. Gottfried Schütze ... Hannover 1751. Im Verlage sel. Nicolai Fursters und Sohns Erben ...
2 Abt. 8°
I: Tit., 2 Bl., LXXVIII S., 1 Bl., 728 S., 5 Taf. in Kupferst.
II: S. 729—1556. 32 Bl., 5 Taf. in Kupferst.
1. Ausg. 1740—41.

Keysler, J. G., neueste Reisen durch Deutschland, Böhmen, Ungarn rc. 2 Thle. 2e Aufl., herausg. v. Gf. Schütze. 4. Hannov. 751. 3e A. 776. Helwing. 6 ₰ Dies. im Ausz. 8. Ebd. 780. 1 ₰ 8 K

Keyssner, Arthur [approb. Arzt aus Sonneberg (Herzogt. Sachsen-Meiningen)]: Ueber die Wirkung des Cocainum muriaticum auf den tierischen Organismus . . . . Sonneberg, Druck v. C. A. Mylius (1887); 20 S. 8°

Erlangen, Med. Fak., Inaug.-Diss. v. 22. Jul. 1887

Keyssner, Edgar [app. Arzt aus Sonneberg]: Ueber die relative Häufigkeit der vorzeitigen Unterbrechung der Schwangerschaft ... *Sonneberg S.-M., C. A. Mylius, 1895;* 19 S. 8.

Würzburg, Med. Fak., Inaug.-Diss. v. 1895

Keyßner, Fr., s. Volksblatt, unterhaltendes.

Keyssner, Gust., s.: Frauenbildnisse, 100 klassische.

— s.: Männerbildnisse, 100 klassische.

Keyssner, Gustav *Otto Max:* Die drei Psalterbearbeitungen Luthers von 1524, 1528 und 1531.... Meiningen, Verl. v. K. Keyssner, 1890; 2 Bl., 83 S., 2 Bl. 8°

München, Phil. Fak., Inaug.-Diss. v. 1890

Keyßner, H., s.: Wechselordnung, russische.

Keyssner,Hugo

— u. H. Veit Simon, Aktiengesellschaft u. Kommanditgesellschaften auf Aktien, s.a. Guttentag's Sammlung deutscher Reichsgesetze.

Aktiengesellschaft und Kommanditgesellschaften auf Aktien. Mit erl. Anm. von Hugo **Keyssner**, Geh. JustizR., u. Dr. H[erm.] Veit Simon, Rechtsanw. 5. Aufl. Handelsgesetzb., II. Buch, Abschn. 3 u. 4 bearb. von Dr. Hugo Keyssner u. L[othar] Keyssner, Gerichtsass. *Berlin: J. Guttentag 1900.* (XLVIII, 278 S.) 8° [F.]
— **Sammlung,** Guttentagsche, Deutscher Reichsgesetze. No 24. [oo. 7516

Keyßner, Hugo, die Aktiengesellschaften und die Kommanditgesellschaften auf Aktien unter dem Reichs-Gesetz vom 11. Juni 1870. gr. 8. (IV, 305 S.) Berlin 873, C. Heymann's Verlag. *

Keyssner, [Hugo]: Aufhebung des Instituts der vereideten Makler.
(Ausschn. a.: Magdeburger Zeitung. Nr 221 u. 225 von 1879.)

Keyssner, Hugo: Bilanz, Erneuerungsfond, Reservefond der Aktiengesellschaften, Bauzinsen und Gewinnvertheilung. E. handelsrechtl. Besprechung. Berlin 1872.

—— die Erhaltung der Handelsgesellschaft gegen die Auflösungsgründe des allgemeinen deutschen Handelsgesetzbuches. Eine handelsrechtl. Abhandlung. gr. 8. (V, 144 S.) Ebendas. 870. *

Keyßner, Hugo, das Gerichtsverfassungsgesetz f. das Deutsche Reich u. das Verfahren in Handelssachen. gr. 8. (98 S.) Stuttgart 880. Enke. n. 2. 40

Keyssner u. **Simon,** Gesetze betr. Aktiengesellschaften u. Kommanditgesellschaften. Berlin 900.

—— allgemeines deutsches Handelsgesetzbuch [Buch 1 bis 4] nebst ergänzenden Gesetzen. Unter Berücksicht. der Entscheidungen des Reichs-Oberhandelsgerichts mit erläut. Anmerkungen und Sachregister. 7. Aufl. 8. (XIII, 200 S.) Ebendas. 872. geb. (*M 2.) *
Die Ausgabe für Elsaß-Lothringen debitirt Herder in Straßburg.

Keyßner, Hugo, allgemeines deutsches Handelsgesetzbuch nach Rechtsprechung und Wissenschaft erläutert und hrsg. gr. 8. (VIII, 501 S.) Stuttgart 878, Enke. *

— vollständiges Inhaltsverzeichniß zur Zeitschrift f. das gesammte Handelsrecht. s.: Zeitschrift f. Handelsrecht.

Keyssner, Hugo: Die Liquidation der offenen Handelsgesellschaft. Erlangen 1866.
(S.-A. a.: Zeitschrift für Handelsrecht. Bd 10.)

— die Liquidation der offenen Handelsgesellschaft. [Aus: Zeitschrift für Handelsrecht.] Erlangen 867. Enke's Verlag. gr. 8. (91 S.) n. 15 ngr.

Keyßner, Hugo: Der Quittungsträger. Berlin 1903.
(in: Festgabe d. Jur. Gesellsch. zu Berlin f. Rich. Koch.)

[Ant. u. F.] Das Recht am eigenen Bilde. Von Hugo **Keyssner,** ... Kammergerichtsr. *Berlin: J. Guttentag 1896.* (2 Bl., 63 S.) 1 Bd 8. [96.7755

Keyßner, H. u. H. Veit Simon. Reichsgesetz betr. die Kommanditgesellschaften auf Aktien u. die Aktiengesellschaften vom 18. Juli 1884, s.a. Guttentag's Sammlung deutscher Reichsgesetze. Nr. 24.

—— und H. Veit Simon, Reichsgesetz betr. die Kommanditgesellschaften auf Aktien und die Aktiengesellschaften vom 18. Juli 1884. Textausg. mit Anmerkungen und Sachregister. 16. (XXV, 126 S.) Berlin 884, Guttentag. cart. *

Keyßner, Hugo, und H. Veit Simon, Reichsgesetz betr. die Kommanditgesellschaften auf Aktien und die Aktiengesellschaften vom 18. Juli 1884. Text-Ausg. mit Anmerkungen und Sachregister. 2. Aufl. 16. (XXXII, 131 S.) Berlin 886, Guttentag. *

Keyßner, H., u. H. V. Simon, Reichsgesetz betr. die Kommanditgesellschaften auf Aktien u. die Aktiengesellschaften vom 18. Juli 1884. Text-Ausg. m. Anmerkgn. u. Sachregister. 3. Aufl. 16. (XXIX, 137 S.) Berlin 890. Guttentag. cart. n. 1. —

Keyßner, H., s.: Zeitschrift f. d. gesamte Handelsrecht.

Keyßner, Johann Lorenz (Arnst./Thür.), De competentia fori communis et privilegiati. Disp. jur. Präs. Ernst Friedrich Schröter. Jena (Freyschmid) März 1655. 24 Bl. (7.—) 17911
Deutsche Widm. v.: Hans Ernst auß dem Winckel.

— — Dasselbe. Jena (Paul Ehrich) 1716. 44 S. (7.—) 17912

Keyssner, Loth., Geld-, Bank- u. Börsenwesen. Einführung in den Verkehr m. der Bank u. m. d. Börse unter Berücksicht. der gesetzl. Bestimmgn., m. vielen in den Text gedr. Formularen. In gemeinverständl. Darstellg. (Moderne kaufmänn. Bibliothek.) (VIII, 200 S.) gr. 8. Leipzig (905). Verlag der mod. kaufm. Bibliothek. Geb. in Leinw. n. 2. 75

Keyser, Jacob: Ueber Haematoporphyrin im Harn. *Amsterdam 1897.* (48 S.) 8° [Ant. u. F.]
Freiburg i. B., Med. Diss. v. 1897

Keyzlár, Fritz, Führer durch Abbazia u. der weiteren Umgebung Fiume, Lussinpiccolo, Pola, Triest. (1. u. 2. unveränd. Aufl.) (Je IV, 80 S. m. Abbildgn u. 1 Karte.) 8. Abbazia (905). F. J. Schmid. n.n. 1.—

Keyzlár, Fritz, u. Frz. J. Schmid, Führer durch Abbazia u. die weitere Umgebung, Fiume, Lussinpiccolo, Pola, Triest, Adelsberg. 3.—7. verb. u. bedeutend verm. Aufl. (122 S. m. Abbildgn.) 8. Abbazia (907). F. J. Schmid. (Nur direkt.) 1.—

Keyzlar Julius: De Xenophontis qui vulgo fertur libello de venatione cui titulus est Κυνηγετικός.
1886 PN 430 Diss. Wien, Univ. 1459

Keyzlar, Julius Die Principien der Übersetzungskunst. 8 (S. 3—30).
II. Theil. Mit Übersetzungsproben. 8 (S. 3—34).
Progr. K. k. Staats- Real- u. Oberg. *Ungarisch-Hradisch* 1894. 1895.

Keyzlar, Julius: Theorie des Übersetzens aus dem Griechischen, zugleich Grundzüge einer griechisch-deutschen Stilistik für Gymnasien. S. 9—47. 8. K. k. Staatsgymn. im VIII. Bezirke *Wien* 1903.
Progr.

Keyzlar, Julius: Theorie des Übersetzens aus dem Lateinischen, zugleich Grundzüge einer lat.-deutschen Stilistik für Gymnasien. 8 (S. 3—40). Progr. K. k. Staatsg. im VIII. Bezirke *Wien* 1897

Keyzlar, Jul., Theorie d. Übersetzens aus d. Lateinischen, zugleich Grundzüge einer latein.-deutschen Stilistik f. Gymnasien. Lex.-8. (40 S.) Wien 897. C. Konegen. n. — 85

Keyzlar, Julius: Die Übersetzung der lat. Metapher. Ein Beitrag zum Studium der lat. Stilistik. S. 7—31. 8.
Progr. K. k. Staatsgymn. im VIII. Bezirke *Wien* 1905.

Keyzlar, Julius: Die U. von Wilamowitz-Moellendorff'sche Theorie des Übersetzens in ihrer Anwendung auf die Praxis der Schule. Zugleich Grundzüge einer lat.-deutschen Stilistik. II. Theil (Poesie). (Umschlagtitel: ... Schule.) S. 28—49. 8.
In: Festschrift zur Feier des 200jährigen Bestandes des k. k.
Progr. Staatsgymn. im VIII. Bezirke *Wien* 1901.

Keza, M. S. de, Chronicon Hungaric. 8. maj. Vien. Camesina. 782. Rthlr.

— — id. lib. 8. maj. Augsb. I. Wolf. 782.

de Keza, **M. Sim.**, Chronicon Hungaricum, quod ex codice membranaceo nunc primum et ad fidem apographi Vindobon. et Budensis chronici sparsis quibusdam notis ac variant. lect. excitat. Horanyi. 8maj. Wien 782. (Heubner). 6 gr.

Kézdi-Vásárhely [Schlagwort]

Kézdi-Vásárhely, s.: Europa. Generalkarte.

Kézirat, a Királyudvari, költemények a csehek óskorából. Magyarította Riedl Szende. Kiadja Hanka Venczel. Prag 856. (Rziwnatz.) 12. (69 S. u. 1 lith. Schrifttaf.) 6 ngr.

Kézmárszky, Thdr., Lehrbuch der Geburtshilfe f. Hebammen. gr. 8. (VII, 248 S.) Budapest 882. Grill. n. 3. —

Kézmárszky, Thdr. Lehrbuch der Geburtshilfe f. Hebammen. 2. Aufl. gr. 8. (VII, 206 S. m. 7 Abbildgn.) Preßb. 892, Stampfel. * 4 —

Kézmárszky, Thdr. v., klinische Mittheilungen aus der ersten geburtshilflich-gynäkologischen Universitäts-Klinik in Budapest üb. d. J. 1874—82, m. kurzer Übersicht üb. die J. 1869—74. gr. 8. (VIII, 239 S.) Stuttgart 884. Enke. n. 7. —

v. Kfeller, ..., neue einfache u. dauerhafte Dachdeckungsart. Mit Kpf. 8. Prag 799, a. 802. Eggenberger. 3 gr. (Lpz., Krappe). 4 gr.

Kfeller, v., Dachdeckungsart. 8. Prag. 799. Ist jetzt Verlag von Hartmann.

Kfeller, v., neue, einf. u. dauerh. Dachdeckungsart. m. K. 8. Prag, Barth. 802.

Khackhl, Thomas. Ermittlung der Gestehungskosten eines Dienstboten, u. zweier Ackerpferde in der Gegend um St. Veit in Mitterkärnten. Klgft., v. Kleinmayr, 1842. 47 S.

Khackhl, Thom., Materialien zum Gebrauche bei Abschätzung landwirthschaftl. Güter und derlei Gegenstände. gr. 8. (IV und 242 S. mit 4 Stnt.) Klagenfurt 850, Leon'sche Buchh.

Khackhl, Thomas. Mittheilung über den Versuch, das reine Fleischgewicht beim Hornviehe noch im lebenden Zustande auszumitteln. Klgft., v. Kleinmayr, 1837. 61 S. — 2. verm. Aufl. 1844. 90 S. — 3. verm. Aufl. 1859. 104 S.

Khager, Ant., († d. 16. Jan. 1798.), s. 1) *Apophthegmata.* 2) Chrysostomus, 3 Bücher rc. u. dessen de sacerdotio libri VI.

Khama, der Negerkönig, e. christlicher Menschenfreund Südafrikas. 16. (16 S. m. 2 Bildern.) Basel 892. Missionsbuchh. n. 4. —

— dasselbe, s. a. Missionstraktate, kleine.

Khamm, P. Corbinianus (o. S. Ben., 1645—1730), Hierarchia Augustana chronologica tripartita in partem cathedralem, collegialem et regularem id est: series & descriptio *Augustanorum Episcoporum* &c. (2 voll.) Augustæ, J. M. Labhart, 1709. 4°. Ldrb. m. G.

Schönes Expl. (8 fl. östr. Auct. Graf v. Mohr. Wien 1886. no. 702.) I. 15 Bll. Vorst. (incl. Frontisp.), 720 S., 1 Bl. Err. Mit vielen interess. Kpfrn. (Reliquien, Gewänder, Alterthümer etc.) von Kilian, Krauss, Leidenhoffer, Guetwein, Corvinus u. A. II. 17 Bll. Vorst. (incl. Frontisp.), 345 S., 17 nicht num. S., 1 Bll. Err. Dieser 2. Band enth. nur 1 (Titel-) Kpf.

Khândogjopanishad. Kritisch hrsg. u. übers. v. O. Böhtlingk. gr. 8. (X, 108 u. 93 S.) Leipzig 889. Haessel. n. 12. —; Uebersetzg. allein (III, 93 S.) n. 5. —

Khanz, s. Khauz

Khaser, Anna Therese, s. Briefe e. Frauenzimmers z. Probe.

Khauz, Konstantin Franz Florian Anton von, s.a. Kautz

de Khautz, Const. Franc. Flor. Ant., de cultibus magicis eorumque perpetuo ad ecclesiam et rempublicam habitu. Edit. 2. Vienn. (767) 771. 4.

Khauz, F., epistola de rita ignis in naturalis etc. 8. Vien. Camesina.

Khauz, Frz. Const. Flor. v., Vers. e. Gesch. d. österr. Gelehrt. gr. 8. Frankf. (Fr. Günther, Glog.) 755.

Friedrich Frh. v. **Khaynach**

Khaynach, F. Frhr. v., Gedichte. (166 S.) Berlin 890. Lüstenöder. n. 2. 50

Khaynach, Friedr. Frhr. v. Gedichte. 8. (166 S.) Berl. 891, Lüstenöder. * 2 50

— Germania u. ihre Kinder. Eine Satire. 8. (186 S.) Leipzig 892. (Zürich, Verlags-Magazin.) n. 1. 50

Khaynach, Friedr. v., Johann Gutenberg. Sein Leben und Wirken in erzählender Form. 1. und 2. Aufl. 12. (98 S. mit Holzschn.-Portr.) Köln 882, Heyn. *

Khaynach, Frdr. Frhr. v., Studienblätter aus den Wanderfahrten e. Malers. 4. (IX, 146 S. m. Abb.) Zürich 895. Verlags-Magazin. n. 7. —

— Anton v. Werner u. die Berliner Hofmalerei. gr. 8. (60 S.) Zürich 893. Verlags-Magazin. n. — 80

Khaynath, von. Germania und ihre Kinder. In-8°. 144 S. Zürich, Verlags-Magazin (J. Schabelitz). 1893. 1 90

Khayyath, Geo. Ebedjesus, Syri orientales, seu Chaldaei, Nestoriani et Romanorum pontificum primatus. Commentatio historico-philologico-theologica adjectis textibus citationum genuina lingua propriisque litteris exaratis. Accedunt appendices duae, quarum altera de citatorum Auctorum et Documentorum notitia; altera de ipsorum Chaldaeorum Christianorum denominatione, lingua, primis Apostolis, extensione et statu, tribus potissimum prioribus seculis, Documentis, magna parte, nunc primum evulgatis. gr. 8. (X, 208 S.) Romae 871. (Leipzig, Brockhaus' Sortiment und Antiquarium.) **

Kheberich, Adalb. v., slowakische Militärsprache, s.: Humenyánszy, Rud.

Kheil, Carl Pet., üb. ein. ältere Bearbeitgn. d. Buchhaltungs-Tractates v. Luca Pacioli. E. Beitrag zur Geschichte d. Buchhaltg. gr. 8. (VIII, 128 S. m. 6 S. in Fcsm.) Prag 896. Bursik & Kohout. n. 4. —

Kheil, Carl Pet., mercatorischer Brief- und Geschäftsstyl. 5. verb. Aufl. gr. 8. (XIV, 402 S.) Wien 873, Gerold's Sohn. *

Kheil, Carl Pet., über „amerikanische" Buchführg. Ein Beitrag zur Geschichte der franz. Buchhaltungs-Literatur des XIX. Jahrh. (VIII, 88 S. m. 1 Tab.) Lex. 8. Wien 908. Manz. 1. 70

Kheil, Carl Pet., Geld-, Münz-, Maass-, Gewichts- u. Cours-Lehre. 2. Aufl. Prag 866. Hunger. gr. 8. (50 S.) n. 10 ngr

— — 3. verb. Aufl. Wien 870. (Gerold's Sohn.) gr. 8. (51 S.) n. 10 ngr

Kheil, Carl Pet., Geld-, Münz-, Maass-, Gewichts- und Cours-Lehre. 2. Aufl. gr. 8. (50 S.) Prag 866, Satow. *

—— Geld-, Münz-, Maass-, Gewichts- und Cours-Lehre. 3. verb. Aufl. gr. 8. (51 S.) (Ebendas.) 870. *

Kheil, Carl Peter, Geld-, Münz-, Maas-, Gewichts- und Cours-Lehre. 4. verb. Aufl. gr. 8. (III, 55 S.) Wien 875, (Gerold's Sohn.) *

Kheil, Carl Pet., lebend dargestellter Geschäftsgang zur Buchführung, mit einer Münz-, Maß- und Gewichtskunde im Vergleich mit den österreich. Maßen und Gewichten. (Bestimmt für den Damenunterricht.) 8. (39 S.) Prag 860, André.

Kheil, Karl Peter, Die Handelscorrespondenz in deutscher und böhmischer Sprache. Obchodní korrespondence v řeči české a německé. 2. verb. Aufl. Prag 1897, im Selbstverlage des Verfassers. (Min.-Erl. v. 24. Juni 1897, Z. 15403.) Ein gebundenes Exemplar bei directem Bezuge durch die Schuldirectionen vom Verfasser, Prag, Myslikgasse 208 3.75

Kheil, Carl Pet., die Handels-Correspondenz in deutscher u. böhmischer Sprache. 3. verb. Aufl. gr. 8. (757 S.) Prag 903. Boursik & Kohout. Geb. in Leinw. n. 6. 25

Kheil, Carl Peter, die Handelswissenschaft. 3 Bde. gr. 8. 1. Ueber die sinnlichen u. geistigen Werkzeuge des Handels. (192 S.) 2. Die Theorie, Technik u. Praktik der Handels-Correspondenz sammt den originalen Facturen; Assecuranzen-, Effecten-, Speditions- rc. Rechnungen. Der praktische, lebend darstellende Geschäftsgang v. Ludw. Wilh. Luzak. (256 S.) 3. Die doppelte Buchfürung u. der Abschluß der Bücher mit Beziehung auf die im 2. Bd. befindliche Correspondenz u. den praktisch lebend darstellenden Geschäftsgang — nach Ludw. Wilh. Luzak, sammt den dazu gehörigen Anleitungen commentirt, u. in Hinsicht der Hilfsbücher vermehrt. 4. (279 S.) Prag 849. 50. (Kronberger.) n. 3 1/3 ngr

—— Lehrbuch der Handelswissenschaft. 4. Bd. A. u. d. T.: Mercatorischer Brief- und Geschäftsstyl. 3., gänzlich umgearb. Aufl. gr. 8. (XVI und 416 S.) Prag 860, André. *

—— dass. — 5. Bd.: Die Lehre der Buchführung nach italienischem und Kheil'schem System in doppelten Partien. Theoretisch und praktisch dargestellt a) für ein En gros- und b) für ein En detail-Geschäft in 3 Thln. 3., gänzlich umgearb. Aufl. 4. (XVI und 601 S.) Ebendas. 860. *

—— Lehrbuch der Handelswissenschaft. 4. Bd. A. u. d. T.: Mercatorischer Brief- und Geschäftsstyl. 4., wesentlich verb. Aufl. gr. 8. (XVIII und 377 S.) Prag 863, Calve'sche Universitäts-Buchh. *

— die Lehre der Buchführung nach einfacher Art, u. den Bestimmungen des Handelsgesetzbuches. Prag 867. (Wien, Gerold's Sohn.) gr. 8. (VI, 115 S.) n. 20 ngr.

—— die Lehre der Buchführung nach italien. und Kheil'schem Systeme in doppelten Partien und den Bestimmungen des Handelsgesetzbuches. In 3 Thln. Theoretisch und praktisch dargestellt. 4. verb. Aufl. 4. (XVI, 154; 79; 326 S.) Ebendas. 873. *

— Valentin Mennher u. Antich Rocha 1550—1565. E. Beitrag z. Geschichte d. Buchhaltg. [Aus: „Ztschr. f. Buchhaltg."] gr. 8. (III, 59 S. m. 1 Bildnis u. 2 fksm. Titelblättern. Ebd. 898. Geb. in Leinw. n. 1. 50

Benedetto Cotrugli Raugeo. Ein Beitrag z. Gesch. d. Buchhaltung. Von Carl Peter **Kheil**. Wien: Manz 1906. (35 S.) 8°
Erw. aus: Österr. Zeitschrift f. d. kaufmann. Unterrichtswesen. Jg. 2. (04. 7483

Kheil, Carl Pet., Wechselrecht des österreichischen Kaiserstaates, erläutert. Prag 854. André. gr. 8. (XXVI, 340 S.) 1 ₰. 15 ngr.

Kheil, Karl Peter, *bgl. Kauf- u. Handelsmann.* Wechselrecht des österreichischen Kaiserstaates. 2. verm. u. verb. Aufl. *Prag* 1859. *Karl André's* Buchh. XXXII, 424 S., 4 Bl. 8°. 2 fl. 50 kr. Ö.-W.
Auch unt. d. Tit.: Lehrbuch der Handelswissenschaft von Karl Peter Kheil.

—— Wechselrecht des österreichischen Kaiserstaates. 3., verb. Aufl. gr. 8. (XIV und 418 S.) Wien 867, Gerold's Sohn. *

Kheil Sohn, Karl Pet., deutsch-böhmisches Wörterbuch der Waarenbenennungen mit Berücksichtigung der latein. Terminologie. — Německo-český slovník názvů zboží obchodního spolu s ohledem na názvosloví latinské. gr. 8. (X und 422 S.) Prag 864, Calve'sche Universitäts-Buchh. *

Kheil Sohn, Karl Peter, deutsch-böhmisches Wörterbuch der Waarenbenennungen mit Berücksicht. der latein. Terminologie. Neue (Titel-)Ausg. gr. 8. (VIII, 422 S.) Prag (864)77, Calve'sche Universitäts-Buchh. *

Kheil, L. P., s. Kheil, Karl Peter

Kheil, Napoleon M., die kaufmännische Arithmetik, m. national-ökonomischen Excursen erläutert. gr. 8. (XI, 528 S.) Prag 881. Rziwnatz. n. 8. —

Kheil, Napoleon M., zur Fauna d. indomalayischen Archipels. Die Rhopalocera der Insel Nias. Mit 5 (photogr.) Taf. gr. 4. (38 S.) Berlin 884. (Friedländer & Sohn.) n. 10. —

Kheil's, Napoleon M., deutsch-böhmische Handels-Correspondenz. 2 Bde. gr. 4. Prag 887. 888. Řivnáč. n. 6. —
1. (80 S.) n. 2. 80. — 2. (IV u. S. 81—180.) n. 3. 20.

Kheil's, Napoleon M., deutsch-böhm. Handels-Correspondenz. 2. Aufl. 2 Bde. gr. 4. Prag 901. (F. Řivnáč.) n. 11. 60
1. Mit 4 lith. Beilagen u. 2 Eisenbahn-Frachtbrief-Mustern.) (XII, 192 S.) n. 8. 40
2. Wechsellehre u. Correspondenz in Wechselangelegenheiten. (II u. S. 193—250.) n. 3. 20

Kheil, P. Wendelin —. Der katholische Pilger auf der Reise zur wahren Seligkeit. Ein auferbauliches Gebetbuch für alle katholischen Christen, enthaltend einen reichhaltigen Schatz von Gebeten zum Gebrauche sowohl in der Kirche als zur häuslichen Erbauung. Von — —. Neuhaus. 1855. Druck und Verlag von Alois Josef Landfraß. (280 S. und 4 Bl. 8)

Kheil, Wendelin, der katholische Pilger auf der Reise zur wahren Seligkeit. Ein auferbaul. Gebetbuch für kathol. Christen. Neuhaus 866. Landfraß & Sohn. 8. (287 S. mit 5 Stahlst.) n. 13⅓ ngr.

Kheim, L., Onkel Tom's Hütte. Für die Jugend bearb. Nebst e. Anh.: Conanchet, der Häuptling der Naragansetts. gr. 8. (192 S. m. 4 farb. Bildern.) Fürth 893. G. Löwensohn. Kart. 2. —

Khell de Khellburg, Jos., Auctoritas utriusque libri Machabaeorum canonico-historica asserta et Froelichiani annales Syriae defensi adversus commentationem historico-criticam viri eruditi Gottlieb Wernsdorf. Wien, 1749.

— eclogae observat. in. N. Test. libros. 8. maj. Vien. Tendler. 756.

Khell, Jos., Ecloge observationum in Novi Testamenti libros. Wien u. Prag, Trattner, 1756 (decas I.); 1757 (decas II.), gr. 8°.

Khell, Jos., epicrisis observation. cl. Belley in numum Magniae Vrbiae Aug. 4. Vien. Krauss. 767.

— — idem lib. 4. maj. Vien. Tendler. 767.

Khell v. Khellburg, Jos., († d. 4. Dec. 1772.) epistolae duae ad D. Equit. Joan. Jos. Haverum de totidem numis aenei numophylacii Haveriani. 4. Wien 761. Ed. II. 766. Trattner. 3 gr

Khell, Jos. de Khellburg, De epocha historiae Ruth dissertatio. Wien u. Prag, Trattner, 1756, 8°.

— s. Numismata Cimelii.

Khell, Jos. Ad numismata imperatorum romanorum aurea et argentea a Vaillantio edita, a Cl. Baldinio aucta ex solius Austriae utriusque iisque aliquibus museis subplementum a Julio Caes. ad Comnenos se porrigens. Vindobonae 1767. 4°.

— ad numismata Imperatorum Romanorum aurea et argentea, a Vaillantio edita, a Cl. Baldino aucta etc. 4 maj. Wien 767. Trattner. 4 ₰ 8 gr

— de numismate Augusti aureo formae max., ex ruderibus Herculani eruto. 4 maj. Wien 765. (Trattner). 2 gr

— physica ex recentiorum observationibus, accommodata usibus academicis. T. I. et II. 4. Wien 753 et 757. Trattner. 3 ₰ 8 gr

Khell, Joseph: Thesaurus Britannicus, s. Haym, Nic. Franc.

Khern und Gerger, Schneeflocken. Sammlung in Vers und Prosa. 12. (176 S.) (Kronstadt 860.) Pest, (Lauffer und Stolp.)

Khernll, A. Ueber die Bestimmung der Dimensionen und der zulässigen Inanspruchnahme mit Rücksicht auf die Wirkung der wiederholten Beanspruchung. Leipzig 1879. 4.

Khernell, A. Die Donauregulirung in Budapest. 1880.

Kherndl, A. Graphostatica. Budapest 1874. 4. Aut.

Khevenhüller

— — Extrait du reglement du comte de Khevenhüller. (Französisch geschrieben.) (1734—1748.)

v. Khevenhüller. Maximes relatives à la guerre de campagne et à celle des sièges. Traduits de l'allemand. 4. Neuwied 1749. Traduits de l'allemand par de Sinclair. 8. Deux-Ponts et Paris 1771.

Khevenhüller. Observations-Puncten. So Ich Graff Khevenhiller, dem mir von Dero Kayserlichen Majestät allergnädigst anvertrauten Dragoner Regiment hiermit vorschreibe, auch von selben accurate sollen gehalten werden. (Donation Liechtenstein.) 8. Cron-Stadt **1729.**

Khevenhüller. Observations-Puncten. Welche von Ihro Excellence Grafen Ludwig von Khevenhüller, der Röm. Kayserl. und Königl. Cathol. Majest. Cammerern, General-Feld-Marschal-Lieutenant und Obristen über ein Regiment Dragoner, wie auch Generalats-Verwaltern des Königreichs Sclavonien und Hertzogthums Syrmien, dann Commandanten der Vestung Essegg: Bei dem ihme von Dero Kayserlichen Majestät Allergnädigst anvertrauten Dragoner-Regiment vorgeschrieben. Worinnen im ersten Theil gantz klärlich gezeiget wird, was ein jeder von Dragoner an, Caracter-mässig, vermög Kayserl. Kriegs-Articuln und Kriegs-Gebräuchen, nach Schuldigkeit und Gehorsam, zu verrichten habe. Dann im zweiten Theil 1. Von Subordination, Gehorsam und Respect. 2. Von Conduite der Herrn Officier. 3. Regiments-Privilegien. 4. Von unterschiedlichen Diensten, und wie sich dabey zu verhalten. 5. Was in Guarnisonen zu thun, da etwan das Regiment in Besatzung emploiret würde. 6. Von Ceremoniel und Ehren-Bezeugnissen, in Praesentiren, Salutiren, Spielschlagen und Wacht geben. 7. Ceremoniel von neuer Standort Anschlag und Weyhung. 8. Von Vorstellung derer Officiers. 9. Von Remonte und Recroutirung. 10. Von Musterung und Revisionen und dann 11. von Begräbnissen gehandelt wird. Nicht weniger das Exercitium zu Pferd und zu Fuss, sowohl über ein gantzes Regiment, als auch über eine Compagnie, oder kleinen Troupp insbesondere. (Mit 1 Titelkupfer.) 4. Wienn und Brünn. Anno **1734.**

Khevenhüller. Observations-Puncten. 2. Auflage. Wienn 1739.

— — 3. Auflage. Wienn 1748.

— — Neu-Abdruck der 3. Auflage. 4. Wienn 1749.

Khevenhüller, [Fr. Chr.] Graf von. Observations-Puncten, welche von ... Herrn Ludwig Andreä ... Grafen von Khevenhuller ... bey dem Ihme von Dero Kayserl. Königl. Maj. ... anvertrauten Dragoner-Regiment vorgeschrieben ... bey dieser Dritten Auflage mit vielen .. Kupffern versehen. Wienn, verlegts Joh. Paul Krauß .. 1749.
3 Teile. 8°.
[I:] Titelkupfer Tit 6 Bl., 306 S.
II: Titelkupfer, Tit., 2 Bl., 140 S., 10 Bl. Register.
[III] Exercitium zu Pferd und zu Fuß .: 142 S., 4 Bl. Register m. 9 Kupferst.; 21 Taf. in Kupferst.
1. Aufl. 1729; 2. Aufl 1739. Der 3. Teil der vorliegenden Aufl. ist u. d. T.: Exercitium für die Dragoner zu Pferde und zu Fuß 1726 gesondert erschienen u 1734 neu gedruckt worden. 1739 wurde er den „Observations-Puncten" angefügt

v. Khevenhüller, Franz Christoph. Annales Ferdinandei ab ao 1578 ad ann. 1629, oder wahrhaffte Beschreibung Kaiser Ferdinands II. 8 Bde. fol. m. K. Wien 1640—44. — 2. Ausg. [bis 1637.] 10 Bde. fol. m. K. Leipzig 1710—26.

Khevenhiller, Frantz Christoph, der Erste zu Aichelberg, Graf zu Franckenburg, etc., etc. Annales Ferdinandi oder Wahrhaffte Beschreibung Kaysers Ferdinandi des Andern, Mildesten Gedächtniss, Geburth, Aufferziehung und bisshero in Kriegs- und Friedens-Zeiten vollbrachten Thaten, geführten Kriegen und vollzogenen hochwichtigen Geschäfften, sammt kurtzer Erzehlung deren in der gantzen Welt von höchstgedachter Kayserl. Majestät Geburthen bis auf derselben seligsten Hintritt, das ist von Anfang des 1578. biss auf das 1637. Jahr vorgelauffenen Handlungen und denkwürdigen Geschichten. In 12 Theilen mit vielen Kupffern. Supplement: (80) Contrefaits derjenigen vornehmen Ministern und hohen Kriegs-Officieren, so von Kayser Ferdinand II. Geburth biss zu desselben Hintritt Ihro Kayserl. Mayestät gedienet. (13 Bde. in 10 Bde. geb.) Fol. Leipzig **1721—1726.**

Khevenhiller, Frantz Christoph. Frantz Cristoph Khevenhillers ... Annales Ferdinandei Oder Wahrhaffte Beschreibung, Käysers Ferdinandi Des Andern ... Geburth, Aufferziehung und bißhero in Krieg und Friedens-Zeiten vollbrachten Thaten, geführten Kriegen, und vollzogenen hochwichtigen Geschäfften, samt kurtzer Erzehlung deren in der gantzen Welt ... von Anfang des 1578. biß auf das 1637. Jahr vorgelauffenen Handlungen und denckwürdigen Geschichten . Leipzig, Verlegts Moritz Georg Weidmann ... 1721—1726.
12 Teile. 4°.
I 1578—1582. 1721: Vortit., Tit., 12 Bl., 280 Sp. m. 11 Kupferst., 5 Taf. in Kupferst.
II 1583—1587. 1721: Sp. 281—568, 32 Sp. m. 8 Kupferst.; 4 Taf. in Kupferst.
III 1588—1592. 1721: Vortit., Tit., 4 Bl., Sp. 601—1064 m. 6 Kupferst.; 7 Taf. in Kupferst.
IV 1593—1597. 1721: Sp. 1065–1856, 10 Bl. m. 7 Kupferst.; 8 Taf. in Kupferst.
V 1598—1602. 1721: Vortit., Tit., 4 Bl., Sp. 1863—2638 m. 9 Kupferst.; 9 Taf. in Kupferst.
VI 1603—1607. 1721: Sp. 2639—3230, 6 Bl. m. 9 Kupferst.; 2 Taf. in Kupferst.
VII 1608—1612. 1722: Vortit., Tit., 6 Bl., Tit., Sp. 1—539 m. 9 Kupferst.; 7 Taf. in Kupferst.
VIII 1613—1617. 1722: Tit., Sp. 540—1247, 8 Bl. m. 9 Kupferst.; 4 Taf. in Kupferst.
IX 1618—1622. 1724: Vortit., Tit., 8 Bl., 1848 Sp. (Sp. 576—583 [2 Bl.] fehlen), 61 Sp. 10 Bl. m. 12 Kupferst.; 10 Taf. in Kupferst.
X 1623—1627. 1724: Vortit., Tit., 3 Bl., 1741 Sp., 6 Bl. m. 10 Kupferst.; 5 Taf. in Kupferst.
XI 1628—1631. 1725(?): Vortit., 3 Bl., 2080 Sp., 6 Bl. m. 9 Kupferst.; 2 Taf. in Kupferst.
XII 1632—1637. 1726: Vortit., Tit., 4 Bl., 2468 Sp., 6 Bl. m. 11 Kupferst.; 8 Taf. in Kupferst.
1. Ausg Regensburg u. Leipzig 1640—46.
Graesse IV, 15.

v. Khevenhiller, Graf Frz. Cph., Ferdinandeische Jahrbücher, im Ausz. von Jh. Fr. Runde. 4 Thle. gr. 8. Leipz. 778—81. Weidmann. 3 ℔ 12 ℊ

—. Conterfet Kupfferstich (soviel man deren zu handen bringen können) deren jenigen regierenden grossen Herren. So von Käysers Ferdinand deß Andern Geburt, biß zu desselben seeligisten Tödtlichen Abschied successivè regiert, Darvon Ertz Hertzog Carl, Vatter Käysers Ferdinand deß Andern, zum ersten gestellet worden. Leipzig, Bey Moritz Georg Weidmann . 1721.
2 Teile. 4°.
I 1721: 414 S., 3 Bl. Register m. 3 Vign. in Kupferst., 208 Taf. in Kupferst.
II Conterfet Kupfferstich ... deren jenigen vornehmen Ministren vnd Hohen Officiern. So von Kaysers Ferdinand des Andern Geburth an, biß zu Desselben seeligsten Hintritt continue vnd successivè Ihr. Kayserl. Majestät gedienet. Zweyter Theil 1722: 440 S., 2 Bl. Register u. je 2 Bl. Ergänzungen m. 2. Vign. in Kupferst., 163 Taf. in Kupferst. Es fehlen die Tafeln: 11. 12. 45. 58—61. 70—72. 74. 77. 78. 81. 85. 86. 91. 109. 128. 150. 174.
Gehört zum vorigen. Stecher: Bernigeroth, Brühl, C. Fritzsch, Krügner, Mentzel, Rosbach, Wortmann.
Graesse IV, 15.

Khevenhüller, Ludwig Andreas, Graf, k. k. Feldmarschall. Kurtzer Begriff aller militarischen Operationen sowohl im Felde als Festungen, aus welchem sich ein erfahrner Officier leicht ersehen kann, was er in einem zu thun im andern aber sich präcautioniren solle. (Neue Aufl.) 8. Wien **1743.**

v. Khevenhüller. Kurzer Begriff aller militärischen Operationen sowohl im Felde als in Festungen. 8. Wien 1743. — 4. Neuwied 1746. — 4. ib. 1755. — 8. Wien 1756.

Khevenhüller, Ludwig Andreas Graf. Rerum gestarum brevis commentarius . . . Viennae Austriae 1774. H: *Klein, Carl* oder *Pamer, Anton.* (Jes) (So)

Khevenhüller, L. A. Graf v. Copia des von dem österr. General-Feldmarschallen . . . an die Neuburgische Landschaft erlassenen Contributions-Ausschreibens. Landshut 1742. 4°.

Khevenhüller, Lud. And., Observationspunkte, w. e. Jed. ꝛc. vermög. Kais. Kriegs-Artik. u. Gebr. z. verricht. h. 2 Thle. m. K. 4. Wien, Krauß. 739.

— — Aus den Schriften des . . . . . (1663—1744.) Aus: „Mittheilungen des k. und k. Kriegs-Archivs". Neue Folge. Bd. VII. 8. (Wien 1893.)

Khevenhüller zu Aichelberg, Franz Anton Graf von (— — —). — Votiva musae Geranae congratulatio ad illustr. dominum S. R. I. comitem **Franciscum Antonium de Khevenhüller ab Aichelberg** .... Erfurt 1756. 13 Bl. (5.—) 17914
Enth. Widm. v.: Johann Arnold von Bellmont (dtsch.), Johann Georg Brückmann, Father Bernard u. Erhard Grant, Gudenus (Würzburg. adl. Hofrath; dtsch.), Isidor Keppler, Philipp v. Lyncker (Regensburg; dtsch.), Giordano Simone, Philipp Heinrich Dilthey.

Khevenhüller, regum vet. numismata, anecdota aut perrara etc. 4. Vien. Trattner.

Khevenhüller, Fr. Ant. Com. de, Regum veterum numismata anecdota aut perrara illustrata. Cum 3 tab. aen. Vienn. s. an. (1752) 4. 8 gr. Jetzt 1 rthl. 12 gr. Der Verf. ist Frölich.

Khevenhüller zu Aichelberg, Franz Anton Graf von, De eligendo Romanorum rege. Diss. jur. publ. Erfurt (Hering) 26. I. 1756. 4 Bl., 80 S. 4 Bl. (6.50) 17913

Khevenhüller. F. A. de, dissertatio juris publ. de eligendo Romanor. rege. 4. Gothae. 756.

Khevenhüller-Frankenburg's, Feldmarschall Ludw. Andr. Graf v., Lebensskizze, s.: Thürheim, A. Graf.

Zur Geschichte des Theaters am Wiener Hofe. Aus d. Tagebüchern d. Fürsten Josef **Khevenhüller-Metsch**. Mitgeth. v. Ludwig Böck. *Wien: M. Perles 1896.* (1 Bl., 42 S.) 1 Bd 8. 196. 1944

Khevenhüller-Metsch, Fürst Joh. Jos., aus der Zeit Maria Theresias. Tagebuch 1742—1776. Hrsg. im Auftr. d. Gesellschaft f. neuere Geschichte Österreichs v. Rud. Graf Khevenhüller-Metsch u. Hanns Schlitter. (1.—3. Bd.) gr. 8. Wien, A. Holzhausen. — Leipzig, W. Engelmann. 35.—; geb. in Leinw. 39. 50
1. 1742—1744. (VIII, 346 S.) 907. 7.—; geb. 8. 50
2. 1745—1749. (III, 632 S. m. 2 [1 farb.] Taf.) 908. 14.—; geb. 15. 50
3. 1752—1755. (III, 639 S. m. 1 Fksm.) 910. 14.—; geb. 15. 50

KHIENN, FRANCISCUS JOSEPHUS: Die vollkommene Schönheit Das ist: kurtze Lob-Rede von der allerheiligsten Dreyfaltigkeit welche ... zu Pressburg ... vorgestellet wurde. Pressburg (1752): Druck. Landerer. (6 f.) - 4°

Khirmair, Geo., Aufzeichnungen, s.: Pröll, Laur., Die Gegenreformation in d. l.-f. Stadt Bruck.

v. **Khistler,** P. Geographische Karte von Niederbayern in dem Königreiche Bayern nach der neuesten Reichs-Eintheilung vom 29. November 1837 und der Landgerichts-Organisation vom Jahre 1838. 1 : 400 000. München 1841. 1 Bl. c. L. Ff.

v. **Khistler,** P. Geographische Karte von Schwaben und Neuburg in dem Königreiche Bayern, nach der neuesten Reichs-Eintheilung vom 29. November 1837. 1 : 400 000. München 1838. 1 Bl. c. L. Ff.

Khitrowo, B. de, s.: Itinéraires russes en Orient.

Car. a Khittel doctrinae de viribus medicaminum fata. Hal. 1792. 8.

KHLESSINGER, ANTONIUS VITUS: Ausführliche Erzehlung des Ursprungs der ... Bildnuss der ... Mutter Gottes Mariae bey denen ... Frauen der Gesellschaft S. Ursulae in der Residenzstadt Landshut. Tyrnau 1749: Druck. Acad. 24 S. - 120 mm

Khlosz, F., Praxis, seu forma Processualis fori spiritualis matrimoniorum in Apst. hung. reg. usu recepta. 4. Budae, Typ. 794.

Khnepach, s. Khuepach

(Kholen, Aloys.) Kontumazen und Strapazen eines Pilgers nach Rom. 8. Lindau 1865.

Khom, Alfr., der junge Musik-Kandidat. Hilfsbüchlein für den ersten Unterricht in der Tonkunst in Fragen u. Antworten. Nach den besten Werken zusammengestellt u. verfaßt. Graz 864. Keller. 32. (46 S.) 3¾ ngr.

Khomiakoff, A. S., l'Eglise latine et le protestantisme au point de vue de l'église d'Orient. Recueil d'articles sur des questions religieuses, écrits à différentes époques et à diverses occasions. gr. 8. (40 S.) Lausanne und Vevey 872, Benda. *

Khoß, S. B., s.: Russe, Herm.

(Khoss v. Kossen, Ritter v. Sternegg, Johann, k. k. Hauptm.) Der neue Felddienst für Unterofficiers- und Mannschaftsschulen bearbeitet von **K. v. St.**, k. k. Hauptm. Mit 4 Taf. Abbildungen kl. 8. Wien und Teschen 1870.

Khostikian, Missak, aus Van (Armenien): David der Philosoph, Leipzig 1907. VI + 80 S. 8°. [17. V. 07.]
Bern. Phil. Diss. 1906/1907.

Khostikian, Missak. David, der Philosoph. Diss. Phil. Bern. VI + 80 S. 8. Leipzig, W. Drugulin, 1907.

Khostikian, Missak, David der Philosoph, s. a. Studien, Berner, zur Philosophie. 58. Bd.

David der Philosoph. Von Dr. Missak **Khostikian**. Bern 1907: Scheitlin, Spring & Cie. (VI, 80 S.) 8°
— Studien, Berner, z. Philosophie u. ihrer Geschichte. Bd 58. (07. 1543)

Khuddaka-Pātho. Kurze Texte. Eine kanon. Schrift d. Pāli-Buddhismus, übers. u. erläutert v. Karl Seidenstücker. s. a. Veröffentlichungen der deutschen Pāli-Gesellsch. II.

KHUDDAKA-PATHO. Kurze Texte. Eine kanonische Schrift des Pāli-Buddhismus. Aus dem Pāli übersetzt und erläutert von KARL SEIDENSTÜCKER. (Veröffentlichungen der Deutschen Pāli-Gesellschaft. (2.)) Breslau 1910. Walter Markgraf. 8°.

Khul, Prokop. Plan nebst Häuser- u. Strassen-Verzeichnis der Landeshauptstadt Klgft. Klgft., Leon, 1882. 84 S.

Khull, Ferd., s. Bibliothek des litterarischen Vereins in Stuttgart CLX.

Khull, Ferd., deutschen Kindern deutsche Namen! Vornamen-Verzeichnis in der neuen Rechtschreibg., im Auftrage des allgem. deutschen Sprachvereins zusammengestellt. (16 S.) 8. Berlin 910. Verlag des allgem. deutschen Sprachvereins. — 20

Khull, Ferd., Gauriel v. Muntabel, e. höfische Erzählung aus dem 13. Jahrh. Zum ersten Male hrsg. gr. 8. (160 S.) Graz 885. Leuschner & Lubensky. n. 3. 60

Khull, Ferd., s.: Gebhardt, Wolfg., Reisetagebuch v. 1569 u. 1570.

— Geschichte der altdeutschen Dichtung. gr. 8. (IX, 573 S.) Ebend. 886. n. 6. —

Khull, F., die Geschichte d. Skalden Egil Skallagrimson. Ein german. Dichterleben aus dem 10. Jahrh. Dem Altisländ. nacherzählt. gr. 8. (VI, 184 S.) Wien 888. Graeser. n. 3. —

— die Geschichte des Skalden Egil Skallagrimsson. Ein german. Dichterleben aus d. 10. Jahrh. f. d. reif. Jugend d. Altisländ. nacherz. 2., unveränd. [Titel-]Aufl. gr. 8. (VI, 184 S.) Wien (888) 898. (C. Graeser.) n. 2.—

Ⓑ — Geschichte d. Skalden Egil Skallagrimsson. 898. (KBL 29.) Jetzt: Graz, Leuschner & Lubensky. Erm. Pr. 1.25; geb. 1. 70

Khull, Ferdinand Die Geschichte Palnatokis und der Jomsburger nach der jüngsten altnordischen Bearbeitung erzählt von F. Kh. 8 (32 S.). (Schluſs.) 8 (S. 3—29).
Progr. Zweites Staats-G. *Graz* 1891. 1892.

Khull, Ferd. Die Geschichte Palnatokis u. der Jomsburger, nach der jüngsten altnordischen Bearbeitung erzählt. Progr. Lex.-8. (57 S.) Graz 892, Leuschner u. Lubensky. * 2 —

Khull, Ferd., Gisli, der Geächtete. Eine altgerman. Geschichte v. Heldentrotz u. Gattentreue. Der altnord. Quelle nacherzählt. gr. 8. (63 S.) Wien 894. [K. Lesk.] Graz, Hans Wagner. n. 1. 20

— s.: Hirnheim, d. Ritters Hans v., Reisetagebuch.

—, Höskuld Kollson und Olaf Pfau. Aus der Laxdäla-Saga. 8 (S. 3—37). Progr. Zweites Staats-G. *Graz* 1895.

— Höskuld Kollsson u. Olaf Pfau. Aus d. Laxdäla-Saga z. erstenmale verdeutscht. Lex.-8. (87 S.) Graz 895. (Styria.) n. 1. —

Khull, Ferdinand: Jugend- und Kriegs-Erinnerungen Johann B[aptist] Türks, Leiters der Landesvertheidigung in Kärnten i. J. 1809. Herausgegeben von F. Kh. (Umschlagtitel: ... Türks.) S. 3—28. 8. (Schluß.) S. 3—31 8.
Progr. K. k. zweites Staats-Gymn *Graz* 1901. 1902.

— das Leben König Olafs des Heiligen. Nach Snorri Sturlusons Bericht dem deutschen Volke erzählt. gr. 8. (156 S.) Graz 894. Styria. n. 1. —

Das Leben König Olafs des Heiligen. Nach Snorri Sturlusons Bericht dem deutschen Volke erzählt von Dr. Ferdinand **Khull**. Graz: Styria 1895. (156 S.) 8° [F.] [07. 17684

— s.: Maria, Erzherzogin, 46 Briefe an ihren Sohn Ferdinand.

— drei Missionsreisen nach Island im 10. Jahrh. Nach d. alten isländ. Quellen d. kathol. Volke erz. gr. 8. (36 S.) Graz 890. Styria. n. — 40; erm. Preis n. — 20

— Deutsches Namenbüchlein, s. a. Verdeutschungsbücher d. allgemeinen deutschen Sprachvereins.

Deutsches Namenbüchlein. Ein Hausbuch z. Mehrung d. Verständnisses unserer heimischen Vornamen u. z. Förderung deutscher Namengebung bearb. von **Ferdinand Khull**. 2. veränd. Aufl. *Berlin: Allg. Deutsch. Sprachver. 1901.* (64 S.) 8° [F.]
= **Verdeutschungsbücher** d. Allg. deutsch. Sprachvereins. 4. [01. 10809

Deutsches Namenbüchlein. Ein Hausbuch z. Mehrung d. Verständnisses unserer heimischen Vornamen u. z. Förderung deutscher Namengebung bearb. von **Ferdinand Khull**. 3. Aufl. *Berlin: Allg. Deutsch. Sprachver. 1903.* (63 S.) 8° [F.]
— **Verdeutschungsbücher** d. Allgem. deutschen Sprachvereins. 4. [03. 11967

Deutsches Namenbüchlein. Ein Hausbuch z. Mehrung d. Verständnisses unserer heimischen Vornamen u. z. Förderung deutscher Namengebung bearb. von Ferdinand **Khull**. 4. Aufl. Berlin: Allg. Deutsch. Sprachver. 1909. 71 S. 8°
(Verdeutschungsbücher d. Allgem. Dtsch. Sprachvereins. 4.) [10. 17071

Zweier deutscher Ordensleute Pilgerfahrten nach Jerusalem in den Jahren 1333 u. 1346. Nach ihren eigenen Aufzeichnungen erzählt von Dr. Ferdinand **Khull**. Nebst e. Beigabe: Beschreibung d. Heiligen Landes durch Johann von Würzburg (1170). Graz: Styria 1895. (156 S.) 8° [F.]
Aus: Gaben d. kath. Pressvereines f. d. J. 1895. [07. 17685

Khull, Ferdinand: Des Ritters Hans von Hirnheim Reisetagebuch (Reise nach Italien und Palästina.) Anno 1569 In nomine domini nostri Ihesu Christi Amen. (Umschlagtitel: ... Reisetagebuch aus dem Jahre 1569.) 8 (S. 3—32).... Reisetagebuch aus dem Jahre 1569. (Schluſs.) 8 (S. 3—32).
Progr. Zweites Staats-G. *Graz* 1896. 1897.
Vgl. denselben Titel. Mit einem Nachworte herausgegeben. 8 (62 S). Ebenda 1897, (Styria). *M.* 2,—.

Khull, Dr. Ferdinand, Des Pfarrers von Oettingen, Wolfgang Gebhardt, Reisetagebuch von 1569 und 1570. Gr.-8. (90 S.) —.60
Graz: Styria 1896.

– (Hrsg.), s. Schiller, Friedrich von: Don Carlos. 1906.

— Schulordnung u. Institutionen f. die evangel. Schule zu Linz a. d. Donau (1577—1579), s.: Beiträge zur österr. Erziehungs- u. Schulgeschichte. 3.

Khull, Ferd., über die Sprache des Johannes v. Frankenstein. Lex.-8. (23 S.) Graz 880, (Leuschner und Lubensky.) *

Khull, Ferd. Die Stadtgesetze von Eger aus den Jahren 1352—1460. 44 S. 8. Progr. II. Staatsg. *Graz* 1881.

— s. a. Tandareis und Flordibel.

— Tandareis u. Flordibel. Ein höfischer Roman v. dem Pleiaere. Hrsg. v. F. K. gr. 8. (248 S.) Graz 885. Styria. n. 8. —

— s.: Türk, Joh. B., Jugend- u. Kriegserinnerungen.

— zur Überlieferung u. Textgestaltung v. „Gottes Zukunft" d. Heinrich v. Wiener-Neustadt. Lex.-8. (31 S.) Graz 886. (Leuschner & Lubensky.) n. 1. —

Khull, Ferdinand Viga-Glum. Eine germanische Bauerngeschichte der Heidenzeit. Aus dem Altisländischen frei und verkürzt übertragen von Ferdinand Khull. 8 (32 S.).
Progr. Zweites Staats-G. *Graz* 1888.

— Viga-Glum. Eine german. Bauerngeschichte der Heidenzeit. Aus dem Altisländ. frei u. verkürzt übertr. v. F. Kh. Lex.-8. (32 S.) Graz 888. Leuschner & Lubensky. n. 2. —

— Viglund u. Ketilrid. Ein altisländ. Novelle. Aus dem Urtext frei u. verkürzt übertr. Lex.-8. (22 S.) Graz 890, Leuschner u. Lubensky. * 1 50

Vornamen-Verzeichnis in der neuen Rechtschreibung im Auftr. d. Allg. Deutschen Sprachvereins zsgest. von Prof. Dr. Ferdinand **Khull**. Berlin: Sprachverein 1910. 16 S. 8° [11. 85

Khull, Ferd. Zum mittelhochdeutschen Wörterbuch 40 S. 8. II. G. *Graz* 1884. Progr.

— steirischer Wortschatz, s.: Unger, Thdr.

Khun, I. Casp., orationes panegyricae et programmata. 4. Straſsb. 712.

Khun, Karl Josef

— Antwort auf d. Sendschreiben an einen in röm.-kathol. Landen sich aufhalt. Freund. 8. St. Peter u. Paul am Wischerad 773.

Khun, Karl Jos., († ...) kurzer Begriff d. christl. Vollkommenheit. 16. Wien 775. N. A. 802. (Wimmer). 4 ℊ

— concionum moralium idiomate boemico Tomulus I.—IV. 8. Wien 776—81.

Khun, K. J., Freundschaftliche u. richtige Erklärung der kath. Religionsgründe wider die unrichtigen Erklärungen der Herrn Protestanten, in Antwort auf das Sendschreiben an einen in röm.-kath. Landen sich aufhaltenden Freund. Prag 1774, 8°, 2. Aufl.

Recens. Nova biblioth. Frib. I, 243—52. Die 1. Aufl. u. d. T.: Responsum ad epistolam destinatam amico in Romano-catholicis regionibus commoranti. Pragae 1773. Der Verf. des anonymen „Sendschreibens an einen in röm.-kath. Landen sich aufhalt. Freund" (Halle 1767, 8) war der Hallenser Theologie-Prof. J. A. Nösselt.

— Erklärung d. kathol. Religionsgründe wider d. unrichtigen Erklärr. d. Protestanten. 8. Wien 774.

— Katechismus für Braut- u. Eheleute, den Seelsorgern zum Unterricht ihrer Pfarrkinder gewidmet. 8. St. Peter u. P. 796.

— d. Menschenliebe, d. Lieblingswort in jetzigen Zeiten. 8. St. Peter u. Paul 790.

— System d. christkathol. Religion, in e. Uebersicht dargestellt. 8. St. Peter u. Paul 801.

— christl. Unterricht von d. Stande u. Sakramente d. heil. Ehe ꝛc. 8. Wien 771.

Khuen, Albrecht, a. Straßburg i. E.: Beiträge zur Kenntnis des Mineralstoffwechsels, insbesondere des Kalkes beim Wiederkäuer. Straßburg 1908: M. Du Mont Schauberg. (41 S.) 8°

Bonn, Phil. Fak., Ref. Aereboe, Diss. v. 17. Juni 1908

[Geb. 25. Sept. 77 Straßburg; Wohnort: Hadersleben b. Halberstadt; Staatsangeh.: Elsaß-Lothringen; Vorbildung: Lyzeum Straßburg, Gymn. Rottweil a. N. Reife Juli 96; Studium: Landw. (u. Forstw.) Hochsch. München, Hann.-Münden, Straßburg, Bonn; Rig. 11. Dez. 07.]

Khuen, Andr., Blicke in das Leben der Thiere. Naturgeschichtliche Unterhaltungen für die Jugend als Vorschule zum Unterrichte in der Naturgeschichte des Thierreichs mit Rücksicht auf die Bestrebungen der Thierschutz-Vereine. gr. 8. (XIII und 256 S. mit eingedr. Holzschn., 1 Stnt. und lithogr. Titel.) Wien 860, Gorischek's Universitäts-Buchh. **

Khuen, Andreas, des Christen frommer Glaube. Ein Gebet- u. Betrachtungsbuch f. gebild. Katholiken. gr. 16. (12⅝ B. u. 1 Stahlst.) Wien 843, Volke's Buchh.

Khuen, Ondřej., Konské maso může se jísti. Swobodné slowo k ponaučeni obecenstwa a na odpor protiwnikům. Zčeštil a rozmnožil Jos. Stanisl. Menšik. gr. 8. (23 S.) Neuhaus 854. (Wien, Wenedikt.) *

Khuen, Andreas. Das Pferdefleisch-Essen. Ein freies Wort zur Belehrung des Volkes und Bekämpfung der Widersacher. 8. (22 S.) Wien, Leop. Grund 1853.

— (Red.), s. Tierfreund, Der.

Khuen, Gottfried. St. Lambrecht am Lambrechtsberge. Klgft., St. Hermagoras-Druck., 1877. 61 S.

Khuen, Joseph Cajetan. Magnus in ortu ... principum sol. Maximilianus Emanuel, Utr. Bav. & Palat. sup. Dux ... seu apparatus funebris litterarius ... opera Josephi Cajetani Khuen. Monachii. Typis Mariae Magdalenae Riedlin ... 1727.
Tit., 9 Bl., 180 S., 12 Bl. m. zahlr. Vign. in Holzschn. u. 34 Kupferst.; 2 Taf. in Kupferst. 4°.
Die Kupferst. bez.: Nicolous Stuber del., F. J. Spätt scul.

Khuen, Michael, s. Kuen

Khuenberg, Sophie v., Plein air. Neue Prosa. 8. (III, 189 S.) Hamburg 893. C. Kloß. n. 2. 50; geb. n. 3. 50

Khuenberg, Sophie v., Frost und Flammen. Gedichte. gr. 16. (VII, 114 S.) Leipzig 884, Liebeskind. *

Khuenberg, Sophie v., heiterer Himmel. Lustige Geschichten. (VII, 138 S.) 8. Hamburg 906. C. H. A. Kloß. n. 3. —

Khuenberg, S. v., ein kräftiger Junge. Schwank in 1 Aufzug. (16 S.) gr. 8. Hamburg 905. C. H. A. Kloß. — 50

Khuenberg, Sophia, v., die Liebesleiter. Geschichten v. Liebe u. Ehe. 8. (V, 242 S.) Berlin 900. G. H. Meyer. n. 3. —; geb. in Leinw. n. 4. —

Khuenberg, Sophie v. Nach d. Natur. Skizzen in Prosa. 8. (178 S.) Graz 889, Pechel. * 3 —; geb. * 4 —

Khuenberg, Sophie v. (Sophie Kleinert), Psyche. Neue Gedichte. 8. (VIII, 162 S. m. Bildn.) Hamburg 897. C. Kloß. Geb. in Leinw. m. Goldschn. n. 3. —

— Wahrheit. Volksschausp. in 3 Aufzgn. 8. (119 S.) Dresden 897. E. Pierson. n. 2. —

Khung-Fu-Tseu, des chines. Weisen u. seiner Schüler Werke, s. Werke.

Khünl, s.a. Künl

Khünl, Jak. Rud., Fastenpredigten über d. 4 letzten Dinge, gehalten in d. Pfarrkirche am Hofe 1823. Mit 1 Vign. gr. 8. Wien 824. Wimmer. 1 ℊ

— Fastenpredigten über d. Sünden gegen den heil. Geist; gehalten in d. Pfarrkirche am Hofe 1824, sammt e. kurzen Abhandl. über denselben Gegenstand. Mit 1 Vign. gr. 8. Wien 825. Wimmer. 1 ℊ

Khünl, J. R., Feyer häusl. Feste. Eine Sammlung epigrammatischer, lyrischer und dramatischer Gedichte, frey bearbeitet nach der achten Ausgabe des Jardin des Enfans, ou Bouquets de famille. 12. Wien, Wallishauser. 816.

— s. a. Charwochenbuch ꝛc.

Khünl, Jak. Rud., das Charwochenbuch der katholischen Kirche. In einer neuen Uebersetzung mit erklärenden Einleitungen und Anmerkungen. 2. Aufl. 8. (XIV und 452 S.) Wien 851, Wallishausser. *

— christl. patriot. Reden zur Bekämpfung d. bösen u. Stärkung d. guten Zeitgeistes. 8. Wien 815. (Frburg, Herder). 1 ℊ

— über d. Würde Jesu Christi u. seiner Kirche. Adventreden. 12. Wien 818. Wallishauser. 1 ℊ

Khunrath, Heinrich.
* Alchymisch-philosophisches Bekenntniss vom universellen Chaos der naturgemässen Alchymie, mit beygefügter Warnung und Vermahnung an alle wahre Alchymisten. Neue von den deutschen Sprachfehlern ohne Verletzung des Sinnes gesäuberte, und mit des Verfassers Anmerkungen versehene Auflage. Leipzig, 1786. pp. 348, 12mo.

Khunrath, Heinrich: Alchymisch philosophisches Bekenntnis vom universellen Chaos der naturgemässen Alchymie. Neue...Aufl. 348 S., gbd.

Leipzig: Böhm 1786

JB 262

Khunrath, Dr. H., alchymisch-philosoph. Bekenntniß vom universellen Chaos d. naturgemäßen Alchymie. Neue Aufl., mit Anmerkk. 8. Leipz. 786. (Cnobloch). 16 gl.

* Wahrhafter Bericht vom philosophischen Athanor und dessen Gebrauch und Nutzen. Wegen seiner überaus grossen Seltenheit nach der dritten im Jahr 1615 zu Magdeburg im Verlag des Verfassers gedruckten Ausgabe aufs neue von den deutschen Sprachfehlern ohne Verletzung des Sinnes gesäubert, und mit einem historischen Vorberichte von seinen sämmtlichen Schriften, nebst dem in Kupfer gestochenen Athanor auf Begehren herausgegeben. Leipzig, bey Adam Friedrich Böhme, 1783. pp. 58, 12mo.

Khunrath, H., Ber. v. philos. Athanon. 8. Leipz. Böhme. 784.

— wahrhafter Bericht vom philosoph. Athanor u. dessen Gebrauch u. Nutzen. Neue verb. Aufl. 8. Leipz. 784. (Cnobloch). 3 gl.

— drei Fragen d. Curation d. Sandes, Grieses, Steins rc. des Menschen betreffend. N. Aufl. 8. Leipz. 788. (W. Nauck). 3 gl.

Khunrath, drey Fragen, d. Curation d. Sandes, Grieses, Steins rc. des Menschen betreffend 8. Leipzig, Sommer. 788.

KHUNRATH, HEINRICH.

* De igne magorum philosophorumque secreto, externo et visibili, das ist, Philosophische Erklärung des geheimen, äusserlichen, sichtbaren Glut und Flammenfeuers der uralten Weisen und anderer wahren Philosophen. Nebst Johann Arndts philosophisch-kabalistischen Judicio über die vier ersten Figuren des grossen Khunrathischen Amphitheaters. Neue und mit Anmerkungen versehene Auflage. Leipzig, bey Adam Friedrich Böhme, 1783. pp. 109, 12mo.

— de igne magorum philosophorumque secreto, externo et visibili, d. i. philosoph. Erklärung d. geheimen äußerl. sichtbaren Glut- u. Flammenfeuers d. uralten Weisen u. and. Philosophen; nebst Jh. Arndts philosoph.-kabalist. Indice über d. 4 ersten Figuren d. großen Khunrath. Amphitheaters. Neue, mit Anmerkk. verseh. Aufl. 8. Leipz. 784. (Cnobloch). 5 gl.

* Magnesia Catholica Philosophorum, oder eine in der Alchymie höchst nothwendige und augenscheinliche Anweisung die verborgene catholische Magnesia des geheimen Universalsteins der ächten Philosophen zu erlangen. Im Jahr 1599 gründlich geschrieben und zu Magdeburg herausgegeben. Neue von den Sprach und Druckfehlern gesäuberte Auflage. Leipzig, bey Adam Friedrich Böhme, 1784. pp. vi–112, 12mo.

— magnesia catholica philosophorum, oder Anweis. d. kathol. Magnesia des geh. Universalsteins d. Philosophen zu erlangen. N. verb. Aufl. 8. Leipz. 784. (Cnobloch). 5 gl.

Khunrath, H. Trinum chymicum secundum oder drey andere chymische Tractätlein . . . Strasburg [1700?] H: *Figulus, Bened. (= Benedict Torpfer).* (BrMm)

Konrad Khunrath

Medullae [Medulla] destillatoriae & medicae; das ist: Der aus den Geheimnissen der Natur hervorgesuchten unschätzbaren und höchstbewährten Destillier- und Artzney- Kunst ... Theil. Von dem Conrado Khunrath nebst e. Anh. von ... nutzbahren phys. medic. chymic. u. oeconomicis... auffs neue ... durchsehen u. ... verm. von L. C. H. P. T. ([d.i.] C[hristoph von] H[elwig, 1663 - 1721].) Th. 1.2. Franckfurt & Leipzig: Kloss 1703. 1 Bd 8°

Khunt J.: Die Stellung der Insel Rhodus in der I. Hälfte des II. Jahrh. 35. Budweis R. 80. Progr.

Khuon, Ernst v., All Heil, s.: Reiß, Fritz.

Khuon-Wildegg, A. v., Antheil der großherzogl. badischen Festungs-Artillerie an der Belagerung v. Belfort im J. 1870/71 u. an der Vertheidigg. d. Schlosses zu Montbéliard während der Schlacht v. Belfort im J. 1871. Nach seinem Tagebuch bearb. Mit dem (lith.) Plane v. Belfort (in Imp.-Fol.) gr. 8. (VII, 72 S.) Karlsruhe 875. Braun. n. 1. 50

Khuepach, Arth. v., Schiffe u. Fahrzeuge unserer Kriegsmarine seit ihrem Bestande bis 1908. (32 S.) gr. 8. Pola 908. (Schrinner.) — 50

Khüry, W. (Red.), s. Thonwaarentechniker, Der österr.-ung.

Der Gefallene. Erdichtet von Johann Khyo. *Eberswalde Berlin & Leipzig: S. Dyck 1901.* (44 S.) 8° [F.] [02. 2389 11

Khyo, Joh., der Gefallene. 8. (44 S.) Eberswalde 901. Verlag „Jung-Deutschland“. 1. 50

Kolibri 360 GmbH
Ferdinand-Jühlke-Straße 7
99095 Erfurt, Deutschland
produktsicherheit@kolibri360.de